国外名校最新教材精选

U0719641

Design of Analog CMOS Integrated Circuits
(Second Edition)

模拟 CMOS 集成电路设计
（第 2 版）

〔美〕 毕查德·拉扎维　著
Behzad Razavi
Professor of Electrical Engineering
University of California，Los Angeles

陈贵灿　程军　张瑞智　张鸿　译
陈贵灿　审校

西安交通大学出版社
XI'AN JIAOTONG UNIVERSITY PRESS

Behzad Razavi

Design of Analog CMOS and Integrated Circuits，Second Edition

ISBN：978 - 0 - 07 - 252493 - 2

Original edition copyright ©2017 by McGraw-Hill Education. All rights reserved.

Simple Chinese translation edition copyright ©2018 by Xi'an Jiaotong University Press. All rights reserved.

本书封面贴有 McGraw-Hill 防伪标签，无标签者不得销售。

陕西省版权局著作权合同登记号：25 - 2017 - 0001

图书在版编目(CIP)数据

模拟 CMOS 集成电路设计：第 2 版/〔美〕毕查德·拉扎维（Behzad Razavi）著；陈贵灿
等译.—2 版.—西安：西安交通大学出版社，2018.12（2025.1 重印）
书名原文：Design of Analog CMOS Integrated Circuits（Second Edition）
ISBN 978 - 7 - 5693 - 0992 - 8

Ⅰ.① 模…　Ⅱ.① 毕…　② 陈…　Ⅲ.① CMOS 电路—电路设计　Ⅳ.① TN432.02

中国版本图书馆 CIP 数据核字（2018）第 258595 号

书　　名	模拟 CMOS 集成电路设计（第 2 版）	
原 著 者	〔美〕毕查德·拉扎维（Behzad Razavi）	
译　　者	陈贵灿　程　军　张瑞智　张　鸿	
责任编辑	贺峰涛	

出版发行	西安交通大学出版社
	（西安市兴庆南路 1 号　邮政编码　710048）
网　　址	http：// www.xjtupress.com
电　　话	（029）82668357　82667874（市场营销中心）
	（029）82668315（总编办）
传　　真	（029）82668280
印　　刷	西安五星印刷有限公司

开　　本	787 mm×1092 mm　1/16　印　张　47　字　数　1131 千字
版　　次	2003 年 2 月第 1 版　　2018 年 12 月第 2 版
印　　次	2025 年 1 月第 2 版第 13 次印刷（总第 34 次印刷）
书　　号	ISBN 978 - 7 - 5693 - 0992 - 8
定　　价	138.00 元

如发现印装质量问题，请与本社市场营销中心联系。
订购热线：（029）82668357　82667874
投稿电话：（029）82664954
读者信箱：banquan1809@126.com

版权所有　侵权必究

第 2 版译者序

本书第 1 版的中文翻译，在过去的 14 年中，进行了 20 次印刷，共发行了 7 万多册。该书在学生、工程师和教师中产生了强烈的反响，他们从该经典教材中受益，对该书给予了很高的评价。该书的显著特点是，以直观和易懂的语言逐步地使读者理解模拟设计中许多重要的和难以理解的概念。

本书的第 2 版增加了一些新的专题。例如：低电压纳米 CMOS 设计（新的一章），纳米设计中需注意的侧边栏小贴士，采用波特和米德布鲁克的技术对反馈系统的分析，关于奈奎斯特稳定性理论及其应用和低压带隙电路等。此外，作者对第 1 版的内容全面地进行了认真修改和大量补充，使其更加全面、充实与完善。尤其是前 11 章中，每一页几乎都进行了内容方面的补充和修改。增加了许多论题和数学表达式的推导，以及直观分析的物理意义和结论，增加了 100 多道例题。同时，增加了许多关于模拟电路分析与设计的新鲜观点，例如晶体管可以变换电阻。新增加内容所包含的中文字数约 25 万字。

在第 1 版翻译的基础上，本书第 2 版的翻译工作分工如下：张瑞智，第 1～5 章；陈贵灿，第 6～9 章、索引和前言等；张鸿，第 10～13 章；程军，第 14～19 章。全书由陈贵灿组织翻译和审校。参与第 1 版翻译的各位同事曾做了大量工作。原书作者拉扎维对本书的翻译给予了帮助，书中"译者注"的修改意见均得到了他的同意。西安交通大学出版社贺峰涛副编审为本书的出版付出了辛勤的劳动。在此对他们表示衷心的感谢。

由于译者水平所限，译文中难免有错误和不当之处，敬请读者批评指出。

译者
于西安交通大学微电子学院
2017 年 7 月

第 1 版译者序

集成电路已发展到系统级芯片(SoC)的阶段。随着 CMOS 工艺的进步,由于 CMOS 电路的低成本、低功耗以及速度的不断提高,由于 CMOS 模拟电路设计技术的不断进步,CMOS 技术已被证明是实现 SoC 的最好选择。模拟电路是 SOC 中不可缺少的部分。由于器件尺寸不断缩小和低电源电压、低功耗等要求,模拟 CMOS 集成电路设计在不断地发展,在 SoC 中变得越来越重要。

本书是加州大学洛杉矶分校(UCLA)的新教材。该书组织严谨,内容丰富,循序渐进。在阐述原理和概念时,由浅入深、逐步分析。模拟电路设计需要直观、严密和创新。在阐述各种模拟电路的改进和新电路结构的产生时,着重观察和分析,不断地提出问题和解决问题,重视这三方面素质的培养。

本书由陈贵灿组织翻译和审校。参加本书翻译工作的有:陈贵灿、张瑞智、程军、李恩玲、潘锐、张凌云、杨抗、宁勃、宋红花、王金富、郝大明、刘劼。王法祥和李宁参与了部分整理工作。在本书的翻译工作中,周光父教授给予了许多帮助,西安交通大学出版社赵丽萍编审和白居宪编审在组织出版和编辑工作中给以了很大的支持,对他们表示衷心的感谢。

原书作者在本书的翻译过程中给予了支持和帮助,并专门为中译本写了前言。在此,对拉扎维教授表示衷心的感谢。

译者
于西安交通大学微电子研究所
2002 年 10 月

第 2 版前言

当我向出版社提交本书第 1 版的出版申请时,他们曾向我提出两个问题:(1)在数字世界中,模拟书籍的未来需求会怎样;(2)出版一本只研究 CMOS 的书是明智的吗?书名中的"模拟"和"CMOS"均有问题。

庆幸的是,该书在学生、教师和工程师中产生了强烈的反响,已被全世界数百所大学采用,被翻译成 5 种语言,被引用 6500 次。

本书第 1 版问世以来,尽管模拟设计的许多基本原理并没有变化,但以下原因要求出版第 2 版:CMOS 技术向更精细的尺寸和更低的电源电压转移;分析与设计的一些新方法;某些专题需要更详细地进行讨论。本书第 2 版提供以下新内容:

- 更强调现代 CMOS 技术,最终形成了新的一章(第 11 章)。更注重在纳米工艺条件下的设计方法,并逐步地进行运算放大器设计。
- 通过波特(Bode)方法和米德布鲁克(Middlebrook)方法对反馈进行扩展学习。
- 增加了采用奈奎斯特方法分析稳定性的一节。因为在某些普通系统中,常采用的波特方法有所欠缺。
- 鳍栅场效应晶体管(FinFETs)的分析。
- 增加了许多侧栏小贴士,强调纳米设计中的重点。
- 增加了关于偏置技术的一节。
- 低压带隙电路的学习。
- 增加了 100 多道例题。

一些教师提问,本书的叙述为什么以平方律的器件开始。这有两个原因:(1)这种方式可作为直观切入点,依据允许的电压摆幅对放大器的分析具有极大的价值;(2)16 nm 及更低的工艺节点中所采用的鳍栅场效应晶体管,尽管其沟道长度很短,呈现出的特性仍接近平方律。

本书附有解答手册和一组新的 PPT 幻灯片,可访问 www.mhhe.com/razavi。

毕查德·拉扎维
2015 年 7 月

第1版前言

在过去的 20 年间，CMOS 技术已经迅速地包括了模拟集成电路，因而提供了低成本、高性能的 CMOS 产品，这些产品已一跃而主宰了市场。尽管硅的双极器件和Ⅲ-Ⅴ族化合物器件仍然找到了适合它们的应用范围，但对于今天的复杂的混合信号系统，CMOS 技术已经表现出是最好的选择。如果沟道长度能缩小到 0.03 μm，那么对于电路设计，CMOS 技术也许还有 20 年的工作寿命。

模拟电路设计本身也在技术上得到了发展。包含几十个晶体管、处理小的连续时间信号的高电压、大功耗的模拟电路，已经逐渐被低电压、低功耗的系统替代，而这些系统由几千个器件组成，且能处理大的、多数是离散时间的信号。例如，十年前采用的许多模拟技术，由于不能在低电压下工作已经被淘汰。

本书讨论模拟 CMOS 集成电路的分析与设计，既着重基本原理，也着重于学生和工程师需要掌握的现代工业中新的范例，由于模拟（电路）设计既需要直觉又要求严密，每个概念首先从直观开始引入，然后逐步地进行仔细分析。其目的是，既要建立坚实的基础，又要通过观察来逐步掌握分析电路的方法，使读者学习到：在哪些电路中，能使用的什么样的近似方法；在每种近似方法中有多大的预期误差。这种方法也可使读者毫不费力地把这些概念运用到双极电路中。

在加州大学洛杉矶分校（ULCA）和工业界的教学中，我已讲授了本书的大部分内容，并在每次讲授中，对讲授的顺序、形式和内容均进行了加工整理。读者在全书中将可以看到，我在写书（以及授课）中遵循 4 条"金科玉律"：（1）我要说明：读者**为什么**要懂得所学习的概念；（2）设身处地地为读者设想，他们第一次读到这些内容时，可能会遇到什么问题；（3）考虑到第二条规则，设想自己与初学者处于同一认识水平，并与他们一起，逐步由浅入深地分析、"增长"知识，因而在学习过程中与他们有同样的体验；（4）以通俗（甚至是不精确的）的语言从基础的概念开始，然后逐渐增加必要的修改，得到最终的（精确的）概念。最后一条规则在讲授电路中特别重要,因为它能使读者观察到一种电路结构的改进,因而既可学习分析,又可学习综合。

本书包含 18 章,其内容和顺序经过认真选择和安排,衔接自然,适于自学和短学期(季度)或长学期(半年)的课堂教学。 与一些其它的模拟设计的书不同,本书在开始时仅包括了起码的**最少量**的 MOS 器件物理,而更多的高阶特性和制造细节留到了后面的各章。 对专家而言,这简单的器件物理处理也许显得过于简单,但我的经验表明以下三点:(a) 初学者在学习电路之前,难以吸收器件的高阶效应和制造技术的内容,因为他们不会注意电路与这些内容之间的关联;(b) 如果适当地对它们作一点介绍,即使是简单处理也被证明是适用于大范围的基本电路;(c) 读者在学习了大量的电路分析和设计之后,再学习高阶现象和工艺步骤会容易得多。

第 1 章向读者介绍学习本书的意义。

第 2 章阐述 MOS 器件的基本物理原理和工作原理。

第 3 章至第 5 章分别讨论单级和差动级放大器以及电流镜。通过观察对基本电路性能的量化建立有效的分析工具。

第 6、7 章介绍电路的二个非理想性,即频率响应和噪声。 噪声在输入的第一级就进行处理,使读者在考虑噪声在后续级的影响时,"容易理解"。

第 8 章至第 10 章分别阐述反馈、运放和反馈系统中的稳定性。 利用所分析的反馈的有益特性,读者可以设计出高性能、稳定的运放,并学会在速度、精度和功耗之间进行折中考虑。

第 11 章至第 13 章讨论更高级的课题:带隙基准、初级开关电容电路以及非线性和失配的影响。 这里研究这三个课题,是因为在现代的大多数模拟系统和混合信号系统中,它们被证明是基本的内容。

第 14 章和第 15 章集中研究振荡器和锁相环的设计。 由于这些电路的广泛应用,这里提供了关于它们性能的详细研究和它们的工作原理的许多实例。

第 16 章涉及 MOS 器件的高阶效应及其模型,侧重有关电路设计的结论。 如果读者愿意,也可以在第 2 章之后直接学习这一章。 第 17 章阐述 CMOS 制造工艺并对版图设计规则进行了简述。

第 18 章介绍模拟电路和混合信号电路的版图和封装。 阐述了许多直接影响电路性能的实际问题,介绍了许多解决这些问题的不同的技术。

本书的读者,应具备电路和器件的基础知识,例如,pn 结、小信号工作的概念、等效电路和简单的偏置。 对于高年级的选修课程,在短学期中可讲授第 1 章至第 8 章;在长学期中可讲授第 1 章至第 10 章。 对于一年级的研究生课程,一季度可讲授第 1 章至第 11 章,外加第 12 章至第 15 章中的一章;半年可讲授前 16 章。

每章后面的习题用来扩展读者对内容的理解以及以附加的实际问题对内容进行补充。

毕查德·拉扎维

2000 年 7 月

第 2 版致谢

本书的第 2 版接受了学术界和工业界的大量个人的热情和细致的审阅。我很高兴地感谢他们对本书的贡献。他们是：

Saheed Adeolu Tijani（意大利帕维亚大学）

Firooz Aflatouni（美国宾夕法尼亚大学）

Pietro Andreani（瑞典隆德大学）

Emily Allstot（美国华盛顿大学）

Tejasvi Anand（美国伊利诺伊大学厄巴纳-香槟分校）

Afshin Babveyh（美国斯坦福大学）

Nima Baniasadi（美国加州大学伯克利分校）

Sun Yong Cho（韩国首尔国立大学）

Min Sung Chu（韩国首尔国立大学）

Yi-Ying Cheng（美国加州大学洛杉矶分校）

Jeny Chu（美国加州大学洛杉矶分校）

Milad Darvishi（美国高通公司）

Luis Fei(美国英特尔公司)

Andrea Ghilioni（意大利帕维亚大学）

Chengkai Gu（美国加州大学洛杉矶分校）

Payam Heydari（美国加州大学欧文分校）

Cheng-En Hsieh（中国台湾大学）

Po-Chiun Huang（中国台湾清华大学）

Deog-Kyoon Jeong（韩国首尔国立大学）

Nader Kalantari（美国博通公司）

Alireza Karimi（美国加州大学欧文分校）

Ehsan Kargaran（意大利帕维亚大学）

Sotirios Limotyrakis（美国高通创锐讯公司）

Xiaodong Liu（瑞典隆德大学）

Nima Maghari（美国佛罗里达大学）

Shahriar Mirabbasi（加拿大不列颠哥伦比亚大学）

Hossein Mohammadnezhad（美国加州大学欧文分校）

Amir Nikpaik（加拿大不列颠哥伦比亚大学）

Aria Samiei（美国南加州大学）

Kia Salimi（比利时微电子研究中心）

Alireza Sharif-Bakhtiar（加拿大多伦多大学）

Guanghua Shu（美国伊利诺伊大学厄巴纳-香槟分校）

David Su（美国高通创锐讯公司）

Siyu Tan（瑞典隆德大学）

Jeffrey Wang（加拿大多伦多大学）

Tzu-Chao Yan（中国台湾交通大学）

Ehzan Zhian Tabasy（美国德州 A&M 大学）

此外,我的同事 Jason Woo 向我解释了关于纳米器件及其物理的许多问题。我要感谢以上所有的人。

我要感谢麦格劳-希尔出版公司(McGraw-Mill)的 Heather Ervolino 和 Vincent Bradshaw,在六个月的编辑中,他们不辞辛劳地注意书中的每一个细节。

最后,我要感谢我的夫人 Angelina,她不断地帮助我键入文字和组织各章节的内容。

第1版致谢

写书伊始的心情是非常兴奋的。然而经历了两年不懈的写作、绘图和修改之后,当全书超过 600 页,并且几乎不可能使书的最后 1 章和第一章的公式、下标、上标达到一致时,作者本人开始感到近乎有些疯狂,因此认识到,若没有众多其他人士的支持,此书将永远无法完成。

此书得益于许多人的帮助。加州大学洛杉矶分校的许多同学逐字逐句地阅读了手稿和试用版。特别是 Alireza Zolfaghari、Ellie Cijvat,以及 Hamid Rafati 仔细地阅读了此书并发现了许多错误(有些是难以捉摸的)。并且,Emad Hegazi,Dawei Guo,Alireza Razzaghi,Jafar Savoj,Jing Tian 对许多章节提出了有益的建议。我向他们表示感谢。

学术界和工业界的很多专家阅读了此书的诸多章节,提出了宝贵的反馈意见。这其中包括 Brian Brandt(美国国家半导体公司),Matt Corey(美国国家半导体公司),Terri Fiez(美国俄勒冈州立大学),Ian Galton(美国加州大学圣地亚哥分校),Ali Hajimiri(美国加州理工学院),Stacy Ho(美国模拟器件公司),Yin Hu(美国德州仪器公司),Shen-Iuan Liu(中国台湾大学),Joe Lutsky(美国国家半导体公司),Amit Mehrotra(美国伊利诺伊大学厄巴纳-香槟分校),David Robertson(美国模拟器件公司),David Su(T-Span 公司),Tao Sun(美国国家半导体公司),Robert Taft(美国国家半导体公司),Masoud Zargari(T-Span 公司)。Jason Woo(美国加州大学洛杉矶分校)耐心地回答了我关于器件物理方面的问题。向他们表示诚挚的谢意。

Ramesh Harjani(美国明尼苏达大学),John Nyenhius(美国普渡大学),Norman Tien(美国康奈尔大学)和 Mahmoud Wagdy(美国加州州立大学长滩分校)审阅了本书的提案并提出了许多宝贵意见。向他们谨表谢意。

我的夫人 Angelina,从各章的键入到发现为数众多的错误,再到提出问题使我再次审视自己的理解,都为此书做出了很大的贡献。我很感谢她。

本书能够及时出版离不开麦格劳-希尔出版公司（McGraw-Hill）全体人员的辛勤工作，尤其是 Catherine Fields，Michelle Flomenhoft，Heather Burbridge，Denise Santor-Mitzit 以及 Jim Labeots。在此向他们表示感谢。

我是向两位大师学习模拟设计的：Mehrdad Sharif-Bakhtiar（伊朗沙里夫理工大学）以及 Bruce Wooley（美国斯坦福大学），向他们谨表谢意。我从他们那里所继承的将会使多代学子受益匪浅。

作者简介

毕查德·拉扎维(Behzad Razavi)于 1985 年在伊朗沙里夫理工大学的电气工程系获得理学学士学位,并分别于 1988 年和 1992 年在美国斯坦福大学电气工程系获得理学硕士和博士学位。他曾在 AT&T 贝尔实验室工作,随后又受聘于惠普公司(Hewlett-Packard)实验室,直到 1996 年。1996 年 9 月,他成为加州大学洛杉矶分校的电气工程系副教授,随后晋升为教授。目前他从事的研究包括无线收发、频率综合器、高速数据通信及数据转换的锁相和时钟恢复。

拉扎维教授曾分别在普林斯顿大学(1992—1994 年)和斯坦福大学(1995 年)任副教授。他曾在国际固态电路会议(ISSCC)(1993—2002 年)和 VLSI 电路专题讨论会(1998—2002 年)的技术程序委员会担任工作。此外,他还分别担任《IEEE 固态电路杂志》、《IEEE 电路与系统杂志》,以及《高速电子学国际杂志》的特邀编辑和副主编。

拉扎维教授于 1994 年因为卓越的编辑能力获 ISSCC 的 Beatrice 奖,1994 年在欧洲固态电路会议上获最佳论文奖,1995 年和 1997 年获得 ISSCC 的最佳专题小组奖,1997 年获 TRW 创新教学奖,1998 年获 IEEE 定制集成电路会议最佳论文奖,2001 年获麦格劳-希尔的首版年度奖。在 2001 年的 ISSCC 会议上,他获得优秀编辑 Beatrice 奖,并与学生获得 Jack Kilby 优秀学生论文奖。他于 2006 年获得 Lockheed Martin 卓越教学奖,2007 年获得加州大学洛杉矶分校教学奖。2009 年和 2012 年他获得 CICC 公司的最佳邀请论文奖。在 2012 年 VLSI 电路专题研讨会上,他与学生获得最佳学生论文奖,2013 年他又获得 CICC 公司最佳论文奖。他被公认为 ISSCC 在 50 年的历史中位居前 10 名的作者之一。2012 年他荣获固态电路 Donald Pederson 奖,2014 年他获美国工程教育学会 PSW 教学奖。

拉扎维教授是 IEEE 杰出讲师（IEEE Distinguished Lecturer），也是 IEEE 会士（IEEE Fellow）。他是《数据转换系统设计的原理》《射频微电子》《模拟 CMOS 集成电路的设计》《光通信集成电路的设计》《微电子基础》等书的作者，也是《单片锁相环和时钟恢复电路》和《高性能系统的相位锁定》等书的编者。

目 录

第 1 章

模拟电路设计绪论

1.1 模拟电路的重要性

我们正被"数字化"设备——数码相机、数字电视、数字通信(手机和 Wi-Fi)、互联网等等——所包围。那么,我们为什么仍对模拟电路感兴趣?模拟设计是不是太陈旧而过时了?十年后模拟设计师还有可能找到工作吗?

有趣的是,在过去的 50 年中,这些问题大约每隔 5 年就会出现一次。但是,提出这些问题的人中的大多数,要么是对模拟设计不了解,要么是不愿意面对挑战。通过本节我们会认识到,模拟电路的设计仍然是必不可少的、有价值的,且具有挑战性,在未来几十年中仍将如此。

1.1.1 信号的检测与处理

许多电子系统实现两个主要功能——检测(接收)信号、处理信号并从中提取信息。你的手机接收到射频(RF)信号,处理之后提供语音或数据信息。同样地,你的数码相机检测某物体各部分发出的光强,并将结果进行处理以获取图像。

我们凭直觉知道,人们更愿意在数字域中进行复杂的信号**处理**。事实上,我们可能想知道,能否把信号直接数字化,以避免**任何**模拟域的处理。图 1.1 给出了一个例子:天线接收到的射频信号由模数转换器(ADC)数字化,然后,完全在数字域中处理。这种情况会使模拟和射频设计师失业吗?

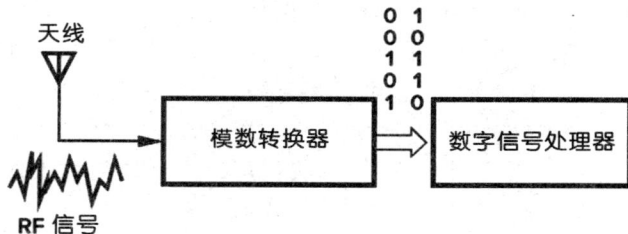

图 1.1　具有信号直接数字化的虚构 RF 信号接收器

1*

答案是否定的。能够使微弱射频信号数字化的 ADC[①]，其功耗远大于现代手机接收器。此外，即使我们真的考虑这种方案，也只有**模拟**设计师有能力研发这样的 ADC。此示例要说明的关键点是，检测的**接口**仍然要求高性能模拟电路的设计。

检测难题的另一个有趣的例子来源于对脑信号的研究。大脑神经的每次活动将产生一个幅度为几毫伏、持续时间为几百微秒的电脉冲[图 1.2(a)]。神经记录系统可以采用几十个"探针"(电极)监控大脑的活动[图 1.2(b)]，每个探针检测一系列电脉冲。每个探针所产生的信号必须放大、数字化和**无线**传输，以方便患者自由移动[图 1.2(c)]。在这种环境中，检测、处理和传输的电路必需是低功耗的，这是由于以下两个原因：(1)要允许小容量电池持续数天或数周使用；(2)要尽量减少芯片温度的上升，以防止损坏患者的身体组织。在图 1.2(c)所示的这些功能中，模拟电路(放大器、ADC 和 RF 发射器)会消耗大部分功率。

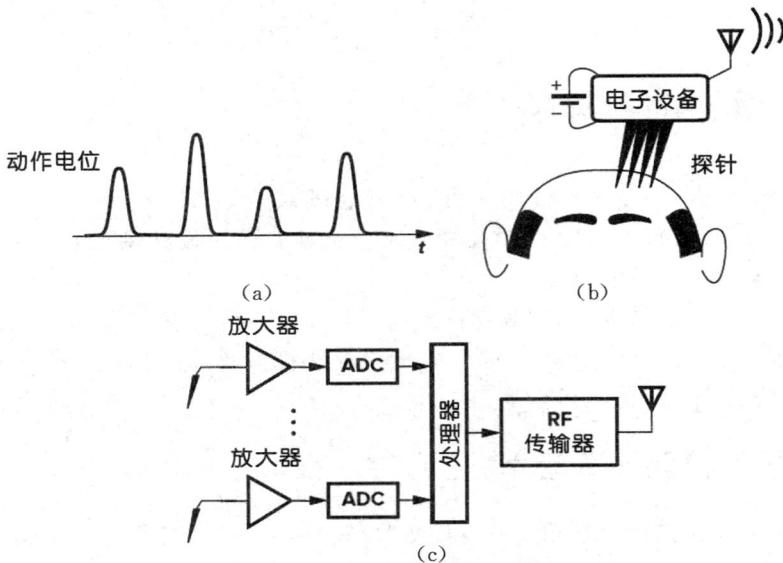

图 1.2　(a)神经活动产生的电压波形；(b)应用探针测量动作电位；(c)信号的传输和处理

1.1.2　数字信号传输中的模拟设计

模拟电路的应用并不仅限于模拟信号处理。如果数字信号太小或失真，会导致数字电路不能正确地转换，则模拟电路设计师必须介入。例如，考虑用一条很长的 USB 电缆连接两台笔记本电脑，USB 电缆的数据速率为每秒几百兆比特。如图 1.3 所示，电脑 1 传送到电缆的数据是 0 和 1 组成的序列。不幸的是，电缆带宽有限，使高频衰减，造成到达电脑 2 的数据失真。现在电脑 2 必须对这些数据进行检测和处理。检测需要一个能校正失真的模拟电路(称为均衡器)。例如，既然电缆会衰减高频信号，我们可以设计均衡器来**放大**这些高频信号，图 1.3 中 $1/|H|$ 曲线概念性展示了均衡器的增益与频率的关系。

读者可能想知道，图 1.3 中的均衡任务能否在数字域中进行。也就是说，我们对接收到的

①　而且能滤除大量无用信号。

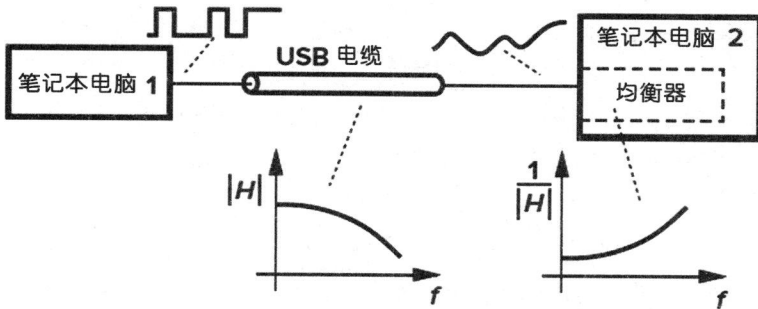

图 1.3　USB 电缆高频衰减的均衡补偿

失真信号能否直接进行数字化,对电缆的有限带宽能否进行数字校正,然后完成标准的 USB 信号处理? 如果所需的 ADC 的功耗和复杂性比模拟均衡器的低,这确实是可能的。经过详细分析,模拟电路设计师可决定采用哪种方法。但直觉告诉我们,在数据率很高时,比如每秒几十千兆位时,模拟均衡器比 ADC 更有效。

　　上面以均衡器为例说明了电路的一般趋势:在电路速度较低时,更有效的方法是,把信号数字化,然后在数字域实现所要求的功能;在速度较高时,我们在模拟域实现这些功能。两种模式之间的速度边界取决于问题的性质,但该速度边界随着时间的推移一直在提高。

1.1.3　需求旺盛的模拟设计

　　尽管半导体技术取得了巨大进步,但模拟设计一直面临新的挑战,因此要求创新。作为衡量模拟电路需求的度量,我们可以考虑工业界和学术界在电路会议上发表的论文,以及我们模拟领域的论文所占的比例。图 1.4 给出了近几年在国际固态电路会议(ISSCC)上发表的论文数量,图中的"模拟"论文是指其内容涉及本书论述的知识。我们看到,**大多数**论文涉及模拟设计。即使数字电路通常比模拟电路复杂得多,情况也是如此。一个 ADC 包含几千个晶体管,而一个微处理器包含数十亿个晶体管。

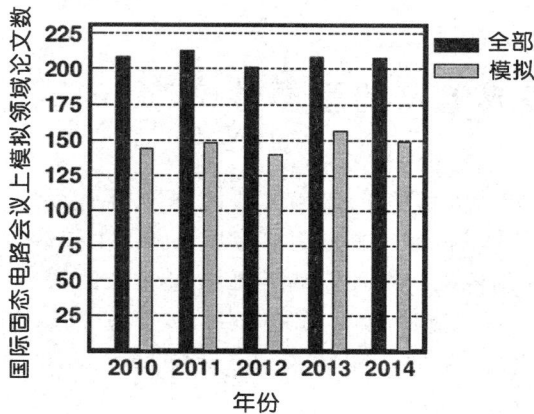

图 1.4　近几年在 ISSCC 上发表的模拟领域论文的数量

1.1.4　模拟设计的挑战

今天的模拟设计师必须应对许多有趣和困难的问题。本书在研究器件和电路时,将系统地阐明各种不同的问题,但是,预先简要地考虑问题之所在是有益的。

晶体管的缺陷

由于尺寸的缩小,MOS 晶体管的速度不断提高,但这是以器件的模拟特性为代价的。例如,在 CMOS 技术的每个新结点,晶体管能提供的最大电压增益随之下降。而且,晶体管的特性取决于它的周围环境,即尺寸、形状以及与芯片上其它元件的距离。

电源电压的降低

由于尺寸的缩小,CMOS 电路的电源电压不得不从 20 世纪 70 年代的 12 V 下降到今天的 0.9 V 左右。许多电路结构因无法适应电压的减小而被废弃。人们不断寻求在低电压下能很好工作的新拓扑结构。

功耗

半导体工业一直追求低功耗设计,今后更是如此。这种努力的成果应用在便携式设备,可提高电池的寿命;应用在大型设备,可降低散热的成本,并减轻其对地球资源的消耗。MOS 器件的尺寸缩小可直接降低数字电路的功耗,但它对模拟电路的影响却复杂得多。

电路的复杂性

今天的模拟电路可能包含成千上万个晶体管,需要冗长而乏味的仿真。事实上,现代的模拟电路设计师必须像精通高级别模拟器(例如 MATLAB)那样精通 SPICE。

PVT 变化

许多器件和电路的参数都随着制造工艺、电源电压和环境温度而变化。我们用 PVT 表示这些影响。我们在设计电路时,必须使其性能在指定的 PVT 变化范围内是可接受的,例如,电源电压可以从 1 V 变化到 0.95 V,温度可以从 0 ℃变化到 80 ℃。CMOS 技术中鲁棒模拟设计是一项具有挑战性的工作,因为器件参数在整个 PVT 范围会有显著变化。

1.2　研究模拟集成电路的重要性

在同一衬底摆放多个电子元件的思想是在 20 世纪 50 年代后期提出的。在过去的 60 年里,这种技术已经从生产只包含少量元件的简单芯片发展到了制造容纳 1 万亿个以上晶体管的闪存和由几十亿个器件组成的微处理器。正如 Intel 公司的创始人之一戈登·摩尔(Gordon Moore)在 20 世纪 70 年代初期所预言的那样,每个芯片上晶体管的数量大约每 18 个月翻一番。同时,晶体管的最小尺寸也从 1960 年的 25 μm 下降到 2015 年的 12 nm,从而使集成电路的速度得到了巨大的提高。

主要由于存储器和微处理器市场的带动,集成电路技术也广泛地采用了模拟设计,用以满足使用分立电路不可能实现的复杂性、速度和精度要求。我们再也不能用搭建分立元件的样机的方法来预测现代模拟电路的行为和性能了。

1.3　研究 CMOS 模拟集成电路的重要性

金属-氧化物-半导体场效应晶体管(MOSFET)的概念来源于 1930 年公开的利林费尔德 (J. E. Lilienfeld)的专利(译者注:这是美国专利,同一内容的专利在加拿大公开的时间是 1927 年,其申请日期为 1925 年 10 月 22 日)。这早于双极型晶体管的发明。然而由于制造技术的限制,MOS 技术走向实用的时间比较晚,在 20 世纪 60 年代初期,早期的几代产品是 n 型的。 20 世纪 60 年代中期发明的互补 MOS(CMOS)器件(即同时采用 n 型和 p 型晶体管),引起了半导体工业的一场革命。

CMOS 技术很快地占领了数字市场:CMOS 门只在开关期间消耗功率以及只需很少的元件。这也是它与相应的双极型或 GaAs 电路相比所具有的两个显著特点。此外,人们很快发现,与其它类型的晶体管相比,MOS 器件的尺寸很容易按比例缩小。

紧接着的一个明显的进步是将 CMOS 技术应用于模拟电路设计。较低的制造成本和在同一芯片上同时包含模拟和数字电路以改善整体性能和降低封装成本使 CMOS 技术更具有吸引力。但是,当时的 MOSFET 与双极型晶体管相比,它的缺点是速度相当慢,噪声相当大,这使其应用受到限制。

那么 CMOS 技术后来是如何在模拟市场占主导地位的呢? 主要的推动力是器件尺寸的按比例缩小,因为尺寸按比例缩小不断地提高了 MOSFET 器件的速度。在过去的 60 年里, MOS 晶体管本征速度的增加超过了 3 个数量级,已经变得可以与双极器件的速度相比较,尽管双极型晶体管尺寸也一直在缩小(但不像 MOS 管那么快)。

与双极晶体管相比,MOS 器件的另一个关键优势是,它能在低电压下工作。今天,CMOS 电路的电源电压在 1 V 左右,双极晶体管在 2 V 左右。对于复杂的集成电路,低的电源电压可以使功耗更小。

1.4　本书的特点

模拟电路设计本身已经与工艺及所要求的性能在共同发展。由于器件尺寸缩减,电源电压下降,以及在同一个芯片上同时制造模拟和数字电路,因而产生了许多设计问题,这些问题在以前是微不足道的。这种趋势要求在分析和设计电路时,应对新技术的局限性有深入的理解。

好的模拟电路设计需要直觉、严密和创新。作为模拟电路设计者,必须以工程师的眼光快速而直觉地理解一个大的电路,以数学家的智慧量化那些在电路中难以捉摸的而又重要的效应,以艺术家的灵感发明新的电路结构。

本书从直观和严密的角度阐述了现代模拟电路的设计。此外还通过认真引导读者了解每种电路的发展以及介绍在新的电路技术开发期间的思维过程来培养读者的创新能力。

1.5 电路设计的抽象级别

集成电路的分析与设计往往要求在不同的抽象级别上进行考虑。设计者可以根据所关心的结果或感兴趣的程度,在器件物理级、晶体管级、结构级或系统级对一个复杂电路进行研究。也就是说,可以从器件的内部电场和电荷传输方面考虑分立器件的行为,如图 1.5(a)所示,也可以根据器件的电特性研究一组器件间的相互作用[图 1.5(b)]。还可以作为一个单元来研究几个组成块的功能[图 1.5(c)],或者可以从组成系统的子系统方面研究该系统的性能[图 1.5(d)]。在理解电路工作细节和优化电路整体性能方面,不同抽象级别间的转换变得非常必要。实际上,在现代 IC 工业中,为了提高性能和降低成本,各工作组成员(从器件物理学家到系统设计者)之间的相互配合是绝对必要的。本书从器件物理开始,逐步讲述到更复杂电路的拓扑结构。

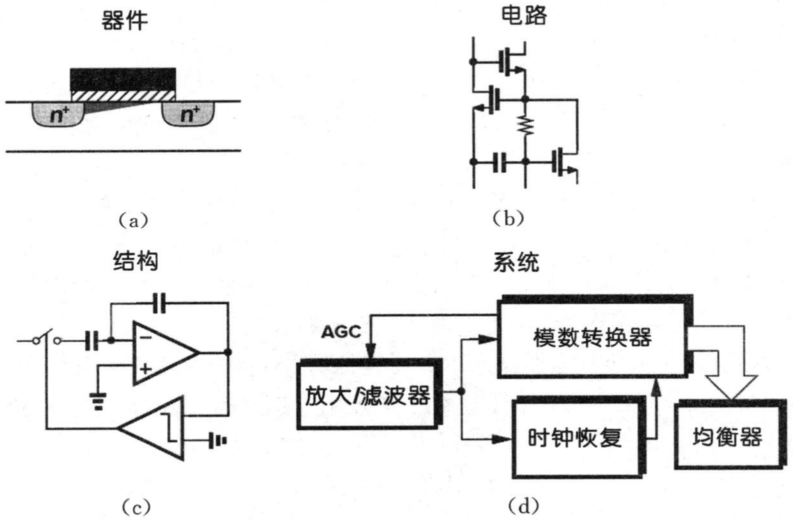

图 1.5 电路设计中的抽象级别
(a)器件物理级;(b)晶体管级;(c)结构级;(d)系统级

第 2 章

MOS 器件物理基础

学习集成电路的设计,可以采用以下两种极端方法之一:

(1)从量子力学开始,通晓固体物理学、半导体器件物理学、器件模型,最后是电路设计;

(2)把每个半导体器件都看作一个黑匣子,其行为用它的端电压和端电流来描述,设计电路时很少考虑器件的内部工作原理。

经验表明,这两种方法都不是最佳的。在第一种方法中,读者看不到各种物理现象与所设计电路之间的关系,而在第二种方法中,人们常常对黑匣子的内容迷惑不解。

在现代的 IC 工业中,必须充分地掌握半导体器件的知识。而这一点对于模拟电路的设计比对数字电路更为重要,因为在模拟电路设计中,我们不能把晶体管等效为一个简单的开关,晶体管的许多二级效应直接影响其性能。而且,因为 IC 技术的每代更新都使器件尺寸按比例缩小,所以这些效应就变得更加重要了。由于设计者往往必须确定哪种效应在给定的电路中可以被忽略,因此,深入了解器件的工作情况被证明是非常有价值的。

本章我们在器件级学习 MOSFET 基本物理特性,涉及的是对基本模拟电路设计必须的、最起码的内容。最终目的是通过对器件工作状态的解析描述来为每个器件建立电路模型。为此要对器件的基本原理有深入的理解。在学完第 3 章到第 14 章中的许多模拟电路并有更深入理解器件的愿望后,在第 17 章我们再回到这个问题,讨论 MOS 工作的其它特性。

本章首先研究 MOS 晶体管的结构并推导其 I/V 特性。其次,阐述体效应、沟道长度调制效应和亚阈值传导等二级效应。然后讨论 MOSFETs 的寄生电容,推导其小信号模型,并给出简单的 SPICE 模型。本章假定读者已熟悉了诸如掺杂、迁移率和 pn 结等基本概念。

2.1 基本概念

2.1.1 MOSFET 开关

在研究 MOSFET 的实际工作原理前,我们来考虑这种器件的一个简化模型,以便对晶体管有一个感性认识:我们期待它有什么样的特性以及特性的哪些方面是重要的。

图 2.1 是一个 n 型 MOSFET 的符号,图中表示了三个端子:栅(G)、源(S)和漏(D)。这

7

种器件是对称的,因而源和漏可以互换。作为开关工作时,如果
栅电压 V_G 是高电平,晶体管把源和漏连接在一起;如果栅电压为
低电平,则源和漏是断开的。

图 2.1   MOS 器件简图

即使对于这样简单的描述,我们还是必须回答几个问题:V_G
取多大值时器件导通? 换句话说,阈值电压是多少? 当器件导通
(或断开)时,源和漏之间的电阻有多大? 这个电阻与端电压的关
系是怎样的? 总是可以用简单的线性电阻来模拟源和漏之间的通道吗? 是什么因素限制了器
件的速度?

虽然所有这些问题都是在电路级提出的,但是只有通过分析晶体管的结构和物理特性才
能对其作出回答。

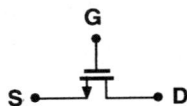

2.1.2   MOSFET 的结构

n 型 MOS(NMOS)器件的简化结构如图 2.2 所示。器件制作在 p 型衬底上(衬底也称作
bulk 或者 body),两个重掺杂 n 区形成源端和漏端,重掺杂的(导电)多晶硅[1]区(简称 poly)作
为栅,一层薄 SiO_2(简称栅氧)使栅与衬底隔离。器件的有效作用就发生在栅氧下的衬底区。
注意,这种结构中的源和漏是对称的。

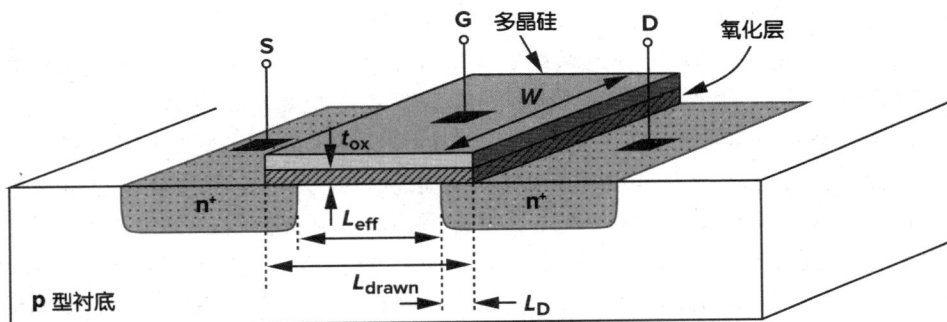

图 2.2   MOS 器件的结构

栅沿源漏通道的横向尺寸叫栅长 L,与之垂直方向的栅的尺寸叫做栅宽 W。由于在制造
过程中,源/漏结的横向扩散,源漏之间实际的距离略小于 L。为了避免混淆,我们定义 $L_{eff} = L_{drawn} - 2L_D$,式中 L_{eff} 称为有效栅长,L_{drawn} 是总长度[2],而 L_D 是横向扩散的长度。正如在以后
我们将会看到的那样,L_{eff} 和氧化层厚度 t_{ox} 对 MOS 电路的性能起着非常重要的作用。因此,
MOS 技术发展中的主要推动力就是不使器件的其它参数退化而一代一代地减小这两个尺寸。
本书写作时这两个尺寸的典型值为 $L_{eff} \approx 10 \text{ nm}, t_{ox} \approx 15 \text{Å}$。本书以后将用 L 来表示有效长
度,除非另有说明。

既然 MOS 结构是对称的,那么为什么还要将一个 n 区称为源而另一个 n 区称为漏呢?

---

① 多晶硅是一种无定形(非晶体)硅。正如 18 章所述,硅栅是在氧化层上生长的,不能形成单晶。早期的栅材料是金属(因而称为金属
-氧化物-半导体,简称 MOS),现代工艺中栅材料又重新采用金属。

② 采用下标"drawn"是因为这一尺寸是我们在画晶体管的版图时的尺寸(见 2.4.1 节)。

如果将源定义为提供载流子(NMOS 器件中为电子)的终端而漏定义为收集载流子的终端,这一点就很清楚了。因此,当器件三个端子的电压变化时,源和漏的作用可以互换。在本章后面的习题中给出了这些概念的练习。

到目前为止,我们还没有考虑器件的衬底。实际上,衬底的电位对器件特性有很大的影响。也就是说,MOSFET 是一个**四**端器件。由于在典型的 MOS 工作中,源/漏结二极管都必须反偏,所以我们认为 NMOS 晶体管的衬底被连接到系统的最低电压上。例如,如果一个电路工作在 $0 \sim 1.2$ V,则 $V_{\text{sub,NMOS}} = 0$。实际的连接如图 2.3 所示,通常通过一个 p^+ 欧姆区来实现。

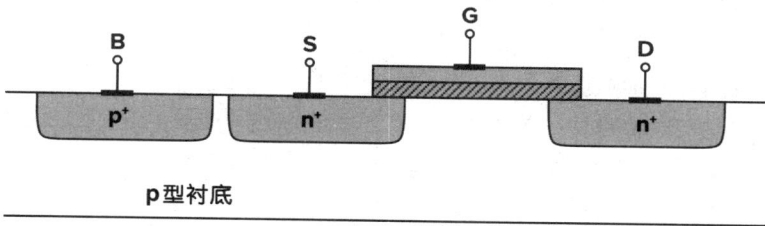

图 2.3 衬底的连接

在互补 MOS(CMOS)技术中同时用到 NMOS 和 PMOS。从简单的角度来看,PMOS 器件可通过将所有掺杂类型取反(包括衬底)来实现,如图 2.4(a)所示。但实际生产中,NMOS 和 PMOS 器件必须做在同一晶片上,也就是说做在同一衬底上。由于这一原因,其中某一种类型的器件要做在"局部衬底"上,通常称为"阱"。现代 CMOS 工艺中,PMOS 器件做在 n 阱中[图 2.4(b)]。注意 n 阱必须接一定的电位,以便 PMOS 管的源/漏结二极管在任何情况下都保持反偏。在大多数电路中,n 阱与最正的电源供给相连接。为了简化,有时分别称 NMOS 和 PMOS 器件为"NFETs"和"PFETs"。

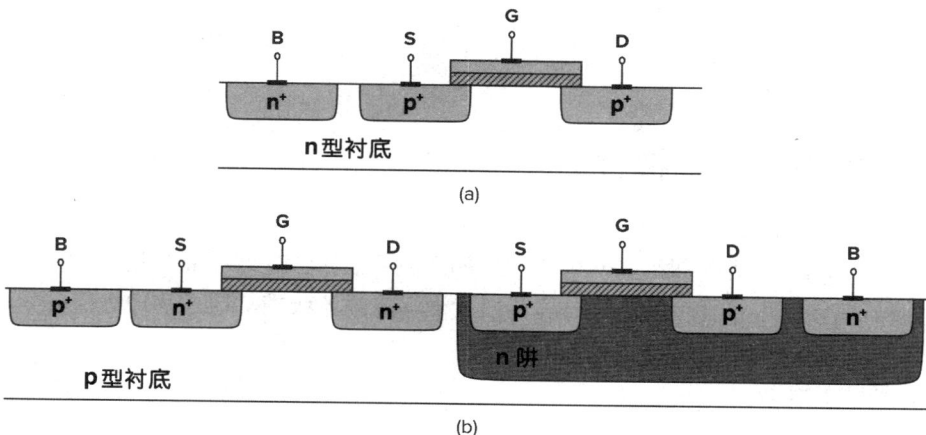

(a)

(b)

图 2.4 (a)PMOS 器件;(b)n 阱中的 PMOS

图 2.4(b)指出了 NMOS 和 PMOS 晶体管一个有意义的区别:每个 PFETs 可以处于各自独立的 n 阱中,而所有 NFETs 则共享同一衬底。PFETs 的这种灵活性在一些模拟电路中被应用。

2.1.3 MOS 符号

用来表示 NMOS 和 PMOS 晶体管的电路符号如图 2.5 所示。图 2.5(a) 中的符号包括晶体管的所有四个端子，其中衬底用 B(bulk) 而不是用 S 来表示，以免与源极相混淆。PMOS 器件的源极放在顶端，这是为了直观起见，因为源极比栅极的电位高。由于在大多数电路中，NMOS 和 PMOS 器件的衬底端子分别接地和 V_{DD}，所以我们画图时通常省略这一连接[图 2.5(b)]。在数字电路中，习惯上用图 2.5(c) 所示的开关符号来表示两种 MOS 管。但是我们更喜欢图 2.5(b) 的表示，因为明确地区分源和漏对于理解电路的工作被证明是很有帮助的。

纳米设计注意 2.1

一些现代 CMOS 工艺提供"深 n 阱"技术，即 n 阱包括了 NMOS 器件及其 p 型衬底。如下图所示，"深 n 阱"中 NMOS 的衬底是"本地化"的，不需要连接到其它 NMOS 器件的衬底上。但是采用该技术的设计导致相当大面积的开销。因为深 n 阱必须在 p 阱之外伸展一定的面积，而且必须与常规的 n 阱保持一定的间隔。

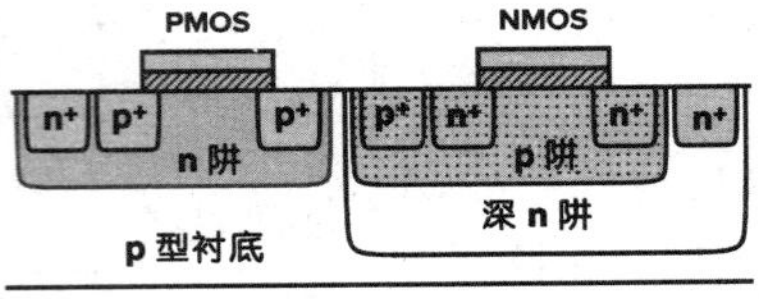

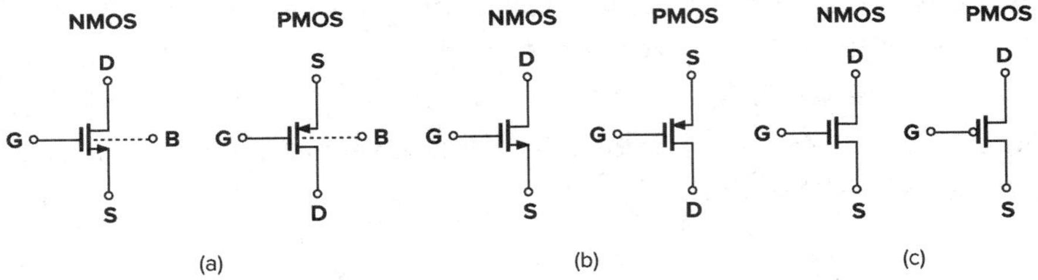

图 2.5 MOS 符号

2.2 MOS 的 I-V 特性

本节，我们分析 MOSFETs 中电荷的产生和传输，建立它们与各端电压之间的函数关系。我们的目的是推导出 I-V 特性方程，这样我们就能够将抽象级别从器件物理级提升到电路级。

2.2.1 阈值电压

考虑如图 2.6(a) 所示的 NFET。当栅压 V_G 从 0 V 上升时会发生什么情况？由于栅、电介质和衬底形成一个电容器，所以当 V_G 逐渐升高时，p 衬底中的空穴被赶离栅区而留下负离子以镜像栅上的电荷。换句话说，就是形成了一个耗尽层[图 2.6(b)]。在这种情况下，由于没有载流子因而无电流流动。

随着 V_G 的增加，耗尽层宽度和氧化物与硅界面处的电势也增加。从某种意义上讲，这样

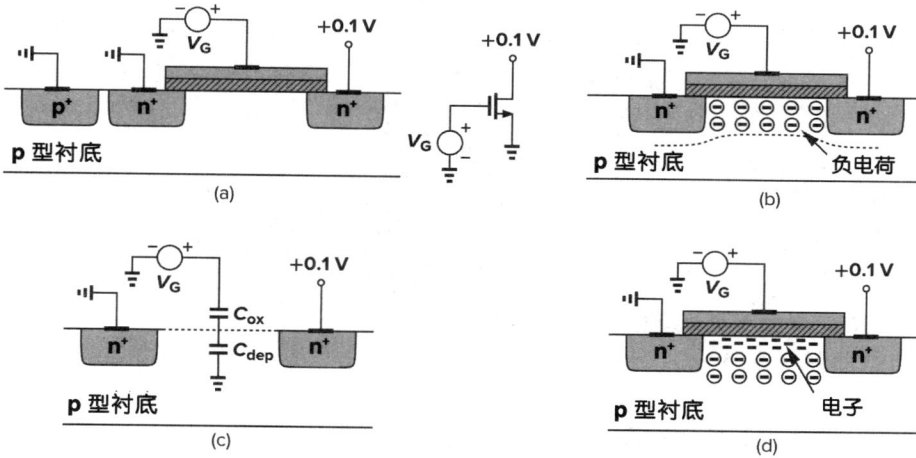

图 2.6　(a)由栅压控制的 MOSFET；(b)耗尽区的形成；(c)反型的开始；(d)反型层的形成

的结构类似两个电容串联构成的分压器:栅氧化层电容和耗尽区电容(图 2.6(c))。当界面电势达到足够高时,电子便从源流向界面并最终流到漏端。这时,源和漏之间的栅氧下就形成了载流子"沟道",同时晶体管"导通"。我们也称之为界面"反型"。形成沟道所对应的 V_G 称为"阈值电压", V_{TH}。如果 V_G 进一步升高,则耗尽区的电荷保持相对恒定,而沟道电荷密度继续增加,导致源漏电流增加。

　　实际上,导通现象是栅电压的渐变函数,这就使得明确地定义 V_{TH} 变得比较困难。在半导体物理学中,NFET 的 V_{TH} 通常定义为界面的电子浓度等于 p 型衬底的多子浓度时的栅压。可以证明[1]

$$V_{TH} = \Phi_{MS} + 2\Phi_F + \frac{Q_{dep}}{C_{ox}} \tag{2.1}$$

式中 Φ_{MS} 是多晶硅栅和硅衬底的功函数之差的电压值, $\Phi_F = (kT/q)\ln(N_{sub}/n_i)$,其中, k 是玻耳兹曼常数, q 是电子电荷, N_{sub} 是衬底的掺杂浓度, n_i 是硅的本征载流子浓度, Q_{dep} 是耗尽区的电荷, C_{ox} 是单位面积的栅氧化层电容。由 pn 结理论可知, $Q_{dep} = \sqrt{4q\varepsilon_{si}|\Phi_F|N_{sub}}$,其中 ε_{si} 表示硅的介电常数。由于 C_{ox} 在器件和电路计算中经常出现,所以记住它的值是有帮助的:当 $t_{ox} \approx 20\text{Å}$ 时, $C_{ox} \approx 17.25\ \text{fF}/\mu m^2$。这样,对于其它的氧化层厚度, C_{ox} 的值可以依比例确定。

　　在实际中,由上式得到的"原始"阈值电压可能不适用于电路设计,举例来说, $V_{TH} = 0$,则 $V_G \geqslant 0$ 时器件不能关断[2]。因此,在器件制造过程中通常通过向沟道区注入杂质来调整阈值电压,其实质是改变氧化层界面附近衬底的掺杂浓度。例如,如图 2.7 所示,如果形成了 p^+ 薄层,那么就需要增加栅压使此区域耗尽。

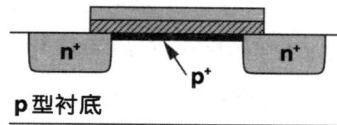

图 2.7　用来改变阈值电压的 p^+ 掺杂剂的注入

---

[1]　这里忽略氧化物中的电荷陷阱。
[2]　称为耗尽型 FET,曾经用于一些早期的工艺。阈值电压为正值的 NFET 称为增强型器件。

    以上的定义不能直接适用于 V_{TH} 的测量。在图 2.6(a)中,只有漏极电流可以确定器件的通或断,因此不能揭示 V_{GS} 为何值时界面的电子浓度等于 p 型衬底的多子浓度。结果,给借助 I/V 测量来计算 V_{TH} 带来一些不确定性。本书后面的部分会讲到这一点,不过在基础分析中假定当 $V_{GS} \geqslant V_{TH}$ 时器件会突然导通。

    PMOS 器件的导通现象类似于 NFETs,但是其所有的极性都是相反的。如图 2.8 中所示,如果栅-源电压足够"负",在氧化层-硅界面就会形成一个由空穴组成的反型层,从而为源和漏之间提供了一个导电通道。因此,PMOS器件的阈值电压通常是负的。

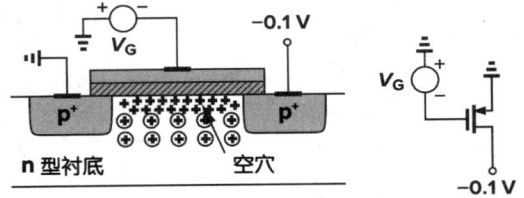

图 2.8　PFET 反型层的形成

2.2.2　I-V 特性的推导

    为了得到 MOSFET 的漏电流与其端电压之间的关系,我们做两点分析。

    首先,分析一个载有电流 I 的半导体棒,如图 2.9(a)所示。如果沿电流方向的电荷密度是 Q_d(C/m),电荷移动速度是 v(m/s),那么

$$I = Q_d v \tag{2.2}$$

为了理解为什么如此,我们测量单位时间通过半导体截面的总电荷数。若电荷速度为 v,则棒中距离截面 v 米长度内的所有电荷在一秒内必须通过截面,如图 2.9(b)所示。由于电荷密度是 Q_d,v 米内的总电荷数就是 $Q_d v$。这个辅助定理有助于分析半导体器件。

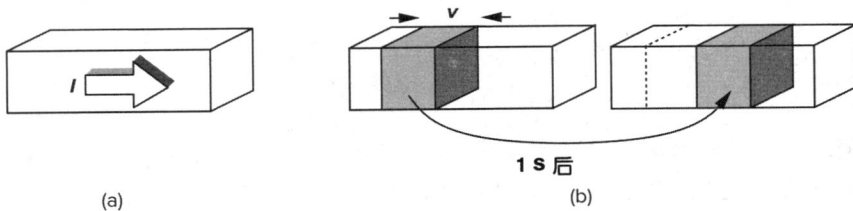

图 2.9　(a)载有电流 I 的半导体棒;(b)一秒间隔内载流子的运动图像

    其次,为了应用上述定理,我们必需确定 MOSFET 中的可移动电荷密度。为此,考虑一个源漏都接地的 NFET,如图 2.10(a)所示。反型层中的电荷密度为多少? 因为假设 $V_{GS} = V_{TH}$ 时开始反型,那么由栅氧化层电容引起的反型电荷密度正比于 $V_{GS} - V_{TH}$。当 $V_{GS} \geqslant V_{TH}$ 时,栅电荷必定会被沟道电荷所镜像,从而产生一个均匀的沟道电荷密度(沿漏源方向单位长度电荷),其值等于

$$Q_d = W C_{ox}(V_{GS} - V_{TH}) \tag{2.3}$$

式中,C_{ox} 与 W 相乘表示单位长度的总电容。

    如图 2.10(b),假设漏极电压大于 0。由于沟道电势从源极的 0 V 变化到漏极的 V_D,所以栅与沟道之间的局部电压差从靠近源端的 V_G 变化到靠近漏端的 $V_G - V_D$。因此,沿沟道 x 点处的电荷密度可表示为

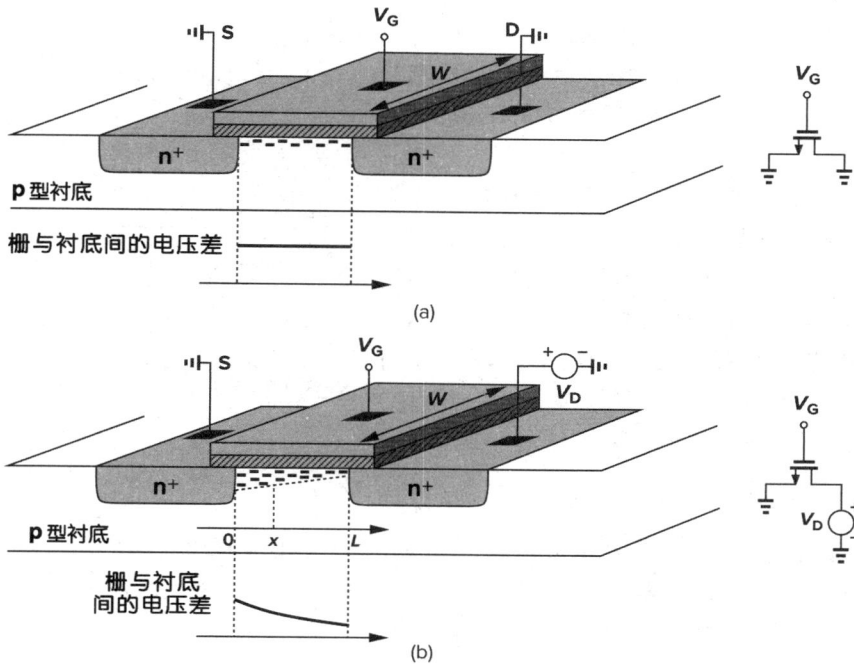

图 2.10　(a)源和漏等电压时的沟道电荷；(b)源和漏不等电压时的沟道电荷

$$Q_{\mathrm{d}}(x) = WC_{\mathrm{ox}}(V_{\mathrm{GS}} - V(x) - V_{\mathrm{TH}}) \tag{2.4}$$

式中，$V(x)$ 为 x 点的沟道电势。

根据式(2.2)，电流由下式给出：

$$I_{\mathrm{D}} = -WC_{\mathrm{ox}}[V_{\mathrm{GS}} - V(x) - V_{\mathrm{TH}}]v \tag{2.5}$$

其中，负号是因为载流子电荷为负而引入的，v 表示沟道电子的漂移速度。对于半导体，$v = \mu E$，其中 μ 是载流子的迁移率，E 为电场。注意到 $E(x) = -\mathrm{d}V/\mathrm{d}x$，电子迁移率用 μ_{n} 表示，我们得到

$$I_{\mathrm{D}} = WC_{\mathrm{ox}}[V_{\mathrm{GS}} - V(x) - V_{\mathrm{TH}}]\mu_{\mathrm{n}}\frac{\mathrm{d}V(x)}{\mathrm{d}x} \tag{2.6}$$

对应边界条件为 $V(0)=0$ 和 $V(L)=V_{\mathrm{DS}}$。虽然 $V(x)$ 也很容易从上式得出，但是实际上所关心的量是 I_{D}。上式两边都乘以 $\mathrm{d}x$ 并积分，可得

$$\int_{x=0}^{L} I_{\mathrm{D}}\mathrm{d}x = \int_{V=0}^{V_{\mathrm{DS}}} WC_{\mathrm{ox}}\mu_{\mathrm{n}}[V_{\mathrm{GS}} - V(x) - V_{\mathrm{TH}}]\mathrm{d}V \tag{2.7}$$

由于 I_{D} 沿沟道方向是常数，所以

$$I_{\mathrm{D}} = \mu_{\mathrm{n}}C_{\mathrm{ox}}\frac{W}{L}\Big[(V_{\mathrm{GS}} - V_{\mathrm{TH}})V_{\mathrm{DS}} - \frac{1}{2}V_{\mathrm{DS}}^2\Big] \tag{2.8}$$

注意，这里 L 是有效沟道长度。

图 2.11 给出了在不同的 V_{GS} 时根据式(2.8)得出的抛物线，显示出器件的"电流能力"随 V_{GS} 的增大而增加。通过计算 $\partial I_{\mathrm{D}}/\partial V_{\mathrm{DS}}$，读者可以证明：每条抛物线的极值发生在 $V_{\mathrm{DS}}=V_{\mathrm{GS}}-V_{\mathrm{TH}}$ 且峰值电流为

$$I_{D,\max} = \frac{1}{2}\mu_n C_{ox}\frac{W}{L}(V_{GS}-V_{TH})^2 \qquad (2.9)$$

我们称 $V_{GS}-V_{TH}$ 为"过驱动电压",称 W/L 为"宽长比"。如果 $V_{DS} \leqslant V_{GS}-V_{TH}$,则称器件工作在"三极管区"[①]。

等式(2.8)和(2.9)是迈向 CMOS 模拟电路设计的第一步,它们描述了 I_D 与工艺常数 $\mu_n C_{ox}$,器件的尺寸 W 和 L 以及栅和漏相对于源的电位之间的关系。注意,式(2.7)中的积分假设 μ_n 和 V_{TH} 是与 x 以及栅和漏的电压无关的,这一近似在第 17 章中将会再次提到。

图 2.11　三极管区漏电流与漏源电压的关系

如果在式(2.8)中 $V_{DS} \ll 2(V_{GS}-V_{TH})$,我们有

$$I_D \approx \mu_n C_{ox}\frac{W}{L}(V_{GS}-V_{TH})V_{DS} \qquad (2.10)$$

也就是说,漏极电流是 V_{DS} 的线性函数。这一点在 V_{DS} 较小时从图 2.11 所示的特性曲线中可以很明显的看出:如图 2.12 所示,每条抛物线可由一条直线来近似。这种线性关系表明源漏之间的通道可以用一个线性电阻表示,该电阻等于

$$R_{on} = \frac{1}{\mu_n C_{ox}\dfrac{W}{L}(V_{GS}-V_{TH})} \qquad (2.11)$$

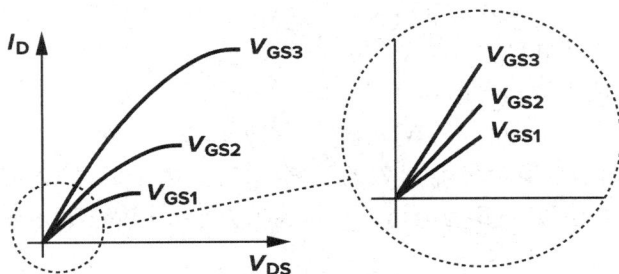

图 2.12　深三级管区的线性工作

这样,MOSFET 就可以作为一个阻值由过驱动电压控制的电阻[只要 $V_{DS} \ll 2(V_{GS}-V_{TH})$]。图 2.13 表示了这一概念。注意,与双极型晶体管不同,MOS 器件即使没有传输电流也可能导通。当 $V_{DS} \ll 2(V_{GS}-V_{TH})$ 时,我们说器件工作在深三极管区。

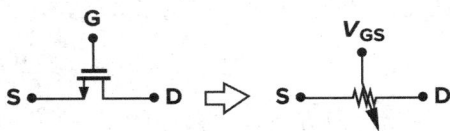

图 2.13　作为可控线性电阻的 MOSFET

---

① 也称为线性区。

例 2.1 ————————————————————————————————————

如图 2.14(a)中的电路,画出 M_1 的导通电阻随 V_G 的变化曲线。假设 $\mu_n C_{ox}=50\ \mu A/V^2$,$W/L=10$,$V_{TH}=0.3\ V$。注意漏端开路。

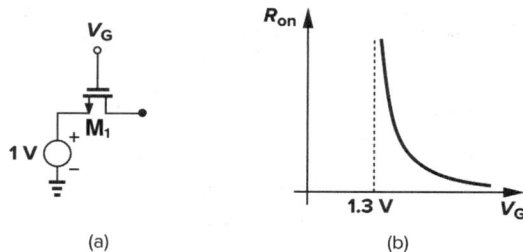

图 2.14

解:由于漏端开路,所以 $I_D=0$ 因而 $V_{DS}=0$。因此,假如器件是导通的,那么它工作于深三极管区。如果 $V_G<1\ V+V_{TH}$,那么 M_1 截止,$R_{on}=\infty$。如果 $V_G>1\ V+V_{TH}$,则可得

$$R_{on}=\frac{1}{50\mu A/V^2\times10(V_G-1V-0.3V)} \tag{2.12}$$

结果如图 2.14(b)所示。

——

MOSFETs 作为可控电阻在许多模拟电路中起着至关重要的作用,例如,在笔记本电脑中,压控电阻被用来调节时钟发生器的频率以使系统进入省电模式。MOSFET 也能作为开关使用,这将在第 13 章学习。

如果在图 2.11 中漏源电压大于 $V_{GS}-V_{TH}$,情况将会怎样? 实际上,当 $V_{DS}>V_{GS}-V_{TH}$ 时,漏极电流并不遵循抛物线特性。事实上,如图 2.15 所示,这时 I_D 相对恒定,我们说器件工作在"饱和区"[①]。为了理解这一现象,回顾式(2.4)可知,反型层局部的电荷密度正比于 $V_{GS}-V(x)-V_{TH}$。因此,如果 $V(x)$ 接近 $V_{GS}-V_{TH}$,则 $Q_d(x)$

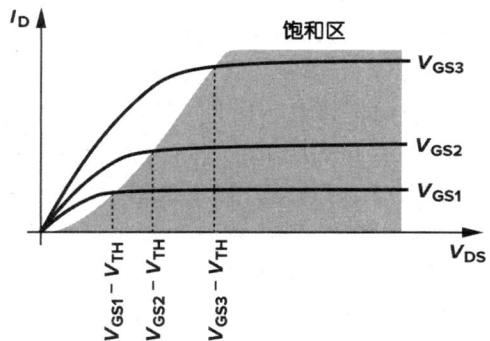

图 2.15　漏电流的饱和

将下降为 0,换句话说,如图2.16所示,如果 V_{DS} 略大于 $V_{GS}-V_{TH}$,则反型层将在 $x\leqslant L$ 处终止,我们称为沟道被夹断。随着 V_{DS} 的进一步升高,Q_d 等于 0 的点将逐渐向源移动。因此,在沟道长度方向的某些点处,栅和氧化层-硅界面之间的电势差不足以产生反型层。

在以上分析的基础上,对于饱和器件,我们再看式(2.7)。由于 Q_d 是**运动**电荷的密度,式(2.7)左边的积分必须取从 $x=0$ 到 $x=L'$,其中 L' 是 Q_d 下降到 0 的点(即图 2.16 中的 x_2),而等式右边则从 $V(x)=0$ 到 $V(x)=V_{GS}-V_{TH}$ 积分,结果是

————————————————————

① 注意在双极器件和 MOS 器件中饱和的区别。

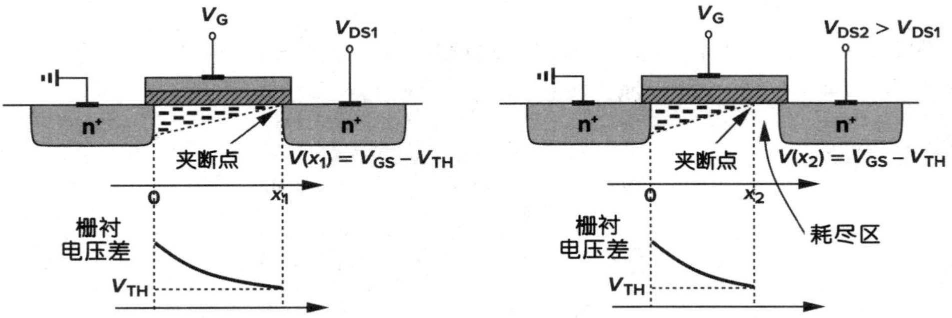

图 2.16　夹断特性

$$I_D = \frac{1}{2}\mu_n C_{ox}\frac{W}{L'}(V_{GS}-V_{TH})^2 \tag{2.13}$$

该式表明，如果 L' 近似等于 L，则 I_D 与 V_{DS} 无关。我们称为器件呈现"平方律"特性。如果 I_D 已知，那么 V_{GS} 由下式给出

$$V_{GS} = \sqrt{\frac{2I_D}{\mu_n C_{ox}\frac{W}{L'}}} + V_{TH} \tag{2.14}$$

　　我们必需强调指出，对于在饱和区工作的晶体管（在许多模拟电路中就是如此），源漏电压必须大于或等于过驱动电压。由于这个原因，有的书中写成 $V_{D,sat}=V_{GS}-V_{TH}$，这里 $V_{D,sat}$ 表示工作在饱和区所需的 V_{DS} 的最小值。正如本书后面所看到的那样，若漏端或栅端的信号摆幅使 V_{DS} 小于 $V_{GS}-V_{TH}$，就会出现一系列不良效应。因此，对于电路中的信号摆幅，过驱动电压（或 $V_{D,sat}$）的选择就转换为一定的电压余度：$V_{D,sat}$ 越大，信号可得到的电压余度越小。

　　式（2.8）和式（2.13）表示 NMOS 器件的大信号特性。即，只要器件导通，就可以利用式（2.8）和式（2.13）计算栅、源和漏在任意偏压下的漏电流。在电路分析时，由于这些方程的非线性特性带来的困难，我们常常采用线性近似（小信号模型）以增进对给定电路的理解。在 2.4.3 节中这会变得更加清晰。

　　对于 PMOS 器件，等式（2.8）和式（2.13）分别表示为

$$I_D = -\mu_p C_{ox}\frac{W}{L}\left[(V_{GS}-V_{TH})V_{DS}-\frac{1}{2}V_{DS}^2\right] \tag{2.15}$$

和

17

$$I_D = -\frac{1}{2}\mu_p C_{ox}\frac{W}{L'}(V_{GS}-V_{TH})^2 \tag{2.16}$$

这里出现负号是由于假设 I_D 从漏流向源，而空穴沿着相反的方向移动。注意，对于导通的 PMOS 器件，V_{GS}、V_{DS} 和 $V_{GS}-V_{TH}$ 都是负的。由于空穴的迁移率约为电子的 $1/2$，所以 PMOS 器件具有较低的"电流驱动"能力。

　　若 L 为常数，那么工作在饱和区的 MOSFET 构成一个连接源和漏的电流源，如图 2.17 所示。电流源是模拟设计中的一个重要元件。注意，NMOS 电流源向地注入电流而 PMOS 电流源从 V_{DD} 抽取电流。换句话说，每个电流源只有一个端点是"浮动"的（设计一个在电路的两个任意结点间流动的电流源是很困难的）。

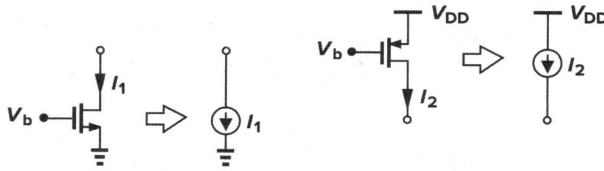

图 2.17　电流源

例 2.2

　　在 V_{DS}-V_{GS}平面上，显示出 NMOS 晶体管的工作的各个区域。

　　解： 由于 V_{DS}相对于 V_{GS}-V_{TH}的大小决定了 MOS 管的工作区域，我们在平面内画出线段 $V_{DS} = V_{GS} - V_{TH}$，如图 2.18 所示。如果 $V_{GS} > V_{TH}$，线段上面对应于饱和区，而下面就是三极管区。注意，对于给定的 V_{DS}，随着 V_{GS}的增加，器件最终会离开饱和区。工作在饱和区所需的最小的 V_{DS}也称为 $V_{D,sat}$。重要的是要记住 $V_{D,sat} = V_{GS} - V_{TH}$。

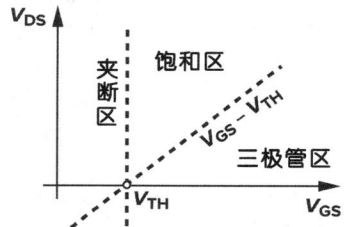

图 2.18　显示工作区域的 V_{DS}-V_{GS}平面

　　饱和区和三极管区的差别有可能被混淆，尤其是对 PMOS 器件。从直观上来讲，我们注意到，如果栅压和漏压之差不足以形成反型层，则沟道被夹断。图 2.19 形象地描绘了这一概念，当 NFET 的 $V_G - V_D$ 变到低于 V_{TH}时，夹断就会发生。同样地，如果 PFET 的 $V_D - V_G$ 不够大（$<|V_{THP}|$），则器件处于饱和状态。注意，这些都不需要知道源电压的值。而这一结论的前提是我们必须识别器件工作的漏端。对于 NFET(PFET)，电压更高（低）的定义为漏端。

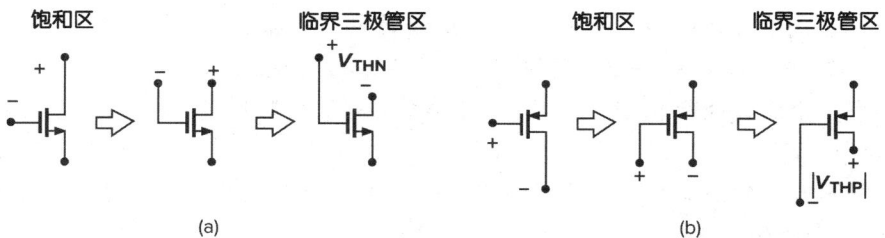

图 2.19　饱和区和三极管区示意图

2.2.3　MOSFET 的跨导

　　由于 MOSFET 工作在饱和区时，其电流受栅源过驱动电压控制，所以我们可以定义一个品质因素来表示电压转换电流的能力。更准确地说，由于在处理信号的过程中，我们要考虑电压和电流的**变化**,因此我们把这个品质因素定义为漏电流的变化量除以栅源电压的变化量。我们称之为"跨导"(通常定义在饱和区),并用 g_m 来表示,其数值表示为

$$g_m = \frac{\partial I_D}{\partial V_{GS}}\bigg|_{V_{DS,const}} \tag{2.17}$$

$$= \mu_n C_{ox} \frac{W}{L}(V_{GS} - V_{TH}) \tag{2.18}$$

从某种意义上来讲,g_m 代表了器件的灵敏度:对于一个大的 g_m 来讲,V_{GS} 的一个微小的改变将会引起 I_D 产生的很大的变化。g_m 的单位是 $1/\Omega$ 或西门子(S),例如 $g_m = 1/(100\Omega) = 0.01$ S。在模拟设计中,我们有时把 MOSFET 称为"跨导器"或"V/I 转换器",以表明它将电压变化转换为电流变化。值得注意的是,饱和区的 g_m 值等于深三极管区 R_{on} 的倒数。

读者可以证明,g_m 也可表示为

$$g_m = \sqrt{2\mu_n C_{ox} \frac{W}{L} I_D} \tag{2.19}$$

$$= \frac{2I_D}{V_{GS} - V_{TH}} \tag{2.20}$$

以上的每一个表达式均在图 2.20 中以曲线表示,它们在研究 g_m 随某一个参数变化(其它参数保持恒定)的特性时都是有用的。例如,式(2.18)表明,如果 W/L 保持恒定,则 g_m 随着过驱动电压的增加而增大,而式(2.20)表示,如果 I_D 恒定的话,g_m 随着过驱动电压的增大而减小。

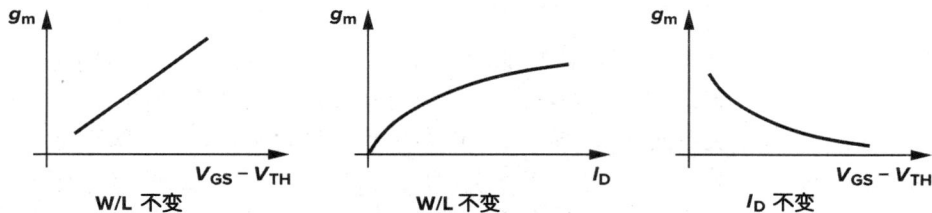

图 2.20 MOS 跨导随过驱动电压和漏电流的变化曲线

在上述 g_m 的表示式中,I_D 和 $V_{GS} - V_{TH}$ 是**偏置量**。例如,一个晶体管,其 $W/L = 5 \ \mu m/0.1 \ \mu m$,当偏置在 $I_D = 0.5$ mA 时,它的跨导为 $1/(200\Omega)$。施加信号后,I_D、$V_{GS} - V_{TH}$ 以及 g_m 都会**变化**,但在小信号分析中,我们假定:施加信号的幅值是如此之小,以致于其引起的这些参数的变化可以忽略。

式(2.19)表示,如果我们增加 W/L 但保持 I_D 不变,跨导可以任意地增大。这是不对的,我们将在 2.3 节给出修正。

正如下面的例子所示,器件工作在三极管区时,也可以应用跨导这一概念。

例 2.3 ————————————————————————————————

对图 2.21 所示的电路,画出跨导相对于 V_{DS} 的函数曲线。

解: 当 V_{DS} 从无穷大减小到零时来研究 g_m 的变化,会使这个问题变得简单。只要 $V_{DS} \geqslant V_b - V_{TH}$,$M_1$ 就处于饱和状态,I_D 和由式(2.19)所得的 g_m 就保持相对恒定。当漏压低于栅压一个阈值后,M_1 处于三极管区,此时

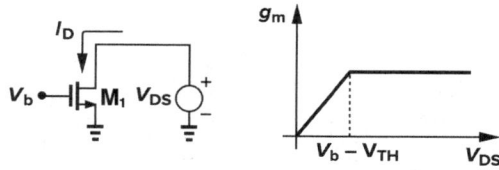

图 2.21

$$g_m = \frac{\partial}{\partial V_{GS}} \left\{ \frac{1}{2} \mu_n C_{ox} \frac{W}{L} \left[2(V_{GS} - V_{TH})V_{DS} - V_{DS}^2 \right] \right\} \qquad (2.21)$$

$$= \mu_n C_{ox} \frac{W}{L} V_{DS} \qquad (2.22)$$

因此,如图 2.21 曲线所示,如果器件进入三极管区,跨导将下降。因此,放大应用时,我们通常使 MOSFET 工作于饱和区。

对于 PMOS,饱和区的跨导可表示为

$$g_m = -\mu_p C_{ox}(W/L)(V_{GS} - V_{TH}) = -2I_D/(V_{GS} - V_{TH}) = \sqrt{2\mu_p C_{ox}(W/L)I_D}$$

2.3 二级效应

到目前为止,在分析 MOS 的结构时,我们引入了各种简化假设,其中有些在许多模拟电路中并不成立。在这一节,我们将介绍后续电路分析中不可缺少的三个二级效应。在纳米器件中出现的其它现象将在第 17 章中学习。

体效应

在图 2.10 的分析中,我们未加说明地假设晶体管的衬底和源是接地的。如果 NFET 的衬底电压减小到低于源电压时将会发生什么情况(图 2.22)?由于源结和漏结维持反向偏置,我们假定器件仍能正常工作,但是某些特性可能会改变。为了理解这种影响,假设 $V_S = V_D = 0$,而且 V_G 略小于 V_{TH} 以使栅下形成耗尽层但没有反型层存在。当 V_B 变得更负时,将有更多的空穴被吸引到衬底电极,而同时留下大量的负电荷,如图 2.23 所示,耗尽层变得更宽了。从公式(2.1)我们知道,阈值电压是耗尽层电荷总数的函数,因为在反型层形成之前,栅极电荷必定镜像 Q_d。因此,随着 V_B 的下降,Q_d 增加,V_{TH} 也增加。这称为"体效应"或"背栅效应"。

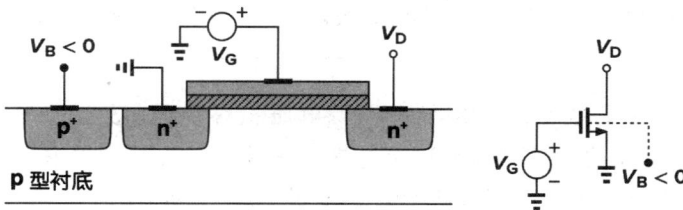

图 2.22 衬底加负偏压的 NMOS 器件

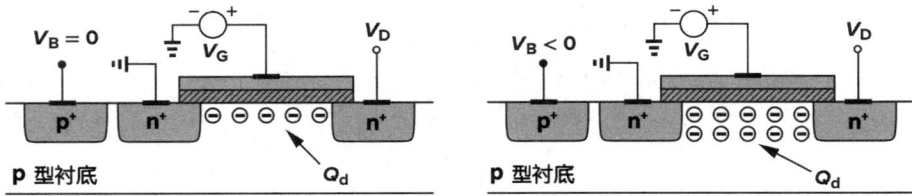

图 2.23　耗尽区电荷随衬底电压的变化

可以证明,在考虑体效应后,V_{TH} 为

$$V_{TH} = V_{TH0} + \gamma(\sqrt{|2\Phi_F + V_{SB}|} - \sqrt{|2\Phi_F|}) \tag{2.23}$$

式中 V_{TH0} 由式(2.1)给出,$\gamma = \sqrt{2q\varepsilon_{si}N_{sub}}/C_{ox}$,称为体效应系数,$V_{SB}$ 是源衬电势差[1]。γ 的典型值在 $0.3\ V^{1/2}$ 到 $0.4\ V^{1/2}$ 之间。

例 2.4

在图 2.24(a)中,假设 $V_{TH0} = 0.3\ V$,$\gamma = 0.4\ V^{1/2}$,而 $2\Phi_F = 0.7\ V$。如果 V_X 从 $-\infty$ 到 0 变化,画出漏电流的曲线。

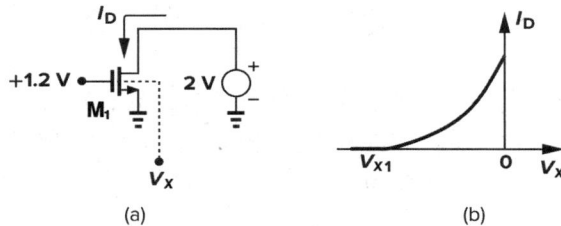

图 2.24

解:如果 V_X 足够负,M_1 的阈值电压将超过 1.2 V,导致器件关断。也就是

$$1.2V = 0.3 + 0.4(\sqrt{0.7 - V_{X1}} - \sqrt{0.7}) \tag{2.24}$$

由此可得 $V_{X1} = -8.83\ V$。由下式

$$I_D = \frac{1}{2}\mu_n C_{ox}\frac{W}{L}[V_{GS} - V_{TH0} - \gamma(\sqrt{2\Phi_F - V_X} - \sqrt{2\Phi_F})]^2 \tag{2.25}$$

可知,当 $V_{X1} < V_X < 0$ 时,I_D 上升。图 2.24(b)表示了 I_D 随 V_X 变化的特性。

产生体效应,并不需要改变衬底电势 V_{sub}:源电压相对于 V_{sub} 发生改变,会产生同样的现象。例如,考虑图 2.25(a)所示的电路,开始先忽略体效应。我们可以看到,当 V_{in} 变化时,由于漏电流恒等于 I_1,因此 V_{out} 会紧随输入变化。实际上,我们有

$$I_1 = \frac{1}{2}\mu_n C_{ox}\frac{W}{L}(V_{in} - V_{out} - V_{TH})^2 \tag{2.26}$$

由此式可得,如果 I_1 恒定,则 $V_{in} - V_{out}$ 也恒定(图 2.25(b))。

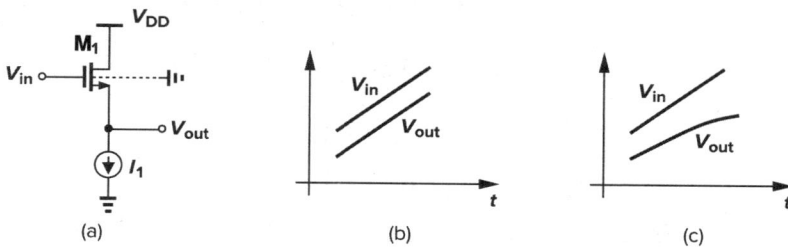

图 2.25 (a)源衬电压随输入电平变化;(b)不考虑体效应的输入输出电压;(c)考虑体效应的输入输出电压

现在假设衬底接地而且体效应很显著。那么当 V_{out} 随着 V_{in} 的增加而增加时,源和衬底之间的电压差将增大,导致 V_{TH} 的值增大。等式(2.26)表明为了保持 I_D 恒定,$V_{in}-V_{out}$ 必须增加(图 2.25(c))。

体效应通常是我们所不希望有的。如图 2.25(a),阈值电压的变化经常会使模拟电路(甚至数字电路)设计复杂化。器件工艺学家通过权衡 N_{sub} 和 C_{ox} 来使 γ 取一个合理的值。

例 2.5

式(2.23)表示,如果 V_{SB} 变负,则 V_{TH} 会减小,这是正确的吗?

解:这是正确的。如果 NMOS 器件的衬底电压高于源端,则 V_{TH} 会低于 V_{TH0}。此特性在那些由于高阈值电压使电路性能变差的低电压电路设计中被证明是有效的。人们可以偏置衬底来降低 V_{TH}。不幸的是,此方法对 NMOS 器件并不容易做到,因为这些器件通常公用同一衬底,但它可以很容易地用于单个 PMOS 器件。

22

沟道长度调制

在 2.2 节分析沟道夹断中,我们注意到,当栅和漏之间的电压差增大时,实际的反型沟道长度逐渐减小。也就是说,在式(2.13)中,L' 实际上是 V_{DS} 的函数。这一效应称为"沟道长度调制"。定义 $L'=L-\Delta L$,即 $1/L'\approx(1+\Delta L/L)/L$,并且假设 $\Delta L/L$ 和 V_{DS} 之间的关系是线性的,如 $\Delta L/L=\lambda V_{DS}$,在饱和区,我们得到

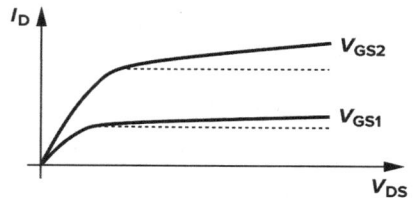

图 2.26 沟道长度调制效应所引起的饱和区有限斜率

$$I_D \approx \frac{1}{2}\mu_n C_{ox}\frac{W}{L}(V_{GS}-V_{TH})^2(1+\lambda V_{DS}) \quad (2.27)$$

式中 λ 是沟道长度调制系数。如图 2.26 所示,这种现象使 I_D/V_{DS} 特性曲线在饱和区出现非零斜率,因而使 D 和 S 之间电流源非理想。参数 λ 表示给定的 V_{DS} 增量所引起的沟道长度的相对变化量。因此,沟道越长,λ 值越小。

例 2.6

在三极管区,存在沟道长度调制效应吗?

解:不存在。在三极管区,沟道从源端到漏端是连续的,没有夹断,因此漏电压不能调制沟道的长度。

读者可能会注意到，当器件工作从三极管区到饱和区时电流表达式中的不连续性：

$$I_{\rm D,tri} = \frac{1}{2} \mu_{\rm n} C_{\rm ox} \frac{W}{L} \left[2(V_{\rm GS} - V_{\rm TH}) V_{\rm DS} - V_{\rm DS}^2 \right] \tag{2.28}$$

$$I_{\rm D,sat} = \frac{1}{2} \mu_{\rm n} C_{\rm ox} \frac{W}{L} \left[(V_{\rm GS} - V_{\rm TH})^2 (1 + \lambda V_{\rm DS}) \right] \tag{2.29}$$

在三极管区的边界，式(2.28)给出$(1/2)\mu_{\rm n} C_{\rm ox} W/L (V_{\rm GS} - V_{\rm TH})^2$，而式(2.29)多了一个因子：$1 + \lambda V_{\rm DS}$。这种不连续在更复杂的 MOSFET 模型中是不存在的（见第 17 章）

考虑到沟道长度调制，$g_{\rm m}$ 的某些表达式必须被修正。等式(2.18)和(2.19)分别修正为

$$g_{\rm m} = \mu_{\rm n} C_{\rm ox} \frac{W}{L} (V_{\rm GS} - V_{\rm TH})(1 + \lambda V_{\rm DS}) \tag{2.30}$$

$$= \sqrt{2 \mu_{\rm n} C_{\rm ox} (W/L) I_{\rm D} (1 + \lambda V_{\rm DS})} \tag{2.31}$$

23 而等式(2.20)保持不变。

例 2.7 ───────────

保持所有其它参数不变，当 $L = L_1$ 和 $L = 2L_1$ 时，画出 MOSFET 的 $I_{\rm D} \sim V_{\rm DS}$ 特性曲线。

解：根据

$$I_{\rm D} = \frac{1}{2} \mu_{\rm n} C_{\rm ox} \frac{W}{L} (V_{\rm GS} - V_{\rm TH})^2 (1 + \lambda V_{\rm DS}) \tag{2.32}$$

以及 $\lambda \propto 1/L$，我们注意到，如果沟道长度增加一倍，由于 $\partial I_{\rm D} / \partial V_{\rm DS} \propto \lambda / L \propto 1/L^2$，如图 2.27 所示，所以 $I_{\rm D}/V_{\rm DS}$ 的斜率将变为原来的 1/4（这仅当 $V_{\rm GS} - V_{\rm TH}$ 是常数时才正确）。若栅-源过驱动电压给定，L 越大，电流源越理想，但器件的电流能力减小。因此，也许需要按比例增大 W。事实上，如果加倍 W 使电流恢复到原来的值，那么斜率也会加倍。换句话说，对于所要求的电流和给定的过驱动电压，加倍沟道长度将会使斜率减为原来的 1/2。

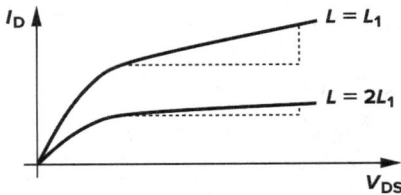

图 2.27 沟道长度加倍的影响

纳米设计注意 2.2

纳米晶体管存在各种缺陷，会显著地偏离平方律特性。下图是一个 $W/L = 5\ \mu\rm m/40\ nm$ 的 NFET 的实际 $I\text{-}V$ 特性，图中 $V_{\rm GS} = 0.3\ \rm V$，…，0.8 V。图中也给出了同一尺寸器件的平方律特性。尽管我们尽了最大的努力使这两个器件匹配，但是仍然能够观察到显著的差异。

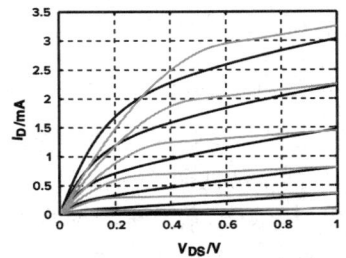

在短沟道晶体管中，$\Delta L/L \propto V_{\rm DS}$ 的线性近似精确度变得较低，导致饱和区 $I_{\rm D}\text{-}V_{\rm DS}$ 特性曲线的斜率不为常数。本书将在第 17 章中再讨论这一问题。

饱和状态下 $I_{\rm D}$ 与 $V_{\rm DS}$ 的关系似乎让人觉得：可以通过选择适当的漏-源电压来确定 MOSFET 的偏置电流，以允许自由地选择 $V_{\rm GS} - V_{\rm TH}$。然而，由于 $V_{\rm DS}$ 对漏电流的影响非常弱，所以

不用漏-源电压来确定电流。即,我们总是把 $V_{GS} - V_{TH}$ 作为确定电流的参数。V_{DS} 对于 I_D 的影响通常被认为是"缺陷",这一点将在第 5 章中学习。

亚阈值导电性

在分析 MOSFET 时,我们一直假设:当 V_{GS} 下降到低于 V_{TH} 时器件会突然关断。实际上,$V_{GS} \approx V_{TH}$ 时,一个"弱"的反型层仍然存在,并有一些源漏电流。甚至当 $V_{GS} < V_{TH}$,I_D 也并非是无限小,而是与 V_{GS} 呈现**指数**关系[2-3]。这种效应称作"亚阈值导电"。当 V_{DS} 大于 100 mV 左右时,这一效应可用公式表示为

$$I_D = I_0 \exp \frac{V_{GS}}{\zeta V_T} \tag{2.33}$$

式中,I_0 正比于 W/L,$\zeta > 1$,是一个非理想因子,$V_T = kT/q$。我们也称器件工作在弱反型区(当 $V_{GS} > V_{TH}$ 时,我们称器件工作在强反型区)。除了 ζ,式(2.33)类似于双极型晶体管中 $I_C - V_{BE}$ 的指数关系。这里的关键是当 V_{GS} 下降到低于 V_{TH} 时,漏电流以有限的速率下降。对于 ζ 的典型值,在室温时,要使 I_D 下降一个数量级,V_{GS} 必须下降约 80 mV,如图 2.28 所示。例如,如果在低压工艺中选择 0.3 V 为阈值电压,那么当 V_{GS} 下降到 0 时,漏极电流仅降低到原值的

图 2.28　MOS 亚阈值特性

$1/(5.62 \times 10^3)$,因为 $10^{0.3 \text{ V}/80 \text{ mV}} = 10^{3.75} \approx 5.62 \times 10^3$。例如,器件在 $V_{GS} = V_{TH}$ 时,$I_D = 1 \ \mu\text{A}$,如果我们有 1 亿个这样的器件,那么它们被关断时,这些器件将消耗 18 mA 的电流。尤其是在一些大型电路中,例如内存,亚阈值电导会产生较大的功耗(或使模拟信息丢失)。

如果 MOS 器件在 $V_{GS} < V_{TH}$ 时导通,那我们如何定义阈值电压?事实上已提出了很多种定义。一种可能是外推弱反型区和强反型区的 $I-V$ 特性(电流取对数坐标),其交点对应的电压定义为阈值电压,如图 2.28 所示。

现在我们再讨论式(2.19),以便确定 MOS 器件亚阈值区的跨导。保持 I_D 不变时增大 W 能得到任意大的跨导吗?在偏置电流相同的下,MOS 器件的跨导有可能超过双极型晶体管(I_C/V_T)的跨导吗?等式(2.19)是由平方律特性 $I_D = (1/2)\mu_n C_{ox}(W/L)(V_{GS} - V_{TH})^2$ 导出的。然而如果保持 I_D 不变时增大 W,则 $V_{GS} \rightarrow V_{TH}$,器件进入亚阈值。因此,由式(2.33)计算出的跨导是 $g_m = I_D/(\zeta V_T)$,这表明 MOSFET 的跨导特性比双极型晶体管差。

过驱动电压为何值时晶体管从强反型过渡到弱反型?尽管有些随意,我们还是把转换点定义为过驱动电压,记为 $(V_{GS} - V_{TH})_1$,在此点,电流相同时,对应的跨导相等:

$$\frac{I_D}{\xi V_T} = \frac{2I_D}{(V_{GS} - V_{TH})_1} \tag{2.34}$$

因此

$$(V_{GS} - V_{TH})_1 = 2\xi V_T \tag{2.35}$$

当 $\xi = 1.5$ 时,$(V_{GS} - V_{TH})_1$ 约为 80 mV。

在亚阈值区 I_D 与 V_{GS} 的指数关系或许会使人们想到:在这一区域使用 MOS 器件可以获得到较大的增益。但是由于只有当器件宽度 W 大或漏电流小才能满足这一条件,因而亚阈值电路的速度是非常有限的。

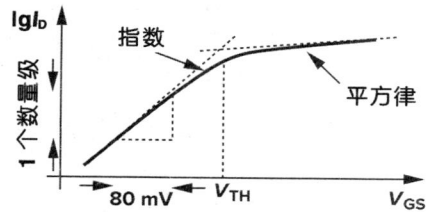

例 2.8

考察 MOSFET 的特性随漏"电流密度"I_D/W 之变化。

解:对于给定的漏电流和器件宽度,如何确定器件的工作区域? 我们必需同时考虑强反型和弱反型时的电流表达式:

$$I_D = \frac{1}{2}\mu_n C_{ox} \frac{W}{L}(V_{GS} - V_{TH})^2 \tag{2.36}$$

$$I_D = \alpha \frac{W}{L}\exp\frac{V_{GS}}{\xi V_T} \tag{2.37}$$

这里,我们忽略沟道长度调制效应,且用一个比例系 α 乘以 W/L 来表示式(2.33)中的 I_0。如果器件工作在强反型区时,我们不断减小 I_D 但保持 W/L 不变,将会发生什么? 我们能够简单地使 V_{GS} 接近 V_{TH} 以得到任意小的 $(V_{GS} - V_{TH})^2$? 当 V_{GS} 接近 V_{TH} 时,平方律表达式为何不成立?

为了回答这些问题,再次观察图 2.28 所示的曲线,我们注意到,只有电流大到一定值后,器件才能工作于强反型区。换句话说,对于给定的电流和 W/L,我们必须从平方律表达式和指数表达式得到 V_{GS},并取其中的较小者:

$$V_{GS} = \sqrt{\frac{2I_D}{\mu_n C_{ox}W/L}} + V_{TH} \tag{2.38}$$

$$V_{GS} = \xi V_T \ln\frac{I_D}{\alpha W/L} \tag{2.39}$$

若 I_D 保持不变而 W 增加,V_{GS} 会减小,使器件从强反型区进入弱反型区。

电压限制

如果 MOSFETs 的端电压差超过限制(如器件做"应力"实验时),则会发生各种不良效应。在高的栅-源电压下,栅氧将发生不可恢复的击穿,从而毁坏晶体管。在短沟道器件中,一个相当大的源-漏电压会使漏极周围的耗尽层变宽,结果耗尽层会到达源区周围,从而产生一个很大的漏电流(这一效应称为"穿通"效应)。当端电压差超过某一特定值时,即使没有击穿,MOSFET 的特性也会产生永久性的变化。这些效应将在第 17 章讨论。

2.4 MOS 器件模型

2.4.1 MOS 器件版图

掌握一些 MOSFET 版图的知识对后续章节的学习是有好处的。这里只作简单的介绍,而制造细节和结构技巧将放到后面的第 18、19 章中讨论。

MOSFET 的版图由电路中的器件所要求的电特性和工艺要求的设计规则共同决定。例如,选择适当的 W/L 来确定跨导和其它电路参数,而 L 的最小值由工艺决定。除了栅极外,源和漏的面积也必须正确地确定。

图 2.29 所示的是 MOSFET 的鸟瞰图和俯视图。多晶硅栅和源及漏端一般连接到具有

低电阻和电容的金属(铝)互连线上。为了实现这一目的,在每个区域必须有一个或多个"接触窗口",这些窗口填满了金属并与上层金属线连接。注意,多晶硅栅要超出沟道区域一定的量以确保晶体管的边缘有安全的定界。

源结和漏结在晶体管的性能中起着重要的作用。为了使它们的电容最小,每个结的总面积必须最小。由图 2.29 可见,结的一个尺寸等于 W,而另外的尺寸必须足够大以满足接触孔的需要,并由工艺设计规则决定[①]。

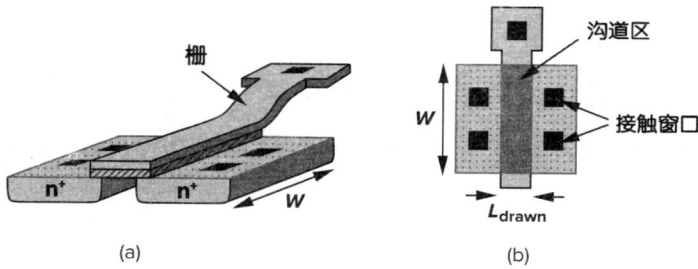

图 2.29　MOS 器件的鸟瞰图和俯视图

例 2.9

画出如图 2.30(a)所示电路的版图。

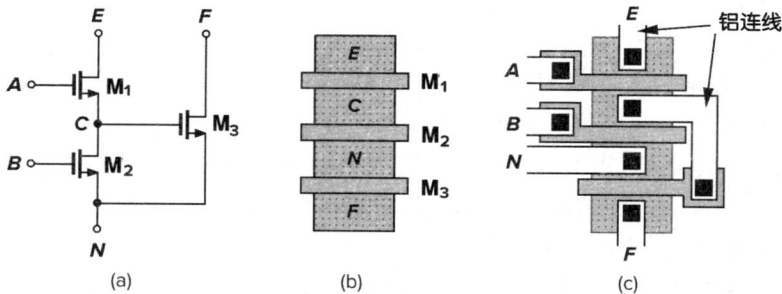

图 2.30

解:注意到 M$_1$ 和 M$_2$ 在结点 C 共用一个 S/D 结,而 M$_2$ 和 M$_3$ 在结点 N 也是这样,我们可将三个晶体管的版图布局为图 2.30(b)所示。连接剩下的端子,可以得到如图 2.30(c)的版图。注意,M$_3$ 的多晶硅栅不能直接连接到 M$_1$ 的源的材料上,因而需要一个金属互连。

2.4.2　MOS 器件电容

考虑了体效应和沟道长度调制的修正,前面得到的基本的 I-V 平方律关系可以合理地解释 CMOS 电路的直流特性。然而在许多模拟电路中,器件电容也必须加以考虑以便预测其

---

① 其尺寸通常是允许的沟道长度最小值的 3 到 4 倍。

高频特性。

我们认为电容存在于 MOSFET 的四个端子中任意两个之间（图 2.31）[①]。

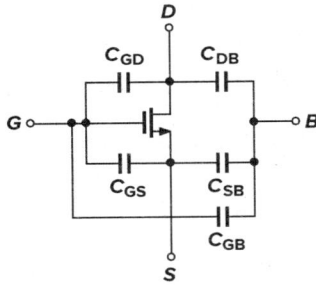

图 2.31　MOS 电容

纳米设计注意 2.3

新一代的 CMOS 工艺引入了鳍式场效应晶体（FinFET）。与传统的"平面"器件不同，FinFET 是一种三维器件。如下图所示，它由一个 n^+ 薄墙（类似鲨鱼的鳍）和围绕该墙的栅构成，晶体管电流沿着鳍的表面从源端流到漏端。由于栅中两个垂直墙间电场的强有力的限制，FinFET 呈现很小的沟道长度调制效应和亚阈值泄漏电流。但是在哪里制作源和漏的接触呢？FinFET 中我们还会面临其它什么问题？在本书的后面我们会继续讨论这些问题。

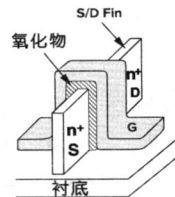

此外，这些电容中每一个电容的值可以由晶体管的偏置情况决定。考虑图 2.32（a）所示的实际结构，我们把电容分为以下几类：

(1) 栅和沟道之间的氧化层电容 $C_1 = WLC_{ox}$；

(2) 衬底和沟道之间的耗尽层电容 $C_2 = WL\sqrt{q\varepsilon_{si}N_{sub}/(4\Phi_F)}$；

(3) 多晶硅栅与源和漏的覆盖而产生的电容 C_3 和 C_4。由于边缘电力线的原因，C_3 和 C_4 不能简单地记作 WL_DC_{ox}，通常需要通过复杂的计算得到。每单位宽度的覆盖电容用 C_{ov} 表示，单位为 F/m（或 $fF/\mu m$），栅源和栅漏覆盖电容等于 $C_{ov}W$。

(4) 源/漏区与衬底之间的结电容。如图 2.32（b）所示，这个电容一般分解为两部分：与结的底部相关的下极板电容 C_j 和由于结周边引起的侧壁电容 C_{jsw}。区别这些电容是必要的，因为对于 S/D 结，不同晶体管几何结构产生不同的面积和周长。用 C_j 和 C_{jsw} 分别表示单位面积的电容（F/m^2）和单位长度的电容（F/m）。注意每个结电容都可以表示为 $C_j = C_{j0}/[1+V_R/\Phi_B]^m$，式中 V_R 是结的反向电压，Φ_B 是结的内建电势，幂指数 m 的值一般在 0.3 到 0.4 之间。

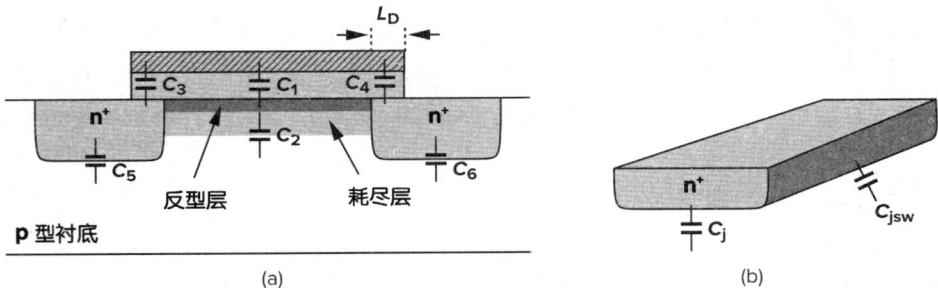

图 2.32　(a)MOS 器件电容；(b)S/D 结电容分解为下极板电容和侧壁电容两部分

[①]　S 和 D 之间的电容是可以忽略不计的。

例 2.10

计算如图 2.33 所示的两个结构中源和漏的结电容。

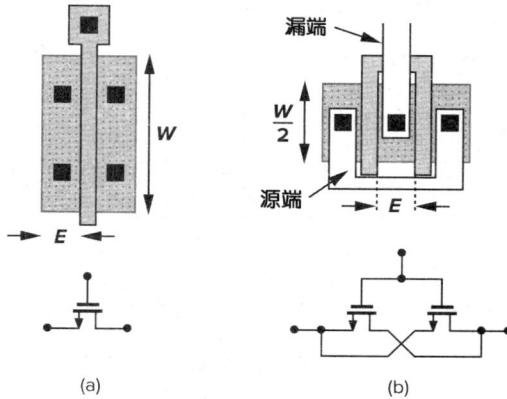

图 2.33

解：对于图 2.33(a)中的晶体管,有

$$C_{DB} = C_{SB} = WEC_j + 2(W + E)C_{jsw} \tag{2.40}$$

而对于图 2.33(b),有

$$C_{DB} = \frac{W}{2}EC_j + 2\left(\frac{W}{2} + E\right)C_{jsw} \tag{2.41}$$

$$C_{SB} = 2\left[\frac{W}{2}EC_j + 2\left(\frac{W}{2} + E\right)C_{jsw}\right] \tag{2.42}$$

$$= WEC_j + 2(W + 2E)C_{jsw} \tag{2.43}$$

图 2.33(b)的几何结构称作"折叠"结构。W/L 相同时,它的漏结电容比图 2.33(a)的小得多。

在上面的计算中,我们假设源或漏的总周长 $2(W + E)$ 与 C_{jsw} 相乘。实际上,面对沟道的侧壁电容不同于其它侧壁的电容[1]。不过我们通常假设四个侧面的单位面积电容是相等的。由于电路中的每个结点都与其它许多器件电容相连接,所以这一假设所导致的误差是可以忽略的。

现在我们推导处于不同工作区域的 MOSFET 的各端子之间的电容。器件关断时,$C_{GD} = C_{GS} = C_{ov}W$,栅-衬底电容由氧化层电容和耗尽层电容串联得到(图 2.32(a)),即 $C_{GB} = (WLC_{ox})C_d/(WLC_{ox} + C_d)$,式中 L 是有效长度,$C_d = WL\sqrt{q\varepsilon_{si}N_{sub}/(4\Phi_F)}$,$\varepsilon_{si} = \varepsilon_{r,si} \times \varepsilon_0 = 11.8 \times (8,864 \times 10^{-14})$F/cm。$C_{SB}$ 和 C_{DB} 的值是源电压和漏电压相对于衬底电压的函数。

在深三极管区,也就是说,如果 S 和 D 有近似相等的电压,那么栅-沟道电容,WLC_{ox},被栅源和栅漏平分。这是因为栅压的改变量 ΔV 从 S 和 D 上抽取了相同数量的电荷。因此,$C_{GD} = C_{GS} = WLC_{ox}/2 + WC_{ov}$。

现在我们考虑 C_{GD} 和 C_{GS}。在饱和区,MOSFET 的栅-漏电容大约为 WC_{ov}。至于 C_{GS},我

---

[1]　这是因为其它侧壁被沟槽包围(见第 18 章)。

们注意到,栅和沟道之间的电势差从源极的 V_{GS} 变化到夹断点的 V_{TH},从而导致栅氧化层中的垂直电场沿着沟道方向不均匀。可以证明,不考虑栅-源覆盖电容,这一结构的等效电容等于 $2WLC_{ox}/3$[1]。因此 $C_{GS}=2WL_{eff}C_{ox}/3+WC_{ov}$。$C_{GD}$ 和 C_{GS} 在不同工作区域的特性曲线如图 2.34 所示。注意,以上的等式并没有提供从一个工作区域到另一个区域的平滑过渡,因而在模拟过程中引起了收敛性问题。这一问题将在第 17 章中再次讨论。

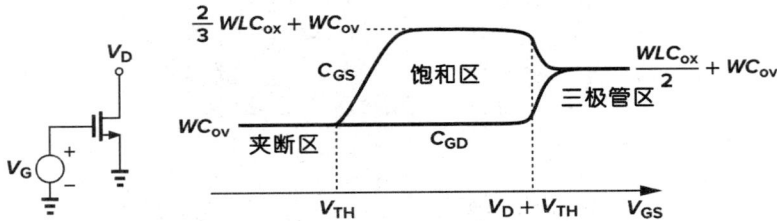

图 2.34   栅源和栅漏电容随 V_{GS} 的变化曲线

栅-衬底电容在三极管区和饱和区通常被忽略,因为反型层在栅和衬底之间起了"屏蔽"的作用。换句话说,如果栅电压发生变化,电荷是由源和漏提供,而不是由衬底提供。

例 2.11

假设 $V_{TH}=0.3\,\text{V}$,而 $\lambda=\gamma=0$,绘出图 2.35 中当 V_X 从 0 到 3 V 变化时 M_1 的电容草图。

解:为了避免混淆,我们在图 2.35 中标出了三个端点而衬底用 B 表示。当 $V_X\approx0$ 时,M_1 处于三极管区,$C_{EN}\approx C_{EF}=(1/2)WLC_{ox}+WC_{ov}$,$C_{FB}$ 达到最大。C_{NB} 的值与 V_X 无关。当 V_X 超过 1 V 时,源和漏的作用将互换(图 2.36(a)),最终,当 $V_X\geqslant2\text{V}-0.3\text{V}$ 时,M_1 脱离三极管区。电容的变化如图 2.36(b)和(c)所示。

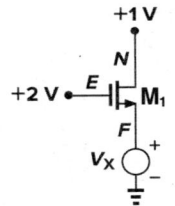

图 2.35

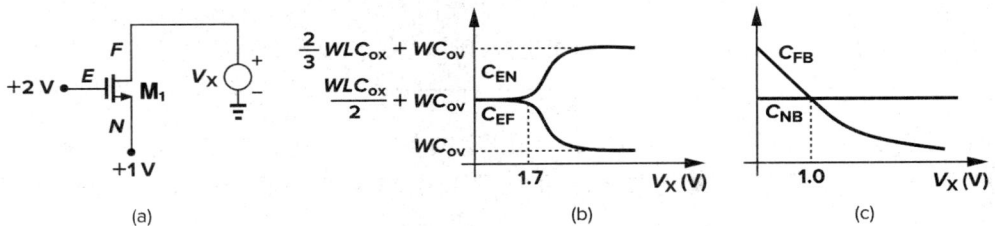

图 2.36

2.4.3 MOS 小信号模型

式(2.8)和式(2.9)表示的平方律特性以及以上得到的与电压有关的电容构成了 MOS-FET 的大信号模型。在对信号会显著影响偏置工作点的电路进行分析时,尤其是要考虑非线性效应的情况下,这一模型被证明是不可缺少的。相反,如果信号对偏置影响小,那么就可以用小信号模型简化计算。小信号模型是工作点附近的大信号模型的近似。由于在许多模拟电路中 MOSFETs 偏置在饱和区,这里我们导出其相应的小信号模型。对于用作开关的晶体管,由式(2.11)所决定的线性电阻和器件电容等价于一个粗糙的小信号模型。

我们可以通过在偏置点上产生一个小的增量,并计算它所引起的其它偏置参数的增量来得到小信号模型。具体步骤如下:(1)给器件的各个端子施加一个偏置电压;(2)在两个端子之间产生一个电压增量而其它端子的电压保持不变;(3)测量所有端子电流的变化。假设两个端子之间电压的增量为 ΔV,所导致的某支路电流的变化量测量值为 ΔI,这一效果可以用电压控制的电流源来表示。我们让栅源端产生一个电压增量 $\Delta V = V_{GS}$,这里 V_{GS} 表示小信号量[①]。$\Delta V = V_{GS}$ 所引起的漏电流的增量为 $g_m V_{GS}$,它可以用连接在漏源之间的压控电流源来模拟(图2.37(a))。栅电流非常小,其变化可以忽略,因此,这里没有必要表征。该结果是理想 MOS-FET 的小信号模型,模拟设计者在一个电路的设计初期,会用此模型模拟大多数 MOS 器件。

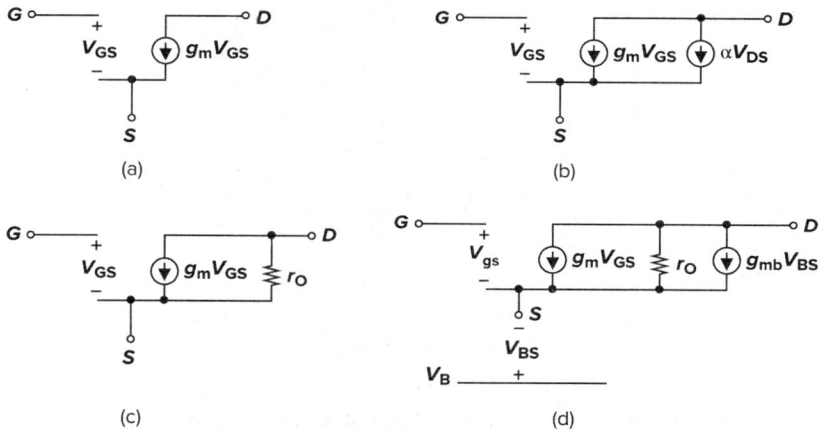

图 2.37 (a)基本 MOS 小信号模型;(b)用独立电流源来表示沟道长度调制效应;
(c)用电阻来表示沟道长度调制效应;(d)体效应用独立电流源表示

由于沟道长度调制,漏电流也随着漏-源电压变化。这一效应也可用一个压控电流源模拟,如图 2.37(b)所示,但是,如果一个电流源的电流值与它两端的电压成线性关系,则该电流源就等效于一个线性阻抗,如图 2.37(c)所示(为什么?)。连接于 D 和 S 之间的电阻可由下式得到

---

① 在本书中,我们用大写字母表示大信号或小信号量,从内容上可以明显区分。

$$r_0 = \frac{\partial V_{DS}}{\partial I_D} \tag{2.44}$$

$$= \frac{1}{\partial I_D / \partial V_{DS}} \tag{2.45}$$

$$= \frac{1}{\frac{1}{2}\mu_n C_{ox} \frac{W}{L}(V_{GS} - V_{TH})^2 \lambda} \tag{2.46}$$

$$\approx \frac{1 + \lambda V_{DS}}{\lambda I_D} \tag{2.47}$$

$$\approx \frac{1}{\lambda I_D} \tag{2.48}$$

式中假定 $\lambda V_{DS} \ll 1$。正如我们在本书中看到的，输出电阻 r_0 影响模拟电路的许多特性。例如，它会限定大多数放大器的最大电压增益。

我们已经知道，衬底电势影响阈值电压，因而也影响栅-源过驱动电压。如例 2.4 所示，在所有其它端子保持恒定电压的情况下，漏电流是衬底电压的函数。也就是说，衬底相当于第二个栅。用连接于 D 和 S 之间的电流源模拟这一关系，其电流值为 $g_{mb}V_{bs}$，式中 $g_{mb} = \partial I_D / \partial V_{BS}$。在饱和区，$g_{mb}$ 可表示如下：

$$g_{mb} = \frac{\partial I_D}{\partial V_{BS}} \tag{2.49}$$

$$= \mu_n C_{ox} \frac{W}{L}(V_{GS} - V_{TH})\left(-\frac{\partial V_{TH}}{\partial V_{BS}}\right) \tag{2.50}$$

我们又有

$$\frac{\partial V_{TH}}{\partial V_{BS}} = -\frac{\partial V_{TH}}{\partial V_{SB}} \tag{2.51}$$

$$= -\frac{\gamma}{2}(2\Phi_F + V_{SB})^{-\frac{1}{2}} \tag{2.52}$$

因此

$$g_{mb} = g_m \frac{\gamma}{2\sqrt{2\Phi_F + V_{SB}}} \tag{2.53}$$

$$= \eta g_m \tag{2.54}$$

式中 $\eta = g_{mb}/g_m$，典型值约为 0.25。正如我们所预料的，g_{mb} 与 γ 成正比。等式(2.53)也表明，当 V_{SB} 增加时，体效应的效果会变弱。注意，$g_m V_{GS}$ 和 $g_{mb} V_{BS}$ 有相同的极性，也就是，增大栅电压与增大衬底电压效果相同。

图 2.37(d)的模型对于多数低频小信号分析来说是足够的。实际上，MOSFET 的每个端子都有一个由材料(和接触孔)的电阻率所决定的欧姆电阻，然而恰当的版图能使电阻最小。例如，图 2.33 所示的两个结构，考虑了栅分布电阻后，重画于图 2.38。我们注意到，折叠结构将栅电阻降低到原值的 1/4。

图 2.39 是包括器件电容在内的完整的小信号模型。每个电容值都由 2.4.2 节得出的公式计算。读者也许想知道，如果每个晶体管都必须由图 2.39 中的模型替代，那么，怎样才能直观地分析一个复杂的电路呢？基本方法是确立**最简单**的器件模型，只要求该模型能以合理的精度来表征每个晶体管功能。我们将在第 3 章末给出完成这一任务的一些指导原则。

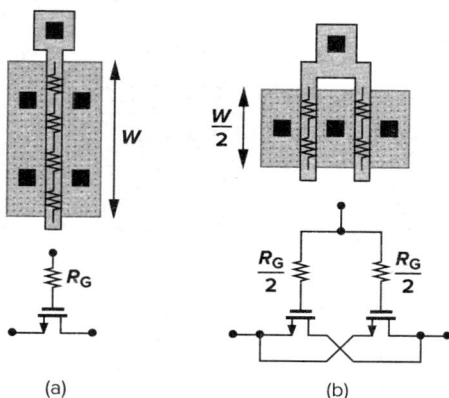

图 2.38　折叠结构减小栅电阻

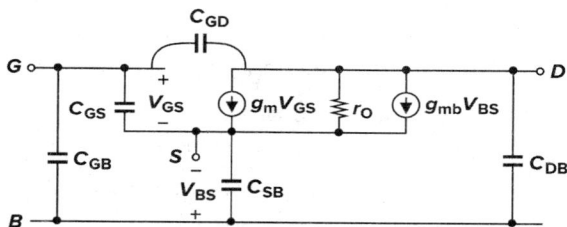

图 2.39　完整的 MOS 小信号模型

例 2.12

画出图 2.40 中 M_1 的 g_m 和 g_{mb} 随偏置电流 I_1 的变化草图。

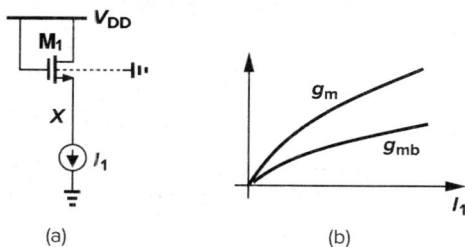

图 2.40

解：由于 $g_m = \sqrt{2\mu_n C_{ox}(W/L)I_D}$，我们有 $g_m \propto \sqrt{I_1}$。g_{mb} 与 I_1 的函数关系不是很直接。当 I_1 增加时，V_X 减小，因而 V_{SB} 也会减小。

33

PMOS 小信号模型

小信号模型的推导是寻找由于端电压之差的变化所引起的端电流的变化。如同 NMOS 一样，我们也可以**精确**地建立 PMOS 小信号模型。例如，我们考虑图 2.41(a)所示的电路，让

电压源 V_1 产生一个小的增量(仍保持 M_1 工作在饱和区),测量 I_D 的变化。假设 V_1 变得更正,使 V_{GS} 更**负**。由于现在晶体管具有更大的过驱动电压,通过晶体管的电流变大,因而 I_D 变得更负了(按图中所示的方向,I_D 是负的,因为实际的空穴电流是从源流到漏)。因此,负的 ΔV_{GS} 产生负的 ΔI_D。反过来说,正的 ΔV_{GS} 产生正的 ΔI_D,如同 NMOS 器件一样。

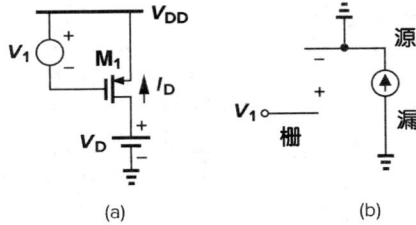

图 2.41   PMOS 器件的(a)小信号测量和(b)小信号模型

在电路图中,我们通常将 PMOS 器件的源端画在上面,而漏端画在下面,这是因为源端的电压更正。这种惯例在图示小信号模型时会使人迷惑。我们画出上述电路的小信号模型,这里假设没有沟道长度调制,见图 2.41(b)。该模型表示,压控电流源电流的指向是**向上**,给人的(错误的)印象是,在 PMOS 模型中电流的方向与 NMOS 模型中电流方向是相反的。读者要警惕,避免这种混淆,要记住,NMOS 器件和 PMOS 器件的小信号模型是相同的。

除非另外说明,在本书中,我们假设所有 NFETs 的衬底与最负的电源(通常是地)相连接,而 PFETs 的衬底与最正的电源(通常是 V_{DD})相连接。

2.4.4   MOS SPICE 模型

为了在电路模拟中描述晶体管的特性,像 SPICE 和 Cadence 这样的模拟器要求每个器件都有一个精确的模型。在过去的 30 年中,MOS 建模已取得了巨大的进步,达到了相当高的水平,已经可以描述短沟道器件的高阶效应。

这一节我们阐述最简单的一级 MOS SPICE 模型,并给出 $0.5~\mu m$ 工艺模型参数的典型值。第 17 章会描述更精确的 SPICE 模型。表 2.1 为 NMOS 和 PMOS 器件的模型参数。

表 2.1   一级 SPICE 模型(NMOS 和 PMOS 器件)

NMOS 模型			
LEVEL=1	VTO=0.7	GAMMA=0.45	PHI=0.9
PSUB=9e+14	LD=0.08e−6	UO=350	LAMBDA=0.1
TOX=9e−9	PB=0.9	CJ=0.56e−3	CJSW=0.35e−11
MJ=0.45	MJSW=0.2	CGDO=0.4e−9	JS=1.0e−8
PMOS 模型			
LEVEL=1	VTO=−0.8	GAMMA=0.4	PHI=0.8
NSUB=5e+14	LD=0.09e−6	UO=100	LAMBDA=0.2
TOX=9e−9	PB=0.9	CJ=0.94e−3	CJSW=0.32e−11
MJ=0.5	MJSW=0.3	CGDO=0.3e−9	JS=0.5e−8

这些参数定义如下：

VTO：	$V_{SB}=0$ 时的阈值电压	（单位：V）
GAMMA：	体效应系数	（单位：$V^{1/2}$）
PHI：	$2\Phi_F$	（单位：V）
TOX：	栅氧厚度	（单位：m）
NSUB：	衬底掺杂浓度	（单位 cm^{-3}）
LD：	源/漏侧扩散长度	（单位：m）
UO：	沟道迁移率	（单位：$cm^2/V/s$）
LAMBDA：	沟道长度调制系数	（单位：V^{-1}）
CJ：	单位面积的源/漏结电容	（单位：F/m^2）
CJSW：	单位长度的源/漏侧壁结电容	（单位：F/m）
PB：	源/漏结内建电势	（单位：V）
MJ：	CJ 公式中的幂指数	（无单位）
MJSW：	CJSW 等式中的幂指数	（无单位）
CGDO：	单位宽度的栅-漏覆盖电容	（单位：F/m）
CGSO：	单位宽度的栅-源覆盖电容	（单位：F/m）
JS：	源/漏结单位面积的漏电流	（单位：A/m^2）

2.4.5　NMOS 与 PMOS 器件的比较

在大多数 CMOS 工艺中，PMOS 器件的性能比 NMOS 器件差。例如，由于空穴的迁移率小，$\mu_p C_{ox} \approx 0.25 \mu_n C_{ox}$，导致了低的电流驱动能力和跨导。另外，对于给定的器件尺寸和偏置电流，NMOS 晶体管呈现出较高的输出电阻，为放大器中提供了更理想的电流源和更高增益。因此，只要可能，人们往往更倾向于采用 NFETs 而不是 PFETs。

2.4.6　长沟道器件与短沟道器件的比较

在这一章中，我们对 MOSFET 器件作了简单的分析以便理解器件基本工作原理。大多数处理对"长沟道"器件（最小长度大约为几个 μm 左右）是有效的。对短沟道 MOSFETs，这里导出的许多关系式必须重新考虑并加以修正。此外，模拟现代器件所必需的 SPICE 模型比一级模型要复杂得多。例如，用表 2.1 的器件参数计算得到的本征增益 $g_m r_O$，比实际值要大得多。这一问题将在第 17 章中研究。

读者可能要问，如果这种简单分析不能很正确预测电路的特性，为什么我们还以这种简单的分析开始？关键是这一简单模型提供了模拟电路分析中所必需的许多直觉知识。正如我们在本书看到的那样，我们经常需要在直觉和严密之间折中，我们的方法是首先建立直觉，然后逐步完善我们的理解，这样也可以达到精确目标。

2.5 附录 A:鳍式场效应晶体管(FinFET)

新的 CMOS 工艺代("节点")中的晶体管已从二维结构迁移到名为"FinFET"的三维结构。当沟道长度小于 20 nm 时,这种器件性能优越。事实上,FinFET 的 I - V 特性非常接近平方律特性,这使得简单的大信号模型再次变得有价值。

如图 2.42(a)所示,FinFET 由一个垂直的硅鳍、生长在鳍上的电介质层(即氧化层)和淀积在电介质层上的多晶硅或金属构成。在栅压的控制下,电流从鳍的一端流向另一端。它的俯视图与平面 MOSFET 晶体管类似[图 2.42(b)]。

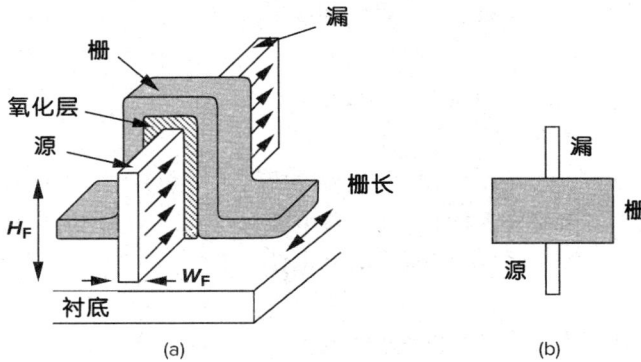

图 2.42 (a)FinFET 的结构;(b)俯视图

在图 2.42(a)中,很容易识别栅长,但栅宽是多少呢?我们注意到,电流在鳍的三个面上流动,因此,沟道宽度等于鳍的宽度 W_F 加上两倍的鳍高 H_F:$W = W_F + 2H_F$。W_F 的典型值约为 6 nm,而 H_F 约为 50 nm。

因为电路的设计者无法控制 H_F 的值,这似乎只能选择 W_F 以使 $W_F + 2H_F$ 满足所需要的沟道宽度。然而,W_F 会影响器件的性能,例如源和漏的串联电阻、沟道长度调制和亚阈值电导等二级效应。由于这个原因,鳍的宽度 W_F 也是固定的,这意味着晶体管的宽度只能取离散数值。例如,若 $W_F + 2H_F = 100$ nm,要设计更宽的晶体管,只能增加鳍的数目,且增量为 100 nm 的倍数(图 2.43)。鳍之间的间隔 S_F 对器件的性能有重要影响,也是固定的。

由于本征 FinFET 的尺寸很小,其栅接触和源/漏的接触均必须远离器件的核心部分。图
36 2.44 给出了单鳍结构和双鳍结构的细节。

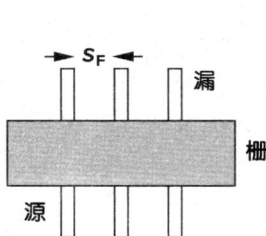

图 2.43 具有多个鳍的 FinFET

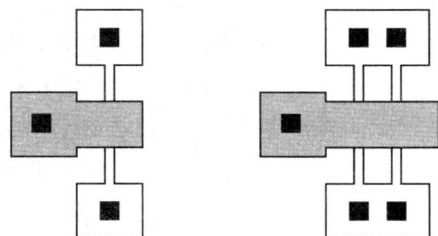

图 2.44 单鳍和双鳍的晶体管的版图

2.6　附录 B：用作电容器的 MOS 器件的特性

在这一章中,我们把对 MOS 器件的处理局限在一个基本的层次上。但是,MOSFET 作为电容器的特性值得引起重视。我们知道,如果 NFET 的源、漏和衬底接地,而栅电压升高,那么 $V_{GS} \approx V_{TH}$ 时反型层开始形成。我们也知道,当 $0 < V_{GS} < V_{TH}$ 时,器件工作在亚阈值区。

现在考虑图 2.45 中的 NFET。这个晶体管可以被看作是一个两端的器件,因此对于不同的栅电压,它的电容是可以测出的。我们从一个很负的栅电压开始,栅上的负电势将把衬底中的空穴吸引到氧化层界面。我们说 MOSFET 工作在"积累区"。由于电容器的"两极板"被 t_{ox} 分离,这个两端器件可以认为是单位面积电容为 C_{ox} 的电容器。

随着 V_{GS} 的上升,界面空穴密度下降,在氧化层下开始形成耗尽层,器件进入了弱反型。在这一模型中,电容为 C_{ox} 和 C_{dep} 的串联。最后,当 V_{GS} 超过 V_{TH} 时,氧化硅-硅界面形成沟道,单位面积电容仍为 C_{ox}。图 2.46 画出了这个特性曲线。

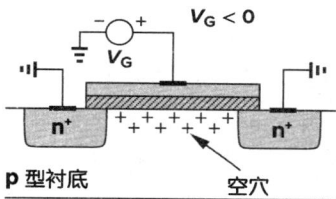

图 2.45　工作在积累模式的 NMOS

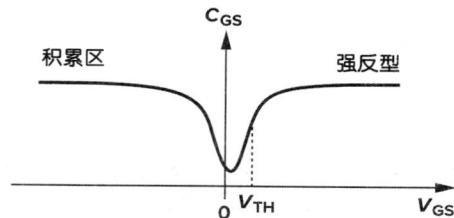

图 2.46　NMOS 器件的电容-电压特性

参考文献

[1] R. S. Muller and T. I. Kamins. *Device Electronics for Integrated Circuits*. Second Ed., New York:Wiley,1986.

[2] Y. Tsividis. *Operation and Modeling of the MOS Transistor*. Second Ed., Boston: McGraw-Hill,1999.

[3] Y. Taur and T. H. Ning. *Fundamentals of Modern VLSI Devices*. New York:Cambridge University Press,1998.

习题

除非另外说明,在下列习题中,都使用表 2.1 中的器件数据,如果涉及 V_{DD},则 $V_{DD}=3$ V。

2.1　$W/L=50/0.5$,假设 $|V_{DS}|=3$ V,当 $|V_{GS}|$ 从 0 上升到 3 V 时,画出 NFET 和 PFET 的漏电流随 V_{GS} 变化曲线。

2.2　$W/L=50/0.5$,$|I_D|=0.5$ mA,计算 NMOS 和 PMOS 的跨导和输出阻抗,以及本征增益 $g_m r_O$。

2.3　导出用 I_D 和 W/L 表示的 $g_m r_O$ 的表达式。画出以 L 为参数的 $g_m r_O \sim I_D$ 的曲线。注意 $\lambda \propto 1/L$。

2.4 分别画出 MOS 晶体管的 $I_D \sim V_{GS}$ 曲线:(a)以 V_{DS} 作为参数;(b)以 V_{BS} 为参数,并在特性
曲线中标出夹断点。

2.5 对于图 2.47 的每个电路,画出 I_x 和晶体管跨导关于 V_x 的函数曲线草图,V_x 从 0 变化
到 V_{DD}。在(a)中,假设 V_x 从 0 变化到 1.5 V。

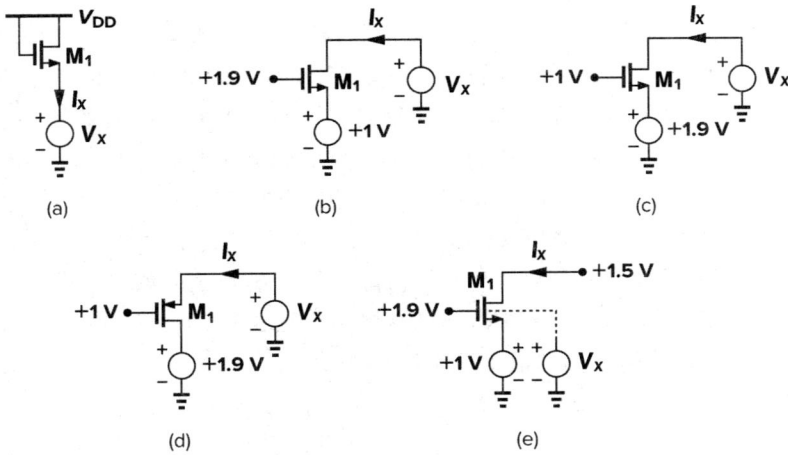

图 2.47

38

2.6 对于图 2.48 的每个电路,画出 I_x 和晶体管跨导关于 V_x 的函数曲线草图。V_x 从 0 变
化到 V_{DD}。

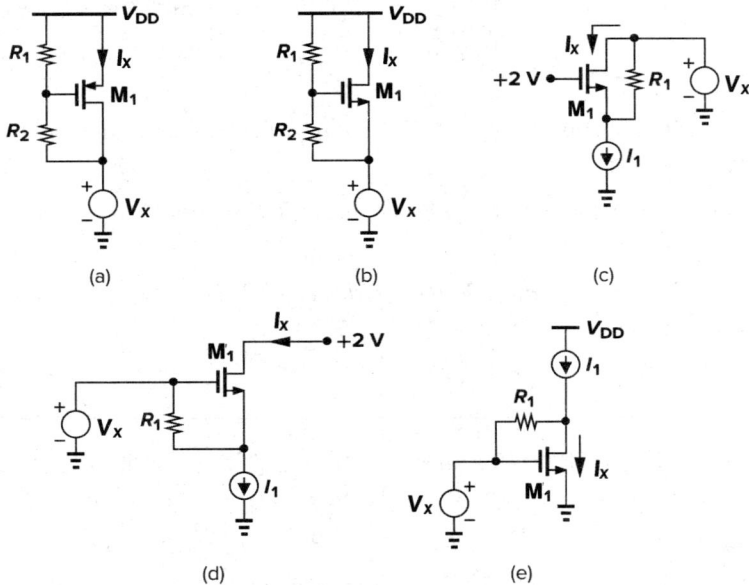

图 2.48

2.7　对于图 2.49 的每个电路，画出 V_{out} 关于 V_{in} 的函数曲线草图。V_{in} 从 0 变化到 V_{DD}。

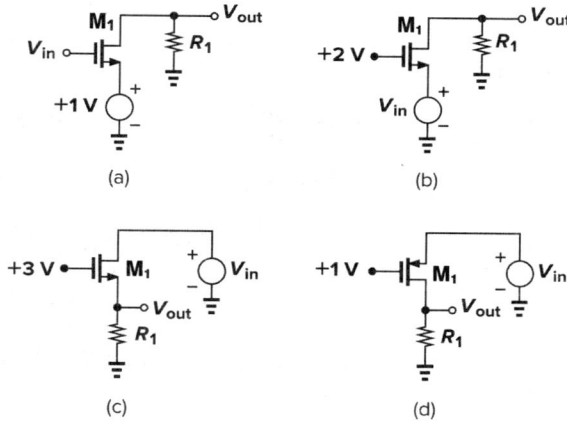

图 2.49

2.8　对于图 2.50 的每个电路，画出 V_{out} 关于 V_{in} 的函数曲线草图。V_{in} 从 0 变化到 V_{DD}。

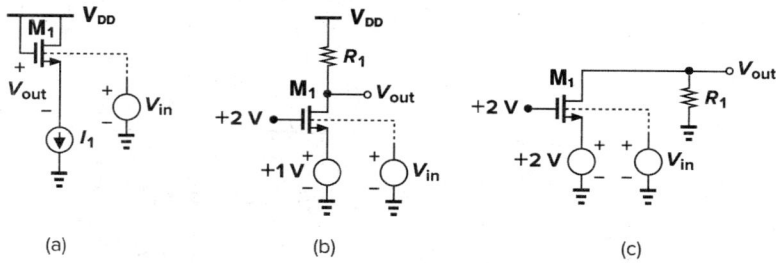

图 2.50

2.9　对于图 2.51 的每个电路，画出 I_x 和 V_x 关于时间的函数曲线草图。C_1 的初始电压等于 3 V。在(e)中，假设开关在 $t=0$ 时刻断开。

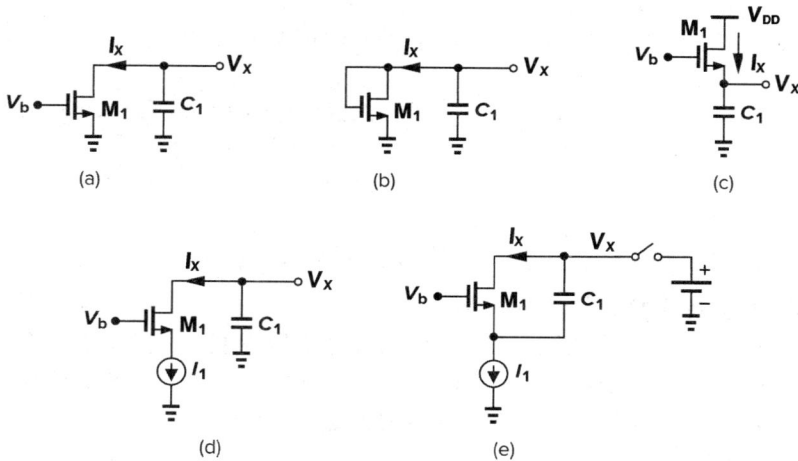

图 2.51

2.10 对于图 2.52 的每个电路,画出 V_X 和 I_X 关于时间的函数曲线草图。C_1,C_2 的初始电压
分别为 1 V,3 V。

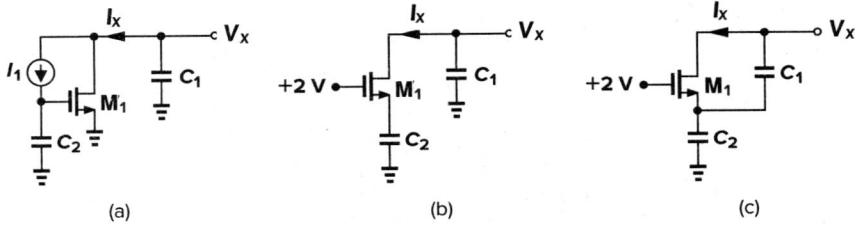

图 2.52

40

2.11 对于图 2.53 的每个电路,画出 V_X 关于时间的函数曲线草图。每个电容器的初始电压
如图所示。

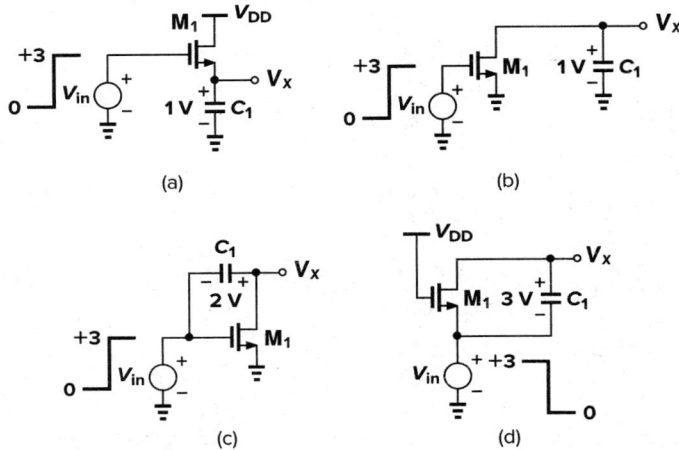

图 2.53

2.12 对于图 2.54 的每个电路,画出 V_X 关于时间的函数曲线草图,每个电容器的初始电压
如图所示。

2.13 MOSFET 的特征频率(transit frequency)f_T,定义为源和漏端交流接地时,器件的小信
号电流增益下降为 1 的频率。

(a)证明

41

$$f_T = \frac{g_m}{2\pi(C_{GD} + C_{GS})} \tag{2.55}$$

注意,f_T 不包括 S/D 结电容的影响。

(b)假设栅电阻 R_G 比较大,且器件等效为 n 个晶体管的排列,其中每个晶体管的栅电
阻等于 R_G/n。证明器件的 f_T 与 R_G 无关,仍等于式(2.55)给定的值。

(c)对于给定的偏置电流,通过增加晶体管的宽度(因此晶体管的电容也增加)可以使工
作在饱和区所需的漏-源电压最小。利用平方律特性曲线证明

$$f_T = \frac{\mu_n}{2\pi} \frac{V_{GS} - V_{TH}}{L^2} \tag{2.56}$$

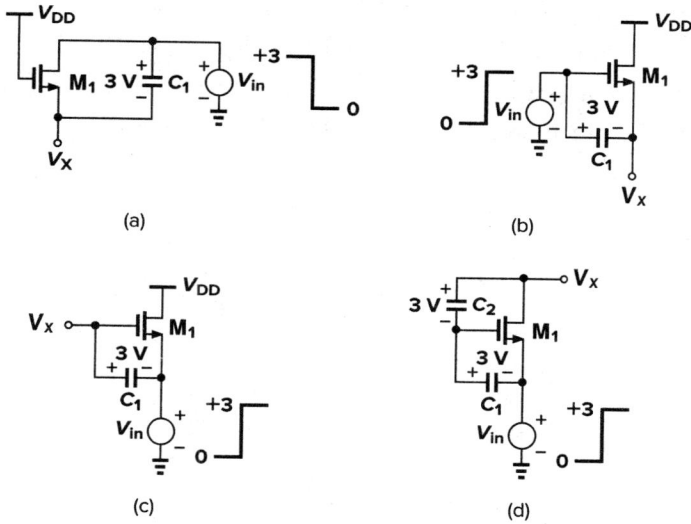

图 2.54

这个关系表明:当所设计的器件工作于较低电源电压时,速度是如何被限制的。

2.14　计算 MOS 器件在亚阈值区的 f_T,并将这一结果与习题 2.13 中的结果进行比较。

2.15　已知 NMOS 器件,$W=50\ \mu m$,$L=0.5\ \mu m$,工作在饱和区,计算其所有的电容。假设 S/D 区(横向)最小尺寸为 $1.5\ \mu m$,结构如图 2.33(b)所示,是折叠的。求当漏电流为 $1\ mA$ 时 f_T 的值。

2.16　考虑如图 2.55 所示的结构,求 I_D 关于 V_{GS} 和 V_{DS} 的函数关系,并证明这一结构可看作宽长比等于 $W/(2L)$ 的晶体管。假设 $\lambda=\gamma=0$。

2.17　已知 NMOS 器件工作在饱和区。如果(a) I_D 恒定,(b) g_m 恒定,画出 W/L 关于 $V_{GS}-V_{TH}$ 的函数曲线。

2.18　如图 2.56 所示的晶体管,尽管处在饱和区,解释不能作为电流源使用的原因。

2.19　将体效应视为"背栅效应",直观地解释为什么 γ 正比于 $\sqrt{N_{sub}}$,而反比于 C_{ox}。

2.20　"环形"MOS 结构如图 2.57 所示,解释器件是如何工作的,并估算其等效宽长比。比较这种结构与图 2.33 中所示结构的漏结电容。

2.21　假设我们有一个封装好的 NMOS 晶体管,其四个引脚未标志。利用欧姆表测定器件的直流特性以确定栅、源/漏和衬底端,说明所必需的最少检测步骤。

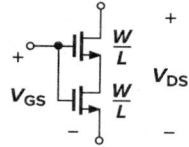

图 2.55

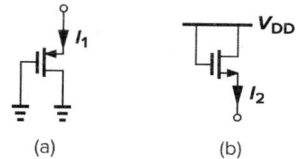

图 2.56

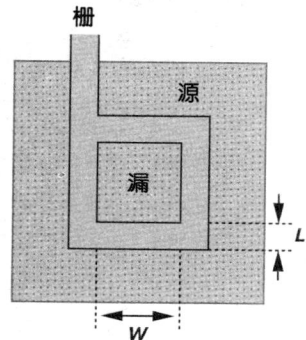

图 2.57

2.22 如果器件类型(NFET 或者 PFET)未知,重做习题 2.21。

2.23 对于一个 NMOS 的晶体管,阈值电压已知,但是 $\mu_n C_{ox}$ 和 W/L 未知。假设 $\lambda = \gamma = 0$。如果不能单独测量 C_{ox},是否可以设计出直流检测试验的顺序以测定 $\mu_n C_{ox}$ 和 W/L?如果有两个晶体管,一个的宽长比是另一个的两倍,情况又如何?

2.24 在图 2.58 中,以 V_G 为参数,对于每一个组合结构,画出 I_X 关于 V_X 的函数曲线草图和其等效跨导草图,假设 $\lambda = \gamma = 0$。

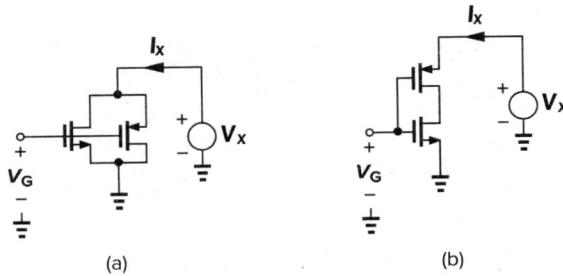

图 2.58

2.25 NMOS 电流源,$I_D = 0.5$ mA,工作时漏-源电压必须低至 0.4 V。如果所需的最小输出阻抗为 20 kΩ,计算器件的长度和宽度。如果器件是折叠结构,如图 2.33 所示,且 $E = 3\ \mu m$,计算其栅-源、栅-漏、源-衬底电容。

2.26 如图 2.59 所示的电路,X 结点的初始电压等于 V_{DD},假设 $\lambda = \gamma = 0$,且忽略其它电容,如果(a)V_{in} 是一个幅度为 $V_0 > V_{TH}$ 的正阶跃,(b)V_{in} 是一个幅度为 $V_0 = V_{TH}$ 的负阶跃,画出这两种情形中 V_X 和 V_Y 关于时间的函数曲线。

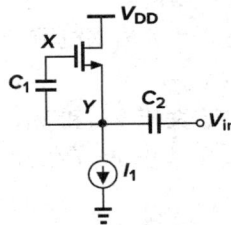

图 2.59

2.27 已知 NMOS 器件工作于亚阈值区,ζ 为 1.5,求引起 I_D 变化一个数量级所需的 V_{GS} 的变化量。如果 $I_D = 10\ \mu A$,求 g_m 的值。

2.28 考虑 $V_G = 1.5$ V 且 $V_S = 0$ 的 NMOS 器件。解释如果将 V_D 不断减小到低于 0 V 或者将 V_{sub} 不断增大到 0 V 以上,将会发生什么情况?

2.29 考虑图 2.60 所示的电路,解释 V_G 增加时,夹断点会发生什么变化。

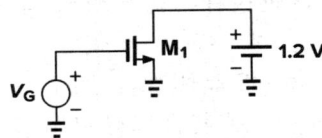

图 2.60

2.30　根据图 2.20,画出当 W/L 为常数时的 $I_D \sim (V_{GS} - V_{TH})$ 关系曲线和 $(V_{GS} - V_{TH}) \sim I_D$ 关系曲线,以及当 I_D 为常数时的 $W/L \sim (V_{GS} - V_{TH})$ 关系曲线。

2.31　图 2.61 是一个 NMOS 器件的平方律特性曲线,其 $W/L_{drawn} = 5$ μm$/40$ nm,$t_{ox} = 1.8$ nm。图中 V_{GS} 等步长增加。估算 μ_n、V_{TH}、λ 和 V_{GS} 的步长。

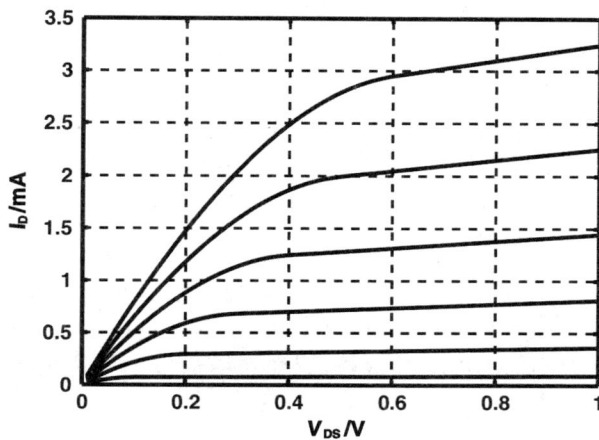

图 2.61

第 3 章

单级放大器

在大多数模拟电路和许多数字电路中,放大是一个基本的功能。我们放大一个模拟或数字信号是因为这个信号太小而不能驱动负载,不能克服后继的噪声或者是不能为数字电路提供逻辑电平。放大在反馈系统中也起着重要的作用(见第 8 章)。

本章中,我们将要研究 CMOS 单级放大器的低频特性。在分析每个电路的大信号特性和小信号特性时,我们建立一些直观的方法和模型,这些方法和模型对于理解更复杂的系统被证明是有效的。电路设计者任务的一个重要部分就是采用适当的近似来建立复杂电路的简单的模型。这样获得的直觉知识使我们通过观察就能用公式表示大多数电路的特性,而不需要通过冗长的计算。

我们将首先回顾一些基本概念,之后讨论四种类型的放大器:共源结构、共栅结构、源跟随器和共源共栅结构。对每一种类型放大器,我们从简化模型着手,逐渐地再考虑诸如沟道长度调制和体效应之类的二级效应。

3.1 应用

你是否随身携带放大器?是的,极有可能。你的手机、笔记本电脑和数码相机等都包含了各种类型的放大器。你手机中的接收器必须检测和放大天线接收的小信号,因此在接收器前端需要一个"低噪声"放大器(简称 LNA)(图 3.1)。当信号沿接收链传输时,它还要经过其它放大器进一步放大,以使其能达到可接受的高电平。要做到这一点并不容易,因为除了有用信号非常小外,天线还会接收到附近别的用户传播的强信号("干扰")。你手机中的发射器也同样要使用放大器,它放大麦克风产生的信号并最终输送给天线。这种传输必需的"功率放大器"(PA),会消耗电池的大部分能量,其设计至今仍然很有挑战性。

3.2 概述

一个理想放大器的输出 $y(t)$ 是输入 $x(t)$ 的线性复制:

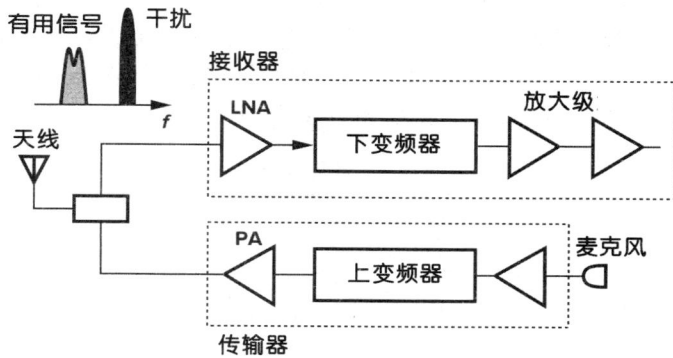

图 3.1　通用 RF 接收器

$$y(t) = \alpha_1 x(t) \qquad (3.1)$$

式中 α_1 表示增益。因为事实上输出信号是叠加在偏置（直流工作）点 α_0 上的，因此我们把总的输出表示为 $y(t) = \alpha_0 + \alpha_1 x(t)$。在这种情形下，电路的输入-输出（大信号）特性是一条直线（图 3.2(a)）。然而，当信号幅度变得更大时，晶体管的偏置点受到很大扰动，增益（特性曲线的斜率）开始**变化**（图 3.2(b)）。这种非线性特性可以用一个多形式来近似：

$$y(t) = \alpha_0 + \alpha_1 x(t) + \alpha_2 x^2(t) + \cdots + \alpha_n x^n(t) \qquad (3.2)$$

非线性放大器会使有用信号失真，或使输入端共存的几种信号之间产生不需要的相互作用。

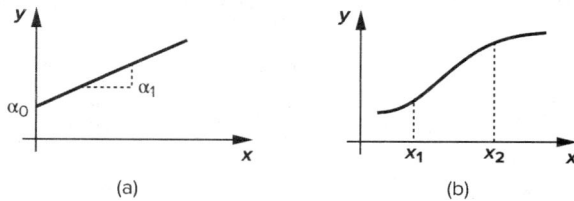

图 3.2　(a)线性系统和(b)非线性系统的输入输出特性

　　放大器性能的哪些参数比较重要？除增益和速度之外，还有功耗、电源电压、线性度、噪声和最大电压摆幅等参数也是重要的。更进一步，输入输出阻抗决定电路该如何与前级和后级互相配合。在实际中，这些参数中的大多数都会互相牵制，这将导致设计变成一个多维优化的问题。如图 3.3"模拟电路设计的八边形法则"所示，这样的折中选择、互相制约对高性能放大器的设计提出了许多难题，要靠直觉和经验才能得到一个较佳的折中方案。

　　表 3.1 是本章要研究的放大器结构的预览。可以看出，共源级（CS）比其它结构的应用

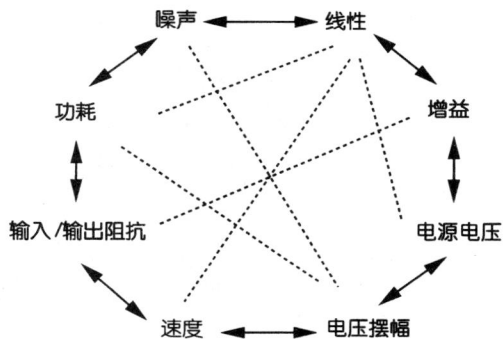

图 3.3　模拟电路设计的八边形法则

范围更宽。对于这些放大器,我们必须注意以下两个方面:(1)建立合适的偏置条件,使每个晶体管具有确定的静态电流和电压,以便提供所需的跨导和输出电阻;(2)当输入和输出的信号使偏置输入发生小的或大的偏离时分析电路的特性(分别对应小信号分析和大信号分析)。在
46 本章我们处理大信号分析,小信号分析推迟到第 5 章。

表 3.1　放大器分类

共源级	源跟随器	共栅级	共源共栅级
电阻负载	电阻偏置	电阻负载	套筒结构
二极管连接方式的负载	电流源偏置	电流源负载	折叠式
电流源负载			
有源负载			
源极负反馈			

3.3　共源级

3.3.1　采用电阻作负载的共源级

借助于自身的跨导,MOS 管可以将栅-源电压的变化转换成小信号漏极电流,小信号漏电流流过电阻就会产生输出电压。在图 3.4(a)中,共源级就起到了这样的作用[①]。

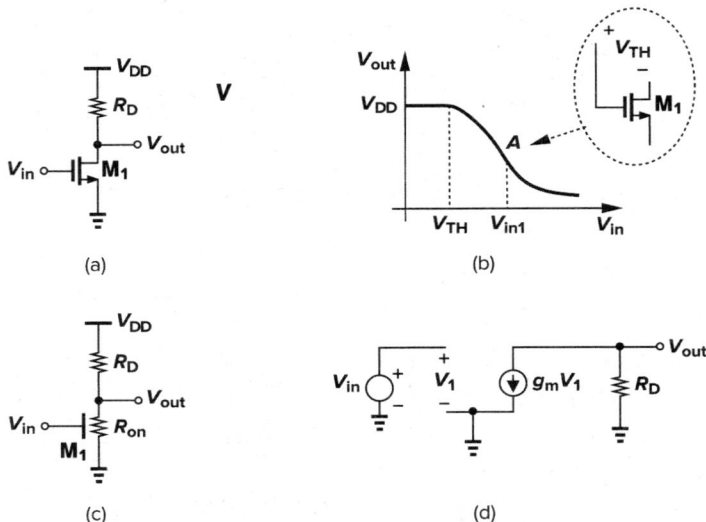

图 3.4　(a)共源级;(b)输入-输出特性;(c)MOS 管工作在深线性区的等效电路;
(d)饱和区的小信号模型

[①]　共源级定义为在栅端输入信号,在漏端输出信号。

　　电路的大信号和小信号的特性我们都要研究。需要指出的是,电路的输入阻抗在低频时非常高。

　　如果输入电压从零开始增大,M_1 截止,$V_{out}=V_{DD}$[如图 3.4(b)所示]。当 V_{in} 接近 V_{TH} 时,M_1 开始导通,电流流经 R_D,使 V_{out} 减小。不管 V_{DD} 和 R_D 为何值,M_1 导通后工作在饱和区(为什么?),因此,我们可以得到

$$V_{out} = V_{DD} - R_D\, \frac{1}{2}\mu_n C_{ox} \frac{W}{L}(V_{in}-V_{TH})^2 \tag{3.3}$$

这里忽略了沟道长度调制效应。进一步增大 V_{in},V_{out} 下降更多,管子继续工作在饱和区,直到 $V_{in}=V_{out}+V_{TH}$(图 3.4(b)中 A 点)。在 A 点处满足

$$V_{in1} - V_{TH} = V_{DD} - R_D\, \frac{1}{2}\mu_n C_{ox} \frac{W}{L}(V_{in1}-V_{TH})^2 \tag{3.4}$$

从上式中可以计算出 $V_{in1}-V_{TH}$,并进一步计算出 V_{out}。

　　当 $V_{in}>V_{in1}$ 时,M_1 工作在线性区:

$$V_{out} = V_{DD} - R_D\, \frac{1}{2}\mu_n C_{ox} \frac{W}{L}\left[2(V_{in}-V_{TH})V_{out} - V_{out}^2\right] \tag{3.5}$$

如果 V_{in} 足够高以使 M_1 进入深线性区,$V_{out}\ll 2(V_{in}-V_{TH})$,从图 3.4(c)的等效电路可以得到

$$V_{out} = V_{DD}\, \frac{R_{on}}{R_{on}+R_D} \tag{3.6}$$

$$= \frac{V_{DD}}{1 + \mu_n C_{ox}\frac{W}{L}R_D(V_{in}-V_{TH})} \tag{3.7}$$

　　因为在线性区跨导会下降,我们通常要确保 $V_{out}>V_{in}-V_{TH}$,工作在图 3.4(b)中 A 点的左侧。用式(3.3)表征输入输出特性,并把它的斜率看作小信号增益,我们可以得到

$$A_v = \frac{\partial V_{out}}{\partial V_{in}} \tag{3.8}$$

$$= -R_D \mu_n C_{ox}\frac{W}{L}(V_{in}-V_{TH}) \tag{3.9}$$

$$= -g_m R_D \tag{3.10}$$

这个结果可以从下面的观察中直接得到:M_1 将输入电压的变化 ΔV_{in} 转换为漏极电流的变化 $g_m\Delta V_{in}$,进一步转换为输出电压的变化 $-g_m R_D\Delta V_{in}$。从图 3.4(d)的小信号等效电路也可以得到同样的结果:$V_{out} = -g_m V_1 R_D = -g_m V_{in} R_D$。请注意,这里 V_{in}、V_1 和 V_{out} 都是小信号,如第 2 章所述。

　　虽然 $A_v = -g_m R_D$ 是为小信号工作而推导出的,但是,如果电路的输入是**大信号**摆幅,该式也能预计某些结果。从 $g_m = \mu_n C_{ox}\frac{W}{L}(V_{GS}-V_{TH})$ 可以看出,g_m 本身随输入信号变化。因此在大信号时,电路的增益发

纳米设计注意 3.1

　　在纳米技术中,共源级的性能如何? 附图是其输入-输出特性的模拟结果,电路和器件的参数是:$W/L=2\ \mu m/40\ nm$,$R_D=2\ k\Omega$,$V_{DD}=1\ V$。可以看出,输入在 0.4～0.6 V 时,增益约为 3。增益没有明显下降的输出摆幅被限制在 0.3～0.8 V。

生显著的变化。也就是说，如果电路的增益随信号摆幅**变化**较大，那么电路工作在大信号状态。增益对信号电平的依赖关系导致了非线性（见第 14 章），通常这是不希望的结果。

这里的关键是：若要将非线性减至最低程度，增益等式必须是与信号有关的参数（例如 g_m）的弱函数。在本章和第 14 章我们将提供一些与此有关的例子。

例 3.1 ——

画出图 3.4(a) 中 M_1 的漏电流和跨导随输入电压变化的草图。

解：当 $V_{in} > V_{TH}$ 时，漏电流显著增大，如果 $R_{on1} \ll R_D$，它将最终接近 V_{DD}/R_D（图 3.5(a)）。在饱和区，$g_m = \mu_n C_{ox} \dfrac{W}{L}(V_{in} - V_{TH})$，当 $V_{in} > V_{TH}$ 时，跨导将开始增大。在线性区，$g_m = \mu_n C_{ox} \dfrac{W}{L} V_{DS}$，当 V_{in} 超出 V_{in1} 之后，g_m 将会下降（图 3.5(b)）。根据式(3.5)，读者可以证明

$$A_v = \frac{\partial V_{out}}{\partial V_{in}} = -\frac{\mu_n C_{ox}(W/L)R_D V_{out}}{1 + \mu_n C_{ox}(W/L)R_D(V_{in} - V_{TH} - V_{out})} \tag{3.11}$$

当 $V_{out} = V_{in} - V_{TH}$（$A$ 点），A_v 达到最大值。

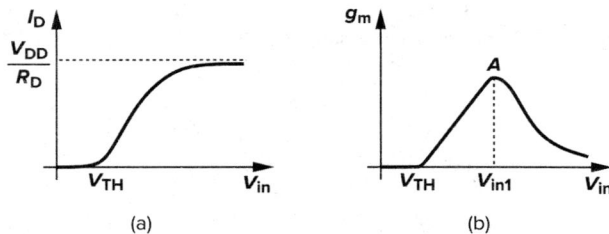

图 3.5

例 3.2 ——

一个共源级，输入 $V_{in} = V_1 \cos\omega_1 t + V_0$，其中 V_0 是偏置电压值，V_1 足以驱动晶体管进入关断和三极管区。画出晶体管跨导随时间变化的草图。

解：我们首先画出输出电压的草图（图 3.6），请注意，当 $V_{in} = V_1 + V_0$ 时，V_{out} 最小，M_1 工作在三极管区，假设 g_m 较小。随着 V_{in} 的下降，V_{out} 和 g_m 开始增加，在 $t = t_1$ 时刻（此时 $V_{in} - V_{out} = V_{TH}$），$M_1$ 进入饱和区，g_m 达到最大（为什么？）。当 V_{in} 进一步下降时，I_D 和 g_m 开始下降。在 $t = t_2$ 时刻，$g_m = 0$。

我们注意到：(a) 由于电压增益近似等于 $-g_m R_D$，所以增益随时间的变化与 g_m 相同；(b) g_m 周期性地变化[①]。

如何才能使共源级的增益达到最大值呢？将式(3.10)写为

$$A_v = -\sqrt{2\mu_n C_{ox}\frac{W}{L}I_D}\frac{V_{RD}}{I_D} \tag{3.12}$$

—————————————

① 在更高级的课程中，甚至可以用傅里叶级数表示 g_m。

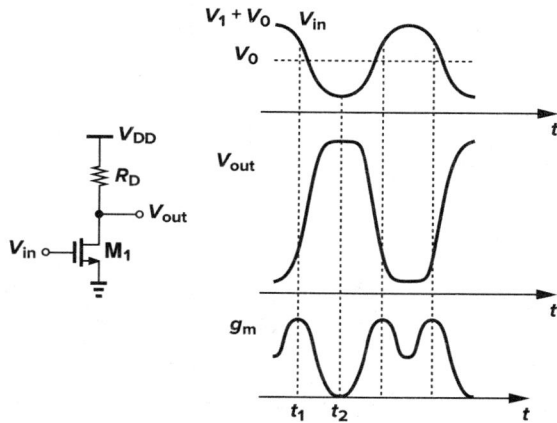

图 3.6

式中，V_{RD} 表示电阻 R_D 上的压降，我们得到

$$A_v = -\sqrt{2\mu_n C_{ox} \frac{W}{L}} \frac{V_{RD}}{\sqrt{I_D}} \tag{3.13}$$

因此，如果其它参数为常数，通过增大 W/L 或增大 V_{RD}，或者减小 I_D 都可以提高 A_v 的幅值。理解由这个等式引起的折中关系是很重要的。较大的器件尺寸会导致较大的器件电容；较高的 V_{RD} 会限制最大电压摆幅。例如，如果 $V_{DD} - V_{RD} = V_{in} - V_{TH}$，那么 M_1 处于线性区的边缘，此时仅允许输出（和输入）有非常小的摆幅。如果 V_{RD} 保持不变，同时减小 I_D，那么 R_D 必须增大，这样会导致输出结点的时间常数更大。换言之，正如模拟电路设计八边形规则所阐述的，需要在增益、带宽和电压摆幅之间进行折中。更低的电源电压使折中变得更为困难。

对于很大的 R_D 而言，M_1 的沟道长度调制效应会变得更加显著。修改式（3.3）以包括这种效应，得到

$$V_{out} = V_{DD} - R_D \frac{1}{2}\mu_n C_{ox} \frac{W}{L}(V_{in} - V_{TH})^2(1 + \lambda V_{out}) \tag{3.14}$$

由此式可得

$$\begin{aligned}
\frac{\partial V_{out}}{\partial V_{in}} = &-R_D \mu_n C_{ox} \frac{W}{L}(V_{in} - V_{TH})(1 + \lambda V_{out})\\
&-R_D \frac{1}{2}\mu_n C_{ox} \frac{W}{L}(V_{in} - V_{TH})^2 \lambda \frac{\partial V_{out}}{\partial V_{in}}
\end{aligned} \tag{3.15}$$

使用近似公式：$I_D \approx \frac{1}{2}\mu_n C_{ox} \frac{W}{L}(V_{in} - V_{TH})^2$，

$\lambda I_D = 1/r_O$，因此我们得到

$$A_v = -R_D g_m - \frac{R_D}{r_O}A_v \tag{3.16}$$

即

$$A_v = -g_m \frac{r_O R_D}{r_O + R_D} \tag{3.17}$$

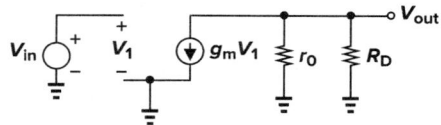

图 3.7 计入晶体管输出电阻的共源级小
信号等效电路

从小信号等效电路图 3.7 可以很容易得到同样的结果。因为 $-V_{out} = g_m V_1 (r_O \parallel R_D)$，其中 V_1

$=V_{\text{in}}$,可以得到 $V_{\text{out}}/V_{\text{in}} = -g_{\text{m}}(r_{\text{O}} \parallel R_{\text{D}})$。

例 3.3

假设图 3.8 中的 M_1 被偏置在饱和区,计算电路的小信号电压增益。

解:因为电流源 I_1 引入的阻抗为无穷大,增益受 M_1 的输出电阻限制:

$$A_{\text{v}} = -g_{\text{m}}r_{\text{O}} \qquad (3.18)$$

这叫做晶体管的"本征增益",这个量代表用单个器件能够得到的最大电压增益。在现代 CMOS 工艺条件下,短沟道器件的 $g_{\text{m}}r_{\text{O}}$ 大约在 5 到 10 之间。我们通常假设 $1/g_{\text{m}} \ll r_{\text{O}}$。

图 3.8

根据基尔霍夫电流定律(KCL),在图 3.8 中,$I_{\text{D1}} = I_1$。那么,如果 I_1 为常数,V_{in} 是如何改变 M_1 的电流的呢? 可以写出 M_1 的总的漏电流:

$$I_{\text{D1}} = \frac{1}{2}\mu_{\text{n}}C_{\text{ox}}\frac{W}{L}(V_{\text{in}} - V_{\text{TH}})^2(1 + \lambda V_{\text{out}}) \qquad (3.19)$$

$$= I_1 \qquad (3.20)$$

我们注意到:V_{in} 出现在平方项内,而 V_{out} 出现在线性项。当 V_{in} 增加时,V_{out} 必定会减小,以保持乘积为常数。我们仍然可以说"I_{D1} 随着 V_{in} 增加而增加"。这种说法指的是等式的平方部分。

这里,一个重要的结论是,为了使电压增益最大,我们必须使(小信号)负载阻抗最大。为何不用一个开路电路来代替负载呢? 这是因为 M_1 的偏置电流需要一个从 V_{DD} 到地的通路。

例 3.4

可以用 MOSFET 的衬底(背栅)作为沟道的控制端,图 3.9 中的电路是一个例子。如果 $\lambda = 0$,确定电路的增益。

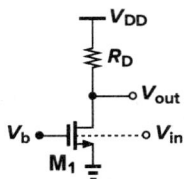

图 3.9

解:根据第 2 章建立的 MOS 小信号模型,漏电流等于 $g_{\text{mb}}V_{\text{in}}$。因此 $A_{v} = -g_{\text{mb}}R_{\text{D}}$。

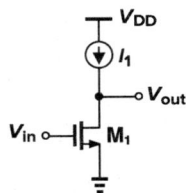

纳米设计注意 3.2

当增益和电源电压给定后,如何设计一个共源级放大器? 如果 W/L、I_{D} 和 R_{D} 均能控制,我们似乎就有很宽的设计空间。为了满足预期的增益,一个好的起点是选择小尺寸器件、低的偏置电流和足够大的负载电阻。例如,取 $W/L = 0.5\ \mu\text{m}/40\ \text{nm}$,$I_{\text{D}} = 50\ \mu\text{A}$。然后,模拟该器件 g_{m} 随 I_{D} 的变化,画出相应的曲线,得到 $g_{\text{m}} = 0.45\ \text{mS}$。若要求电压增益为 10,则在 $\lambda = 0$ 时求得 $R_{\text{D}} \approx 22.2\ \text{k}\Omega$。此设计是否合理? 答案是取决于应用。除了增益外,电路还要满足带宽、噪声和输出摆幅的要求。

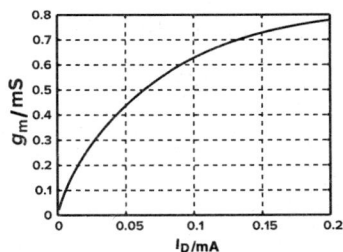

3.3.2　采用二极管连接型器件作负载的共源级

在许多 CMOS 工艺条件下,制作阻值精确控制或者具有合理物理尺寸的电阻(见第 18 章)是很困难的。因此,最好用 MOS 管代替图 3.4(a)中的电阻 R_{D}。

如果把晶体管的栅极和漏极短接(图 3.10(a)),这个 MOS 器件可以起一个小信号电阻的作用。与双极对应,它在模拟电路里被称为"二极管连接型"器件。

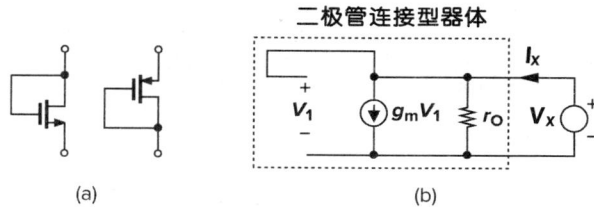

图 3.10　(a)NMOS 和 PMOS 器件的二极管接法;(b)小信号等效电路

此结构的小信号特性与两端电阻相似。注意,因为漏极和栅极电势相同,该晶体管总是工作在饱和区。利用图 3.10(b)的小信号等效电路,可以得到器件的阻抗,图中 $V_1=V_X$ 且 $I_X=V_X/r_{\mathrm{O}}+g_m V_X$,所以二极管的阻抗等于 $\dfrac{V_X}{I_X}=(1/g_m)\parallel r_{\mathrm{O}}\approx 1/g_m$。如果存在体效应,我们可以利用图 3.11 的电路,图中 $V_1=-V_X$,$V_{\mathrm{bs}}=-V_X$,则

$$(g_{\mathrm{m}}+g_{\mathrm{mb}})V_X+\frac{V_X}{r_{\mathrm{O}}}=I_X \tag{3.21}$$

由此得出

$$\frac{V_X}{I_X}=\frac{1}{g_{\mathrm{m}}+g_{\mathrm{mb}}+r_{\mathrm{O}}^{-1}} \tag{3.22}$$

$$=\frac{1}{g_{\mathrm{m}}+g_{\mathrm{mb}}}\parallel r_{\mathrm{O}} \tag{3.23}$$

$$\approx\frac{1}{g_{\mathrm{m}}+g_{\mathrm{mb}}} \tag{3.24}$$

一般情形下,$\dfrac{V_X}{I_X}=\left(\dfrac{1}{g_{\mathrm{m}}}\right)\parallel r_{\mathrm{O}}\parallel\left(\dfrac{1}{g_{\mathrm{mb}}}\right)$。有意思的是,当考虑体效应后,在 M_1 源极所看到

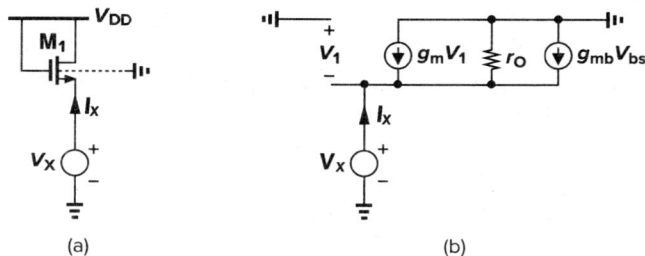

图 3.11　(a)二极管接法的 MOS 管等效电阻的测量电路;(b)(a)的小信号等效电路

的阻抗变得**更小**了。这种现象的直观解释作为一个练习留给读者。

从大信号的观点来看,如果把二极管连接型器件的电流看成输入,把 V_{GS} 或 $V_{GS}-V_{TH}$ 看成输出,则它起着平方根算子的作用(为什么?)。后面我们还要涉及这个问题。

例 3.5 ————————————————————————————————

考虑图 3.12(a)所示电路。在某些情况下,我们对从源极看进去的阻抗 R_X 感兴趣。假设 $\lambda=0$,求 R_X。

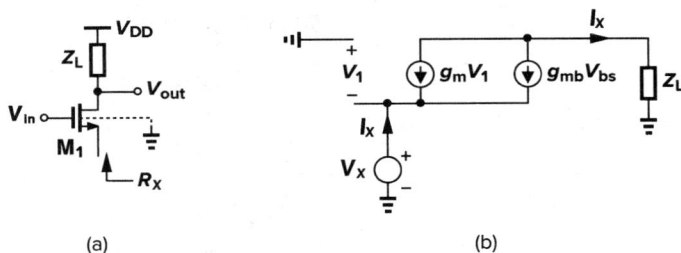

图 3.12 $\lambda=0$ 时从源极所看到的阻抗

解:为了确定 R_X,将所有的独立源设置为零,画出小信号电路,在源极加一个电压源,如图 3.12(b)所示。因为 $V_1=-V_X$,$V_{bs}=-V_X$,所以

$$(g_m+g_{mb})V_X=I_X \tag{3.25}$$

因此

$$\frac{V_X}{I_X}=\frac{1}{g_m+g_{mb}} \tag{3.26}$$

对此结果不应感到意外:除了图 3.12(b)中 M_1 的漏极不是交流地外,图 3.12(a)的结构类似于 3.11(a)。在 $\lambda=0$ 时显示不出它们的差异。我们有时讲,从源端看进去的阻抗为 $1/g_m$,这隐含着假设 $\lambda=\gamma=0$。

——

我们现在分析采用二极管连接型器件作负载的共源级,如图 3.13 所示。忽略沟道长度调制效应,用式(3.24)代替式(3.10)中的负载阻抗,得出

$$A_v=-g_{m1}\frac{1}{g_{m2}+g_{mb2}} \tag{3.27}$$

$$=-\frac{g_{m1}}{g_{m2}}\frac{1}{1+\eta} \tag{3.28}$$

其中,$\eta=g_{mb2}/g_{m2}$。用器件尺寸和偏置电流表示 g_{m1} 和 g_{m2},可以得到

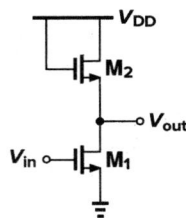

图 3.13   采用二极管连接型器件作负载的共源级

$$A_v=-\frac{\sqrt{2\mu_n C_{ox}(W/L)_1 I_{D1}}}{\sqrt{2\mu_n C_{ox}(W/L)_2 I_{D2}}}\frac{1}{1+\eta} \tag{3.29}$$

因为 $I_{D1}=I_{D2}$,所以

$$A_v=-\sqrt{\frac{(W/L)_1}{(W/L)_2}}\frac{1}{1+\eta} \tag{3.30}$$

这个等式揭示了一个有意思的特性：如果忽略 η 随输出电压的变化，增益和偏置电压或电流没有关系（只要 MOS 管工作在饱和区）。也就是说，当输入和输出电平发生变化时，增益相对保持不变，这表明输入-输出特性呈线性。

该电路的线性特点也可以由大信号分析证明。为了简化，忽略沟道长度调制效应，从图 3.13 可以得出

$$\frac{1}{2}\mu_n C_{ox}\left(\frac{W}{L}\right)_1 (V_{in} - V_{TH1})^2 = \frac{1}{2}\mu_n C_{ox}\left(\frac{W}{L}\right)_2 (V_{DD} - V_{out} - V_{TH2})^2 \tag{3.31}$$

所以

$$\sqrt{\left(\frac{W}{L}\right)_1}(V_{in} - V_{TH1}) = \sqrt{\left(\frac{W}{L}\right)_2}(V_{DD} - V_{out} - V_{TH2}) \tag{3.32}$$

因此，如果 V_{TH2} 随 V_{out} 的变化很小，电路表现出线性的输入-输出特性。本质上，M_1 把输入电压变为自身的漏电流，完成平方运算，而 M_2 在把漏电流变为自身的过驱动电压，完成开平方运算，总的作用为 $f^{-1}(f(x)) = x$。通过将上式两边同时对 V_{in} 微分，可以求出小信号增益：

$$\sqrt{\left(\frac{W}{L}\right)_1} = \sqrt{\left(\frac{W}{L}\right)_2}\left(-\frac{\partial V_{out}}{\partial V_{in}} - \frac{\partial V_{TH2}}{\partial V_{in}}\right) \tag{3.33}$$

利用链导法则，$\partial V_{TH2}/\partial V_{in} = (\partial V_{TH2}/\partial V_{out})(\partial V_{out}/\partial V_{in}) = \eta(\partial V_{out}/\partial V_{in})$，简化为

$$\frac{\partial V_{out}}{\partial V_{in}} = -\sqrt{\frac{(W/L)_1}{(W/L)_2}}\frac{1}{1+\eta} \tag{3.34}$$

研究电路整体的大信号特性同样也是有益的。但首先考虑图 3.14(a) 所示电路。如果 I_1 的值下降到零，V_{out} 最终值是多少？在 I_1 减小的同时，M_2 的过驱动电压也减小。因此，对于小的 I_1，$V_{GS2} \approx V_{TH2}$，$V_{out} \approx V_{DD} - V_{TH2}$。实际上，如果 I_D 接近于零，M_2 的亚阈值电导最终会使 V_{out} 等于 V_{DD}，但是当电流很小时，输出结点处的有限的电容会减缓从 $V_{DD} - V_{TH2}$ 到 V_{DD} 的变化。图 3.14(b) 的时域波形说明了这一点。由于这个原因，在具有频繁开关动作的电路中，当电流 I_1 下降到很小的时候，我们认为 V_{out} 保持在 $V_{DD} - V_{TH2}$ 附近。

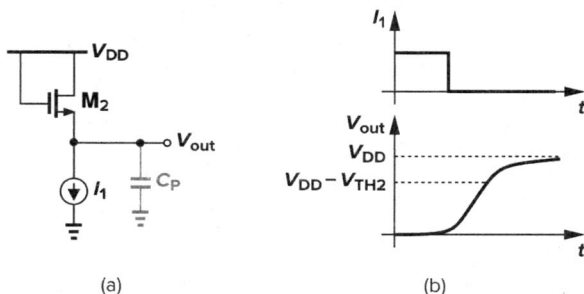

图 3.14　(a) 具有阶跃偏置电流的二极管连接器件；(b) 源极电压随时间的变化曲线

现在我们回到图 3.13 所示的电路。图 3.15 是输出电压与输入电压的关系曲线，如果 $V_{in} < V_{TH1}$，输出电压等于 $V_{DD} - V_{TH2}$。如果 $V_{in} > V_{TH1}$，式(3.32)成立，V_{out} 近似沿着直线变化。当 $V_{in} > V_{out} + V_{TH1}$（越过 A 点后），M_1 进入线性区，特性曲线呈非线性。

图 3.13 中二极管连接型负载也可以用 PMOS 器件来实现。如图 3.16 所示，该电路没有体效应影响，产生的小信号增益为

$$A_{v} = -\sqrt{\dfrac{\mu_{n}(W/L)_{1}}{\mu_{p}(W/L)_{2}}} \qquad (3.35)$$

这里忽略了沟道长度调制效应。

式(3.30)和式(3.35)表明,采用二极管连接型器件作负载的共源级,其增益是器件尺寸的比较弱的函数。例如,为了达到 5 倍的增益,要使 $\mu_{n}(W/L)_{1}/[\mu_{p}(W/L)_{2}]=25$,意味着在 $\mu_{n}\approx 2\mu_{p}$ 的条件下,我们必须使 $(W/L)_{1}\approx 12.5(W/L)_{2}$。在某种意义上,高增益要求"强"的输入器件和"弱"的负载器件。高增益除了会造成晶体管的图形不均衡(太宽或太长,从而导致大的输入或者负载电容)外,还会带来另外一个严重的局限性:允许的输出电压摆幅的减小。尤其是在图 3.16 中,$I_{D1}=|I_{D2}|$,即

$$\mu_{n}\left(\frac{W}{L}\right)_{1}(V_{GS1}-V_{TH1})^{2} \approx \mu_{p}\left(\frac{W}{L}\right)_{2}(V_{GS2}-V_{TH2})^{2}$$
$$(3.36)$$

如果 $\lambda=0$,有

$$\frac{|V_{GS2}-V_{TH2}|}{V_{GS1}-V_{TH1}} \approx A_{v} \qquad (3.37)$$

在这个例子中,M_{2} 的过驱动电压应该是 M_{1} 的过驱动电压的 5 倍。例如,如果 $V_{GS1}-V_{TH1}=100$ mV,$|V_{TH2}|=0.3$ V,可得 $|V_{GS2}|=0.8$ V,这严重地限制了输出电压的摆幅。这是模拟电路设计八边形规则显示的折中选择的又一个例子。应该注意,对于采用二极管连接的负载的共源级,摆幅同时受所需的过驱动电压和阈值电压两方面的约束。也就是说,即使过驱动电压很小,输出电平也不会超过 $V_{DD}-|V_{TH}|$。

如果我们将 g_{m} 表示成为 $g_{m}=\mu C_{ox}(W/L)|V_{GS}-V_{TH}|$,一个有意思的矛盾就会出现。电路的电压增益将由下式给出:

$$A_{v} = \frac{g_{m1}}{g_{m2}} \qquad (3.38)$$

$$= \frac{\mu_{n}C_{ox}(W/L)_{1}(V_{GS1}-V_{TH1})}{\mu_{p}C_{ox}(W/L)_{2}|V_{GS2}-V_{TH2}|} \qquad (3.39)$$

式(3.39)意味着 A_{v} 和 $|V_{GS2}-V_{TH2}|$ 成**反比**。式(3.37)和式(3.39)揭示了两种看似相反的趋势,这个问题留给读者自己去解决。

例 3.6 ————————————————

图 3.17 电路中,M_{1} 偏置在饱和区,漏电流为 I_{1}。

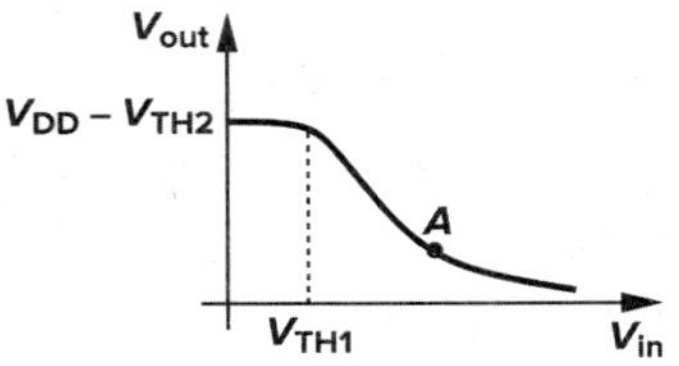

图 3.15   图 3.13 电路的输入-输出特性曲线

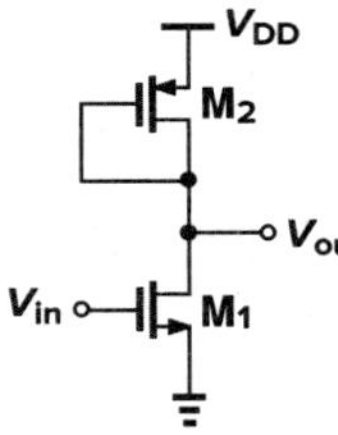

图 3.16   采用二极管连接方式的 PMOS 作负载的共源级

纳米设计注意 3.3

基于 40 nm 工艺,设计并模拟一个共源级放大器,负载为二极管连接方式的 PMOS。取 NMOS 的 $W/L=5~\mu m/40$ nm,PMOS 的 $W/L=1~\mu m/40$ nm。大信号 $I\text{-}V$ 特性如下图所示。我们观察到,输入电压范围在 $0.4\sim 0.5$ V 之间时,电路的小信号增益约为 1.5(在这个直流扫描中,当输入晶体管关断时,V_{out} 能够达到 V_{DD})。

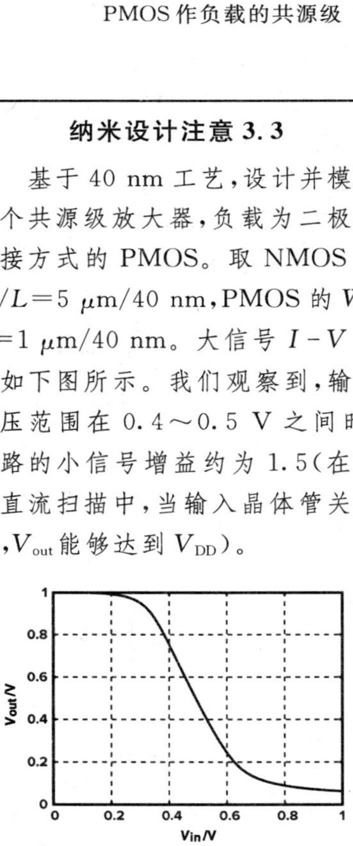

在电路上增加一个电流源 $I_S=0.75I_1$。对于这个电路,式(3.37)该如何修正? 假设 $\lambda=0$。

解: 因为 $|I_{D2}|=I_1/4$,所以

$$A_v \approx -\frac{g_{m1}}{g_{m2}} \tag{3.40}$$

$$= -\sqrt{\frac{4\mu_n(W/L)_1}{\mu_p(W/L)_2}} \tag{3.41}$$

又

$$\mu_n\left(\frac{W}{L}\right)_1(V_{GS1}-V_{TH1})^2 \approx 4\mu_p\left(\frac{W}{L}\right)_2(V_{GS2}-V_{TH2})^2 \tag{3.42}$$

图 3.17

由此可得

$$\frac{|V_{GS2}-V_{TH2}|}{V_{GS1}-V_{TH1}} \approx \frac{A_v}{4} \tag{3.43}$$

因此,要得到 10 倍的增益,M_2 管子上的过驱动电压只需是 M_1 的 2.5 倍。另一方面,对于给定的过驱动电压,该电路可以得到 4 倍于图 3.16 所示共源级的增益。直观上,这是因为对于给定的 $|V_{GS2}-V_{TH2}|$,如果电流减小为原来的 $\frac{1}{4}$,那么 $(W/L)_2$ 必须按比例减小,$g_{m2}=\sqrt{2\mu_p C_{ox}(W/L)_2 I_{D2}}$ 也按相同的比例减小。

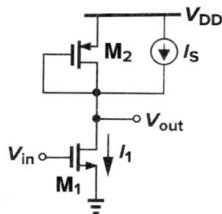

例 3.7 ————————————————————————————————————

某学生试图通过对等式(3.42)两边微分来计算上例中电压增益,这种方法能否得到正确的结果? 为什么?

解: 因为 $V_{GS2}=V_{out}-V_{DD}$,对等式两边微分并同乘以 C_{ox},得到

$$\mu_n C_{ox}\left(\frac{W}{L}\right)_1(V_{in}-V_{TH1}) = 4\mu_p C_{ox}\left(\frac{W}{L}\right)_2(V_{out}-V_{DD}-V_{TH2})\frac{\partial V_{out}}{\partial V_{in}} \tag{3.44}$$

(译者注:原书上式有误。)由此可得 $\partial V_{out}/\partial V_{in}=-g_{m1}/(4g_{m2})$。此结果是不正确的。因为式(3.42)仅在 V_{in} 为某一个值时才成立,当 V_{in} 被信号扰动时,I_1 将偏离 $4|I_{D2}|$,因此不能对等式(3.42)求微分。

在现代 CMOS 工艺条件下,沟道长度调制效应十分显著,而且更重要的是,晶体管的特性明显地偏离了平方律(见第 17 章)。因此,图 3.13 中电路的增益必须表示成为

$$A_v = -g_{m1}\left(\frac{1}{g_{m2}} \parallel r_{O1} \parallel r_{O2}\right) \tag{3.45}$$

这里,g_{m1} 和 g_{m2} 须按第 17 章所阐述的方法得到。

3.3.3　采用电流源作负载的共源级

应用中有时要求单级有很大的电压增益,关系式 $A_v=-g_m R_D$ 表示,我们可以增大共源级的负载电阻。但是对于电阻或者二极管连接的负载而言,增大阻值会消耗直流压降,从而限制

输出电压的摆幅。

一个更切实可行的方法是用不服从欧姆定律的器件,如电流源代替负载。在例 3.3 中已经涉及,该电路如图 3.18 所示,电路中两个晶体管都工作在饱和区。因为在输出结点所看到的总的输出阻抗等于 $r_{O1} \parallel r_{O2}$,所以增益为

$$A_v = -g_{m1}(r_{O1} \parallel r_{O2}) \tag{3.46}$$

这里的关键是:M_2 的输出阻抗和所要求的 M_2 的最小 $|V_{DS}|$ 之间的联系较弱,而电阻阻值和它上面压降之间的联系却较紧密。前者不需要服从欧姆定律,但后者必须满足。通过简单地增加 M_2 的沟道宽度,就可以使电压 $|V_{DS2,min}| = |V_{GS2} - V_{TH2}|$ 减小到几百毫伏。如果 r_{O2} 不够大,在保持相同的过驱动电压的同时增大 M_2 的长和宽可以获得比较小的 λ。代价是 M_2 在输出结点引入了大的电容。

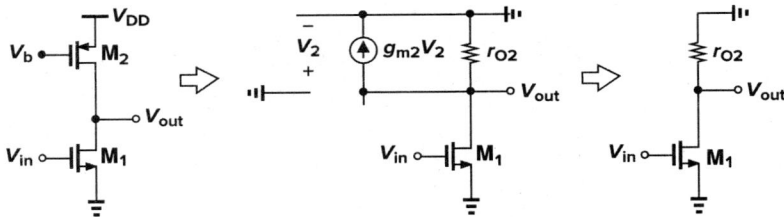

图 3.18   采用电流源作负载的共源级

我们应该注意到,图 3.18 所示电路的输出偏置电压并没有完全确定。因此,只有反馈环路将 V_{out} 钳制在一个已知的电位值上,共源级偏置才能稳定。电路的大信号特性分析作为练习留给读者。

如第 2 章所述,给定漏电流时,可以通过改变沟道长度来调节 MOS 管的输出阻抗,例如,在一级近似下,$\lambda \propto 1/L$,所以 $r_O \propto L/I_D$。因为图 3.18 的放大电路的增益正比于 $r_{O1} \parallel r_{O2}$,所以我们可以推断:长沟道器件可以产生高的电压增益。

我们分别考虑 M_1 和 M_2。如果 L_1 按比例因子 $\alpha(\alpha > 1)$ 增加,那么 W_1 也需要按比例增加。这是因为对于给定的漏电流,$V_{GS1} - V_{TH1} \propto 1/\sqrt{(W/L)_1}$,如果 W_1 不按比例增加,过驱动电压就会增加,这将限制输出电压的摆幅。同样,因为 $g_{m1} \propto \sqrt{(W/L)_1}$,如果仅仅按比例增大 L_1 也会使 g_{m1} 减小。

实际应用中这些问题并不重要。在增大 L_1 时,W_1 可以保持不变。因此,晶体管的本征增益可以写为

$$g_{m1}r_{O1} = \sqrt{2\left(\frac{W}{L}\right)_1 \mu_n C_{ox} I_D} \, \frac{1}{\lambda I_D} \tag{3.47}$$

上式表明,增益随着 L 增加而增加,这是因为 λ 比 g_m 更强烈地依赖于 L。同样应该注意到,$g_m r_O$ 随着电流 I_D 增大而**减小**。

保持 W_2 不变,增大 L_2 可以增大 r_{O2},因此也可以提高增益。但代价是需要更大的 $|V_{DS2}|$ 来保证 M_2 工作在饱和区。

例 3.8

比较电阻负载和电流源负载的共源级中输出电压的最大摆幅。

解：对于电阻负载共源级（图 3.19(a)），最大输出电压接近 V_{DD}（当 V_{in} 下降到接近 V_{TH1} 时）。当 M_1 处于三极管区边界时，输出电压最小，其值为 $V_{in} - V_{TH1}$。

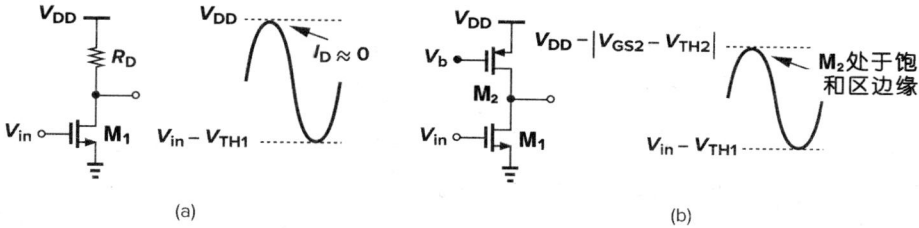

图 3.19　共源级的输出摆幅：(a)电阻负载；(b)电流源负载

对于电流源负载的共源级（图 3.19(b)），当 M_2 处于三极管区边界时，输出电压最大，其值为 $V_{DD} - |V_{GS2} - V_{TH2}|$。因此，**电流源负载共源级的输出摆幅较小**，但若增加 L_1 和 L_2，它总能得到**较高**的增益。

3.3.4　有源负载的共源级

在图 3.19(b)所示的放大器拓扑结构中，PMOS 器件作为一个恒流源使用。M_2 有可能作为**放大器件**进行工作吗？回答是肯定的。我们可以把输入信号也加到 M_2 的栅极[图 3.20(a)]，使其变成一个"有源"负载。读者会识别出，这是一个 CMOS 反相器。假设两个晶体管都工作在饱和区，V_{in} 增加 ΔV_0，这将产生两个变化：(1)I_{D1} 增加，把 V_{out} 拉低；(2)M_2 向输出结点注入电流减小，允许 V_{out} 下降。因此，这两个变化相互**增强**，产生更高的电压增益。如图 3.20(b)所示，这两个晶体管等效地并行工作，在图 3.20(c)中把它们折叠成了一个。由此可得 $V_{out} = -(g_{m1} + g_{m2})V_{in}(r_{O1} \parallel r_{O2})$，所以

$$A_v = -(g_{m1} + g_{m2})(r_{O1} \parallel r_{O2}) \quad (3.48)$$

与图 3.19(b)所示放大器相比较，此电路输出阻抗相同，为 $r_{O1} \parallel r_{O2}$，但其跨导更大。这种拓扑结构也称为"互补共源级"。

图 3.20(a)所示的放大器必须处理两个关键问

纳米设计注意 3.4

电流源负载的共源级，如果采用最小沟道长度，能提供的增益较低。例如，假设 $(W/L)_{NMOS} = 5~\mu m/40~nm$，$(W/L)_{PMOS} = 10~\mu m/40~nm$，其输入-输出特性如下图所示，最大增益只有 2.5！如果我们画出斜率曲线，也可以看出，在 $V_{DD} = 1.0~V$ 时，输出电压的有效范围约为 0.7 V。超出此范围，增益会大幅度下降。

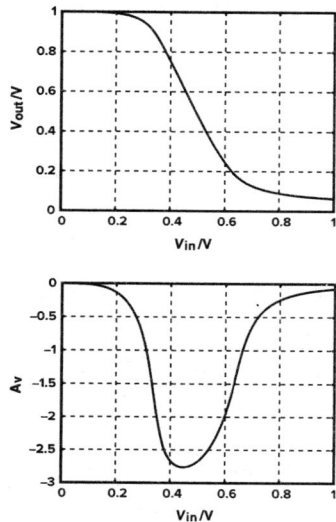

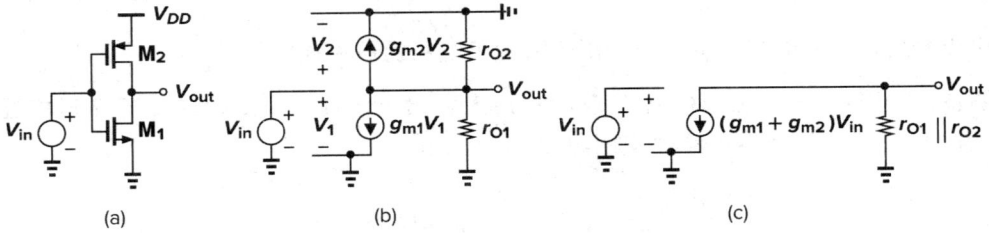

图 3.20 (a)有源负载的共源级;(b)小信号模型;(c)简化模型

题。首先,两个晶体管的偏置电流是 PVT 的强函数。特别是因为 $V_{\mathrm{GS1}} + |V_{\mathrm{GS2}}| = V_{\mathrm{DD}}$,因此 V_{DD}或阈值电压的变化会直接转换为它们的漏电流的变化。第二,电路会**放大**电源电压的变化(电源噪声)! 为了理解这一点,考虑图 3.21 所示的电路连接,图中 V_B 是使 M_1 和 M_2 工作在饱和区的偏置电压。在习题 3.31 中,可以证明从 V_{DD}到 V_{out}的小信号增益由下式给出:

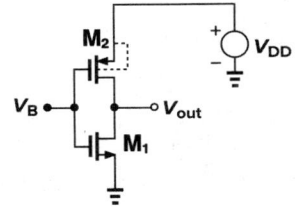

图 3.21 用于研究有源负载共源级中电源敏感性的电路

$$\frac{V_{\mathrm{out}}}{V_{\mathrm{DD}}} = \frac{g_{\mathrm{m2}} r_{\mathrm{O2}} + 1}{r_{\mathrm{O2}} + r_{\mathrm{O1}}} r_{\mathrm{O1}} \qquad (3.49)$$

$$= \left(g_{\mathrm{m2}} + \frac{1}{r_{\mathrm{O2}}}\right)(r_{\mathrm{O1}} \parallel r_{\mathrm{O2}}) \qquad (3.50)$$

其值约为式(3.48)的一半。此问题将在第 5 章进行处理。

3.3.5 工作在线性区的 MOS 为负载的共源级

工作在深线性区的 MOS 器件的特性像电阻一样,因此可以用来作为共源级的负载。如图 3.22 所示,这种电路要求 M_2 的栅压偏置在足够低的电平,以保证 M_2 在全部输出电压摆幅范围内工作在深线性区。

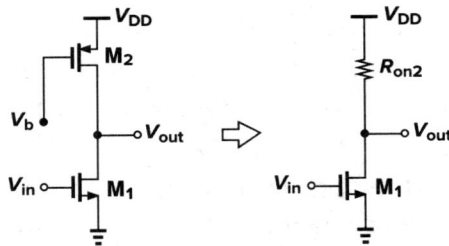

图 3.22 工作在线性区的 MOS 为负载的共源级

因为

$$R_{\mathrm{on2}} = \frac{1}{\mu_{\mathrm{p}} C_{\mathrm{ox}} (W/L)_2 (V_{\mathrm{DD}} - V_{\mathrm{b}} - |V_{\mathrm{THP}}|)} \qquad (3.51)$$

所以,电压增益可以很容易地计算出来。

这个电路的主要缺点源于 R_{on2} 对 $\mu_{\mathrm{p}} C_{\mathrm{ox}}$、$V_{\mathrm{b}}$ 和 V_{THP} 的依赖。因为 $\mu_{\mathrm{p}} C_{\mathrm{ox}}$ 和 V_{THP} 随工艺和温

度的改变而改变,而且产生一个精确的 V_b 会增加电路的复杂性,所以,图 3.22 的电路难以应用。但是,这种线性负载消耗的电压余度要小于二极管连接的负载,因为在图 3.22 中,$V_{\text{out,max}}$ $= V_{DD}$,而图 3.16 中 $V_{\text{out,max}} = V_{DD} - |V_{THP}|$。

在上面研究的五种共源级结构中,电阻负载、电流源负载和有源负载的结构比另两种使用更广泛。

3.3.6　带源极负反馈的共源级

在一些应用中,由于漏电流与过驱动电压之间的非线性关系引入大量的非线性,因此,人们希望"软化"器件的这种非线性关系。在 3.3.2 节中,我们强调了二极管接法的 MOS 管做负载的共源级的线性特性,这是一种对非线性特性的后校正方法。另一种方法如图 3.23(a)所示,在晶体管的源端串联一个"负反馈"电阻,以使输入器件更加线性。我们先不考虑沟道长度调制和体效应。随着 V_{in} 增加,I_D 也增加,同样在 R_S 上的压降也会增加。也就是说,输入电压的一部分降落在电阻 R_S 上而不是作为栅源的过驱动电压,因此导致 I_D 的变化变得平滑。从另一个角度看,我们想要使增益等式是 g_m 的弱函数。因为 $V_{\text{out}} = V_{DD} - I_D R_D$,所以电路的非线性源于 I_D 与 V_{in} 之间的非线性关系。我们注意到,$\partial V_{\text{out}}/\partial V_{\text{in}} = -(\partial I_D/\partial V_{\text{in}})R_D$,定义电路的等效跨导 $G_m = \partial I_D/\partial V_{\text{in}}$[①]。假设 $I_D = f(V_{GS})$,可以得出

$$G_m = \frac{\partial I_D}{\partial V_{\text{in}}} \qquad (3.52)$$

$$= \frac{\partial f}{\partial V_{GS}} \frac{\partial V_{GS}}{\partial V_{\text{in}}} \qquad (3.53)$$

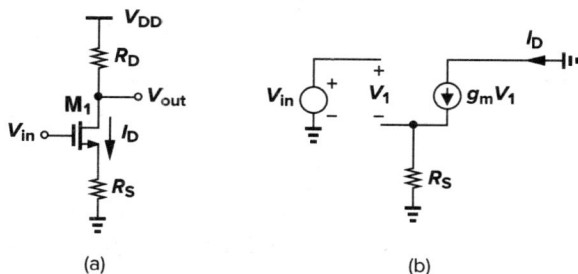

图 3.23　带源负反馈的共源级

因为 $V_{GS} = V_{\text{in}} - I_D R_S$,所以 $\partial V_{GS}/\partial V_{\text{in}} = 1 - R_S(\partial I_D/\partial V_{\text{in}})$,于是可得

$$G_m = \left(1 - R_S \frac{\partial I_D}{\partial V_{\text{in}}}\right) \frac{\partial f}{\partial V_{GS}} \qquad (3.54)$$

其中 $\partial f/\partial V_{GS}$ 是 M_1 的跨导,故而

$$G_m = \frac{g_m}{1 + g_m R_S} \qquad (3.55)$$

小信号电压增益为

$$A_v = -G_m R_D \qquad (3.56)$$

---

①　就像后面所讲,计算 G_m 时,输出电压保持不变。

$$= \frac{-g_m R_D}{1 + g_m R_S} \tag{3.57}$$

通过图 3.23(b)的小信号等效模型可以推出同样的结果(根据基尔霍夫电压定律,有 $V_{in} = V_1 + I_D R_S$ 而 $I_D = g_m V_1$)。式(3.55)意味着,随着 R_S 变大,G_m 变为 g_m 的弱函数,同样漏电流也变为 g_m 的弱函数。事实上,如果 $R_S \gg 1/g_m$,则 $G_m \approx 1/R_S$,也就是 $\Delta I_D \approx \Delta V_{in}/R_S$,这表明 V_{in} 的大部分变化落在 R_S 上。我们可以说,漏电流是输入电压的线性函数。在习题 3.30 中,我们将换个角度分析这种效应。这种线性化的获得是以牺牲增益[和高的噪声(见第 7 章)]为代价的。

在有体效应和沟道长度调制效应情况下确定 G_m 对后面的计算很有用处。借助图 3.24 的等效电路,我们可以看出,流过 R_S 的电流等于 I_{out},所以,$V_{in} = V_1 + I_{out} R_S$。将结点 X 处的

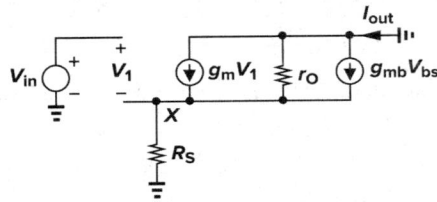

图 3.24   带负反馈的共源级的小信号等效电路

电流加起来,可得

$$I_{out} = g_m V_1 - g_{mb} V_X - \frac{I_{out} R_S}{r_O} \tag{3.58}$$

$$= g_m (V_{in} - I_{out} R_S) + g_{mb}(-I_{out} R_S) - \frac{I_{out} R_S}{r_O} \tag{3.59}$$

由此得出

$$G_m = \frac{I_{out}}{V_{in}} \tag{3.60}$$

$$= \frac{g_m r_O}{R_S + [1 + (g_m + g_{mb}) R_S] r_O} \tag{3.61}$$

我们讨论 $R_S = 0$ 和 $R_S \neq 0$ 两种情况下的共源级的大信号特性。对于 $R_S = 0$ 的情况,由第 2 章的推导可知,I_D 和 g_m 的变化如图 3.25(a)所示。对于 $R_S \neq 0$ 的情况,导通特性类似于图 3.25(a),这是因为,在小电流时,$1/g_m \gg R_S$,所以 $G_m \approx g_m$,如图 3.25(b)所示。随着过驱动电压增大,g_m 变大,由于负反馈效应,式(3.55)中 $1 + g_m R_S$ 变得更显著。V_{in} 较大时(假设 M_1 仍

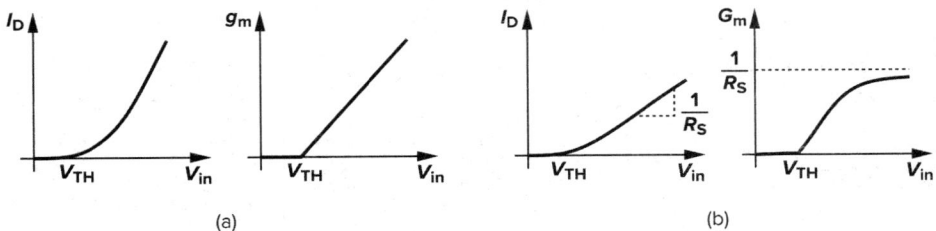

图 3.25   共源放大器的漏电流和跨导
(a)不带源极负反馈;(b)带源极负反馈

在饱和区),I_D 近似为 V_{in} 的线性函数,G_m 接近于 $1/R_S$。

例 3.9

作图表示图 3.23 所示电路的小信号电压增益与输入偏压的函数关系。

解:利用上面推导的 M_1 等效跨导和 R_S 的结果,可以得到曲线如图 3.26。当 V_{in} 稍微大于 V_{TH} 时,$1/g_m \gg R_S$,所以 $A_v \approx -g_m R_D$。随着 V_{in} 增大,负反馈变得更显著,所以 $A_v = \dfrac{-g_m R_D}{1+g_m R_S}$。$V_{in}$ 较大时,$G_m \approx 1/R_S$,而 $A_v = -R_D/R_S$。然而,如果 $V_{in} > V_{out} + V_{TH}$,也就是说,如果 $R_D I_D > V_{TH} + V_{DD} - V_{in}$,$M_1$ 将进入线性区,同时 A_v 会下降。

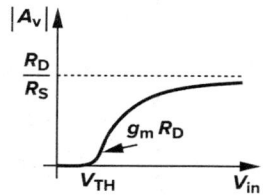

图 3.26

等式(3.57)也可以写成

$$A_v = -\frac{R_D}{\dfrac{1}{g_m} + R_S} \qquad (3.62)$$

这个结果表明,可以通过观察得出增益公式。首先,我们研究等式(3.62)的分母。分母等于 MOS 器件跨导的倒数与从源端看到的源与地之间的纯电阻的**串联**。我们将分母称为"在源极通路上看到的电阻",这是因为,如图 3.27 所示,如果断开 R_S 与地的连接,计算"向上看"的电阻(设输入为 0),可以得到 $R_S + 1/g_m$。

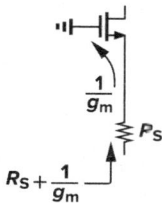

图 3.27　在源极通路看到的电阻

纳米设计注意 3.5

在纳米技术中,一个常见的问题是,当 V_{GS}、V_{DS} 或 V_{DG} 超过一定限制后,MOS 晶体管会遭受"应力"。例如在 40 nm 技术中,这些电压应低于 1 V。有趣的是,即使 V_{DD} 大于许可值,共源共栅结构也能避免器件应力。正如下图所示,随着漏电流的减小,V_{out} 趋于 V_{DD},M_1 会经受 $V_{DS} = V_{DD}$ 的大电压,而 M_2 的 $V_{DS} \approx V_b - V_{TH2}$。同样地,$V_{DS3} < V_{DD}$(为什么?)。

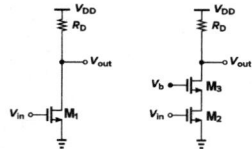

应该注意的是,式(3.62)的分子是在漏极点所看到的电阻,我们把增益的大小看成在漏极结点所看到的电阻除以源极通路上的总电阻。这样的方法极大地简化了更复杂电路的分析。

例 3.10

假设 $\lambda = \gamma = 0$,计算图 3.28(a)所示电路的小信号增益。

解:注意到 M_2 是二极管连接型器件,电路可以简化为图 3.28(b)。利用上面的方法可以求出增益:

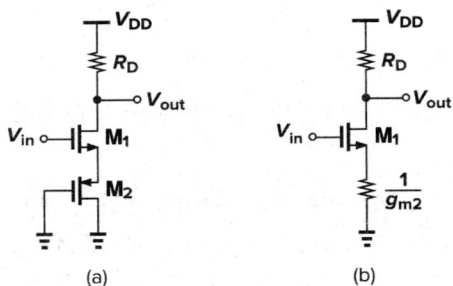

图 3.28

$$A_v = -\cfrac{R_D}{\cfrac{1}{g_{m1}} + \cfrac{1}{g_{m2}}} \tag{3.63}$$

输出阻抗

源极负反馈另一个重要的作用是可增大共源级的输出电阻。首先借助图 3.29 所示的等效电路计算电路的输出电阻，我们暂不考虑负载电阻 R_D。注意，为了得到通用的结论，我们考虑了体效应。

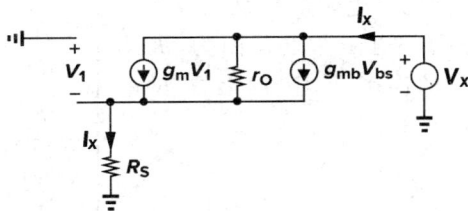

图 3.29　计算负反馈共源级的输出电阻的等效电路

因为流过 R_S 的电流等于 I_X，所以 $V_1 = -I_X R_S$，而流过 r_O 的电流是 $I_X - (g_m + g_{mb})V_1 = I_X + (g_m + g_{mb})R_S I_X$。将 r_O 和 R_S 上的压降加起来，我们得到

$$r_O[I_X + (g_m + g_{mb})R_S I_X] + I_X R_S = V_X \tag{3.64}$$

因此

$$R_{out} = [1 + (g_m + g_{mb})R_S]r_O + R_S \tag{3.65}$$
$$= [1 + (g_m + g_{mb})r_O]R_S + r_O \tag{3.66}$$

等式(3.65)表明，r_O 被提高了 $(g_m + g_{mb})R_S$ 倍后与 R_S 相加。从另一个观点看，式(3.66)也表明，R_S 被提高了 $(g_m + g_{mb})r_O$ 倍(此值接近晶体管的本征增益)后与 r_O 相加。在分析电路时这两种观点被证明是很有用的。注意总的输出电阻等于 R_{out} 和 R_D 的并联。

如果 $(g_m + g_{mb})r_O \gg 1$，则式(3.66)可以简化为

$$R_{out} \approx (g_m + g_{mb})R_S r_O + r_O \tag{3.67}$$
$$= [1 + (g_m + g_{mb})R_S]r_O \tag{3.68}$$

为了得到进一步的理解，我们分 $R_S = 0$ 和 $R_S > 0$ 两种情况来分析图 3.29 所示电路。如

果 $R_S=0$,那么 $g_m V_1=g_{mb} V_{bs}=0$,$I_X=V_X/r_O$。另一方面,如果 $R_S>0$,则 $I_X R_S>0$,$V_1<0$,得到的 $g_m V_1$ 和 $g_{mb} V_{bs}$ 都为负值。所以由 V_X 供给的电流小于 V_X/r_O,从而输出阻抗比 r_O 大。

式(3.65)也可以通过观察得到。如图 3.30(a),在输出结点上加一个电压,使它的电压改变 ΔV,测出引起的输出电流的变化 ΔI。因为流过 R_S 的电流肯定也改变 ΔI(为什么?),所以可以先计算 R_S 上压降的变化。为此,我们将电路改为如图 3.30(b)所示,注意到:M_1 从源端看进去所看到的电阻为 $1/(g_m+g_{mb})$(式(3.24)),因此得出了图 3.30(c)所示的等效电路。

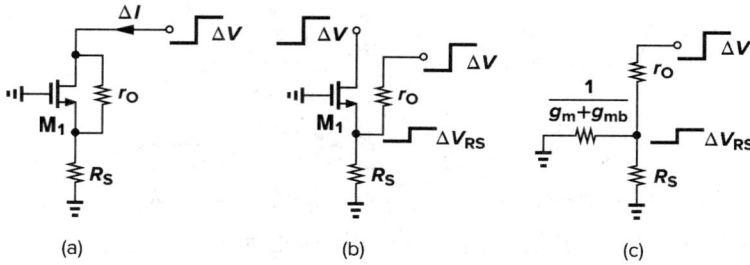

图 3.30　(a)漏极电压变化引起的漏电流改变;(b)图(a)的等效电路;(c)小信号模型

因此,R_S 上压降的变化等于

$$\Delta V_{RS} = \Delta V \frac{\dfrac{1}{g_m+g_{mb}} \parallel R_S}{\dfrac{1}{g_m+g_{mb}} \parallel R_S + r_O} \tag{3.69}$$

电流的变化等于

$$\Delta I = \frac{\Delta V_{RS}}{R_S} \tag{3.70}$$

$$= \Delta V \frac{1}{[1+(g_m+g_{mb})R_S]r_O+R_S} \tag{3.71}$$

因此

$$\frac{\Delta V}{\Delta I} = [1+(g_m+g_{mb})R_S]r_O+R_S \tag{3.72}$$

通过前面的推导,我们可以计算出考虑体效应和沟道长度调制效应的一般情况下带负反馈的共源级的增益。在图 3.31 所示的等效电路中,流过 R_S 的电流必定等于流过 R_D 的电流,即 $-V_{out}/R_D$。因此,源极对地(或衬底)的电压等于 $-V_{out}R_S/R_D$。所以 $V_1=V_{in}+V_{out}R_S/R_D$。从上到下流过 r_O 的电流因此可以表示成

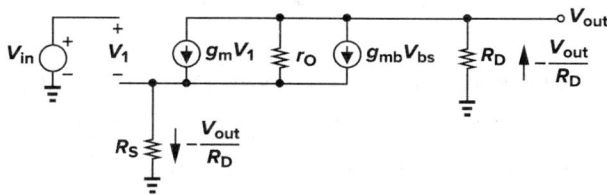

图 3.31　带有限的输出电阻的负反馈共源级的小信号等效电路

$$I_{r_0} = -\frac{V_{out}}{R_D} - (g_m V_1 + g_{mb} V_{bs}) \tag{3.73}$$

$$= -\frac{V_{out}}{R_D} - \left[g_m\left(V_{in} + V_{out}\frac{R_S}{R_D}\right) + g_{mb}V_{out}\frac{R_S}{R_D}\right] \tag{3.74}$$

因为在 R_S 和 r_0 上的压降之和应该等于 V_{out},所以

$$V_{out} = I_{r_0}r_0 - \frac{V_{out}}{R_D}R_S \tag{3.75}$$

$$= -\frac{V_{out}}{R_D}r_0 - \left[g_m\left(V_{in} + V_{out}\frac{R_S}{R_D}\right) + g_{mb}V_{out}\frac{R_S}{R_D}\right]r_0 - V_{out}\frac{R_S}{R_D} \tag{3.76}$$

由此得出

$$\frac{V_{out}}{V_{in}} = \frac{-g_m r_0 R_D}{R_D + R_S + r_0 + (g_m + g_{mb})R_S r_0} \tag{3.77}$$

为了加深对结果的理解,我们可以看出:分母的最后三项,即 $R_S + r_0 + (g_m + g_{mb})R_S r_0$,表示带有源极负反馈 R_S 的 MOS 器件的输出电阻,这正如最初在式(3.66)中所得到的。式(3.77)可以改写成为

$$A_v = \frac{-g_m r_0 R_D[R_S + r_0 + (g_m + g_{mb})R_S r_0]}{R_D + R_S + r_0 + (g_m + g_{mb})R_S r_0} \cdot \frac{1}{R_S + r_0 + (g_m + g_{mb})R_S r_0} \tag{3.78}$$

$$= -\frac{g_m r_0}{R_S + r_0 + (g_m + g_{mb})R_S r_0} \cdot \frac{R_D[R_S + r_0 + (g_m + g_{mb})R_S r_0]}{R_D + R_S + r_0 + (g_m + g_{mb})R_S r_0} \tag{3.79}$$

式(3.79)中的两个部分分别代表电路的两个重要参数:第一部分与式(3.61)相同,即带有源极负反馈的 MOS 管的等效跨导;第二部分表示电阻 R_D 与 $R_S + r_0 + (g_m + g_{mb})R_S r_0$ 的并联,即电路总的输出电阻。

以上的讨论表明,在一些电路中如果使用下面介绍的辅助定理就能够很容易地求出电压增益。我们已经知道,线性电路的输出端可以用诺顿等效电路表示[图 3.32(a)]。

辅助定理

在线性电路中,电压增益等于 $-G_m R_{out}$,其中 G_m 表示输出与地短接时电路的跨导[图 3.32(b)];R_{out} 表示当输入电压为零时电路的输出电阻[图 3.32(c)]

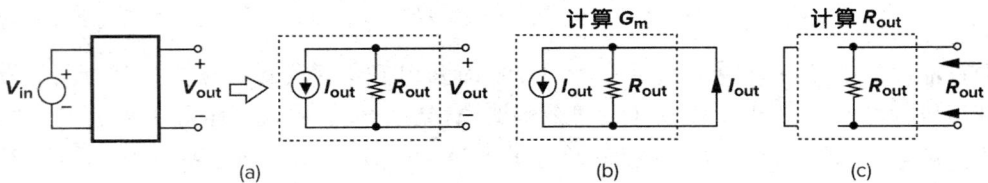

图 3.32　(a)线性电路的诺顿等效;(b)计算 G_m;(c)计算 R_{out}

借助于图 3.32(a)可以证明这个辅助定理。输出电压等于 $-I_{out}R_{out}$,其中 I_{out} 可以通过测量输出端短路电流而得到。定义 $G_m = I_{out}/V_{in}$,可得 $V_{out} = -G_m V_{in} R_{out}$。如果电路的 G_m 和 R_{out} 可以通过观察确定,这个辅助定理将会非常有用。注意 I_{out} 的方向。

例 3.11 ——————————————————————————————

假设 I_0 是理想电流源,计算图 3.33 所示电路的电压增益。

解：共源级的跨导和输出电阻分别由式(3.61)和式(3.66)给出，因此

$$A_v = -\frac{g_m r_O}{R_S + [1+(g_m+g_{mb})R_S]r_O}\{[1+(g_m+g_{mb})r_O]R_S + r_O\}$$

$$(3.80)$$

$$= -g_m r_O \qquad (3.81)$$

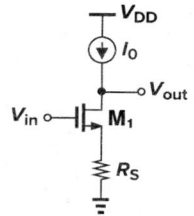

图 3.33

有意思的是，电压增益等于 MOS 管的本征增益而与 R_S 无关。这是因为，如果 I_0 是理想电流源，流过电阻 R_S 的电流几乎不会改变。因此 R_S 上的小信号压降等于零——仿佛电阻 R_S 本身为零。

3.4　源跟随器

对共源级的分析指出，在给定的电源电压下，要获得更高的电压增益，负载阻抗必须尽可能大。如果这种电路驱动一个低阻抗负载，为了使增益的损失小到可以忽略不计，就必须在放大器后面放置一个"缓冲器"。源跟随器(也叫做共漏级放大器)就可以起到一个电压缓冲器的作用。

如图 3.34(a)所示，源跟随器在提高输入阻抗的同时，在栅极接收信号，在源极驱动负载，使源极电势能"跟随"栅压。图 3.34(b)所示电路显示了在不降低共源级电压增益时如何驱动低阻抗负载。首先分析大信号特性，我们注意到当 $V_{in} < V_{TH}$ 时，M_1 处于截止状态，V_{out} 等于零。随着 V_{in} 增大并超过 V_{TH}，M_1 导通进入饱和区(为什么?)，I_{D1} 流过电阻 R_S(图 3.34(c))。V_{in} 进一步增大，输出电压 V_{out} 跟随输入电压变化，且两者之差(电平平移)为 V_{GS}。输入-输出特性可以表示为

$$\frac{1}{2}\mu_n C_{ox}\frac{W}{L}(V_{in}-V_{TH}-V_{out})^2 R_S = V_{out} \qquad (3.82)$$

这里忽略了沟道长度调制效应。上式两边同时对 V_{in} 求微分，可得电路的小信号增益：

$$\frac{1}{2}\mu_n C_{ox}\frac{W}{L}2(V_{in}-V_{TH}-V_{out})(1-\frac{\partial V_{TH}}{\partial V_{in}}-\frac{\partial V_{out}}{\partial V_{in}})R_S = \frac{\partial V_{out}}{\partial V_{in}} \qquad (3.83)$$

因为 $\partial V_{TH}/\partial V_{in} = (\partial V_{TH}/\partial V_{SB})(\partial V_{SB}/\partial V_{in}) = \eta \partial V_{out}/\partial V_{in}$，所以

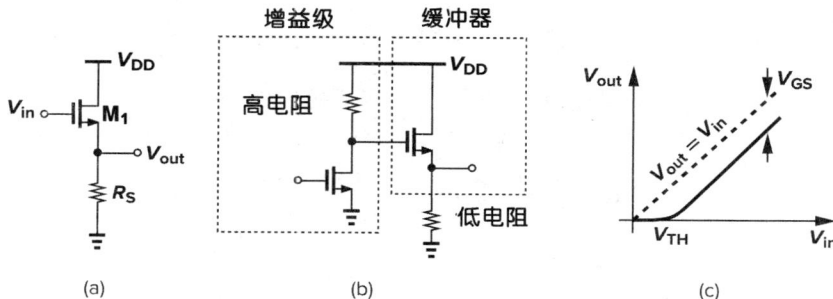

图 3.34　(a)源跟随器；(b)源跟随器作为缓冲器的一个例子；(c)输入-输出特性曲线

$$\frac{\partial V_{\text{out}}}{\partial V_{\text{in}}} = \frac{\mu_{\text{n}} C_{\text{ox}} \dfrac{W}{L} (V_{\text{in}} - V_{\text{TH}} - V_{\text{out}}) R_{\text{S}}}{1 + \mu_{\text{n}} C_{\text{ox}} \dfrac{W}{L} (V_{\text{in}} - V_{\text{TH}} - V_{\text{out}}) R_{\text{S}} (1 + \eta)} \tag{3.84}$$

又因为

$$g_{\text{m}} = \mu_{\text{n}} C_{\text{ox}} \frac{W}{L} (V_{\text{in}} - V_{\text{TH}} - V_{\text{out}}) \tag{3.85}$$

所以

$$A_{\text{v}} = \frac{g_{\text{m}} R_{\text{S}}}{1 + (g_{\text{m}} + g_{\text{mb}}) R_{\text{S}}} \tag{3.86}$$

通过图 3.35 的等效小信号电路可以更容易地得到相同的结果。图中 $V_{\text{in}} - V_1 = V_{\text{out}}$, $V_{\text{bs}} = -V_{\text{out}}$, 所以 $g_{\text{m}} V_1 - g_{\text{mb}} V_{\text{out}} = V_{\text{out}} / R_{\text{S}}$, 因此 $V_{\text{out}} / V_{\text{in}} = g_{\text{m}} R_{\text{S}} / [1 + (g_{\text{m}} + g_{\text{mb}}) R_{\text{S}}]$。

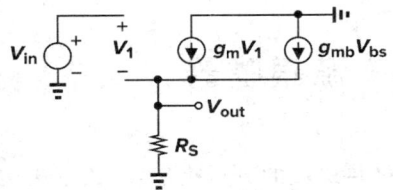

图 3.35　源跟随器的小信号等效电路

图 3.36 粗略表示了增益与 V_{in} 的关系。当 $V_{\text{in}} \approx V_{\text{TH}}$（此时 $g_{\text{m}} \approx 0$）时，增益从零开始单调增大。随着漏电流和 g_{m} 变大，A_{v} 接近 $g_{\text{m}} / (g_{\text{m}} + g_{\text{mb}}) = 1/(1 + \eta)$。因为 η 本身随着 V_{out} 增大而缓慢减小，所以 A_{v} 最终将等于 1。但是在典型的源-衬电压范围，η 近似大于 0.2。

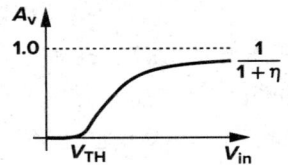

图 3.36　源跟随器电压增益和输入电压之间的关系

式（3.86）的一个重要的结论是，即使 $R_{\text{S}} = \infty$，源跟随器的电压增益也不会等于 1（正如后面所讲，除非不考虑体效应）。后面会介绍这一点。需要指出的是，只要 V_{in} 不超过 V_{DD}，图 3.34(a) 中的 M_1 将一直工作在饱和区。

在图 3.34(a) 的源跟随器中，M_1 的漏电流受输入直流电平的强烈影响。例如，如果 V_{in} 由 0.7 V 变化到 1 V，I_{D} 会增大 1 倍，则 $V_{\text{GS}} - V_{\text{TH}}$ 会增大为原来的 $\sqrt{2}$ 倍。即使 V_{TH} 相对恒定，V_{GS} 的增加也意味着 V_{out} （$= V_{\text{in}} - V_{\text{GS}}$）不能忠实地跟随 V_{in}，从而会使输入-输出特性呈现非线性。为了缓解这种问题，可以用一个电流源代替电阻，如图 3.37(a) 所示。该电流源由一个工作在饱和区的 NMOS 管来实现（图 3.37(b)）。

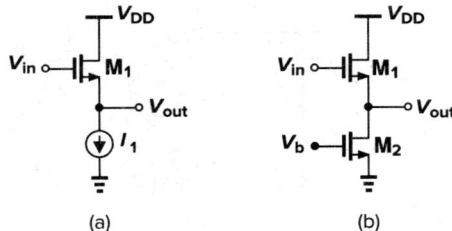

(a)　　　　　　　　(b)

图 3.37　用 NMOS 晶体管为电流源的源跟随器

例 3.12

假设在图 3.37(a)所示的源跟随器电路中,已知 $(W/L)_1 = 20/0.5$, $I_1 = 200\ \mu A$, $V_{TH0} =$ 0.6 V, $2\Phi_F = 0.7$ V, $\mu_n C_{ox} = 50\ \mu A/V^2$,和 $\gamma = 0.4\ V^2$。

(a)计算 $V_{in} = 1.2$ V 时的 V_{out}。

(b)如果 I_1 用图 3.37(b)中的 M_2 来实现,求出维持 M_2 工作在饱和区时 $(W/L)_2$ 的最小值。

解:(a)因为 M_1 的阈值电压和 V_{out} 有关,我们做一个简单的迭代。注意到

$$(V_{in} - V_{TH} - V_{out})^2 = \frac{2I_D}{\mu_n C_{ox}(\dfrac{W}{L})_1} \tag{3.87}$$

我们首先假设 $V_{TH} \approx 0.6$ V,可以算出 $V_{out} = 0.153$ V。现在我们计算新的 V_{TH} 值为

$$V_{TH} = V_{TH0} + \gamma(\sqrt{2\Phi_F + V_{SB}} - \sqrt{2\Phi_F}) \tag{3.88}$$
$$= 0.635\ V \tag{3.89}$$

这表明 V_{out} 比上面算出的结果约小 35 mV,即 $V_{out} \approx 0.118$ V。

(b)因为 M_2 的漏源电压等于 0.118 V,所以只有 $(V_{GS} - V_{TH})_2 \leqslant 0.118$ V,器件才处于饱和区。当电流 $I_1 = 200\ \mu A$ 时,可以求出 $(W/L)_2 \geqslant 287/0.5$。应该注意到,$M_2$ 会在输出结点引入很大的漏结电容和交叠电容。

例 3.13

直观地解释在 I_1 是理想电流源且 $\lambda = \gamma = 0$ 时,为什么图 3.37(a)所示的源跟随器的增益等于 1。

解:在此情况下,M_1 的漏电流精确地保持不变,V_{GS1} 同样维持恒定。由于 $V_{out} = V_{in} - V_{GS1}$,因而 V_{out} 的变化必须等于 V_{in} 的变化。或者,如图 3.38 所示,我们可以说,小信号漏电流不可能通过任何路径流动,必须等于零,因而得到 $V_1 = 0$, $V_{out} = V_{in}$。

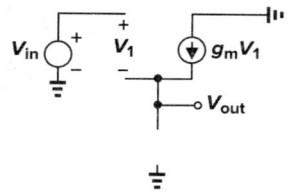

图 3.38

为了更好地理解源跟随器,我们计算图 3.39(a)所示电路的小信号输出电阻。利用图 3.39(b)所示的等效电路,注意到 $V_1 = -V_X$,可以得到

$$I_X - g_m V_X - g_{mb} V_X = 0 \tag{3.90}$$

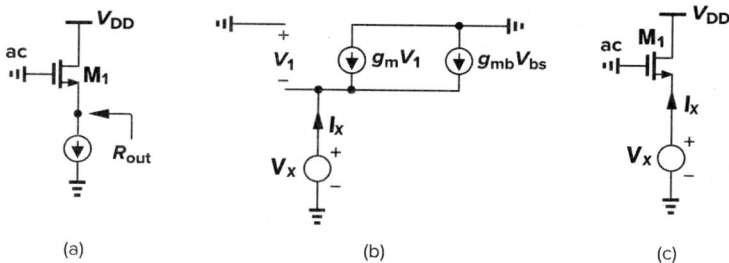

(a)　　　　(b)　　　　(c)

图 3.39　源跟随器的输出阻抗的计算

所以

$$R_{\text{out}} = \frac{1}{g_m + g_{mb}} \tag{3.91}$$

对这个结果不应当感到惊讶:图 3.39(b)的电路与图 3.11(b)相似。有意思的是,体效应减小了源跟随器的输出电阻。为了理解这一点,在图 3.39(c)中,假设 V_X 减小 ΔV 以使漏电流增大。如果没有体效应,则仅仅 M_1 的栅源电压增加 ΔV。如果考虑体效应,则器件的阈值电压也会减小。因此,$(V_{\text{GS}} - V_{\text{TH}})^2$ 的第一项增加,第二项减小,就导致漏极电流改变更多,故而降低了输出电阻。

上述的现象也可以借助图 3.40(a)小信号模型来研究。电流源 $g_{mb}V_{bs} = g_{mb}V_X$ 的大小和它上面的压降成正比,注意到这一点很重要(因为电流源和电压源是并联的)。这样的特性如同一个阻值等于 $1/g_{mb}$ 的简单电阻,因此可以得到图 3.40(b)所示的小信号等效电路。因为等效电阻只是并联在输出结点,所以这会降低总的输出电阻。因为没有 $1/g_{mb}$,输出电阻等于 $1/g_m$,如果将它包括进来,则

$$R_{\text{out}} = \frac{1}{g_m} \parallel \frac{1}{g_{mb}} \tag{3.92}$$

$$= \frac{1}{g_m + g_{mb}} \tag{3.93}$$

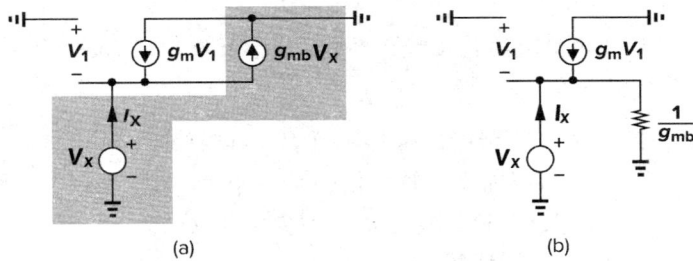

图 3.40　计入体效应的源跟随器

用一个电阻模拟 g_{mb} 的作用——这仅对源跟随器而言是正确的——也有助于解释为什么在式(3.86)中,当 $R_S = \infty$ 时,增益小于 1。在图 3.41 所示的戴维南等效电路中:

$$A_v = \frac{\dfrac{1}{g_{mb}}}{\dfrac{1}{g_m} + \dfrac{1}{g_{mb}}} \tag{3.94}$$

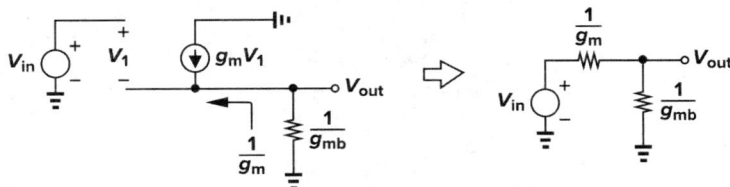

图 3.41　以戴维南等效表示本征源跟随器

$$= \frac{g_m}{g_m + g_{mb}} \tag{3.95}$$

为了完整性,我们还应分析源跟随器驱动有限负载,并且器件存在沟道长度调制效应时的特性[图 3.42(a)]。注意到 $1/g_{mb}$、r_{O1}、r_{O2} 与 R_L 是并联的,我们可以把电路简化为图 3.42(c),图中 $R_{eq} = (1/g_{mb}) \| r_{O1} \| r_{O2} \| R_L$。由此得到

$$A_v = \frac{R_{eq}}{R_{eq} + \dfrac{1}{g_m}} \tag{3.96}$$

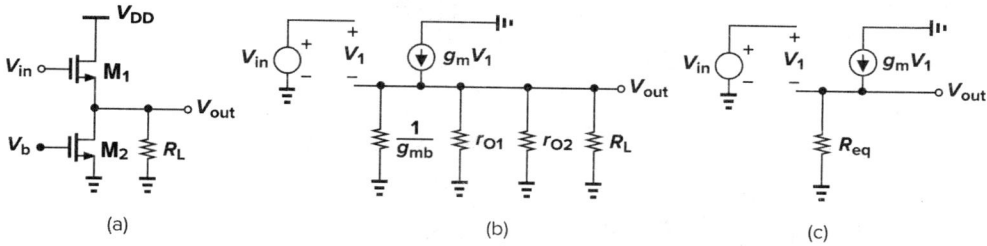

图 3.42 (a)驱动电阻负载的源跟随器;(b)小信号等效电路;(c)简化模式

例 3.14

计算图 3.43 所示电路的电压增益。

解: 向 M_2 源极看进去所看到的阻抗为 $[1/(g_{m2} + g_{mb2})] \| r_{O2}$,它与 $\dfrac{1}{g_{mb1}}$ 和 r_{O1} 均并联,所以

$$A_v = \frac{\dfrac{1}{g_{mb_2} + g_{m2}} \| r_{O2} \| r_{O1} \| \dfrac{1}{g_{mb1}}}{\dfrac{1}{g_{m1}} + \dfrac{1}{g_{m2} + g_{mb2}} \| r_{O2} \| r_{O1} \| \dfrac{1}{g_{mb1}}} \tag{3.97}$$

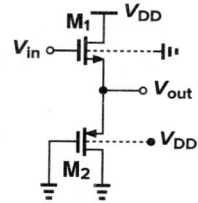

图 3.43

72

源跟随器表现出高的输入阻抗和中等的输出阻抗。但这是以非线性和电压余度的减小的两个缺点为代价的。我们将详细考虑这些问题。

正如有关图 3.34(a)的内容提到的,即使源跟随器用理想电流源来偏置,输入-输出特性仍表现出一些非线性,这源于阈值电压 V_{TH} 与源极电压之间的非线性关系。在亚微米工艺中,晶体管的 r_O 同样随 V_{DS} 而显著改变,因此也会给电路的小信号增益带来额外的变化(见第 14 章)。因此,源跟随器通常有显著的非线性。

如果把衬底和源接在一起,可以消除由体效应引起的非线性。由于所有的 NMOS 管共用一个衬底,这样的方法通常仅对 PMOS 管有效。图 3.44 显示了一个 PMOS 源跟随器,它使用两个分离的 n 阱以消除 M_1 的体效应。在这种情况下,PMOS 的低迁移率导致它的输出阻抗比 NMOS 的输出阻抗高。

源跟随器也会使信号直流电平产生 V_{GS} 的移动,因此会消耗电压余度,进而限制电压摆幅。为了理解这一点,我们考虑图 3.45 中共源级和源跟随器级联的例子。如果没有源跟随器,V_x 的最小允许值等于 $V_{GS1} - V_{TH1}$(以使 M_1 处于饱和区)。而如果加上源跟随器,为了确

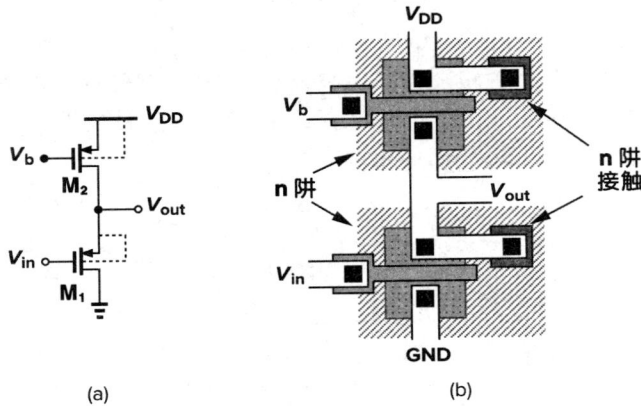

图 3.44 (a)没有体效应的 PMOS 源跟随器;(b)采用分离的 n 阱的版图

保 M_3 工作在饱和区,V_X 必须大于 V_{GS2} ＋(V_{GS3} － V_{TH3})。对于 M_1 和 M_3 的过驱动电压相差不大的情况,这意味着 X 处允许的电压摆幅减小了 V_{GS2},这是一个比较大的数值。

在负载阻抗相对比较小时,比较源跟随器和共源级的增益也很有意义。一个实际的例子是:在高频装置中需要驱动一个 50 Ω 的外部终端负载。如图 3.46(a)所示,用源跟随器来驱动负载,总的电压增益为

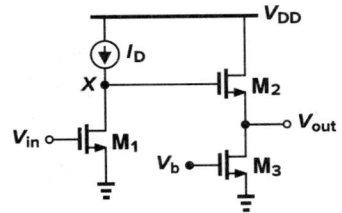

图 3.45 源跟随器与共源级的级联

$$\frac{V_{out}}{V_{in}}\bigg|_{SF} \approx \frac{R_L}{R_L + 1/g_{m1}} \tag{3.98}$$

$$= \frac{g_{m1}R_L}{1 + g_{m1}R_L} \tag{3.99}$$

另一种情况,如图 3.46(b)所示,负载作为共源级的一部分,电压增益为

$$\frac{V_{out}}{V_{in}}\bigg|_{CS} \approx - g_{m1}R_L \tag{3.100}$$

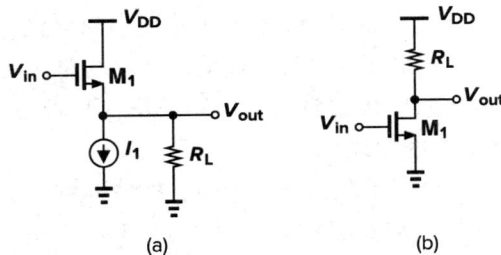

图 3.46 (a)源跟随器;(b)驱动负载电阻的共源级

这两种结构的主要差别是,对给定的偏置电流可以得到不同的电压增益。例如,如果 $1/g_{m1} \approx R_L$,则源跟随器提供的增益至多为 0.5,而共源级提供的增益接近于 1。因此,源跟随器不一定是有效的驱动器。

源跟随器的缺点,如由于体效应导致的非线性、由于电平移动导致电压余度的消耗以及差的驱动能力,限制了这种结构的应用。源跟随器的一个应用是完成电平移动,如下例所示。

例 3.15

(a)如图 3.47(a)所示,如果在所关心的频率下电容 C_1 交流短路,计算电路的电压增益。要使 M_1 工作在饱和区,则输入端允许的最大直流电平是多少?

(b)为了允许输入直流电平接近 V_{DD},将图 3.47(a)的电路修改为图 3.47(b)所示电路。M_1 和 M_3 的栅源电压应满足什么样的关系才能保证使 M_1 工作在饱和区?

74

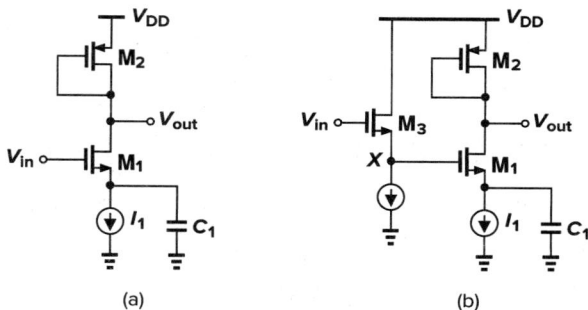

图 3.47

解:(a)电压增益由下式给出

$$A_v = -g_{m1}[r_{O1} \parallel r_{O2} \parallel (1/g_{m2})] \tag{3.101}$$

因为 $V_{out} = V_{DD} - |V_{GS2}|$,所以 V_{in} 最大允许直流电平为 $V_{DD} - |V_{GS2}| + V_{TH1}$。

(b)如果 $V_{in} = V_{DD}$,则图中 X 点的电位是 $V_X = V_{DD} - V_{GS3}$。要保证 M_1 工作在饱和区,$V_{DD} - V_{GS3} - V_{TH1} \leqslant V_{DD} - |V_{GS2}|$,所以 $V_{GS3} + V_{TH1} \geqslant |V_{GS2}|$。

第 7 章将会介绍,源跟随器会引入显著的噪声。因此,图 3.47(b)所示的电路不适合于低噪声应用。

3.5　共栅级

在共源放大器和源跟随器中,输入信号都是加在 MOS 管的栅极。也可以把输入信号加在 MOS 管的源端。如图 3.48(a)所示,共栅级在源端接受输入,在漏端产生输出。栅极接一个直流电压,以便建立适当的工作条件。注意,M_1 管的偏置电流流过输入信号源。另一种方法中,如图 3.48(b)所示,M_1 管用一个恒流源来偏置,信号通过电容耦合到电路。

75

首先分析图 3.48(a)所示电路的大信号特性。为简单起见,我们假设 V_{in} 从某一个大的正值减小。另外,$\lambda = 0$。当 $V_{in} \geqslant V_b - V_{TH}$ 时,M_1 处于关断状态,所以 $V_{out} = V_{DD}$。当 V_{in} 较小时,如果 M_1 处于饱和区,可以得到

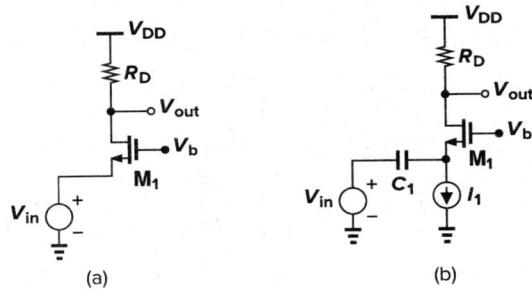

图 3.48   (a)直接耦合的共栅级；(b)电容耦合的共栅级

$$I_D = \frac{1}{2}\mu_n C_{ox}\frac{W}{L}(V_b - V_{in} - V_{TH})^2 \qquad (3.102)$$

随着 V_{in} 减小，V_{out} 也逐渐减小。在下式满足时，最终 M_1 进入线性区：

$$V_{DD} - \frac{1}{2}\mu_n C_{ox}\frac{W}{L}(V_b - V_{in} - V_{TH})^2 R_D = V_b - V_{TH} \qquad (3.103)$$

其输入-输出特性曲线如图 3.49 所示。图中显示出随着 V_{in} 的减小，M_1 进入线性区的情形。如果 M_1 为饱和状态，输出电压可以写成

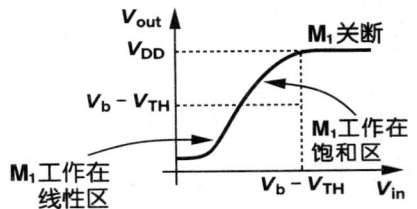

图 3.49   共栅级的输入-输出特性

$$V_{out} = V_{DD} - \frac{1}{2}\mu_n C_{ox}\frac{W}{L}(V_b - V_{in} - V_{TH})^2 R_D \qquad (3.104)$$

小信号增益为

$$\frac{\partial V_{out}}{\partial V_{in}} = -\mu_n C_{ox}\frac{W}{L}(V_b - V_{in} - V_{TH})(-1 - \frac{\partial V_{TH}}{\partial V_{in}})R_D \qquad (3.105)$$

因为 $\partial V_{TH}/\partial V_{in} = \partial V_{TH}/\partial V_{SB} = \eta$，我们可以得到

$$\frac{\partial V_{out}}{\partial V_{in}} = \mu_n C_{ox}\frac{W}{L}R_D(V_b - V_{in} - V_{TH})(1 + \eta) \qquad (3.106)$$

$$= g_m(1 + \eta)R_D \qquad (3.107)$$

请注意，这增益是正值。有意思的是，体效应使共栅级的等效跨导变大了。

在偏置电流和电源电压均给定时（即给定了功率预算），如何使共栅级的电压增益最大？我们可以加宽输入器件来增加 g_m，这会使器件最终进入亚阈值区 $[g_m \approx I_D/(\xi V_T)]$（为什么？），或者我们增加 R_D，但其两端的直流压降不可避免地会增加。我们必须记住，图 3.48(b) 中 V_{out} 所允许的最小值为 $V_{GS} - V_{TH} + V_{I1}$，式中 V_{I1} 表示 I_1 所需的最小电压。

例 3.16 ——————————————————————————

(a)在图 3.48(a)中，在 V_{in} 的全部变化范围（从 0 到 V_{DD}）内，M_1 有可能始终维持在饱和区吗？

(b)在 V_{in} 的全部变化范围（从 0 到 V_{DD}）内，M_1 有可能一直维持在三极管区吗？

解：(a)有可能。只要保证 $V_{DD} - R_D I_D > V_b - V_{TH}$，式中 I_D 表示 $V_{in}=0$ 的漏电流。

(b)有可能。若 $V_b > V_{DD} + V_{TH}$，当 $V_{in} = V_{DD} - V_{TH}$ 时，M_1 导通且工作在三极管区边界，而

且随着 V_{in} 的降低,处于更深的三极管区。当然,这样选择 V_b 既不现实也没有必要。

电路的输入阻抗也很重要。我们注意到,如果 $\lambda = 0$,在图 3.48(a)中 M_1 的源端所看到的阻抗与在图 3.39 中 M_1 源端所看到的阻抗,其值相等,即 $1/(g_m + g_{mb}) = 1/[g_m(1 + \eta)]$。因此,体效应减小了共栅级输入阻抗。共栅级相对较低的输入阻抗在某些应用中很有用。

例 3.17 ───────────────────────────────────

如图 3.50 所示,晶体管 M_1 得到输入电压的变化 ΔV,并按比例传送电流至 50 Ω 的传输线上。在图 3.50(a)中,传输线的另一端接一个 50 Ω 的电阻;在图 3.50(b)中,传输线的另一端接一个共栅级。假设 $\lambda = \gamma = 0$。

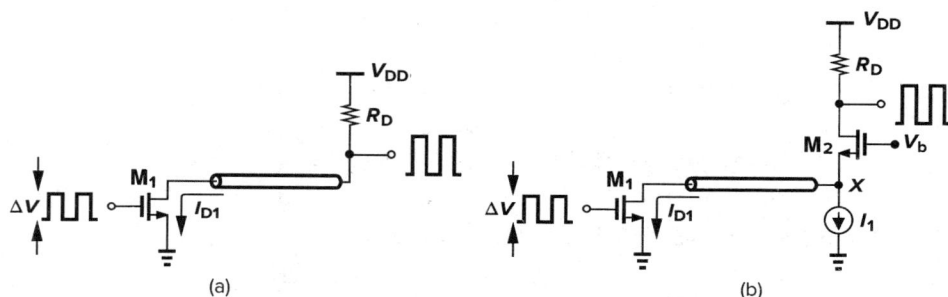

图 3.50

(a)计算在低频情况下,两种接法的增益 $\partial V_{out}/\partial V_{in}$。

(b)使结点 X 处波反射最小的条件是什么?

解:(a)当 M_1 栅极加小信号时,漏电流的变化为 $g_{m1}\Delta V_X$。这个电流在图 3.50(a)中是从 R_D 抽取的,而在图 3.50(b)中是从 M_2 抽取的,产生的输出电压摆幅为 $-g_{m1}\Delta V_X R_D$。因此,这两种接法的增益是一样的,都是 $A_v = -g_{m1}R_D$。

(b)为了使结点 X 处的反射最小,在 M_2 的源端所看到的电阻必须等于 50 Ω,而且电抗必须很小。因此,$1/(g_m + g_{mb}) = 50$ Ω,通过适当地调节 M_2 的尺寸和偏置可以保证该等式成立。为了使晶体管的电容最小,最好使用小尺寸器件并且偏置在大电流下。(回顾一下 $g_m = \sqrt{2\mu_n C_{ox}(W/L)I_D}$)。除了较高的功耗之外,这种补救方法还要求 M_2 的栅压 V_{GS} 比较大。

───────────────────────────────────

这个例子的关键之处在于,尽管两种情况总的电压增益都等于 $-g_{m1}R_D$,图 3.50(b)所示电路的 R_D 值可以远大于 50 Ω,又不会在结点 X 处引起波反射。所以共栅级电路与图3.50(a)所示的电路相比,前者可以提供更高的增益。

现在我们分析更普遍情况下的共栅级结构,即计入晶体管的输出阻抗以及信号源的阻抗的情况。对图 3.51(a)所示的电路,可以借助图 3.51(b)所示的小信号等效电路来分析。注意到流过 R_S 电流等于 $-V_{out}/R_D$,所以

$$V_1 - \frac{V_{out}}{R_D}R_S + V_{in} = 0 \tag{3.108}$$

此外,因为流过 r_O 的电流等于 $-V_{out}/R_D - g_m V_1 - g_{mb} V_1$,所以

$$r_O\left(\frac{-V_{out}}{R_D} - g_m V_1 - g_{mb} V_1\right) - \frac{V_{out}}{R_D}R_S + V_{in} = V_{out} \tag{3.109}$$

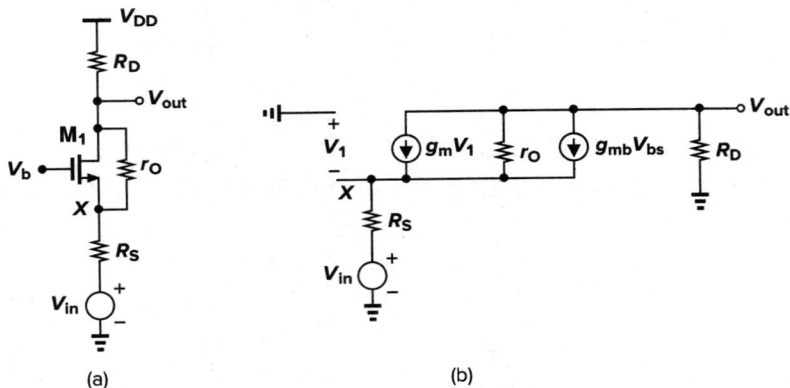

图 3.51   (a)输出电阻为有限值的共栅级;(b)小信号等效电路

从式(3.108)中解出 V_1 的表达式并代入式(3.109),可得

$$r_O\left[\frac{-V_{out}}{R_D} - (g_m + g_{mb})\left(V_{out}\frac{R_S}{R_D} - V_{in}\right)\right] - \frac{V_{out}R_S}{R_D} + V_{in} = V_{out} \tag{3.110}$$

由此得出

$$\frac{V_{out}}{V_{in}} = \frac{(g_m + g_{mb})r_O + 1}{r_O + (g_m + g_{mb})r_O R_S + R_S + R_D}R_D \tag{3.111}$$

请注意式(3.111)和式(3.77)的相似性。由于存在体效应,所以共栅级的增益略高一些。

例 3.18

假设 $\lambda \neq 0$ 且 $\gamma \neq 0$,计算图 3.52(a)所示电路的电压增益。

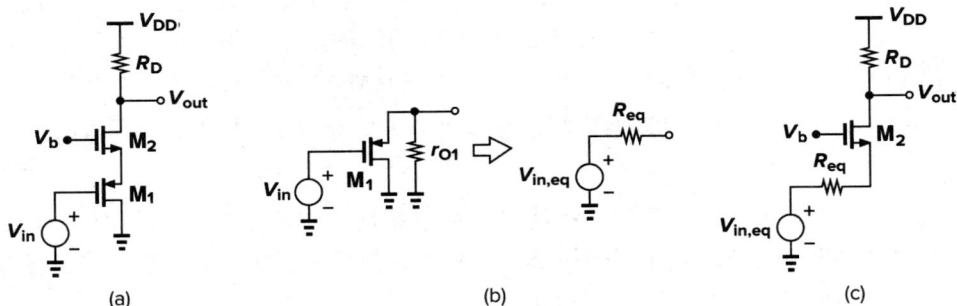

图 3.52

解:首先画出 M_1 和 V_{in} 的戴维南等效电路,如图 3.52(b)所示。M_1 在此处作为一个源跟随器。等效戴维南电压为

$$V_{in,eq} = \frac{r_{O1} \parallel \dfrac{1}{g_{mb1}}}{r_{O1} \parallel \dfrac{1}{g_{mb1}} + \dfrac{1}{g_{m1}}} V_{in} \tag{3.112}$$

等效的戴维南电阻为

$$R_{eq} = r_{O1} \parallel \frac{1}{g_{mb1}} \parallel \frac{1}{g_{m1}} \tag{3.113}$$

把原电路等效为图 3.52(c)，利用式(3.111)可得增益为

$$\frac{V_{out}}{V_{in}} = \frac{(g_{m2} + g_{mb2})r_{O2} + 1}{r_{O2} + [1 + (g_{m2} + g_{mb2})r_{O2}]\left(r_{O1} \parallel \dfrac{1}{g_{mb1}} \parallel \dfrac{1}{g_{m1}}\right) + R_D} R_D \frac{r_{O1} \parallel \dfrac{1}{g_{mb1}}}{r_{O1} \parallel \dfrac{1}{g_{mb1}} + \dfrac{1}{g_{m1}}}$$

$$\tag{3.114}$$

这个例子说明，通过观察进行电路分析是很容易的，虽然要依赖于前面导出的结果，但决不是盲目地求解基尔霍夫电流电压方程。

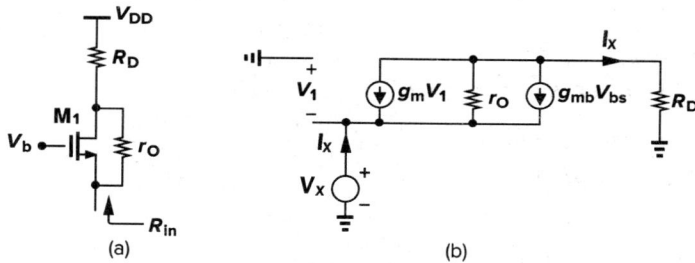

图 3.53 (a)共栅级的输入电阻；(b)小信号等效电路

共栅级的输入输出阻抗也是我们所关心的。为了求出图 3.53(a)在源端所看到的阻抗，可以借助图 3.53(b)的等效电路。因为 $V_1 = -V_X$，流过 r_O 的电流等于 $I_X + g_m V_1 + g_{mb} V_1 = I_X - (g_m + g_{mb})V_X$，把 r_O 和 R_D 上的压降加起来可以得到

$$R_D I_X + r_O[I_X - (g_m + g_{mb})V_X] = V_X \tag{3.115}$$

因此

$$\frac{V_X}{I_X} = \frac{R_D + r_O}{1 + (g_m + g_{mb})r_O} \tag{3.116}$$

如果 $(g_m + g_{mb})r_O \gg 1$，则上式变为

$$\frac{V_X}{I_X} \approx \frac{R_D}{(g_m + g_{mb})r_O} + \frac{1}{g_m + g_{mb}} \tag{3.117}$$

这个结果表明，当在源端看输入阻抗时，漏端的阻抗要除以 $(g_m + g_{mb})r_O$。这对于短沟道器件特别重要，因为它们的本征增益很低。式(3.116)的两个特殊情况都值得研究。首先，假设 $R_D = 0$，那么

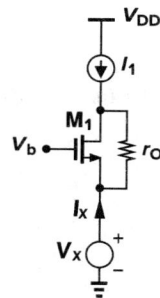

图 3.54 采用理想电流源负载的共栅级的输入电阻

$$\frac{V_X}{I_X} = \frac{r_O}{1 + (g_m + g_{mb})r_O} \tag{3.118}$$

$$= \frac{1}{\dfrac{1}{r_O} + g_m + g_{mb}} \tag{3.119}$$

该结果正是源跟随器在源端所看到的阻抗，这是意料之中的，因为 $R_D = 0$ 时，电路结构和图 3.39(a) 一样。

其次，用一个理想电流源代替电阻 R_D。根据式 (3.117) 预示，输入阻抗将趋近**无穷**。虽然这个结果有些让人惊讶，它仍然可以通过图 3.54 来解释。因为流过晶体管的总的电流是固定的，等于 I_1，源极电压的变化并不会引起器件电流的变化，因此 $I_X = 0$。换句话说，**只有**连接到漏端的负载阻抗很小的情况下，共栅级的输入阻抗才会相对比较低。

例 3.19 ─────────────────

计算以电流源为负载的共栅级的电压增益，该电路如图 3.55(a) 所示。

解：让式 (3.111) 中的 R_D 趋近无穷，可得

$$A_v = (g_m + g_{mb})r_O + 1 \quad (3.120)$$

有趣的是，电压增益与 R_S 无关。通过前面的讨论我们知道，如果 $R_D \to \infty$，则在 M_1 源端看到的阻抗也会趋于无穷，所以结点 X 处的小信号电压**趋于** V_{in}。从而电路可以简化为图 3.55(b) 所示的电路，并很容易得到式 (3.120)。

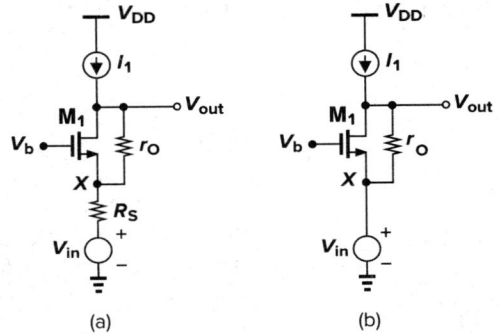

图 3.55

对带源极负反馈的共源级和共栅级的分析，给出了另一个有价值的见解。如图 3.56 所示，我们不严谨地说，晶体管可以变换电阻，**增大**其源端电阻，而**减小**其漏端电阻（当我们从适当的端子观察时）。

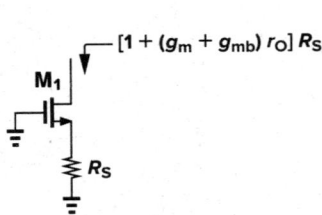

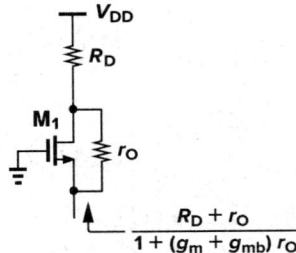

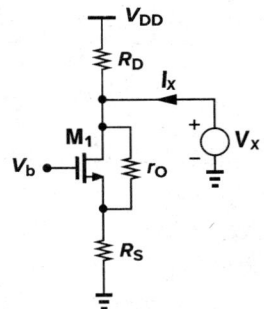

图 3.56 MOSFET 的阻抗变换   图 3.57 计算共栅级的输出电阻

为了计算共栅级的输出阻抗，可以借助图 3.57 所示电路。我们注意到，该电路的等效电

路与图 3.29 中的电路相似,因此

$$R_{\text{out}} = \{[1 + (g_m + g_{mb})r_O]R_S + r_O\} \| R_D \qquad (3.121)$$

81

例 3.20 ——————————————————————————————

从例 3.17 可以看到,共栅级电路的输入信号可以是电流而不是电压。图 3.58 所示的就是这样的电路。如果输入电流源呈现的输出阻抗等于 R_P,计算所示电路的 $V_{\text{out}}/I_{\text{in}}$ 和输出阻抗。

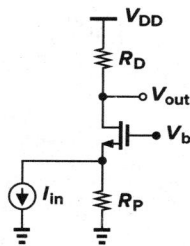

解:为了求出 $V_{\text{out}}/I_{\text{in}}$,我们用戴维南等效代替 I_{in} 和 R_P,并利用式 (3.111) 可得

$$\frac{V_{\text{out}}}{I_{\text{in}}} = \frac{(g_m + g_{mb})r_O + 1}{r_O + (g_m + g_{mb})r_O R_P + R_P + R_D} R_D R_P \qquad (3.122)$$

电路的输出阻抗等于

$$R_{\text{out}} = \{[1 + (g_m + g_{mb})r_O]R_P + r_O\} \| R_D \qquad (3.123)$$

图 3.58

3.6　共源共栅级

例 3.17 中提到,共栅级的输入信号可以是电流。我们还知道,共源级中的晶体管可以将电压信号转换为电流信号。共源级和共栅级的级联叫作共源共栅 (cascode)[1] 结构。这种结构具有许多有用的特性。图 3.59 显示了共源共栅电路的基本结构:M_1 产生与输入电压 V_{in} 成正比的小信号漏电流,M_2 仅仅使电流流经 R_D。我们称 M_1 为输入器件,称 M_2 为共源共栅器件。这个例子中需要注意的是,流经 M_1 和 M_2 的偏置电流和信号电流均相等。随着我们在这一节中对电路特点的阐述,共源共栅结构相对于简单的共源级的优点就变得显而易见了。这个电路也称为套筒式共源共栅。

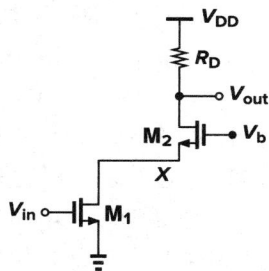

图 3.59　共源共栅结构

82

在深入分析以前,对电路进行定性地讨论是有意义的。我们希望知道,若 V_{in} 或 V_b 有一个小的变化,会发生什么。假设两个晶体管都处于饱和区,而且 $\lambda = \gamma = 0$。如果 V_{in} 增加 ΔV,则 I_{D1} 增加 $g_{m1}\Delta V$。电流的此变化流过在 X 点看到的阻抗,即在 M_2 的源端看到的阻抗,其值为 $1/g_{m2}$。因此,V_X 减小了 $g_{m1}\Delta V(1/g_{m2})$ [图 3.60(a)]。I_{D1} 的变化也流过 R_D,使 V_{out} 减小了 $g_{m1}\Delta V R_D$,这就像在一个简单的共源级中的情况。

现在考虑 V_{in} 固定、V_b 增加 ΔV 的情形。因为 V_{GS1} 不变,$r_{O1} = \infty$,我们把电路简化,如图 3.60(b)所示。此时,V_X 和 V_{out} 将如何变化呢? 就结点 X 而言,M_2 是一个源跟随器,因为其栅检测输入 ΔV,在 X 点产生输出。由于 $\lambda = \gamma = 0$,因此,不管 R_D 为何值,源跟随器的小信号增

——————————————

① 术语共源共栅(cascode)是级联三极管(cascaded triodes)的缩写,可能起名于真空管时代。

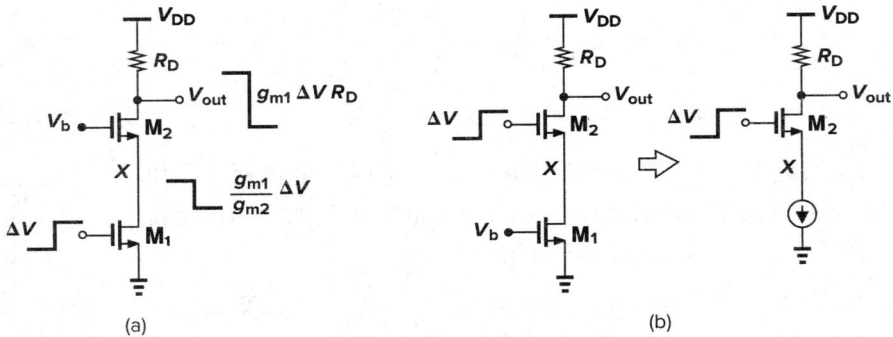

图 3.60　共源共栅级中:(a)在输入器件的栅极检测信号;(b)在共源共栅器件的栅极检测信号

益为 1(为什么?)。这样,V_X 也增加了 ΔV。另一方面,V_{out} 保持不变,因为 $I_{D2}=I_{D1}$,因而 V_{out} 保持恒定。我们认为,在这种情形下,从 V_b 到 V_{out} 的电压增益为 0。

　　下面我们分析共源共栅结构的偏置条件,仍假设 $\lambda=\gamma=0$。为了保证 M_1 工作在饱和区,必须满足 $V_X \geqslant V_{\text{in}} - V_{\text{TH1}}$。假如 M_1 和 M_2 都处于饱和区,则 M_2 是一个源跟随器,而 V_X 主要由 V_b 决定:$V_X = V_b - V_{GS2}$。因此,$V_b - V_{GS2} \geqslant V_{\text{in}} - V_{\text{TH1}}$,从而可以得到 $V_b > V_{\text{in}} + V_{GS2} - V_{\text{TH1}}$,见图 3.61。为了保证 M_2 饱和,必须满足 $V_{\text{out}} \geqslant V_b - V_{\text{TH2}}$。如果 V_b 的取值使 M_1 处于饱和区边缘,则有

$$V_{\text{out}} \geqslant V_{\text{in}} - V_{\text{TH1}} + V_{GS2} - V_{\text{TH2}} \qquad (3.124)$$
$$= (V_{GS1} - V_{\text{TH1}}) + (V_{GS2} - V_{\text{TH2}}) \qquad (3.125)$$

因此,M_1 和 M_2 工作在饱和区的最小输出电平等于 M_1 和 M_2 的过驱动电压之和。换句话说,电路中 M_2 管的增加会使电路的输出电压摆幅减小,减小的量至少为 M_2 的过驱动电压。我们也说成 M_2"层叠"在 M_1 上。也可不严格地讲,最小输出电压为 2 个过驱动电压 $2V_{D,\text{sat}}$。

　　现在我们分析 V_{in} 从零变化到 V_{DD} 的过程中,图 3.59 所示共源共栅级的大信号特性。当 $V_{\text{in}} \leqslant V_{\text{TH1}}$ 时,M_1 和 M_2 处于截止状态,$V_{\text{out}} = V_{DD}$,且 $V_X \approx V_b - V_{\text{TH2}}$(如果忽略亚阈值导通情况),见图 3.62。当 V_{in} 超过 V_{TH1} 之后,M_1 开始抽取电流,V_{out} 将下降。因为 I_{D2} 增加,V_{GS2} 必定同时增加,故而导致 V_X 下降。如果假定 V_{in} 为足够大的值,会出现两个结果:

　　(1)V_X 降到比 V_{in} 低一个阈值电压 V_{TH1},迫使 M_1 进入线性区;

　　(2)V_{out} 降到比 V_b 低一个阈值电压 V_{TH2},使 M_2 进入线性区。

　　对于不同的器件尺寸和 R_D 以及 V_b,任何一个结果都可能先于另一个发生。例如,如果 V_b 比较低,则 M_1 会先进入线性区。需要注意的是,如果 M_2 进入深线性区,V_X 和 V_{out} 将接近相等。

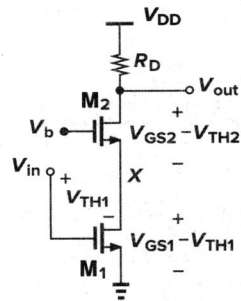

图 3.61　共源共栅电路的偏置电压

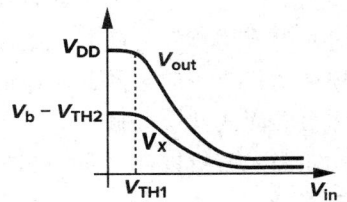

图 3.62　共源共栅级的输入-输出特性

现在我们考虑共源共栅级的小信号
特性,假设两个晶体管都工作在饱和区。
如果 $\lambda = 0$,因为输入器件产生的漏电流
必定流过共源共栅器件,所以电压增益
与共源级的电压增益相同。图 3.63 所
示的小信号等效电路说明,这个结果与
M_2 的跨导及体效应无关。这可以用 A_v
$= -G_m R_{out}$ 验证。

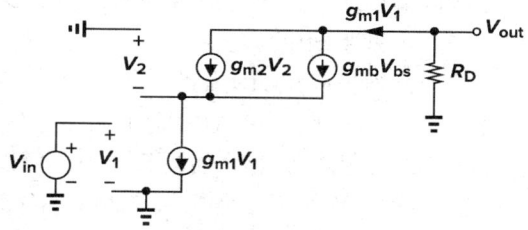

图 3.63　共源共栅级的小信号等效电路

例 3.21

计算图 3.64 所示电路的电压增益。假设 $\lambda = 0$。

解:M_1 的小信号漏电流 $g_{m1} V_{in}$,被 R_P 和向 M_2 源端看进去所看到的
阻抗 $1/(g_{m2} + g_{mb2})$ 分成两部分。因此,流过 M_2 的电流等于

$$I_{D2} = g_{m1} V_{in} \frac{(g_{m2} + g_{mb2}) R_P}{1 + (g_{m2} + g_{mb2}) R_P} \tag{3.126}$$

所以电压增益等于

$$A_v = -\frac{g_{m1} (g_{m2} + g_{mb2}) R_P R_D}{1 + (g_{m2} + g_{mb2}) R_P} \tag{3.127}$$

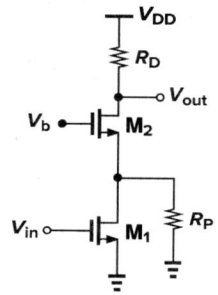

图 3.64

84

输出阻抗

共源共栅结构一个重要的特性就是输出阻抗很
高。如图 3.65 所示,为了计算 R_{out},电路可以看成带
负反馈电阻 r_{O1} 的共源级。因此,由式(3.66)可得

$$R_{out} = [1 + (g_{m2} + g_{mb2}) r_{O2}] r_{O1} + r_{O2} \tag{3.128}$$

假设 $g_m r_O \gg 1$,我们得到 $R_{out} \approx (g_{m2} + g_{mb2}) \cdot r_{O2} r_{O1}$。
也就是说,M_2 将 M_1 的输出阻抗提高至原来的 $(g_{m2} +$
$g_{mb2}) r_{O2}$ 倍。如图 3.66 所示,有时候共源共栅级可以
扩展为三个或更多器件的层叠以获得更高的输出阻抗,

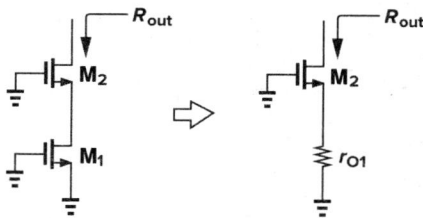

纳米设计注意 3.6

由于电压余度的限制,纳米共源
共栅电流源勉强地好于单个晶体管的
电流源。下图是一个 NMOS 电流源
采用(实线)和不采用(灰线)共源共栅
晶体管时的 I-V 特性。两个器件的
宽长比均为 $W/L = 5 \ \mu m / 40 \ nm$。我
们可以看出,对于 $V_x < 0.2 \ V$,共源
栅的输出阻抗略高一点。

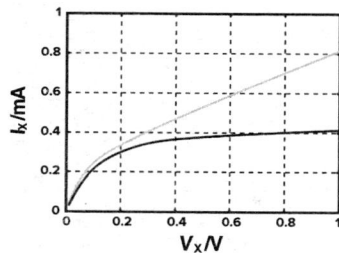

图 3.65　共源共栅级输出电阻的计算

85 但是所需要的额外的电压余度使这样的结构缺少吸引力。例如，三层共源共栅电路的最小输出电压等于三个过驱动电压之和。

　　为了体会高输出阻抗的实用性，我们回顾一下 3.3.6 节所讲述的辅助定理，在那里电压增益可以写作 $G_m R_{out}$。因为 G_m 通常是由晶体管（例如图 3.59 中的 M_1）的跨导决定的，因此要在 G_m 与偏置电流、器件电容之间进行折中。所以，最好是通过使 R_{out} 最大化来增加电压增益。图 3.67 就是这样一个例子。如果图中两个晶体管都工作在饱和区，则 $G_m \approx g_{m1}$，$R_{out} \approx (g_{m2} + g_{mb2}) r_{O2} r_{O1}$，可得 $|A_v| = (g_{m2} + g_{mb2}) r_{O2} g_{m1} r_{O1}$。因此，最大的电压增益大约等于晶体管本征增益的**平方**。

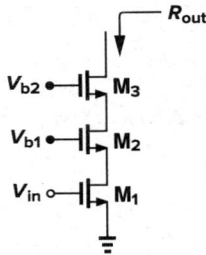

图 3.66　三层共源共栅

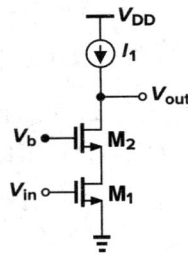

图 3.67　带电流源负载的共源共栅级

例 3.22

　　计算图 3.67 所示电路的精确的电压增益。

　　解：因为 M_1 产生的小信号电流中的一部分被电阻 r_{O1} 分流到地，电路中实际的 G_m 要略微小于 g_{m1}。如图 3.68(a) 中所示，输出结点与交流地短接，从 M_2 源端看进去的阻抗等于 $\dfrac{1}{g_{m2} + g_{mb2}} \parallel r_{O2}$，因此

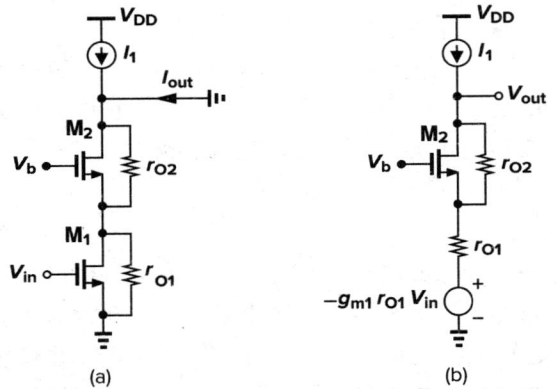

图 3.68

86
$$I_{out} = g_{m1} V_{in} \frac{r_{O1}}{r_{O1} + \dfrac{1}{g_{m2} + g_{mb2}} \parallel r_{O2}}$$

$$(3.129)$$

整体的跨导为

$$G_m = \frac{g_{m1} r_{O1} [r_{O2}(g_{m2} + g_{mb2}) + 1]}{r_{O1} r_{O2}(g_{m2} + g_{mb2}) + r_{O1} + r_{O2}} \tag{3.130}$$

所以电压增益为

$$|A_v| = G_m R_{out} \tag{3.131}$$

$$= g_{m1} r_{O1} [(g_{m2} + g_{mb2}) r_{O2} + 1] \tag{3.132}$$

如果假设 $G_m \approx g_m$，那么 $|A_v| \approx g_{m1} \{[1 + (g_{m2} + g_{mb2}) r_{O2}] r_{O1} + r_{O2}\}$。

　　另一种计算电压增益的方法是用戴维南等效代替 V_{in} 和 M_1，将电路简化为共栅结构。如图 3.68(b) 所示，简化之后，利用式(3.111)同样可以得到式(3.132)的结果。

　　在给定的偏置电流的条件下，比较两种提高输出阻抗的方法也很有意义：第一种是采用共源共栅；第二种是增大输入晶体管的沟道长度，如图 3.69 所示。例如，假设共源级输入管的长度变为原来的四倍而宽度保持不变。因为 $I_D = (1/2)\mu_n C_{ox}(W/L)(V_{GS} - V_{TH})^2$，所以过驱动电压增大为原来两倍，晶体管消耗的电压余度与共源共栅级相同。也就是说图 3.69(b) 和 (c) 所示电路受到相同的电压摆幅约束。

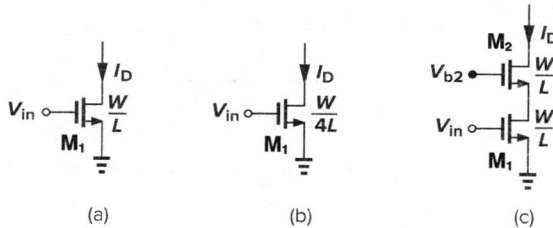

图 3.69　通过增大器件的长度或采用共源共栅结构来增大输出阻抗

　　现在考虑每种情况的输出阻抗。因为

$$g_m r_O = \sqrt{2\mu_n C_{ox}\frac{W}{L}I_D \frac{1}{\lambda I_D}} \qquad (3.133)$$

而且 $\lambda \propto 1/L$，所以 L 增大到 4 倍的结果只是使 $g_m r_O$ 的值增大到 2 倍，然而共源共栅结构却使输出阻抗大约增大为 $g_m r_O^2$。应该注意的是，图 3.69(b) 中 M_1 的跨导等于图 3.69(c) 中 M_1 的跨导的一半，这会导致性能的退化。换句话说，对于给定的电压余度，共源共栅级能提供更高的输出阻抗。

　　共源共栅结构不一定起放大器的作用。这种结构的另一种普遍应用是构成恒定电流源。高的输出阻抗提供一个接近理想的电流源，但这样做的代价

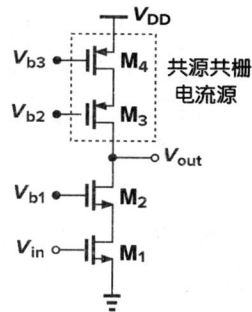

图 3.70　采用 PMOS 共源共栅负载的 NMOS 共源共栅放大器

是牺牲了电压余度。例如图 3.67 中的电流源 I_1 可以用 PMOS 的共源共栅结构来实现，如图 3.70 所示，其输出阻抗等于 $[1 + (g_{m3} + g_{mb3})r_{O3}]r_{O4} + r_{O3}$。

　　我们借助图 3.32 所阐述的辅助定理计算图 3.70 所示电路的电压增益。其中 $G_m \approx g_{m1}$，而 R_{out} 为 NMOS 共源共栅级与 PMOS 共源共栅级输出阻抗的并联：

$$R_{out} = \{[1 + (g_{m2} + g_{mb2})r_{O2}]r_{O1} + r_{O2}\} \| \{[1 + (g_{m3} + g_{mb3})r_{O3}]r_{O4} + r_{O3}\}$$

$$(3.134)$$

增益 $|A_v| \approx g_{m1}R_{out}$。采用典型值时，电压增益近似等于

$$|A_v| \approx g_{m1}[(g_{m2}r_{O2}r_{O1}) \| (g_{m3}r_{O3}r_{O4})] \qquad (3.135)$$

例 3.23

推导图 3.70 所示共源共栅放大器的输出电压摆幅。

解:回忆图 3.61 可知,当 V_{b1} 的取值小到 $V_{b1} = V_{GS2} + (V_{GS1} - V_{TH1})$ 时,M_1 正好工作在饱和区边界,输出**最小**,其值为 $(V_{GS2} - V_{TH2}) + (V_{GS1} - V_{TH1})$。同样地,当 V_{b2} 的取值大到满足 $V_{b2} + |V_{GS3}| = V_{DD} - |V_{GS4} - V_{TH4}|$ 时,M_4 正好工作在饱和区边界,输出**最大**,其值为 $V_{DD} - |V_{GS4} - V_{TH4}| - |V_{GS3} - V_{TH3}|$。所以,放大器的输出摆幅为

$$V_{out,max} - V_{out,min} = V_{DD} - (V_{GS1} - V_{TH1}) - (V_{GS2} - V_{TH2}) - |V_{GS3} - V_{TH3}| - |V_{GS4} - V_{TH4}|$$

$$(3.136)$$

粗略地说,输出摆幅大约等于 V_{DD} 减去 4 个过驱动电压(或 $4V_{D,dat}$)。

应该提醒读者,很难确定图 3.70 所示的共源共栅放大器输出的直流值,这是因为串联连接的两个高阻电流源的电流有可能不相等(如果把两个电流不同的理想电流源串联,会发生什么?)。由于这个原因,此电路必需用负反馈环路来偏置。

劣质的共源共栅结构

"最简单"的共源共栅电流源省略了共源共栅器件所需的偏置电压。如图 3.71 所示,在这个"劣质的共源共栅"结构中,M_2 被偏置在三极管区,这是因为 $V_{GS1} > V_{TH1}$,使 $V_{DS2} = V_{GS2} - V_{GS1} < V_{GS2} - V_{TH2}$。事实上,如果 M_1 和 M_2 的尺寸相等,我们可以证明,此结构等同于沟道长度 2 倍的一个晶体管,而不是一个真正的共源共栅结构。

然而,在现代 CMOS 技术中,晶体管可以有不同的阈值电压。这样,只要 M_1 的阈值小于 M_2 的阈值,M_2 就能工作在饱和区。例如,若 $V_{TH2} - V_{TH1} = 150$ mV,而且 $V_{GS1} - V_{TH1} < 100$ mV,则 M_2 工作在饱和区,电路就是一个真正的共源共栅结构。

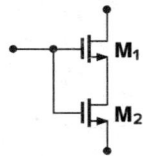

图 3.71 劣质的共源共栅

屏蔽特性

从图 3.30 我们知道,高输出阻抗源于这个事实:如果输出结点电压变化 ΔV,相应在共源共栅器件源端的电压变化很小。在某种意义上,共源共栅晶体管"屏蔽"输入器件,使它不受输出结点电压变化的影响。这种共源共栅结构的屏蔽特性在许多电路中很有用。

例 3.24

两个相同的 NMOS 管在系统中用来做恒流源,如图 3.72(a)所示。然而,系统内部电路导致 V_X 比 V_Y 高 ΔV。

(a)如果 $\lambda \neq 0$,计算所导致的 I_{D1} 和 I_{D2} 的差别。

(b)如果在 M_1 和 M_2 上增加共源共栅管,重复以上(a)的计算。

解:(a)我们得到

$$I_{D1} - I_{D2} = \frac{1}{2}\mu_n C_{ox} \frac{W}{L}(V_b - V_{TH})^2(\lambda V_{DS1} - \lambda V_{DS2}) \qquad (3.137)$$

$$= \frac{1}{2}\mu_n C_{ox} \frac{W}{L}(V_b - V_{TH})^2(\lambda \Delta V) \qquad (3.138)$$

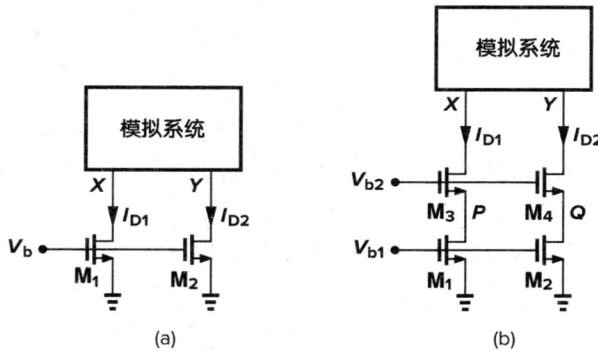

图 3.72

（b）如图 3.72(b)所示，共源共栅结构分别地减弱了 V_X 和 V_Y 对电流 I_{D1} 和 I_{D2} 的影响。如图 3.30 所描述的和式(3.69)所提示的，V_X 和 V_Y 之间的差别 ΔV 转换成为 P 和 Q 两点之间的电压差 ΔV_{PQ} 为

$$\Delta V_{PQ} = \Delta V \frac{r_{O1}}{[1 + (g_{m3} + g_{mb3})r_{O3}]r_{O1} + r_{O3}} \tag{3.139}$$

$$\approx \frac{\Delta V}{(g_{m3} + g_{mb3})r_{O3}} \tag{3.140}$$

因此

$$I_{D1} - I_{D2} = \frac{1}{2}\mu_n C_{ox}\frac{W}{L}(V_b - V_{TH})^2 \frac{\lambda \Delta V}{(g_{m3} + g_{mb3})r_{O3}} \tag{3.141}$$

也就是说，共源共栅使 I_{D1} 和 I_{D2} 的失配减小了 $(g_{m3} + g_{mb3})r_{O3}$ 倍。

89

如果共源共栅器件进入线性区，它的屏蔽特性就会相应减弱。为了理解这一点，我们分析图 3.73 所示电路，假设 V_X 从一个大的正电压开始减小。当 V_X 减小到 $V_{b2} - V_{TH2}$ 以下时，为了维持流过 M_1 的电流，M_2 需要更大的栅-源过驱动电压。V_P 与 I_{D2} 的关系为

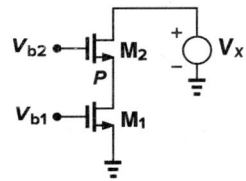

图 3.73　共源共栅级的输出摆幅

$$I_{D2} = \frac{1}{2}\mu_n C_{ox}\left(\frac{W}{L}\right)_2 [2(V_{b2} - V_P - V_{TH2})(V_X - V_P) - (V_X - V_P)^2] \tag{3.142}$$

可以得出结论：随着 V_X 变小，V_P 也会下降，这样才能维持 I_{D2} 为常数。也就是说，V_X 的变化对 P 点电压的影响被增强了。如果 V_X 下降足够大，V_P 会小于 $V_{b1} - V_{TH1}$，从而使 M_1 进入线性区。

3.6.1　折叠式共源共栅

共源共栅结构的设计思路是将输入电压转化成为电流，然后将它作为共栅级的输入。然而，输入器件和共源共栅器件不一定是同一种类型。例如在图 3.74(a)中，PMOS 和 NMOS

组合也可以完成相同的功能。为了对 M_1 和 M_2 进行偏置，需要像图 3.74（b）那样增加一个电流源。小信号工作原理如下：如果 V_{in} 变大，$|I_{D1}|$ 减小，这样就会迫使 I_{D2} 增加，所以 V_{out} 下降。类似于图 3.59 所示的 NMOS-NMOS 共源共栅结构的计算，我们可以得到电路的电压增益和输出阻抗。图 3.74（c）所示的电路是一个 NMOS-PMOS 共源共栅结构。后面会说明这类型结构的优点和缺点。

90

　　图 3.74（b）和图 3.74（c）中的结构叫做"折叠式共源共栅"级，这是因为小信号电流分别向上"折叠"（图 3.74（b））或者向下"折叠"（图 3.74（c））。作为比较，应该指出的是，图 3.70 中 M_1 的偏置电流流过 M_2，即被"重用"，而图 3.74（b）中的 M_1 和 M_2 的偏置电流之和为 I_1。因此，这种结构总的偏置电流应该比图 3.70 所示电路的大，才能获得与之相当的性能。

　　研究折叠式共源共栅结构的大信号特性很有意义。在图 3.74（b）的电路中，假设输入电压 V_{in} 从 V_{DD} 减小到 0。如果 $V_{in} > V_{DD} - |V_{TH1}|$，此时 M_1 截止。电流 I_1 全部流过 M_2[①]，$V_{out} = V_{DD} - I_1 R_D$。如果 $V_{in} < V_{DD} - |V_{TH1}|$，$M_1$ 开启并处于饱和状态，可得

$$I_{D2} = I_1 - \frac{1}{2}\mu_p C_{ox} \left(\frac{W}{L}\right)_1 (V_{DD} - V_{in} - |V_{TH1}|)^2$$

$$(3.143)$$

随着 V_{in} 下降，I_{D2} 更进一步地减小，当 $I_{D1} = I_1$ 时，I_{D2} 将最终变为 0。这时 $V_{in} = V_{in1}$，而

$$\frac{1}{2}\mu_p C_{ox} \left(\frac{W}{L}\right)_1 (V_{DD} - V_{in1} - |V_{TH1}|)^2 = I_1$$

$$(3.144)$$

因此

$$V_{in1} = V_{DD} - \sqrt{\frac{2I_1}{\mu_p C_{ox}(W/L)_1}} - |V_{TH1}|$$

$$(3.145)$$

如果 V_{in} 下降到这个值以下，I_{D1} 趋向大于 I_1，因此 M_1 进入线性区以使 $I_{D1} = I_1$。图 3.75 画出了这个结果。我们鼓励读者计算使 $|I_{D1}| = |I_{D2}|$ 时的输入电压。

　　在上述过程中，V_X 将会如何变化呢？随着 I_{D2} 下降，V_X 将会上升，当 $I_{D2} = 0$ 时，V_X 达到 $V_b - V_{TH2}$。随着 M_1 进入线性区，V_X 接近 V_{DD}。

---

① 如果 I_1 过大，M_2 有可能进入深线性区，可能导致产生 I_1 的晶体管也进入深线性区。

纳米设计注意 3.7

　　让我们设计一个共源共栅放大器，其尺寸为 $(W/L)_{NMOS} = 10$ $\mu m/40$ nm、$(W/L)_{PMOS} = 20$ $\mu m/40$ nm，电流 $I_D = 0.3$ mA。电路的输入-输出特性如下图所示，在 V_{out} 的两端，电路表现出非线性。如何量化这种非线性？或者，如何确定最大输出摆幅，以避免这种非线性呢？我们可以说，该输出摆幅不应该使小信号电压增益的下降超过某一个值，例如最大增益的 20%。图中还画出了输入-输出特性曲线的导数曲线，可以看出，若要求增益大于 10，则单端的峰-峰值输出摆幅约为 0.5 V。我们也注意到，该增益相当低。如果需要更高的增益，则要求更长的 PMOS 器件。

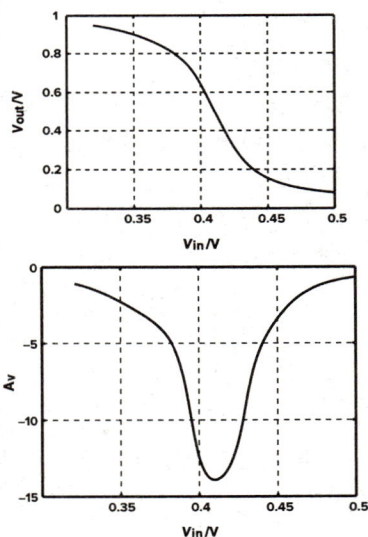

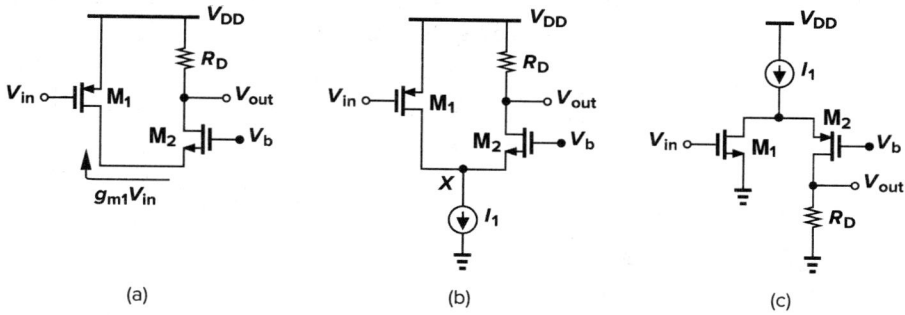

图 3.74　（a)简单的折叠式共源共栅；(b)带适当偏置的折叠式共源共栅；
(c)NMOS 作输入器件的折叠式共源共栅

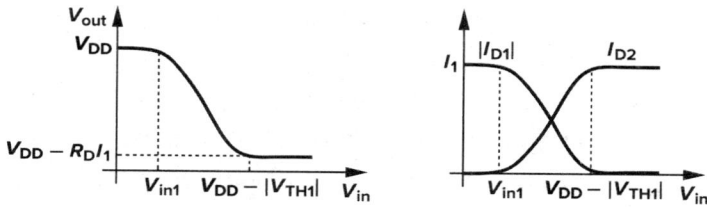

图 3.75　折叠式共源共栅的大信号特性

例 3.25

计算图 3.76(a)所示折叠式共源共栅的输出阻抗，这里 M_3 用作电流源。

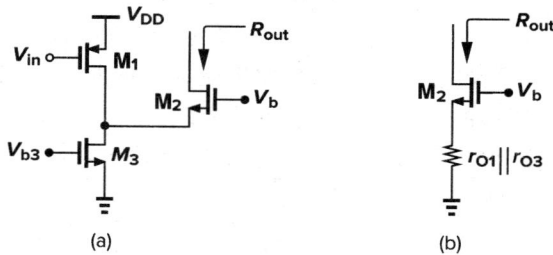

图 3.76

解：利用图 3.76(b)所示的简化模型和式(3.66)，可得

$$R_{out} = [1 + (g_{m2} + g_{mb2})r_{O2}](r_{O1} \parallel r_{O3}) + r_{O2} \qquad (3.146)$$

因此，电路表现出的输出阻抗比非折叠(也称为套筒式)的共源共栅的要小。

为了实现高电压增益，折叠式共源共栅的负载可以用共源共栅本身来实现，如图 3.77 所示。这个结构在第 9 章将会更广泛地研究。

在本章中,我们设法**增大**电压放大器的输出电阻以得到高增益。或许看起来这会使电路的速度容易受负载电容的影响。尽管如此,正如第 8 章所解释的,如果放大器工作在一个适当的反馈环路里,高输出阻抗本身并不会造成严重问题。

3.7　器件模型的选择

在这一章中,我们为单级放大器特性推导出了多种表达式。例如,带源极负反馈的共源级的电压增益可以简单写成为 $-R_D/(R_S+g_m^{-1})$,也可以表示成为式(3.77)所示的复杂形式。怎样选择一个足够精确的器件模型或者表达式呢?

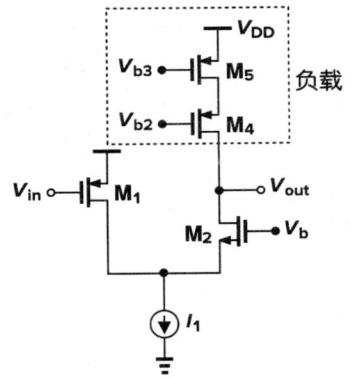

图 3.77　共源共栅作负载的折叠式共源共栅

合适的选择未必总是直截了当的,它是一种通过实践、经验以及直觉得到的技巧。当然,在为每个晶体管选择模型的过程中也有一些一般性的规律可以遵循。首先,将电路拆分成为许多熟悉的结构。接着,针对每一个子电路,用最简单的晶体管模型表示所有的管子(工作在饱和区的 MOS 管可以看作压控电流源)。如果器件的漏极连接一个高阻抗(例如另一个器件的漏级),那么可以给它的模型增加一个 r_O。在这一点上,大多数电路的基本特性都可以通过观察来确定。紧接着,可以进行更精确的迭代,以考虑那些源或衬没有交流接地的器件的体效应。

对于偏置的计算,在第一步计算过程中,可以忽略沟道长度调制效应和体效应。这些效应确实会引起一些误差,但是它们可以在理解基本特性之后的下一步迭代中考虑进去。

在当今的模拟电路设计中,因为 MOS 管的短沟道特性并不能通过手工运算进行准确的预测,所以电路仿真是必不可少的。尽管如此,如果设计者回避对电路进行简单、直观的分析而因此不做深入理解电路原理的工作,那么他(或她)就不能够正确地解释仿真的结果。正因为如此,我们常说,"不要让计算机替你去思考",也有人讲,"不要被 SPICE 当猴耍"。

习题

除非特别说明,下列习题中使用表 2.1 中所列的器件数据,并假定 $V_{DD}=3$ V。所有器件尺寸都是有效值,单位均为微米。

3.1　对于图 3.13 所示电路,计算小信号电压增益。其中,$(W/L)_1=50/0.5$,$(W/L)_2=10/0.5$,$I_{D1}=I_{D2}=0.5$ mA。如果 M_2 换成采用有二极管连接的 PMOS 器件,如图 3.16 所示,电压增益变为多少?

3.2　在图 3.18 所示电路中,假定 $(W/L)_1=50/0.5$,$(W/L)_2=50/2$,$I_{D1}=I_{D2}=0.5$ mA,管子都处于饱和区。$\lambda \propto 1/L$。

(a)计算小信号电压增益。

(b)计算两个管子都处于饱和区时,输出电压的最大摆幅。

3.3　在图 3.4(a)所示电路中,假定 $(W/L)_1=50/0.5$,$R_D=2$ kΩ,$\lambda=0$。

(a)如果 M_1 工作在饱和区,而且 $I_{D1} = 1$ mA,求电路的小信号增益。

(b)使 M_1 工作在线性区的边缘的输入电压为多少?此时的小信号电压增益是多少?

(c)使 M_1 进入线性区 50 mV 的输入电压为多少?此时的小信号电压增益是多少?

3.4　假设图 3.4(a)所示的共源级提供的输出电压摆幅为 1 V 到 2.5 V,假定 $(W/L)_1 = 50/0.5, R_D = 2$ kΩ, $\lambda = 0$。

(a)计算 $V_{out} = 1$ V 和 $V_{out} = 2.5$ V 时的输入电压。

(b)计算两种输出电压情况下 M_1 管的漏电流以及跨导。

(c)输出电压从 1 V 到 2.5 V 变化,小信号电压增益 $g_m R_D$ 变化多少?(小信号增益的变化可以看作是非线性的)

3.5　计算工作在饱和区的 NMOS 及 PMOS 器件的本征增益,假定 $W/L = 50/0.5, |I_D| = 0.5$ mA。如果 $W/L = 100/1$,重新计算增益。

3.6　在 L 为常数时,画出以下两种情况饱和器件本征增益随栅源电压的变化曲线。

(a)漏电流为常数。

(b) W 为常数。

3.7　在 L 为常数时,画出以下两种情况饱和器件本征增益随宽长比的变化曲线。

(a)栅源电压为常数。

(b)漏极电流为常数。

3.8　假定 NMOS 管 $W/L = 50/0.5$,偏置电压 $V_G = +1.2$ V, $V_S = 0$。管子的漏级电压从 0 V 变化到 3 V。

(a)假定衬底电压为 0 V,画出本征增益随 V_{DS} 的变化曲线。

(b)假定衬底电压为 -1 V,画出本征增益随 V_{DS} 的变化曲线。

3.9　对于工作在饱和区的 NMOS 管,假定衬底电压从 0 变化到 $-\infty$,而其它结点电压保持不变。画出 $g_m, r_O, g_m r_O$ 随衬底电压的变化曲线。

93

3.10　在图 3.13 所示电路中, $(W/L)_1 = 50/0.5, (W/L)_2 = 10/0.5$,假定 $\lambda = \gamma = 0$。

(a)输入电压为多少时, M_1 处于线性区边缘?此时的小信号电压增益为多少?

(b)输入电压为多少时, M_1 进入线性区 50 mV?此时小信号电压增益为多少?

3.11　在不忽略体效应的条件下,重新计算题 3.10。

3.12　在图 3.17 所示电路中, $(W/L)_1 = 20/0.5, I_1 = 1$ mA, $I_S = 0.75$ mA。假定 $\lambda = 0$,计算使 M_1 工作在线性区边缘的 $(W/L)_2$。并求出此时的小信号增益。

3.13　在图 3.17 所示电路中,如果 I_S 从 0 变化到 $0.75 I_1$,画出小信号电压增益随之变化的曲线。假定 M_1 始终工作在饱和区并且忽略沟道长度调制效应和体效应。

3.14　在图 3.18 所示电路中,偏置电流为 1 mA,小信号电压增益为 100,为使电路的输出电压摆幅为 2.2 V,计算所需的 M_1 和 M_2 的尺寸。

3.15　在图 3.78 所示电路中, V_{in} 从 0 V 变化到 V_{DD},画出 V_{out} 随之变化的曲线草图,并且标出曲线中重要的转折点。

3.16　在图 3.79 所示电路中, V_{in} 从 0 V 变化到 V_{DD},画出 V_{out} 随之变化的曲线草图,并且标出曲线中重要的转折点。

3.17　在图 3.80 所示电路中, V_{in} 从 0 V 变化到 V_{DD},画出 V_{out} 随之变化的曲线草图,并且标出曲线中重要的转折点。

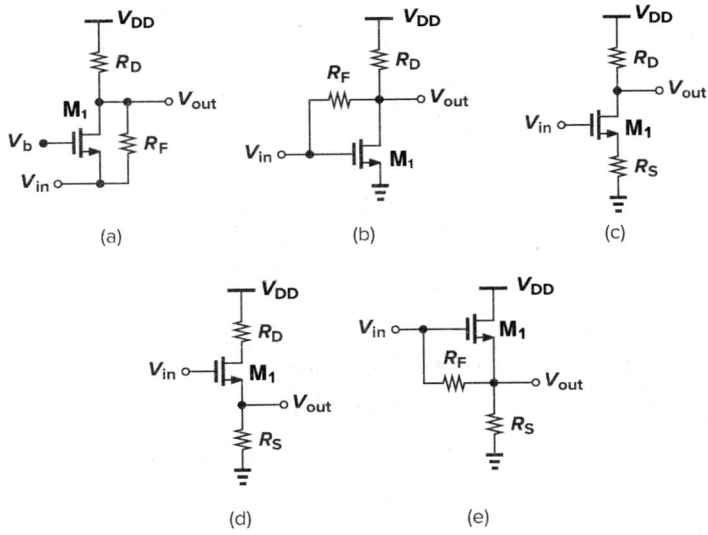

图 3.78

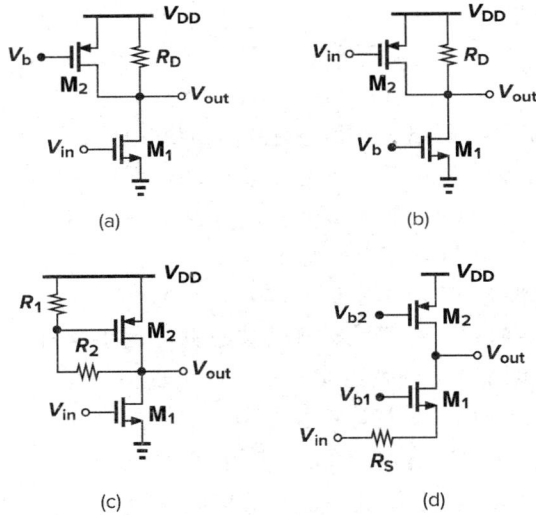

图 3.79

3.18 在图 3.81 所示电路中，V_X 从 0 V 变化到 V_{DD}，画出 I_X 随之变化的曲线草图，并且标出曲线中重要的转折点。

3.19 在图 3.82 所示电路中，V_X 从 0 V 变化到 V_{DD}，画出 I_X 随之变化的曲线草图，并且标出曲线中重要的转折点。

3.20 假定图 3.83 所示各电路中的 MOS 管都工作在饱和区，计算每个电路的小信号电压增益（$\lambda \neq 0, \gamma = 0$）。

3.21 假定图 3.84 所示各电路中的 MOS 管都工作在饱和区，计算每个电路的小信号电压增益（$\lambda \neq 0, \gamma = 0$）。

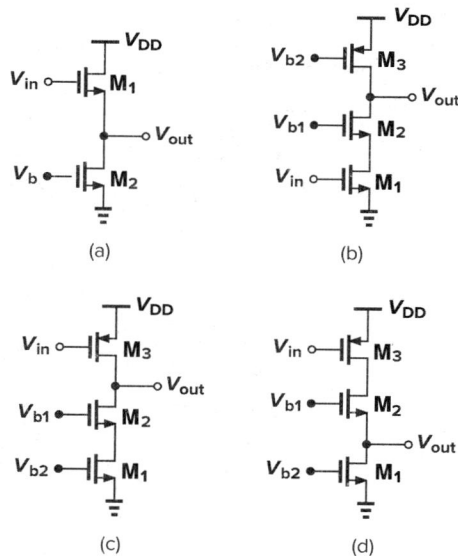

图 3.80

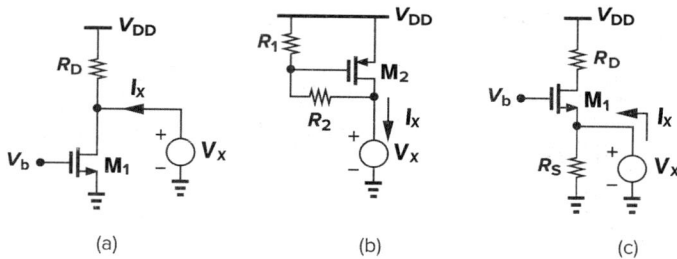

图 3.81

3.22　画出图 3.85 各个电路中 V_X 与 V_Y 随时间变化的曲线草图,其中电容 C_1 上的初始电压为 V_{DD}。

3.23　在图 3.59 所示的共源共栅级中,假定 $(W/L)_1 = 50/0.5$,$(W/L)_2 = 10/0.5$,$I_{D1} = I_{D2} = 0.5$ mA,$R_D = 1$ kΩ。

(a)选择恰当的 V_b 使 M_1 偏离线性区 50 mV。

(b)计算小信号电压增益。

(c)利用(a)中得到的 V_b 值,计算最大的输出电压摆幅。分析在 V_{out} 逐渐变小的过程中哪个器件最先进入线性区。

(d)计算在(c)中得出的输出电压摆幅最大时,结点 X 处的电压摆幅。

3.24　在图 3.23 所示电路中,$(W/L)_1 = 50/0.5$,$R_D = 2$ kΩ,$R_S = 200$ Ω。

(a)如果 $I_D = 0.5$ mA,计算小信号电压增益。

(b)假设 $\lambda = \gamma = 0$,计算使 M_1 处于线性区边缘的输入电压。并求出此时的电压增益。

3.25　在图 3.22 所示电路中,假设电压增益为 5,如果 $(W/L)_1 = 20/0.5$,$I_{D1} = 0.5$ mA,$V_b = 0$ V。

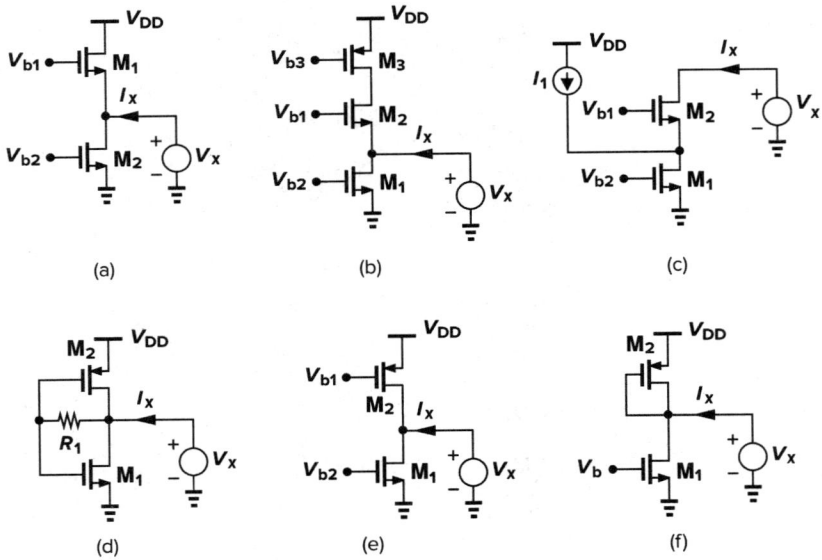

图 3.82

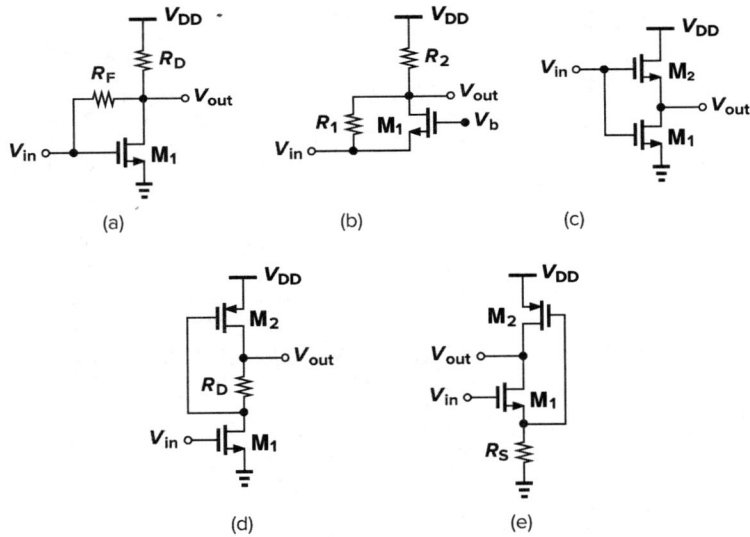

图 3.83

(a)计算 M_2 管的宽长比。

(b)计算使 M_1 处于线性区边缘的输入电压以及此时的小信号电压增益。

(c)算使 M_2 处于线性区边缘的输入电压以及此时的小信号电压增益。

3.26　画出图 3.22 所示电路在以下两种情况下,小信号增益随 V_b 变化的函数曲线,其中 V_b 从 0 变化到 V_{DD}。

(a)在 M_2 饱和之前,M_1 进入线性区。

(b)在 M_2 饱和之后,M_1 进入线性区。

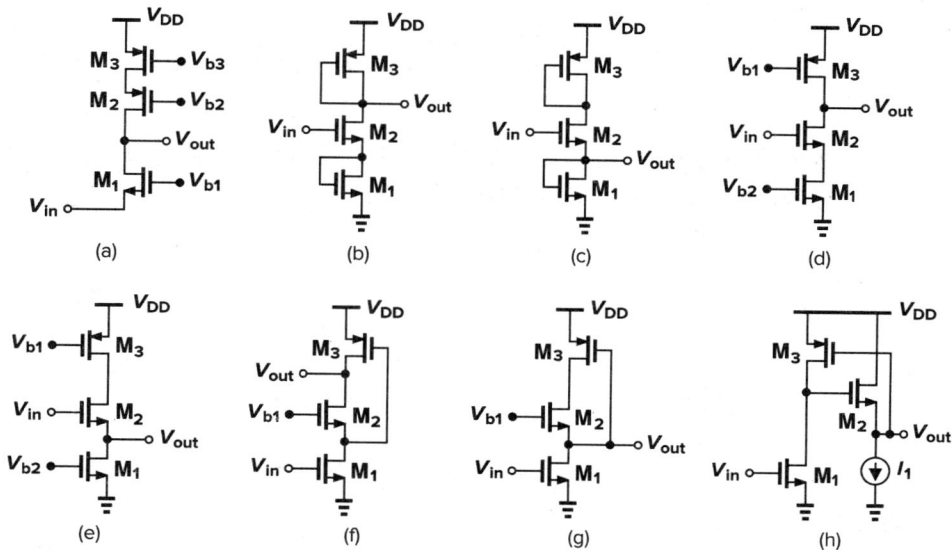

图 3.84

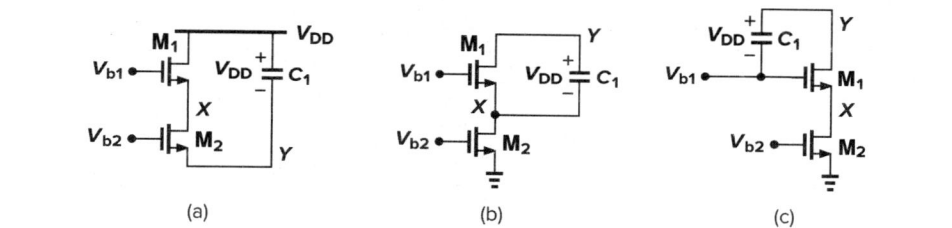

图 3.85

3.27 源跟随器可以用作电平移动。假设在图 3.37(b)所示电路中,电压移动了 1 V,即 $V_{in}-V_{out}=1\ V$。

(a)如果 $I_{D1}=I_{D2}=0.5\ mA$,$V_{GS2}-V_{GS1}=0.5\ V$ 且 $\lambda=\gamma=0$,计算 M_1 和 M_2 两个管子的宽长比。

(b)如果 $\gamma=0.45\ V^{-1}$,$V_{in}=2.5\ V$,重复以上(a)的计算。并求使 M_2 处于饱和区的最小输入电压。

3.28 在图 3.59 所示的共源共栅电路中,V_b 从 0 变化到 V_{DD},画出小信号电压增益 V_{out}/V_{in} 随之变化的曲线。假设 $\lambda=\gamma=0$。

3.29 在图 3.70 所示共源共栅结构中,偏置电流为 0.5 mA,输出电压摆幅为 1.9 V。如果 $(W/L)_{1-4}=W/L$ 且 $\gamma=0$,计算 V_{b1},V_{b2} 与 W/L。如果 $L=0.5\mu m$,求此时的电压增益。

3.30 在图 3.23(a)中,$V_{GS}=V_{in}-I_D R_S$。确定 V_{in} 变化所引起的 V_{GS} 的变化 ΔV_{GS},证明随着 $g_m R_S$ 的增加,ΔV_{GS} 减小。此趋势如何使电路变得更线性?

3.31 证明图 3.21 所示电路从 V_{DD} 到 V_{out} 的电压增益为

$$\frac{V_{out}}{V_{in}}=\frac{g_m r_{O2}+1}{r_{O2}+r_{O1}}r_{O1} \tag{3.147}$$

3.32 如图 3.86 所示的电路中,证明

$$\frac{V_{out}}{V_{in}} = \frac{-R_D}{R_S} \qquad (3.148)$$

98   式中 V_{out} 和 V_{in} 是小信号量,而且 $\lambda > 0$、$\gamma > 0$。

3.33 在图 3.51 所示的共栅极中,使其输入电阻(X 结点所看到的)与信号源的电阻 R_S 匹配。如果 $\lambda > 0$、$\gamma > 0$,证明

$$\frac{V_{out}}{V_{in}} = \frac{1 + (g_m + g_{mb})r_O}{2 + \left(1 + \dfrac{r_O}{R_D}\right)} \qquad (3.149)$$

再证明

$$\frac{V_{out}}{V_{in}} = \frac{R_D}{2R_S} \qquad (3.150)$$

3.34 应用定理 $A_v = -G_M R_{out}$ 计算源跟随器的电压增益。假设电路的负载电阻为 R_L,并且 $\lambda > 0$、$\gamma > 0$。

3.35 应用定理 $A_v = -G_M R_{out}$ 计算共栅极的电压增益。假设源电阻为 R_S,$\lambda > 0$、$\gamma > 0$。

3.36 不增加其它的晶体管,用图 3.87 所示的每种结构(源端和漏端可以互换),你能创建出多少种放大

99   器拓扑结构?

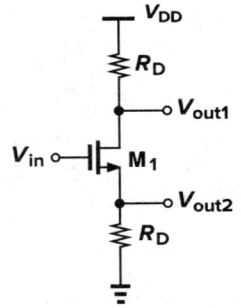

图 3.86

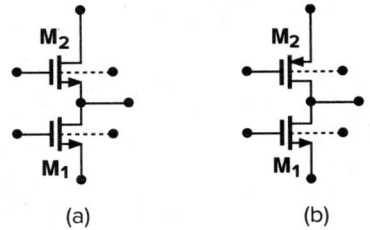

(a)   (b)

图 3.87

第 4 章

差动放大器

　　差动(差分)放大器是最重要的电路发明之一,它可以追溯到真空管时代。由于差动放大具有很多有用的特性,所以它已经成为当代高性能模拟电路和混合信号电路的实际选择。

　　本章讨论 CMOS 差动放大器的分析和设计。我们在回顾了信号的单端放大和差动放大之后,介绍基本差动对,并分析其大信号和小信号特性。接着,引入共模抑制比的概念并推导差动放大器的共模抑制比的计算公式。然后,我们研究二极管连接的晶体管为负载的差动对、电流源为负载的差动对以及共源共栅差动对。最后,我们讨论吉尔伯特单元(Gibert cell)。

4.1　单端与差动的工作方式

　　单端信号的参考电位为某一固定电位,通常为地电位(图 4.1(a))。差动信号定义为两个结点电位之差,且这两个结点的电位相对于某一固定电位大小**相等**,相位**相反**(图 4.1(b))。严格地说,这两个结点与固定电位结点间的阻抗也必须相等。在差动信号中,中心电位称为"共模"(CM)电平。把共模电平理解为偏置电压,即信号为 0 时的电压是很有用的。

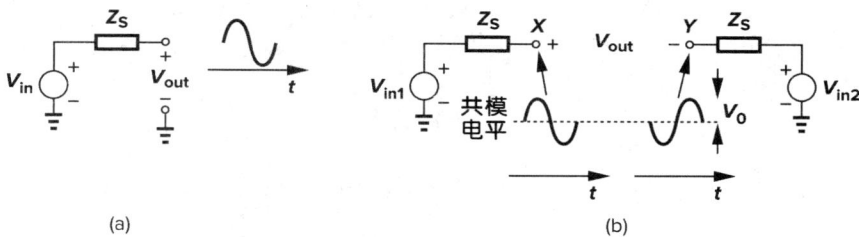

图 4.1　(a)单端信号;(b)差动信号

　　差动系统中信号摆幅这个性能参数可能让人迷惑。图 4.1(b)中,假设单边的输出振幅均为 V_0。这样,单边峰到峰的摆幅为 $2V_0$,差动峰到峰的摆幅为 $4V_0$。例如,假设 X 点相对于地的电压为 $V_0\cos(\omega t)+V_{CM}$,Y 点相对于地的电压为 $-V_0\cos(\omega t)+V_{CM}$,则 $V_X-V_Y[=2V_0\cos(\omega t)]$的峰到峰的摆幅为 $4V_0$。因此,电源电压为 1 V 的差动电路可以给出 1.6 V 的峰-峰差动摆幅，这结论一点也不奇怪。

差动工作与单端工作相比，一个重要的优势在于它对环境噪声具有更强的抗干扰能力。参见图 4.2 所示的例子，电路中的两条相邻的信号线，分别传输易受干扰的小信号和时钟大信号。由于两条线之间存在耦合电容，L_2 上的信号的跃变会损坏 L_1 上的信号。如图 4.2(b)所示，现在假设易受干扰的信号分成两个大小相等、相位相反的信号进行传输。若时钟线 L_1 置于这两条信号线的正中间，那么时钟跃变对 L_2 和 L_3 上的信号产生的干扰相同，但其**差值**保持不变。这种情况下，虽然这两个信号的共模电平被干扰，但差动输出并没有损坏，所以这种方案"抑制"了共模噪声[①]。

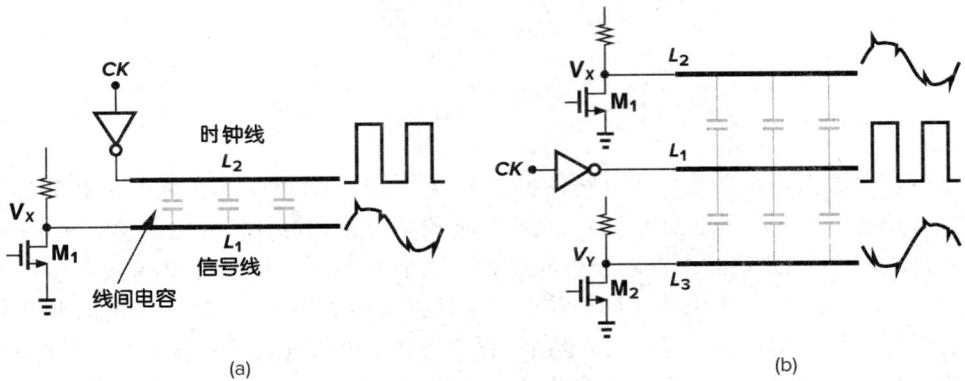

图 4.2　(a)耦合使信号损坏；(b)差动工作减少耦合干扰

另外一个抑制共模噪声的例子是当电源电压带有噪声时。在图 4.3(a)所示的共源级中，如果 V_{DD} 变化了 ΔV，则 V_{out} 几乎有相同量的变化，即输出信号非常容易受 V_{DD} 中噪声的影响。考虑图 4.3(b)所示的电路，如果电路对称，则 V_{DD} 中的噪声会影响 V_X 和 V_Y，但不影响 $V_X - V_Y = V_{out}$。因此，图 4.3(b)所示的电路更不易受电源噪声的影响。

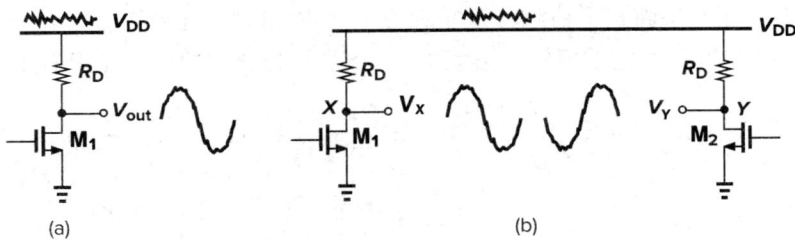

图 4.3　(a)电源噪声对单端电路的影响；(b)电源噪声对差动电路的影响

至此，我们已经看到使用差动路径传输敏感信号（"受害者"）的重要性。对产生**噪声**的信号线（"攻击者"）采用差动配线也是有益处的。例如，假若图 4.2 中的时钟信号以差动的形式在两条线上传输，如图 4.4 所示。那么，如果完全对称，从 CK 和 $\overline{CK}$ 耦合到信号线中的噪声就相互抵消。

---

①　也可以在敏感信号线与时钟线之间放置屏蔽线（见第 19 章）。

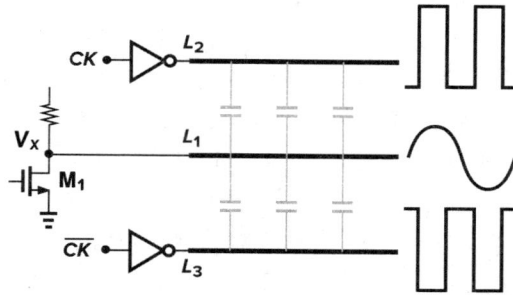

图 4.4 差动运算对耦合噪声的抑制

例 4.1 ——

如果差动"受害者"或差动"攻击者"可以提高整体的抗噪声性能,我们能否对二者同时采用差动相位?

解:答案是肯定的,我们可以这样做。考虑图 4.5(a)所示的布局。图中"攻击者"包围"受害者"。不幸的是,此布局中,由于 V_{out}^+ 和 V_{out}^- 遭受**相反**的跳动的干扰,会损坏 $V_{out}^+ - V_{out}^-$。

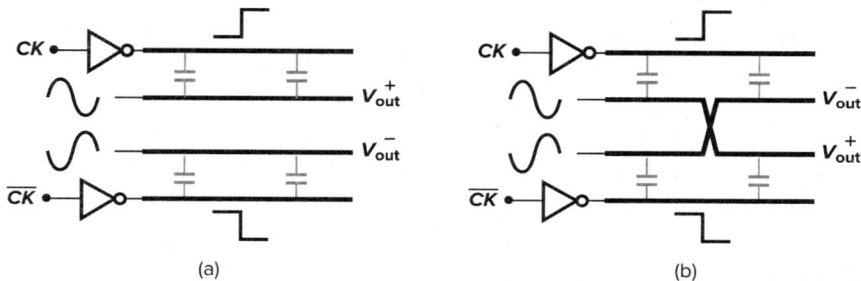

图 4.5

现在,我们修改布线,如图 4.5(b)所示,$V_{out}^+(V_{out}^-)$ 一半走线与 $CK(\overline{CK})$ 相邻,而另一半与 $\overline{CK}(CK)$ 相邻。这样,来自 CK 和 $\overline{CK}$ 的耦合相互抵消。有趣的是,V_{out}^+ 与 V_{out}^- 均免受耦合,它们的差值也没有耦合的影响。此布局的几何形状是"双绞线"的一个例子。

——

差动信号的另一个有用的特性是增大了可得到的最大电压摆幅。例如,图 4.3 中的电路,X 点或 Y 点的最大电压输出摆幅等于 $V_{DD} - (V_{GS} - V_{TH})$,而 $V_X - V_Y$ 的峰-峰摆幅等于 $2[V_{DD} - (V_{GS} - V_{TH})]$。和单端的同类电路相比,差动电路的优势还包括偏置电路更简单和更高的线性度(见第 14 章)。

虽然差动电路所占的面积是同类单端电路的 2 倍,但实际应用中这仅仅是一个很小的缺点。差动放大的众多优点使其价值远超过了面积可能增加的缺憾。

102

4.2 基本差动对

我们是怎样放大一个差动信号的呢?如前面章节所看到的那样,我们可以将两条相同的单端信号路径结合起来,分别处理两个差动相位信号,如图 4.6(a)所示。图中,两个差动输入 V_{in1} 和 V_{in2} 加到栅极上,它们的共模电平为 $V_{in,CM}$。输出也是差动的,围绕输出共模电平 $V_{out,CM}$ 摆动。这种电路确实提供了一些差动工作的优点:高的电源噪声抑制、更大的输出摆幅等等。但是,如果 V_{in1} 和 V_{in2} 存在很大的共模干扰或者仅仅是直流共模电平设置的不好时,将会出现什么情况呢?随着共模输入电平($V_{in,CM}$)的变化,M_1 和 M_2 的偏置电流也会发生变化,从而导致器件的跨导和输出共模电平变化。跨导的变化相应地就会改变小信号增益,而输出共模电平相对于理想值的偏离会降低最大允许输出摆幅。例如,在图 4.6(b)中,如果输入共模电平太低,V_{in1} 和 V_{in2} 的最小值实际上可能会使 M_1 和 M_2 管截止,从而导致输出端出现很严重的失真。因此,重要的是,应使器件的偏置电流受输入共模电平的影响尽可能地小。

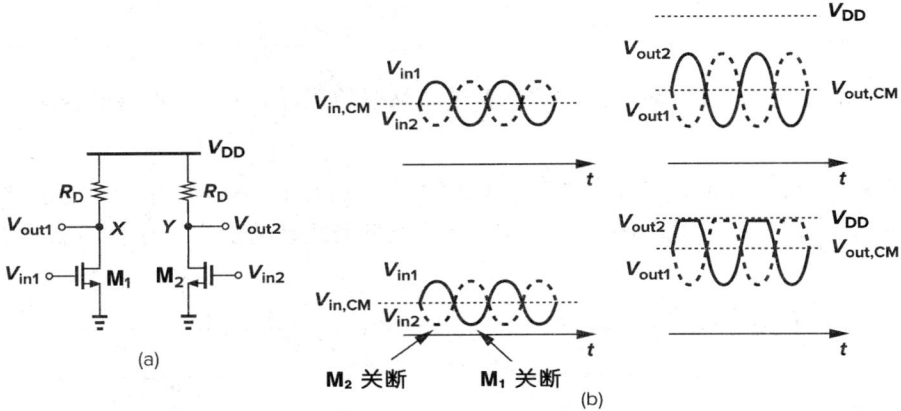

图 4.6　(a)简单差动电路;(b)输入共模电平对输出的影响

对电路做一个简单的修改就可以解决上述问题。如图 4.7 所示,在"差动对"(差分对)[①]电路中引入电流源 I_{SS} 以使 $I_{D1} + I_{D2}$ 不依赖于 $V_{in,CM}$。这样,当 $V_{in1} = V_{in2}$ 时,每个晶体管的偏置电流都等于 $I_{SS}/2$,输出共模电平等于 $V_{DD} - R_D I_{SS}/2$。研究差动输入和共模输入发生变化时电路的大信号特性是有益的。在大信号研究中,忽略沟道长度调制和体效应。

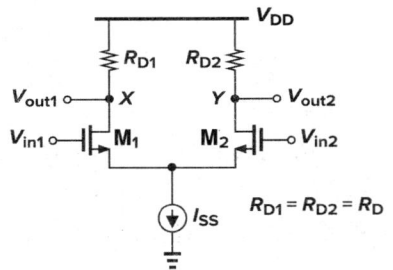

图 4.7　基本差动对

4.2.1　定性分析

让我们假设图 4.7 中 $V_{in1} - V_{in2}$ 从 $-\infty$ 变化到 $+\infty$。如果 V_{in1} 比 V_{in2} 低得多,则 M_1 管截止,M_2 管导通,$I_{D2} = I_{SS}$。因此,$V_{out1} = V_{DD}$,$V_{out2} = V_{DD} - R_D I_{SS}$。当 V_{in1} 变化到比较接近 V_{in2} 时,M_1 管逐渐导通,从 R_{D1} 抽取 I_{SS} 的一部分电流,从而使 V_{out1} 减小。由于 $I_{D1} + I_{D2} = I_{SS}$,所以 M_2 管的漏极电流减小,V_{out2} 增大。如图 4.8(a)所示,当 $V_{in1} = V_{in2}$ 时,我们有 $V_{out1} = V_{out2} = V_{DD} - R_D I_{SS}/2$。这是输出共模电平。当 V_{in1} 比 V_{in2} 更正时,M_1 管的电流大于 M_2 管的电流,从而使 V_{out1} 小于 V_{out2}。对于足够大的 $V_{in1} - V_{in2}$,M_1 管流过

[①]　也称为源耦合对,在英国文献中叫长尾巴对。

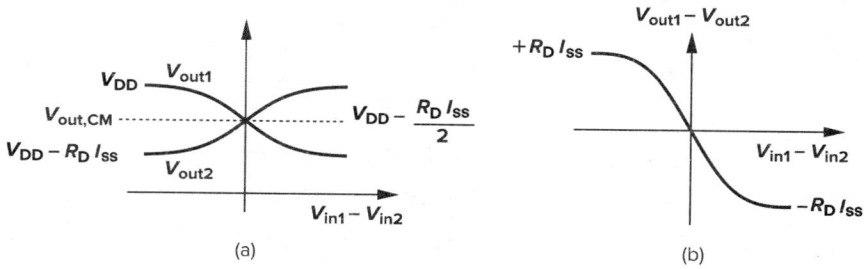

图 4.8　差动对的输入-输出特性

所有的 I_{SS} 电流，M_2 截止。因此 $V_{out1} = V_{DD} - R_D I_{SS}$，$V_{out2} = V_{DD}$。图 4.8 也画出 $V_{out1} - V_{out2}$ 随 $V_{in1} - V_{in2}$ 变化的曲线。注意，电路包含了三个差动对：$V_{in1} - V_{in2}$、$V_{out1} - V_{out2}$ 和 $I_{D1} - I_{D2}$。

上述分析揭示了差动对的两个重要特性。第一，输出端的最大电平和最小电平是完全确定的（分别为 V_{DD} 和 $V_{DD} - R_D I_{SS}$），它们与输入共模电平无关。第二，如后面证明的那样，小信号增益（$V_{out1} - V_{out2}$ 与 $V_{in1} - V_{in2}$ 关系曲线的斜率）当 $V_{in1} = V_{in2}$ 时达到最大，且随着 $|V_{in1} - V_{in2}|$ 的增大而逐渐减小为零。也就是说，随着输入电压摆幅的增大，电路变得更加非线性。当 $V_{in1} = V_{in2}$ 时，我们说电路处于平衡状态。

现在让我们来讨论电路的共模特性。如先前所述，尾电流源的作用就是抑制输入共模电平的变化对 M_1 管和 M_2 管的工作以及输出电平的影响。这是否意味着 $V_{in,CM}$ 的大小可以随便设定呢？为了回答这个问题，令 $V_{in1} = V_{in2} = V_{in,CM}$ 然后使 $V_{in,CM}$ 从 0 变化到 V_{DD}，图 4.9(a) 中用 NFET 来提供尾电流 I_{SS}。注意电路的对称性要求 $V_{out1} = V_{out2}$。

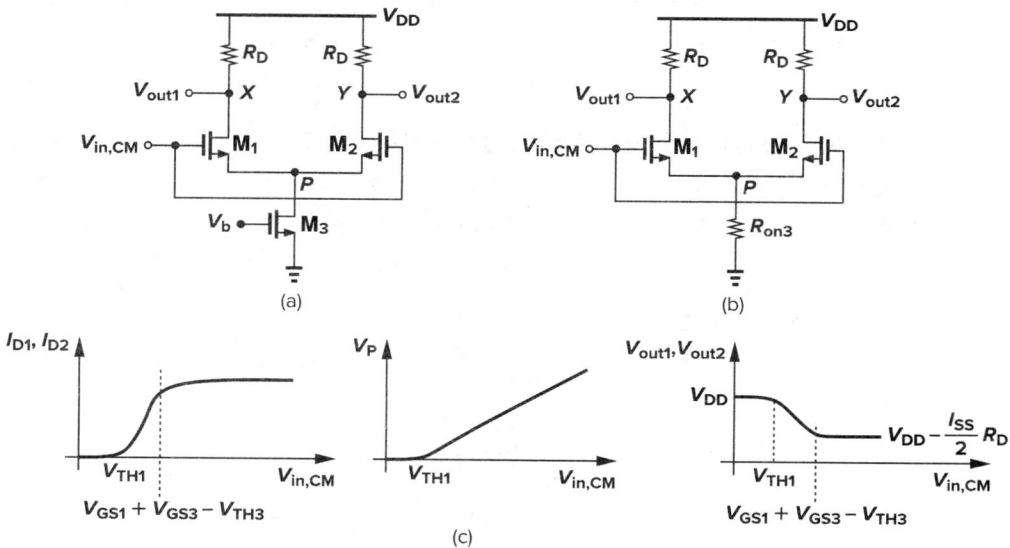

图 4.9　(a) 检测输入共模电压变化的差动对电路；(b) M_3 管工作在深线性区时的等效电路；
(c) 共模输入-输出特性曲线

若 $V_{in,CM} = 0$ 会发生什么情况呢？由于 M_1 管和 M_2 管的栅电位不比它们的源电位更正，所以两个晶体管都处于截止状态，因而 $I_{D3} = 0$。这表明 M_3 管处于深度线性区，这是因为 V_b

是高电位,足以在晶体管中形成反型层。由于 $I_{D1}=I_{D2}=0$,该电路不具有信号放大的功能,$V_{out1}=V_{out2}=V_{DD}$,而 $V_P=0$。

现在假设 $V_{in,CM}$ 变得更正。如图 4.9(b)所示,将 M_3 等效为一个电阻,我们注意到,当 $V_{in,CM} \geqslant V_{TH}$ 时,M_1 管和 M_2 管导通。此后,I_{D1} 和 I_{D2} 持续增加,V_P 也会上升(见图 4.9(c))。在某种意义上,M_1 管和 M_2 管构成了一个源极跟随器,强制 V_P 跟随 $V_{in,CM}$ 变化。对于足够高的 $V_{in,CM}$,M_3 管的漏-源电压将大于 $V_{GS3}-V_{TH3}$,使 M_3 管工作在饱和态。流过 M_1 管和 M_2 管的电流之和保持为一常数。可以推断,电路正常工作时应该满足 $V_{in,CM} \geqslant V_{GS1}+(V_{GS3}-V_{TH3})$。

104

如果 $V_{in,CM}$ 进一步增大,又会发生什么情况？由于 V_{out1} 和 V_{out2} 的相对恒定,我们预期,如果 $V_{in,CM} > V_{out1}+V_{TH}=V_{DD}-R_D I_{SS}/2+V_{TH}$,则 M_1 管和 M_2 管进入三极管区。这就为输入共模电平设定了上限。总之,$V_{in,CM}$ 允许的范围如下:

$$V_{GS1}+(V_{GS3}-V_{TH3}) \leqslant V_{in,CM} \leqslant \min\left[V_{DD}-R_D \frac{I_{SS}}{2}+V_{TH}, V_{DD}\right] \qquad (4.1)$$

超过上限,图 4.9(c)所示的共模特性不再变化,但差分增益会下降[①]。

例 4.2

画出差动对的小信号差动增益与共模输入电平之间的函数关系草图。

解：如图 4.10 所示,当 $V_{in,CM}$ 大于 V_{TH} 时,增益逐渐增大。在尾电流源进入饱和区($V_{in,CM}=V_1$)后,增益相对保持恒定。最后,如果 $V_{in,CM}$ 大到使输入晶体管进入了线性区($V_{in,CM}=V_2$),增益则开始下降。

105

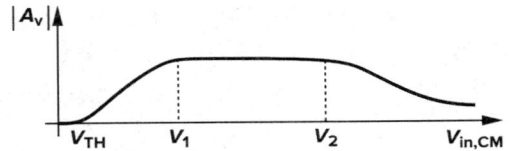

图 4.10

理解了差动对的差动特性和共模特性,现在我们能够回答另一个重要的问题:差动对的输出电压摆幅能有多大呢？假设电路的输入和输出偏置电压分别为 $V_{in,CM}$ 和 $V_{out,CM}$,且 $V_{in,CM} < V_{out,CM}$。同时假设电压增益很高,即输入摆幅比输出摆幅小得多。如图 4.11 所示,由于 M_1 和 M_2 工作在饱和区,每一端的输出可高达 V_{DD},但最小值约为 $V_{in,CM}-V_{TH}$。即,输入共模电平

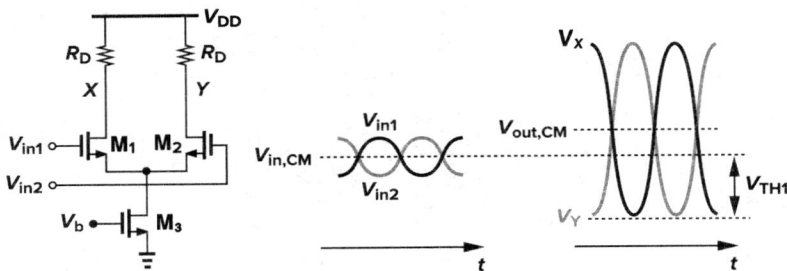

图 4.11　差动对的最大允许输出摆幅

---

① 这里假设输入和输出的差动摆幅较小,这点以后会明确。

越大,允许的输出摆幅就越小。有鉴于此,希望选择相对小的 $V_{in,CM}$,但当然不能小于 V_{GS1} + ($V_{GS3} - V_{TH3}$)。这种选择能提供的单边峰-峰输出摆幅为 $V_{DD} - (V_{GS1} - V_{TH1}) - (V_{GS3} - V_{TH3})$(为什么?)。如果电压增益约为1,鼓励读者重做这种分析。

例 4.3 ——

比较共源级和差动对的最大输出电压摆幅。

解:采用电阻负载的共源级,其输出摆幅等于 $V_{DD} - V_{D,Sat}$(见第 3 章)。由前面的分析可知,选择合适的输入共模电平,差动对的最大输出摆幅等于 $V_{DD} - 2V_{D,Sat}$(单边)或 $2V_{DD} - 4V_{D,Sat}$(差动)。差动方式的输出摆幅通常比 $V_{DD} - V_{D,Sat}$ 大得多。

4.2.2 定量分析

在本节中,我们定量分析 MOS 差动对的大信号和小信号特性。首先分析大信号特性,以得到图 4.8 所示曲线的解析表达式。

大信号特性

考虑图 4.12 所示的差动对。我们的目的是确定 $V_{out1} - V_{out2}$ 与 $V_{in1} - V_{in2}$ 的函数关系。

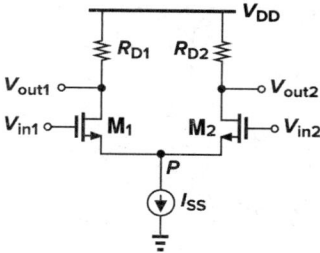

图 4.12 差动对电路

已知 $V_{out1} = V_{DD} - R_{D1} I_{D1}$,$V_{out2} = V_{DD} - R_{D2} I_{D2}$,即,如果 $R_{D1} = R_{D2} = R_D$,则 $V_{out1} - V_{out2} = R_{D2} I_{D2} - R_{D1} I_{D1} = R_D(I_{D2} - I_{D1})$。因此,假设电路是对称的,$M_1$ 和 M_2 均工作在饱和区,且 $\lambda = 0$,可以用 V_{in1} 和 V_{in2} 简单地计算出 I_{D1} 和 I_{D2}。由于 P 点的电压既等于 $V_{in1} - V_{GS1}$ 也等于 $V_{in2} - V_{GS2}$,所以

$$V_{in1} - V_{in2} = V_{GS1} - V_{GS2} \tag{4.2}$$

对于平方律器件,有

$$(V_{GS} - V_{TH})^2 = \frac{I_D}{\frac{1}{2} \mu_n C_{ox} \frac{W}{L}} \tag{4.3}$$

因此

由于严重的沟道长度调制效应和较低的电源电压,纳米差动对的电压增益几乎不超过5。在这种情况下,**输入**峰值摆幅也会限制输出摆幅。如下图所示,在输入峰值为 V_0 时,最小允许输出等于 $V_{in,CM} + V_0 - V_{TH}$。这个问题会出现在任何具有**负**增益的电路中。

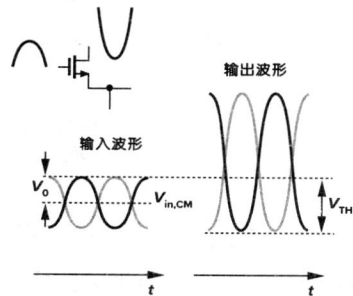

106

$$V_{GS} = \sqrt{\frac{2I_D}{\mu_n C_{ox} \dfrac{W}{L}}} + V_{TH} \tag{4.4}$$

由式(4.4)与式(4.2)可得

$$V_{in1} - V_{in2} = \sqrt{\frac{2I_{D1}}{\mu_n C_{ox} \dfrac{W}{L}}} - \sqrt{\frac{2I_{D2}}{\mu_n C_{ox} \dfrac{W}{L}}} \tag{4.5}$$

我们希望计算差动输出电流 $I_{D1} - I_{D2}$。为此将式(4.5)两边同时平方，考虑到 $I_{D1} + I_{D2} = I_{SS}$，可得

$$(V_{in1} - V_{in2})^2 = \frac{2}{\mu_n C_{ox} \dfrac{W}{L}}(I_{SS} - 2\sqrt{I_{D1} I_{D2}}) \tag{4.6}$$

即

$$\frac{1}{2}\mu_n C_{ox} \frac{W}{L}(V_{in1} - V_{in2})^2 - I_{SS} = -2\sqrt{I_{D1} I_{D2}} \tag{4.7}$$

将式(4.7)两边再同时平方，留意到 $4I_{D1} I_{D2} = (I_{D1} + I_{D2})^2 - (I_{D1} - I_{D2})^2 = I_{SS}^2 - (I_{D1} - I_{D2})^2$，可得

$$(I_{D1} - I_{D2})^2 = -\frac{1}{4}\left(\mu_n C_{ox} \frac{W}{L}\right)^2 (V_{in1} - V_{in2})^4 + I_{SS}\mu_n C_{ox} \frac{W}{L}(V_{in1} - V_{in2})^2 \tag{4.8}$$

因此

$$I_{D1} - I_{D2} = \frac{1}{2}\mu_n C_{ox} \frac{W}{L}(V_{in1} - V_{in2})\sqrt{\frac{4I_{SS}}{\mu_n C_{ox} \dfrac{W}{L}} - (V_{in1} - V_{in2})^2} \tag{4.9}$$

$$= \sqrt{\mu_n C_{ox} \frac{W}{L}I_{SS}}(V_{in1} - V_{in2})\sqrt{1 - \frac{\mu_n C_{ox}(W/L)}{4I_{SS}}(V_{in1} - V_{in2})^2} \tag{4.10}$$

根据上述大信号特性，我们可以说，M_1、M_2 和尾电流源是电流($I_{D1} - I_{D2}$)的压控电流源。恰如所期望的，$I_{D1} - I_{D2}$ 是 $V_{in1} - V_{in2}$ 的奇函数，当 $V_{in1} = V_{in2}$ 时，$I_{D1} - I_{D2}$ 下降为零。因为平方根项前的系数的增加快于平方根中值的减小，所以当 $|V_{in1} - V_{in2}|$ 从零逐渐增大时，$|I_{D1} - I_{D2}|$ 也逐渐增大[①]。

在进一步分析式(4.9)之前，让我们计算电流特性的斜率，即 M_1 管和 M_2 管的等价 G_m。将 $I_{D1} - I_{D2}$ 和 $V_{in1} - V_{in2}$ 分别用 ΔI_D 和 ΔV_{in} 表示，读者可以得到

$$\frac{\partial \Delta I_D}{\partial \Delta V_{in}} = \frac{1}{2}\mu_n C_{ox} \frac{W}{L}\frac{\dfrac{4I_{SS}}{\mu_n C_{ox}W/L} - 2\Delta V_{in}^2}{\sqrt{\dfrac{4I_{SS}}{\mu_n C_{ox}W/L} - \Delta V_{in}^2}} \tag{4.11}$$

如果 $\Delta V_{in} = 0$，则 G_m 最大（为什么？），并且等于 $\sqrt{\mu_n C_{ox}(W/L)I_{SS}}$。而且，既然 $V_{out1} - V_{out2} = R_D \Delta I = R_D G_m \Delta V_{in}$，我们可以写出平衡状态下电路的小信号差动电压增益：

$$|A_v| = \sqrt{\mu_n C_{ox} \frac{W}{L}I_{SS}}R_D \tag{4.12}$$

---

① 值得注意的是，虽然 I_{D1} 和 I_{D2} 分别为其栅-源电压的偶函数，但 $I_{D1} - I_{D2}$ 是 $V_{in1} - V_{in2}$ 的奇函数。这种效应将在第 14 章中研究。

由于这时每个晶体管的偏置电流等于 $I_{SS}/2$,因此,因子 $\sqrt{\mu_n C_{ox}(W/L)I_{SS}}$ 实际上是每个器件的跨导,即 $|A_v| = g_m R_D$。式(4.11)也表明,当 $\Delta V_{in} = \sqrt{2I_{SS}/(\mu_n C_{ox} W/L)}$ 时,G_m 下降为零。正如我们在下面将看到的那样,ΔV_{in} 的值在电路工作中起很重要的作用。

现在,让我们更仔细地分析式(4.9)。如果 $(V_{in1} - V_{in2})^2 \ll 4I_{SS}/[\mu_n C_{ox}(W/L)]$,则

$$I_{D1} - I_{D2} = \sqrt{\mu_n C_{ox} \frac{W}{L} I_{SS}}(V_{in1} - V_{in2}) \tag{4.13}$$

这样得到的平衡态跨导 G_m 与前面的结果一样。

但是,当 $|V_{in1} - V_{in2}|$ 很大时,情况如何呢? 可以看出,当 $\Delta V_{in} = \sqrt{4I_{SS}/(\mu_n C_{ox} W/L)}$ 时,平方根项的值下降为零,ΔI_D 会在 ΔV_{in} 的**两个**不同的值处穿过零点。这一点在图 4.8 的定性分析中并没有预示。然而,这一结论是不正确的。要了解原因,让我们回顾,式(4.9)是在 M_1 管和 M_2 管都导通的假设下得到的。实际中,当 ΔV_{in} 超过某一限定值时,所有的 I_{SS} 电流就流经一个晶体管,而另一晶体管截止[1]。用 ΔV_{in1} 表示这一限定值,由于 M_2 管几乎截止,我们得到 $I_{D1} = I_{SS}$ 以及 $\Delta V_{in1} = V_{GS1} - V_{TH}$。从而可得

$$\Delta V_{in1} = \sqrt{\frac{2I_{SS}}{\mu_n C_{ox}(W/L)}} \tag{4.14}$$

对于 $\Delta V_{in} > \Delta V_{in1}$,$M_2$ 管截止,式(4.9)不再成立。如前所述,当 $\Delta V_{in} = \Delta V_{in1}$ 时,G_m 降为零。图 4.13 画出了该特性。

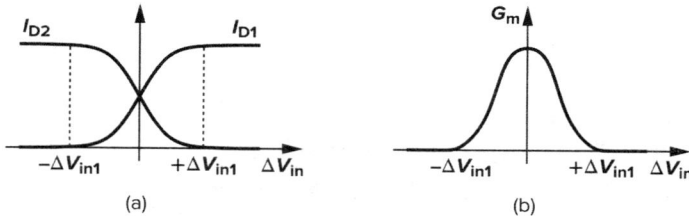

图 4.13　漏极电流和总跨导随输入电压变化的曲线

例 4.4 ————————————————————————————————————

画出当晶体管宽度以及尾电流变化时,差动对的输入-输出特性曲线。

解:考虑图 4.14(a)所示的特性曲线。当 W/L 增加时,ΔV_{in1} 减小,使两个晶体管都导通的输入电压范围减小[见图 4.14(b)]。随着 I_{SS} 的增加,输入范围和输出电流摆幅都增加[见图 4.14(c)]。显然,我们希望随着 I_{SS} 增大或者 W/L 减小,电路的线性更好。

——

式(4.14)中 ΔV_{in1} 的值实际上就是电路可以"处理"的最大差模输入。可以将 ΔV_{in1} 和平衡态时 M_1 和 M_2 的过驱动电压联系起来。对于零差模输入,$I_{D1} = I_{D2} = I_{SS}/2$,可得

$$(V_{GS} - V_{TH})_{1,2} = \sqrt{\frac{I_{SS}}{\mu_n C_{ox} \dfrac{W}{L}}} \tag{4.15}$$

————————————————

① 这里我们忽略亚阈值导通的情况。

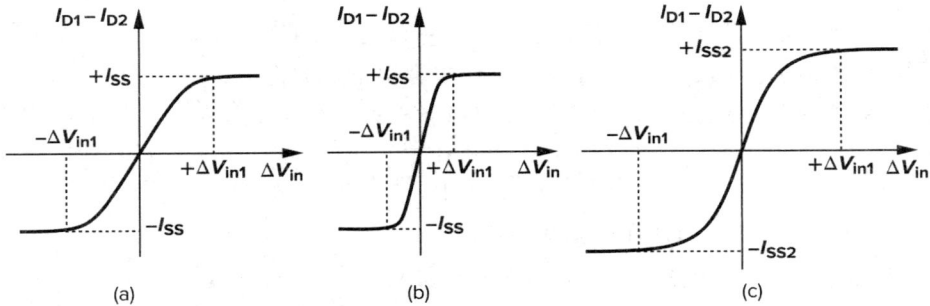

图 4.14

因此,ΔV_{in1} 是平衡态过驱动电压的 $\sqrt{2}$ 倍。问题是,增加 ΔV_{in1} 来使电路具有更好的线性不可避免的要增加了 M_1 管和 M_2 管的过驱动电压。对于给定的 I_{SS},这一点只能靠减小 W/L 值(也就是晶体管跨导)来实现。

这需要在线性度和增益之间进行折中。或者,我们也可以增加 I_{SS},但以功耗为代价(如果增加 I_{SS},但考虑到电压余度的限制而维持 $I_{SS}R_D$ 不变,增益会如何变化?)

例 4.5 ————————

由于制造缺陷,导致差动对的两个信号具有不相等的直流电平(图 4.15)。如果峰值摆幅 V_0 很小,且失衡电压 V_{OS} 正好等于 $\Delta V_{in1}/2 = (1/2)\sqrt{2I_{SS}/(\mu_n C_{ox} W/L)}$,画出输出电压的波形图,并求出小信号电压增益。

解:我们先考虑电路只有直流输入,且直流输入偏差为 V_{OS} 的情况。差动会检测该失衡电压 $V_{in1} - V_{in2} = V_{OS}$,由等式(4.10)可得到

$$I_{D1} - I_{D2} = \frac{\sqrt{7}}{4}I_{SS} \qquad (4.16)$$

式中,$I_{D1} \approx 0.83I_{SS}$,$I_{D2} \approx 0.17I_{SS}$。因此,$V_X - V_Y = -(\sqrt{7}/4)I_{SS}R_D$。

从图 4.15(b),我们可以看出,输入直流的失衡使晶体管的跨导偏离最大跨导。由式(4.11),得到

$$G_{m1} = \frac{3}{\sqrt{14}}\sqrt{\mu_n C_{ox}\frac{W}{L}I_{SS}} \qquad (4.17)$$

该值约为平衡值的 80%。输出电压的波形如图 4.15(c)所示。

纳米设计注意 4.2

在平衡过驱动电压与使一边晶体管关断所需的差动电压之间,纳米差动对表现出类似的关系。下图是纳米差动对采用两种模型时输出电流的模拟结果:黑线表示实际模型,灰线为平方律模型,参数为:$W/L = 5\ \mu m/40\ nm$;$I_{SS} = 0.25\ mA$。如果我们定义,一个晶体管的电流为尾电流的 90% 时差动对处于关断,则本纳米设计也显示出:纳米差动对关断时输入的差动电压也近似为平衡过驱动电压的 $\sqrt{2}$ 倍。

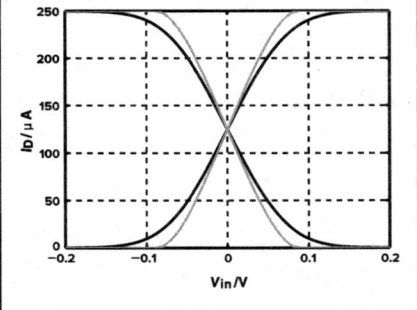

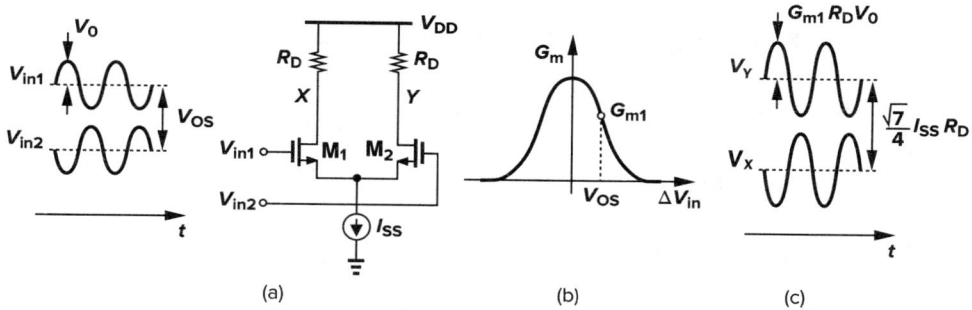

图 4.15

小信号分析

我们现在来研究差动对的小信号特性。如图 4.16 所示，施加两个小信号 V_{in1} 和 V_{in2}，并假设 M$_1$ 管和 M$_2$ 管都饱和。差动电压增益 $(V_{out1} - V_{out2})/(V_{in1} - V_{in2})$ 为多大？回顾一下式

(4.12)，这个量等于 $\sqrt{\mu_n C_{ox} I_{SS} \dfrac{W}{L}} R_D$。由于电路工作在平衡态附近时，流过每个晶体管的电流

大约为 $I_{SS}/2$，差模增益简化为 $g_m R_D$，其中 g_m 为 M$_1$ 管和 M$_2$ 管的跨导。为了使小信号分析也能得到与上面相同的结果，我们采用两种不同的方法，每一种方法都可使我们更深入地了解电路的工作情况。假设 $R_{D1} = R_{D2} = R_D$。

方法一

图 4.16 中的电路由两个独立的信号驱动。因此，可以用叠加法来计算输出（本节电压为小信号量）。

我们令 V_{in2} 为零，找出 V_{in1} 对 X 与 Y 结点的影响[见图 4.17(a)]。为了得到 V_X，注意到 M$_1$ 管构成了带有负反馈电阻共源级，负反馈电阻的阻值等于 M$_2$ 管源端看进去"看到的"阻抗[见图 4.17(b)]。忽略沟道长度调制和体效应，我们有 $R_S = 1/g_{m2}$[见图 4.17(c)]，以及

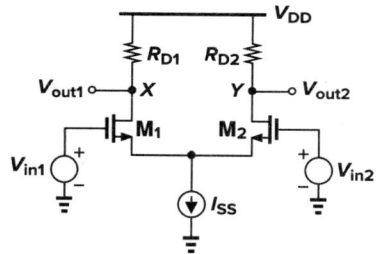

图 4.16 小信号输入的差动对

$$\frac{V_X}{V_{in1}} = \frac{-R_D}{\dfrac{1}{g_{m1}} + \dfrac{1}{g_{m2}}} \qquad (4.18)$$

110

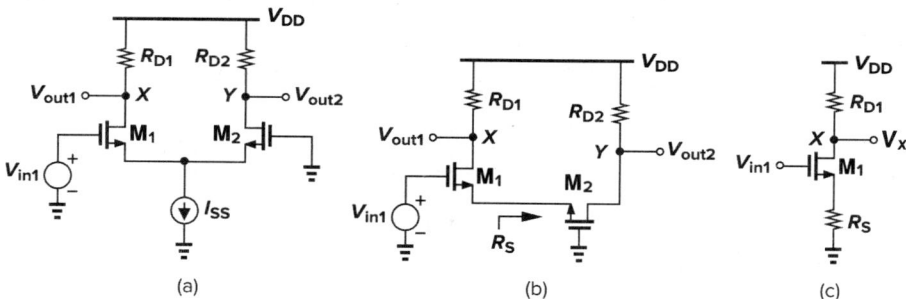

图 4.17 (a)检测一个输入信号的差动对；(b)将(a)视为带 M$_2$ 负反馈的共源级；
(c)图(b)的等效电路

为计算 V_Y,注意到 M_1 管是以源极跟随器的形式驱动 M_2 管,用戴维南等效来替换 V_{in1} 和 M_1 管,如图 4.18 所示,戴维南等效电压为 $V_T = V_{in1}$,等效电阻为 $R_T = 1/g_{m1}$。此处,M_2 管以共栅级形式工作,其增益为

$$\frac{V_Y}{V_{in1}} = \frac{R_D}{\dfrac{1}{g_{m2}} + \dfrac{1}{g_{m1}}} \tag{4.19}$$

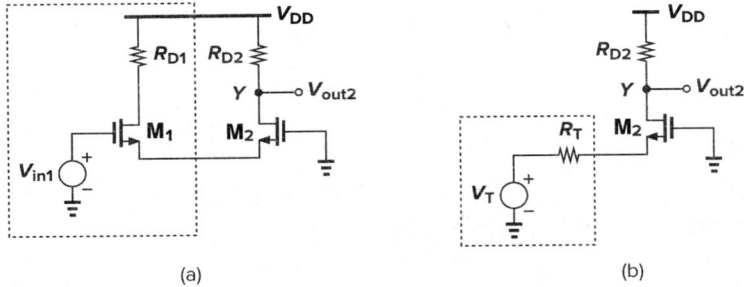

图 4.18　将 M_1 管用戴维南定理等效的电路

由式(4.18)和式(4.19)得电路输入为 V_{in1} 时总的电压增益为

$$(V_X - V_Y)\Big|_{\text{Due to } V_{in1}} = \frac{-2R_D}{\dfrac{1}{g_{m1}} + \dfrac{1}{g_{m2}}} V_{in1} \tag{4.20}$$

若 $g_{m1} = g_{m2} = g_m$,则式(4.20)简化为

$$(V_X - V_Y)\Big|_{\text{Due to } V_{in1}} = -g_m R_D V_{in1} \tag{4.21}$$

由于电路对称,所以除了极性相反外,V_{in2} 在 X 点和 Y 点产生的作用和 V_{in1} 产生的作用一样,即

$$(V_X - V_Y)\Big|_{\text{Due to } V_{in2}} = g_m R_D V_{in2} \tag{4.22}$$

应用叠加法,将式(4.21)和式(4.22)两边分别相加,得

$$\frac{(V_X - V_Y)_{\text{tot}}}{V_{in1} - V_{in2}} = -g_m R_D \tag{4.23}$$

比较式(4.21)、式(4.22)和式(4.23)可以得到:无论怎样施加输入信号,差动增益的幅度等于 $g_m R_D$,例如在图 4.17 和图 4.18 中信号是单边输入,而在图 4.16 中两个信号源是**差动**的。如果是单边输出,即检测 X 与地之间或者 Y 与地之间,则增益减半,认识这一点同样十分重要。

例 4.6

在图 4.19 所示的电路中,由于制造误差,M_2 管的宽度是 M_1 管的 2 倍。计算 V_{in1} 和 V_{in2} 的偏置值相等时的小信号增益。

解:如果 M_1 管和 M_2 管的栅极直流电位相等,则 $V_{GS1} = V_{GS2}$ 以及 $I_{D2} = 2I_{D1} = 2I_{SS}/3$。因此,$g_{m1} = \sqrt{2\mu_n C_{ox}(W/L)I_{SS}/3}$,$g_{m2} = \sqrt{2\mu_n C_{ox}(2W/L)2I_{SS}/3} = 2g_{m1}$。如上面讲述的步骤,读者可以证明

$$|A_v| = \frac{2R_D}{\dfrac{1}{g_{m1}} + \dfrac{1}{2g_{m1}}} \qquad (4.24)$$

$$= \frac{4}{3} g_{m1} R_D \qquad (4.25)$$

注意:对于给定的 I_{SS},由于 g_{m1} 变小,使上式所得的值小于对称差动对的增益[式(4.23)]。读者可以证明,图 4.13 所示的特性如果进行水平移动,电路会出现"失调"。在第 14 章中,我们将应用这一概念改善差动对的线性度。

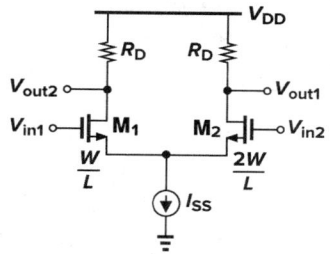

图 4.19

差动对的跨导与共源级的跨导相比又如何? 对于给定的**总偏置电流**,式(4.23)中的 g_m 值是偏置在 I_{SS} 的相同尺寸的单管 g_m 值的 $1/\sqrt{2}$。因此,总的 G_m 会成比例的减小。

方法二

如果一个完全对称的差动对检测差动输入(即两个输入相对于平衡值的变化大小相等,方向相反),则可以利用"半边电路"的概念。首先证明一个辅助定理。

辅助定理

考虑图 4.20(a)所示的对称电路,其中 D_1 和 D_2 代表任何三端有源器件。假设 V_{in1} 和 V_{in2} 差动变化,V_{in1} 从 V_0 变化到 $V_0 + \Delta V_{in}$,V_{in2} 从 V_0 变化到 $V_0 - \Delta V_{in}$[见图 4.20(b)],如果电路保持线性,则 V_P 不变。假定 $\lambda = 0$。

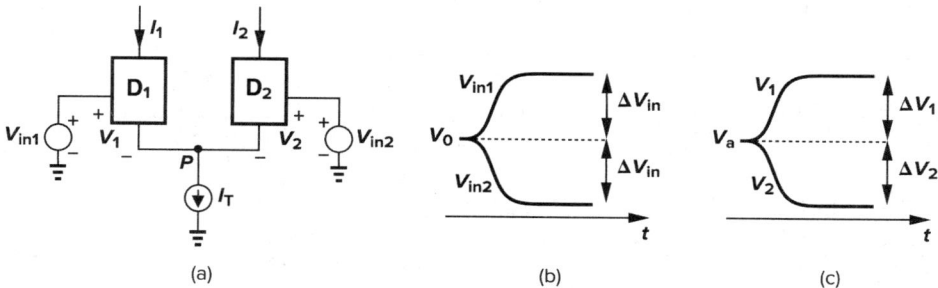

图 4.20　图示 P 点虚地的原因

证明:可以从对称性来证明上述的辅助定理。只要电路工作保持线性,以致可以忽略 D_1 和 D_2 偏置电流之间的差异,则电路是对称的。因此,V_P 不可能"偏袒"一个输入变化而"忽略"另外一个。

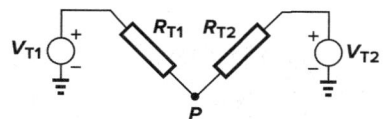

图 4.21　用戴维南等效替代差动对的每一边电路

从另外一个角度来看,D_1 和 D_2 在 P 点的作用可以用戴维南等效来表示,如图 4.21 所示。如果 V_{T1} 和 V_{T2} 的变化大小相等而方向相反,且 R_{T1} 等于 R_{T2},则 V_P 保持为常数。需要强调的是,只有在输入的变化足够小以致可以认为 $R_{T1} = R_{T2}$ 时(例如 $1/g_{m1} = 1/g_{m2}$),上述论断才成立。这种观点表明,即使尾电流源不是理想的,定理也成立[①]。

现在我们给出一个更加正式的证明。假定 V_1 和 V_2 平衡时都等于 V_a,且分别变化 ΔV_1 和 ΔV_2[见图 4.20(c)],则输出电流分别变化 $g_m\Delta V_1$ 和 $g_m\Delta V_2$。由于 $I_1+I_2=I_T$,我们有 $g_m\Delta V_1+g_m\Delta V_2=0$,即,$\Delta V_1=-\Delta V_2$。我们还知道,$V_{in1}-V_1=V_{in2}-V_2$,因此 $V_0+\Delta V_{in}-(V_a+\Delta V_1)=V_0-\Delta V_{in}-(V_a+\Delta V_2)$。从而,$2\Delta V_{in}=\Delta V_1-\Delta V_2=2\Delta V_1$。换言之,如果 V_{in1} 和 V_{in2} 分别变化 $+\Delta V_{in}$ 和 $-\Delta V_{in}$,则 V_1 和 V_2 变化相等的值,即输入端的差动变化被 V_1 和 V_2 完全地"吸收"了。事实上,由于 $V_P=V_{in1}-V_1$,而 V_1 的变化和 V_{in1} 相同,所以 V_P 不会发生变化。

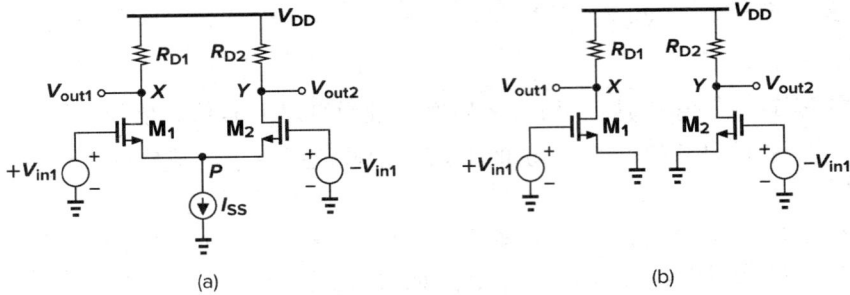

图 4.22 半边电路概念的应用

上述辅助定理大大简化了差动放大器的小信号分析。如图 4.22 所示,由于 V_P 不变,P 点可以认为是"交流地"(或"虚地"),从而整个电路可以分成两个独立的部分,即所谓的"半边电路概念"[1]。可以得到 $V_X/V_{in1}=-g_mR_D$ 和 $V_Y/(-V_{in1})=-g_mR_D$,其中 V_{in1} 和 $-V_{in1}$ 表示每边的电压**变化**。因此,$(V_X-V_Y)/(2V_{in1})=-g_mR_D$。

例 4.7

如果 $\lambda\neq0$,计算图 4.22(a)所示电路的差动增益。

解:如图 4.23 所示,应用半边电路概念,可得 $V_X/V_{in1}=-g_m(R_D\parallel r_{O1})$ 和 $V_Y/(-V_{in1})=-g_m(R_D\parallel r_{O2})$,因此得到 $(V_X-V_Y)/(2V_{in1})=-g_m(R_D\parallel r_O)$,其中 $r_O=r_{O1}=r_{O2}$。注意,用方法一解此题的计算量会比较大。

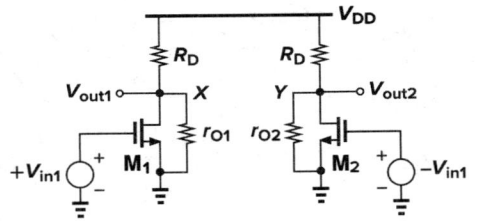

图 4.23

半边电路概念为分析全差动输入的对称差动对提供了一个强有力的方法。但是如果两个输入信号不是全差动的[图 4.24(a)],情况又是如何? 如图 4.24(b)和 4.24(c)所示,两个输入 V_{in1} 和 V_{in2} 可分别表示为

$$V_{in1}=\frac{V_{in1}-V_{in2}}{2}+\frac{V_{in1}+V_{in2}}{2} \tag{4.26}$$

$$V_{in2}=\frac{V_{in2}-V_{in1}}{2}+\frac{V_{in1}+V_{in2}}{2} \tag{4.27}$$

① 还可以推导出 V_P 大信号行为的表达式,证明对于小的 $V_{in1}-V_{in2}$,V_P 保持为常数。我们将在第 15 章讲述这个计算。

由于两个输入的第二项是相同的,所以得到如图 4.24(d)所示的等效电路,可见电路检测的是一个差动输入和一个共模变化的叠加。因此,如图 4.25 所示,每种类型输入的作用都可以用叠加法来计算,对于差模工作应用半边电路概念。在 4.3 节,我们将进行 CM 分析。

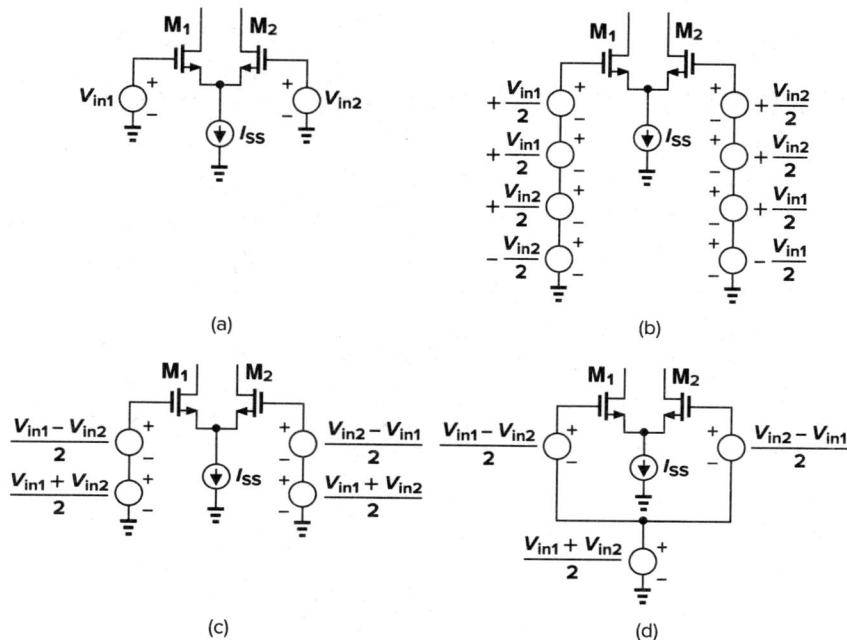

图 4.24 任意输入信号转换为差模分量和共模分量

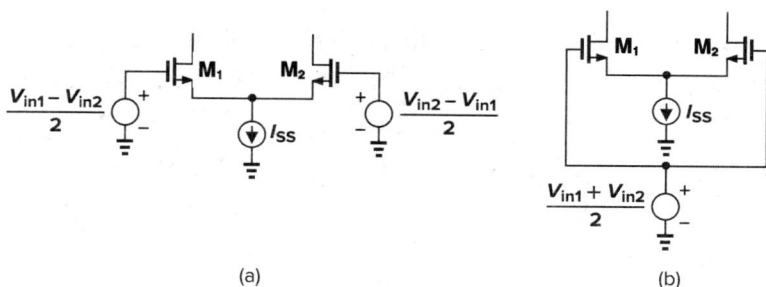

图 4.25 对差动信号和共模信号采用叠加法

例 4.8

在图 4.22(a)中,如果 $V_{in1} \neq -V_{in2}$ 且 $\lambda \neq 0$,计算 V_X 和 V_Y。

解:对于差模运算,由图 4.26(a)得

$$V_X = -g_m(R_D \parallel r_{O1}) \frac{V_{in1} - V_{in2}}{2} \qquad (4.28)$$

$$V_Y = -g_m(R_D \parallel r_{O2}) \frac{V_{in2} - V_{in1}}{2} \qquad (4.29)$$

可得

$$V_X - V_Y = -g_m (R_D \parallel r_O)(V_{in1} - V_{in2}) \tag{4.30}$$

这一结果是我们所预期的。

对于共模运算,电路简化为图 4.26(b)。当 $V_{in,CM}$ 变化时,V_X 和 V_Y 的变化有多大? 如果电路完全对称且 I_{SS} 为理想的电流源,则 M_1 管和 M_2 管从 R_{D1} 和 R_{D2} 抽取的电流都精确等于 $\dfrac{I_{SS}}{2}$,且与 $V_{in,CM}$ 无关。因此,V_X 与 V_Y 均等于 $V_{DD} - R_D(I_{SS}/2)$ 并不随着 $V_{in,CM}$ 的变化而变化。有意义的是,电路仅仅将 V_{in1} 和 V_{in2} 的差值进行放大,而消除了 $V_{in,CM}$ 的影响。

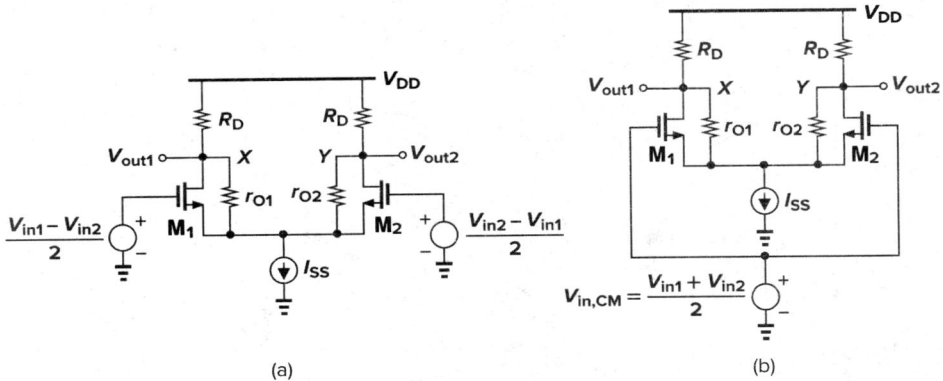

图 4.26

4.2.3　带源极负反馈的差动对

与简单的共源级一样,差动对也可以采用电阻负反馈来提高线性度。如图 4.27(a)所示,这种结构通过电阻 R_{S1} 和 R_{S2} 减轻了 M_1 和 M_2 的非线性。这可以从图 4.27(b)所示的输入输出特性中观察到。图中,由于负反馈,使一边关断所需的差动电压的幅度增加了。我们很容易证明这一点。假设 $V_{in1} - V_{in2} = \Delta V_{in2}$,$M_2$ 关断,$I_{D1} = I_{SS}$。在这种情况下,$V_{GS2} = V_{TH}$,因此得到

$$V_{in1} - V_{GS1} - R_S I_{SS} = V_{in2} - V_{TH} \tag{4.31}$$

由此可得

$$V_{in1} - V_{in2} = V_{GS1} - V_{TH} + R_S I_{SS} \tag{4.32}$$

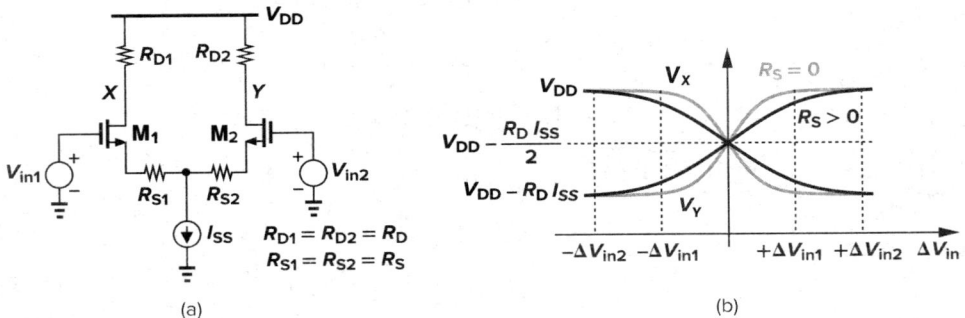

图 4.27　(a)带源极负反馈的差动对;(b)有负反馈和无负反馈时的特性曲线

$$= \sqrt{\frac{2I_{\text{SS}}}{\mu_{\text{n}}C_{\text{ox}}\dfrac{W}{L}}} + R_{\text{S}}I_{\text{SS}} \tag{4.33}$$

等式右边第一项为 ΔV_{in1}（$R_{\text{S}}=0$ 时关断 M_2 所需的输入差动电压）。所以

$$\Delta V_{\text{in2}} - \Delta V_{\text{in1}} = R_{\text{S}}I_{\text{SS}} \tag{4.34}$$

上式表明,线性输入范围增加了 $\pm R_{\text{S}}I_{\text{SS}}$。

　　应用"半边电路"的概念,可以得到带源极负反馈的差动对的小信号电压增益。半边电路只不过是一个带负反馈的共源级,若 $\lambda=\gamma=0$,其增益为

$$|A_{\text{v}}| = \frac{R_{\text{D}}}{\dfrac{1}{g_{\text{m}}} + R_{\text{S}}} \tag{4.35}$$

该电路以增益来换取线性度,从图 4.27(b)中特性曲线的斜率所观察到的,也是这样。注意,有负反馈时,A_{v} 对 g_{m} 的变化不太敏感。

　　除了减少增益外,图 4.27(a)中的反馈电阻也会消耗电压余度。在平衡条件下,每个电阻上的电压降为 $R_{\text{S}}I_{\text{SS}}/2$,好像尾电流源本身要求这么多的余度。因此,输入共模电平必须高出这一数值,X 和 Y 点最少也要增加这一数值。换句话说,最大允许差动输出摆幅减小了 $R_{\text{SS}}I_{\text{SS}}$。这个问题的解决方法如图 4.28 所示,图中,尾电流源被分成两半,每一半直接连接到源端。这样,电路处于平衡态时,就没有电流流过反馈电阻,从而没有电压余度的损失[①]。提高差动对线性度的其它方法将在 14 章讨论。

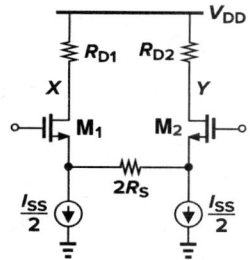

图 4.28　分割尾电流源的负反馈差动对

117

4.3　共模响应

　　差动放大器的一个重要的特点就是其对共模扰动影响的抑制能力。例 4.8 描述了理想情况下的共模响应。实际上,电路既不可能完全对称,电流源的输出阻抗也不可能为无穷大。结果,共模输入的变化会或多或少地传递到输出端。

　　首先假设电路是对称的而电流源具有有限的输出阻抗 R_{SS}［见图 4.29(a)］。当 $V_{\text{in,CM}}$ 改变时,V_P 也变化,因此如果使 M_1 管和 M_2 管的漏极电流增加,V_X 和 V_Y 减小。由于电路对称,V_X 仍等于 V_Y,如图 4.29(b)所示,这两个结点可以短接到一起。由于此时 M_1 管和 M_2 管"并联",即它们对应的端口都分别相连,电路可以简化为图 4.29(c)所示电路。注意组合器件 $M_1 + M_2$ 的宽度增为单管的 2 倍,偏置电流也增为单管的 2 倍,从而其跨导同样增为单管的 2 倍。因此电路的共模增益等于

$$A_{\text{v,CM}} = \frac{V_{\text{out}}}{V_{\text{in,CM}}} \tag{4.36}$$

$$= -\frac{R_{\text{D}}/2}{1/(2g_{\text{m}}) + R_{\text{SS}}} \tag{4.37}$$

---

① 但是,正如在本书后面所解释的,在这种情况下,两个尾电流源会增大差模噪声和失调。

其中 g_m 表示 M_1 管和 M_2 管单管的跨导,且 $\lambda = \gamma = 0$。

这种计算有什么意义呢? 在对称电路中,共模输入的变化会干扰偏置点,改变小信号增益,还可能会减小输出电压摆幅。这可由一个例子来说明。

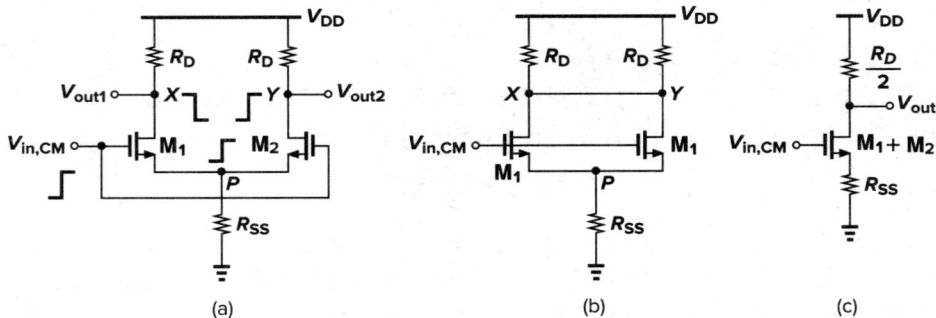

图 4.29   (a)差动对的共模输入;(b)图(a)电路的简化电路;(c)图(b)电路的等效电路

例 4.9 ——

图 4.30 电路中,用一个电阻而不是电流源来提供 1 mA 的尾电流。已知:$(W/L)_{1,2} = 25/0.5$,$\mu_n C_{ox} = 50 \ \mu A/V^2$,$V_{TH} = 0.6 \ V$,$\lambda = \gamma = 0$,$V_{DD} = 3 \ V$。

(a)如果要使 R_{SS} 上的压降保持在 0.5 V,计算所需的输入共模电压应为多少?

(b)计算差模增益等于 5 时 R_D 的值。

(c)如果输入共模电平比(a)计算出的值大 50 mV,问输出如何变化?

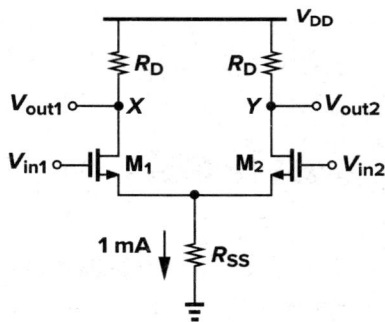

图 4.30

解:(a)由于 $I_{D1} = I_{D2} = 0.5 \ mA$,则可得

$$V_{GS1} = V_{GS2} = \sqrt{\frac{2 I_{D1}}{\mu_n C_{ox} (W/L)}} + V_{TH} \qquad (4.38)$$

$$= 1.23 \ V \qquad (4.39)$$

因此,$V_{in,CM} = V_{GS1} + 0.5 \ V = 1.73 \ V$。注意,此时 $R_{SS} = 500 \ \Omega$。

(b)每个晶体管的跨导为 $g_m = \sqrt{2 \mu_n C_{ox} (W/L) I_{D1}} = 1/(632 \ \Omega)$,所以要使增益为 5,$R_D$ 应为 3.16 kΩ。

应当注意的是,输出的偏置电压为 $V_{DD} - I_{D1} R_D = 1.42 \ V$。由于 $V_{in,CM} = 1.73 \ V$ 且 $V_{TH} = 0.6 \ V$,输出电压只要减小 290 mV,晶体管就会进入线性区。

(c)如果 $V_{in,CM}$ 增加 50 mV,由图 4.29(c)所示的等效电路可以得到 V_X 和 V_Y 都下降:

$$| \Delta V_{X,Y} | = \Delta V_{in,CM} \frac{R_D/2}{R_{SS} + 1/(2 g_m)} \qquad (4.40)$$

$$= 50 \ mV \times 1.94 \qquad (4.41)$$

$$= 96.8 \ mV \qquad (4.42)$$

此时,因为输入共模电压增加了 50 mV,导致输出共模电平下降了 96.8 mV,所以,M_1 和 M_2

离线性区仅 143 mV。

前面的讨论表明,尾电流源有限的输出阻抗导致对称差动对产生共模增益。虽然如此,通常这个问题并不需要过多考虑。更为麻烦的是,由于实际电路并不是完全对称的,即在制造过程中两边的电路存在轻微的失配,结果 $V_{\text{in,CM}}$ 的变化会引起的**差动**输出的改变。例如,图 4.29(a) 中的 R_{D1} 可能不是精确地等于 R_{D2}。

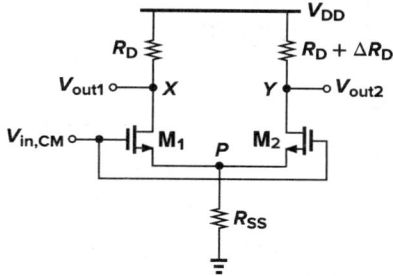

图 4.31　电阻不匹配时电路的共模响应

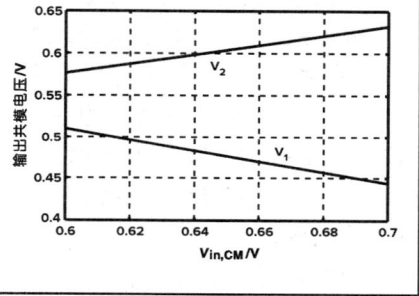

纳米设计注意 4.3

在纳米技术中,由于尾电流源的低输出阻抗,共模电平的变化可以"传递"。下图是两个级联的差动对中输出共模电平随主输入共模电平 $V_{\text{in,CM}}$ 的变化,显示出:第一级随主输入共模电平的增加而下降,而第二级则增加。

现在我们研究当电路不对称且尾电流源的输出阻抗有限时,输入共模电压变化对电路的影响。如图 4.31 所示,假设 $R_{\text{D1}} = R_{\text{D}}$,$R_{\text{D2}} = R_{\text{D}} + \Delta R_{\text{D}}$,其中 ΔR_{D} 表示电路的一个小的失配,而电路其余部分是对称的。假设 M_1 和 M_2 的 $\lambda = \gamma = 0$,当 $V_{\text{in,CM}}$ 增大时,V_X 和 V_Y 是如何变化呢? 我们知道 M_1 和 M_2 以源跟随器方式工作,V_P 的增量为

$$\Delta V_P = \frac{R_{\text{SS}}}{R_{\text{SS}} + \dfrac{1}{2g_{\text{m}}}} \Delta V_{\text{in,CM}} \tag{4.43}$$

因为 M_1 管和 M_2 管是相同的,I_{D1} 和 I_{D2} 都增加 $[g_{\text{m}}/(1+2g_{\text{m}}R_{\text{SS}})]\Delta V_{\text{in,CM}}$,但是 V_X 和 V_Y 的变化却不相等,分别为

$$\Delta V_X = -\Delta V_{\text{in,CM}} \frac{g_{\text{m}}}{1 + 2g_{\text{m}}R_{\text{SS}}} R_{\text{D}} \tag{4.44}$$

$$\Delta V_Y = -\Delta V_{\text{in,CM}} \frac{g_{\text{m}}}{1 + 2g_{\text{m}}R_{\text{SS}}} (R_{\text{D}} + \Delta R_{\text{D}}) \tag{4.45}$$

因此,输入端共模的变化在输出端产生了一个**差动**成分。我们说,电路表现出共模到差模的转换。这是问题的关键之所在,因为如果差动对的输入既有差动信号又有共模噪声,输入共模的变化会损坏放大的差动信号。这个影响如图 4.32 所示。

总之,差动对的共模响应取决于尾电流源的输出阻抗和电路的不对称性,并表现为两个方面的影响:(无失配时)输出共模电平的变化;输入共模电压的变化转换成输出端的差模分量。在模拟电路中,后者的影响要比前者严重得多。有鉴于此,研究共模响应时通常应当考虑不匹配。

那么,共模向差模的转换有多大的影响呢? 我们作两个方面的说明。第一个方面,当共模

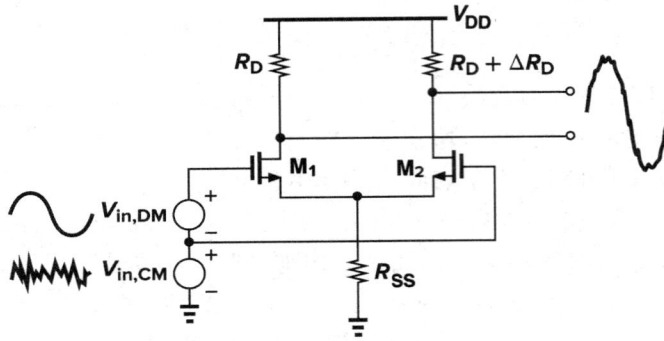

图 4.32　电阻失配时共模噪声对电路的影响

扰动的**频率**增加时，与尾电流源并联的总电容会使尾电流产生很大的变化。因此，即使尾电流源的输出**阻抗**很大，共模到差模的转换在高频时也会变得很严重。如图 4.33 所示，这个并联的电容来源于电流源自身的寄生电容以及 M_1 管和 M_2 管的源衬结的寄生电容。第二个方面，电路的不对称既来自负载电阻也来自输入晶体管，通常后者产生的失配要大得多。

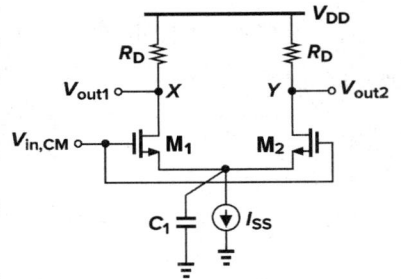

图 4.33　尾电容有限时的共模响应

　　现在我们研究图 4.34(a)中 M_1 管和 M_2 管不匹配而产生的电路不对称。由于晶体管尺寸和阈值电压的失配，导致流过两个晶体管的电流稍微不同，因而跨导也不相同。我们假定 $\lambda = \gamma = 0$。为了计算从 $V_{\text{in,CM}}$ 到 X 点和 Y 点的增益，利用图 4.34(b) 的等效电路可得，$I_{D1} = g_{m1}(V_{\text{in,CM}} - V_P)$，$I_{D2} = g_{m2}(V_{\text{in,CM}} - V_P)$。因为 $(I_{D1} + I_{D2})R_{SS} = V_P$，可得

$$(g_{m1} + g_{m2})(V_{\text{in,CM}} - V_P)R_{SS} = V_P \tag{4.46}$$

和

$$V_P = \frac{(g_{m1} + g_{m2})R_{SS}}{(g_{m1} + g_{m2})R_{SS} + 1} V_{\text{in,CM}} \tag{4.47}$$

从而输出电压为

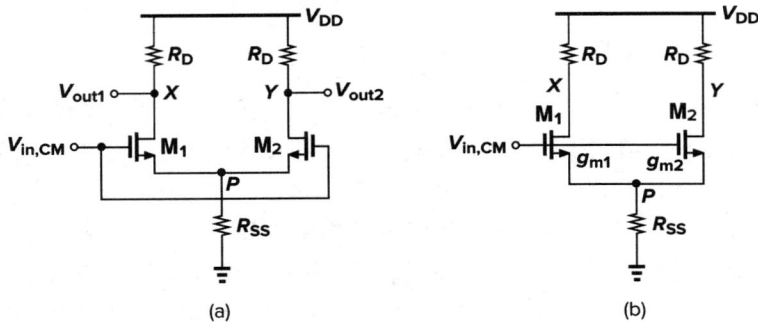

图 4.34　(a)差动对的共模输入；(b)图(a)电路的等效电路

$$V_X = -g_{m1}(V_{in,CM} - V_P)R_D \qquad (4.48)$$

$$= \frac{-g_{m1}}{(g_{m1} + g_{m2})R_{SS} + 1}R_D V_{in,CM} \qquad (4.49)$$

以及

$$V_Y = -g_{m2}(V_{in,CM} - V_P)R_D \qquad (4.50)$$

$$= \frac{-g_{m2}}{(g_{m1} + g_{m2})R_{SS} + 1}R_D V_{in,CM} \qquad (4.51)$$

因而输出端的差动分量可由下式得到

$$V_X - V_Y = -\frac{g_{m1} - g_{m2}}{(g_{m1} + g_{m2})R_{SS} + 1}R_D V_{in,CM} \qquad (4.52)$$

换言之,电路将输入共模变化按照以下系数转换为差动误差:

$$A_{CM-DM} = -\frac{\Delta g_m R_D}{(g_{m1} + g_{m2})R_{SS} + 1} \qquad (4.53)$$

其中 A_{CM-DM} 表示共模到差模的转换,且 $\Delta g_m = g_{m1} - g_{m2}$。

例 4.10 ―――――――――――――――――――――――――――――――――

如图 4.35 所示,两个差动对级联在一起,M_3 管和 M_4 管的跨导 g_m 的失配为 Δg_m。P 点的总寄生电容用 C_P 表示。电路的其它部分是对称的。设 $\lambda = \gamma = 0$,电源噪声会有多大比例以差动分量的形式出现在输出端?

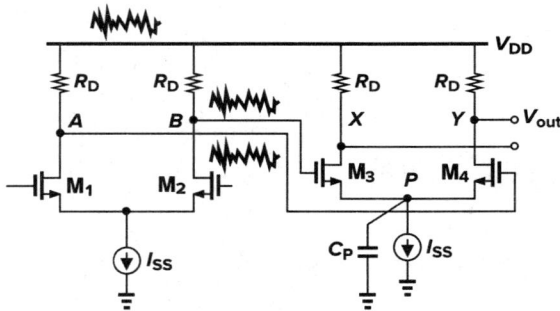

图 4.35

解:忽略 A 点和 B 点的电容,我们注意到电源噪声毫无衰减地传输到这两点。将式 (4.53)中的 R_{SS} 用 $1/(C_P s)$ 替换并取模可得

$$|A_{CM-DM}| = \frac{\Delta g_m R_D}{\sqrt{1 + (g_{m3} + g_{m4})^2 \left|\dfrac{1}{C_P \omega}\right|^2}} \qquad (4.54)$$

关键是,随着电源噪声频率 ω 的增大,它的影响变得越来越显著。

为了合理地比较各种差动电路,由共模变化而产生的不期望的差动成分必须用放大后所需要的差动输出归一化。我们把"共模抑制比"(CMRR)定义为期望增益与不期望增益之比:

$$CMRR = \left|\frac{A_{DM}}{A_{CM-DM}}\right| \qquad (4.55)$$

如果只考虑 g_m 的不匹配，则由图 4.17 的分析可以得到

$$|A_{DM}| = \frac{R_D}{2}\frac{g_{m1}+g_{m2}+4g_{m1}g_{m2}R_{SS}}{1+(g_{m1}+g_{m2})R_{SS}} \tag{4.56}$$

其中，假设 $V_{in1}=-V_{in2}$。因此

$$CMRR = \frac{g_{m1}+g_{m2}+4g_{m1}g_{m2}R_{SS}}{2\Delta g_m} \tag{4.57}$$

$$\approx \frac{g_m}{\Delta g_m}(1+2g_mR_{SS}) \tag{4.58}$$

其中，g_m 为平均值，即 $g_m=(g_{m1}+g_{m2})/2$。在实际中，所有的失配都必须考虑在内。注意，$2g_mR_{SS}\gg1$，因此，$CMRR\approx2g_m^2R_{SS}/\Delta g_m$。

例 4.11 ——————————————

我们的研究表明，理想的尾电流源可保证无限大的共模抑制比，这一结论总是正确的吗？

解：有趣的是，它不是。即使尾电流源的阻抗是无穷大，如果两个晶体管的体效应失配，则电路仍然能够把输入共模的变化转换为差动输出。如图 4.36 所示，$V_{in,CM}$ 的变化会引起 P 点电压变化，导致两个晶体管 V_{BS} 变化。如果 $g_{mb1}\ne g_{mb2}$，则 $I_{D1}(=g_{mb1}\Delta V_{BS})$ 的变化量不等于 I_{D2} 的变化量，从而在输出产生差动的变化。

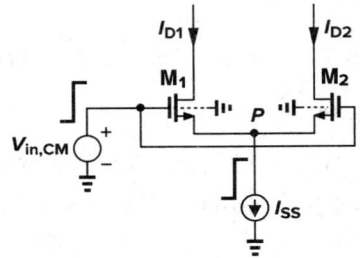

图 4.36

4.4　MOS 为负载的差动对

差动对的负载并不需要用线性电阻来实现。与第 3 章所讨论的共源级电路一样，差动对可以用二极管接法的 MOS 管或者电流源作负载，如图 4.37 所示。小信号差动增益可以用"半边电路概念"来求得。对于图 4.37(a) 所示的电路，有

$$A_v = -g_{mN}(g_{mP}^{-1}\|r_{ON}\|r_{OP}) \tag{4.59}$$

$$\approx -\frac{g_{mN}}{g_{mP}} \tag{4.60}$$

式中下标 N 和 P 分别表示 NMOS 和 PMOS。用器件尺寸表示 g_{mN} 和 g_{mP}，我们有

$$A_v \approx -\sqrt{\frac{\mu_n(W/L)_N}{\mu_p(W/L)_P}} \tag{4.61}$$

对于图 4.37(b) 所示的电路，有

$$A_v = -g_{mN}(r_{ON}\|r_{OP}) \tag{4.62}$$

例 4.12 ——————————————

图 4.37(b) 中的外加偏置 V_b 是可以避免的，如图 4.38(a) 所示，大电阻 $R_1=R_2$。不加信号时，$V_X=V_Y=V_N=V_{DD}-|V_{GS3,4}|$。也就是说，$M_3$ 和 M_4 是自偏置的。确定此拓扑结构的差

123

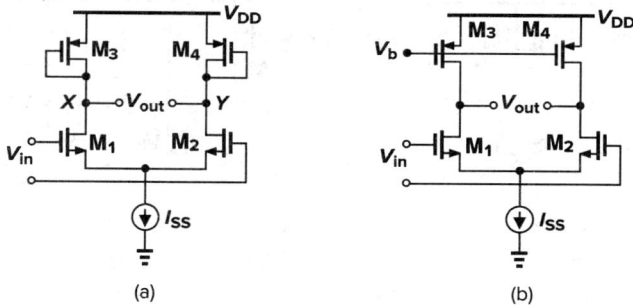

图 4.37　(a)以二极管接法的 MOS 管为负载的差动对;(b)电流源负载的差动对

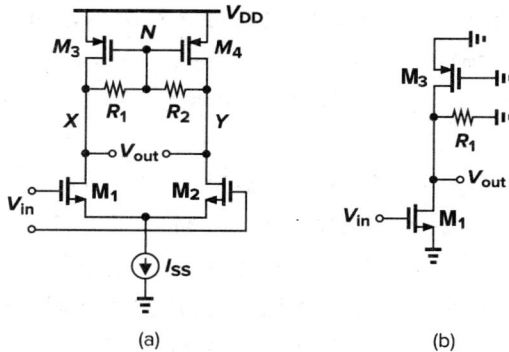

图 4.38

动电压增益。

解:在差动输出时,V_N 不变(为什么?),可以当作交流地。如图 4.38(b)所示,由半边电路可得

$$| A_v | = g_{m1}(r_{O1} \parallel R_1 \parallel r_{O3}) \tag{4.63}$$

如果 R_1 远大于 $r_{O1} \parallel r_{O2}$,则电阻对增益减小的影响可以忽略。

对于图 4.37(a)所示的电路,二极管连接型器件消耗了电压余度,从而需要在输出电压摆幅、电压增益和输入共模范围之间进行折中。从式(3.37)我们知道,对于给定的偏置电流和输入器件的尺寸,电路的增益与 PMOS 管的过驱动电压成比例变化。为得到更大的电路增益,必须减小 $(W/L)_P$,以增大 $|V_{GSP} - V_{THP}|$,然而这会降低 X 点和 Y 点的共模电平。

为了缓解上述问题,输入晶体管偏置电流的一部分可以由 PMOS 电流源来提供。如图 4.39 所示,其目的是通过减小其电流而不是减小其宽长比来降低负载器件的 g_m。例如,如果"辅助电流源"即 M$_5$ 管和 M$_6$ 管的电流为流过 M$_1$ 管和 M$_2$ 管电流的 80%,那么流过 M$_3$ 管和 M$_4$ 管的电流降低了 4/5。对于给定的 $|V_{GSP} - V_{THP}|$,这相当于把 M$_3$ 和 M$_4$ 的跨导降低了 4/5,因为晶体管的宽长比能以同样的倍数减小。所以,此时电路的差动增益近似为没有 PMOS 电流源时的 5 倍(假设 $\lambda = 0$)。

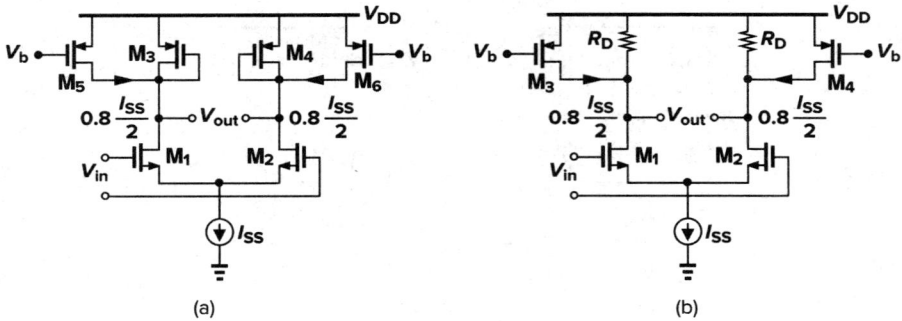

图 4.39   附加电流源以提高电压增益

由于二极管连接型器件消耗的电压余度不可能小于 V_{TH}(不考虑亚阈值电导),图 4.39 所示拓扑结构的输出电压摆幅有限。因此,我们更愿意选择图 4.39(b)所示的替代方案,其中的负载采用电阻,每一端的最大输出电压就不是 $V_{DD}-|V_{TH3,4}|$,而是 $V_{DD}-|V_{GS3,4}|-V_{TH3,4}|$。对于给定的输出共模电平和 80% 的辅助电流,$R_D$ 可以增加到 5 倍,得到的电压增益为

$$|A_v| = g_{mV}(R_D \parallel r_{ON} \parallel r_{OP}) \tag{4.64}$$

如果 PMOS 器件长而宽(宽是必须的),则 $r_{OP} \gg r_{ON}$,增益由 $R_D \parallel r_{ON}$ 确定。如果 $R_D \to \infty$,电路就等同于图 4.37(b),PMOS 电流源提供 M_1 和 M_2 所需的全部偏置电流。

以电流源为负载的差动对的小信号增益相对较小,在纳米技术中为 5～10。那么如何增大电压增益呢?借鉴第 3 章中所述的放大器思想,采用共源共栅来增大 PMOS 和 NMOS 的输出阻抗,实际上形成一个第 3 章所述的共源共栅级的差动形式。结果如图 4.40(a)所示。为了计算增益,构建如图 4.40(b)所示的半边电路,该电路类似于图 3.70 所示的共源共栅级。因此,增益为

$$|A_v| \approx g_{m1}[(g_{m3}r_{O3}r_{O1}) \parallel (g_{m5}r_{O5}r_{O7})] \tag{4.65}$$

可见,共源共栅极大地增大了电路的差动增益,但其代价却是要消耗更多的电压余度。我们将在第 9 章再次讨论此电路。

最后,我们应当注意的是,高增益的全差动放大器需要一种方法来确定输出共模电平。例

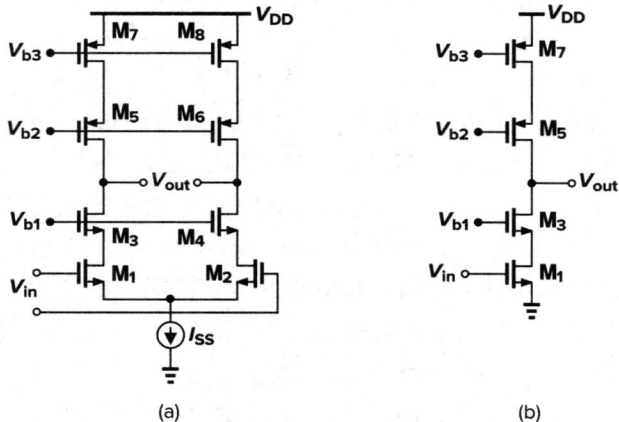

图 4.40   (a)共源共栅差动对;(b)图(a)电路的半边电路

如,在图 4.37(b)中,输出共模电平的确定是不明确的,而在图 4.37(a)中,二极管连接型晶体管确定其输出共模电平为 $V_{DD}-V_{GSP}$。本书将在第九章讨论这个问题。

4.5　吉尔伯特单元

我们对差动对的研究揭示了差动放大器的两个重要的特性:(1)电路的小信号增益是尾电流的函数;(2)差动对的两个输入管为控制尾电流在两个支路的流动提供了一个简便的方法。结合这个两个特性,我们可以创建出一个通用的电路模块。

假设我们想构建一个增益随控制电压变化而变化的差动对。这可以通过图 4.41(a)所示的电路来实现,其中的控制电压确定了尾电流的大小,从而也决定了增益的大小。在这种电路结构中,$A_v=V_{out}/V_{in}$ 可以从零(当 $I_{D3}=0$ 时)变化到由电压余度极限和器件的尺寸所决定最大值。该电路是"可变增益放大器"(VGA)的一个简单的例子。可变增益放大器(VGAs)适用于信号摆幅变化很大,而且要求增益能够反向变化的系统。

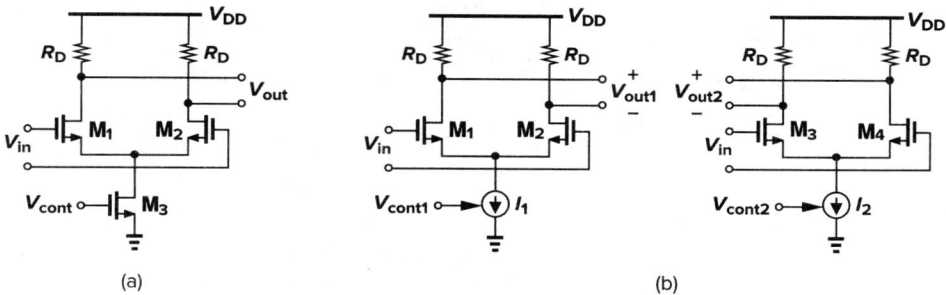

图 4.41　(a)简单的 VGA;(b)提供可变增益的两级电路

现在,假设我们想找到这样一种放大器,其增益可由负值连续变化到正值。考虑两个差动对,它们以相反的增益对输入进行放大[图 4.41(b)]。现在我们有 $V_{out1}/V_{in}=-g_mR_D$ 和 $V_{out2}/V_{in}=+g_mR_D$,式中 g_m 为平衡时每个晶体管的跨导。如果 I_1 和 I_2 变化的方向相反,则 $|V_{out1}/V_{in}|$ 和 $|V_{out2}/V_{in}|$ 变化的方向也相反。

但是如何将 V_{out1} 和 V_{out2} 合并为一个输出信号呢? 如图 4.42(a)所示,这两个电压可以相加,从而产生 $V_{out}=V_{out1}+V_{out2}=A_1V_{in}+A_2V_{in}$,其中 A_1 和 A_2 分别由 V_{cont1} 和 V_{cont2} 控制。实际上,电路的具体实现相当简单:因为 $V_{out1}=R_DI_{D1}-R_DI_{D2}$ 以及 $V_{out2}=R_DI_{D4}-R_DI_{D3}$,所以我们得到 $V_{out1}+V_{out2}=R_D(I_{D1}+I_{D4})-R_D(I_{D2}+I_{D3})$。这样,我们不需要将 V_{out1} 和 V_{out2} 相加,只需简单地短接相应晶体管的漏端使电流相加,从而产生所需的输出电压[图 4.42(b)]。注意:如果 $I_1=0$,则 $V_{out}=+g_mR_DV_{in}$;如果 $I_2=0$,则 $V_{out}=-g_mR_DV_{in}$。当 $I_1=I_2$,电路的电压增益降为零。

在图 4.42(b)所示的电路中,V_{cont1} 和 V_{cont2} 必须使 I_1 和 I_2 的变化方向相反,以保证放大器的增益单调变化。但是什么样的电路可以使两个电流的变化方向相反呢? 差动对电路具有这种特点,从而产生了图 4.42(c)的电路。注意,对于大的 $|V_{cont1}-V_{cont2}|$,所有的尾电流就只流

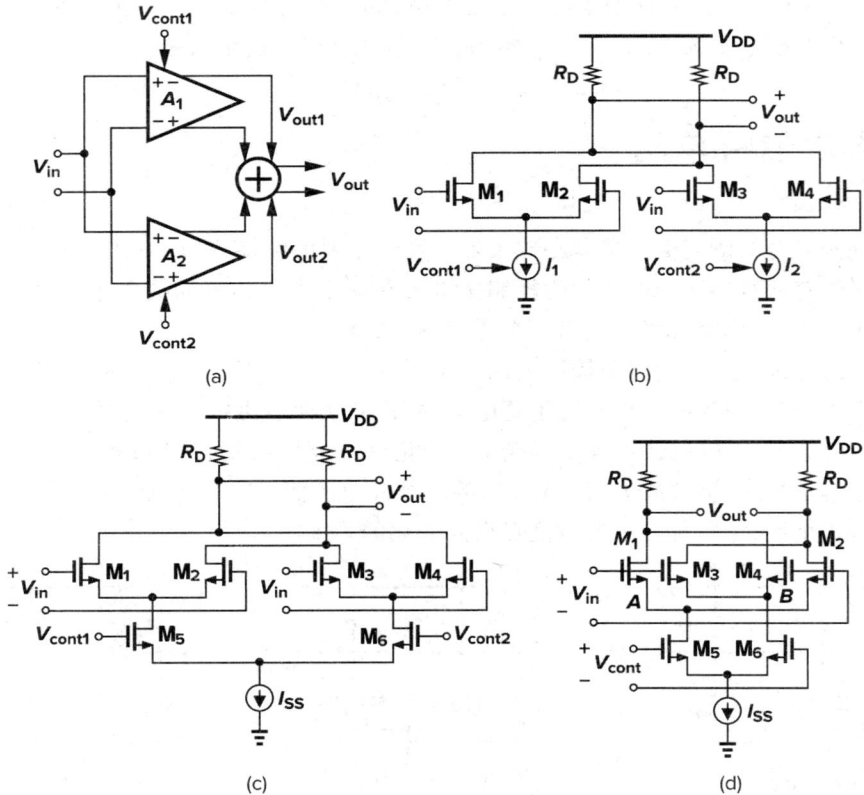

图 4.42 （a）两个放大器输出电压的相加；（b）电流的相加；
（c）用 $M_5 - M_6$ 控制增益；（d）吉尔伯特单元

过顶端两个差动对中的一个，所以从 V_{in} 到 V_{out} 的增益就为最高正值或最低负值。如果 $V_{cont1} = V_{cont2}$，电路的增益为零。为简化起见，我们将电路画成如图 4.42（d）所示。该电路也叫做"吉尔伯特单元"（Gilbert cell）[2]，它广泛应用于许多模拟系统和通信系统中。在典型设计中，$M_1 \sim M_4$ 管是相同的，M_5 管和 M_6 管也是如此。

例 4.13

解释为什么吉尔伯特单元可以用作模拟电压乘法器。

解：既然电路的增益为 $V_{cont} = V_{cont1} - V_{cont2}$ 的函数，从而可以得到 $V_{out} = V_{in} f(V_{cont})$。将 $f(V_{cont})$ 用泰勒级数展开，只保留一阶项 αV_{cont}，得到 $V_{out} = \alpha V_{in} V_{cont}$。因此，这个电路可以实现电压相乘。任何电压控制的可变增益放大器都有这种特性。

与共源共栅结构一样，吉尔伯特单元比简单的差动对消耗更多的电压余度。这是因为 $M_1 \sim M_2$ 和 $M_3 \sim M_4$ 组成的两个差动对"层叠"在控制差动对的顶部。为了便于理解这一点，假设在图 4.42（d）中，差动输入（V_{in}）的共模电平为 $V_{CM,in}$。则 $V_A = V_B = V_{CM,in} - V_{GS1}$，这里假设 $M_1 \sim M_4$ 晶体管完全相同。为了使 M_5 管和 M_6 管工作在饱和区，V_{cont} 的共模电平（$V_{CM,cont}$）必须满足 $V_{CM,cont} \leqslant V_{CM,in} - V_{GS1} + V_{TH5,6}$。由于 $V_{GS1} - V_{TH5,6}$ 近似等于一个过驱动电压，所以，我们可以推断:控制共模电平必须比输入共模电平至少小一个过驱动电压。

在导出吉尔伯特单元结构的过程中,我们选择通过控制尾电流来改变每个差动对的增益,因此将控制电压加在底部的差动对上,而将输入信号加在顶部两个差动对上。有趣的是,控制信号和输入信号可以交换位置而仍然可以实现 VGA。如图 4.43(a)所示,其思想是:借助 M_5 管和 M_6 管将输入电压转化为电流,并把通过 $M_1 \sim M_4$ 管的电流送到输出结点。如图 4.43 (b)所示,如果 V_{cont} 为很大的正值,则只有 M_1 管和 M_3 管导通,从而 $V_{out} = g_{m5,6} R_D V_{in}$。同理,如果 V_{cont} 为绝对值很大的负值,如图 4.43(c),则只有 M_2 管和 M_4 管导通,从而 $V_{out} = -g_{m5,6} R_D V_{in}$。如果差动控制电压为零,则 $V_{out} = 0$。输入差动对可以引入负反馈形成一个线性的电压-电流转换器。

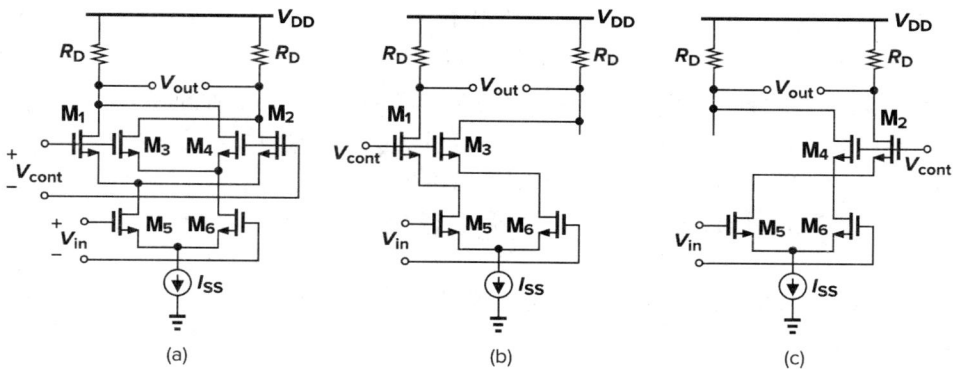

图 4.43　(a)输入电压在底层差动对的吉尔伯特单元电路;(b)V_{cont}为很大的正值时的信号路径图;(c)V_{cont}为很大的负值时的信号路径图

128

参考文献

[1] P. R. Gray and R. G. Meyer. *Analysis and Design of Analog Integrated Circuits*. Third Ed., New York: Wiley, 1993.

[2] B. Gilbert. A Precise Four-Quadrant Multiplier With Subnanosecond Response. *IEEE J. Solid-State Circuits*, vol. SC-3, pp. 365 – 373, Dec. 1968.

习题

除非特别说明,本章习题所用器件参数见表 2.1,若需 V_{DD},则设 $V_{DD} = 3$ V。所有器件的尺寸都为有效尺寸,单位为微米。

4.1　图 4.2 中,若相邻导线之间的总电容为 10 fF,M_1 管和 M_2 管的漏端和地之间的电容为 100 fF。

　　(a)图 4.2(a)中,如果时钟的摆幅为 3V,求模拟输出上的毛刺的幅度。

　　(b)图 4.2(b)中,若线 L_1 和线 L_2 之间的电容比线 L_1 和 L_3 之间的电容小 10%,求当时钟摆幅为 3 V 时,求差动模拟输出的毛刺的幅度。

4.2　如果 V_{DD} 从 0 变化到 3 V,假设 $(W/L)_{1-3} = 50/0.5$,$V_{in,CM} = 1.3$ V,$V_b = 1$ V,画出图 4.9

(a)中电路的小信号差动电压增益随 V_{DD} 变化的草图。

4.3　对于 PMOS 管的差动对,重新画出图 4.9(c)图。

4.4　在图 4.11 所示的电路中,$(W/L)_{1,2}=50/0.5$,$I_{SS}=0.5$ mA。

　　(a)如果 $V_{in,CM}=1.2$ V,求最大允许的输出电压摆幅。

　　(b)求满足(a)条件下的电压增益。

4.5　若差动对的输入管为 NMOS,且 $W/L=50/0.5$,尾电流为 1 mA。

　　(a)求每个晶体管平衡时的过驱动电压。

　　(b)当 $V_{in1}-V_{in2}=50$ mV 时,问尾电流在两个支路中如何分配。

　　(c)求在此条件下电路的等效跨导 G_M。

　　(d)分别求出 G_m 下降 10% 和 90% 时 $V_{in1}-V_{in2}$ 的值。

4.6　若 $W/L=25/0.5$,重新求解习题 4.5,并比较结果。

4.7　若尾电流为 2 mA,重新求解习题 4.5,并比较结果。

4.8　画出图 4.19 中电路 I_{D1} 和 I_{D2} 对 $V_{in1}-V_{in2}$ 的草图,$V_{in1}-V_{in2}$ 为何值时 $I_{D1}=I_{D2}$?

4.9　考虑图 4.32 所示电路,若 $(W/L)_{1,2}=50/0.5$,$R_D=2$ kΩ。假定 R_{SS} 表示电流为 1 mA,$(W/L)_{SS}=50/0.5$ 的 NMOS 电流源的输出阻抗。输入信号由 $V_{in,DM}=10$ mV$_{pp}$ 和 $V_{in,CM}=1.5$ V$+V_n(t)$ 组成,其中 $V_n(t)$ 表示峰-峰幅度等于 100 mV 的噪声信号。设 $\Delta R/R=0.5\%$。

　　(a)计算输出差动信噪比,信噪比定义为信号幅值除以噪声幅值。

　　(b)计算 CMRR。

4.10　如果 $\Delta R=0$,但 M_1 管和 M_2 管的阈值电压的失配为 1 mV,重新计算习题 4.9。

4.11　假定图 4.37(a)中,差动对的参数为:$(W/L)_{1,2}=50/0.5$,$(W/L)_{3,4}=10/0.5$,$I_{SS}=0.5$ mA,I_{SS} 仍由 NMOS 来提供,其 $(W/L)_{SS}=50/0.5$。

　　(a)如果输入端和输出端差动信号的摆幅比较小,求允许的最大输入共模电压和最小输入共模电压。

　　(b)若 $V_{in,CM}=1.2$ V,画出当 V_{DD} 从 0 到 3 V 变化时,电路的小信号差动电压增益的草图。

4.12　题 4.11 中,若 M_1 管和 M_2 管阈值电压的失配为 1 mV,求 CMRR。

4.13　题 4.11 中,若 $W_3=10$ μm 但 $W_4=11$ μm,求 CMRR。

4.14　对于图 4.37(a)和(b)中的差动对,如果 $I_{SS}=1$ mA,$(W/L)_{1,2}=50/0.5$,$(W/L)_{3,4}=50/1$,计算差动电压增益。如果 I_{SS} 上的压降至少为 0.4 V,求最小的允许输入共模电压。令 $V_{in,CM}$ 等于该最小输入共模电压,计算两个电路的最大输出电压摆幅。

129

4.15　图 4.39 中的电路,若 $I_{SS}=1$ mA,且所有晶体管的 $W/L=50/0.5$。

　　(a)确定电压增益。

　　(b)V_b 为多少时 $I_{D5}=I_{D6}=0.8(I_{SS}/2)$?

　　(c)如果 I_{SS} 上的电压降至少为 0.4 V,求最大差动输出摆幅。

4.16　设图 4.44 所示的电路都是对称的,画出以下情况中 V_{out} 的草图。

　　(a)V_{in1} 和 V_{in2} 为差动信号,且从 0 变化到 V_{DD}。

　　(b)V_{in1} 和 V_{in2} 相等,且从 0 变化到 V_{DD}。

4.17　设图 4.45 所示的电路都是对称的,画出以下情况中 V_{out} 的草图。

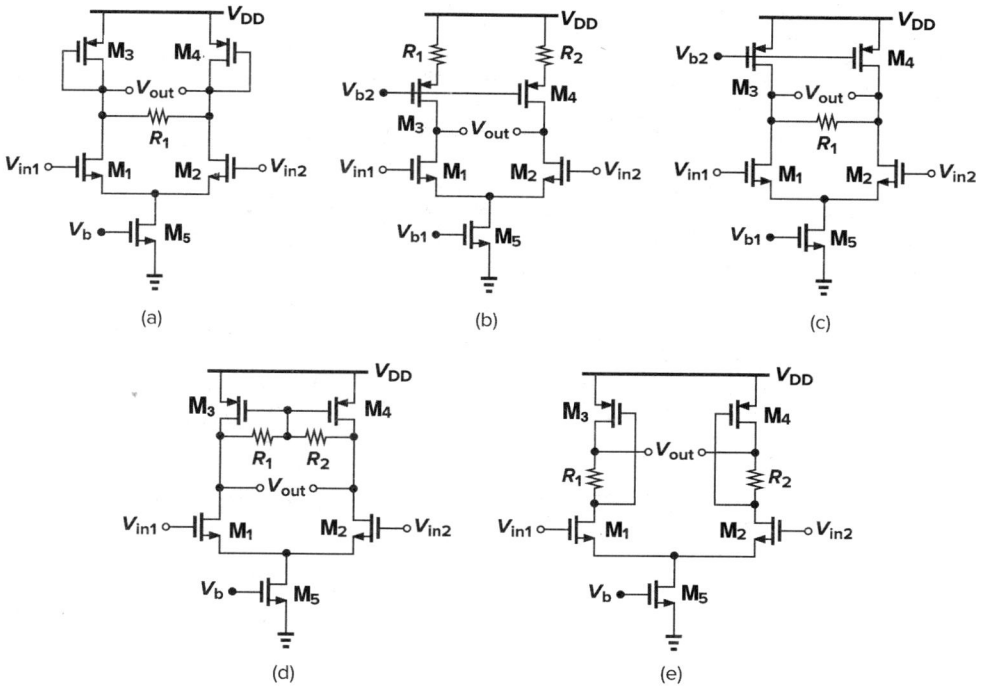

图 4.44

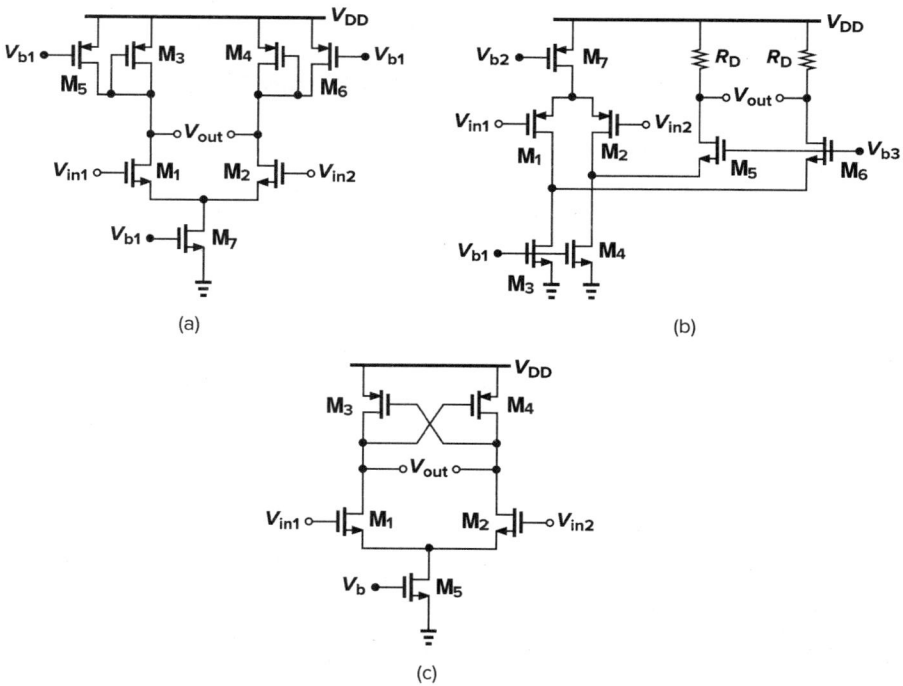

图 4.45

(a)V_{in1} 和 V_{in2} 为差动信号,且从 0 变化到 V_{DD}。

(b)V_{in1} 和 V_{in2} 相等,且从 0 变化到 V_{DD}。

4.18 设图 4.44 和图 4.45 电路中,所有晶体管都处于饱和态,$\lambda \neq 0$,计算每个电路的小信号差动电压增益。

4.19 考虑图 4.46 所示电路,

(a)当差动信号 V_{in1} 和 V_{in2} 从 0 变化到 V_{DD} 时,简要画出 V_{out} 的草图。

(b)如果 $\lambda=0$,推导电压增益的表达式。若 $W_{3,4}=0.8W_{5,6}$,求电压增益。

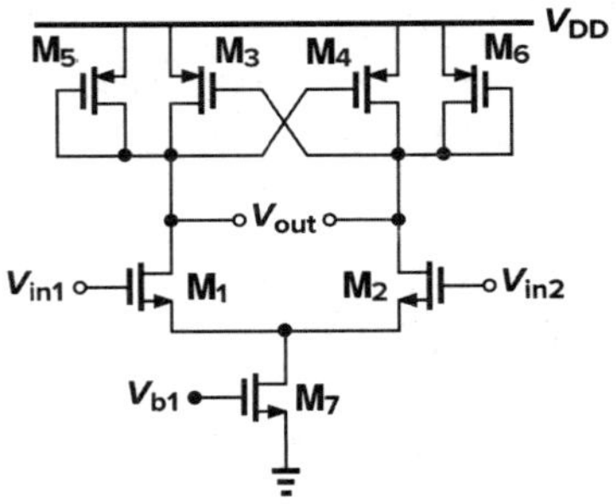

图 4.46

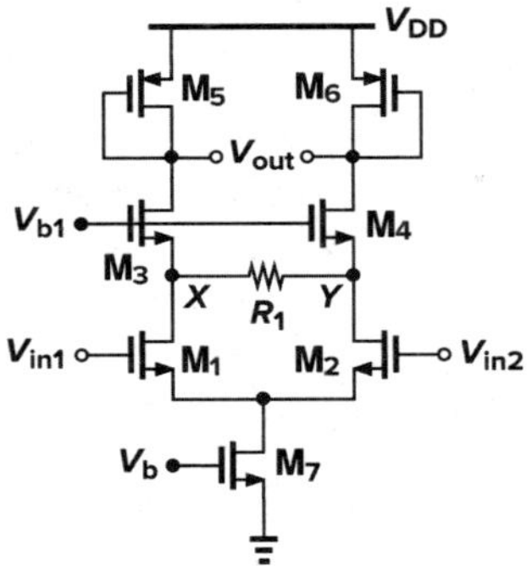

图 4.47

4.20 对于图 4.47 所示电路,

(a)当差动信号 V_{in1} 和 V_{in2} 从 0 变化到 V_{DD} 时,画出 V_{out},V_X 和 V_Y 的草图。

(b)计算小信号差动电压增益。

4.21 设图 4.48 所示电路不对称,若 $\lambda=0$,$\gamma \neq 0$,不用等效电路计算小信号电压增益 $V_{out}/(V_{in1}-V_{in2})$。

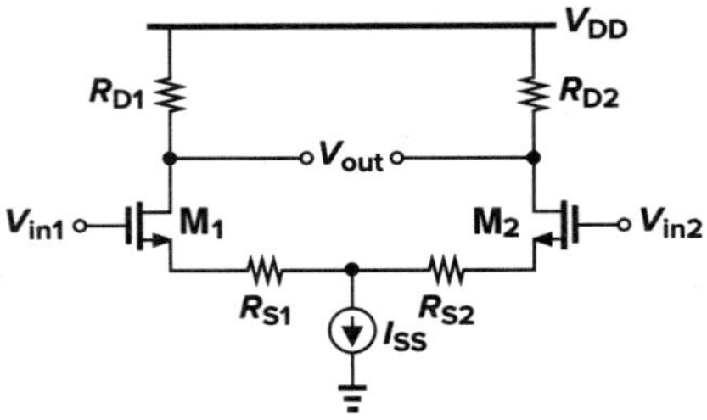

图 4.48

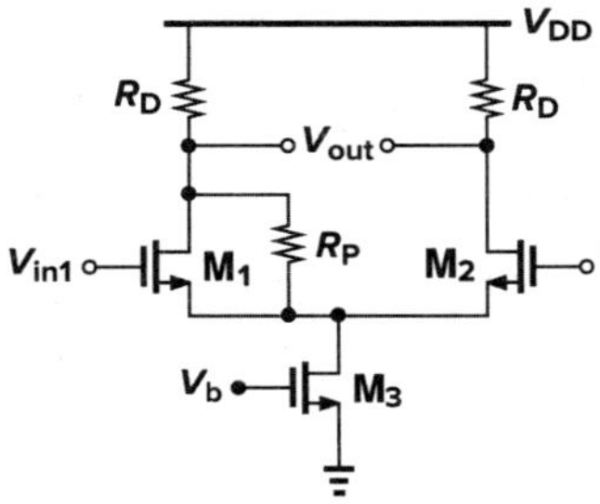

图 4.49

4.22 由于制造工艺的缺陷,在图 4.49 中 M_1 管的漏端和源端之间会出现很大的寄生电阻。设 $\lambda=\gamma=0$,计算小信号增益,共模增益和 CMRR。

4.23 由于制造工艺的缺陷,在图 4.50 中 M_1 管的漏端和 M_4 管的漏端之间会出现很大的寄生电阻。设 $\lambda=\gamma=0$,计算小信号增益,共模增益和 CMRR。

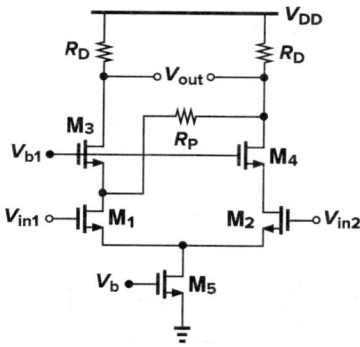

图 4.50

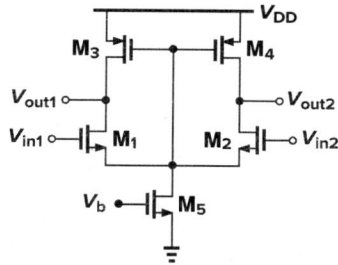

图 4.51

4.24 图 4.51 所示电路中所有晶体管的 W/L 均为 50/0.5，M_3 管和 M_4 管工作在深线性区，其导通电阻为 2 kΩ。设 $I_{D5} = 20\ \mu A, \lambda = \gamma = 0$，计算满足这个电阻条件的输入共模电压。当差动信号 V_{in1} 和 V_{in2} 从 0 变化到 V_{DD} 时，画出 V_{out1} 和 V_{out2} 的草图。

4.25 图 4.37(b) 所示电路，$(W/L)_{1-4} = 50/0.5, I_{SS} = 1$ mA。

（a）求小信号差动增益。

（b）若 $V_{in,CM} = 1.5$ V，求最大的允许输出电压摆幅。

4.26 图 4.39 所示电路，设 M_5 和 M_6 的阈值电压存在小的不匹配，值为 ΔV，I_{SS} 的输出阻抗为 R_{SS}，计算 CMRR。

4.27 如果式(4.56)中的 R_{SS} 变得非常大，会发生什么情况？分析一个具有理想尾电流源、但 $g_{m1} \neq g_{m2}$ 的差动对，会得到相同的结果吗？

4.28 在例题 4.5 中，如果小信号增益的下降不超过 5%，则可以容忍的输入直流失衡为多大？

4.29 在图 4.20 所示的定理中，假设沟道长度调制不能忽略。如果两个器件连接到两个相等的负载电阻上，直观地解释为什么定理仍然成立。

4.30 如果器件存在体效应，图 4.20 所示的定理还成立吗？解释你的回答。

4.31 应用书中的方法一，重做例 4.7。

4.32 如果用电阻 R_T 替换尾电流源，证明图 4.20 所示的定理。

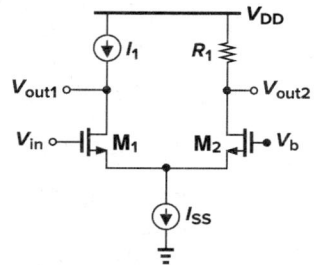

图 4.52

4.33 随着 W/L 的增加，图 4.13 所示的曲线如何变化？确定 G_m 曲线下的面积，用此结果解释，为什么 G_m 的峰值随着 W/L 的增加必须增加。

4.34 在图 4.52 所示的电路中，假设 I_1 和 I_{SS} 是理想的，而且 $\lambda > 0, \gamma > 0$。求 V_{out1}/V_{in} 和 V_{out2}/V_{in}。

4.35 在习题 4.11 中，假设 M_3 和 M_4 的阈值电压存在 1 mV 的失配，计算 CMRR。

131
(132)

第 5 章

电流镜与偏置技术

在第 3、4 章中,我们在对单级放大器与差动放大器的研究中指出了电流源的广泛应用。在这些电路中,电流源起一个大电阻的作用,但不消耗过多的电压余度。我们还注意到,工作在饱和区的 MOS 器件可以当作一个电流源。

电流源在模拟电路设计中还有其它的应用。例如,一些数字–模拟(D/A)转换器使用电流源阵列以产生一个与数字输入成正比的模拟输出。此外,电流源与"电流镜"的结合在模拟信号中可以实现很有用的功能。

本章讨论电流镜和偏置电路的设计,在复习基本的电流镜之后,我们研究共源共栅电流镜的工作原理。然后再分析有源电流镜,并且阐述用该电路作为负载的差动对的特性。最后,介绍放大器中的各种偏置技术。

5.1　基本电流镜

图 5.1 显示了两个例子,电流源被证明是有用的。根据第 2 章中的研究,我们知道:电流源的输出电阻、电容以及电压余度与输出电流的大小之间存在折中、互易的关系。此外,电流源的其它几个方面也很重要:电源、工艺、温度依赖性;输出噪声电流以及与其它电流源的匹配。我们将推迟到第 7 章与第 14 章中分别考虑噪声问题与匹配问题。

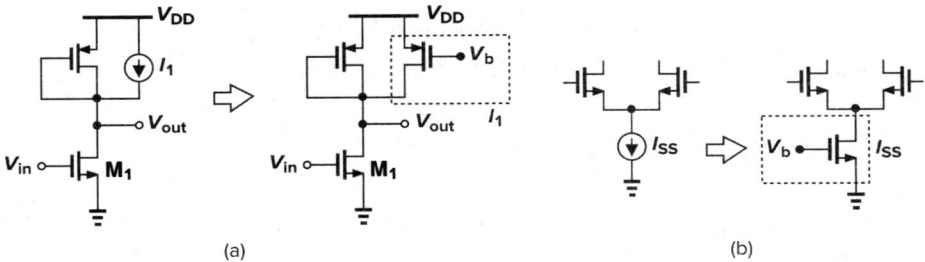

图 5.1　电流源的应用

如何给一个 MOSFET 加偏置才能使其作为一个稳定的电流源工作呢？为了能对这个问题有一个更好的认识，让我们考虑图 5.2 所示的简单的电阻偏置。假设 M_1 工作在饱和区，可得

$$I_{\text{out}} \approx \frac{1}{2}\mu_n C_{\text{ox}} \frac{W}{L}\left(\frac{R_2}{R_1+R_2}V_{\text{DD}} - V_{\text{TH}}\right)^2 \tag{5.1}$$

这个表达式显示出 I_{out} 的 PVT 依赖特性。过驱动电压是 V_{DD} 与 V_{TH} 的函数；不同晶片之间的阈值电压可能会有（50～100）mV 的变化。而且 μ_n 与 V_{TH} 都受温度的影响。因此，I_{out} 很难确定。例如，为了消耗更少的电压余度和得到更大的漏端电压摆幅而把器件偏置于较小的过驱动电压时，这个问题变得更加严重。如果过驱动电压为 200 mV，V_{TH} 有 50 mV 的偏差就会导致输出电流产生 44% 的误差。

值得注意的是：即使栅电压不是电源电压的函数，上述关于电流对工艺与温度的依赖性仍然存在。换句话说，即使精确地给定了一个 MOSFET 的栅源**电压**，它的漏**电流**也不能准确地确定。因此，我们必须寻找为 MOS 电流源提供偏置的其它方法。

在模拟电路中，电流源的设计是基于对基准电流的"复制"，其前提是已经存在**一个精确的电流源**可供利用。然而，这一方法可能引起一个无休止的循环，其工作原理如图 5.3 所示。一个相对比较复杂的电路（有时需要外部的调整）被用来产生一个稳定的基准电流 I_{REF}，这个基准电流再被"复制"，从而得到系统中很多电流源。这里，我们研究如何复制，（基于"带隙"技术的）基准产生电路将在第 12 章里讨论。

我们怎样才能产生一个基准电流的复制电流呢？例如，在图 5.4 中，我们如何保证 $I_{\text{out}}=I_{\text{REF}}$ 呢？对于一个 MOSFET，如果 $I_D=f(V_{\text{GS}})$，其中 $f(\cdot)$ 表示 I_D 与 V_{GS} 之间的函数关系，那么有 $V_{\text{GS}}=f^{-1}(I_D)$。即，如果一个晶体管偏置在 I_{REF}，则有 $V_{\text{GS}}=f^{-1}(I_{\text{REF}})$，如图 5.5(a) 所示。因此，如果这样一个电压加到第二个 MOSFET 的栅源之间，输出的电流为 $I_{\text{out}}=f[f^{-1}(I_{\text{REF}})]=I_{\text{REF}}$（图 5.5(b)）。从另一个观点来看，两个都工作在饱和区且具有相等栅源电压的相同晶体管传输相同的电流（如果 $\lambda=0$）。

图 5.5(b) 中由 M_1 和 M_2 组成的结构就叫做"电流镜"。一般情况下，器件不需要完全相同。忽略沟道长度调制，我们可以写出

$$I_{\text{REF}} = \frac{1}{2}\mu_n C_{\text{ox}}\left(\frac{W}{L}\right)_1 (V_{\text{GS}}-V_{\text{TH}})^2 \tag{5.2}$$

$$I_{\text{out}} = \frac{1}{2}\mu_n C_{\text{ox}}\left(\frac{W}{L}\right)_2 (V_{\text{GS}}-V_{\text{TH}})^2 \tag{5.3}$$

因而

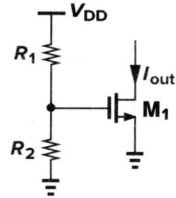

图 5.2　用电阻分压确定电流

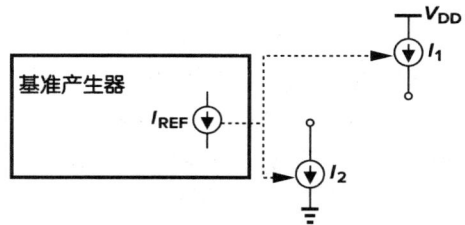

图 5.3　用基准来产生不同的电流

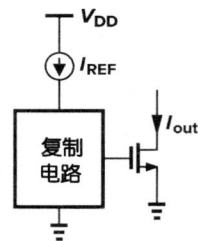

图 5.4　复制电流方法的原理

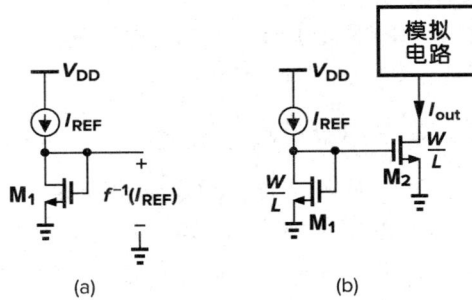

图 5.5 (a)二极管连接型器件完成反函数运算;(b)基本电流镜

$$I_{\text{out}} = \frac{(W/L)_2}{(W/L)_1} I_{\text{REF}} \tag{5.4}$$

该电路的一个关键特性是:它可以精确地复制电流而不受工艺和温度的影响。从 I_{REF} 转换到 I_{out} 仅涉及器件尺寸的比率,而该值可以控制在合理的精度范围内。

重要的是弄清楚 $V_{\text{GS}} = f^{-1}(I_{\text{REF}})$ 和 $f[f^{-1}(I_{\text{REF}})]$ 所规定的因果关系。前者表明,V_{GS} 必须由 I_{REF} 产生,即 I_{REF} 是原因,而 V_{GS} 是结果。MOSFET 只有连接成二极管接法且电流为 I_{REF} 时才能完成此功能[如图 5.5(b)中的 M_1]。同样,后者表明,晶体管必须检测 $f^{-1}(I_{\text{REF}})(=V_{\text{GS}})$ 并产生 $f[f^{-1}(I_{\text{REF}})]$。此时,$V_{\text{GS}}$ 是原因,结果是输出电流 $f[f^{-1}(I_{\text{REF}})]$[如图 5.5 (b)中的 M_2]。

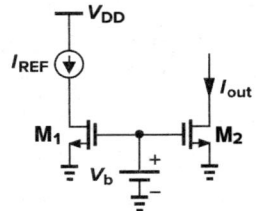

图 5.6 不能复制电流的电路

根据上面的分析我们就可以理解,为什么图 5.6 所示的 电路不能完成电流复制:V_b 不是 I_{REF} 产生的,因此,I_{out} 不能跟踪 I_{REF}。

例 5.1

在图 5.7 中,如果所有的晶体管都工作在饱和区。求 M_4 的漏电流。

解:我们有 $I_{D2} = I_{\text{REF}}[(W/L)_2/(W/L)_1]$。同时,$|I_{D3}| = |I_{D2}|$ 且 $I_{D4} = I_{D3}[(W/L)_4/(W/L)_3]$。因此,$|I_{D4}| = \alpha\beta I_{\text{REF}}$,其中 $\alpha = (W/L)_2/(W/L)_1$,$\beta = (W/L)_4/(W/L)_3$。选择合适的 α 与 β 可以确定 I_{D4} 与 I_{REF} 之间或大或小的比率。例如,$\alpha = \beta = 5$ 产生一个等于 25 的放大因子。类似地,$\alpha = \beta = 0.2$ 可以用来产生一个小的精确电流。

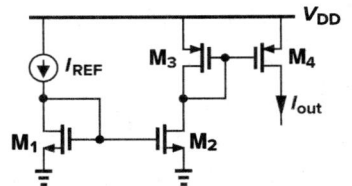

图 5.7

我们还应该注意,一个复制得到的电流被再次复制,这样得到的电流就可能不像原来的那样"纯洁"了。在上述例题中,由于 M_1 和 M_2 之间的随机失配,I_{D2} 会稍微偏离其标称值。同样,当 I_{D2} 被复制到 I_{D4} 时,会累积额外的误差。因此,我们必须避免长的电流镜链。

在模拟电路中,电流镜有着广泛的应用。图 5.8 描述了一个典型的例子,图中差动对的尾电流源通过一个 NMOS 镜像来偏置,负载电流源通过一个 PMOS 镜像来偏置。图示的器件

尺寸使 M_5 与 M_6 的漏电流的等于 $0.4I_T$,减小了 M_3 与 M_4 的漏电流,因此提高了增益。

尺寸问题

电流镜中的所有晶体管通常都采用相同的**栅长**,以减小由于源和漏区横向扩散(L_D)所产生的误差。例如,在图 5.8 中,NMOS 电流源的沟道长度必须和 M_0 相同。这是因为,假设 L_{drawn} 加倍,但是 $L_{eff} = L_{drawn} - 2L_D$ 并未

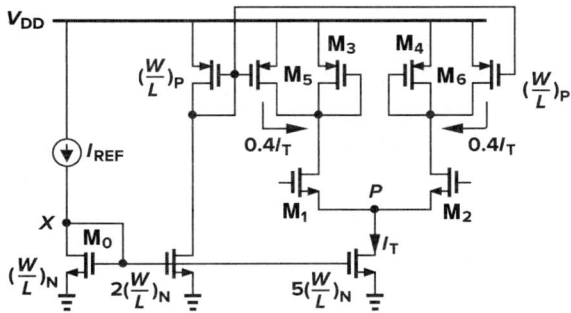

图 5.8　为差动放大器偏置的电流镜

加倍。而且,短沟器件的阈值电压对沟道长度有一定的依赖性(见第 17 章)。因此,电流值之比只能通过调节晶体管的宽度来实现。

假设希望通过复制基准电流 I_{REF} 来产生数值为 $2I_{REF}$ 的电流。我们从二极管连接型基准晶体管的宽度 W_{REF} 着手,如图 5.9(a)所示,选择 M_2 的宽度为 $2W_{REF}$。不幸的是,宽度的直接缩放也会面临困难。如图 5.9(b)所示,由于栅的"拐角"不能精确确定,虽然版图上 W 加倍,但晶体管的实际宽度并不能精确加倍。因此,我们更愿意采用"单元"晶体管,**重复**此器件实现电流复制[图 5.9(c)]。

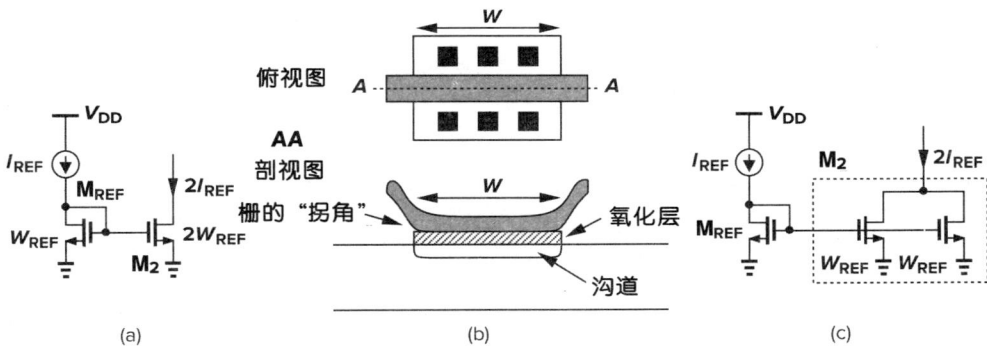

图 5.9　(a)复制 $2I_{REF}$ 的电流镜;(b)栅的拐角对电流准确度的影响;(c)更精确的 $2I_{REF}$ 电流镜

如何从 I_{REF} 产生一个值为 $I_{REF}/2$ 的电流? 为此,二极管连接型器件本身必须由两个"单位"器件构成,每个器件的电流为 $I_{REF}/2$。图 5.10(a)是产生 $2I_{REF}$ 和 $I_{REF}/2$ 的例子,图中,每个晶体管的沟道长度相同,宽度均为 W_0。

如果需要生成多个不同的电流,则上述方法需要很多单元晶体管。可以通过缩放沟道**长度**(但不是直接改变)来降低实现的复杂性。例如,为了避免 L_D 带来的误差,我们可以采用两个单元晶体管的串联来加倍等效沟道长度。如图 5.10(b)所示,此方法保持每个单元晶体管的有效沟道长度均为 $L_{drawn} - 2L_D$,而复合器件(指两个单元晶体管的串联)的等效长度为 $2(L_{drawn} - 2L_D)$,从而使电流减半。注意,复合器件不是一个共源共栅结构,因为下面的器件工作在三极管区(为什么?)。

应该说明一点,电流镜同样能够处理信号。例如,在图 5.5(b)中,如果 I_{REF} 增加 ΔI,那么 I_{out} 增加 $\Delta I(W/L)_2/(W/L)_1$。即,如果 $(W/L)_2/(W/L)_1 > 1$,电路**放大**小信号电流(但其代价

138

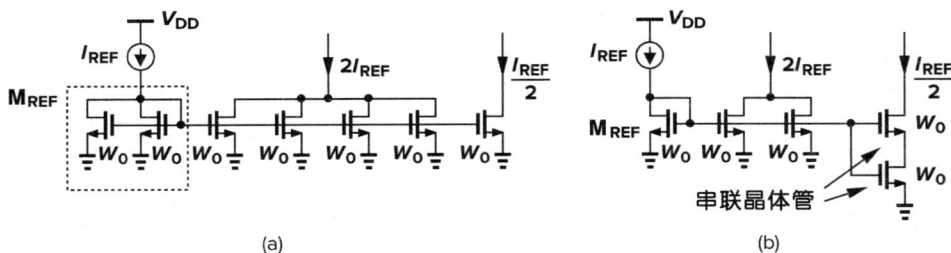

图 5.10   由 I_{REF} 产生 $I_{REF}/2$ 的电流镜：(a)半宽度器件；(b)晶体管串联

是成比例地增加偏置电流）。

例 5.2 ——————————————————————————

计算图 5.11 所示电路的小信号电压增益。

解：M_1 的小信号漏电流等于 $g_{m1}V_{in}$。因为 $I_{D2}=I_{D1}$ 且 $I_{D3}=I_{D2}(W/L)_3/(W/L)_2$，$M_3$ 的小信号漏电流等于 $g_{m1}V_{in}(W/L)_3/(W/L)_2$，可得电压增益等于 $g_{m1}R_L(W/L)_3/(W/L)_2$。

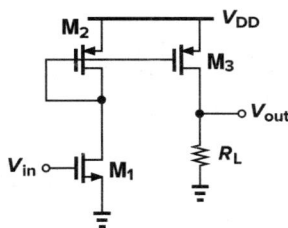

图 5.11

5.2   共源共栅电流镜

到目前为止，我们有关电流镜的讨论中，都忽略了沟道长度调制。在实际中，这一效应使得镜像的电流产生了极大的误差，尤其是当使用最小长度晶体管以便通过减小宽度来减小电流源的输出电容时。对于图 5.5(b)的基本电流镜，我们可以写出

$$I_{D1}=\frac{1}{2}\mu_n C_{ox}\left(\frac{W}{L}\right)_1 (V_{GS}-V_{TH})^2(1+\lambda V_{DS1}) \tag{5.5}$$

$$I_{D2}=\frac{1}{2}\mu_n C_{ox}\left(\frac{W}{L}\right)_2 (V_{GS}-V_{TH})^2(1+\lambda V_{DS2}) \tag{5.6}$$

因此有

$$\frac{I_{D2}}{I_{D1}}=\frac{(W/L)_2}{(W/L)_1}\frac{1+\lambda V_{DS2}}{1+\lambda V_{DS1}} \tag{5.7}$$

虽然 $V_{DS1}=V_{GS1}=V_{GS2}$，但由于 M_2 输出端负载的影响，V_{DS2} 却可能不等于 V_{GS2}。例如，在图 5.8 中，P 点的电势由输入共模电平以及 M_1 和 M_2 的栅源电压决定，它可能不等于 V_X。

为了抑制图 5.5(b)中沟道长度调制的影响，我们可以采用以下的方法：(1)迫使 V_{DS2} 等于 V_{DS1}；(2)迫使 V_{DS1} 等于 V_{DS2}。这两种方法产生了两种不同的拓扑结构。

方法一

我们从第一种方法开始分析。我们希望保证图 5.5(b)中的 V_{DS2} **恒定**，而且等于 V_{DS1}。根据第 3 章的研究我们知道，共源共栅器件可以屏蔽电流源，从而降小电流源两端电压的变化。

如图 5.12(a)所示,即使模拟电路使 V_P 变化很大,但 V_Y 仍保持相对不变。但如何保证 $V_{DS2} = V_{DS1}$ 呢? 我们必须生成 V_b 以便满足 $V_b - V_{GS3} = V_{DS1}(=V_{GS1})$,即 $V_b = V_{GS3} + V_{GS1}$。换句话说,在图 5.12(b)中,只要 $V_{GS0} + V_{GS1} = V_{GS3} + V_{GS1}$,从而使 $V_{GS0} = V_{GS3}$,V_b 就可以用两个二极管连接型器件串联来得到。现在,把图 5.12(b)所示的 V_b 产生电路连到共源共栅电流源上,得到如图 5.12(c)所示的电路。即使存在体效应,该电路也能精确地复制电流(为什么?)。

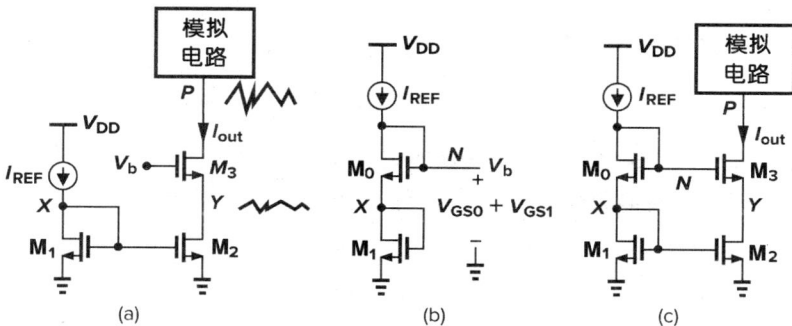

图 5.12 (a)共源共栅电流源;(b)为产生共源共栅偏置电压对镜像电路的改进;(c)共源共栅电流镜

关于图 5.12(c)中各晶体管尺寸的选择,有几点要注意事项。如前所述,我们通常选择 $L_2 = L_1$,W_2 相对于 W_1 进行缩放(以整数单位)以便得到所需基准电流 I_{REF} 的倍率。同样,为了使 $V_{GS0} = V_{GS3}$,选择 $L_3 = L_0$,W_3 以相同的因子相对于 W_0 进行缩放,即 $W_3/W_0 = W_2/W_1$。实际中,L_3 和 L_0 取最小允许的长度以使宽度最小,而 L_1 和 L_2 的数值在某些情形下可以取得更大。

例 5.3 ——

在图 5.13 中,画出 V_X 与 V_Y 用 I_{REF} 表示的函数关系的草图。如果 I_{REF} 作为电流源工作,其两端的电压需要 0.5 V,则 I_{REF} 的最大电流值是多少?

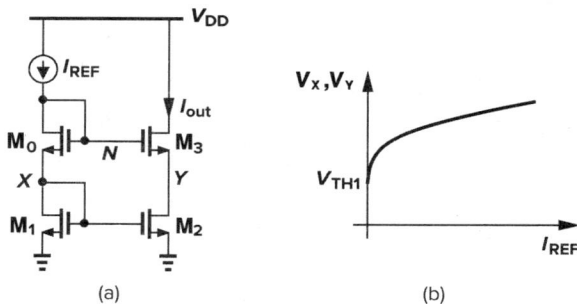

图 5.13

解:如果合理地选择 M_2 和 M_3 相对于 M_1 和 M_0 的尺寸,我们就有 $V_Y = V_X \approx \sqrt{2I_{REF}/[\mu_n C_{ox}(W/L)_1]} + V_{TH1}$,该特性被画于图 5.13(b)中。

为了计算 I_{REF} 的最大值,我们注意到

$$V_N = V_{GS0} + V_{GS1} \tag{5.8}$$

140
$$= \sqrt{\frac{2I_{REF}}{\mu_n C_{ox}}} \left[\sqrt{\left(\frac{L}{W}\right)_0} + \sqrt{\left(\frac{L}{W}\right)_1} \right] + V_{TH0} + V_{TH1} \tag{5.9}$$

因此

$$V_{DD} - \sqrt{\frac{2I_{REF}}{\mu_n C_{ox}}} \left[\sqrt{\left(\frac{L}{W}\right)_0} + \sqrt{\left(\frac{L}{W}\right)_1} \right] - V_{TH0} - V_{TH1} = 0.5 \text{ V} \tag{5.10}$$

从而

$$I_{REF,max} = \frac{\mu_n C_{ox}}{2} \frac{(V_{DD} - 0.5V - V_{TH0} - V_{TH1})^2}{(\sqrt{(L/W)_0} + \sqrt{(L/W)_1})^2} \tag{5.11}$$

虽然作为电流源,图 5.12(c) 的电路有高的输出阻抗和精确的值,但是它却消耗了很大的电压余度。为简单起见,我们忽略衬偏效应且假设所有的晶体管都是相同的,则 P 点所允许的最小电压等于

$$V_N - V_{TH} = V_{GS0} + V_{GS1} - V_{TH} \tag{5.12}$$
$$= (V_{GS0} - V_{TH}) + (V_{GS1} - V_{TH}) + V_{TH} \tag{5.13}$$

141 也就是两个过驱动电压加上一个阈值电压。如果 V_b 选择的自由度更大,那么这个值与图 5.12(a) 中得出的值相比如何呢? 如图 5.14(a) 所示,V_b 可以很低($= V_{GS3} + V_{GS2} - V_{HT2}$) 到使得 P 点的最小允许电压仅仅等于两个过驱动电压。因此,图 5.12(c) 中的共源共栅电流镜"浪费"了一个阈值电压的余度。这是因为 $V_{DS2} = V_{GS2}$,然而在保证 M_2 处在饱和区的情况下,V_{DS2} 可以低到等于 $V_{GS2} - V_{TH}$。

图 5.14 总结了我们的讨论。在图 5.14(a) 中,选择 V_b 使 V_P 为最低允许值,但是由于 M_1 和 M_2 的漏源电压不相等,输出电流不能精确的跟随 I_{REF}。在图 5.14(b) 中,输出电流得到了更高的精度,但是 P 点的最低电平却高了一个阈值电压。

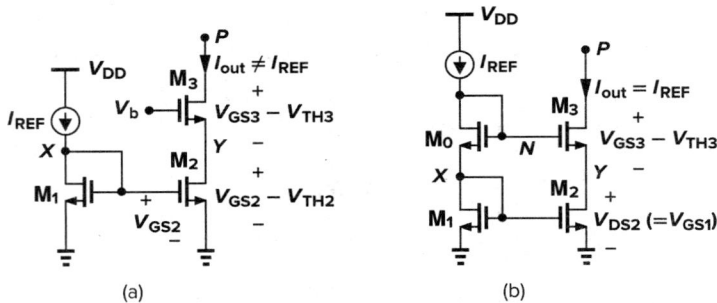

图 5.14   (a)具有最小余度电压的共源共栅电流源;(b)有余度损耗的共源共栅电流镜

解决这个问题之前,分析共源共栅电流源的大信号特性是具有指导意义的。

例 5.4

在图 5.15(a) 中,假设所有的晶体管都相同,画出当 V_X 从一个大的正值下降时 I_X 和 V_B 的草图。

解: 对于 $V_X \geqslant V_N - V_{TH}$,$M_2$ 与 M_3 都处在饱和区,$I_X = I_{REF}$ 且 $V_B = V_A$。随着 V_X 的下降,哪一个晶体管首先进入线性区,M_3 还是 M_2? 假设 M_2 先进入线性区。要使之成立,V_{DS2} 必须

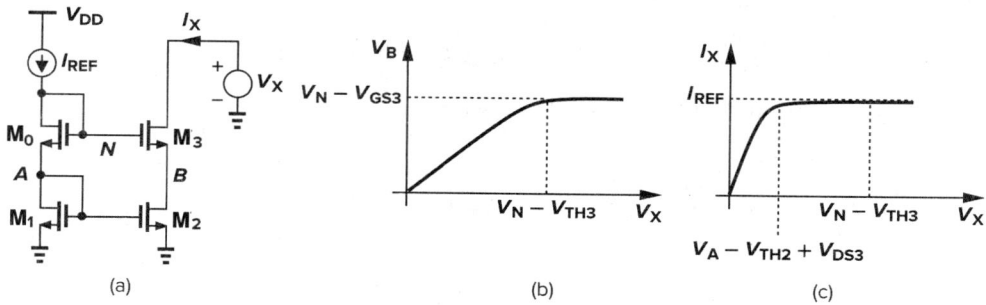

图 5.15

下降,且因为 V_{GS2} 保持恒定,I_{D2} 也必须下降。这意味着当 I_{D3} 下降时 V_{GS3} 上升,如果 M_3 仍然处在饱和区的话,这是不可能发生的。因此,M_3 首先进入线性区。

当 V_X 下降到小于 $V_N - V_{TH3}$ 时,M_3 进入线性区,需要一个更大的栅源过驱动电压以维持相同的电流。因此,如图 5.15(b)所示,V_B 开始下降,导致 I_{D2}(即 I_X)有少许下降。随着 V_X 与 V_B 进一步下降,最终导致 $V_B < V_A - V_{TH2}$,M_2 进入线性区。此时,I_{D2} 开始急剧下降。当 $V_X = 0$ 时,$I_X = 0$,M_2 与 M_3 工作在深线性区。注意,随着 V_X 下降到 $V_N - V_{TH3}$ 以下,由于 g_{m3} 在线性区会有下降,共源共栅的输出阻抗将迅速减小。

方法二

上述共源共栅电流源损失了一个阈值电压的余度,为了避免此问题,我们迫使 V_{DS1} 等于 V_{DS2}。为了理解这种方法,我们重新研究图 5.14(a)。我们注意到,只有当 $V_b = V_{GS3} + (V_{GS2} - V_{TH2})$时,即 V_{DS2} 约为一个过驱动电压时,才能消除电压余度一个 V_{TH} 的"浪费"。我们如何保证 $V_{DS1} = V_{DS2}(= V_{GS2} - V_{TH2})$? 由于 M_1 是一个二极管连接型器件,期望 V_{DS1} 小于阈值电压是不可能的。

摆脱上述困境的一个简单方法是,用电阻在 M_1 的栅极和漏极之间产生一个精心考虑的电压差。如图 5.16(a)所示,我们的想法是选择 $R_1 I_{REF} \approx V_{TH1}$,$V_b = V_{GS3} + (V_{GS1} - V_{TH1})$。这样,$V_{DS1} = V_{GS1} - R_1 I_{REF} \approx V_{GS1} - V_{TH1} = V_b - V_{GS3} = V_{DS2}$。

142

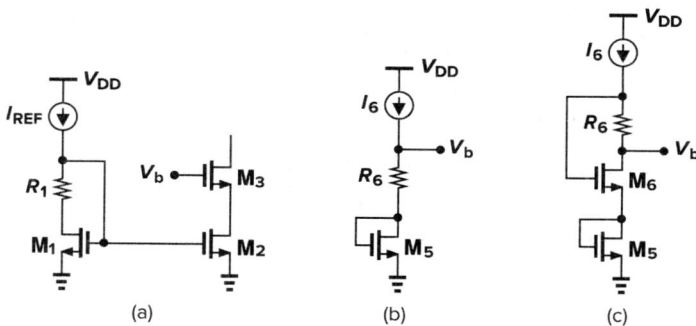

图 5.16　(a)用 IR 压降提高电流镜的精度;(b)V_b 产生电路;(c)V_b 的另一种产生电路

例 5.5 ——

图 5.16(a)中 $M_1 - R_1$ 的组合是一个二极管连接型器件吗？假设 $\lambda > 0$。

解： 根据图 5.17 的小信号等效电路，R_1 上的压降为 $I_X R_1$。漏结点的 KCL 方程为

$$\frac{V_X - I_X R_1}{r_O} + g_m V_X = I_X \qquad (5.14)$$

由上式可得

$$\frac{V_X}{I_X} = \frac{R_1 + r_O}{1 + g_m r_O} \qquad (5.15)$$

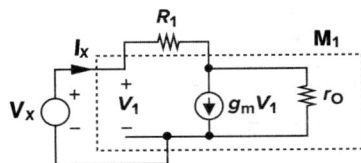

图 5.17

在不考虑沟道长度调制时，上式简化为 $1/g_m$(此阻抗与 $\gamma = 0$ 时的共栅级源端的阻抗一样，这是一个巧合吗？)。因此，从小信号的观点看，此组合接近一个二极管连接型器件。从大信号的观点看，若 λ 很小，则 $V_{GS1} \approx \sqrt{2I_D / [\mu_n C_{ox}(W/L)]} + V_{TH}$，这表明这种组合也是一个二极管连接型器件。

——

图 5.16(a)所示的电路存在两个问题。首先，有 PVT 变化时，由于 R_1 和 V_{TH} 的变化不同，很难保证 $R_1 I_{REF} \approx V_{TH1}$。其次，$V_b = V_{GS3} + (V_{GS1} - V_{TH1})$ 的产生不直观。我们首先处理后一个问题。我们要寻求一种将一个栅源电压和一个过驱动电压相加的布局。因而我们猜测，可能必须从二极管连接型器件着手。作为一个选择对象，考虑图 5.16(b)所示的支路，其中 $V_b = V_{GS5} + R_6 I_6$。我们很容易选择 I_6 和 M_5 的尺寸，以保证 $V_{GS5} = V_{GS3}$。然而，这等于将条件 $R_6 I_6 = V_{GS1} - V_{TH1} = V_{GS1} - R_1 I_{REF}$ 变为 $R_6 I_6 + R_1 I_{REF} = V_{GS1}$，这是很难满足的，因为 IR 压降无法"跟踪"MOS 的栅-源电压。例如，电阻的值可以随温度下降，而 V_{GS} 则增加。

另一种实现方法如图 5.16(c)所示，M_5 建立 V_{GS}，M_6 和 R_6 产生过驱动电压。我们选择 I_6 和器件参数，以便满足

$$V_{GS5} = V_{GS3} \qquad (5.16)$$

$$V_{GS6} - R_6 I_6 = V_{GS1} - V_{TH1} \qquad (5.17)$$

$$= V_{GS1} - R_1 I_{REF} \qquad (5.18)$$

可以看出，现在能保证 V_{GS6} 和 V_{GS1} 相互跟踪，$R_1 I_{REF}$ 和 $R_6 I_6$ 也相互跟踪。例如，我们可以简单选择 $I_6 = I_{REF}$，$R_6 = R_1$，$(W/L)_6 = (W/L)_1$[①]。

为了避免前面提到的第一个问题，我们开发了另一种电路拓扑结构，它强制二极管连接型器件的 V_{DS} 等于电流源晶体管的 V_{DS}，栅极和漏极电压之间的电平移动也不需要用电阻产生。特别是，假设我们将共源共栅结构的输出结点连接到其输入[图 5.18(a)]。在这种情形下，$V_{DS1} = V_b - V_{GS0}$，选择 V_b 以使 M_1 工作在饱和区边缘。把图 5.18(a)所示支路连接到共源共栅电流源的主路上，结果如图 5.18(b)所示。可以看出，如果 $V_{GS0} = V_{GS3}$，则可迫使 V_{DS1} 等于 V_{DS2}。这种结构称为"低压共源共栅结构"，它比图 5.14(b)所示的常规共源共栅结构应用更加广泛。

现在，我们必须回答两个问题。第一个问题是，如何选择图 5.18(a)中的 V_b 以使 M_1 和

————————————————————

① 电路会产生小的跟踪误差，因为 M_6 有体效应，而 M_1 没有体效应(并且也由于 M_3 有体效应，而 M_5 没有)。

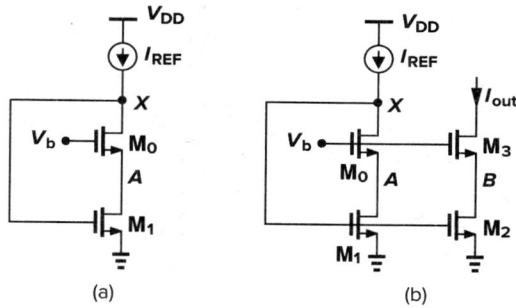

图 5.18　低压共源共栅电流镜的改进

M_0 都工作在饱和区？M_0 工作在饱和区要求 $V_b - V_{TH0} \leqslant V_X (= V_{GS1})$，$M_1$ 工作在饱和区要求 $V_{GS1} - V_{TH1} \leqslant V_A (= V_b - V_{GS0})$。所以

$$V_{GS0} + (V_{GS1} - V_{TH1}) \leqslant V_b \leqslant V_{GS1} + V_{TH0} \tag{5.19}$$

如果 $V_{GS0} + (V_{GS1} - V_{TH1}) < V_{GS1} + V_{TH0}$，即如果 $V_{GS0} - V_{TH0} < V_{TH1}$，解是存在的。因此，我们必需调整 M_0 的尺寸以保证其过驱动电压远小于 V_{TH1}。

第二个问题是如何产生 V_b？为了使消耗的电压余度最小，$V_A = V_{GS1} - V_{TH1}$，因此 V_b 必须等于（或稍大于）$V_{GS0} + (V_{GS1} - V_{TH1})$。图 5.19(a) 给出了一个例子，图中 M_5 产生 $V_{GS5} \approx V_{GS0}$，M_6 与 R_b 产生 $V_{DS6} = V_{GS6} - R_b I_1 \approx V_{GS1} - V_{TH1}$。然而，这里会产生一些误差，因为 M_5 没有体效应，而 M_0 存在体效应。此外，$R_b I_1$ 的大小也不好控制。

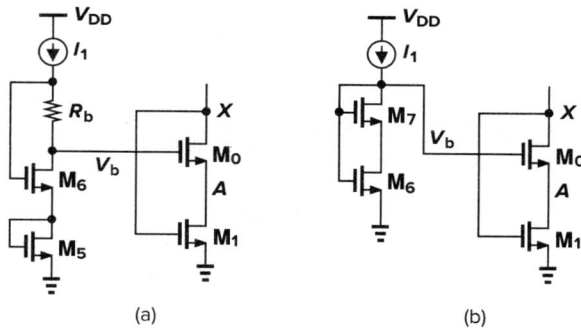

图 5.19　共源共栅电流镜中栅电压 V_b 的生成电路

另一个更简单的 V_b 产生电路如图 5.19(b) 所示。图中，二极管连接型器件 M_7 提供所需的 V_{GS}，M_6 产生所需的过驱动电压。

例 5.6

图 5.20(a) 所示的电路是一个差动对及其偏置网络。在这个特殊设计中，由于电压余度太小，无法使用共源共栅电流源。设计一种方法来减少沟道长度调制引起的电流镜误差。

解： 由于电压余度有限，我们无法迫使 V_{DS2} 等于 V_{DS1}，因此，要设法使 V_{DS1} 等于 V_{DS2}。我们也可以像图 5.16(a) 那样，仅插入一个电阻与 M_1 的漏串联，并选择其上的压降使 $V_{DS1} = V_{DS2}$。然而，如果差动对之前的电路变化改变了 A 点和 B 点的共模电平，则 $V_{DS1} \neq V_{DS2}$。因此，我们

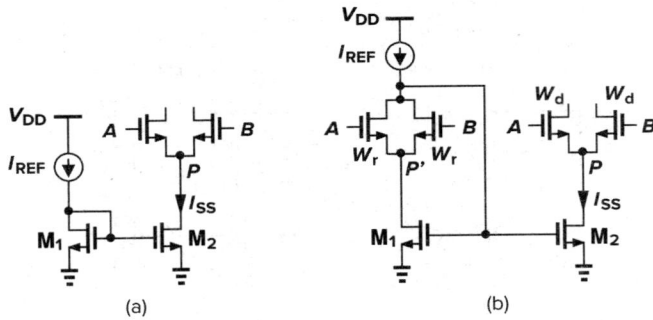

图 5.20

必须迫使结点 P 的电压高于 M_1 的漏极电压。我们复制差动对并将其插入复制电路,如图 5.20(b)所示。现在,即使 A 点和 B 点的共模电平变化,P' 点和 P 点的电压均能跟随共模电平的变化。为了保证 $V_{P'} = V_P$,两个差动对晶体管必须具有相同的长度,而且其宽度的缩放要满足 $W_r/W_d = I_{REF}/I_{SS}$。当然,如果 A 点和 B 点的共模电平上升过大,则复制差动对中的晶体管会进入三极管区,从而引入一些误差。

例 5.7 ——

图 5.21(a)所示的电路是另一种电流镜,它具有高的输出阻抗。分析此电路的小信号和大信号特性。

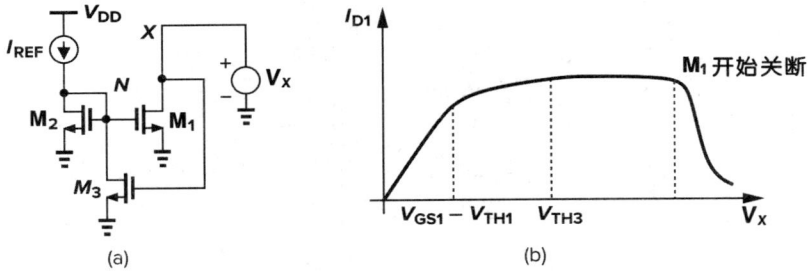

图 5.21

解:在此电路中,M_3 通过检测 X 结点电压的变化来调整 N 结点的电压,从而可提高输出阻抗。例如,假设 V_X 增加了 ΔV,则 I_{D1} 趋于增加了 $\Delta V/r_{O1}$。而晶体管 M_3 从结点 N 抽取的电流的将增加 $g_{m3}\Delta V$,引起 V_N 下降约 $g_{m3}\Delta V/g_{m2}$,导致 I_{D1} 减小$(g_{m3}\Delta V/g_{m2})g_{m1}$。换句话说,如果我们选择 $g_{m3}g_{m1}/g_{m2} \approx r_{O1}^{-1}$,则 I_{D1} 的净变化是很小的。

此电路也表现出有趣的大信号特性。我们对 V_X 从 0 到一个较大的值进行扫描,观察 I_{D1} 的变化。当 $V_X = 0$ 时,M_1 工作在深三极管区,电流为 0,M_3 关断。随着 V_X 的增加,I_{D1} 按比例增加,直到 $V_X = V_{GS1} - V_{TH1}$。超过此点后,I_{D1} 的变化很缓慢[图 5.21(b)]。当 V_X 大于 V_{TH3} 后,M_3 导通并开始"调节"I_{D1},电路呈现高输出阻抗。然而,当 V_X 足够大时,M_3 将抽取所有的 I_{REF},导致 M_1 关断。

尽管在没有共源共栅器件的情况下,能提供高的输出阻抗,但该电路确实会产生自身的电压余度限制,即 V_X 必须大于 $V_{\text{TH3}}(>V_{\text{DS,sat}})$。

5.3　有源电流镜

如前所述以及图 5.11 的电路所示,电流镜也可以处理信号,即像有源器件一样工作。一种与差动对结合使用的镜像结构特别有用。这一节,我们研究这种电路和它的特性。

如图 5.22 所示的结构有时称为五管"运算跨导放大器"(OTA),它在许多模拟和数字系统中获得了广泛应用,值得我们详细研究。请注意,其输出是单端的,因此,此电路有时用于把差动信号转换为单端输出信号。在研究该 OTA 前,我们先分析一个更简单的无源负载拓扑结构。

无源负载差动对

为了生成单端输出,我们可以简单地放弃差动对的一个输出,如图 5.23(a)所示。图中,电流源以"无源"电流镜的方式作为负载。这个电路的小信号增益 $A_v = V_{\text{out}}/V_{\text{in}}$ 是多少呢?我们可以用两种不同的方法计算 A_v,为了简单起见,计算时假设 $\gamma = 0$。由于电路不对称,计算时不能直接应用半边电路的概念。

由于 $|A_v| = G_m R_{\text{out}}$,为此,我们必须计算短路跨导 G_m 和输出电阻 R_{out}。由图 5.23(b)可知,在输出交流短路时,M_1 和 M_2 是对称的。因此,$G_m = I_{\text{out}}/V_{\text{in}} = (g_{m1}V_{\text{in}}/2)/V_{\text{in}} = g_{m1}/2$。如图 5.23(c)所示,对于 R_{out} 的计算,M_2 受到 M_1 的源极输出阻抗 $R_{\text{deg}} = (1/g_{m1}) \parallel r_{O1}$ 的负反馈,因此等效的输出阻抗等于 $(1 + g_{m2}r_{O2})R_{\text{deg}} + r_{O2} \approx 2r_{O2}$。从而,$R_{\text{out}} \approx (2r_{O2}) \parallel r_{O4}$,且

$$|A_v| \approx \frac{g_{m1}}{2}\left[(2r_{O2}) \parallel r_{O4}\right] \tag{5.20}$$

有趣的是,如果 $r_{O4} \to \infty$,则 $A_v \to -g_{m1}r_{O2}$。

在第二种方法中,我们计算图 5.23(a)中的 V_P/V_{in} 和 V_{out}/V_P,并将结果相乘得到 $V_{\text{out}}/V_{\text{in}}$。借助于图 5.24 且把 M_1 看成源跟随器,得到

$$\frac{V_P}{V_{\text{in}}} = \frac{R_{\text{eq}} \parallel r_{O1}}{R_{\text{eq}} \parallel r_{O1} + \dfrac{1}{g_{m1}}} \tag{5.21}$$

纳米设计注意 5.1

由于纳米器件存在严重的沟道长度调制,因此,即使共源共栅电流镜也可能表现出很大的失配。在下面的电路中,$W/L = 5~\mu\text{m}/40~\text{nm}$,$I_{\text{REF}} = 0.25~\text{mA}$。当对 V_X 从低到高进行扫描时,我们观察到,尽管当 $V_X > 0.4~\text{V}$ 时所有器件都工作在饱和区,I_X 仍有明显的变化。

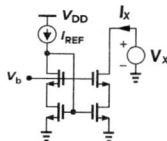

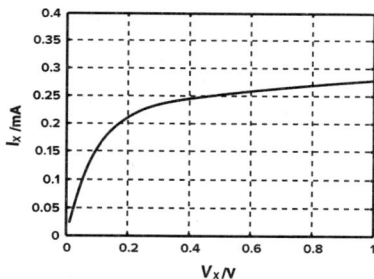

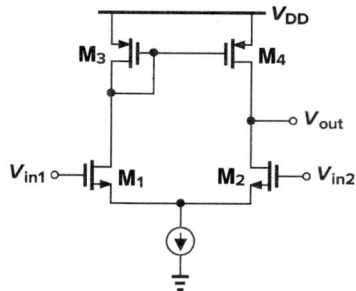

图 5.22　五管 OTA

其中 R_{eq} 表示从 M_2 的源端看进去所看到的电阻。因为 M_2 的漏端接有一个相对大的电阻 r_{O4}，R_{eq} 的值必须由等式(3.117)得到

$$R_{eq} = \frac{r_{O2} + r_{O4}}{1 + g_{m2} r_{O2}} \qquad (5.22)$$

由此可得出

$$\frac{V_P}{V_{in}} = \frac{g_{m1} r_{O1} (r_{O2} + r_{O4})}{(1 + g_{m1} r_{O1})(r_{O2} + r_{O4}) + (1 + g_{m1} r_{O2}) r_{O1}} \qquad (5.23)$$

现在我们来计算 V_{out}/V_P。由图 5.25 得

$$\frac{V_{out}}{V_P} = \frac{(1 + g_{m2} r_{O2}) r_{O4}}{r_{O2} + r_{O4}} \qquad (5.24)$$

由式(5.23)和式(5.24)，我们有

$$\frac{V_{out}}{V_{in}} = \frac{g_{m2} r_{O2} r_{O4}}{2 r_{O2} + r_{O4}} \qquad (5.25)$$

$$= \frac{g_{m2}}{2} \left[(2 r_{O2}) \parallel r_{O4} \right] \qquad (5.26)$$

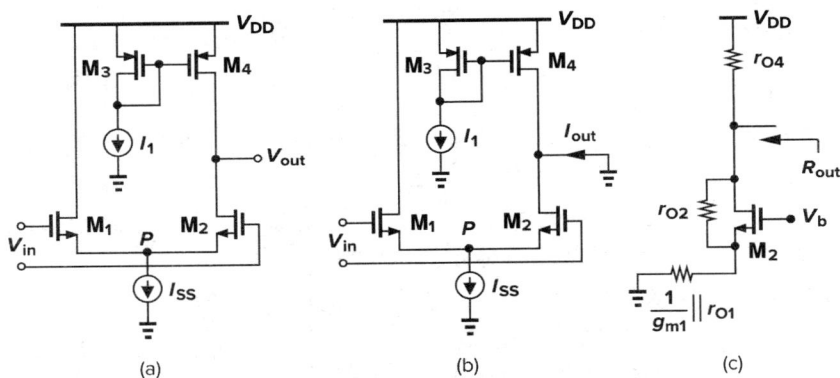

图 5.23   (a)带电流源负载的差动对；(b)计算 G_m 的电路；(c)计算 R_{out} 的电路

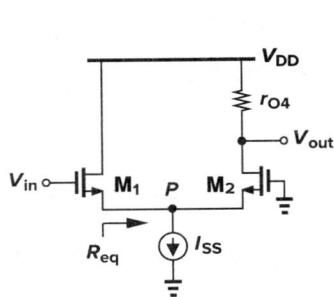

图 5.24   计算 V_P/V_{in} 的电路

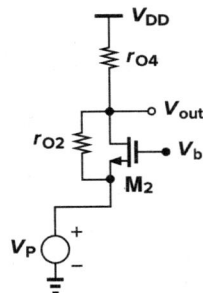

图 5.25   计算 V_{out}/V_P 的电路

有源负载差动对

在图 5.23(a)的电路中，M_1 的小信号漏电流被"浪费"了。如图 5.26(a)的原理性显示，我们希望在输出端用适当的极性来使用这个电流。这可以用图 5.26(b)所示的五管 OTA 实现，

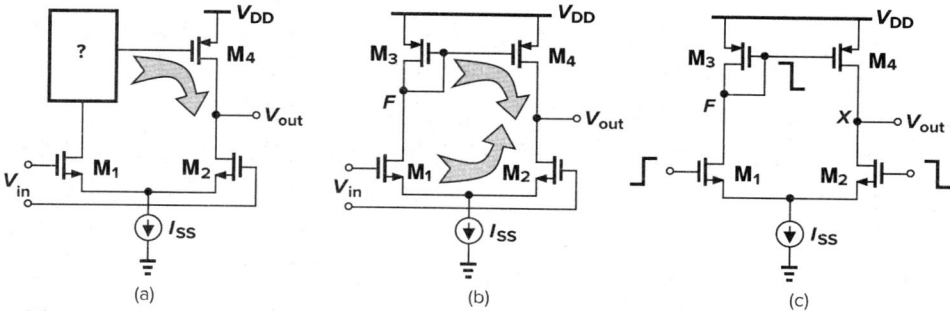

图 5.26 （a）M_1 与 M_2 漏电流结合的原理；（b）图（a）的实现；（c）电路对差动输入的响应

图中的 M_3 和 M_4 是相同的且构成有源电流镜。

为了明白 M_3 是如何提高增益的，假设 M_1 和 M_2 的栅压有一个大小相等方向相反的变化 [图 5.26（c）]。结果是：I_{D1} 增加，V_F 下降，I_{D2} 减小。这样，输出电压通过两种机制增加：M_2 从结点 X 抽取并流向地的电流减小，M_4 从电源 V_{DD} 流入结点 X 的电流增加。与此相反，图 5.23（a）中的 M_4 对 V_{out} 的变化不起有源作用，因为其栅压是固定的。五管 OTA 也称为有源负载差动对。

5.3.1 大信号分析

我们来研究电路的大信号特性。为此，如图 5.27（a）所示，我们用一个 MOSFET 代替理想的尾电流源。如果 V_{in1} 相对于 V_{in2} 足够地小，M_1 以及 M_3 和 M_4 均关断。因为没有电流能够从 V_{DD} 流出，M_2 与 M_5 都工作在深线性区，传输的电流为零。因此 $V_{out}=0$[①]。随着 V_{in1} 接近 V_{in2}，M_1 导通，使 I_{D5} 的一部分流过 M_3，且使 M_4 导通。输出电压开始依赖于 I_{D4} 与 I_{D2} 之间的差值。当 V_{in1} 和 V_{in2} 之间的差值很小时，M_2 和 M_4 都处在饱和区，产生一个很高的增益 [图 5.27（b）]。当 V_{in1} 变得比 V_{in2} 正得多的时候，I_{D1}、$|I_{D3}|$ 和 $|I_{D4}|$ 增大而 I_{D2} 减小导致 V_{out} 增大，最终驱使 M_4 进入线性区。如果 $V_{in1}-V_{in2}$ 足够大，M_2 关断，M_4 的电流为零且工作在深线性区，从而 $V_{out}=V_{DD}$。须注意的是，如果 $V_{in1}>V_F+V_{TH}$，则 M_1 进入线性区。也要注意 V_{out} 与 V_{in1}

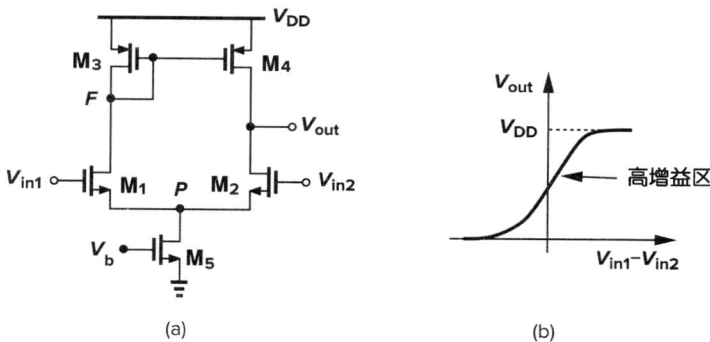

图 5.27 （a）带有源电流镜和实际电流源的差动对；（b）大信号输出-输入特性

① 如果 V_{in1} 的对地电位比一个阈值电压大的话，M_5 可能会从 M_1 抽取一个小电流，使 V_{out} 稍微上升。

同相位,而与 V_{in2} 反相 $180°$。

　　电路输入共模电压的选择也是很重要的。为了使 M_2 饱和,输出电压不能小于 $V_{in,CM}$ — V_{TH}。因此,为得到最大输出摆幅,输入共模电平必须尽可能低,其最小值等于 $V_{GS1,2}$ + $V_{DS5,min}$。输入共模电平对输出摆幅的限制是此电路的一个严重的缺点。

　　当 $V_{in1}=V_{in2}$ 时,电路的输出电压等于多少? 如果电路完全对称,$V_{out}=V_F=V_{DD}-|V_{GS3}|$。这也可以通过反证法来证明。例如,假设 $V_{out}<V_F$,则由于沟道长度调制效应,流过 M_1 的电流必须大于流过 M_2 的(同时 M_4 中的电流比 M_3 中的大得多)。换句话说,流过 M_1 的总电流要大于 I_{SS} 的一半。但是这意味着流过 M_3 的总电流也超过了 $I_{SS}/2$,与 M_4 中的电流大于 M_3 中的电流这一假设相矛盾。然而,实际上,电路中的不对称可能会导致 V_{out} 产生一个大的偏差,很可能驱使 M_2 或 M_4 进入线性区。例如,如果 M_2 的阈值电压稍小于 M_1 的阈值电压,即使 $V_{in1}=V_{in2}$,前者中的电流也要比后者大,使得 V_{out} 显著下降。由于这个原因,该电路很少在开环情况下用来放大小信号。然而,如下面例子所示,将差动输入转换成大摆幅的单端输出时,OTA 是很有用的。

例 5.8 ───────────────────────────────────

　　一些数字电路的信号是电压摆幅小于 V_{DD} 的差动(互补)信号。例如,单端摆幅可能为 $300\ mV_{PP}$。解释五管 OTA 如何把适度摆幅的差动信号转换为一个轨对轨的单端信号。

150

　　解:考虑如图 5.28 所示的 OTA,输入摆幅为 V_2 $-V_1=300\ mV$。选择合适的 $(W/L)_{1,2}$ 和 I_{SS},就可以保证这种摆幅能够关断差动对的一边。例如,如果 M_1 流过 I_{SS} 的所有电流,则 M_2 关断,M_4 把 V_{out} 拉到 V_{DD}。相反,如果 M_2 独占 I_{SS} 电流,则 M_1、M_3 和 M_4 关断,M_2 和 M_5 维持零电流导通,$V_{out}=0$。因此,在 M_2 和 M_4 之间的"推-拉"作用使输出产生轨对轨的摆幅。

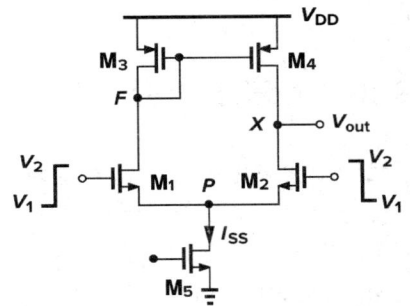

图 5.28

　　在实际中,如果 $V_1>V_{TH1,2}$,则 V_{out} 并不能精确等于 V_{DD} 或 0。此证明作为练习留给读者(提示:如果 M_2 和 M_5 工作在深三极管区,则 V_P 接近 0,有可能使 M_1 导通)。由于这个原因,通常,在 OTA 后面接一个 CMOS 反相器以得到轨对轨的摆幅。

例 5.9 ───────────────────────────────────

　　假设电路完全对称,当 V_{DD} 从 3 V 变化到 0 V 时,概略画出图 5.29(a)中电路输出电压的草图。假设 $V_{DD}=3$ V 时,所有的器件都处在饱和区。

　　解:对于 $V_{DD}=3$ V,对称性要求 $V_{out}=V_F$。随着 V_{DD} 的下降,V_F 与 V_{out} 也以近似为 1 的斜率下降[图 5.29(b)]。当 V_F 与 V_{out} 下降到低于 $+1.5\ V-V_{THN}$ 时,M_1 与 M_2 进入线性区,只要 M_5 仍饱和,它们的漏电流保持不变。V_{DD} 以及 V_F 与 V_{out} 的进一步下降使得 V_{GS1} 与 V_{GS2} 增大,最终驱使 M_5 进入线性区。此后,所有晶体管的偏置电流下降,使得 V_{out} 的下降的变缓。当 $V_{DD}<|V_{THP}|$ 时,我们有 $V_{out}=0$。

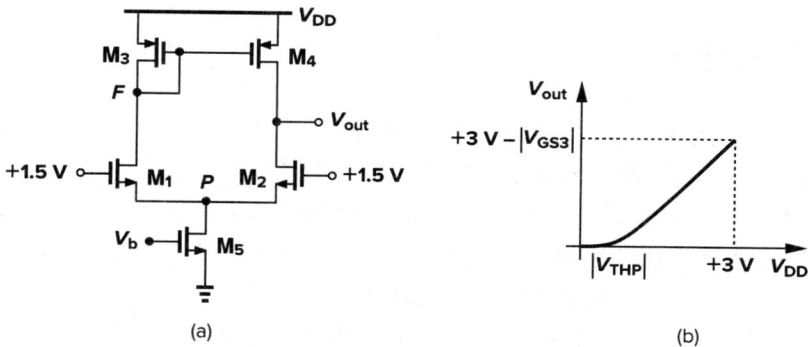

图 5.29

例 5.10

如果运放采用五管 OTA，画出图 5.30(a)所示的单位增益缓冲器的大信号输入-输出特性曲线草图。

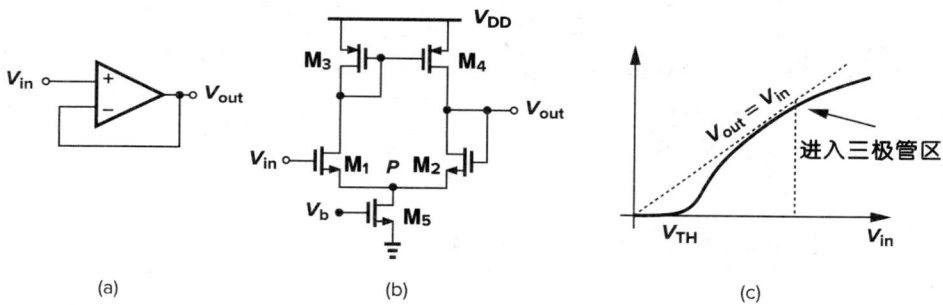

图 5.30

解：电路如图 5.30(b)所示。我们从 $V_{in}=0$ 开始，此时，M_1、M_3 和 M_4 关断，而 M_5 工作在深三极管区且电流为 0，二极管连接型器件 M_2 的 V_{GS} 维持在 0[1]。因此，$V_{out}=V_P=0$[图 5.30(c)]。随着 V_{in} 的增加并超过一个阈值，M_1 开始从 M_3 抽取电流，使 M_4 以及 M_2 导通。注意，由于 $I_{D3}\approx I_{D4}$，所有我们得到 $I_{D1}\approx I_{D2}$，从而 $V_{GS1}\approx V_{GS2}$。也就是说 $V_{out}=V_{in}$。此单位增益特性会随着 V_{in} 的增加持续。当 V_{in} 足够大时，会发生两种现象：(a) 当 $V_{in}>V_{DD}-|V_{GS3}|+V_{TH1}$ 时，M_1 进入三极管区；(b) 当 $V_{out}>V_{DD}-|V_{GS4}-V_{TH4}|$ 时，M_4 进入三极管区，此时 $V_{in}>V_{DD}-|V_{GS4}-V_{TH4}|$。如果 V_{TH1} 和 $|V_{TH4}|$ 差不多，则这两个 V_{in} 大致相等。超过此点后，$|I_{D4}|<|I_{D3}|$（为什么？），从而 $V_{GS1}>V_{GS2}$，导致 $V_{out}<V_{in}$。如果 $V_{in}=V_{DD}$，则流过 M_4 的电流非常小，V_{out} 出现相当大的误差。

151

---

[1]　在形成输入输出特性时，我们假设输入变化很慢，这样，亚阈值电流有足够的时间使 V_{GS} 减小到 0。

5.3.2 小信号分析

现在我们来分析图 5.27(a)电路的小信号特性,为简单起见,假设 $\gamma=0$。这里我们能用半边等效电路的概念来计算差动增益吗? 如图 5.31 所示,对于小的差动输入,结点 F 与 X 的电压摆幅差别很大。这是因为由二极管连接型器件 M_3 产生的由输入到结点 F 的电压增益比从输入到结点 X 的要小得多。结果是,V_F 与 V_X 在结点 P 的作用(分别通过 r_{O1} 和 r_{O2})不能互相抵消,从而该结点必然不能看作虚地。应用定理 $|A_v|=G_m R_{out}$,我们首先进行近似分析以训练洞察力,然后再精确计算增益。

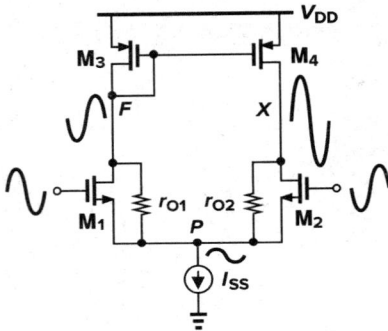

图 5.31 带有源电流镜的差动对的不对称摆幅

纳米设计注意 5.2

在纳米技术中,五管 OTA 的增益和输出范围均很有限。如果 $V_{DD}=1$ V,$W/L=5$ μm/40 nm,尾电流等于 0.25 mA,输入共模电平等于 0.5 V,其特性曲线如下所示。斜率曲线也显示出,当连接到输出的 NMOS 或 PMOS 器件进入三极管区时,增益急剧下降。

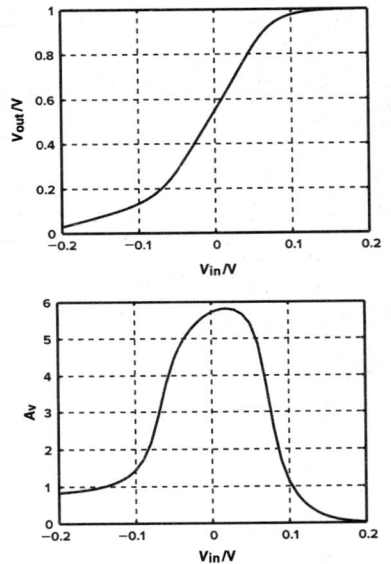

近似分析

为了计算 G_m,考虑图5.32(a)。图中的电路并不是很对称,但是由于在结点 F 所看到的阻抗相对较小,该点的摆幅也较小,由结点 F 经 r_{O1} 流回到结点 P 的电流可以忽略不计,从而结点 P 可以近似看成虚地点,如图 5.32(b)所示。因此,$I_{D1}=|I_{D3}|=|I_{D4}|=g_{m1,2}V_{in}/2$ 且 $I_{D2}=-g_{m1,2}V_{in}/2$,得到 $I_{out}=-g_{m1,2}V_{in}$,从而 $|G_m|=g_{m1,2}$。请注意:由于有源电流镜工作时的优点,该值是图 5.23(b)中电路跨导的 2 倍。

计算 R_{out} 却没有那么直接。我们可以推测该电路的输出电阻等于图 5.23(c)中电路的输出电阻,即 $(2r_{O2})\parallel r_{O4}$。然而在实际中,由于当施加一个电压至输出端以测量 R_{out} 时,M_4 的栅压并不保持恒定,所以有源电流镜将产生一个不同的值。我们不画出整个等效电路,而是注意到:I_{SS} 对小信号而言是开路的[图 5.33(a)],任何流入 M_1 的电流都将从 M_2 流出,从而这两个晶体管的作用可以用一个电阻 $R_{XY}=2r_{O1,2}$[图 5.33(b)]来表示。结果是,由 R_{XY} 从 V_X 抽取的电流以单位增益由 M_3 镜像到 M_4,该电流等于 $V_X/[2r_{O1,2}+(1/g_{m3})\parallel r_{O3}]$。它乘以 $(\dfrac{1}{g_{m3}})\parallel r_{O3}$ 就得到 M_4 的栅源电压,然后再乘以 g_{m4},因此我们可以写出

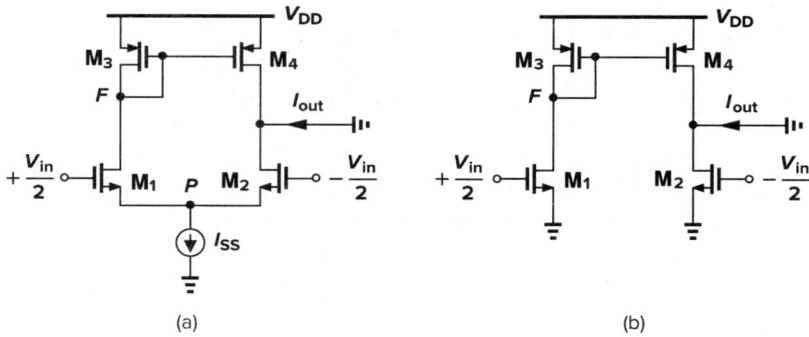

图 5.32　(a)计算 G_m 的电路;(b)P 点接地时(a)的电路

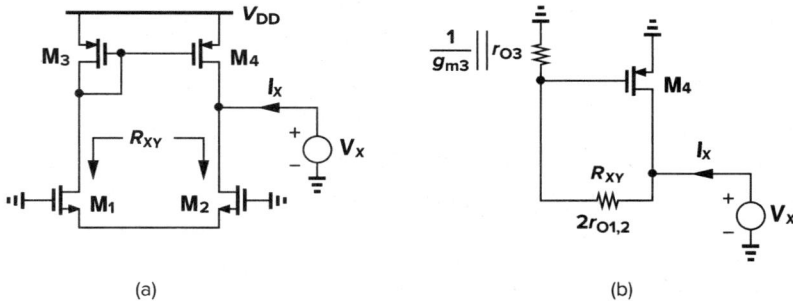

图 5.33　(a)计算 R_{out} 的电路;(b)用一个电阻替换 M_1 与 M_2

$$I_X = \frac{V_X}{2r_{O1,2} + \frac{1}{g_{m3}} \parallel r_{O3}}\left[1 + \left(\frac{1}{g_{m3}} \parallel r_{O3}\right)g_{m4}\right] + \frac{V_X}{r_{O4}} \tag{5.27}$$

如果 $2r_{O1,2} \gg (1/g_{m3}) \parallel r_{O3}$,得

$$R_{out} \approx r_{O2} \parallel r_{O4} \tag{5.28}$$

因此,整个电路的电压增益近似为 $|A_v| = G_m R_{out} = g_{m1,2}(r_{O2} \parallel r_{O4})$,比图 5.23(a)中电路的增益要稍微高一些。

精确分析

我们必须计算 OTA 的 G_m 和 R_{out}。我们通过图 5.34 所示的戴维南等效电路求 G_m,计算时不考虑接地点 P。为简单起见,我们使用下标 1 表示 M_1 和 M_2。由于通过电阻$(1/g_{m3}) \parallel r_{O3}$(以下用 r_d 表示)向下流动的电流为$-V_4/r_d$,所以 r_{O1} 上的压降等于$-(V_4/r_d - g_{m1}V_1)r_{O1}$。把此电压加到 $V_P = V_{in1} - V_1$ 上,得到

$$\left(-\frac{V_4}{r_d} - g_{m1}V_1\right)r_{O1} + V_{in1} - V_1 = V_4 \tag{5.29}$$

我们也知道,$g_{m2}V_2$ 和流过 r_{O1} 的电流之和等于 V_4/r_d(为什么?),即

$$g_{m2}V_2 - \frac{V_{in2} - V_2}{r_{O2}} = \frac{V_4}{r_d} \tag{5.30}$$

从以上等式中求得用 V_4 表示的 V_1 和 V_2,注意到 $V_1 - V_2 = V_{in1} - V_{in2}$ 和 $I_{out} = g_{m4}V_4 + V_4/r_d$,

153

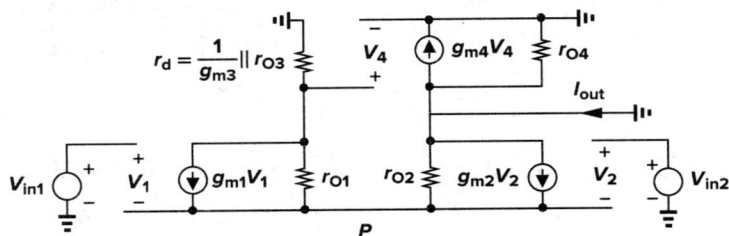

图 5.34　五管 OTA 的等效电路

我们得到

$$I_{\text{out}} = -g_{m1} r_{O1} \frac{g_{m4} r_d + 1}{r_d + 2 r_{O1}} (V_{\text{in1}} - V_{\text{in2}}) \tag{5.31}$$

由此得出

$$G_m = -g_{m1} r_{O1} \frac{g_{m4} r_d + 1}{r_d + 2 r_{O1}} \tag{5.32}$$

下一步,计算 R_{out}。根据式(5.27),输出导纳为

$$\frac{I_X}{V_X} = \frac{1 + g_{m4} r_d}{2 r_{O1} + r_d} + \frac{1}{r_{O4}} \tag{5.33}$$

$$= \frac{(1 + g_{m4} r_d) r_{O4} + 2 r_{O1} + r_d}{(2 r_{O1} + r_d) r_{O4}} \tag{5.34}$$

因此

$$G_m R_{\text{out}} = -g_{m1} r_{O1} \frac{(g_{m4} r_d + 1) r_{O4}}{(g_{m4} r_d + 1) r_{O4} + 2 r_{O1} + r_d} \tag{5.35}$$

由于 $r_d = r_{O3}/(1 + g_{m3} r_{O3})$,所以,上式可以简化为

$$G_m R_{\text{out}} = -g_{m1} r_{O1} r_{O4} \frac{2 g_{m3} r_{O3} + 1}{(2 g_{m3} r_{O3} + 1) r_{O4} + 2 r_{O1} (1 + g_{m3} r_{O3}) + r_{O3}} \tag{5.36}$$

$$= -\frac{g_{m1} r_{O1} r_{O4}}{r_{O1} + r_{O3}} \cdot \frac{2 g_{m3} r_{O3} + 1}{2(g_{m3} r_{O3} + 1)} \tag{5.37}$$

现在我们得到了一个简单但精确的增益表达式

$$|A_v| = g_{m1} (r_{O1} \| r_{O4}) \frac{2 g_{m4} r_{O4} + 1}{2(g_{m4} r_{O4} + 1)} \tag{5.38}$$

我们可以将此结果视为近似解 $g_{m1}(r_{O1} \| r_{O4})$ 乘以一个**小于 1** 的"修正"因子。例如,若 $g_{m4} r_{O4} = 5$,则 $|A_v| = 0.92 g_{m1}(r_{O1} \| r_{O4})$。

例 5.11 ——

借助于上述结果,如果不考虑失配,确定输出对输入共模变化的响应。

解:为了表示输入共模变化,在图 5.34 中,我们选择 $V_{\text{in1}} = V_{\text{in2}}$,由式(5.31)得到 $I_{\text{out}} = 0$。因此,单端输出电压与输入共模变化无关。

例 5.12

计算图 5.35 所示电路的小信号电压增益。该电路的性能与带有源电流镜的差动对的性能相比如何?

解:与上面得出的值类似,我们有 $A_v = g_{m1}(r_{O1} \parallel r_{O2})$。对于给定的器件尺寸,该电路只需要相当于差动对一半的偏置电流便可获得相同的增益。然而,差动工作的优点通常超过其功耗上的损失。

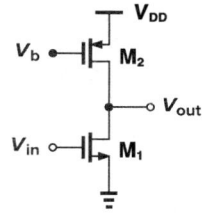

图 5.35

上述增益的计算是假设有一个理想的尾电流源。在实际中,这个电流源的输出阻抗影响电路的增益,但是影响相当小。

余度问题

五管 OTA 不适宜低电压工作,因为二极管连接型 PMOS 器件会消耗相当大的电压余度。为了得到一个改进电路,我们注意到,该器件的栅电压不需要等于其漏电压。如图 5.36 所示,我们在该器件的栅极与漏极之间串联一个电阻,并从中抽取一个恒定电流,从而使 V_G 比 V_F 的值低 $R_1 I_1 \leqslant V_{TH3}$。利用这种电平移动,输入共模电平可以更高,使前级和尾电流源的设计变得容易些。I_1 的值必须远小于 $I_{SS}/2$,这样,可忽略由此引入的电路两边之间的不对称性。鼓励读者计算由 I_1 引起的输入参考失调电压。

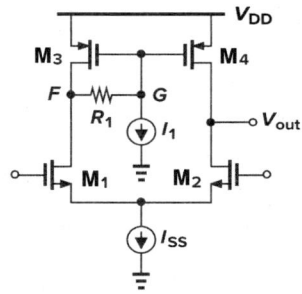

图 5.36　通过电平移动改善 OTA 的电压余度

5.3.3　共模特性

现在,我们研究带有源电流镜的差动对的共模特性。为简单起见,假设 $\gamma = 0$,将考虑衬偏效应的更一般的情况分析留给读者。我们的目的是估计尾电流源的输出阻抗为有限值时的结果。如图 5.37 所示,输入共模电平的变化会导致所有晶体管的偏置电流的变化。

我们如何定义此处的共模增益呢?从第 4 章我们知道,共模电平增益表示由于输入共模电平的变化而导致我们关心的输出信号**变差**。在第 4 章的电路中,输出信号是差动的,因此,共模增益用由输入共模变化产生的输出的差动部分来定义。另一方面,在图 5.37 的电路中,所关心的输出信号相对于地来检测。因此,我们用由输入共模变化产生的单端输出部分来定义共模增益:

$$A_{CM} = \frac{\Delta V_{out}}{\Delta V_{in,CM}} \tag{5.39}$$

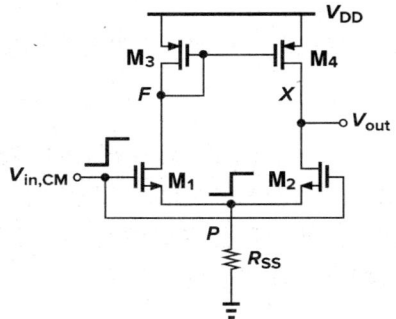

图 5.37　检测共模变化的带有源电流镜的差动对

为了确定 A_{CM},我们注意到,如果电路是对称的,对于任何输入共模电平均有 $V_{out} = V_F$ (5.3.1 小节)。例如,随着 $V_{in,CM}$ 的增大,V_F 与 V_{out} 都将下降。换句话说,结点 F 与 X 可以短接成图 5.38(a),相应的等效电路如图 5.38(b)所示。这里,M_1 与 M_2 以并联的方式出现,M_3 与 M_4 也是如此。从而得出

$$A_{CM} \approx \frac{-\frac{1}{2g_{m3,4}} \left\| \frac{r_{O3,4}}{2} \right.}{\frac{1}{2g_{m1,2}} + R_{SS}} \tag{5.40}$$

156

$$= \frac{-1}{1 + 2g_{m1,2}R_{SS}} \frac{g_{m1,2}}{g_{m3,4}} \tag{5.41}$$

其中,我们已经假设 $1/(2g_{m3,4}) \ll r_{O3,4}$ 且忽略了 $r_{O1,2}/2$ 的影响。从而可以给出 CMRR 为

$$CMRR = \left| \frac{A_{DM}}{A_{CM}} \right| \tag{5.42}$$

$$= g_{m1,2}(r_{O1,2} \| r_{O3,4}) \frac{g_{m3,4}(1 + 2g_{m1,2}R_{SS})}{g_{m1,2}} \tag{5.43}$$

$$= (1 + 2g_{m1,2}R_{SS})g_{m3,4}(r_{O1,2} \| r_{O3,4}) \tag{5.44}$$

例如,如果 $R_{SS} = r_O$,$2g_{m1,2}R_{SS} \gg 1$,则 CMRR 的数量级为 $(g_m r_O)^2$。

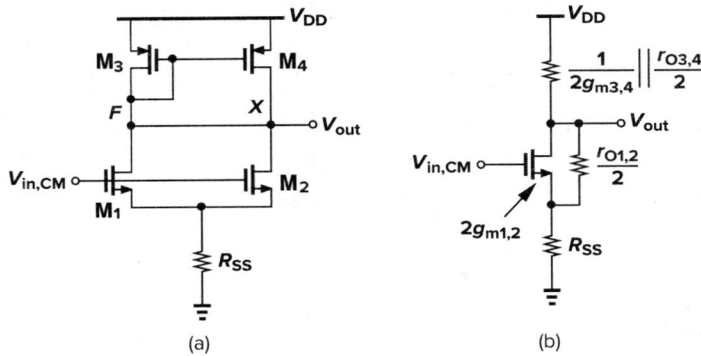

图 5.38　(a)图 5.29 的简化电路;(b)图(a)的等效电路

式(5.41)表示,即使完全对称,输出信号也会因为输入共模变化而变差。高频时,由于并联在尾电流源两端的寄生电容表现出更低的阻抗,从而高频共模噪声将极大地降低电路的性能。

例 5.13 ———

用一个(不严密)论据,可以表明图 5.37 中电路的共模增益为零。如图 5.39(a)所示,如果 $V_{in,CM}$ 使得每一个输入晶体管的漏电流都产生 ΔI 的变化,那么 I_{D3} 与 I_{D4} 也会有相同的变化。因此,M_4 仿佛提供了 M_2 所需要的额外的电流,从而输出电压不需要变化,即 $A_{CM} = 0$。解释这一证明中的不严密性。

解:ΔI_{D4} 可以完全抵消 ΔI_{D2} 的影响这一假设是不正确的。考虑图 5.39(b)所示的等效电路。因为

$$\Delta V_F = \Delta I_1 \left(\frac{1}{g_{m3}} \| r_{O3} \right) \tag{5.45}$$

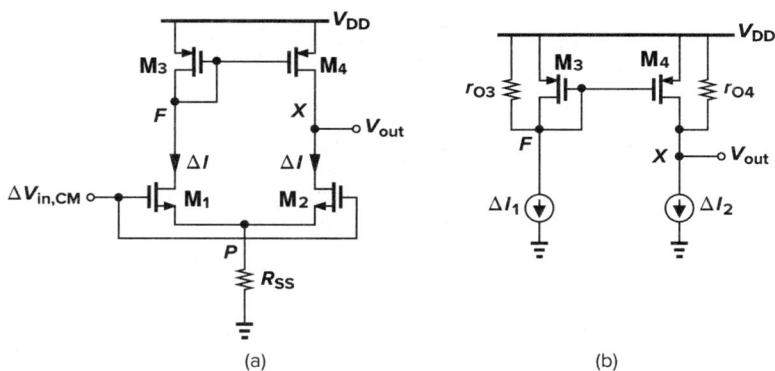

图 5.39

我们有

$$|\Delta I_{D4}| = g_{m4}\Delta V_F \tag{5.46}$$

$$= g_{m4}\Delta I_1 \frac{r_{O3}}{1 + g_{m3}r_{O3}} \tag{5.47}$$ 157

这个电流与 $\Delta I_2 (=\Delta I_1 = \Delta I)$ 引起的净电压变化量为

$$\Delta V_{out} = \left(\Delta I_1 g_{m4} \frac{r_{O3}}{1 + g_{m3}r_{O3}} - \Delta I_2\right)r_{O4} \tag{5.48}$$

$$= -\Delta I \frac{1}{g_{m3}r_{O3} + 1}r_{O4} \tag{5.49}$$

该值等于结点 F 的电压变化。

失配的影响

　　计算存在失配时的共模增益也是有益的。作为一个例子,我们考虑输入晶体管的跨导稍微不同的情况,如图 5.40(a)所示。V_{out} 是如何依赖于 $V_{in,CM}$ 的呢？既然结点 F 的变化比 X 的

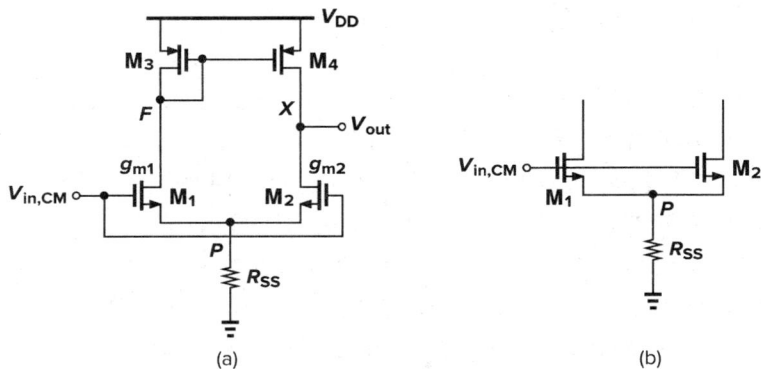

图 5.40　g_m 不匹配的差动对

变化相对较小,当忽略 r_{O1} 与 r_{O2} 的影响时,我们可以计算 I_{D1} 与 I_{D2} 的变化。如图 5.40(b)所示,通过将 M_1 与 M_2 看作跨导等于 $g_{m1} + g_{m2}$ 的单个晶体管(在一个源跟随器结构中),我们可以

求得 P 点的电压变化，即

$$\Delta V_P = \Delta V_{\text{in,CM}} \frac{R_{\text{SS}}}{R_{\text{SS}} + \dfrac{1}{g_{m1} + g_{m2}}} \tag{5.50}$$

此处忽略了衬偏效应。因此，M_1 与 M_2 漏电流的变化为

$$\Delta I_{\text{D1}} = g_{m1}(\Delta V_{\text{in,CM}} - \Delta V_P) \tag{5.51}$$

$$= \frac{\Delta V_{\text{in,CM}}}{R_{\text{SS}} + \dfrac{1}{g_{m1} + g_{m2}}} \frac{g_{m1}}{g_{m1} + g_{m2}} \tag{5.52}$$

$$\Delta I_{\text{D2}} = g_{m2}(\Delta V_{\text{in,CM}} - \Delta V_P) \tag{5.53}$$

$$= \frac{\Delta V_{\text{in,CM}}}{R_{\text{SS}} + \dfrac{1}{g_{m1} + g_{m2}}} \frac{g_{m2}}{g_{m1} + g_{m2}} \tag{5.54}$$

电流变化 ΔI_{D1} 乘以 $(1/g_{m3}) \parallel r_{\text{O3}}$ 得到 $|\Delta I_{\text{D4}}| = g_{m4}[(1/g_{m3}) \parallel r_{\text{O3}}]\Delta I_{\text{D1}}$。这个电流与 ΔI_{D2} 之差的差值电流将流过该电路的输出阻抗，由于我们忽略了 r_{O1} 与 r_{O2} 的影响，所以该电路的输出阻抗等于 r_{O4}，我们得到

$$\Delta V_{\text{out}} = \left[\frac{g_{m1}\Delta V_{\text{in,CM}}}{1 + (g_{m1} + g_{m2})R_{\text{SS}}} \frac{r_{\text{O3}}}{r_{\text{O3}} + \dfrac{1}{g_{m3}}} - \frac{g_{m2}\Delta V_{\text{in,CM}}}{1 + (g_{m1} + g_{m2})R_{\text{SS}}} \right] r_{\text{O4}} \tag{5.55}$$

$$= \frac{\Delta V_{\text{in,CM}}}{1 + (g_{m1} + g_{m2})R_{\text{SS}}} \frac{(g_{m1} - g_{m2})r_{\text{O3}} - g_{m2}/g_{m3}}{r_{\text{O3}} + \dfrac{1}{g_{m3}}} r_{\text{O4}} \tag{5.56}$$

如果 $r_{\text{O3}} \gg 1/g_{m3}$，我们得到

$$\frac{\Delta V_{\text{out}}}{\Delta V_{\text{in,CM}}} \approx \frac{(g_{m1} - g_{m2})r_{\text{O3}} - g_{m2}/g_{m3}}{1 + (g_{m1} + g_{m2})R_{\text{SS}}} \tag{5.57}$$

与等式（5.41）相比，这个结果在分子中包含了一个附加项 $(g_{m1} - g_{m2})r_{\text{O3}}$，这表示了跨导失配对共模增益的影响。

5.3.4 五管 OTA 的其它特性

与第 4 章中研究的全差分拓扑结构相比，五晶体管 OTA 存在两个缺点。第一，即使晶体管完全匹配，电路也表现出有限的 CMRR。如图 5.41(a) 所示，输入共模变化会直接损坏五管 OTA 的 V_{out} 信号，而全差分结构的差分输出信号则不会被损坏[图 5.41(b)]。第二，五管 OTA 的电源抑制性能较差。为了理解这一点，让我们将输入端连接到一个恒定电压，并让 V_{DD} 改变一个小量 ΔV_{DD}[图 5.42(a)]。V_F 将变化多少呢？如果把 M_1 看作具有高输出阻抗的恒流源，则 V_{GS3} 必须保持相对恒定。也就是说，$\Delta V_F \approx \Delta V_{\text{DD}}$。由于两边晶体管是对称的，所以 V_{out} 也必须改变 ΔV_{DD}。换句话说，从 V_{DD} 到 V_{out} 的增益约等于 1。

现在考虑图 5.42(b) 所示的全差动拓扑结构，其中，两个 PMOS 电流源由电流镜偏置。现在，为响应电源电压的 ΔV_{DD} 变化，V_X 和 V_Y 如何改变？我们注意到 V_{GS5}、V_{GS3} 和 V_{GS4} 是不变的，而且由于对称性，V_X 和 V_Y 的变化量必需相等。因此，我们把 X 和 Y 结点短接，M_3 和 M_4 合并，M_1 和 M_2 合并[图 5.42(c)]。如果由 $M_1 + M_2$ 和 I_{SS} 构成的共源共栅电路的输出阻抗很

高,则 $\Delta V_X = \Delta V_Y \approx \Delta V_{DD}$(为什么?)。在这种情况下,两个输出电压也会改变 ΔV_{DD},但是它们的差值完好无损。我们应该提醒读者,这个电路需要共模反馈(见第 9 章)。

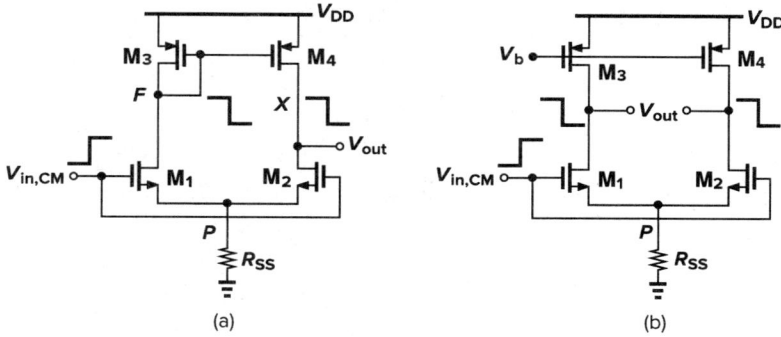

图 5.41　输入共模响应:(a)五管 OTA;(b)电流源负载的全差动放大器

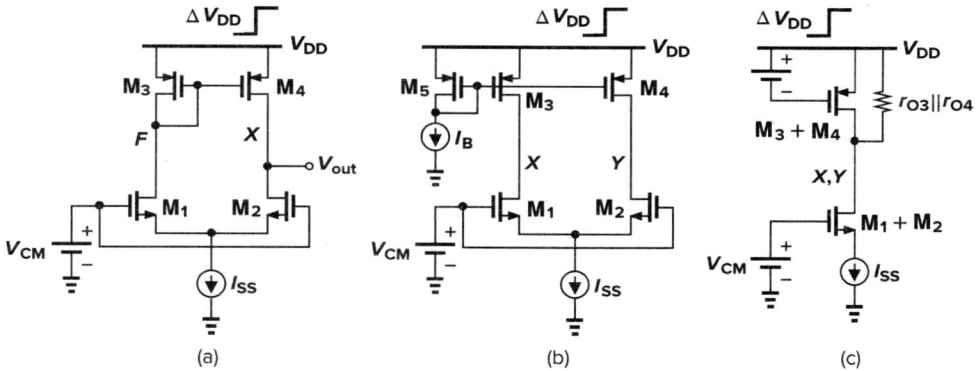

图 5.42　(a)电源电压阶跃时的 OTA;(b)电源电压阶跃时的全差动电路;(c)图(b)的等效电路

5.4　偏置技术

到目前为止,我们所研究的各种放大器都必须被正确地偏置,以使在没有输入信号的情况下,每个晶体管通过所需的电流并且维持所需的端电压。我们知道,电流确定了晶体管的跨导和输出电阻,而端电压确定了电压余度和允许的电压摆幅。本节中,我们将研究 CMOS 电路的若干偏置技术。

160

5.4.1　共源级的偏置

简单的共源级

我们希望为共源级组态中的晶体管建立一定的漏电流和要求的 V_{GS} 和 V_{DS}。使用晶体管的 I-V 特性,我们已确定了其尺寸,现在,我们必须把栅连接到合适的偏置电压上[图 5.43(a)]。

但我们如何确保 V_B 不与 V_{in} "打架"呢？一种解决方案是，V_{in} 通过电容耦合而 V_B 通过一个大的电阻接入，以便使 X 结点的直流电压等于 V_B 而交流电压等于 V_{in}［图 5.43(b)］。要注意的是，C_B 和 R_B 构成一个高通滤波器，为了使在感兴趣的频率范围内从 V_{in} 到 V_X 的交流增益接近 1，应当使 $1/(2\pi R_B C_B)$ 的值小于输入信号的最低频率。

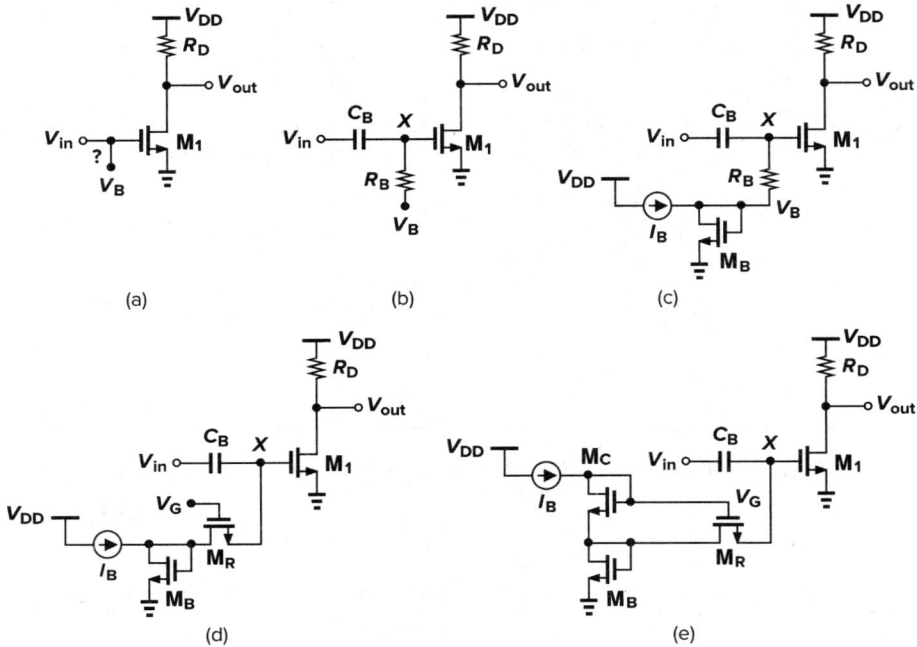

图 5.43　共源级的偏置：(a)V_B 与 V_{in} "打架"；(b)交流耦合将 V_X 的直流电平设置为 V_B；
(c)采用电流镜；(d)用 M_R 实现大电阻；(e)M_R 中 V_{GS} 的精确生成

下面我们作几点说明。(1)图 5.43(b)中的结点 X 必须具有到电压 V_B 的直流通路；如果去掉 R_B，X 点浮空，其电压无法确定[1]。(2)正如 5.1 节所述，偏置电压 V_B 不可能不变化，更准确地说，它必须由二极管连接型器件产生［图 5.43(c)］。(3)通常取 I_B 为：$I_D/10$ 到 $I_D/15$，以使偏置网络的功耗最小。(4)如果 V_{in} 包含非常低的频率，例如在音频范围，则电容和电阻要占据很大的芯片面积。(5)在信号通路上，电容会引入自己的寄生参数(见第 19 章)，使高频性能退化；即使不在乎芯片面积，这些寄生效应会限制电容的值。

在要求 $R_B C_B$ 的乘积很大的应用中，可以用一个长而窄的 MOSFET 代替 R_B，该器件偏置在深三极管区且过驱动电压要很小，以使其导通电阻最大［图 5.43(d)］。但是我们如何保证 M_R 不会因 PVT 变化而关断呢？M_R 的过驱动电压虽然很小但仍然必须精确控制，即，$V_G - V_B$ 一定要在 V_{TH} 附近。可以用二极管连接型器件来产生此电压差［图 5.43(e)］。如果 $(W/L)_C$ 很大，则 $V_{GS,C} \approx V_{TH}$，从而使 M_R 的电阻很大。应用长沟道模型，读者可以证明，在强反型区，M_R 的导通电阻值为

$$R_{on,R} = \frac{(W/L)_C}{(W/L)_R} \frac{1}{g_{m,C}} \qquad (5.58)$$

---

①　在实际中，X 结点会通过 M_1 的栅极泄漏电流放电到零电位。

我们的结论是,最大限度地增加$(W/L)_C$,同时最大限度
地减小$(W/L)_R$。在习题 5.24 中,我们将研究此电路的
亚阈值特性。

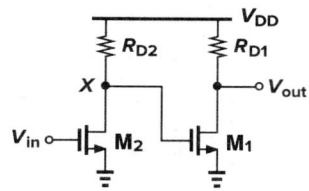

图 5.44　两级间的直接耦合

有可能去掉输入耦合电容而由前级提供偏置电压
吗? 图 5.44 给出了一个例子。图中 M_1 的偏置电压等
于 $V_{DD}-R_{D2}I_{D2}$。这里主要的困难是,M_2 的偏置条件会
影响 M_1 的偏置。例如,如果 I_{D2} 因 PVT 变化而变化,则
V_X 会变化,从而引起 I_{D1} 变化。在这种级联结构中,
PVT 变化被放大,因为它们与信号是无法区分的。然而,如果每一级的增益都很小,例如大约
为 2 或 3,两级还是可以直接耦合的。若级数较多或增益较高,特别是用电流源代替电阻做负
载时,则可能需要引入负反馈,(见第 8 章)。

采用电流源负载的共源级

现在我们把注意力放在采用电流源负载的共源级上[图 5.45(a)]。上述偏置技术很容易
应用于 M_1 和 M_2,得到如图 5.45(b)所示的电路。请注意,I_{D1} 和 I_{D2} 是分别对 I_{B1} 和 I_{B2} 的
复制。

采用电流源负载的共源级,体现了模拟设计中常常遇到的情况:两个高阻抗电流源 M_1 和
M_2 互相"打架"。也就是说,如果在图 5.46(b)中,两个复制得到的电流不完全相等,则每个晶
体管都想施加自身的电流(设想两个电流不相等的理想电流源串联时,会发生什么情况?)。例
如,如果 I_{D1} 趋向于大于$|I_{D2}|$,则 V_{out} 下降,这有可能迫使 M_1 工作于三极管区,直到 I_{D1} 变得等
于$|I_{D2}|$。为了解决这个问题,我们修改电路,结果如图 5.45(c)所示。图中,M_2 在直流时是一
个二极管连接型器件,因而它会全部地传输 M_1 施加的电流。在高频时,C_G 把 M_2 的栅短路到
地,电路的小信号增益等于

$$A_v = -g_{m1}(r_{O1} \parallel r_{O2} \parallel R_G) \tag{5.59}$$

因此,我们选择 $R_G \gg r_{O1} \parallel r_{O2}$,而且使 $1/(2\pi R_G C_G)$ 小于信号的最低频率。

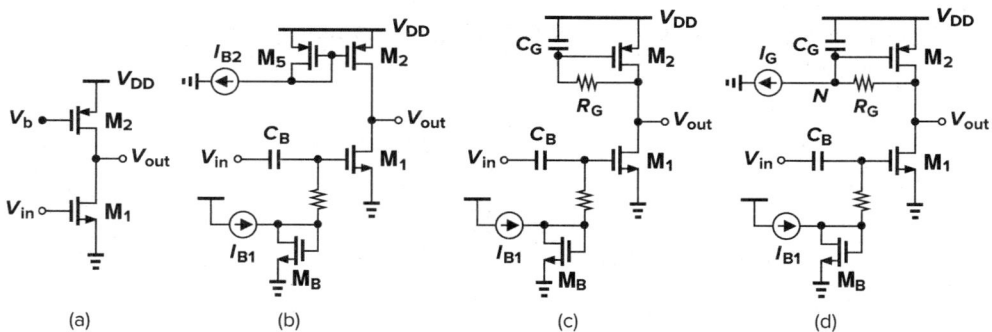

图 5.45　(a)采用电流源负载的共源级;(b)简单偏置;(c)电流源自偏置;(d)应用 I_G 来移动输出

在上述共源级中,M_2 迫使 V_{out} 的偏置值低至 $V_{DD}-|V_{GS2}|$。在图 5.45(d)中,我们可以从
R_G 抽取一个恒定的电流 I_G,使得 V_N 小到仅提供 M_2 所必需的 V_{GS},但输出的偏置值 $V_{out}=V_N$
$+I_G R_G$ 变得更高了。I_G 的值要远小于偏置电流。

例 5.14 ——

比较图 5.45(c)和(d)所示电路的最大电压摆幅。

解:在 5.45(c)中,V_{out} 从 $V_{DD} - |V_{GS2}|$ 开始,可以上升到 $V_{DD} - |V_{GS2} - V_{TH2}|$,或下降到 $V_{GS1} - V_{TH1}$。然而,如图 5.46(a)所示,由于其允许的下降幅度为 $V_{DD} - |V_{GS2}| - (V_{GS1} - V_{TH1})$,所以上升的幅度不可能达到其最大值。因此,允许的峰峰值摆幅约为 $2[V_{DD} - |V_{GS2}| - (V_{GS1} - V_{TH1})]$。

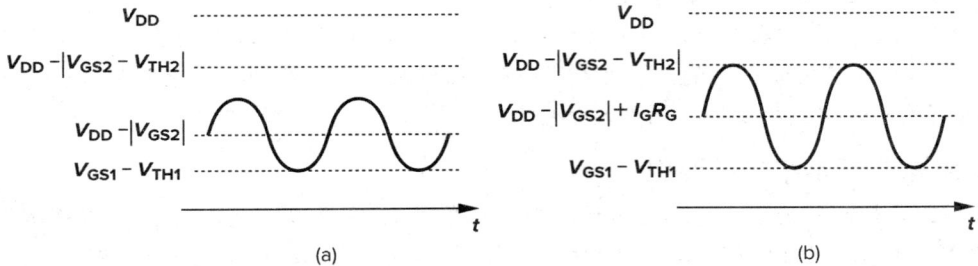

图 5.46

但是,在 5.45(d)中,我们可以通过 $I_G R_G$ 使工作点移动,以使下降摆幅和上升摆幅近似相等。根据图 5.46(b),我们得到

$$V_{DD} - |V_{GS2}| + I_G R_G - (V_{GS1} - V_{TH1}) \approx V_{DD} - |V_{GS2} - V_{TH2}| - [V_{DD} - |V_{GS2}| + I_G R_G] \qquad (5.60)$$

如果 NMOS 和 PMOS 的过驱动电压大致相等,则我们必须选择

$$I_G R_G \approx \frac{V_{DD}}{2} - |V_{GS2}| \qquad (5.61)$$

(译者注:原文此式误为 $L_G R_G \approx |V_{GS2}| - V_{DD}/2$)在这种情况下,输出峰峰值的摆幅可以达到 $2[V_{DD}/2 - (V_{GS1} - V_{TH1})]$。或者,我们可以选择 $|V_{GS2}| = V_{DD}/2$ 且不采用 I_G。如第 7 章所述,随着 M_2 过驱动电压的增加(但偏置电流不变),M_2 贡献更少的噪声,这使得图 5.45(c)所示的结构更有吸引力。

163

——

互补共源级

下面,我们考虑有源负载共源级的偏置问题[图 5.47(a)]。正如第 3 章所解释的,因为 $V_{GS1} + |V_{GS2}| = V_{DD}$,所以这种结构的性能对 PVT 变化很敏感。而且,与图 5.46(b)所示的共源级类似,M_1 和 M_2 也会相互"打架"。

首先考虑图 5.47(b),图中两个晶体管的栅和漏之间连接了一个大电阻。没有信号时,没有电流流过 R_F,$V_{out} = V_X$;每个晶体管实质上是二极管连接型器件,而且肯定工作在饱和区。因此,两个晶体管不再"打架"了:例如,如果 M_1 倾向于传输较大的漏电流,则 V_{out} 和 V_X 会下降,从而使得 $I_{D1} = |I_{D2}|$。

为了精确地确定偏置电流,我们修改电路,得到的电路如图 5.47(c)所示。图中 I_1 建立了 M_1 和 M_2 的漏电流,在感兴趣的最低信号频率 ω_{min} 处 C_1 对地短路。选择 C_1 的值要使 M_2 的负反馈可以忽略：

$$\frac{1}{C_1\omega_{\min}} \ll \frac{1}{g_{m2}}$$ (5.62)

请注意，在这种情况下，电流源 I_1 会消耗额外的电压余度。

　　由于结点 X 的偏置电压必须跟踪 V_{out}，所以输入必须采用耦合电容[图 5.47(d)]。在习题 5.25 中，我们将计算由 C_{in} 和电路其余部分所形成的高通滤波器的拐点频率。应使此频率小于 $\omega_{\min}$。当 C_{in}、R_F 和 C_1 的数值足够大时，在感兴趣的信号频率范围内，放大器的电压增益仍然由 $(g_{m1}+g_{m2})(r_{O1} \parallel r_{O2})$ 给出。

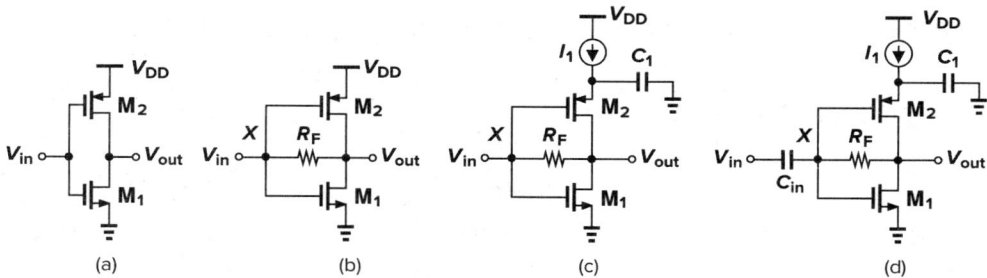

图 5.47

5.4.2　共栅级的偏置

　　在共栅极中，晶体管在源端检测输入时必须传输偏置电流。这样，源端不能直接接地，在源端和地之间要求一个能通过直流的插入元件，例如电阻、电流源或电感。图 5.48(a)给出了一个例子，图中，M_1 和 M_B 形成电流镜，I_{D1} 是 I_B 的倍数。为了正确地复制 I_B，我们必须使 $V_{GS1}=V_{GS,B}$。因此，我们选择 $(W/L)_1/(W/L)_B$ 等于 I_{D1} 和 I_B 所期望的比率(例如，在 5 到 10 的范围内)，R_B/R_S 也选择同样的比率，即 $R_B/R_S=I_{D1}/I_B$。

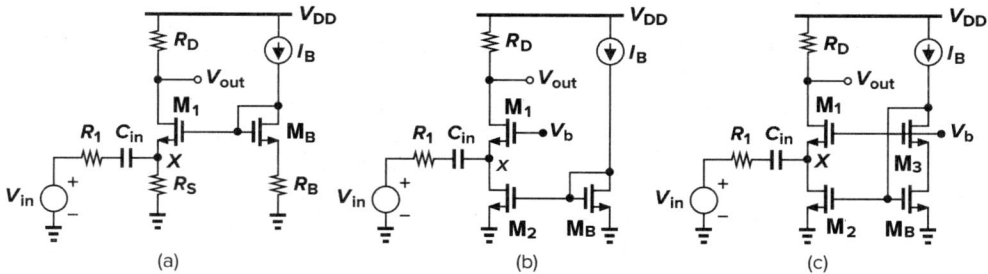

图 5.48　共栅级结构：(a)源到地的电阻通路；(b)电流源偏置；(c)低压电流镜偏置

　　图 5.48(a)所示的电路，在低电压设计中会遇到一些困难。在信号源阻抗 R_1(即前级的输出阻抗)为有限值的情况下，R_S 会使信号衰减。忽略沟道长度调制，从 V_{in} 到 V_X 的电压增益为

$$\frac{V_X}{V_{\text{in}}} = \frac{\dfrac{1}{g_{\text{m1}} + g_{\text{mb1}}} \parallel R_{\text{S}}}{\dfrac{1}{g_{\text{m1}} + g_{\text{mb1}}} \parallel R_{\text{S}} + R_1} \tag{5.63}$$

由此可见，R_{S} 要远大于 $1/(g_{\text{m1}} + g_{\text{mb1}})$ 以使衰减最小。然而，由于从 V_X 到 V_{out} 的增益等于 $(g_{\text{m1}} + g_{\text{mb1}})R_{\text{D}}$，这意味着 R_{S} 要达到，甚至超过 R_{D}。因此，R_{S} 要维持**大**的直流压降，这会限制 R_{D} 两端的直流压降，从而限制电压增益。

为了克服这一缺陷，我们用电流源代替 R_{S} [图 5.48(b)]。图中，M_2 表现出高阻抗，但不一定需要大的 V_{DS}。M_2 的漏极电流从 I_{B} 复制，由于沟道长度调制会产生一些误差，因为 $V_{\text{DS2}} < V_{\text{DS,B}}$。这个问题使人联想到在第 5.2 节中研究的共源共栅电流镜，它可以通过采用低压共源共栅拓扑结构[图 5.48(c)]来解决。偏置电压 V_{b} 也可以采用 5.2 节所述方法来产生。

5.4.3 源跟随器的偏置

如图 5.49(a)所示，源跟随器通常采用电流源偏置。如果希望消除由于沟道长度调制而导致的 I_{D2} 和 I_{B} 之间的失配，则可以在 M_{B} 的漏极串联一个电阻（见 5.2 节）。M_1 的偏置电流由 M_2 确定，该电流对自身栅极电压的依赖关系不像在共源级放大器中那样敏感，因此允许栅极直接连接到前级。若输入直流电压变化很大，则可以使用电容耦合[图 5.49(b)]。请注意，165 在 M_1 进入三极管区之前，其栅电压可以从 V_{DD} 向上摆动一个阈值。

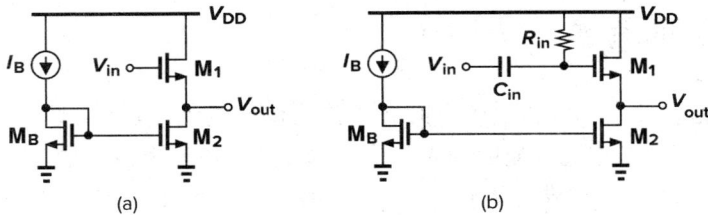

图 5.49　源跟随器的偏置：(a)电流源的偏置；(b)输入的交流耦合

例 5.15

源极跟随器用作共源级的输出缓冲器。分析两级之间有和没有电容耦合时的性能。

解：在图 5.50(a)中，M_3 漏极的最小电压为 $V_{\text{GS1}} + V_{DS2,\text{min}}$，留给 R_{D} 两端的电压降非常小。

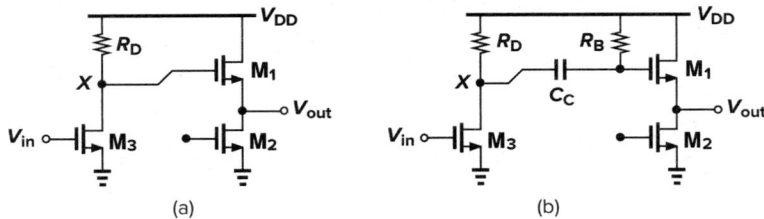

图 5.50

因此,共源级的电压增益受到严重限制。然而,在图 5.50(b)中,第一级的增益可以独立地最大化。

5.4.4　差动对的偏置

除了尾电流源之外,还必须确定差动对的栅极电压。如图 5.51(a)所示,为了使电压增益和/或输出摆幅最大,我们选择的**最低**输入共模电平等于 $V_{GS1,2}+V_{DS3,min}$。这样可以使 M_1 和 M_2 的漏极电压低至 $(V_{GS1,2}-V_{TH1,2})+V_{DS3,min}$(比地高两个过驱动电压),从而也使 R_D 的值最大。

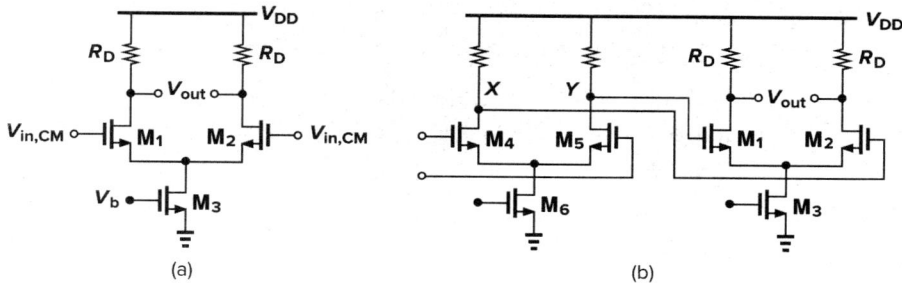

图 5.51　(a)差动对输入共模电平的选择;(b)级联的差动对

由于图 5.51(a)中 M_1 和 M_2 的偏置电流对它们的栅极电压相对不敏感,我们可以直接将它们的栅极与前一级连接[图 5.51(b)]。然而,这种方法会限制总的电压增益:如果选择 V_X 和 V_Y 的偏置比地高两个过驱动电压,以使第一级的增益最大化,那么第二级的共模电平就太低了(为什么?)。因此,在某些情况下,我们可以采用电容耦合。

166

习题

除非另外说明,下面的习题都使用表 2.1 中的器件参数,在需要 V_{DD} 时,假设 $V_{DD}=3$ V。所有器件尺寸都是有效值,单位为 μm。

5.1　在图 5.2 中,假设 $(W/L)_1=50/0.5$,$\lambda=0$,$I_{out}=0.5$ mA,且 M_1 处在饱和区。

　　(a)确定 R_2/R_1。

　　(b)计算 I_{out} 对 V_{DD} 变化的灵敏度,定义为 $\partial I_{out}/\partial V_{DD}$ 且用 I_{out} 归一化。

　　(c)如果 V_{TH} 变化了 50 mV,I_{out} 将变化多少?

　　(d)如果 μ_n 对温度的依赖性表述为 $\mu_n \propto T^{-3/2}$,但 V_{TH} 与温度无关,如果 T 从 300 °K 变化到 370 °K,I_{out} 将变化多少?

　　(e)在 V_{DD} 变化 10%,V_{TH} 变化 50 mV,T 从 300 °K 变化到 370 °K 这三种情况下,最坏情况下 I_{out} 将变化多少?

5.2　考虑图 5.7 的电路。假设 I_{REF} 是理想的,当 V_{DD} 从 0 变化到 3 V 时,画出 $I_{out} \sim V_{DD}$ 的草图。

5.3　在图 5.8 的电路中,$(W/L)_N=10/0.5$,$(W/L)_P=10/0.5$,且 $I_{REF}=100$ μA。加到 M_1 与

M₂ 栅极的输入共模电平等于 1.3 V。

(a) 假设 $\lambda=0$,计算 V_P 以及二极管接法的 PMOS 晶体管的漏极电压。

(b) 在考虑沟道长度调制效应的情况下更精确地确定 I_T 以及二极管接法的 PMOS 晶体管的漏极电流。

5.4　考虑图 5.11 的电路;当 V_{DD} 从 0 变化到 3 V 时,画出 $V_{out} \sim V_{DD}$ 的草图。

5.5　考虑图 5.12(a) 的电路,假设 $(W/L)_{1-3}=40/0.5$,$I_{REF}=0.3$ mA 且 $\gamma=0$。

(a) 确定使 $V_X=V_Y$ 时的 V_b。

(b) 如果 V_b 偏离(a)中计算的值 100 mV,I_{out} 与 I_{REF} 之间的不匹配是多少?

(c) 如果电路用共源共栅电流源作负载,使 V_P 变化 1 V 时,V_Y 将变化多少?

5.6　图 5.18(b) 的电路被设计为 $(W/L)_{0,1}=20/0.5$,$(W/L)_{2,3}=60/0.5$ 且 $I_{REF}=100$ μA。

(a) 确定 V_X 的值和 V_b 的允许范围。

(b) 如果 M₃ 漏极电压比 V_X 高 1 V,则估算 I_{out} 相对于 300 μA 偏离多少。

5.7　图 5.23(a) 的电路被设计为 $(W/L)_{1-4}=50/0.5$ 且 $I_{SS}=2I_1=0.5$ mA。

(a) 计算小信号电压增益。

(b) 如果输入共模电平是 1.3 V,确定最大输出电压摆幅。

5.8　考虑图 5.29(a) 的电路,$(W/L)_{1-5}=50/0.5$ 且 $I_{D5}=0.5$ mA。

(a) 如果 $|V_{TH3}|$ 比 $|V_{TH4}|$ 小 1 mV,计算 V_{out} 对 V_F 偏差。

(b) 确定放大器的 CMRR。

5.9　画出图 5.52 中每一个电路 V_X,V_Y 与 V_{DD} 之间函数关系的草图。假设每个电路中的晶体管都是相同的。

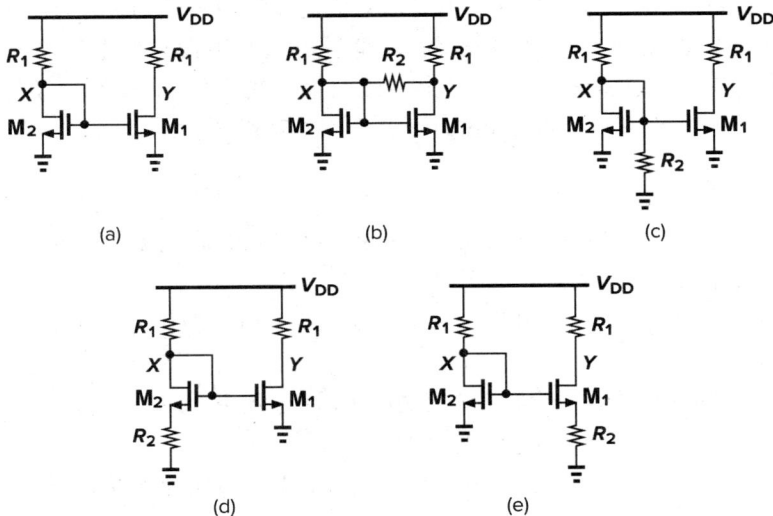

图 5.52

5.10　画出图 5.53 中每一个电路 V_X,V_Y 与 V_{DD} 之间函数关系的草图。假设每个电路中的晶体管都是相同的。

5.11　对于图 5.54 中的每一个电路,画出 $0<V_1<V_{DD}$ 时 V_X,V_Y 与 V_1 之间函数关系的草图。假设每个电路中的晶体管都是相同的。

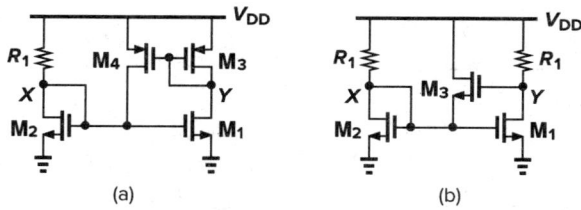

图 5.53

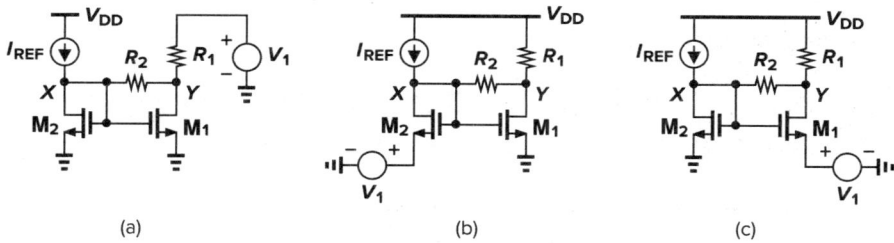

图 5.54

5.12　对于图 5.55 中的每一个电路,画出 $0<V_1<V_{DD}$ 时 V_X,V_Y 与 V_1 之间函数关系的草图。假设每个电路中的晶体管都是相同的。

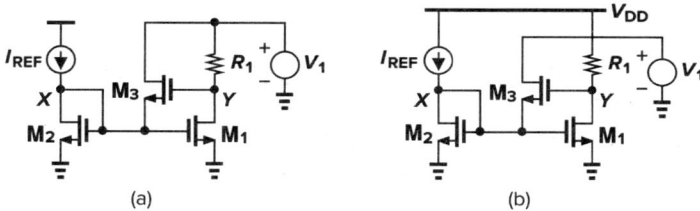

图 5.55

5.13　对于图 5.56 中的每一个电路,画出 V_X,V_Y 与 I_{REF} 之间函数关系的草图。

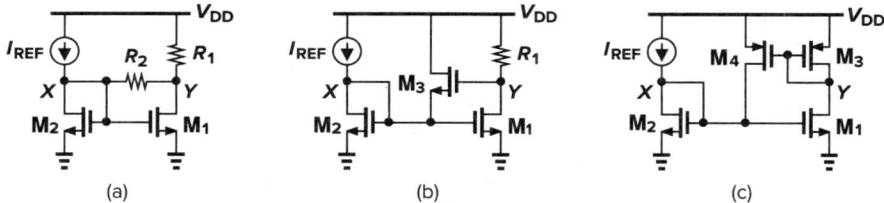

图 5.56

5.14　对于图 5.57 中的电路,画出 I_{out},V_X,V_A 及 V_B 与(a)I_{REF},(b)V_b 之间函数关系的草图。

5.15　在图 5.58 所示的电路中,一个使用宽晶体管且小偏置电流的源跟随器串接在 M_3 的栅极以偏置 M_2 于饱和区的边缘。假设 M_0-M_3 都是相同的且 $\lambda\neq0$,估算(a)$\gamma=0$,(b)$\gamma\neq0$ 两种情况下 I_{out} 与 I_{REF} 之间的不匹配。

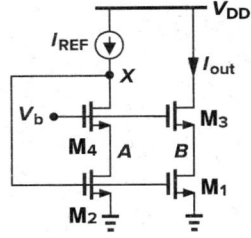
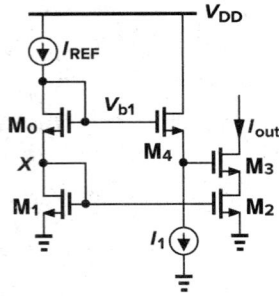

图 5.57　　　　　　　　　　　　　　　图 5.58

167
(168/
169)

5.16　画出图 5.59 中每一个电路 V_X,V_Y 与时间之间函数关系的草图。假设每个电路中的晶体管都是相同的。

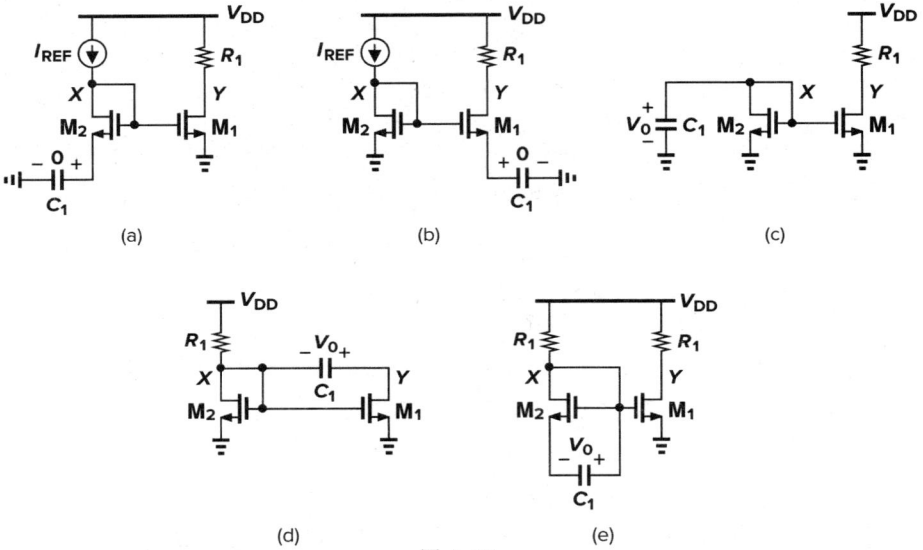

图 5.59

5.17　画出图 5.60 中每一个电路 V_X,V_Y 与时间之间函数关系的草图。假设每个电路中的晶体管都是相同的。

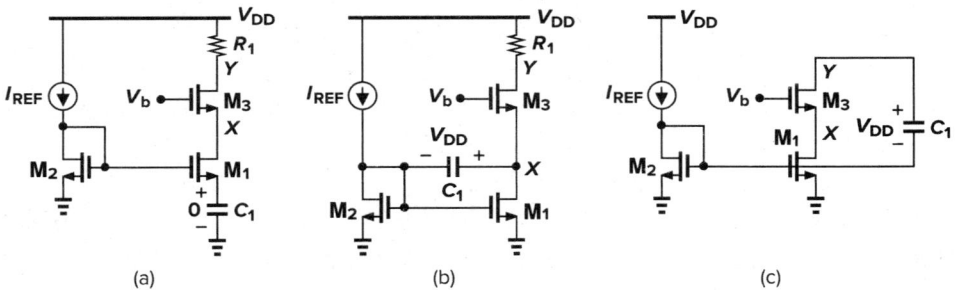

图 5.60

5.18　画出图 5.61 中每一个电路 V_X,V_Y 与时间之间函数关系的草图。假设每个电路中的晶体管都是相同的。

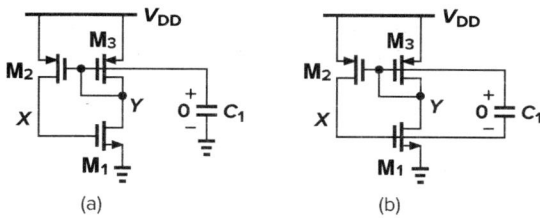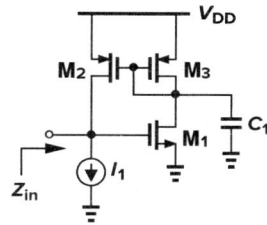

图 5.61　　　　　　　　　　　图 5.62

5.19　图 5.62 所示的电路呈现出一个负的输入电感。计算电路的输入阻抗并识别出感性器件。

5.20　由于制造缺陷,图 5.63 的电路中存在一个大的寄生电阻 R_1。计算每个电路的增益。

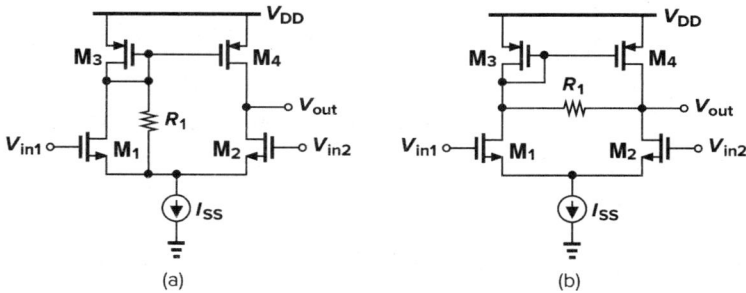

图 5.63

5.21　在像存储器这样的数字电路中,一个带有源电流镜的差动对常被用来将一个小的差动信号转换为一个大的单端的摆幅,如图 5.64 所示。在这种应用中,要求输出电平尽可能地接近电源电压。假设在一个共模电平 $V_{in,CM}$ 上加一合适的差动输入摆幅(例如 $\Delta V = 0.1$ V)且电路的增益很高,解释为什么 V_{min} 依赖于 $V_{in,CM}$。

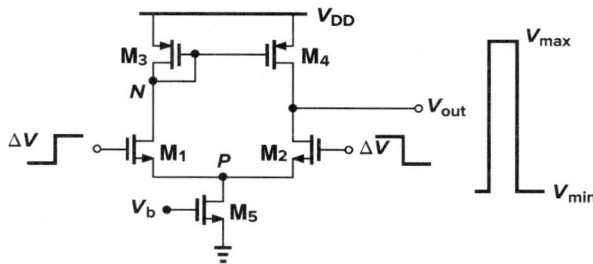

图 5.64

5.22　画出图 5.65 中每一个电路 V_X、V_Y 与时间之间函数关系的草图。C_1 上的初始电压已经示出。

5.23　在图 5.66 中,如果 ΔV 足够小,所有的晶体管仍然处在饱和区,确定时间常量以及 V_{out} 的初始值与最终值。

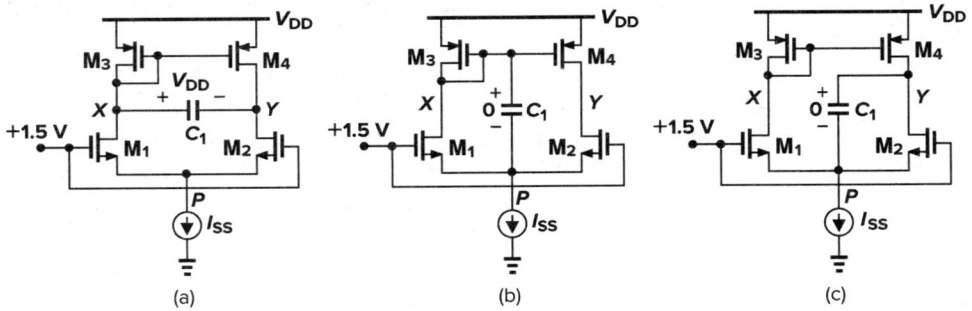

图 5.65

5.24 对于工作在亚阈值区的器件，我们得到

$$I_{\mathrm{D}} = \mu C_{\mathrm{d}} \frac{W}{L} V_{\mathrm{T}}^2 \left(\exp \frac{V_{\mathrm{GS}} - T_{\mathrm{TH}}}{V_{\mathrm{T}}} \right) \left(1 - \exp \frac{-V_{\mathrm{DS}}}{V_{\mathrm{T}}} \right) \qquad (5.64)$$

（a）若器件处在深三极管区，$V_{\mathrm{DS}} \ll V_{\mathrm{T}}$，应用 $\exp(-\varepsilon) \approx 1 - \varepsilon$，求导通电阻。

（b）若器件处在饱和区，$V_{\mathrm{DS}} \gg V_{\mathrm{T}}$，计算跨导。

（c）应用上述结果，确定图 5.43(d)中 $g_{\mathrm{m,B}}$ 和 $R_{\mathrm{on,R}}$ 之间的关系。

5.25 确定由图 5.47(d)中的 C_{in} 产生的拐点频率。为了简单起见，假设 C_1 被短路。

5.26 确定图 5.67 所示电路的电源抑制比。

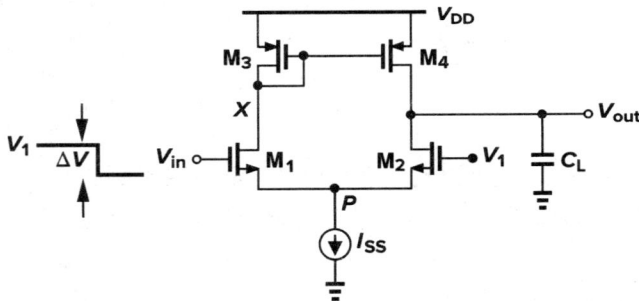

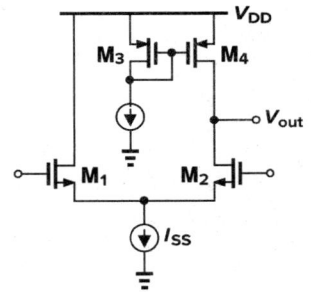

　　　　　　　　图 5.66　　　　　　　　　　　　　　　　图 5.67

第 6 章

放大器的频率特性

到现在为止,我们对各种简单放大器的分析仅集中在它们的低频特性上,忽略了器件电容和负载电容的影响。然而,在多数的模拟电路中,电路的速度与电路的许多其它性能,例如增益、功耗和噪声,是相互影响、相互制约的:可以牺牲其它性能指标来换取高的速度;也可以牺牲速度指标来换取其它性能参数的改善。因此,有必要了解每种电路的频率响应的限制。

在本章中,我们研究单级放大器和差动放大器在频域中的响应。在研究一些基本概念之后,我们首先分析共源级、共栅级和源跟随器的高频性能。接着,讨论共源共栅放大器和差动放大器的频率特性。最后,考虑有源电流镜对差动对管频率特性的影响。

6.1 概述

我们记得,MOS 器件会出现四个电容:C_{GS}、C_{GD}、C_{DB} 和 C_{SB}。因此,CMOS 电路的传输函数(传递函数)会很快地变得复杂,要求对电路进行近似处理以简化。本节中,我们引入两种近似:密勒(米勒)定理,极点与结点的关联。我们提醒读者,两端的阻抗 Z 定义为 $Z = V/I$,其中 V 和 I 表示两端的电压和流过器件的电流。例如,对一个电容,$Z = 1/(Cs)$,而且,如果用 $j\omega$ 代替 s,即假定由正弦波 $A\cos(\omega t)$ 输入,则电路的传输函数会产生频率响应。例如,$H(j\omega) = (RCj\omega + 1)^{-1}$ 会给出简单低通滤波器的幅值和相位。

本章中,我们的主要兴趣是传输函数($s = j\omega$)的幅值。图 6.1 显示的是幅值响应的例子。我们还应当注意,即使准确计算,一些传输函数也不能提供更多的深入了解。因此,我们通过

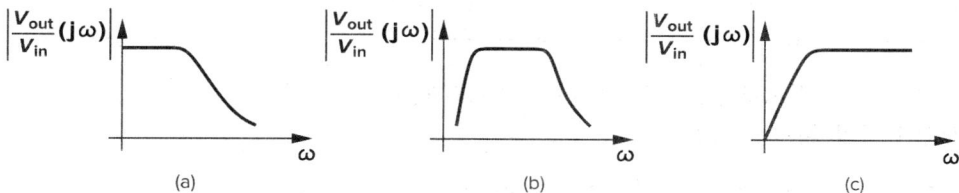

图 6.1 频率响应的示例:(a)低通;(b)带通;(c)高通

考虑极端条件来研究许多特殊的情况,例如,负载电容很大或很小。

一些基本概念将在这一章被广泛应用,值得进行简要回顾。(1)复数 $a+jb$ 的幅值是 $\sqrt{a^2+b^2}$。(2)零点和极点分别定义为传输函数中分子和分母的根。(3)根据波特近似,传输函数幅值的斜率,当 ω 通过一个零点频率时以 20 dB/dec 上升;当 ω 通过一个极点频率时以 20 dB/dec 下降。

6.1.1 密勒效应

在许多模拟电路和数字电路中存在一种重要现象,与"密勒效应"有关。它是由密勒以定理的形式所作的叙述。

密勒定理

如果图 6.2(a)的电路可以转换成图 6.2(b)的电路,则 $Z_1=Z/(1-A_v)$,$Z_2=Z/(1-A_v^{-1})$,其中 $A_V=V_Y/V_X$。

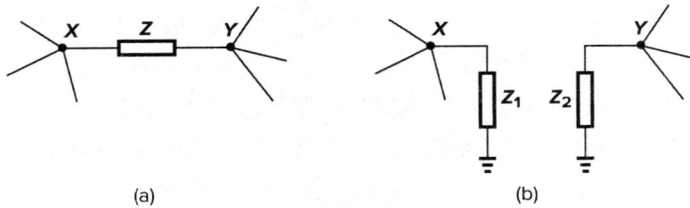

(a)   (b)

图 6.2　密勒效应在浮动阻抗中的应用

证明:通过阻抗 Z 由 X 流向 Y 的电流等于 $(V_X-V_Y)/Z$。由于这两个电路等效,必定有相等的电流流过 Z_1。于是有

$$\frac{V_X-V_Y}{Z}=\frac{V_X}{Z_1} \tag{6.1}$$

即

$$Z_1=\frac{Z}{1-\dfrac{V_Y}{V_X}} \tag{6.2}$$

类似有

$$Z_2=\frac{Z}{1-\dfrac{V_X}{V_Y}} \tag{6.3}$$

例 6.1

考虑图 6.3(a)所示的电路,其中的电压放大器的增益为 $-A$,该放大器的其它参数是理想的。请计算这个电路的输入电容。

解:运用密勒定理,把该电路转换成图 6.3(b)的电路。由于 $Z=1/(C_Fs)$,则 $Z_1=[1/(C_Fs)]/(1+A)$。因此,输入电容等于 $C_F(1+A)$。

为什么 C_F 乘以 $(1+A)$? 如图 6.3(c)所示,我们测量输入电容的方法是:假定在输入端加

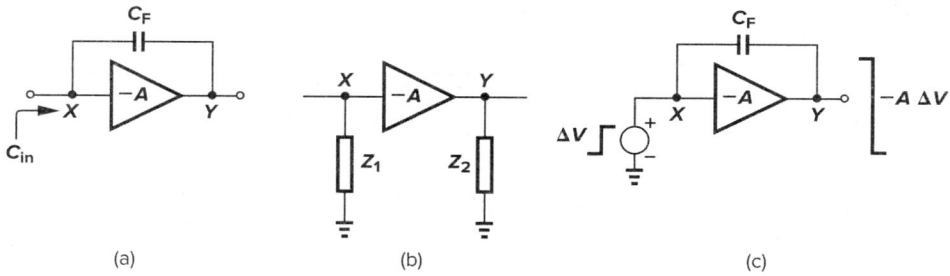

图 6.3

一个阶跃电压并计算由此电压源供给的电荷。在 X 点的阶跃电压 ΔV 将在 Y 点产生的电压变化是 $-A\Delta V$，在电容 C_F 两极板的总的变化是 $(1+A)\Delta V$。因此，C_F 从 V_{in} 抽取的电荷等于 $(1+A)C_F\Delta V$，即等效的输入电容等于 $(1+A)C_F$。

例 6.2 ──────────────────────

学生要求滤波器中具有更大的电容，并采用图 6.4(a)的密勒乘积项，请解释该方法存在的问题。

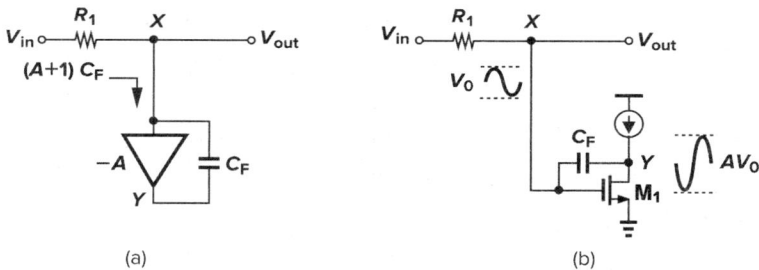

图 6.4

解：该问题涉及放大器，尤其是与放大器的输出摆幅有关。以图 6.4(b)的实现为例，如果 X 点的电压摆幅为 V_0，则在放大器线性工作时，Y 点必须提供 AV_0 的摆幅。此外，V_{in} 的直流电平必须符合放大器的输入。

──────────────────────────────────

重要的是，**如果**我们事先知道图 6.2(a)的电路能够转换成 6.2(b)的电路，式(6.2)和式(6.3)才能成立。也就是说，密勒定理并没有规定这种转换成立的条件。如果阻抗 Z 在 X 点和 Y 点之间只有一个信号通路，则这种转换往往是不成立的。对于图 6.5 所示的简单电阻分压器，由密勒定理得到的输入阻抗是对的，但增益是错误的。尽管如此，在阻抗 Z 与信号主通

175

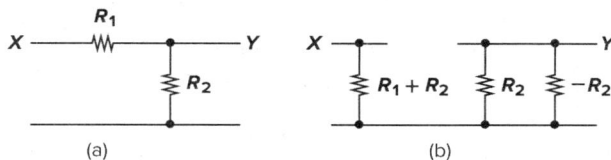

图 6.5　不适当运用密勒定理的情况

路并联的许多情况下,如图 6.6 所示,密勒定理被证明是有用的。

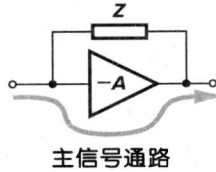

图 6.6   可以运用密勒定理的通常情况

例 6.3

计算图 6.7(a)所示的电路的输入电阻。

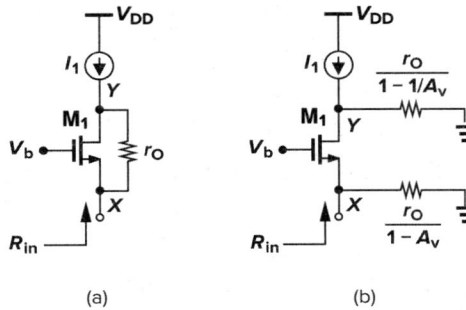

(a)   (b)

图 6.7

解:读者可以证明,从 X 点到 Y 点的电压增益等于 $1+(g_m+g_{mb})r_O$。如图 6.7(b)所示,输入电阻等于电阻 $r_O/(1-A_v)$ 和电阻 $1/(g_m+g_{mb})$ 的并联电阻。由于 A_v 通常大于 1,$r_O/(1-A_v)$ 是一个**负**电阻。因此,R_{in} 为

$$R_{in}=\frac{r_O}{1-[1+(g_m+g_{mb})r_O]}\parallel\frac{1}{g_m+g_{mb}} \tag{6.4}$$

$$=\frac{-1}{g_m+g_{mb}}\parallel\frac{1}{g_m+g_{mb}} \tag{6.5}$$

$$=\infty \tag{6.6}$$

176   这结果与第 3 章(图 3.54)中直接计算的结果是相同的。

应当指出,严格地说,式(6.2)和式(6.3)中 $A_v=V_Y/V_X$ 的值必须在所关心的频率下计算,这会使代数式变得十分复杂。要理解这一点,让我们回顾例 6.1,并假设放大器的输出电阻是有限的。图 6.8 描述的等效电路显示,高频时 $V_Y\neq-AV_X$,因此输入电容的产生不能简单地由 C_F 乘以 $(1+A)$。然而,在许多情况下,我们采用低频的 A_v 值便能深入了解电路的特性。我们把这种方法称为"密勒近似"。

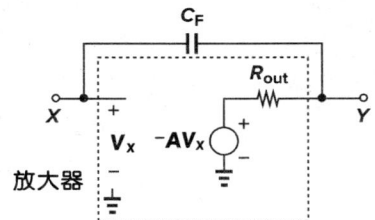

图 6.8   表示高频时增益变化的等效电路

例 6.4 ——

采用以下方法确定图 6.9(a)电路的传输函数:(a)直接分析;(b)密勒近似。

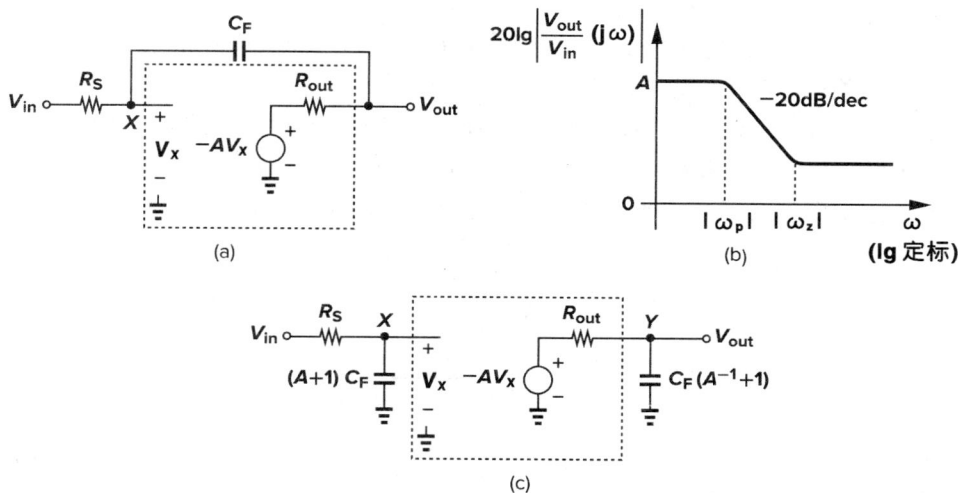

图 6.9

解:(a)我们注意到,通过 R_S 的电流为$(V_{in}-V_X)/R_S$,R_{out} 两端产生的压降等于$(V_{in}-V_X)$$R_{out}/R_S$,由此得出

$$\frac{V_{in}-V_X}{R_S}R_{out}-AV_X = V_{out} \tag{6.7}$$

我们还认为,流过 R_S 和 C_F 的电流是相等的:

$$\frac{V_{in}-V_X}{R_S} = (V_X-V_{out})C_F s \tag{6.8}$$

读者可以从第一个等式得到 V_X,将其代入第二个等式中,得到

$$\frac{V_{out}}{V_{in}}(s) = \frac{R_{out}C_F s - A}{[(A+1)R_S+R_{out}]C_F s + 1} \tag{6.9}$$

因此,电路在 $\omega_Z = A/(R_{out}C_F)$ 处出现一个零点,在 $\omega_p = -1/[(A+1)R_S C_F + R_{out}C_F]$ 处出现一个极点。图 6.9(b)画出了$|\omega_p|<|\omega_z|$情况下的响应。

(b)运用密勒近似,将 C_F 分解成输入端的$(1+A)C_F$ 和输出端的 $C_F(1+A^{-1})$[参见图 6.9(c)],由于 $V_{out}/V_{in}=(V_X/V_{in})(V_{out}/V_X)$,我们考虑到 R_S 与$(1+A)C_F$ 是电压分压器,先写出

$$\frac{V_X}{V_{in}} = \frac{\dfrac{1}{(1+A)C_F s}}{\dfrac{1}{(1+A)C_F s}+R_S} \tag{6.10}$$

$$= \frac{1}{(1+A)R_S C_F s + 1} \tag{6.11}$$

至于 V_{out}/V_X,我们先使 V_X 放大到 $-A$ 倍,然后将该结果置于输出的分压器中:

$$\frac{V_{out}}{V_X} = \frac{-A}{(1+A^{-1})C_F R_{out} s + 1} \tag{6.12}$$

以上两式相乘,得到

$$\frac{V_{\text{out}}}{V_{\text{in}}}(s) = \frac{-A}{[(1+A)R_S C_F s + 1](1+A^{-1})C_F r_{\text{out}} s + 1)} \qquad (6.13)$$

不幸的是,密勒近似消除了电路中的零点,并预计了两个极点。密勒近似尽管有这些缺点,仍能在许多情况下给出直观的结果。[①]

如果用密勒定理来获得输入-输出的传输函数,则不能同时用该定理来计算输出阻抗。要导出传输函数,可以在电路**输入**端加一个电压源,得到如图 6.2(a)所示的 V_Y/V_X 的值。另一方面,为确定输出阻抗,也可以在**输出**端加一个电压源,得到一个 V_X/V_Y 的值,但这个值不一定等于第一次得到的 V_Y/V_X 值的倒数。例如,图 6.7(b)提供的输出阻抗等于

$$R_{\text{out}} = \frac{r_O}{1 - 1/A_v} \qquad (6.14)$$

$$= \frac{r_O}{1 - [1 + (g_m + g_{mb})r_O]^{-1}} \qquad (6.15)$$

$$= \frac{1}{g_m + g_{mb}} + r_O \qquad (6.16)$$

然而,实际数值等于 r_O(如果 X 接地)。密勒定理的其他细微的、难以理解的内容将在附录中叙述。

总之,密勒近似通过低频增益对一个浮动阻抗进行了分离,并面临以下限制:(1)它可能会消除零点;(2)它可能会预测出额外的极点;(3)它不能正确地计算**输出**阻抗。

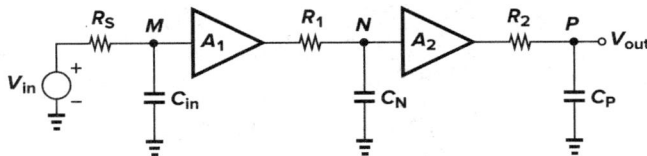

图 6.10　放大器的级联

6.1.2　极点与结点的关联

考虑几个放大器的简单级联电路,如图 6.10 所示。图中,A_1 和 A_2 是理想的电压放大器;R_1 和 R_2 模拟每级的输出电阻;C_{in} 和 C_N 表示每级的输入电容;C_P 表示负载电容。该电路的总的传输函数可以写成

$$\frac{V_{\text{out}}}{V_{\text{in}}}(s) = \frac{A_1}{1 + R_S C_{\text{in}} s} \frac{A_2}{1 + R_1 C_N s} \frac{1}{1 + R_2 C_P s} \qquad (6.17)$$

这电路有三个极点。每个极点值的确定都是由相应一个结点到地"看到的"总电容乘以从这个结点到地"看到的"总电阻。因此,我们可以把每一个极点和电路的一个结点联系起来,即

[①]　如果我们将 C_F 乘以[$1+A(s)$],其中,$A(s)$ 是从 V_X 到 V_{out} 的实际传输函数,则这两个假象均可避免。但是,代数式像(a)一样,很长。

$\omega_j = \tau_j^{-1}$，τ_j 是从结点 j 到地"看到的"的电容和电阻的乘积。从这个观点看，我们可以说"电路中的每一个结点对传输函数贡献一个极点。"

以上叙述通常是不成立的。例如，在图 6.11 所示的电路中，这些极点是很难计算的，因为 R_3 和 C_3 在 X 点和 Y 点之间产生相互作用。尽管如此，在许多电路中，一个极点和相应结点的这种联系为估算传输函数提供了一种直观的方法。也就是说，仅仅把总的等效电容与总的等效电阻（均指的是从结点到地"看到的"值）相乘，就得到了时间常数，也就得到了一个极点的频率。

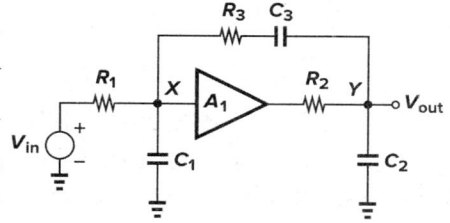

图 6.11　结点之间相互作用的例子

例 6.5

如果忽略沟道长度调制效应，请计算图 6.12(a) 所表示的共栅级电路的传输函数。

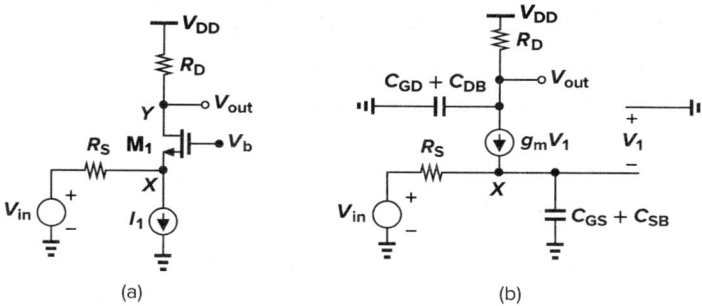

图 6.12　计入寄生电容的共栅级电路

解：图中由器件 M_1 贡献的几个电容都是一端接地，另一端接输入和输出结点 [图 6.12(b)]。在结点 X，$C_S = C_{GS} + C_{SB}$，提供一个极点频率为

$$\omega_{in} = \left[(C_{GS} + C_{SB}) \left(R_S \parallel \frac{1}{g_{m1} + g_{mb1}} \right) \right]^{-1} \tag{6.18}$$

同样地，在结点 Y，$C_D = C_{DG} + C_{DB}$，产生的一个极点频率是

$$\omega_{out} = \left[(C_{DG} + C_{DB}) R_D \right]^{-1} \tag{6.19}$$

因此，总的传输函数为

$$\frac{V_{out}(s)}{V_{in}(s)} = \frac{(g_m + g_{mb}) R_D}{1 + (g_m + g_{mb}) R_S} \frac{1}{(1 + \frac{s}{\omega_{in}})(1 + \frac{s}{\omega_{out}})} \tag{6.20}$$

上等式右边的第一项表示电路的低频增益。请注意，如果不忽略 r_{O1}，这输入结点和输出结点存在相互作用，极点的计算将变得十分困难。

正如例 6.4 中所看到的，密勒近似把浮动阻抗转换成两个接地的阻抗，允许我们把一个极点与一个结点进行关联。本章我们将该技术运用到各种放大器结构中，但要谨慎并回顾，以避免它的陷阱。MOS 晶体管的 f_T 大约等于 $g_m/(2\pi C_{GS})$，当今的技术条件，它可超过 300 GHz。（然而，由于 $f_T \propto V_{GS} - V_{TH}$，当使器件工作在低电压时，我们倾向于减小 f_T）。记住这些，也是很重要的。

6.2　共源级

共源级结构在提供电压增益并要求最小的电压余度的同时呈现较高的输入阻抗。因此,共源级电路在模拟电路中得到了广泛应用,它的频率特性也十分重要。

图 6.13 所表示的是由有限源电阻 R_S[①] 所驱动的共源级电路。在识别电路中的所有电容时,应当注意,C_{GS} 和 C_{DB} 是"接地"电容,而 C_{GD} 则出现在输入和输出之间。

密勒近似

假定:$\lambda = 0$,M_1 工作在饱和区。我们首先通过某个极点与对应结点相关联的方法估算传输函数。从 X 点到地"看到的"总电容等于 C_{GS} 加上 C_{GD} 的密勒乘积项:$C_{GS} + (1 - A_v)C_{GD}$,其中 $A_v = -g_m R_D$。因此,输入极点的值为

$$\omega_{in} = \frac{1}{R_S[C_{GS} + (1 + g_m R_D)C_{GD}]} \tag{6.21}$$

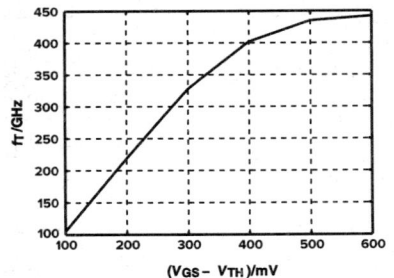
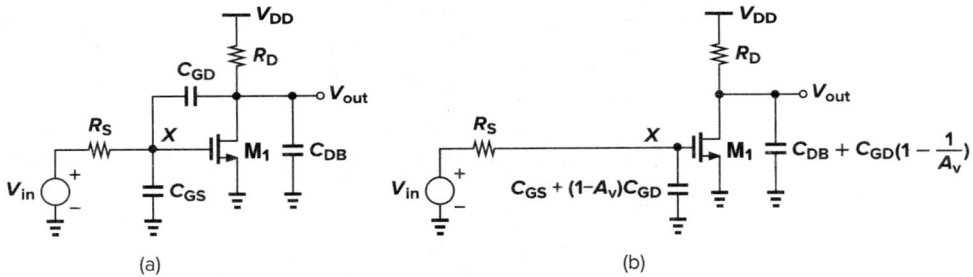

图 6.13　(a)共源级的高频模型;(b)采用密勒近似的简化电路

在输出点,从这点到地"看到的"总电容等于 C_{DB} 加上 C_{GD} 的密勒效应产生的电容:$C_{DB} + (1 - A_v^{-1})C_{GD} \approx C_{DB} + C_{GD}$。

因此,ω_{out} 为

$$\omega_{out} = \frac{1}{R_D(C_{DB} + C_{GD})} \tag{6.22}$$

如果 R_S 相对较大,则可以得到输出级极点的另一种近似表达。这种情况下,电路可以简化成图 6.14 的模型。在图 6.14 中,忽略了 R_S 的影响。读者可以证明

$$Z_X = \frac{1}{C_{eq}s} \parallel \left(\frac{C_{GD} + C_{GS}}{C_{GD}} \frac{1}{g_{m1}} \right) \tag{6.23}$$

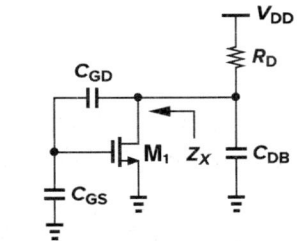

图 6.14　计算输出阻抗的模型

---

① 注意,R_S 并不是故意添加到电路中的,它是模拟前一级的输出电阻。

其中，$C_{eq} = C_{GD}C_{GS}/(C_{GD} + C_{GS})$。于是，输出极点近似等于

$$\omega_{out} = \frac{1}{\left[R_D \left\| \left(\frac{C_{GD} + C_{GS}}{C_{GD}} \frac{1}{g_{m1}} \right) \right] (C_{eq} + C_{DB})} \tag{6.24}$$

我们应该指出，以上等式中 ω_{in} 和 ω_{out} 的符号是正的，因为我们最终写传输函数分母的形式是 $(1 + s/\omega_{in})(1 + s/\omega_{out})$，即，分母在 $s = -\omega_{in}$ 和 $s = -\omega_{out}$ 时等于零。或者，我们可以用负号表达 ω_{in} 和 ω_{out} 的值，因此分母写为 $(1 - s/\omega_{in})(1 - s/\omega_{out})$。本书中，我们采用前者的符号。因此，我们可以推断，传输函数为

$$\frac{V_{out}}{V_{in}}(s) = \frac{-g_m R_D}{(1 + \frac{s}{\omega_{in}})(1 + \frac{s}{\omega_{out}})} \tag{6.25}$$

注意，这里能很容易地包括 r_{O1} 和任一个负载电容。

这种估算的主要误差是没有考虑电路零点的存在。另一个误差来源于用 $-g_m R_D$ 近似放大器的增益。实际上，由于输出结点的电容等原因，放大器的增益是会随频率而变化的。

直接分析

在研究了上述方法的可行性之后，我们现在可以获得精确的传输函数。利用图 6.15 所示

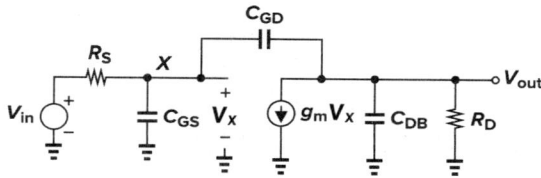

图 6.15　图 6.13 的等效电路

的等效电路，我们对每个结点上的各路电流求和如下：

$$\frac{V_X - V_{in}}{R_S} + V_X C_{GS} s + (V_X - V_{out}) C_{GD} s = 0 \tag{6.26}$$

$$(V_{out} - V_X) C_{GD} s + g_m V_X + V_{out} (\frac{1}{R_D} + C_{DB} s) = 0 \tag{6.27}$$

从式(6.27)，可得 V_X 为

$$V_X = -\frac{V_{out} \left(C_{GD} s + \frac{1}{R_D} + C_{DB} s \right)}{g_m - C_{GD} s} \tag{6.28}$$

上式代入式(6.26)后，得到

$$-V_{out} \frac{[R_S^{-1} + (C_{GS} + C_{GD})s][R_D^{-1} + (C_{GD} + C_{DB})s]}{g_m - C_{GD} s} - V_{out} C_{GD} s = \frac{V_{in}}{R_S} \tag{6.29}$$

也就是

$$\frac{V_{out}}{V_{in}}(s) = \frac{(C_{GD} s - g_m) R_D}{R_S R_D \xi s^2 + [R_S(1 + g_m R_D)C_{GD} + R_S C_{GS} + R_D(C_{GD} + C_{DB})]s + 1} \tag{6.30}$$

其中，$\xi = C_{GS}C_{GD} + C_{GS}C_{DB} + C_{GD}C_{DB}$。值得注意的是，尽管这个电路包含了三个电容器，但是其传输函数是二阶的。这是因为这些电容器形成一个环路，在电路中只允许两个独立的初始条件，因此产生了对时间的二阶微分方程。

例 6.6 ——

在图 6.13(a)中,有学生只考虑 C_{GD},以获得一个极点的响应,由电压增益在极点频率下降 3 分贝(降到 $1/\sqrt{2}$)的分析,得出结论:密勒效应更好的近似应该将 C_{GD} 乘以 $(1+g_m R_D/\sqrt{2})$(译者注:原文此处误为 $1+g_m R_D\sqrt{2}$)。解释这种推理中的缺陷。

解: 将 C_{GS} 和 C_{DB} 设为 0,我们得到

$$\frac{V_{out}}{V_{in}}(s) = \frac{(C_{GD}s - g_m)R_D}{\dfrac{s}{\omega_0} + 1} \tag{6.31}$$

其中,$\omega_0^{-1} = R_S(1+g_m R_D)C_{GD} + R_D C_{GD}$。我们注意到,精确分析时 C_{GD} 应该乘以 $(1+g_m R_D)$。那么,该学生论点中的缺陷在哪里?图 6.13(a)中的电压增益在 ω_0 下降到 $1/\sqrt{2}$,这是正确的。但这是从 V_{in} 到 V_{out} 的增益,而不是从 C_{GD} 看到的增益。读者可以很容易地得到从结点 X 到 V_{out} 传输函数表示为

$$\frac{V_{out}}{V_X}(s) = \frac{(C_{GD}s - g_m)R_D}{sR_D C_{GD} + 1} \tag{6.32}$$

我们注意到,这增益在**更高**的频率,即 $1/(R_D C_{GD})$,才开始滚降。所以,C_{GD} 与 $(1+g_m R_D)$ 的乘积仍然是正确的。

———

特殊情况

对式(6.30)作适当处理,便能揭示电路的一些特性。尽管分母相当复杂,如果对电路的两个极点(ω_{p1} 和 ω_{p2}),我们假定 $|\omega_{p1}| \ll |\omega_{p2}|$,那么,这等式对于这两个极点能得到直观的表达。这种方法称为主极点近似。把分母写成

$$D = \left(\frac{s}{\omega_{p1}} + 1\right)\left(\frac{s}{\omega_{p2}} + 1\right) \tag{6.33}$$

$$= \frac{s^2}{\omega_{p1}\omega_{p2}} + \left(\frac{1}{\omega_{p1}} + \frac{1}{\omega_{p2}}\right)s + 1 \tag{6.34}$$

如果 ω_{p2} 比 ω_{p1} 离原点远得多,从上式可以看出,s 的系数近似等于 $1/\omega_{p1}$。从式(6.30)可以得到主极点为

$$\omega_{p1} = \frac{1}{R_S(1+g_m R_D)C_{GD} + R_S C_{GS} + R_D(C_{GD} + C_{DB})} \tag{6.35}$$

把这结果与式(6.21)中的输入极点进行比较,我们发现,它们的唯一区别在于 $R_D(C_{GD} + C_{DB})$ 项,在一些情况下,这一项可以忽略。这里的关键在于,与输入结点关联的极点的直观方法可以粗略计算极点,而且十分省力。我们还注意到,用放大器的低频增益计算 C_{GD} 的密勒乘积项,在这种情况下是相当精确的。当然,对给定的一组数值我们必须检查,以确保 $\omega_{p1} \ll \omega_{p2}$。

其他的特殊情况也是值得关注的。下面,我们考虑习题 6.26 中 $C_{GD}=0$ 的情况和 $R_D=\infty$ 的情况。

例 6.7 ——

对图 6.16(a)所示的电路,请计算当 $\lambda=0$ 时的传输函数,并解释当 C_{DB}(或负载电容)增加时,为什么密勒效应逐渐消失。

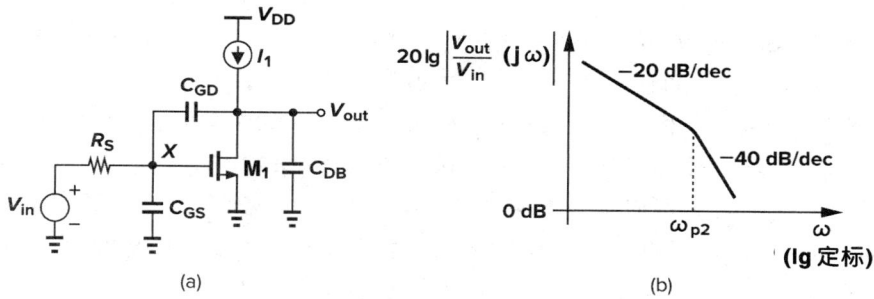

图 6.16

解：运用式(6.30)并令 R_D 趋于无穷大，便得到

$$\frac{V_{out}}{V_{in}}(s) = \frac{C_{GD}s - g_m}{R_S\xi s^2 + [g_m R_S C_{GD} + (C_{GD} + C_{DB})]s} \tag{6.36}$$

$$= \frac{C_{GD}s - g_m}{s[R_S(C_{GS}C_{GD} + C_{GS}C_{DB} + C_{GD}C_{DB})s + (g_m R_S + 1)C_{GD} + C_{DB}]}$$

正如所料，电路有两个极点。其中一个为原点，因为直流增益为无限大[见图 6.16(b)]。另一个极点的值为

$$\omega_2 \approx \frac{(1 + g_m R_S)C_{GD} + C_{DB}}{R_S(C_{GD}C_{GS} + C_{GS}C_{DB} + C_{GD}C_{DB})} \tag{6.37}$$

对于 C_{DB} 或负载电容的值很大的情况，上式简化为

$$\omega_2 \approx \frac{1}{R_S(C_{GS} + C_{GD})} \tag{6.38}$$

上式表明，C_{GD} 没有密勒乘积项。此结果可以作如下解释：由于 C_{DB} 的值很大，即使在低频，从 X 点到输出端的电压增益也开始下降。结果，当频率接近 $[R_S(C_{GS} + C_{GD})]^{-1}$ 时，这个有效增益相当小，使 $C_{GD}(1-A_v) \approx C_{GD}$。这种情况是不能采用低频增益来计算密勒效应的乘积项的一个例子。

由式(6.30)并运用主极点近似，还可以计算图 6.13(a)所示的共源极的第二个极点。因 s^2 的系数等于 $(\omega_{p1}\omega_{p2})^{-1}$，第二个极点为

$$\omega_{p2} = \frac{1}{\omega_{p1}} \cdot \frac{1}{R_S R_D(C_{GS}C_{GD} + C_{GS}C_{DB} + C_{GD}C_{DB})} \tag{6.39}$$

$$= \frac{R_S(1 + g_m R_D)C_{GD} + R_S C_{GS} + R_D(C_{GD} + C_{DB})}{R_S R_D(C_{GS}C_{GD} + C_{GS}C_{DB} + C_{GD}C_{DB})} \tag{6.40}$$

我们强调，这些结果只有当 $\omega_{p1} \ll \omega_{p2}$ 时才成立。

作为一种特殊情况，如果 $C_{GS} \gg (1 + g_m R_D)C_{GD} + R_D(C_{GD} + C_{DB})/R_S$，则

$$\omega_{p2} \approx \frac{R_S C_{GS}}{R_S R_D(C_{GS}C_{GD} + C_{GS}C_{DB})} \tag{6.41}$$

$$= \frac{1}{R_D(C_{GD} + C_{DB})} \tag{6.42}$$

这结果与式(6.22)相同。因此，只要 C_{GS} 在频率特性中占优势，"输出"极点方法是有效的。

式（6.30）的传输函数显示出一个零点为 $\omega_z = +g_m/C_{GD}$，通过密勒近似和（6.25）式不能预计这个零点的影响。该零点是输入和输出通过 C_{GD} 直接耦合产生的，位于"右"半平面。如图 6.17 所示，C_{GD} 提供一个前馈通路，传导高频输入信号到输出端，结果在频率特性中出现比 -40 dB/dec 更偏向正值的斜率。注意，由于 $C_{GD} < C_{GS}$，$g_m/C_{GD} > g_m/C_{GS}$，这意味着，零点的频率高于晶体管的 f_T。然而，正如第 10 章中所解释的，当我们在栅与漏之间故意添加一个电容时，该零点会下降到较低的频率，结果导致了其他的困难。

零点 s_z 也可以这样计算：当 $s = s_z$ 时，传输函数 $V_{out}(s)/V_{in}(s)$ 必须下降至零。对于限定的 V_{in}，这意味着 $V_{out}(s_z) = 0$，即在这个频率（可能是复数），输出能对地短路，如图 6.18 所示，通过这短路的电流为 0。因此，流过 C_{GD} 和 M_1 的两路电流，必须大小相等而方向相反：

纳米设计注意 6.2

第 2 章中的高频 MOS 模型不包含漏源电容。但在现实中，源区和漏区中接触金属的堆叠形成的两个"立柱"，产生了源极与漏极之间的电容。现代 CMOS 技术中，这种影响更为突出，因为沟道长度越短，立柱之间的间距就越小。而且，堆叠接触的能力越强，立柱就越高。鼓励读者分析包含 C_{DS} 时的 C_G。

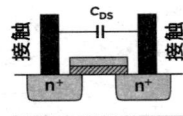

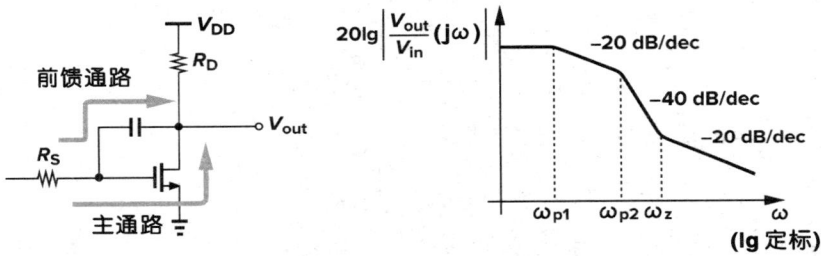

图 6.17 通过 C_{GD} 的前馈通路（lg-lg 定标）

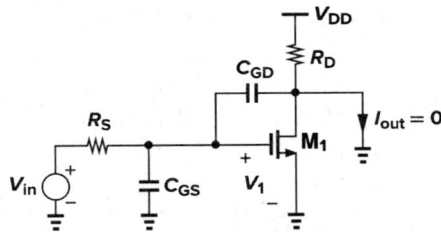

图 6.18 共源级电路中零点的计算

$$V_1 C_{GD} s_z = g_m V_1 \tag{6.43}$$

也就是说，$s_z = +g_m/C_{GD}$[①]。

例 6.8

我们已经看到，在某个频率下，信号通过放大器内的两条路径可以互相抵消，在传输函数

---

① 这种方法类似于把传输函数表示为 $G_m Z_{out}$，并求 G_m 和 Z_{out} 的零点。

(图 6.19)中建立一个零点。如果 $H_1(s)$ 和 $H_2(s)$ 均为一阶低通电路的传输函数,这种情况会发生吗?

解:如果以 $A_1/(1+s/\omega_{p1})$ 模拟 $H_1(s)$,以 $A_2/(1+s/\omega_{p2})$ 模拟 $H_2(s)$,我们得到

$$\frac{V_{out}}{V_{in}}(s) = \frac{\left(\dfrac{A_1}{\omega_{p2}} + \dfrac{A_2}{\omega_{p1}}\right)s + A_1 + A_2}{\left(1 + \dfrac{s}{\omega_{p1}}\right)\left(1 + \dfrac{s}{\omega_{p2}}\right)} \qquad (6.44)$$

的确,整个传输函数包含一个零点。

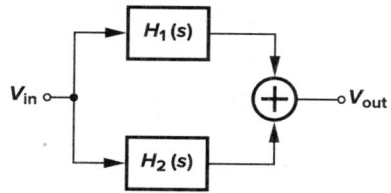

图 6.19

例 6.9

确定图 6.20(a)所示的互补共源级的传递函数。

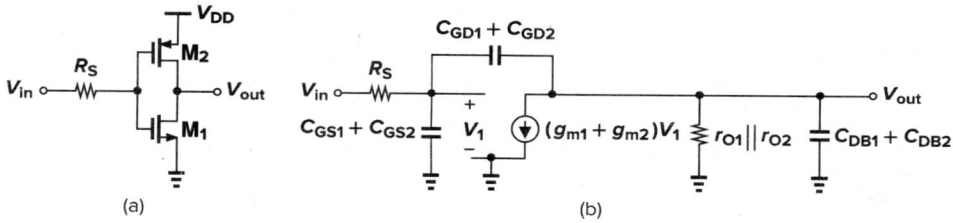

图 6.20

解:小信号模型中,由于 M_1 和 M_2 相应的端子相互连接,我们合并两个晶体管,画出如图 6.20(b)所示的等效电路。因此,该电路与上述研究的简单共源级一样,具有相同的传输函数。

在高速应用中,共源级的输入阻抗也十分重要。作为一级近似,从图 6.21(a)可以得到

$$Z_{in} = \frac{1}{[C_{GS} + (1 + g_m R_D)C_{GD}]s} \qquad (6.45)$$

但在高频的情况下,必须考虑输出结点的影响。暂时忽略 C_{GS},采用图 6.21(b)的电路,可以得到 V_X 的表达式为

$$(I_X - g_m V_X)\frac{R_D}{1 + R_D C_{DB}s} + \frac{I_X}{C_{GD}s} = V_X \qquad (6.46)$$

因此,得到的输入阻抗为

$$\frac{V_X}{I_X} = \frac{1 + R_D(C_{GD} + C_{DB})s}{C_{GD}s(1 + g_m R_D + R_D C_{DB}s)} \qquad (6.47)$$

实际的输入阻抗应该是上式与 $1/(C_{GS}s)$ 的并联。

作为一种特殊情况,在某些关注的频率下,如果 $|R_D(C_{GD} + C_{DB})s| \ll 1$,而且 $|R_D C_{DB}s| \ll 1 + g_m R_D$,则式(6.47)简化为 $[(1 + g_m R_D)C_{GD}s]^{-1}$(正如所期望的)。这表明输入阻抗主要是容性的。然而,在更高的频率下,式(6.47)既包含实数部分也包含虚数部分。事实上,如果 C_{GD} 很大,则在 M_1 的栅和漏之间提供一个低阻抗通路,产生的等效电路如图 6.21(c)所示,这表明 $1/g_m$ 和 R_D 均与输入并联。

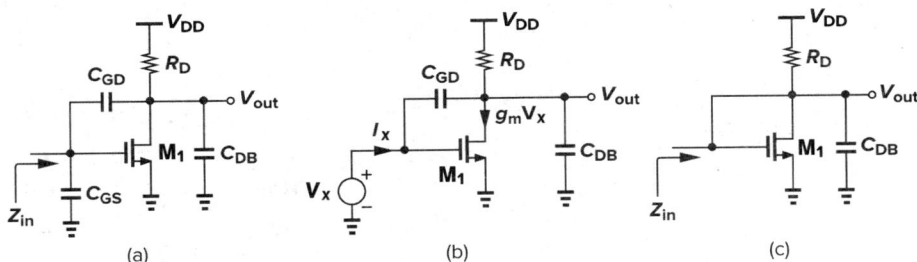

图 6.21　共源级输入阻抗的计算

例 6.10 ——

如果电路驱动一个大的负载电容,解释式(6.47)会发生什么变化?

解: 此大的负载电容加上 C_{DB},使式(6.47)中的分子减小为 $R_D C_{DB} s$,分母变为 $C_{GD} s (R_D C_{DB} s)$;从而得出 $V_X / I_X \approx 1/(C_{GD} s)$。以与例 6.7 相似的方式,此大的负载电容将使高频时的增益降低,并会抑制 C_{GD} 的密勒乘积项的倍数。

187

6.3　源跟随器

源跟随器有时用作电平移位器和缓冲器,结果会影响整个频率特性。考虑图 6.22(a)中的电路,其中 C_L 代表输出结点对地的总电容,也包括了 C_{SB1}。图中的 X 点和 Y 点通过 C_{GS} 有很强的相互作用,这使得在源跟随器中很难把一个极点和相应的结点进行关联。为简化,忽略沟道长度调制和体效应,利用 6.22(b)的等效电路,对输出结点的各电流相加得到

$$V_1 C_{GS} s + g_m V_1 = V_{out} C_L s \qquad (6.48)$$

由此得

$$V_1 = \frac{C_L s}{g_m + C_{GS} s} V_{out} \qquad (6.49)$$

而且注意到,C_{GD} 两端的电压等于 $V_1 + V_{out}$,从 V_{in} 开始,把 R_S 两端的电压添加到 V_1 和 V_{out} 中,得到

$$V_{in} = R_S [V_1 C_{GS} s + (V_1 + V_{out}) C_{GD} s] + V_1 + V_{out} \qquad (6.50)$$

把式(6.49)中的 V_1 代入上式,得到

$$\frac{V_{out}}{V_{in}}(s) = \frac{g_m + C_{GS} s}{R_S (C_{GS} C_L + C_{GS} C_{GD} + C_{GD} C_L) S^2 + (g_m R_S C_{GD} + C_L + C_{GS}) s + g_m} \qquad (6.51)$$

> **纳米设计注意 6.3**
>
> 特征频率 f_T 在表征 MOF-ET 的固有特性时,通常会高估电路的工作速度。更多采用的"电路中心"(circuit-centric)法是以相同的 CS 级加载的简单 CS 放大器的增益带宽积。下图是这种放大器的频率响应,表明增益带宽积约为 34 GHz(译者注:该值与单位增益带宽不相等),该电路的参数是:$W/L = 5 \ \mu m / 40 \ nm$,$R_D = 5 \ k\Omega$,偏置电流为 130 μA。
>
>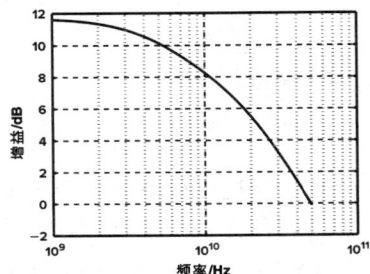

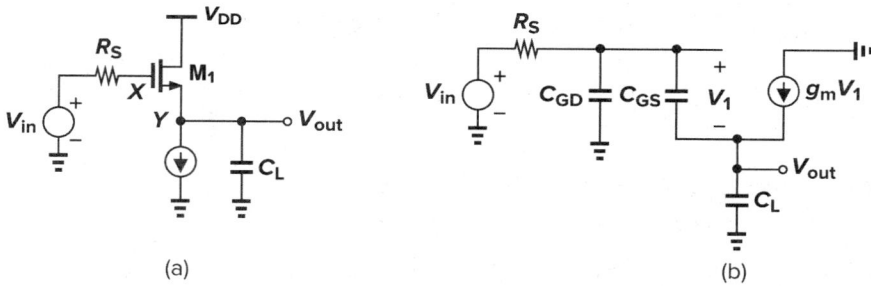

图 6.22　(a)源跟随器；(b)高频等效电路

　　有趣的是，这个传输函数包含一个零点，位于**左**半平面（并接近 f_T）。这是因为，在高频时，由 C_{GS} 传导的信号与本征晶体管产生的信号以相同的极性相加。

例 6.11

　　如果 $C_L = 0$，分析源跟随器的传输函数。

解：我们有以下关系式：

$$\frac{V_{out}}{V_{in}} = \frac{g_m + C_{GS}s}{R_S C_{GS} C_{GD} s^2 + (g_m R_S C_{GD} + C_{GS})s + g_m} \tag{6.52}$$

$$= \frac{g_m + C_{GS}s}{(1 + R_S C_{GD}s)(g_m + C_{GS}s)} \tag{6.53}$$

$$= \frac{1}{1 + R_S C_{GD}s} \tag{6.54}$$

该电路现在只有与输入对应的一个极点。为什么 C_{GS} 在这里消失了？这是因为，在没有沟道长度调制效应和体效应的情况下，从栅极到源极的电压增益等于 1。由于栅极的电压变化 ΔV 转换到源极的相等变化（图 6.23），没有任何电流通过 C_{GS}，因此 C_{GS} 既不贡献零点，也不贡献极点。我们说，C_{GS} 被源跟随器"自举"，是自举电容。如果 $\lambda > 0$，$\gamma > 0$，则输出的变化小于 ΔV，要求 C_{GS} 两端的电压产生一些变化。

　　如果式(6.51)中的两个极点相距较远，则低频的一个极点的值为

$$\omega_{p1} \approx \frac{g_m}{g_m R_S C_{GD} + C_L + C_{GS}} \tag{6.55}$$

$$= \frac{1}{R_S C_{GD} + \dfrac{C_L + C_{GS}}{g_m}} \tag{6.56}$$

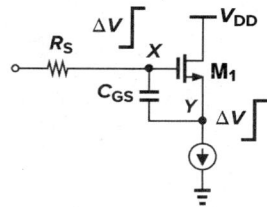

图 6.23　源跟随器中 C_{GS} 的自举

而且，如果 $R_S = 0$，则 $\omega_{p1} = g_m/(C_L + C_{GS})$，这是我们所期望的。

　　现在，让我们计算电路的输入阻抗。注意到 C_{GD} 仅仅是与输入并联，可以先忽略。图 6.24 所示的等效电路包含了体效应，沟道长度调制也可以通过 $(1/g_{mb}) \| r_O$ 代替 $1/g_{mb}$ 进行考虑。M_1 的小信号栅源电压为 $I_X/(C_{GS}s)$，所产生的源电流为 $g_m I_X/(C_{GS}s)$。从输入开始，加上各电压值，得到

188

189

$$V_X = \frac{I_X}{C_{GS}s} + \left(I_X + \frac{g_m I_X}{C_{GS}s}\right)\left(\frac{1}{g_{mb}} \,\middle\|\, \frac{1}{C_L s}\right) \quad (6.57)$$

也就是说

$$Z_{in} = \frac{1}{C_{GS}s} + \left(1 + \frac{g_m}{C_{GS}s}\right)\frac{1}{g_{mb} + C_L s} \quad (6.58)$$

我们考虑一些特殊情况。首先，如果 $g_{mb} = 0$，$C_L = 0$，则 $Z_{in} = \infty$，因为 C_{GS} 被源跟随器完全自举，不会从输入抽取任何电流。其次，当频率较低时，$g_{mb} \gg |C_L s|$，上式变为

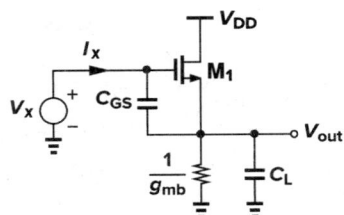

图 6.24　源跟随器输入阻抗的计算

$$Z_{in} \approx \frac{1}{C_{GS}s}\left(1 + \frac{g_m}{g_{mb}}\right) + \frac{1}{g_{mb}} \quad (6.59)$$

这表明，等效输入电容等于 $C_{GS}g_{mb}/(g_m + g_{mb})$，远小于 C_{GS}。换句话说，总的输入电容等于 C_{GD} 加上 C_{GS} 的**一部分**（又一次因为自举）。

例 6.12

对例 6.11 题的电路（如果 $C_L = 0$）运用密勒近似计算输入电容。

解：如图 6.25 所示，从栅到源的低频增益等于 $(1/g_{mb})/[(1/g_m) + (1/g_{mb})] = g_m/(g_m + g_{mb})$。因此，$C_{GS}$ 在输入端的密勒乘积项等于 $C_{GS}[1 - g_m/(g_m + g_{mb})] = C_{GS}g_{mb}/(g_m + g_{mb})$。

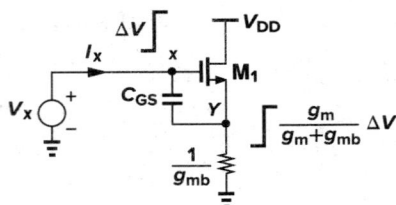

图 6.25

高频条件下，$g_{mb} \ll |C_L s|$，Z_{in} 为

$$Z_{in} \approx \frac{1}{C_{GS}s} + \frac{1}{C_L s} + \frac{g_m}{C_{GS}C_L s^2} \quad (6.60)$$

对给定的一个 $s = j\omega$，输入阻抗由电容 C_{GS}，C_L 和一个**负电阻**串联组合，其中的负电阻等于 $-g_m/(C_{GS}C_L\omega^2)$（图 6.26）。负阻特性被应用在振荡器中（见第 15 章）。驱动负载电容的源跟随器会显示出负的输入电阻，可能引起不稳定。记住这个结论是十分重要的。

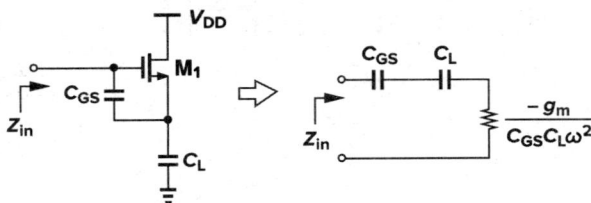

图 6.26　从源跟随器输入端所看到的负电阻

例 6.13

忽略沟道长度调制和体效应，计算图 6.27(a) 中电路的传输函数。

解：让我们首先识别电路中的所有电容。在 X 点，X 与地之间连接着 C_{GD1} 和 C_{DB2}。在 X 点与 Y 点之间，连接着 C_{GS1} 和 C_{GD2}。在 Y 点，Y 与地之间连接的电容是 C_{SB1}，C_{GS2} 和 C_L。与图

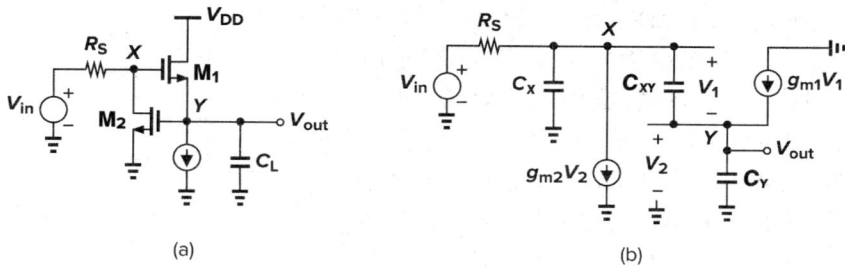

图 6.27

6.22(b)的源跟随器类似,该电路在一个环路中有三个电容,却是两阶的传输函数。在图 6.27 的等效电路中,$C_X=C_{GD1}+C_{DB2}$,$C_{XY}=C_{GS1}+C_{GD2}$,$C_Y=C_{SB1}+C_{GS2}+C_L$。因此,$V_1C_{XY}s+g_{m1}V_1=V_{out}C_Ys$,即 $V_1=V_{out}C_Ys/(C_{XY}s+g_{m1})$。由于 $V_2=V_{out}$,在 X 点的电流总和为

$$(V_1+V_{out})C_Xs+g_{m2}V_{out}+V_1C_{XY}s=\frac{V_{in}-V_1-V_{out}}{R_S} \tag{6.61}$$

把 V_1 的值代入上式,再对结果简化,得到

$$\frac{V_{out}}{V_{in}}(s)=\frac{g_{m1}+C_{XY}s}{R_S\xi s^2+[C_Y+g_{m1}R_SC_X+(1+g_{m2}R_S)C_{XY}]s+g_{m1}(1+g_{m2}R_S)} \tag{6.62}$$

上式中,$\xi=C_XC_Y+C_XC_{XY}+C_YC_{XY}$。正如所料,对于 $g_{m2}=0$ 的情况,上式简化成与式(6.51)类似的形式。

　　源跟随器的输出阻抗也十分重要。在图 6.22(a)中,体效应和 C_{SB} 仅产生与输出并联的阻抗,如果忽略这个阻抗,再忽略 C_{GD},我们从图 6.28(a)的等效电路中注意到:$V_1C_{GS}s+g_mV_1=-I_X$ 以及 $V_1C_{GS}sR_S+V_1=-V_X$。这两个等式的两边相除,得到

$$Z_{out}=\frac{V_X}{I_X} \tag{6.63}$$

$$=\frac{R_SC_{GS}s+1}{g_m+C_{GS}s} \tag{6.64}$$

　　研究这个与频率有关的阻抗的值是很有意义的。低频情况下,正如所预料的,$Z_{out}\approx 1/g_m$;高频情况下,$Z_{out}\approx R_S$(因为 C_{GS} 把栅和源短路)。因此,我们可以推测,$|Z_{out}|$ 的变化如图 6.28(b)或如图 6.28(c)。这两种可能中,哪一种更现实? 如果作为缓冲器工作,则必须是较低的阻抗,即 $1/g_m<R_S$。因此,图 6.28(c)所表示的特性比图 6.28(b)的更可能发生。

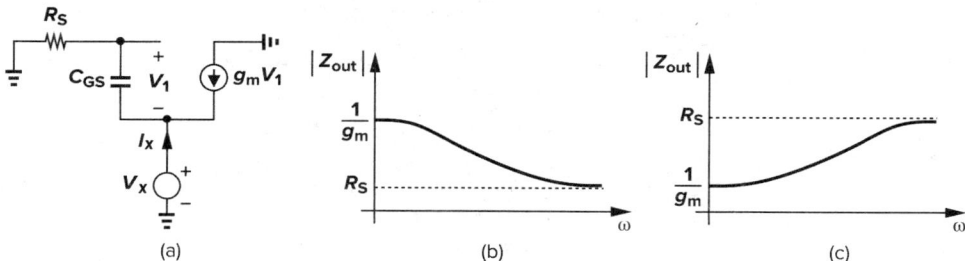

图 6.28　源跟随器输出阻抗的计算

图 6.28(c)所表示的特性显示了源跟随器的一个重要属性。由于输出阻抗随频率**增加**,我们假定这阻抗包含**电感**元件。为了证实这个猜测,我们用一阶无源网络表示 Z_{out},注意到:当 $\omega=0$ 时,$Z_{out}=1/g_m$;当 $\omega=\infty$ 时,$Z=R_S$,可以假设这网络如图 6.29 所示,因为:$\omega=0$ 时,$Z_1=R_2$;$\omega=\infty$ 时,$Z_1=R_1+R_2$。换言之,如果三个条件成立:$R_2=1/g_m$,$R_1=R_S-1/g_m$,以及适当选取 L 的值,则 $Z_1=Z_{out}$。

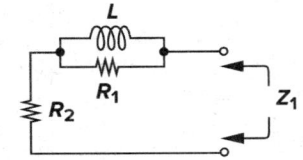

图 6.29　源跟随器的等效输出阻抗

为了计算电感 L,我们可以用图 6.29 中的 3 个元件来得到 Z_1 的表示式,并使 Z_1 等于上述的 Z_{out}。另一方面,由于 R_2 是 Z_1 的串联元件,因此可以从 Z_{out} 中减去这个值,得到 R_1 与 L 并联的表达式为

192

$$Z_{out}-\frac{1}{g_m}=\frac{C_{GS}s(R_S-\dfrac{1}{g_m})}{g_m+C_{GS}s} \tag{6.65}$$

由上式的倒数得到这个并联电路的导纳为

$$\frac{1}{Z_{out}-\dfrac{1}{g_m}}=\frac{1}{R_S-\dfrac{1}{g_m}}+\frac{1}{\dfrac{C_{GS}s}{g_m}(R_S-\dfrac{1}{g_m})} \tag{6.66}$$

我们可以看到,上式右边的第一项是 R_1 的倒数,第二项是阻抗 $(C_{GS}s/g_m)(R_S-1/g_m)$ 的倒数,即一个电感的值为

$$L=\frac{C_{GS}}{g_m}(R_S-\frac{1}{g_m}) \tag{6.67}$$

注意,C_{GS}/g_m 近似等于 $\omega_T=2\pi f_T$。

例 6.14 ────────────────────────────────────

我们是否可以由源跟随器来构成一个(两端的)电感?

解:可以。我们称之为"有源电感",其结构如图 6.30(a)所示,给出的电感值为 $(C_{GS2}/g_{m2})(R_S-1/g_{m2})$。但该电感并不理想,因为它还会导致一个并联电阻(数值等于 $R_1=R_S=1/g_{m2}$)和一个串联电阻(数值为 $1/g_{m2}$)。图 6.30(b)表示了一个有源电感的应用:高频条件下,该电感可以部分地抵消负载电容 C_L,从而可扩大带宽。但是,M_2 消耗的电压余度($=V_{GS2}$)会限制增益。此外,在我们的分析中被忽略的 C_{GD2},会限制带宽的提高。

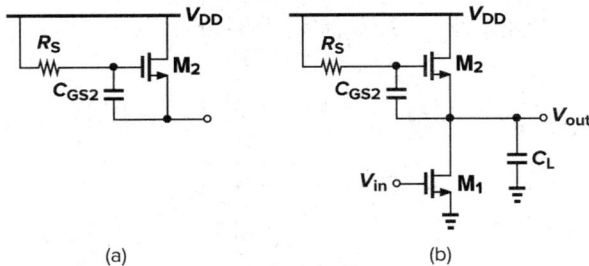

(a)　　　　　　　　　　(b)

图 6.30

6.4 共栅级

在一个共栅级电路中,如果忽略沟道长度调制效应,则如例 6.5 所说明:输入输出两个结点是"孤立的"。对于图 6.31 中的共栅级,根据例 6.5 的计算,其传输函数为

$$\frac{V_{\text{out}}}{V_{\text{in}}}(s) = \frac{(g_m + g_{mb})R_D}{1 + (g_m + g_{mb})R_S} \frac{1}{\left(1 + \dfrac{C_S}{g_m + g_{mb} + R_S^{-1}}s\right)(1 + R_D C_D s)} \tag{6.68}$$

这个电路的一个重要性质是,没有电容的密勒乘积项,可达到宽带。然而,值得注意的是,低的输入阻抗会成为前一级的负载。此外,为了得到一定的增益,R_D 上的电压降通常达到最大,则输入信号的直流电平必须相当低。由于这些原因,共栅级得到了两个主要的应用:要求低输入阻抗的放大器(见第 3 章)和共源共栅级放大器。

如果沟道调制效应不能忽略,则计算变得相当复杂。从第 3 章的内容,我们记得:如果 $\lambda \neq 0$,则共栅级结构的输入阻抗的确与漏负载有关。根据式(3.117),从图 6.31 中的 M_1 的源端往里看,看到的阻抗为

图 6.31 高频条件下的共栅级

$$Z_{\text{in}} \approx \frac{Z_L}{(g_m + g_{mb})r_o} + \frac{1}{g_m + g_{mb}} \tag{6.69}$$

上等式中,$Z_L = R_D \parallel [1/(C_D s)]$。现在,$Z_{\text{in}}$ 取决于 Z_L,因此很难把极点与输入结点联系起来。

例 6.15

对图 6.32(a)中所示的共栅级电路,计算传输函数和输入阻抗。请解释,当 C_L 增大时,为什么 Z_{in} 变得与 C_L 无关。

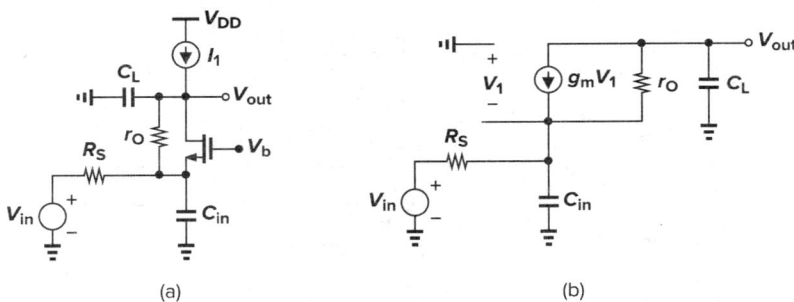

图 6.32

解:由图 6.32(b)所示的等效电路,可以写出通过 R_S 的电流为 $-V_{\text{out}}C_L s + V_1 C_{\text{in}} s$。注意到,$R_S$ 两端的电压与 V_{in} 相加后必须等于 $-V_1$,我们得到

$$(-V_{\text{out}}C_L s + V_1 C_{\text{in}} s)R_S + V_{\text{in}} = -V_1 \tag{6.70}$$

也就是说

$$V_1 = -\frac{-V_{out}C_L sR_S + V_{in}}{1 + C_{in}R_S s} \tag{6.71}$$

还注意到，通过 r_O 两端的电压减去 V_1 等于 V_{out}，即

$$r_O(-V_{out}C_L s - g_m V_1) - V_1 = V_{out} \tag{6.72}$$

把式（6.71）中的 V_1 代入上式，得到传输函数为

$$\frac{V_{out}}{V_{in}}(s) = \frac{1 + g_m r_O}{r_O C_L C_{in} R_S s^2 + [r_O C_L + C_{in} R_S + (1 + g_m r_O)C_L R_S]s + 1} \tag{6.73}$$

读者可以证明，上式中的 g_m 用 $(g_m + g_{mb})$ 替换，便计入了体效应。正如所料，在非常低的频率下，增益等于 $1 + g_m r_O$。关于输入阻抗 Z_{in}，可以在式（6.69）中，以 $1/(C_L s)$ 代替 Z_L 得

$$Z_{in} = \frac{1}{g_m + g_{mb}} + \frac{1}{C_L s}\frac{1}{(g_m + g_{mb})r_O} \tag{6.74}$$

我们注意到，当 C_L 或 s 增加时，Z_{in} 逼近 $1/(g_m + g_{mb})$，因此输入极点也可定义成

$$\omega_{p,in} = \frac{1}{\left(R_S \parallel \dfrac{1}{g_m + g_{mb}}\right)C_{in}} \tag{6.75}$$

为什么在高频情况下，Z_{in} 变得与 C_L 无关呢？这是因为 C_L 减低了电路的电压增益，因此抑制了通过 r_O 由密勒效应产生的负电阻效应（参看图 6.7）。在极限情况下，C_L 把输出点对地短路，r_O 对输入阻抗影响便可忽略。

对共栅级频率响应的分析中，我们已假设：与栅串联的是零阻抗。实际上，提供栅极电压的偏置网络呈现出有限阻抗，会改变频率响应。图 6.33(a) 是一个示例，用一个电阻 R_G 来模拟该阻抗。如果器件的所有电容都包含在内，则电路的传输函数是三阶的。为简单起见，我们在这里只考虑 C_{GS}，在附录 B 中只考虑 C_{GD}。从图 6.33(b)[①] 的等效电路中，我们得到 $g_m V_1 = -V_{out}/R_D$，因此，$V_1 = -V_{out}/(g_m R_D)$。流过 R_S 的电流等于 $V_1 C_{GS} s + g_m V_1 = -(C_{GS}s + g_m)V_{out}/(g_m R_D)$，流过 R_G 的电流等于 $V_1 C_{GS} s = -C_{GS} s V_{out}/(g_m R_D)$。环绕输入网络，根据基尔霍夫电压定律（KVL），我们得到

$$V_{in} - (C_{GS} + g_m)\frac{V_{out}}{g_m R_D}R_S + \frac{V_{out}}{g_g R_D} - C_{GS}s\frac{V_{out}}{g_m R_D}R_G = 0 \tag{6.76}$$

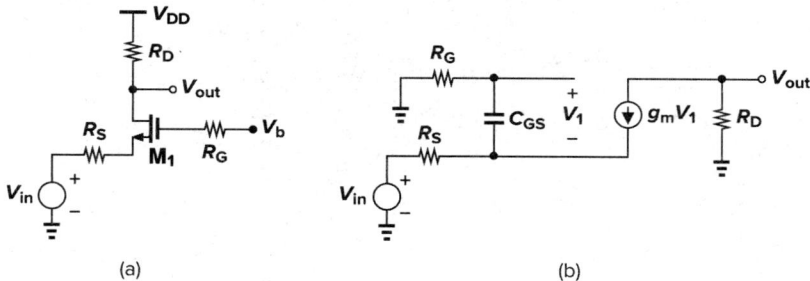

图 6.33 (a)栅极有串联电阻的 CG 级；(b)等效电路

---

① 这里忽略了沟道长度调制效应和体效应。

由此得到

$$\frac{V_{\text{out}}}{V_{\text{in}}} = \frac{g_{\text{m}}R_{\text{D}}}{(R_{\text{G}}+R_{\text{S}})C_{\text{GS}}s+1+g_{\text{m}}R_{\text{S}}} \tag{6.77}$$

在 ω_{p} 产生一个极点

$$\omega_{\text{p}} = \frac{1+g_{\text{m}}R_{\text{S}}}{(R_{\text{G}}+R_{\text{S}})C_{\text{GS}}} \tag{6.78}$$

因此,在这种情况下 R_{G} 直接添加到 R_{S} 中,降低了极点的频率。

195

如果共栅级被较大的源阻抗驱动,则在高频率下该电路的输出阻抗会下降。这种效果在共源共栅电路中将会进行更好的叙述。

6.5　共源共栅级

第 3 章中曾作过说明,共源共栅级在提高放大器的电压增益和提高电流源的输出阻抗方面被证明是十分有利的,同时也提供屏蔽作用。然而,共源共栅的发明(在真空管年代)是源于当时需要具有高输入阻抗的高频放大器。如果把共源共栅级看成共源级和共栅级的级联,则该电路通过抑制密勒效应为共栅级提供速度,并为共源级提供输入阻抗。

让我们考虑图 6.34 所示的共源共栅电路。首先识别器件的全部电容。在 A 点,连接着 C_{GS1}(电容的另一端接地)和 C_{GD1}(电容的另一端接 X 点);在结点 X,X 点与地之间连接 C_{DB1},C_{SB2} 和 C_{GS2};在结点 Y,Y 点与地之间有电容 C_{DB2},C_{GD2} 和 C_{L}。C_{GD1} 的密勒效应由 A 点到 X 点的增益决定。作为一种近似,我们采用低频的增益,这增益在 R_{D} 的值取较小时(或忽略沟道长度调制)等于 $-g_{\text{m1}}/(g_{\text{m2}}+g_{\text{mb2}})$。如果 M_1 和 M_2 的尺寸大致相同,则 C_{GD1} 的密勒效应倍乘项大约是 2,而不是简单的共源级中的大的电压增益。因此,和共源级相比,在共源

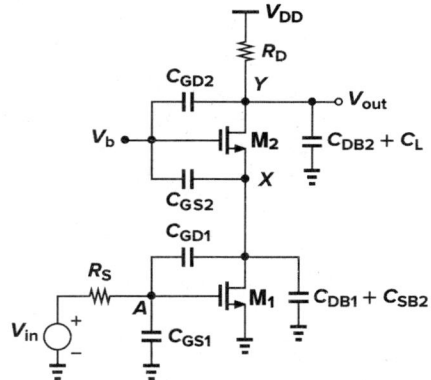

图 6.34　共源共栅级的高频特性

196

共栅放大器中的密勒效应小得多。与结点 A 相关联的极点为

$$\omega_{\text{p,A}} = \frac{1}{R_{\text{S}}\left[C_{\text{GS1}}+(1+\dfrac{g_{\text{m1}}}{g_{\text{m2}}+g_{\text{mb2}}})C_{\text{GD1}}\right]} \tag{6.79}$$

我们还可以计算由结点 X 产生的极点。在这结点上的总电容大约等于 $2C_{\text{GD1}}+C_{\text{DB1}}+C_{\text{SB2}}+C_{\text{GS2}}$,这极点为

$$\omega_{\text{p,X}} = \frac{g_{\text{m2}}+g_{\text{mb2}}}{2C_{\text{GD1}}+C_{\text{DB1}}+C_{\text{SB2}}+C_{\text{GS2}}} \tag{6.80}$$

该极点与 $2\pi f_{\text{T}}\approx g_{\text{m2}}/C_{\text{GS2}}$ 进行比较,结果是什么? 由于分母中的其他电容会减小该极点的频率,结果是 $\omega_{\text{p,X}}\approx2\pi f_{\text{T}}/2$。最后,输出结点产生的第三个极点是

$$\omega_{p,Y} = \frac{1}{R_D(C_{DB2} + C_L + C_{GD2})} \tag{6.81}$$

共源共栅电路中三个极点的相对数值取决于实际的设计参数,但一般情况下,$\omega_{p,X}$ 比其他两个极点的频率高很多。

如果图 6.34 中的 R_D 用一个电流源代替以便达到更高的直流增益,那么电路的性能有什么变化?从第 3 章的内容可知,如果 M_2 的漏极负载阻抗很大,那么在 X 点看到的阻抗也达到很高的数值。例如,式(3.117)预测:如果 R_D 本身是由 PMOS 晶体管组成的共源共栅电流源的阻抗,结点 X 对应的极点可以低于$(g_{m2} + g_{mb2})/C_X$。但很有意义的是,整个传输函数不受这种现象影响。通过下面的例题将清楚地看到这一点。

例 6.16

考虑图 6.35(a)所示的共源共栅级电路,其中的负载电阻已被理想电流源代替。如果忽略与 M_1 有关的各个电容,以诺顿等效电路来表示 V_{in} 和 M_1,如图 6.35(b),假定 $\gamma = 0$,计算传输函数。

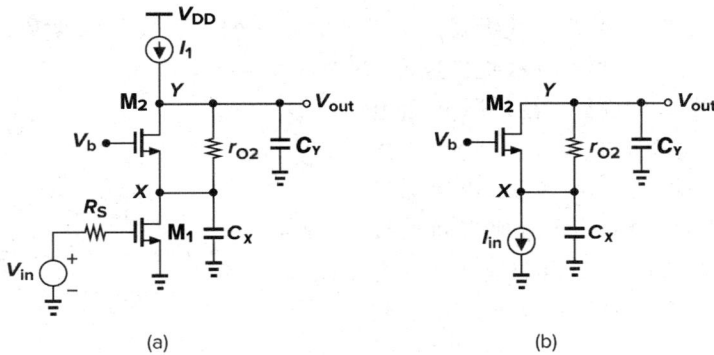

图 6.35　一种共源共栅级的简化模型

解:通过 C_X 的电流为 $-V_{out}C_Y s - I_{in}$,因此,$V_X = -(V_{out}C_Y s + I_{in})/(C_X s)$,$M_2$ 小信号漏电流等于 $-g_{m2}(-V_{out}C_Y s - I_{in})/(C_X s)$。通过 r_{O2} 的电流为 $-V_{out}C_Y s - g_{m2}(V_{out}C_Y s + I_{in})/(C_X s)$。注意到 V_X 与 r_{O2} 两端的电压降之和等于 V_{out},即

$$-r_{O2}\left[(V_{out}C_Y s + I_{in})\frac{g_{m2}}{C_X s} + V_{out}C_Y s\right] - (V_{out}C_Y s + I_{in})\frac{1}{C_X s} = V_{out} \tag{6.82}$$

由上式得

$$\frac{V_{out}}{I_{in}} = -\frac{g_{m2}r_{O2} + 1}{C_X s} \frac{1}{1 + (1 + g_{m2}r_{O2})\frac{C_Y}{C_X} + C_Y r_{O2} s} \tag{6.83}$$

对于 $g_{m2}r_{O2} \gg 1$ 和 $g_{m2}r_{O2}C_Y/C_X \gg 1$(即 $C_Y > C_X$)的情况,上式简化为

$$\frac{V_{out}}{I_{in}} \approx -\frac{g_{m2}}{C_X s} \frac{1}{\frac{C_Y}{C_X}g_{m2} + C_Y s} \tag{6.84}$$

因此,V_{out}/V_{in} 等于

$$\frac{V_{\text{out}}}{V_{\text{in}}} = -\frac{g_{\text{m1}} g_{\text{m2}}}{C_Y C_X s} \frac{1}{g_{\text{m2}}/C_X + s} \tag{6.85}$$

与结点 X 对应的极点,其数值仍然是 g_{m2}/C_X,这是因为在高频时(当研究这个极点时)C_Y 并联到输出结点上,结果使增益下降,并抑制 r_{O2} 的密勒效应。

如果共源共栅结构被用来做电流源,那么其输出阻抗随频率的变化是很有意义的。在图 6.35(a)中,如果忽略 C_{GD1} 和 C_Y,那么输出阻抗变为

$$Z_{\text{out}} = (1 + g_{\text{m2}} r_{\text{O2}}) Z_X + r_{\text{O2}} \tag{6.86}$$

上式中,$Z_X = r_{\text{O1}} \| (C_X s)^{-1}$。因此,$Z_{\text{out}}$ 包含了一个极点 $(r_{\text{O1}} C_X)^{-1}$,并且在比这个值更高的频率时,这个输出阻抗会变小。

6.6　差动对

差动(分)对的通用性及其在模拟系统中的广泛应用促使我们阐述它对于差动信号和共模信号的频率特性。

6.6.1　无源负载的差动对

考虑图 6.36(a)中的简单差动对以及图 6.36(b)和(c)中的半边差动电路和共模等效电路。对两个差动信号的响应,与共源级是相同的,表现出 C_{GD} 的密勒乘积项。必须注意的是,由于 $+V_{\text{in1}}/2$ 和 $-V_{\text{in2}}/2$ 均与相同的传输函数相乘,在 $V_{\text{out}}/V_{\text{in}}$ 中的极点数等于一条通路的极点数,而不是两条通路中极点数之和。

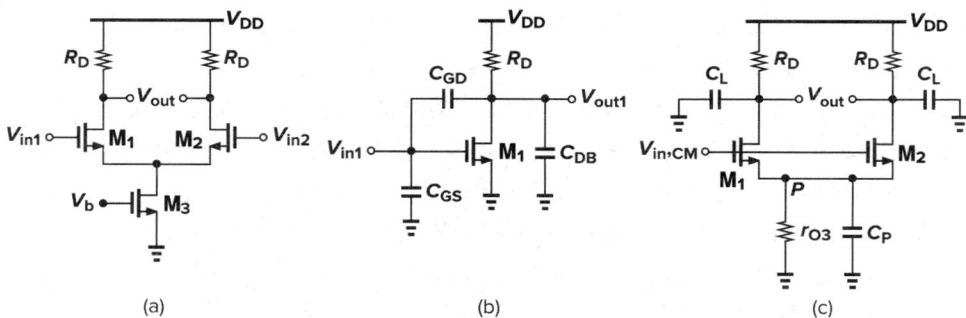

图 6.36　(a)差动对;(b)半边等效电路;(c)共模输入等效电路

对于共模信号,由图 6.36(c)中结点 P 的总电容确定高频增益。如果 $M_1 \sim M_3$ 是宽晶体管,由 C_{GD3}、C_{DB3}、C_{SB1} 和 C_{SB2} 产生的电容可能相当大。例如,有限的电压余度通常要求 W_3 很大,以使得 M_3 工作在饱和区时不需要大的漏源电压。如果仅仅考虑 M_1 与 M_2 的失配,高频共模增益可用式(4.53)计算。我们以 $r_{\text{O3}} \| [1/(C_P s)]$ 替代 r_{O3},并以 $R_D \| [1/(C_L s)]$ 替代 R_D,

这里的 C_L 代表在每个输出结点看到的总电容[①]。则共模电压增益为

$$A_{v,CM} = -\frac{\Delta g_m\left[R_D \parallel \left(\frac{1}{C_L s}\right)\right]}{(g_{m1}+g_{m2})\left[r_{O3} \parallel \left(\frac{1}{C_P s}\right)\right]+1} \tag{6.87}$$

上式中,电路中的其他电容均被忽略了。

　　这一结果指出,在高频时,电路的共模抑制下降很多。事实上,对这种情况可由第 4 章的内容写出 CMRR:

$$\text{CMRR} \approx \frac{g_m}{\Delta g_m}\left[1+2g_m\left(r_{O3} \parallel \frac{1}{C_P s}\right)\right] \tag{6.88}$$

$$\approx \frac{g_m}{\Delta g_m}\frac{r_{O3}C_P s+1+2g_m r_{O3}}{r_{O3}C_P s+1} \tag{6.89}$$

其中,$g_m=(g_{m1}+g_{m2})/2$。我们注意到,这个传输函数包含了:在 $(1+2g_{m3}r_{O3})/(r_{O3}C_P)$ 处的一个零点和在 $1/(r_{O3}C_P)$ 处的一个极点。由于 $2g_{m3}r_{O3} \gg 1$,零点的频率近似为 $2g_{m3}/C_P$,比极点的频率大得多。因此,CMRR 的响应如图 6.37 所示。

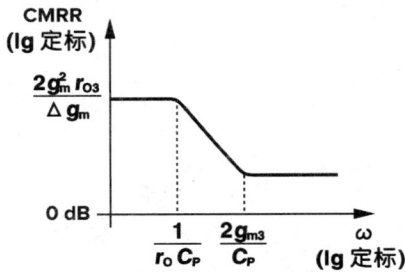

図 6.37　差动对中 CMRR 与频率的关系　　　　图 6.38　在差动对中高频电源噪声的影响

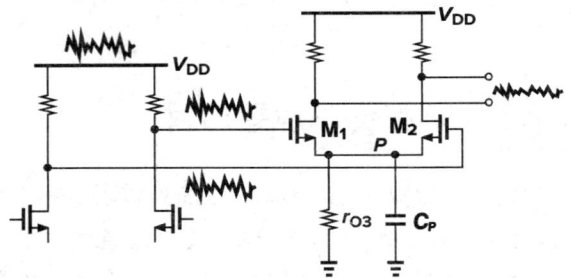

　　在图 6.38 中,如果电源含有高频噪声而且该电路失配,则在 P 点的共模扰动将导致输出的差动噪声成分的产生。当噪声频率大于 $1/(2\pi r_{O3}C_P)$ 时,该影响变得十分显著。

　　必须强调,图 6.36(a)的电路存在电压余度与共模抑制比的折中问题。要把 M_3 消耗的余度减到最小,就必须把 M_3 的宽度增到最大,其结果是在 M_1 和 M_2 的源端电容显著增大,使高频时的共模抑制比降低。这个问题在低电源供给的情况下变得更加严重。

　　现在我们研究高阻抗负载的差动对的频率响应。图 6.39(a)表示的是全差动电路。如同对图 6.36 的结构的分析,可以分别讨论它对差动信号和共模信号的响应。请注意,图中 C_L 包括每个 PMOS 管的漏结电容和栅漏交叠电容。还要注意,如图 6.39(b)所示,对于输出的差动信号,C_{GD3} 和 C_{GD4} 把大小相等、方向相反的电流传导到结点 G,使结点 G 成为交流地(实际上,结点 G 通过一个电容仍然接地)。

　　半边差动电路如图 6.39(c)所示,M_1 和 M_3 的输出电阻也已标在图中。这个电路表明,如果用 $r_{O1} \parallel r_{O3}$ 代替 R_L,那么,式(6.30)可用于这个电路。实际上,这个电阻值相当大时,输出极点为 $[(r_{O1} \parallel r_{O3})C_L]^{-1}$,这是"主"极点。在第 10 章中将会讨论这个问题。该电路的共模特

---

①　为简化,忽略了沟道长度调制效应、体效应和其他电容。

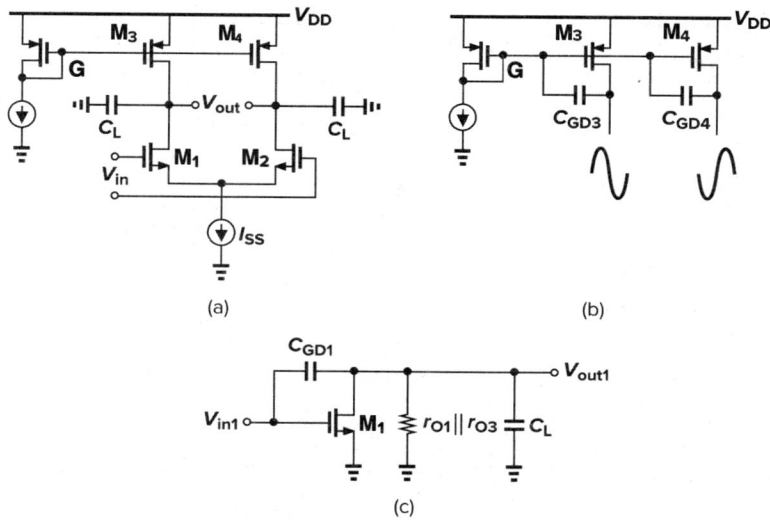

图 6.39　(a)电流源为负载的差动对;(b)差动摆幅在 G 点的效果;(c)半边等效电路性与图 6.36(c)类似。

6.6.2　有源负载的差动对

让我们考虑以有源电流镜为负载的差动对,如图 6.40 所示。该电路有几个极点? 与图 6.39(a)的全差动电路相对照,该电路包含具有**差动**传输函数的两条信号通路。由 M_3 和 M_4 组成的通路包含结点 E 对应的一个极点,约为 g_{m3}/C_E,其中 C_E 代表 E 点到地的总电容,这电容包括 C_{GS3}、C_{GS4}、C_{DB3}、C_{DB1},以及 C_{GD1} 和 C_{GD4} 的密勒效应。即使只考虑 C_{GS3} 和 C_{GS4},两个 PMOS 管的 g_m 和 C_{GS} 之间的艰难折中仍会产生一个极大地影响电路性能的极点。与结点 E 相联系的极点称为"镜像极点"。必须注意的是,如同图 6.39(a)中的电路一样,图 6.40 中的二条信号通路在输出结点上仅有一个极点。

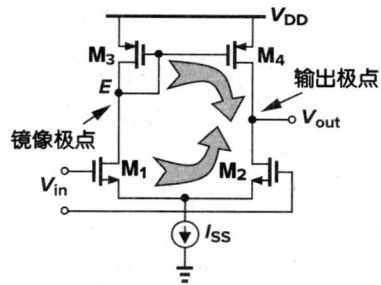

图 6.40　有源电流镜为负载的差动对的高频特性

为估算带有源电流镜的差动对的频率特性,我们画出它的简化模型,如图 6.41(a)所示,图中未标注的其它所有电容均被忽略。用戴维南等效来替换 V_{in},M_1,M_2,得到图 6.41(b)的电路。图中,$V_X = g_{mN}r_{ON}V_{in}$,$R_X = 2r_{ON}$(为什么?)。这里的脚标 P 和 N 分别代表 PMOS 和 NMOS。我们假定 $1/g_{mP} \ll r_{OP}$,在结点 E 的小信号电压等于

$$V_E = (V_{out} - V_X)\frac{\dfrac{1}{C_E s + g_{mP}}}{\dfrac{1}{C_E s + g_{mP}} + R_X} \tag{6.90}$$

201

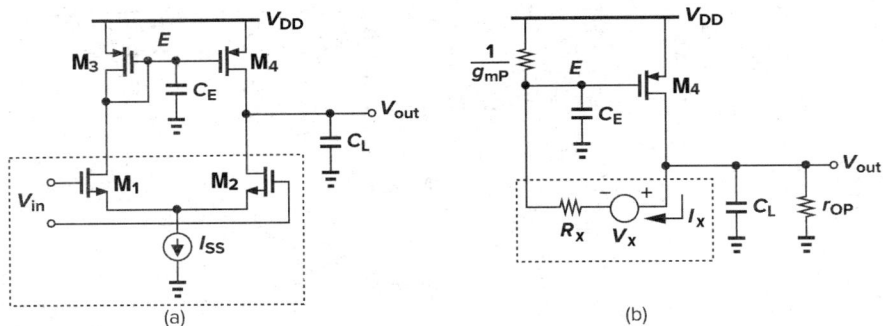

图 6.41   (a)有源电流镜为负载的差动对的简化高频模型;(b)采用戴维南等效后(a)的电路

M_4 的小信号漏电流为 $g_{m4}V_E$。注意到 $-g_{m4}V_E - I_X = V_{out}(C_L s + r_{OP}^{-1})$,因此,$V_{out}/V_{in}$ 为

$$\frac{V_{out}}{V_{in}} = \frac{g_{mN}r_{ON}(2g_{mP} + C_E s)}{2r_{OP}r_{ON}C_E C_L s^2 + [(2r_{ON} + r_{OP})C_E + r_{OP}(1 + 2g_{mP}r_{ON})C_L]s + 2g_{mP}(r_{ON} + r_{OP})}$$

(6.91)

由于镜像极点的频率通常比输出极点高很多,可以使用等式(6.34)的结果,ω_{p1} 为

$$\omega_{p1} \approx \frac{2g_{mP}(r_{ON} + r_{OP})}{(2r_{ON} + r_{OP})C_E + r_{OP}(1 + 2g_{mP}r_{ON})C_L}$$

(6.92)

忽略上式分母中的第一项,并假设 $2g_{mP}r_{ON} \gg 1$,上式简化为

$$\omega_{p1} \approx \frac{1}{(r_{ON} \parallel r_{OP})C_L}$$

(6.93)

这是意料中的结果。第二极点为

$$\omega_{p2} \approx \frac{g_{mP}}{C_E}$$

(6.94)

这也是预料中的结果。

式(6.91)显示的重要一点是,电路有一个零点,其值为 $2g_{mP}/C_E$,在左半平面。这个零点的出现,可以这样理解:电路由"慢通路"(M_1,M_3 和 M_4)和"快通路"(M_1 和 M_2)并联而成。如果分别用 $A_0/[(1 + s/\omega_{p1})(1 + s/\omega_{p2})]$ 和 $A_0/(1 + s/\omega_{p1})$ 表示这两通路的传输函数,则得到

$$\frac{V_{out}}{V_{in}} = \frac{A_0}{1 + s/\omega_{p1}}\left(\frac{1}{1 + s/\omega_{p2}} + 1\right)$$

(6.95)

$$= \frac{A_0(2 + s/\omega_{p2})}{(1 + s/\omega_{p1})(1 + s/\omega_{p2})}$$

(6.96)

也就是说,系统在 $2\omega_{p2}$ 处出现一个零点。这个零点也可以用图 6.18(习题 6.15)的另一种方法得到。

比较图 6.39(a)和图 6.40 的两个电路,可以得到:前者没有镜像极点,这是全差动电路相对于单端电路的另一个优点。

例 6.17 ────────────────────────

并非所有的全差动电路都不存在镜像极点。作为一个例子,图 6.42(a)中的电流镜 $M_3 \sim$
202   M_5 和 $M_4 \sim M_6$"折叠"了信号电流。请估计这种电路的低频增益和传输函数。

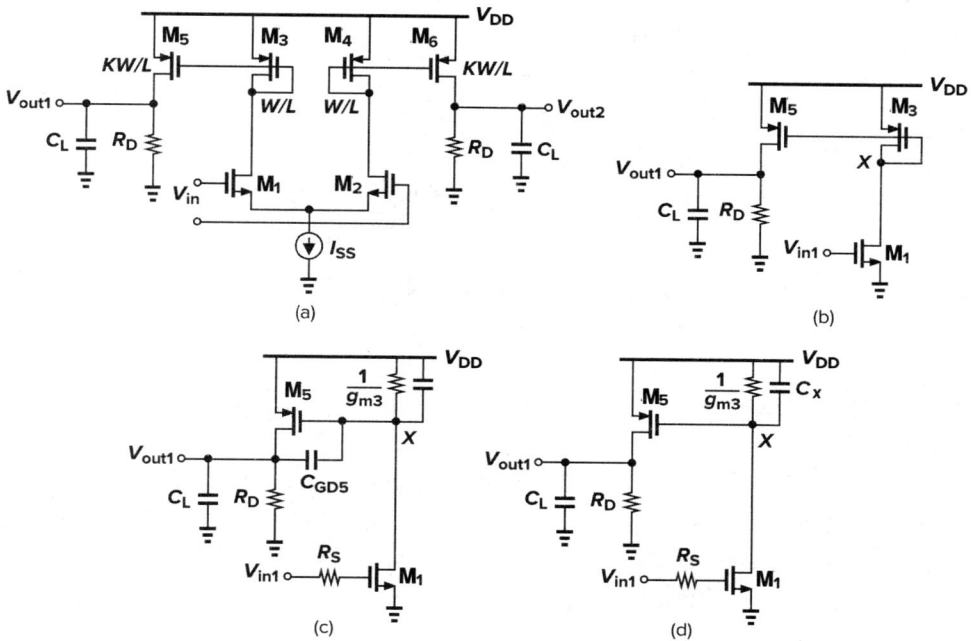

图 6.42

解：忽略沟道长度调制并利用全差动电路的半边，如图 6.42(b) 所示。可以看到，通过 M_5 的电流是通过 M_3 的 K 倍，总的低频电压增益 $A_v = g_{m1} K R_D$。

为得到系统的传输函数，我们利用图 6.42(c) 的等效电路，为完整起见，图中还包括一个源电阻 R_S。为简化计算，假定 $R_D C_L$ 比较小，以便使 C_{GD5} 的密勒乘积项可以近似表示成 $C_{GD5}(1+g_{m5}R_D)$。因此，这电路可简化成图 6.42(d) 的电路。图中的 $C_X \approx C_{GS3} + C_{GS5} + C_{DB3} + C_{GD5}(1+g_{m5}R_D) + C_{DB1}$。总的传输函数等于 V_X/V_{in1} 乘以 V_{out1}/V_X。前者很容易从式(6.30)得到，在式(6.30)中，以 $1/g_{m3}$ 代替 R_D，并以 C_X 代替 C_{DB}。后者为

$$\frac{V_{out}}{V_X}(s) = -g_{m5} R_D \frac{1}{1+R_D C_L s} \tag{6.97}$$

注意，我们已忽略了由 C_{GD5} 产生的零点。

6.7　增益-带宽的折中

在许多应用中，我们希望放大器的增益和带宽均达到最大。例如，光通信接收机使用的放大器，必须实现高的增益和宽的带宽。本节讨论高速电路设计中遇到的增益与带宽的折中。如图 6.43 所示，我们关注的是 $-3\mathrm{dB}$ 带宽 $\omega_{-3\mathrm{dB}}$，和"单位增益"带宽 ω_u。

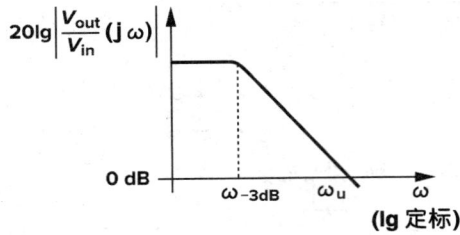

图 6.43　表示－3dB 带宽和"单位增益"带宽的频率响应

6.7.1　单极点电路

在一些电路中,在输出结点看到的电容产生一个主极点,允许单极点近似。我们可以说,－3dB 带宽等于极点频率。例如,图 6.44 中,如果忽略其它电容,该 CS 级出现一个极点,$\omega_p = [(r_{O1} \parallel r_{O2})C_L]^{-1}$,注意,低频增益为 $|A_0| = g_{m1}(r_{O1} \parallel r_{O2})$,我们定义"增益-带宽"积(GBW)为

$$\mathrm{GBW} = A_0 \omega_p \tag{6.98}$$

$$= g_{m1}(r_{O1} \parallel r_{O2})\frac{1}{2\pi(r_O \parallel r_{O2})C_L} \tag{6.99}$$

$$= \frac{g_{m1}}{2\pi C_L} \tag{6.100}$$

作为例子,如果 $g_{m1} = (100\ \Omega)^{-1}$,$C_L = 50\ \mathrm{fF}$,则 GBW = 318 GHz。对单极点系统,增益-带宽积大约等于单位增益带宽。该结论可由下面的等式得到:

$$\frac{A_0}{\sqrt{1 + \left(\dfrac{\omega_u}{\omega_p}\right)^2}} = 1 \tag{6.101}$$

因此,如果 $A_0^2 \gg 1$,则以下关系式成立:

$$\omega_u = \sqrt{A_0^2 - 1}\,\omega_p \tag{6.102}$$

$$\approx A_0 \omega_p \tag{6.103}$$

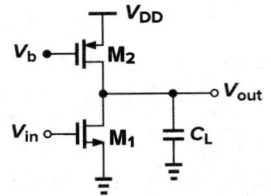

图 6.44　单极点的共源级

例 6.18

假定输出极点是主极点,共源共栅的结构是否可以提高 GBW 积?

解:不可以。式(6.100)表明,GBW 积是与输出电阻无关的。更具体地说,如果图 6.44 中采用共源共栅的方法使输出阻抗提高到 K 倍,则 $|A_0|(= G_m R_{out})$ 上升和 ω_P 下降的因子均为 K,产生恒定的 GBW 积。

6.7.2　多极点电路

级联两个或更多增益级的方法,可以提高 GBW 积。考虑图 6.45 所示的放大器。为简

化,我们假设这两级是相同的,并忽略其它电容。通过极点与结点相关联,我们写出传输函数 $(V_{out}/V_X)(V_X/V_{in})$ 为

$$\frac{V_{out}}{V_{in}} = \frac{A_0^2}{\left(1+\dfrac{s}{\omega_p}\right)^2} \tag{6.104}$$

其中,$A_0 = g_{mN}(r_{ON} \parallel r_{OP})$,$\omega_p = [(r_{ON} \parallel r_{OP})C_L]^{-1}$。为获得 $-3dB$ 带宽,我们使 V_{out}/V_{in} 的幅值等于 $A_0^2/\sqrt{2}$:

$$\frac{A_0^2}{1+\dfrac{\omega_{-3dB}^2}{\omega_p^2}} = \frac{A_0^2}{\sqrt{2}} \tag{6.105}$$

和

$$\omega_{-3dB} = \sqrt{\sqrt{2}-1}\,\omega_p \tag{6.106}$$

$$\approx 0.64\omega_p \tag{6.107}$$

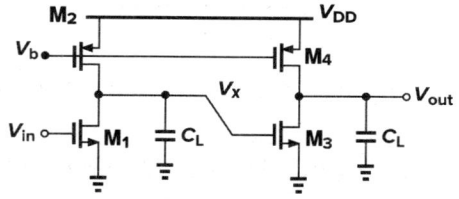

图 6.45　共源级的级联

因此,GBW 积为

$$GBW = \sqrt{\sqrt{2}-1}\,A_0^2\omega_p \tag{6.108}$$

该值与式(6.103)的值相比较,提高到 $0.4A_0$ 倍。当然,功耗增加到 2 倍。

在提高 GBW 积的同时,级联的方法会减小带宽,该结果如式(6.107)所示。事实上,我们在习题 6.25 中会证明,对于 N 个相同放大器的级联,带宽为

$$\omega_{-3dB} = \sqrt{\sqrt[N]{2}-1}\,\omega_p \tag{6.109}$$

由此注意到,随着 N 的增加,带宽持续下降。级联的另一个缺点是:如果电路处于负反馈环路中,该电路所产生的多个极点会导致环路的不稳定(见第 10 章)。

6.8　附录 A:额外的元定理

麦德布鲁克(Middlebrook)[1] 提出的额外的元定理(extra element theorem,EET)在计算传输函数中被证明是有用的。假设电路的传输函数已知,记为 $H(s)$。现在,如图 6.46(a)所示,我们在电路的两个结点之间添加了一个额外的阻抗 Z_1。我们希望确定新的传输函数 $G(s)$。麦德布鲁克证明了

$$G(s) = H(s)\frac{1+\dfrac{Z_{out,0}}{Z_1}}{1+\dfrac{Z_{in,0}}{Z_1}} \tag{6.110}$$

即原来的传输函数乘以一个“修正因子”。式中的两项 $Z_{out,0}$ 和 $Z_{in,0}$,是结点 A 和 B 之间没有 Z_1 时测量的数值。对前一项,由图 6.46(b)所示,我们进行如下计算:当存在 V_{in} 时,我们就在 A 和 B 之间施加了一个电压源 V_1,通过选择 V_{in} 和 V_1 的值使 $V_{out}=0$,于是可得到 $Z_{out,0}=V_1/I_1$。这种计算显得相当复杂,而且不直观。但是,如下所示,它实际上相当简单。我们还应该注意,$Z_{out,0}$ 不是标准意义上的阻抗,因为它是用有限的 V_{in} 获得的。后一项,$Z_{in,0}$,仅等于 A 和 B 之间看到的阻抗(当 $V_{in}=0$ 时)[见图 6.46(c)]。

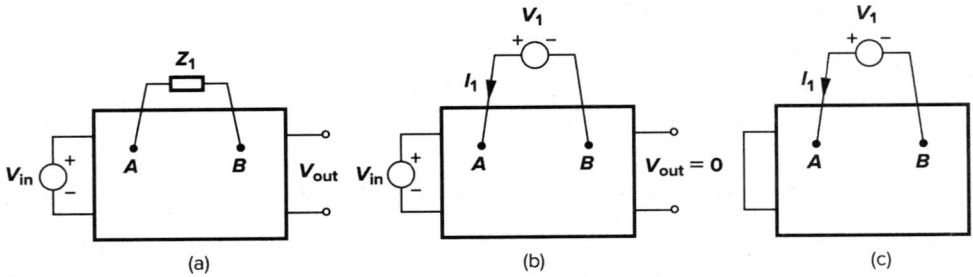

图 6.46　(a)有额外并联元件 Z_1 的电路；(b)计算 $Z_{out,0}$；(c)计算 $Z_{in,0}$

　　这个定理对频率响应的分析特别有用，因为我们可以在没有电容的电路中开始分析，作为低频增益来求出 $H(s)$。然后，逐个地添加电容，并计算相应的修正因子。请注意，$H(s)$ 不能为零或无穷大，因为 EET 的证明依赖于 $H(s)$ 的倒数。

例 6.19 ——

　　应用 EET，求出图 6.47(a)中电路的传输函数。

　　解：我们首先考虑没有 C_F 时的电路，写出 $H(s) = -g_m(R_D \parallel r_O)$。然后，采用图 6.47(b)
206　中所示的结构，并利用 V_{out} 为零以及通过 R_D 的电流也为零的条件，求出 $Z_{out,0}$。由于 $V_{out}=0$，我们得到：$V_{GS}=V_1$；$I_1=-g_m V_{GS}=-g_m V_1$。也就是说，$Z_{out,0}=-1/g_m$。注意，我们抵制了诱惑，没有写出包含 V_{in} 的等式，而且，由于 $V_{in}\neq 0$，$Z_{out,0}$ 的负号也不意味着 A 点与 B 点之间的阻抗是负阻抗。

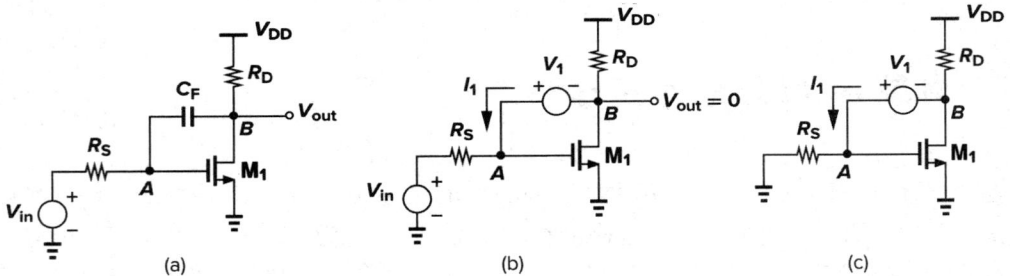

图 6.47

　　关于 $Z_{in,0}$，我们从图 6.47(c)得到，$V_A=I_1 R_S=V_{GS}$。在结点 B，基尔霍夫电流定律（KCL）给出：通过 R_D 的电流为 $g_m I_1 R_S + I_1$。对 R_D，V_1 和 R_S 的回路，应用基尔霍夫电压定律（KVL）得到 $I_1 R_D(1+g_m R_S)-V_1+I_1 R_S=0$。因此，$Z_{in0}=(1+g_m R_S)R_D+R_S=(1+g_m R_D)R_S+R_D$，因此得到 $G(s)$ 为

$$G(s) = -g_m(R_D \parallel r_O)\dfrac{1-\dfrac{1}{g_m}C_F s}{1+[(1+g_m R_D)R_S+R_D]C_F s} \tag{6.111}$$

　　我们看到，EET 能完美地预测 C_F 所产生的零点和极点。

例 6.20 —————————————————————————————————

如果电路同时包含 C_F 和电容 C_B，重复做上面的例题，其中，C_B 连接结点 B 和地。

解: 因为我们已经得到了存在 C_F 时的传输函数，我们必须寻求与 C_B 对应的 $Z_{out,0}$ 和 $Z_{in,0}$。图 6.48(a)所示的结构表明 $Z_{out,0}=0$。因为当 V_1 不为 0 时要求漏电压必须为零，这就要求无限大的电流流过 V_1。

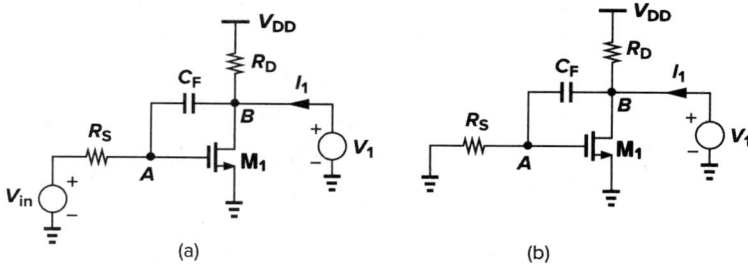

图 6.48

对于 $Z_{in,0}$，我们从图 6.48(b)注意到: $V_{GS}=V_1 R_S C_F s/(R_S C_F s+1)$；流过 C_F 的电流等于 $V_1/[(C_F s)^{-1}+R_S]$。在漏结点的 KCL 给出

$$\frac{V_1}{R_D}+\frac{V_1 C_F s}{R_S C_F s+1}+g_m V_1 \frac{R_S C_F s}{R_S C_F s+1}=I_1 \tag{6.112}$$

由此得到

$$Z_{in,0}=\frac{R_D(R_S(C_F s+1))}{[R_S(1+g_m R_D)+R_D]C_F s+1} \tag{6.113}$$

由式(6.111)，我们可写出新的传递函数:

$$G(s)=-g_m(R_D \parallel r_O)\frac{1-\dfrac{C_F}{g_m}s}{1+[(1+g_m R_D)R_S+R_D]C_F s}\frac{1}{1+\dfrac{R_D(R_S C_F s+1)C_B s}{[R_S(1+g_m R_D)+R_D]C_F s+1}}$$

$$=-g_m(R_D \parallel r_O)\frac{1-\dfrac{C_F}{g_m}s}{[R_S(1+g_m R_D)+R_D]C_F s+R_D(R_S C_F s+1)C_B s+1} \tag{6.114}$$

—————————————————————————————————

EET 也可以表示串联元件[1]。也就是说，在我们插入与一个支路串联的元件 Z_1 以前，如果电路的传输函数是 $H(s)$，则新的传递函数[1]由下式给出:

$$G(s)=H(s)\frac{1+\dfrac{Z_1}{Z_{out,0}}}{1+\dfrac{Z_1}{Z_{in,0}}} \tag{6.115}$$

6.9　附录 B:零值时间常数方法

　　当极点的数量超过 2 个时,我们本章中频率响应的分析表明,会产生相当大的数学运算。在某些情况下,如果存在一个极点或电路的－3dB 带宽,我们对主极点的估算是满意的。"零值时间常数"(ZVTC)方法提供了这些量的近似计算。这也被证明是另一个有用的分析工具。

　　在探讨 ZVTC 方法之前,让我们做这样的观察。假设一个电路包含一个电容而没有其他任何存储元件,我们希望确定系统[见图 6.49(a)]的极点。我们可以推导出该系统的传递函数 $V_{out}(s)/V_{in}(s)$,并对其分母 $D(s)$ 进行讨论。或者,如图 6.49(b)所示,我们可以将输入设为零,计算从 C_1 "看到"的电阻 R_1,并将极点表示为 $1/(R_1C_1)$。习题 6.23 中,我们会证明,为什么这是正确的,但重要的是,这种方法通常能简化分析。

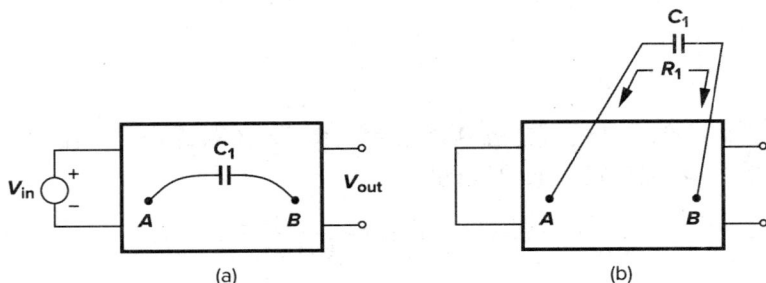

图 6.49　(a)含一个电容的通常电路;(b)由 C_1 所"看到"的电阻

例 6.21

CG 级包含一个与栅串联的电阻 R_G[图 6.50(a)]。如果只考虑 C_{GD},确定极点频率。

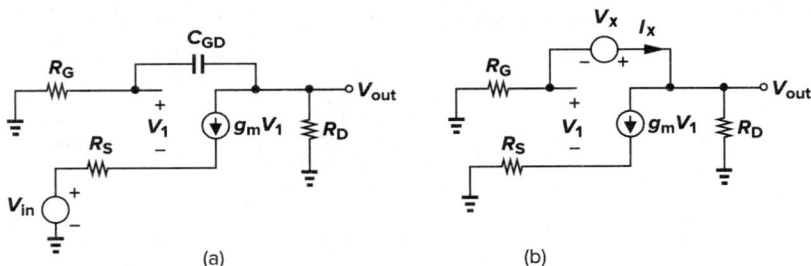

图 6.50

　　解:如图 6.50(b)所示,我们去除 C_{GD},设置 V_{in} 为零,并施加电压(或电流)源来测量由该电容所看到的电阻。R_S 两端的电压等于 $g_m V_1 R_S$,得到

$$g_m V_1 R_S + V_1 = -I_X R_G \tag{6.116}$$

因此,$V_1 = -I_X R_G/(1+g_m R_S)$。由于通过 R_D 的电流等于 $I_X - g_m V_1$,我们得到

$$-I_X R_G + V_X = (I_X - g_m V_1)R_D \tag{6.117}$$

将 V_1 的值代入式(6.117),得到

$$\frac{V_X}{I_X} = R_{\mathrm{D}} + \left(\frac{g_{\mathrm{m}}R_{\mathrm{D}}}{1+g_{\mathrm{m}}R_{\mathrm{S}}}+1\right)R_{\mathrm{G}} = R_{\mathrm{eq}} \tag{6.118}$$

极点由 $1/(R_{\mathrm{eq}}C_{\mathrm{GD}})$ 给出。鼓励读者直接确定电路的传输函数，并比较这两种方法的数学运算量。

有意义的是，由于 R_{G}，从 C_{GD} 所看到的电阻值由 R_{D} 上升到 R_{D} 加上 R_{G} 与某个倍数的乘积，而这倍数是 CG 级的低频增益加 1。同样值得注意的是，图 6.50(a)电路不适合采用密勒近似（为什么？）。

作为对 ZVTC 方法进行讨论的第一步，让我们确定图 6.51 中所示的简单的二阶电路的传输函数。由于通过 R_2 的电流等于 $V_{\mathrm{out}}C_2 s$，因此 $V_X = R_2 V_{\mathrm{out}}C_2 s + V_{\mathrm{out}}$。我们可得到，通过 C_1 的电流为 $V_X C_1 s = (1+R_2 C_2 s)C_1 s V_{\mathrm{out}}$。该电流与通过 R_2 的电流均流经 R_1，因此在 R_1 产生的电压降等于 $R_1(1+R_2 C_2 s)C_1 s V_{\mathrm{out}} + R_1 V_{\mathrm{out}}C_2 s$。环绕 V_{in}、R_1、R_2 和 V_{out}，根据 KVL 可写出

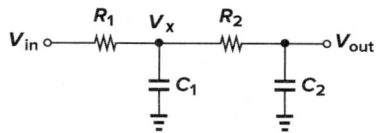

图 6.51　二阶 RC 电路

$$V_{\mathrm{in}} = R_1(1+R_2 C_2 s)C_1 s V_{\mathrm{out}} + R_1 C_2 s V_{\mathrm{out}} + R_2 V_{\mathrm{out}}C_2 s + V_{\mathrm{out}} \tag{6.119}$$

由此得出

$$\frac{V_{\mathrm{out}}}{V_{\mathrm{in}}}(s) = \frac{1}{R_1 R_2 C_1 C_2 s^2 + [R_1 C_1 + (R_1 + R_2)C_2]s + 1} \tag{6.120}$$

由 6.2 节我们记得，如果存在主极点，则它将由 s 的系数 B_s 的倒数给出。我们现在关注这个系数。注意，它必须具有时间的量纲，因此它是时间常数的总和。第一时间常数 $R_1 C_1$ 所包含的电阻，等于从 C_1 "看到"的电阻，就像 C_2 等于零①。同样，第二时间常数 $(R_1 + R_2)C_2$，来自 C_2 所 "看到" 的电阻，犹如 C_1 为零。我们称 $R_1 C_1$ 和 $(R_1 + R_2)C_2$ 为 "零值" 的时间常数，因为得到每个时间常数时均把另一个电容的值设置为零。

我们可以将这个结果进行推广吗？我们是否可以说，主极点由所有的零值时间常数总和的倒数给出？为回答这个问题，首先我们必须证明，即使对高阶系统，主极点也等于分母中 s 系数的倒数。将分母写为

$$D(s) = \left(1+\frac{s}{\omega_{\mathrm{p}1}}\right)\left(1+\frac{s}{\omega_{\mathrm{p}2}}\right)\cdots\left(1+\frac{s}{\omega_{\mathrm{p}n}}\right) \tag{6.121}$$

我们认识到，s 的系数 B_s 等于 $\omega_{\mathrm{p}1}^{-1} + \omega_{\mathrm{p}2}^{-1} + \cdots + \omega_{\mathrm{p}n}^{-1}$，如果 $\omega_{\mathrm{p}1}$ 是主极点，则 B_s 会变为 $\omega_{\mathrm{p}1}^{-1}$。

其次，我们必须证明，B_s 等于电路的零值时间常数的总和。假设该电路的存储元件只包含电容②，我们注意到，B_s 具有时间的量纲，可以表示为

$$B_s = R_1 C_1 + R_2 C_2 + \cdots + R_n C_n \tag{6.122}$$

其中，$R_1 \sim R_n$ 是未知的。请注意，$C_1 \sim C_n$ 表示电路中的电容，但 $R_1 \sim R_n$ 可能表示物理电阻或等效电阻（例如，$1/g_{\mathrm{m}}$）。我们如何获得 $R_1 \sim R_n$？如果将 $C_2 \sim C_n$ 设为零，系统的阶数降至 1，即 $D(s) = B_s s + 1 = R_1 C_1 s + 1$，其中 R_1 是由 C_1 "看到" 的电阻。同样，如果 $C_1 = C_3 = \cdots = C_n = 0$，我们有 $D(s) = R_2 C_2 s + 1$，其中 R_2 是由 C_2 "看到" 的电阻。因此，主极点确实等于零值时间

---

① 此时，$V_{\mathrm{in}} = 0$。
② 该分析也可适用于其它类型的存储元件。

常数总和的倒数。读者应特别注意，尽管 $B_s = \omega_{p1}^{-1} + \omega_{p2}^{-1} + \cdots + \omega_{pn}^{-1} = R_1 C_1 + R_2 C_2 + \cdots + R_n C_n$，我们不能得出如下结论：$\omega_{p1}^{-1} = R_1 C_1$，$\omega_{p2}^{-1} = R_2 C_2$ 等等。此外，还要注意，此方法忽略了零点的影响。

210　　如果我们要估计电路的 −3 dB 带宽，ZVTC 方法被证明是有用的。如图 6.52 所示，这个思想是以单极点系统来近似实际的频率响应，因此是以单个指数来近似实际的时间响应。下面的例题将说明这一点。

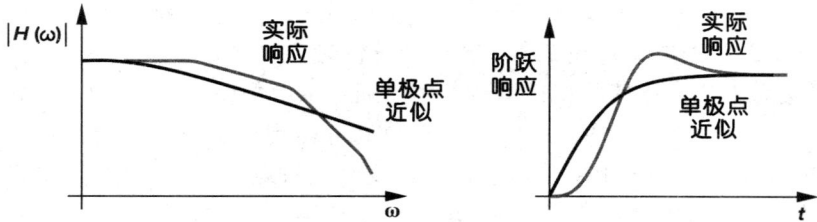

图 6.52　对应的单极点系统中频率响应与时间响应的近似

例 6.22

对有电阻负反馈的共源级，请估算 −3 dB 带宽。假设 $\lambda = \gamma = 0$。

解：如图 6.53(a) 所示，该电路的小信号模型是三阶的[①]，提供了一些直觉。零值时间常数方法可以给出电路带宽的粗略估计值，从而可揭示每个电容对带宽的贡献。

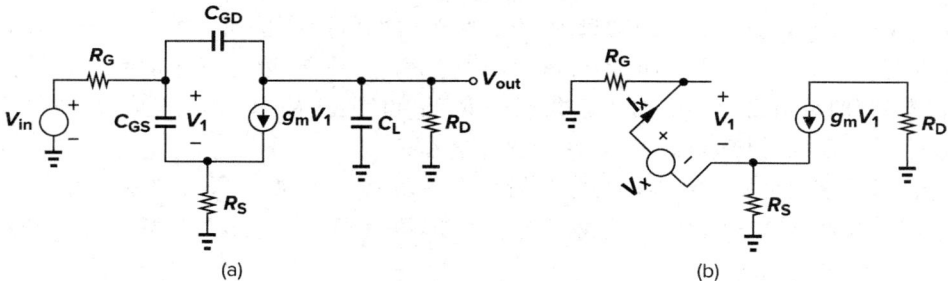

图 6.53

我们从与 C_{GS} 关联的时间常数开始，将 C_{GD} 和 C_L 设为零。如图 6.53(b) 所示，由 C_{GS} "看到"的电阻是 V_X/I_X。我们把该电阻记为 R_{CGS}。由于 $V_1 = V_X$，流过 R_S 的电流等于 $g_m V_1 - I_X = g_m V_X - I_X$。根据 KVL 我们写出

$$I_X R_G = V_X + (g_m V_X - I_X) R_S \tag{6.123}$$

得到

$$R_{CGS} = \frac{R_G + R_S}{1 + g_m R_S} \tag{6.124}$$

对于由 C_{GD} 所"看到"的电阻，根据例 6.21 我们得到

$$R_{CGD} = R_D + \left(\frac{g_m R_D}{1 + g_m R_S} + 1 \right) R_G \tag{6.125}$$

211

---

① 通过观察可以看到，有可能在这 3 个电容的两端施加 3 个独立的初始条件，这并不违反基尔霍夫电压定律。

最后，由 C_L 所"看到"的电阻，它等于 R_D。因此得到，-3 dB 带宽为

$$\omega_{-3\mathrm{dB}}^{-1} = \frac{R_G + R_S}{1 + g_m R_S}C_{GS} + \left[R_D + \left(\frac{g_m R_D}{1 + g_m R_S} + 1\right)R_G\right]C_{GD} + R_D C_L \tag{6.126}$$

如果没有源极负反馈，这结果简化为式(6.35)。对有限的 R_S 的情况，C_{GS} 和 R_G 对带宽的不利影响被减小到 $1/(1+g_m R_S)$，提高了带宽，但这是以电压增益的减小为代价得到的。

例 6.23 ——

对于包含栅电阻 R_G 和源电阻 R_S 的共栅级，重做上面的例题。

解：我们画出如图 6.54 所示的小信号电路。为计算零值时间常数，总的输入 V_{in} 设置为零。因此，由此产生的等效电路对共源和共栅级是相同的，产生相同的时间常数，因而产生相同的带宽。图 6.53(a)和图 6.54 的电路在结构方面毕竟是相同的，它们包含相同的极点。

这个结果与我们前面关于共栅级没有密勒效应的结论是否相矛盾？不，它们之间不存在矛盾。在共栅级，我们努力避免 R_G；而在共源级，R_G 表示上述电路的输出电阻，是不可避免的。

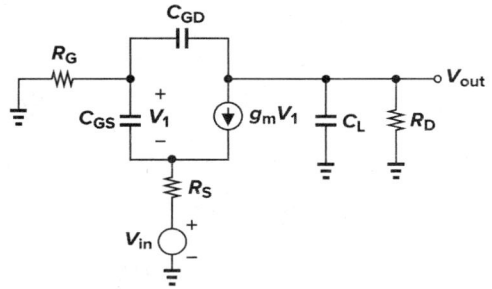

图 6.54

6.10　附录 C:密勒定理的对偶

在密勒定理中(图 6.2)，我们很容易注意到：$Z_1 + Z_2 = Z$。这不是巧合，而且它有一个重要的推论。重画图 6.2，如图 6.55(a)所示，我们推测：由于 Z_1 和 Z_2 之间的结点可以接地，假设我们沿着阻抗 Z 从 X"走"向 Y，当我们处在某个中点时，自身的电位会降至零[图 6.55(b)]。的确，对于 $V_P = 0$，我们得到

212

$$\frac{Z_a}{Z_a + Z_b}(V_Y - V_X) + V_X = 0 \tag{6.127}$$

由于 $Z_a + Z_b = Z$，则

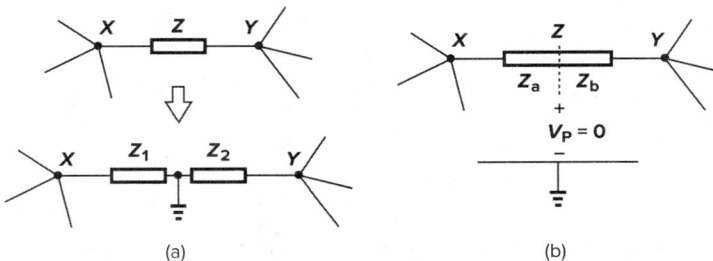

图 6.55　沿 Z 找出一个局部零电位的密勒定理的图示

$$Z_a = \frac{Z}{1 - V_Y/V_X} \tag{6.128}$$

同样地

$$Z_b = \frac{Z}{1 - V_X/V_Y} \tag{6.129}$$

换句话说,Z 提供一个零电位的中间点并分解为 $Z_1(=Z_a)$ 和 $Z_2(=Z_b)$。例如,在图 6.13 的共源级电路中,由于 V_X 和 V_Y 的极性相反,在 C_{GD} 的"内部"某点的电位降到零。

以上的分析说明图 6.5 中所示变换的困难。对于图 6.56(a) 的情况,我们画出图 6.56(b),由图可见:在 P 点接地以前,这电路仍然有效,因为通过 $R_1 + R_2$ 的电流必定等于通过 $-R_2$ 的电流。然而,如果图 6.56(b) 的 P 点接地,则 X 和 Y 之间的唯一电流通路就不存在了。

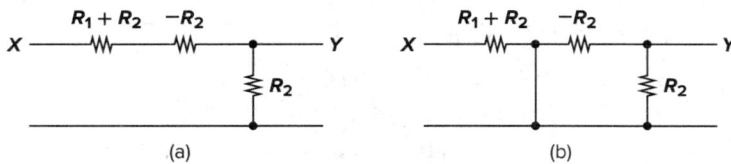

图 6.56   对 R_1 分解后的电阻分压器

沿着浮动阻抗 Z 的局部零电位的概念允许我们能够建立密勒定理的对偶,即借助于导纳和电流比的分解。假定电流为 I_1 和 I_2 两个环路共有一个导纳 Y[图 6.57(a)],如果导纳 Y 被适当地分解成两个并联的导纳 Y_1 和 Y_2,则这两个导纳之间流动的电流为零[图 6.57(b)],而且它们的连接可以断开[图 6.57(c)]。在图 6.57(a) 中,Y 两端的电压等于 $(I_1 - I_2)/Y$;在图 6.57(c) 中,Y_1 两端的电压等于 I_1/Y_1。由于这两个电路是等效的,即

$$\frac{I_1 - I_2}{Y} = \frac{I_1}{Y_1} \tag{6.130}$$

由此得

$$Y_1 = \frac{Y}{1 - I_2/I_1} \tag{6.131}$$

注意到这个表达式的对偶性以及 $Z_1 = (1 - V_Y/V_X)Z$,我们还得到

$$Y_2 = \frac{Y}{1 - I_1/I_2} \tag{6.132}$$

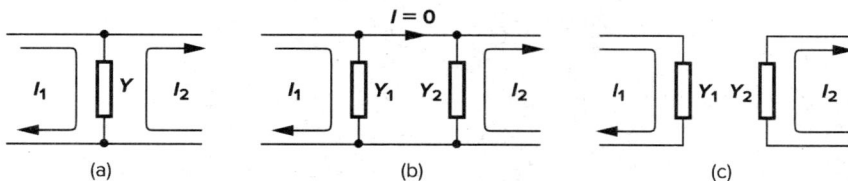

图 6.57   (a)共用导纳 Y 的两个环路;(b)Y 分解为 Y_1 和 Y_2 并使 $I=0$;(c)等效电路

参考文献

[1] R. D. Middlebrook,"Null Double Injection and the Extra Element Theorem," *IEEE Trans. Circuits and Systems*,vol. 32,pp. 167–180,Aug. 1989.

习题

　　除非另外说明,在下列问题中,都使用表 2.1 中的器件数据,如果涉及到 V_{DD},则假定 V_{DD} = 3 V,并假定所有的晶体管均处在饱和区,所有器件的尺寸均为有效值并以 μm 为单位。

6.1　在图 6.3(c)的电路中,假定放大器有一定的输出电阻 R_{out}。

　　　(a)请说明输出在开始下降之前,为什么上跳 ΔV。这表明的在传输函数中存在一个零点。

　　　(b)如果不采用密勒定理,请确定传输函数和阶跃响应。

6.2　如果放大器有一个输出电阻 R_{out},而且电路驱动一个负载电容 C_L,请重做习题 6.1。

6.3　图 6.13 的共源级电路中,$(W/L)_1 = 50/0.5$,$R_S = 1$ kΩ,$R_D = 2$ kΩ。如果 $I_{D1} = 1$ mA,确定这个电路的极点和零点。

6.4　考虑图 6.16 中的共源级电路,其中 I_1 通过一个工作在饱和区的 PMOS 器件实现,假定 $(W/L)_1 = 50/0.5$,$I_{D1} = 1$ mA,$R_S = 1$ kΩ。

　　　(a)确定 PMOS 晶体管的宽长比,使得最大允许输出电平为 2.6 V。最大的峰-峰值摆幅是多少?

　　　(b)确定极点和零点。

6.5　一个源跟随器的 NMOS 的 $W/L = 50/0.5$,其偏置电流为 1 mA。该电路被一个 10 kΩ 的源阻抗驱动,计算在输出端"看到"的等效电感。

6.6　如果忽略其它电容,计算图 6.58 所示的每一个电路的输入阻抗。

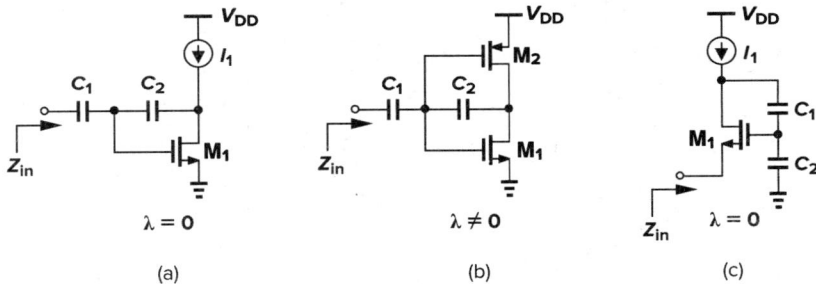

图 6.58　习题 6.6 的图

6.7　估算图 6.59 中每个电路的极点。

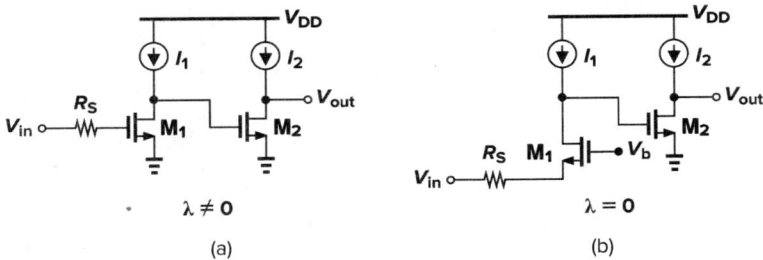

图 6.59

6.8　计算图 6.60 中每一个电路的输入阻抗和传输函数。

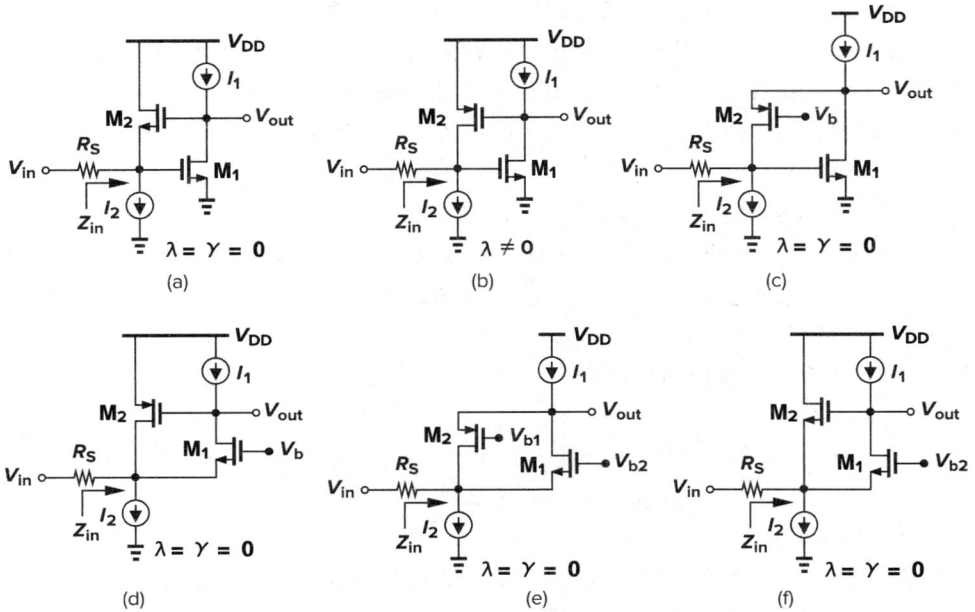

图 6.60

6.9　计算图 6.61 中每一个电路在非常低和非常高的频率下的增益。忽略所有其它电容,对
　　电路(a)和(b)假定 λ=0,对所有电路假定 γ=0。

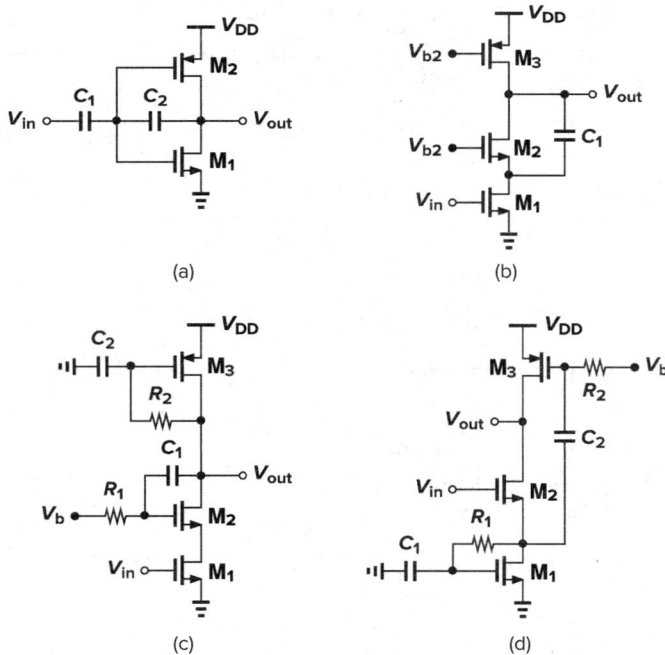

图 6.61

6.10 计算图 6.62 中每一个电路在非常低和非常高的频率下的增益。忽略所有其它电容并假定的 $\lambda = \gamma = 0$。

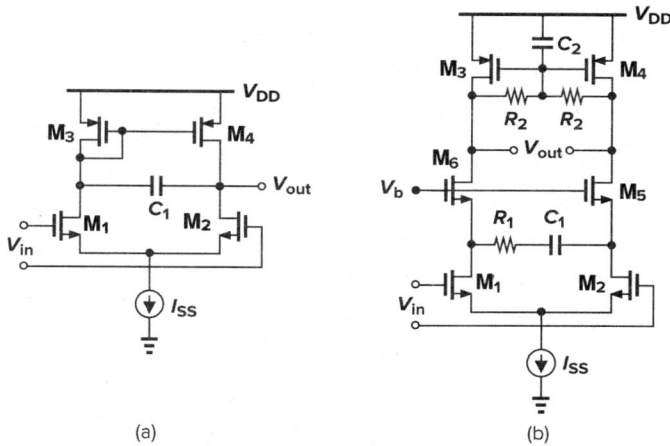

图 6.62

6.11 考虑图 6.63 所示的共源共栅级电路,在共源共栅级的频率响应的分析中,我们假定 M_1 的栅漏交叠电容增大了 $g_{m1}/(g_{m2}+g_{mb2})$ 倍。然而,从第 3 章我们知道,如果 M_2 的漏端有大电阻负载,则向 M_2 的源"看"进去,所"看到"的电阻可以相当大,这表示 C_{GD1} 的密勒乘积系数更大。请说明:当 C_L 比较大时,为什么 C_{GD1} 的密勒乘积系数仍然为 $1+ g_{m1}/(g_{m2}+g_{mb2})$。

6.12 忽略其它电容,计算图 6.64 电路中的 Z_X。画出 $|Z_X|$ 与频率的关系草图。

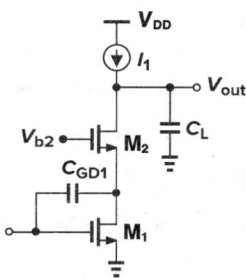

图 6.63

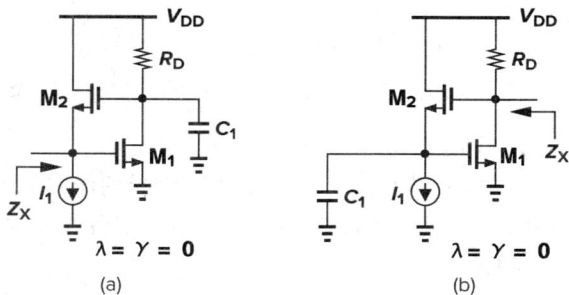

图 6.64

6.13 图 6.31 的共栅级的电路中,$(W/L)_1 = 50/0.5$,$I_{D1} = 1$ mA,$R_S = 1$ kΩ,$R_D = 2$ kΩ。假定 $\lambda = 0$,确定极点和低频增益。这些结果如何与习题 6.9 得到的结果进行比较?

6.14 在图 6.34 的共源共栅级电路中,假定电阻 R_G 与 M_2 的栅串联,除 C_{GS2} 外,忽略其它电容,并假定 $\lambda = \gamma = 0$。请确定传输函数。

6.15 运用图 6.18 的方法,确定图 6.41(b)所示电路的传输函数的零点。

6.16 图 6.32(a)的电路中,$(W/L)_{1,2} = 50/0.5$,$(W/L)_{3,4} = 10/0.5$,如果 $I_{SS} = 100\ \mu A$,$K = 2$,$C_L = 0$,R_D 采用一个 NFET,该晶体管的 $W/L = 50/0.5$,请估算这个电路的零点和极

215
(216)

点。假定这个放大器被一个理想电压源所驱动。

6.17 由一个理想电压源所驱动的差动对,在它的增益下降到 1 的频率处,要求它的总的相移为 135°。

(a)请说明为什么用二极管连接的器件或用电流源实现的负载都不满足这个条件。

(b)考虑图 6.65 所示的电路,忽略其它电容,请确定其传输函数。说明在什么条件下负载呈现出电感特性。这个电路能否在增益下降到 1 的频率处提供 135°的总相移?

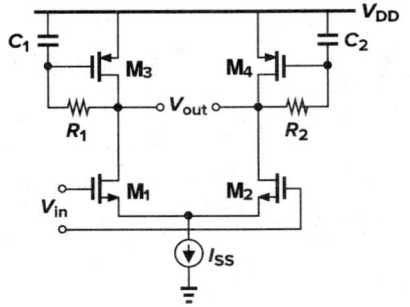

6.18 重做例 6.3,但假设 I_1 被电阻 R_1 替换。

6.19 源极跟随的方式类似,有电阻负反馈的共源级自举 C_{GS},估算该级的输入电容。

6.20 对栅极有串联电阻 R_G 的共栅级,如果只包括 C_{GS} 和 C_{GD},并假设 $\lambda = \gamma = 0$,确定传输函数。

6.21 对栅极有串联电阻 R_G 的共栅级,如果只包括 C_{GD} 和 C_{DB},并假设 $\lambda = \gamma = 0$,确定传输函数。

6.22 对于电流源负载的差动对,假设每个输入均由串联电阻 R_S 驱动,确定差动信号的传输函数。

6.23 考虑只包含一个电容 C_1 的电路。我们将总输入设为零,并采用电流源 I_x 与 C_1 并联,结果得到了 C_1 两端的电压 V_x,并因此可得到阻抗 $V_x(s)/I_x(s)$(见图 6.66)。该阻抗具有与总传输函数相同的极点。证明极点频率为 $1/(R_1 C_1)$,其中 R_1 是从 C_1 所"看到"的电阻。

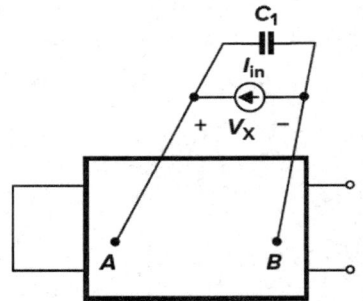

6.24 如果 $\lambda > 0, \gamma > 0$,重做例 6.22。

6.25 证明 N 个一阶相同增益级进行级联的 -3 dB 带宽为 $\sqrt[N]{\sqrt{2}-1}\omega_P$,其中 ω_P 为一级的极点。

6.26 式(6.30)中,如果 $C_{GD} = 0$,则该式简化为两个传输函数的乘积。这两个传输函数可以采用以下方法得到:分别通过极点与输入结点和输出结点的关联。

图 6.65

图 6.66

第 7 章

噪　声

噪声限制了一个电路能够正确处理的最小信号电平,现今的模拟电路设计者经常要考虑噪声的问题,因为噪声与功耗、速度和线性度之间是互相制约的。

本章我们阐述噪声现象及其在模拟电路中的影响,目的是为了充分理解噪声带来的问题,以便在后面的章节中进一步研究模拟电路时,能像考虑其它电路参数(例如增益、输入和输出阻抗等)一样来考虑噪声。从表面上看,噪声是个复杂的问题,之所以提前在这里介绍,是为了使读者在本书以后的章节中都能涉及噪声问题,并通过各种例子,使它变得更加直观。

在概述噪声在频域和时域的特性之后,我们介绍热噪声和闪烁噪声;接着,我们考虑在电路中表示噪声的方法;最后,我们阐述噪声在单级和差动放大器中的影响,以及其它性能参数与噪声的折中考虑。

7.1　噪声的统计特性

噪声是一个随机过程。在本书中就我们使用的场合而言,这句话的含义是:即使知道了过去噪声的大小,噪声的值在任何时候都不能被预测。如图 7.1 将一个正弦波发生器的输出与拾取一条河中的水流声的麦克风的输出相比,虽然 $x_1(t)$ 在 $t=t_1$ 时的值可以从观测到的波形

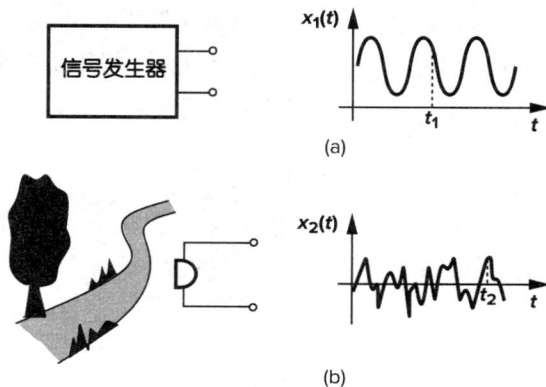

图 7.1　(a)信号发生器的输出信号波形;(b)水流声波形

上预测,但 $x_2(t)$ 在 $t=t_2$ 时的值却不能预测,这就是确定性现象和随机现象的主要区别。

如果时域的噪声的瞬时值不能预测,那么我们如何将噪声引入到电路分析中呢?这要靠长时间观测噪声,并用测量的结果为噪声构造一个"统计模型"来完成。虽然噪声的瞬时**幅值**不能预测,但统计模型提供了有关噪声的一些其它重要特性的知识,它被证实在电路分析中是有用的,并且是合适的。

噪声的哪些特性可以被预测呢? 在很多情况下,噪声的平均功率是可以被预测的。比如,如果拾取河水声的麦克风离河更近些,得到的电信号平均地显示出更大的振幅和更高的功率,如图 7.2 所示。读者或许想知道:一个随机过程是否可以随机到使其平均功率也不可预测。这样的过程确实存在,但幸运的是,电路中的大多数噪声源显示出了固定的平均功率。

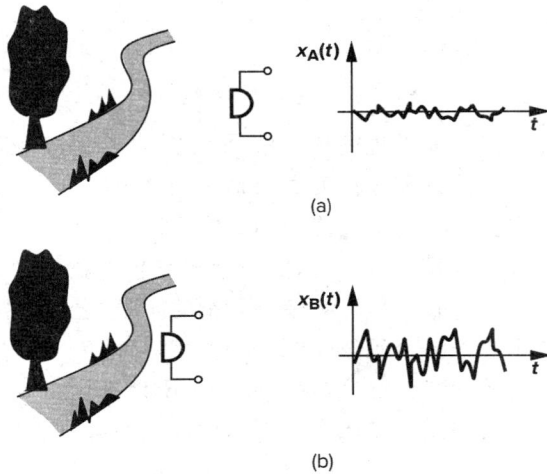

图 7.2 随机信号的平均功率

平均功率的概念在我们的分析中被证明是最重要的,因此必须认真地对它下定义。我们从基本电路理论可知,一个周期性电压 $v(t)$ 加在一个负载电阻 R_L 上消耗的平均功率由下式给出:

$$P_{av} = \frac{1}{T} \int_{-T/2}^{+T/2} \frac{v^2(t)}{R_L} dt \tag{7.1}$$

其中 T 是周期[①]。如果以 W 为计量单位,P_{av} 可被形象地看作是 $v(t)$ 在 R_L 上产生的平均热能。

如何定义一个随机信号的 P_{av} 呢? 在图 7.2 的例子中,如果麦克风驱动一个阻性负载,我们预计 $x_B(t)$ 产生的热量比 $x_A(t)$ 的多。但是由于信号不是周期性的,所以测量必须长时间进行。

$$P_{av} = \lim_{T \to \infty} \frac{1}{T} \int_{-T/2}^{+T/2} \frac{x^2(t)}{R_L} dt \tag{7.2}$$

其中 $x(t)$ 表示电压量。图 7.3 表示对 $x(t)$ 的运算:信号取平方,在较长时间 T 内计算由此产生的波形下的面积,平均功率可通过将面积对 T 归一化后得到[②]。

为了简化计算,把 P_{av} 的定义写为

---

① 更严格地,应该用 $v(t)v^*(t)$ 代替 $v^2(t)$,其中 $v^*(t)$ 是 $v(t)$ 的复共扼波表达式。

② 严格地说,这个定义只适合于"静态的"过程[1]。

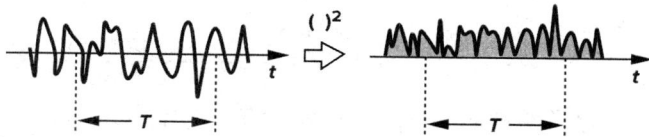

图 7.3 平均噪声功率

$$P_{\mathrm{av}} = \lim_{T \to \infty} \frac{1}{T} \int_{-T/2}^{+T/2} x^2(t)\,\mathrm{d}t \tag{7.3}$$

这里，P_{av} 用 V^2 来表示而不是用 W。其思想是，如果我们由式(7.3)知道了 P_{av}，那么加在负载 R_{L} 上的实际功率可以很容易地由 $P_{\mathrm{av}}/R_{\mathrm{L}}$ 计算出。类似于确定性的信号，我们也可以为噪声定义一个均方根电压 $\sqrt{P_{\mathrm{av}}}$，这里 P_{av} 由式(7.3)给出。

7.1.1 噪声谱

如果平均功率的定义涉及噪声的**频率成分**，那么平均功率的概念就变得更通用了。一组男人发出的喧闹声比一组女人发出的包含的高频成分要弱，这就是从每一种类型的噪声"频谱"中观察到的差别。频谱，也称为"功率谱密度"(PSD)，表示在每个频率上信号具有的功率大小。更明确地讲，噪声波形 $x(t)$ 的 PSD，即 $S_x(f)$，被定义为 f 附近 1 Hz 带宽内 $x(t)$ 具有的平均功率。即，如图 7.4(a)所示，把 $x(t)$ 加到一个中心频率为 f_1，带宽为 1 Hz 的带通滤波

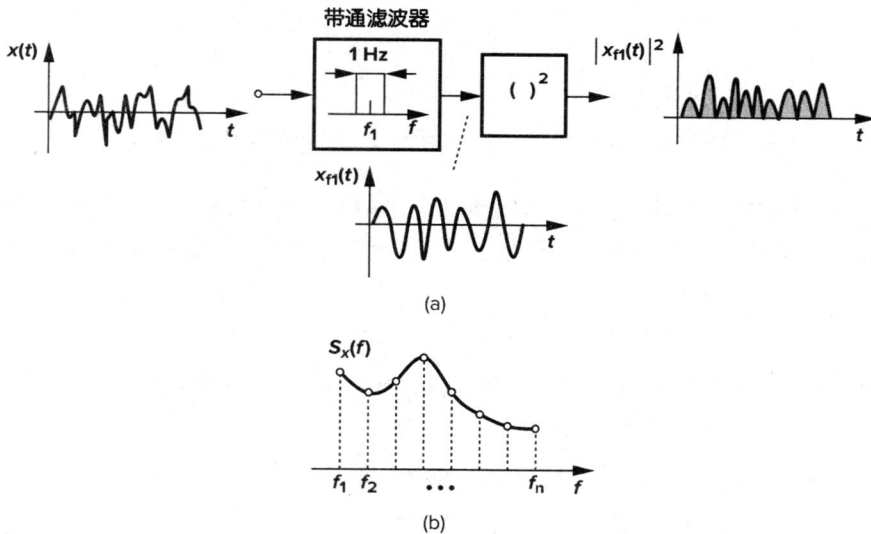

(a)

(b)

图 7.4 噪声谱的计算

器，对输出取平方，并在一个长的时间内计算它的平均值，便得到 $S_x(f_1)$。利用具有不同中心频率的带通滤波器，重复以上的过程，我们就可以得到 $S_x(f)$ 的完整的波形(图 7.4(b))[①]。通常，$S_x(f)$ 的计量单位是 W/Hz。$S_x(f)$ 以下的总面积表示信号(或噪声)在所有频率中具有的

---

① 在信号处理理论中，PSD 被定义为噪声的自相关函数的傅里叶变换。这两种定义在我们所关心的大部分情况下是等价的。

功率,即总功率。

例 7.1 ──

　　(a)画出男人和女人声音频谱的草图。时域波形方面的差异意味着什么?

221　　(b)对语音信号,估算式(7.3)中的平均时间 T。

　　解:(a)人的声音频率范围,从 20 Hz 到 20 kHz。由于女性的声音包含较强的高频成分,我们期望两个频谱有差异,如图 7.5(a)所示。时域中,我们观察到,妇女的声音具有更快的变化[见图 7.5(b)]。

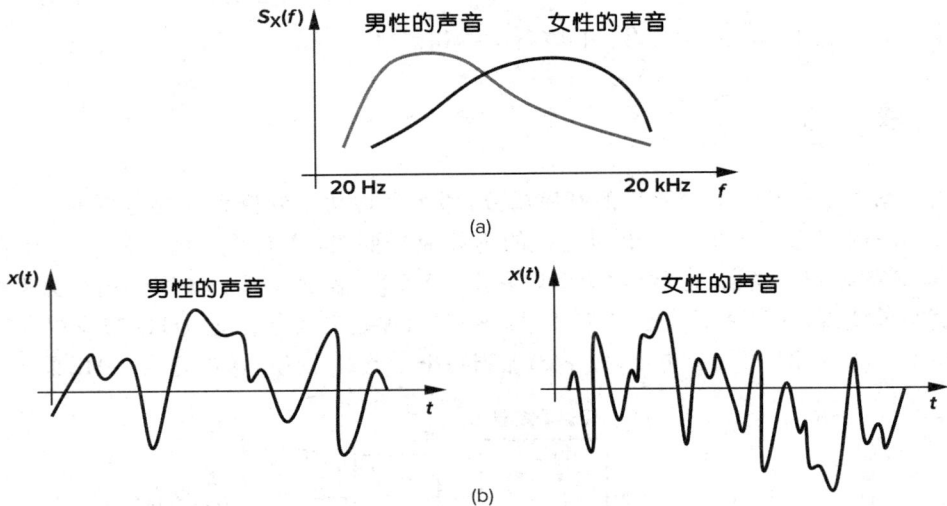

(a)

(b)

222　　　　　　　　　　图 7.5　(a)男人和女人声音的频谱;(b)相应的时域波形

　　(b)平均时间必须是足够长的时间,以便包含足够数量的**最低**频率的周期。也就是说,平均的操作必须采集信号中最慢的动态信号。因此,我们选择 T 时,必须至少包含约 10 个周期的 20 Hz 频率,即大约 500 ms。

──

　　当使用式(7.3)定义的 P_{av} 时,习惯上从 $S_X(f)$ 中去掉 R_L。这样,因为图 7.4(b)中曲线上的每个值是在 1 Hz 带宽上测量的,所以,$S_X(f)$ 用 V^2/Hz 表示,而不是 W/Hz 表示。通常也对 $S_X(f)$ 取平方根,以 $V/\sqrt{Hz}$ 表示其结果。例如,我们说一个放大器在 100 MHz 处的输入噪声电压等于 3 $nV/\sqrt{Hz}$,只是意味着在 100 MHz 处 1 Hz 带宽内的平均功率等于$(3\times 10^{-9})^2\ V^2$。

　　噪声 PSD 的一个通常类型的例子是"白噪声谱",也叫白噪声。如图 7.6 所示,白噪声的 PSD 在整个频率范围显示出相同的值(类似于白光)。严格地说,我们注意到:由于功率谱密度下的总面积,即噪声具有的总功率,是无限的,所以白噪声是不存在的。但实际上对于任何一种噪声谱,如果在**所关心的频带内**是平坦的,通常都被称为白噪声谱。

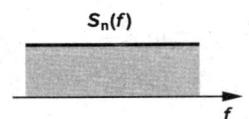

图 7.6　白噪声谱

PSD,特别是连同下面的定理一起,是分析电路中噪声影响的有力工具。

定理　如果把噪声谱为 $S_X(f)$ 的一个信号加在一个传输函数是 $H(s)$ 的线性时不变系统上,则输出谱由下式给出:

$$S_Y(f) = S_X(f) \mid H(f) \mid^2 \tag{7.4}$$

式中 $H(f) = H(s = 2\pi jf)$。其证明可以在信号处理或通信方面的教科书中找到,例如参考文献[1]。

这个定理与我们的直觉相符,信号的噪声谱应该被系统的传输函数"整形",如图 7.7 所示。例如,如图 7.8 所示,因为常规电话机有一近似为 4 kHz 的带宽,所以它就抑制了通话者声音的高频成分。注意,由于其有限的带宽,$x_{\text{out}}(t)$ 显出比 $x_{\text{in}}(t)$ 更慢的变化。这种带宽限制,有时会使我们难以识别对方的声音。

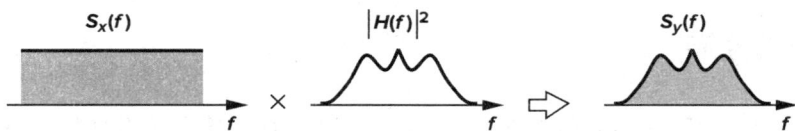

图 7.7　噪声被传输函数整形

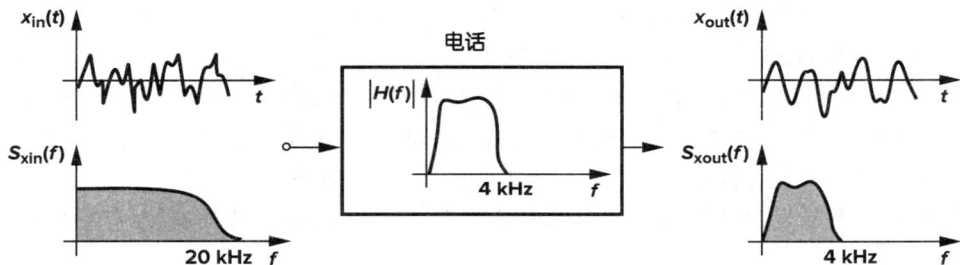

图 7.8　被电话机的带宽整形的频谱

如图 7.9 所示,因为对于实数 $x(t)$,$S_X(f)$ 是 f 的偶函数[1],所以 $x(t)$ 在频率范围 $[f_1, f_2]$ 内具有的总功率等于

$$P_{f1,f2} = \int_{-f_2}^{-f_1} S_X(f)\mathrm{d}f + \int_{+f_1}^{+f_2} S_X(f)\mathrm{d}f \tag{7.5}$$

$$= \int_{+f_1}^{+f_2} 2S_X(f)\mathrm{d}f \tag{7.6}$$

事实上,式(7.6)的积分是一个用功率计测量带通滤波器在 f_1 和 f_2 之间的输出得到的量。也就是说,把功率谱的负频率部分环绕垂直轴折叠并加到正频率部分。我们称图 7.9(a)的表示

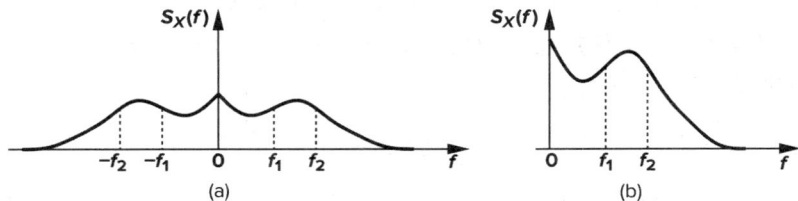

图 7.9　(a)双边噪声谱;(b)单边噪声谱

为"双边"谱，而称图 7.9(b)的表示为"单边"谱。例如图 7.6 的双边白噪声谱有对应的单边谱如图 7.10 所示。

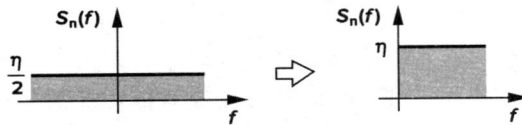

图 7.10　折叠的白噪声谱

总之，功率谱表示每一频率附近很小的带宽范围内所具有的功率，表示预计波形在时域中变化有多**快**。

7.1.2　幅值分布

如前所述，噪声的瞬时幅值通常是不可预测的，但是通过长时间观察噪声波形，我们可以构造出噪声幅值的"分布"，表示出每个值出现**多么**频繁。$x(t)$ 的分布，也被称为"概率密度函数"（probability density function，PDF），被定义为

$$P_X(x)\mathrm{d}x = x < X < x + \mathrm{d}x \text{ 的概率} \tag{7.7}$$

式中 X 是在一些时间点上测量出的 $x(t)$ 的值。

如图 7.11 所示，为估算幅值分布，我们在许多点对 $x(t)$ 进行采样，构成许多长方形组成的直方图，选择长方形的高度等于采样值落在长方形两边沿之间的采样的个数，并将长方形的高度对采样总数归一化。注意，PDF 没有给出关于 $x(t)$ 在时域内变化得多快的信息。例如，一把小提琴和一个鼓发出的声音即使频率成分大不一样，但可能具有相同的幅值分布。

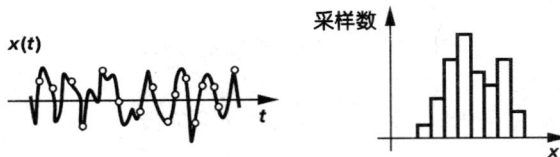

图 7.11　噪声的幅值分布

PDF 的一个重要例子是高斯（或正态）分布。中心极限定理指出，如果具有任意 PDF 的许多不相关的随机过程相加，和的 PDF 接近于高斯分布[1]。所以，难怪许多自然现象都表现出高斯统计分布。例如，因为电阻的噪声是由于大量的电子的随机运动造成的，每一个电子具有相对独立的统计规律，所以总的幅值服从高斯概率密度函数。

本书中，我们更大程度上使用噪声的功率谱和平均功率，而不是幅值分布。但是为了完整性，我们写出高斯 PDF 的定义为

$$P_X(x) = \frac{1}{\sigma\sqrt{2\pi}}\exp\frac{-(x-m)^2}{2\sigma^2} \tag{7.8}$$

式中 σ 和 m 分别是标准差和分布的平均值。对高斯分布，σ 等于噪声的均方根值。

7.1.3 相关噪声源和非相关噪声源

在电路分析中,我们通常需要把几个噪声源的影响相加来获得总噪声。虽然对于确定的电压和电流,我们可以简单地使用叠加原理,但对于随机信号这个过程有点不同。因为在噪声分析中,最终关心的是平均噪声**功率**,所以我们把两个噪声波形相加,并对得到的功率取平均值:

$$P_{av} = \lim_{T \to \infty} \frac{1}{T} \int_{-T/2}^{+T/2} \left[x_1(t) + x_2(t) \right]^2 dt \tag{7.9}$$

$$= \lim_{T \to \infty} \frac{1}{T} \int_{-T/2}^{+T/2} x_1^2(t) dt + \lim_{T \to \infty} \int_{-T/2}^{+T/2} x_2^2(t) dt + \lim_{T \to \infty} \frac{1}{T} \int_{-T/2}^{+T/2} 2x_1(t) x_2(t) dt \tag{7.10}$$

$$= P_{av1} + P_{av2} + \lim_{T \to \infty} \frac{1}{T} \int_{-T/2}^{+T/2} 2x_1(t) x_2(t) dt \tag{7.11}$$

式中 P_{av1} 和 P_{av2} 分别表示 $x_1(t)$ 和 $x_2(t)$ 的平均功率。式(7.11)中的第三项表示这两个波形有多"相似",称为 $x_1(t)$ 和 $x_2(t)$ 之间的相关性[1]。如果是由不相关器件产生的,噪声波形通常是"非相关的"并且式(7.11)中的积分就变成零。例如由电阻产生的噪声和由晶体管产生的噪声是不相关的,在这种情况下,$P_{av} = P_{av1} + P_{av2}$。从这个结果,我们说非相关噪声源**功率**的叠加是成立的。当然,对噪声电压和噪声电流,这种叠加也成立,但在大多数情况下,对我们没有什么帮助。

一个熟悉的类似的例子是露天体育场中的观众的噪声。在比赛开始前,有许多观众在交谈,产生非相关噪声成分,如图 7.12(a)所示。在比赛中,观众同时鼓掌(或呐喊),产生的相关噪声达到很高的功率水平,如图 7.12(b)所示。

在本书中研究的大多数情况,噪声源是非相关的。但在 7.3 节讨论了一个例外的情况。

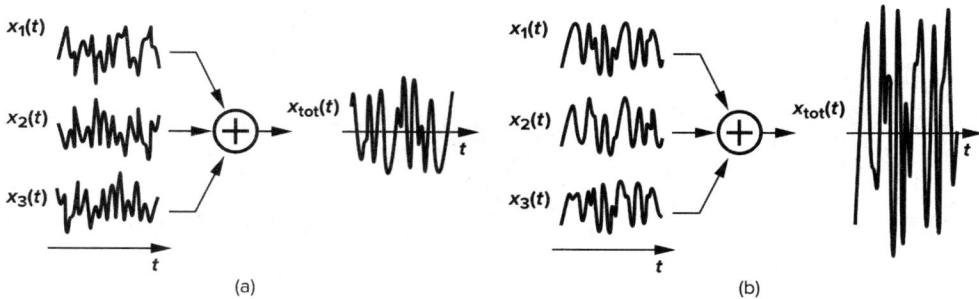

图 7.12 露天体育场产生的噪声:(a)非相关噪声;(b)相关噪声

7.1.4 信噪比

假设放大器接收一个正弦信号,如图 7.13 所示。输出既包含了被放大的信号,也包含了电路产生的噪声。为了使输出信号是可以理解的,它的功率 P_{sig} 必须足够地高于噪声功率

---

① 这个术语只适用于静态信号。

P_{noise}。 因此，我们定义的"信噪比"（SNR）为

$$SNR = \frac{P_{\text{sig}}}{P_{\text{noise}}} \tag{7.12}$$

例如，音频信号要求最小的信噪比约 20 dB（即 $P_{\text{sig}}/P_{\text{noise}}=100$）[①]。对振幅为 A 的正弦信号，$P_{\text{sig}}=A^2/2$，但我们如何计算 P_{noise}？噪声具有的总平均功率等于噪声频谱下的面积：

$$P_{\text{noise}} = \int_{-\infty}^{+\infty} S_{\text{noise}}(f)\,\mathrm{d}f \tag{7.13}$$

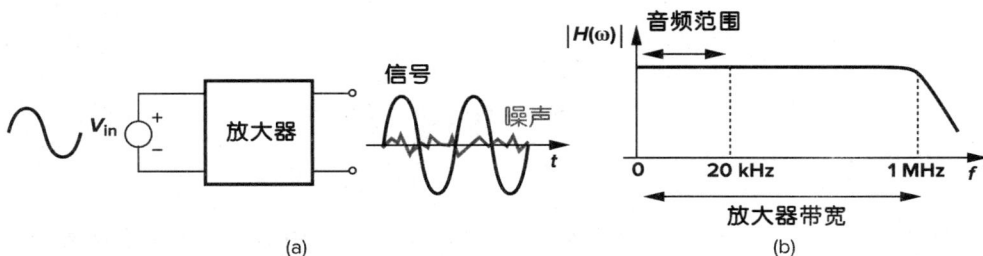

图 7.13　（a）电路产生的输出噪声；（b）放大器太大的带宽引入的额外噪声

如果 $S_{\text{noise}}(f)$ 包含宽的频率范围，这是否意味着，P_{noise} 可能非常大？是的。作为例子，假设上述放大器在检测音频信号时提供 1 MHz 的带宽[见图 7.13（b）]。则该信号将被 1 MHz 带宽内的所有噪声成分损坏。为此，电路的带宽必须总是被限制在可接受的最小值，以便使被积分的噪声功率最小。减小该带宽，可以在放大器内实现，也可通过后置的低通滤波器实现。

例 7.2

一个放大器产生的单边噪声谱为 $S_{\text{noise}}(f)=5\times 10^{-16} \text{ V}^2/\text{Hz}$。确定 1 MHz 带宽内的总输出噪声。

　　解：我们得到

$$P_{\text{noise}} = \int_0^{1\,\text{MHz}} S_{\text{noise}}(f)\,\mathrm{d}f \tag{7.14}$$

$$= 5 \times 10^{-10} \text{ V}^2 \tag{7.15}$$

请注意，总积分噪声的计量单位是 V^2，而不是 V^2/Hz。这噪声功率对应的均方根（rms）电压是 $\sqrt{5\times 10^{-10} V^2}=22.4\ \mu\text{V}$。

7.1.5　噪声分析步骤

　　采用前几节中开发的工具，我们现在可以概述电路噪声的分析方法。电路的输出信号被电路内的噪声源损坏。因此，我们感兴趣的是在输出端所观察到的噪声。我们的分析包括四个步骤：

---

　　① 　由于 P_{sig} 和 P_{noise} 是功率，20 dB$=10\lg(P_{\text{sig}}/P_{\text{noise}})$

1. 识别各个噪声源(例如,电阻和晶体管),并写出每个噪声源的频谱;
2. 求出从每个噪声源到输出的传输函数(如同噪声源是一个确定性的信号);
3. 利用定理 $S_Y(f) = S_X(f)|H(f)|^2$ 来计算每个噪音源提供的输出噪声谱;
4. 对所有的输出频谱进行叠加,注意区分相关源和非相关源。

此过程给出了输出噪声谱,然后还必须从 $-\infty$ 到 $+\infty$ 进行积分,从而产生总输出噪声。为得到输出噪声谱,我们需要对各种电子器件的噪声进行表示,这将在下一节中叙述。

7.2 噪声类型

集成电路处理的模拟信号会受两种不同类型的噪声损坏(corrupt):器件电子噪声和"环境"噪声。后者(表面上)指电路所受到的电源、地线或者衬底的随机干扰。我们这里集中讨论器件的电子噪声,而把环境噪声的讨论推后到第 19 章。

7.2.1 热噪声

电阻热噪声

导体中电子的随机运动尽管平均电流为零,但是它会引起导体两端电压的波动。因此,热噪声谱与绝对温度成正比。如图 7.14 所示,电阻 R 上的热噪声可以用一个串联的电压源来模拟,其单边谱密度为

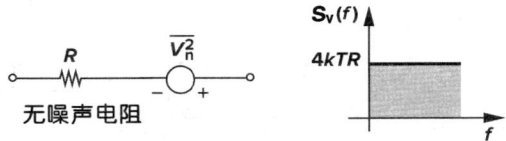

图 7.14 电阻的热噪声

$$S_v(f) = 4kTR, f \geqslant 0 \qquad (7.16)$$

式中 $k = 1.38 \times 10^{-23}$ J/K 是玻耳兹曼常数。注意 $S_v(f)$ 的单位是 V^2/Hz,因此,我们可以写出 $\overline{V_n^2} = 4kTR$,这里上划线表示平均值[①]。尽管 $4kTR$ 这个量实际上是噪声电压的平方,但是我们还是可以说噪声电压是由它给出的。例如,一个 50 Ω 的电阻在 $T = 300$ K 时的热噪声为 8.28×10^{-19} V^2/Hz。为把这个数量转化为更常见的电压量,我们对其开平方,得到 0.91 nV/$\sqrt{Hz}$。尽管 Hz 的平方根可能显得很怪,但是记住这些是有用的:0.91 nV/$\sqrt{Hz}$ 本身没有什么意义,只是意味着在 1 Hz 带宽内的功率等于 $(0.91 \times 10^{-9})^2$ V^2。

等式 $S_v(f) = 4kTR$ 表明热噪声是白噪声。实际上,$S_v(f)$ 在高达 100 THz 的频率下都是平坦的,而在更高的频率时下降。对我们来说,白噪声谱已是很精确的了。

因为噪声是一个随机量,因此图 7.14 中使用的电压源的极性是不重要的。不过,一旦选定极性,在整个电路分析中都必须保持不变,以便得到一致的结果。

例 7.3 ————————————————————————————————

考虑图 7.15 所示的 RC 电路。计算 V_{out} 的噪声谱和总噪声功率。

---

① 为了强调 $4kTR$ 是每单位带宽的噪声功率,有些书中写成 $\overline{V_n^2} = 4kTR\Delta f$。为了简化符号,除非另外说明,我们假设 $\Delta f = 1$ Hz。也就是说,我们交替地使用 S_v 和 $\overline{V_n^2}$。

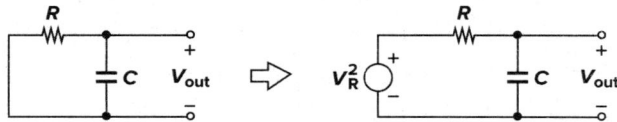

图 7.15   一个低通滤波器产生的噪声

解:我们按照 7.1.5 节所叙述的 4 个步骤,R 的噪声谱为 $S_v(f) = 4kTR$,然后用一个串联电压源 V_R 模拟 R 的噪声,我们算出 V_R 到 V_{out} 的传输函数为

$$\frac{V_{\text{out}}}{V_R}(s) = \frac{1}{RCs + 1} \tag{7.17}$$

根据 7.1.1 小节的定理,我们得到

$$S_{\text{out}}(f) = S_R(f) \left| \frac{V_{\text{out}}}{V_R}(j\omega) \right|^2 \tag{7.18}$$

$$= 4kTR \frac{1}{4\pi^2 R^2 C^2 f^2 + 1} \tag{7.19}$$

因此,电阻的白噪声谱被低通特性整形,如图 7.16 所示。为了计算输出的总噪声功率,我们有

$$P_{\text{n,out}} = \int_0^\infty \frac{4kTR}{4\pi^2 R^2 C^2 f^2 + 1} \mathrm{d}f \tag{7.20}$$

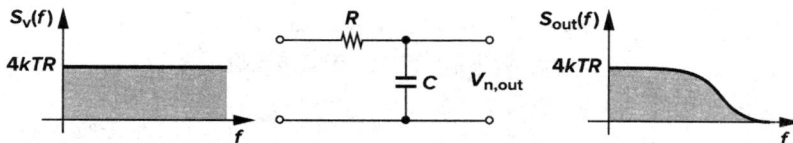

图 7.16   通过低通滤波器整形后的噪声密度谱

注意,该积分是对 f,而不是 ω(为什么?),由于

$$\int \frac{\mathrm{d}x}{x^2 + 1} = \arctan x \tag{7.21}$$

所以式(7.20)化简为

$$P_{\text{n,out}} = \frac{2kT}{\pi C} \arctan u \Big|_{u=0}^{u=\infty} \tag{7.22}$$

$$= \frac{kT}{C} \tag{7.23}$$

注意,kT/C 的单位是 V^2。我们也可以将 $\sqrt{kT/C}$ 当作在输出测得的总均方根噪声电压。例如,如果电容是 1 pF,其总噪声电压在 $T = 300$ K 时等于 64.3 μV_{rms}。

式(7.23)表示:图 7.15 所示电路输出的总噪声与 R 的值无关。直观上,这是因为对于更大的 R 值,每单位带宽的相关噪声将增加了,但电路总带宽将减小。只能通过增加 C 值(如果 T 是固定的)来减小 kT/C 噪声这一事实给模拟电路的设计带来许多困难(第 13 章)。

　　电阻的热噪声也可以用并联的电流源模型表示,如图 7.17 所示。为了使图 7.14 和图 7.17 的表示等效,我们有 $\overline{V_n^2}/R^2 = \overline{I_n^2}$,即,$\overline{I_n^2} = 4kT/R$。注意 $\overline{I_n^2}$ 的单位是 A^2/Hz,根据电路结构,一种模型导致的计算可能比其它模型更简单。

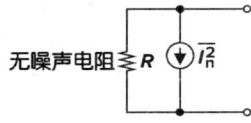

图 7.17　用电流源表示电阻热噪声

例 7.4

　　求两个并联电阻 R_1 和 R_2 的等效噪声电压,如图 7.18(a)所示。

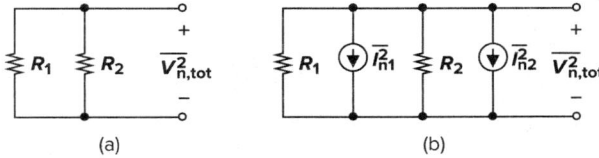

图 7.18

　　解:如图 7.18(b)所示,每个电阻都有一个谱密度为 $4kT/R$ 的等效噪声电流源,因为两个噪声源是非相关的,所以我们将功率相加:

$$\overline{I_{n,tot}^2} = \overline{I_{n1}^2} + \overline{I_{n2}^2} \tag{7.24}$$

$$= 4kT\left(\frac{1}{R_1} + \frac{1}{R_2}\right) \tag{7.25}$$

则等效噪声电压由下式给出:

$$\overline{V_{n,tot}^2} = \overline{I_{n,tot}^2}(R_1 \parallel R_2)^2 \tag{7.26}$$

$$= 4kT(R_1 \parallel R_2) \tag{7.27}$$

这正如直观上所预料的。注意,我们的表示法假设了 1 Hz 的带宽。

　　热噪声(及一些其它噪声)与温度 T 的关系意味着,模拟电路在低温工作时可以减小噪声,这种方法更吸引人的地方在于:低温时 MOS 器件中电荷载流子的迁移率增加[2]①,虽然如此,但是必须的冷却设备限制了低温电路的实用性。

MOS 晶体管

　　MOS 晶体管也有热噪声,最大的噪声源是在沟道中产生的。可以证明[4],对于工作在饱和区的长沟道 MOS 器件的沟道噪声可以用一个连接在漏源两端的电流源来模拟,如图 7.19,其谱密度②为

$$\overline{I_n^2} = 4kT\gamma g_m \tag{7.28}$$

其中的系数 γ(不要和体效应系数混淆!):对于长沟道晶体管可

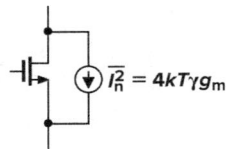

图 7.19　MOSFET 的热噪声

---

　　①　在极低的温度下,由于"载流子冻结",迁移率下降[2]。

　　②　实际该公式应该是 $\overline{I_n^2} = 4kT\gamma g_{ds}$,其中 g_{ds} 是 $V_{DS}=0$ 时的**漏源电导**,也就是,其值等于 R_{on}^{-1}。对于长沟导器件,$V_{DS}=0$ 时的 g_{ds} 等于饱和区的 g_m。

由推导得到，等于 2/3；而对于亚微米 MOS 晶体管，γ 可能需要一个更大的值来代替[5]。在某种程度上 γ 也还随漏源电压而改变，根据经验，我们假设 $\gamma \approx 1$。

例 7.5 ——————————

求单个 MOS 晶体管能产生的最大噪声电压。

解：如图 7.20 所示，如果晶体管只有本身的输出阻抗作为负载，也就是说，如果外部负载是一个理想的电流源时，得到最大输出噪声。输出噪声电压频谱为 $S_{out}(f) = S_{in}(f)|H(f)|^2$，即

$$\overline{V_n^2} = \overline{I_n^2} r_O^2 \tag{7.29}$$

$$= 4kT(\gamma g_m) r_O^2 \tag{7.30}$$

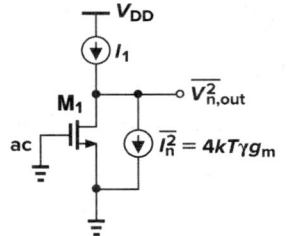

图 7.20

我们进行三个方面的分析。第一，式(7.30)表明，如果减小跨导，MOS 晶体管的噪声**电流**也减小。例如，如果晶体管作为恒流源工作，就需要使其跨导最小化。第二，在电路输出端测得的噪声与输入端的位置无关，这是因为计算输出噪声时把输入置为零①。例如，图 7.20 中的电路可能是共源级，也可能是共栅级，但输出噪声是一样的。第三，输出电阻 r_O 不产生噪声，因为它不是实体电阻。

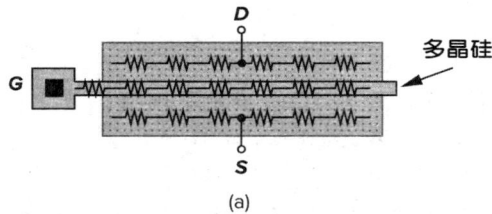

(a)

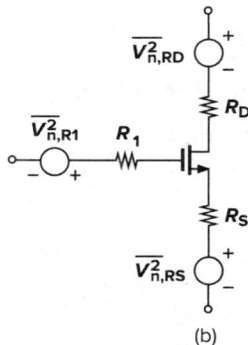

(b)

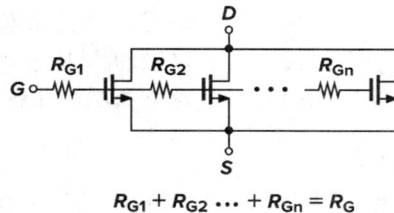

$R_{G1} + R_{G2} \cdots + R_{Gn} = R_G$

(c)

图 7.21　(a)表示各端电阻的 MOS 晶体管的版图；(b)电路模型；(c)分布栅电阻

MOS 晶体管的欧姆区也有热噪声。在图 7.21(a)的顶视图中从原理上说明了栅、源和漏材料都有一定的电阻，因而产生噪声。对于一个相对宽的晶体管，源和漏电阻通常可以忽略，但栅的分布电阻会变得很显著。

———————————

① 当然，如果输入电压源或电流源有一个产生噪声的输出阻抗，这一句话就必须慎重解释。

在图 7.21(b)的噪声模型中,集总电阻 R_1 表示分布栅电阻,把整个晶体管看成图 7.21(c)所示的分布结构。我们看到,靠近左端的单元晶体管看到的只是 R_G 一部分的噪声,而靠近右端的单元晶体管看到的是大部分 R_G 的噪声,所以我们料想噪声模型中的集总电阻比 R_G 小。事实上,可以证明 $R_1 = R_G/3$(见习题 7.3)[3],因此由栅电阻产生的噪声为 $\overline{V_{nRG}^2} = 4kTR_G/3$。

尽管在沟道中产生的热噪声只受器件的跨导控制,但是通过适当的版图可以减小 R_G 的影响。图 7.22 给出了两个例子。在图 7.22(a)中栅的两端都被金属线连

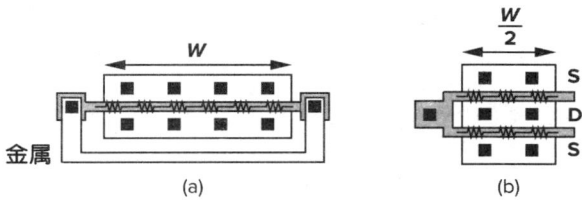

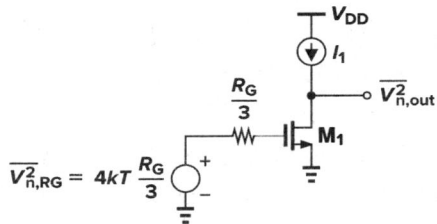

图 7.22 减小栅电阻的方法
(a)栅极两端加接触孔;(b)折叠

接,使分布阻由 R_G 减小到原来的 1/4(为什么?)。另一种方法是,如 19 章所述,晶体管可以折叠[图 7.22(b)],以便使每个栅"指"的电阻为 $R_G/2$,对组合晶体管产生 $R_G/4$ 的分布电阻。

例 7.6

一个栅宽为 W 的单栅指晶体管,其总的栅电阻为 R_G[图 7.23(a)]。现在,我们对该器件重新配置成 4 个相同的栅指[图 7.23(b)],确定新结构中总的栅电阻热噪声谱。

解:采用 $W/4$ 的栅宽后,每个栅指的分布电阻为 $R_G/4$,因此集总模型电阻为 $R_G/12$。由于这 4 个栅指是并联的,网络电阻为 $R_G/48$,产生的噪声谱为

$$\overline{V_{nRG}^2} = 4kT \frac{R_G}{48} \tag{7.31}$$

(如果栅被分解成 N 个并联的栅指,总的分布电阻通常会降低到 $1/N^2$。)

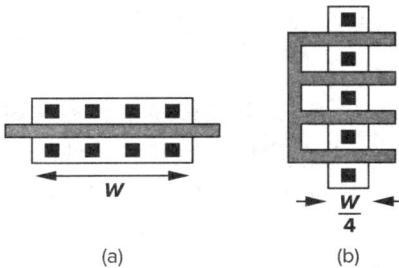

图 7.23

$$\overline{V_{n,RG}^2} = 4kT \frac{R_G}{3}$$

图 7.24

例 7.7 ———————————————————————————————————————

求单个 MOS 晶体管的栅电阻能产生的最大热噪声电压。忽略器件电容。

解:如果总的分布栅电阻是 R_G,那么从图 7.24 可以得到,由 R_G 产生的输出噪声电压为

$$\overline{V_{n,\text{out}}^2} = 4kT\frac{R_G}{3}(g_m r_O)^2 \tag{7.32}$$

这里一个重要的观察是,由于栅电阻噪声可以忽略,我们必须确保:式(7.32)的值远小于式(7.30)的值,因此

$$\frac{R_G}{3} \ll \frac{\gamma}{g_m} \tag{7.33}$$

233 为保证这条件成立,应选择足够大的栅指数量。

———————————————————————————————————————

7.2.2 闪烁噪声

在 MOS 晶体管的栅氧化层和硅衬底的界面会产生一个有趣的现象。由于这个界面处是硅单晶的边界,因而出现许多"悬挂"键,产生额外的能态如图 7.25 所示。当电荷载流子运动到这个界面时,有一些被随机地俘获,随后又被这些能态释放,结果,在漏电流中产生"闪烁"噪声。除了俘获,一些其它机制也被认为能产生闪烁噪声[4]。

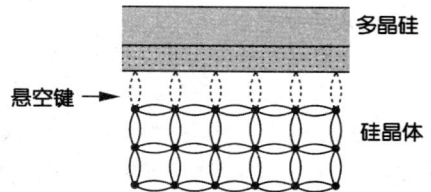

图 7.25 氧化物和硅界面处的悬挂键

与热噪声不同,闪烁噪声的平均功率不容易预测。根据氧化物-硅界面的"清洁度",闪烁噪声取值可以显著不同,并且随 CMOS 工艺的不同而改变。闪烁噪声可以更容易地用一个与栅极串联的电压源来模拟,近似地由下式给出:

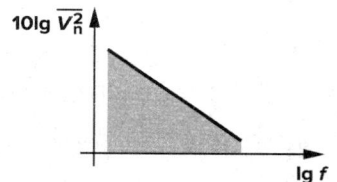

图 7.26 闪烁噪声谱

$$\overline{V_n^2} = \frac{K}{C_{ox}WL}\frac{1}{f} \tag{7.34}$$

式中 K 是一个与工艺有关的常量,数量级为 $10^{-25}\,\text{V}^2\text{F}$。注意,我们的表示法假设了 1 Hz 的带宽。有趣的是,如图 7.26 所示,噪声谱密度与频率成反比。例如,与悬挂键相关的俘获-释放现象在低频下更常发生,正因如此,闪烁噪声也叫 $1/f$ 噪声。注意,式(7.34)与偏置电流和温度无关。此式只是一个近似,实际上闪烁噪声的公式比它稍微复杂些[4]。

式(7.34)与 WL 的反比关系表示:要减小 $1/f$ 噪声的方法,就是必须增加器件**面积**。所以,在低噪声应用中看到面积为几百平方微米的器件是不足为奇的。PMOS 器件的 $1/f$ 噪声无疑比 NMOS 晶体管的低,因为前者输运空穴是在"埋沟"中,也就是在距硅-氧化物界面有一定距离的地方。因此,俘获与释放载流子的概率比较小。

例 7.8 ———————————————————————————————————————

234 在 1 kHz 到 1 MHz 的频带内,计算一个 NMOS 电流源漏电流的总的热噪声和 $1/f$ 噪声。

解：每单位带宽的热噪声电流为 $\overline{I^2_{n,th}} = 4kT\gamma g_m$，因此，总的热噪声就是对其在所关心的频带上的积分，得到

$$\overline{I^2_{n,tot}} = 4kT\gamma g_m(10^6 - 10^3) \tag{7.35}$$

$$\approx 4kT\gamma g_m \times 10^6 \text{ A}^2 \tag{7.36}$$

对于 $1/f$ 噪声，单位带宽内的漏噪声电流可以通过将栅极上的噪声电压乘以器件的跨导得到

$$\overline{I^2_{n,1/f}} = \frac{K}{C_{ox}WL}\frac{1}{f}g^2_m \tag{7.37}$$

那么，总的 $1/f$ 噪声为

$$\overline{I^2_{n,1/f,tot}} = \frac{Kg^2_m}{C_{ox}WL}\int_{1kHz}^{1\,MHz}\frac{df}{f} \tag{7.38}$$

$$= \frac{Kg^2_m}{C_{ox}WL}\ln 10^3 \tag{7.39}$$

$$= \frac{6.91Kg^2_m}{C_{ox}WL} \tag{7.40}$$

上述例子引出了一个有意思的问题。如果频带的低端频率 f_L 是 0 而不是 1 kHz，$\overline{I^2_{n,1/f,tot}}$ 应等于多少呢？这时式(7.39)得到，总噪声的值成为无穷大。为了消除对无穷大噪声的担心，我们做两个观察。第一，将 f_L 延伸到零意味着我们关心**任意**慢的噪声成分，一个 0.01 Hz 的噪声成分大约 10 s 才有显著的变化，而一个 10^{-6} Hz 的噪声成分大约一天内才看出变化。第二，无穷大的闪烁噪声功率只不过表示，如果我们长时间观测电路，非常慢的噪声成分会随机地呈现很大的功率水平。在这样慢的速率下，噪声与热漂移或者器件的老化就变得不可区分了。

从上述的观察可以得到下面的结论：第一，因为在大多数应用中遇到的信号不包含非常低频的成分，所以我们的观察窗不必很长。例如，声音信号低于 20 Hz 频率的能量可以忽略，并且如果一个噪声成分变化得非常慢，它就不会显著损坏声音。第二，闪烁噪声功率对 f_L 的对数关系允许在选择 f_L 时有一定的误差容限。例如，如果式(7.38)中的积分从 100 Hz 而不是 1 kHz 开始，则式(7.40)中的系数由 6.91 上升到 9.21。

对于一个给定的器件，为了以热噪声作为参考而对 $1/f$ 噪声进行量化，我们在图 7.27 同一坐标系中画出两个谱密度，把图中的交叉点对应的频率称为 $1/f$ 噪声的"转角频率"，对于被闪烁噪声干扰得最厉害的频带部分，这个交叉点可以作为一种度量单位。在上面的例子中，输出电流的 $1/f$ 噪声转角频率 f_C 由下式决定：

$$4kT\gamma g_m = \frac{K}{C_{ox}WL}\frac{1}{f_C}g^2_m \tag{7.41}$$

则

$$f_C = \frac{K}{\gamma C_{ox}WL}g_m\frac{1}{4kT} \tag{7.42}$$

这个结果说明：f_C 一般由器件的面积和跨导决定。尽管如此，因为对于给定的 L，这种关系相对较弱，所以 $1/f$ 噪声转角频率就相对恒定，对于纳米晶体管其值落在 10

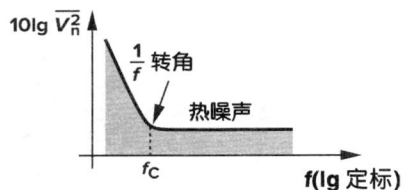

图 7.27 闪烁噪声转角频率的概念

MHz 到 50 MHz 附近。

例 7.9 ────────────────────────────────────

对于一个 MOS 器件:跨导为 $g_m=1/(100\ \Omega)$,宽长比为 $100\ \mu m/0.5\ \mu m$,测得 $1/f$ 噪声转角频率为 500 kHz。如果 $t_{ox}=90$ Å,在此工艺中闪烁噪声系数 K 是多少?

解:由 $t_{ox}=90$Å,我们有 $C_{ox}=3.84\ fF/\mu m^2$,使用式(7.42),我们有

$$500\ kHz = \frac{K}{3.84\times100\times0.5\times10^{-15}}\frac{1}{100}\frac{3}{8\times1.38\times10^{-23}\times300} \tag{7.43}$$

即,$K=1.06\times10^{-25}\ V^2F$。

────────────────────────────────────

我们必须牢记,典型的晶体管模型包括了热噪声和闪烁噪声,但不包括栅电阻噪声。因此,栅电阻噪声必须由设计者对每个晶体管进行添加。

7.3　电路中的噪声表示

输出噪声

考虑图 7.28 具有一个输入端和一个输出端的一个普通电路,我们如何量化其噪声影响呢?普通的方法是把输入置为零,计算电路中各种噪声源在输出产生的总噪声,这实际上也是实验和仿真时测量噪声的方法。7.1.5 节中的分析步骤能有条理地得到输出噪声谱。

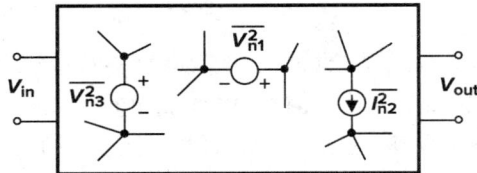

图 7.28　电路中的噪声源

例 7.10 ────────────────────────────────────

图 7.29(a)中所示的共源级电路的总输出噪声电压是多少? 假设 $\lambda=0$。

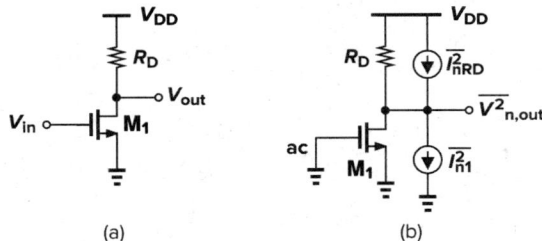

图 7.29　(a)共源级;(b)包括噪声源的电路模型

解：我们必须识别各个噪声源,求出它们到输出的传输函数。这些噪声谱乘以各自传输函数模的平方,最后将这些结果相加。我们用两个电流源 $\overline{I_{n,th}^2}=4kT\gamma g_m$ 和 $\overline{I_{n,1/f}^2}=Kg_m^2/(C_{ox}WLf)$ 模拟 M_1 的热噪声和闪烁噪声,同样用电流源 $\overline{I_{n,RD}^2}=4kT/R_D$ 表示 R_D 的热噪声,则每单位带宽内的输出噪声电压等于

$$\overline{V_{n,out}^2}=\left(4kT\gamma g_m+\frac{K}{C_{ox}WL}\frac{1}{f}g_m^2+\frac{4kT}{R_D}\right)R_D^2 \tag{7.44}$$

注意：由于噪声源是非相关的,所以噪声可以以"功率"量相加。式(7.44)给出的值表示在频率 f 处 1 Hz 带宽内的噪声功率,总的输出噪声由积分得到。

输入参考噪声

尽管直观上输出参考噪声很有吸引力,但是由于它取决于电路的增益,所以输出参考噪声无法对不同电路的噪声性能提供合理的比较。例如,如图 7.30 所示,如果共源级后接一个电压增益为 A_1 的无噪声放大器,那么输出噪声等于式(7.44)乘以 A_1^2。如果只考虑输出噪声,我们可能得出：随着 A_1 增大,电路噪声变得更大。这是错误的结论,因为一个较大值的 A_1 会在输出产生一个正比例放大的**信号**电平。就是说,输出信噪比(SNR)与 A_1 无关。

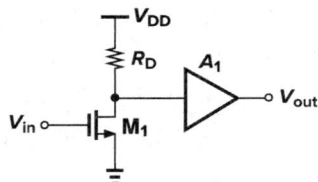

图 7.30　共源级后加一个增益级

为排除以上困惑,我们一般规定电路的"输入参考噪声"。如图 7.31 所示,其思想是：在输入端用一个信号源 $\overline{V_{n,in}^2}$ 代表电路中所有噪声源的影响,使得图 7.31(b)中的输出噪声就等于图 7.31(a)中的输出噪声。如果电压增益为 A_v,则必然有 $\overline{V_{n,out}^2}=A_v^2\overline{V_{n,in}^2}$,即在这种简单情况下,输入参考噪声电压等于输出噪声电压除以增益。

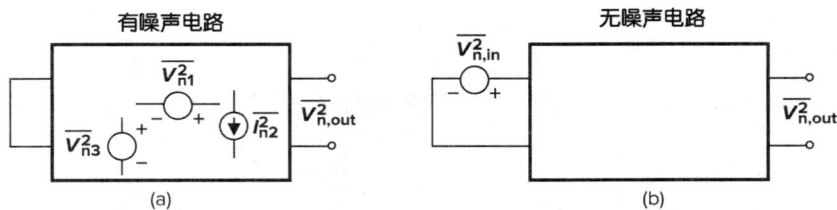

图 7.31　输入参考噪声电压的确定

例 7.11

求图 7.29 中电路的输入参考噪声电压。

解：
$$\overline{V_{n,in}^2}=\frac{\overline{V_{n,out}^2}}{A_v^2} \tag{7.45}$$

$$=\left(4kT\gamma g_m+\frac{K}{C_{ox}WL}\frac{1}{f}g_m^2+\frac{4kT}{R_D}\right)R_D^2\frac{1}{g_m^2R_D^2} \tag{7.46}$$

$$=4kT\frac{\gamma}{g_m}+\frac{K}{C_{ox}WL}\frac{1}{f}+\frac{4kT}{g_m^2R_D} \tag{7.47}$$

请注意：式(7.47)中的第一项可以看作是与栅串联的、阻值为 γ/g_m 的电阻的热噪声。同样，第三项对应于阻值为 $(g_m^2 R_D)^{-1}$ 的电阻的热噪声。我们有时候说电路的"等效热噪声电阻"等于 R_T，意思是：电路在单位带宽内总的输入参考热噪声等于 $4kTR_T$。

为什么当 R_D 增加时 $\overline{V_{n,in}^2}$ 会减少？这是因为在输出端由 R_D 产生的噪声电压与 $\sqrt{R_D}$ 成正比，而电路的电压增益与 R_D 成正比。

在我们研究的这个问题上我们要注意两点。第一，当输入参考噪声和输入信号被电路处理时，它们均乘以了增益，因此输入参考噪声显示输入信号被电路中的噪声损坏到什么程度，也就是说，具有一定 SNR 的电路可以检测到的输入信号有多小。所以，不同电路就可以用输入参考噪声做合理的比较。第二，输入参考噪声是一个虚构的量，它不能在电路的输入端**测量**到，图 7.31(a)和图 7.31(b)的两个电路虽然**在数学上**是等价的，但物理电路仍然是图 7.31(a)中的电路。

在以上的讨论中，我们假定了输入参考噪声可以用与输入串联的一个电压源来模拟。如果电路有一定的输入阻抗，且由一定的源阻抗驱动，那么这种表示一般是不完善的。要知道原因，首先我们考虑图 7.29 的共源级电路，我们注意到，来源于 M_1 的输出热噪声等于 $(4kT\gamma g_m)R_D^2$，这里不考虑驱动栅的网络(即不考虑前一级的影响)。如果该噪声除以 $(g_m R_D)^2$，可得到输入参考噪声电压为 $4kT\gamma/g_m$，这也与前一级无关。

现在考虑图 7.32(a)中的共源级，其中，C_{in} 表示输入电容。来源于 M_1 的输入参考噪声电压仍为 $4kT\gamma/g_m$。假设前一级由输出阻抗为 R_1 的戴维南等效进行模拟[见图 7.32(b)]。为计算噪声对电路进行简化，简化后的电路如图 7.32(c)所示。我们寻求源于 M_1 的输出噪声，希望能得到 $4kT\gamma g_m R_D^2$ 的结果。由于 R_1 与 $1/(C_{in}s)$ 之间的分压，输出噪声成为

$$\overline{V_{n,out}^2} = \overline{V_{n,in}^2} \left| \frac{1}{R_1 C_{in} j\omega + 1} \right|^2 (g_m R_D)^2 \tag{7.48}$$

$$= \frac{4kT\gamma g_m R_D^2}{R_1^2 C_{in}^2 \omega^2 + 1} \tag{7.49}$$

238 这一结果是不正确的；源于 M_1 的输出噪声毕竟不能随着 R_1 的增大而减小。

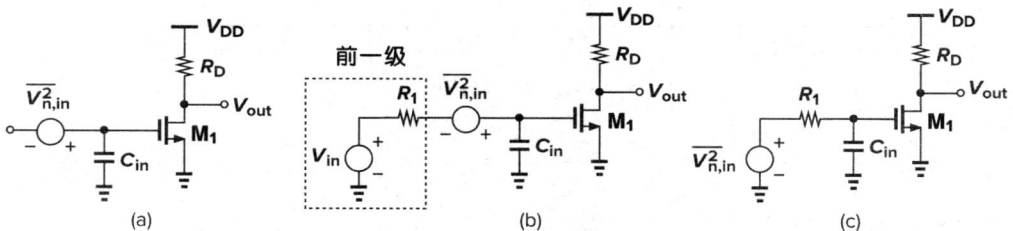

图 7.32　(a)包含输入电容的 CS 级；(b)以有限的源阻抗模拟前一级；(c)单噪声源的影响

让我们对讨论的问题进行总结。如果电路的输入阻抗有限，仅用一个电压源模拟输入参考噪声，意味着当信号源阻抗变大时输出噪声趋于零，这是个错误的结论。为解决这个问题，我们用一个串联电压源和一个并联电流源一起模拟输入参考噪声，如图 7.33 所示，这样如果前级电路的输出阻抗假设值很大——从而减小了 $\overline{V_{n,in}^2}$ 的作用——噪声电流源仍然流过有限的

阻抗,在输入端产生噪声。可以证明$\overline{V_{n,in}^2}$和$\overline{I_{n,in}^2}$是必需的,并且足以表示任何线性二端口电路的噪声[5]。

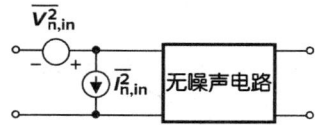
图 7.33　用电压源和电流源表示噪声

我们如何计算$\overline{V_{n,in}^2}$和$\overline{I_{n,in}^2}$呢?因为对于任何信号源阻抗该模型都必须是正确的,所以我们考虑两种极端情况:信号源阻抗为零和无穷大。如图 7.34(a)所示,如果信号源阻抗是零,$\overline{I_{n,in}^2}$流过$\overline{V_{n,in}^2}$对输出没有影响,在这种情况下测出的输出噪声仅由$V_{n,in}^2$产生。同样地,如果输入是开路的(图 7.34(b)),那么$\overline{V_{n,in}^2}$对输出没有影响,而输出噪声仅由$\overline{I_{n,in}^2}$产生。让我们把这种方法应用于图 7.32 的电路。

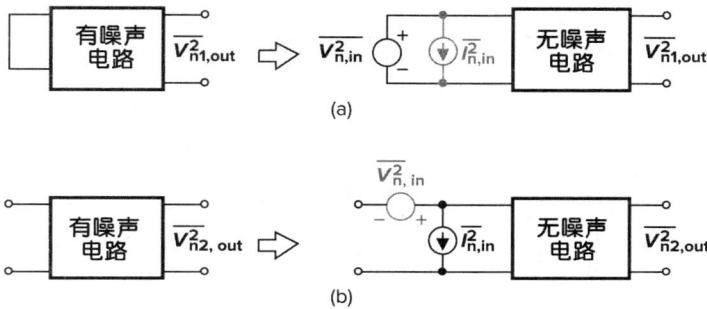
图 7.34　输入参考噪声的计算
(a)电压;(b)电流

例 7.12

计算图 7.32 电路的输入参考噪声电压和电流。只包含 M_1 和 R_D 的热噪声。

解:由式(7.47)知,输入参考噪声电压为

$$\overline{V_{n,in}^2} = 4kT\frac{\gamma}{g_m} + \frac{4kT}{g_m^2 R_D} \tag{7.50}$$

如图 7.35(a)所示,如果输入短路,这个电压产生的输出噪声与实际电路的相同。

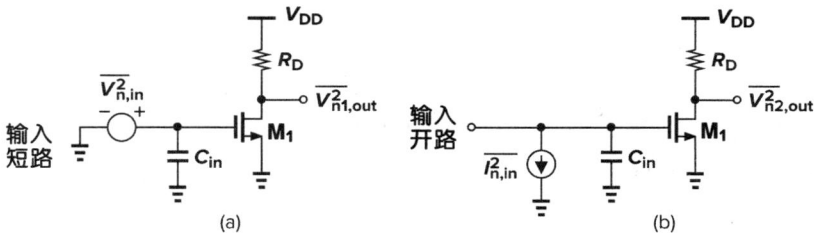
图 7.35

为了得到输入参考噪声电流,我们使输入开路并根据$\overline{I_{n,in}^2}$得到输出噪声(图 7.35(b)),这个噪声电流流过 C_{in},产生的输出噪声为

$$\overline{V_{n,out}^2} = \overline{I_{n,in}^2}\left(\frac{1}{C_{in}\omega}\right)^2 g_m^2 R_D^2 \tag{7.51}$$

根据图 7.34(b),这个值必须等于输入开路时噪声电路的输出

$$\overline{V_{n,\text{out}}^2} = \left(4kT\gamma g_m + \frac{4kT}{R_D}\right)R_D^2 \tag{7.52}$$

由式(7.51)和式(7.52)，可得

$$\overline{I_{n,\text{in}}^2} = (C_{\text{in}}\omega)^2 \frac{4kT}{g_m^2}\left(\gamma g_m + \frac{1}{R_D}\right) \tag{7.53}$$

如上所述，当电路的输入阻抗 Z_{in} 不是很高时，输入噪声电流 $I_{n,\text{in}}$ 才会变得重要，并具有较大的数值。既然如此，$I_{n,\text{in}}$ 是否可以忽略？让我们考虑图 7.36 中所示的情况，其中 Z_S 表示前一级电路的输出阻抗。在第二级的结点 X 所觉察到的总噪声电压等于

$$V_{n,X} = \frac{Z_{\text{in}}}{Z_{\text{in}} + Z_S}V_{n,\text{in}} + \frac{Z_{\text{in}}Z_S}{Z_{\text{in}} + Z_S}I_{n,\text{in}} \tag{7.54}$$

如果 $\overline{I_{n,\text{in}}^2}\,|Z_S|^2 \ll \overline{V_{n,\text{in}}^2}$，则 $I_{n,\text{in}}$ 的影响可以忽略不计。换句话说，正是前一级的输出阻抗（而不是 Z_{in}）最终确定了 $I_{n,\text{in}}$ 的重要性。我们得出结论，输入参考噪声电流可以忽略不计的条件是

$$|Z_S|^2 \ll \frac{\overline{V_{n,\text{in}}^2}}{\overline{I_{n,\text{in}}^2}} \tag{7.55}$$

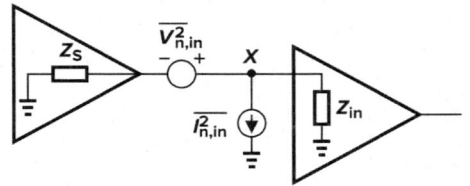

图 7.36　输入噪声电流的影响

在使用输入参考噪声的电压和电流中存在的一个难点是，它们可能是**相关**的。$V_{n,\text{in}}$ 和 $I_{n,\text{in}}$ 毕竟可能包含来自同一噪声源的影响。例如，在图 7.35 中，如果 R_D 的噪声电压在某个时间正在增大，则 $V_{n,\text{in}}$ 和 $I_{n,\text{in}}$ 也会承受这种增大。为此，噪声计算必须回到式(7.11)，必须包括两者的相关性。避免这种相关性的方法在附录 A 中叙述。

读者也许想知道，同时用一个电压源和一个电流源来表示输入参考噪声，是否"把噪声计算了两次"。考虑如图 7.37 所示的情况作为例子，我们可以证明对于任何信号源阻抗 Z_S，用以上方法求出的输出噪声都是正确的。为简单起见，假定 Z_S 是无噪声的，我们首先计算由 $\overline{V_{n,\text{in}}^2}$ 和 $\overline{I_{n,\text{in}}^2}$ 在 M_1 的栅极上产生的总噪声电压。这个电压不能通过功率叠加得到，因为 $\overline{V_{n,\text{in}}^2}$ 和 $\overline{I_{n,\text{in}}^2}$ 是**相关**的。尽管如此，叠加仍适用于电压和电流，因为电路是线性时不变电路。式(7.50)和式(7.53)必须分别重新写成

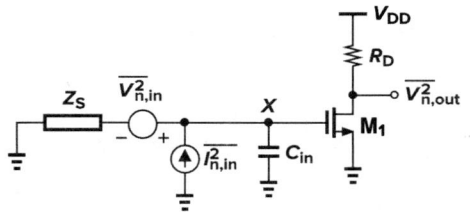

图 7.37　由源阻抗激励的共源级电路

$$V_{n,\text{in}} = V_{n,M_1} + \frac{1}{g_m R_D}V_{n,\text{RD}} \tag{7.56}$$

$$I_{n,\text{in}} = C_{\text{in}}sV_{n,M_1} + \frac{C_{\text{in}}s}{g_m R_D}V_{n,\text{RD}} \tag{7.57}$$

这里 V_{n,M_1} 表示 M_1 的栅参考噪声电压，$V_{n,\text{RD}}$ 表示 R_D 的噪声电压。我们看到：在 $V_{n,\text{in}}$ 和 $I_{n,\text{in}}$ 中均出现了 V_{n,M_1} 和 $V_{n,\text{RD}}$，使得两者有很强的相关性。所以，必需用电压叠加来计算，就像 $V_{n,\text{in}}$ 和 $I_{n,\text{in}}$ 为确定的量一样。

把 $V_{n,\text{in}}$ 和 $I_{n,\text{in}}$ 在图 7.37 中结点 X 处的贡献相加，我们有

$$V_{n,X} = V_{n,in}\frac{\dfrac{1}{C_{in}s}}{\dfrac{1}{C_{in}s}+Z_S} + I_{n,in}\frac{\dfrac{Z_S}{C_{in}s}}{\dfrac{1}{C_{in}s}+Z_S} \tag{7.58}$$

$$= \frac{V_{n,in}+I_{n,in}Z_S}{Z_S C_{in}s+1} \tag{7.59}$$

把式(7.56)和式(7.57)中的 $V_{n,in}$ 和 $I_{n,in}$ 分别代入,我们得到

$$V_{n,X} = \frac{1}{Z_S C_{in}s+1}\left[V_{n,M_1}+\frac{1}{g_m R_D}V_{n,R_D}+C_{in}sZ_S\left(V_{n,M_1}+\frac{1}{g_m R_D}V_{n,R_D}\right)\right]$$

$$= V_{n,M_1}+\frac{1}{g_m R_D}V_{n,R_D} \tag{7.60}$$

注意,$V_{n,X}$ 与 Z_S 和 C_{in} 均无关,由此得出

$$\overline{V_{n,out}^2} = g_m^2 R_D^2\,\overline{V_{n,X}^2} \tag{7.61}$$

$$= 4kT\left(\gamma g_m+\frac{1}{R_D}\right)R_D^2 \tag{7.62}$$

这与式(7.52)相同。因此,$V_{n,in}$ 和 $I_{n,in}$ 不会"双倍计算"噪声。

另一种方法

在某些情况下,计算输入参考噪声电压和电流的简单方法是,考虑输出短路噪声**电流**,而不是输出开路噪声电压。然后,该电流乘以电路的输出电阻可得到输出噪声电压;该电流简单地除以适当的增益(跨导或电流增益)可得到输入参考的噪声电压和噪声电流。下面的例题将说明这种方法。

例 7.13 ————————————————————————————

对图 7.38(a)所示的放大器,确定输入参考噪声电压和电流。假设 I_1 是无噪声的,而且 $\lambda=0$。

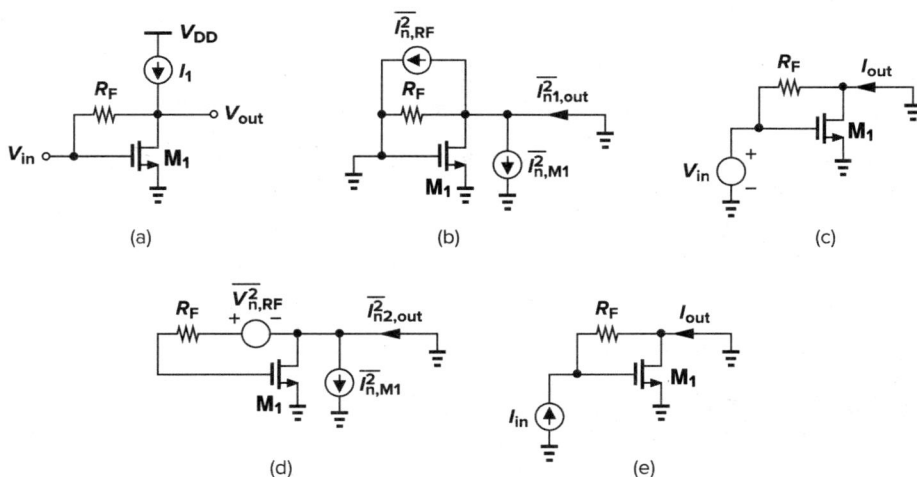

图 7.38

解:为计算输入参考噪声电压,我们必须将输入端口短路。在这种情况下,我们还可以将

输出端口短路[见图 7.38(b)]来求出由 R_F 和 M_1 产生的输出噪声电流。由于 R_F 的两端都是交流地,由基尔霍夫电压定律(KVL)得到

$$\overline{I_{n1,\text{out}}^2} = \frac{4kT}{R_F} + 4kT\gamma g_m \tag{7.63}$$

输入短路的这个电路,其输出阻抗等于 R_F,得到

$$\overline{V_{n1,\text{out}}^2} = \left(\frac{4kT}{R_F} + 4kT\gamma g_m\right)R_F^2 \tag{7.64}$$

我们可以通过两种方法来计算输入参考噪声电压:将式(7.64)除以电压增益;将式(7.63)除以**跨导** G_m。让我们采取后一种方法,如图 7.38(c)所示。

$$G_m = \frac{I_{\text{out}}}{V_{\text{in}}} \tag{7.65}$$

$$= g_m - \frac{1}{R_F} \tag{7.66}$$

将式(7.63)除以 G_m,得到

$$\overline{V_{n,\text{in}}^2} = \frac{\dfrac{4kT}{R_F} + 4kT\gamma g_m}{\left(g_m - \dfrac{1}{R_F}\right)^2} \tag{7.67}$$

对于输入参考噪声电流,我们首先计算输入处于开路时的输出噪声电流[见图 7.38(d)]。由于 $V_{n,RF}$ 直接调制 M_1 的栅源电压,产生 $4kTR_F g_m^2$ 的漏电流,得到

$$\overline{I_{n2,\text{out}}^2} = 4kTR_F g_m^2 + 4kT\gamma g_m \tag{7.68}$$

然后,我们必须根据图 7.38(c)中所示的结构来确定电路的电流增益。注意,$V_{GS} = I_{\text{in}}R_F$,因此 $I_D = g_m I_{\text{in}} R_F$,我们得到

$$I_{\text{out}} = g_m R_F I_{\text{in}} - I_{\text{in}} \tag{7.69}$$

$$= (g_m R_F - 1) I_{\text{in}} \tag{7.70}$$

将式(7.68)除以电流增益的平方,得到

$$\overline{I_{n,\text{in}}^2} = \frac{4kTR_F g_m^2 + 4kT\gamma g_m}{(g_m R_F - 1)^2} \tag{7.71}$$

鼓励读者使用的输出噪声电压(而不是输出噪声电流)重做这种分析。

上述电路说明,对于输入端口的短路和开路,输出噪声电压是不相同的。读者可以证明,如果输入处于开路,则

$$\overline{V_{n2,\text{out}}^2} = \frac{4kT\gamma}{g_m} + 4kTR_F \tag{7.72}$$

7.4 单级放大器中的噪声

推导了噪声分析的基本数学工具和模型之后,我们现在研究单级放大器在低频时的噪声特性。在考虑特定的电路结构之前,我们先叙述一个简化噪声计算的辅助定理。

辅助定理

图 7.39(a)和图 7.39(b)中所示的电路,如果 $\overline{V_n^2}=\overline{I_n^2}/g_m^2$,并且两个电路均由有限阻抗驱动,则在低频时这两个电路是等效的。

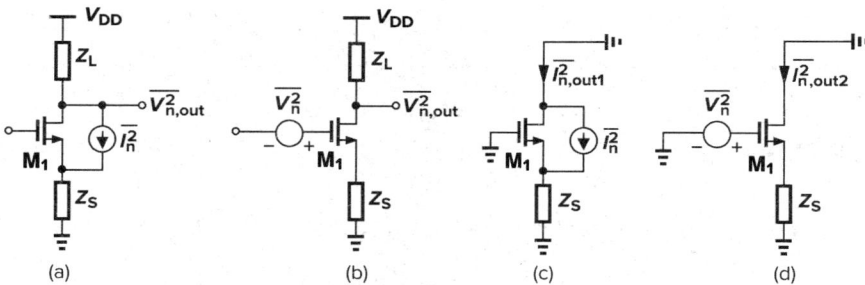

图 7.39 等效共源级电路

证明: 由于两个电路的输出阻抗相同,所以我们只要检查输出短路电流[图 7.39(c)和(d)]。可以证明(习题 7.4):图 7.39(c)中的电路的输出噪声电流由下式给出:

$$I_{n,out1} = \frac{I_n}{Z_S(g_m + 1/r_O) + 1} \tag{7.73}$$

且图 7.39(d)中电路的输出噪声电流为

$$I_{n,out2} = \frac{g_m V_n}{Z_S(g_m + 1/r_O) + 1} \tag{7.74}$$

使式(7.73)和式(7.74)相等,得 $V_n = I_n/g_m$。我们把 V_n 称为 M_1 的"栅极参考"噪声。

这个辅助定理说明:对于任意 Z_S,噪声源都能由漏源电流变换成和栅串联的电压。在习题 7.29 中,对于存在栅源电容的情况我们重做这种分析。

例 7.14

用戴维南等效证明上述辅助定理。

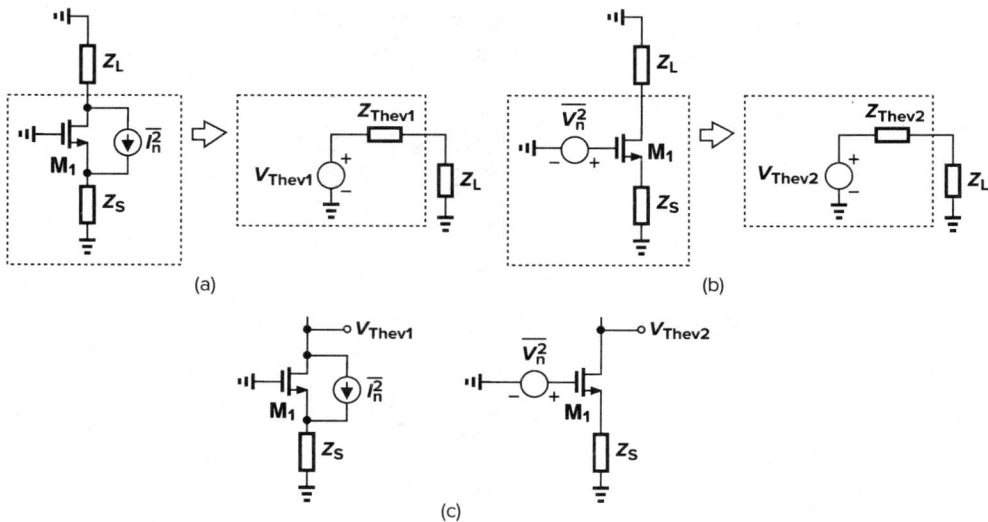

图 7.40

解:对不包含 Z_L 的图 7.39(a)和(b)的电路,我们构建戴维南等效模型,如图 7.40(a)和(b)所示。对于 $I_n = 0$ 和 $V_n = 0$,这两种结构是相同的,因而 $Z_{Thev1} = Z_{Thev2}$。因此,我们只需要找到 $V_{Thev1} = V_{Thev2}$ 成立的条件。

为了得到戴维南等效电压,必须以开路代替 Z_L[图 7.40(c)][①]。由于这两个电路中流过 Z_S 的电流均为零,我们得到:$V_{Thev1} = I_n r_O$ 和 $V_{Thev2} = g_m V_n r_O$。因此得到 $V_n = I_n / g_m$。

7.4.1 共源级

从例 7.11 可知,一个简单的共源级电路每单位带宽的输入参考噪声电压等于

$$\overline{V_{n,in}^2} = 4kT\left(\frac{\gamma}{g_m} + \frac{1}{g_m^2 R_D}\right) + \frac{K}{C_{ox}WL}\frac{1}{f} \tag{7.75}$$

从上面的定理,我们知道 $4kT\gamma/g_m$ 这一项实际上是 M_1 的热噪声电流,被表示成了一个和栅串联的电压。

我们怎样才能减小输入参考噪声电压呢? 从式(7.75)可知,必须使 M_1 的跨导最大。因此,如果晶体管是要放大加在其栅极上的电压信号,如图 7.41(a)所示,那么跨导必须最大;而如果晶体管作为一个电流源,如图 7.41(b)所示,那么跨导必须最小,这将由下面的例题进行说明。

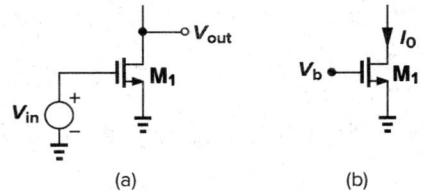

图 7.41 电压放大与电流生成

例 7.15

计算图 7.42(a)所示的放大器的输入参考热噪声电压,假设两个晶体管均处于饱和。另外,如果电路驱动一个负载电容 C_L,确定其总输出热噪声;如果输入是一个振幅为 V_m 的低频正弦信号,输出信噪比是多少?

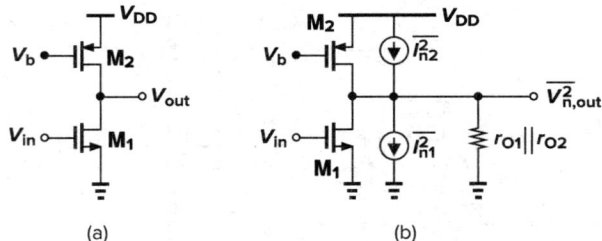

图 7.42

解:用电流源表示 M_1 和 M_2 的热噪声(图 7.42(b)),注意它们是非相关的,我们有

$$\overline{V_{n,out}^2} = 4kT(\gamma g_{m1} + \gamma g_{m2})(r_{O1} \parallel r_{O2})^2 \tag{7.76}$$

(实际上,NMOS 和 PMOS 的 γ 可能是不相同的)。由于电压增益等于 $g_{m1}(r_{O1} \parallel r_{O2})$,相对于 M_1 的栅的总噪声电压为

---

① 戴维南等效电压是通过断开关注端口与外部负载的连接来计算的。

$$\overline{V_{\text{n,in}}^2} = 4kT(\gamma g_{\text{m1}} + \gamma g_{\text{m2}})\frac{1}{g_{\text{m1}}^2} \tag{7.77}$$

$$= 4kT\gamma\left(\frac{1}{g_{\text{m1}}} + \frac{g_{\text{m2}}}{g_{\text{m1}}^2}\right) \tag{7.78}$$

式(7.78)表示了 $\overline{V_{\text{n,in}}^2}$ 与 g_{m1} 和 g_{m2} 的关系,证实了 g_{m2} 必须最小,因为 M_2 是一个电流源,而不是跨导器[①]。

读者也许会奇怪:图 7.42 中的 M_1 和 M_2 为什么有不同的噪声效应。毕竟,两个晶体管的噪声电流均流过 $r_{\text{O1}} \parallel r_{\text{O2}}$,为什么要使 g_{m1} 最大,而要使 g_{m2} 最小呢?这是因为:随着 g_{m1} 的增加,输出噪声**电压**与 $\sqrt{g_{\text{m1}}}$ 成正比增大,而共源级的**电压增益**与 g_{m1} 成正比,结果减小了输入参考噪声电压。这种变化趋势不适用于 M_2。

为了计算总输出噪声,我们将式(7.76)在整个频带内积分:

$$\overline{V_{\text{n,out,tot}}^2} = \int_0^\infty 4kT\gamma(g_{\text{m1}} + g_{\text{m2}})(r_{\text{O1}} \parallel r_{\text{O2}})^2 \frac{\mathrm{d}f}{1 + (r_{\text{O1}} \parallel r_{\text{O2}})^2 C_{\text{L}}^2(2\pi f)^2} \tag{7.79}$$

利用例 7.3 的结果,我们得到

$$\overline{V_{\text{n,out,tot}}^2} = \gamma(g_{\text{m1}} + g_{\text{m2}})(r_{\text{O1}} \parallel r_{\text{O2}})\frac{kT}{C_{\text{L}}} \tag{7.80}$$

一个振幅为 V_{m} 的输入正弦信号产生的输出振幅等于 $g_{\text{m1}}(r_{\text{O1}} \parallel r_{\text{O2}})V_{\text{m}}$,输出 SNR 等于信号功率和噪声功率之比

$$\text{SNR}_{\text{out}} = \left[\frac{g_{\text{m1}}(r_{\text{O1}} \parallel r_{\text{O2}})V_{\text{m}}}{\sqrt{2}}\right]^2 \frac{1}{\gamma(g_{\text{m1}} + g_{\text{m2}})(r_{\text{O1}} \parallel r_{\text{O2}})(kT/C_{\text{L}})} \tag{7.81}$$

$$= \frac{C_{\text{L}}}{2\gamma kT}\frac{g_{\text{m1}}^2(r_{\text{O1}} \parallel r_{\text{O2}})}{g_{\text{m1}} + g_{\text{m2}}}V_{\text{m}}^2 \tag{7.82}$$

我们注意到,要使输出 SNR 最大,必须使 C_{L} 最大,即带宽必须最小。当然,带宽也由输入信号谱决定。这个例子说明,设计宽带电路要保持低噪声是极其困难的。

246

例 7.16

对图 7.43 所示的互补共源级,确定其输入参考热噪声电压。

解:对于设置为零的输入信号,该电路产生的输出噪声电压与图 7.42(a)电路产生的相同。但该互补级提供了更高的电压增益:$(g_{\text{m1}} + g_{\text{m2}})(r_{\text{O1}} \parallel r_{\text{O2}})$。因此,输入参考噪声电压由下式得到:

$$\overline{V_{\text{n,in}}^2} = \frac{4kT\gamma}{g_{\text{m1}} + g_{\text{m2}}} \tag{7.83}$$

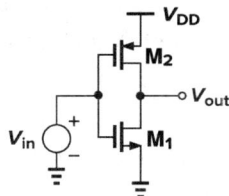

图 7.43

这是预期的结果,因为 M_1 和 M_2 的工作是"并联"的,因此他们的跨导相加。与图 7.42(a)的电路相比,为什么这种结构表现出较低的输入噪声?在两种电路中,M_2 均对输出结点注入噪声,但在互补级中该器件作为跨导器工作,并对输入进行放大。

---

① 将电压转换成电流的器件或电路称为跨导器或 V/I 转换器。

对电阻性负载的简单 CS 级,式(7.75)表明,可以通过增加偏置电流来减小热噪声。但是,对于给定的电压余度,这就要求我们降低 R_D,从而会增加 R_D 对噪声的贡献。为了量化这种折中,我们将 g_m 表示为 $2I_D/(V_{GS}-V_{TH})$,把输入参考热噪声写成

$$\overline{V_{n,in}^2} = 4kT\left[\frac{\gamma(V_{GS}-V_{TH})}{2I_D} + \frac{(V_{GS}-V_{TH})^2}{4I_D \cdot I_D R_D}\right] \tag{7.84}$$

该式表明:如果 I_D 增加,$V_{n,in}$ 会减小;$I_D R_D$ 保持不变的条件是,$V_{GS}-V_{TH}$ 也保持不变。也就是说,晶体管宽度与 I_D 成比例增加。

例 7.17 ——

计算图 7.44(a)所示共源级的输入参考 $1/f$ 噪声和热噪声电压,假设 M_1 和 M_2 均工作在饱和区。

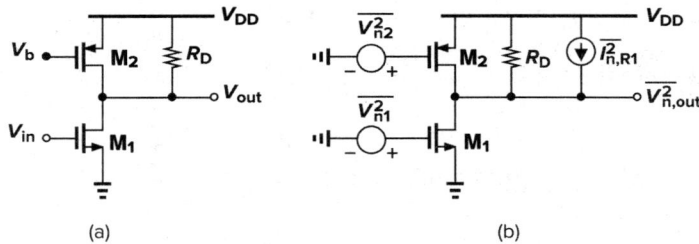

图 7.44

解:我们用与栅串联的电压源模拟晶体管的 $1/f$ 噪声和热噪声,如图 7.44(b)所示。M_2 的栅极噪声电压经过增益 $g_{m2}(R_D \parallel r_{O1} \parallel r_{O2})$ 后到达输出,然后将结果除以 $g_{m1}(R_D \parallel r_{O1} \parallel r_{O2})$ 后作为主要的输入。将 R_D 的噪声电流乘以 $R_D \parallel r_{O1} \parallel r_{O2}$ 再除以 $g_{m1}(R_D \parallel r_{O1} \parallel r_{O2})$,则总输入参考噪声电压由下式给出:

$$\overline{V_{n,in}^2} = 4kT\gamma\left(\frac{g_{m2}}{g_{m1}^2} + \frac{1}{g_{m1}}\right) + \frac{1}{C_{ox}}\left[\frac{K_P g_{m2}^2}{(WL)_2 g_{m1}^2} + \frac{K_N}{(WL)_1}\right]\frac{1}{f} + \frac{4kT}{g_{m1}^2 R_D} \tag{7.85}$$

式中 K_P 和 K_N 分别代表 PMOS 和 NMOS 器件的闪烁噪声系数。注意,如果 $R_D=\infty$ 或 $g_{m2}=0$,该电路分别简化为图 7.42(a)或图 7.29(a)。如果 R_D 两端的直流电压降是固定的,为使 $V_{n,in}$ 达到最小,M_2 的偏置电流应如何选择?这问题的解答,作为练习留给读者。

——

我们怎样设计低噪声工作的共源级电路呢?对图 7.41 简单电路中的热噪声,我们必须通过增加漏电流或器件宽度使 g_{m1} 最大化。I_D 越大导致功耗越大并且减小了输出电压摆幅,而器件越宽导致输入和输出电容越大。我们也可以增大 R_D,但代价是减小了电压的余度并降低了速度。

对于 $1/f$ 噪声的降低,主要的方法是增加器件的面积,如果 WL 增加而 W/L 保持恒定,那么器件的跨导不变,从而其热噪声不变,但器件电容增加了。这些分析指出了在噪声、功耗、电压余度和速度之间的各种相互折中。

例 7.18 ━━

一个学生将 MOS 器件的漏闪烁噪声电流写成 $[k/(WLC_{OX}f)]g_m^2 = [k/(WLC_{OX}f)]$ $(\sqrt{2\mu_n C_{OX}(W/L)I_D})^2 = 2k\mu_n I_D/(L^2f)$，认为闪烁噪声电流与 W 无关。解释这一论点中的缺陷。

解：当 W 变化时，公平的比较必须保持过驱动电压和 I_D 均不变化。（如果我们允许 $V_{GS}-V_{TH}$ 变化，则漏电压的余度也随之变化）。因此，我们将漏闪烁噪声电流表示为 $[k/(WLC_{OX}f)]$ $(4I_D^2)/(V_{GS}-V_{TH})^2$，这表明，噪声电流随 WL 的增加而减小。

━━━

例 7.19 ━━

设计电阻负载的共源级，其指标为：总输入参考噪声电压为 $100\ \mu V_{rms}$；功耗 1 mW；带宽 1 GHz；电源电压 1 V。忽略沟道长度调制效应和闪烁噪声，假设带宽由负载电容限制。

解：如图 7.45(a) 所示，该电路在输出产生的噪声均在由 R_D 和 C_L 提供的带宽内。从图 7.45(b) 所示的噪声模型，读者可以对虚线框中的电路推导出戴维南等效，得到输出噪声的频谱为

$$\overline{V_{n,out}^2} = (\overline{V_{n,RD}^2} + R_D^2\ \overline{I_{n,M1}^2})\frac{1}{R_D^2 C_L^2 \omega^2 + 1} \tag{7.86}$$

$$= (4kTR_D + 4kT\gamma g_m R_D^2)\frac{1}{R_D^2 C_L^2 \omega^2 + 1} \tag{7.87}$$

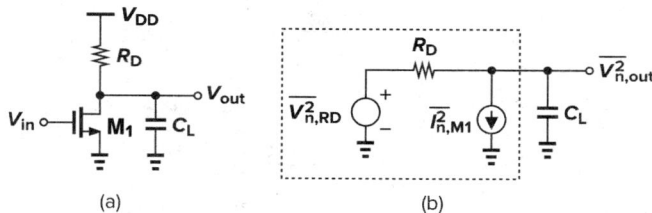

图 7.45

我们知道，对 $4kTR_D/(R_D^2 C_L^2 \omega^2 + 1)$ 从 0 到 ∞ 的积分，得到的值为 kT/C_L，因此，我们对晶体管的噪声贡献进行如下处理：

$$\overline{V_{n,out}^2} = \frac{4kTR_D}{R_D^2 C_L^2 \omega^2 + 1} + \gamma g_m R_D \frac{4kTR_D}{R_D^2 C_L^2 \omega^2 + 1} \tag{7.88}$$

对该式从 0 到 ∞ 进行积分，得到

$$\overline{V_{n,out,tot}^2} = \frac{kT}{C_L} + \gamma g_m R_D \frac{kT}{C_L} \tag{7.89}$$

$$= (1 + \gamma g_m R_D)\frac{kT}{C_L} \tag{7.90}$$

这噪声必须除以 $g_m^2 R_D^2$，而且其结果等于 $(100\ \mu V)^2$。我们还注意到，$1/(2\pi R_D C_L) = 1$ GHz；室温下 $kT = 4.14 \times 10^{-21}$ J，从而得出

$$\frac{1 + \gamma g_m R_D}{g_m^2 R_D} \cdot \frac{2\pi kT}{2\pi R_D C_L} = (100\ \mu V)^2 \tag{7.91}$$

因此

$$\frac{1}{g_{\mathrm m}}\left(\frac{1}{g_{\mathrm m}R_{\mathrm D}}+\gamma\right)=384\ \Omega \tag{7.92}$$

这里对 $g_{\mathrm m}$ 和 $R_{\mathrm D}$ 的选择可以有一些灵活性。例如,如果 $g_{\mathrm m}R_{\mathrm D}=3$,$\gamma=1$,则 $1/g_{\mathrm m}=288\ \Omega$。以漏电流$=1\ \mathrm{mW}/V_{\mathrm{DD}}=1\ \mathrm{mA}$ 的预算,我们可以选择 W/L,以便得到这个跨导值。

上述电压增益的选择和得到的 $R_{\mathrm D}$ 和 $g_{\mathrm m}$ 的值,必须相对于偏置条件进行检查。由于 $R_{\mathrm D}I_{\mathrm D}=864\ \mathrm{mV}$,$V_{\mathrm{DS,min}}=136\ \mathrm{mV}$,给电压摆幅留下的余度很小。鼓励读者尝试 $g_{\mathrm m}R_{\mathrm D}=2$ 或 4,以便理解电压余度如何取决于增益的选择。

7.4.2 共栅级

热噪声

考虑如图 7.46(a)所示的共栅结构,忽略沟道长度调制,我们用两个电流源表示 M_1 和 $R_{\mathrm D}$ 的热噪声(图 7.46(b))。注意,由于电路的输入阻抗低,输入参考噪声电流即使在低频时也不能忽略。为计算输入参考噪声电压,我们将输入短接到地并使图 7.47(a)和(b)中的电路的输出噪声相等

$$\left(4kT\gamma g_{\mathrm m}+\frac{4kT}{R_{\mathrm D}}\right)R_{\mathrm D}^2=\overline{V_{\mathrm{n,in}}^2}(g_{\mathrm m}+g_{\mathrm{mb}})^2R_{\mathrm D}^2 \tag{7.93}$$

即

$$\overline{V_{\mathrm{n,in}}^2}=\frac{4kT(\gamma g_{\mathrm m}+1/R_{\mathrm D})}{(g_{\mathrm m}+g_{\mathrm{mb}})^2} \tag{7.94}$$

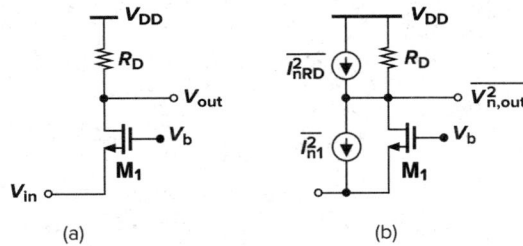

图 7.46　(a)共栅级电路;(b)包括噪声源的共栅极电路

类似地,使图 7.47(c)和(d)中电路的输出噪声相等可得输入参考噪声电流。在图 7.47

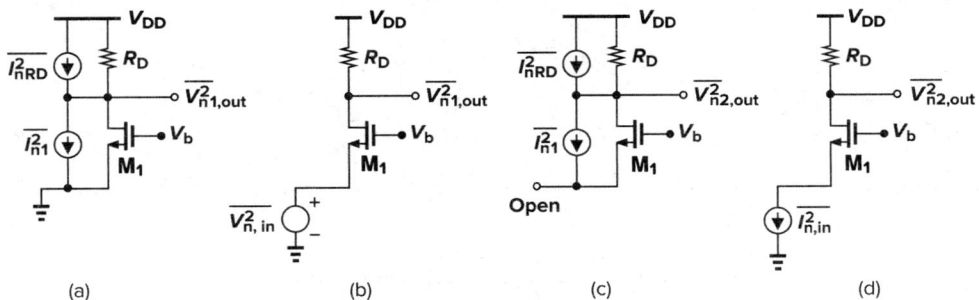

图 7.47　共栅级输入参考噪声的计算

(c)的输出中 $\overline{I_{n1}^2}$ 的影响是什么呢？因为 M_1 的源的电流总和是零,所以 $I_{n1} + I_{D1} = 0$。从而 I_{n1} 在 M_1 中产生一个与 I_{D1} 大小相等、方向相反的电流,在输出端不产生噪声。那么图 7.46(a)中的输出噪声电压就等于 $4kTR_D$,从而 $\overline{I_{n,in}^2}R_D^2 = 4kTR_D$,则

$$\overline{I_{n,in}^2} = \frac{4kT}{R_D} \tag{7.95}$$

共栅级电路的一个严重缺点是,负载产生的噪声电流是由输入直接引起的。以式(7.95)为例,之所以产生这个结果是由于这个电路没有**电流**增益,这一点和共源放大器相反。

到现在为止,我们的讨论都忽略了共栅级放大器的偏置电流源产生的噪声。图 7.48 所示的是一个为 M_1 产生偏置电流的简单电流镜,电流的大小是 I_1 的倍数。电容 C_0 把 M_0 产生的噪声旁路到地。我们注意到,如果电路的输入接地,M_2 的漏噪声电流不流过 R_D,对输入参考噪声电压就没有贡献。另一方面,如果输入开路,$\overline{I_{n2}^2}$ 全部是由 M_1 和 R_D 产生(低频时)的,产生的输出噪声等于 $\overline{I_{n2}^2}R_D^2$,对应的输入参考噪声电流就是 $\overline{I_{n2}^2}$。结果,M_2 的噪声电流直接加到了输入参考噪声电流中,这就需要使 M_2 的跨导为**最小**。但是,对于给定的偏置电流,由于 $g_{m2} = 2I_{D2}/(V_{GS2} - V_{TH2})$,所以这会导致 M_2 更高的的漏源电压,从而要求 V_b 增大,减小了输出结点的电压摆幅。

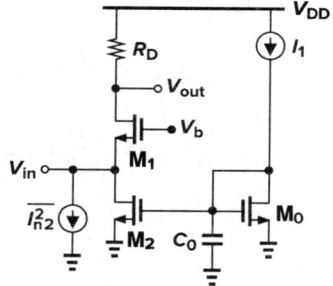

图 7.48 偏置电流源产生的噪声

例 7.20

求图 7.49 中电路的输入参考热噪声电压和电流,假设所有的晶体管都工作在饱和区。

解:要计算输入参考噪声电压,我们把输入接地,得到

$$\overline{V_{n,out}^2} = 4kT\gamma(g_{m1} + g_{m3})(r_{O1} \parallel r_{O3})^2 \tag{7.96}$$

那么,输入参考噪声电压 $V_{n,in}$ 必须满足下面的关系式:

$$\overline{V_{n,in}^2}(g_{m1} + g_{mb1})^2(r_{O1} \parallel r_{O3})^2 = 4kT\gamma(g_{m1} + g_{m3})(r_{O1} \parallel r_{O3})^2 \tag{7.97}$$

其中,从 V_{in} 到 V_{out} 的电压增益近似为 $(g_{m1} + g_{mb1})(r_{O1} \parallel r_{O3})$,得到

$$\overline{V_{n,in}^2} = 4kT\gamma \frac{(g_{m1} + g_{m3})}{(g_{m1} + g_{mb1})^2} \tag{7.98}$$

正如所料的,噪声与 g_{m3} 成正比。

图 7.49

要计算输入参考噪声电流,我们把输入开路,注意到,由 M_3 产生的输出噪声电压只是等于 $\overline{I_{n3}^2}R_{out}^2$,其中 $R_{out} = r_{O3} \parallel [r_{O2} + (g_{m1} + g_{mb1})r_{O1}r_{O2} + r_{O1}]$ 表示输入开路时的输出阻抗。读者可以证明,在对输入电流 I_{in} 的响应中,该电路产生的输出电压为

$$V_{out} = \frac{(g_{m1} + g_{mb1})r_{O1} + 1}{r_{O1} + (g_{m1} + g_{mb1})r_{O1}r_{O2} + r_{O2} + r_{O3}}r_{O3}r_{O2}I_{in} \tag{7.99}$$

将 $I_{n3}R_{out}$ 除以上式的这个增益,以便把 M_3 的噪声折算到输入,我们得到

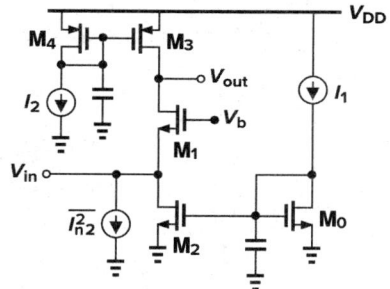

$$I_{\mathrm{n,in|M3}} = \frac{r_{\mathrm{O2}} + (g_{\mathrm{m1}} + g_{\mathrm{mb1}})r_{\mathrm{O1}}r_{\mathrm{O2}} + r_{\mathrm{O1}}}{r_{\mathrm{O2}}[(g_{\mathrm{m1}} + g_{\mathrm{mb1}})r_{\mathrm{O1}} + 1]} I_{\mathrm{n3}} \qquad (7.100)$$

如果任一个 $g_{\mathrm{m}}r_{\mathrm{O}}$ 的乘积远大于 1,该式可简化为

$$I_{\mathrm{n,in|M3}} \approx I_{\mathrm{n3}} \qquad (7.101)$$

$$\approx 4kT\gamma g_{\mathrm{m3}} \qquad (7.102)$$

由于 M_2 的噪声电流直接添加到输入,我们有

$$\overline{I_{\mathrm{n,in}}^2} = 4kT\gamma(g_{\mathrm{m2}} + g_{\mathrm{m3}}) \qquad (7.103)$$

这又一次证明:噪声与两种电流源的跨导成正比。在上述计算中,当输入开路时,尽管 M_1 的源极看到的是有限的负反馈电阻(r_{O2}),我们已忽略了 I_{n1} 的影响。习题 7.31 中,我们用输入表示 I_{n1} 噪声,并证明它仍然是可以忽略的。

闪烁噪声

在共栅结构中 $1/f$ 噪声的影响也很重要。作为一个典型的例子,我们计算图 7.49 中所示电路的输入参考 $1/f$ 噪声电压和电流。如图 7.50 所示,用与每一个晶体管的栅串联的电压源模拟每个相应的 $1/f$ 噪声源。注意,我们忽略了 M_0 和 M_4 的 $1/f$ 噪声,一个更接近实际的情况在习题 7.10 中研究。

如果输入接地,我们得到

$$\overline{V_{\mathrm{n,out}}^2} = \frac{1}{C_{\mathrm{ox}}f}\left[\frac{g_{\mathrm{m1}}^2 K_N}{(WL)_1} + \frac{g_{\mathrm{m3}}^2 K_P}{(WL)_3}\right](r_{\mathrm{O1}} \parallel r_{\mathrm{O3}})^2 \qquad (7.104)$$

其中 K_N 和 K_P 分别表示 NMOS 和 PMOS 器件的闪烁噪声系数,用 $(g_{\mathrm{m1}} + g_{\mathrm{mb1}})(r_{\mathrm{O1}} \parallel r_{\mathrm{O3}})$ 来近似电压增益,得到

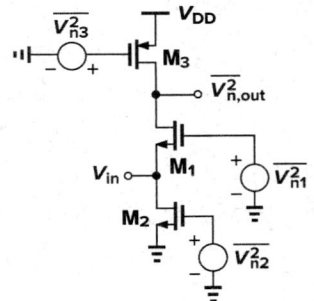

图 7.50 共栅级中的闪烁噪声

$$\overline{V_{\mathrm{n,in}}^2} = \frac{1}{C_{\mathrm{ox}}f}\left[\frac{K_P g_{\mathrm{m3}}^2}{(WL)_3} + \frac{K_N g_{\mathrm{m1}}^2}{(WL)_1}\right]\frac{1}{(g_{\mathrm{m1}} + g_{\mathrm{mb1}})^2} \qquad (7.105)$$

如果输入开路,输出噪声电压近似为

$$\overline{V_{\mathrm{n,out}}^2} = \frac{1}{C_{\mathrm{ox}}f}\left[\frac{K_P g_{\mathrm{m3}}^2}{(WL)_3} + \frac{K_N g_{\mathrm{m2}}^2}{(WL)_2}\right]R_{\mathrm{out}}^2 \qquad (7.106)$$

上式中,假设了 M_2 的栅到输出的跨导为 g_{m2}。所以

$$\overline{I_{\mathrm{n,in}}^2} = \frac{1}{C_{\mathrm{ox}}f}\left[\frac{K_P g_{\mathrm{m3}}^2}{(WL)_3} + \frac{K_N g_{\mathrm{m2}}^2}{(WL)_2}\right] \qquad (7.107)$$

式(7.105)和式(7.107)描述了电路的 $1/f$ 噪声特性,而且必须把它们分别加到式(7.98)和式(7.103)中,这样才可以得到每单位带宽的总噪声。

7.4.3 源跟随器

考虑图 7.51(a)所示的源跟随器,图中 M_2 作为偏置电流源。由于电路的输入阻抗很高,对驱动源阻抗中等的情况,即使在频率较高时,也可以忽略输入参考噪声电流。为了计算输入参考热噪声电压,我们使用图 7.51(b)中的表示方式,由 M_2 产生的输出噪声可表示为

252

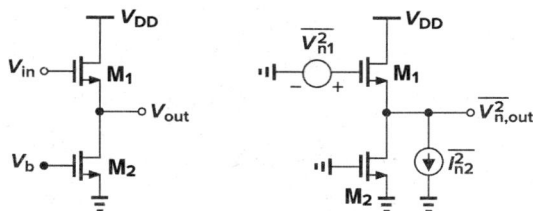

图 7.51 (a)源跟随器；(b)包含噪声源的电路

$$\overline{V_{n,out}^2}\Big|_{M_2} = \overline{I_{n2}^2}\left(\frac{1}{g_{m1}}\;\Big\|\;\frac{1}{g_{mb1}}\;\|\;r_{O1}\;\|\;r_{O2}\right)^2 \tag{7.108}$$

由第 3 章得

$$A_v = \frac{\dfrac{1}{g_{mb1}}\;\|\;r_{O1}\;\|\;r_{O2}}{\dfrac{1}{g_{mb1}}\;\Big\|\;r_{O1}\;\Big\|\;r_{O2} + \dfrac{1}{g_{m1}}} \tag{7.109}$$

则总输入参考噪声电压为

$$\overline{V_{n,in}^2} = \overline{V_{n1}^2} + \frac{\overline{V_{n,out}^2}\Big|_{M_2}}{A_v^2} \tag{7.110}$$

$$= 4kT\gamma\left(\frac{1}{g_{m1}} + \frac{g_{m2}}{g_{m1}^2}\right) \tag{7.111}$$

注意，式(7.78)与式(7.111)的相似性。

　　由于源跟随器把噪声加到输入信号上，但提供的电压增益小于 1，所以，在低噪声放大器中通常不使用源跟随器。源跟随器的 $1/f$ 噪声特性在习题 7.11 中讨论。

7.4.4　共源共栅级

　　考虑图 7.52(a)所示的共源共栅级。因为低频时 M_1 和 R_D 的噪声电流基本上都流过 R_D，所以 M_1 和 R_D 贡献的噪声可以像共源级电路一样量化：

$$\overline{V_{n,in}^2}\Big|_{M_1,R_D} = 4kT\left(\frac{\gamma}{g_{m1}} + \frac{1}{g_{m1}^2 R_D}\right) \tag{7.112}$$

这里忽略了 M_1 的 $1/f$ 噪声。M_2 的噪声影响是什么呢？用图 7.52(b)中的电路模拟 M_2 的噪声，这个噪声对输出的贡献是微不足道的，在低频时更是如此。这是因为，如果忽略了 M_1 的沟道长度调制效应，那么 $I_{n2} + I_{D2} = 0$，从而 M_2 对 $V_{n,out}$ 没有影响。下面从另一观点分析这个问题。用图 7.39 的辅助定理建立图 7.52(c)中的等效电路，我们注意到，如果结点 X 的阻抗很大，那么 V_{n2} 到输出的电压增益很小。另一方面，在高频时 X 结点的总电容 C_X 产生一个增益：

$$\frac{V_{n,out}}{V_{n2}} \approx \frac{-R_D}{1/g_{m2} + 1/(C_X s)} \tag{7.113}$$

这增大了输出噪声。这个电容还通过把 M_1 产生的信号电流旁路到地减小了主输入到输出的增益，结果，共源共栅级电路的输入参考噪声在高频时可以增加许多。

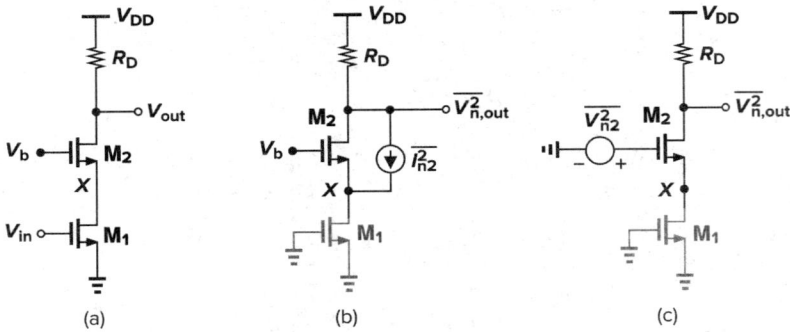

图 7.52　（a）共源共栅级；（b）用电流源模拟的 M_2 的噪声；（c）用电压源模拟的 M_2 的噪声

如果图 7.52(c)中的 R_D 很大，例如，它代表 PMOS 共源共栅负载的输出电阻，则从 V_{n2} 到 V_{out} 的增益可能不小。读者可以证明，如果 $R_D \approx g_m r_O$（对于共源共栅），则 V_{out}/V_n 仍然大得多，使 V_n 的贡献可以忽略。

7.5　电流镜中的噪声

电流镜中器件产生的噪声可以传输到所关注的输出。例如，在图 7.48 和图 7.49 中，二极管连接的器件可以产生相当大的闪烁噪声，除非使用一个非常大的旁路电容器。在电流镜中，偏置电流倍乘因子加剧了这种噪声的影响。

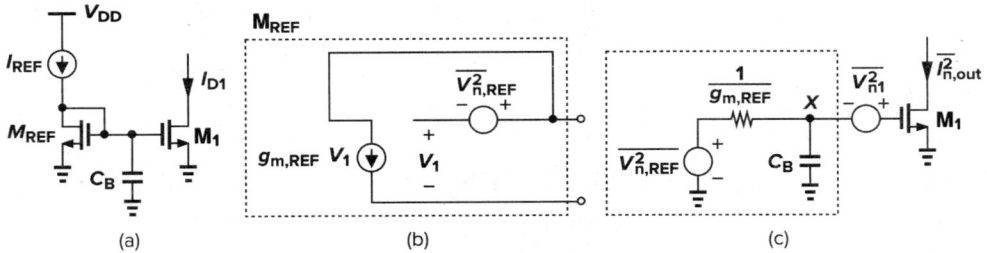

图 7.53　（a）采用电容抑制二极管连接器件噪声的电流镜；（b）小信号模型；（c）总的等效电路

为理解关于电流镜的闪烁噪声问题的困难，让我们研究图 7.53(a)所示的简单结构，其中，$(W/L)_1 = N(W/L)_{REF}$。倍乘因子 N 在 5 到 10 的范围内，以便使参考支路产生的功耗最小。我们希望确定 I_{D1} 中的闪烁噪声。我们假设 $\lambda=0$，I_{REF} 是无噪声的，但要提醒读者，如第 12 章所述，参考（带隙）电流的噪声是不可忽略的。首先我们为 M_{REF} 和它的闪烁噪声 $V_{n,REF}$ 构建戴维南等效，如图 7.53(b)所示，开路电压等于 $V_{n,REF}$，因为 V_1 必须为零（为什么？）。注意，戴维南电阻等于 $1/g_{m,REF}$，我们得出图 7.53(c)的结构，其中，在结点 X 的噪声电压和 V_{n1} 相加（没有相关性），然后驱动 M_1 的栅极，产生

$$\overline{I_{n,out}^2} = \left(\frac{g_{m,REF}^2}{C_B^2 \omega^2 + g_{m,REF}^2} \overline{V_{n,REF}^2} + \overline{V_{n1}^2} \right) g_{m1}^2 \tag{7.114}$$

因为 $(W/L)_1 = N(W/L)_{REF}$，通常 $L_1 = L_{REF}$，我们观察到 $\overline{V_{n,REF}^2} = N \overline{V_{n1}^2}$，因为闪烁噪声功率谱

密度与沟道面积 WL 成反比。因此

$$\overline{I_{n,out}^2} = \left(\frac{Ng_{m,REF}^2}{C_B^2\omega^2 + g_{m,REF}^2} + 1\right)g_{m1}^2\,\overline{V_{n1}^2} \qquad (7.115)$$

因为二极管连接器件的噪声应该被忽略,这要求我们必须保证括号内的第一项很小:

$$(N-1)g_{m,REF}^2 \ll C_B^2\omega^2 \qquad (7.116)$$

因此,得到

$$C_B^2 \gg \frac{(N-1)g_{m,REF}^2}{\omega^2} \qquad (7.117)$$

例如,如果 $N=5$, $g_{m,REF}\approx1/(200\ \Omega)$,关注的最小频率为 1 MHz,则我们得到 $C_B^2\gg2.533\times10^{-18}$ F。为使 M_{REF} 的噪声抑制 10 倍(译者注:式(7.115)中括号内的第一项小于 0.1),即 $C_B^2=25.33\times10^{-18}$ F,这个电容的值变为 5.03 nF!

为了减少 M_{REF} 产生的噪声,同时避免如此大的电容,我们可以在栅极与 C_B 之间插入一个电阻[见图 7.54(a)],因此,式(7.114)修改为

$$\overline{I_{n,out}^2} = \left[\frac{g_{m,REF}^2}{(1+g_{m,REF}R_B)^2C_B^2\omega^2 + g_{m,REF}^2}(\overline{V_{n,REF}^2} + \overline{V_{n,RB}^2}) + \overline{V_{n1}^2}\right]g_{m1}^2 \qquad (7.118)$$

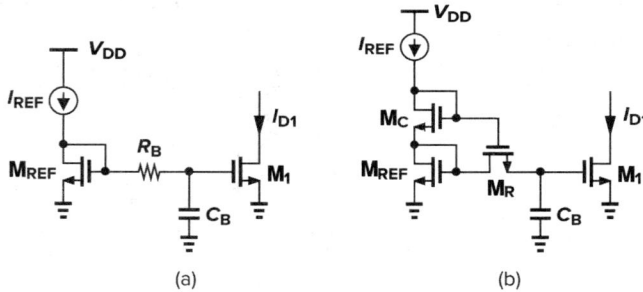

图 7.54　(a)使用一个电阻来滤除二极管连接器件的噪声;(b)由 MOSFET 实现该电阻

串联电阻把滤波器截止频率降低到 $(1/g_{m1,REF} + R_B)C_B]^{-1}$,但 R_B 本身也会产生的噪声。因此,在 $\overline{V_{n,RB}^2}$ 的数值还没有达到大部分 $\overline{V_{n,REF}^2}$ 数值的时候,我们就可以增大电阻。

实际上,在 R_B 的热噪声与 M_{REF} 的闪烁噪声数值相当之前,R_B 可以相当大。因此,R_B 的上限取决于 R_B 与 C_B 之间的面积折中[1]。因此,我们寻求一种能提供高电阻并占用适当芯片面积的电路结构。幸运的是,我们在第 5 章已经开发了这种结构:如图 7.54(b)所示,MOS 器件 M_R 的面积小,但被控制的过驱动电压符合我们的用途。如第 5 章所述,选择 M_R 又窄又长,而 M_C 又宽又短。

7.6　差动对中的噪声

基于对基本放大器中的噪声的理解,我们现在可以研究差动对的噪声特性。如图 7.55(a),差动对可被看作是二端口电路,因此可以如图 7.55(b)所示的那样模拟总的噪声。低频工作

---

[1]　晶体管栅极的泄漏电流会流过 R_B,如果这个电阻很大,会引入显著的直流误差。

时，一般可以忽略 $\overline{I_{n,in}^2}$。

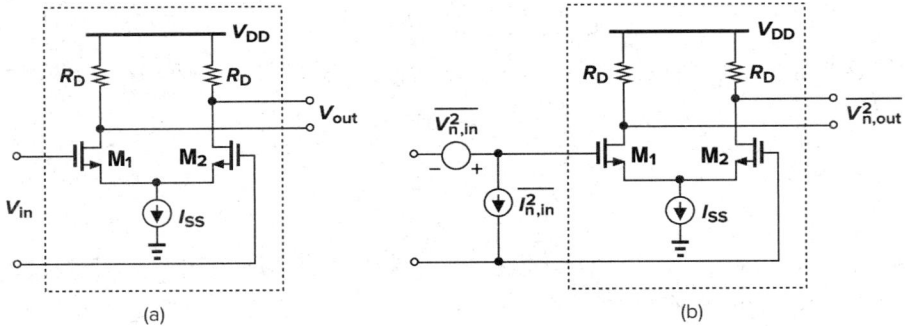

图 7.55　(a)差动对；(b)包括输入参考噪声源的电路

为计算 $\overline{V_{n,in}^2}$ 中的热噪声成分，我们首先把两个输入短接在一起，如图 7.56(a)所示，得到总输出噪声。注意，由于电路中的噪声源是非相关的，所以功率量可以叠加。因为 I_{n1} 和 I_{n2} 不相关，所以结点 P 不能被认为是虚地，这使得用半边电路的概念有困难。因此，我们只能分别推出每个噪声源的影响。如图 7.56(b)所示，首先把电路简化成图 7.56(c)可得到 I_{n1} 产生的噪声，借助于这个图并忽略沟道调制效应，读者可以证明：I_{n1} 的一半流过 R_{D1}，另一半流过 M_2 和 R_{D2}。[如图 7.56(d)，也可以把 I_{n1} 分解成两个（相关的）电流源并计算它们在输出的结果]。所以，由 M_1 产生的差动输出噪声为

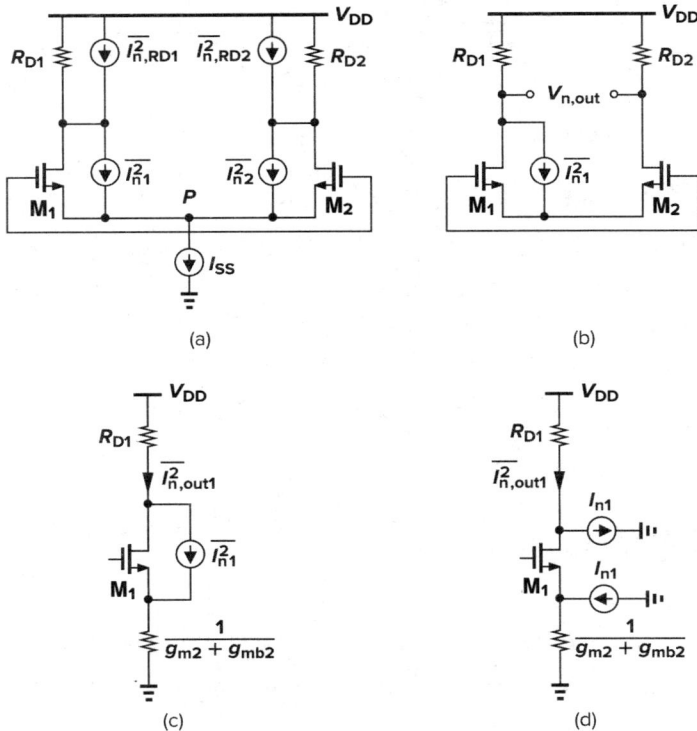

图 7.56　差动对输入参考噪声的计算

$$V_{n,out}\bigg|_{M_1} = \frac{I_{n1}}{2}R_{D1} + \frac{I_{n1}}{2}R_{D2} \tag{7.119}$$

注意,这两个噪声电压可直接相加,因为它们都是由 I_{n1} 产生的,因而是相关的。如果 $R_{D1} = R_{D2} = R_D$,由此可得

$$\overline{V_{n,out}^2}\bigg|_{M_1} = \overline{I_{n1}^2}R_D^2 \tag{7.120}$$

类似可得

$$\overline{V_{n,out}^2}\bigg|_{M_2} = \overline{I_{n2}^2}R_D^2 \tag{7.121}$$

于是有

$$\overline{V_{n,out}^2}\bigg|_{M_1,M_2} = (\overline{I_{n1}^2} + \overline{I_{n2}^2})R_D^2 \tag{7.122}$$

如果计入 R_{D1} 和 R_{D2} 的噪声,我们得到总输出噪声为

$$\overline{V_{n,out}^2} = (\overline{I_{n1}^2} + \overline{I_{n2}^2})R_D^2 + 2(4kTR_D) \tag{7.123}$$

$$= 8kT(\gamma g_m R_D^2 + R_D) \tag{7.124}$$

把上面的结果除以差动增益的平方,$g_m^2 R_D^2$,我们得到

$$\overline{V_{n,in}^2} = 8kT\left(\frac{\gamma}{g_m} + \frac{1}{g_m^2 R_D}\right) \tag{7.125}$$

这是共源级电路输入噪声电压平方的 2 倍。

输入参考噪声电压也可以利用图 7.39 所示的辅助定理进行计算。如图 7.57 所示,可以用与其栅串联的电压源模拟 M_1 和 M_2 的噪声,R_{D1} 和 R_{D2} 的噪声除以 $g_m^2 R_D^2$ 就得到式(7.125)。如果尾电流源替换成短路,鼓励读者重复以上计算。

比较式(7.75)与式(7.125)中表示的共源级和差动对的噪声特性是有益的。我们得出的结论是,如果每个晶体管的跨导是 g_m,那么差动对的输入参考噪声**电压**是共源级电路的 $\sqrt{2}$ 倍,这仅仅是

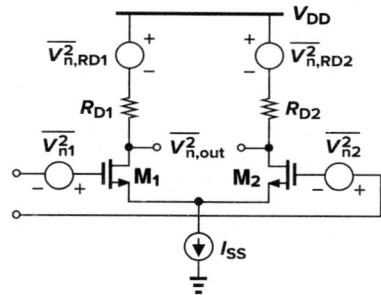

图 7.57 计算输入参考噪声的另一种方法

由于前者在信号通路中包含了两倍的器件数目,如图 7.57 中所示的两个串联电压源的例子(由于噪声源是非相关的,所以它们的功率相加)。如果晶体管尺寸相同,假设器件跨导相等,那么差动对消耗的功率是共源级电路的两倍,认识到这一点也很重要。

图 7.57 的噪声模型也可以很容易地解释晶体管的 $1/f$ 噪声。把由 $K/(C_{ox}WL)$ 给出的电压源与每个晶体管的栅串联,我们可以把式(7.125)重新写为

$$\overline{V_{n,in,tot}^2} = 8kT\left(\frac{\gamma}{g_m} + \frac{1}{g_m^2 R_D}\right) + \frac{2K}{C_{ox}WL}\frac{1}{f} \tag{7.126}$$

这些推导的结果表明,全差分电路中输入参考噪声电压的平方等于其等效半边电路的值的 2 倍(因为后者在信号通路上只用了一半的器件)。下面的例题将进一步证实这一点。

例 7.21 ──────────────────────────

电流源负载的差分对可以配置成一个大的"浮动"电阻[7]。如图 7.58(a)所示,这个想法是,以非常小的电流来偏置 M_1 和 M_2,以便在 A 与 B 之间获得高的增值电阻,该电阻值约等

于 $1/g_{m1}+1/g_{m2}$。确定与该电阻相关的噪声。忽略沟道长度调制效应。

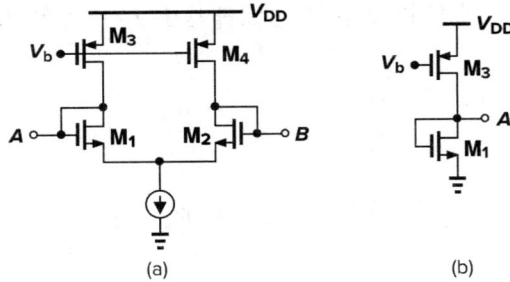

图 7.58

解：将 A 和 B 看作输出，用戴维南等效模拟该电路，我们应该确定这两个结点之间产生的噪声电压。为此，我们构建图 7.58(b) 所示半边电路，并写出 A 点的噪声电压为

$$\overline{V_{n,A}^2} = (4kT\gamma g_{m1} + 4kT\gamma g_{m3})\frac{1}{g_{m1}^2} + \frac{K}{(WL)_1 C_{ox}}\frac{1}{f} + \frac{K}{(WL)_3 C_{ox}}\frac{1}{f}\left(\frac{g_{m3}}{g_{m1}}\right)^2 \quad (7.127)$$

因此，在 A 和 B 之间测量到的噪声电压为

$$\overline{V_{n,AB}^2} = 8kT\gamma(g_{m1} + g_{m3})\frac{1}{g_{m1}^2} + \frac{2K}{(WL)_1 C_{ox}}\frac{1}{f} + \frac{2K}{(WL)_3}C_{ox}\frac{1}{f}\left(\frac{g_{m3}}{g_{m1}}\right)^2 \quad (7.128)$$

我们认识到，与一个简单的、阻值相同（$\approx 2/g_{m1}$）的欧姆电阻相比，这个电阻的噪声更大。它的线性也更小（为什么？）。

图 7.55 的尾电流源是否对噪声有贡献呢？如果差动输入信号是零而且电路是对称的，那么 I_{SS} 产生的噪声在 M_1 和 M_2 平均分配，只在输出产生一个共模噪声电压。另一方面，对于一个很小的差动输入 ΔV_{in}，我们得到

$$\Delta I_{D1} - \Delta I_{D2} = g_m \Delta V_{in} \quad (7.129)$$

$$= \sqrt{2\mu_n C_{ox}\frac{W}{L}\left(\frac{I_{SS}+I_n}{2}\right)}\Delta V_{in} \quad (7.130)$$

式中 I_n 表示 I_{SS} 中的噪声，并且 $I_n \ll I_{SS}$。本质上，噪声调制每一个器件的跨导，式(7.130)可重新写为

$$\Delta I_{D1} - \Delta I_{D2} \approx \sqrt{2\mu_n C_{ox}\frac{W}{L}\frac{I_{SS}}{2}(1 + \frac{I_n}{2I_{SS}})}\Delta V_{in} \quad (7.131)$$

$$= g_{m0}\left(1 + \frac{I_n}{2I_{SS}}\right)\Delta V_{in} \quad (7.132)$$

式中 g_{m0} 是无噪声电路的跨导。式(7.132)说明：当电路离开平衡时，I_n 在 M_1 和 M_2 之间更不均衡地分配，因而在输出产生差动噪声。尽管如此，这个影响通常可以忽略。

例 7.22 ————————————————————————————————————

假设图 7.59(a) 中的器件工作在饱和区，而且电路是对称的，求输入参考噪声电压。

解：由于可以用与输入串联的电压源模拟 M_1 和 M_2 的 1/f 噪声和热噪声，所以我们只需

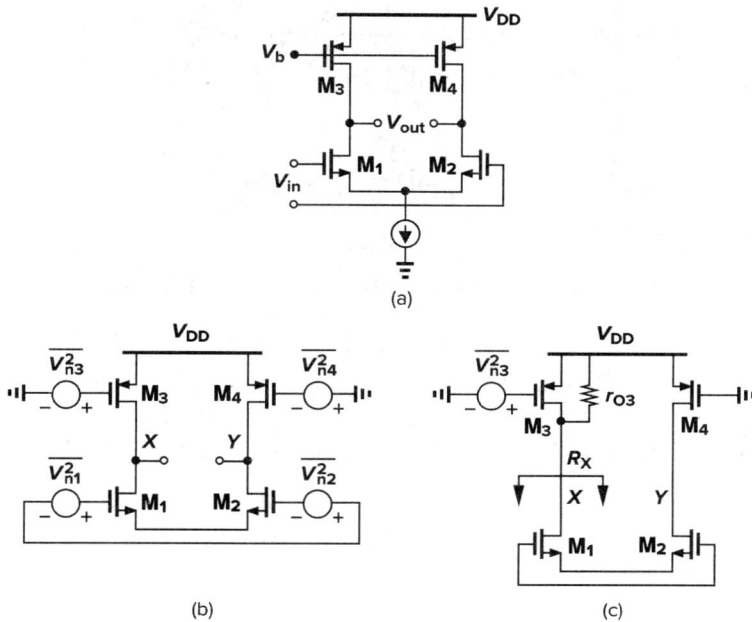

图 7.59

要把 M_3 和 M_4 的噪声折算到输入。让我们计算 M_3 贡献的输出噪声，M_3 的漏噪声电流在 r_{O3} 和 R_X 这两个电阻之间分配[图 7.59(c)]，R_X 是从 M_1 的漏端看进去所看到的电阻，从第 5 章 的内容可知，这个电阻等于 $R_X = r_{O4} + 2r_{O1}$。分别用 I_{nA} 和 I_{nB} 表示流过 r_{O3} 和 R_X 的噪声电流，我们有

$$I_{nA} = g_{m3} V_{n3} \frac{r_{O4} + 2r_{O1}}{2r_{O4} + 2r_{O1}} \tag{7.133}$$

和

$$I_{nB} = g_{m3} V_{n3} \frac{r_{O3}}{2r_{O4} + 2r_{O1}} \tag{7.134}$$

前者在结点 X 产生相对于地的噪声电压为 $g_{m3} V_{n3} r_{O3} (r_{O4} + 2r_{O1})/(2r_{O4} + 2r_{O1})$，而后者流过 M_1、M_2 和 r_{O4}，在结点 Y 产生相对于地的噪声电压为 $g_{m3} V_{n3} r_{O3} r_{O4}/(2r_{O4} + 2r_{O1})$。因此，由 M_3 产生的总差动输出噪声电压为

$$V_{nXY} = V_{nX} - V_{nY} \tag{7.135}$$

$$= g_{m3} V_{n3} \frac{r_{O3} r_{O1}}{r_{O3} + r_{O1}} \tag{7.136}$$

（读者可以验证，必须用 V_{nX} **减去** V_{nY}。）

式(7.136)意味着，只要将 M_3 的噪声电流乘以 r_{O1} 与 r_{O3} 的并联电阻值，就是差动输出电压。这一点当然不会使人感到意外，因为如图 7.60 所示，V_{n3} 对输出的影响也可以这样导出：把 V_{n3} 分解为两个差动成分，分别加在 M_3 和 M_4 的栅上，然后使用半边电路概念。由于这个计算涉及**单个**噪声源，所以我们可暂时忽略噪声的随机性，并把 V_{n3} 和电路分别看作是熟悉、确定的信号和线性电路。

也将式(7.136)用于 M_4，并把得到的功率相加，我们有

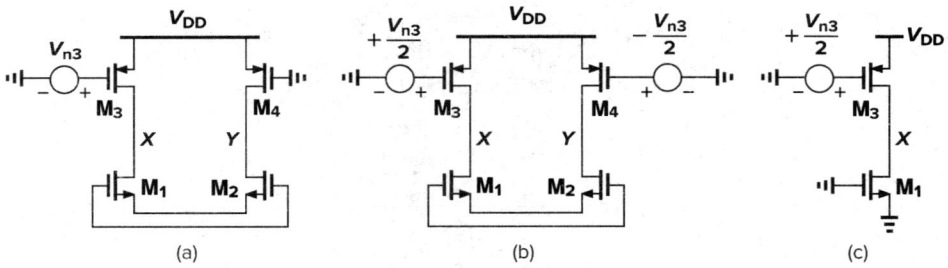

图 7.60　计算有电流源负载的差动对的输入参考噪声电压

$$\overline{V_{\mathrm{n,out}}^2}\Big|_{M_3,M_4} = g_{\mathrm{m3}}^2(r_{O1}\parallel r_{O3})^2\,\overline{V_{\mathrm{n3}}^2} + g_{\mathrm{m4}}^2(r_{O2}\parallel r_{O4})^2\,\overline{V_{\mathrm{n4}}^2} \tag{7.137}$$

$$= 2g_{\mathrm{m3}}^2(r_{O1}\parallel r_{O3})^2\,\overline{V_{\mathrm{n3}}^2} \tag{7.138}$$

为把噪声折算到输入,我们把式(7.138)除以 $g_{\mathrm{m1}}^2(r_{O1}\parallel r_{O3})^2$,得到每单位带宽的总输入参考噪声电压为

$$\overline{V_{\mathrm{n,in}}^2} = 2\,\overline{V_{\mathrm{n1}}^2} + 2\frac{g_{\mathrm{m3}}^2}{g_{\mathrm{m1}}^2}\,\overline{V_{\mathrm{n3}}^2} \tag{7.139}$$

把 $\overline{V_{\mathrm{n1}}^2}$ 和 $\overline{V_{\mathrm{n3}}^2}$ 的表达式代入,得

$$\overline{V_{\mathrm{n,in}}^2} = 8kT\gamma\left(\frac{1}{g_{\mathrm{m1}}} + \frac{g_{\mathrm{m3}}}{g_{\mathrm{m1}}^2}\right) + \frac{2K_N}{C_{\mathrm{ox}}(WL)_1 f} + \frac{2K_P}{C_{\mathrm{ox}}(WL)_3 f}\frac{g_{\mathrm{m3}}^2}{g_{\mathrm{m1}}^2} \tag{7.140}$$

将上述输入参考噪声与有源负载的差动对(五管 OTA)的输入参考噪声进行比较,是很有意义的。我们分析后者的热噪声,而闪烁噪声作为练习留给读者。由于缺乏完全的对称,我们寻求电路的诺顿噪声等效。为此,首先计算出输出短路噪声电流(图 7.61)。得到的电流乘以输出电阻,然后将结果除以增益,就可得到输入参考噪声电压。

从第 5 章中我们还记得,五管 OTA 的跨导近似等于 $g_{\mathrm{m1,2}}$。因此,由 M_1 和 M_2 产生的输出噪声电流等于这个跨导乘以 M_1 和 M_2 的栅参考噪声,即 $g_{\mathrm{m1,2}}^2(4kT\gamma/g_{\mathrm{m1}} + 4kT\gamma/g_{\mathrm{m2}})$。

让我们考虑 M_3 的噪声电流 $4kT\gamma g_{\mathrm{m3}}$。该电流主要通过二极管连接的阻抗,$1/g_{\mathrm{m3}}$,在 M_4 的栅极产生谱密度为 $4kT\gamma/g_{\mathrm{m3}}$ 的电压。这种噪声乘以 g_{m4},就是出现在 M_4 漏极的电流噪声。M_4 本身的噪声电流也直接流经短路的输出。因此,我们有

$$\overline{I_{\mathrm{n,out}}^2} = 4kT\gamma(2g_{\mathrm{m1,2}} + 2g_{\mathrm{m3,4}}) \tag{7.141}$$

这个噪声电流乘以 $R_{\mathrm{out}}^2 \approx (r_{O1,2}\parallel r_{O3,4})^2$,将该结果除以 $A_{\mathrm{v}}^2 = G_{\mathrm{m}}^2 R_{\mathrm{out}}^2$,我们得到总输入参考噪声电压为

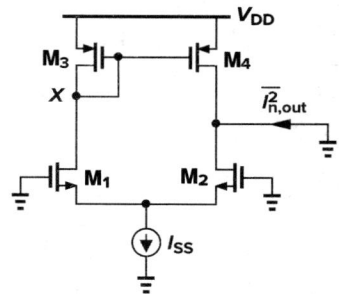

图 7.61　OTA 的输出短路噪声电流

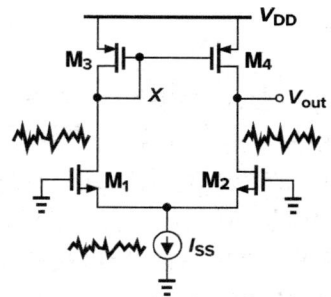

图 7.62　OTA 中尾噪声电流的影响

$$\overline{V_{n,in}^2} = 8kT\gamma \left(\frac{1}{g_{m1,2}} + \frac{g_{m3,4}}{g_{m1,2}^2} \right) \quad\quad (7.142)$$

这个结果与全差动电路的结果是一样的。

OTA 与全差动结构之间的一个有意义的区别是,当 $V_{in1} = V_{in2}$ 时尾电流是否会贡献噪声。回顾第 5 章可知,图 7.62 中 OTA 的输出电压等于 V_X。如果 I_{SS} 波动,则 V_X 和 V_{out} 也波动。由于尾噪声电流 I_n 在 M_1 和 M_2 之间相等地分配,在结点 X 的噪声电压由 $\overline{I_n^2}/(4g_{m3}^2)$ 给出,输出的噪声电压也是如此。(即使从 M_2 的源极所看到的阻抗高于从 M_1 的源极所看到的阻抗,I_n 为什么会在它们之间平分?)

对于许多其它模拟电路也必须研究噪声影响,例如反馈系统、运算放大器和带隙基准均表现出引人关注且重要的噪声特性,我们将在其它章节再来讨论这些内容。

7.7 噪声与功率的折中

在对输入参考热噪声的分析中我们看到,由"在信号通路"上的晶体管所贡献的噪声与它们的跨导成反比。这种关系表明了噪声和功耗之间的折中。

噪声与功率的折中,实际上可以推广到**任何**电路(只要输入噪声电流可以忽略)。为理解这一点,让我们用如图 7.63(a)所示的简单共源级开始:我们对 M_1 的 W/L 和偏置电流均加倍;负载电阻减半。不管晶体管特性如何变化,这个变换保持了原来的电压增益和输出摆幅。但我们注意到,输入参考的热噪声和闪烁噪声的功率恰好只是原来的一半(因为晶体管的 g_m 和栅面积都增加了一倍)。噪声的 3 dB 下降是由功耗(和输入电容)的加倍为代价得到的。

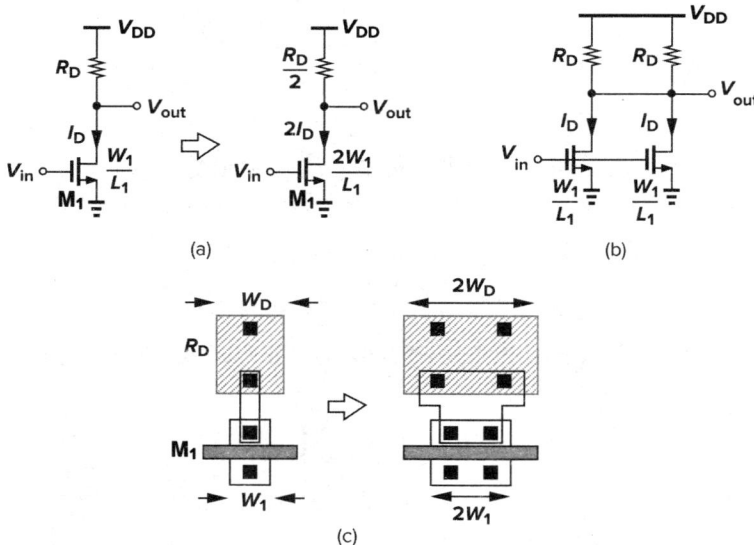

图 7.63 (a)通过扩展减小输出噪声;(b)等效操作;(c)版图中的扩展

图 7.63(a)中所表示的变换,也称为"线性缩放"(linear scaling),可以被视为两个原始电路的实例并联,如图 7.63(b)所示。或者,我们可以说,晶体管和电阻器的宽度都增加了一倍[图 7.63(c)]。

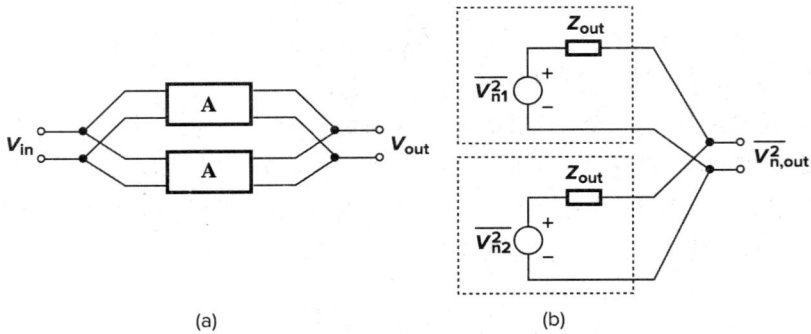

图 7.64　(a)减少噪声的通常扩展方法;(b)等效电路

　　一般而言,如果两个电路的实例并联,输出噪声的功率会减半[图 7.64(a)]。这可以通过如下的方法证明:输入设置为零,为每个实例构建戴维南噪声等效[图 7.64(b)],由于 $V_{n1,out}$ 和 $V_{n2,out}$ 是非相关的,我们可以用功率叠加,写出

$$\overline{V_{n,out}^2} = \frac{\overline{V_{n1,out}^2}}{4} + \frac{\overline{V_{n2,out}^2}}{4} \tag{7.143}$$

$$= \frac{\overline{V_{n1,out}^2}}{2} \tag{7.144}$$

　　因此,当保持电压增益和输出摆幅时,输出噪声与功耗是互相交换的。请注意,如果输入开路也可证明这个结果,这表明,输入参考噪声电流 $\overline{I_{n,in}^2}$ 增加了一倍(为什么?)。

　　我们还应该注意,噪声频谱最终必须遍及该电路的带宽进行积分。上述的线性缩放假定,该带宽是由应用确定的,因此是不变的。

7.8　噪声带宽

　　电路中损坏信号的总噪声由电路的带宽内的所有频率成分产生。考虑一个多极点电路,其输出噪声谱如图 7.65(a)所示。因为高于 ω_{p1} 的噪声成分不能忽略,所以总输出噪声必须通过计算谱密度下的总面积求出:

$$\overline{V_{n,out,tot}^2} = \int_0^\infty \overline{V_{n,out}^2} \, df \tag{7.145}$$

　　但是,如图 7.65(b)所示,有时把总噪声简单地表示为 $V_0^2 B_n$ 是非常有用的,带宽 B_n 由下式决定:

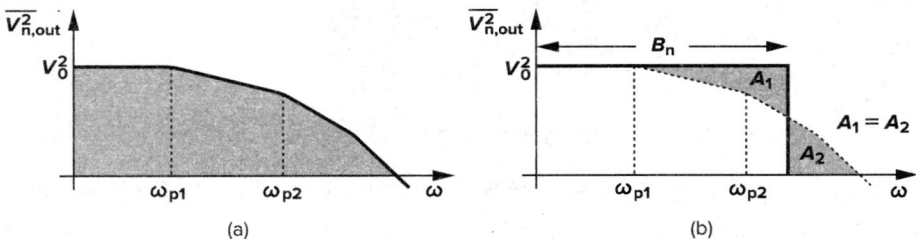

图 7.65　(a)电路的输出噪声谱;(b)噪声带宽的概念

$$V_0^2 B_n = \int_0^\infty \overline{V_{n,\text{out}}^2} \, df \qquad (7.146)$$

B_n 被称为"噪声带宽",它使得具有相同低频噪声V_0^2、但具有不同高频传输函数的各种电路可以进行合理地比较。作为练习,读者可以证明一个单极点系统的噪声带宽等于该极点对应频率的$\pi/2$倍。

7.9 输入噪声积分的问题

至今的噪声研究中,我们已经计算了输出的噪声频谱,并通过积分,得到了总输出噪声电压。对输入参考噪声也进行积分,是否可行?

考虑图 7.66 所示的共源级,我们假设:$\lambda=0$,M_1 只有热噪声。为简单起见,我们忽略 R_D 的噪声。我们注意到,输出噪声频谱等于被放大的、被低通滤波后的 M_1 的噪声;这个频谱非常适合于积分(见例题 7.19)。另一方面,输入参考噪声电压,则只是等于$\overline{V_{n,M1}^2}$,在输入端具有**无限**的功率,并禁止积分。

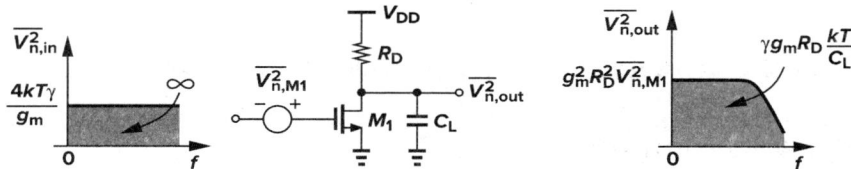

图 7.66　用输入来表示输出噪声的困难

上述困惑会出现在大多数电路中,结果是,只支持对**输出**噪声进行积分。毕竟,物理的和可观察到的噪声只出现在输出端,输入参考噪声仍然是一个虚构的量。然而,为了对不同的设计进行公平的比较,我们可以将**积分**输出噪声除以电路在低频(或中频带)的增益。例如,图 7.66 的共源级可以通过总输入参考噪声来表征,该噪声等于

$$\overline{V_{n,\text{in,tot}}^2} = \gamma g_m R_D \frac{kT}{C_L} \cdot \frac{1}{g_m^2 R_D^2} \qquad (7.147)$$

$$= \frac{\gamma}{g_m R_D} \frac{kT}{C_L} \qquad (7.148)$$

上式中忽略了 R_D 的噪声。对于包含沟道长度调制效应和 R_D 噪声的情况,鼓励读者重复这些计算。

7.10　附录 A:噪声相关的问题

正如 7.1.3 节中所解释的,输入参考噪声的电压和电流通常是相关的,这使噪声的计算变得复杂。在这个附录中,我们考虑能够避免这种相关的一些替代方法。回顾式(7.55)可知,只有当驱动电路的阻抗高到一定的程度时,输入参考噪声电流才会表现出来。这条件是:阻抗幅

值的平方与 $\overline{V_{n,in}^2}/\overline{I_{n,in}^2}$ 相当。

在许多电路中,当驱动阻抗 Z_S 从零到无穷大变化时,即输入端口从短路到开路变化时,输出噪声电压大致保持相同[1]。例如,忽略 C_{GD} 的共源级就表现出这种特性[图 7.67(a)]:

$$\overline{V_{n1,out}^2} = \overline{V_{n2,out}^2} = 4kT\gamma g_m R_D^2 + 4kTR_D \tag{7.149}$$

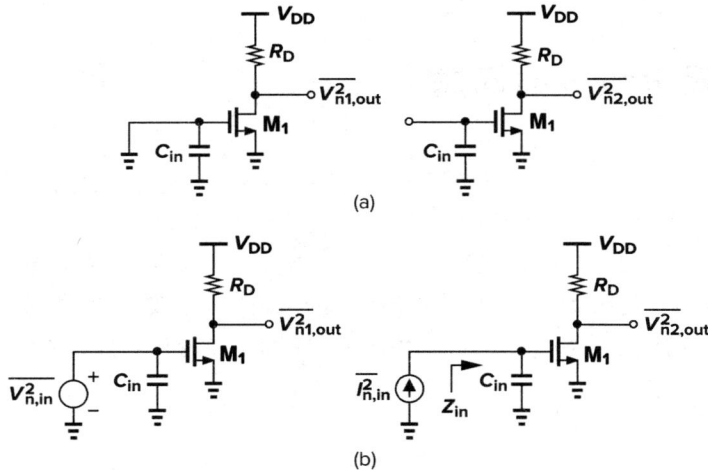

(a)

(b)

图 7.67　(a)输入短路或开路时 CS 级的输出噪声;(b)输入参考源的计算

现在我们从图 7.67(b)注意到

$$\overline{V_{n1,out}^2} = \overline{V_{n,in}^2} \mid H(f) \mid^2 \tag{7.150}$$

其中 $H(s) = V_{out}/V_{in}$。同样地,另一个输出为

$$\overline{V_{n2,out}^2} = \overline{I_{n,in}^2} \mid Z_{in}(f) \mid^2 \mid H(f) \mid^2 \tag{7.151}$$

由以上两式相等,得到 $\overline{I_{n,in}^2} = \overline{V_{n,in}^2}/\mid Z_{in}(f)\mid^2$。由于 $Z_{in}(s)$ 是确定的量,我们得到 $I_{n,in} = V_{n,in}/Z_{in}(s)$,因而两个噪声源之间存在 100% 的相关。为了计算出 $I_{n,in}$ 和 $V_{n,in}$,我们必须类似于对图 7.37 的处理,进行很长的计算。

现在,考虑图 7.68(a)中所示的结构,其中 Z_S 表示前一级的输出阻抗。我们假定,当 Z_S 变化时电路的输出噪声的变化可以忽略。在结点 X 的噪声电压等于

$$V_{n,X} = \frac{Z_{in}}{Z_{in} + Z_S}V_{n,in} + \frac{Z_{in}Z_S}{Z_{in} + Z_S}I_{n,in} \tag{7.152}$$

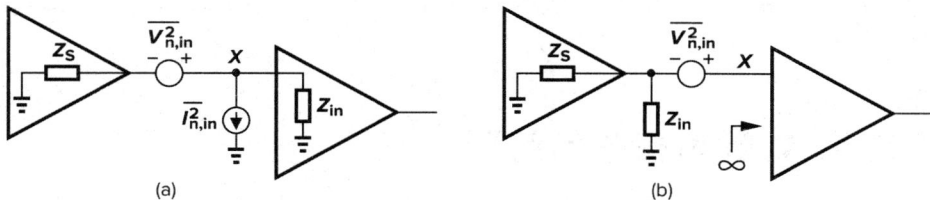

(a)　　　　　　　　　　　(b)

图 7.68　(a)两级的级联;(b)删除 $I_{n,in}$ 的变换

----

[1]　这里不包括 Z_S 的噪声。

将 $I_{n,in}$ 的值代入上式,得到

$$V_{n,X} = V_{n,in} \qquad (7.153)$$

也就是说,对于不同的 Z_S 值,$I_{n,in}$ 只用来使 $V_{n,X}$ (相对于地)等于 $V_{n,in}$。这个有趣的结果有助于简化分析。

基于这一观察,我们将结构修改为图 7.68(b) 所示的结构,其中 Z_{in} 只加载到前一级,但 $I_{n,in}$ 不存在了。在这里,我们也同样地得到了 $V_{n,X}=V_{n,in}$。因此,在输出的噪声电压是输入端电压的弱函数

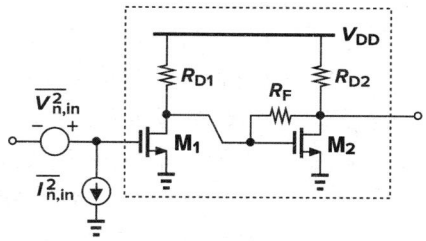

图 7.69　把级联电路看成单级电路

的电路中,如果阻抗 Z_{in} 被用来加载到前一级,则 $I_{n,in}$ 可以省略。

如果 $V_{n,out}$ 不满足上述条件,我们可以简单地把前一级作为电路的一部分,把这两级看成一个电路实体。例如,图 7.69 所示的放大器可以用具有输入参考噪声源 $V_{n,in}$ 和 $I_{n,in}$ 的一级来建模,从而可避免与第二级噪声电压和电流有关的复杂问题。

参考文献

[1] L. W. Couch. *Digital and Analog Communication Systems*. Fourth Ed., New York: Macmillan Co., 1993.

[2] S. M. Sze. *Physics of Semiconductor Devices*. Second Ed., New York: Wiley, 1981.

[3] B. Razavi, Y. Ran, and K. F. Lee. Impact of Distributed Gate Resistance on the Performance of MOS Devices. *IEEE Trans. Circuits and Systems*, *Part I*, pp. 750 - 754, Nov. 1994.

[4] Y. Tsividis. *Operation and Modeling of the MOS Transistor*. Second Ed., Boston: McGraw-Hill, 1999.

[5] A. A. Abidi. High-Frequency Noise Measurements on FETs with Small Dimensions. *IEEE Tran. Electron Devices*, vol. 33, pp. 1801 - 1805, Nov. 1986.

[6] H. A. Haus, et al. Representation of Noise in Linear Twoports. *Proc. IRE*, vol. 48, pp. 69 - 74, Jan. 1960.

[7] S. Asai, et al. High-Resistance Resistor Consisting of a Subthreshold CMOS Differential Pair. *IEICE Trans. Electronics*, vol. E93, pp. 741 - 746, June 2010.

习题

如无特殊说明,下面所有习题中均采用表 2.1 中的器件参数,假设 $V_{DD}=3$ V,同时还假设所有的晶体管都工作在饱和区。

7.1　一个共源级电路包含一个 $50\ \mu m/0.5\ \mu m$ 的 NMOS 器件,偏置电流为 $I_D=1$ mA,负载电阻为 $2\ k\Omega$,在 100 MHz 的带宽内总输入参考热噪声电压是多少?

7.2　在图 7.42 的共源级电路中,假定 $(W/L)_1=50/0.5$,$I_{D1}=I_{D2}=0.1$ mA,$V_{DD}=3$ V。如果 M_2 对输入参考噪声电压(不是电压的平方)的贡献必须是 M_1 的 1/5,放大器的最大输

267   出电压摆幅是多少？

7.3   使用图 7.21(c)的分布模型并忽略沟道热噪声,证明计算栅噪声时,
分布栅电阻 R_G 可用阻值为 $R_G/3$ 的集总电阻代替。(提示:用串联
电压源模拟 R_{Gj} 的噪声并计算总的漏噪声电流。注意相关噪声源。)

7.4   证明图 7.39(c)的输出噪声电流由式(7.73)给出。

7.5   求图 7.70 中电路的输入参考闪烁噪声电压。

7.6   求图 7.71 中每一个电路的输入参考热噪声电压。假定 $\lambda=\gamma=0$。

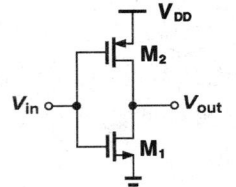

图 7.70

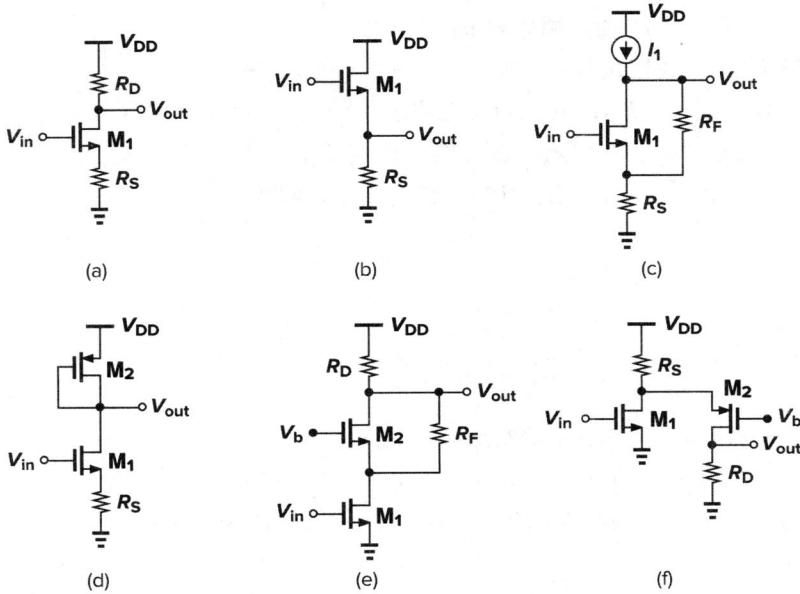

图 7.71

268   7.7   求图 7.72 中每一个电路的输入参考热噪声电压。假定 $\lambda=\gamma=0$。

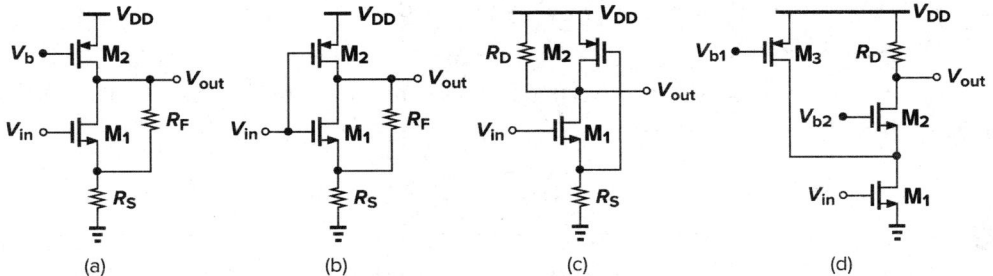

图 7.72

7.8   求图 7.73 中每一个电路的输入参考热噪声电压和电流。假定 $\lambda=\gamma=0$。

7.9   求图 7.74 中每一个电路的输入参考热噪声电压和电流。假定 $\lambda=\gamma=0$。

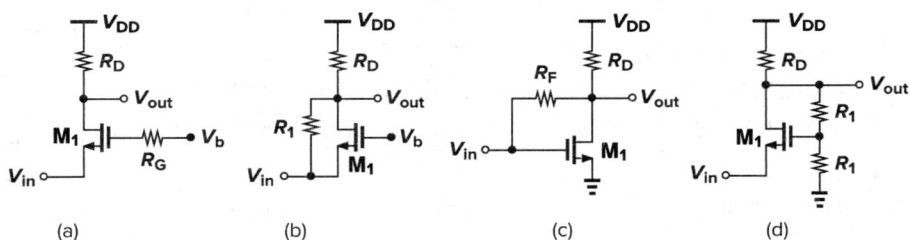

图 7.73

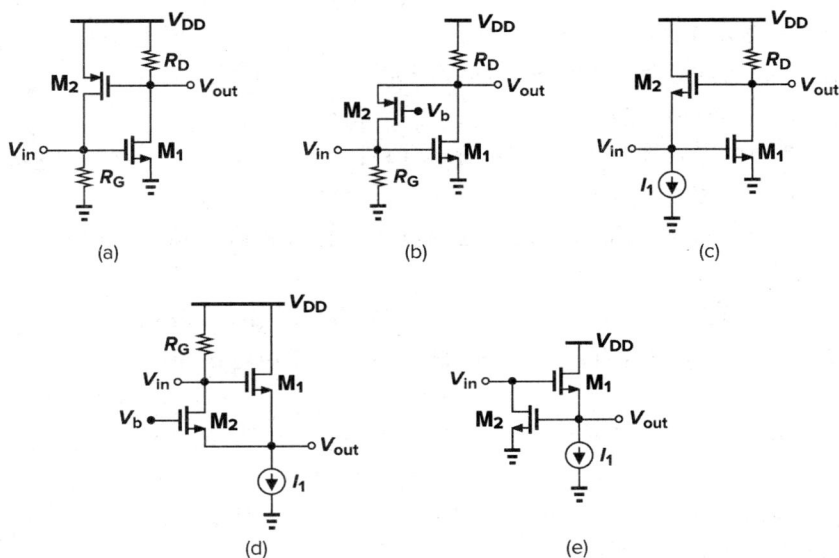

图 7.74

7.10　如果去掉图 7.49 电路中的两个电容,求电路的输入参考 $1/f$ 噪声电压和电流。

7.11　求图 7.51 所示源跟随器的输入参考 $1/f$ 噪声电压。

7.12　假定 $\lambda=\gamma=0$,求图 7.75 中每一个电路的输入参考热噪声电压,对于图 7.75(a),假设 $g_{m3,4}=0.5g_{m5,6}$。

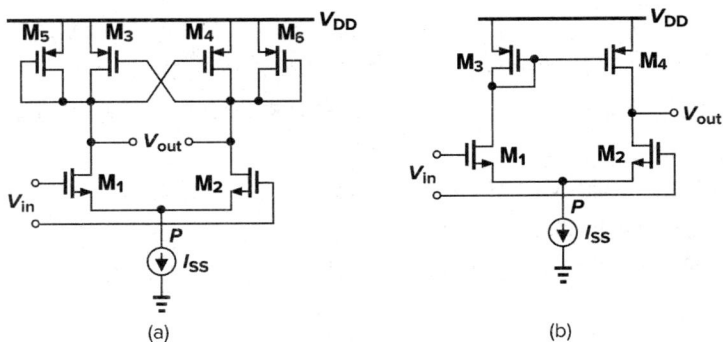

图 7.75

7.13 考虑如图 7.76 所示的带负反馈共源级电路:

(a)如果 $\lambda=\gamma=0$,计算输入参考热噪声电压。

(b)假设线性化需要迫使 R_S 上的直流电压等于 M_1 的过驱动电压,那么与 M_1 贡献的热噪声电压相比,R_S 贡献的热噪声电压是多少?

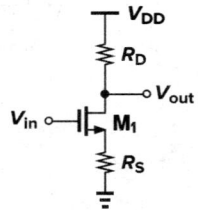

图 7.76

7.14 解释密勒原理为什么不能用来计算悬浮电阻的热噪声的影响。

7.15 图 7.20 的电路被设计成 $(W/L)_1=50/0.5$, $I_{D1}=0.05$ mA,求输出在 50 MHz 带宽内总的均方根热噪声电压。

7.16 对于图 7.77 所示电路,计算频带 $[f_L,f_H]$ 内的总输出热噪声和 $1/f$ 噪声。假定 $\lambda\neq0$ 但忽略其它电容。

7.17 假设图 7.42 的电路中,$(W/L)_{1,2}=50/0.5$, $I_{D1}=|I_{D2}|=0.5$ mA,输入参考热噪声电压是多少?

图 7.77

7.18 将图 7.42 中的电路修改成图 7.78 所示电路:

(a)计算输入参考热噪声电压。

269 (b)对给定的电流偏置和输出电压摆幅,R_S 为何值时输入参考热噪声最小?

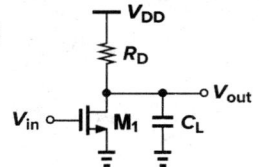

7.19 一个共栅级电路包含一个 $W/L=50/0.5$ 的 NMOS 器件,偏置电流 $I_D=1$ mA,负载电阻是 1 kΩ,求输入参考热噪声电压和电流。

7.20 图 7.48 的电路中,$(W/L)_1=50/0.5$, $I_{D1}=I_{D2}=0.5$ mA,$R_D=1$ kΩ。

(a)确定 $(W/L)_2$ 使得 M_2 对输入参考热噪声电流(不是电流的平方)的贡献是 R_D 贡献的 1/5。

(b)为使 M_2 处于三极管区边缘,计算 V_b 的最小值应为多少?最大允许的输出电压摆幅是多少?

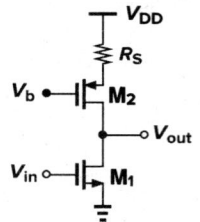

图 7.78

7.21 设计图 7.48 的电路,使输入参考热噪声电压为 3 nV/$\sqrt{Hz}$,输出摆幅最大。假定 $I_{D1}=I_{D2}=0.5$ mA。

270

7.22 考虑图 7.49 的电路,如果 $(W/L)_{1\sim3}=50/0.5$, $I_{D1\sim3}=0.5$ mA,求输入参考热噪声电压和电流。

7.23 在图 7.49 的电路中,$(W/L)_{1\sim3}=50/0.5$, $I_{D1\sim3}=0.5$ mA,如果要求输出摆幅是 2 V,通过迭代估算 M_2 和 M_3 的尺寸,使输入参考热噪声电流最小。

7.24 图 7.51 的源跟随器偏置电流为 0.1 mA,将要提供 100 Ω 的输出电阻,

(a)计算 $(W/L)_1$。

(b)确定 $(W/L)_2$ 使得 M_2 对输入参考热噪声电压(不是电压的平方)的贡献是 M_1 贡献的 1/5,最大输出摆幅是多少?

7.25 图 7.52(a)的共源共栅级电路中,X 结点对地的电容为 C_x,忽略其它电容,求输入参考热噪声电压。

7.26 求图 7.79 中两个电路的输入参考热噪声电压和 $1/f$ 噪声电压,并比较其结果。假定两个电路从电源得到的电流相等。

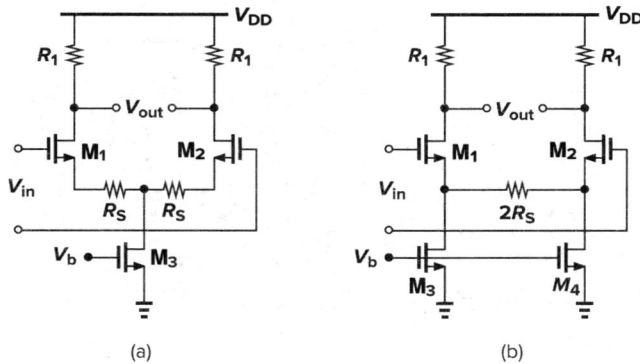

图 7.79

7.27 在例 7.13 中假设 $\lambda > 0$，重做分析。

7.28 假设图 7.38(a) 的电路被一个有限的源阻抗驱动，如图 7.80 所示。假设 $\lambda = 0$，并忽略 R_S 的噪声。

(a) 确定电路的输出噪声电压。

(b) 用类似于对图 7.37 的分析方法，计算以 $V_{n,RF}$ 和 $V_{n,M1}$ 表示的输入参考噪声电压和电流，注意他们的相关性。

(c) 用电压和电流的叠加 (不是功率的叠加)，如同 (b) 中的计算，请计算出以 $V_{n,in}$ 和 $I_{n,in}$ 表示的输出噪声电压。现在进行如下替换：$\overline{V_{n,RF}^2} = 4kTR_F$；$\overline{I_{n,M1}^2} = 4kT\gamma g_m$，该结果与 (a) 中推导的结果是否相同？

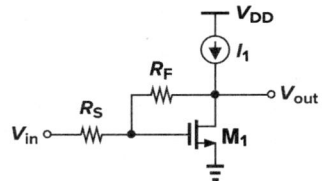

271

图 7.80

7.29 考虑图 7.39(c) 和 (d) 的电路，但包括 C_{GS} 和与栅串联的无噪声阻抗 Z_1。推导 $I_{n,out1}$ 和 $I_{n,out2}$ 的表达式。在这种情况下辅助定理成立吗？

7.30 重做例 7.14，但包括 C_{GS} 和与栅串联的阻抗 Z_1。在这种情况下辅助定理成立吗？

7.31 在图 7.49 中，假设输入开路，通过与 M_1 的栅串联的电压源来为 M_1 的热噪声建模。

(a) 确定产生的输出电压。(第 3 章中已推导了负反馈共源级的电压增益。)

(b) 现在用输入电流来表示这个输出电压，将该结果与 M_2 和 M_3 的贡献进行比较。

7.32 图 7.81 显示了由源电阻 R_S 驱动的无噪声放大器。如果该放大器可以用低频增益 A_0 和单极点 ω_0 来建模，确定在输出端由 R_S 产生的总积分噪声。

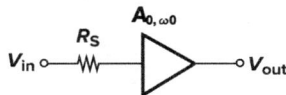

图 7.81

272

7.33 只考虑图 7.82 中的热噪声。确定输出噪声谱和总积分噪声。假设 $\lambda > 0$。

7.34 计算图 7.83 所示电路的输入参考热噪声和闪烁噪声，这里关注的输出是 $I_{D3} - I_{D4}$。考虑两种情况：(a) 这些电流源是理想的；(b) 这些电流源均由 MOS 器件实现。忽略沟道长度调制效应和体效应。

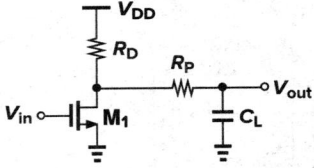

图 7.82

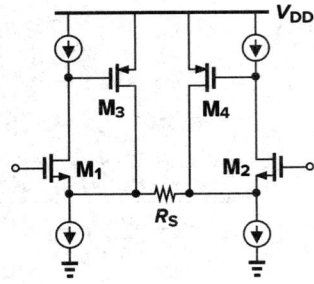

图 7.83

273

第 8 章

反　馈

1927 年 8 月的一个温暖的早上,哈尔德·布莱克(Harold Black)坐船从纽约去新泽西,他在那里的贝尔实验室工作。那段时间,他正和其他研究人员一起研究远程电话网络中放大器的非线性问题,寻求一种实用的解决办法。他在船上看报纸时突然有了一个灵感,便在报纸上画了一个图,后来凭此申请了专利,这就是我们知道的负反馈放大器。

反馈是模拟电路中广泛应用的一种非常有效的技术。例如,负反馈提供高精度信号处理,正反馈使振荡器的建立成为可能。本章只研究负反馈,以下"反馈"一词均指负反馈。

我们首先从反馈电路的一般概念出发,阐述反馈带来的大量益处;接着研究四种反馈电路结构及其特性。然后,我们讨论反馈电路分析中的困难,作为可能的解决方案,介绍二端口技术、波特技术和布莱克曼定理。

8.1　概述

图 8.1 显示了一个负反馈系统,其中 $H(s)$ 和 $G(s)$ 分别叫做前馈网络和反馈网络。因为 $G(s)$ 的输出是 $G(s)Y(s)$,所以 $H(s)$ 的输入为 $X(s)-G(s)Y(s)$,叫做反馈误差,即

$$Y(s) = H(s)[X(s) - G(s)Y(s)] \tag{8.1}$$

则

$$\frac{Y(s)}{X(s)} = \frac{H(s)}{1 + G(s)H(s)} \tag{8.2}$$

称 $H(s)$ 为"开环"传输函数,$Y(s)/X(s)$ 为"闭环"传输函数。在本书中的大多数情况下,$H(s)$ 表示一个放大器,$G(s)$ 是一个与频率无关的量,换句话说,输出信号的一部分被检测并与输入信号相比较,产生一个误差项。一个设计良好的负反馈系统能使误差项最小,因而使 $G(s)$ 的输出成为系统输入的精确"复制",因此使系统的输出成为输入的按比例的可靠复制,如图 8.2 所示。$H(s)$ 的输入可以认为是"虚地"的,这是因为该点的信号幅值很小。在后面的讨论中用一个与频率无关的量 β 代替 $G(s)$,称 β 为"反馈系数"。

在此有必要认识图 8.1 中组成反馈系统的四个部分:

(1)前馈放大器;

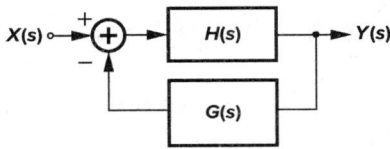

图 8.1　一般的反馈系统

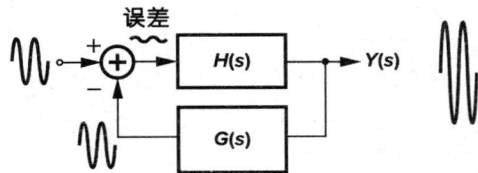

图 8.2　反馈网络的输出与输入信号的相似性

（2）检测输出的方式；

（3）反馈网络；

（4）产生反馈误差的方式，即减法器（或加法器）。

虽然在一个带有电阻负反馈的简单共源级中这四部分可能不明显，但是在任何反馈系统中它们都是存在的。

8.1.1　反馈电路的特性

在分析反馈电路之前，先研究一些简单的例子来说明负反馈的好处。

增益灵敏度降低

考虑图 8.3(a)中的共源级，其电压增益是 $g_{m1}r_{O1}$。由于 g_{m1} 和 r_{O1} 都随工艺和温度而变，因而此电路的显著缺点是增益不精确。现在假设把此电路改进为图 8.3(b)所示，在此 M_1 管的栅极偏置方式没有画出（见第 13 章）。下面计算电路在较低频时的总电压增益，这频率低到使 C_2 从输出结点抽取的小信号电流可以忽略，即：$V_{out}/V_X = -g_{m1}r_{O1}$，由于 $(V_{out}-V_X)C_2 s = (V_X-V_{in})C_1 s$，我们得到

$$\frac{V_{out}}{V_{in}} = -\frac{1}{\left(1+\dfrac{1}{g_{m1}r_{O1}}\right)\dfrac{C_2}{C_1}+\dfrac{1}{g_{m1}r_{O1}}} \tag{8.3}$$

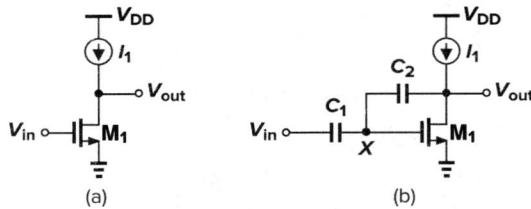

图 8.3　(a)简单共源级；(b)有反馈的共源级电路

如果 $g_{m1}r_{O1}$ 很大，分母中的 $1/g_{m1}r_{O1}$ 项就可忽略，得

$$\frac{V_{out}}{V_{in}} = -\frac{C_1}{C_2} \tag{8.4}$$

与 $g_{m1}r_{O1}$ 相比，这个增益的表达式是两个电容之比，因此增益能够更精确地控制。如果 C_1 和 C_2 是由同一材料做成的，那么 C_1/C_2 就不随工艺和温度而改变。

上面的例子表明负反馈使增益"灵敏度降低"，即闭环增益对器件参数的变化没有开环敏

感。人们也可以说,负反馈可"稳定"增益,从而"提高了稳定性"。但这个术语可能与频率稳定性(第 10 章)互相混淆,因为在第 10 章中,作为负反馈的一种结果,稳定性通常会**恶化**。图 8.4 是更一般的情形,增益灵敏度降低可定量表示为

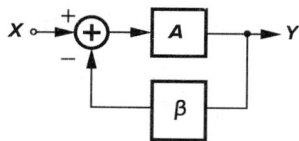

图 8.4 简单的反馈系统

$$\frac{Y}{X} = \frac{A}{1 + \beta A} \tag{8.5}$$

$$\approx \frac{1}{\beta}\left(1 - \frac{1}{\beta A}\right) \tag{8.6}$$

这里假定 $\beta A \gg 1$。值得注意的是,一阶精度的闭环增益由反馈系数 β 决定。更重要的是,即使开环增益变为原来 2 倍,由于 $1/(\beta A) \ll 1$,所以 Y/X 的变化非常小。

βA 称为环路增益,是反馈系统中一个很重要的量[1]。从式(8.6)可以看出 βA 越大,Y/X 对 A 的变化越不敏感。另一方面,可以通过增大 A 或 β 来使闭环增益更加精确。值得注意的是,如果 β 增加,闭环增益 $Y/X \approx 1/\beta$ 就会减小,因此最好在闭环增益和精确度之间进行折中。换句话说,对一个高增益的放大器,可应用负反馈使闭环增益降低,但其灵敏度也会降低。这里得出的另一个结论是,反馈网络的输出等于 $\beta Y = XA\beta/(1 + \beta A)$,此值由于 βA 远大于 1 而接近于 X,这个结论与图 8.2 一致。

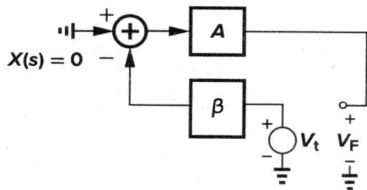

图 8.5 计算环路增益

环路增益的计算一般以下面的方法进行。如图 8.5 所示,将主输入置为(ac)零,在某点断开环路,朝"正确方向"注入一个测试信号,使信号沿环路环绕,直到回到这个断点,我们得到一个电压值。导出的传输函数的负值就是环路增益。环路增益是一个无量纲的量。在图 8.5 中 $V_t\beta(-1)A = V_F$,则 $V_F/V_t = -\beta A$,同理,对于图 8.6 所示的简单反馈电路,我们可写出 $V_X = V_t C_2/(C_1 + C_2)$,而且得到[2]

$$V_t \frac{C_2}{C_1 + C_2}(-g_{m1}r_{O1}) = V_F \tag{8.7}$$

即

$$\frac{V_F}{V_t} = -\frac{C_2}{C_1 + C_2}g_{m1}r_{O1} \tag{8.8}$$

应该注意的是,在这里忽略了由 C_2 从输出端抽取的电流,这个问题将在 8.5 节中讨论。

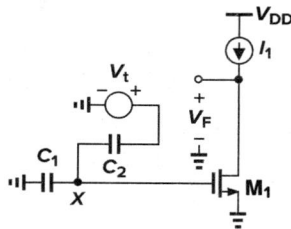

276

图 8.6 一个简单反馈电路中
环路增益的计算

例 8.1 ————————————————

确定图 8.7(a)所示反馈共栅级的环路增益。

解:为了计算环路增益,我们必须首先将主输入设置为(ac)零,得到图 8.7(b)所示的结构。重画该电路,如图 8.7(c)所示。我们认识到,这种结构与 $V_{in} = 0$ 时的图 8.3(b)的 CS 级

---

[1] 不要把环路增益和开环增益混淆。

[2] 这里常见的错误是,认为在非常低的频率下 C_2 不通过信号,因此 $V_X = 0$。这是不正确的,因为在非常低的频率下 C_1 也具有高的阻抗。

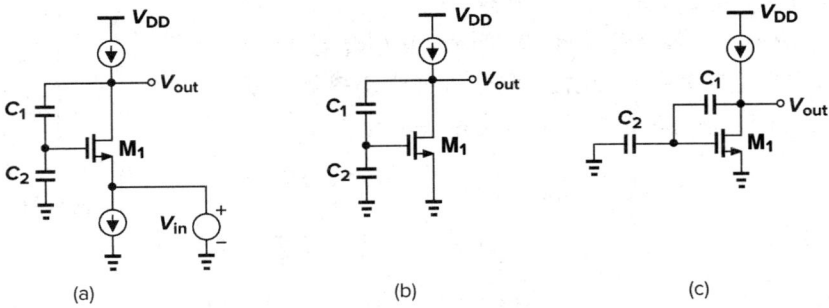

图 8.7

是相同的。因此,环路增益由式(8.8)给出。

这里重要的一点是,在计算环路增益时,我们不知道那里是主要输入和输出的终端。因此,看似不同的电路结构可能具有相同的环路增益。

应该强调的是,反馈所导致的增益灵敏度降低使得反馈系统具有许多其它特性。分析式(8.6)可知,当 βA 较大时,即使 A 的变化很大,它对 Y/X 的影响仍可忽略。A 的这些变化可能是由于不同的原因,比如工艺、温度、频率和加载。例如,如果 A 在高频时减小,Y/X 将变化很小,而增大了带宽;同样,如果 A 是由于放大器驱动一个重负载而减小,Y/X 将不会受到多大影响。这些概念在下面将会变得很清楚。

终端阻抗变化

作为第二个例子,让我们研究图 8.8(a)所示电路。电路中容性分压器检测共栅级的输出电压,并把得到的电压加在电流源 M_2 的栅极上,这样就使电流反馈信号回到输入端[①]。我们的目的是计算有反馈和无反馈时低频下的输入电阻。忽略沟道调制效应和 C_1 抽取的电流,断开反馈环路(图 8.8(b)),我们得到

$$R_{in,open} = \frac{1}{g_{m1} + g_{mb1}} \tag{8.9}$$

对于闭环电路,如图 8.8(c)所示,有 $V_{out} = (g_{m1} + g_{mb1})V_X R_D$ 和

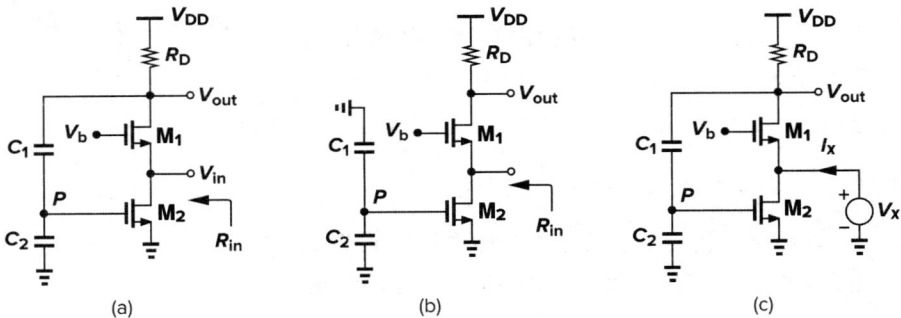

图 8.8 (a)有反馈的共栅电路;(b)开环电路;(c)输入电阻的计算

[①] 图中没有画出 M_2 的偏置网络。

$$V_P = V_{\text{out}} \frac{C_1}{C_1 + C_2} \tag{8.10}$$

$$= (g_{m1} + g_{mb1}) V_X R_D \frac{C_1}{C_1 + C_2} \tag{8.11}$$

因此 M_2 的小信号漏电流等于 $g_{m2}(g_{m1} + g_{mb1})V_X R_D C_1/(C_1 + C_2)$，把这个电流加到有适当极性的 M_1 的漏电流上，得到 I_X：

$$I_X = (g_{m1} + g_{mb1}) V_X + g_{m2}(g_{m1} + g_{mb1}) \frac{C_1}{C_1 + C_2} R_D V_X \tag{8.12}$$

$$= (g_{m1} + g_{mb1})(1 + g_{m2} R_D \frac{C_1}{C_1 + C_2}) V_X \tag{8.13}$$

由此得出

$$R_{\text{in,closed}} = V_X/I_X \tag{8.14}$$

$$= \frac{1}{g_{m1} + g_{mb1}} \frac{1}{1 + g_{m2} R_D \frac{C_1}{C_1 + C_2}} \tag{8.15}$$

由此，我们可以得到结论：这种反馈使输入电阻减小到原值的 $[1 + g_{m2} R_D C_1/(C_1 + C_2)]^{-1}$。读者可以证明：$g_{m2} R_D C_1/(C_1 + C_2)$ 是环路增益。

现在让我们考虑图 8.9(a)所示电路，此电路是一个用反馈改变输出阻抗的例子。电路中 M_1、R_S 和 R_D 组成共源级，C_1、C_2 和 M_2 检测输出电压[①]，并使大小为 $[C_1/(C_1 + C_2)] V_{\text{out}} g_{m2}$ 的电流返回到 M_1 的源极。读者可以证明，这个反馈的确是负反馈。为了计算较低频时的输出电阻，把输入置为零[图 8.9(b)]，则

$$I_{D1} = V_X \frac{C_1}{C_1 + C_2} g_{m2} \frac{R_S}{R_S + \dfrac{1}{g_{m1} + g_{mb1}}} \tag{8.16}$$

由于 $I_X = (V_X/R_D) + I_{D1}$，我们得到

$$\frac{V_X}{I_X} = \frac{R_D}{1 + \dfrac{g_{m2} R_S (g_{m1} + g_{mb1}) R_D}{(g_{m1} + g_{mb1}) R_S + 1} \dfrac{C_1}{C_1 + C_2}} \tag{8.17}$$

式(8.17)说明，这种反馈减小了输出电阻，该式的分母的确等于 1 加上环路增益。

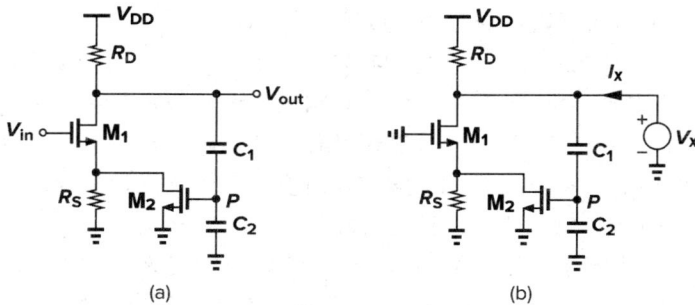

图 8.9 (a)带反馈的共源级；(b)输出电阻的计算

---

① M_2 的偏置没有画出。

带宽变化

现在讨论负反馈对带宽的影响，假定前馈放大器的传输函数只有一个极点

$$A(s) = \frac{A_0}{1 + \dfrac{s}{\omega_0}} \tag{8.18}$$

A_0 表示低频增益，ω_0 是 3dB 带宽，由式(8.5)得闭环系统的传输函数为

$$\frac{Y(s)}{X(s)} = \frac{\dfrac{A_0}{1 + \dfrac{s}{\omega_0}}}{1 + \beta \dfrac{A_0}{1 + \dfrac{s}{\omega_0}}} \tag{8.19}$$

$$= \frac{A_0}{1 + \beta A_0 + \dfrac{s}{\omega_0}} \tag{8.20}$$

$$= \frac{\dfrac{A_0}{1 + \beta A_0}}{1 + \dfrac{s}{(1 + \beta A_0)\omega_0}} \tag{8.21}$$

式(8.21)的分子是低频时的闭环增益，如同式(8.5)。从分母可以看出，$(1+\beta A_0)\omega_0$ 是一个极点，因此 3dB 带宽增加了 βA_0 倍，这是以增益按同样比例减小为代价的，如图 8.10 所示。

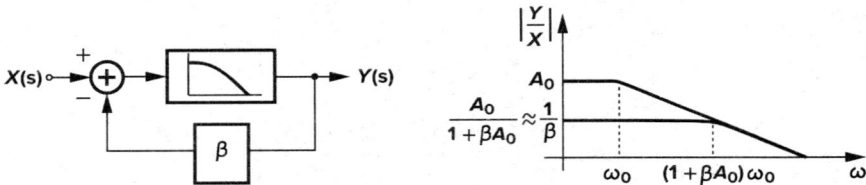

图 8.10 反馈引起的带宽改善

带宽的增大来源于反馈降低增益灵敏度的特性。回顾式(8.6)可知，如果 A 足够大，不管 A 如何变化，闭环增益都近似等于 $1/\beta$，且保持不变。图 8.10 的例子中，A 随频率变化，而不是随温度和工艺变化，然而负反馈能抑制这种变化的影响。当然在高频时，A 减至很小，以至 βA 与 1 可以相比拟，于是闭环增益降至 $1/\beta$ 以下。

式(8.21)表明：一个单极点系统的增益与带宽的乘积等于 $A_0\omega_0$，而且不随反馈变化。这可能引起疑问：如果要求高增益，反馈将如何提高响应速度？假定要把一个 20 MHz 的方波放大为原来的 100 倍，而且要使带宽最大，而现在只有一种开环增益为 100，3 dB 带宽为 10 MHz 的单极点放大器。如果输入接到开环放大器上，响应如图 8.11(a)所示，由于时间常数等于 $1/(2\pi f_{3dB}) \approx 16$ ns，上升时间和下降时间均较长。

现在假设我们在放大器中应用反馈，使增益和带宽分别变为 10 和 100 MHz。将两个放大器级联在一起[图 8.11(b)]，会使得总增益等于 100，且响应速度更快。当然，放大器的级联要消耗两倍的功率，但最初的放大器即使消耗两倍的功率，也很难获得以上特性。

非线性减小

负反馈的一个重要特性是它在模拟电路中可以减小非线性，非线性特性是偏离直线的特

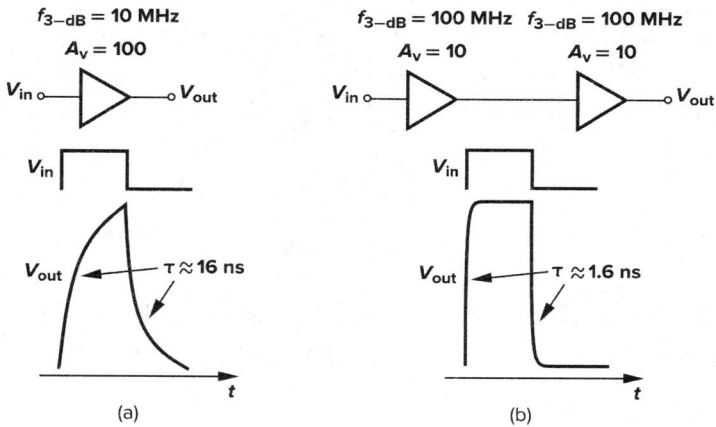

图 8.11　放大一个 20 MHz 的方波采用的方法

（a）一个 10 MHz 放大器；（b）两个 100 MHz 反馈放大器的级联

性，即其**斜率**会变化（图 8.12）。一个熟悉的例子是，差分对的输入-输出特性。注意，斜率可 280
以被看作是小信号增益。图 8.12 中，我们预测，即使开环放大器的增益从 A_1 变化到 A_2，由这
种放大器组成的闭环反馈系统显示出更小的增益变化，因此具有较高的线性度。为量化这种
影响，我们注意到，图 8.12 中在区间 2 和区间 1 之间的开环增益比等于

$$r_{\text{open}} = \frac{A_2}{A_1} \tag{8.22}$$

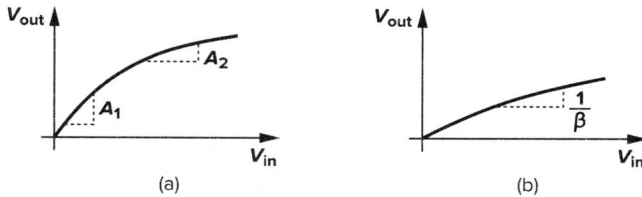

图 8.12　非线性放大器的输入-输出特性：（a）采用反馈前；（b）采用反馈后

例如，$r_{\text{open}} = 0.9$ 表示从区间 1 到区间 2 增益下降了 10%。假设 $A_2 = A_1 - \Delta A$，区间 2 的
斜率可以写成

$$r_{\text{open}} = 1 - \frac{\Delta A}{A_1} \tag{8.23}$$

让我们将这个放大器置于负反馈环路中。我们得到这两个区间闭环增益的比为

$$r_{\text{closed}} = \frac{\dfrac{A_2}{1 + \beta A_2}}{\dfrac{A_1}{1 + \beta A_1}} \tag{8.24}$$

$$= \frac{1 + \dfrac{1}{\beta A_1}}{1 + \dfrac{1}{\beta A_2}} \tag{8.25}$$

281

由此得出

$$r_{\text{closed}} \approx 1 - \frac{\dfrac{1}{\beta A_2} - \dfrac{1}{\beta A_1}}{1 + \dfrac{1}{\beta A_2}} \qquad (8.26)$$

$$\approx 1 - \frac{A_1 - A_2}{1 + \beta A_2} \frac{1}{A_1} \qquad (8.27)$$

$$\approx 1 - \frac{\Delta A}{1 + \beta A_2} \frac{1}{A_1} \qquad (8.28)$$

式(8.23)与式(8.28)的比较表明，如果环路增益 βA_2 很大，后者的增益比更接近 1。

在第 14 章中我们将更广泛地研究非线性及其在反馈系统中的性能。

8.1.2　放大器的种类

至此所研究的多数电路是"电压放大器"，这是因为这些电路在输入端检测电压信号，在输出端产生电压信号。然而，还有其它三种是能检测或者产生电流信号的放大器。如图 8.13 所示，四种结构具有不同的特性：

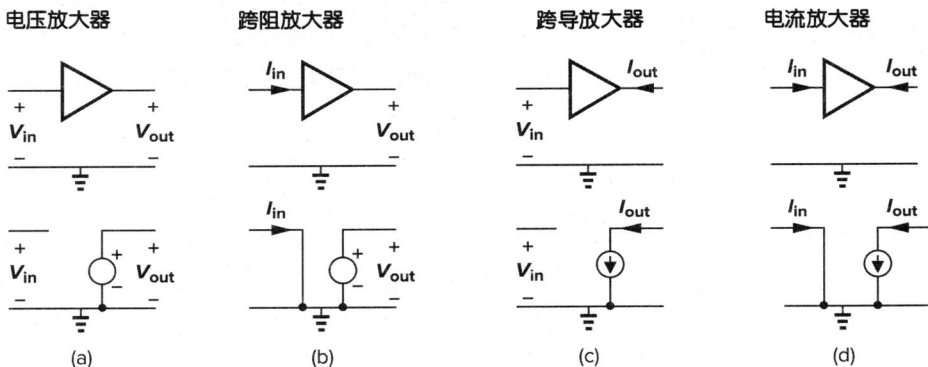

图 8.13　各种放大器及其理想模型
(a)电压放大器；(b)跨阻抗放大器；(c)跨导放大器；(d)电流放大器

(1)检测电压信号的电路，必须具有高输入阻抗（电压表以最小的加载测量电压），而检测电流信号的电路必须具有低输入阻抗（插入导线的电流表必须能忽略对电流的干扰）；

(2)产生电压信号的电路，必须具有低输出阻抗（像一个电压源），而产生电流信号的电路，必须具有高输出阻抗（像一个电流源）。

应该注意：跨阻抗和跨导[①]放大器的增益分别具有电阻和电导的量纲。例如，跨阻放大器的增益为 $2\ \text{k}\Omega$，意即对 $1\ \text{mA}$ 的输入能产生 $2\ \text{V}$ 的输出。我们也可以用图 8.13 所示的惯用的符号来表示，比如，如果放大器输入电流为 I_{in}，则跨阻 $R_0 = V_{\text{out}}/I_{\text{in}}$。

图 8.14 是每一种放大器简单的实现电路。图 8.14(a)是一个共源级，它检测和输出电压信号；图 8.14(b)是一个共栅级，作为跨阻放大器，它把源极电流信号转换为漏极电压信号；图

[①]　这个术语是标准的，但是二者不一致。人们可以采用跨阻抗和跨导纳，也可以采用跨阻和跨导。

8.14(c)是一个共源晶体管,作为跨导放大器,它检测输入的电压信号并输出电流信号;图 8.14(d)是一个共栅器件,它检测和输出电流信号。

图 8.14 中的电路在许多应用中可能不提供令人满意的性能,例如,图 8.14(a)和(b)所示电路的输出阻抗较高。图 8.15 所示的是四种放大器电路的改进,它们改变了输出阻抗,或者提高了增益。

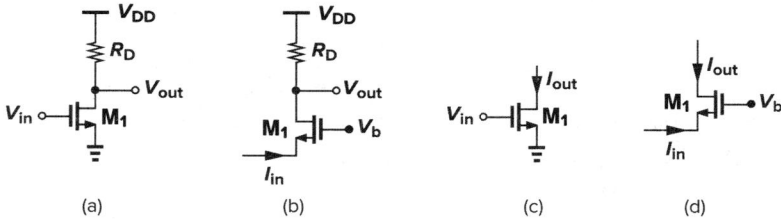

图 8.14 四种放大器的简单实现电路

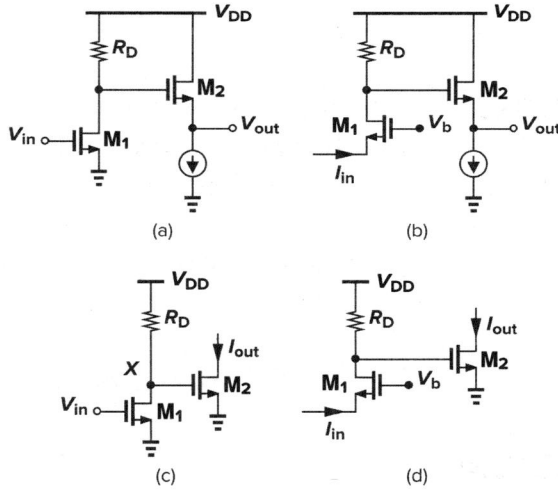

图 8.15 改进性能的四种放大器

例 8.2 ───────────────────────────────

求图 8.15(c)中跨导放大器的增益。

解:在这种情况下增益定义为 $G_m = I_{out}/V_{in}$,即

$$G_m = \frac{V_X}{V_{in}} \frac{I_{out}}{V_X} \tag{8.29}$$

$$= - g_{m1}(r_{O1} \parallel R_D)g_{m2} \tag{8.30}$$

───────────────────────────────

虽然大多数常见的放大器是电压-电压型,但其它三种放大器也在使用。比如,跨阻放大

器是光纤接收机的一个必要组成部分,这是因为它必须检测由光敏二极管产生的电流信号,并
最终产生一个电压信号由后续电路处理。

例 8.3 ————————————————————————————————

对非理想放大器,重建图 8.13 中的各个模型。

解:非理想的电压放大器会从它的输入抽取电流,并显示出有限的输出阻抗,如图 8.16(a)所
示。

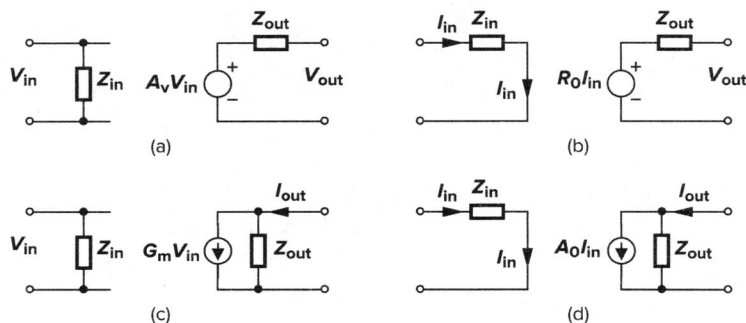

图 8.16

一个非理想的跨阻放大器可以具有有限的输入阻抗和输出阻抗[图 8.16(b)]。注意,在
图 8.16(a)中 Z_{in} 与输入端并联;而在图 8.16(b)中它与输入端串联。这是为了确保在理想的
情况下具有有意义的结果:如果 Z_{in} 在前者趋于无限,或在后者趋于零,则模型可简化为图
8.13 的情况。

对其它两种放大器类型,鼓励读者证明 8.16(c)和(d)中所示模型的正确性。我们应该提
到,这些放大器可能也存在从输出到它们的输入内部反馈(例如,由于 C_{GD} 的通路),但现在我
们忽视了这些反馈。

8.1.3 检测和返回机制

在反馈环路中放置一个电路,要求其检测输出信号,并使其输出(其中一部分)返回到输入
端的求和结点。根据输入和输出信号的电压值或电流值,我们可以定义四种类型的反馈:电压
-电压型、电压-电流型、电流-电流型和电流-电压型,其中每一种类型的第一项表示在**输出端**
检测的信号类型,第二项表示反馈到输入端的信号类型[1]。

在此有必要复习一下检测电压或电流及使其相加的方法。为了检测一个电压,我们给相
应的接口**并联**一个电压表,如图 8.17(a)所示,理想情况下,这不会引入负载。在反馈系统中,
这种检测类型也叫"并联反馈"(与返回到输入的物理量无关)。

为了检测电流,我们使电流表与信号**串联**[图 8.17(b)],理想情况下串联电阻为零。这种
检测类型也叫"串联反馈"。实际中,我们用一个小电阻代替电流表[图 8.17(c)],根据电阻上

———————————————————

[1] 在描述四种反馈时,不同的作者采用不同的顺序或术语。

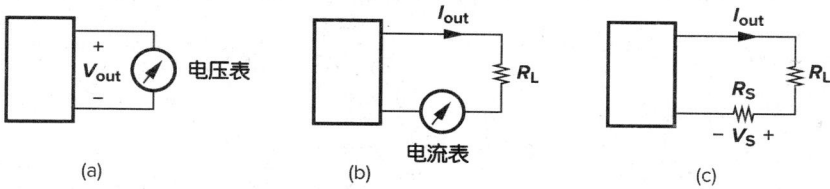

图 8.17 (a)用电压表检测电压;(b)用电流表检测电流;(c)用一个小电阻检测电流

的压降,可以测出输出电流。

要使反馈信号和输入信号相加,可以使它们的电压相加,也可以使它们的电流相加。如果是前者,就把两个信号串联;如果是后者,就把两个信号并联,如图 8.18 所示。

现在考虑一些实际电路来形象说明图 8.17 和图 8.18 的方法。通过在端口并联一个电阻(或电容)分压器就可以检测电压,如图 8.19(a)所示;通过在信号线上串联一个小电阻并检测它的压降就可以检测电流[图 8.19(b)和图 8.19(c)];要使两个电压相减,可以使用一个差分对[图 8.19(d)]。由于图 8.19(e)和(f)中 I_{D1} 是 $V_{in} - V_F$ 的函数,因此也可以用一个单独的 MOS 管来实现电压相减。使用图 8.19(g)或图 8.19(h)所示电路可以实现电流相减。应该注意:电压相减时,输入信号和反馈信号接在两个不同的结点,而电流相减时,它们接在同一个结点。这种观察对于区分反馈类型被证明是有用的。

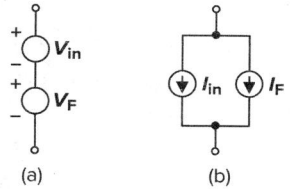

图 8.18 (a)电压相加;
(b)电流相加

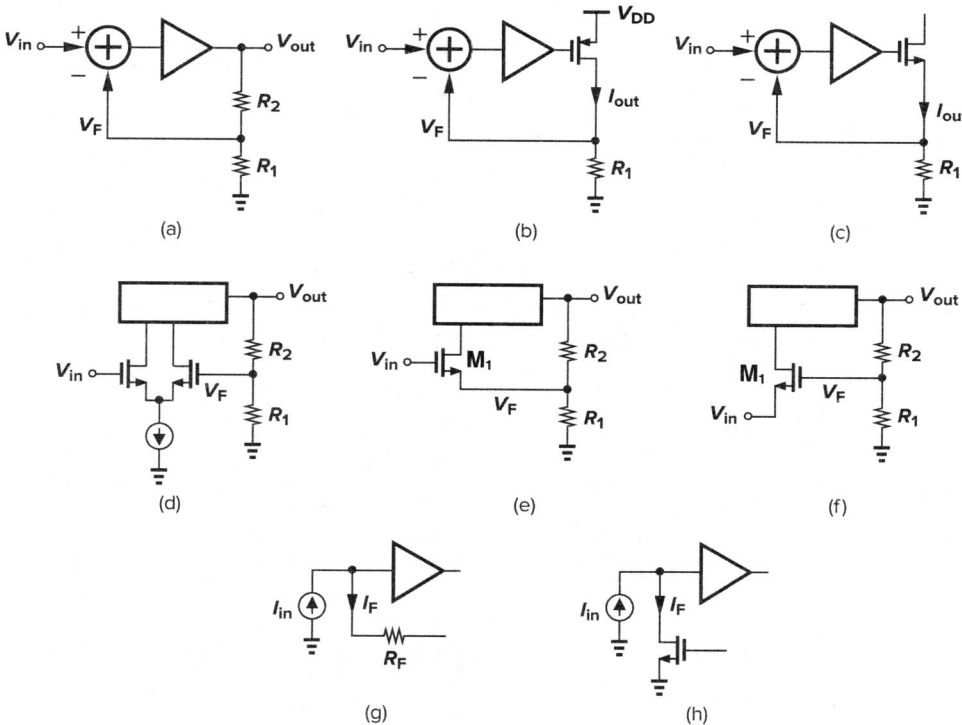

图 8.19 检测电压或电流及对其求和的方法

理想情况下,反馈网络对开环放大器本身工作没有影响,但实际中必须考虑它引入的负载的影响。这个问题将在 8.5 节中讨论。

8.2 反馈结构

在本节中,我们研究四种规范的结构,它们是由负反馈环路中放置四种放大器中的一种产生的。如图 8.20 所示,X 和 Y 可以是电流或电压。主要放大器被称为"前馈"或"前向"放大器,我们用环绕它的反馈网络来提高它的性能。

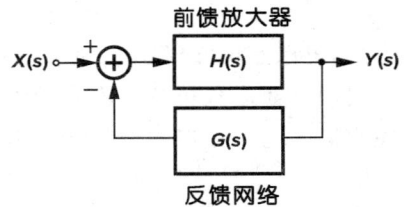

图 8.20　规范的反馈系统

我们应该注意,一些反馈电路不符合四种规范的结构。我们在本章后面将回到这个问题,但从这些结构的分析中获得的直觉,对模拟设计被证明是十分重要的。例如,一种反馈可使输出阻抗降低,而另一种反馈可使它升高,这些知识使我们大为受益。

8.2.1　电压-电压反馈

这种电路结构检测输出电压,返回电压的反馈信号[1]。如图 8.17 和图 8.18 所示,反馈网络与输出**并联**,与输入**串联**,如图 8.21 所示。这种情况下,一个理想的反馈网络的输入阻抗是无穷大,输出阻抗是零,这是因为它检测和产生的都是电压信号,于是可以写出 $V_F = \beta V_{out}$,$V_e = V_{in} - V_F$,$V_{out} = A_0 (V_{in} - \beta V_{out})$,则

$$\frac{V_{out}}{V_{in}} = \frac{A_0}{1 + \beta A_0} \qquad (8.31)$$

可以看出,βA_0 是环路增益,且总增益减小到 A_0 的 $[1 + \beta A_0]^{-1}$,在这里 A_0 和 β 均为无量纲的量。

作为电压-电压反馈的一个简单例子,假设用单端输出的差动电压放大器作为前馈放大器,用一个电阻分压器作为反馈网络,如图 8.22(a)所示。分压器检测输出电压,并将它的一部分作为反馈信号 V_F。根据图 8.21 所示的结构图,将 V_F 与放大器的

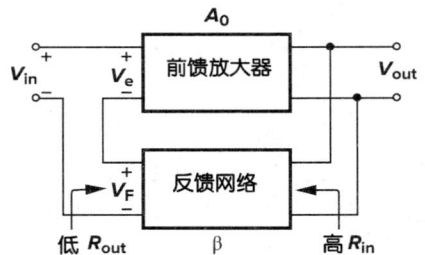

图 8.21　电压-电压反馈

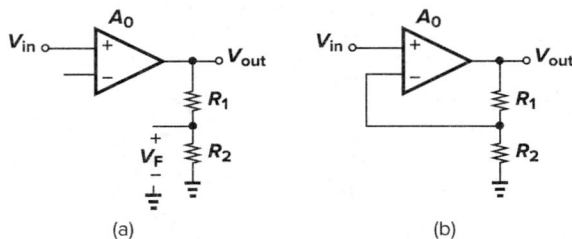

(a)   (b)

图 8.22　(a)电阻分压器检测输出的放大器;(b)电压-电压反馈放大器

---

[1]　这种结构也叫"串联-并联"反馈,其中第一个词表示"输入"的连接,第二个词表示"输出"的连接。

输入串联,以实现两个电压相减[图 8.22(b)]。

　　电压-电压反馈如何改变输入和输出阻抗?我们首先考虑输出阻抗。前面曾经提到,负反馈系统试图使输出成为输入的精确比例复制。现在假设在图 8.23 中使用一个电阻 R_L 作为输出端的负载,并逐渐减小其阻值。在开环结构中,输出将简单地按 $R_L/(R_L+R_{out})$ 比例下降。在反馈系统中,即使 R_L 减小,V_{out} 也始终是 V_{in} 的合理的复制。也就是说,只要环路增益保持远大于 1,则 $V_{out}/V_{in}\approx 1/\beta$,与 R_L 的值无关。从另一方面看,尽管负载在改变,电路能稳定("调节")输出电压的幅值,因此其作用相当于**一个电压源**,具有低输出阻抗。这个特性来源于反馈导致的增益灵敏度的降低。

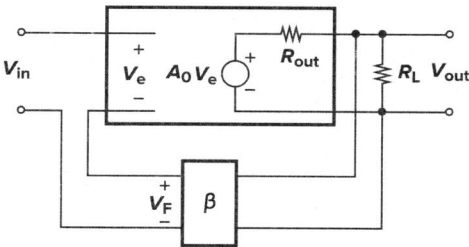

图 8.23　电压-电压反馈对输出电阻的影响　　图 8.24　电压-电压反馈电路的输出电阻的计算

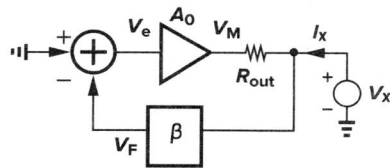

　　为了证明电压反馈降低输出阻抗,考虑图 8.24 所示的一个简单的电路模型。图中 R_{out} 代表前馈放大器的输出阻抗。把输入置为零并在输出端加一个电压,可得 $V_F=\beta V_X$,$V_e=-\beta V_X$,$V_M=-\beta A_0 V_X$,于是 $I_X=[V_X-(-\beta A_0 V_X)]/R_{out}$(如果忽略流进反馈网络的电流),可以得到

$$\frac{V_X}{I_X}=\frac{R_{out}}{1+\beta A_0} \tag{8.32}$$

因此,输出阻抗和增益按相同的系数减小。例如在图 8.22(b)中,输出阻抗减小到原值的 $[1+A_0 R_2/(R_1+R_2)]^{-1}$。

例 8.4

　　图 8.25(a)是图 8.22(b)所示反馈结构的实现电路,只是它用电容代替了电阻。(M_2 的偏置网络没有画出)求放大器在较低频时的闭环增益和输出电阻。

　　解:低频时,C_1 和 C_2 从输出结点抽取的电流可以忽略。为求开环电压增益,我们把反馈环断开,并把 C_1 的上极板接地以保证电压反馈为零,如图 8.25(b)所示。这样开环增益为 $g_{m1}(r_{O2}\parallel r_{O4})$。

　　下面计算环路增益,借助于图 8.25(c),我们有

$$V_F=-V_t\frac{C_1}{C_1+C_2}g_{m1}(r_{O2}\parallel r_{O4}) \tag{8.33}$$

即

$$\beta A_0=\frac{C_1}{C_1+C_2}g_{m1}(r_{O2}\parallel r_{O4}) \tag{8.34}$$

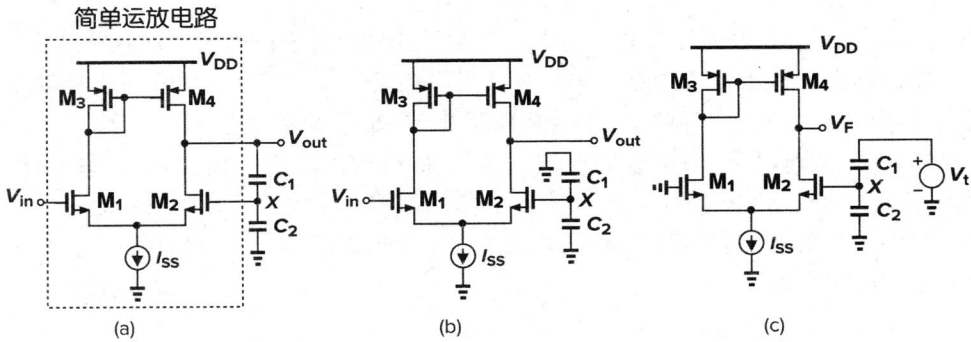

图 8.25

因此得到

$$A_{closed} = \frac{g_{m1}(r_{O2} \parallel r_{O4})}{1 + \dfrac{C_1}{C_1 + C_2} g_{m1}(r_{O2} \parallel r_{O4})} \tag{8.35}$$

正如所料,如果 $\beta A_0 \gg 1$,则 $A_{closed} \approx 1 + C_2/C_1$。

电路的开环输出电阻等于 $r_{O2} \parallel r_{O4}$(第 5 章),由此得到

$$R_{out,closed} = \frac{r_{O2} \parallel r_{O4}}{1 + \dfrac{C_1}{C_1 + C_2} g_{m1}(r_{O2} \parallel r_{O4})} \tag{8.36}$$

应该注意的是,如果 $\beta A_0 \gg 1$,则

$$R_{out,closed} \approx \left(1 + \frac{C_2}{C_1}\right) \frac{1}{g_{m1}} \tag{8.37}$$

换句话说,即使开环放大器有很**高**的输出电阻,闭环输出电阻也与 $r_{O2} \parallel r_{O4}$ 无关,这完全是由于开环**增益**也随 $r_{O2} \parallel r_{O4}$ 成比例变化。

例 8.5 ——

图 8.26(a)给出了一个使用运算放大器的反相放大器,图 8.26(b)给出了包含电容(而不是电阻)反馈网络的电路实现。确定后者在低频下的环路增益和输出阻抗。

解:将 V_{in} 设置为零,此电路变得与图 8.25(a)的电路无法区分。因此,环路增益由式(8.34)给出;输出阻抗由式(8.36)表示。

图 8.25(a)与图 8.26(b)中的两个电路相似,但提供不同的闭环增益,大约分别为 $1 + C_2/C_1$ 和 $-C_2/C_1$。因此,对于某个闭环增益,例如是 4,前者 $C_2/C_1 \approx 3$,后者 $C_2/C_1 \approx 4$。在这种情况下,哪种结构显示出更高的环路增益?

电压-电压反馈也会改变输入阻抗。比较图 8.27 的两个结构,在图 8.27(a)中,前馈放大器的输入阻抗承受全部输入电压,但在图 8.27(b)中,前馈放大器的输入阻抗只承受输入电压 V_{in} 的一部分。结果在反馈结构中通过 R_{in} 的电流比开环系统的**小**,这说明返回输入端的电压

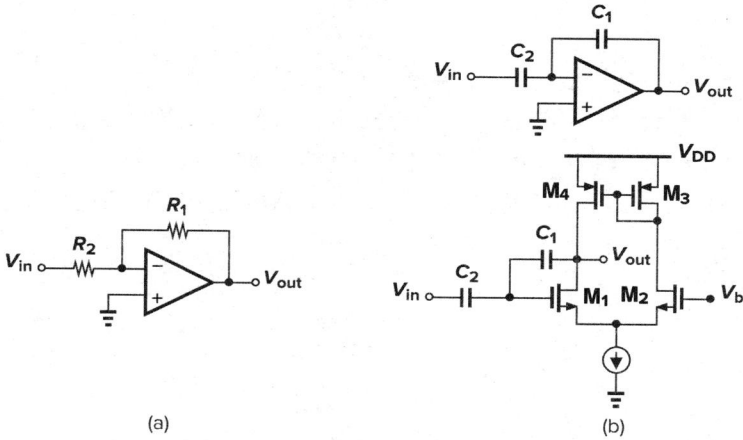

(a)

(b)

图 8.26

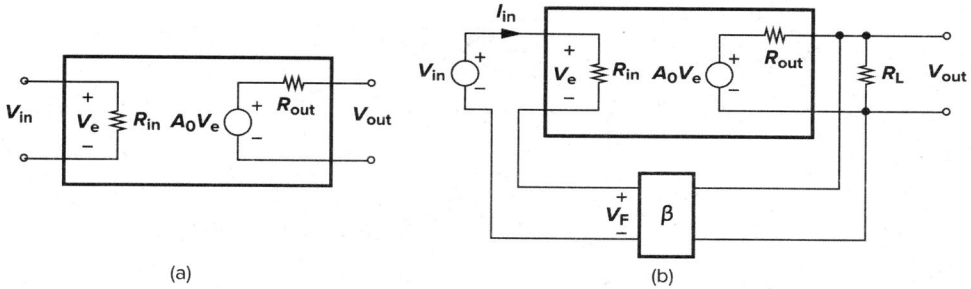

(a)

(b)

图 8.27　电压-电压反馈对输入电阻的影响

增加了输入阻抗。

可以通过图 8.28 进一步证实上面的结论。因为 $V_e = I_X R_{in}$，$V_F = \beta A_0 I_X R_{in}$，则 $V_e = V_X - V_F = V_X - \beta A_0 I_X R_{in}$。这样，$I_X R_{in} = V_X - \beta A_0 I_X R_{in}$，得

$$\frac{V_X}{I_X} = R_{in}(1 + \beta A_0) \qquad (8.38)$$

输入阻抗增加了 βA_0 倍，使电路接近于一个理想的电压放大器。

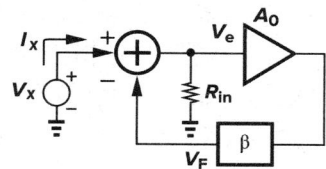

图 8.28　电压-电压反馈电路的
输入阻抗的计算

例 8.6

图 8.29(a)是一个放置电压-电压反馈电路的共栅结构，反馈电压和输入电压分别接在栅极上和源极上[1]，这样就实现了二者的相加。忽略沟道长度调制效应，求低频时的输入电阻。

解：把环路断开，如图 8.29(b)所示，开环输入电阻等于 $(g_{m1} + g_{mb1})^{-1}$。为了求环路增益，我们把输入置为零，并给环路接入一个测试信号[图 8.29(c)]，可得 $V_F/V_t = -g_{m1} R_D C_1/(C_1$

---

① 这个电路和图 8.25(a)的右半部边相似。

$+C_2$）。闭环输入阻抗等于

$$R_{\text{in, closed}} = \frac{1}{g_{\text{m1}} + g_{\text{mb1}}}\left(1 + \frac{C_1}{C_1 + C_2}g_{\text{m1}}R_{\text{D}}\right) \qquad (8.39)$$

输入阻抗的增加可以这样解释：假设输入电压减小 ΔV，使输出电压（瞬时）下降，结果 M_1 的栅极电压**减小**，使 M_1 的栅-源电压降低，而且 V_{GS} 的变化小于 ΔV，这表示，漏电流的变化小于 $(g_{\text{m}} + g_{\text{mb}})\Delta V$。相反，如果 M_1 的栅极接在一个恒定的电压上，栅-源电压将改变 ΔV，使电流变化更大。

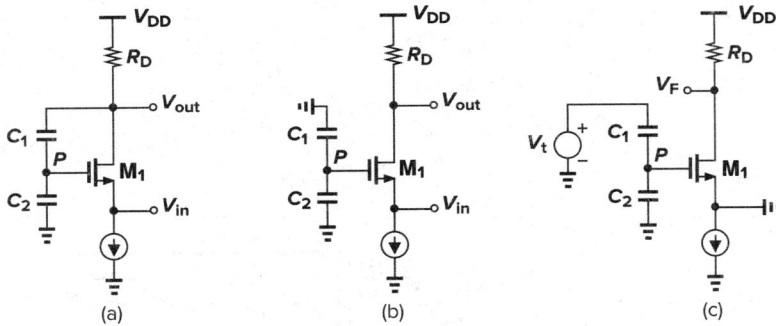

图 8.29

总之，电压-电压反馈减小了输出阻抗，增大了输入阻抗，它的作用相当于一个可以用在高阻抗源和低阻抗负载之间的"缓冲"级。

8.2.2 电流-电压反馈

在一些电路中，需要通过检测输出电流来实现反馈，或者这样做更为简单。实际上，在输出串联一个小电阻，利用电阻上的压降作为反馈信号就可以检测电流。这个电压甚至可以直接作为在输入端相减的返回信号。

现在来看图 8.30 所示的一般的电流-电压反馈系统[①]。由于反馈网络检测输出电流并反馈一个电压，因此它的反馈系数（β）具有电阻的量纲，记为 R_{F}。值得注意的是，一个 G_{m} 级必须由有限阻抗 Z_{L} 进行加载（"端接"），以保证该级可传输其输出电流。如果 $Z_{\text{L}} = \infty$，则理想的 G_{m} 级将保持一个无限的输出电压。因此可以写出 $V_{\text{F}} = R_{\text{F}}I_{\text{out}}$，$V_{\text{e}} = V_{\text{in}} - R_{\text{F}}I_{\text{out}}$，则有 $I_{\text{out}} = G_{\text{m}}(V_{\text{in}} - R_{\text{F}}I_{\text{out}})$，由此得

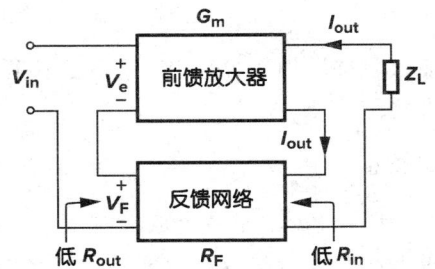

图 8.30 电流-电压反馈

$$\frac{I_{\text{out}}}{V_{\text{in}}} = \frac{G_{\text{m}}}{1 + G_{\text{m}}R_{\text{F}}} \qquad (8.40)$$

---

① 这个电路结构也叫"串联-串联"反馈。

在这种情况下,一个理想的反馈网络的输入和输出阻抗都是零。

有必要证实 $G_m R_F$ 就是环路增益。如图 8.31 所示,我们把输入电压置为零,断开环路使反馈网络和输出断开,并把断开处短路(如果反馈网络是理想的)。我们再加入一个测试信号 I_t,于是 $V_F = R_F I_t$,则 $I_{out} = -G_m R_F I_t$,因此环路增益等于 $G_m R_F$,并且放大器的跨导在使用反馈时减小到原值的 $[1 + G_m R_F]^{-1}$。

假定反馈网络的输入阻抗为零,这符合实际吗?为什么我们使用测试电流,而不是测试电压?测试源的类型会影响环路增益的计算吗?这些问题将在本章的后面进行处理。

在反馈系统的输出端检测电流会**增加**输出阻抗。这是由于系统要使输出**电流**成为输入信号的精确复制(如果输入是一个电压量,它们之间就有一个比例系数),因而当负载变化时系统传送的电流波形不变,这实质上近似于一个理想的电流源,所以输出阻抗高。

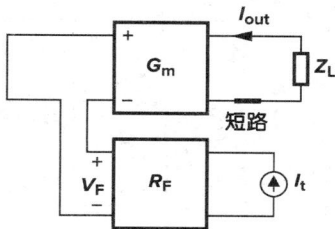

图 8.31   电流-电压反馈环路增益的计算   图 8.32   电流-电压反馈放大器的输出电阻的计算

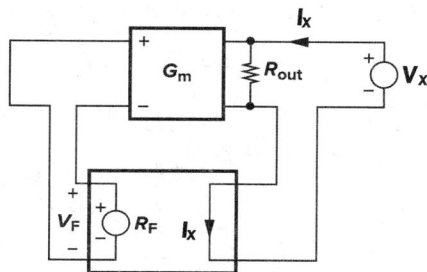

为了验证以上结论,我们考虑图 8.32 所示的电流-电压反馈结构,图中 R_{out} 代表前馈放大器的有限输出阻抗[①],反馈网络产生一个与 I_X 成正比的电压 V_F: $V_F = R_F I_X$,G_m 产生的电流等于 $-G_m R_F I_X$,于是 $-G_m R_F I_X = I_X - V_X/R_{out}$,有

292

$$\frac{V_X}{I_X} = R_{out}(1 + G_m R_F) \tag{8.41}$$

因此输出阻抗增加了 $G_m R_F$ 倍。

例 8.7 ────────────────────────────────

为避免可充电电池的损坏,必须用恒定电流(而不是恒定的电压)对它进行充电。因此,电池充电器必须由基准参考电压 V_{REF} 来产生恒定的电流。如图 8.33(a) 所示,我们在输出电流通路上增加一个小电阻 r,把 r 上的压降作为放大器 A_1 的输入,并使 V_{REF} 与 A_1 的输出电压相减。求这个电路的输出电流和输出阻抗。假设 $|Z_L| \ll r_0$(M_1 的输出电阻)。

解:采用高的环路增益,A_1 的输出电压近似等于 V_{REF},因此,$I_{out} = (V_{REF}/A_1)/r$。利用图 8.33(b) 的电路来确定环路增益,得到

$$\frac{V_F}{V_t} \approx -g_m r A_1 \tag{8.42}$$

因此,由 Z_L 看到的开环输出阻抗乘以 $(1 + g_m r A_1)$,可得到闭环的输出阻抗:

$$R_{out,closed} = (1 + g_m r A_1)(r_0 + r) \tag{8.43}$$

────────────────────────────────

① 应该注意,R_{out} 与输出**并联**,这是由于理想的跨导放大器是用一个电压控制的电流源模拟的。

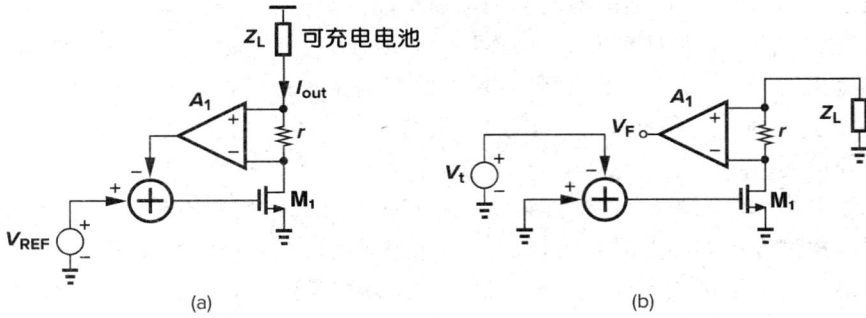

图 8.33

我们注意到，现在驱动 Z_L 的是更好的电流源。

像电压-电压反馈一样，电流-电压反馈使输入阻抗增加了环路增益的倍数。如图 8.34，我们得到 $I_X R_{in} G_m = I_{out}$，则 $V_e = V_X - G_m R_F I_X R_{in}$，得到

$$\frac{V_X}{I_X} = R_{in}(1 + G_m R_F) \qquad (8.44)$$

读者可以验证环路增益的确等于 $G_m R_F$。

总之，电流-电压反馈在增大输入和输出阻抗的同时，减小了前馈跨导。正如第 9 章将要说明的，高输出阻抗在高增益运算放大器中被证明是有用的。

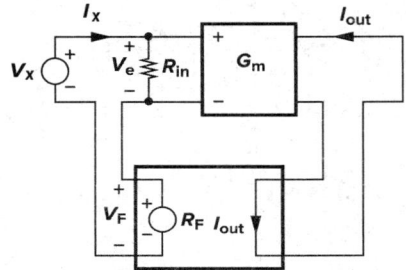

图 8.34 电流-电压反馈放大器的
输入电阻的计算

8.2.3 电压-电流反馈

在这种类型的反馈中，检测输出电压，并将一个与其成比例的电流返回到输入的求和结点[1]。应该注意，前馈通路包含一个增益为 R_0 的跨阻放大器，并且反馈系数具有电导的量纲。

图 8.35 是一个电压-电流反馈结构。由于反馈网络能够检测电压并产生电流，它的特性可由跨导 g_{mF} 表征，并且在理想情况下，输入和输出阻抗无限大。由于 $I_F = g_{mF} V_{out}$，$I_e = I_{in} - I_F$，有 $V_{out} = R_0 I_e = R_0 (I_{in} - g_{mF} V_{out})$，于是得到

$$\frac{V_{out}}{I_{in}} = \frac{R_0}{1 + g_{mF} R_0} \qquad (8.45)$$

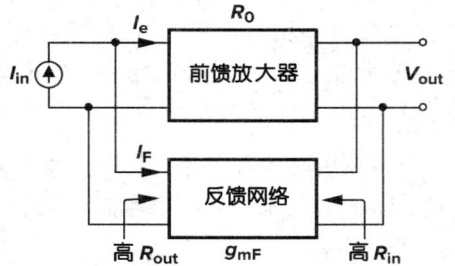

图 8.35 电压-电流反馈

---

[1] 这种电路结构也叫做"并联-并联"反馈。

读者可以证明，$g_{mF}R_0$ 就是环路增益，并且可以得出结论：这种反馈使跨阻降低到原值的 $(1+g_{mF}R_0)^{-1}$。

例 8.8 ────────────────────────────────────

对图 8.36(a)所示电路，求在较低的频率时的跨阻 V_{out}/I_{in}。假设 $\lambda=0$。（M_1 的偏置网络没有画出。）

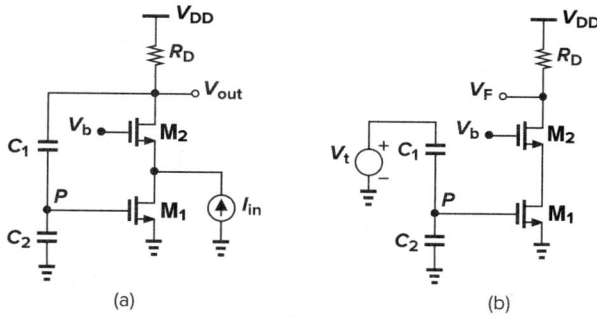

图 8.36

解：在这个电路中电容分压器 C_1-C_2 检测输出电压，并将其输出加在 M_1 的栅极，使其产生一个电流并与 I_{in} 相减。开环跨阻等于核心共栅级的跨阻 R_D。把 I_{in} 置为零，在输出端断开环路，可得环路增益[图 8.36(b)]：

$$-V_t \frac{C_1}{C_1+C_2} g_{m1} R_D = V_F \tag{8.46}$$

这样，总跨阻等于

$$R_{tot} = \frac{R_D}{1+\dfrac{C_1}{C_1+C_2} g_{m1} R_D} \tag{8.47}$$

294

例 8.9 ────────────────────────────────────

从前一个例题中，我们知道

$$R_{in} = \frac{1}{g_{m2}} \frac{1}{1+\dfrac{C_1}{C_1+C_2} g_{m1} R_D} \tag{8.48}$$

某学生重做分析，但采用电压源驱动输入，得出的结论是：环路增益为**零**，输入阻抗不受反馈环路的影响。解释该学生论点中的缺陷。

解：考虑图 8.37(a)所示的结构。我们知道，R_{in} 会受到反馈的影响，因为 M_1 会由于 V_{in} 的变化产生电流。另一方面，图 8.37(b)显示出，在此情况下环路增益为零。我们如何协调这两种意见？

我们必须记住，返回到输入的电流表现为由电流源驱动的电流，即我们一般负反馈系统要求返回的量和输入具有相同的量纲。换句话说，图 8.37(a)的电路不能变换到规范的反馈系统，因为它返回的电流是由电压驱动的。因此，我们计算环路增益时不能采用输入电压设置为

295

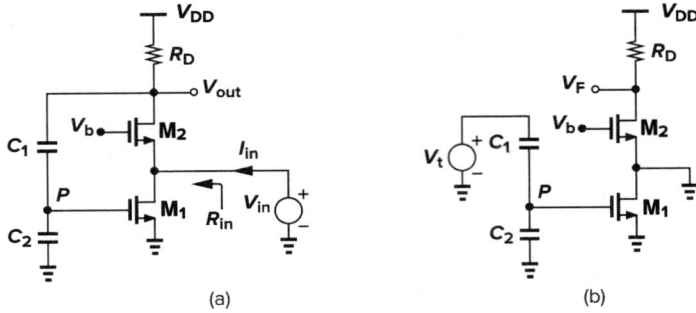

图 8.37

零和断开环路的方法。当然，输入阻抗仍然由式(8.48)给出。在 8.6.4 小节我们将回到这个电路，并用布莱克曼定理进行处理。

根据前面两种类型的反馈研究，可以推测：电压-电流反馈会减小输入阻抗和输出阻抗。如图 8.38(a)所示，以及例 8.3 所指出的，放大器 R_0 的输入电阻是**串联**在电路中的，于是有 $I_F = I_X - V_X/R_{in}$ 和 $(V_X/R_{in})R_0 g_{mF} = I_F$，得

$$\frac{V_X}{I_X} = \frac{R_{in}}{1 + g_{mF}R_0} \tag{8.49}$$

同样，由图 8.38(b)有 $I_F = V_X g_{mF}$，$I_e = -I_F$ 和 $V_M = -R_0 g_{mF} V_X$。忽略反馈网络的输入电流，有 $I_X = (V_X - V_M)/R_{out} = (V_X + g_{mF}R_0 V_X)/R_{out}$，整理得

$$\frac{V_X}{I_X} = \frac{R_{out}}{1 + g_{mF}R_0} \tag{8.50}$$

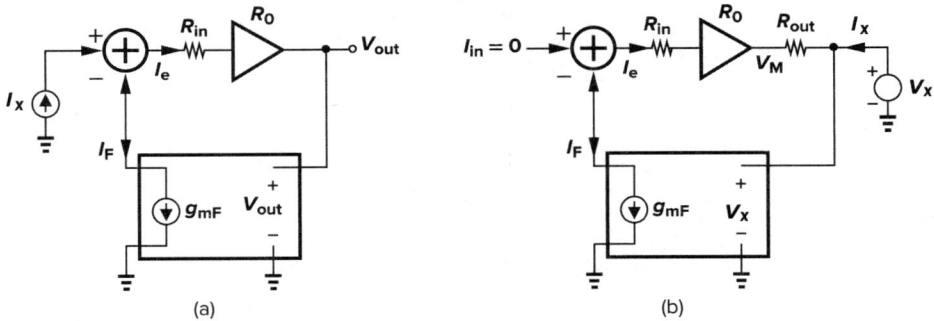

图 8.38 电压-电流反馈放大器中
(a)输入阻抗的计算；(b)输出阻抗的计算

例 8.10 ————————————————————————————————

296   计算图 8.39(a)所示电路的输入和输出的阻抗。为简单起见，假设 $R_F \gg R_D$。

解：在这个电路中，R_F 检测输出电压，并向输入端返回一个电流。如图 8.39(b)所示，把环路断开，可以求出环路增益为 $g_m R_D$，这样，开环输入阻抗 R_F 就要除以 $1 + g_m R_D$，得

$$R_{in,closed} = \frac{R_F}{1 + g_m R_D} \tag{8.51}$$

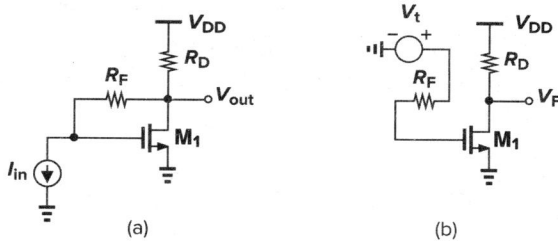

图 8.39

同样,有

$$R_{\text{out,closed}} = \frac{R_{\text{D}}}{1 + g_{\text{m}}R_{\text{D}}} \tag{8.52}$$

$$= \frac{1}{g_{\text{m}}} \parallel R_{\text{D}} \tag{8.53}$$

注意,$R_{\text{out,closed}}$其实就是二极管连接的 MOS 管和 R_{D} 的并联组合。

输入阻抗的减小与密勒的预测相符:由于从 M_1 的栅极到漏极的电压增益约等于 $-g_{\text{m}}R_{\text{D}}$,反馈电阻在输入端等效地产生数值等于 $R_{\text{F}}/(1+g_{\text{m}}R_{\text{D}})$ 的接地电阻。

低输入阻抗放大器的一个重要的应用是构成光纤接收机。在接收机中,通过光纤接收的光由反偏光敏二极管转换为**电流**,这个电流通常进一步被转换为电压,以便进一步放大和处理。如图 8.40(a)所示,这个转换可以由一个简单的电阻完成,但是这要以牺牲带宽为代价,这是因为二极管具有相当大的结电容。因此,我们常用图 8.40(b)中的反馈结构。图中 R_1 与电压放大器 A 形成"跨阻放大器"(TIA)。输入阻抗是 $R_1/(1+A)$,输出电压近似等于 $R_1 I_{\text{D1}}$。因此,如果 A 本身是宽带放大器,带宽从 $1/(2\pi R_1 C_{\text{D1}})$ 增加到 $(1+A)/(2\pi R_1 C_{\text{D1}})$。

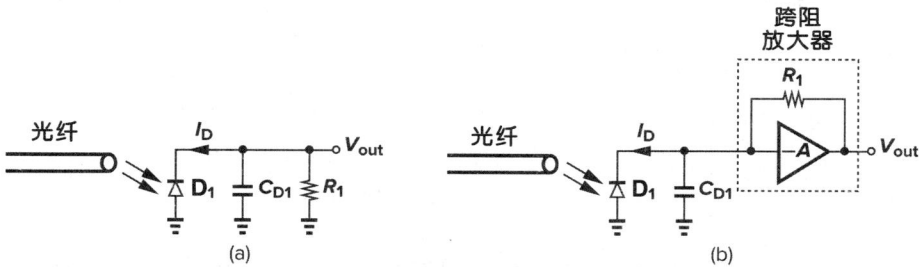

图 8.40 检测光敏二极管产生的电流
(a)使用电阻 R_1;(b)使用跨阻放大器

8.2.4 电流-电流反馈

图 8.41 所示的就是这种反馈结构[①]。这里前馈放大器的特性用电流增益 A_I 表示,反馈网络的特性用电流系数 β 表示。利用前面的推导方法,读者很容易证明:闭环电流增益等于

① 这种电路结构也叫"并联-串联"反馈,"并联"是指与输入的连接,"串联"是指与输出的连接。

297　$A_I/(1+\beta A_I)$,输入阻抗将除以 $1+\beta A_I$,而输出阻抗将乘以 $1+\beta A_I$。

　　　图 8.42 是一个电流-电流反馈的例子。由于电路中 M_2 的源电流和漏电流相等(在低频时),我们在源端网络中插入电阻 R_S 检测输出电流。电阻 R_F 和图 8.39 中的作用一样。

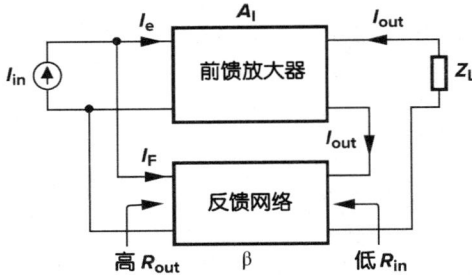

图 8.41　电流-电流反馈

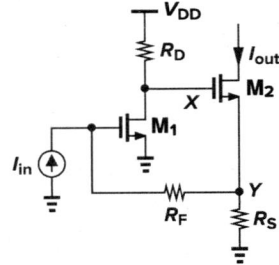

图 8.42

8.3　反馈对噪声的影响

　　　反馈不能改善电路的噪声性能。我们首先考虑图 8.43(a)的简单情形,电路中开环电压放大器 A_1 仅用一个输入参考噪声电压表示其噪声特性,而反馈网络没有噪声。我们得到(V_{in} $-\beta V_{out}+V_n)A_1=V_{out}$,则

298

$$V_{out} = (V_{in} + V_n) \frac{A_1}{1 + \beta A_1} \tag{8.54}$$

这样,电路可以简化为图 8.43(b),这表明整个电路的输入参考噪声仍然等于 V_n。这个分析

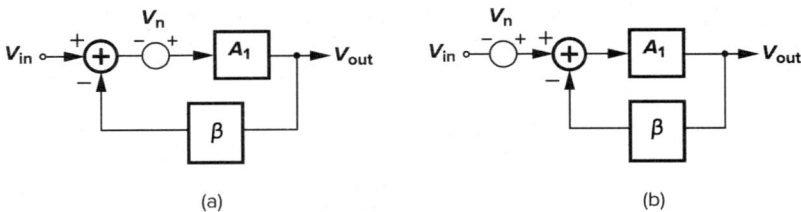

(a)　　　　　　　　　　　　　　　　(b)

图 8.43　环绕噪声电路的反馈

可以引伸到四种反馈电路结构中,即可以证明在四种类型的反馈中,如果反馈网络不引入噪声,则输入参考噪声电压和电流均保持不变。实际上,反馈网络本身包含有电阻和 MOS 管,结果总的噪声性能会变差。

　　　值得注意的是,图 8.43(a)的输出和反馈网络检测的值是同一个量,而事实上并不一定如此。例如,在图8.44 所示的电路中,输出位于 M_1 的漏极,而反馈网络则在 M_1 的源极检测电压。在这种情况下,即使反馈网络是无噪声的,闭环电路的输入参考噪声也可能与开环电路的不相等。例如,对于图 8.44 的电路结构,为简单起见,只考虑 R_D 的噪声 $V_{n,RD}$,读者可以证明,如

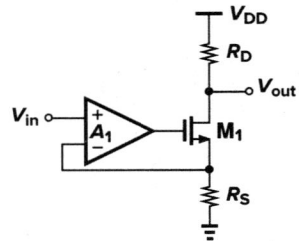

图 8.44　反馈检测源极电压的噪声电路

果 $\lambda = \gamma = 0$，闭环电压增益为 $-A_1 g_m R_D / [1 + (1 + A_1) g_m R_S]$，因此 R_D 引起的输入参考噪声电压为

$$| V_{\mathrm{n,in,closed}} | = \frac{| V_{\mathrm{n,R_D}} |}{A_1 R_D} \left[\frac{1}{g_m} + (1 + A_1) R_S \right] \qquad (8.55)$$

另一方面，对于开环电路，输入参考噪声为

$$| V_{\mathrm{n,in,open}} | = \frac{| V_{\mathrm{n,R_D}} |}{A_1 R_D} \left[\frac{1}{g_m} + R_S \right] \qquad (8.56)$$

有趣的是：当 $A_1 \to \infty$ 时，$| V_{\mathrm{n,in,closed}} | \to | V_{\mathrm{n,R_D}} | R_S / R_D$，而 $| V_{\mathrm{n,in,open}} | \to 0$。

8.4 反馈分析的困难

我们对反馈系统的研究已做一些简化假设，这些假设不可能在所有电路中都成立。本节中，我们指出反馈电路的分析中出现的五个困难，在后面的章节中，我们将对其中的一些进行讨论。

前面叙述的分析方法按如下步骤进行：(a)断开环路来得到开环条件下的增益、输入和输出的阻抗；(b)确定环路增益 βA_0，因而从其开环对应电路中确定各个闭环参数；(c)用环路增益研究一些特性，如稳定性(第 10 章)等。然而，这种方法在有些电路中会面临一些问题。

第一个困难涉及断开环路，是由"加载"效应产生的，即由反馈网络对前馈放大器所施加的影响。例如，在图 8.45(a)的同相放大器中，及其简单实现的图 8.45(b)中，R_1 和 R_2 组成的反

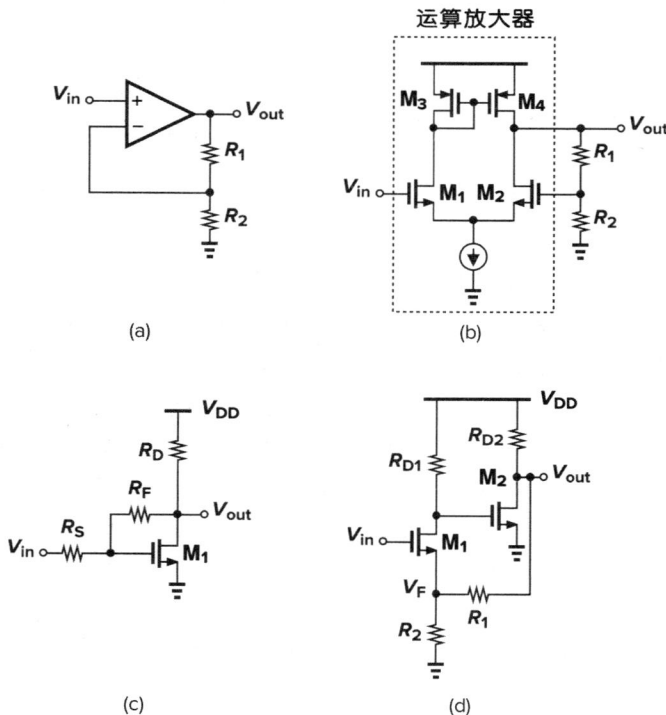

图 8.45 (a)同相放大器；(b)用差动对实现；(c)用 CS 级实现；(d)用两级放大器实现

馈支路可以从运算放大器中抽取很大的信号电流,结果会减小其**开环**增益。图 8.45(c)描述了另一种情况,如果 R_F 不是很大,则前馈 CS 级的开环增益会减小。在这两种情况下,这"输出加载"是由反馈网络的非理想输入阻抗产生的。

作为另一个例子,考虑图 8.45(d)所示的结构。其中,R_1 和 R_2 检测 V_{out} 并返回电压到 M_1 的源极。由于反馈网络的**输出**阻抗不可能足够小,我们推测,即使对开环前馈放大器而言,M_1 已明显地由于负反馈而退化。这个电路说明了由于反馈网络的非理想输出阻抗所出现的"输入加载"。

我们必须解决关于加载的重要问题是,在真正地包含输出和输入的加载效应的同时,我们如何断开环路?

例 8.11 ————————————————————————

在图 8.45(d)中,为了不考虑加载效应,环路是否可以在 M_2 的栅极断开?

解:如图 8.46 所示,这样的尝试可提供环路增益,同时避免加载的问题。然而,我们还关注开环增益和开环的输入和输出阻抗,此结构中这些参数均无法得到。因此,我们必须研究出构建**开环**系统的方法,以便能包含这些加载效应。

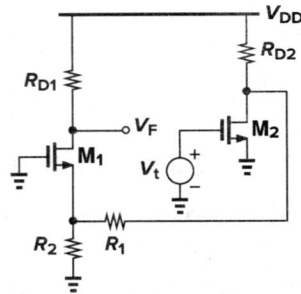

图 8.46

————————————————————————

第二个困难是,一些电路无法明确地分解成前馈放大器和反馈网络。在图 8.47 的两级网络中,R_{D2} 是属于前馈放大器还是反馈网络,并不清楚。我们可以选择前一种情况,推断 M_2 需要一个负载,以作为电压放大器,但这样的选择似乎太随意。

反馈分析中的第三个困难是,一些电路不容易被映射到前几节中研究过的四种规范结构。例如,一个简单的带负反馈共源级确实包含了反馈,因为源电阻检测漏电流、将其转换为电压,并从输入中减去这个电压[图 8.48(a)]。然而,目前还不清楚,什么样的反馈结构可表示这种电路,因为被检测的量 I_{D1} 不同于我们关注的输出 V_{out}[图 8.48(b)]。

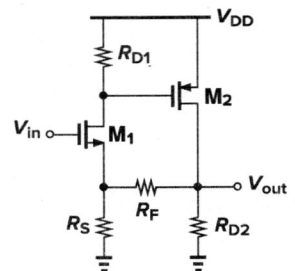

图 8.47　缺乏明确区分反馈网络的反馈电路

第四个困难是,至今所分析的一般反馈系统假设是单方向的电路,即环绕环路的信号传输只沿着**一个**方向。然而,实际上环路可以包含双向电路,允许信号通过一个路径(而不是标称的反馈路径)从输出向输入流动。例如在图 8.47 中,在高频时信号会通过 C_{GD2} 从 M_2 的漏极流到其栅极。

第五个困难出现在包含多重反馈机制的电路中(不精确地称为"多环路"电路)。例如,在

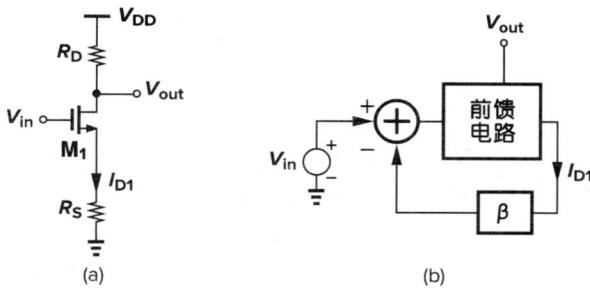

图 8.48 (a)CS 级;(b)表示输出端和检测端的框图

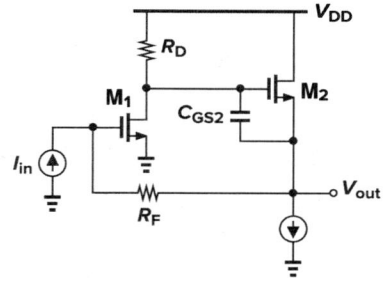

图 8.49 电路具有多重反馈机制的例子

图 8.49 的结构中,R_F 绕着电路提供反馈;C_{GS2} 绕着 M_2 提供反馈。我们也可以说,源跟随器本身包含着负反馈,因此也是反馈。我们必须要问,要断开的是哪个环路,在这种情况下我们所说的"环路增益"究竟是指什么? 表 8.1 总结了以上叙述的五个问题。

表 8.1 反馈分析的困难

加载	不明确的分解	非规范的结构	非单向的环路	多反馈机制

在本章中,我们将介绍三种反馈电路分析的方法,如表 8.2 中的概述。其中的第一种方法采用二端口模型来分析四种规范结构,同时包括了加载效应。如果环路假定是单向的,即,在反馈网络中输入信号的前向传输被忽略,在前馈放大器中信号的反向传输也被忽略。本方法与(没有反馈的知识)直接电路的分析相比,被证明更为有效。其他两种方法没有尝试断开环路,并产生精确的闭环量,但具有更长的代数表达式。

302

表 8.2 反馈分析的三种方法

二端口方法	波特方法	麦德布鲁克方法
• 计算开环和闭环的量和环路增益 • 包括加载效应 • 通过反馈网络忽略前馈 • 可以递归地应用于多重反馈机制 • 不适用于非规范结构	• 不断开环路计算闭环的量 • 应用到任何结构 • 只有存在一种反馈机制时才提供环路增益	• 不断开环路计算闭环的量 • 应用到任何结构 • 只有可区分局部和全局的环路时才提供环路增益 • 在非单向环路中显示反向环路增益的影响

8.5　加载效应

当我们为了分析开环系统而断开反馈环路时,例如计算开环增益和输入、输出阻抗时,加载的问题就会显现出来。为了得到计入反馈网络的终端阻抗的正确方法,我们首先复习二端口网络模型。

8.5.1　二端口网络模型

前几节使用的关于放大器和反馈网络的简化模型,通常可能不满足要求。因此,我们必须采用精确的二端口模型。例如,前馈放大器旁边的反馈网络可以看成二端口电路,这个二端口电路检测和产生电压或电流。回顾基本电路理论可知,一个二端口线性(非时变)网络可以用图 8.50 中的四个模型中的任意一个表示。图 8.50(a)所示的"Z 模型"由输入和输出阻抗及与之串联的电流控制电压源构成;而图 8.50(b)所示的"Y 模型"由输入和输出导纳及与之并联的电压控制电流源构成;图 8.50(c)和图 8.50(d)所示的"混合模型"由阻抗、导纳以及电压源、电流源组合而成。每一个模型可以用两个方程描述,对 Z 模型有

$$V_1 = Z_{11} I_1 + Z_{12} I_2 \tag{8.57}$$
$$V_2 = Z_{21} I_1 + Z_{22} I_2 \tag{8.58}$$

式中每个 Z 参数具有阻抗的量纲,它可通过令一个端口开路求得。例如,当 $I_2 = 0$ 时 $Z_{11} = V_1 / I_1$。同样对于 Y 模型有

$$I_1 = Y_{11} V_1 + Y_{12} V_2 \tag{8.59}$$
$$I_2 = Y_{21} V_1 + Y_{22} V_2 \tag{8.60}$$

式中每个 Y 参数可通过令一个端口短路求得,例如,当 $V_2 = 0$ 时 $Y_{11} = I_1 / V_1$。对于 H 模型有

$$V_1 = H_{11} I_1 + H_{12} V_2 \tag{8.61}$$
$$I_2 = H_{21} I_1 + H_{22} V_2 \tag{8.62}$$

对于 G 模型有

$$I_1 = G_{11} V_1 + G_{12} I_2 \tag{8.63}$$
$$V_2 = G_{21} V_1 + G_{22} I_2 \tag{8.64}$$

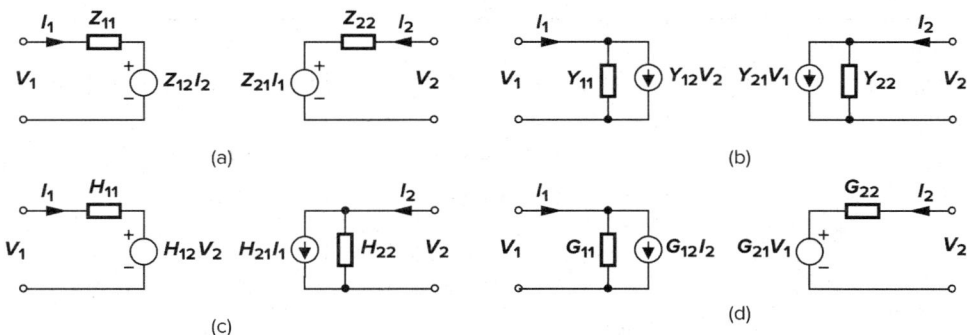

图 8.50　线性二端口网络模型

应该注意,Y_{11} 有可能不等于 Z_{11} 的倒数,这是因为二者是在不同的条件下得到的:前者是在输出短路时得到的,而后者是在输出开路时得到的。

将通用的二端口模型与我们前几节中使用的简化放大器的表示进行比较,是有指导意义的。例如,让我们将例 8.3 中的电压放大器模型与 Z 模型进行比较。我们注意到:(1)$Z_{12} I_2$ 表示放大器的**内部**反馈,例如由于 C_{GD} 产生的反馈,电压放大器模型中没有这一项;(2)如果 Z_{12} 为零,那么 Z_{11} 等于 Z_{in},这是用输出保持开路时计算的输入阻抗;(3)Z_{22} 不一定等于 Z_{out}:前者由输入开路进行计算;后者用输入**短路**进行计算。

对于我们的目而言,Z 模型最重要的缺点是,其输出产生器 $Z_{21} I_1$ 是由输入**电流**(而不是输入电压)控制。对于输入加到栅极的 MOS 电路,如果输入电容被忽略,这种模型变得毫无意义。H 模型会产生同样的困难。

二端口模型中的哪一个与电压放大器的直观描述相符合? G 模型比较接近。如果内部反馈 $G_{12} I_2$ 被忽略,则 $G_{11}(=I_1/V_1$,如果 $I_2=0$)表示输入阻抗的倒数;$G_{22}(=V_2/I_2$,如果 $V_1=0$)表示输出阻抗。对其他三种类型的放大器,读者可以尝试这种练习。

8.5.2 电压-电压反馈中的加载

如前所述,如果输入电流非常小,如同在简单的 CS 级中一样,则 Z 模型和 H 模型均不能表示电压放大器。因此,我们在这里选择了 G 模型[①]。完整的等效电路如图 8.51(a)所示,其中前馈和反馈网络的参数分别用大写和小写字母表示。由于反馈网络的**输入**端口连接到前馈

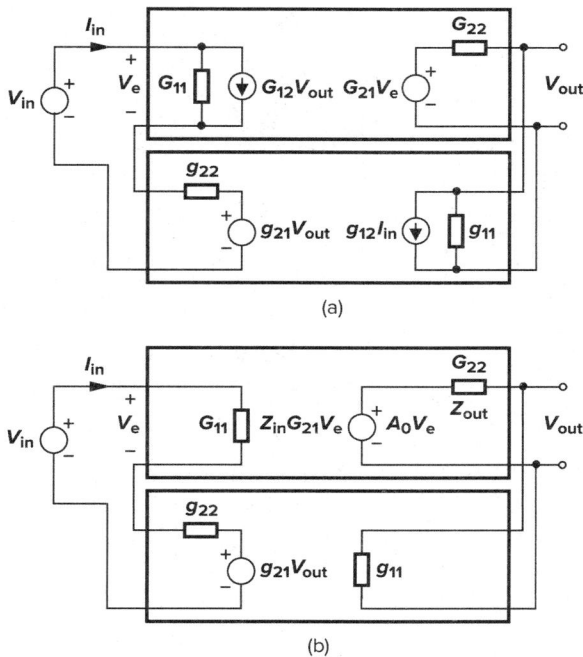

(a)

(b)

图 8.51 采用二端口网络模型表示反馈网络的电压-电压反馈电路(a)G 模型;(b)简化的 G 模型

---

① 虽然 Y 模型可给出更简单的代数表达,但不能提供直观的结果。

放大器的**输出**端口，g_{11} 和 $g_{12} I_{in}$ 均被连接到 V_{out} 端口。

可以完全地求解这个电路，但我们为简化分析忽略两个量：放大器的内部反馈 $G_{12} V_{out}$ 和输入信号通过反馈网络的"前馈"传输 $g_{12} I_{in}$。换句话说，环路被"单向化"了。图 8.51(b) 画出了所得到的电路，为表明等效参数，图中添加了直觉放大器的符号 (Z_{in}, Z_{out}, A_0)。首先让我们直接计算闭环电压增益。认识到 g_{11} 是导纳，g_{22} 是阻抗，我们绕输入网络写出 KVL，在输出结点写出 KCL：

$$V_{in} = V_e + g_{22} \frac{V_e}{Z_{in}} + g_{21} V_{out} \tag{8.65}$$

$$g_{11} V_{out} + \frac{V_{out} - A_0 V_e}{Z_{out}} = 0 \tag{8.66}$$

从后一个方程式中求得 V_e，并将该结果代入前一个方程式，我们得到

$$\frac{V_{out}}{V_{in}} = \frac{A_0}{(1 + \frac{g_{22}}{Z_{in}})(1 + g_{11} Z_{out}) + g_{21} A_0} \tag{8.67}$$

人们希望，表示闭环增益采用熟悉的形式：$A_{v,open}/(1 + \beta A_{v,open})$。为此，我们将分子和分母均除以 $(1 + g_{22}/Z_{in})(1 + g_{11} Z_{out})$：

$$\frac{V_{out}}{V_{in}} = \frac{\dfrac{A_0}{(1 + \frac{g_{22}}{Z_{in}})(1 + g_{11} Z_{out})}}{1 + g_{21} \dfrac{A_0}{(1 + \frac{g_{22}}{Z_{in}})(1 + g_{11} Z_{ou})}} \tag{8.68}$$

因此，我们可以写成

$$A_{v,open} = \frac{A_0}{(1 + \frac{g_{22}}{Z_{in}})(1 + g_{11} Z_{out})} \tag{8.69}$$

$$\beta = g_{21} \tag{8.70}$$

现在让我们解释这些结果。等效的开环增益包含因子 A_0，即原放大器的电压增益（放置反馈之前）。但这个增益被两个系数衰减，它们是：$1 + g_{22}/Z_{in}$ 和 $1 + g_{11} Z_{out}$。有趣的是，我们可以写成 $1 + g_{22}/Z_{in} = (Z_{in} + g_{22})/Z_{in}$，得出的结论是，$A_0$ 乘以 $Z_{in}/(Z_{in} + g_{22})$，这让我们想起了分压器。同样，$1 + g_{11} Z_{out} = (g_{11}^{-1} + Z_{out})/g_{11}^{-1}$，它的倒数表明了另一个分压器。现在加载后的前馈放大器如图 8.52 所示。请注意，此模型不包括两个发生器 $G_{12} V_{out}$ 和 $g_{12} I_{in}$，通常它们是不可忽略的。

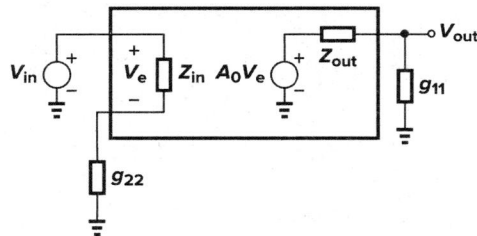

图 8.52　在电压-电压反馈电路中包括加载效应的正确方法

读者可能想知道,我们为什么要麻烦地去求出开环参数,而图 8.51(a)中的闭环电路完全可以得到求解。这里的关键因数是,图 8.52 中描述的规则为我们提供了对电路快速和直观的理解,而从图 8.51(a)的直接分析是不可能得到的。具体来说,我们认识到,反馈网络的有限输入和输出阻抗会分别地减小输出电压和主放大器的输入所看到电压。

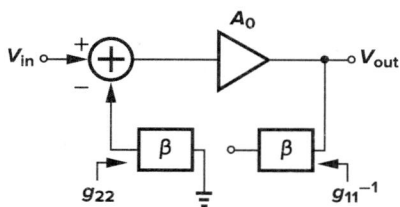

图 8.53 断开有正确加载的电压-电压反馈环路的原理

值得注意的是,图 8.50 中的 g_{11} 和 g_{22} 可进行如下计算:

$$g_{11} = \frac{I_1}{V_1}\bigg|_{I2=0} \tag{8.71}$$

$$g_{22} = \frac{V_2}{I_2}\bigg|_{V1=0} \tag{8.72}$$

因此,如图 8.53 所示,g_{11} 可通过使反馈网络的输出处于开路得到,而 g_{22} 可通过**短路**反馈网络的输入进行计算。

以上分析的另一个重要结论是:环路增益,即式(8.68)的分母的第二项,等于加载的开环增益乘以 g_{21}。这样,就不必单独计算环路增益。同样,从图 8.52 得到的开环输入和输出的阻抗乘以 $1+g_{21}A_{v,open}$,就得到闭环时的相应值。此外,我们必须记住,该环路增益忽略了 $G_{12}V_{out}$ 和 $g_{12}I_{in}$ 的影响。

306

例 8.12 ———————————————————————————————————

计算图 8.54(a)所示电路中的开环增益和闭环增益。假设 $\lambda=\gamma=0$。

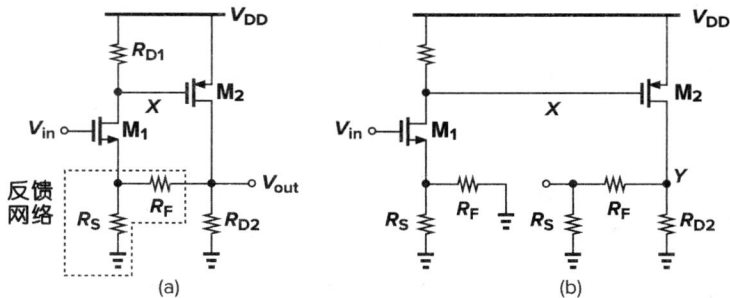

图 8.54

解:电路由两个共源级组成,R_F 和 R_S 检测输出电压并把它的一部分返回至 M_1 的源极。该晶体管从 V_{in} 中减去返回的电压。读者可以证明这个反馈的确是负的。根据图 8.53 所给出的方法,我们确定 R_F 和 R_S 作为反馈网络并构建图 8.54(b)所示的开环电路。注意:输入网络中的加载效应可以通过 R_F 的右端接地得到;输出网络中的加载效应则通过 R_F 的左端开路得到。为简单起见,忽略沟道长度调制效应和体效应。我们看到,由于反馈网络,M_1 处于负反馈中。得到

$$A_{v,\text{open}} = \frac{V_Y}{V_{\text{in}}} = \frac{-R_{D1}}{R_F \parallel R_S + 1/g_{m1}} \{-g_{m2}[R_{D2} \parallel (R_F + R_S)]\} \tag{8.73}$$

为了计算闭环增益，我们首先要求出环路增益 $g_{21} A_{v,\text{open}}$。回顾式（8.64）可知，$I_2 = 0$ 时 $g_{21} = V_2/V_1$。R_F 和 R_S 构成分压器，$G_{21} = R_S/(R_F + R_S)$。闭环增益 $A_{v,\text{closed}} = A_{v,\text{open}}/(1 + g_{21} A_{v,\text{open}})$。

在反馈网络（而不是在前馈放大器）中我们是否可以包括 R_{D2}？是的，我们可以说，M_2 具有有限的电阻 r_O，并在考虑 R_{D2}，R_F 和 R_S 作为反馈网络的时候继续上述的计算。所得到的结果与前面获得的结果略有不同。

上述分析忽略了前馈放大器的内部反馈（例如，由 C_{GD2} 引起的反馈）和输入信号从 M_1 的源极通过 R_F 到输出的传输。（在这种情况下，晶体管 M_1 的工作还可以作为一个源跟随器。）

例 8.13 ——

学生渴望了解由图 8.51(b) 的电路所产生的近似，决定对前馈放大器采用 H 模型，并得到精确解。完成这种分析并解释所得到的这些结果。

解：如图 8.55 中所示，这种表示方法是有吸引力的。因为在输入端它允许电压和阻抗进行简单的串联连接；在输出端允许并联连接。写出 KVL 和 KCL，得到

$$V_{\text{in}} = I_{\text{in}} H_{11} + H_{12} V_{\text{out}} + I_{\text{in}} g_{22} + g_{21} V_{\text{out}} \tag{8.74}$$

$$H_{22} V_{\text{out}} + H_{21} I_{\text{in}} + g_{11} V_{\text{out}} + g_{12} I_{\text{in}} = 0 \tag{8.75}$$

从后一个等式中求出 I_{in}，再将结果代入前一个等式，可得到

$$\frac{V_{\text{out}}}{V_{\text{in}}} = \frac{-\dfrac{H_{21} + g_{12}}{(H_{22} + g_{11})(H_{11} + g_{22})}}{1 - (H_{12} + g_{21}) \dfrac{H_{21} + g_{12}}{(H_{22} + g_{11})(H_{11} + g_{22})}} \tag{8.76}$$

因此我们可以定义

$$A_{v,\text{open}} = \frac{H_{21} + g_{12}}{(H_{22} + g_{11})(H_{11} + g_{22})} \tag{8.77}$$

$$\beta = H_{12} + g_{21} \tag{8.78}$$

如果假设：$g_{12} \ll H_{21}$，$H_{12} \ll g_{21}$，则

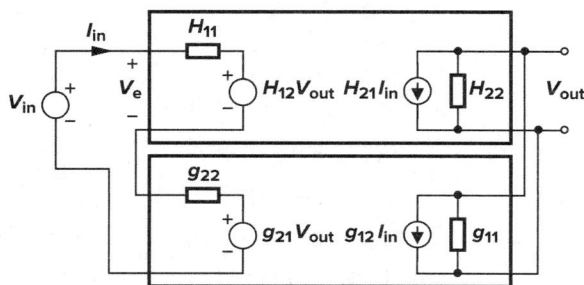

图 8.55

$$A_{\mathrm{v,open}} = \frac{-H_{21}}{(H_{22}+g_{11})(H_{11}+g_{22})} \tag{8.79}$$

$$\beta = g_{21} \tag{8.80}$$

对于两个衰减系数 $H_{22}+g_{11}$ 和 $H_{11}+g_{22}$,可以用对式(8.69)所做的同样方式进行解释。因此,这种方法明显地表示了简化的近似,这就是:$g_{12} \ll H_{21}$,$H_{12} \ll g_{21}$。然而,不幸的是,对于 MOS 的栅极输入,H_{21}("电流增益")接近无穷大,这使得该模型难以使用。

8.5.3 电流-电压反馈中的加载

在这种情况下,反馈网络与输出串联,以便检测电流。我们分别用 Y 模型和 Z 模型来表示前馈放大器和反馈网络(见图 8.56),忽略两个发生器 $Y_{12}V_{\mathrm{out}}$ 和 $z_{12}I_{\mathrm{in}}$。我们要计算闭环增益 $I_{\mathrm{out}}/V_{\mathrm{in}}$,并由此确定,在加载效应存在的情况下如何得到各个开环参数。注意到 $I_{\mathrm{in}}=Y_{11}V_{\mathrm{e}}$ 和 $I_{2}=I_{\mathrm{in}}$,我们写出两个 KVL:

$$V_{\mathrm{in}} = V_{\mathrm{e}} + Y_{11}V_{\mathrm{e}}z_{22} + z_{21}I_{\mathrm{out}} \tag{8.81}$$

$$-I_{\mathrm{out}}z_{11} = \frac{I_{\mathrm{out}}-Y_{21}V_{\mathrm{e}}}{Y_{22}} \tag{8.82}$$

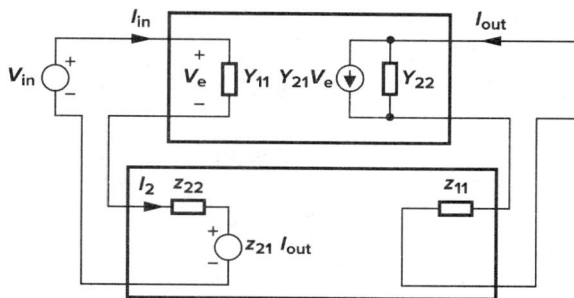

图 8.56 有加载的电流-电压反馈电路

从后一个等式中求出 V_{e},再将结果代入前一个等式,我们得到

$$\frac{I_{\mathrm{out}}}{V_{\mathrm{in}}} = \frac{\dfrac{Y_{21}}{(1+z_{22}Y_{11})(1+z_{11}Y_{22})}}{1+z_{21}\dfrac{Y_{21}}{(1+z_{22}Y_{11})(1+z_{11}Y_{22})}} \tag{8.83}$$

因此,我们可以想象,开环增益和反馈系数分别为

$$G_{\mathrm{m,open}} = \frac{Y_{21}}{(1+z_{22}Y_{11})(1+z_{11}Y_{22})} \tag{8.84}$$

$$\beta = z_{21} \tag{8.85}$$

请注意,Y_{21} 实际上是原放大器的跨导增益 G_{m}。这两个衰减系数 $(1+z_{22}Y_{11})^{-1}$ 和 $(1+z_{11}Y_{22})^{-1}$ 分别对应于输入端的分压器和输出端的分流器,使我们可以构建加载后的开环前馈放大器,如图 8.57 所示。由于 $z_{22}=V_{2}/I_{2}$(如果 $I_{1}=0$)和 $z_{11}=V_{1}/I_{1}$(如果 $I_{2}=0$),我们可得到图 8.58 中描绘的、正确断开反馈的原理图。请注意,环路增益等于 $z_{21}G_{\mathrm{m,open}}$。

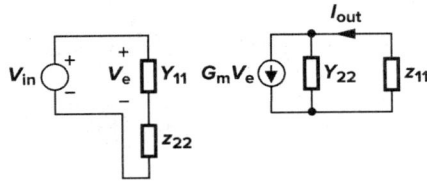

图 8.57　有反馈网络正确加载的电流-电压反馈电路

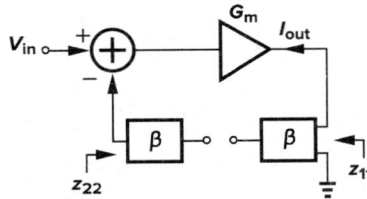

图 8.58　断开电流-电压反馈环路的原理图

例 8.14

　　PMOS 电流源提供电流给某个负载，例如手机中的可充电电池［见图 8.59(a)］。我们希望以负反馈来减少这个电流对工艺、电压和温度（PVT）的依赖关系。如图 8.59(b) 所示，我们通过一个小串联电阻 r_M 把输出电流转换为电压，通过放大器将这个电压与参考电压进行比较，并将比较结果返到 M_1 的栅极。确定输出电流和由负载所看到阻抗。

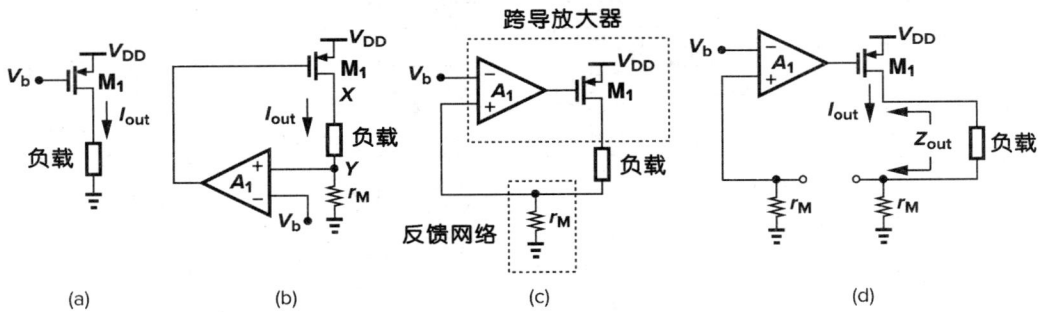

图 8.59

　　解：我们将 V_b 看成输入电压，认识到：如果环路增益很高，r_M 的两端会维持大约等于 V_b 的电压，也就是说 $I_{out} \approx V_b/r_M$。但是，让我们更精确地分析这种结构。重画这个电路如图 8.59(c) 所示，我们确定，A_1 和 M_1 为前馈跨导放大器，r_M 为反馈网络。图 8.58 中描述的过程，可产生图 8.59(d) 的开环结构，因此

$$G_{m,open} = \frac{I_{out}}{V_b} \qquad (8.86)$$

$$\approx A_1 g_m \qquad (8.87)$$

式中，忽略了流过 r_O 的电流。反馈系数 $\beta = z_{21} = r_M$。因此，闭环输出电流为

$$I_{out} = \frac{A_1 g_m}{1 + A_1 g_m r_M} V_b \tag{8.88}$$

在开环结构中,负载看到的阻抗是 $r_O + r_M$。由于反馈调节输出电流,负载看到的阻抗提高了 $A_1 g_m r_M$ 倍,达到 $Z_{out} = (1 + A_1 g_m r_M)(r_O + r_M)$。

这个例题中出现的一个关键点是,电流-电压反馈结构中输出阻抗的获得必须**断开**输出电流的通路,并测量得到的两个结点[例如图 8.59(b)中的 X 和 Y]之间的阻抗。在上述计算中,"由负载所看到的阻抗"实际上是用一个电压源取代负载并测量通过它的电流来计算的。

8.5.4　电压-电流反馈中的加载

在这种结构中,前馈(跨阻)放大器对输入电流做出响应并生成输出电压,从而可以用 Z 模型来表示。反馈网络适合于 Y 模型,因为它检测输出电压并返回一定比例的电流。等效电路由图 8.60 所示,图中忽略了 Z_{12} 和 y_{12} 的影响。像以前的情况一样,我们通过写出以下两个方程来计算闭环增益 V_{out}/I_{in}:

$$I_{in} = I_e + I_e Z_{11} y_{22} + y_{21} V_{out} \tag{8.89}$$

$$y_{11} V_{out} + \frac{V_{out} - Z_{21} I_e}{Z_{22}} = 0 \tag{8.90}$$

上两式中消去 I_e,即得到

$$\frac{V_{out}}{I_{in}} = \frac{\dfrac{Z_{21}}{(1 + y_{22} Z_{11})(1 + y_{11} Z_{22})}}{1 + y_{21} \dfrac{Z_{21}}{(1 + y_{22} Z_{11})(1 + y_{11} Z_{22})}} \tag{8.91}$$

因此,等效的开环增益和反馈系数分别为

$$R_{0,\,open} = \frac{Z_{21}}{(1 + y_{22} Z_{11})(1 + y_{11} Z_{22})} \tag{8.92}$$

$$\beta = y_{21} \tag{8.93}$$

如果把 $R_{0,\,open}$ 中的衰减系数解释为输入的分流器和输出的分压器,我们得到图 8.61 所示的原理图。环路增益为 $y_{21} R_{0,\,open}$。

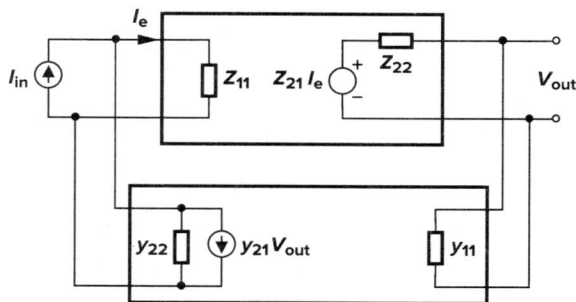

图 8.60　有加载的电压-电流反馈电路

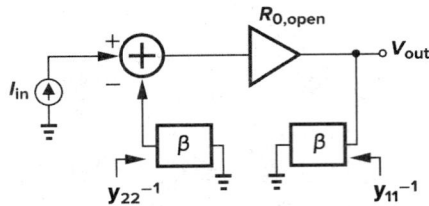

図 8.61　断开电压-电流反馈环路的原理图

例 8.15

　　图 8.62(a)显示了光通信系统中常用的跨阻放大器的结构。如果 $\lambda = 0$,确定电路的增益和输入、输出阻抗。

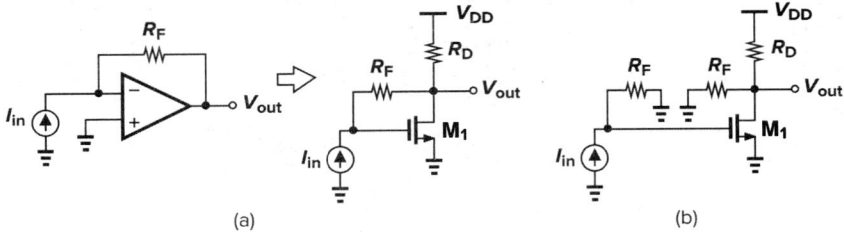

图 8.62

　　解:我们可以把反馈电阻 R_F 看成一个网络,该网络检测输出电压,将它转换为电流,并将结果返回到输入。根据图 8.61,构建如图 8.62(b)所示的加载的开环放大器,并表示开环增益为

$$R_{0,\text{open}} = -R_F g_m (R_F \parallel R_D) \tag{8.94}$$

反馈系数 $y_{21}(= I_2/V_1,$ 如果 $V_2 = 0)$ 等于 $-1/R_F$。因此得出,闭环增益为

$$\frac{V_{\text{out}}}{I_{\text{in}}} = \frac{-R_F g_m (R_F \parallel R_D)}{1 + g_m (R_F \parallel R_D)} \tag{8.95}$$

如果 $g_m (R_F \parallel R_D) \gg 1$,上式的值变为 $-R_F$,这是预期的结果(为什么?)。闭环的输入阻抗为

$$R_{\text{in}} = \frac{R_F}{1 + g_m (R_F \parallel R_D)} \tag{8.96}$$

如果上述条件成立,R_{in} 约等于 $(1 + R_F/R_D)(1/g_m)$。同样,闭环输出阻抗为

$$R_{\text{out}} = \frac{R_F \parallel R_D}{1 + g_m (R_F \parallel R_D)} \tag{8.97}$$

如果 $g_m (R_F \parallel R_D) \gg 1$,上式为 $1/g_m$。注意,如果 $\lambda > 0$,上式中,我们可以简单地用 $(R_D \parallel r_O)$ 代替 R_D。

　　这个跨导放大器十分简单,以至于可以直接求解,鼓励读者直接求解。但是,我们可以很容易地发现两个与上述结果不一致的地方。第一,在 M_1 的栅极断开环路所产生的环路增益为 $g_m R_D$,而不是 $g_m (R_D \parallel R_F)$。第二,闭环输出阻抗[图 8.62(a)中 I_{in} 设置为零]等于 $R_D \parallel (1/g_m) = R_D(1 + g_m R_D)$。上述推导得到的值可以表示为 $R_D/(1 + g_m R_D + R_D/R_F)$,显示出了附加的一项 R_D/R_F。这些错误来源于模型的近似性质。

例 8.16 ——

计算图 8.63(a)所示电路的电压增益。

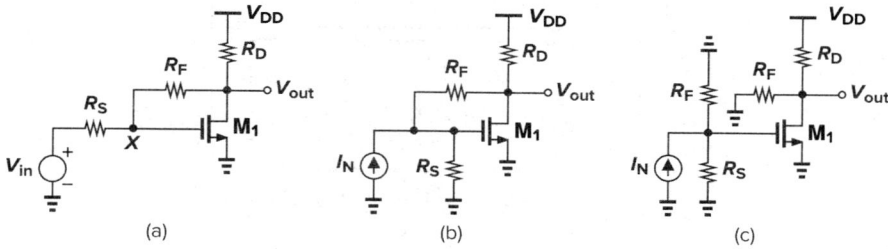

图 8.63

解:这个电路的反馈类型是什么？电阻 R_F 检测输出电压并向 X 结点返回一个与其成正比的电流,因此这种反馈可以看作是电压-电流型。然而在图 8.60(a)所示的一般情况下,输入信号是电流量,而在本例中输入信号是电压量。因此,我们通过诺顿等效来代替 V_{in} 和 R_S [图 8.63(b)],并把 R_S 看作主放大器的输入电阻。如图 8.61 所示,断开环路,忽略沟道长度调制效应,由图 8.63(c)可以写出开环增益为

$$R_{0,\text{open}} = \frac{V_{\text{out}}}{I_N}\bigg|_{\text{open}} \tag{8.98}$$

$$= -(R_S \parallel R_F)g_m(R_F \parallel R_D) \tag{8.99}$$

这里,$I_N = V_{in}/R_S$。我们同样可以求出环路增益为 $Y_{21}R_{0,\text{open}}$。这样,图 8.63(a)中电路的电压增益为

$$\frac{V_{\text{out}}}{V_{\text{in}}} = \frac{1}{R_S}\frac{-(R_S \parallel R_F)g_m(R_F \parallel R_D)}{1 + g_m(R_F \parallel R_D)R_S/(R_S + R_F)} \tag{8.100}$$

有趣的是,如果用一个电容替换 R_F,按照以上分析,在传输函数中不会产生零点,这是因为我们忽略了反馈网络的反向传输(从反馈网络的输出端到输入端)。计算电路的输入和输出阻抗也是有用的,这里作为练习留给读者。鼓励读者把这个练习的题解应用到图 8.3(b)的电路中。

8.5.5 电流-电流反馈中的加载

在这种情况下,前馈放大器对输入电流的响应是产生输出电流,可通过模型 H 来表示,反馈网络也同样以 H 模型表示。图 8.64 所示的是等效电路,其中忽略了 H_{12} 和 h_{12} 两个发生器。根据该图可以写出

$$I_{\text{in}} = I_e H_{11} h_{22} + h_{21} I_{\text{out}} + I_e \tag{8.101}$$

$$I_{\text{out}} = -I_{\text{out}} h_{11} H_{22} + H_{21} I_e \tag{8.102}$$

因此,

$$\frac{I_{\text{out}}}{I_{\text{in}}} = \frac{\dfrac{H_{21}}{(1+h_{22}H_{11})(1+h_{11}H_{22})}}{1 + h_{21}\dfrac{H_{21}}{(1+h_{22}H_{11})(1+h_{11}H_{22})}} \tag{8.103}$$

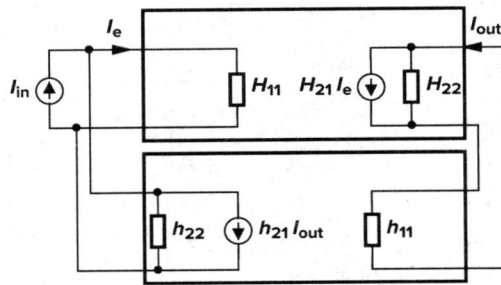

图 8.64　电流-电流反馈的等效电路

如同以前的结构，我们定义等效的开环电流增益和反馈系数分别为

$$A_{\text{I,open}} = \frac{H_{21}}{(1 + h_{22}H_{11})(1 + h_{11}H_{22})} \tag{8.104}$$

$$\beta = h_{21} \tag{8.105}$$

断开环路的原理图如图 8.65 所示，环路增益等于 $h_{21}A_{\text{I,open}}$。

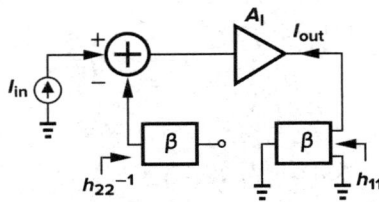

图 8.65　电流-电流反馈中加载的原理图

例 8.17

计算图 8.66(a)中电路的开环和闭环增益。假设 $\lambda = \gamma = 0$。

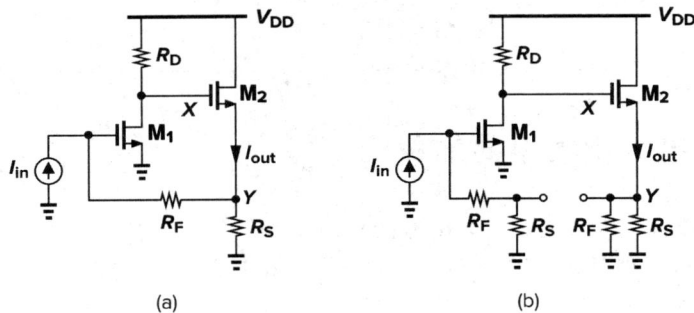

图 8.66

解：在这个电路中，R_S 和 R_F 检测输出电流并把它的一部分返回到输入端。根据图 8.65 断开环路，得到图 8.66(b)的电路，我们得到

$$A_{\text{I,open}} = -(R_F + R_S)g_{m1}R_D \frac{1}{R_S \parallel R_F + 1/g_{m2}} \tag{8.106}$$

环路增益为 $h_{21}A_{\text{I,open}}$。由式(8.62)可知,$V_2=0$ 时 $h_{21}=I_2/I_1$。对于由 R_S 和 R_F 构成的反馈网络,我们得到 $h_{21}=-R_\text{S}/(R_\text{S}+R_\text{F})$。闭环增益等于 $A_{\text{I,open}}/(1+h_{21}A_{\text{I,open}})$。

8.5.6　加载效应小结

对前面各种加载的研究结果在图 8.67 中进行了小结。分析可以分三步进行:

(1)断开含有完全加载的环路,计算开环增益 A_{OL} 及开环输入和输出阻抗;

(2)确定反馈系数 β,得出环路增益 βA_{OL};

(3)将开环的各个值通过比例因子 $1+\beta A_{\text{OL}}$ 的变化,计算闭环增益、输入和输出的阻抗。注意,在定义 β 的式子中,脚标 1 和 2 分别指反馈网络的输入和输出端口。

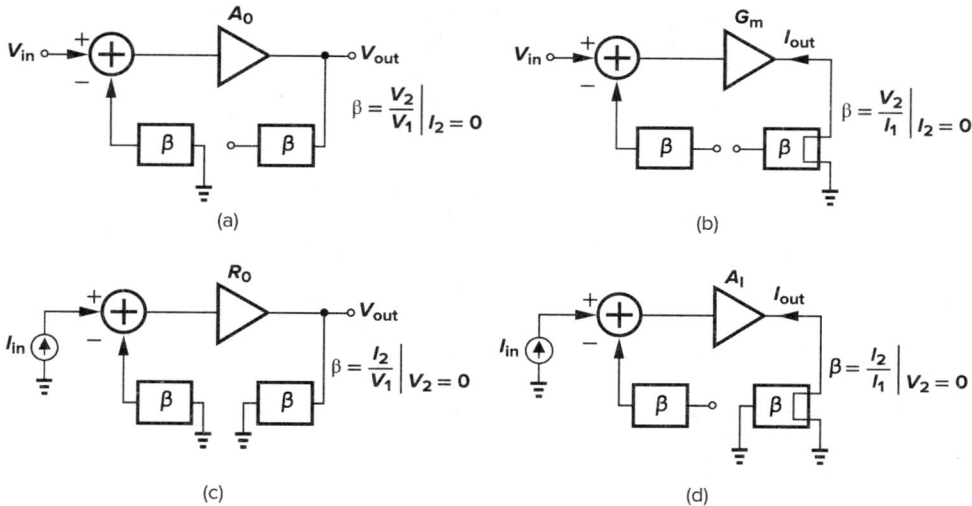

图 8.67　加载效应小结

在本章中,我们阐述了得到环路增益的两种方法:

(1)通过如图 8.5 所示在任意点断开环路;

(2)通过如图 8.67 所示计算 A_{OL} 和 β。

由于表 8.1 所列出的各种问题,用这两种方法得到的结果稍有不同。

8.6　反馈电路中的波特分析方法

波特方法为电路的闭环参数(无论它是否包含反馈)提供了严格的解决方法,但是它不能提供多个反馈机制存在条件下的环路增益。本节中提出的分析最初是由波特(Bode)在其 1945 年的经典教材《网络分析和反馈网络的设计》中叙述的。由于这种方法不那么直观,我们鼓励读者耐心地、多次地阅读本节内容。

8.6.1　观察结果

探讨波特分析方法之前,我们应该进行两个简单的、然而是新的关于电路方程式的分析。

首先,考虑图 8.68(a)中所示的一般电路,其中一个晶体管明确地显示了理想的形式。从前面的章节中关于小信号增益和传输函数的分析我们知道,V_{out} 最终可以表示为 $A_v V_{in}$ 或 $H(s)V_{in}$。但是,如果我们用 I_1 表示受控的电流源而不进行 $I_1 = g_m V_1$ 的替换,结果会怎样?这时,得到的 V_{out} 作为 V_{in} 和 I_1 两者的函数:

$$V_{out} = AV_{in} + BI_1 \tag{8.107}$$

以图 8.68(b)所示的带负反馈的共源级为例,我们注意到,向上流过 R_D(和向下通过 R_S)的电流等于$-V_{out}/R_D$,因此 r_O 两端的电压降为$(-V_{out}/R_D - I_1)r_O$。因此,由绕输出网络的 KVL 得出

$$V_{out} = \left(-\frac{V_{out}}{R_D} - I_1\right)r_O - \frac{V_{out}}{R_D}R_S \tag{8.108}$$

即

$$V_{out} = \frac{-r_O}{1 + \frac{r_O + R_S}{R_D}}I_1 \tag{8.109}$$

在这种情况下,$A=0$ 和 $B=-r_O R_D/(R_D + r_O + R_S)$。

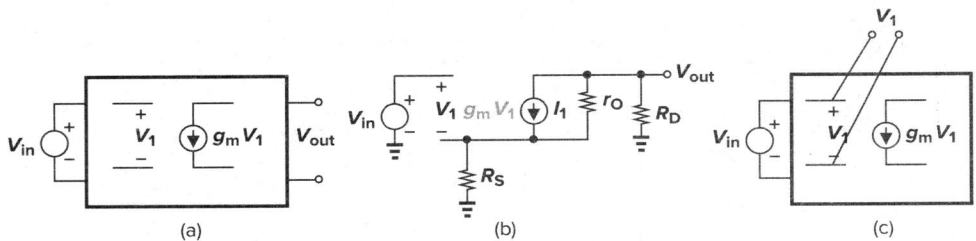

图 8.68　(a)含有受控源的电路;(b)电路的例子;(c)V_1 作为所关注的信号

其次,让我们返回到图 8.68(a)的一般电路,并把 V_1 作为所关注的信号,即,我们希望 V_1 作为 V_{in} 的函数,以 $A_v V_{in}$ 或 $H(s)V_{in}$ 的形式来计算 V_1。通过假装 V_1 就是"输出",这总是可能的,如图 8.68(c)所示。类似于式(8.107),V_1 可以写成

$$V_1 = CV_{in} + DI_1 \tag{8.110}$$

如果我们暂时忘记 $I_1 = g_m V_1$。例如在图 8.68(b)中,我们把通过 R_S(和 R_D)的电流表示为$(V_{in} - V_1)/R_S$(译者注:原文此式中无"/"号,有误),从 I_1 中减去这个电流,并让所得到的电流通过 r_O。由绕输出网络的 KVL 得到

$$V_{in} - V_1 - \left(I_1 - \frac{V_{in} - V_1}{R_S}\right)r_O = -\frac{V_{in} - V_1}{R_S}R_D \tag{8.111}$$

因此得到

$$V_1 = V_{in} - \frac{r_O R_S}{R_D + r_O + R_S}I_1 \tag{8.112}$$

也就是说，$C=1$，$D=-r_0R_S/(R_D+r_0+R_S)$。

　　总之，在一个给定的、至少包含一个晶体管的电路中（无论有无反馈），我们最终可以得到关于 V_{out} 和 V_1 的两个方程式，它们均用 V_{in} 和 I_1 来表示。为了得到 V_{out}/V_{in}，我们求解这两个方程，同时要应用 I_1 实际上等于 g_mV_1 的知识。

　　上述的研究，特别是式（8.107）和式（8.110），似乎是不必要的、繁琐的。毕竟我们可以用更少的代数方程直接求解图 8.68(b) 中的电路。然而，关于系数 A、B、C 和 D 的解释提供了一个简单而优雅的反馈分析方法。

8.6.2　系数的解释

　　我们关注式（8.107）式（8.110），对给定的电路，系数 $A\sim D$ 是否可以直接计算？我们从 A 开始：

$$A = \frac{V_{out}}{V_{in}}, \quad 如果 I_1 = 0 \tag{8.113}$$

这一结果意味着，如果受控的电流源设置为零，便可得到该电路的电压增益 A，这可以通过"禁用"晶体管、即迫使晶体管的 g_m 为零的方法很容易地实现。在这种情况下，我们可以考虑 V_{out} 作为输入信号的"馈通"（在没有理想的晶体管时）[图 8.69(a)]。在共源级中，如果 $I_1=0$，则 $V_{out}=0$，因为没有电流通过 R_S、r_0 和 R_D，即 $A=0$。

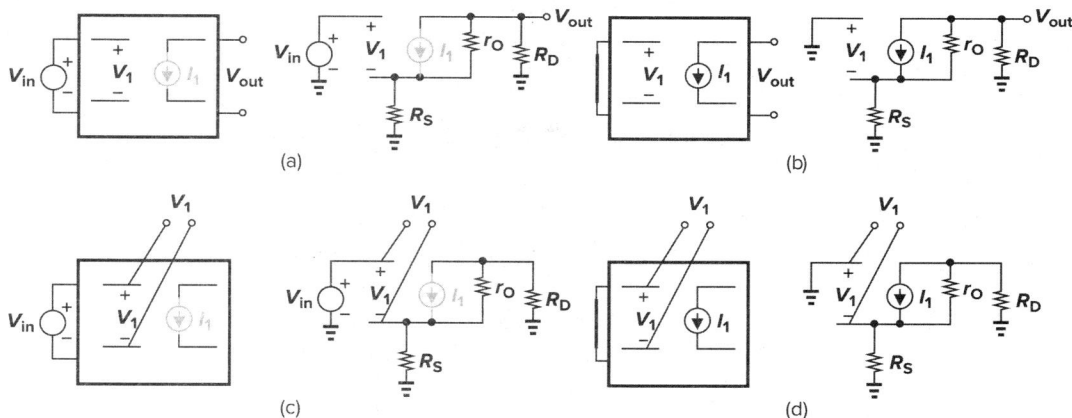

图 8.69　为计算以下系数进行的设置：(a)A；(b)B；(c)C；(d)D

　　至于式（8.107）中的系数 B，我们有

$$B = \frac{V_{out}}{I_1}, \quad 如果 V_{in} = 0 \tag{8.114}$$

也就是说，我们将输入设置为零，通过 I_1 来计算 V_{out}[图 8.69(b)]，假装 I_1 是一个独立的电流源[1]。在共源级的例子中，有

$$\left(-\frac{V_{out}}{R_D}-I_1\right)r_0-\frac{V_{out}}{R_D}R_S = V_{out} \tag{8.115}$$

---

[1]　如果 I_1 仍然被认为是一个受控源，则电路没有外部的激励，因此不会产生电压或电流。

由此可得

$$V_{\text{out}} = \frac{-r_{\text{O}}R_{\text{D}}}{R_{\text{D}} + r_{\text{O}} + R_{\text{S}}} I_1 \tag{8.116}$$

因此,$B = -r_{\text{O}}R_{\text{D}}/(R_{\text{D}} + r_{\text{O}} + R_{\text{S}})$。

式(8.110)中的系数 C 被解释为

$$C = \frac{V_1}{V_{\text{in}}}, \quad 如果 \ I_1 = 0 \tag{8.117}$$

即,如果晶体管的 g_{m} 设置为 0,C 是从输入到 V_1 的传输函数[图 8.69(c)]。在共源电路中,这种情况下没有电流流过 R_{S},产生 $V_1 = V_{\text{in}}$ 和 $C = 1$。

最后,得到的系数 D 为

$$D = \frac{V_1}{I_1}, \quad 如果 \ V_{\text{in}} = 0 \tag{8.118}$$

如图 8.69(d)所示,如果输入为零,D 表示从 I_1 到 V_1 的传输函数。在共源级中,流经 R_{S}(和 R_{D})的电流在这种情况下等于 $-V_1/R_{\text{S}}$,r_{O} 两端产生的电压降为 $(-V_1/R_{\text{S}} - I_1)r_{\text{O}}$。绕输出网络的 KVL 得到

$$-V_1 - \left(\frac{V_1}{R_{\text{S}}} + I_1\right)r_{\text{O}} = \frac{V_1}{R_{\text{S}}}R_{\text{D}} \tag{8.119}$$

由此我们得到

$$V_1 = -\frac{r_{\text{O}}R_{\text{S}}}{R_{\text{D}} + r_{\text{O}} + R_{\text{S}}} I_1 \tag{8.120}$$

因此,$D = -r_{\text{O}}R_{\text{S}}/(R_{\text{D}} + r_{\text{O}} + R_{\text{S}})$。

总之,系数 $A \sim D$ 的计算如图 8.70 所示:(1)通过设置 g_{m} 为 0 来禁用晶体管,并作为从 V_{in} 到 V_{out} 和 V_1 的馈通分别得到 A 和 C;(2)将输入设置为零,并作为从 I_1 到 V_{out} 和 V_1 的增益分别我们计算 B 和 D。从另一个角度看,前一步求得 $g_{\text{m}} = 0$ 时对 V_{in} 产生的响应;后一步求得 $V_{\text{in}} = 0$ 时对 I_1 的响应。我们甚至可以说,电路每次只被 V_{in} 或 I_1 中的一个输入激励,并产生两个所关注的输出:V_{out} 和 V_1。读者可能还看不到这些推导的原因,但耐心是一种美德!

图 8.70　计算 $A \sim D$ 的小结

例 8.18

计算图 8.71(a)所示电路的系数 $A \sim D$。

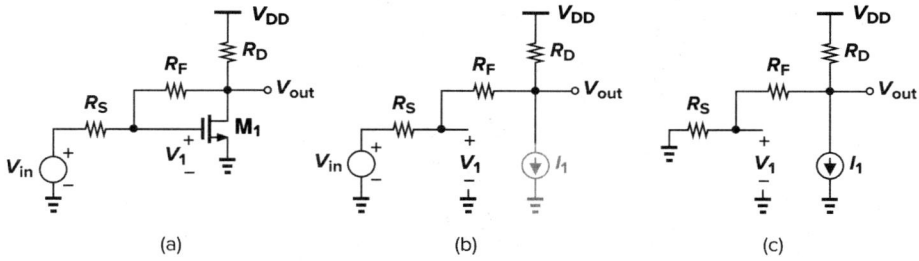

图 8.71

解：根据图 8.70 中所示的步骤，我们首先设置 I_1（即 g_m）为零，并确定馈通成分 V_{out}/V_{in} 和 V_1/V_{in}。从图 8.71(b)，我们得到

$$A = \frac{V_{out}}{V_{in}} \tag{8.121}$$

$$= \frac{R_D}{R_D + R_S + R_F} \tag{8.122}$$

和

$$C = \frac{V_1}{V_{in}} \tag{8.123}$$

$$= \frac{R_F + R_D}{R_D + R_S + R_F} \tag{8.124}$$

其次，我们令 V_{in} 为 0，并计算从 I_1 到 V_{out} 和 V_1 的传输函数[图 8.71(c)]：

$$B = \frac{V_{out}}{I_1} \tag{8.125}$$

$$= - R_D \parallel (R_S + R_F) \tag{8.126}$$

$$= - \frac{R_D(R_S + R_F)}{R_D + R_S + R_F} \tag{8.127}$$

和

$$D = \frac{V_1}{I_1} \tag{8.128}$$

$$= \frac{R_S}{R_S + R_F} \frac{V_{out}}{I_1} \tag{8.129}$$

$$= - \frac{R_S R_D}{R_D + R_S + R_F} \tag{8.130}$$

对于后续研究，我们必须更新关于环路增益计算的记忆。 319

例 8.19 ——————————————————————————————————

确定图 8.71(a)所示电路中精确的环路增益。

解：我们喜欢在一个不会引起加载效应的端点来断开环路。让我们在 M_1 的栅极断开，如

图 8.72(a)所示。加一个测试电压 V_t，并计算反馈电压 V_F，得到

$$环路增益 = -\frac{V_F}{V_t} \tag{8.131}$$

$$= g_m[R_D \parallel (R_S + R_F)]\frac{R_S}{R_S + R_F} \tag{8.132}$$

$$= \frac{g_m R_S R_D}{R_D + R_S + R_F} \tag{8.133}$$

注意，环路增益和式(8.130)的系数 D 只相差系数 $-g_m$。下面我们将返回到这一点。

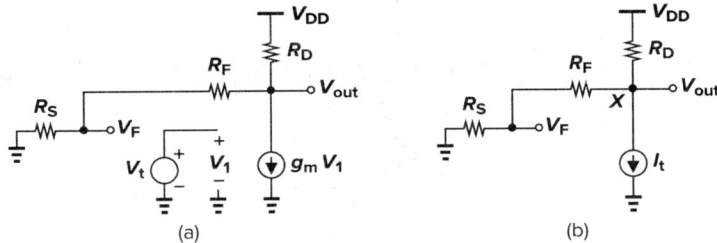

图 8.72

或者，我们可以在受控电流源的顶端断开环路。如图 8.72(b)所示，这个想法是从结点 X 抽取测试电流 I_t，并测量产生的反馈电压 V_F。我们认识到，要得到环路增益，比值 $-V_F/I_t$ 必须乘以 g_m：

$$V_F = -I_t[R_D \parallel (R_S + R_F)]\frac{R_S}{R_S + R_F} \tag{8.134}$$

因此，有

$$环路增益 = -\frac{g_m V_F}{I_t} \tag{8.135}$$

$$= \frac{g_m R_S R_D}{R_D + R_S + R_F} \tag{8.136}$$

我们看到了图 8.69(d)中 D 的计算和图 8.72(b)中环路增益的计算之间的相似性。在两种情况下，我们将输入设置为零，应用 I_1 或 I_t，并测量控制电压 V_1。因此，我们推测 D 和环路增益可能有关。现在我们仍保持读者的悬念。

8.6.3 波特分析

上一节中我们看到，可以相对容易地计算系数 $A \sim D$。现在，我们用这些系数来表示 V_{out}/V_{in}。由于

$$V_{out} = AV_{in} + BI_1 \tag{8.137}$$

$$V_1 = CV_{in} + DI_1 \tag{8.138}$$

以及在实际电路中 $I_1 = g_m V_1$，我们得到

$$V_1 = \frac{C}{1 - g_m D}V_{in} \tag{8.139}$$

因此,闭环增益为

$$\frac{V_{\text{out}}}{V_{\text{in}}} = A + \frac{g_{\text{m}}BC}{1 - g_{\text{m}}D} \tag{8.140}$$

正如所料,第一项表示输入-输出的馈通,当 $g_{\text{m}} = 0$ 时,它会表现出来。我们也可以将上式写为

$$\frac{V_{\text{out}}}{V_{\text{in}}} = \frac{A + g_{\text{m}}(BC - AD)}{1 - g_{\text{m}}D} \tag{8.141}$$

与闭环电路的直接分析不同,波特方法把计算分解成几个更简单的步骤。虽然在我们的公式表示中假设的是受控的电流源,所得到的这些结果也同样适用于受控电压源。让我们采用波特方法求解一些电路。

例 8.20

确定图 8.69 所示负反馈共源级的电压增益。

解:利用对图 8.69 的分析所得到的结果,并注意 $A = 0$ 和 $C = 1$,我们得到

$$\frac{V_{\text{out}}}{V_{\text{in}}} = \frac{g_{\text{m}} \dfrac{-r_{\text{O}}R_{\text{D}}}{R_{\text{D}} + r_{\text{O}} + R_{\text{S}}}}{1 + g_{\text{m}} \dfrac{r_{\text{O}}R_{\text{S}}}{R_{\text{D}} + r_{\text{O}} + R_{\text{S}}}} \tag{8.142}$$

$$= \frac{-g_{\text{m}}r_{\text{O}}R_{\text{D}}}{R_{\text{D}} + r_{\text{O}} + (1 + g_{\text{m}}r_{\text{O}})R_{\text{S}}} \tag{8.143}$$

鼓励读者在体效应存在的条件下重做这一分析。

例 8.21

不断开环路,确定图 8.71(a)中反馈放大器的电压增益。

解:借助于例 8.18 中得到的结果,得到

$$\frac{V_{\text{out}}}{V_{\text{in}}} = \frac{R_{\text{D}}}{R_{\text{D}} + R_{\text{S}} + R_{\text{F}}} + \frac{-g_{\text{m}} \dfrac{r_{\text{D}}(R_{\text{S}} + R_{\text{F}})(R_{\text{F}} + R_{\text{D}})}{(R_{\text{D}} + R_{\text{S}} + R_{\text{F}})^2}}{1 + \dfrac{g_{\text{m}}R_{\text{S}}R_{\text{D}}}{R_{\text{D}} + R_{\text{S}} + R_{\text{F}}}} \tag{8.144}$$

$$= \frac{R_{\text{D}}}{R_{\text{D}} + R_{\text{S}} + R_{\text{F}}} + \frac{-g_{\text{m}}R_{\text{D}}(R_{\text{S}} + R_{\text{F}})(R_{\text{F}} + R_{\text{D}})}{(R_{\text{D}} + R_{\text{S}} + R_{\text{F}} + g_{\text{m}}R_{\text{S}}R_{\text{D}})(R_{\text{D}} + R_{\text{S}} + R_{\text{F}})} \tag{8.145}$$

请注意,此结果是精确的。第一项表示在没有晶体管工作($g_{\text{m}} = 0$)时电路的直接馈通。

321

在什么条件下上述的电压增益会简化为熟悉的理想形式 $-R_{\text{F}}/R_{\text{S}}$?我们可以推测,$R_{\text{D}}$ 必须足够小,以便不会"感觉"到 R_{F} 的加载效应。但是,$R_{\text{D}} \ll R_{\text{F}}$ 的条件不会产生 $-R_{\text{F}}/R_{\text{S}}$ 的电压增益。毕竟,这个理想值也意味着高的开环增益。因此,为使上述的结果简化为 $-R_{\text{F}}/R_{\text{S}}$,我们需要两个条件:$R_{\text{D}} \ll R_{\text{F}}$ 和 $g_{\text{m}}R_{\text{D}} \gg 1$。

让我们做一个有用的观察。如果 $A = 0$,式(8.140)得到 $V_{\text{out}}/V_{\text{in}} = g_{\text{m}}BC/(1 - g_{\text{m}}D)$,该结果类似于一般反馈方程式 $A_0/(1 + \beta A_0)$。因此,我们不精确地称 $g_{\text{m}}BC$ 为"开环"增益。

返回比与环路增益

如例 8.19 中提到的,系数 $D(=V_1/I_1$,如果 $V_{in}=0)$ 和环路增益似乎有关。事实上,式 (8.141)中的闭环增益表达式表明,$1-g_m D=1+$ 环路增益,因此环路增益 $=-g_m D$。这不是 巧合:在这两种情况下,我们均将主输入设置为 0,通过用独立源替代受控源来断开环路,并计 算返回的量。

波特在最初的反馈处理中,引入了术语"返回比"(RR)来表示 $-g_m D$,并认为它是由电路 中给定的受控源产生的[1]。因此,获得返回比的方法是,通过注入电压来替代 V_{GS} 或注入电流 来替代 I_D,即使不能完全断开环路,都表现得与真正的环路增益一样①。事实上,如果该电路 只包含一个反馈机制,并且环路通过所关注的晶体管,返回比就等于环路增益。我们稍后将详 细说明这一点。

例 8.22

采用波特方法确定图 8.73(a)所示的源跟随器的电压增益。假设 $\lambda=\gamma=0$。

解:图 8.73(b)画出了小信号模型。图 8.70 表明,为计算系数 A 和 C,应设置 g_m 为 0,从而得到

$$A = \frac{V_{out}}{V_{in}} = 0 \tag{8.146}$$

$$C = \frac{V_1}{V_{in}} = 1 \tag{8.147}$$

对于系数 B 和 D,我们设置 V_{in} 为 0,并应用电流源 I_1 来代替 $g_m V_1$:

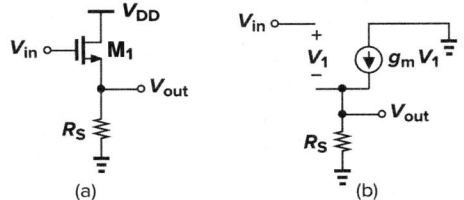

图 8.73

$$B = \frac{V_{out}}{I_1} = R_S \tag{8.148}$$

$$D = \frac{V_1}{I_1} = -R_S \tag{8.149}$$

由式(8.140)或(8.141),我们得到

$$\frac{V_{out}}{V_{in}} = \frac{g_m R_S}{1+g_m R_S} \tag{8.150}$$

与受控源关联的返回比等于 $-g_m D = g_m R_S$。

如果 R_S 趋于理想的电流源的电阻,这里出现一个奇怪的结果:返回比 $g_m R_S$ 趋于无穷大, B 也趋于无穷大。由于式(8.140)通过除以 B 和 D 来得到结果,如果 B 和 D 是无穷大,一般 可能会产生错误的值。然而,在源跟随器的情况下,式(8.140)产生了正确的结果。

例 8.23

图 8.74 显示的电路中,晶体管 M_1 处在反馈环路之外。采用波特方法,计算 V_{out}/V_{in}。

解:我们首先通过设置 g_{m1} 为 0 得到 A 和 C:

---

① 我们所说的真正环路增益,是没有任何近似得到的环路增益,例如,没有忽略加载或输入信号通过网络反馈到主输出的传输。

$$A = \frac{V_{\text{out}}}{V_{\text{in}}} = 0 \tag{8.151}$$

$$C = \frac{V_1}{V_{\text{in}}} = \frac{g_{m2}R_S}{1 + g_{m2}R_S} \tag{8.152}$$

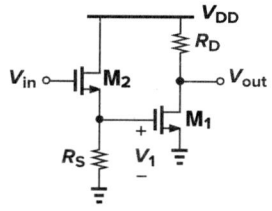

图 8.74

其次,我们设置 V_{in} 为 0 并应用 I_1 代替 M_1:

$$B = \frac{V_{\text{out}}}{I_1} = -R_D \tag{8.153}$$

$$D = \frac{V_1}{I_1} = 0 \tag{8.154}$$

正如所料,对 M_1 的返回比为 0。因此,我们有

$$\frac{V_{\text{out}}}{V_{\text{in}}} = g_{m1}\left(-R_D \frac{g_{m2}R_S}{1 + g_{m2}R_S}\right) \tag{8.155}$$

另外,通过将 M_2 作为所关注的受控源也可得到增益。对 M_2 的返回比,与前一个例题中对源跟随器所求出的结果是一样的。尽管该电路包含一个反馈机制,由于反馈环路不通过 M_1,这两个返回比是不相等的。

例 8.24 —————————————————————

计算图 8.75(a)所示电路的闭环增益。假设 $\lambda = \gamma = 0$。

323

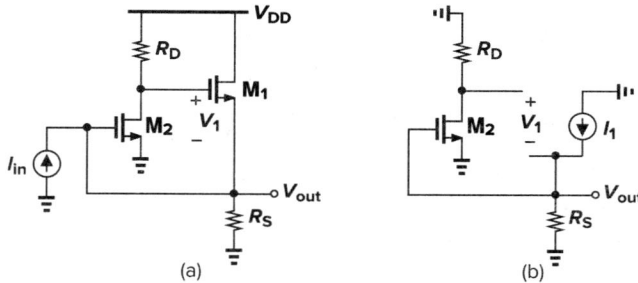

(a)   (b)

图 8.75

解:根据图 8.70 中的原理图,我们计算系数 $A \sim D$。我们可以选择其中的一个晶体管作为关注的器件。设置 g_{m1} 为 0,我们得到

$$A = \frac{V_{\text{out}}}{I_{\text{in}}} \quad \text{如果 } g_{m1} = 0 \tag{8.156}$$

$$= R_S \tag{8.157}$$

因为没有 M_1,I_{in} 只流过 R_S,结果在输出产生反馈成分。对于 C,我们注意到 $V_1 = I_{\text{in}}R_S(-g_{m2}R_D) - I_{\text{in}}R_S$,因此

$$C = \frac{V_1}{I_{\text{in}}} \quad \text{如果 } g_{m1} = 0 \tag{8.158}$$

$$= -(1 + g_{m2}R_D)R_S \tag{8.159}$$

我们现在设置 I_{in} 为 0,并注入一个独立电流源来代替 M_1,如图 8.75(b)所示。由于 $V_{\text{out}} = I_1 R_S$,故

$$B = \frac{V_{\text{out}}}{I_1} \qquad \text{如果 } I_{\text{in}} = 0 \tag{8.160}$$

$$= R_{\text{S}} \tag{8.161}$$

此外，$V_1 = I_1 R_{\text{S}}(-g_{\text{m2}} R_{\text{D}}) - I_1 R_{\text{S}} = -I_1 R_{\text{S}}(1 + g_{\text{m2}} R_{\text{D}})$，可得到

$$D = \frac{V_1}{I_1} \qquad \text{如果 } I_{\text{in}} = 0 \tag{8.162}$$

$$= -R_{\text{S}}(1 + g_{\text{m2}} R_{\text{D}}) \tag{8.163}$$

因此，由式(8.140)得到

$$\frac{V_{\text{out}}}{I_{\text{in}}} = A + \frac{g_{\text{m1}} BC}{1 - g_{\text{m1}} D} \tag{8.164}$$

$$= R_{\text{S}} - \frac{g_{\text{m1}}(1 + g_{\text{m2}} R_{\text{D}}) R_{\text{S}}^2}{1 + g_{\text{m1}} R_{\text{S}}(1 + g_{\text{m2}} R_{\text{D}})} \tag{8.165}$$

$$= \frac{R_{\text{S}}}{1 + g_{\text{m1}} R_{\text{S}}(1 + g_{\text{m2}} R_{\text{D}})} \tag{8.166}$$

对于以 M_2 作为关注的受控源，鼓励读者重做推导。

8.6.4 布莱克曼阻抗定理

我们继续努力，在不断开环路的情况下来计算反馈系统的闭环参数，现在学习布莱克曼定理(Blackman's theorem)。该定理可确定通常电路中任一个端点所看到的阻抗。该定理可以采用波特方法来证明。

考虑图 8.76(a)中所示的一般电路，其中结点 P 和 Q 之间的阻抗是我们所关注的。正如在波特的分析中那样，我们已明确地表明，各晶体管中的一个按照理想模型：压控电流源 I_1。让我们假装 I_{in} 是输入信号而 V_{in} 是**输出**信号，以便可以利用波特的结果：

$$V_{\text{in}} = A I_{\text{in}} + B I_1 \tag{8.167}$$

$$V_1 = C I_{\text{in}} + D I_1 \tag{8.168}$$

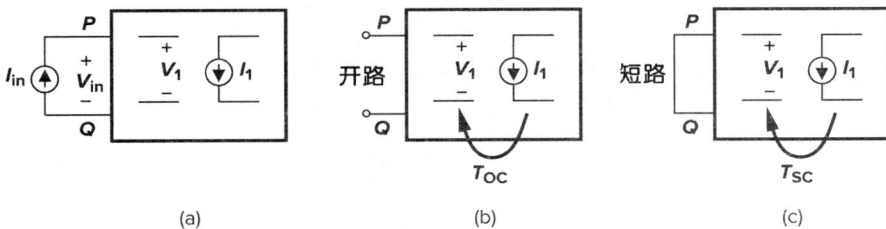

图 8.76 (a)计算端口阻抗的结构；(b)T_{OC} 的计算；(c)T_{SC} 的计算

由此得出

$$Z_{\text{in}} = \frac{V_{\text{in}}}{I_{\text{in}}} = A + \frac{g_{\text{m}} BC}{1 - g_{\text{m}} D} \tag{8.169}$$

其中的 g_{m} 表示由 I_1 模拟晶体管的跨导，如图 8.76(a)所示。现在我们用三个步骤来处理上述的结果，以获得更直观的表达式。首先，从式(8.168)可知，如果 $I_{\text{in}} = 0$，则 $V_1/I_1 = D$。我们

称 $-g_m D$ 为"开路环路增益"(因为所关注的端口处于**开路**),并以 T_{OC} 来表示[图 8.76(b)]。在第二步中,由式(8.167)我们注意到,如果 $V_{in} = 0$,则 $I_{in} = (-B/A)I_1$,因此,由式(8.168)得到

$$\frac{V_1}{I_1} = \frac{AD - BC}{A} \tag{8.170}$$

我们把这个量乘以 $-g_m$ 称为"短路"环路增益(因为 $V_{in} = 0$),并以 T_{SC} 表示[图 8.76(c)]。注意,在这两种情况下该电路拓扑结构出现的变化。对这两种结构,T_{OC} 和 T_{SC} 均可以被看作是与 I_1 关联的返回比。总之,有

$$T_{OC} = -g_m \frac{V_1}{I_1}\bigg|_{I_{in} = 0} \tag{8.171}$$

$$T_{SC} = -g_m \frac{V_1}{I_1}\bigg|_{V_{in} = 0} \tag{8.172}$$

在第三步中,我们采用 T_{OC} 和 T_{SC} 来重写式(8.169),得到

$$Z_{in} = \frac{V_{in}}{I_{in}} = \frac{A - g_m(BC - AD)}{1 - g_m D} \tag{8.173}$$

$$= A\frac{1 + T_{SC}}{1 + T_{OC}} \tag{8.174}$$

这个结果最初是由布莱克曼推导的[2],有助于许多直觉理解。通过回顾我们知道,如果 $I_1 = 0$,即当所考虑的晶体管被禁用时,$A = V_{in}/I_{in}$。我们粗略地将 A 看作"开环"阻抗,因为它是在反馈环路中没有晶体管的条件下得到的。此外,我们观察到:(1)如果 $T_{SC} \ll 1$,则 $Z_{in} \approx A/(1 + T_{OC})$;就是说,开环阻抗除以 $(1 + T_{OC})$;(2)如果 $|T_{OC}| \ll 1$,则 $Z_{in} \approx A(1 + T_{SC})$,即开环阻抗乘以 $(1 + T_{SC})$。这让人联想到前面推导的、闭环的输入和输出的阻抗,但是,这两种情况表明,在一般情况下闭环阻抗**不能**表示为 Z_{in} 乘以或除以 $(1 +$ 环路增益)。

例 8.25 ——————————————————————————————

确定负反馈共源级[图 8.77(a)]的输出阻抗。假设 $\gamma = 0$。

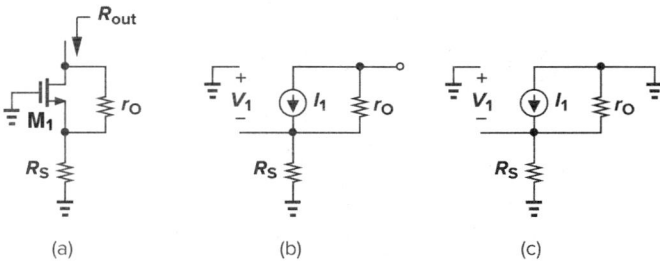

图 8.77

解:我们必须计算三个量。第一,如果晶体管被禁用,则有

$$A = r_O + R_S \tag{8.175}$$

第二,如果所关注的端口处于开路[图 8.77(b)],我们得到

$$T_{OC} = -g_m \frac{V_1}{I_1} \tag{8.176}$$

$$= 0 \tag{8.177}$$

325

该结果是由于没有电流流过 R_s。

第三，如果关注的端口被短路[图 8.77(c)]，我们得到

$$T_{SC} = -g_m \frac{V_1}{I_1} \tag{8.178}$$

$$= +g_m(R_S \parallel r_O) \tag{8.179}$$

因此，由式(8.174)可得

$$Z_{out} = (r_O + R_S)[1 + g_m(R_S \parallel r_O)] \tag{8.180}$$

$$= (1 + g_m r_O)R_S + r_O \tag{8.181}$$

鼓励读者对包含体效应的情况重做这种分析。

326

例 8.26

计算图 8.78(a)中所示电路的输出阻抗。假设 $\gamma = 0$。

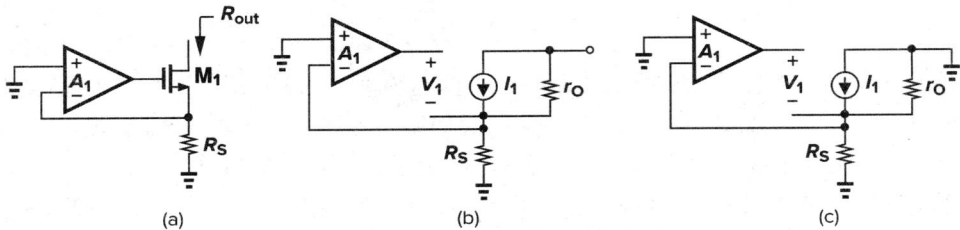

图 8.78

解：分析该电路的困难在于，它不能映射到四种规范结构的任一个：放大器 A_1 检测 M_1 **源极**的电压，而电路的输出却在 M_1 的漏端取出。幸运的是，布莱克曼定理不受这些差别的影响。我们再次按三个步骤进行计算。如果晶体管被禁用，则有

$$A = r_O + R_S \tag{8.182}$$

如果输出保持开路[图 8.78(b)]，没有电流流过 R_S，因此 $T_{OC} = 0$。如果输出被短路[图 8.78(c)]，则

$$T_{SC} = g_m(R_S \parallel r_O)A_1 \tag{8.183}$$

因此，有

$$Z_{out} = (r_O + R_S)[1 + g_m(R_S \parallel r_O)A_1] \tag{8.184}$$

$$= r_O + R_S + g_m r_O R_S A_1 \tag{8.185}$$

$$= (1 + g_m r_O A_1)R_S + r_O \tag{8.186}$$

对于没有放大器 A_1 的情况，式(3.66)在 $g_{mb} = 0(\gamma = 0)$ 时变为 $R_{out} = (1 + g_m r_O)R_S + r_O$。因此，放大器 A_1 可使输出阻抗近似地"提高"到 A_1 倍。（译者注：原文中上式和结论均有误，已修改。）

例 8.27

327 确定图 8.79(a)中所示的源跟随器的输出阻抗。假设 $\lambda = \gamma = 0$。

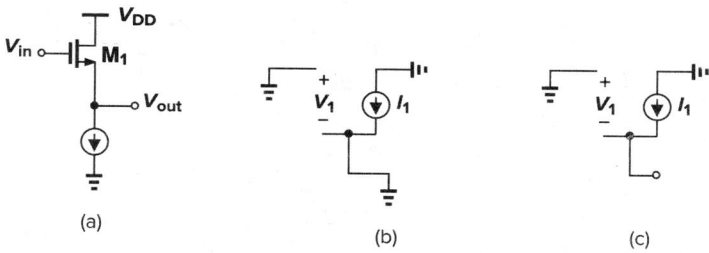

图 8.79

解:对于 $g_m = 0$,输出阻抗以及 A 为**无限大**。两个环路增益可从图 8.79(b)和(c)中得到,分别为:$T_{SC} = 0$ 和 $T_{OC} = \infty$。这些困难的出现,是因为由布莱克曼定理的证明是除以 A,默许地假定 $A < \infty$。人们可以在关注的端口并联地放置一个电阻来避免这种情况,并在最终的结果中令该电阻的阻值趋于无限。这问题留给读者作为练习。

例 8. 28

采用布莱克曼定理,确定图 8.37(a)中所示电路的输入阻抗。假设 $\lambda = \gamma = 0$。

解:我们将 g_{m2} 设置为零来计算 A,结果,我们注意到 $A = \infty$!由于布莱克曼表达式的推导依赖于除以 A,我们知道 $A = \infty$ 可能使结果无效。这是布莱克曼方法的一个缺陷。如果我们尝试计算 T_{OC},情况会变得更有趣。如图 8.80 所示,我们应用一个独立的小信号电流源 I_1 并寻求 V_1。M_1 栅极的电压等于 $-I_1 R_D C_1/(C_1 + C_2)$,M_1 产生的漏电流为 $-g_{m1} I_1 R_D C_1/(C_1 + C_2)$。该电流必须等于 I_1,因此有

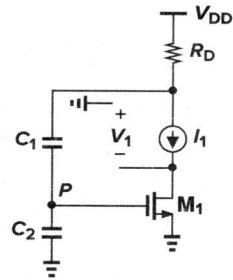

图 8.80

$$\left(1 + g_{m1} R_D \frac{C_1}{C_1 + C_2}\right) I_1 = 0 \qquad (8.187)$$

这种关系不能成立,因为 $[1 + g_{m1} R_D C_1/(C_1 + C_2)]$ 不一定为零,I_1 本身是一个外部的激励,也不为零。这荒谬的结果,是因为两个理想电流源,即 I_1 和 M_1,是被串联放置的。同样,V_1 无法计算,因为 M_1 的漏极电压是不确定的。

例 8. 29

与例 8.28 较劲的学生决定在 M_1 的漏极到地附加一个电阻,并使该电阻值在最终结果中趋于无穷。这能挽救布莱克曼定理吗?

解:如图 8.81 所示,$A = R_T$。此外,我们现在可以通过在 M_1 的漏极写 KCL 来计算 T_{OC}:

$$-g_{m1} I_1 R_D \frac{C_1}{C_1 + C_2} - \frac{V_1}{R_T} = I_1 \qquad (8.188)$$

因此,有

328

$$T_{OC} = -g_{m2}\frac{V_1}{I_1} = g_m 2\left(1 + g_{m1}R_D\frac{C_1}{C_1 + C_2}\right)R_T \quad (8.189)$$

这一结果表明，当 $R_T \to \infty$ 时，$T_{OC} \to \infty$。由于 $T_{SC} = 0$（为什么?），我们得到

$$R_{in} = A\frac{1 + T_{SC}}{1 + T_{OC}} \quad (8.190)$$

$$= R_T\frac{1}{1 + g_{m2}(1 + g_{m1}R_D\frac{C_1}{C_1 + C_2})R_T} \quad (8.191)$$

如果 $R_T \to \infty$，R_{in} 接近 $1/g_{m2}$ 除以环路增益。

图 8.81

尽管电路似乎只有一个反馈机制，但 M_2 与 M_1 的返回比不相等，这是奇特的结果。但是，表象有可能是骗人的：M_2 被 R_T 退化，经历局部反馈。我们可以说，如果 $R_T = \infty$，M_2 看到了无限的负反馈，从而具有无限的返回比。

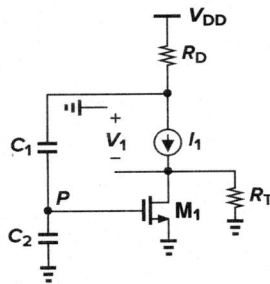

例 8.30 ——————————————————————————————

用布莱克曼定理确定图 8.82(a) 中的 R_{in}。假设 $\gamma = 0$。

解：如果 $g_m = 0$，我们得到 $A = R_D + r_O$。如果输入端口短路，不存在任何反馈，则 $T_{SC} = 0$。如果输入端口开路[图 8.82(b)]，我们观察到，没有电流流过 R_D，I_1 在 r_O 两端产生的电压为 $-I_1 r_O$，而且 $V_1 = -I_1 r_O$。也就是说，$T_{OC} = g_m r_O$。由此得出

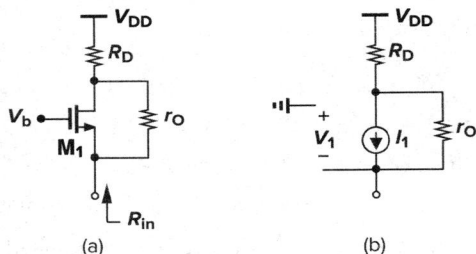

$$R_{in} = \frac{R_D + r_O}{1 + g_m r_O} \quad (8.192)$$

图 8.82

329

这是预期的结果。

值得注意的是，尽管通过 r_O 的反馈是**正**反馈，$T_{OC} > 0$。这是因为电路包含两个反馈机制：一个通过 r_O；另一个由于无限的源电阻对 M_1 的负反馈。在这种情况下，T_{OC} 的符号不表示反馈的极性。在例 8.31 中，这一点会变得更加清楚。

例 8.31 ——————————————————————————————

确定图 8.83(a) 中 M_1 和 M_2 的返回比。假设 $\lambda = \gamma = 0$。

解：在这个电路中，R_S 使 M_1 和 M_2 均处于负反馈中，M_2 以正反馈的形式返回一个电压到 M_1 的源极。如图 8.83(b) 所示，如果注入一股电流，我们注意到，R_S 传输的电流为 $-V_1/R_S$，导致 $I_{D2} = -I_1 - V_1/R_S$，因此 $V_{GS2} = (-I_1 - V_1/R_S)/g_{m2}$。如果将 R_D 和 R_S 上的电压降与 V_{GS2} 相加，我们得到

$$I_1 R_D - \frac{I_1}{g_{m2}} - \frac{V_1}{g_{m2}R_S} - V_1 = 0 \quad (8.193)$$

返回比 RR_1 为

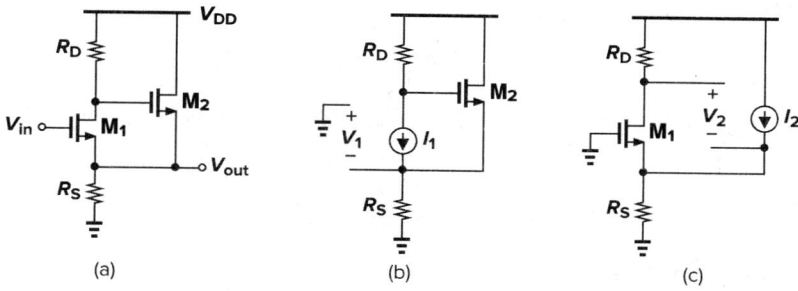

图 8.83

$$RR_1 = -g_{m1} \frac{V_1}{I_1} \tag{8.194}$$

$$= \frac{1 - g_{m2} R_D}{1 + g_{m2} R_S} g_{m1} R_S \tag{8.195}$$

对于 RR_2，图 8.83(c)的配置得到 $I_{D1} = -I_2 R_S/(R_S + 1/g_{m1}) = -I_2 g_{m1} R_S/(1 + g_{m1} R_S)$。如果将 R_D 和 R_S 上的电压降与 V_2 相加，我们得到

$$-\frac{I_2 g_{m1} R_S}{1 + g_{m1} R_S} R_D + V_2 + I_2 \frac{1/g_{m1}}{R_S + 1/g_{m1}} R_S = 0 \tag{8.196}$$

由此得出

$$RR_2 = \frac{1 - g_{m1} R_D}{1 + g_{m1} R_S} g_{m2} R_S \tag{8.197}$$

这两个返回比是不相等的，可以独立地取正值或负值。

330

8.7　麦德布鲁克方法

麦德布鲁克（Middlebrook）利用"分离定理"（dissection theorem）来推导环路不断开的闭环传输函数，同时揭示了在非单向环路中信号后馈（反向）传输的影响[5,6]。这个定理说明，任何传输函数 $H(s)$ 均可以分解成下列的形式：

$$H(s) = H_\infty \frac{1 + \dfrac{1}{T_2}}{1 + \dfrac{1}{T_1}} \tag{8.198}$$

式中，H_∞、T_1 和 T_2 是更简单的、与各种特殊情况相对应的传输函数（例如，在环路中的一些信号被强制为零）。这些传输函数的计算如下。如图 8.84 所示，我们在电路的一个支路串联地插入一个电压源 V_t，并在 V_t 的任一侧注入电流 I_t。我们现在有四个新的量，即 V_1、V_2、I_1 和 I_2（注意 V_1 的极性）。这里的关键是，环路没有被断开，因此加载效应是无关紧要的。

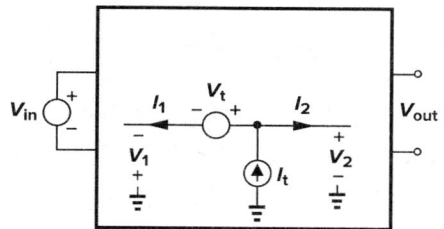

图 8.84　麦德布鲁克方法的说明

"理想"传输函数 H_∞ 可按如下方法得到：

$$H_\infty(s) = \frac{V_{\text{out}}}{V_{\text{in}}} \Big|_{V_1 = 0, I_1 = 0} \tag{8.199}$$

即，我们选择 V_t 和 I_t 来迫使 V_1 和 I_1 均为零。我们将更多地关注其他两个传输函数 T_1 和 T_2。麦德布鲁克给出

$$\frac{1}{T_1} = \frac{1}{T_i} + \frac{1}{T_v} + \frac{1}{T_i' T_v'} \tag{8.200}$$

其中，$V_{\text{in}} = 0$，式中各参数如下：

$$T_i = \frac{I_1}{I_2} \Big| \ V_1 = 0 (短路前向电流环路增益) \tag{8.201}$$

$$T_v = \frac{V_1}{V_2} \Big| \ I_1 = 0 (开路前向电压环路增益) \tag{8.202}$$

$$\frac{1}{T_i'} = \frac{I_2}{I_1} \Big| \ V_2 = 0 (短路反向电流环路增益) \tag{8.203}$$

$$\frac{1}{T_v'} = \frac{V_2}{V_1} \Big| \ I_1 = 0 (开路反向电压环路增益) \tag{8.204}$$

T_2 的计算是相似的，但它要求迫使 V_{out}（而不是 V_{in}）为零。我们注意到，麦德布鲁克方法通常比波特方法更费力。

对于环绕非单向环路的前向信号（通常是希望的）和反向信号（通常是不希望的）的传输，麦德布鲁克公式提供了深入的见解。如果没有反向传输，我们得到 $1/T_i' = 1/T_v' = 0$，因此 $T_1 = T_i \parallel T_v$，即两个前向环路增益的并联组合。麦德布鲁克用 T_{fwd} 来表示这个量。以类似的方式，我们可以定义总的反向环路增益为 $T_{\text{rev}} = (1/T_i') \parallel (1/T_v')$。对式 (8.200) 进行处理，可得到

$$T_1 = \frac{T_{\text{fwd}}}{1 + T_{\text{rev}}} \tag{8.205}$$

这里有趣的观察结果是，如果反向增益 T_{rev} 相当于 1，即使它仍然远低于 T_{fwd}，则等效环增益会降低。然而，麦德布鲁克认识到，只有在以下两种条件下这种结论才是正确的：(a) V_t 和 I_t 的插入会使 V_1 和 I_1 成为"误差"信号、不明确定义的信号；(b) V_t 和 I_t 在主环路的内部注入，而它们在任何次环路的外部注入，也同样是不确定的状态。例如，$\lambda > 0$ 的、包含负反馈的共源级就不满足这两个条件。

8.8　环路增益计算问题

8.8.1　预备概念

环路增益在反馈系统中起着至关重要的作用，在增益、带宽、输入和输出阻抗和非线性的闭环表达式中，通用因子 $(1 + \beta A)$ 均显示出它的重要性。此外，如果考虑环路中极点和零点，则环路增益[在这种情况下称为"环路传输"$T(s)$]揭示了电路的**稳定**特性。由于这些原因，即使我们不关注电路的开环参数，我们必须经常地确定环路增益。

根据图 8.5 所说明的方法，环路增益计算应该是简单直接的：我们将输入设置为零，在某个结点断开环路，应用测试信号，绕环路（沿正确的方向）跟随信号，并得到返回的信号。然而，

在某些情况下,情况比较复杂,会引起两个问题:(1)我们是否可以在任意的结点断开环路?(2)测试信号应该是电压还是电流? 我们提醒读者,在这种测试中实际的输入和输出不复存在,即,环路增益与输入和输出端口的位置无关。

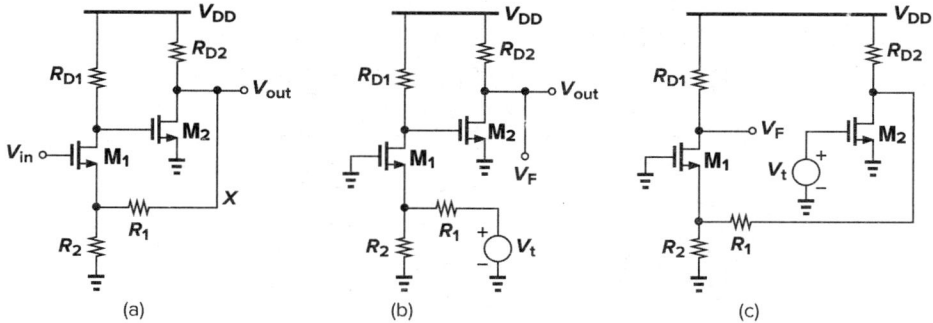

图 8.85 (a)两级反馈放大器;(b)在 R_1 的左端断开环路;(c)在 M_2 的栅极断开环路

例如,考虑图 8.85(a)中所示的两级放大器,其中由 R_1 和 R_2 组成的电阻分压器检测输出电压并返回其中的一部分到 M_1 的源极。如图 8.85(b)所示,我们设置 V_{in} 为零,在结点 X 断开环路,在 R_1 的右端加一个测试信号,并测量产生的 V_F[①]。但这种测试的设置是否正确? 第一,我们注意到,在图 8.85(a)中 R_1 从 R_{D2} 中抽取交流电流,但在图 8.85(b)中它并不抽取电流。也就是说,与第二个共源级相关的增益已被改变。第二,为什么我们决定施加一个测试电压? 我们是否可以施加测试电流并测量返回的电流?

为解决第一个问题,我们推测,最好的方式就是在一个 MOS 管的栅极断开环路。我们可以在 M_2 的栅极断开环路[图 8.85(c)],因此不会改变与第一级相关的增益(至少在低频率是如此)。鼓励读者利用图 8.85(b)和(c)来推导环路增益,并表明它们是不相等的。

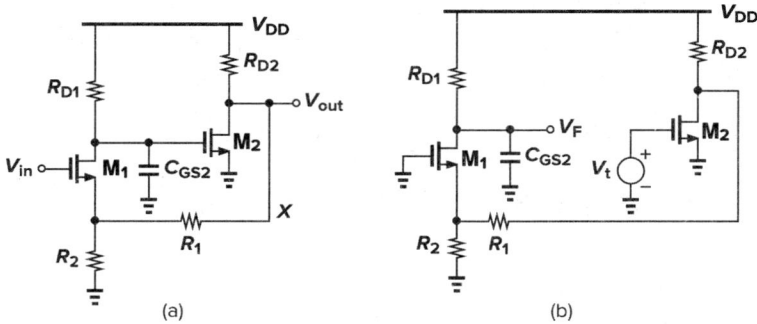

图 8.86 (a)计入 C_{GS2} 的两级放大器;(b)在 M_2 的栅极断开环路

如果我们必须计入 M_2 的 C_{GS}[图 8.86(a)],结果将会怎样? 于是,我们在 C_{GS2} 之后断开环路[图 8.86(b)],以保证从 M_1 看到的负载保持不变。但是,总是可以在 MOS 管的栅极断开 332

① 显然,在断开的环路上,我们必须对 R_1 施加测试信号并围绕电路顺时针传输测试信号。如果我们将 V_t 加到 M_2 的漏极并逆时针传输,其结果是没有意义的。

环路吗? 是的,的确是。对于负反馈,信号必须被环路的至少一个栅极检测,因为只有源负反馈的共源级结构才会使信号反相。

现在我们把注意力转向第二个问题,即测试信号的**类型**。在上述研究中,我们自然地选择测试电压 V_t,因为我们用一个独立源来代替 MOS 管的控制电压。在什么条件下可以应用测试电流? 例如,在图 8.85(a)中我们可以在 M_2 的漏极断开环路,注入电流 I_t,并测量由 M_2 返回的电流[图 8.87(a)]。读者可以证明,在本例中的 I_F/I_t 与图 8.85(c)中的 V_F/V_t 是一样的。

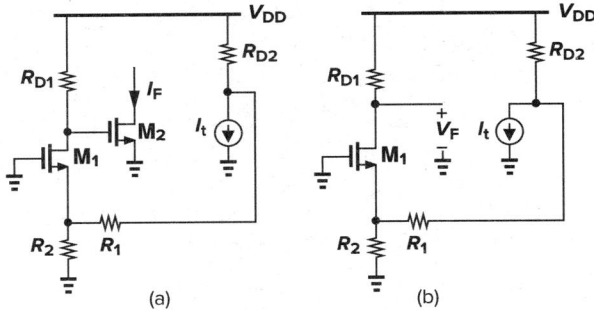

图 8.87　(a)在 M_2 的漏极断开环路;(b)用独立源代替 M_2 的受控源

但我们对图 8.87(a)中 M_2 的漏结点到底该做什么? 如果它连接到交流地,此结点不会感受闭环电路中存在的电压的变化,这是当考虑 r_{O2} 时会出现的问题。在这种情况下,我们可以将 r_{O2} 与 R_{D2} 合并,但如果 M_2 存在负反馈,则不能合并。因此,一般来说,我们不能插入 I_t,否则会改变电路的一些特性。

并不是所有的希望都消失了。假设我们用一个独立电流源 I_t 来替换 M_2 的受控电流源,并计算返回到 M_2 的 V_{GS} 作为 V_F[图 8.87(b)]。由于在原电路中,受控源和 V_{GS2} 是通过 g_{m2} 的因子相关的,我们现在可以写出环路增益为 $(-V_F/I_t)g_{m2}$。即使 M_2 处于负反馈,这种方法也是可行的。我们认识到,这结果与 M_2 的返回比是相同的。

在低频情况下,可以借助于以下的分析来计算环路增益。由于电路会包含**负**反馈,环路必须穿过一个晶体管的栅极(只有共源级例外)[1]。因此,我们可以在这个栅极断开环路,而且不需要考虑加载效应。当然,此方法仅适用于环路只有一个反馈机制的情况。

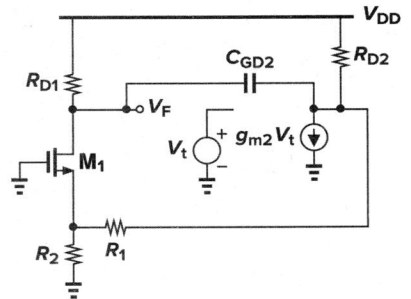

图 8.88　计入 C_{GD2} 的两级放大器

总之,断开反馈环路"最好"的地方是:(a)如果希望注入电压,则是 MOS 晶体管的栅-源之间;(b)如果希望注入电流(提供的返回量是 MOS 管的 V_{GS})则是 MOS 管的可控电流源。当然,这两种方法是互相关联的,因为它们的差异只有一个系数 g_m。

不幸的是,在某些情况下上述技术会遇到困难。例如,假设在图 8.85(a)中我们将 C_{GD2} 考虑在内。我们像以前一样插入测试电压或测试电流,但是,C_{GD2} 不允许"干净"

_____

① 一个例外是源极的负反馈器件(在共源级或源跟随器级中)。

地断开。如图 8.88 所示，即使我们用独立源 V_1 提供栅源电压，C_{GD2} 仍然会产生从 M_2 的漏极到 M_2 的栅极的"局部"反馈，因而产生了这样的问题：环路增益是否应该通过消除**所有**的反馈机制来获得。我们还要指出，由麦德布鲁克在文献[3]中提出的电流和电压的注入方法仅适用于单方向的环路。

8.8.2　关于返回比的困难

波特方法使我们能够根据四个更简单的传输函数来计算闭环传输函数，而且不需要断开环路。但我们也要关注环路增益，因为它可以确定反馈电路的许多结果，例如带宽的增加、非线性的减小和稳定的特性。

我们可以把与给定的受控源相关的返回比作为环路增益，但包含多个反馈机制的电路对不同的受控源可能表现出不同的返回比。作为一个例子，我们再次考虑图 8.85(a) 中所示的两级放大器。R_1 和 R_2 同时提供"全局"反馈和"局部"反馈（后者是对 M_1 的负反馈）。借助于图 8.89 中所示的等效电路，读者可以证明，M_1 和 M_2 的返回比分别为

$$返回比\ |_{M_1} = \frac{g_{m1}R_2(R_1 + R_2 + R_{D2} + g_{m2}R_{D2}R_{D1})}{R_1 + R_2 + R_{D2}} \tag{8.206}$$

和

$$返回比\ |_{M_2} = \frac{g_{m1}g_{m2}R_2R_{D1}R_{D2}}{(1 + g_{m1}R_2)(R_1 + R_{D2}) + R_2} \tag{8.207}$$

如果作为标准的环路增益计算，我们在 M_2 的栅极断开环路可得到等于 M_2 返回比的值。哪个返回比应该作为环路增益，目前仍不清楚。

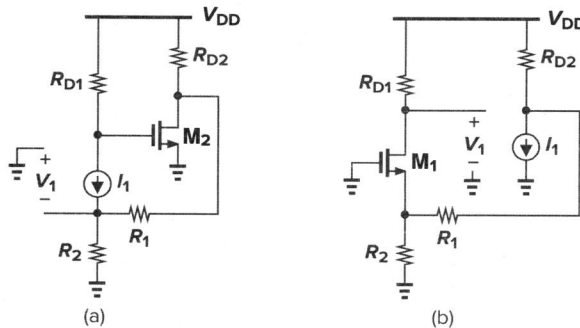

图 8.89　对不同的晶体管计算返回比的等效电路：(a)对 M_1；(b)对 M_2

为什么这里的两个返回比不同？这是因为禁用 M_1（使 I_1 成为独立源）会消除**两个**晶体管的反馈机制；而禁用 M_2 仍然保留一个反馈（M_1 经历的负反馈）。

环路增益计算的另一种方法是，注入信号而不断开环路，如图 8.90 所示，可写出 $Y/W = 1/(1+\beta A_0)$，因此

$$环路增益 = \left(\frac{Y}{W}\right)^{-1} - 1 \tag{8.208}$$

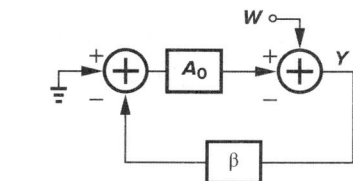

图 8.90　计算环路增益的另一种方法

但这种方法默认地假定，环路是单向环路。如果环路并不是单向的，不同的注入点会产生不同

的环路增益。例如，图 8.71（a）的电路可以采用不同的激励，如图 8.91（a）或（b）所示，$(Y/W)^{-1}-1$ 会产生不同的数值。

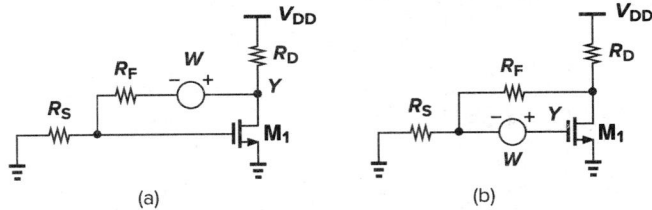

图 8.91 非单向电路中不同的注入点

对于非单向或多环路的电路，其环路增益的精确计算超出了本书的范围。

8.9 波特方法的另一种解释

波特方法的结果可用来产生其他形式，能提供新的见解。

渐近增益形式

让我们回到 $V_{\text{out}}/V_{\text{in}} = A + g_{\text{m}}BC/(1 - g_{\text{m}}D)$，并注意，如果 $g_{\text{m}} = 0$（禁用受控源），则 $V_{\text{out}}/V_{\text{in}} = A$；如果 $g_{\text{m}} \to \infty$（受控源非常"强"），则 $V_{\text{out}}/V_{\text{in}} = A - BC/D$。我们分别用 H_0 和 H_∞ 来表示 $V_{\text{out}}/V_{\text{in}}$ 的这两个值；用 T 表示 $-g_{\text{m}}D$。这有利于把 H_0 作为直接馈通增益，把 H_∞ 作为"理想"增益，即如果受控源是无限强（或环路增益无限）。由此得出

$$\frac{V_{\text{out}}}{V_{\text{in}}} = H_0 + \frac{g_{\text{m}}BC}{1+T} \tag{8.209}$$

$$= H_0 \frac{1+T}{1+T} + \frac{g_{\text{m}}BC}{1+T} \tag{8.210}$$

$$= \frac{H_0}{1+T} + \frac{T(H_0 + g_{\text{m}}BC/T)}{1+T} \tag{8.211}$$

由于 $H_0 + g_{\text{m}}BC/T = A - g_{\text{m}}BC/(g_{\text{m}}D) = A - BC/D = H_\infty$，我们得到

$$\frac{V_{\text{out}}}{V_{\text{in}}} = H_\infty \frac{T}{1+T} + H_0 \frac{1}{1+T} \tag{8.212}$$

这种形式被称为"渐近增益方程"（asymptotic gain equation）[4]，它表示了增益由两部分组成：理想增益乘以 $T/(1+T)$ 和直接馈通增益乘以 $1/(1+T)$。从 $V_1 = CV_{\text{in}} + DI_1$ 和 $I_1 = g_{\text{m}}V_1$ 可得到 $V_1 = CV_{\text{in}}/(1 - g_{\text{m}}D)$。我们认识到，如果 $g_{\text{m}} \to \infty$（假设 $V_{\text{in}} < \infty$），则 $V_1 = CV_{\text{in}}/(1 - g_{\text{m}}D) \to 0$，因此，这里的计算更简单。这类似于：如果环路增益很大，虚地就产生了。

例 8.32 ────────────────────────────────

336   利用渐近增益方法计算图 8.92（a）中所示电路的电压增益。假设 $\lambda = \gamma = 0$。

解：假设 M_1 是所关注的受控源。如果 $g_{\text{m1}} = 0$，则 V_{in} 通过 R_1 和 R_2 进行传输，在 M_2 源极看到的阻抗数值为 $(1/g_{\text{m2}}) \parallel R_{\text{S}}$。因此，

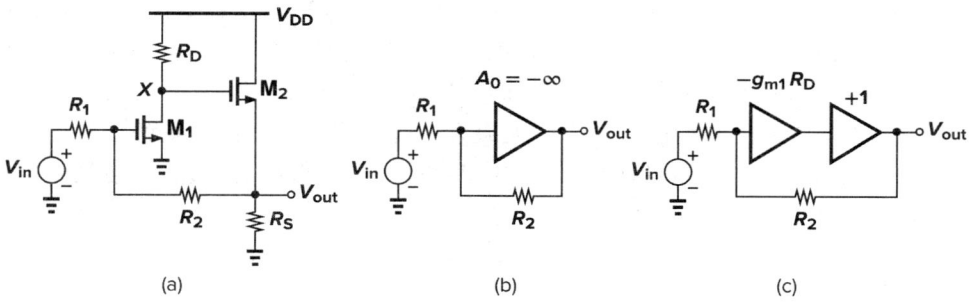

图 8.92

$$H_0 = \frac{(1/g_{m2}) \parallel R_S}{(1/g_{m2}) \parallel R_S + R_1 + R_2} \tag{8.213}$$

如果 $g_{m1} = \infty$,那么 $V_{GS1} = 0$(像一个虚地),产生通过 R_1 和 R_2 的电流为 V_{in}/R_1。就是说

$$H_\infty = -\frac{R_2}{R_1} \tag{8.214}$$

这是预期的结果,因为 M_1 和 M_2 的工作就是具有无限开环增益的一个运算放大器[图 8.92(b)]。为确定 M_1 的返回比,我们设置 V_{in} 为零,用一个独立源 I_1 替换 M_1 的受控源,并以 $-I_1 R_D$ 表示 V_X。由于 M_2 的负载电阻为 $R_S \parallel (R_1 + R_2)$,我们得到 $V_{out} = -I_1 R_D [R_S \parallel (R_1 + R_2)]/[1/g_{m2} + R_S \parallel (R_1 + R_2)]$。$M_1$ 的栅极电压等于 $V_{out} R_1/(R_1 + R_2)$,得到 M_1 的返回比为

$$T_1 = g_{m1} R_D \frac{g_{m2}[R_S \parallel (R_1 + R_2)]}{1 - g_{m2}[R_S \parallel (R_1 + R_2)]} \frac{R_1}{R_1 + R_2} \tag{8.215}$$

我们现在必须将 H_∞、T 和 H_0 的值代入式(8.212)中,以得到闭环增益。这作为一个艰难的任务留给读者。本例题表明,在某些情况下对电路进行直接分析(没有反馈的知识)可能更简单,对本电路的分析就是如此。

如果 M_2 是所关注的受控源,值得重复上述的计算。对 $g_{m2} = 0$,V_{in} 只是被分压,因此

$$H_0 = \frac{R_S}{R_S + R_1 + R_2} \tag{8.216}$$

对于 $g_{m2} = \infty$,我们有 $V_{GS2} = 0$,$V_X = V_{out}$,因此流过 M_1 的电流为 $-V_{out}/R_D$。由此得出,$V_{GS1} = -V_{out}/(g_{m1} R_D)$,$[V_{in} + V_{out}/(g_{m1} R_D)]/R_1 = [-V_{out}/(g_{m1} R_D) - V_{out}]/R_2$。因此,我们得到

$$H_\infty = \frac{-g_{m1} R_2 R_D}{R_1 + R_2 + g_{m1} R_1 R_D} \tag{8.217}$$

如果我们认为 M_2 是理想的单位增益缓冲器(因为它无限的 g_m),并将该电路重画成图 8.92(c)所示的电路,这一结果也是我们所预期的。

可求出 M_2 的返回比为

$$T_2 = \frac{g_{m2} R_S (g_{m1} R_1 R_D + R_1 + R_2)}{R_S + R_1 + R_2} \tag{8.218}$$

同样,以上这些值代入式(8.212)后,可计算出闭环增益。   337

双零值方法

布莱克曼阻抗定理提出了一个有趣的问题:我们是否可以把电路的传输函数写成类似于

$A(1+T_{SC})/(1+T_{OC})$的形式？换句话说，其结果是否可以推广到这种情况：I_{in}被任意的输入代替，V_{in}被任意的输出代替？要理解这个问题的理由，让我们观察：(1) T_{OC}是 $I_{in}=0$ 时的返回比，即 T_{OC}表示在图 8.76(a)中设置输入为零时的返回比；(2) T_{SC}是 $V_{in}=0$ 时的返回比，即 T_{SC}表示输出被迫使为零时的返回比。图 8.93 从概念上说明了测量这两个量的设置：一个是"零值"（nulling）的输入，另一个是零值的输出。我们对符号进行微小的变化，并假设给定电路的传输函数可以写

$$\frac{V_{out}}{V_{in}} = A \frac{1+T_{out,0}}{T_{in,0}} \tag{8.219}$$

式中，如果受控源设置为零，则 $A=V_{out}/V_{in}$，$T_{out,0}$ 和 $T_{in,0}$ 分别表示 $V_{out}=0$ 和 $V_{in}=0$ 时的返回比。

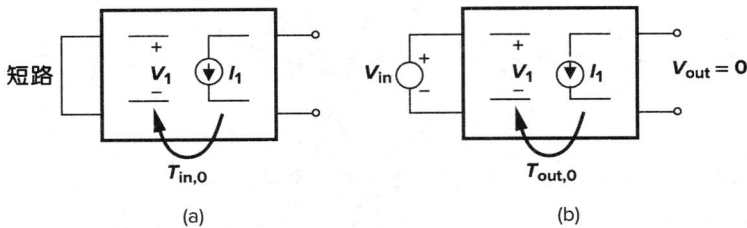

图 8.93 $T_{out,0}$ 和 $T_{in,0}$ 的原理说明

式（8.219）的证明与布莱克曼定理的证明相似，我们从以下等式开始

$$V_{out} = AV_{in} + BI_1 \tag{8.220}$$
$$V_1 = CV_{in} + DI_1 \tag{8.221}$$

我们认识到，如果 $V_{in}=0$，则 $V_1/I_1=D$，因此 $T_{in,0}=-g_m D$。另一方面，如果 $V_{out}=0$，则 $V_{in}=(-B/A)I_1$，因此 $V_1/I_1=(AD-BC)/A$，即 $T_{out,0}=-g_m(AD-BC)/A$。结合这些结果确实可得到式（8.219）。注意，在这些计算中出现了 A 为除数的除法，这里假设 $A\neq0$，下面的内容会回到这个关键点。

式（8.219）提供了有吸引力的见解。返回比 $T_{out,0}$ 表明，即使 V_{in} 和 I_1 的选择使得 V_{out} 为零，仍然存在由 I_1 产生的一个"内部"反馈环路，并对 V_1 产生有限值。另一方面，图 8.1 的一般系统不符合这种观点，因为其反馈网络 $G(s)$ 直接检测输出。下面的例题将会说明这一点。

例 8.33 ────────────

确定图 8.94(a)中的 V_{out}/V_{in}，假设 $\lambda=\gamma=0$。请注意，这里的反馈网络并不检测主输出。

解：如果 M$_1$ 是所关注的受控源，而且 $g_{m1}=0$，则在 M$_2$ 的源电压等于 $V_{in}(R_S \| g_{m2}^{-1})/(R_S \| g_{m2}^{-1}+R_1+R_2)$，得出

$$A = g_{m2}R_{D2} \frac{R_S \| g_{m2}^{-1}}{R_S \| g_{m2}^{-1} + R_1 + R_2} \tag{8.222}$$

为得到 $T_{out,0}$，我们选择 V_{in} 和 I_1 以便产生 $V_{out}=0$，因此 $V_{GS2}=0$ 和 $I_{D2}=0$[图 8.94(b)]。因此，M$_2$ 的源极电压等于 $-I_1 R_{D1}$，也等于 $V_{in}R_S/(R_1+R_2+R_S)$。同样，$V_1=V_{in}(R_2+R_S)/(R_1+R_2+R_S)$，因此

$$T_{out,0} = -g_{m1} \frac{V_1}{I_1} \tag{8.223}$$

$$= g_{m1} R_{D1} \frac{R_2 + R_S}{R_S} \qquad (8.224)$$

非零的 $T_{out,0}$ 意味着,虽然 $V_{out} = 0$,I_1 还会通过一个内部的环路控制 V_1。$V_{in} = 0$ 时的环路增益由式(8.215)给出。

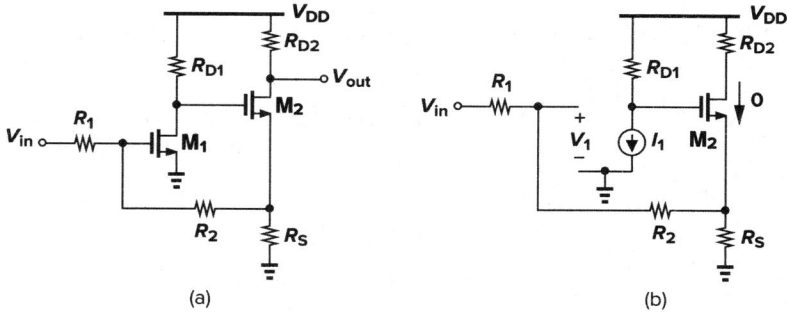

图 8.94

如果 M_2 是所关注的受控源,结果如何? 对于 $g_{m2} = 0$,我们得到 $V_{out} = 0$,因而 $A = 0$。因此,式(8.219)不成立,因为它的推导已假设 $A \neq 0$。双零值方法的这个缺点在许多 CMOS 电路中会表现出来,甚至在一个简单的带负反馈的共源级中也是如此。

参考文献

[1] H. W. Bode. *Network Analysis and Feedback Amplifier Design*. New York:D. Van Nostrand, Inc., 1945.

[2] R. B. Blackman. Effect of Feedback on Impedance. *Bell System Tech. J.*, vol. 23, pp. 269-277, October 1943.

[3] R. D. Middlebrook. Measurement of Loop Gain in Feedback Systems. *Int. J. Electronics*, vol. 38, pp. 485-512, April 1975.

[4] S. Rosenstark. A Simplified Method of Feedback Amplifier Analysis. *IEEE Trans. Education*, vol. 17, pp. 192-198, November 1974.

[5] R. D. Middlebrook. The General Feedback Theorem:AFinal Solution for Feedback Systems. *IEEE Microwave Magazine*, pp. 50-63, April 2006.

[6] R. D. Middlebrook. unpublished chapters available at www.rdmiddlebrook.com.

习题

如无特别说明,下列习题均使用表 2.1 中的器件参数,必要时,假定 $V_{DD} = 3$ V。而且,假定所有晶体管均工作在饱和区。

8.1 在图 8.3(b) 的电路中,假定 I_1 是理想的,$g_{m1} r_{O1}$ 不超过 50。如果要求增益误差小于 5%,从这个结构能获得的最大闭环电压增益是多少? 在这个条件下低频闭环输出阻抗是多少?

8.2 在图 8.8(a) 的电路中,假定 $(W/L)_1 = 50/0.5$,$(W/L)_2 = 100/0.5$,$R_D = 2$ kΩ,$C_2 = C_1$。

忽略沟道长度调制效应和体效应,要使低频时输入电阻等于 50 Ω,求出 M_1 和 M_2 的偏置电流。

8.3　如果电路中 R_D 用理想的电流源代替,计算图 8.9(a)所示电路在相对低频时的输出阻抗。

8.4　在图 8.11 所示的例子中,假设在最大带宽时要求总电压增益为 500,则在电路中一共要设多少级,且每级的增益必须是多少?(提示:首先根据每一级的 3 dB 带宽求出 N 个相同级的级联的 3 dB 带宽)。

8.5　如果在图 8.22(b)中,放大器 A_0 的输出阻抗是 R_0,考虑加载效应后,计算闭环电压增益和输出阻抗。

8.6　在图 8.25(a)所示电路中,假定 $(W/L)_{1,2} = 50/0.5$ 且 $(W/L)_{3,4} = 100/0.5$,如果 $I_{SS} = 1$ mA,增益误差不超过 5%,则能够获得的最大闭环电压增益是多少?

8.7　图 8.42 的电路中,如果 I_{out} 流过连接 V_{DD} 的电阻 R_{D2} 并产生一个输出电压,则电路相当于一个跨阻放大器。用一个理想电流源代替 R_S,假定 $\lambda = \gamma = 0$,计算电路的跨阻,并求每单位带宽内的输入参考噪声电流。

8.8　求图 8.51(a)中电路在不忽略 $G_{12}I_2$ 时的闭环增益,并证明 $G_{12}I_2$ 项在 $G_{12} \ll A_0 Z_{in}/Z_{out}$ 时可忽略。

8.9　图 8.54 所示的电路中,把环路在 X 点断开,计算环路增益。分析为什么这个结果与 $G_{21}A_{v,\text{open}}$ 有些不同。

8.10　利用反馈技术,计算图 8.95 中每一个电路的输入和输出阻抗及电压增益。

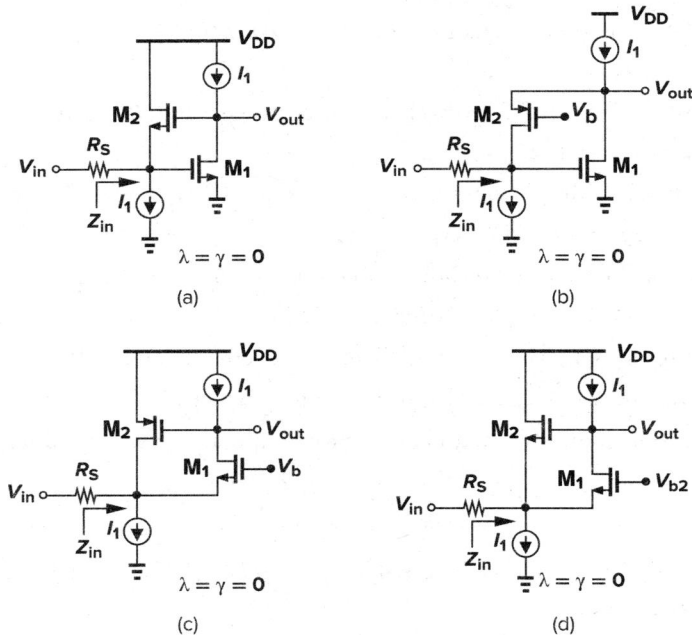

图 8.95

8.11　利用反馈技术,计算图 8.96 中每一个电路的输入和输出阻抗。

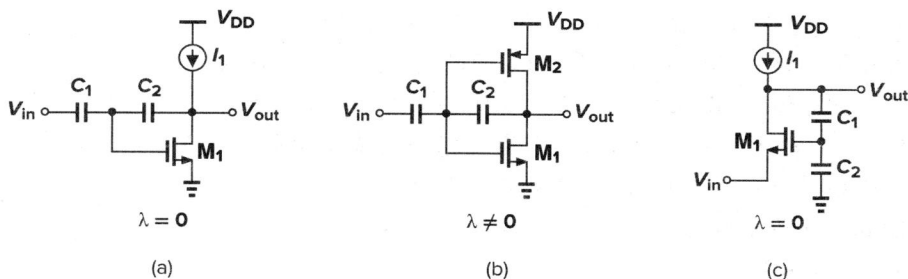

图 8.96

8.12 在图 8.54(a)所示电路中,假定 $(W/L)_1=(W/L)_2=50/0.5,\lambda=\gamma=0$,且每个电阻值等于 2 kΩ。如果 $I_{D2}=1$ mA,则 M_1 的偏置电流是多少?给出这个电流的 V_{in} 的值是多少?计算总电压增益。

8.13 假设图 8.22 所示电路的放大器的开环传输函数为 $A_0/(1+s/\omega_0)$,输出电阻为 R_0。计算闭环电路的输出阻抗,并画出其随频率变化的函数曲线,对该特性加以解释。

8.14 计算图 8.25(a)所示电路在相对低频时的输入参考噪声电压。

8.15 带有电流源负载的差动对可表示为图 8.97(a),其中 $R_0=r_{ON}\parallel r_{OP}$,$r_{ON}$ 和 r_{OP} 分别表示 NMOS 和 PMOS 器件的输出电阻。如图 8.97(b)所示,把 G_{m1} 和 G_{m2} 接在负反馈环路中。
(a)忽略所有的其它电容,求出 Z_{in} 的表达式。画出 $|Z_{in}|$ 随频率变化的曲线草图。
(b)从直观上解释(a)观察到的结果。
(c)根据每个 G_m 级的输入参考噪声电压,计算总输入参考热噪声电压和电流。

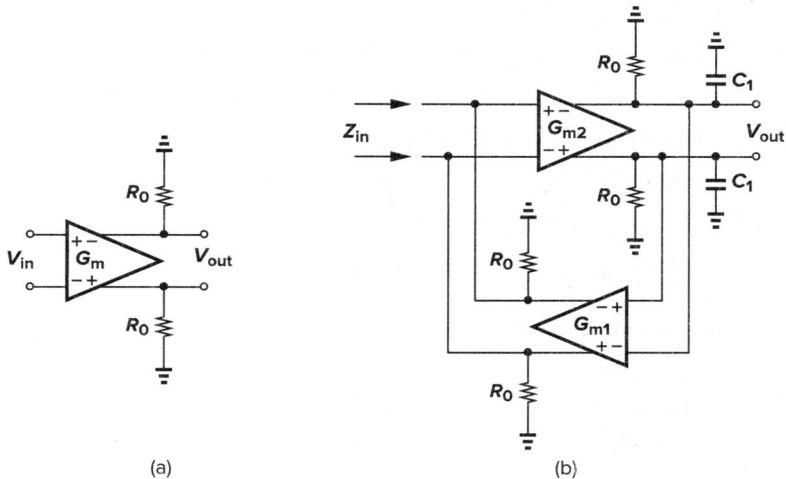

图 8.97

8.16 在图 8.98 所示电路中,$(W/L)_{1-3}=50/0.5,I_{D1}=|I_{D2}|=|I_{D3}|=0.5$ mA,$R_{S1}=R_F=R_{D2}=3$ kΩ。
(a)要得到上述电流,求出输入偏置电压。
(b)计算闭环电压增益和输出电阻。

8.17 图 8.98 的电路可以改为图 8.99 所示,电路中源跟随器 M_4
插在反馈环路里,M_1 和 M_4 同样可以看成是差动对。假定对
于所有的晶体管$(W/L)_{1-4}=50/0.5$,$I_D=0.5$ mA,$R_{S1}=R_F$
$=R_{D2}=3$ kΩ,$V_{b2}=1.5$ V,求闭环电压增益和输出电阻,并
把所得结果与习题 8.16(b)的结果进行比较。

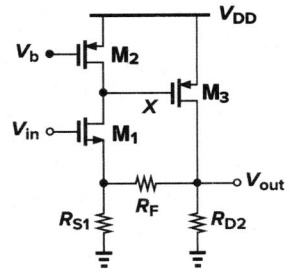

8.18 在图 8.100 所示电路中,$(W/L)_{1-4}=50/0.5$,$|I_{D1-4}|=0.5$
mA,$R_2=3$ kΩ。

(a)要得到以上电流,并使 M_2 处于饱和,R_1 的范围应是多大?
相应的 V_{in} 的范围是多少?

(b)R_1 取(a)中范围的中间值时,计算闭环增益和输出阻抗。

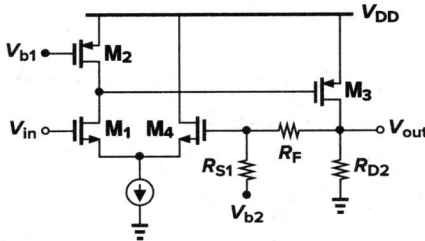

图 8.99

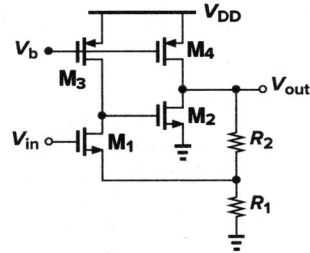

图 8.100

8.19 在图 8.101 所示电路中,假设所有电阻都等于 2 kΩ,$g_{m1}=g_{m2}=1/(200\ \Omega)$,假定 $\lambda=\gamma$
$=0$,计算闭环增益和输出阻抗。

8.20 一个 CMOS 反相器可以用做含反馈或者不含有反馈的放大器,如图 8.102 所示。假定
$(W/L)_{1.2}=50/0.5$,$R_1=1$ kΩ,$R_2=10$ kΩ,且 V_{in}和 V_{out}的直流电平相等。

(a)计算每个电路的电压增益和输出阻抗。

(b)计算每个电路的输出相对于电源电压的敏感度,也就是计算从 V_{DD} 到 V_{out} 的小信号
"增益"。哪一个电路的敏感度低?

8.21 计算图 8.102 所示电路的输入参考热噪声电压。

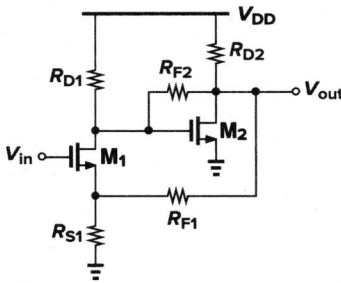

图 8.101

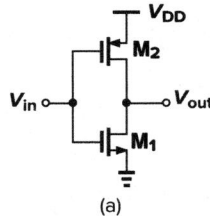

(a)

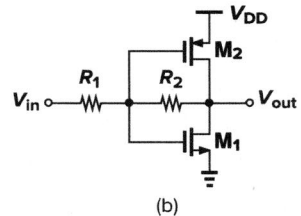

(b)

图 8.102

8.22 图 8.103 所示电路用正反馈产生一个负的输入电容,用反馈分析理论确定 Z_{in},并确认

负电容元件。假定 $\lambda=\gamma=0$。

8.23 在图 8.104 所示电路中,假定 $\lambda=0$,$g_{m1,2}=1/(200\ \Omega)$,$R_{1-3}=2\ \text{k}\Omega$,$C_1=100\ \text{pF}$。忽略其它电容,估算在非常低频和非常高频时的闭环电压增益。

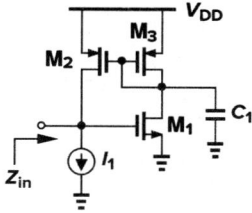

图 8.103

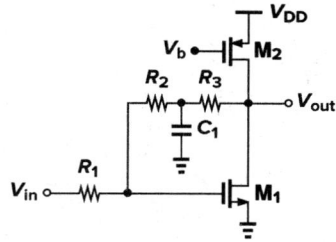

图 8.104

第 *9* 章

运算放大器

运算放大器（简称运放）是许多模拟系统和混合信号系统中的一个完整部分。大量的具有不同复杂程度的运放被用来实现各种功能：从直流偏置的产生到高速放大或滤波。伴随着每一代 CMOS 工艺，由于电源电压和晶体管沟道长度的减小，为运放的设计不断提出复杂的课题。

本章讨论 CMOS 运放的分析与设计。在回顾运放的一些性能参数之后，我们阐述简单的运放，如套筒式和折叠式的共源共栅结构。然后，研究两级结构、提高增益结构和共模反馈的问题。最后，介绍转换速率的概念，分析运放中电源抑制和噪声的影响。在讨论更先进的纳米设计（第 11 章）之前，鼓励读者阅读本章的内容。

9.1 概述

我们粗略地把运放定义为"高增益的差动（分）放大器"。所谓"高"，指的是对应用，其增益已足够了，通常增益范围在 $10^1 \sim 10^5$。由于运放一般用来实现一个反馈系统，其开环增益的大小根据闭环电路的精度要求来选取。

30 年前，多数运放被设计成通用的模块，适用于各种不同应用的要求。这些努力，企图制造一种"理想"的运放，例如，具有非常高的电压增益（$>10^5$），非常高的输入阻抗以及非常低的输出阻抗。但是却以牺牲其它性能为代价，例如速度、输出摆幅和功耗。

与此相反，今天的运放设计，从开始就认识到各参数间的折中关系，这种折中最终要求在整体设计中进行多方面的综合考虑，因而我们必须知道满足每一个参数的**适当**的数值。例如，如果对速度的要求高，而对增益误差要求不高，则电路结构的选择应有利于前者，可能会牺牲后者。

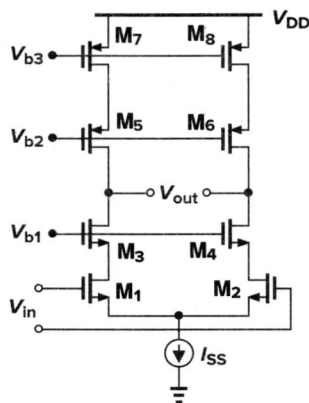

图 9.1 共源共栅运放

9.1.1 性能参数

这一节，我们阐述一些运放的设计参数，以便了解各个参数在什么地方和为什么变得重要。为此，我们把图 9.1 所示的差动共源共栅电路作为一种有代表性的运放设计[①]。电压 $V_{b1}\sim V_{b3}$，可以通过第 5 章阐述的电流镜技术产生。

增益

运放的开环增益确定了使用运放的反馈系统的精度。如前所述，所要求的增益根据应用可以有四个数量级的变化。如果综合考虑速度与输出电压摆幅这一类的参数，则必须知道所需的最小增益。正如第 14 章中说明的，高的开环增益对于抑制非线性是必须的。

例 9.1 ——————————————————————————————————

图 9.2 的电路被设计成额定增益为 10，即 $1+R_1/R_2=10$。要求增益误差为 1%，确定 A_1 的最小值。

解：从第 8 章得到该电路的闭环增益为

$$\frac{V_{out}}{V_{in}} = \frac{A_1}{1+\dfrac{R_2}{R_1+R_2}A_1} \tag{9.1}$$

$$= \frac{R_1+R_2}{R_2}\cdot\frac{A_1}{\dfrac{R_1+R_2}{R_2}+A_1} \tag{9.2}$$

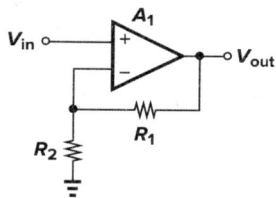

图 9.2

345

预计 $A_1\gg10$，上式近似表达成

$$\frac{V_{out}}{V_{in}} \approx \left(1+\frac{R_1}{R_2}\right)\left(1-\frac{R_1+R_2}{R_2}\frac{1}{A_1}\right) \tag{9.3}$$

其中一项 $(R_1+R_2)/(R_2A_1)=(1+R_1/R_2)/A_1$ 表示相对增益误差。要达到增益误差小于 1%，必须满足 $A_1>1\,000$。

——

把图 9.2 的电路与图 9.3 中开环实现的电路进行比较是有益的。尽管可以用共源电路得到额定增益 $g_mR_D=10$，但要保证误差小于 1% 却非常困难。晶体管中迁移率和栅氧化层厚度的变化以及电阻值的变化通常产生的误差大于 20%。

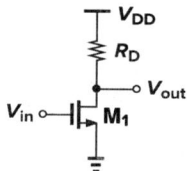

图 9.3　简单共源级电路

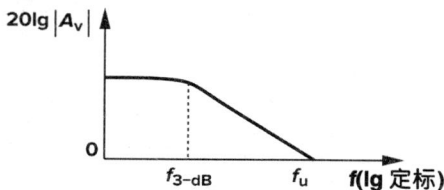

图 9.4　增益随频率下降

小信号带宽

运放的高频特性在许多应用中起重要作用。例如，当工作频率增加时，开环增益开始下降，如图 9.4 所示，在反馈系统中产生更大的误差。小信号带宽通常被定义为单位增益频率 f_u，在今天的 CMOS 运放中，它可以达到几个 GHz。为更容易预测闭环频率特性，也可以规定

————————————————————

[①]　由于这种运放有很高的输出电阻，常把它称为运算跨导放大器（OTA），在极限情况下，该电路可用一个压控电流源表示，并被称为 G_m 级。

3 dB 频率 f_{3dB}。

例 9.2 ───────────────────────────────────

在图 9.5 的电路中,假定运放是一个单极点电压放大器。如果 V_{in} 是小的阶跃电压,请计算当输出电压处于其最终值的 1% 范围内时所需的时间。如果 $1+R_1/R_2 \approx 10$,而且稳定时间小于 5 ns,该运放必须提供的单位增益带宽是多少。为简化起见,假定低频增益远大于 1。

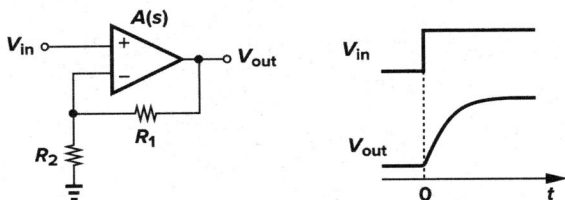

图 9.5

解:由于

$$\left(V_{in} - V_{out} \frac{R_2}{R_1 + R_2}\right) A(s) = V_{out} \tag{9.4}$$

则可得

$$\frac{V_{out}}{V_{in}}(s) = \frac{A(s)}{1 + \frac{R_2}{R_1 + R_2} A(s)} \tag{9.5}$$

对单极点系统,$A(s) = A_0/(1+s/\omega_0)$,其中 ω_0 是 3 dB 带宽,$A_0\omega_0$ 是单位增益带宽。因此,以下二式成立。

$$\frac{V_{out}}{V_{in}}(s) = \frac{A_0}{1 + \frac{R_2}{R_1 + R_2} A_0 + \frac{s}{\omega_0}} \tag{9.6}$$

$$= \frac{\dfrac{A_0}{1 + \dfrac{R_2}{R_1 + R_2} A_0}}{1 + \dfrac{s}{(1 + \dfrac{R_2}{R_1 + R_2} A_0)\omega_0}} \tag{9.7}$$

上式表明,该闭环放大器也是一个单极点系统,其时间常数为

$$\tau = \frac{1}{\left(1 + \dfrac{R_2}{R_1 + R_2} A_0\right)\omega_0} \tag{9.8}$$

上式中,$R_2 A_0/(R_1 + R_2)$ 的值是低频环路增益,且通常远大于 1,上式简化为

$$\tau \approx \left(1 + \frac{R_1}{R_2}\right) \frac{1}{A_0 \omega_0} \tag{9.9}$$

对于 $V_{in} = au(t)$,输出阶跃响应可表示成

$$V_{out}(t) \approx a\left(1 + \frac{R_1}{R_2}\right)\left(1 - \exp\frac{-t}{\tau}\right) u(t) \tag{9.10}$$

其终值为 $V_F \approx a(1+R_1/R_2)$。对于 1‰ 的稳定精度，$V_{out}=0.99\,V_F$，即

$$1-\exp\frac{-t_{1\%}}{\tau}=0.99 \tag{9.11}$$

上式得到：$t_{1\%}=\tau\ln100\approx4.6\tau$。对于稳定精度为 1‰ 和稳定时间为 5 ns，$\tau\approx1.09$ ns，由式 (9.9) 得：$A_0\omega_0=(1+R_1/R_2)/\tau=9.21$ Grad/s(1.47 GHz)。

上例的关键是，所需带宽取决于要求的稳定精度（例如 $V_{out}=0.99V_F$）和闭环的增益 $(1+R_1/R_2)$。

347

例 9.3 ————————————————————————

学生错误地将图 9.5 中运放的反相与同相输入进行了互换，解释该电路的特性。

解：正反馈可能会降低电路的稳定性。对单极点运放，我们得到

$$\left(V_{out}\frac{R_2}{R_1+R_2}-V_{in}\right)\frac{A_0}{1+\dfrac{s}{\omega_0}}=V_{out} \tag{9.12}$$

因此

$$\frac{V_{out}}{V_{in}}(s)=\frac{\dfrac{A_0}{A_0\dfrac{R_2}{R_1+R_2}-1}}{1-\dfrac{s}{\left(A_0\dfrac{R_2}{R_1+R_2}-1\right)\omega_0}} \tag{9.13}$$

有趣的是，闭环放大器包含**右**半平面的一个极点，表现出随时间呈指数增长的阶跃响应：

$$V_{out}(t)\approx a\left(1+\frac{R_1}{R_2}\right)\left(\exp\frac{t}{\tau}-1\right)u(t) \tag{9.14}$$

这种增长将继续到运放的输出出现饱和。

大信号特性

在当今的许多应用中，运放必须在瞬态大信号下工作，在这种情况下，非线性现象使得对速度的表征非常困难，很难只通过小信号特性（比如图 9.4 所表示的开环特性）来表示速度。例如，假定图 9.5 中的反馈电路包含一个实际的运放（即该运放的输出阻抗是有限的），且驱动大的负载电容，在输入为 1 V 的阶跃电压时，该电路将如何工作？由于输出电压不能瞬间变化，被运放自身在 $t\geqslant0$ 检测出的电压差等于 1 V。这么大的电压差在瞬间会驱动运放进入非线性工作区。（否则，运放的开环增益比如说是 1 000，则在输出端将产生 1 000 V）。

在 9.9 节将会解释，这大信号特性通常是相当复杂的，因此要求仔细模拟。

输出摆幅

使用运放的多数系统要求大的电压摆幅以适应大范围的信号值。例如，能响应管弦乐队音乐的高质量的话筒可以产生的瞬时电压范围大于四个数量级，要求其后的放大器和滤波器处理大的摆幅（并且/或者达到低噪声）。

对大输出摆幅的需求使全差动运放使用相当普遍。类似于在第 4 章中阐述的电路,这种运放产生互补输出,大约输出有效幅度的两倍。尽管如此,正如第 3、4 章所提到的,本章后部分也将解释,这最大的电压摆幅与器件尺寸、偏置电流、因而与速度之间,其性能指标是相互制约、可以易换的。达到大的摆幅在当今的运放设计中是主要的挑战。

线性

开环运放有很大的非线性。例如,在图 9.1 的电路中,输入对管 $M_1 \sim M_2$ 在它的差动漏电流与输入电压之间呈现一种非线性关系。第 14 章中将说明,非线性问题通过二种办法解决:采用全差动实现方式以抑制偶次项谐波;提供足够高的开环增益以使闭环反馈系统达到所要求的线性。值得注意的是,在许多反馈电路中,决定开环增益选择的因素是线性的要求,而不是增益误差的要求。

噪声与失调

运放的输入噪声和失调确定了能被合理处理的最小信号电平。在常用的运放电路中,许多器件由于必须用大的尺寸或大的偏置电流都会引起噪声和失调。例如,在图 9.1 的电路中,$M_1 \sim M_2$ 和 $M_7 \sim M_8$ 产生的噪声最大。

我们还必须认识到在噪声和**输出摆幅**之间的折中问题。对于给定的偏置电流,由于图9.1 的 M_7 和 M_8 的过驱动电压被减低,以提供较大的输出摆幅,则它们的跨导便会增加,它们的漏噪声电流也会增加。

电源抑制

运放常常在混合信号系统中使用,并且有时连接到有噪声的数字电源线上。因此,在有电源噪声时,尤其是在噪声频率增加时,运放的性能是相当重要的。所以全差动结构更受欢迎。

9.2 一级运放

9.2.1 基本结构

第 4、5 章所研究的全部差动放大器均称为运放。图 9.6 表示了单端输出和差动输出的二种这样的结构。这两种电路的低频小信号增益等于 $g_{mN}(r_{ON} \parallel r_{OP})$,这里的下标 N 和 P 分别

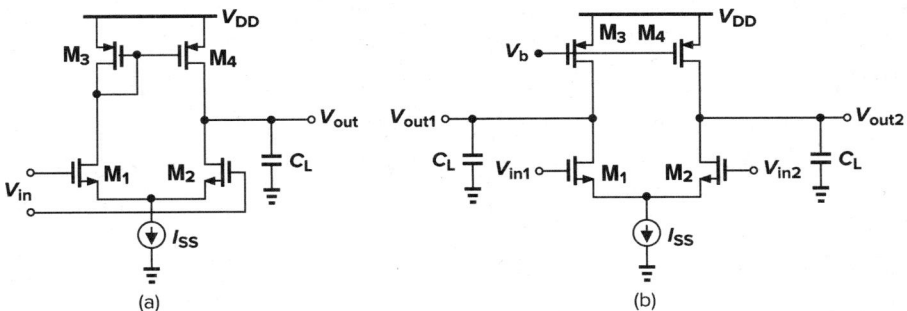

图 9.6 简单运放结构

表示 NMOS 和 PMOS。在纳米技术中其增益值很难超过 10。其带宽通常由负载电容 C_L 决定。请注意，图 9.6(a)的电路呈现一个镜像极点（见第 6 章），而图 9.6(b)的电路没有这个极点。还要注意，采用这两种电路的反馈系统在稳定性方面的严格差别（第 10 章）。

正如第 7 章所计算的，图 9.6 中的两个电路的 $M_1 \sim M_4$ 均产生噪声。有意义的是，在所有运放电路中，至少有四个器件对输入噪声有贡献：两个输入晶体管和两个"负载"晶体管。

例 9.4 ———

计算图 9.7 所示的单位增益缓冲器的输入共模电压范围以及闭环输出阻抗。

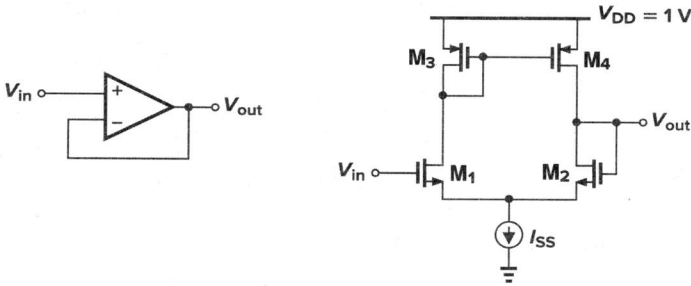

图 9.7

解：最小允许输入电压等于 $V_{GS1} + V_{ISS}$，这里的 V_{ISS} 是电流源两端所要求的电压。最大输入电压由 M_1 处在线性区边缘的电压决定：$V_{in,max} = V_{DD} - |V_{GS3}| + V_{TH1}$。例如，如果每个器件（包括电流源）的阈值电压为 0.3 V，过驱动电压为 0.1 V，则 $V_{in,min} = 0.1 + 0.1 + 0.3 = 0.5$ V，$V_{in,max} = 1 - (0.1 + 0.3) + 0.3 = 0.9$ V。因此，当电源电压为 1 V 时输入的共模范围为 0.4 V。

由于电路采用输出的电压反馈，输出阻抗等于开环的值($r_{OP} \parallel r_{ON}$)除以环路增益与 1 之和($1 + g_{mN}(r_{OP} \parallel r_{ON})$)。换句话说，对大的开环增益，闭环输出阻抗约等于 $(r_{OP} \parallel r_{ON})/[g_{mN}(r_{OP} \parallel r_{ON})] = 1/g_{mN}$。

值得注意的是：闭环的输出阻抗相对**独立**于开环输出阻抗。这是重要的观察结果，这使我们能通过**增大**开环输出阻抗来设计高增益的运放，而闭环输出阻抗仍然较低。我们还注意到，如果运放驱动负载电容 C_L，则会产生一个闭环输出极点，其角频率近似为 g_{mN}/C_L。

———

要得到高增益，在第 4、5 章中的差动共源共栅电路均可采用。图 9.8(a)和(b)分别表示了单端输出和差动输出的电路，这些电路的增益，其数量级为 $g_{mN}[(g_{mN}r_{ON}^2) \parallel (g_{mP}r_{OP}^2)]$，但以减小输出摆幅和增加极点作为代价。为了与后面叙述的其他共源共栅运放区别，这两个电路结构也称为"套筒式"共源共栅运放。其中单端输出的电路在 X 点有一个镜像极点（和 Y 处的一个极点），这会产生稳定性问题（参见第 10 章）。

第 4 章曾作过计算，套筒式运放的输出摆幅被相对减小了。例如，在图 9.8(b)的全差动电路中，其输出摆幅为 $2[V_{DD} - (V_{OD1} + V_{OD3} + V_{ISS} + |V_{OD5}| + |V_{OD7}|)]$，这里的 V_{ODj} 表示 M_j 的过驱动电压，V_{ISS} 是 I_{ss} 两端的最小允许电压。我们必须认识到，能够得到这种摆幅的三个必要条件：(1)选择输入共模电平 $V_{in,CM}$ 足够**低**，使其等于 $V_{GS1} + V_{ISS}$；(2)V_{b1} 也足够**低**，等于 V_{GS3}

No.

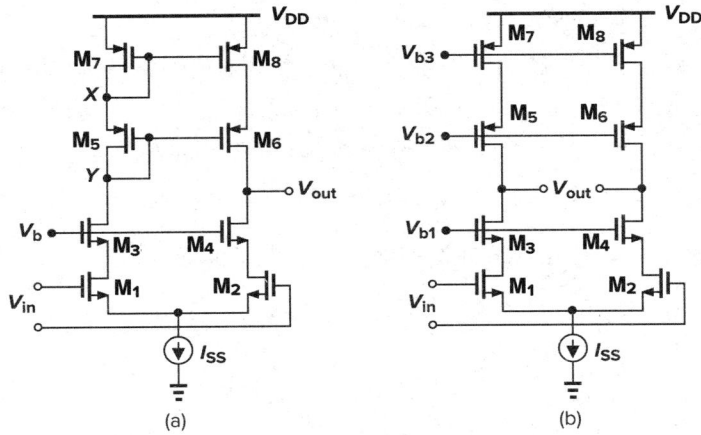

图 9.8　共源共栅运放

$+(V_{\text{in,CM}}-V_{\text{TH1}})$，将 M_1 置于饱和的边缘；(3)选择 V_{b2} 足够高，等于 $V_{\text{DD}}-|V_{\text{OD7}}|-|V_{\text{GS5}}|$，将 M_7 置于饱和的边缘。因此，$V_{\text{in,CM}}$（和 V_{b1}，和 V_{b2}）必须严格控制，这是一个严重的问题。

套筒式共源共栅运放的另一个缺点是很难以输入和输出短路的方式（例如像图 9.7 的电路那样）实现单位增益缓冲器。为理解这一问题，让我们考虑图 9.9 所示的单位增益反馈电路。在什么条件下，M_2 和 M_4 均工作在饱和区？这个条件是：$V_{\text{out}}\leqslant V_X+V_{\text{TH2}}$ 以及 $V_{\text{out}}\geqslant V_{\text{b}}-V_{\text{TH4}}$。由于 $V_X=V_{\text{b}}-V_{\text{GS4}}$，所以 $V_{\text{b}}-V_{\text{TH4}}\leqslant V_{\text{out}}\leqslant V_{\text{b}}-V_{\text{GS4}}+V_{\text{TH2}}$。如图 9.9 所示，这个输出电压的范围只等于 $V_{\text{max}}-V_{\text{min}}=V_{\text{TH4}}-(V_{\text{GS4}}-V_{\text{TH2}})$（一个阈值减去一个过驱动电压），通过把 M_4 的过驱动电压减至最小可使这个电压范围达到最大，但总是小于 V_{TH2}。

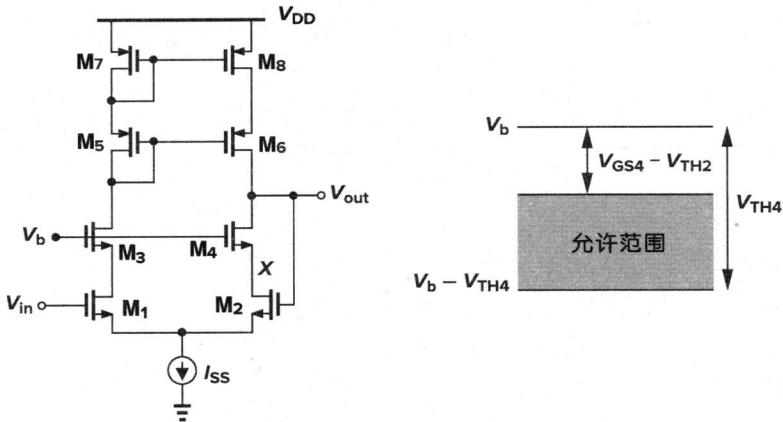

图 9.9　输入与输出短路的共源共栅运放

例 9.5

对图 9.9 的电路，当 V_{in} 从低于 $V_{\text{b}}-V_{\text{TH4}}$ 到高于 $V_{\text{b}}-V_{\text{GS4}}+V_{\text{TH2}}$ 变化时，说明各晶体管工作在什么区域。

解:由于运放企图使 V_{out} 等于 V_{in},当 $V_{in}<V_b-V_{TH4}$ 时,$V_{out}\approx V_{in}$,M_4 工作在线性区(三级管区),而其它晶体管处在饱和区。在这种条件下,运放的开环增益被减小。

当 V_{in} 和 V_{out} 超过 V_b-V_{TH4} 时,M_4 进入饱和区,开环增益达到最大。当 $V_b-V_{TH4}<V_{in}<V_b-(V_{GS4}-V_{TH2})$ 时,M_2 和 M_4 均饱和。当 $V_{in}>V_b-(V_{GS4}-V_{TH2})$ 时,M_1 和 M_2 均进入线性区,增益减小。

351

虽然共源共栅运放很少用来做单位增益缓冲器,但一些其它的结构,如第 13 章的开关电容电路,在部分工作期间会成为图 9.9 的结构,下面的例题会说明这种情况。

例 9.6

图 9.10(a)显示了利用套筒式运放的闭环放大器[①]。假设该运放具有较高的开环增益,确定最大的允许输出电压摆幅。

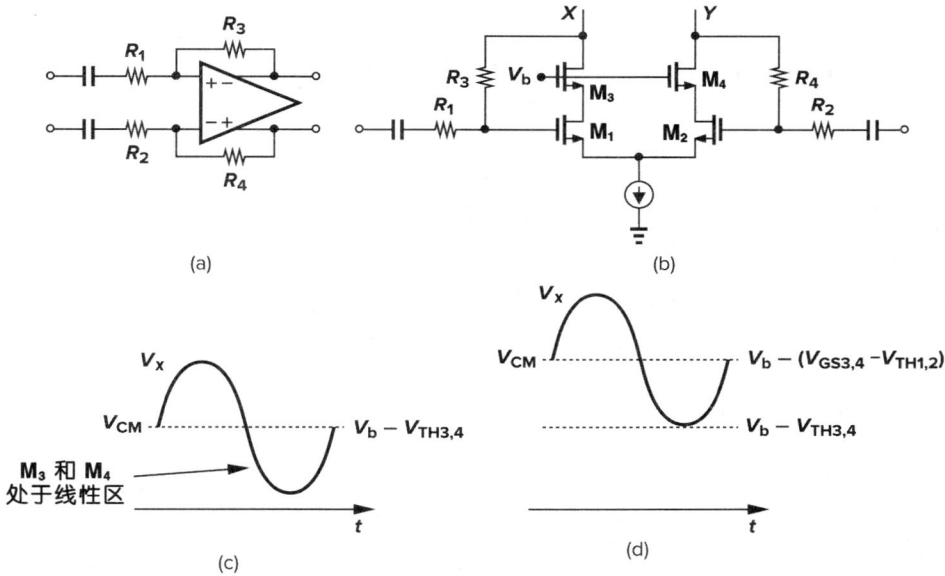

图 9.10

解:让我们画出如图 9.10(b)所示的电路,注意,电路中输入和输出的共模电平是相等的(为什么?)。回顾前面的讨论知道,M_3 和 M_4 的最低漏极电压被以下两个电压值限制:一个是 $(V_b-V_{TH3,4})$,以保持 M_3 和 M_4 工作在饱和区;另一个是 $V_b-(V_{GS3,4}-V_{TH1,2})$,以保持 M_1 和 M_2 工作在饱和区。在这个范围内,我们应该如何设置输出共模电平 V_{CM} 来获得最大的输出摆幅? 如果 $V_{CM}=V_b-V_{TH3,4}$,则 M_3 和 M_4 处于在三极管区的边缘,不允许任何**向下**的摆动[图 9.10(c)]。在另一方面,如果我们选择 $V_{CM}=V_b-(V_{GS3,4}-V_{TH1,2})$(使 M_1 和 M_2 处于线性区边缘),则在保持 M_3 和 M_4 饱和的同时,V_X 或 V_Y 可以下降到 $V_b-V_{TH3,4}$[图 9.10(d)]。

① 输入电容可确保本级的偏置条件不会被前一级破坏。

如果后者是好的选择,V_X 或 V_Y 能达到多高?如果运放的增益很大,可以忽略 M_1 和 M_2 的栅电压的摆幅。因此,V_X 和 V_Y 可以从 $V_{CM} = V_b - (V_{GS3,4} - V_{TH1,2})$ 任意地上升而不会驱使 M_1 和 M_2 进入线性区。(当然,PMOS 负载会限制这种上升。)因此,对于对称的上下摆幅,电路允许在 V_{CM} 附近的电压摆幅为 $\pm$(一个阈值减去一个过驱动电压)。

9.2.2 设计步骤

这里,读者或许想知道:我们设计一个运放应精确到什么程度。面对那么多的器件和性能参数,设计时应从哪个参数开始以及这些参数的数值如何选择都不十分清楚。的确,运放的实际设计方法多少依赖于电路必须满足的性能指标。例如,高增益运放的设计和低噪声运放的设计完全不同。尽管如此,在多数情况下某些性能(如输出电压摆幅和开环增益)是首先要关注的,因而可提出特别的设计步骤。我们将对每个晶体管经常地处理五个参数:I_D、$V_{GS} - V_{TH}$、W/L、g_m 和 r_O。

在运放(和许多其他电路)的设计中,从功率预算(即使没有指定)开始是十分有用的。在本节的后面将看到,对于更低或更高的功耗要求,由此产生的设计可以很容易地被"缩放"。这里我们阐述简单的设计,第 11 章中将讨论纳米运放设计。

例 9.7 ————

设计全差动套筒式运放,该运放的性能指标为:$V_{DD} = 3$ V,差动输出摆幅 $= 3$ V,功耗 $= 10$ mW,电压增益 $= 2\,000$。假定 $\mu_n C_{ox} = 60$ $\mu A/V^2$,$\mu_p C_{ox} = 30$ $\mu A/V^2$,$\lambda_n = 0.1$ V^{-1},$\lambda_p = 0.2$ V^{-1}(有效沟道长度为 0.5 μm 时),$\gamma = 0$,$V_{THN} = |V_{THP}| = 0.7$ V。

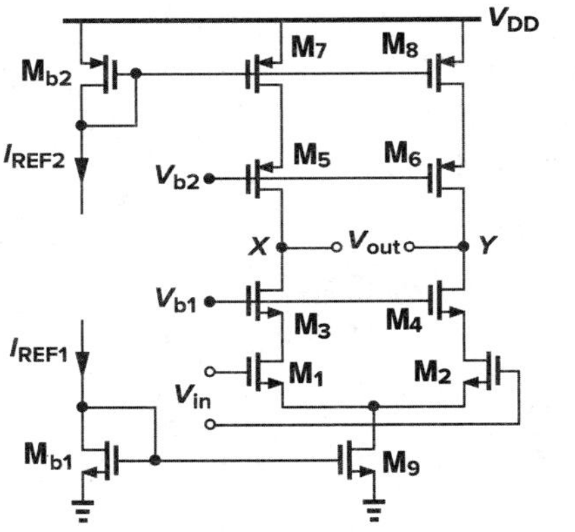

解:图 9.11 表示了运放结构以及确定 $M_7 \sim M_9$ 的漏电流的两个电流镜。我们从功率预算开始,给 M_9 分配 3 mA,剩余了 330 μA 分配给 M_{b1} 和 M_{b2}。这样,运放的每个共源共栅支路有 1.5 mA 的电流。接着,我们考虑所要求的输出摆幅。结点 X 和 Y 中的每一个必须能摆动 1.5 V_{PP} 而又不使 $M_3 \sim M_6$ 进入线性区。因此,对于 3 V 的电源电压,M_9 及每个共源共栅支路可用的总电压等于 1.5 V,即 $|V_{OD7}| + |V_{OD5}| + V_{OD3} + V_{OD1} + V_{OD9} = 1.5$ V。

图 9.11

由于 M_9 有最大的电流,我们选择 $V_{OD9} \approx 0.5$ V,剩下的 1 V 分配给共源共栅的四个晶体管,而且 $M_5 \sim M_8$ 的迁移率较低,给它们均分配 300 mV 的过驱动电压,$V_{OD1} + V_{OD3} = 400$ mV。作为初猜值,$V_{OD1} = V_{OD3} = 200$ mV。

由于每个晶体管的偏置电流和过驱动电压均已知,由公式 $I_D = (1/2)\mu C_{ox}(W/L)(V_{GS} - V_{TH})^2$ 或所模拟的 I/V 特性很容易确定晶体管的宽长比。为使器体的电容最小,我们对每个晶体管均取最小的长度,则可得到其相应的宽度。因此我们得到:$(W/L)_{1-4} = 1\,250$,

$(W/L)_{5-8} = 1\,111, (W/L)_9 = 400$。

读者可能会认为,上述过驱动电压的选择是任意的,可产生大的设计空间。然而,我们必须强调,每个过驱动电压只有很小的范围。例如,我们对已分配的数值才改变几十毫伏,器件的尺寸便大得(或小得)不成比例。

至此,这设计已满足了摆幅、功耗和电源的性能指标。但增益怎样? 利用 $A_v \approx g_{m1}[(g_{m3} r_{O3} r_{O1}) \| (g_{m5} r_{O5} r_{O7})]$ 以及对所有晶体管假定的最小沟道长度,我们得到 $A_v = 1\,416$,这稍低于所要求的值。

为提高增益,我们考虑 $g_m r_O = \sqrt{2\mu C_{ox}(W/L)I_D}/(\lambda I_D)$。我们记得,$\lambda \propto 1/L$,因此 $g_m r_O \propto \sqrt{WL/I_D}$。我们可以增加晶体管的栅长、栅宽或减小其偏置电流。实际上,速度或噪声的要求可以确定偏置电流,因而仅剩下晶体管尺寸是变化量。当然,每个晶体管的宽度,必须以其长度定标,以保持过驱动电压不变。

图 9.11 的电路中,哪些晶体管可以增加长度? 由于 $M_1 \sim M_4$ 在信号通路上,希望它们的电容保持最小值。另一方面,PMOS 器件 $M_5 \sim M_8$ 对信号的影响小得多,因此可以加大尺寸[①]。这几个晶体管的(有效)长度和宽度都增加 1 倍,实际上它们的 $g_m r_O$ 也增加 1 倍,因为 g_m 不变而 r_O 增加了 1 倍。如果选择 $(W/L)_{5-8} = 2\,222\ \mu m/1.0\ \mu m$,则 $\lambda_P = 0.1\ V^{-1}$,可得 $A_v \approx 4\,000$。因此 PMOS 的尺寸可以稍小点。请注意,由于 PMOS 管有那么大的尺寸,我们可以回顾原先对过驱动电压的分配,或许可以对 M_9 过驱动电压减小 $100\ mV \sim 200\ mV$,而给 PMOS 晶体管分配多些。

在图 9.11 的运放中,输入共模电平和偏置电压 V_{b1} 和 V_{b2} 的选择,必须满足使输出摆幅最大。允许的最小输入共模电平等于 $V_{GS1} + V_{OD9} = V_{TH1} + V_{OD1} + V_{OD9} = 1.4\ V$。$V_{b1}$ 的最小值为 $V_{GS3} + V_{OD1} + V_{OD9} = 1.6$,因而,$M_1 \sim M_2$ 处在线性区边缘。类似地,$V_{b2,max} = V_{DD} - (|V_{GS5}| + |V_{OD7}|) = 1.7\ V$。实际上,考虑到工艺的变化,$V_{b1}$ 和 V_{b2} 的值必须包括一些余量。还有,由于体效应引起的阈值电压的增加也必须考虑。最后,我们应当注意,该运放需要共模反馈(CMFB)(见 9.7 节)。

9.2.3　线性缩放

如果功率预算不同,但所有其他性能参数保持不变,我们如何修改上述设计? 假设我们允许功耗加倍,因此每个晶体管的偏置电流也加倍。"线性缩放"(linear scaling)的关键概念是,电路中所有的晶体管的宽度加倍,而长度保持不变。回到我们的五个器件设计参数,在本例中我们注意到:(1) I_D 加倍;(2) W/L 加倍;(3) $V_{GS} - V_{TH}$ 不变,所以允许电压摆幅不变;(4) g_m 加倍,由于偏置电流和宽度都加倍(如同两个相同的晶体管并联地放置);(5) r_O 减半(与 g_m 被加倍同样的原因)。因此我们可得出结论:仅仅通过调节晶体管宽度的线性缩放只会缩放功耗,而将保持增益和摆幅的数值。这个概念在第 11 章中被用来优化运放的性能。

---

①　关于这一点将在第 10 章研究。

例 9.8 ——

寻求低功耗运放设计的工程师,将例 9.7 中各晶体管宽度缩小到原值的 1/10。解释哪些方面的性能会降低。

解:由于每个晶体管的 g_m 均减小到原值的 1/10,会牺牲以下两个方面的性能:(1)驱动容性负载(例如在例题 9.4 中的输出极点)的运放,其速度会按比例降低;(2)运放的输入参考噪声电压会上升到原来的 $\sqrt{10}$ 倍(见 9.12 节)。

——

在纳米技术中,运放的设计仍然可以按照上述的步骤,但更多地依赖于被模拟器件的特性。不幸的是,较低的电源电压严重地限制了输出摆幅,减小了套筒式共源共栅的吸引力。在第 11 章我们将返回到这个问题。

在图 9.11 中,套筒式共源共栅的栅偏置电压 V_{b1} 和 V_{b2} 的生成必须具有一定的精度。例如,我们注意到,如果 V_{b1} 小于额定值,则 M_1 和 M_2 会进入线性区。即使 V_{b1} 固定,但输入的共模电平略高于预期值,这种情况也同样会发生。为保证 V_{b1} "跟踪"输入共模电平,我们可以采用如图 9.12 所示的方法来生成 V_{b1}。图中的小电流 I_1 流过二极管连接的器件 M_{b1},产生 $V_{b1} = V_P + V_{GS,b1}$。由于 V_P 跟踪输入共模电平($V_P = V_{in,CM} - V_{GS1,2}$),我们得到

$$V_{b1} = V_{in,CM} - V_{GS,1,2} + V_{GS,b1} \qquad (9.15)$$

为了使 M_1 和 M_2 工作在饱和区,该值还必须等于 $V_{in,CM} - V_{TH1,2} + V_{GS3,4}$。因此,

$$V_{GS,b1} = (V_{GS1,2} - V_{TH1,2}) + V_{GS3,4} \qquad (9.16)$$

图 9.12 共源共栅晶体管中栅电压的生成

该式表明,M_{b1} 必须足够"弱",以维持 V_{GS} 等于一个过驱动电压加上 M_3(或 M_4)的栅源电压。其实现方法是,选择 M_{b1} 是一个又窄又长的器件。

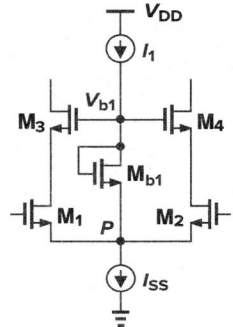

9.2.4 折叠式共源共栅运放

套筒式共源共栅运放的缺点是,较小的输出摆幅和很难选择相同的输入和输出共模电平。为了解决这些问题,可以使用一种"折叠式共源共栅"的运放。

正如第 3 章所叙述的,以及图 9.13 所表示的,在 NMOS 或 PMOS 共源共栅放大器中,输入管用相反型号的晶体管替换,而替换后的器件的作用仍然是把输入电压转换成电流。在图 9.13 所示的 4 个电路中,由 M_1 所产生的小信号电流依次流过 M_2 和负载,产生的输出电压约等于 $g_{m1}R_{out}V_{in}$。这种折叠结构的主要优点在于对电压电平的选择,因为它在输入管上端并不"层叠"(stack)一个共源共栅管,稍后,我们将回到这个问题。

图 9.13 所描述的折叠思想可以很容易应用到差动对管以及运放中。如图 9.14 所示,最终的电路用相应的 PMOS 替代了 NMOS 输入对管。请注意,这两个电路中有以下两个重要差别。(1)在图 9.14(a)中,一个偏置电流 I_{SS} 供给输入管和共源共栅管,而图 9.14(b)中,输入对管要求外加偏置电流。换句话说,$I_{SS1} = I_{SS}/2 + I_{D3} = I_{SS}/2 + I_1$。因此,折叠结构通常消耗更

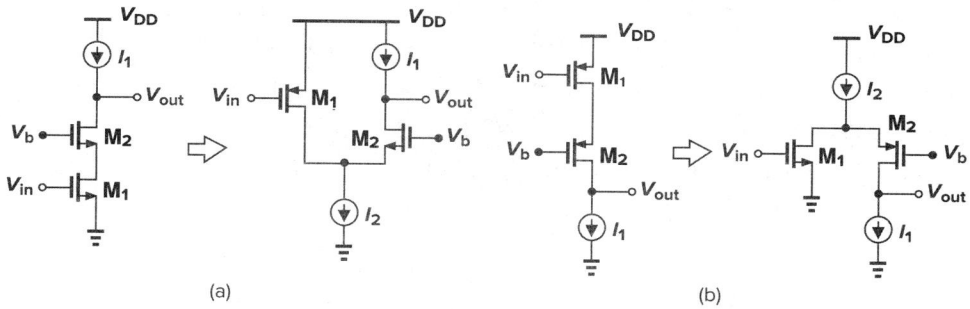

图 9.13 折叠式共源共栅电路

大的功率。(2)在图 9.14(a)中,输入共模电平不能超过 $V_{b1}-V_{GS3}+V_{TH1}$,而在图 9.14(b)中,它不能低于 $V_{b1}-V_{GS3}-|V_{THP}|$。因此,我们能够把图 9.14(b)的电路设计成允许它的输入端与输出端相连接,且能忽略摆幅的限制。这与图 9.9 描述的性能有显著差别。在图 9.14(b) 355

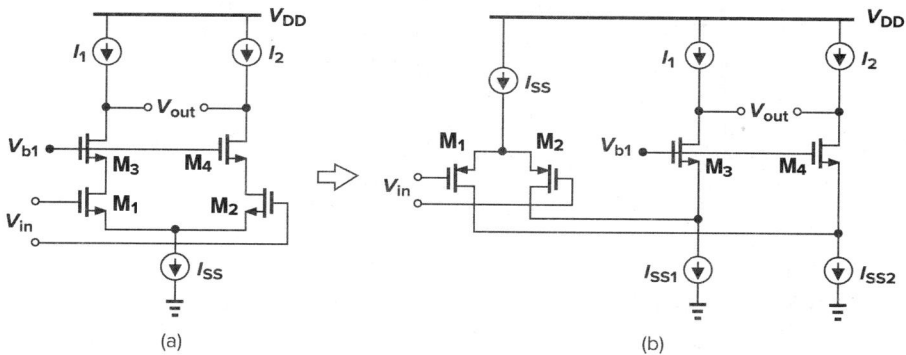

图 9.14 折叠共源共栅运放结构

中,可以把 M_1 和 M_2 的 n 阱与它们的共源点相连接。在第 14 章和第 19 章我们将继续讨论这个思想。

现在,让我们计算图 9.15 所示的折叠式共源共栅运放的最大电压输出摆幅。图中 M_5 ～M_{10} 代替了图 9.14(b)中的理想电流源。如果适当选取 V_{b1} 和 V_{b2},这摆幅的低端为 $V_{OD3}+V_{OD5}$,高端为 $V_{DD}-(|V_{OD7}|+|V_{OD9}|)$。因此,运放每一边的两峰值之间的摆幅等于 $V_{DD}-(V_{OD3}+V_{OD5}+|V_{OD7}|+|V_{OD9}|)$。而另一方面,图 9.14(a)的套筒式共源共栅电路的输出,摆幅却小了一个尾电流源的过驱动电压。尽管如此,我们应注意,图 9.15 中的 M_5 和 M_6 流过大的电流,如果它们对结点 X 和 Y 的

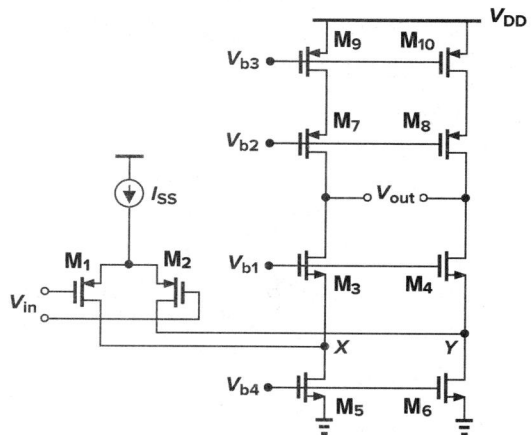

图 9.15 以共源共栅 PMOS 为负载的折叠共源共栅运放

电容贡献要减至最小,则要求有高的过驱动电压。

现在我们确定图 9.15 中折叠共源共栅运放的小信号电压增益。利用图 9.16(a)所表示的半边电路,可写出 $|A_v| = G_m R_{out}$,我们必须计算 G_m 和 R_{out}。如图 9.16(b)所示,输出短路电流约等于 M_1 的漏电流,因为从 M_3 的源端往里看、所看到的阻抗,即 $(g_{m3} + g_{mb3})^{-1} \| r_{O3}$,通常远低于 $r_{O1} \| r_{O5}$。因此,$G_m \approx g_{m1}$。要计算 R_{out},我们利用图 9.16(c),由于 $R_{OP} \approx (g_{m7} + g_{mb7}) r_{O7} r_{O9}$,则有 $R_{out} \approx R_{OP} \| [(g_{m3} + g_{mb3}) r_{O3} (r_{O1} \| r_{O5})]$。由此得出

$$|A_v| \approx g_{m1} \{[(g_{m3} + g_{mb3}) r_{O3} (r_{O1} \| r_{O5})] \| [(g_{m7} + g_{mb7}) r_{O7} r_{O9}]\} \quad (9.17)$$

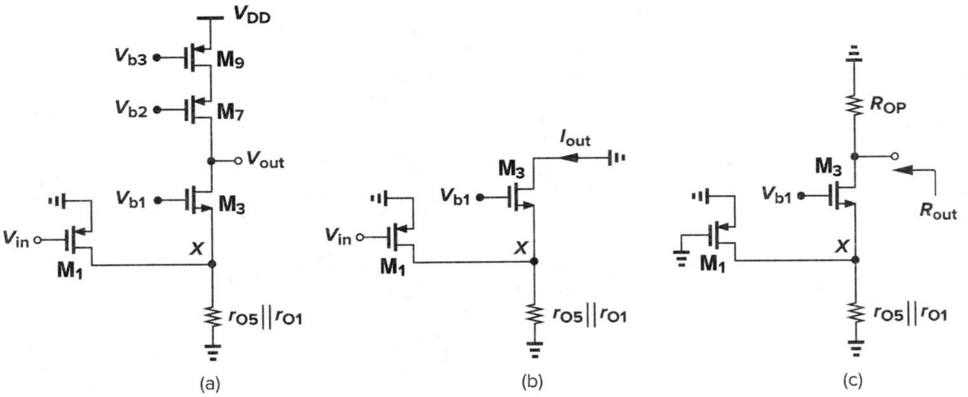

356

图 9.16　(a)折叠式共源共栅运放的半边电路;(b)输出对地短路的等效电路;(c)输出开路的等效电路

对于图 9.16(b)中不忽略被 $r_{O5} \| r_{O1}$ 抽取的电流的情况,鼓励读者重做这种计算。

这个值与套筒式运放的增益怎样进行比较?对于相类似的器件尺寸和偏置电流,PMOS 输入差动对管比 NMOS 输入差动对管表现出较低的跨导。而且 r_{O1} 与 r_{O5} 并联,特别是由于 M_5 流过了输入器件和共源共栅支路的两股电流减小了输出阻抗。结论是:式(9.17)的增益是类似的套筒式共源共栅的增益的 1/3~1/2。

值得注意的是,"折叠点"(即 M_3 和 M_4 的源端)的极点,与套筒式结构的共源共栅管的源端对应的极点相比,更靠近坐标原点。在图 9.17(a)中,C_{tot} 由以下电容组成:C_{GS3}、C_{SB3}、C_{DB1} 和 C_{GD1};而在图 9.17(b)中,C_{tot} 还要再加上 C_{GD5} 和 C_{DB5},这添加的二个电容相当大,因为 M_5 必须有足够的栅宽以满足在小的过驱动电压下能传导大电流。

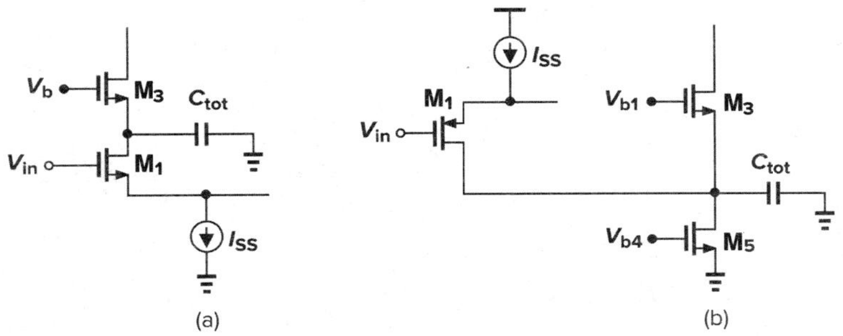

357

图 9.17　套筒式和折叠式的共源共栅运放中器件电容对非主极点的影响

折叠式共源共栅运放也可以包含 NMOS 输入器件和 PMOS 共源共栅晶体管。如图 9.18 所示,这个电路与图 9.15 的运放相比,可以提供更高的增益,因为在 NMOS 管中载流子迁移率较大。但这电路所付出的代价是,折叠点上的极点更低。要理解为什么会这样,请注意,结点 X 对应的极点由 $1/(g_{m3}+g_{mb3})$ 与这个结点的总电容的乘积决定,而这两个乘积项的数值均较大:M_3 的跨导较低,M_5 贡献较大的电容,因为它必须有较大的栅宽以传导 M_1 和 M_3 的电流。实际上,对数值相近的偏置电流,图 9.18 中的 $M_5 \sim M_6$ 的栅宽可能是图 9.15 中的对应栅宽的几倍。在对闪烁噪声敏感的应用中,最好采用 PMOS 输入的运放(见 9.12 节)。

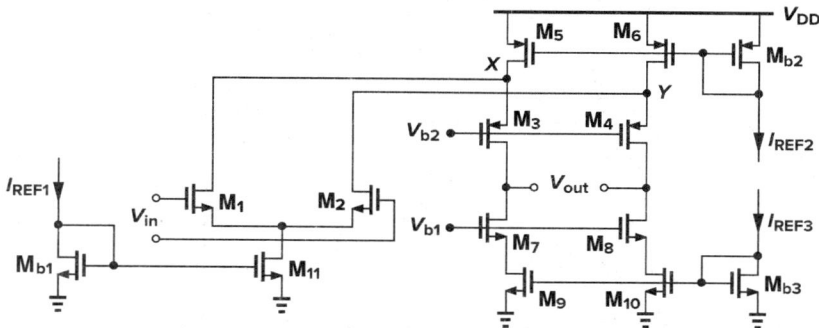

图 9.18　一种折叠共源共栅运放的实现

9.2.5　折叠式共源共栅运放的特性

至此,我们的研究显示,折叠式共源共栅运放与套筒式结构相比,输出电压摆幅较大些。这个优点是以较大的功耗、较低的电压增益、较低的极点频率和较高的噪声(在 9.12 节中说明)为代价得到的。尽管如此,折叠式共源共栅运放由于以下二个理由得到更加广泛的应用:(1)它们的输入和输出共模电平可以选择成相等而不限制输出的摆幅;(2)与套筒式共源共栅相比,它们可以提供更宽的输入共模范围。让我们详细说明这些特性。

考虑图 9.19(a)的闭环放大器,假定是折叠式共源共栅运算放大器。我们可以画出如图 9.19(b)或图 9.19(c)所示的电路,注意,输入和输出的共模电平是相等的。如果开环增益很高,M_1 和 M_2 中栅电压的摆幅可以忽略,而 V_X 和 V_Y 可分别地达到高于地和低于 V_{DD} 的两个过驱动电压。我们应该将这摆幅与图 9.10 中的摆幅进行比较。

在输入和输出的共模电平不要求相等的反馈结构中,与套筒式的共源共栅相比,折叠式共源共栅允许更宽的输入共模范围。例如,在图 9.18 中,$V_{in,CM}$ 必须大于 $V_{GS1,2}+(V_{GS11}-V_{TH11})$,但在 M_1 和 M_2 进入线性区之前,$V_{in,CM}$ 可以高达 $V_{b2}+|V_{GS3}|+V_{TH1,2}$。请注意,该上限可以大于 V_{DD}(为什么?)。同样,PMOS 输入的结构可以处理的输入共模电平低到零。

9.2.6　设计步骤

现在我们设计一种折叠式共源共栅运放以增强对前述的概念的理解。

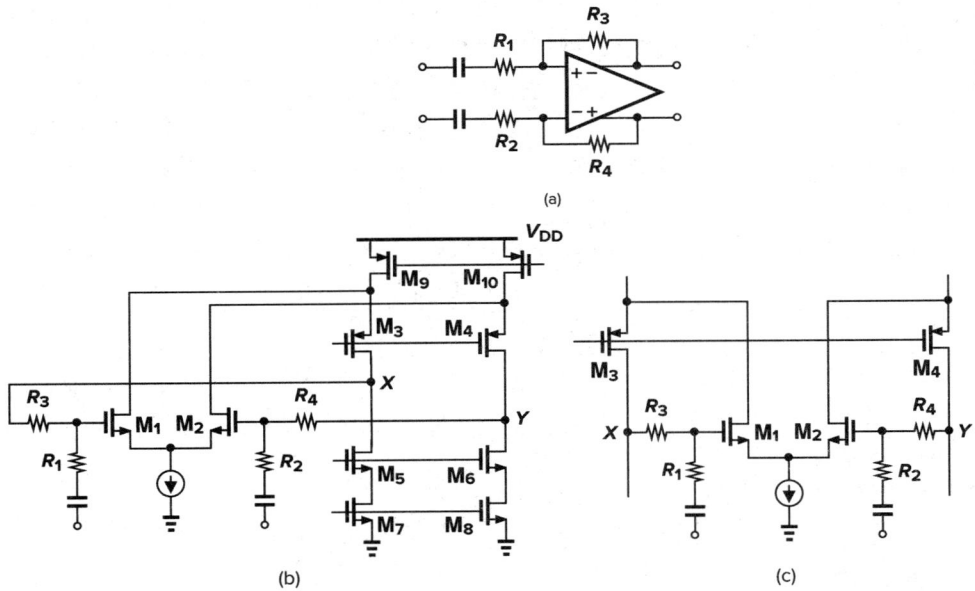

图 9.19 (a)反馈放大器；(b)采用折叠共源共栅运放的实现；(c)得到允许摆幅的另一种画图

例 9.9 ——————

设计一个以 NMOS 为输入对管的折叠式共源共栅运放（图 9.18），要求符合以下性能指标：$V_{DD}=3\ V$，差动输出摆幅$=3\ V$，功耗$=10\ mW$，电压增益$=2\,000$。采用与例题 9.7 相同的器件参数。

解：像前面的例题中对套筒式结构设计一样，我们从功耗和摆幅的性能参数开始。分配 1.5 mA 给输入对，1.5 mA 给两个共源共栅支路，剩余的 330 μA 给三个电流镜。首先考虑每条共源共栅支路中的各器件。由于 M_5 和 M_6 均传导 1.5 mA，分配给它们的过驱动电压为 500 mV，以使它们的栅宽保持合理值，对 $M_3 \sim M_4$，分配 400 mV，对 $M_7 \sim M_{10}$ 分配 300 mV。因此，可计算得：$(W/L)_{5,6}=400$，$(W/L)_{3,4}=313$，$(W/L)_{7-10}=278$。由于输出的最小和最大电压分别为 0.6 V 和 2.1 V，最合适的输出共模电平为 1.35 V。

输入管 M_1 和 M_2 的最小尺寸由最小的输入共模电平（即 $V_{GS1}+V_{OD11}$）确定。例如，如果输入和输出的共模电平相等，参见图 9.20 所示，则 $V_{GS2}+V_{OD11}=1.35\ V$。如果以 $V_{OD11}=0.4\ V$ 作为初猜值，则 $V_{GS1}=0.95\ V$，得到 $V_{OD1,2}=0.95-0.7=0.25\ V$，由此得 $(W/L)_{1,2}=400$。晶体管 M_1 和 M_2 的最大尺寸的确定取决于允许的输入电容和图 9.18 中 X 点和 Y 点的电容。

我们现在计算小信号增益。利用 $g_m=2I_D/(V_{GS}-V_{TH})$，可得：$g_{m1,2}=0.006\ A/V$，$g_{m3,4}=0.0038\ A/V$ 和 $g_{m7,8}=0.005\ A/V$（译者注：原书误为 0.05 A/V）。对

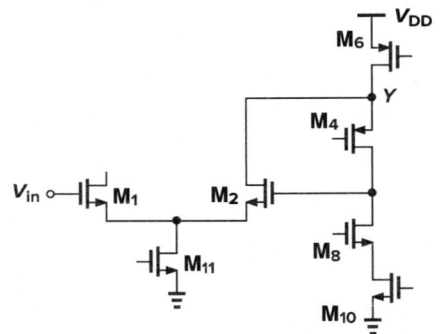

图 9.20 输入和输出短路时的折叠共源共栅运放

于 $L=0.5~\mu\mathrm{m}$，$r_{\mathrm{O}1,2}=r_{\mathrm{O}7-10}=13.3~\mathrm{k}\Omega$，$r_{\mathrm{O}3,4}=2r_{\mathrm{O}5,6}=6.67~\mathrm{k}\Omega$。由此得到，从 M_7（或 M_8）的漏极往里看，所看到的阻抗等于 0.88 MΩ。另一方面，由于 M_3（或 M_4）有限的本征增益，从 M_3 的漏极往里看，所看到的阻抗等于 66.5 kΩ。因此，总的增益被限制在 400 左右。

为提高增益，首先我们观察到，$r_{\mathrm{O}5,6}$ 比 $r_{\mathrm{O}1,2}$ 小得多，因此，可以增大 M_5 和 M_6 的栅长。还有，M_1 和 M_2 的跨导相对较低，可以增加它们的宽度。最后，可以通过把 M_3 和 M_4 的长和宽均加倍而使这两个器件的本征增益提高一倍，但以增加在 X 点和 Y 点的电容为代价。关于这些器件尺寸的精确选取，留给读者作为练习。注意，该运放必须包含共模反馈（见 9.7 节）。

套筒式和折叠式的共源共栅运放也可设计成单端输出。图 9.21(a) 中 PMOS 共源共栅电流镜把 M_3 和 M_4 的差动电流转换成单端输出的电压。这种结构中，$V_X=V_{\mathrm{DD}}-|V_{\mathrm{GS}5}|-|V_{\mathrm{GS}7}|$，把 V_{out} 的最大值限制为 $V_{\mathrm{DD}}-|V_{\mathrm{GS}5}|-|V_{\mathrm{GS}7}|+|V_{\mathrm{TH}6}|$，在输出摆幅中，"浪费"了一个 PMOS 的阈值（参见第 5 章）。为解决这个问题，PMOS 负载可修改成图 9.21(b) 的低电压共源共栅结构，并使 M_7 和 M_8 被偏置在线性区的边缘。类似的思想也可应用到折叠式共源共栅运放中。

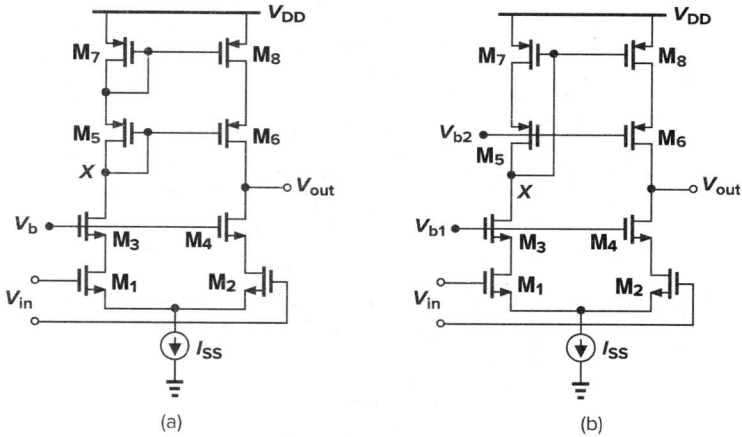

图 9.21　单端输出的共源共栅运放

图 9.21(a) 的电路相对于图 9.8(b) 中全差动的相应电路有二个缺点。首先，它仅能提供输出摆幅的一半；其次，它包含了一个在 X 点的镜像极点（见第 5 章），限制了使用该放大器的反馈系统的速度。因此，尽管全差动结构要求反馈环路来确定输出共模电平，还是全差动结构更好（9.7 节）。

9.3　两级运放

到现在为止，所研究的运放大多呈现出一级的特性，使输入对管产生的小信号电流直接流过输出阻抗，即它们对电压到电流的转换只进行了一次。因此这些电路的增益被限制在输入对管的跨导与输出阻抗的乘积。同时我们还看到，这些电路的共源共栅提高了增益，而限制了输出摆幅。

在一些应用中,共源共栅运放提供的增益和(或)输出摆幅均不满足要求。例如,现代的运放必须在 0.9 V 的低电源下工作而单端输出的摆幅大到 0.9 V。为此,我们寻找两级运放;第一级提供高增益;第二级提供大的摆幅,如图 9.22 所示。与共源共栅运放相反,两级结构把增益和摆幅的要求分开处理。

图 9.22 两级运放

图 9.22 中的每一级均可用前面几节研究过的放大器。但第二级的典型结构是简单的共源级,以提供最大的输出摆幅。图 9.23 显示了一个例子,其中第一、二级的增益分别为 $g_{m1,2}(r_{O1,2} \parallel r_{O3,4})$ 和 $g_{m5,6}(r_{O5,6} \parallel r_{O7,8})$。因此,总的增益与一个共源共栅运放的增益差不多,但 V_{out1} 和 V_{out2} 的摆幅等于 $V_{DD} - |V_{OD5,6}| - V_{OD7,8}$。[①]

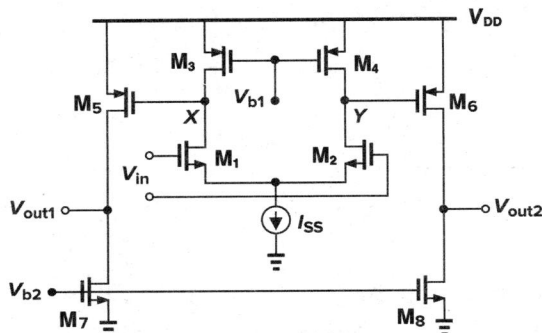

图 9.23 一种两级运放的简单实现

要得到高增益,第一级可插入共源共栅器件,如图 9.24 所示。例如,这输出级增益为 10,在结点 X 和 Y 的电压摆幅是很小的,为得到高增益可优化 $M_1 \sim M_8$ 的设计。总的增益可表示

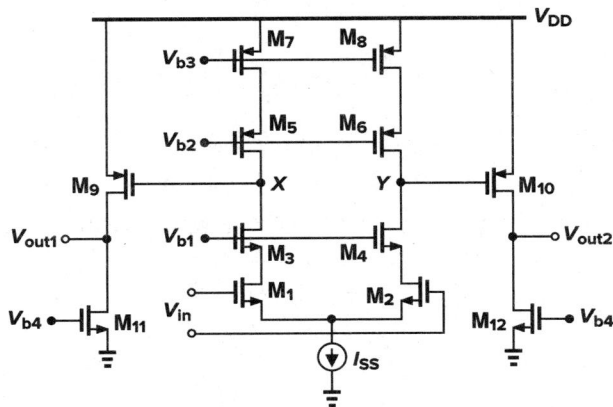

图 9.24 采用共源共栅的两级运放

① 人们可以用电阻代替 M_7 和 M_8 来得到更大的摆幅,但增益会减小。

成

$$A_v = \{g_{m1,2}[(g_{m3,4} + g_{mb3,4})r_{O3,4}r_{O1,2}] \parallel [(g_{m5,6} + g_{mb5,6})r_{O5,6}r_{O7,8}]\}$$
$$\times [g_{m9,10}(r_{O9,10} \parallel r_{O11,12})] \tag{9.18}$$

　　两级运放也可提供单端输出。一种方法是把两个输出级的差动电流转换成单端电压,如图 9.25 所示。这种方法维持了第一级的差动特性,仅仅利用 M_7-M_8 电流镜产生单端输出。

　　我们能否级联比两级更多的级数来达到高增益呢?正如第 10 章将说明的,每一级增益在开环传输函数中会引入至少一个极点,在反馈系统中使用这样的多级运放很难保证系统稳定。因此,很少用多于两级的运放。特殊的例子在一些文献[1,2,3]中已有叙述。

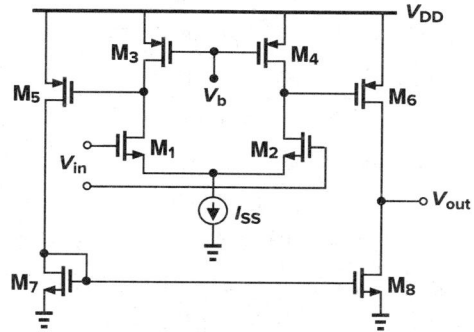

362

图 9.25　单端输出的两级运放

9.3.1　设计步骤

　　两级运算放大器的设计较为复杂。这里我们叙述一个简单的例题,在第 11 章中有更详细的各种设计。

例 9.10 ————————————————————————————————————

　　设计图 9.23 的两级运放。指标参数为:$V_{DD} = 1$ V,功率 $= 0.5$ mW(译者注:原文为 1 mW),1 V_{pp} 的差动输出摆幅,增益为 100。采用与例题 9.7 相同的器件参数,但是假设 $V_{THN} = 0.3$ V 和 $V_{THP} = -0.35$ V。

　　解:我们分配 480 μA 的偏置电流给 $M_1 \sim M_8$,剩余的 20 μA 给产生 V_{b1} 和 V_{b2} 的偏置支路。让我们在第一级和第二级之间相等地分配电流,即 4 条支路中,假定每条支路的电流均为 120 μA(译者注:原文误为 8 条支路,因此偏置电流和功耗均已加倍)。

　　由于第二级可能提供 5～10 的电压增益,第一级的输出摆幅不需要很大。具体地说,如果第二级设计为,增益 $= 5$ 和单端输出摆幅 $= 0.5$ V_{pp},则第一级在结点 X(或 Y)只需要维持 0.1 V_{pp}。因此,$M_1 - M_4$ 以及 I_{SS} 的过驱动电压的选择是比较宽松的,即它们的范围为 $|V_{OD3}| + V_{OD1} + V_{ISS} = 1$ V $- 0.1$ V $= 0.9$ V。但我们必须考虑以下两点:(1)从第 7 章知道,电流源 M_3 和 M_4 贡献的噪声可以通过最大化过驱动电压来减到最小;(2)增益(和噪声)的指标要求 M_1 和 M_2 具有高的 g_m,必然地要求低的过驱动电压。事实上,对输入器件,后者通常意味着在亚阈值区工作,得到最大的 $g_m = I_D/(\xi V_T) \approx (325\ \Omega)^{-1}$,其中 $\xi = 1.5$。但是,在本例中我们不考虑在亚阈值区的工作。

　　M_3 和 M_4 的过驱动电压可以达到多大?本例中由于 $V_{DS3,4} = V_{GS5,6}$,过驱动的上限由 M_5 和 M_6 确定,而不是由第一级确定。例如,如果第二级的设计最终产生 $|V_{GS5,6}| = 400$ mV,而且如果 V_X(或 V_Y)可以增加 50 mV(对于电压峰–峰值 100 mV 的摆幅),则 M_3 和 M_4 的最小 $|V_{DS}|$ 为 350 mV。因此,在第二级设计后,我们必须重新考虑这种分配。

　　对于单端输出摆幅 0.5 V_{pp},我们可以分别选择 200 mV 和 300 mV 给输出 NMOS 和

PMOS 器件的过驱动。如果 $I_D = 120\ \mu A$,则我们可以计算这些晶体管的 W/L 值。然而,这种分配面临两个问题:(1)M_5 和 M_6 中,大的过驱动可能使跨导 g_m 太低,$g_m = 2I_D/(V_{GS} - V_{TH})$;(2)$M_7$ 和 M_8 中,小的过驱动会产生大的噪声电流。由于这些原因,我们互换过驱动电压的分配:300 mV 给 M_7 和 M_8;200 mV 给 M_5 和 M_6。不利之处是,M_5 和 M_6 会具有更大的 W/L,因此在结点 X 和 Y 有更大的电容。

我们从输出级开始计算。由于 $|I_D| = 120\ \mu A$ 和上述过驱动的分配,我们得到 $g_{m5,6} = 2|I_D|/(V_{GS} - V_{TH}) = (833\ \Omega)^{-1}$,$r_{O5,6} = 1/(\lambda|I_D|) = 42\ k\Omega$,$r_{O7,8} = 83\ k\Omega$(对于 $0.5\ \mu m$ 的最小沟道长度)。因此,第二级提供的增益约为 33,允许第一级可以具有更小的电压摆幅。相应的器件尺寸为,$(W/L)_{5,6} = 200$,$(W/L)_{7,8} = 44$。

我们返回图 9.23 的第一级,注意到,$|V_{DS3,4}| = |V_{GS5,6}| = 0.2\ V + 0.35\ V = 550\ mV$。因此,晶体管 M_3 和 M_4 的工作可以具有高达 500 mV 的过驱动(如果我们仍假设 V_X 或 V_Y 可以从偏置值上升 50 mV),但要求 $|V_{GS}|$ 为 500 mV $+ |V_{THP}| = 850\ mV$,因此 $V_{b1} = 150\ mV$。如此低的 V_{b1} 会使驱动 M_3 和 M_4 的电流镜的设计产生困难。相反,我们选择 $|V_{GS3,4} - V_{THP}| = 400\ mV$,得到 $(W/L)_{3,4} = 50$,$g_{m3,4} = 1/(1.7\ k\Omega)$,$r_{O3,4} = 83\ k\Omega$(对 $L = 0.5\ \mu m$)。

输入晶体管 M_1 和 M_2,表现出输出电阻为 83 kΩ($L = 0.5\ \mu m$),可以具有大到 0.5 V 的过驱动。然而,由于这种过驱动,$g_{m1,2}/g_{m3,4} = |V_{GS3,4} - V_{THP}|/(V_{GS1,2} - V_{THN}) = 4/5$,这表示 PMOS 器件会产生大量噪声。为此,我们选择 100 mV 的过驱动给 M_1 和 M_2,得出 $g_{m1,2} = 1/(420\ \Omega)$,$(W/L)_{1,2} = 400$,以及第一级的电压增益为 $g_{m1,2}(r_{O1} \| r_{O3}) = 66$。

本设计提供的总增益大于 2000,主要是因为低偏置电流和旧技术的使用。正如第 11 章所述,对于纳米的两级运放,其增益低得多。

9.4　增益的提高

9.4.1　基本思想

在 9.2 节中研究的一级运放的有限增益和两级运放在高速方面遇到的困难激励人们探索新的电路结构。在像套筒式和折叠式共源共栅这样的一级运放中,我们的任务是使输出阻抗最大以达到高的电压增益。增益提高的想法是要进一步增加输出阻抗而不增加更多的共源共栅器件[4,5]。为简化,我们忽略体效应,但在最后,它很容易地被包括在内。

第一种观点

假设一个晶体管之前有一个理想电压放大器,如图 9.26(a)所示。我们注意到,整体电路显示的跨导为 $A_1 g_m$,电压增益为 $-A_1 g_m r_O$(为什么?)。

因此我们推测,这种结构可以被看成一个三端器件("超级晶体管"),它具有 $A_1 g_m$ 的跨导和 r_O 的输出电阻[图 9.26(b)]。本节中我们忽略体效应。

现在让我们在熟悉的结构中包含这种新器件,并分析该电路的特性。以图 9.27(a)所示的负反馈级开始,希望计算该电路的跨导(如果输出与交流地短路)。由于 R_S 传输电流 I_{out},

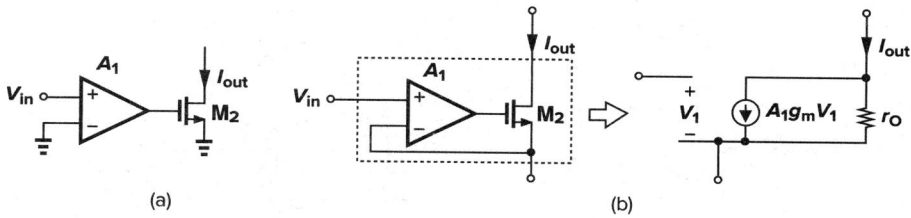

图 9.26　(a)前面有电压放大器的晶体管;(b)等效电路

小信号栅电压为$(V_{in}-R_S I_{out})A_1$,产生的栅源电压为$(V_{in}-R_S I_{out})A_1-R_S I_{out}$,因此 $I_{out}=g_m$ $[(V_{in}-R_S I_{out})A_1-R_S I_{out}]$。因此得出

$$\frac{I_{out}}{V_{in}}=\frac{A_1 g_m}{1+(A_1+1)g_m R_S} \tag{9.19}$$

364

如果没有 A_1,跨导应该等于 $g_m/(1+g_m R_S)$。有趣的是,该等效跨导值的等式,在分子中提高到 A_1 倍;在分母中提高到(A_1+1)倍。这表示,图 9.26(b)所示的模型是不正确的。但是,事实上由于 $A_1\gg1$,该模型产生的误差很小,是可以接受的。

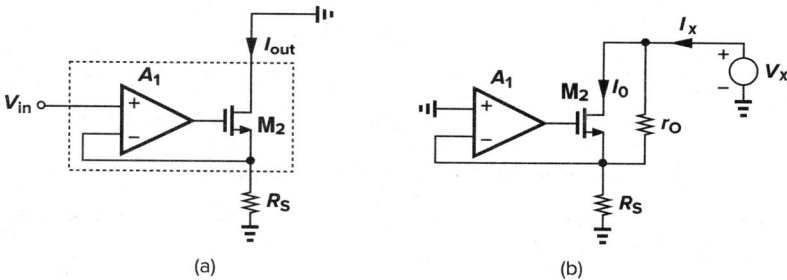

图 9.27　(a)跨导的计算;(b)输出电阻的计算

该负反馈级的输出电阻怎么样? 从图 9.27(b)中的结构我们可以将 R_S 两端的电压降表示为 $I_X R_S$;M_2 的栅极电压可表示为$-A_1 I_X R_S$。也就是说,$I_0=(-A_1 R_S I_X-R_S I_X)g_m$。此外,$r_O$ 传输的电流等于$(V_X-R_S I_X)/r_O$。我们现在得到

$$I_X=(-A_1 R_S-R_S)g_m I_X+\frac{V_X-R_S I_X}{r_O} \tag{9.20}$$

因此

$$R_{out}=r_O+(A_1+1)g_m r_O R_S+R_S \tag{9.21}$$

如果没有 A_1,输出电阻应等于 $r_O+g_m r_O R_S+R_S$。

式(9.21)是个引人注目的结果,表明该电路的输出电阻被"提高"了,好像 M_2 的跨导被提高了 A_1 倍。提供 R_{out} 的这种增加的同时,该负反馈级仍可保持其电压余度。我们可以看到,M_2 的漏极允许的电压摆幅与简单的负反馈晶体管是相同的。

例 9.11 ————————————————————————————————————

确定图 9.28(a)中在 M_2 的源极所看到的电阻。如果 $\gamma=0$。

解:在图 9.28(b)所示的结构中,小信号栅电压等于$-A_1 V_X$,因此 $I_0=(-A_1 V_X-V_X)g_m$。

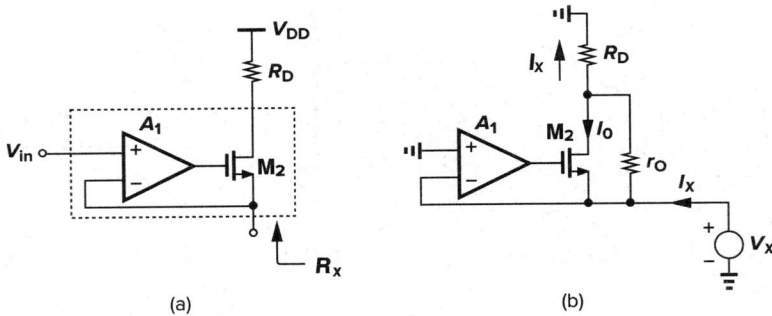

(a)　　　　　　　(b)

图 9.28

此外,R_D 传输 I_X 的电流,在漏端产生相对于地的电压等于 $I_X R_D$。由于向下流过 r_O 的电流为 $(I_X R_D - V_X)/r_O$,在源结点我们得到

$$\frac{I_X R_D - V_X}{r_O} + (-A_1 V_X - V_X)g_m + I_X = 0 \tag{9.22}$$

因此

$$R_X = \frac{R_D + r_O}{1 + (A_1 + 1)g_m r_O} \tag{9.23}$$

365　如果没有 A_1,这电阻等于 $(R_D + r_O)/(1 + g_m r_O)$。本例题也表明,$M_2$ 的跨导提高了 A_1 倍。

　　总之,图 9.26(b)中增加的辅助放大器使 M_2 的等效 g_m 提高了 A_1 倍,从而提高了该级的输出阻抗。我们从 $A_v = -G_m R_{out}$ 推测,电压增益也会提高,但应在哪里施加输入?作为一个简单的共源共栅级,让我们用一个电压到电流的转换器 M_1(图 9.29)来替换负反馈的电阻,得到的输出阻抗等于 $r_{O2} + (A_1 + 1)g_{m2} r_{O2} r_{O1} + r_{O1}$。该电路的短路跨导几乎等于 g_{m1},因为从 M_2 的源极向上所看到的电阻由式(9.23)得到,当 $R_D = 0$ 时,该电阻值等于 $r_{O2}/[1 + (A_1 + 1)g_{m2} r_{O2}] \approx [(A_1 + 1)g_{m2}]^{-1}$,该值远低于 r_{O1}。由此得到

$$|A_v| \approx g_{m1}[r_{O2} + (A_1 + 1)g_{m2} r_{O2} r_{O1} + r_{O1}] \tag{9.24}$$

$$\approx g_{m1} g_{m2} r_{O1} r_{O2}(A_1 + 1) \tag{9.25}$$

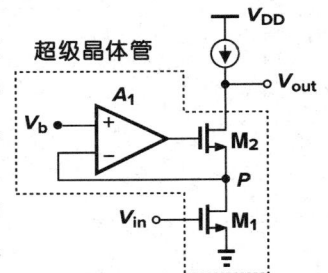

图 9.29　基本的增益提高级

正如本节后面所解释的,这个"增益提高"技术可应用于共源共栅差动对和运算放大器。

第二种观点

　　考虑图 9.30(a)中所示的负反馈级,我们希望增加输出电阻而无需堆叠多个共源共栅器件。回顾第 3 章知道,如果漏电压的改变为 ΔV,则源电压的改变为 $\Delta V_S = \Delta V R_S / [r_O + (1 + g_m r_O) R_S]$(如果 $\gamma = 0$)(译者注:原式等号右边缺少"ΔV"),R_S 两端电压的变化会使漏极电流也产生变化。我们可以粗略地把这种影响看成是 R_S 和 $g_m r_O R_S$ 之间的分压。

　　我们现在进行重要的分析。如果以下两个条件成立,响应 ΔV 的漏电流的变化会被抑制:366　(a)R_S 两端的电压保持不变;(b)通过 R_S 的电流仍然等于漏极电流[①]。怎样才能使 V_P 保持不

---

① 从 P 点到地连接的恒压源允许前一个条件成立,但后一个条件不成立。

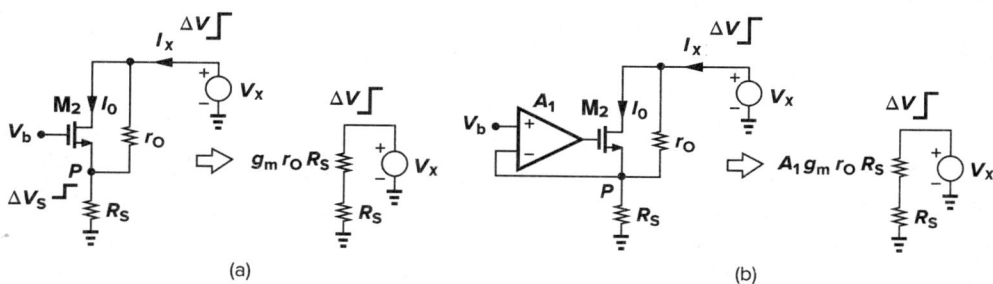

图 9.30 两种结构对输出电压变化的响应:(a)负反馈共源级;(b)增益提高级

变? 我们可以借助于运放将 V_P 与一个"参考"电压进行比较,并将产生的误差返回到电路中的某个结点,以保证 V_P "跟踪"该参考电压。如图 9.30(b)中所示,这个思想是将误差 $A_1(V_b - V_P)$ 施加到 M_2 的栅极,如果环路增益很大,可迫使 V_P 等于 V_b。因此,以上两个条件均得到了满足。例如,如果漏电压的升高,V_P 也趋于上升,但是,作为结果,M_2 的栅源电压下降,减少了 M_2 抽取的电流。如下面所推导的,这个影响可以近似看作 R_S 和 $A_1 g_m r_O R_S$ 之间的分压器。对于 $A_1 \to \infty$,V_P 被"箝位"到 V_b,漏电流精确地等于 V_b/R_S 而不管漏电压的变化。这种结构是也被称为"调节型共源共栅",因为放大器 A_1 监控和调节输出电流。

例 9.12 ——————————————

图 9.31 显示了处于输出阻抗测试中的调节型共源共栅级。确定 V_P、V_G、I_0 和 I_{ro} 的小信号值。假设 $(A_1 + 1)$ $g_m r_O R_S$ 很大。

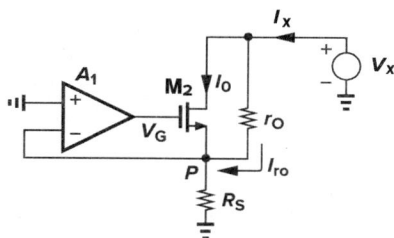

图 9.31

解:从图 9.27(b)分析我们知道:

$$V_X = [r_O + (A_1 + 1)g_m r_O R_S + R_S]I_X \tag{9.26}$$

因此

$$V_P = I_X R_S \tag{9.27}$$

$$= \frac{R_S}{r_O + (A_1 + 1)g_m r_O R_S + R_S} V_X \tag{9.28}$$

如果 $(A_1 + 1)g_m r_O R_S$ 很大,则 $V_P \approx V_X / [(A_1 + 1)g_m r_O]$,这意味着,放大器 A_1 会抑制 R_S 两端电压的变化,与简单负反馈的晶体管的情况相比,使 V_P 为原来的 $1/(A_1 + 1)$。我们还得到

$$V_G = -A_1 V_P \tag{9.29}$$

$$= \frac{-A_1 R_S}{r_O + (A_1 + 1)g_m r_O R_S + R_s} V_X \tag{9.30}$$

小信号的栅源电压等于 $V_G - V_P \approx -V_X / (g_m r_O)$,产生 $I_0 \approx -V_X / r_O$。此外

$$I_{ro} = \frac{V_X - V_P}{r_O} \tag{9.31}$$

$$= \frac{r_O + (A_1 + 1)g_m r_O R_S}{r_O + (A_1 + 1)g_m r_O R_S + R_S} \frac{V_X}{r_O} \tag{9.32}$$

$$\approx \frac{V_X}{r_O} \tag{9.33}$$

有趣的是，I_0 与 I_{r0} 几乎是大小相等，方向相反。也就是说，放大器调节栅电压使本征漏电流 I_0 的变化几乎可以抵消由 r_O 抽取的电流。我们说，M_2 的小信号电流在 r_O 中循环流动。

总之，上述两种观点描述了支持增益提高技术的两个方法:放大器可提高共源共栅器件的 g_m;放大器通过监控和箝位源电压来调节输出电流(译者注:在输出电压变化的时候输出电流被调节到几乎不变化,这表明增大了输出电阻)。

9.4.2　电路的实现

在本节中,我们讨论辅助放大器在调节型共源共栅结构中的实现,并将增益提高技术扩展到运算放大器中。A_1 的最简单实现是如图 9.32(a)所示的共源级。如果 I_1 是理想的电流源,则 $|A_1| = g_{m3} r_{O3}$,产生 $|V_{out}/V_{in}| \approx g_{m1} r_{O1} g_{m2} r_{O2}(g_{m3} r_{O3} + 1)$,如同三层的共源共栅级的增益。然而,该结构限制了输出电压摆幅,因为结点 P 的最小电压由 V_{GS3} 确定,而不是由 M_1 的过驱动电压确定。我们注意到,V_{out} 必须大于 $V_{GS3} + (V_{GS2} - V_{TH2})$。

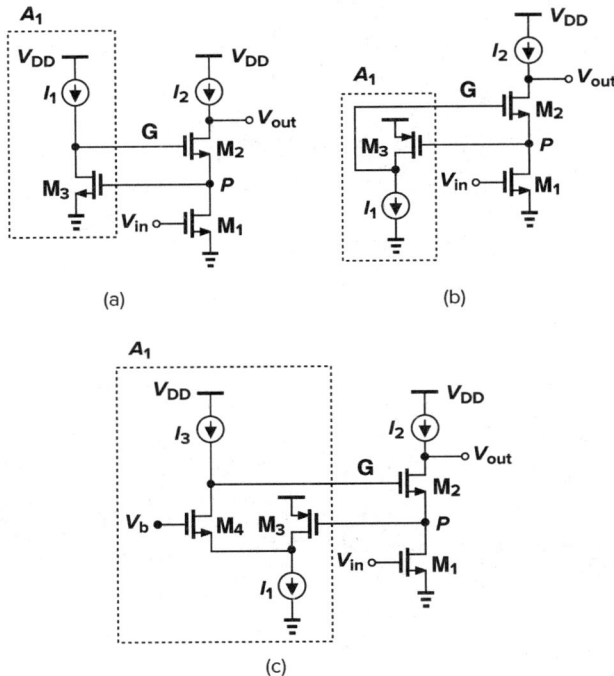

图 9.32　采用以下结构的增益提高放大器:(a)NMOS 共源级;(b)PMOS 共源级;(c)折叠式共源共栅级

为了避免电压余度的限制,对 A_1 我们考虑 PMOS 共源级的结构[图 9.32(b)]。其工作原理和增益提高的特性保持不变,但现在 V_P 可低到 M_1 的过驱动电压。不幸的是,M_3 可能会进入线性区,因为 M_2 的栅极电压通常太高。具体地说,如果我们的目标是,$V_P = V_{GS1} - V_{TH1}$,则 $V_G = V_{GS2} + V_{GS1} - V_{TH1}$,表示 M_3 的漏极电压比栅极电压高 V_{GS2}。如果 $V_{GS2} > |V_{TH3}|$,则 M_3 处于线性区。

上述分析表明,我们必须在反馈回路中再插入一级,以便使连接的各级之间达到合适的偏置电平。让我们在 M_3 的漏极和 M_2 的栅极之间插入 NMOS 共栅级[图 9.32(c)]。读者认识到,产生的 A_1 结构是一种折叠共源共栅级。我们注意到,M_4 提供了一个从源极到漏极向上的电平移动,因此允许 V_G 高于 M_3 的漏极电压。

例 9.13

确定图 9.32(c)中 V_b 允许的范围。

解: V_b 的最小值是将电流源 I_1 置于线性区的边缘,即 $V_{b,min}=V_{GS4}+V_{I1}$。其最大值是使 M_4 偏置在线性区的边缘,即 $V_{b,max}=V_{GS2}+V_P+V_{TH4}$。因此,$V_b$ 有很宽的安全范围,不需要精确的数值。

现在把增益提高应用到差动共源共栅级,如图 9.33(a)所示。因在 X 和 Y 点的信号是差动的,我们可推断,两个单端增益提高放大器 A_1 和 A_2 可以由一个差动放大器代替(图 9.33(b))。仿效图 9.32(a)的结构,我们实现的差动辅助放大器如图 9.33(c)所示。但要注意,M_3 漏端的最小电压为 $V_{OD3}+V_{GS5}+V_{ISS2}$,其中 V_{ISS2} 表示 I_{SS2} 两端所要求的电压。另一方面,在简单的差动共源共栅中,此最小值大约低了一个阈值电压。

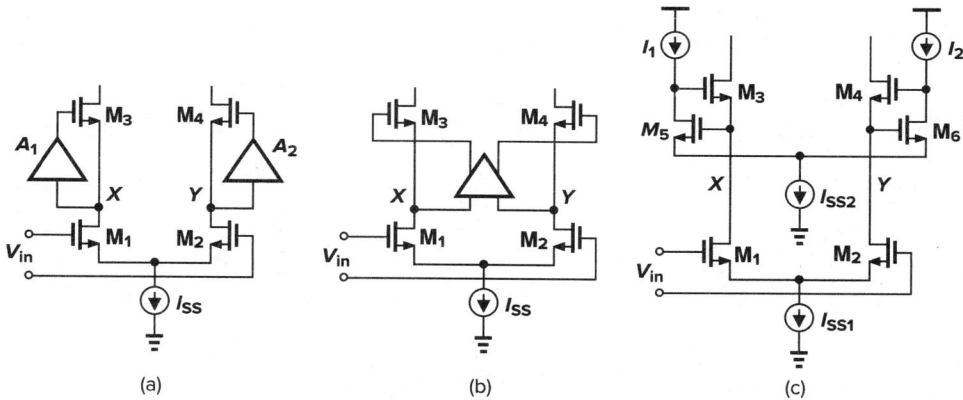

图 9.33 在差动共源共栅级中提高输出阻抗

图 9.33(c)中电压摆幅的限制来源于增益提高放大器包含了一个 NMOS 差动对。如果 X 和 Y 点由 PMOS 差动对检测,则 V_X 和 V_Y 的最小值并不是由增益提高放大器确定。由9.2 节可知,采用 PMOS 差动对的折叠式共源共栅级的最小输入共模电压可为零。因此,对增益提高放大器,我们采用这种结构后得到如图 9.34 的电路。这里,V_X 和 V_Y 的最小允许电压为 $V_{OD1,2}+V_{ISS1}$。

369

例 9.14

计算图 9.34 所示电路的输出阻抗。

解: 利用半边电路的概念,并以晶体管代替理想电流源,我们可以得到如图 9.35 所示的等效电路。从 X 到 P 的电压增益约等于 $g_{m5}R_{out1}$,其中 $R_{out1}\approx[g_{m7}r_{O7}(r_{O9} \parallel r_{O5})] \parallel (g_{m11}r_{O11}$

r_{O13})。因此，$R_{out} \approx g_{m3} r_{O3} r_{O1} g_{m5} R_{out1}$。由于用一个折叠式共源共栅级来提高一个共源共栅的输出阻抗，此输出阻抗大体上与一个"四层"的共源共栅的输出阻抗相似。

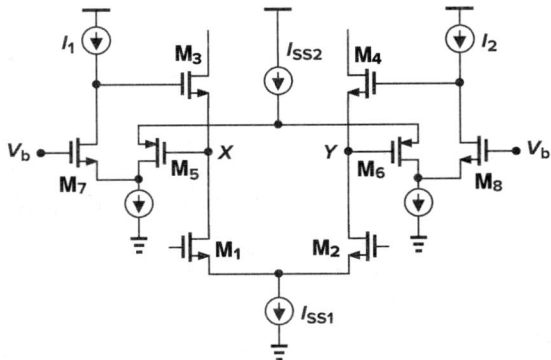

图 9.34   折叠式共源共栅电路用作辅助放大器

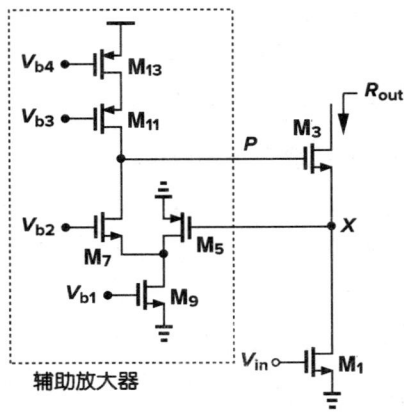

图 9.35

调节型共源共栅技术可用到共源共栅运放的负载电流源上。如图 9.36(a)所示，这样的结构也可提高 PMOS 电流源的输出阻抗，因此可达很高的增益。为了提供最大的输出摆幅，放大器 A_2 必须采用 NMOS 输入的折叠共源共栅差动对。类似的思想可用到折叠共源共栅运放中[图 9.36(b)]。

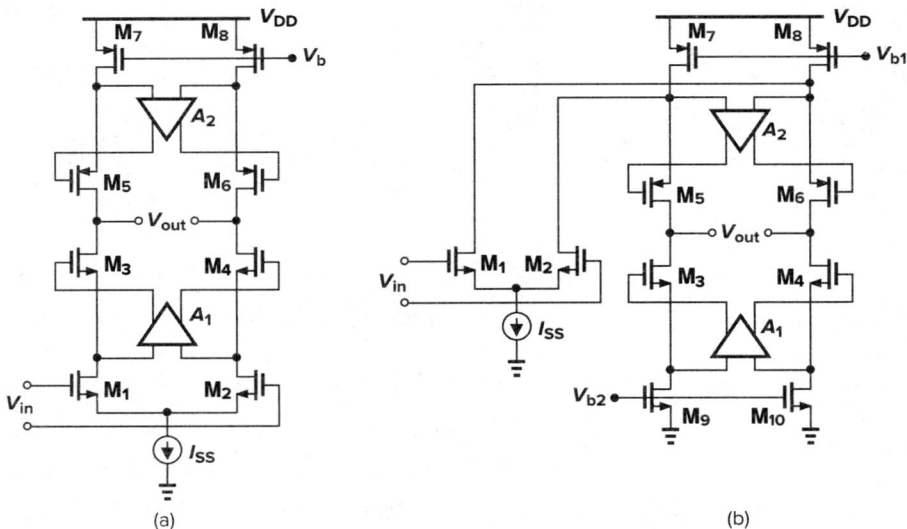

(a)

(b)

图 9.36   增益提高技术用于信号通路和负载器件

9.4.3   频率响应

回顾以上讨论我们知道:增益提高技术的前提是:提高增益,但不增加第二级或更多的共源共栅器件。这是否意味着,图 9.36 的运放具有单级的特性呢? 增益提高放大器毕竟引入了它自己的几个极点。与两级运放对照,两级运放中的全部信号经历了与每级有关的各个极点,而在增益提高的运放中,信号的大部分流过共源共栅器件后直接输出。仅有很小的"误差"成分被辅助放大器处理、被"减速"。

为了分析调节共源共栅结构的频率响应,我们将电路简化为图 9.37 中所示的电路。其中,辅助放大器产生一个极点 ω_0,$A_1(s) = A_0/(1+s/\omega_0)$,并且电路只包括负载电容 C_L。我们希望确定 $V_{out}/V_{in} = -G_m Z_{out}$。为计算 $G_m(s)$(如果输出结点接地),我们由例 9.11 注意到,从 M_2 的源极所看到阻抗等于 $r_{O2}/[1+(A_1+1)g_{m2}r_{O2}]$,将 M_1 的漏电流在这个阻抗和 r_{O1} 之间进行分配:

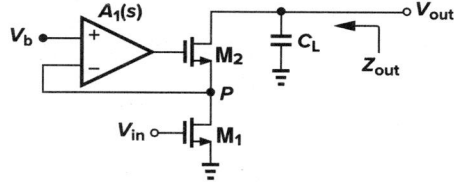

图 9.37　分析频率响应的电路

$$G_m(s) = g_{m1} \frac{r_{O1}}{r_{O1} + \dfrac{r_{O2}}{1+(A_1+1)g_{m2}r_{O2}}} \tag{9.34}$$

$$= \frac{g_{m1}r_{O1}[1+(A_1+1)g_{m2}r_{O2}]}{r_{O1}+(A_1+1)g_{m2}r_{O2}r_{O1}+r_{O2}} \tag{9.35}$$

现在,我们计算与 C_L 并联的 $Z_{out}(s)$。从 M_2 的漏极所看到阻抗可由式(9.21)得到,因此,$Z_{out}(s)$ 为

$$Z_{out} = [r_{O1}+(A_1+1)g_{m2}r_{O2}r_{O1}+r_{O2}] \parallel \frac{1}{C_L s} \tag{9.36}$$

由此得出

$$\frac{V_{out}}{V_{in}}(s) = -G_m(s)Z_{out}(s) \tag{9.37}$$

$$= \frac{-g_{m1}r_{O1}[1+(A_1+1)g_{m2}r_{O2}]}{(r_{O1}+r_{O2})C_L s + (A_1+1)g_{m2}r_{O2}r_{O1}C_L s + 1} \tag{9.38}$$

尽管假定 $A_1 \gg 1$ 是具有吸引力的,因为可以忽略上式的一些项,但我们必须记住,A_1 在高频时会下降。式(9.38)中,以 $A_0/(1+s/\omega_0)$ 代替 A_1 得到

$$\frac{V_{out}}{V_{in}}(s) = \frac{-g_{m1}r_{O1}\left[(1+g_{m2}r_{O2})\dfrac{s}{\omega_0}+(A_0+1)g_{m2}r_{O2}+1\right]}{\dfrac{(r_{O1}+r_{O2})C_L}{\omega_0}[1+g_{m2}(r_{O2}\parallel r_{O1})]s^2+\left[(r_{O1}+r_{O2})C_L+(A_0+1)g_{m2}r_{O2}r_{O1}C_L+\dfrac{1}{\omega_0}\right]s+1} \tag{9.39}$$

值得注意的是,如果对于 G_m 和 Z_{out} 的计算我们已假设 A_1 很大,则我们可得到一阶的传递函数。如果 $g_{m2}r_{O2} \gg 1$,电路在左半平面出现一个零点,其频率为

$$|\omega_z| \approx (A_0+1)\omega_0 \tag{9.40}$$

由于通过 A_1 路径所产生的零点,其频率处于辅助放大器的单位增益带宽的数量级。

为估算两个极点的频率,我们假定一个远大于另一个,并应用主极点近似(第 6 章)。主极点的频率由式(9.39)分母中 s 的系数的倒数给出:

$$|\omega_{p1}| = \frac{1}{[r_{O1}+(A_0+1)g_{m2}r_{O2}r_{O1}+r_{O2}]C_L+\dfrac{1}{\omega_0}} \tag{9.41}$$

$$\approx \frac{1}{A_0 g_{m2} r_{O2} r_{O1} C_L} \tag{9.42}$$

如果 A_1 是理想的,即如果 $\omega_0 = \infty$,则式(9.41)分母中的第一个时间常数对应于输出极点,即简化为式(9.42)。非主极点的频率等于 s 和 s^2 的系数之比。

$$|\omega_{p2}| = \frac{\left[r_{O1} + (A_0 + 1)g_{m2} r_{O2} r_{O1} + r_{O2}\right]C_L + \dfrac{1}{\omega_0}}{\dfrac{(r_{O1} + r_{O2})C_L}{\omega_0}\left[1 + g_{m2}(r_{O1} \parallel r_{O2})\right]} \tag{9.43}$$

$$\approx (A_0 + 1)\omega_0 + \frac{1}{g_{m2} r_{O2} r_{O1} C_L} \tag{9.44}$$

如果 $g_{m2}(r_{O1} \parallel r_{O2}) \gg 1$(不一定是一个很好的近似,只是为看趋势),则式(9.43)近似为式(9.44)。我们发现,第二个极点的频率略**高于**辅助放大器(译者注:原文误为原共源共栅)的单位增益带宽,高出了 $(g_{m2} r_{O2} r_{O1} C_L)^{-1}$。注意,$1/(g_{m2} r_{O2} r_{O1} C_L)$ 这一项也表示在没有 A_1 时输出极点的频率。

例 9.15

主极点近似在这里是否有效?

解: 假设 $(A_0 + 1)g_{m2} r_{O2} r_{O1} \gg r_{O1}, r_{O2}$,我们求出式(9.44)与式(9.41)的比值:

$$\frac{\omega_{p2}}{\omega_{p1}} \approx \left[(A_0 + 1)\omega_0 + \frac{1}{g_{m2} r_{O2} r_{O1} C_L}\right]\left[(A_0 + 1)g_{m2} r_{O2} r_{O1} C_L + \frac{1}{\omega_0}\right] \tag{9.45}$$

$$\approx (A_0 + 1)^2 g_{m2} r_{O2} r_{O1} C_L \omega_0 + 2(A_0 + 1) + \frac{1}{g_{m2} r_{O2} r_{O1} C_L \omega_0} \tag{9.46}$$

第二项通常远大于1,因此,主极点近似是有效的。

图 9.38 画出了增益提高之前和之后该共源共栅结构的近似频率响应。这里的关键是,辅助放大器贡献了第二个极点,它的频率位于:原 $-3\ \text{dB}$ 带宽 $+A_0\omega_0$。

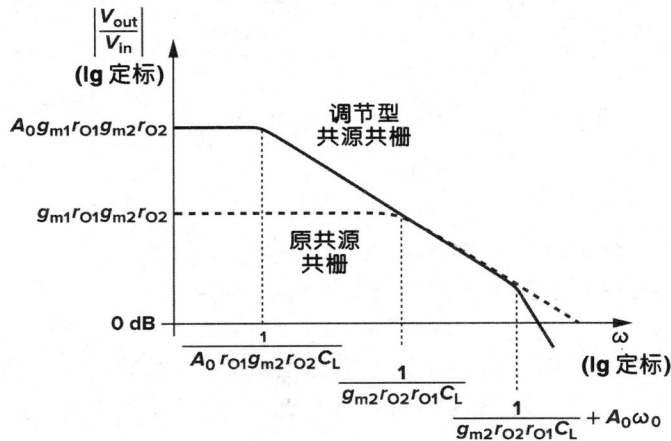

图 9.38 增益提高级的频率响应

9.5　性能比较

在本章对各种运放的研究中介绍了四种基本结构:套筒式共源共栅;折叠式共源共栅;两级运放和增益提高电路。为获得对这些运放的更好的应用,比较它们各方面的性能是有益的。表 9.1 通过比较给出了每种运放电路的重要特性。在第 10 章我们将研究它们速度方面的差别。

表 9.1　各种不同运放结构的性能比较

	增益	输出摆幅	速度	功耗	噪声
套筒式共源共栅	中	中	高	低	低
折叠式共源共栅	中	中	高	中	中
两级运放	高	高	低	中	低
增益提高运放	高	中	中	高	中

9.6　输出摆幅计算

在今天低电压运算放大器的设计中,输出电压摆幅被证明是最重要的性能参数。在前面的几节中我们已经看到,如何确定所需的输出摆幅,以及如何相应地给各个晶体管分配过驱动电压。但是,我们如何验证:最终设计的确能提供规定的摆幅? 为了回答这个问题,我们必须先提问:如果电路无法维持该摆幅,到底会发生什么? 在纳米器件中由于饱和区与线性区之间的边界被削弱了,在输出摆幅的两端我们不能轻易地决定晶体管所处的工作区。因此更严格的方法是必要的。

如果输出电压的摆动将一个晶体管推入线性区,则电压增益会下降。因此,我们可以使用模拟来考察增益随着输出摆幅增大的变化。如图 9.39(a)中所示,这个想法是在输入施加振幅增大的正弦(或在不同的模拟中采用不同的正弦振幅),检测产生的输出,随着 V_{in} 和 V_{out} 的增大计算 V_{out}/V_{in}。当输出摆幅达到最大"允许"电压 V_1 时,增益开始下降。我们甚至可以这样地选择 V_1 值:允许增益下降一个小的数值,比如说 10%(约 1dB)。输出超过了 V_1,增益会进一步下降,导致严重的非线性。

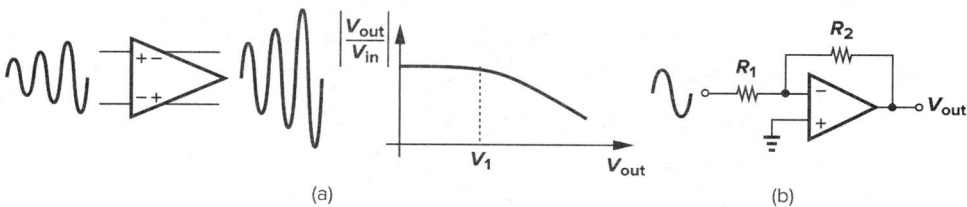

图 9.39　(a)增益相对于输出振幅的模拟;(b)反馈放大器

读者可能想知道,增益减小到多少是可以接受的。在某些应用中,开环增益的减少,以及引起的闭环系统的增益误差,是至关重要的(第 13 章)。在其他的应用中,我们关心的是**闭环**

电路的输出失真。在这种情况下,我们将运放置于所关注的闭环环境,例如图 9.39(b)的反相结构。在输入施加正弦信号,并在模拟中测量输出的失真(谐波)。产生可接受失真的最大输出幅度被认为是最大输出摆幅。

9.7 共模反馈

9.7.1 基本概念

在本章和以前的各章中,我们已阐述了全差动电路相对于单端类似电路的许多优点。除了具有更大的输出摆幅外,差动运放还避免了镜像极点,因此达到了很高的闭环速度。然而,高增益差动电路要求"共模反馈"(CMFB)。

为理解需要 CMFB 的原因,让我们以一个差动放大器的简单实现开始,如图 9.40(a)所示。在一些应用中,对工作的部分时间我们要把输出和输入短路(图 9.40(b)),以提供**差动**负反馈。这种情况下的输入和输出共模电平是很清楚的,等于 $V_{DD}-I_{SS}R_D/2$。

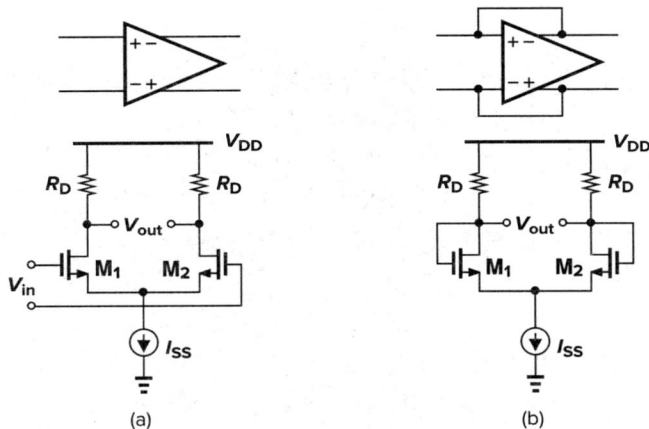

图 9.40 (a)简单差动对;(b)输入与输出短接的电路

现假定负载电阻由 PMOS 电流源代替,以提高差动电压增益,见图 9.41(a),则 X 点和 Y 点的共模电平是多少? 由于每个输入管传输的电流为 $I_{SS}/2$,这共模电平取决于 I_{D3} 和 I_{D4} 是多么接近这个电流值。实际上,以图 9.41(b)为例,由 NMOS 电流镜所确定的 I_{SS} 和由 PMOS 电流镜所确定的 $I_{D3,4}$ 之间的不匹配,会在 $I_{SS}/2$ 和 $I_{D3,4}$ 之间产生小的误差。假定 M_3 和 M_4 在饱和区的漏电流稍大于 $I_{SS}/2$,为符合在 X 点和 Y 点的基尔霍夫电流定律,结果是,M_3 和 M_4 必定进入线性区,以使它们的漏电流降至 $I_{SS}/2$。相反,如果 $I_{D3,4}<I_{SS}/2$,则 V_X 和 V_Y 会下降,使 M_5 进入线性区,仅产生 $2I_{D3,4}$ 的电流。

上述问题产生的基本原因是:在高增益放大器中,我们要求 p 型电流源[例如图 9.41(b)中的 M_3 和 M_4]与 n 型电流源(例如 M_5)相平衡。如图 9.42 所示,I_P 与 I_N 的差值必定流过这个放大器的本征输出阻抗,因而产生数值等于 $(I_P-I_N)(R_P \parallel R_N)$ 的输出电压的变化。由于电流的误差取决于失配,而且 $R_P \parallel R_N$ 很大,这电压误差可以很大。于是会驱动 n 型或 p 型的电

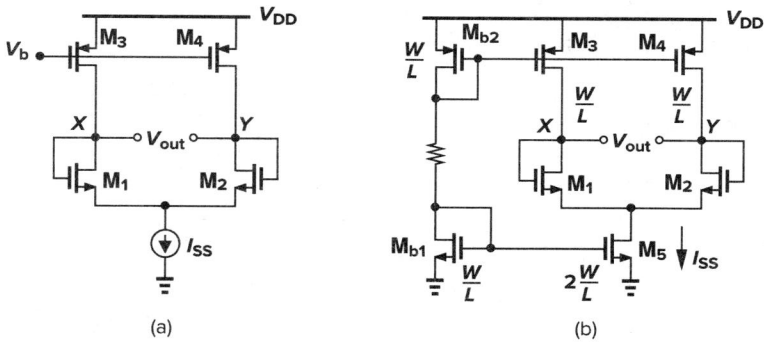

图 9.41 (a)输入与输出短路的高增益差动对;(b)电流失配效应

流源进入线性区。作为通用规则,如果输出共模电平不能由"目测"确定,而要求依靠器件特性来计算,那是很不好确定的。这就是图 9.41 的情况,而不是图 9.40 的情况。我们强调指出:差动反馈不能确定共模电压。

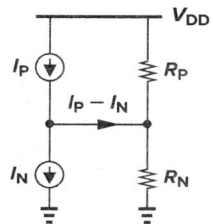

图 9.42 高增益放大器的简化模型

这里学生们常犯以下两个错误。第一,他们认为差动反馈可校正输出共模电平。正如对图 9.41(a)的简单电路所解释的,从 X 和 Y 到输入的差动反馈不能阻止输出共模电平从某个值出发向 V_{DD} 或地的移动。第二,他们会在模拟中精心地调整 V_b,使 V_X 和 V_Y 的值达到 $V_{DD}/2$ 附近,因此得出电路不需要共模反馈的结论。然而,我们已经认识到,顶部和底部电流源之间的随机失配会导致共模电平显著的下降或上升。这种失配在实际电路中总会出现,如果不采用 CMFB,会导致运放的失效。

例 9.16 ───────────────────────────────

研究例 9.7 中设计的套筒式运放,并在图 9.33 中重画带偏置电流镜的这个运放。设 M_9 对 M_{10} 有 1% 的电流失配,产生 $I_{SS}=2.97$ mA 而不是 3 mA。假定其它晶体管完全匹配,请说明此电路将发生什么现象。

解:从例 9.7 中得到,电路单端输出的阻抗是 266 kΩ。由于 M_3 和 M_5(同时 M_4 和 M_6)的漏电流之间的差值是 30 μA/2 = 15 μA,这输出电压的误差为 266 kΩ×15 μA=3.99 V。由于这个误差不可能产生,V_X 和 V_Y 必然上升使 $M_5 \sim M_6$ 和 $M_7 \sim M_8$ 进入线性区,产生 $I_{D7,8}=1.485$ mA。我们还应该提到,在图 9.43 的简单偏置方法中的共模误差的另一

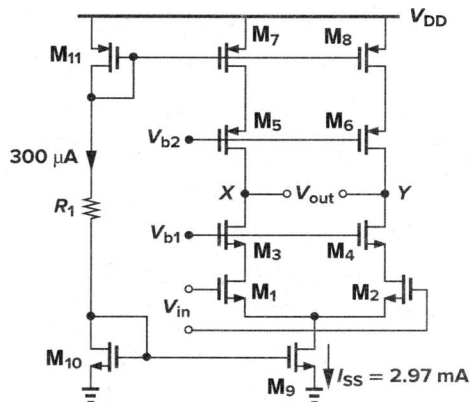

图 9.43

376

个重要来源是 $I_{D7,8}$ 与 I_{D11} 之间(同时,还有 I_{D9} 和 I_{D10} 之间)由于它们的不同的漏源电压产生的**决定性**的误差。尽管如此,我们仍然可以通过第 5 章中的电流镜技术减小这个误差。

前面的研究表明,在高增益放大器中,输出共模电平对器件的特性和失配相当敏感,而且不能通过**差动**反馈来达到稳定。因此,必须增加共模反馈网络来检测两个输出端的共模电平,并调节放大器的一个偏置电流。根据第 8 章反馈系统的观点,我们把 CMFB 的任务分为三个步骤:检测输出共模电平;同一个参考电压比较;将误差返回放大器偏置网络。图 9.44 概念性地表示了这个思想。

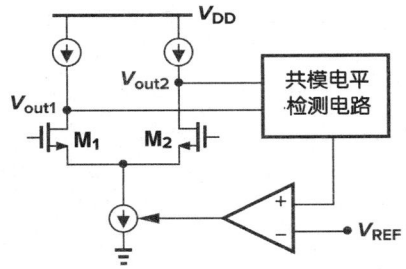

图 9.44 共模反馈的原理结构图

9.7.2 共模检测技术

为了读取输出共模电平,我们回顾等式 $V_{out,CM} = (V_{out1} + V_{out2})/2$,其中 V_{out1} 和 V_{out2} 是两个单端输出。初看起来,似乎可采用图 9.45 所示的电阻分压器,产生 $V_{out,CM} = (R_1 V_{out2} + R_2 V_{out1})/(R_1 + R_2)$,如果 $R_1 = R_2$,它简化为 $(V_{out1} + V_{out2})/2$。然而,困难在于,R_1 和 R_2 必须比运放的输出阻抗大得多,以避免开环增益降低。例如在图 9.43 的设计中,输出阻抗等于 266 kΩ,R_1 和 R_2 需要几个 MΩ 的值。第 18 章将会说明,这么大的电阻占据非常大的面积,更重要的是它与衬底之间有很大的寄生电容。

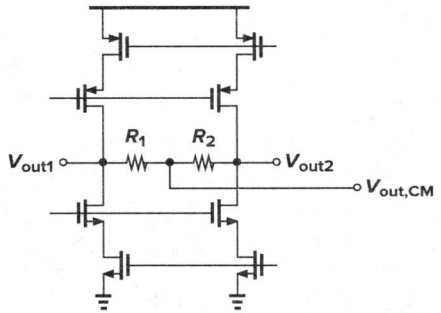

图 9.45 电阻检测的共模反馈

要去掉阻性负载,我们可以在每个输出端与它的相应电阻之间插入源跟随器。如图 9.46 所示,此技术产生的共模电平实际上比输出共模电平低 $V_{GS7,8}$,但这个偏差可以在比较的步骤中加以考虑。要注意的是,R_1 和 R_2,或者 I_1 和 I_2 必须足够大,以保证当输出端出现大的差动摆幅时,M_7 和 M_8 不会"挨饿"。正如图 9.47 中所描述的,如果 V_{out2} 比 V_{out1} 足够高,则 I_1 必定会流入二股电流: $I_X \approx (V_{out2} - V_{out1})/(R_1 + R_2)$ 和 I_{D7}。如果 $R_1 + R_2$ 或 I_1 不够大,其结果是 I_{D7} 降为零,$V_{out,CM}$ 也不再代表真实的输出共模电平。

图 9.46 的检测方法仍然存在一个严重缺点:它减小了差动输出摆幅(即使 $R_{1,2}$ 和 $I_{1,2}$ 足够大)。要理解为什么会这样,让我们确定 V_{out1}(和 V_{out2})的最小允许电压。如果没有 CMFB,它等于 $V_{OD3} + V_{OD5}$,由于加入源跟随器,$V_{out1,min} = V_{GS7} + V_{I1}$,其中 V_{I1} 表示 I_1 两端要求的最小电

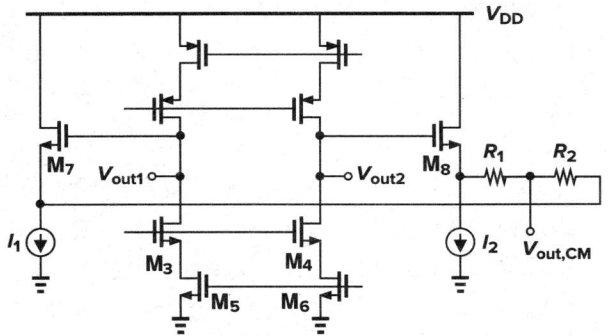

图 9.46 采用源跟随器的共模反馈

377

压。$V_{\text{out1,min}}$ 粗略等于 2 个过驱动电压与 1 个阈值电压之和。因此每端输出摆幅大约减小了一个阈值电压 V_{TH}，这在低电压设计中是个相当大的值。

考察图 9.45，读者或许想知道，输出共模电平的检测是否可用**电容**而不用电阻，以避免减小运放的低频开环增益。在某些情况下，这的确是可能的。这将在第 13 章中研究。

另一种 CM 的检测方法如图 9.48 所示。图中相同的 M_7 和 M_8 工作在深线性区，在 P 点与地之间引入的总电阻为

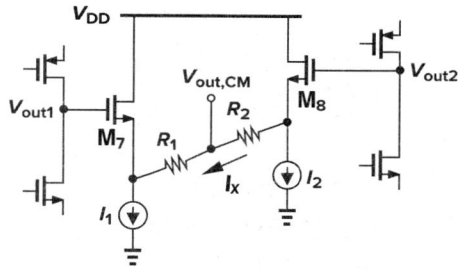

图 9.47　大摆幅时源跟随器的电流缺乏

$$R_{\text{tot}} = R_{\text{on7}} \parallel R_{\text{on8}} \tag{9.47}$$

$$= \frac{1}{\mu_{\text{n}} C_{\text{ox}} \dfrac{W}{L} (V_{\text{out1}} - V_{\text{TH}})} \parallel \frac{1}{\mu_{\text{n}} C_{\text{ox}} \dfrac{W}{L} (V_{\text{out2}} - V_{\text{TH}})} \tag{9.48}$$

$$= \frac{1}{\mu_{\text{n}} C_{\text{ox}} \dfrac{W}{L} (V_{\text{out2}} + V_{\text{out1}} - 2V_{\text{TH}})} \tag{9.49}$$

式中，W/L 表示 M_7 和 M_8 的宽长比。式(9.49)表明，R_{tot} 是 $V_{\text{out2}} + V_{\text{out1}}$ 的函数，但与 $V_{\text{out2}} - V_{\text{out1}}$ 无关。从图 9.48 可观察到，如果输出的两个电压同时上升，则 R_{tot} 下降；如果它们差动地变化，则一个 R_{on} 增大，而另一个减小。因此，该电阻可用来测量输出的 CM 电平。

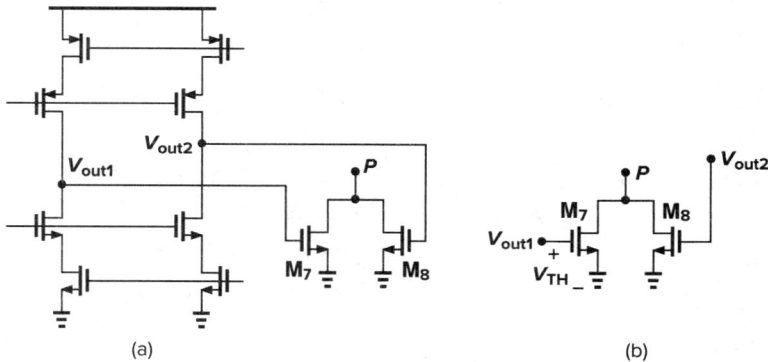

图 9.48　利用深线性区工作的 MOS 管的共模检测

在图 9.48 的电路中，M_7 和 M_8 的使用限制了输出电压摆幅。图中似乎 $V_{\text{out,min}} = V_{\text{TH7,8}}$，此数值较接近两个过驱动电压。但困难来自上述关于 M_7 和 M_8 工作在深线性区的假设。事实上，如果 V_{out1} 从平衡的 CM 电压下降为零电平上的一个阈值电压[图 9.48(b)]，则 V_{out2} 就上升同样的电压值，那么 M_7 进入饱和区，它的导通电阻就发生变化，而且该变化不能被 M_8 的电阻变化所补偿。

我们必须记住，CM 的检测必须产生一个与差动信号**无关**的量。下面的例题将说明这一点。

例 9.17 ————

学生模拟闭环运放电路[例如图 9.48(a)中的电路]的阶跃响应,并观察图 9.49 中所示的输出波形。解释 V_{out1} 和 V_{out2} 为什么不是对称地变化。

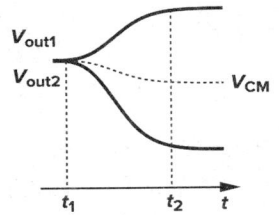

解:正如波形所显示的,从 t_1 到 t_2 输出 CM 电平会发生**变化**,这表明 CM 的检测机制是非线性的,因而在 t_1 和 t_2 时刻转换成不同的 CM 电平。例如,如果图 9.48 中的 M_7 或 M_8 在 t_2 时刻不保持在深线性区,则式(9.49)不再成立,V_{CM} 变成了差动信号的函数。

图 9.49

———————————————————————————————————

另一个 CM 检测方法如图 9.50 所示。这里,两个差动对将两个输出与参考电压 V_{REF} 进行比较,产生与输出 CM 电平成比例的电流 I_{CM}。为了证明这一点,我们写出 M_2 和 M_4 的小信号漏电流分别为 $(g_m/2)V_{out1}$ 和 $(g_m/2)V_{out2}$,从而得出结论:$|I_{CM}| \propto V_{out1} + V_{out2}$。该电流可以被复制到带负反馈运放内的电流源,以保持 $V_{out,CM}$ 约等于 V_{REF}。

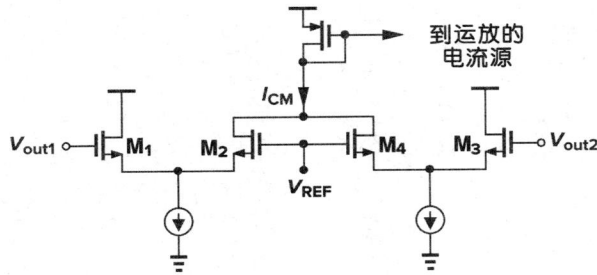

图 9.50　具有高度非线性的 CM 检测电路

上述结构面临着严重的问题。因为 V_{out1} 和 V_{out2} 会经历大的摆幅,由于差动对的非线性 I_{CM} 不再保持与 $(V_{out1} + V_{out2})$ 的比例关系。事实上,如果 I_{D1} 和 I_{D2} 分别表示为 $f(V_{out1} - V_{REF})$ 和 $f(V_{out2} - V_{REF})$,我们看到,如果 $f()$ 不是一个线性函数,$I_{D1} + I_{D2}$ 取决于 V_{out1} 和 V_{out2} 的各自的数值。因此,在输出差动摆幅很大的情况下重建的 CM 电平不会保持不变。

9.7.3　共模反馈技术

现在我们研究把所测量的 CM 电平与参考电压进行比较的技术以及将误差返回到运放偏置网络的技术。在图 9.51 的电路中,我们用简单放大器检测 $V_{out,CM}$ 与参考电压 V_{REF} 的差值,将结果以负反馈方式加到 NMOS 的电流源上。如果 V_{out1} 和 V_{out2} 都上升,则 V_E 上升,因此,增大了 $M_3 \sim M_4$ 的漏电流,而降低了 CM 电平。换句话说,如果环路增益大,则反馈网络迫使 V_{out1} 和 V_{out2} 的 CM 电平趋近 V_{REF}。要注意,这反馈也可加到 PMOS 电流源上。还有,反馈仅可以控制一小部分电流,以提供较好的稳定特性。例如,M_3 和 M_4 中的每一个晶体管都应分解为二个并联的器件:一个偏置在固定的电流;另一个由误差放大器驱动。

在折叠式共源共栅运放中,CMFB 可控制输入差动对的尾电流。如图 9.52 所示,如果

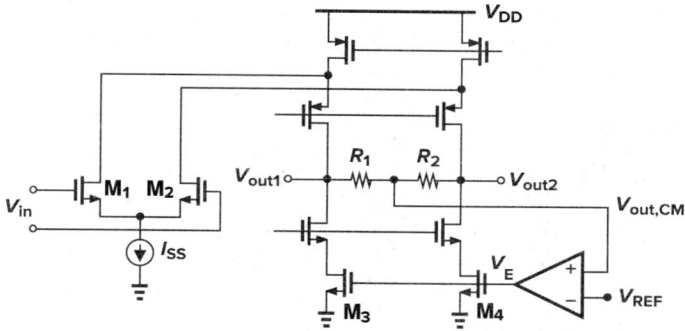

图 9.51　测量和控制输出 CM 电平

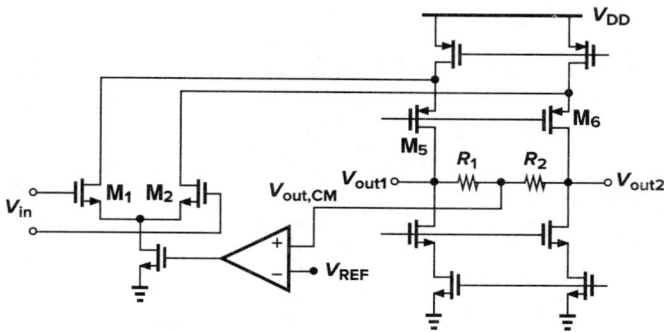

图 9.52　控制输出共模电平的另一种方法

V_{out1} 和 V_{out2} 均提高,则这种方法会增大尾电流,结果减小了 $M_5 \sim M_6$ 的漏电流,从而恢复输出共模电平。

利用图 9.48 的检测方法怎样进行比较和反馈呢? 在这里,输出 CM 电平直接被转换成一个电阻或一股电流,无法与参考电压进行比较。采用这一技术的一种简单反馈结构如图 9.53 所示,其中,$R_{on7} \parallel R_{on8}$ 调节 M_5 和 M_6 的偏置电流。输出 CM 电平调节 $R_{on7} \parallel R_{on8}$,以使 I_{D5} 和 I_{D6} 分别与 I_{D9} 和 I_{D10} 正好相等。设 $I_{D9} = I_{D10} = I_D$,则必须有 $V_b - V_{GS5} = 2I_D(R_{on7} \parallel R_{on8})$,因此,$R_{on7} \parallel R_{on8} = (V_b - V_{GS5})/(2I_D)$。由式(9.49)得

$$\frac{1}{\mu_n C_{ox}(\frac{W}{L})_{7,8}(V_{out2} + V_{out1} - 2V_{TH})} = \frac{V_b - V_{GS5}}{2I_D} \qquad (9.50)$$

由此得

$$V_{out1} + V_{out2} = \frac{2I_D}{\mu_n C_{ox}(\frac{W}{L})_{7,8}} \frac{1}{V_b - V_{GS5}} + 2V_{TH} \qquad (9.51)$$

上式中,$V_{GS5} = \sqrt{2I_D/[\mu_n C_{ox}(W/L)_5]} + V_{TH5}$。由上式可得共模电平。

图 9.53 中的 CMFB 网络有几个缺点。首先,输出共模电平是器体参数的函数;其次 R_{on7}

381

$\parallel R_{on8}$ 两端的电压降限制了输出电压摆幅;第三,要减小这个电压降,M_7 和 M_8 通常是很大的宽栅器件,在输出端引入了相当大的电容。第二个问题可以通过把这个反馈加到输入差动对的尾电流的方法予以减小,见图 9.54,但其它两个问题依然存在。

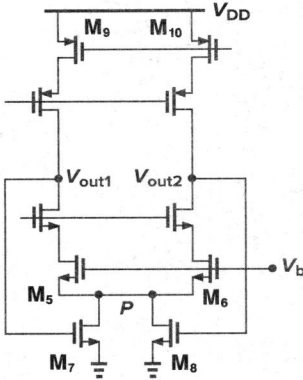

图 9.53　采用线性器件的 CMFB

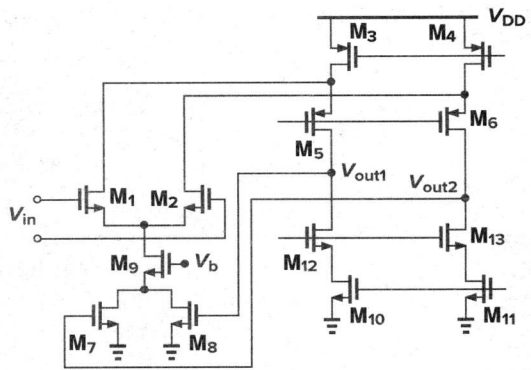

图 9.54　控制输出共模电平的另一种方法

图 9.54 中的 V_b 是怎样产生的? 我们注意到,$V_{out,CM}$ 对 V_b 的值有些敏感:如果 V_b 高于所希望的值,则 M_1 和 M_2 尾电流将增加,输出共模电平将下降。由于通过 M_7 和 M_8 的反馈力图改正这个误差,$V_{out,CM}$ 的总的变化取决于 CMFB 网络的环路增益。这将在紧接的例题中进行研究。

例 9.18 ——

对于图 9.54 的电路,确定 $V_{out,CM}$ 对 V_b 的灵敏度,即 $dV_{out,CM}/dV_b$。

解:如果设 V_{in} 为零,并在 M_7 和 M_8 的栅极断开环路,我们可简化这个电路,如图 9.55 所示。请注意,必须在三极管区计算 g_{m7} 和 g_{m8}:$g_{m7}=g_{m8}=\mu_n C_{ox}(W/L)_{7,8}V_{DS7,8}$,其中 $V_{DS7,8}$ 表示 M_7 和 M_8 的漏源电压的偏置值。由于 M_7 和 M_8 工作在深三极管区,$V_{DS7,8}$ 通常小于 100 mV。

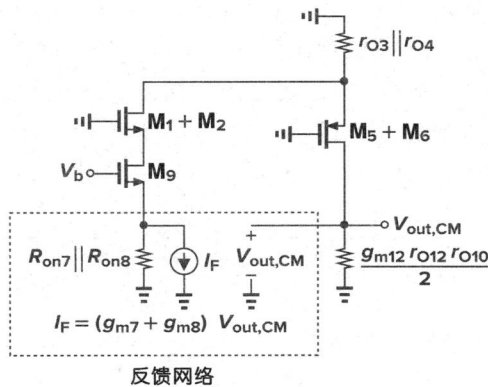

图 9.55

在一个设计得很好的电路中,其环路增益必定较高。因此我们推断其闭环增益约等于

$1/\beta$,其中 β 代表反馈系数。由第 8 章,可得 β 为

$$\beta = \frac{V_2}{V_1}\bigg|_{I2=0} \tag{9.52}$$

$$= -(g_{m7} + g_{m8})(R_{on7} \parallel R_{on8}) \tag{9.53}$$

$$= -2\mu_n C_{ox}\left(\frac{W}{L}\right)_{7,8} V_{DS7,8} \cdot \frac{1}{2\mu_n C_{ox}(W/L)_{7,8}(V_{GS7,8} - V_{TH7,8})} \tag{9.54}$$

$$= -\frac{V_{DS7,8}}{V_{GS7,8} - V_{TH7,8}} \tag{9.55}$$

382

其中 $V_{GS7,8} - V_{TH7,8}$ 表示 M_7 和 M_8 的过驱动电压。因此

$$\left|\frac{dV_{out,CM}}{dV_b}\right|_{closed} \approx \frac{V_{GS7,8} - V_{TH7,8}}{V_{DS7,8}} \tag{9.56}$$

这是个重要结果。由于 $V_{GS7,8}$(即输出共模电平)的值通常在 $V_{DD}/2$ 附近,上式表明,$V_{DS7,8}$ 必须为最大值,以减小灵敏度,但以环路增益为代价。

现在介绍对图 9.54 中电路的改进,既要使输出电平相对独立于器件参数,又要减低对 V_b 值的敏感度。如图 9.56(a)所示,其思想是通过一个电流镜电路来确定 V_b,使 I_{D9} "跟踪" I_1 和 V_{REF}。为简化起见,设 $(W/L)_{15} = (W/L)_9$,$(W/L)_{16} = (W/L)_7 + (W/L)_8$。因此,只有当

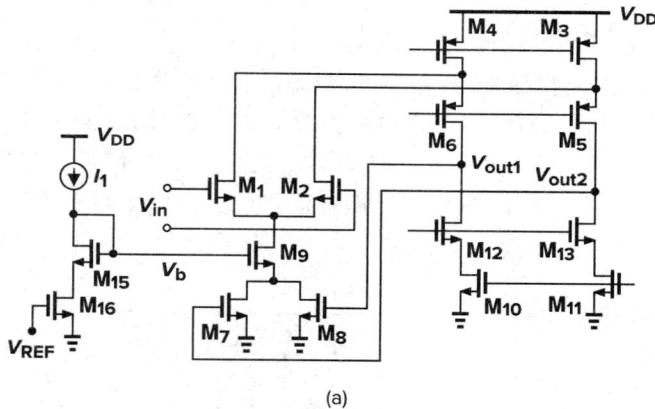

(a)

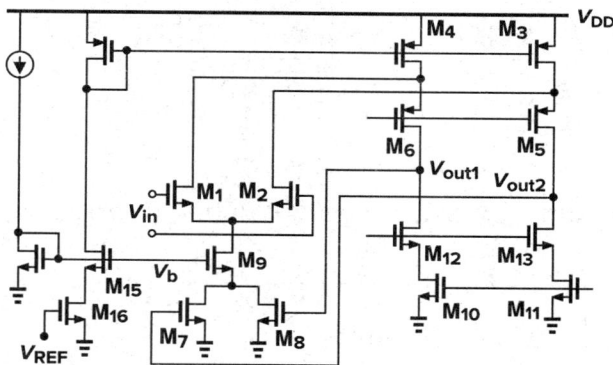

(b)

图 9.56 为更精确地确定输出共模电平而对 CMFB 的改进

$V_{\text{out,CM}} = V_{\text{REF}}$ 时，$I_{D9} = I_1$。也就是说，正如图 9.52 的情况一样，此电路产生一个输出共模电平，其数值等于参考电压，但它检测 $V_{\text{out,CM}}$ 不需要电阻。整体设计可简化成图 9.56(b)所示的电路。

实际上，由于 $V_{DS15} \neq V_{DS9}$，沟道长度调制产生一定的误差。图 9.57 画出了抑制这个误差的改进电路。图中晶体管 M_{17} 和 M_{18} 在 M_{15} 的漏端再产生一个电压，其值等于 M_1 和 M_2 的源电压，以保证 $V_{DS15} = V_{DS9}$。

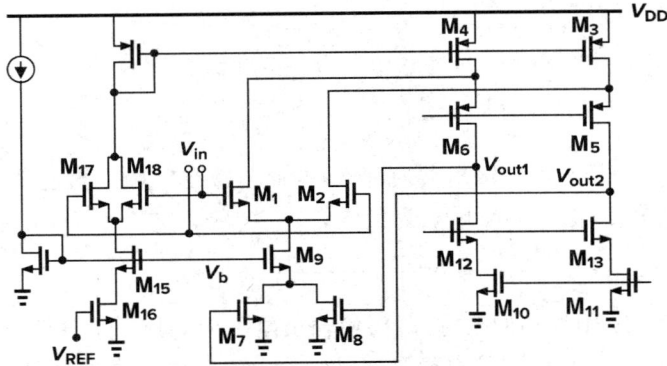

图 9.57　为抑制沟道长度调制产生误差而做的改进

为获得另一种共模反馈的结构，我们研究如图 9.58(a)所示的简单差动对。这里，输出共模电平为 $V_{DD} - V_{GS3,4}$，这是较明确的，但电压增益相当低。为提高增益，对**差动**信号，PMOS 器件必须作为电流源工作。因此，我们把电路修改成图 9.58(b)。图中，对于 V_{out1} 和 V_{out2} 的差动变化，P 点是虚地，增益可表示成 $g_{m1,2}(r_{O1,2} \parallel r_{O3,4} \parallel R_F)$。我们最好选择 $R_F \gg r_{O1,2} \parallel r_{O3,4}$。另一方面，对共模信号，$M_3$ 和 M_4 作为二极管连接器件。该电路在低增益应用中证明是有用的。

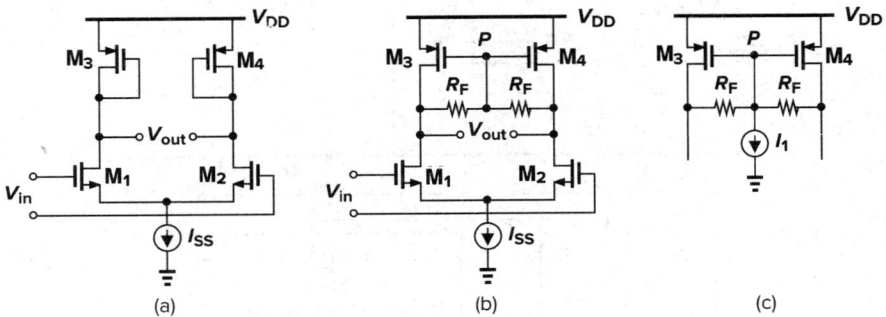

图 9.58　(a)采用二极管连接的 MOS 为负载的差动对；(b)阻性 CMFB；(c)允许低电压工作的改进

例 9.19

确定图 9.58(b)中最大允许的输出摆幅。

解：如果选择 $V_{\text{in,CM}}$ 使 V_{ISS} 处于线性区的边缘，则每个输出可以降到地电压以上的两个过驱动电压。输出允许的最高电平等于输出 CM 电平加上 $|V_{TH3,4}|$，即，$V_{DD} - |V_{GS3,4}| + |V_{TH3,4}|$

$= V_{DD} - |V_{GS3,4} - V_{TH3,4}|$。

在某些应用中,我们希望图 9.58(b)的电路在没有小信号时可工作在低电源电压下。该电路要求的最低 V_{DD} 为,$|V_{GS3,4}|$ 加上两个过驱动电压。我们修改电路,从两个电阻抽取一股小电流 I_1,PMOS 器件如图 9.58(c)所示。图中,V_P 仍等于 $V_{DD} - |V_{GS3,4}|$,但漏电压比 V_P 高了一个值:$I_1 R_F/2$。例如,如果 $I_1 R_F/2 = |V_{TH3,4}|$,则 PMOS 器件工作在饱和区的边缘,允许的最小 V_{DD} 为三个过驱动电压。

例 9.20 ————————————

学生为解决电压余度的限制,构建了图 9.59(a)中所示的电路:两个线性区工作的器件代替尾电流源,并检测输出 CM 电平 $V_{out,CM}$。确定从输入共模电平到输出共模电平的小信号增益。

385

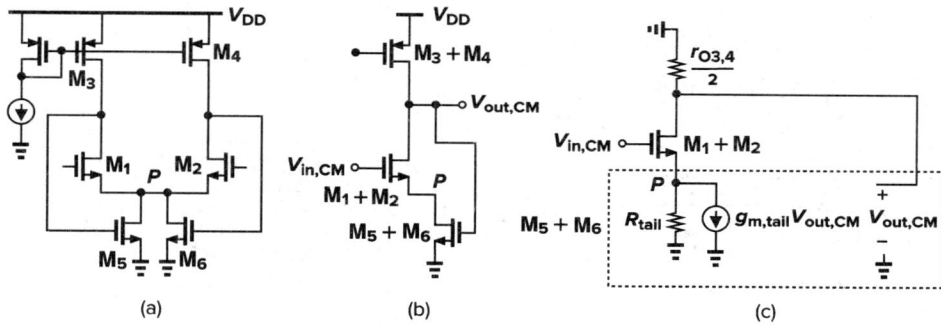

图 9.59

解:如果电路是对称的,两个输出结点可以短接,产生图 9.59(b)的结构[①]。为模拟复合晶体管 $M_5 + M_6$,我们定义跨导 $g_{m,tail} = g_{m5} + g_{m6} = 2\mu_n C_{OX}(W/L)_{5,6} V_P$,其中 V_P 是结点 P 的直流电压。我们近似它们的总沟道电阻为 $R_{tail} = [2\mu_n C_{OX}(W/L)_{5,6}(V_{out,CM} - V_{TH5,6})]^{-1}$。因此,该电路可以简化为图 9.59(c)所示的电路。

为简化,对 M_1 和 M_2 假设 $\lambda = \gamma = 0$,我们把由 $M_1 + M_2$ 抽取的小信号电流表示为 $-V_{out,CM}/(r_{O3,4}/2)$。该电流转换为它们的栅源电压,其值为 $-V_{out,CM}/(2g_{m1,2} r_{O3,4}/2) = -V_{out,CM}/(g_{m1,2} r_{O3,4})$。因此结点 P 的电压为 $V_{in,CM} + V_{out,CM}/(g_{m1,2} r_{O3,4})$,通过 R_{tail} 的电流为 $[V_{in,CM} + V_{out,CM}/(g_{m1,2} r_{O3,4})]/R_{tail}$。由于该电流和 $g_{m,tail} V_{out,CM}$ 均必须添加到 $-V_{out,CM}/(r_{O3,4}/2)$ 中,所以,输出电压是三股电流之和与输出电阻的乘积,我们得到

$$\frac{V_{out,CM}}{V_{in,CM}} = -\frac{1}{\dfrac{2R_{tail}}{r_{O3,4}} + g_{m,tail} R_{tail} + (g_{m1,2} r_{O3,4})^{-1}} \tag{9.57}$$

值得注意的是,分母中的三项均小于1(为什么?),这表明 $V_{out,CM}/V_{in,CM}$ 大概在1附近。也就是说,输入 CM 电平的误差达到输出时没有明显的衰减。该分析表明,这是不良的共模抑

————————————

① 我们采用符号 $M_j + M_{j+1}$ 来表示 M_j 和 M_{j+1} 的并联组合。

制比（CMRR）；假定 M_1 和 M_2 之间的 g_m 不匹配，鼓励读者计算第 4 章所述的 CMRR。

9.7.4　两级运放中的共模反馈

两级运算放大器由于能提供近似轨对轨的输出摆幅，在当今的设计中比其他结构得到了更广泛的应用。然而，这种运放要求更复杂的共模反馈。为了解该问题，在图 9.60(a) 中所示的简单电路的情况下，我们考虑三种不同的 CMFB 方法。

第一种，假设 V_{out1} 和 V_{out2} 的 CM 电平已被检测，并将该结果只用于控制 V_{b2}，即第二级（但不是第一级）引入了 CMFB［图 9.60(b)］。在这种情况下，不存在任何反馈机制来控制结点 X 和 Y 的 CM 电平。例如，如果 I_{SS} 恰好小于 M_3 和 M_4 希望抽取电流的总和，则 V_X 和 V_Y 会上升，驱使这两个晶体管进入线性区，使 $I_{D3}+I_{D4}$ 最终等于 I_{SS}。这种效果也会减小 $|V_{GS5,6}|$，从而在 $M_5 \sim M_8$ 中建立远低于额定值的电流。因此，这种 CMFB 方法是不可取的。

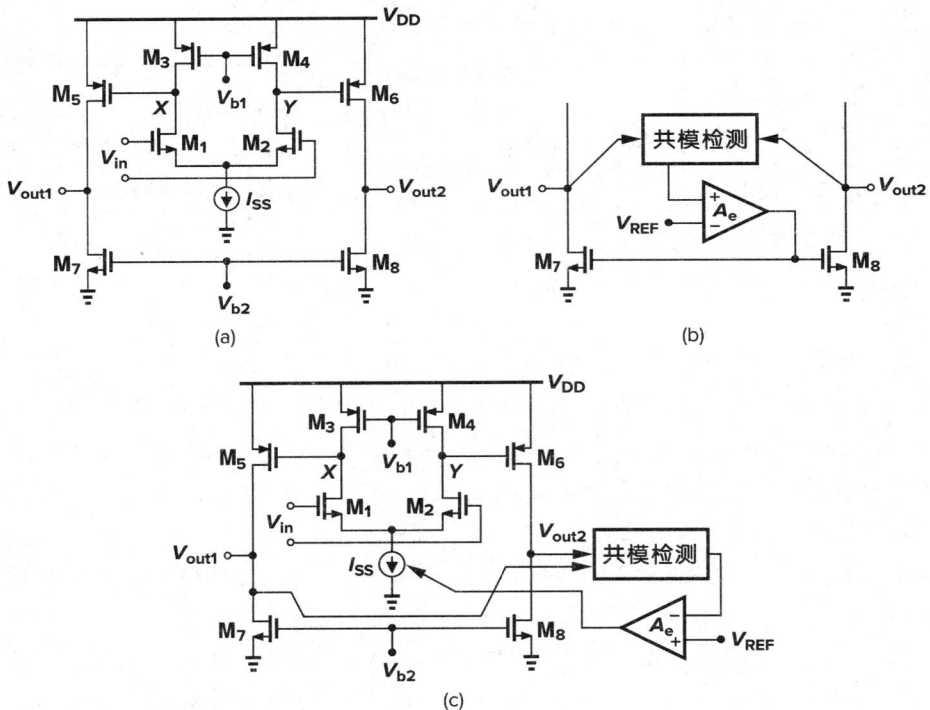

图 9.60　(a)两级运放；(b)CMFB 在第二级；(c)CMFB 从第二级到第一级

第二种，我们仍检测 V_{out1} 和 V_{out2} 的 CM 电平，但将结果返回到第一级，例如到 I_{SS}［图 9.60(c)］。例如，假设 V_{out1} 和 V_{out2} 开始时太高，则误差放大器 A_e 会减小 I_{SS}，使 V_X 和 V_Y 上升，从而使 $|I_{D5}|$ 和 I_{D6} 下降，也使 V_{out1} 和 V_{out2} 下降。值得注意的是，这里 M_5 和 M_6 事实上在检测结点 X 和 Y 的 CM 电平，帮助整个环路控制两级的 CM 电平。（如果 M_3 和 M_4 有尾电流，如同在通常差动对的情况，则这种特性将消失，该 CMFB 环路将无法工作。）

在某些设计中,使用第二种方法时存在一个重要的缺点。我们对共模电平画出等效电路,如图 9.61 所示。该 CMFB 环路包含几个极点？在 X 或 Y 对应一个;主输出一个极点;与误差放大器关联的至少一个极点。此外,由于 R_{CM} 很大,以便不对第二级加载,它与 A_e 的输入电容形成不可忽略的一个极点。因此,即使不考虑 M_1 和 M_2 的源极对应的极点,CMFB 环路还包含三个或四个极点。正如第 10 章所述,这许多极点很难使环路稳定。

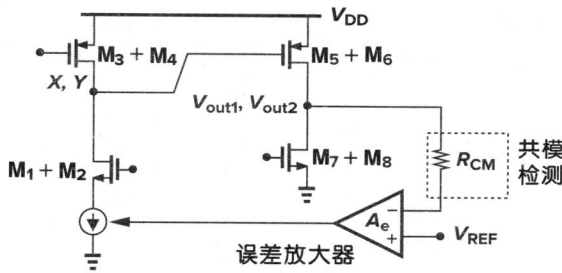

图 9.61　为确定极点数的等效 CMFB 环路

为了避免稳定性问题,我们为运放的第一和第二级采用两个独立的 CMFB 环路。图 9.62 显示了一个简单的例子[7],图中以类似于图 9.58(b) 的方式,R_1 和 R_2 为第一级、R_3 和 R_4 为第二级提供 CMFB。有趣的是,这个结构中所有的漏电流都是从 I_{SS} 复制的。假设电路是对称的,我们认识到:(1)电阻 R_1 和 R_2 调节 $V_{GS3,4}$,直到 $I_{D3} = I_{D4} = I_{SS}/2$;(2)由于 $V_{GS3,4} = V_{GS5,6}$,作为电流镜,M_5 和 M_6 从 M_3 和 M_4 复制电流;(3)电阻 R_3 和 R_4 调节 $V_{GS7,8}$,直到 $I_{D7} = I_{D8} = |I_{D5}| = |I_{D6}|$。该差动电压增益等于 $g_{m1}(r_{O1} \| r_{O3} \| R_1)g_{m5}(r_{O5} \| r_{O7} \| R_3)$。

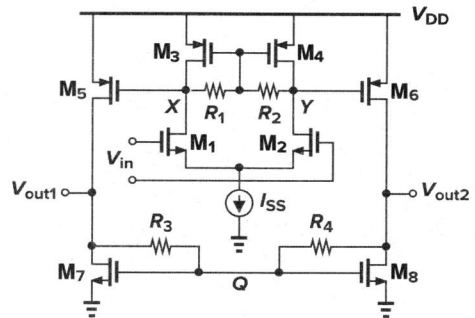

图 9.62　每一级中的简单 CMFB 环路

两级运放的另一种 CMFB 技术将在第 11 章中叙述。

例 9.21

学生对图 9.62 中运放的简洁很感兴趣,由给定的功率预算来设计该电路,但意识到输出 CM 电平不可避免地会远低于 $V_{DD}/2$,因此,输出摆幅是有限的。请解释原因并制定解决方案。

解: 输出 CM 电平等于 $V_{G7,8}$(通过回顾可知,在没有信号时 R_3 和 R_4 不传输电流)。由于 M_7 和 M_8 可选择足够的栅宽来减小过驱动电压,$V_{GS7,8}$ 仅稍大于一个阈值电压,因此远低于 $V_{DD}/2$。

这个问题可以通过从结点 Q 抽取一个小电流来解决(图 9.63)。现在,R_3 和 R_4 维持的电压降为

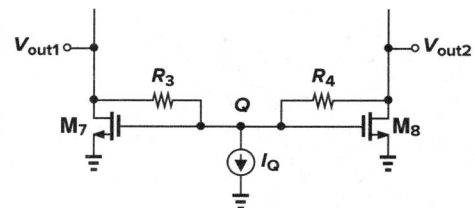

图 9.63

$R_3 I_Q/2(=R_4 I_Q/2)$，输出 CM 电平会产生相同数量的上移[7]。因此，可以选择 I_Q 来建立大约 $V_{DD}/2$ 的输出 CM 电平。

为实现高增益，如果第一级采用了套筒式共源共栅，则 CMFB 环路可以如图 9.64 所示的方法实现。在 X 和 Y 中检测的 CM 电平，虽然不精确，但可避免在这些结点上加载高阻抗，从而保持较高的电压增益。

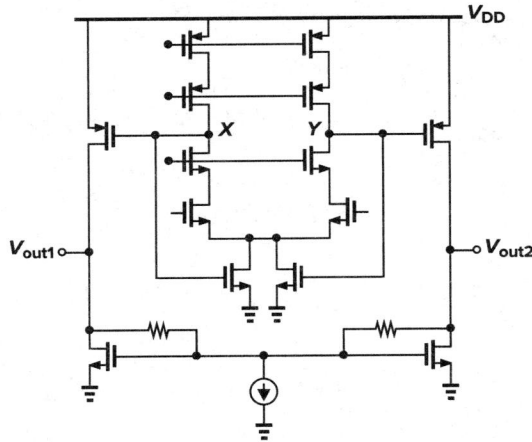

图 9.64　共源共栅级和输出级的 CMFB 环路

9.8　输入范围限制

为达到大的差动输出摆幅，至此我们已经研究了各种运放电路。尽管差动输入摆幅通常很小（小到开环增益的倒数的倍数），但输入共模电平在某些应用中要求在宽的范围内变化。例如，图 9.65 所示的简单的单位增益缓冲器，其输入摆幅几乎等于输出摆幅。有意义的是，在这种情况下，电压摆幅的限制由输入差动对决定，而不是由输出共源共栅支路确定。特别是，$V_{\text{in,min}} \approx V_{\text{out,min}} = V_{\text{GS1,2}} + V_{\text{ISS}}$，这约比 $M_5 \sim M_8$ 提供的最小允许电压高一个阈值电压。

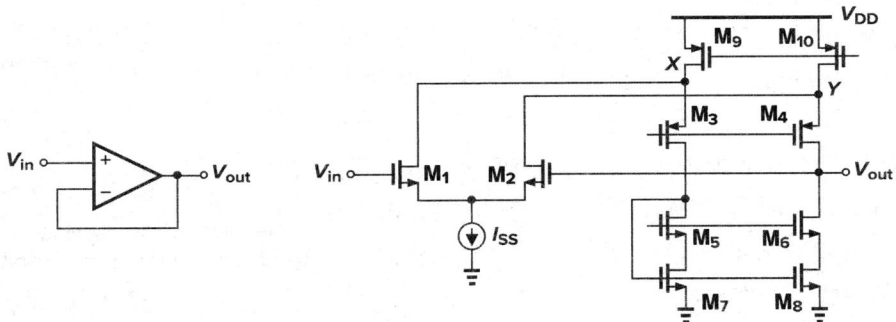

图 9.65　单位增益缓冲器

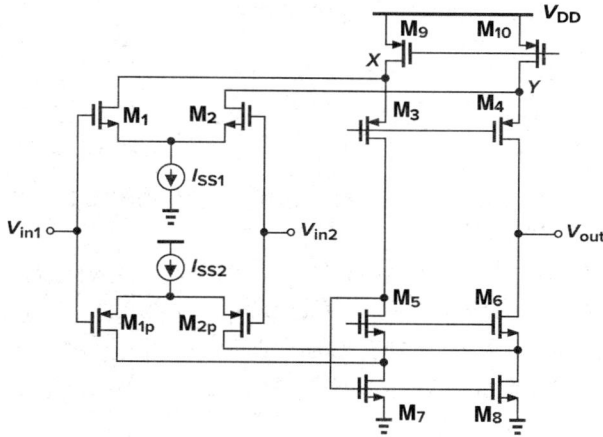

图 9.66 输入 CM 范围的扩展

　　如果 V_{in} 降低到上述最小允许电压以下,情况将怎样? 提供 I_{ss} 的 MOS 晶体管将进入线性区,减小差动对的偏置电流,并因此减小差动对的跨导。我们假定,如果由于某些原因跨导被恢复,则限制被消除。

　　扩展输入共模范围的一种简单方法是混合使用 NMOS 差动对和 PMOS 差动对,使得一个"死"时,另一个"活"。如图 9.66 所示,其思想是把具有 NMOS 和 PMOS 输入差动对的二个折叠运放结合起来。这样,当输入 CM 电平接近地电位时,NMOS 差动对的跨导下降,最终为零。尽管如此,PMOS 差动对还在正常工作。相反,如果输入 CM 电平接近 V_{DD},则 M_{1P} 和 M_{2P} 开始关断,但 M_1 和 M_2 还在正常工作。

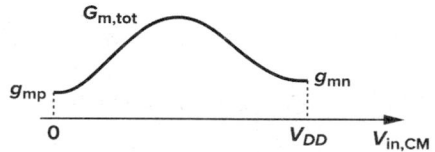

图 9.67 等效跨导随输入 CM 电平的变化

　　在图 9.66 的电路中,担心的一个重要问题是:当输入 CM 电平改变时,两个差动对的总跨导的**变化**。在考虑每个差动对工作的时候,我们要预先考虑图 9.67 所描述的特性。因此,电路的许多特性,包括增益、速度和噪声,都是变化的。减小这个变化的更完善的技术在文献[8]中阐述。

9.9 转换速率

　　反馈电路中使用的运放表现出所谓"转换"(slewing)的大信号特性。我们首先叙述**线性**系统的一个有趣的特性,该特性在转换期间会消失。考虑图 9.68 所示的简单 RC 网络,图中,输入是高度为 V_0 的理想电压阶跃。由于 $V_{out} = V_0[1 - \exp(-t/\tau)]$,其中 $\tau = RC$,则

$$\frac{dV_{out}}{dt} = \frac{V_0}{\tau}\exp\frac{-t}{\tau} \tag{9.58}$$

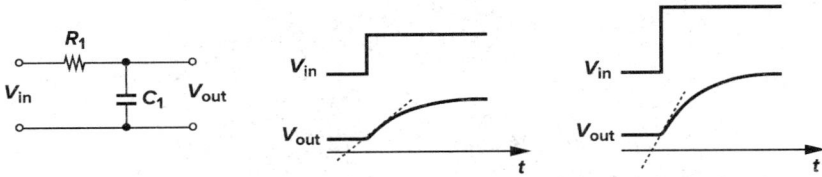

图 9.68   一种线性电路对输入阶跃的响应

就是说，阶跃响应的斜率正比于输出的最终值；如果加一个大的输入阶跃，则输出上升更陡。这是线性系统的基本性质：如果输入幅度增加一倍，而其它参数保持不变，则输出信号电平在每一点也增加一倍，导致斜率增加到 2 倍。

390

上述观察结果也可用在线性反馈系统。图 9.69 所示的电路是一个例子，图中的运放假设是线性的。由图可得

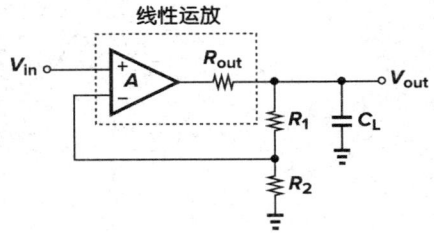

图 9.69   线性运放对输入阶跃的响应

$$\left[\left(V_{in}-V_{out}\frac{R_2}{R_1+R_2}\right)A-V_{out}\right]\frac{1}{R_{out}}=\frac{V_{out}}{R_1+R_2}+V_{out}C_L s \qquad (9.59)$$

假设 $R_1+R_2\gg R_{out}$，上式变为

$$\frac{V_{out}}{V_{in}}(s)\approx\frac{A}{(1+A\dfrac{R_2}{R_1+R_2})\left[1+\dfrac{R_{out}C_L}{1+AR_2/(R_1+R_2)}s\right]} \qquad (9.60)$$

正如所料，低频增益和时间常数均除以 $1+AR_2/(R_1+R_2)$。因此，阶跃响应为

$$V_{out}=V_0\frac{A}{1+A\dfrac{R_2}{R_1+R_2}}\left(1-\exp\frac{-t}{\dfrac{C_L R_{out}}{1+AR_2/(R_1+R_2)}}\right)u(t) \qquad (9.61)$$

上式表明，其斜率正比于终值。这种响应类型称为"线性稳定"。

另一方面，当输入幅值增加时，实际运放电路的阶跃响应开始偏离式 (9.61)。如图 9.70 所示，对于足够小的输入的响应遵循式 (9.61) 的指数规律，但对于大的输入阶跃，输出表现出具有**不变斜率**的线性**斜坡**。这种情况下，我们说，此运放经历了转换，并称此斜坡的斜率为"转

391 换速率"。

要理解转换的起源，我们用 CMOS 的简单运放电路 (图 9.71) 代替图 9.70 中的运放，同时

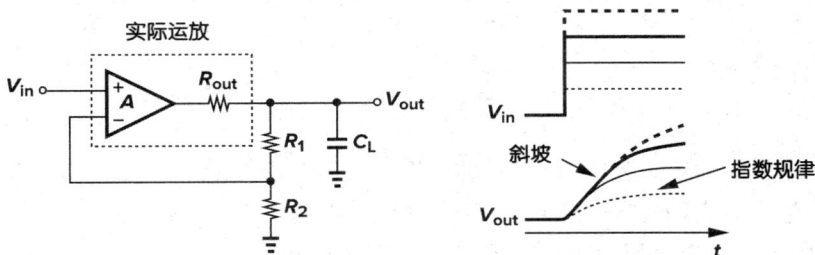

图 9.70   运放电路中的转换

假设 R_1+R_2 很大。我们首先研究小的输入阶跃时的电路。如果 V_{in} 有一个 ΔV 的变化，I_{D1} 将增加 $g_m\Delta V/2$，而 I_{D2} 将减小 $g_m\Delta V/2$。由于 M_3 和 M_4 的镜像作用，$|I_{D4}|$ 升高 $g_m\Delta V/2$，运放提供的总的小信号电流等于 $g_m\Delta V$。此电流开始对 C_L 充电，但随着 V_{out} 的上升，V_X 也上升，结果减小了 V_{G1} 和 V_{G2} 之间的差值，也因此减小了运放的输出电流。最终，V_{out} 根据式(9.61)的规律变化。

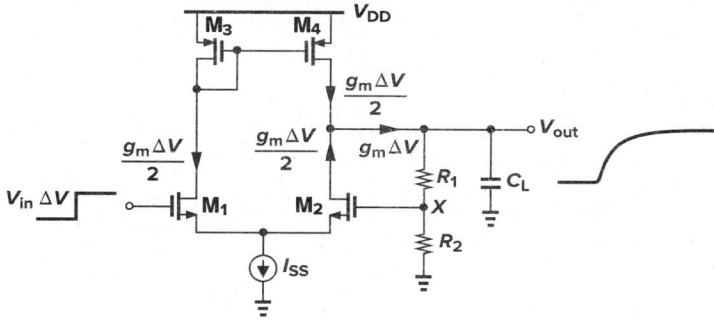

图 9.71　一种简单运放的小信号工作

现假设 ΔV 大到使 M_1 吸收 I_{SS} 的全部电流，因而关断 M_2。那么，该电路简化为图 9.72(a) 的电路，结果产生斜率等于 I_{SS}/C_L 的斜坡输出(如果忽略 M_4 的沟道长度调制和被 R_1+R_2 抽取的电流)。要注意的是，只要 M_2 维持关断，反馈环路就被断开，因此，对 C_L 的充电电流是不变的，而且该电流与输入电平的高低无关。随着 V_{out} 上升，V_X 最终接近 V_{in}，此时 M_2 导通，且电路回到线性工作状态。

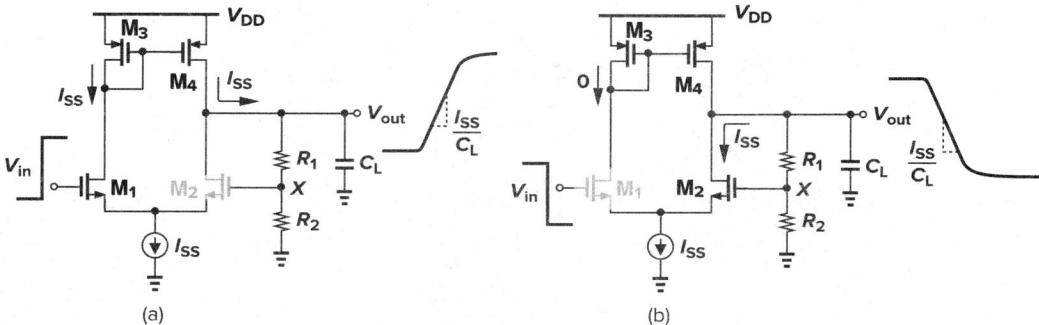

图 9.72　(a)低到高变化时的转换；(b)高到低变化时的转换

在图 9.71 中，对于输入的下降沿也会发生转换。如果输入电压下降很大，使得 M_1 关断，则该电路简化成图 9.72(b)，C_L 的放电电流约等于 I_{SS}。随着 V_{out} 下降，V_X 与 V_{in} 的差小到使 M_1 导通，此后便产生线性的行为。

以上的观察结果说明了转换是一种非线性现象。例如，输入幅值增加一倍，在输出的**所有**点上，其电平并不增加一倍，因为斜坡表现出与输入无关的斜率。

在处理大信号的高速电路中，转换是一种不希望的现象。尽管一个电路的小信号带宽可以提供快速时域响应，但大信号的速度也许会被转换速率限制，原因是对电路中的主要电容器充电和放电的电流太小。而且，由于转换期间输入-输出关系是非线性的，转换放大器的输出表现很大的失真。例如,如果一个电路要放大一个正弦信号 $V_0\sin\omega_0 t$(处在稳态),则它的转换速率(压摆率)必须超过 $V_0\omega_0$。

例 9.22

考虑图 9.73(a)所示的反馈放大器,其中 C_1 和 C_2 设定闭环增益(对 M_2 栅极的偏置网络未画出)。(a)确定该电路的小信号阶跃响应;(b)计算正和负的转换速率。

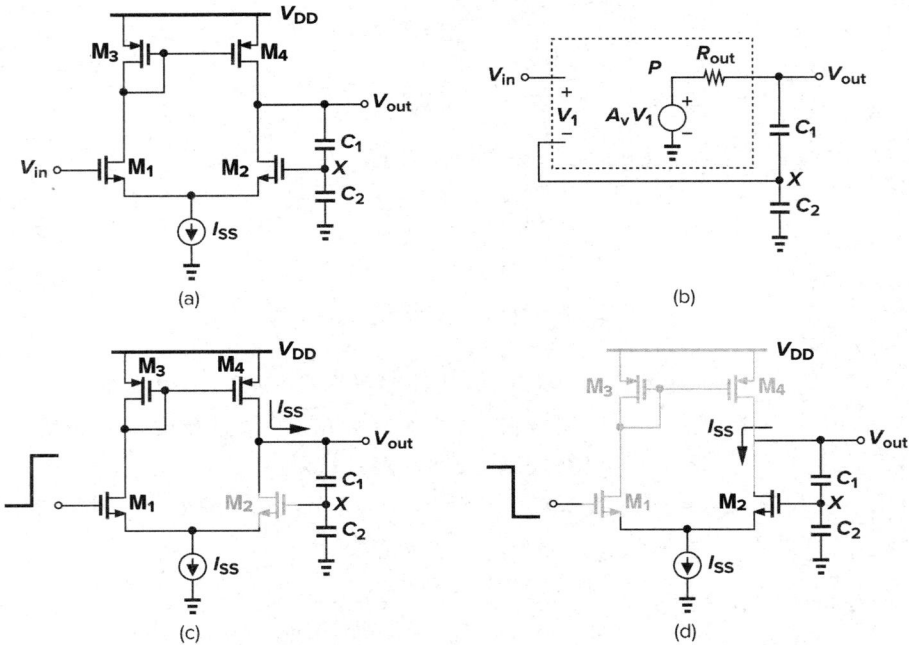

Figure 9.73

图 9.73

解:(a)该运放的等效电路如图 9.73(b)所示,图中,$A_v = g_{m1,2}(r_{O2} \parallel r_{O4})$,$R_{out} = r_{O2} \parallel r_{O4}$。我们得到 $V_X = C_1 V_{out}/(C_1 + C_2)$,因此,

$$V_P = (V_{in} - \frac{C_1}{C_1 + C_2}V_{out})A_v \tag{9.62}$$

由此得

$$\left[(V_{in} - \frac{C_1}{C_1 + C_2}V_{out})A_v - V_{out}\right]\frac{1}{R_{out}} = V_{out}\frac{C_1 C_2}{C_1 + C_2}s \tag{9.63}$$

由此得出

$$\frac{V_{out}}{V_{in}}(s) = \frac{A_v}{1 + A_v\dfrac{C_1}{C_1 + C_2} + \dfrac{C_1 C_2}{C_1 + C_2}R_{out}s} \tag{9.64}$$

$$= \frac{A_v/\left(1 + A_v\dfrac{C_1}{C_1 + C_2}\right)}{1 + \dfrac{C_1 C_2}{C_1 + C_2}R_{out}s/\left(1 + A_v\dfrac{C_1}{C_1 + C_2}\right)} \tag{9.65}$$

上式显示出,该电路的低频增益和时间常数均已减到原值的 $[1+A_vC_1/(C_1+C_2)]^{-1}$。因此,对单位阶跃的响应为

$$V_{\text{out}}(t) = \frac{A_v}{1+A_v\dfrac{C_1}{C_1+C_2}}V_0\left(1-\exp\frac{-t}{\tau}\right)u(t) \tag{9.66}$$

其中

$$\tau = \frac{C_1C_2}{C_1+C_2}R_{\text{out}}\Big/\left(1+A_v\frac{C_1}{C_1+C_2}\right) \tag{9.67}$$

(b)当 C_1 两端的初始电压为零时,假如一个大的正阶跃信号加到图 9.73(a)中 M_1 的栅极。则 M_2 关断,如图 9.73(c)所示。按照 $V_{\text{out}}(t)=I_{\text{SS}}/[C_1C_2/(C_1+C_2)]t$ 规律,V_{out} 上升。同样,对于输入端的大的负阶跃信号,图 9.73(d)产生 $V_{\text{out}}=-I_{\text{SS}}/[C_1C_2/(C_1+C_2)]t$。

作为另一个例子,求图 9.74(a)中套筒式运放的转换速率。当施加一个大的差动输入时,M_1 或 M_2 断开,电路简化为如图 9.74(b)所示的电路。V_{out1} 和 V_{out2} 显示出斜率为 $\pm I_{\text{SS}}/(2C_L)$ 的斜坡。因此,$V_{\text{out1}}-V_{\text{out2}}$ 表现出的转换速率等于 I_{SS}/C_L。(当然,这电路一般以闭环的形式应用)。

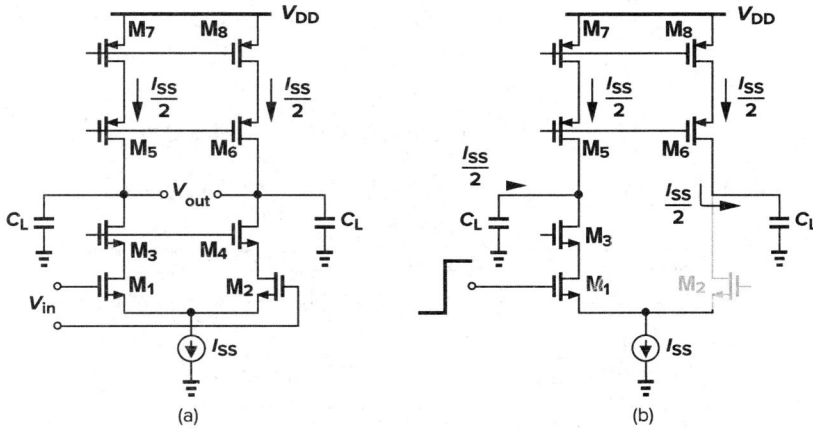

图 9.74　套筒式运放中的转换

研究单端输出的折叠式运放(见图 9.75(a))的转换特性也是有益的。图 9.75(a)和(b)分别表示了正的输入阶跃和负的输入阶跃时该电路的等效电路。图中 PMOS 电流源提供 I_P 电流,对 C_L 的充电或放电的电流等于 I_{SS},产生 I_{SS}/C_L 的转换速率。要注意,如果 $I_P \geqslant I_{\text{SS}}$,该转速率与 I_P 无关。实际上,我们取 $I_P \approx I_{\text{SS}}$。

图 9.75(a)中,如果 $I_{\text{SS}} > I_P$,则在转换期间,M_3 关断,而且 V_X 下降到一个低电平,以使 M_1 和尾电流源进入线性区。因此,在 M_2 导通之后,电路要回到平衡状态,V_X 必须经历一个大的摆幅,结果减慢了稳定过程。此现象如图 9.76 所示。

要减轻这个问题,可增加两个"箝位"晶体管,如图 9.77(a)所示[9]。其目的是,当 V_X 或 V_Y 降至其中一个晶体管导通时,让 I_{SS} 与 I_P 的差值电流可以流过 M_{11} 或 M_{12}。图 9.77(b)表示了更积极的方法,图中的 M_{11} 和 M_{12} 直接对这两个点的电压相对于 V_{DD} 进行箝位。因为 V_X 和

394

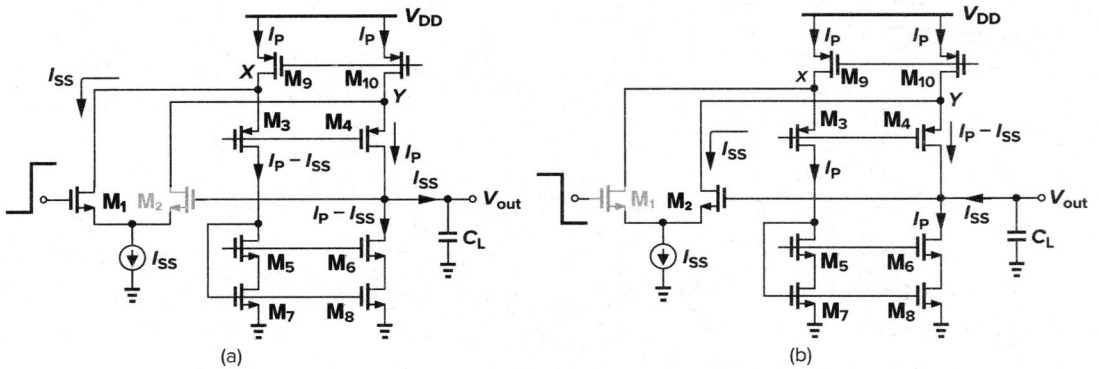

图 9.75　折叠式共源共栅运放中的转换

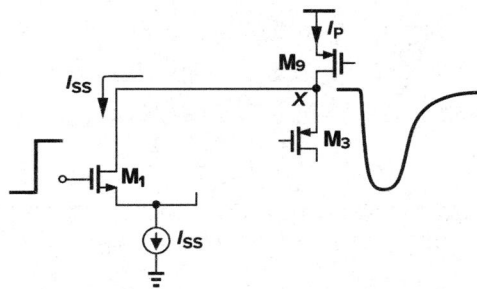

图 9.76　由于转换后的过驱动恢复造成的长稳定过程

V_Y 的平衡值通常高于 $V_{DD}-V_{THN}$，M_{11} 和 M_{12} 在小信号工作期间是断开的。

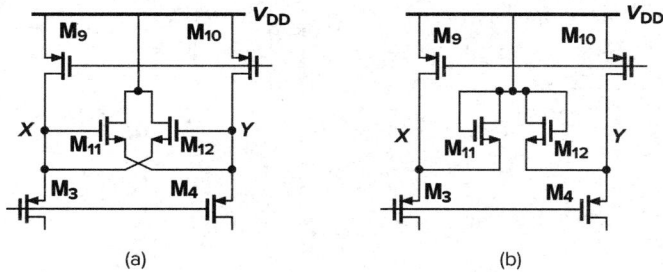

图 9.77　限制 X 点和 Y 点摆幅的箝位电路

　　在提高转换速率的过程中会遇到哪些折中考虑的问题呢？以图 9.74 和图 9.75 为例，对于给定的负载电容，必须增大 I_{SS}，而要维持同样的最大输出摆幅，所有晶体管必须有较大的栅宽，其结果是增加了功耗和输入电容。请注意，如果器件的电流和栅宽同时按比例变化，则每个晶体管的 $g_m r_O$ 以及运放的开环增益均保持不变。

　　运放如何离开转换状态及如何进入线性稳定状态呢？由于输入管"导通"的时刻不明确，转换和线性稳定间的差别有点任意性。下面的例题将说明这一点。

例 9.23

研究图 9.73(a)处在转换状态时的电路[图 9.73(c)]。V_{out}升高时，V_X 也升高，最终使 M_2 导通。当 I_{D2} 从零开始增加时，差动对将开始朝线性变化。如果 M_1 和 M_2 的漏电流之差小于 αI_{SS}（例如 $\alpha = 0.1$），就认为这两个晶体管线性地工作。请确定电路进入线性稳定要多长时间。设输入阶跃的幅值为 V_0。

解： 在 $|V_{in1} - V_{in2}|$ 变到足够小之前，这电路表现出的转换速率为 $I_{SS}/[C_1 C_2/(C_1 + C_2)]$，从第 4 章内容，我们能得到下式

$$\alpha I_{SS} = \frac{1}{2} \mu_n C_{ox} \frac{W}{L} (V_{in1} - V_{in2}) \sqrt{\frac{4 I_{SS}}{\mu_n C_{ox} \dfrac{W}{L}} - (V_{in1} - V_{in2})^2} \qquad (9.68)$$

由此式得

$$\Delta V_G^4 - \Delta V_G^2 \frac{4 I_{SS}}{\mu_n C_{ox} \dfrac{W}{L}} + \left(\frac{2\alpha I_{SS}}{\mu_n C_{ox} \dfrac{W}{L}} \right)^2 = 0 \qquad (9.69)$$

式中，$\Delta V_G = V_{in1} - V_{in2}$。由上式可得

$$\Delta V_G \approx \alpha \sqrt{\frac{4 I_{SS}}{\mu_n C_{ox} \dfrac{W}{L}}} \qquad (9.70)$$

（我们还记得 $\sqrt{I_{SS}/[\mu_n C_{ox}(W/L)]}$ 是差动对中每个晶体管的平衡过驱动电压。）另一方面，我们看到，对于 I_{D1} 与 I_{D2} 之间较小的差值 αI_{SS}，小信号近似是有效的：$\alpha I_{SS} = g_m \Delta V_G$。因此，$\Delta V_G = \alpha I_{SS}/g_m \approx \alpha I_{SS}/\sqrt{\mu_n C_{ox}(W/L) I_{SS}}$。注意，此计算是相当粗糙的，因为当 M_2 导通时，对负载电容的充电电流已不再是常数。

M_2 要传导所要求的电流，V_X 必须上升到 $V_0 - \Delta V_G$。因此，V_{out} 将增加 $(V_0 - \Delta V_G)(1 + C_2/C_1)$，所需的时间为

$$t = \frac{C_2}{I_{SS}} \left(V_0 - \alpha \sqrt{\frac{I_{SS}}{\mu_n C_{ox} \dfrac{W}{L}}} \right) \qquad (9.71)$$

上例题中，确定线性稳定开始的 α 值，尤其依赖于实际所要求的线性度。换句话说，对于 1% 的非线性所需要的 α，可以远大于对 0.1% 的非线性所需要的 α。

两级运放的转换特性与以上研究的电路的转换特性稍有差别，这将在第 10 章研究。

9.10　高转换速率的运算放大器

在不同的运放结构中我们的转换速率公式表明，对于给定的电容，转换限制的稳定时间只有通过增大偏置电流来减小，从而会提高功耗。如果对所关注电容器充电的可用电流在转换期间自动上升，以及在转换之后降回到原始值，则可以减轻这种折中。在这一节中，我们研究利用这个想法的运算放大器的结构。

9.10.1　一级运放

我们从简单的共源级开始讨论，该级以偏置在 I_0 的电流源为负载[图 9.78(a)]。在没有

输入信号的情况下,$I_{D1}=I_0$,但如果 V_{in} 下跳使 M_1 关断,则 I_0 流过 C_L,产生的转换速率为 I_0/C_L[①]。在这瞬变的过程中,我们可以自动增加 M_2 的漏极电流吗? 为此,我们必须改变 V_b,事实上可按照 V_{in} 的跳变。例如,如图 9.78(b)所示,我们可以简单地将 V_{in} 输入到两个晶体管,V_{in} 的向下跳变也可以提高 $|I_{D2}|$。这种互补的结构在第 3 章中曾进行了研究,发现其电源抑制性能较差。因此,我们在这里追求其他的拓扑结构。

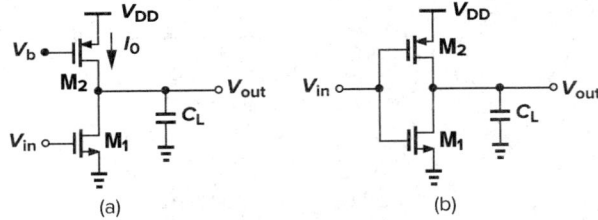

图 9.78　(a)简单共源级中的转换;(b)互补共源级中的转换

让我们通过电流镜的工作来控制图 9.78(a)中的 M_2,如图 9.79(a)所示。由 V_{in} 如何控制 I_b? I_b 是否能来自另一个共源器件[图 9.79(b)]? 答案是否定的,因为 V_{in} 在这个电路中下跳时,I_b 会减小。因此,我们必须在控制 I_b 的路径中包括一个附加的信号反相。或者我们可以考虑差动结构,输入信号 V_{in}^+ 和它的反相信号 V_{in}^- 都是可用的。如图 9.79(c)中所示,这个思想是,通过 V_{in}^- 控制 M_2 的偏置电流;通过 V_{in}^+ 控制 M_4 的偏置电流。例如,如果 V_{in}^+ 下跳,同时 V_{in}^- 上跳,则会出现如下情况:(1)M_5 从 M_8 抽取更小的电流,降小了 $|I_{D4}|$;(2)M_3 抽取更多的电流,使负载电容放电;(3)M_6 从 M_7 抽取更多的电流,提高了 $|I_{D2}|$;(4)M_1 抽取更小的电流,使其漏极的电容被 M_2 充电。

图 9.78(b)和图 9.79(c)的电路被称为"推挽"级,因为它们把负载电流源变成一个"主动"的上拉器件。一般来说,我们也称它们为"AB 类"放大器[②]。这种电路由于可暂时地提高转换速率,可减轻速度和平均功率之间的折中处理。

为了提高输入共模抑制,我们分别添加尾电流源到 M_1 和 M_3,以及 M_5 和 M_6[图 9.79(d)]。我们现在以大的输入阶跃来计算电路的转换速率。例如,如果 V_{in}^+ 上跳,M_1 和 M_5 吸收各自的所有尾电流,则 M_2 关断,V_{out1} 以 I_{SS1}/C_L 的速率下降;同时,M_3 关断,V_{out2} 以 $I_{SS2}(W_4/W_8)/C_L$ 的速率上升(如果 $L_4=L_8$)。因此,差动(分)转换速率等于 $[I_{SS1}+I_{SS2}(W_4/W_8)]/C_L$。另一方面,如果没有推挽的作用,这个转换速率将仅限于 I_{SS1}/C_L。如果我们选择 W_4/W_8 等于 5,并且 I_{SS2} 等于 I_{SS1},则以双倍的功耗为代价使转换速率(SR)增加了 5 倍[③]。

例 9.24

计算图 9.79(d)中所示 AB 类运放的小信号电压增益。

解:除了主要路径贡献增益之外,镜像路径也会贡献增益。由于电流镜会把 M_5 和 M_6 的漏电流放大到 W_4/W_8 倍,在这个路径上增益近似为 $(W_4/W_8)g_{m5}(R_{O3}\parallel r_{O4})$,将其添加到主要路径的增益:

---

① 如果 V_{in} 上跳,M_1 必须吸收 I_0 和 C_L 流出的电流。
② 与此相反,具有恒定偏置电流的结构被称为"A 类"放大器。
③ 人们可能会说,固定的尾电流不再允许 AB 类工作,但是现在我们不考虑这种细微的问题。

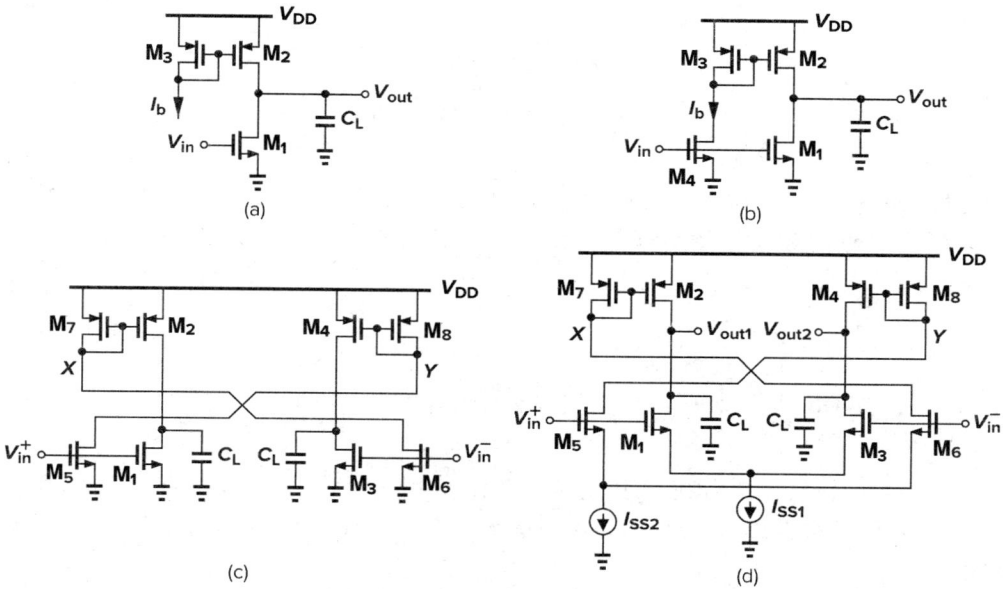

图 9.79 （a）带电流镜偏置的共源级；（b）电流镜中注入不正确极性的信号；
（c）电流镜中注入正确极性的信号；（d）添加尾电流源

$$|A_v| \approx g_{m1}(r_{O3} \| r_{O4}) + (W_4/W_8)g_{m5}(r_{O3} \| r_{O4}) \tag{9.72}$$

$$= [g_{m1} + (W_4/W_8)g_{m5}](r_{O3} \| r_{O4}) \tag{9.73}$$

因此，镜像路径明显地将跨导从 g_{m1} 提高到 $g_{m1} + (W_4/W_8)g_{m5}$。

现在让我们确定上述电路的传输函数并分析镜像极点的影响。我们写出从输入通过镜像路径到输出的传输函数为

$$H_{mirr}(s) = \frac{W_4}{W_8} g_{m5}(r_{O3} \| r_{O4}) \frac{1}{1 + \dfrac{s}{\omega_{P,X}}} \frac{1}{1 + \dfrac{s}{\omega_{out}}} \tag{9.74}$$

其中，$\omega_{P,X} \approx g_{m8}/C_Y$ 和 $\omega_{out} = (r_{O3} \| r_{O4})C_L]^{-1}$。对主要路径，我们得到

$$H_{main}(s) = g_{m1}(r_{O3} \| r_{O4}) \frac{1}{1 + \dfrac{s}{\omega_{out}}} \tag{9.75}$$

由此得出

$$H_{tot}(s) = H_{main}(s) + H_{mirr}(s) \tag{9.76}$$

$$= \frac{r_{O3} \| r_{O4}}{1 + \dfrac{s}{\omega_{out}}} \left[\frac{W_4}{W_8} \frac{g_{m5}}{1 + \dfrac{s}{\omega_{P,X}}} + g_{m1} \right] \tag{9.77}$$

$$= \frac{r_{O3} \| r_{O4}}{1 + \dfrac{s}{\omega_{out}}} \cdot \frac{(W_4/W_8)g_{m5} + g_{m1} + g_{m1}s/\omega_{P,X}}{1 + \dfrac{s}{\omega_{P,X}}} \tag{9.78}$$

正如第 6 章中的其它例题所示，附加信号路径的存在会导致传输函数中的一个零点。该零点

的频率为

$$| \omega_z | = \left(\frac{W_4}{W_8} \frac{g_{m5}}{g_{m1}} + 1 \right) \omega_{P,X} \tag{9.79}$$

不幸的是,ω_Z 不可能等于 $\omega_{P,X}$,因为 $(W_4/W_8)(g_{m5}/g_{m1})$ 通常大约为 1 或更大。此外,实际上 $\omega_{out} < \omega_{P,X}$。

　　通过增大 W_4/W_8 可提高图 9.79(d)中的 SR,这是十分诱人的,但我们必须注意到,与镜像结点关联的极点的频率因此会降低。如果这个极点的频率近似为 g_{m8}/C_Y,并写出 $g_{m8} = \sqrt{I_{SS2} \mu_n C_{OX} (W/L)_8}$ 和 $C_Y \approx 2(W_4 + W_8) L C_{OX} + C_{DB8} + C_{DB5}$,我们认识到,镜像极点的频率与 W_4 成反比。

9.10.2　两级运放

　　为了实现高的转换速率,我们可以将推挽工作应用到两级运放的第二级。为此,我们把图 9.79(c)中所示的结构看成第二级,并在其前面加一个差动对,得到的结构如图 9.80 所示。该电路提供的电压增益为

$$| A_v | = g_{m9} (r_{O9} \| r_{O11}) [g_{m1} + (W_4/W_8) g_{m5}] (r_{O1} \| r_{O2}) \tag{9.80}$$

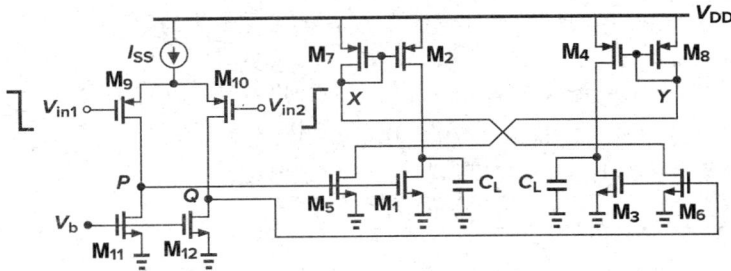

图 9.80　提高转换速率的两级运放

　　但其转换速率如何? 例如,假设 V_{in1} 和 V_{in2} 经历大的阶跃,使全部的 I_{SS} 流经结点 P。如果这个结点足够"敏捷",即如果它的电容相对较小,则 V_P 迅速上升,结果在 M_1 和 M_5 的栅极施加了大的过驱动电压,并在输出产生了高转换速率。换句话说,当只有 M_9(或 M_{10})导通时,由于 V_P(或 V_Q)可以达到接近 V_{DD} 的电压,所以提供转换的电流远大于输出级的偏置电流。这种特性与图 9.79(d)的电路形成了鲜明对比,在图 9.79(d)中,提供转换的电流是两个尾电流,无法"根据需要"进一步提高。

　　我们将在第 10 章返回到这个两级运放,并在频率补偿的情况下分析它的转换速率。

9.11　电源抑制

　　像其它模拟电路一样,运放的电源线常常含有噪声,因此必须适当地"抑制"噪声。为此,重要的是,要了解电源上的噪声怎

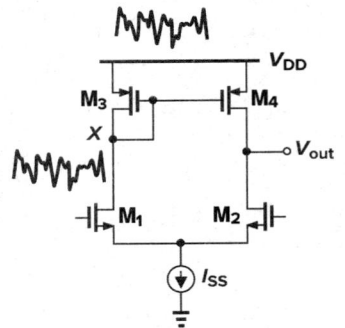

图 9.81　采用有源电流镜的差动对的电源抑制

样表现在运放的输出端。

考虑图 9.81 所示的简单运放,设电源电压变化很慢。如果电路非常对称,$V_{out} = V_X$。由于二极管连接的器件对 X 点相对于 V_{DD} 进行箝位,因此,当 V_{DD} 变化时,V_X 和 V_{out} 的变化大致是相同的。也就是说,从 V_{DD} 到 V_{out} 的增益接近 1。电源抑制比(PSRR)定义为:从输入到输出的增益除以从电源到输出的增益。在低频时,PSRR 为

$$\text{PSRR} \approx g_{mN}(r_{OP} \parallel r_{ON}) \tag{9.81}$$

例 9.25

计算图 9.82(a)所示反馈电路的低频 PSRR。

400

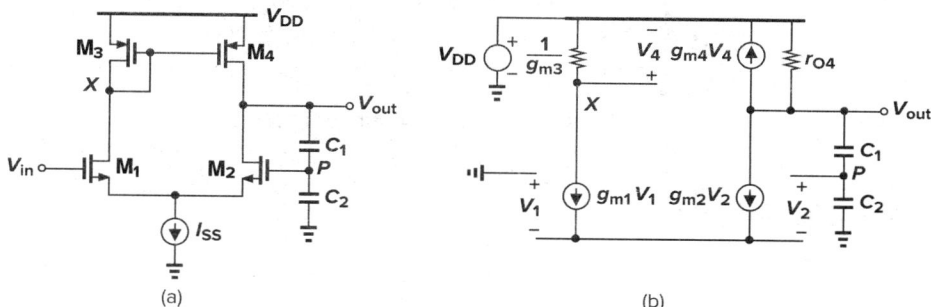

图 9.82

解:从前面的分析我们推断,在 V_{DD} 中的变化 ΔV 表现在输出端是不衰减的。但是应注意,如果 V_{out} 变化,V_P 和 I_{D2} 也变化,从而阻止 V_{out} 的变化。利用图 9.82(b),为简化起见,忽略 $M_1 \sim M_3$ 的沟道长度调制,可得

$$V_{out} \frac{C_1}{C_1 + C_2} - V_2 = -V_1 \tag{9.82}$$

由于 $g_{m1}V_1 + g_{m2}V_2 = 0$,如果电路是对称的,则有

$$V_2 = \frac{V_{out}}{2} \frac{C_1}{C_1 + C_2} \tag{9.83}$$

从图 9.82(b),我们可得到

$$-\frac{g_{m1}V_1}{g_{m3}} g_{m4} - \frac{V_{DD} - V_{out}}{r_{O4}} + g_{m2}V_2 = 0 \tag{9.84}$$

由此得出

$$\frac{V_{out}}{V_{DD}} = \frac{1}{g_{m2} r_{O4} \dfrac{C_1}{C_1 + C_2} + 1} \tag{9.85}$$

因此

$$\text{PSRR} \approx \left(1 + \frac{C_2}{C_1}\right)\left(g_{m2} r_{O4} \frac{C_1}{C_1 + C_2} + 1\right) \tag{9.86}$$

$$\approx g_{m2} r_{O4} \tag{9.87}$$

式(9.85)的分母看起来像 1 加上环路增益,是真的吗?让我们把图 9.82(a)中的主输入设置为零,并作为放大器查看从 V_{DD} 到 V_{out} 的路径[图 9.83(a)],图中省略 C_1 和 C_2。在这种情

况下，增益 $\partial V_{\text{out}}/\partial V_{\text{DD}}$ 等于 1。现在，如图 9.83（b）中所示，我们通过一个电容分压器来检测 V_{out}，并将部分结果返回到放大器中的某个结点。我们预计，该增益会下降到原值的 $1/(1+$ 环路增益)，该环路增益是与反馈环路关联的。事实上，如果忽略 $M_1 \sim M_3$ 的沟道长度调制效应，这个环路增益等于 $[C_1/(C_1+C_2)]g_{\text{m2}}r_{\text{O4}}$。因此，我们认识到，反馈会以相同的系数减小 $\partial V_{\text{out}}/\partial V_{\text{DD}}$ 和 $\partial V_{\text{out}}/\partial V_{\text{in}}$，结果使 PSRR 相对恒定。

401

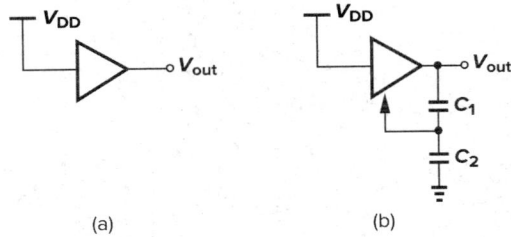

图 9.83　从 V_{DD} 到输出的路径的等效电路

9.12　运放的噪声

在低噪声应用中，对运放的输入参考噪声要求是很高的。现在我们把第 7 章中关于差动放大器的噪声分析扩展到更复杂的结构中，对运放中的许多晶体管，凭直觉识别主要噪声源似乎是困难的。观察的一条简单规则是，（通过智力地）对每个晶体管的栅电压作很小的变化，而后预计输出的效果。

首先研究图 9.84 所示的套筒式运放。在相对低的频率时，共源共栅器件产生的噪声可忽略，余下的 $M_1 \sim M_2$ 和 $M_7 \sim M_8$ 作为主要噪声源。因此，单位带宽的输入参考噪声电压与图 7.59（a）中的类似，其值为

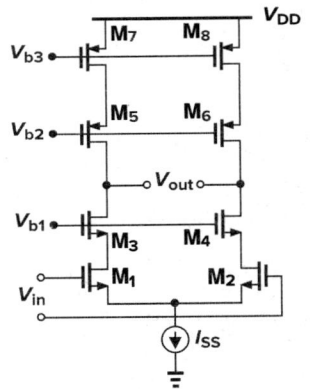

图 9.84　套筒式运放的噪声

$$\overline{V_n^2} = 4kT\left(2\frac{\gamma}{g_{\text{m1,2}}} + 2\frac{\gamma g_{\text{m7,8}}}{g_{\text{m1,2}}^2}\right) + 2\frac{K_N}{(WL)_{1,2}C_{\text{ox}}f} + 2\frac{K_P}{(WL)_{7,8}C_{\text{ox}}f}\frac{g_{\text{m7,8}}^2}{g_{\text{m1,2}}^2} \quad (9.88)$$

式中 K_N 和 K_P 分别表示 NMOS 和 PMOS 器件的 $1/f$ 噪声系数。

其次，研究图 9.85（a）中的折叠式共源共栅运放的噪声特性，这里，只考虑热噪声。而且，共源共栅器件的噪声在低频时可忽略，余下的 $M_1 \sim M_2$，$M_7 \sim M_8$ 以及 $M_9 \sim M_{10}$ 作为可能的重要

402　噪声源。两对晶体管 $M_7 \sim M_8$ 和 $M_9 \sim M_{10}$ 确实会产生噪声吗？利用我们的简单规则，对 M_7 的栅压作一个小量变化[图 9.85（b）]，我们注意到，输出确实会发生显著变化。对 $M_8 \sim M_{10}$ 也得到同样的观察结果。我们首先把 $M_7 \sim M_8$ 和 $M_9 \sim M_{10}$ 的噪声归并到输出，得

$$\overline{V_{n,\text{out}}^2}\Big|_{M_{7,8}} = 2\left(4kT\frac{\gamma}{g_{\text{m7,8}}}g_{\text{m7,8}}^2R_{\text{out}}^2\right) \quad (9.89)$$

式中，因子 2 是由于计入了（不相关的）M_7 和 M_8 的噪声，R_{out} 表示运放的开环输出电阻。对

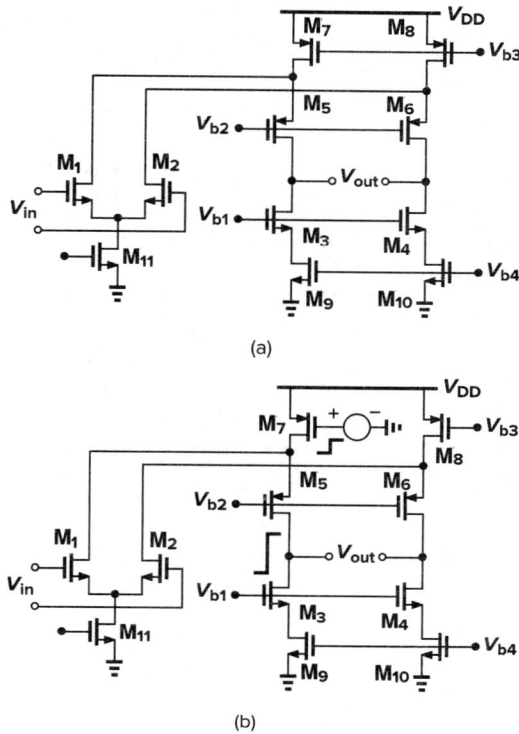

图 9.85 折叠式共源共栅运放的噪声

$M_9 \sim M_{10}$,同样有

$$\overline{V_{n,out}^2}\Big|_{M_{9,10}} = 2\left(4kT\frac{\gamma}{g_{m9,10}}g_{m9,10}^2 R_{out}^2\right) \tag{9.90}$$

上两式的值除以 $g_{m1,2}^2 R_{out}^2$,然后加上 $M_1 \sim M_2$ 对噪声的贡献,便得总噪声为

$$\overline{V_{n,int}^2} = 8kT\left(\frac{\gamma}{g_{m1,2}} + \gamma\frac{g_{m7,8}}{g_{m1,2}^2} + \gamma\frac{g_{m9,10}}{g_{m1,2}^2}\right) \tag{9.91}$$

闪烁噪声的影响可以用类似的方法计算(习题 9.15)。须注意,折叠式共源共栅结构可能比套筒式的相应结构有更大的噪声。在闪烁噪声至关重要的应用中,我们选择 PMOS 输入的运放。因为 PMOS 晶体管通常表现出比 NMOS 器件更小的闪烁噪声。

正如第 7 章中对差动放大器所观察到的,PMOS 和 NMOS 电流源对噪声的贡献随它们的跨导正比例**增加**。这种趋势产生了输出电压摆幅和输入参考噪声之间的折中关系:对给定的电流,由于 $g_m = 2I_D/(V_{GS}-V_{TH})$,如果把电流源的过驱动电压减至最小,以提供大的摆幅,则它们的跨导将达到最大。

作为另一种情况,我们计算图 9.86 所示的两级运放的输入参考热噪声。我们从第二级开始,注意到 M_5 和 M_7 的噪声电流将流过 $r_{O5} \parallel r_{O7}$。如果把输出噪声电压除以总增益,$g_{m1}(r_{O1} \parallel r_{O3}) \times g_{m5}(r_{O5} \parallel r_{O7})$,然后对功率加倍,便得到 $M_5 \sim M_8$ 对输入参考的贡献为

$$\overline{V_n^2}\Big|_{M5\sim8} = 2\times 4kT\gamma(g_{m5}+g_{m7})(r_{O5}\parallel r_{O7})^2 \frac{1}{g_{m1}^2(r_{O1}\parallel r_{O3})^2 g_{m5}^2(r_{O5}\parallel r_{O7})^2} \tag{9.92}$$

$$= 8kT\gamma\frac{g_{m5}+g_{m7}}{g_{m1}^2 g_{m5}^2(r_{O1}\parallel r_{O3})^2} \tag{9.93}$$

由于 $M_1 \sim M_4$ 产生的噪声等于

$$\overline{V_n^2}\Big|_{M1 \sim 4} = 2 \times 4kT\gamma \frac{g_{m1} + g_{m3}}{g_{m1}^2} \tag{9.94}$$

由此得出

$$\overline{V_{n,\,tot}^2} = 8kT\gamma \frac{1}{g_{m1}^2}\left[g_{m1} + g_{m3} + \frac{g_{m5} + g_{m7}}{g_{m5}^2 (r_{O1} \parallel r_{O3})^2}\right] \tag{9.95}$$

注意,来自第二级的噪声通常可忽略,因为在折合到主输入时,它应除以第一级的增益。

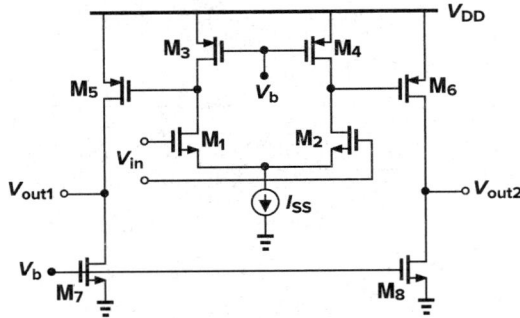

图 9.86　两级运放的噪声

例 9.26

一个简单放大器的结构如图 9.87 所示。请注意,第一级包含的负载是二极管连接的晶体管而不是电流源。假设所有的晶体管均工作在饱和区,而且 $(W/L)_{1,2} = 50/0.6$,$(W/L)_{3,4} = 10/0.6$,$(W/L)_{5,6} = 20/0.6$,$(W/L)_{7,8} = 56/0.6$。如果 $\mu_n C_{ox} = 75\ \mu A/V^2$,$\mu_p C_{ox} = 30\ \mu A/V^2$,$\gamma = 2/3$,请计算输入参考噪声电压。

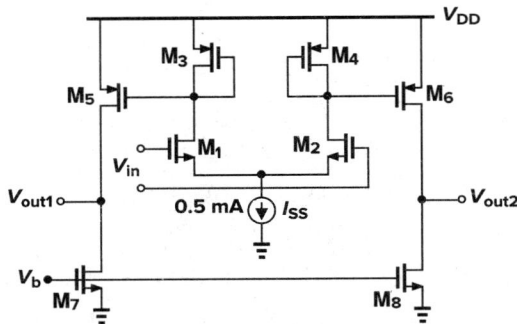

图 9.87

解:我们首先计算第一级的小信号增益:

$$A_{v1} \approx \frac{g_{m1}}{g_{m3}} \tag{9.96}$$

$$= \sqrt{\frac{50 \times 75}{10 \times 30}} \tag{9.97}$$

$$\approx 3.54 \tag{9.98}$$

以 M_5 的栅极为参考的 M_5 和 M_7 的噪声等于 $4kT(2/3)(g_{m5}+g_{m7})/g_{m5}^2 = 2.87 \times 10^{-17}$ V^2/Hz。当以主输入为参考时,该值除以 A_{v1}^2,得:$\overline{V_n^2}\big|_{M_{5,7}} = 2.29 \times 10^{-18}$ V^2/Hz。M_1 和 M_3 产生的输入参考噪声为 $\overline{V_n^2}\big|_{M_{1,3}} = (8kT/3)(g_{m3}+g_{m1})/g_{m1}^2 = 1.10 \times 10^{-17}$ V^2/Hz。因此,总的输入参考噪声等于

$$\overline{V_{n,\text{in}}^2} = 2(2.29 \times 10^{-18} + 1.10 \times 10^{-17}) \tag{9.99}$$
$$= 2.66 \times 10^{-17} \ \text{V}^2/\text{Hz} \tag{9.100}$$

式(9.99)中的因子 2 是由于电路中的奇数晶体管和偶数晶体管产生的噪声都要计算。这个值对应的输入噪声电压是 $5.16 \ \text{nV}/\sqrt{\text{Hz}}$。

第 7 章中阐述的噪声与功率的折中也存在于运算放大器中。具体来说,在一个运放中各个器件和各个偏置电流均可以线性地缩放,以便以牺牲功耗性能来换取噪声性能的提高。例如,如果图 9.87 中所有的晶体管的宽度和 I_{SS} 均减半,则功率也减半,而 $\overline{V_{n,\text{in}}^2}$ 被加倍,同时电压增益和电压摆幅均保持不变。这个简单的缩放可以应用到本章研究的所有运放中。在第 11 章的纳米运放设计中我们会利用这个原理。

参考文献

[1] R. G. Eschauzier, L. P. T. Kerlaan, and J. H. Huising. A 100-MHz 100-dB Operational Amplifier with Multipath Nested Miller Compensation Structure. *IEEE J. of Solid-State Circuits*, vol. 27, pp. 1709 – 1717, Dec. 1992.

[2] R. M. Ziazadeh, H.-T. Ng, and D. J. Allstot. A Multistage Amplifier Topology with Embeded Tracking Compensation. *CICC proc.*, pp. 361 – 364, May 1998.

[3] F. You, S. H. Embabi, and E. Sanchez-Sincencio. A Multistage Amplifier Topology with Nested G_m-C Compensation for Low-Voltage Application. *ISSCC Dig. of Tech. Papers*, pp. 348 – 349, Feb. 1997.

[4] B. J. Hosticka. Improvement of the Gain of CMOS Amplifiers. *IEEE J. of Solid-State Circuits*, vol. 14, pp. 1111 – 1114, Dec. 1979.

[5] K. Bult and G. J. G. H. Geelen. A Fast-Settling CMOS Operational Amplifier for SC Circuits with 90-dB DC Gain. *IEEE J. of Solid-State Circuits*, vol. 25, pp. 1379 – 1384, Dec. 1990.

[6] E. Sackinger and W. Guggenbuhl. A High-Swing High-Impedance MOS Cascode Circuit. *IEEE J. of Solid-State Circuits*, vol. 25, pp. 289 – 298, Feb. 1990.

[7] A. Verma and B. Razavi. A 10-Bit 500-MS/s 55-mW CMOS ADC. *IEEE J. of Solid-State Circuits*, vol. 44, pp. 3039 – 3050, November 2009.

[8] R. Hogervost, et al. A Compact Power-Efficient 3-V CMOS Rail-to-Rail Input/Output Operational Amplifier for VLSI Cell Libraries. *IEEE J. of Solid-State Circuits*, vol. 29, pp. 150 – 5 – 1513, Dec. 1994.

[9] D. A. Johns and K. Martin. *Analog Integrated Circuit Design*. New York: Wiley, 1997.

[10] P. E. Allen, B. J. Blalock, and G. A. Rincon. A 1-V CMOS Op Amp Using Bulk-Driven MOSFETs. *ISSCC Dig. of Tech. Papers*, pp. 192 – 193, Feb. 1995.

[11] S. Rabii and B. A. Wolley. A 1.8-V Digital-Audio Sigma-Deta Modulator in 0.8-μm CMOS. *IEEE J. of Solid-State Circuits*, vol. 32, pp. 783 – 796, June. 1997.

习题

除非另作说明,在下列的习题中使用的器件数据均如表 2.1 所示,必要时设 $V_{DD}=3$ V。而且所有的晶体管均工作在饱和区。

9.1　(a)推导工作在线性区的 MOSFET 的跨导和输出电阻的表达式。画出这些量以及 $g_m r_O$ 相对于 V_{DS} 为自变量的函数图形,要求图形包含线性区和饱和区。

　　(b)考虑图 9.6(b) 中的放大器,其中 $(W/L)_{1\sim4}=50/0.5$, $I_{SS}=1$ mA,输入 CM 电平为 1.3 V。如果所有晶体管保持在饱和区,计算小信号增益和最大输出摆幅。

　　(c)在(b)的电路中,假设使每个 PMOS 器件进入线性区 50 mV,以使允许的差动输出摆幅增加 100 mV。当输出摆幅为峰值时,小信号增益是多少。

9.2　在图 9.9 的电路中,设 $(W/L)_{1\sim4}=100/0.5$, $I_{SS}=1$ mA, $V_b=1.4$ V, $\gamma=0$。

　　(a)如果 $M_5 \sim M_8$ 完全相同,且长度均为 0.5 μm,计算它们的最小栅宽,以使 M_3 工作在饱和区。

　　(b)计算最大输出电压摆幅。

　　(c)开环电压增益是多少?

　　(d)计算输入参考热噪声电压。

9.3　设计图 9.15 中折叠式共源共栅运放,要求如下:最大差动摆幅 2.4 V,总功耗=6 mW。如果所有晶体管的沟道长度均为 0.5 μm,总的电压增益是多少? 输入共模电平能低到零吗?

9.4　在图 9.21(b) 的运放中,$(W/L)_{1\sim8}=100/0.5$, $I_{SS}=1$ mA, $V_{b1}=1.7$ V,假定 $\gamma=0$。

　　(a)最大的允许输入 CM 电平是多少?

　　(b)V_X 的值是多少?

　　(c)当 M_2 的栅与输出相连时,求最大允许的输出摆幅。

　　(d)求 V_{b2} 的允许范围。

　　(e)求输入参考热噪声电压。

9.5　设计图 9.21(b) 的运放,需符合以下要求:最大差动摆幅=2.4 V,总功耗=6 mW(假定 M_2 的栅极不与输出短路)。

9.6　如果在图 9.23 中,$(W/L)_{1\sim8}=100/0.5$, $I_{SS}=1$ mA,

　　(a)如果要求 $I_{D5}=I_{D6}=1$ mA,则在 M_3 和 M_4 的漏极必须建立的 CM 电平是多少? 这是如何限制最大的输入 CM 电平的?

　　(b)利用(a)所作的选择,计算总的电压增益和最大输出摆幅。

9.7　设计图 9.23 的运放,要符合下列要求:最大差动摆幅=4 V,总功耗=6 mW, $I_{SS}=0.5$mA。

9.8　假定图 9.24 中的电路设计成 $I_{SS}=1$ mA, $I_{D9}-I_{D12}$ 等于 0.5 mA,以及 $(W/L)_{9\sim12}=100/0.5$。

(a)在 X 点和 Y 点所要求的 CM 电平是多少?

(b)如果 I_{SS} 要求的最小电压为 400 mV,为了在 X 和 Y 提供的峰-峰摆幅为 200 mV,请选择 $M_1 \sim M_8$ 的最小尺寸。

(c)计算总的电压增益。

9.9　图 9.88 中,如果 I_1 和 I_2 由 PMOS 器件实现,计算输入参考热噪声。

9.10　图 9.88 中,假定 $I_1 = 100\ \mu A$,和 $I_2 = 0.5$ mA,$(W/L)_{1\sim 3} = 100/0.5$。如果 I_1 和 I_2 由 PMOS 器件实现,而且 $(W/L)_p = 50/0.5$。

(a)计算 M_2 和 M_3 的栅偏置电压。

(b)确定最大的允许输出电压摆幅。

(c)计算总的电压增益和输入参考热噪声电压。

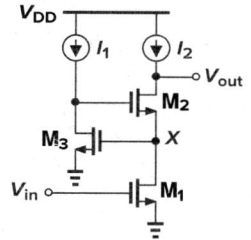

图 9.88

9.11　在图 9.53 的电路中,每个支路的偏置电流为 0.5 mA。为使输出 CM 电平等于 1.5 V 以及 $V_P = 100$ mV,请选择 M_7 和 M_8 的尺寸。

9.12　考虑图 9.51 中的 CMFB 网络。检测 $V_{out,CM}$ 的放大器用有源电流镜为负载的差动对实现。

(a)放大器的输入对应该用 PMOS 器件还是用 NMOS 器件?

(b)计算 CMFB 网络的环路增益。

9.13　对图 9.52 的电路,重做习题 9.12(b)

9.14　在图 9.73(a)的电路中,假设 $(W/L)_{1\sim 4} = 100/0.5$,$C_1 = C_2 = 0.5$ pF,$I_{SS} = 1$ mA,

(a)计算电路的小信号时间常数。

(b)图 9.73(c)的输入端加 1 V 的阶跃电压,要使 I_{D2} 达到 $0.1 I_{SS}$ 需多长时间。

9.15　增益提高级中的辅助放大器是否**降低**输出阻抗可能会引起争论。考虑图 9.89 中所画的电路,图中为测量输出阻抗使 M_2 的漏电压产生变化 ΔV。由于 A_1 提供的负反馈力图使 V_X 保持不变,流过 r_{O2} 电流的变化似乎远**大**于无 A_1 时原电路中电流的变化,因而认为 $R_{out} \approx r_{O2}$。请解释这个讨论中的漏洞。

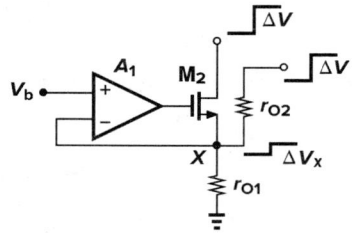

图 9.89

407

9.16　计算图 9.73(a)所示电路的 CMRR。

9.17　计算图 9.85(a)所示运放的输入参考闪烁噪声。

9.18　基于图 9.90 所示的结构,我们设计一个两级运放。假设功耗为 6 mW,要求的输出摆幅为2.5 V,对所有器件 $L_{eff} = 0.5\ \mu m$。

(a)如果分配 1 mA 的电流给输出级,分配大约相等的过驱动电压给 M_5 和 M_6,请确定 $(W/L)_5$ 和 $(W/L)_6$。请注意,M_5 的栅源电容处在信号通路中,而 M_6 的电容不是。因此,M_6 的尺寸可以比 M_5 大得多。

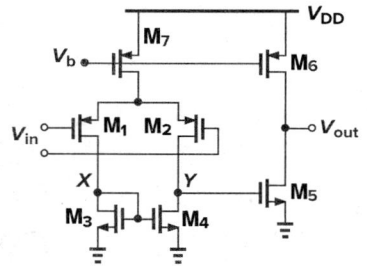

图 9.90

(b)计算输出级的小信号增益。

(c)如果剩下的 1 mA 电流通过 M_7,要求 $V_{GS3}=V_{GS5}$,请确定 M_3(以及 M_4)的宽长比。
这是为了保证:当 $V_{in}=0$ 以及因而 $V_X=V_Y$ 时,则 M_5 传输预计的电流。

(d)计算 M_1 和 M_2 的宽长比,以使该运放的总增益等于 500。

9.19 考虑图 9.90 的运放,假定第二级的偏置电流为 1 mA,该级提供的电压增益为 20。

(a)确定 $(W/L)_5$ 和 $(W/L)_6$,使 M_5 和 M_6 有相等的过驱动电压。

(b)如果 M_6 被驱动进入线性区 50 mV,这级的小信号增益是多少?

9.20 如果习题 9.18(d)所设计的运放接成单位增益反馈,假设 $|V_{GS7}-V_{TH7}|=0.4$ V。

(a)求允许的输入电压范围。

(b)输入电压为何值时,输入和输出电压**精确**相等。

9.21 计算习题 9.18(d)所设计运放的输入参考噪声。

9.22 以图 9.91 所示的放大器为例,用 PMOS 器件的衬底接触端作为输入是可能的[10]。

(a)计算电压增益。

(b)允许的输入共模范围是多少?

(c)小信号增益怎样随输入共模电平变化?

(d)计算输入参考热噪声电压,并把此结果与正常的,以 NMOS 电流源为负载的 PMOS 差动对的相应噪声电压进行比较。

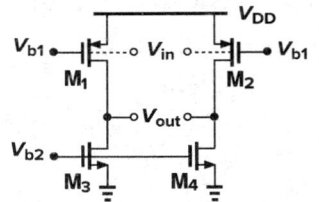

图 9.91

408

9.23 有源电流镜的思想也可用到两级运放的输出级。即负载电流源能成为信号的函数,以图 9.92 所示的电路[11]为例。第一级由 $M_1 \sim M_4$ 组成,输出由 $M_5 \sim M_8$ 产生。晶体管 M_7 和 M_8 作为有源电流源,因为它们的电流分别随结点 X 和 Y 的信号电压而变化。

(a)计算该运放的差动电压增益。

(b)估算该电路的三个主要极点的值。

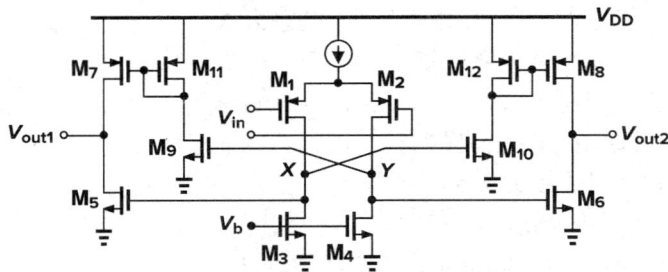

图 9.92

9.24 图 9.93 所示的电路采用快通路(M'_1 和 M'_2)与慢通路并联。请计算该电路的差动电压增益。哪些晶体管通常会限制输出摆幅?

9.25 计算图 9.93 中运放的输入参考热噪声。

9.26 确定全差动折叠共源共栅运放的转换速率。

409 9.27 图 9.75 的电路中,如果 $I_{SS}>I_P$,计算转换速率。

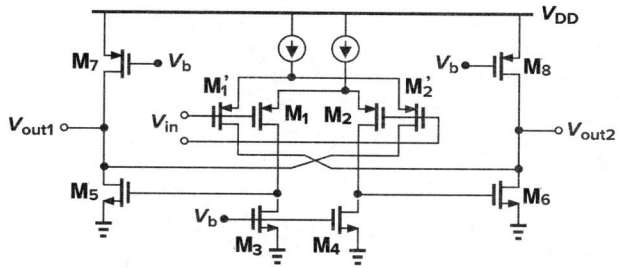

图 9.93

第10章

稳定性与频率补偿

负反馈在模拟信号处理中得到广泛应用。如第 8 章所述,反馈能够抑制开环特性波动所带来的影响。然而,反馈系统有潜在的不稳定性,即可能会振荡。

本章我们研究线性反馈系统的稳定性和频率补偿,研究的内容对于理解模拟反馈电路的设计问题是必需的。在理解了稳定性判据和相位裕度概念之后,我们研究频率补偿,介绍适合各种运算放大器结构的不同的补偿技术。我们还将分析频率补偿对两级运放的转换速率的影响。本章最后将学习奈奎斯特稳定性判据。

10.1 概述

让我们考虑图 10.1(a)所示的负反馈系统,并假定图中的 β 是常数。该闭环传输函数可写为

$$\frac{Y}{X}(s) = \frac{H(s)}{1 + \beta H(s)} \tag{10.1}$$

我们注意到,在 ω_1 处($\omega_1 \neq 0$),如果 $\beta H(s = j\omega_1) = -1$,则闭环"增益"趋于无限,电路可以放大自身的噪声直到它最终开始振荡。换句话说,如果 $\beta H(j\omega_1) = -1$,则该电路可以在频率 ω_1 处产生振荡。此条件可表达成

$$|\beta H(j\omega_1)| = 1 \tag{10.2}$$

$$\angle \beta H(j\omega_1) = -180° \tag{10.3}$$

410

这称为"巴克豪森"判据。注意以下两点:(1)这些表达式只与环路增益(或更准确地说是"环路传输")[1]有关,而与输入和输出结点的位置无关;(2)因为**负**反馈自身引入的相移为 180°,所以在频率 ω_1 处,绕整个环路的总相移为 360°,如图 10.1(b)所示。对振荡来说,360° 的相移是必须的,因为反馈信号必须**同相**地加到原噪声信号上才能产生振荡。同理,为使振荡幅值不断增加,要求环路增益等于 1(或大于 1)。这些对于振荡的要求将在第 15 章中进一步学习。这里

---

① "环路增益"和"环路传输"[$\beta H(s)$]这两个术语,分别用来表示沿环路的增益的低频值和沿环路的传输函数,但在使用中,我们有时认为两者是可互换的。

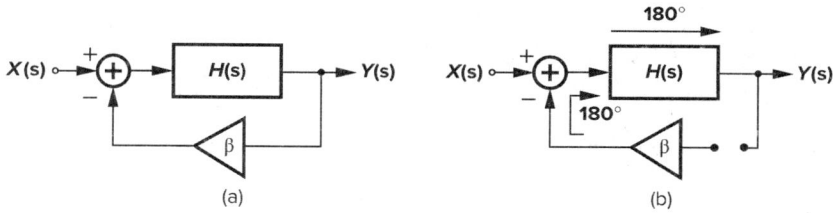

图 10.1　(a)基本负反馈系统；(b)环路在频率 ω_1 处的相移

的关键点是环路增益,它通常可以从开环系统得到,可揭示闭环系统的稳定性。

总之,一个负反馈系统如果满足下列二个条件,便可以在 ω_1 频率下产生振荡,这二个条件是:

(1)在这个频率下,围绕环路的相移能大到使反馈变为**正反馈**;

(2)环路增益足以使信号建立。

图 10.2(a)所表示的情况可看成是相移达到 $-180°$ 的频率时的过量环路增益,或者等效地看成是环路增益下降到 1 的频率下的过量相位。因此,要避免不稳定,我们必须把总的相移减至最小,以使得当 $|\beta H|=1$ 时,$\angle \beta H$ 仍比 $-180°$ 更正[图 10.2(b)]。在本章中,我们假定 β 小于或等于 1,且与频率无关。

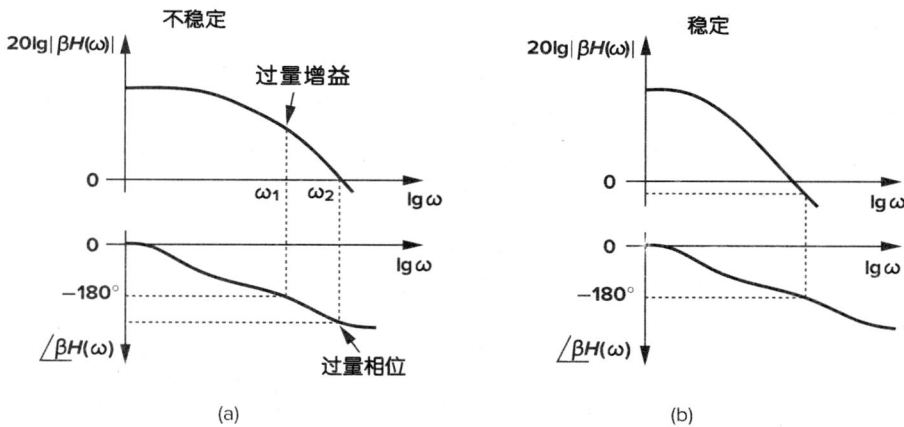

图 10.2　不稳定系统和稳定系统的环路增益的波特图

使环路增益的幅值等于 1 和使环路增益的相位等于 $-180°$ 的两个频率在稳定性方面起着重要作用,分别称这两个频率点为"增益交点频率"(gain crossover point frequency)和"相位交点频率"(phase crossover point frequency)。在稳定系统中,增益交点必定发生在相位交点之前。为简便起见,我们用 GX 表示增益交点,用 PX 表示相位交点。增益交点频率与环路增益的单位增益带宽是相同的,认识到这一点是有帮助的。

例 10.1

411　　　　如果图 10.2(a)系统中的反馈变弱(即 β 减小)，系统的稳定性会变得更好还是更差？请解释原因。

　　解：如图 10.3 所示，β 减小会使得 $20\lg|\beta H(\omega)|$ 的曲线向下移动，同时 GX 点向左移动。由于 $\angle\beta H(\omega)$ 曲线不变，系统将会变得**更稳定**。毕竟，如果我们对运放没有加任何反馈，电路将不可能有振荡的趋势。因此，稳定性最差的情况对应于 $\beta=1$，即单位增益反馈。由于这个原因，我们经常分析 $\beta H = H$ 时的幅值曲线和相位曲线。

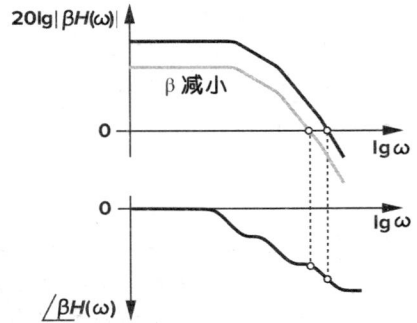

图 10.3

　　在研究更特殊的情况之前，让我们复习构造波特图的几个基本规则。一个波特图根据零点和极点的大小表示一个复变函数的幅值和相位的渐近特性。作图时应用下列二条规则：

　　(1)在每个零点频率处，幅值曲线的斜率按 $+20$ dB/dec 变化；在每个极点频率处，其斜率按 -20 dB/dec 变化；

　　(2)对一个 ω_m 的极点(零点)频率，相位约在 $0.1\omega_m$ 的地方开始下降(上升)，在 ω_m 处经历 $-45°(+45°)$ 的变化，在大约 $10\omega_m$ 处达到 $-90°(+90°)$ 的变化。这里的关键是：高频极点和零点对相位的影响可能比对幅值的影响更大。

　　在复平面上画出闭环系统的各极点的位置是有益的。把每一个极点的频率表示为 $s_p = j\omega_p + \sigma_p$，并注意系统的冲激响应包含 $\exp(j\omega_p + \sigma_p)t$ 项，我们看到，如果 s_p 落入右半平面，即 $\sigma_p > 0$，则系统可能是振荡的，因为它的时域响应呈现不断增长的指数，如图 10.4(a)所示。甚至 $\sigma_p = 0$，系统仍可以维持振荡[图 10.4(b)]。相反地，如果极点处在左半平面，时域的指数项

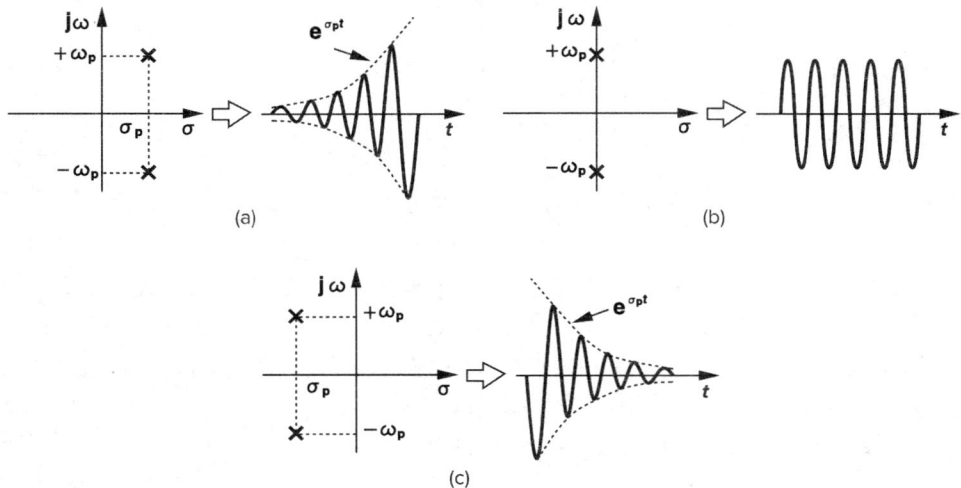

图 10.4　系统的时域响应随极点位置变化的情况

(a)幅值增大的不稳定状态；(b)等幅振荡的不稳定状态；(c)稳定状态

衰减到零[图 10.4(c)]①。实际上，随着环路增益的变化，我们画出各极点的位置，从而表示系统将如何接近振荡。这样的图称为根轨迹。

现在我们研究包含一个单极点的前馈放大器的反馈系统。假定 $H(s)=A_0/(1+s/\omega_0)$，从式(10.1)得

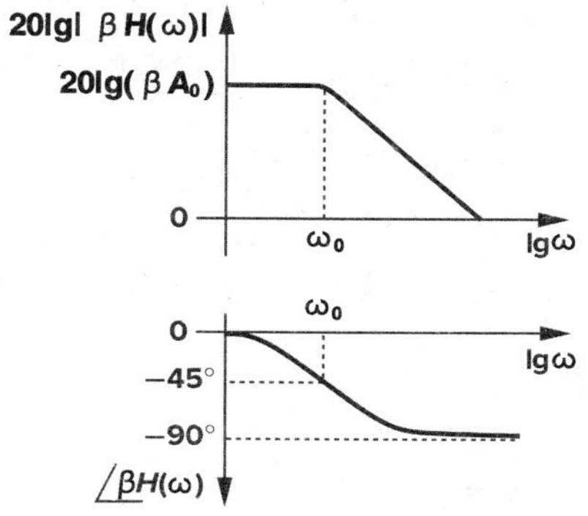

$$\frac{Y}{X}(s)=\frac{\dfrac{A_0}{1+\beta A_0}}{1+\dfrac{s}{\omega_0(1+\beta A_0)}} \qquad (10.4)$$

为分析其稳定性，我们画出 $|\beta H(s=j\omega)|$ 和 $\angle\beta H(s=j\omega)$ 的曲线，如图 10.5 所示。我们观察到，单个极点不可能产生大于 90° 的相移，而且这个系统对所有的正 β 值是无条件地稳定。注意，$\angle\beta H$ 与 β 无关。

图 10.5　单极点系统的环路增益波特图

例 10.2

为单极点系统构造根轨迹图。

解：式(10.4)的意思是：闭环系统有一个极点 $s_p=-\omega_0(1+\beta A_0)$，即在左半平面的实数极点，当环路增益增加时，极点会向离开原点的方向移动，如图 10.6 所示。

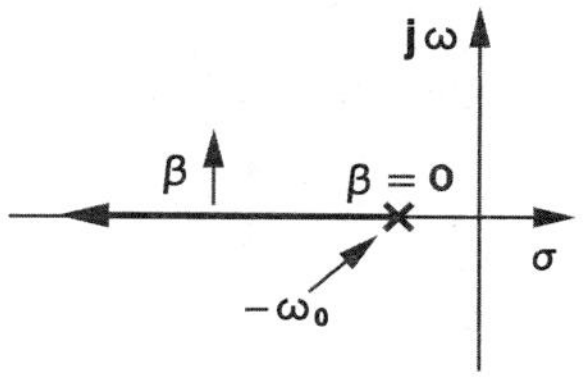

图 10.6

10.2　多极点系统

第 9 章中我们对运放的研究表明，这些电路通常包含多个极点。例如，在两级运放中，每个增益级产生一个"主"极点。因此，研究其核心放大器呈现多于一个极点的反馈系统十分重要。

首先让我们研究两极点系统。为考虑稳定性，我们首先画出 $|\beta H|$ 和 $\angle\beta H$ 两者与频率的函数关系。如图 10.7 所示，在 $\omega=\omega_{p1}$ 处幅值以 20 dB/dec 开始下降；在 $\omega=\omega_{p2}$ 处以 40 dB/dec 开始下降。同样，在 $\omega=0.1\omega_{p1}$ 处相位开始变化，在 $\omega=\omega_{p1}$ 处相位达 $-45°$，在 $\omega=10\omega_{p1}$ 处达 $-90°$，在 $\omega=0.1\omega_{p2}$（如果 $0.1\omega_{p2}>10\omega_{p1}$）相位再次开始变化，在 $\omega=\omega_{p2}$ 处相位达 $-135°$，而后逐渐趋近 $-180°$。因为在某个频率处，$|\beta H|$ 降至 1 以下，而在该频率处 $\angle\beta H<-180°$，因此，这个系统是稳定的。

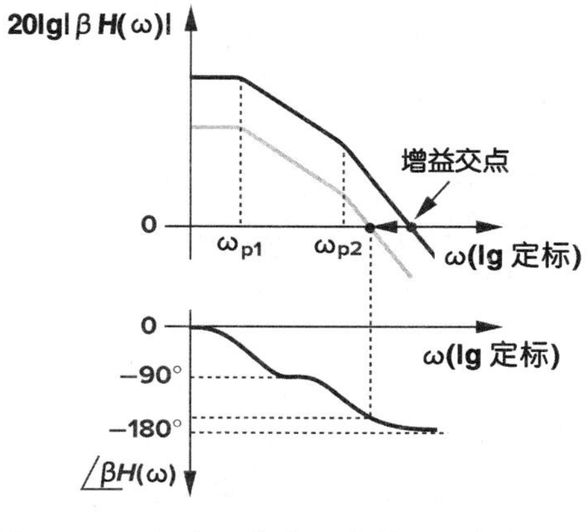

图 10.7　两极点系统中环路增益的波特图

---

①　我们现在忽略零点的影响。

如果反馈"更弱",将发生什么情况？为减小反馈量,我们减小 β,得到图 10.7 中灰色的幅值曲线。当反馈变弱时,增益交点向原点移动,而相位交点保持不变,其结果是系统更稳定。这种稳定性是以更弱的反馈为代价得到的。

例 10.3

为一个两极点系统构造根轨迹。

解:写出该系统的开环传输函数为

$$H(s) = \frac{A_0}{(1 + \dfrac{s}{\omega_{p1}})(1 + \dfrac{s}{\omega_{p2}})} \tag{10.5}$$

我们可以得到

$$\frac{Y}{X}(s) = \frac{A_0}{(1 + \dfrac{s}{\omega_{p1}})(1 + \dfrac{s}{\omega_{p2}}) + \beta A_0} \tag{10.6}$$

$$= \frac{A_0 \omega_{p1} \omega_{p2}}{s^2 + (\omega_{p1} + \omega_{p2})s + (1 + \beta A_0)\omega_{p1}\omega_{p2}} \tag{10.7}$$

因此,闭环的二个极点由下式得到

$$s_{1,2} = \frac{-(\omega_{p1} + \omega_{p2}) \pm \sqrt{(\omega_{p1} + \omega_{p2})^2 - 4(1 + \beta A_0)\omega_{p1}\omega_{p2}}}{2} \tag{10.8}$$

正如所料,当 $\beta = 0$ 时,$s_{1,2} = -\omega_{p1}, -\omega_{p2}$。当 β 增加时,平方根内的项减小,该项取零时 β_1 为

$$\beta_1 = \frac{1}{A_0} \frac{(\omega_{p1} - \omega_{p2})^2}{4\omega_{p1}\omega_{p2}} \tag{10.9}$$

如图 10.8 所示,这两个极点开始处在 $-\omega_{p1}$ 和 $-\omega_{p2}$,随着 β 的增加,它们相互面对面移动,当 $\beta = \beta_1$ 时,两极点重合。当 $\beta > \beta_1$ 时,它们变为复数。闭环系统并没有变得不稳定,因为极点并没有到达 $j\omega$ 轴。

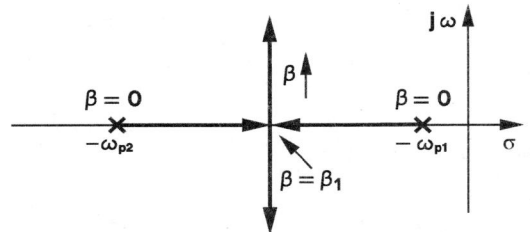

图 10.8

对于高阶系统,前面的计算指出了构造根轨迹的代数的复杂性。正因为如此,许多根轨迹技术被提出以减小这样的计算量[1]。

现在我们研究一个三极点系统。图 10.9(a)所表示的是环路增益的幅值和相位的波特图。这第三个极点产生了额外的相位移动,可能把相位交点移动到比增益交点更低的频率,因而产生振荡。

由于第三个极点也使环路增益的**幅值**以更大的速率下降,读者也许会问,为什么增益交点的移动比相位交点的移动小。正如前面提到的,大约在极点频率的 1/10 处相位就开始变化,而幅值则是在极点频率附近才下降。因此,附加的极点(和零点)对相位的影响比对幅值的影响大。

如同两极点系统一样,如果图 10.9 中的反馈系数减小,则电路将变得更稳定,因为当相位交点维持不变时,增益交点向原点移动。因此,为实现更高闭环增益而设计的反馈放大器会更

稳定。（为什么?）

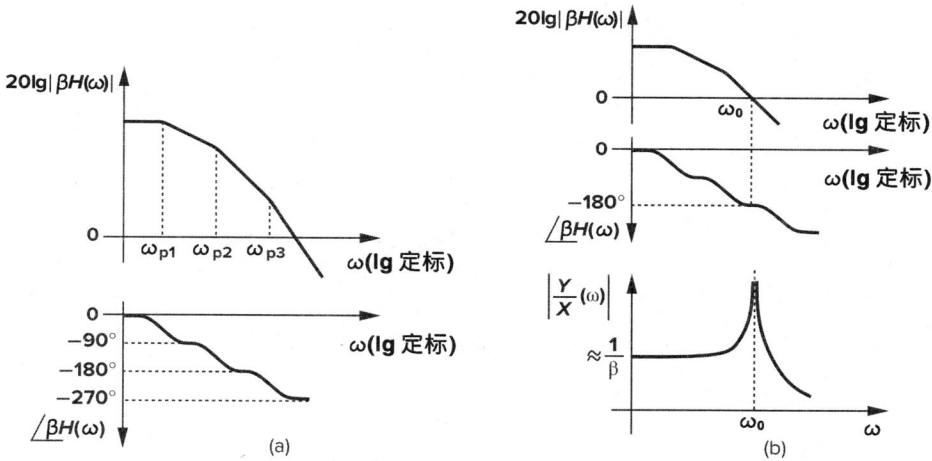

图 10.9　(a)三极点系统环路增益的波特图;(b)系统的闭环响应

　　不要将 βH 曲线与**闭环**频率响应(Y/X)相混淆,这一点很重要。作为一个例子,我们来看一个系统,其环路响应如图 10.9(b)所示,其相位交点与增益交点重合。闭环响应 Y/X 在 ω_0 处表现出无限大的增益,预示着系统将会在这个频率处发生振荡。

10.3　相位裕度

　　我们在前面的研究指出:要保证系统的稳定,$|\beta H|$ 必须在 $\angle\beta H$ 达到 $-180°$ 之前下降至 1。我们自然会问:PX 应离开 GX 多远? 首先,我们考虑"边缘处"的情况,如图 10.10(a)所示,GX 仅稍低于 PX,例如在尖峰所在的 GX 处,其相位等于 $-175°$。在这种情况下,闭环系统的响应将会怎样? 我们注意到,在 GX 处,$\beta H(\mathrm{j}\omega_1)=1\times\exp(-\mathrm{j}175°)$,则对于闭环系统有

$$\frac{Y}{X}(\mathrm{j}\omega_1)=\frac{H(\mathrm{j}\omega_1)}{1+\beta H(\mathrm{j}\omega_1)} \tag{10.10}$$

$$=\frac{\dfrac{1}{\beta}\exp(-\mathrm{j}175°)}{1+\exp(-\mathrm{j}175°)} \tag{10.11}$$

$$=\frac{1}{\beta}\frac{-0.9962-\mathrm{j}0.0872}{0.0038-\mathrm{j}0.0872} \tag{10.12}$$

因此,可得

$$\left|\frac{Y}{X}(\mathrm{j}\omega_1)\right|=\frac{1}{\beta}\frac{1}{0.0872} \tag{10.13}$$

$$\approx\frac{11.5}{\beta} \tag{10.14}$$

　　在低频下,$|Y/X|\approx 1/\beta$,但在 $\omega=\omega_1$ 附近,闭环频率响应出现一个尖峰。换句话说,闭环

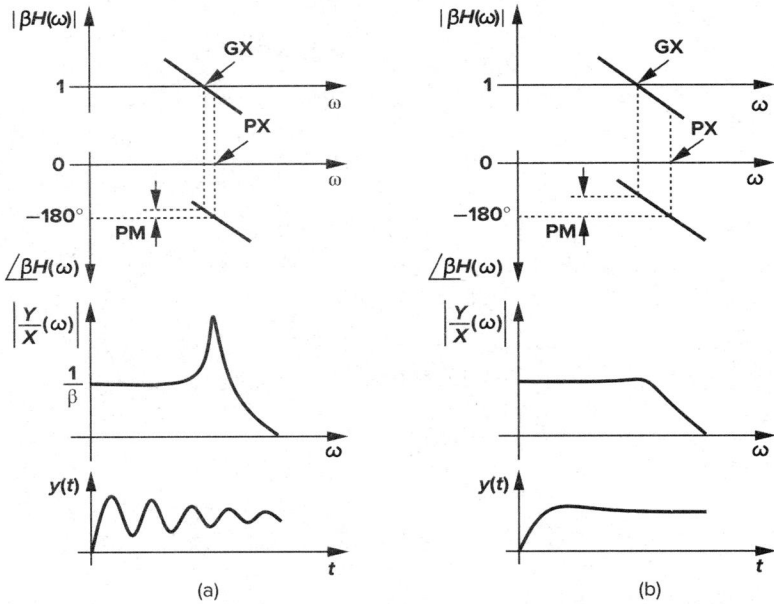

图 10.10   闭环频率响应和时域响应
(a)GX 和 PX 之间间距较小的情况；(b)PX 与 GX 之间间距较大的情况

系统接近振荡,其阶跃响应 $y(t)$ 呈现欠阻尼振荡特性。这也表示,尽管一个二阶系统是稳定的,但还是可能有产生减幅振荡的缺点。

如图 10.10(b)所示,现假定 GX 超前 PX 有更大的间距。那么,我们期望在频率域和时间域均有"性能良好"的闭环特性。因此,作出下面的推断是合理的:GX 与 PX 的间距越大(同时 GX 保持小于 PX),反馈系统越稳定。另一方面,在增益交点频率处的 βH 的相位可以作为稳定性的度量:该处的 $|\angle\beta H|$ 越小,系统越稳定。

上述分析使我们产生"相位裕度"PM 的概念,定义为 $PM=180°+\angle\beta H(\omega=\omega_1)$,其中 ω_1 是增益交点频率。我们看到,稳定系统要求一个正的,而且大的 PM。

例 10.4 ————————————————————————————

一个两极点反馈系统被设计成 $|\beta H(\omega_{p2})|=1$,而且 $|\omega_{p1}|\ll|\omega_{p2}|$(图 10.11),则相位裕度是多少?

417

解:由于在 $\omega=\omega_{p2}$ 处 $\angle\beta H$ 为 $-135°$,因此,相位裕度为 $45°$。需要记住的关键点在于,如果环路增益在**大于**第二个极点的频率处降为 1,则相位裕度小于 $45°$。正如下面将要解释的那样,$PM=45°$ 通常是不够的。我们因此可以说,如果要得到很好的时域响应,则最终的单位增益带宽不能超过开环运放的第二极点频率。

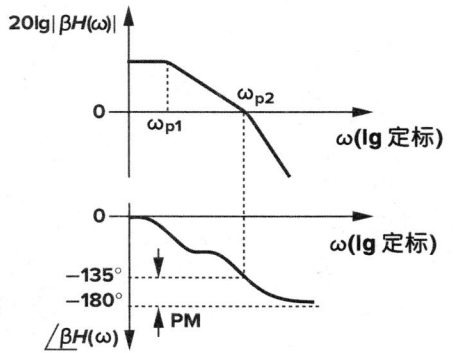

图 10.11

上面的例子表明,为了得到大于 45°的相位裕度,增益交点必须位于第一极点和第二极点之间(在无零点的情况下)。也就是说,单位增益带宽不能超过第二极点频率。

相位裕度应多大才合适? 研究在不同的相位裕度下闭环的频率响应是有益的[1]。对于 $PM=45°$,在增益交点频率 ω_1 处,$\angle\beta H(\omega_1)=-135°$,$|\beta H(\omega_1)|=1$(图 10.12),得到

$$\frac{Y}{X}=\frac{H(\mathrm{j}\omega_1)}{1+1\times\exp(-\mathrm{j}135°)} \qquad (10.15)$$

$$=\frac{H(\mathrm{j}\omega_1)}{0.29-\mathrm{j}0.71} \qquad (10.16)$$

由此得出

$$\left|\frac{Y}{X}\right|=\frac{1}{\beta}\frac{1}{|0.29-\mathrm{j}0.71|} \qquad (10.17)$$

$$\approx\frac{1.3}{\beta} \qquad (10.18)$$

结果,在 $\omega=\omega_1$ 处,反馈系统的频率响应有 30%的峰值。

可以证明,当 $PM=60°$,$Y(\mathrm{j}\omega_1)/X(\mathrm{j}\omega_1)=1/\beta$,表示频率峰已可忽略。这通常表示:反馈系统的阶跃响应出现小的减幅振荡现象,则可提供快速稳定。对于更大的相位裕度,系统更加稳定,但时间响应减慢了,如图 10.13 所示。因此,$PM=60°$通常被认为是最合适的数值。

相位裕度的概念很适合于处理**小信号**电路的设计。实际上,反馈放大器的大信号阶跃响应与图 10.13 所示的情况不符。这不仅是由于转换,而且还因为非线性行为所致,后者来自于放大器的偏置电压和偏置电流与初始情况产生了大的偏离。事实上,这种偏离会在瞬态过程引起极点频率和零点频率的**变化**,导致复杂的时域响应。因此,对于大信号应用的情况,与开环放大器的小信号交流计算相比,闭环系统的时域模拟被证明更适当、更有用。

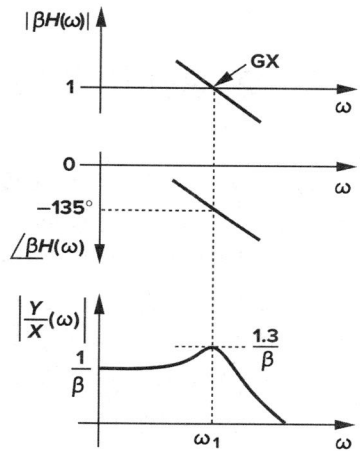

图 10.12 相位裕度为 45°时闭环的频率响应

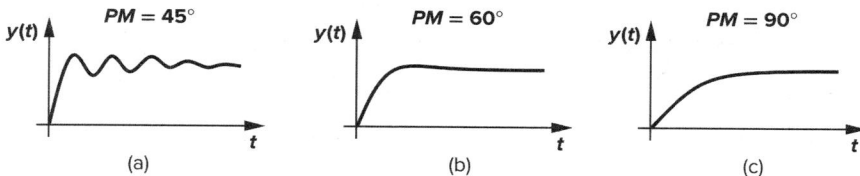

图 10.13 相位裕度分别为 45°、60°和 90°时闭环的时间响应

作为反馈电路有很好的相位裕度但表现出很差的稳定性的一个例子,我们考虑图 10.14 的单位增益放大器。图中,所有晶体管的宽长比均为 50 $\mu m/0.6\ \mu m$。各偏置电流和电容器的值均标在图中,采用这些数据,SPICE 模拟得到的相位裕度为 65°,单位增益频率为 150 MHz。然而,该电路的大信号阶跃响应有相当大的振铃现象。

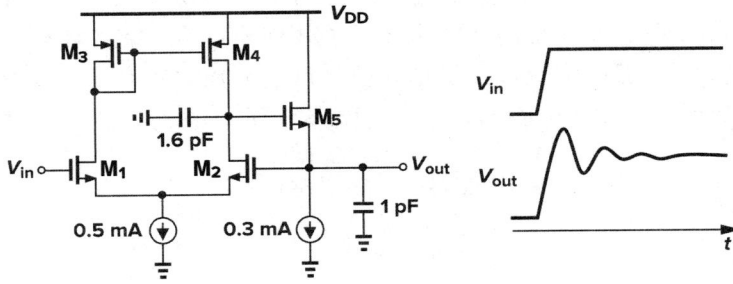

图 10.14　单位增益缓冲器

10.4　频率补偿基础

　　常用的运放电路包含许多极点。例如,在折叠式共源共栅电路中,折叠结点和输出结点均产生极点。因此,运放通常必须"补偿",即运放的开环传输函数必须修正,以使闭环电路是稳定的,而且时域响应的性能也是良好的。

　　需要补偿是因为在 $\angle\beta H$ 接近 $-180°$ 之前 $|\beta H|$ 并不下降至 1。我们假定,系统的稳定性可以通过以下二种方法之一得到:

　　(1)把总的相移减至最小,使相位交点往**外**推,如图 10.15(a)所示;

　　(2)降低增益,使增益交点往**里**推,如图 10.15(b)所示。

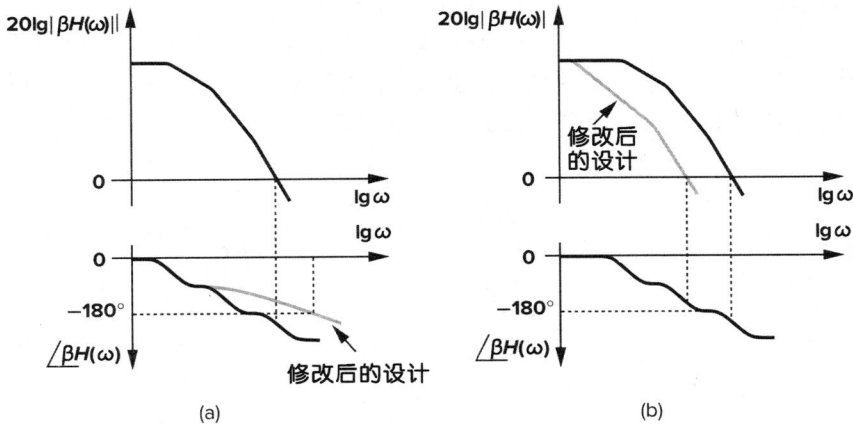

图 10.15　频率补偿方法
(a)PX 向外移动;(b)GX 向内移动

　　第一种方法要求:通过适当的设计努力把信号通路中的极点数减至最少。由于每增加一级至少增加一个极点,这意味着级数应减到最少。这种补偿的方法将减低电压增益和(或)限制输出摆幅(见第 9 章)。另一方面,第二种方法是保持低频增益和输出摆幅,但在更低的频率就使增益下降,以减小带宽。

在运放的实际设计中,在满足其它要求的情况下,我们首先把运放的极点数减至最少。由于这样得到的电路仍有可能不具有足够的相位裕度,则我们要对运放进行补偿,即修改设计,以使增益交点向原点移动。这些设计过程需要考虑所选择的 β 值(根据最终的设计要求确定的)。例如,在某些情况下,如果环路增益大,闭环增益为 4 对应的 $\beta \approx 0.25$[①]。换句话说,如果闭环增益总是大于 1,则我们就不需要针对 $\beta = 1$ 来补偿电路。

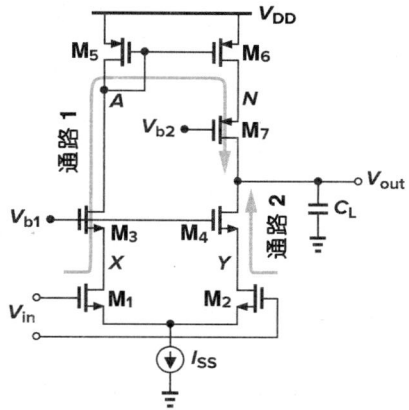

图 10.16 单端输出的套筒式运放

我们把上述的方法运用到不同的运放结构中。首先讨论图 10.16 所示的套筒式运放,图中的 PMOS 电流镜把差动信号转换成单端信号。我们识别信号通路中的各极点:通路 1 在 M_3 源端包含一个高频极点,在结点 A 包含一个镜像极点以及在 M_7 源端包含另一个高频极点;而通路 2 在 M_4 源端包含一个高频极点;两条通路在输出端共有一个极点。

估算这些极点的相对位置是有益的。由于运放的输出电阻比其它结点的小信号电阻高得多,我们预计:甚至在中等负载电容的情况下,此输出极点 $\omega_{p,out}$ 最靠近原点。$\omega_{p,out}$ 称为主极点,通常决定了开环的 3 dB 带宽。

我们还可推断,第一个"非主极点"是在结点 A 产生的,这是在主极点之后最靠近原点的极点。因为这个结点的总电容约等于 $C_{GS5} + C_{GS6} + C_{DB5} + 2C_{GD6} + C_{DB3} + C_{GD3}$,通常这电容比结点 X、Y 和 N 的电容大,而且 M_5 的小信号电阻也较大,约为 $1/g_{m5}$。

哪一个结点会产生下一个非主极点,是 N 还是 X(和 Y)?从第 9 章我们知道,要得到小的过驱动电压以消耗合理的电压余度,运放中的 PMOS 器件一般比 NMOS 器件宽。如果忽略体效应来比较 M_4 和 M_7,我们注意到,$g_m = 2I_D/|V_{GS} - V_{TH}|$,这两个器件被设计成有相同的过驱动电压的情况下,它们表现出相同的跨导。但是从平方律特性,我们得到 $W_4/W_7 = \mu_p/\mu_n$,在现在

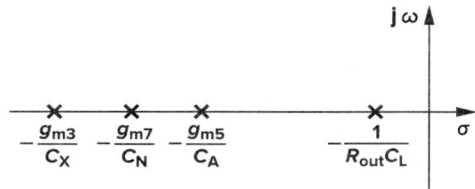

图 10.17 图 10.16 中运放的各极点位置

的工艺条件下,该值约为 $1/3 \sim 1/2$。因此,结点 N 和 X(或 Y)对地的小信号电阻大约相同,但 N 点有较大的电容。所以,应该可以假定结点 N 产生下一个非主极点。图 10.17 表示了这些结果,注意:用 C_A、C_N 和 C_X 分别表示结点 A、N 和 X 的电容。在结点 X 和 Y 的二个极点几乎相等,它们在通路 1 和通路 2 的传输函数中的相应项均可以作为公因子被提出。因此,它们被算做一个极点而不是两个极点。

粗略地确定各极点的位置之后,我们便可采用 $\beta = 1$ 的最坏情况画出 βH 的相位图和幅值图。图 10.18 所示的特性表明,镜像极点通常限制了相位裕度,因为与其它非主极点相比,它的相位贡献发生在较低的频率。

从第 6 章的内容,我们记得:采用有源电流镜的差动对呈现一个零点,其位置在 2 倍于镜

---

① 但是在开关电容电路中,从一种工作模式切换到另一种工作模式时,闭环增益将发生改变(见第 13 章)。

像极点频率处。图 10.16 的电路也包含这样的
零点。位于 $2\omega_{p,A}$ 的这个零点对幅值特性和相位
特性均有一定的影响，有关的分析留给读者。

补偿步骤

我们应怎样对这个套筒式共源共栅运放进
行补偿？要记住我们的最终目标是使环路增益
在相位交点频率处足够地小于 1。假定各非主极
点的顺序和位置不变，而且频率高于 $10\omega_{p,out}$ 的相
位图也保持不变。我们从图 10.19 所示的原始
频率响应开始，该响应的相位裕度为负值。因
此，我们必须强制环路增益下降，使增益交点向
原点移动。为此，我们只要通过增加负载电容降
低主极点的频率 ω_{p1}。关键是，主极点在增益交点
或相位交点附近对相位的贡献接近 $-90°$，且与主
极点的位置相对无关。即如图 10.19 所示，主极
点向原点的移动只影响幅值曲线而不影响相位曲
线的关键部分。只要 ω_{p1} 下降得足够多，PM 就会
达到可接受的值，但这是以牺牲带宽为代价的。

为确定主极点必须达到的下移量，并得出一
个有关补偿的重要结论，我们假设：(1)图 10.16
中的第二个非主极点($\omega_{p,N}$)比镜像极点高得多，以
使在 $\omega=\omega_{p,A}$ 处相移为 $-135°$；(2)45°的相位裕度
是必需的(通常这还不够大)。

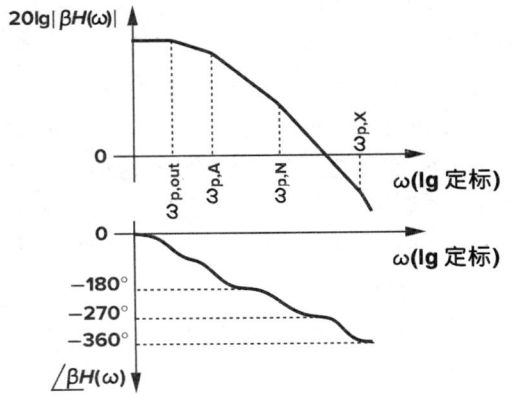

图 10.18　图 10.16 运放中环路增益的波特图

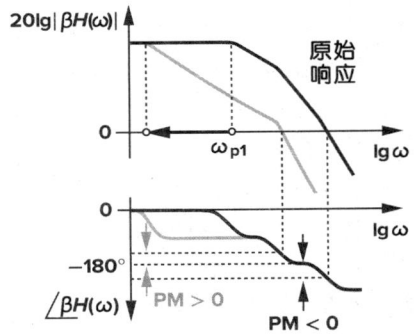

图 10.19　将主极点向原点移动

要对电路进行补偿，我们首先从 $\angle\beta H(\omega)=-180°+PM=-135°$ 开始，并找到与之对应的增益交点频率，即为图 10.20 中的 $\omega_{p,A}$。由于
主极点必须使增益以 20 dB/dec 的斜率下降，并在 $\omega_{p,A}$ 处增益降为 1，我们从 $\omega_{p,A}$ 开始以这一
斜率向原点作直线，于是得到了新的主极点的值 $\omega'_{p,out}$。因此，负载电容必须增加到原值的
$\omega_{p,out}/\omega'_{p,out}$ 倍。

从新的幅值曲线中我们注意到，补偿后的运放的单位增益带宽(开环)等于**第一非主极点**

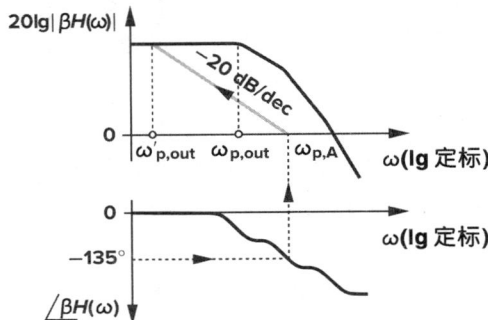

图 10.20　将主极点向原点移动以获得 45°的相位裕

的频率(当然,相位裕度为 45°)。这是一个基本的结果,它表明采用运放的反馈系统中,要达到宽带,第一非主极点就必须离原点尽量远。因此,镜像极点被证明是不希望的。

我们还应指出,尽管 $\omega_{p,out} = (R_{out}C_L)^{-1}$,增大 R_{out} 并不能对运放进行补偿。如图 10.21 所示,更高的 R_{out} 产生更大的增益,这仅影响特性的低频部分。而且这种情况下,主极点向原点移动,并不改善相位裕度。(为什么?)

总的来说,频率补偿将开环运放的主极点移动到足够低的频率,以使单位增益带宽充分地低于相位交点频率。同样地,补偿后的单位增益带宽不能超过第一非主极点频率,因为通常来说,大于 45°的相位裕度是必须的。

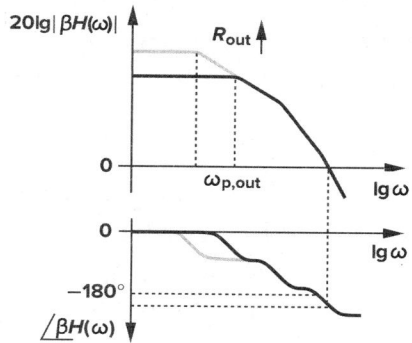

图 10.21 更高输出电阻时环路增益的波特图

423

例 10.5

一个运放已经被补偿到在单位增益反馈的情况下具有 60°的相位裕度。如果运放工作在反馈系数 $\beta < 1$ 的情况[如图 10.22(a)所示],那么补偿要求能放宽到什么程度?

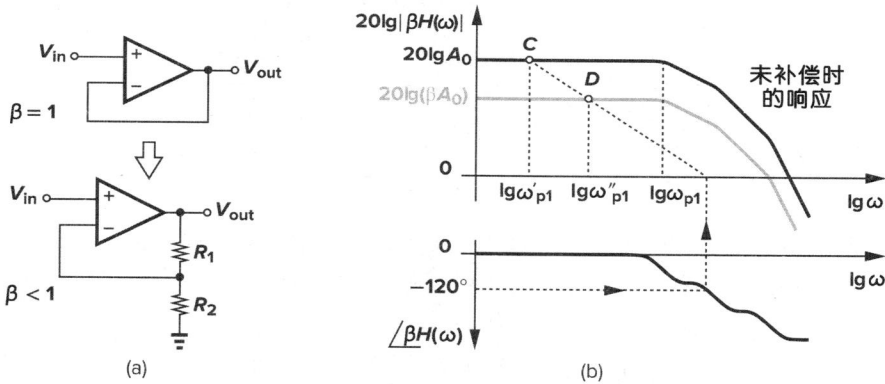

图 10.22

解:如图 10.22(b)所示,根据原来的补偿,找到 $\angle\beta H = -120°$ 对应的频率,并从该频率向纵轴画一条斜率为 -20 dB/dec 的直线,从而将主极点从 ω_{p1} 移动到 ω'_{p1}。在反馈系数为 β 的情况下,未补偿的幅度响应被下移了 $-20\lg\beta$,因而要求主极点频率为 ω''_{p1}。为了得到该值,我们使线段 CD 的斜率为 -20 dB/dec,即

$$\frac{-20\lg\beta}{\lg\omega''_{p1} - \lg\omega'_{p1}} = 20 \tag{10.19}$$

因此得到 $\omega''_{p1} = \omega'_{p1}/\beta$。也就是说,与 $\beta = 1$ 的补偿相比,补偿电容的值可以减小为其值的 β 倍。当然,这并不意味着新的反馈电路会稳定得更快。更弱的反馈将导致带宽扩展成比例地减小。事实上,我们可以将原先补偿好的运放的闭环 -3 dB 带宽写为 $(1+A_0)\omega'_{p1} \approx A_0\omega'_{p1}$,将新补偿的运放的闭环 -3 dB 带宽写为 $(1+\beta A_0)\omega''_{p1} \approx \beta A_0\omega''_{p1} \approx A_0\omega'_{p1}$。由此可得出结论,闭环响应速

度几乎保持不变。

在习题 10.23 中,我们设置了一个与本例题相关的问题:如果一个运放被补偿到在单位增益反馈时具有 60° 的相位裕度,若将反馈系数减小到 $\beta<1$,PM 将增加多少?

现在考虑全差动套筒式共源共栅电路,如图 10.23 所示。这种拓扑结构除了具有各种差动运放的有用特性外,还能避免镜像极点,因而对于更大的带宽仍表现出稳定特性。事实上,我们可以看出,在每个输出结点上有一个主极点,来自结点 X(或 Y)仅有一个非主极点。这表明,全差动套筒式共源共栅电路是相当稳定的,并且不需要补偿。

但图 10.23 中结点 N(或 K)的极点怎样? 如果考虑 10.24(a)所示的一个 PMOS 共源共栅电路,我们可认为,结点 N 的电容 C_N 在高频下与 M_7 的输出电阻并联,其中 $C_N=C_{GS5}+C_{SB5}+C_{GD7}+C_{DB7}$,因此降低了此共源共栅的输出阻抗。为量化这种影响,首先确定图 10.24(a)中的 Z_{out}:

$$Z_{out}=(1+g_{m5}r_{O5})Z_N+r_{O5} \tag{10.20}$$

这里忽略了体效应,$Z_N=r_{O7}\parallel(C_Ns)^{-1}$。上式中,假定第一项比第二项大得多,则

$$Z_{out}\approx(1+g_{m5}r_{O5})\frac{r_{O7}}{r_{O7}C_Ns+1} \tag{10.21}$$

现在,如图 10.24(b)所示,我们把输出负载电容也考虑在内,则有

$$Z_{out}\parallel\frac{1}{C_Ls}=\frac{(1+g_{m5}r_{O5})\frac{r_{O7}}{r_{O7}C_Ns+1}\frac{1}{C_Ls}}{(1+g_{m5}r_{O5})\frac{r_{O7}}{r_{O7}C_Ns+1}+\frac{1}{C_Ls}} \tag{10.22}$$

$$=\frac{(1+g_{m5}r_{O5})r_{O7}}{[(1+g_{m5}r_{O5})r_{O7}C_L+r_{O7}C_N]s+1} \tag{10.23}$$

因此,Z_{out} 和负载电容的并联仍保持为单极点,其对应的时间常数为 $(1+g_{m5}r_{O5})r_{O7}C_L+r_{O7}C_N$。请注意,其中 $(1+g_{m5}r_{O5})r_{O7}C_L$ 是由共源共栅的低频输出电阻所产生的。换句话说,总的时间常数等于这个"输出"时间常数与 $r_{O7}C_N$ 之和。在这个计算中的关键是,PMOS 共源共栅中的极点是同输出极点**合并**的,因此不产生**额外**的极点。它只是比主极点稍低一点而已。因此,我们可以不严格地说,信号"看不见"共源共栅电流源中的极点[1]。

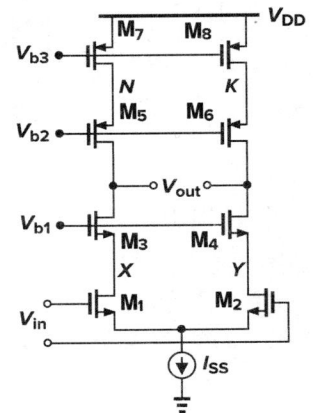

图 10.23 全差动套筒式运放

对图 10.16 和图 10.23 所示的二个电路进行比较,结果表明:全差动结构避免了镜像极点和结点 N 的极点。采用式(10.23)的近似结果,图 10.23 的电路仅含一个非主极点,而且,由于 NMOS 晶体管的高跨导,它位于较高的频率。这是全差动共源共栅运放的显著优点。

至此,我们已看到,非主极点导致不稳定,因此需要频率补偿。是否可以在传输函数中引入**零点**来消除一个或多个这种

---

[1] 如果等式(10.20)的第二项在其后的推导中被包括在内,则在总的输出阻抗中将出现几乎相当的一个零点和一个极点。尽管如此,对于 $g_mr_O\gg1$ 和 $C_L>C_N$,它们的影响均可忽略。

极点呢？例如,按照对图 6.41 的分析,我们推断,如果将一个低增益的快通路与主放大器并联,则会产生一个零点,且这零点能置于第一个非主极点处。然而,在有失配的情况下,以一个零点来消除一个极点的方法会导致闭环电路在阶跃响应中出现长的稳定时间。这种影响将在习题 10.19 中研究。

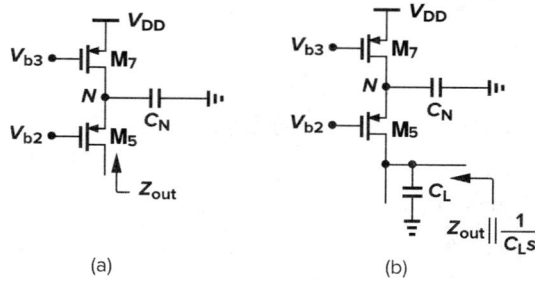

图 10.24　共源共栅电流源的内部结点处器件电容的影响

10.5　两级运放的补偿

在第 9 章中,我们在研究运放时指出,如果要达到最大的输出电压摆幅,两级结构也许是不可避免的,在现今的低压运放中,更是如此。因此,两级运放的稳定性和补偿很有意义。

考虑图 10.25 所示的电路,我们发现三个极点:在 X(或 Y)有一个;在 E(或 F)有另一个;第三个极点在 A(或 B)。从前面的讨论,我们知道,在 X 的极点处在较高的频率处。但另二个极点情况如何呢？由于在 E 点所看到的小信号电阻相当高,M_3、M_5 和 M_9 的电容将产生一个较靠近原点的极点。在结点 A 处,小信号电阻较低,但 C_L 的值可能相当大。结果是,我们说这个电路出现**两个**主极点。

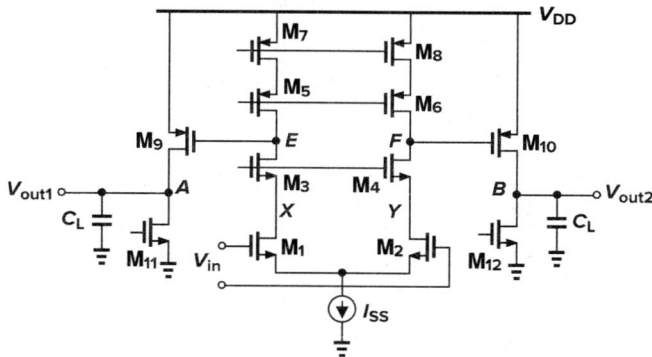

图 10.25　两级运放

从这些分析,我们可以构建如图 10.26 所示的幅值曲线和相位曲线。其中,假定 $\omega_{p,E}$ 更为主要,但 $\omega_{p,E}$ 和 $\omega_{p,A}$ 的相对位置取决于具体设计和负载电容。注意,由于在结点 E 和 A 的极点均较靠近原点,在频率远低于第三个极点时,相位就已接近 $-180°$。换句话说,即使第三个极点还未产生大的相移,相位裕度都可能已很接近 0。

现在研究两级运放的频率补偿。在图 10.26 中,其中一个主极点必须向原点移动,以使增益交点远低于相位交点。然而,从 10.4 节知道,在要求 $PM > 45°$ 的情况下,补偿后的单位增益带宽不可能超过开环系统的第二极点的频率。因此,在图 10.26 中如果减小 $\omega_{p,E}$ 的值,可达到的带宽被限制在一个低值,约为 $\omega_{p,A}$。而且,要求主极点变为很小的值说明需要一个很大的补偿电容。

庆幸的是,一种更有效的补偿方法可以用在图 10.25 的电路中。为得出这种方法,在图 10.27(a) 中我们注意到:第一级呈现高输出阻抗,第二级提供

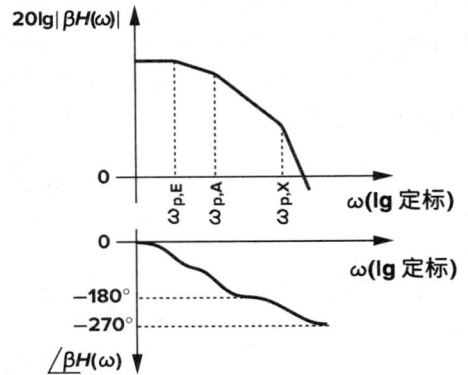

图 10.26　两级运放的环路增益的波特图

适当的增益,从而为电容的密勒乘积提供了适当的环境。如图 10.27(b) 所示,其目的是在结点 E 建立一个大电容,其值等于 $(1 + A_{v2})C_C$,把相应的极点移到 $R_{out1}^{-1}[C_E + (1 + A_{v2})C_C]^{-1}$,其中 C_E 代表加入 C_C 之前结点 E 的电容。结果,以一个中等的电容器的值建立了一个低频极点,节省了可观的芯片面积。这种技术称为“密勒补偿”。

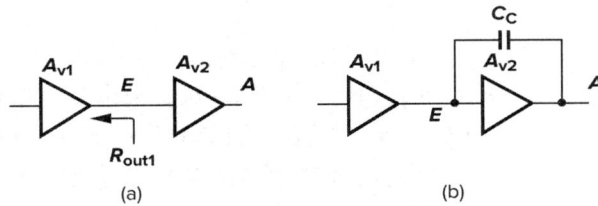

图 10.27　两级运放的密勒补偿

密勒补偿不仅降低了所需的电容值,还带来一个非常重要的特性:它把**输出极点**向**离开**原点的方向移动。如图 10.28 所示,这种效应称为“极点分裂”(pole splitting)。为理解其基本原理,我们把图 10.25 的输出级简化成图 10.29,其中 R_S 代表第一级的输出电阻,$R_L = r_{O9} \parallel r_{O11}$。由第 6 章的分析我们注意到,这个补偿后的电路包含两个极点:

$$\omega'_{p1} \approx \frac{1}{R_S[(1 + g_{m9}R_L)(C_C + C_{GD9}) + C_E] + R_L(C_C + C_{GD9} + C_L)} \tag{10.24}$$

$$\omega'_{p2} \approx \frac{R_S[(1 + g_{m9}R_L)(C_C + C_{GD9}) + C_E] + R_L(C_C + C_{GD9} + C_L)}{R_S R_L[(C_C + C_{GD9})C_E + (C_C + C_{GD9})C_L + C_E C_L]} \tag{10.25}$$

这两个表达式是在假定 $|\omega'_{p1}| \ll |\omega'_{p2}|$ 的基础上得到的。然而,在补偿之前 ω_{p1} 和 ω_{p2} 具有相同的数量级。对于 $C_C = 0$ 和较大的 C_L,我们可以把输出极点的值近似为 $\omega_{p2} \approx 1/(R_L C_L)$。

为比较补偿前后 ω'_{p2} 的数值,我们考虑一般的情况:$C_C + C_{GD9} \gg C_E$,式(10.25)简化为 ω_{p2}'

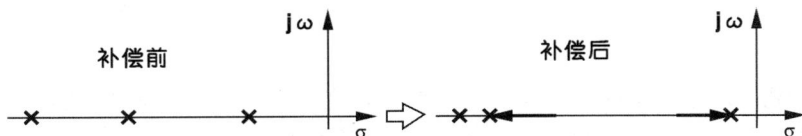

图 10.28　密勒补偿引起的极点分裂

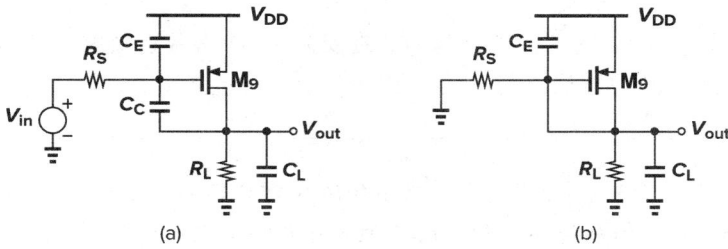

图 10.29　(a)两级运放的简化模型;(b)高频下的粗略模型

$\approx g_{m9}/(C_E+C_L)$。如果注意到一般情况下 $C_E \ll C_L$,我们得到如下结论:密勒补偿把输出极点的数值增加到原值的 $g_{m9}R_L$ 倍,这是相当大的值。直观地说,这是由于在高频下,在 M_9 的栅极与漏极之间由 C_C 提供了一个低阻抗,因此 C_L 所看到的电阻从 R_L 减小为 $R_S \parallel g_{m9}^{-1} \parallel R_L \approx g_{m9}^{-1}$,如图 10.29(b)所示。从另一个角度来看,$C_C$ 通过检测输出电压提供第二级的反馈,因此使输出电阻降低,从而将第二极点移向高频处[①]。

　　总之,密勒补偿使两级间的极点向原点移动,使输出极点向离开原点的方向移动。同时,与单纯地在级间结点与地之间连接一个补偿电容相比较,密勒补偿提供大得多的带宽。在实际设计中,对适当的相位裕度,补偿电容器的选择需要多次迭代,因为两个极点都要移动。下面的例子给出了一个大致的估算。

例 10.6

　　图 10.25 中的两级运放要求采用密勒补偿,以达到 45°的相位裕度。请估算补偿电容的值。　　428

　　解:经过补偿后,主极点大约下移到 $(g_{m9} R_L C_C R_S)^{-1}$,其中 R_S 表示第一级的输出电阻,第二极点大约上移到 g_{m9}/C_L。为了达到 45°的相位裕度,环路增益必须在第二极点处降为 1。在低频增益为 $\beta g_{m1} R_S g_{m9} R_L$ 的情况下,我们在图 10.30 中给出了补偿后的曲线(以线性坐标方式),并且可以写出幅值表达式为

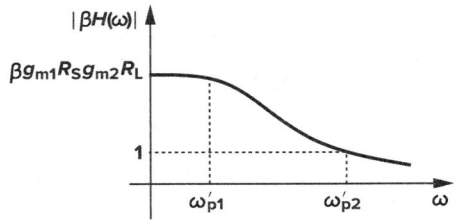

图 10.30

$$|\beta H(\omega)| \approx \frac{\beta g_{m1}R_S g_{m9}R_L}{\sqrt{1+\omega^2/\omega_{p1}'^2}} \quad (10.26)$$

上式中忽略了 ω_{p2}' 对幅值的影响。在 $\omega=\omega_{p2}'$ 处,上式中根号内的第二项占主导地位,因此有

$$\frac{\beta g_{m1}R_S g_{m9}R_L}{\omega_{p2}'/\omega_{p1}'} = 1 \quad (10.27)$$

代入两个极点的频率,并假设 $\beta=1$,我们得到

$$C_C = \frac{g_{m1}}{g_{m9}}C_L \quad (10.28)$$

注意,g_{m1} 和 g_{m9} 分别为两级的跨导。读者可以证明,如果考虑了 ω_{p2}' 的影响,则可求得 $C_C = [g_{m1}/(\sqrt{2}g_{m9})]C_L$。当然,为了实现更大的相位裕度,$C_C$ 通常要比这个值大,然而这个估算值

---

①　该电容返回一股电流到第二级的输入端,同样会降低第二级的输入阻抗。

在设计中可以作为一个合理的设计起点。

以上结果是在假设 $\beta=1$ 的情况下得到的。在实际中,大多数运放被配置成闭环增益为 2 或更高的场合,因此需要的 C_C 值更低。

我们对稳定性和补偿的研究,至此仍忽略了传输函数中零点的影响。尽管在共源共栅结构中,零点离原点相当远,但在包含密勒补偿的两级运放中,会产生离原点较近的零点。从第 6 章中得知,图 10.29 的电路包含一个右半平面的零点,位于 $\omega_z = g_{m9}/(C_C + C_{GD9})$。这是由于 $C_C + C_{GD9}$ 形成了从输入到输出的前馈信号通路。这个零点的影响是什么呢? 传输函数的分子是 $(1 - s/\omega_z)$,产生的相位为 $-\arctan(\omega/\omega_z)$,这里的负值是由于 ω_z 是正的。换句话说,由于各极点在左半平面,在右半平面的一个零点将贡献更大的相移,因此使相位交点向原点移动。而且,从波特图的近似描绘中可知,这零点减缓了幅值的下降,因而使增益交点外推,更远离原点。结果,大大地降低了稳定性。

为更好理解上述的讨论,让我们画一个三阶系统的波特图,该系统含一个主极点 ω_{p1},两个非主极点 ω_{p2} 和 ω_{p3},以及右半平面的一个零点 ω_z。对两级运放,一般情况是:$|\omega_{p1}| < |\omega_z| < |\omega_{p2}|$。如图 10.31 所示,零点在阻止增益下降的同时,产生了很大的相移。

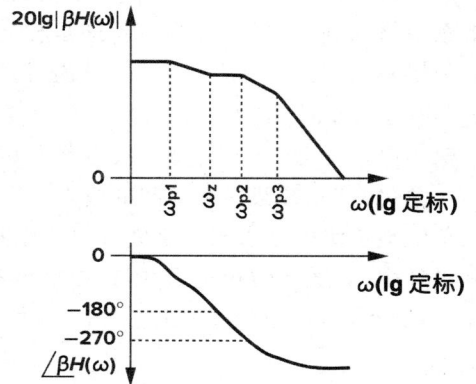

图 10.31　右半平面零点的影响

例 10.7

某位同学注意到图 10.29(a)中密勒补偿会产生 $\omega_{p2} \approx g_{m9}/C_L$,$\omega_z \approx g_{m9}/C_C$,他决定选择 $C_C = C_L$,目的是用零点来抵消第二个极点。请解释这样做的结果。

解:我们还记得密勒补偿产生的零点位于**右半**平面,而所有极点位于左半平面。因此,补偿后的环路增益可以表示为

$$\beta H(s) = \frac{\beta A_0 (1 - \dfrac{s}{\omega_Z})}{(1 + \dfrac{s}{\omega_{p1}})(1 + \dfrac{s}{\omega_{p2}})} \tag{10.29}$$

我们认识到,这个零点**不能抵消极点**,并且依然会影响 $|\beta H|$ 和 $\angle\beta H$。

两级运放中右半平面的零点是一个严重的问题,因为在它的表示式 $g_m/(C_C + C_{GD})$ 中,g_m 相对较小,而要使主极点处在适当的位置,C_C 又要选得足够大。现在已发明了消除或移动零点的各种方法。一种方法是增加一个与补偿电容串联的电阻,如图 10.32 所示,从而改善零点的频率。现在输出级表现出**三个极点**,但对于适当的 R_Z 值,第三个极点将位于高频,而前两个极点接近于以 $R_Z = 0$ 所计算的值。而且,此零点的频率(习题 10.8)可以表示成

$$\omega_Z \approx \frac{1}{C_C(g_{m9}^{-1} - R_Z)} \tag{10.30}$$

因此，如果 $R_Z \geqslant g_{m9}^{-1}$，则 $\omega_Z \leqslant 0$。尽管 $R_Z = g_{m9}^{-1}$ 似乎是很自然的选择，但实际上，我们可以把零点移到左半平面，以便消除第一个非主极点。这种情况发生的条件是

$$\frac{1}{C_C(g_{m9}^{-1} - R_Z)} = \frac{-g_{m9}}{C_L + C_E} \qquad (10.31)$$

即

$$R_Z = \frac{C_L + C_E + C_C}{g_{m9} C_C} \qquad (10.32)$$

$$\approx \frac{C_L + C_C}{g_{m9} C_C} \qquad (10.33)$$

上式成立是由于 C_E 一般比 $C_L + C_C$ 小得多。

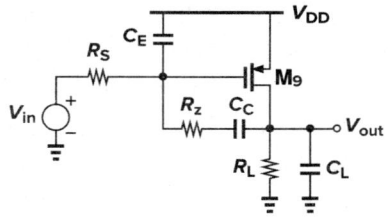

图 10.32　为移动右半平面的零点增加电阻 R_Z

　　消除非主极点的可能性使这一方法具有很大的吸引力。但在实际中有两个严重缺点是必须考虑的。首先，很难保证式(10.33)的关系成立，尤其是在 C_L 未知或变化的情况下，更是如此。零点与极点频率的失配会导致"零极点对问题"(见习题 10.19)。例如，正如在第 13 章中将要说明的，在开关电容电路中，在一个周期内从其中的半周期转换到另一半周期工作时运放的负载电容是变化的，这要求 R_Z 作相应的变化，从而使设计变得复杂。第二个缺

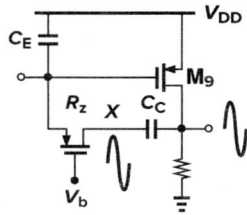

图 10.33　大输出摆幅对 R_Z 的影响

点涉及 R_Z 的具体实现。R_Z 一般由工作在线性区的 MOS 晶体管实现，如图 10.33 所示，当输出电压的变化幅值通过 C_C 耦合到结点 X 时，R_Z 会发生显著变化，因而减缓了大信号的稳定响应。

　　图 10.33 中的 V_b 不太容易得到，因为：尽管工艺和温度在变化，R_Z 仍然必须等于 $(1 + C_L/C_C) g_{m9}^{-1}$。一种常用的方法如图 10.34 所示[2]，图中串联了二极管连接的器件 M_{13} 和 M_{14}。如果根据 I_{D9} 适当选择 I_1，使 $V_{GS13} = V_{GS9}$，则 $V_{GS15} = V_{GS14}$。由于 $g_{m14} = \mu_p C_{ox}(W/L)_{14}(V_{GS14} - V_{TH14})$，$R_{on15} = [\mu_p C_{ox}(W/L)_{15}(V_{GS15} - V_{TH15})]^{-1}$，我们得到 $R_{on15} = g_{m14}^{-1}(W/L)_{14}/(W/L)_{15}$，极点-零点抵消时有

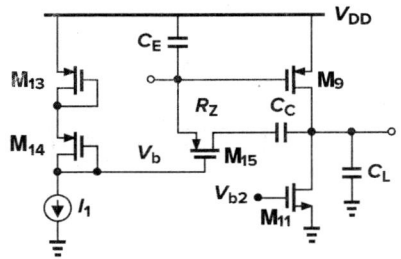

图 10.34　真正跟踪温度和工艺而生成 V_b

$$g_{m14}^{-1} \frac{(W/L)_{14}}{(W/L)_{15}} = g_{m9}^{-1}\left(1 + \frac{C_L}{C_C}\right) \qquad (10.34)$$

因此得

$$(W/L)_{15} = \sqrt{(W/L)_{14}(W/L)_9} \sqrt{\frac{I_{D9}}{I_{D14}}} \frac{C_C}{C_C + C_L} \qquad (10.35)$$

如果 C_L 是常数，式(10.35)可以相当精确地成立，因为式中仅包含各个量的**比值**。

　　保证式(10.33)成立的另一个方法是使用一个简单的电阻 R_Z，并根据一个与 R_Z 匹配的电阻确定 g_{m9}[3]。如图(10.35)所示，这个方法使 $M_{b1} \sim M_{b4}$ 与 R_S 组合产生 $I_b \propto R_S^{-2}$。(该电路将在第 12 章中详细研究。)因此，$g_{m9} \propto \sqrt{I_{D9}} \propto \sqrt{I_{D11}} \propto R_S^{-1}$。所以 R_Z 与 R_S 的适当的比率便可保证式(10.33)在温度和工艺变化的情况下仍成立。

上述两种方法的主要缺点是假定所有的晶体管都服从平方律特性。本书的第 17 章将阐述,短沟道 MOSFET 的特性可以显著地偏离平方律,结果在上述的计算中会产生误差。特别是晶体管 M_9 通常是短沟道器件,因为它处在信号通路中,速度很关键。

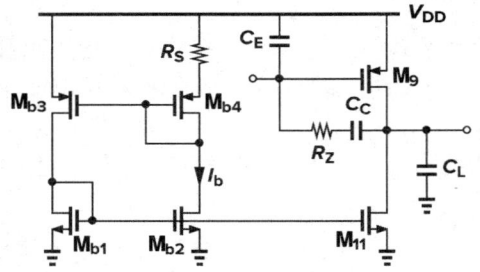

图 10.35　根据 R_S 确定 g_{m9} 的方法

两级运放在一个特性方面不如一级运放,那就是对负载电容的敏感性。由于密勒补偿在第一级的输出端产生了一个主极点,对第二级提供更大的负载电容将使第二个极点向原点移动,结果减小了相位裕度。与此相反,在一级运放中,较大的负载电容使**主极点**向原点靠近,其结果是**改善**相位裕度(虽然会使反馈系统更加过阻尼)。图 10.36 表示了采用一级和两级运放的单位增益放大器的阶跃响应,如果两级运放的负载电容增加,则其阶跃响应趋向于振荡行为。

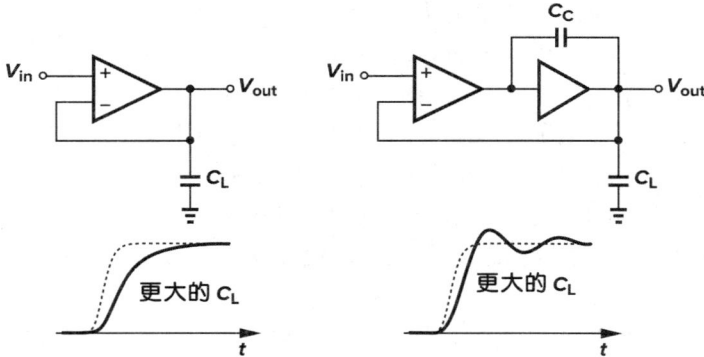

图 10.36　增大负载电容对一级运放和两级运放的阶跃响应的影响

10.6　两级运放中的转换

研究两级运放的转换(slewing)特性是很有益的。在深入分析两级运放的转换特性之前,让我们来分析图 10.37(a)中的简单电路,其中 I_{in} 为电流阶跃信号,表示为 $I_{ss}u(t)$,C_F 上的初始电压为 0。如果 A 很大,则结点 X 为虚地,C_F 上的电压近似等于 V_{out}。流过一个值为 I_{ss} 的恒定电流后,C_F 上产生的输出电压为

$$V_{out}(t) \approx \frac{I_{ss}}{C_F}t \qquad (10.36)$$

现在我们来考虑图 10.37(b)中给出的电路实现形式[1],并且写出电流关系式 $V_{out}/r_O + g_m V_X + I_{in} = I_1$ 和 $C_F d(V_{out}-V_X)/dt = I_{in}$。将前一个式子中的 V_X 代入后一个式子,可得

$$C_F\left(1+\frac{1}{g_m r_O}\right)\frac{dV_{out}}{dt} = I_{in} - \frac{C_F}{g_m}\frac{dI_{in}}{dt} \qquad (10.37)$$

我们将上式右边的两项考虑为两个输入,并应用叠加原理可以得到

---

[1]　M_{out} 的偏置网络未给出。

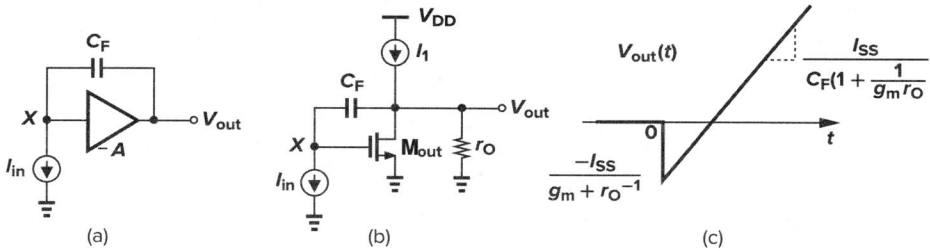

图 10.37　(a)用于转换特性分析的简单电路;(b)图(a)电路的实现形式;(c)转换期间的输出波形

$$V_{\text{out}}(t) = \frac{I_{\text{SS}}}{C_{\text{F}}(1 + \frac{1}{g_{\text{m}} r_{\text{O}}})} t u(t) - \frac{I_{\text{SS}}}{g_{\text{m}} + \frac{1}{r_{\text{O}}}} u(t) \tag{10.38}$$

如图 10.37(c)所示,V_{out}(当然,这个电压是叠加在一定的偏置电压上的)开始跳变到 $-I_{\text{SS}}/(g_{\text{m}} + r_{\text{O}}^{-1})$,随后以 $I_{\text{SS}}/[C_{\text{F}}(1 + g_{\text{m}}^{-1} r_{\text{O}}^{-1})]$ 的斜率开始增加。以下几点是值得注意的:(1)在 $t = 0^{+}$ 时,C_{F} 相当于被短路,使 I_{in} 流过 $(1/g_{\text{m}}) \parallel r_{\text{O}}$,从而导致输出电压出现一个向下的阶跃;(2)斜坡电压上升的斜率值表示等效电容为 $C_{\text{F}}(1 + g_{\text{m}}^{-1} r_{\text{O}}^{-1})$,这一点显示了 C_{F} 的密勒效应对**输出**电压的作用;(3)式(10.38)并不依赖于 I_1,这是因为 I_1 仅仅是作为 M_{out} 的偏置电流。我们把输出电压近似表示为 $V_{\text{out}}(t) \approx (I_{\text{SS}}/C_{\text{F}}) t u(t)$。

让我们回到两级运放,在图 10.38(a)中,假设在 $t = 0$,V_{in} 有一个大的正阶跃,则 M_2,M_4 和 M_3 均关断。该电路可简化成图 10.38(b)的电路,如果忽略结点 X 的寄生电容,该电路显示:对 C_{C} 充电的是恒定电流 I_{SS}。考虑到输出级的增益使结点 X 变成虚地,我们得到 $V_{\text{out}} \approx I_{\text{SS}} t / C_{\text{C}}$。因此,正的转换速率[①]等于 $I_{\text{SS}}/C_{\text{C}}$。要注意的是,在转换期间 M_5 必须提供两股电流:I_{SS} 和 I_1。如果 M_5 的栅不够宽,不能维持饱和状态下的 $I_1 + I_{\text{SS}}$,则 V_X 会严重下降,结果可能使 M_1 进入线性区。

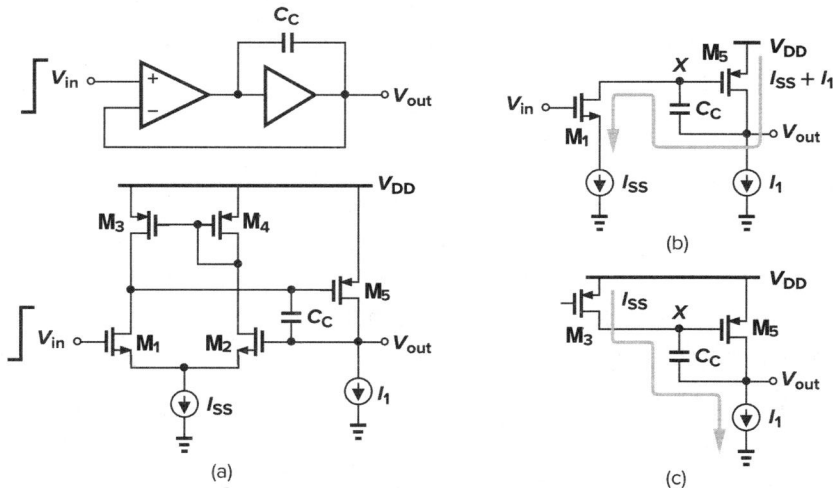

图 10.38　(a)简单两级运放;(b)正转换期间的简化电路;(c)负转换期间的简化电路

① 这个术语"正",指的是在运放输出端波形的斜率的符号。

对负转换速率,我们可把电路简化成图 10.38(c)的电路。图中,I_1 必须支持 I_{SS} 和 I_{D5}。例如,若 $I_1 = I_{SS}$,则 V_X 将上升,使 M_5 关断。如果 $I_1 < I_{SS}$,则 M_3 进入线性区,转换速率变为 I_{D3}/C_C。

434

例 10.8 ——————————————————————————————————

运放通常要驱动一个大的负载电容。如果图 10.37(b)有一个负载电容 C_L,请重新分析电路的转换速率。为了简化起见,忽略沟道长度调制效应。

解:我们考虑两种情况:I_{in} 流入和流出结点 X。如果 $\lambda = 0$,V_X 到 V_{out} 的稳态增益为无穷大,从而使得 X 为虚地结点。在第一种情况下[如图 10.39(a)],$I_{in} = I_{SS}u(t)$ 流经 C_F,在电容两端产生一个斜坡电压。因为 V_X 为常数,C_F 的右端电压 V_{out} 一定会以 I_{ss}/C_F 的斜率**下降**。这意味着 C_L 也以同样的速率放电,所以要求晶体管吸收三股电流:I_1、I_{SS} 和 $C_L dV_{out}/dt = (C_L/C_F)I_{SS}$。因此,只要 M_{out} 保持在饱和区,输出电压的转换速率就近似等于 I_{SS}/C_F。

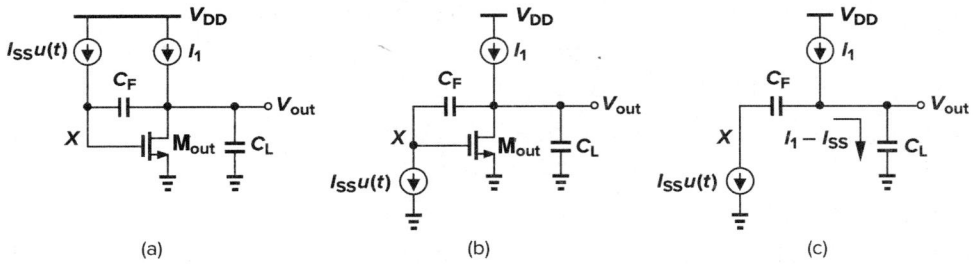

图 10.39

现在,我们来考虑第二种情况[如图 10.39(b)所示]。如果 X 为虚地,V_{out} 一定会以 I_{ss}/C_F 的斜率上升,同时 C_L 上一定会流过电流 $C_L dV_{out}/dt = (C_L/C_F)I_{SS}$。我们注意到,如果 $I_1 > (C_L/C_F)I_{SS} + I_{SS}$,$M_{out}$ 保持导通,V_X 几乎不变,那么输出电压的转换速率就等于 I_{SS}/C_F。如果 $I_1 < (C_L/C_F)I_{SS} + I_{SS}$,$M_{out}$ 截止,I_1 与 I_{SS} 的差值电流对 C_L 充电[如图 10.39(c)],那么转换速率会很低,其值为 $(I_1 - I_{SS})/C_L$。

———

两级 AB 类运放

第 9 章中分析过的两级 AB 类运放也可以引入密勒补偿。然而我们还记得,信号通路上的电流镜会贡献一个额外的极点,从而降低相位裕度。因此,两级 AB 类运放的速度通常比相应的 A 类运放低。

我们希望计算出两级 AB 类运放的转换速率。让我们重画图 10.39(b)的电路图,结果如图 10.40 所示。在此情况下,如果 M_{out} 截止,转换速率依然等于 $(I_1 - I_{SS})/C_L$。但是,AB 类运算的好处是 I_1 本身就很大。电流镜产生的电流为 $I_1 = (W_{p1}/W_{p2})\alpha I_{in}$,因此转换速率等于 $[\alpha(W_{p1}/W_{p2}) - 1]I_{SS}/C_L$。

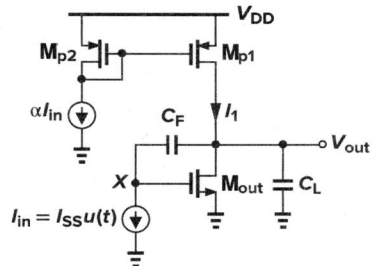

图 10.40 简化的 AB 类运放

435

10.7　其它补偿技术

对两级 CMOS 运放进行补偿所遇到的困难来自补偿电容所形成的前馈通路,如图 10.41(a) 所示。如果从输出结点到 X 能传导电流,反方向则不能,那么,零点可以移到非常高的频率处。正如图 10.41(b)所示,这可以插入一个与电容串联的源跟随器来实现。由于 M_2 的栅-源电容通常比 C_C 小得多,我们可以预料右半平面的零点将出现在高频。对源跟随器,假定 $\gamma = \lambda = 0$,并忽略一些器件电容,则电路可简化为图 10.42,由图可得 $-g_{m1}V_1 = V_{out}(R_L^{-1} + C_L s)$,因此有

$$V_1 = \frac{-V_{out}}{g_{m1}R_L}(1 + R_L C_L s) \tag{10.39}$$

我们还可得到

$$\frac{V_{out} - V_1}{\frac{1}{g_{m2}} + \frac{1}{C_C s}} + I_{in} = \frac{V_1}{R_S} \tag{10.40}$$

把式(10.39)中的 V_1 代入上式得

$$\frac{V_{out}}{I_{in}} = \frac{-g_{m1}R_L R_S(g_{m2} + C_C s)}{R_L C_L C_C(1 + g_{m2}R_S)s^2 + [(1 + g_{m1}g_{m2}R_L R_S)C_C + g_{m2}R_L C_L]s + g_{m2}} \tag{10.41}$$

因此,该电路含有一个**左半平面**的零点,并可用来消除一个极点。这个零点也可以由图 6.18 所示的方法推导出来。

436

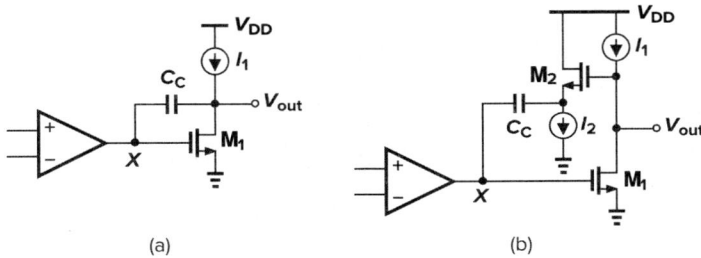

图 10.41　(a)由 C_C 产生右半平面零点的两级运放;(b)增加源跟随器以消除零点

如果假定两个极点相距较远,我们也可以计算它们的值。由于通常 $1 + g_{m2}R_S \gg 1$,而且 $(1 + g_{m1}g_{m2}R_L R_S)C_C \gg g_{m2}R_L C_L$,我们得到

$$\omega_{p1} \approx \frac{g_{m2}}{g_{m1}g_{m2}R_L R_S C_C} \tag{10.42}$$

$$\approx \frac{1}{g_{m1}R_L R_S C_C} \tag{10.43}$$

$$\omega_{p2} \approx \frac{g_{m1}g_{m2}R_L R_S C_C}{R_L R_S C_L C_C g_{m2}} \tag{10.44}$$

$$\approx \frac{g_{m1}}{C_L} \tag{10.45}$$

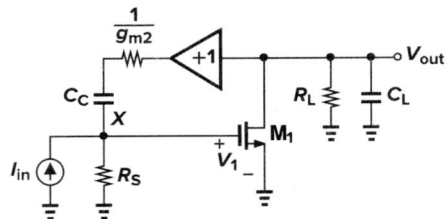

图 10.42　图 10.41(b)的简化等效电路

因此，ω_{p1} 和 ω_{p2} 的新值和简单的密勒近似得到的值相似，例如，输出极点已由 $(R_{\mathrm{L}}C_{\mathrm{C}})^{-1}$ 移到 $g_{\mathrm{m1}}/C_{\mathrm{L}}$。

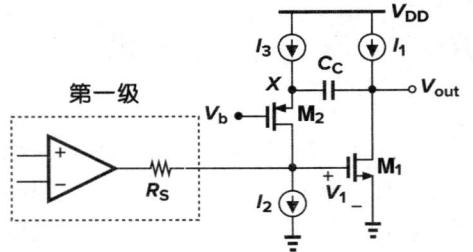

图 10.43　采用一个共栅级的补偿方法

图 10.41(b) 电路中的主要问题是，源跟随器把输出电压的低端限制在 $V_{\mathrm{GS2}}+V_{\mathrm{I2}}$，$V_{\mathrm{I2}}$ 是 I_2 两端所需的电压。因此，若利用补偿电容器把有源反馈级的直流电平与输出的直流电平隔开，则可达到满意的效果。这种拓扑结构如图 10.43 所示，图中 C_{C} 和共栅级 M_2 把输出电压摆幅转换成一股电流，并把这电流回送到 M_1 的栅极[4]。如果 V_1 改变 ΔV，则 V_{out} 改变 $A_{\mathrm{v}}\Delta V$，由于 $1/g_{\mathrm{m2}}$ 可以相对很小，通过电容的电流约为 $A_{\mathrm{v}}\Delta V C_{\mathrm{C}}s$。所以，$M_1$ 栅极电压变化 ΔV 将产生电流的变化 $A_{\mathrm{v}}\Delta V C_{\mathrm{C}}s$，提供的电容倍增系数为 A_{v}。

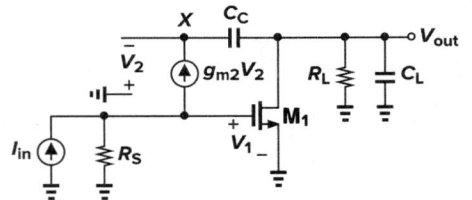

图 10.44　图 10.43 的简化等效电路

假设共栅级的 $\lambda=\gamma=0$，我们可把图 10.43 的电路重画成图 10.44，并得到

$$V_{\mathrm{out}}+\frac{g_{\mathrm{m2}}V_2}{C_{\mathrm{C}}s}=-V_2 \qquad (10.46)$$

因此得

$$V_2=-V_{\mathrm{out}}\frac{C_{\mathrm{C}}s}{C_{\mathrm{C}}s+g_{\mathrm{m2}}} \qquad (10.47)$$

同样，

$$g_{\mathrm{m1}}V_1+V_{\mathrm{out}}\left(\frac{1}{R_{\mathrm{L}}}+C_{\mathrm{L}}s\right)=g_{\mathrm{m2}}V_2 \qquad (10.48)$$

由于 $I_{\mathrm{in}}=V_1/R_{\mathrm{S}}+g_{\mathrm{m2}}V_2$，解以上各方程，我们得到

$$\frac{V_{\mathrm{out}}}{I_{\mathrm{in}}}=\frac{-g_{\mathrm{m1}}R_{\mathrm{S}}R_{\mathrm{L}}(g_{\mathrm{m2}}+C_{\mathrm{C}}s)}{R_{\mathrm{L}}C_{\mathrm{L}}C_{\mathrm{C}}s^2+\left[(1+g_{\mathrm{m1}}R_{\mathrm{S}})g_{\mathrm{m2}}R_{\mathrm{L}}C_{\mathrm{C}}+C_{\mathrm{C}}+g_{\mathrm{m2}}R_{\mathrm{L}}C_{\mathrm{L}}\right]s+g_{\mathrm{m2}}} \qquad (10.49)$$

如同图 10.41(b) 的电路一样，这个结构包含一个左半平面的零点。采用类似的近似，我们计算的极点为

$$\omega_{\mathrm{p1}}\approx\frac{1}{g_{\mathrm{m1}}R_{\mathrm{L}}R_{\mathrm{S}}C_{\mathrm{C}}} \qquad (10.50)$$

$$\omega_{\mathrm{p2}}\approx\frac{g_{\mathrm{m2}}R_{\mathrm{S}}g_{\mathrm{m1}}}{C_{\mathrm{L}}} \qquad (10.51)$$

有趣的是，第二个极点在数值上提高了很多，相对于图 10.41 的电路增大到原值的 $g_{\mathrm{m2}}R_{\mathrm{S}}$ 倍。这是因为在高频条件下，图 10.43 中 M_2 和 R_{S} 组成的反馈环络对输出电阻减低了相同的倍数。当然，如果把 M_1 的栅极电容也考虑在内，极点的分裂没那么显著。尽管如此，这种技术仍然能对两级运放提供更大的带宽。

图 10.43 的运放会引起严重的转换问题。对于输出的正转换，图 10.45(a) 的简化电路显示，M_2 必须提供 I_{SS}，因而 I_1 也必须提供 I_{SS}，这要求 $I_1\geqslant I_{\mathrm{SS}}+I_{\mathrm{D1}}$，否则 V_P 将下降，结果会关断 M_1。如果 $I_1<I_{\mathrm{SS}}$，则 M_0 及其尾电流源必定进入线性区，产生的转换速率等于 I_1/C_{C}。

对于负转换，I_2 必须维持 I_{SS} 和 I_{D2}[图 10.45(b)]。当 I_{SS} 流入结点 P 时，V_P 将上升，结果

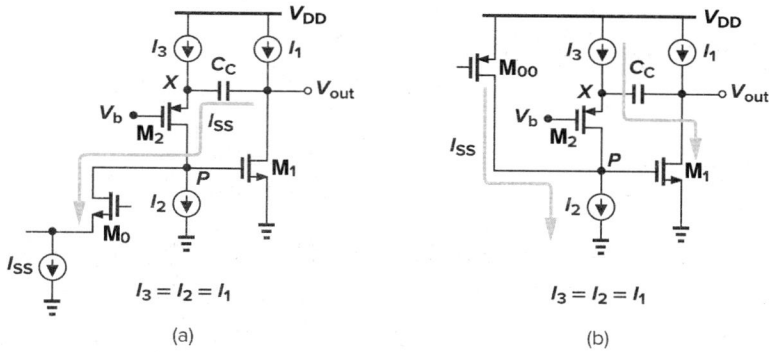

图 10.45 转换期间图 10.43 的电路
(a)正转换;(b)负转换

使 I_{D1} 增大。因此,M_1 吸收由 I_3 产生并通过 C_C 的电流,结果使 M_2 关断并阻止 V_P 上升。所以,我们可把结点 P 看成是虚地结点。这意味着,对于相等的正转换速率和负转换速率,I_3(以及 I_2)必须与 I_{SS} 一样大,其结果是提高了功耗。

采用共源共栅结构作为第一级的运放可以把图 10.43 的技术包括进去。如图 10.46(a)所示,这种方法是把补偿电容置于共源共栅器件的**源极**和输出结点之间。运用图 10.46(b)的简化模型和图 6.18 的方法,读者可以证明,零点出现在$(g_{m4}R_{eq})(g_{m9}/C_C)$,这是比 g_{m9}/C_C 大得多的数值。如果忽略其它电容,还可证明,主极点约位于$(R_{eq}g_{m9}R_LC_C)^{-1}$,就像 C_C 被连接到 M_9 的栅极,而不是连接到 M_4 的源极。还有,第一非主极点为 $g_{m4}g_{m9}R_{eq}/C_L$,与式(10.51)所描述的效果相似。实际上,在 X 点的电容是不能忽略的,因为从这点所看到的电阻很大。关于转换速率的分析,作为练习留给读者。(也可以通过给每个 C_C 串联一个电阻来改变零点的频率。)

将两种补偿技术结合起来也是可行的。如图 10.46(a)所示,C_C 和 C_C' 一起提供了更大的设计灵活性。

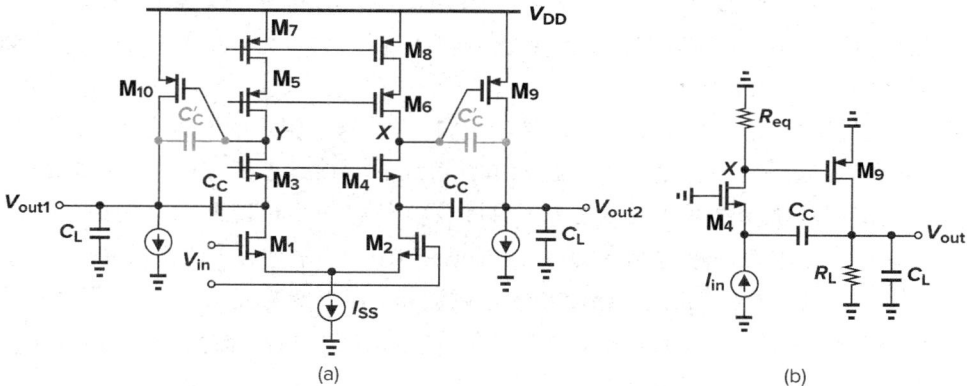

图 10.46 (a)补偿两级运放的另一种方法;(b)图(a)的简化等效电路

10.8　奈奎斯特稳定性判据[①]

10.8.1　研究背景

我们之前对负反馈系统稳定性的分析采用了环路增益的波特图方法，也就是将环路增益的幅值和相位表示为频率的函数，并给出相应的曲线，但仅考虑了 $s=\mathrm{j}\omega$ 的情况。为了理解这种方法的不足，让我们考虑图 10.47 所示的环路增益图，其中 $\beta=1$，并且在相位交点频率 ω_0 处 $|H|=3$。我们之前的分析表明，这个反馈系统是不稳定的，因为它的相位裕度为负值。然而，如果我们写出闭环传递函数 $Y/X=H(s)/[1+H(s)]$ 并令 $s=\mathrm{j}\omega_0$，则有

$$\frac{Y}{X}(\mathrm{j}\omega_0) = \frac{-3}{1-3} \tag{10.52}$$

$$= \frac{3}{2} \tag{10.53}$$

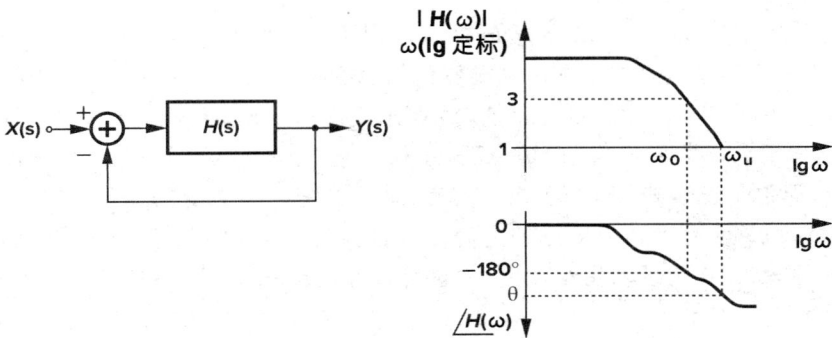

图 10.47　不稳定系统的波特图

由于其闭环增益在 ω_0 处未达到无穷大，电路在该频率下无法振荡。事实上，在图 10.47 中我们无法找到任何一个 $s=\mathrm{j}\omega$ 的值满足条件 $Y/X=\infty$。例如在 ω_u 处，如果 $\theta\neq x\times180°$，则 $Y/X=\exp(\mathrm{j}\theta)/[1+\exp(\mathrm{j}\theta)]<\infty$。

我们是否能得出这个系统不会振荡的结论呢?! 产生这个困难的原因在于，波特图方法将 s 限定为纯虚数，也就是说它仅用纯正弦波来预测系统的特性。该研究确实表明，没有任何一个纯正弦波能围绕环路无限循环。但这并不排除还有其它的不稳定波形。例如，若 s 等于 $\sigma_1+\mathrm{j}\omega_1$，当 $\sigma_1>0$ 时，s 代表一个幅值不断增长的正弦波。在图 10.47 的系统中，有可能得到 $H(s=\sigma_1+\mathrm{j}\omega_1)=-1$，即对于幅值不断增长的正弦波，$Y/X$ 将变为无穷大，使得该波形得以保留下来。是否存在 $s=\sigma_1+\mathrm{j}\omega_1$ 使系统不稳定，这一点可由奈奎斯特理论预测，而波特图方法则无法预测这一点。

我们之所以采用奈奎斯特稳定性分析法，是因为它能够更深入地洞察系统，更为重要的

---

①　初学时可以先跳过本节。

是,它能够更加清晰地分析复杂电路。对环路增益 $\beta H(s)$,这种分析方法能预测 $1+\beta H(s)$ 有多少零点位于右半平面(RHP)或虚轴上。如果没有这些零点,则闭环系统是稳定的。

但是奈奎斯特方法并不那么直观,并且需要额外的复数理论基础。读者应耐心地学习这部分内容。我们提醒读者,传输函数的零点和极点可以表示在 s 复数平面上,如图 10.48 所示。

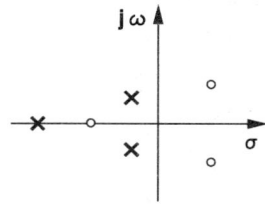

图 10.48　带有零点和极点的 s 平面

10.8.2　基本概念

稳定性分析的波特图法在笛卡儿坐标系中画出环路增益的幅值和相位与频率的关系曲线。我们也能在极坐标系中画出这两个参数,其中每个点都被定义成一个角度 θ 和一个半径 r,而不是用 x 和 y 来表示,如图 10.49(a)所示。随着频率变化,$\angle H$ 和 $|H|$ 也随之变化,从而在这个坐标系中产生了相应的轨迹,如图 10.49(b)所示。图 10.49(a)中的横、纵坐标轴也是有意义的:矢量在两个轴上的投影分别为 $|H|\cos(\angle H)$ 和 $|H|\sin(\angle H)$,前者代表 H 的实部,后者代表 H 的虚部。因此,我们分别用 $\mathrm{Re}\{H\}$ 和 $\mathrm{Im}\{H\}$ 来表示两个轴。我们把 $H(s)$ 的极坐标图叫做"H 轨迹图",我们开始假设 $s=\mathrm{j}\omega$,但之后允许将它变成复数。

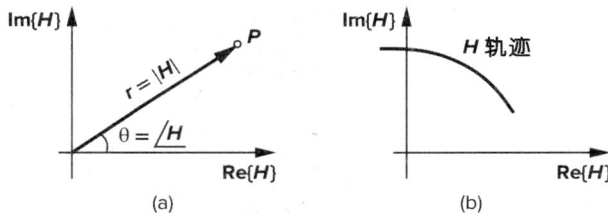

图 10.49　(a)$H(s)$ 的某个值在极坐标中的表示;(b)频率变化时 $H(s)$ 的轨迹图

作为示例,我们来画出 $H(s)=A_0/(1+s/\omega_\mathrm{p})$ 在极坐标中的轨迹,画图时用 $\mathrm{j}\omega$ 代替 s,令 ω 从 0 变化到 $+\infty$。$H(s)$ 的相位,$-\arctan(\omega/\omega_\mathrm{p})$,从 0 开始到达 $-90°$;其幅值 $A_0/\sqrt{1+\omega^2/\omega_\mathrm{p}^2}$,从 A_0 变化到 0。图 10.50 画出了 $H(s)$ 的波特图和极坐标图,并标出了 $\omega=0$(M 点)和 $\omega=\infty$

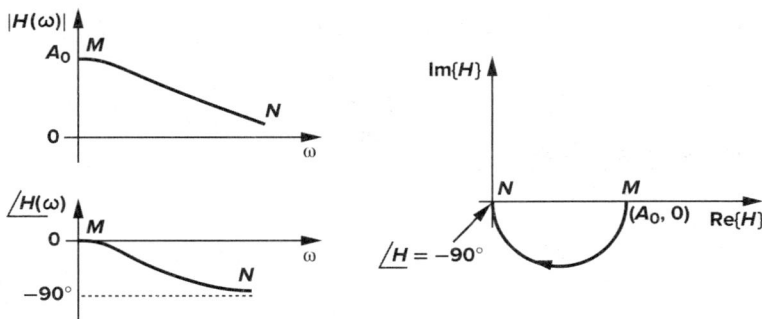

图 10.50　$s=\mathrm{j}\omega$ 从 0 到 $+\infty$ 时,H 的波特图和极坐标图

$(N$ 点)的对应点。或许读者想知道,我们是如何知道极坐标图是一个半圆的? 这当然可以通过计算 $\text{Im}\{H\}$ 和 $\text{Re}\{H\}$ 来证明,但稍后会看到,我们并不关心它的实际形状。奈奎斯特方法的妙处就在于,它主要考虑 $\omega=0$ 和 $\omega=\pm\infty$ 的情况,从而避免了繁琐的代数计算。

这个简单的例子简捷地说明了我们在画 H 轨迹图时采取的策略:(1)$\omega=0$ 时,轨迹图开始于$(A_0,0)$点,然后往**左边**移动,这是因为它最终必须在 $\omega=\infty$ 时到达原点;(2)轨迹图在横轴**下方**,是因为 $\angle H$ 是负的;(3)轨迹图以 $-90°$ 的角度到达原点。

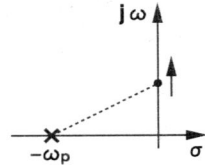

图 10.51 只有一个极点的 s 平面

由于计算 $|H|$ 和 $\angle H$ 是比较繁琐的,我们希望只考虑传输函数的零点和极点来画出极坐标图。为了理解这个目的,在 s 复平面中分析以上例子,则极点是实数且等于 $-\omega_p$,如图 10.51。随着 ω 从 0 变化到 $+\infty$,我们由原点开始沿 $j\omega$ 轴向上移动[1]。我们是否能通过考察 s 平面内发生的情况来画出 H 的极坐标图呢?

让我们先来分析是否能够直接在 s 平面中计算出 $\angle H$。为此,我们考虑一个具体的 s 值,并将其表示为复数 $s_1=\sigma_1+j\omega_1$。对于图 10.52 所示的单极点系统,可在 s 平面上得到 $\angle H(s=s_1)$ 的值。由于 $H(s_1)$ 的值为

$$H(s_1) = \frac{A_0}{1+\dfrac{\sigma_1+j\omega_1}{\omega_p}} \tag{10.54}$$

$$= \frac{A_0\omega_p}{\sigma_1+\omega_p+j\omega_1} \tag{10.55}$$

我们可以得到

$$\angle H(s_1) = -\arctan\frac{\omega_1}{\sigma_1+\omega_p} \tag{10.56}$$

因此,图 10.52 中的 θ 就等于 $-\angle H(s_1)$。也就是说,为了在 s 平面中得到 $\angle H(s_1)$,我们画出从极点到 s_1 的矢量,测量该矢量与正 σ 轴的角度并将结果乘以 -1 就得到了结果。计算零点贡献的相位方法与此相同,但结果不用乘上 -1。若 H 含有多个零点和极点,那么将它们的相位贡献进行代数相加即可。

同样,我们也可以通过 s 平面来计算 $|H|$[2],但幸运的是,在奈奎斯特方法中,$|H|$ 的具体值并不是必需的。

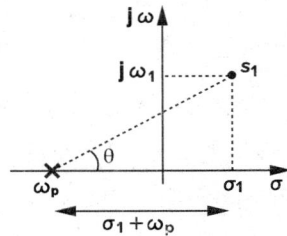

图 10.52 极点在复频率 s_1 处产生的相移

10.8.3 极坐标图的构造方法

在本小节中,我们学习一些在极坐标中构造 $H(s)$ 轨迹图的示例,为研究奈奎斯特稳定判

---

[1] 还记得 $H(\omega)$ 事实上是 $H(s=j\omega)$,即 s 的值定义在 $j\omega$ 轴上而且假定输入是纯正弦信号。

[2] 可以用所有起始于零点的向量的长度之积除以所有起始于极点的向量的长度之积来得到 H 的幅值。

据做好准备。

一般的一阶系统

设 $H(s)=A_0(1+s/\omega_z)/(1+s/\omega_p)$，且 $\omega_p>\omega_z$。我们首先对 $s=j\omega$ 的情况，画出 ω 从 0 变化到 $+\infty$ 时 H 的曲线。在 $\omega=0$ 时，$|H(s)|=A_0$。并且，从极点到 $s=0$ 的矢量与从零点到 $s=0$ 的矢量所贡献的相角大小相等，符号相反，因此产生的相位为 $\angle H(0)=0$，如图 10.53(a) 所示。接下来，如果 s 上升到 $j\omega_1$[如图 10.53(b)所示]，则由零点贡献的相角 θ_z 大于由极点贡献相角 θ_p，即 $\angle H=\theta_z-\theta_p$ 仍然是正值。于是，我们画出 H 的轨迹，如图 10.53(c)所示。读者可能想知道 $|H(j\omega_1)|$ 与 A_0 相比是更大还是更小，但是在这里我们并不关心这一点。

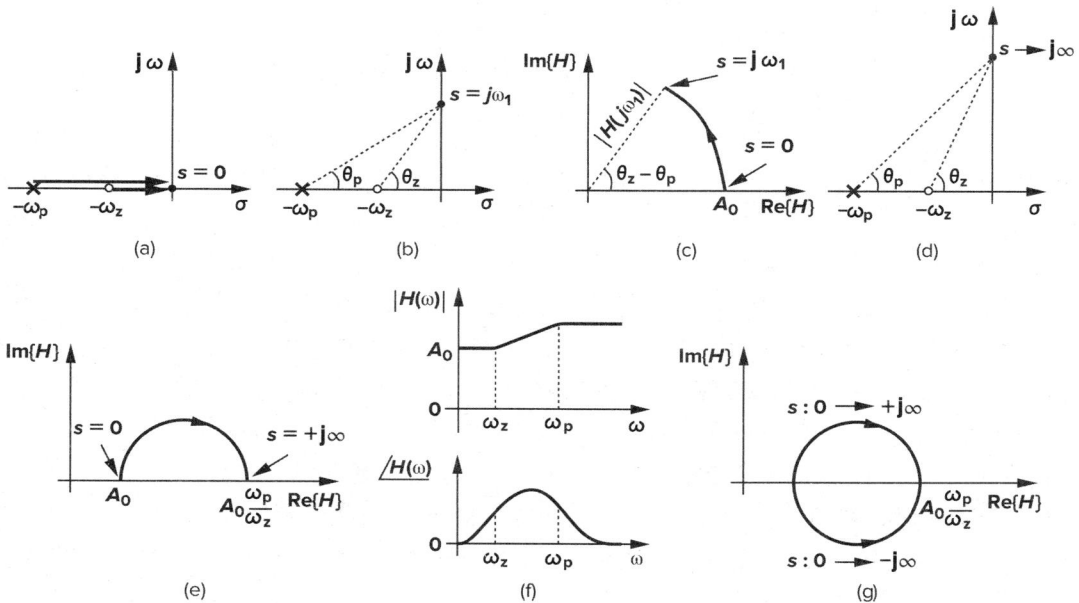

图 10.53　(a)$s=0$ 时极点和零点贡献的相移；(b)$s=j\omega_1$ 时的相移；(c)s 从 0 变化到 $j\omega_1$ 时 H 的轨迹；(d)$s\rightarrow\infty$时的相移；(e)修正后的 H 轨迹；(f)对应的波特图；(g)完整的 H 轨迹

随着 s 向 $+j\infty$ 变化，系统会发生什么情况呢？如图 10.53(d)所示，由于零点和极点产生的角度都接近 90°，使得 $\angle H$ 的净值为 0。另一方面，H 的幅值接近 $A_0\omega_p/\omega_z>A_0$。这意味着，H 的轨迹图将回到 σ 轴，但是会达到一个更大的**正实数值**。因此，我们在 10.53(c) 中的猜想并不正确，必须修改成图 10.53(e)所示的图形。为了完整性，我们还在图 10.53(f)中显示了系统的波特图。

我们很有必要在 $s=j\omega$ 从 0 变化到 $-j\infty$ 时重复上述过程。因为对一个物理系统来说，s 平面上的信息通常是关于 σ 轴对称的(由于极点和零点均具有共轭对称性)。因此，极坐标轨迹图也是对称的，如图 10.53(g)所示。

如果 $\omega_p<\omega_z$，情况会如何呢？如图 10.54(a)所示，当 s 沿 $j\omega$ 正半轴向上移动时，系统的净相移为负值。而且，因为 $|H(j\omega=0)|=A_0$ 以及 $|H(j\omega=+j\infty|=A_0\omega_p/\omega_z<A_0$，$H$ 轨迹图将从实轴上的 A_0 点开始，向下旋转，并且幅值不断缩小，如图 10.54(b)所示。对于 $s=0$ 变化到 $-j\infty$ 的情况，则将所得轨迹图沿实轴镜像即可，这一点与图 10.53(g)的情况类似。为了与前

述情况对应,在图 10.54(c)给出了相应的波特图。

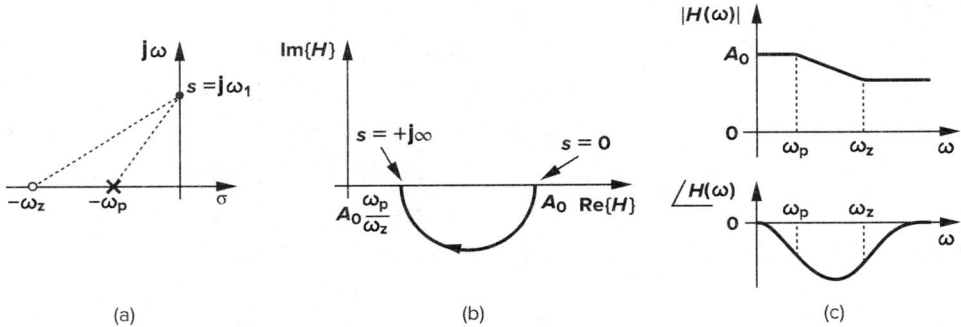

图 10.54 (a)$\omega_p < \omega_z$ 的系统;(b)H 的轨迹图;(c)对应的波特图

我们在之前的大多数情况中把 $H(s)$ 的 s 值限定在 $j\omega$ 轴上。然而,通常情况下 s 可以在 s 平面内沿任意路径(轨迹)移动,可以是复数、实数或虚数。因此,在这样的情况下分析前述的一阶系统的特性是很有益的。例如,如图 10.55(a)所示,设 s 在右半平面内沿一个封闭的图形顺时针移动,且 $\omega_p > \omega_z$,那么 $H(s) = A_0(1 + s/\omega_z)/(1 + s/\omega_p)$ 将如何变化呢?在 M 点,s 是一个等于 σ_M 的实数,这使得 $H(s) = A_0(1 + \sigma_M/\omega_z)/(1 + \sigma_M/\omega_p)$,这对应于 H 在极坐标图上的一个实数点,如图 10.55(b)。随着 s 远离 M 点,由于零点比极点贡献更多的相位,净相角变得更正,但是我们还不知道 H 轨迹图将往左边还是右边上升。因此,我们延续 s 轨迹图到 N 点,注意到相角重新变为零,并且 $H(s) = A_0(1 + \sigma_N/\omega_z)/(1 + \sigma_N/\omega_p)$。如果 $\omega_p > \omega_z$,那么该值比 $H(s = \sigma_M)$ 更大。因此,H 轨迹图一定是往右边上升的,也就是说是顺时针旋转。当 s 沿 s 平面内的轨迹从 M 顺时针移动到 N 再从 N 返回 M 时,完整的 H 轨迹图在图 10.55(c)中给出。对 $\omega_p < \omega_z$ 的情况,由于 $H(\sigma_N) < H(\sigma_M)$,$H$ 将逆时针旋转,如图 10.55(d)所示。我们鼓励读者针

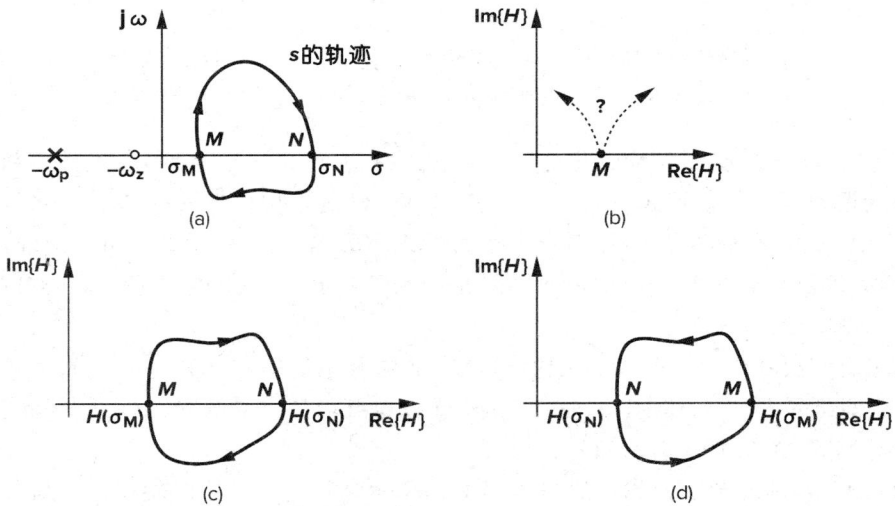

图 10.55 (a)没有包围零极点的 s 轨迹;(b)H 的可能路径;(c)H 的实际轨迹图; (d)$-\omega_z < -\omega_p$ 时 H 的轨迹图

对 $H(s)=A_0/(1+s/\omega_p)$ 重复上述分析。

　　现在让我们来分析另外一种**包围**传输函数极点和零点的 s 轨迹。如图 10.56(a)所示,我们从 M 点开始,观察到的净相角为零,并且 $H(\sigma_M)=A_0(1+\sigma_M/\omega_z)/(1+\sigma_M/\omega_p)$。因为 σ_M 比 $-\omega_z$ 和 $-\omega_p$ 更"负",$H(\sigma_M)>0$,得到的点位于 H 的极坐标图的实轴上,如图 10.56(b)所示。随着我们沿 s 轨迹图顺时针移动,净相角变为正数(为什么?),在我们到达 N 点时,净相角最终变回到零。因为 σ_N 比 $-\omega_z$ 和 $-\omega_p$ 更"正",所以有 $H(\sigma_N)>0$。读者可以证明 $H(\sigma_N)>H(\sigma_M)$。如果我们继续在 s 轨迹图上从 N 移动到 M,H 的净相角将变为负值再回到零。注意到 H 的轨迹图没有围绕原点,这一特点很重要。我们说 **H** 不"包围"原点。根据图 10.55(a)和图 10.56(a)的 s 轨迹图得到的 H 轨迹图都没有包围原点。这一现象的意义将在后续进行解释。

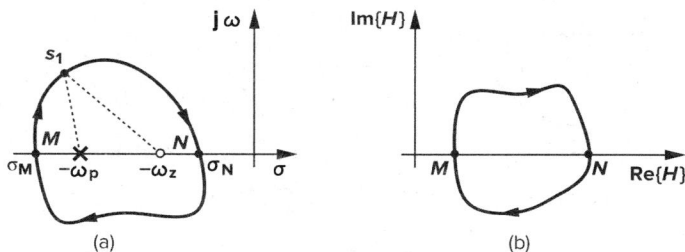

图 10.56　(a)包围零极点的 s 轨迹图;(b)H 轨迹图

　　如果一阶系统没有零点,情况会如何呢? 如图 10.57(a)所示,$\angle H$ 在 M 点处为 $-180°$,在 s_1 点处为 $-90°$,在 N 点为零度。同时,$H(\sigma_M)=A_0/(1+\sigma_M/\omega_p)<0$,且有 $H(\sigma_N)>0$,如图 10.57(b)。因此我们看到,在这种情况下 $H(s)$ 包围了原点,H 轨迹沿逆时针方向。类似地,如果系统只有一个零点且没有极点,那么包围零点的顺时针方向的 s 轨迹图将映射为顺时针方向且包围原点的 H 轨迹图,如图 10.57(c)所示。在后文中我们假定 s 轨迹图是关于 σ 轴对

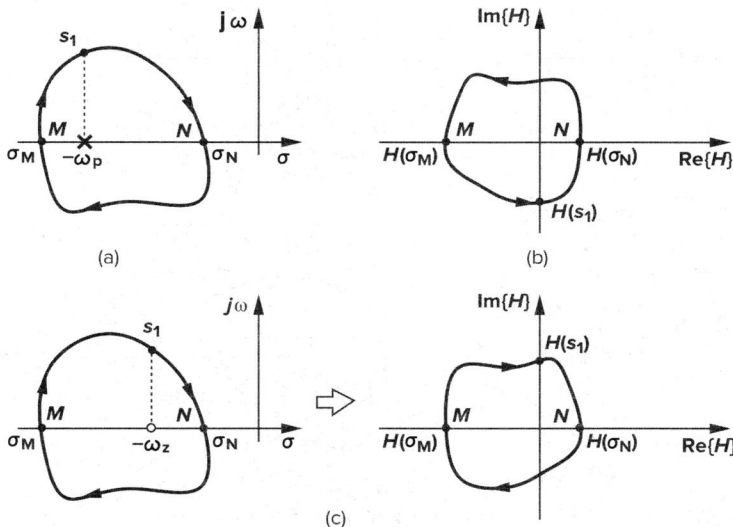

图 10.57　(a)单极点系统;(b)H 轨迹图;(c)单一零点系统的 s 轨迹和 H 轨迹图

445 称的,由此得到的极坐标轨迹图将关于实轴对称。

现在我们来研究含有一个零点和一个极点,但 s 轨迹只包围极点的系统。我们从图 10.58(a)注意到,$H(s)$ 的极坐标轨迹在 M 点处被假设为正值,正如图 10.56(b)所示。随着 s 从 M 点开始沿着 s 轨迹图顺时针移动,$\angle H$ 变得更正,在 N 点处达到 180°,如图 10.58(b)。(这一点可以用来验证 $H(\sigma_N) < 0$。)因此,H 轨迹图的方向为逆时针,且包围原点,这与图 10.57(b)的情况相似。读者可以用一个只包围零点的 s 轨迹图来重复这个练习,并证明由此得到的 $H(s)$ 的轨迹图沿顺时针方向,且包围原点。

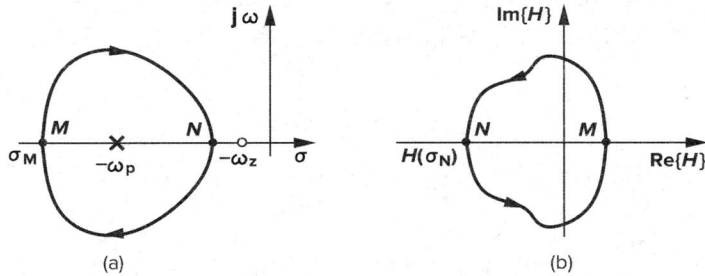

图 10.58　(a)只包围一个极点的 s 轨迹;(b)H 轨迹图

二阶系统

考虑 $H(s) = A_0 / [(1 + s/\omega_{p1})(1 + s/\omega_{p2})]$,且假定 s 在 $\mathrm{j}\omega$ 轴上沿正半轴移动,如图 10.59(a)所示。我们发现 $|H(s)|$ 的值开始为 A_0,并随着 $s \to +\mathrm{j}\infty$ 而逐渐降低。同时,$\angle H(s)$ 开始为 0,
446 之后变为负值,到达 $-90°$,并最终向 $-180°$ 渐近。如图 10.59(b)所示,H 轨迹图从 A_0 开始向顺时针方向旋转,在 $\angle H = -90°$ 时与 $\mathrm{j}\omega$ 轴相交,之后进入第三象限,最终以 180° 的相角回到

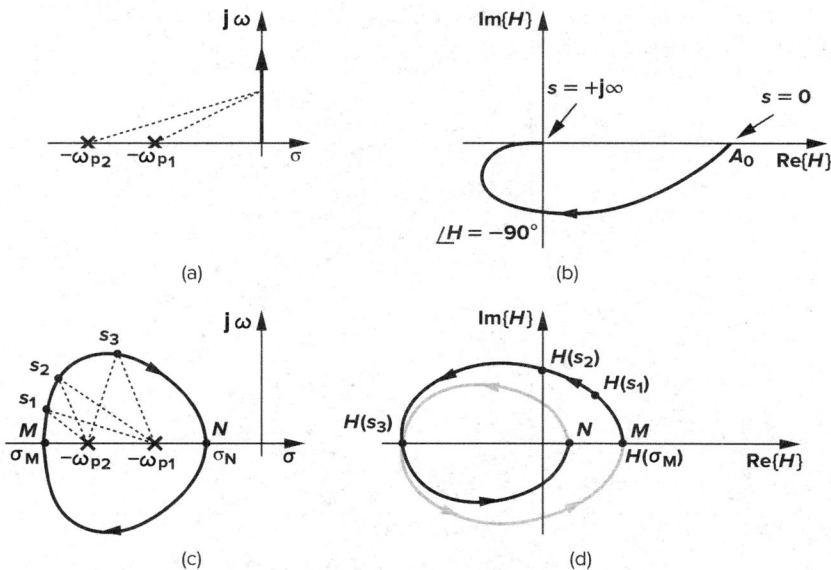

图 10.59　(a)两极点系统;(b)s 在 $\mathrm{j}\omega$ 正半轴移动得到的 H 轨迹图;
(c)包围两个极点的 s 轨迹图;(d)与(c)对应的 H 轨迹图

原点。对于 $s=0$ 向 $-\mathrm{j}\infty$ 变化的情况,所对应的 H 轨迹图可通过对上图沿实轴进行镜像得到。

如果 s 轨迹图包围两个极点,情况会如何呢? 从图 10.59(c)我们注意到,在点 M 处 $\angle H$ $=-360°$ 且 $H(\sigma_M)>0$。当我们使 s 在 s 轨迹图上顺时针移动到某个点 s_1 时,相角将变得不那么负,例如等于 $-320°=+40°$。因此,H 的轨迹图将沿逆时针旋转,如图 10.59(d)所示。在某个点 s_2 处,净相角大约为 $-270°=+90°$,在另外的某个点 s_3 处,$\angle H(s_3)=-180°$。随着 s 到达 N 点,$H(s)$ 到达一个正的实数值。为了清晰,另一半对称的曲线用灰色线条表示。我们注意到,若 s 轨迹图沿顺时针方向且包围了两个极点,那么 H 的极坐标轨迹将沿逆时针方向绕原点旋转两圈。

10.8.4　柯西定理

根据之前的分析我们可以推断,若 s 的封闭轨迹为顺时针方向,且包围了 $H(s)$ 的 P 个极点和 Z 个零点,那么 $H(s)$ 的极坐标轨迹图将以相同的方向绕原点旋转 $Z\text{-}P$ 圈。这就是著名的"柯西幅角原理"。例如,当 s 的封闭轨迹为顺时针方向,且包围了 3 个零点和 0 个极点,那么 H 的轨迹将沿顺时针方向绕原点旋转 $3-0=3$ 圈。正如之前所看到的,H 轨迹基本上是根据零点和极点所贡献的相角来绘制的,而几乎不需要确切的 $|H|$ 值。

到目前为止,我们如果知道一个传输函数的零点和极点的位置,就可以通过绘制极坐标轨迹图来看它绕原点旋转了多少圈。我们也可以进行另一种分析:假如我们知道 s 的一条封闭轨迹内包含了 P 个极点,但是不知道轨迹内零点的数目。如果我们仍然能设法画出传输函数的极坐标轨迹,并能得出它顺时针绕原点旋转的圈数为 N,那么我们就可以推断 s 围线内包含的零点个数 $Z=N+P$。这是奈奎斯特稳定性定理的关键。

10.8.5　奈奎斯特方法

在耐心地研究了前述概念之后,读者现在就可以学习奈奎斯特稳定性分析方法了。一个负反馈系统的闭环传输函数可以表示为

$$\frac{Y}{X}(s) = \frac{H(s)}{1+\beta H(s)} \tag{10.57}$$

若闭环传输函数在 $\mathrm{j}\omega$ 轴或右半平面上有任何极点,系统就会不稳定。我们将这两个区域称为"判别区域"(critical region)。换句话说,若 $1+\beta H(s)$ 在判别区域内有任何**零点**,那么系统就是不稳定的。

我们如何确定 $1+\beta H(s)$ 在判别区域内是否有零点呢? 让我们构造一个包含判别区域的 s 轨迹图,如图 10.60 所示。根据柯西定理,我们知道 $1+\beta H(s)$ 的极坐标图将围绕原点旋转 $Z\text{-}P$ 圈,Z 和 P 分别代表了所构造的 s 轨迹内 $1+\beta H(s)$ 的零点和极点的个数。因此,我们按以下步骤来操作:(1)独立地确定 P 值;(2)使 s 围绕图 10.60 中的轨迹移动,画出相应的 $1+\beta H(s)$ 的极坐标轨迹图;(3)确定 $1+\beta H(s)$ 顺时针绕原点旋转的圈数 N;(4)求出 $P+N$,其结果即表示判别区域内 $1+\beta H(s)$ 的零点个数。

447

我们必须认识到可简化任务的一个关键点:$1+\beta H(s)$ 的极点实际上和 $H(s)$ 的极点相同。若开环系统是稳定的(正如大多数电路的情况),那么 $H(s)$ 在判别区域内不存在极点,从而有

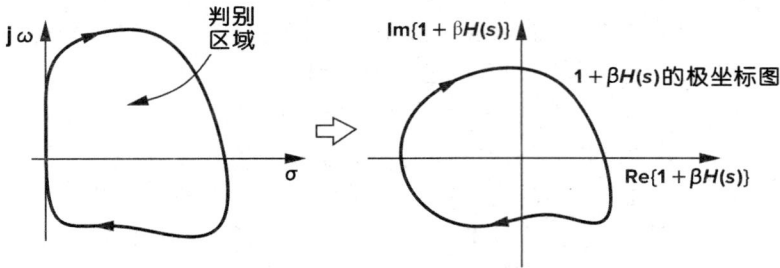

图 10.60 s 平面上的判别区域和相应的 H 轨迹图

$N＝Z$。除非另作说明，我们始终假定这一点是成立的。

在分析上述步骤的范例之前，我们进行一点变化，从而将我们引向奈奎斯特定理：若 $1＋\beta H(s)$ 的极坐标轨迹包围原点，那么 $\beta H(s)$ 的极坐标轨迹将包围 $(-1,0)$ 点，如图 10.61，因为后者是由前者向左平移一个单位得到的。奈奎斯特定理明确地表述了这一结果：如果一个闭环系统 $H(s)/[1＋\beta H(s)]$ 是稳定的，那么当 s 的轨迹沿顺时针方向围绕判别区域一周时，$\beta H(s)$ 的极坐标轨迹一定**不能**以顺时针方向绕 $(-1,0)$ 点旋转。

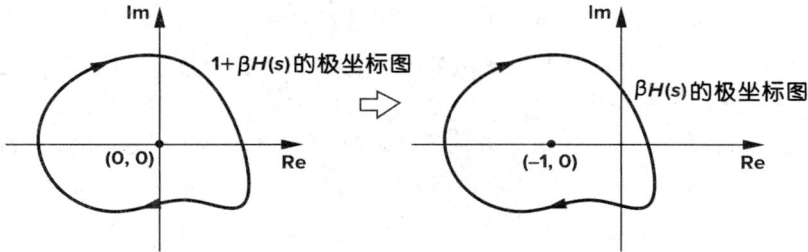

图 10.61 $1＋\beta H(s)$ 和 $\beta H(s)$ 的极坐标轨迹图

在应用奈奎斯特定理时，我们必须选择合适的 s 轨迹以使数学运算量最小。图 10.62 给出了一种可能的情况：我们从原点开始，沿 $j\omega$ 轴移动到 $+j\infty$，再以很大的半径环绕 RHP，一直持续到 $j\omega＝-j\infty$，最后沿 $j\omega$ 轴回到原点。读者可能想知道，如果 s 轨迹不包括 $j\omega$ 轴，情况会如何。若 $1＋\beta H(s)$ 在 $j\omega$ 轴上有任何零点，则 $\beta H(s)$ 的极坐标轨迹会穿过点 $(-1,0)$ 而不是包围它。[我们还记得在波特图方法中，$1＋\beta H(j\omega_1)＝0$ 意味着 $|\beta H(j\omega_1)|＝1$ 且 $\angle H(j\omega_1)＝180°$。]由于 s 轨迹图关于 σ 轴对称，我们可以只画出 s 从原点到 M 和 N 所对应的 $\beta H(s)$ 极坐标轨迹图，再简单地将其沿实轴镜像即可完成全部任务。

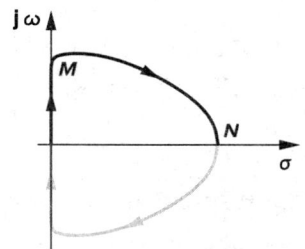

图 10.62   包含 $j\omega$ 轴和 RHP 的简单轨迹

例 10.9 ————————————————

分析 $H(s)＝A_0/(1＋s/\omega_{p1})$ 的闭环稳定性。

解：对于图 10.63(a) 所示的 s 轨迹图，$\beta H(s)$ 的轨迹从 $s＝0$ 开始，值为 βA_0。随着 $s＝j\omega$ 向上移动，相位变得更负。在 $+j\infty$ 时，相位达到 $-90°$ 且幅值下降为 0，也就是说，极坐标图以 $-90°$ 的角度到达原点，如图 10.63(b) 所示。在 s 进入右半平面后，情况会如何呢？s 在右半平面内沿很大的半径移动时, s 使 $\beta H(s)$ 始终处于零。也就是说, 整个右半平面内 s 从 M 点到 N 点的轨迹图全都映射到原点。我们把极坐标轨迹图关于实轴镜像, 就得到了完整的 βH 轨迹图。由于轨迹图没有包围点 $(-1,0)$, 所以闭环系统始终是稳定的。

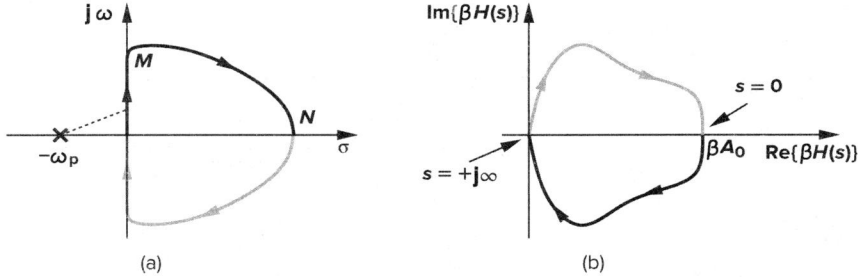

图 10.63　(a)单极点系统的 s 轨迹图; (b) βH 的轨迹图

例 10.10 ————

分析 $H(s)=A_0/[(1+s/\omega_{p1})(1+s/\omega_{p2})]$ 的闭环稳定性。

解: 在 $s=0$ 时, $\beta H(s)=\beta A_0$。随着 $s=j\omega$ 向上移动, 两个极点贡献的相位均为负, 如图 10.64。在 $s=+j\infty$ 时, $\beta H(s)$ 的相位达到 $-180°$ 且幅值降为 0, 即极坐标图以 $180°$ 角度到达原点。当 s 在右半平面内以非常大的半径从 M 点移动到 N 点时, βH 的轨迹图停留在原点。由于轨迹图不包围 $(-1,0)$ 点, 闭环系统对于任意的反馈因子 β 都保持稳定。鼓励读者不断增大 ω_{p2} 值, 并重复本练习。

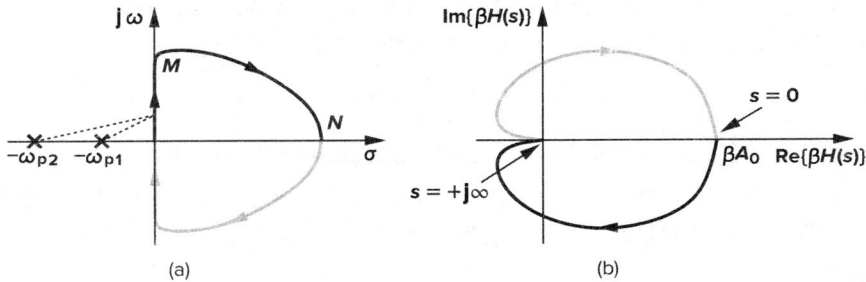

图 10.64　两极点系统的 s 平面图和 βH 轨迹图

例 10.11 ————

分析 $H(s)=A_0/[(1+s/\omega_{p1})(1+s/\omega_{p2})(1+s/\omega_{p3})]$ 的闭环稳定性。

解: $\beta H(s)$ 的极坐标轨迹图从 βA_0 开始顺时针旋转, 在 $s=+j\infty$ 处, 相角达到 $-270°=+90°$, 且幅值为零, 如图 10.65(a)所示。将这一半的轨迹关于实轴镜像, 即得到完整的轨迹图。结果显示, $\beta H(s)$ 轨迹图有可能会包围 $(-1,0)$ 点, 具体取决于交点 Q 的位置。在该点处, $\angle\beta H=-180°$, 即 $\arctan(\omega_Q/\omega_{p1})+\arctan(\omega_Q/\omega_{p2})+\arctan(\omega_Q/\omega_{p3})=180°$。若各极点值已

449

知,就能计算出 ω_Q 的值,进一步可得到 $|\beta H(s{=}j\omega_Q)|$,从而可以判断 Q 点在$(-1,0)$的左边还是右边。对应的波特图上的计算方法在图 10.65(b)中给出了说明。

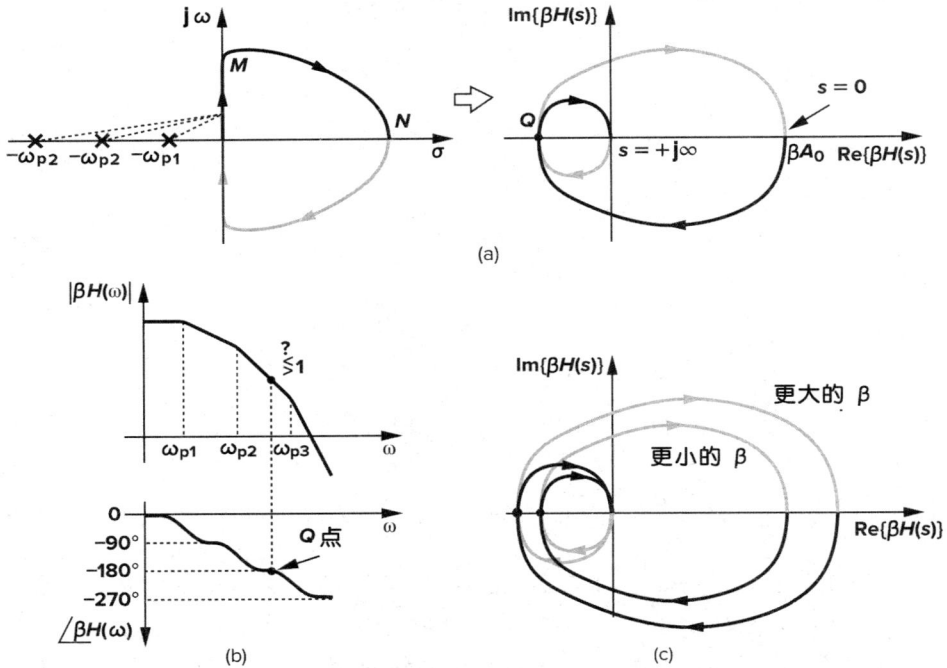

图 10.65　(a)三极点系统的 s 轨迹和 H 轨迹图;(b)对应的波特图;(c)不同 β 值的 H 轨迹图

若选择不同的 β 值,图 10.65(a)中的 βH 轨迹图将如何变化呢? 由于极坐标轨迹图上每一点的半径都与 β 成正比,所以轨迹图随着 β 减小而缩小,随着 β 增大而扩大。如图 10.65(c)所示,这一趋势证明,更高的反馈系数可能会使三极点系统不稳定。

在某些情况下,可能无法直接确定 βH 的轨迹图以顺时针方向绕$(-1,0)$旋转了多少圈。计算环绕圈数的一般步骤如下:(1)在任意方向上画出一条从$(-1,0)$到无穷大的直线;(2)分别计算轨迹图顺时针和逆时针穿越这条线的次数;(3)用顺时针穿越的次数减去逆时针穿越的次数即可得到结果。

10.8.6　极点位于原点的系统

一些开环系统在原点处有一个或多个极点。比如,若运放具有理想特性,则图 10.66 所示的积分器的传输函数为

$$H(s) = \frac{-1}{R_1 C_1 s} \qquad (10.58)$$

若这样的系统被放置在负反馈环路中,则它们的奈奎斯特稳定性分析必须选择一个稍有不同的 s 轨迹图。我们从图 10.67(a)的单极点系统开始分析,并寻找一条不穿过原点的轨迹图,以避

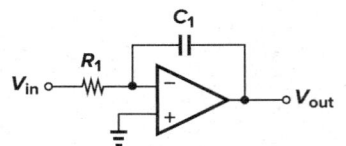

图 10.66　积分器

免 $\beta H(s)$ 出现一个无限大的值。我们不从 $(0,0)$ 开始,而是沿着由 $\varepsilon \exp(j\varphi)$ 确定的围绕原点的无限小的圆移动,直到到达 $j\omega$ 轴后再向上移动。此处的关键点在于 ε 非常小,从而可以简化计算。

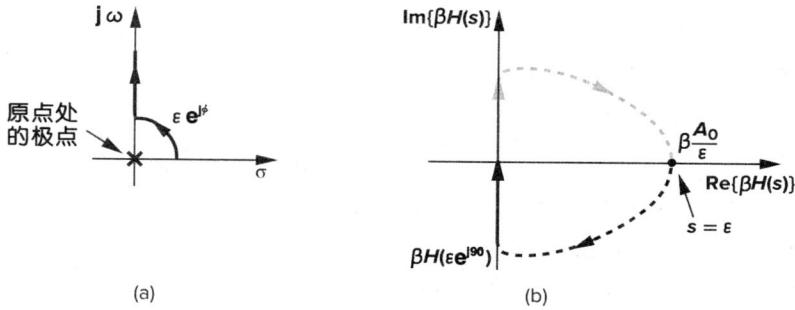

图 10.67　(a)绕开原点处极点的 s 轨迹;(b)对应的 βH 轨迹图

如果 $H(s) = A_0/s$,并且我们选择 $s = \varepsilon \exp(j\varphi)$,那么 $\beta H(s) = \beta(A_0/\varepsilon) \exp(-j\varphi)$。在 $\varphi = 0$ 时,$s = \varepsilon$,βH 是一个非常大的实数,如图 10.67(b)所示。随着 s 在圆上移动,φ 朝着 $+90°$ 旋转,$\beta(A_0/\varepsilon) \exp(-j\varphi)$ 仍然保持非常大的半径,同时相角向 $-90°$ 变化。这一特性由图 10.67 (b)的虚线来表示,用虚线的目的是强调半径很大。现在,s 在 $j\omega$ 轴上向上移动,βH 的极坐标轨迹保持 $-90°$ 的相位(由于原点处极点的影响),而 $|\beta H|$ 不断下降,也就是说 βH 以 $-90°$ 相角向原点移动,并且在 s 进入右半平面后(在 s 平面中未显示),βH 保持在 $(0,0)$。如果 s 从右半平面移动到 $-j\infty$(图中未显示),再沿 $j\omega$ 轴向原点移动,之后沿 $\varepsilon \exp(j\varphi)$ 的小圆从 $\varphi = -90°$ 移动到 $\varphi = 0$,那么就可以得到另外一半轨迹图。注意,βH 的极坐标轨迹没有包围 $(-1,0)$ 点。

例 10.12 ———————————————————————————————————————

分析 $H(s) = A_0(1 + s/\omega_z)/s$ 的闭环稳定性。作为一个例子,$H(s)$ 中的零点可以通过图 10.66 中插入一个与 C_1 串联的电阻来产生。

解:在图 10.68(a)中,取 $s = \varepsilon \exp(j\varphi)$,因为 ε 很小,所以 $\beta H(s) \approx \beta(A_0/\varepsilon) \exp(-j\varphi)$。$\beta H$ 的轨迹图如图 10.68(b)所示。因为圆的半径非常小,所以即使 $\varphi = 90°$,零点贡献的相位也可以忽略。当 s 沿着 $j\omega$ 轴向上移动时,零点开始贡献正的相位,在 $s = +j\infty$ 时,$\beta H(s) = \beta A_0(1 +$

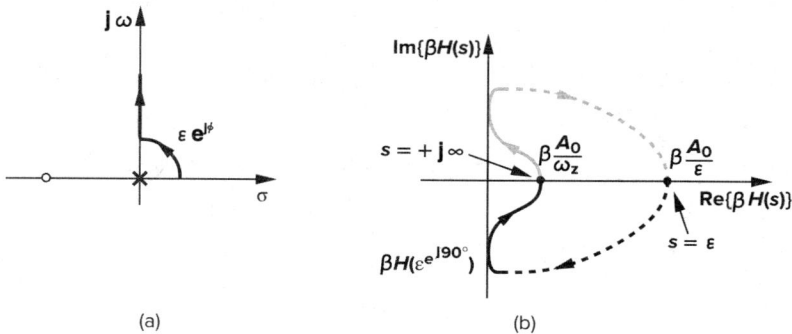

图 10.68

$s/\omega_z)/s$ 到达到一个正值,且等于 $\beta A_0/\omega_z$。与图 10.67 所示的情况相反,零点的存在使得这个轨迹图偏离了原点。

例 10.13 ————————————

一个负反馈环路使用了两个理想积分器,即 $H(s)=A_0/s^2$,请分析这个系统的闭环稳定性。

解:我们从 $s=\varepsilon\exp(j\varphi)$,$\varphi=0$ 开始,可以得到 $\beta H=\beta A_0/\varepsilon^2$（图 10.69）。随着 φ 到达 $+45°$（点 N）,$\beta H(s)=\beta(A_0/\varepsilon^2)\exp(-2j\varphi)$ 旋转了 $-90°$,它仍然有非常大的半径。对 $\varphi=+90°$（点 P）,$\beta H(s)$ 返回实轴。之后,随着 $s=+j\omega$ 向上移动,βH 的相角保持不变,但幅值 $\beta|H(j\omega)|=\beta A_0/\omega^2$ 不断下降。也就是说,βH 的轨迹在实轴上,朝着原点移动,在 $\omega=\sqrt{\beta A_0}$ 处**通过**$(-1,0)$点。因此,闭环系统将有两个极点位于 $j\omega$ 轴上,原因是 βH 轨迹穿过点 $(-1,0)$ 两次。毕竟,我们可以直接写出 $H(s)/[1+\beta H(s)]=A_0/(s^2+\beta A_0)$,它在 $\pm j\sqrt{\beta A_0}$ 处存在两个虚数极点。因此,如果一个两极点系统的两个极点都位于原点处,则该系统可能会振荡。

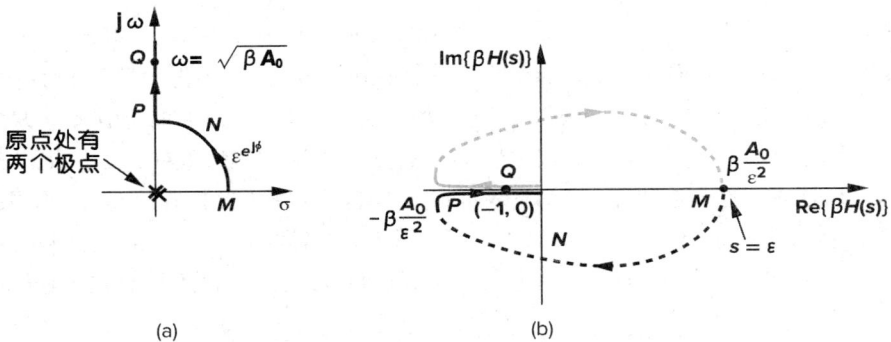

图 10.69

例 10.14 ————————————

在上例的其中一个积分器中增加一个零点,即 $H(s)=A_0(1+s/\omega_z)/s^2$,请重新分析系统的稳定性。

解:当 $s=\varepsilon\exp(j\varphi)$ 且 $\varphi=0$ 时,我们有 $\beta H\approx\beta A_0/\varepsilon^2$。在到达 P 点之前,βH 的特性与上例中的情况相似,如图 10.70 所示。随着 $s=+j\omega$ 向上移动,零点开始贡献很大的相位,同时 $|\beta H(j\omega)|=\beta A_0\sqrt{1+\omega^2/\omega_z^2}/\omega^2$ 持续下降。随着 $s\to+j\infty$,$\angle\beta H$ 到达 $-90°$,意味着轨迹图一定会以 $-90°$ 的相角到达原点。如图 10.70 所示,零点的存在确保了 βH 不会穿过或者环绕 $(-1,0)$点,从而可稳定该闭环系统。

上面的例子解释了具有两个积分器的系统的波特图分析所遇到的常见矛盾,尤其是在锁相环的分析中（见第 16 章）。如图 10.71 所示,上述的闭环系统看起来可能会在频率 ω_1 处振

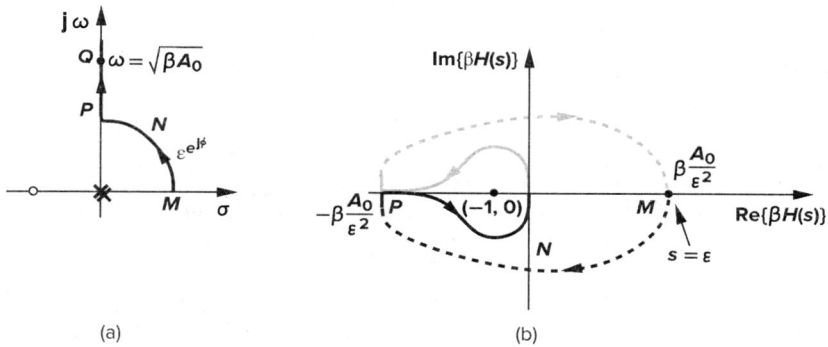

图 10.70

荡,因为在 ω_1 处 $|\beta H|$ 远大于单位增益而且 $\angle\beta H=-180°$。但我们从图 10.70 中的奈奎斯特图或从式 $\beta H(j\omega_1)=-\beta A_0(1+j\omega_1/\omega_z)/\omega_1^2$ 中注意到,由于零点的存在,βH 的相位实际上**从未达到** 180°。也就是说,在图 10.70 中的 P 点处,由零点贡献的无限小的相位导致 $|\angle\beta H|$ 比 180°小。类似地,虽然图 10.71 中近似的波特图显示,在 $\omega_1\ll\omega_z$ 时相移为 $-180°$,但实际上该相移的数值只在 $\omega=0$ 时出现。然而故事并未在此完结,下一节将给出更加基础的解释。

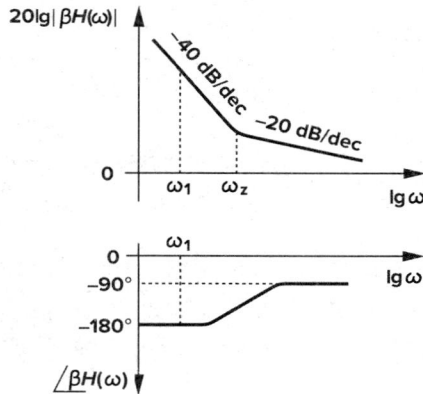

图 10.71 具有两个位于原点的极点和一个零点的系统的波特图

10.8.7 相位多次穿越 180°的系统

考虑一个系统,其环路增益有三个极点和两个零点,如图 10.72(a)所示。图 10.72(b)的波特图显示,在增益仍然高于单位增益时,相位曲线**两次**穿越 $-180°$。若把该系统加到负反馈环路中,它会稳定吗?

如果没有零点,βH 的轨迹图穿越 $-180°$,并且以 $-270°$ 的相角到达原点[见图 10.65(a)]。现在,我们按照以下的过程构造奈奎斯特图。在图 10.72(a)中我们从原点开始,沿 $j\omega$ 轴向上移动,相位从零度开始,βH 的轨迹图将从图 10.72(c)中的 A 点开始。由于极点数目多于零点

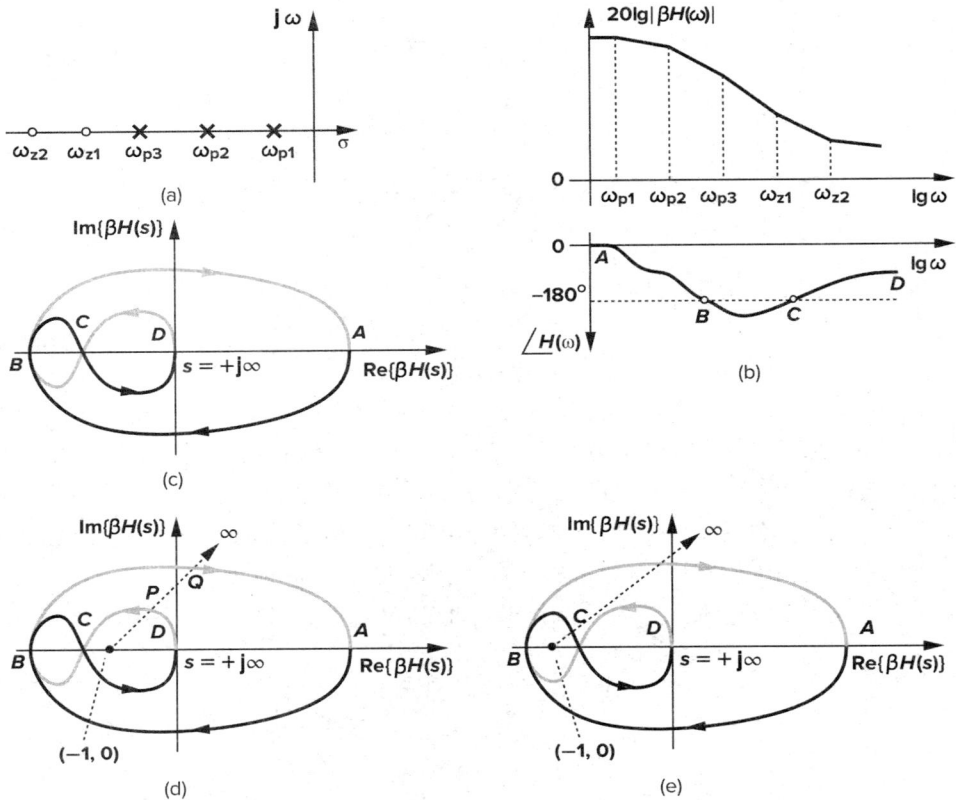

图 10.72　(a)具有三个极点和两个零点的系统;(b)波特图;(c)βH 轨迹图;
(d)C 点位于$(-1,0)$左边的情况;(e)C 位于$(-1,0)$右边的情况

数目,$\angle \beta H$ 将变成负值,在某个 jω 值处,相角达到$-180°$(B 点)。随着 ω 继续增加,$\angle \beta H$ 将变得更负,但是零点的贡献使得 βH 轨迹图发生偏移,并迫使轨迹图回到实轴(C 点)。之后,相位变得更正,并在 $\omega \to \infty$ 时接近$-90°$(D 点)。画出对称的另一半轨迹图之后,我们可以区分以下两种情况。

　　1.C 点在$(-1,0)$的左边,如图 10.72(d)。若我们画一条从$(-1,0)$到无穷远处的直线,轨迹图将穿过该直线两次(P 点和 Q 点),但是轨迹图在这两个点处的方向相反。因此,闭环系统在右半平面没有极点。由于 B 点和 C 点都在$(-1,0)$的左边,这种情况对应于图 10.72(b)所示的波特图。

　　2.点$(-1,0)$位于 C 点和 B 点之间,如图 10.72(e)。这种情况下,系统是不稳定的。

　　我们对以上结果作如下总结:在$|\beta H| > 1$ 的情况下,若$\angle \beta H$ 穿越 180° 的次数为偶数,则系统是稳定的;若为奇数,则不稳定。

参考文献

[1] P. R. Gray and R. G. Meyer. *Analysis and Design of Analog Integrated Circuits*. Third Ed. , New York: Wiley, 1993.

[2] W. C. Black, D. J. Allstot, and R. A. Reed. A High Performance Low Power CMOS Chan-

nel Filter. *IEEE J. of Solid-State Circuits*, vol. 15, pp. 929 – 938, Dec. 1983.

[3] R. M. Ziazadeh, H. -T. Ng, and D. J. Allstot. A Multistage Amplifier Topology with Embedded Tracking Compensation. *CICC proc.*, pp. 361 – 364, May 1998.

[4] B. K. Ahuja. An Improved Frequency Compensation Technique for CMOS Operational Amplifiers. *IEEE J. of Solid-State Circuits*, vol. 18, pp. 629 – 633, Dec. 1983.

[5] P. R. Gray and R. G. Meyer. MOS Operational Amplifier Design—A Tutorial Overview. *IEEE J. of Solid-State Circuits*, vol. 17, pp. 969 – 982, Dec. 1982.

[6] B. Y. Kamath, R. G. Meyer, and P. R. Gray. Relationship between Frequency Response and Setting Time of Operational Amplifiers. *IEEE J. of Solid-State Circuits*, vol. 9, pp. 347 – 352, Dec. 1974.

习题

除非另作说明，下列习题中使用的器件数据均如表 2.1 所示，必要时设 $V_{DD}=3$ V。而且，所有的晶体管均工作在饱和区。

10.1　一个放大器的前向增益为 A_0，并分别在 10 MHz 和 500 MHz 有两个极点，如果该放大器置于单位增益反馈环路中，要求相位裕度为 $60°$，请计算 A_0。

10.2　一个放大器的前向增益为 A_0，并在 ω_p 有两个重合的极点。如果相位裕度为 $60°$，请分别计算闭环增益为 1 和 4 时，A_0 的最大值。

10.3　一个放大器的前向增益 $A_0=1\,000$，两个极点为 ω_{p1} 和 ω_{p2}。对于 $\omega_{p1}=1$ MHz，如果 (a) $\omega_{p1}=2\omega_{p2}$，(b) $\omega_{p2}=4\omega_{p1}$，请计算这两种情况下单位增益反馈环路的相位裕度。

10.4　一个单位增益闭环放大器在增益交点附近显示出 50% 的频率峰值。相位裕度是多少？

10.5　考虑图 10.73 所示的跨阻放大器，其中 $R_D=1$ kΩ，$R_F=10$ kΩ，$g_{m1}=g_{m2}=1/(100\ \Omega)$，$C_A=C_X=C_Y=100$ fF。忽略其它所有电容，并假设 $\lambda=\gamma=0$，计算该电路的相位裕度。（提示：在 X 点断开环路）

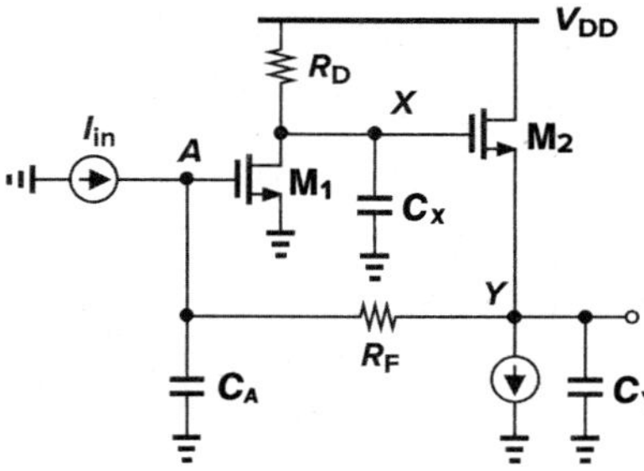

图 10.73

455

10.6　在习题 10.5 中，如果 R_D 增加到 2 kΩ，相位裕度是多少？

10.7　如果习题 10.5 中的放大器的相位裕度为 $45°$，三个电容 (a) C_Y、(b) C_A、(c) C_X 中，当其它两个电容不变时，求第三个电容的最大值。

10.8　证明图 10.31 所示电路的零点由式 (10.30) 给出。可用图 6.15 所示方法。

10.9　考虑图 10.74 的放大器，其中 $(W/L)_{1\sim4}=50/0.5$，$I_{SS}=I_1=0.5$ mA。

(a) 以小信号电阻与对地电容相乘的方法估算结点 X 和 Y 的极点。假设 $C_X=C_Y=0.5$ pF，单位增益反馈的相位裕度是多少？

(b) 如果 $C_X=0.5$ pF，对单位增益反馈产生 $60°$ 的相位裕度，C_Y 的最大容许值为多少？

10.10　对于习题 10.9(b) 中的运放，对 (a) 和 (b) 分别估算该运放的转换速率。

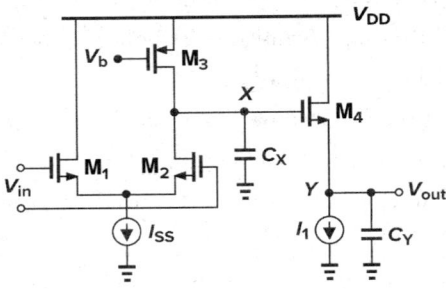

图 10.74

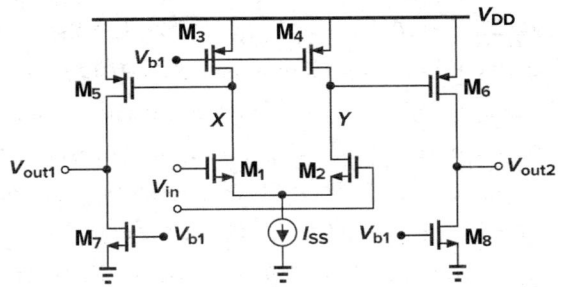

图 10.75

10.11   在图 10.75 的两级的运放中,其中晶体管 $M_{5,6}$ 的 $W/L=60/0.5$,其它各晶体管为 $W/L=50/0.5$,$I_{SS}=0.25$ mA,每个输出支路的电流偏置为 1 mA。

  (a)确定结点 X 和 Y 的 CM 电平。

  (b)计算最大输出电压的摆幅。

  (c)如果每个输出加载 1 pF 的电容器,运放的补偿采用密勒乘积,在单位增益反馈中相位裕度为 $60°$。计算补偿后极点和零点位置。

  (d)计算与补偿电容器串联的电阻值大小,以使零点处于非主极点。

  (e)确定转换速率。

10.12   在习题 10.11(e)中,极点-零点抵消电阻用一个 PMOS 器件来代替,如图 10.34 所示。如果 $I_1=100$ μA,计算 $M_{13}\sim M_{15}$ 的尺寸。

10.13   计算图 10.75 中运放的输入参考热噪声电压。

10.14   图 10.76 描述了一个电压-电流反馈的跨导放大器。请注意:由于 M_3 的存在,反馈系数可以大于 1,假定 $I_1\sim I_3$ 为理想电流源,$I_1=I_2=1$ mA,$I_3=10$ μA,$(W/L)_{1,2}=50/0.5$,$(W/L)_3=5/0.5$。

  (a)在 M_3 的栅极处断开环路,估算开环传输函数的极点。

  (b)如果在 M_1 的栅极和漏极间加一补偿电容 C_C,相位裕度为 $60°$ 时 C_C 的值为多少? 确定补偿后的极点。

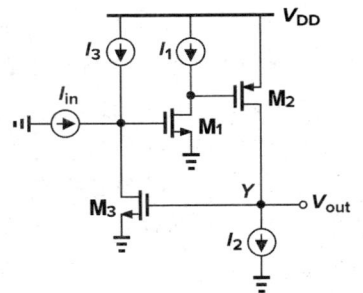

图 10.76

  (c)为了使输出级零点处在第一个非主极点上,与 C_C 串联的电阻需多大?

10.15   如果输出结点的负载电容为 0.5 pF,重复计算习题 10.14(c)。

10.16   假设在图 10.76 的电路中,施加一个大的负输入电流使得 M_1 立即关断,则输出的转换速率是多少?

10.17   在图 10.76 中,解释为什么补偿电容不能够放置在 M_2 或 M_3 的栅极与漏极之间。

10.18   在图 10.76 中,对习题 10.14(c)所描述的电路确定输入参考噪声电流。

10.19   用一个零点抵消一个极点,例如,在一个两级运放中,产生一种叫做"偶对"(doublet)的问题[5,6]。如果极点和零点不是精确地重合,我们称之为组成一个"偶对"。在"偶对"出现的电路中,反馈电路的阶跃响应很有意义。假定一个两级运放的开环传输函

数由下式表示:

$$H_{open}(s) = \frac{A_0\left(1+\dfrac{s}{\omega_z}\right)}{\left(1+\dfrac{s}{\omega_{p1}}\right)\left(1+\dfrac{s}{\omega_{p2}}\right)} \tag{10.59}$$

理想情况下,$\omega_z = \omega_{p2}$,反馈电路表现为一阶特性,即它的阶跃响应只包含一个单时间常数而且没有过冲。

(a)证明在单位增益反馈环路中,该放大器的传输函数为

$$H_{closed}(s) = \frac{A_0\left(1+\dfrac{s}{\omega_z}\right)}{\dfrac{s^2}{\omega_{p1}\omega_{p2}} + \left(\dfrac{1}{\omega_{p1}}+\dfrac{1}{\omega_{p2}}+\dfrac{A_0}{\omega_z}\right)s + A_0 + 1} \tag{10.60}$$

(b)确定 $H_{closed}(s)$ 的两个极点,假定它们间隔较宽。

457

(c)假定 $\omega_z \approx \omega_{p2}$ 且 $\omega_{p2} \ll (1+A_0)\omega_{p1}$,$H_{closed}(s)$ 可写成如下形式:

$$H_{closed}(s) = \frac{A_0\left(1+\dfrac{s}{\omega_z}\right)}{\left(1+\dfrac{s}{\omega_{pA}}\right)\left(1+\dfrac{s}{\omega_{pB}}\right)} \tag{10.61}$$

确定闭环放大器小信号阶跃响应。

(d)证明阶跃响应包含一个指数项,形式为 $(1-\omega_z/\omega_{p2})\exp(-\omega_{p2}t)$。这是一个重要的结论。它表明:如果零点不能恰好抵消极点,阶跃响应表现为一个指数项,其幅值与 $(1-\omega_z/\omega_{p2})$(由 ω_z 和 ω_{p2} 的失配决定)成正比,其时间常数为 $1/\omega_z$。

10.20　用习题 10.19(d)中的结论,确定习题 10.11(e)中所描述的放大器的阶跃响应。假设该放大器中:

(a)极点和零点完全抵消;

(b)极点和零点幅值之间有 10% 的失配。

10.21　可以通过增加第二条路径来提升折叠式共源共栅运放的增益。如图 10.77 中灰色部分所示,输入信号同样可以通过以电流源 I_1 和 I_2 为负载的差动对,进一步驱动原来运放中的电流源。当然,结点 X 和 Y 表现出相对较高的阻抗,因此会贡献一个极点,

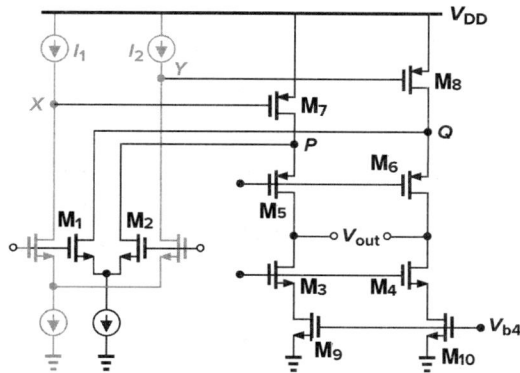

图 10.77

从而显著降低相位裕度。

(a)忽略 I_1 和 I_2 的沟道长度调制效应,确定该运放的低频增益。

(b)只考虑 X、Y、P、Q 和输出结点的电容,请计算整个电路的传输函数。电路中的零点是否能抵消某一个极点?

10.22 考虑图 10.37(b)中的电路,并假设 $I_{in} = I_{SS} u(t)$。同时,假设晶体管漏端接了一个对地的负载电容 C_L。写出输出结点的 KCL 关系式,并且推导关于 V_{out} 的微分方程。采用拉普拉斯变换和部分分式法证明:

$$V_{out}(t) = \frac{I_{SS}}{C_F} t u(t) - \frac{I_{SS}}{g_m}\left(1 + \frac{C_L}{C_F}\right) u(t) - \frac{I_{SS}}{g_m}\left(1 + \frac{C_L}{C_F}\right) \exp\frac{-t}{\tau} u(t) \quad (10.62)$$

式中 $\tau = C_L / g_m$。分别画出上式中三项与时间的函数关系曲线,并确定 $V_{out}(t)$ 达到最小值的时间。该结果表明,输出电压一开始会下降,之后再以斜坡的方式上升。

10.23 在 $\beta = 1$ 的情况下,对一个两级运放进行了频率补偿,并达到了 60° 的相位裕度。如果 β 减小到 $\beta < 1$,确定新的相位裕度。

第11章

纳米设计分析

本书中前面的章节带领我们徜徉在模拟电路世界中"风景优美"的道路上，给我们展示了很多重要的概念和有用的电路结构。我们也偶尔尝试过"设计"，但是电路的规模都很小。在本章中我们着手进行两个综合设计，以此来体会一个模拟设计者必须具有的心态，并了解设计者对于一个给定的电路必须完成的多个任务。这些设计都采用 40 nm 的 CMOS 工艺，电源电压为 1 V。建议读者在开始学习本章之前，先复习第 9 章中运算放大器的设计范例。

我们首先简要地介绍纳米器件的非理想特性，以及为达到一些给定的晶体管性能参数所采用的设计步骤。然后，我们深入研究运算放大器的设计，并且通过仿真优化其性能。最后，我们讨论高速、高精度放大器的设计，并通过各种不同的技术来满足低功耗要求。

11.1 晶体管的设计考虑

在第 2 章中，我们学习了 MOSFET 的基本特性并介绍了一些二级效应。我们通过研究得出了一个大信号模型（包括线性区的二次方程以及饱和区的平方律关系）。在以下两种情况下，这个大信号模型是非常必要的：(1) 晶体管由于输入端或输出端的信号经历了一个大的电压（或电流）变化，因而不再遵循小信号模型；(2) 晶体管必须被偏置，即要求一定的端电压，以使其流过一定的电流。在模拟电路设计中，前一种情况偶尔会出现，而后一种情况则几乎总是存在。

纳米 MOSFET 的大信号特性将显著地偏离我们已经得到的"长沟道"模型。工艺特征尺寸按比例缩小，也即 MOS 管的尺寸不断减小，会出现除第 2 章所学的二级效应之外的若干个效应，因而会改变器件的 I-V 特性。作为一个例子，图 11.1 给出了实际情况下，一个 $W/L = 5~\mu m/40~nm$、$V_{TH} \approx 300~mV$ 的 NFET（采用 BSIM4 模型）的 I_D 随 V_{DS} 变化的曲线，并与长沟道平方律近似的"最佳拟合"曲线进行了对比。可以观察到，两种情况偏差很大。因此，即使我们不关注电路的大信号分析，我们也必须面对用平方律模型计算偏置所带来的问题。

在本节中，我们将简要考虑一些使长沟道模型不再精确的"短沟道"效应。对短沟道效应的详细研究将在第 17 章中给出。有一点非常重要，那就是第 2 章中建立的小信号模型依然有效，并且，正如从本书中所看到的，小信号模型能够满足对许多模拟电路模块进行初步分析的

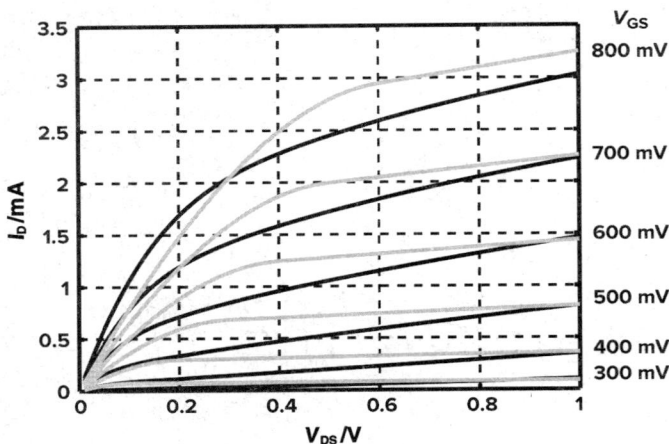

图 11.1　实际 5 μm/40 nm 晶体管的 I-V 特性曲线(黑色)与平方律最佳拟合曲线(灰色)的对比。
(V_{GS}从 300 mV 增加到 800 mV,步长为 100 mV)

459　需要。然而,与偏置条件相关的 g_m 和 r_O 的表达式必须进行修改。

图 11.1 中的特性曲线显示出实际 40 nm 器件具有严重的沟道调制效应,使得线性区和饱和区的区分变得很困难。但是,我们仍然能够找到每一条曲线的"拐点"(knee point)作为大致的边界。图 11.2 给出了实际 40 nm 器件在更小的 V_{GS} 范围内的 I-V 特性曲线,即 $V_{GS}-V_{TH}$ =50 mV,100 mV,$\cdots$,350 mV。我们在低于 V_{DS}=0.2 V 的地方观察到了这些拐点。(这里,W=5 μm,$V_{TH}\approx$200 mV)。

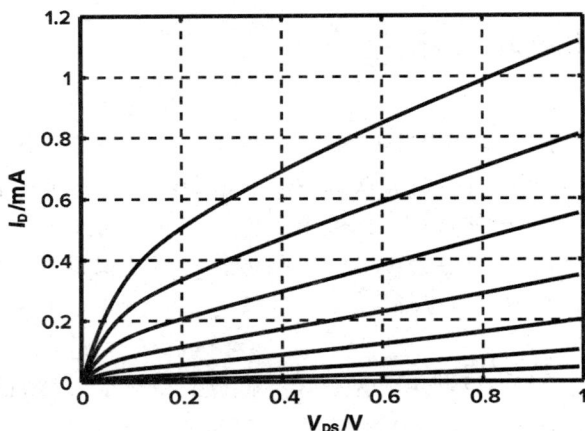

图 11.2　5 μm/40 nm 的晶体管在 $V_{GS}-V_{TH}$=50 mV,100 mV,$\cdots$,350 mV 情况下的 I-V 特性曲线

11.2　深亚微米效应

在各种短沟道效应中,有两个对于我们本阶段的学习尤为重要。这两个效应都与沟道中

载流子的迁移率有关。我们记得,曾经假设载流子的速度为 $v = \mu E$,其中 E 表示电场。在这里我们重新回顾这个假设。

速度饱和

在 MOSFET 中,V_{DS} 增大使得源漏路径的电场增大,而 v 并不随 V_{DS} 成比例地增大(图 11.3)。我们说载流子经历了"速度饱和",或等效地说,迁移率(v-E 曲线的斜率)**下降**了。产生这个效应的原因是 MOSFET 的长度减小了,例如从 $1\,\mu m$ 减小到 $40\ nm$(缩小到原来的 $1/25$),而最大允许的漏源电压则从 $5\ V$ 降低到大约 $1\ V$。因此,横向电场超过了图 11.3 中的 E_{crit}($\approx 1\ V/\mu m$)。

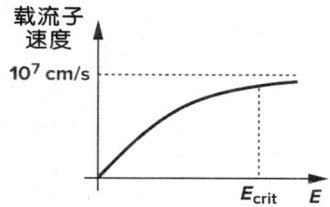

图 11.3　高电场下的速度饱和现象

我们将在第 17 章涉及速度饱和的建模,但是让我们在这里考虑一个极端情况:假定电荷载流子一离开源端就达到了饱和速度 v_{sat}。因为 $I = Q_d \cdot v$,其中 Q_d 是电荷密度(每单位长度)且表示为 $WC_{ox}(V_{GS} - V_{TH})$,我们可以得到

$$I_D = WC_{ox}(V_{GS} - V_{TH})v_{sat} \tag{11.1}$$

因此,这种极端的速度饱和造成了与平方律特性的偏离,体现在以下三个方面。首先,器件流过的电流与过驱动电压呈**线性**关系,并且与沟道长度无关[①]。第二,即使对于 $V_{DS} < V_{GS} - V_{TH}$ 的情况,I_D 也达到了饱和(图 11.4)。从图 11.2 可以明显看出,即使过驱动电压达到了 350 mV,拐点也出现在较小的 V_{DS} 处。第三,完全速度饱和 MOS 晶体管的跨导为

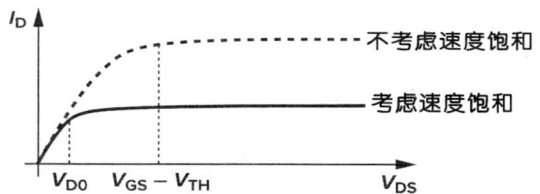

图 11.4　漏电流由于速度饱和提前进入饱和

$$g_m = \left. \frac{\partial I_D}{\partial V_{GSk}} \right|_{V_{DS,const}} \tag{11.2}$$

$$= WC_{ox}v_{sat} \tag{11.3}$$

即跨导随 I_D 或 V_{GS} 的变化表现为一个**常数**。例如,在图 11.2 中,过驱动电压从 250 mV 变化到 300 mV 引起的 I_D 的变化量与过驱动电压从 300 mV 变化到 350 mV 引起的 I_D 的变化量几乎相等。

纵向电场导致的迁移率退化

栅源电压和纵向电场的增加同样会引起电荷载流子的迁移率降低(图 11.5)。

这种迁移率退化对器件的跨导有哪些影响呢? 我们直观地推断,g_m 不再遵循与驱动电压的线性关系,即 $g_m = \mu C_{ox}(W/L)(V_{GS} - V_{TH})$。图 11.6 给出了前文提及的 $5\,\mu m/40\ nm$ 的 NFET 的这一特性。

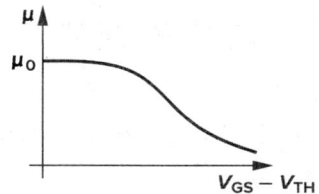

图 11.5　垂直电场导致迁移率降低

---

① 只要栅长 L 足够小且 V_{DS} 足够大,就能产生速度饱和现象。

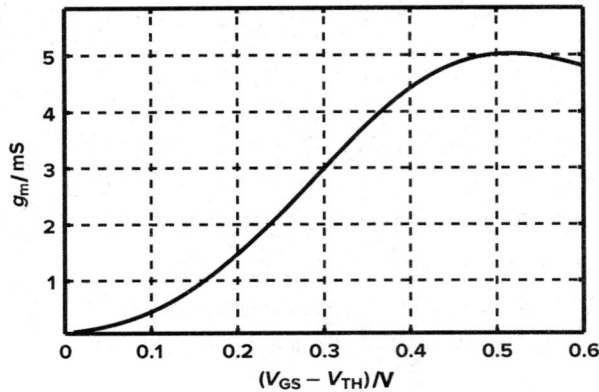

图 11.6　跨导与过驱动电压的函数关系

例 11.1

我们用下式来近似表示图 11.5 中的迁移率曲线：

$$\mu = \frac{\mu_0}{1 + \theta(V_{GS} - V_{TH})} \tag{11.4}$$

式中 θ 为一个比例系数，单位为 V^{-1}。请确定受到这种迁移率退化影响的 MOSFET 的跨导。

解：我们可以得到电流的表达式

$$I_D = \frac{1}{2} \frac{\mu_0 C_{ox}}{1 + \theta(V_{GS} - V_{TH})} \frac{W}{L} (V_{GS} - V_{TH})^2 \tag{11.5}$$

因此，有

$$g_m = \mu_0 C_{ox} \frac{W}{L} \frac{(\theta/2)(V_{GS} - V_{TH})^2 + V_{GS} - V_{TH}}{[1 + \theta(V_{GS} - V_{TH})]^2} \tag{11.6}$$

正如所料，在 $\theta(V_{GS} - V_{TH}) \ll 1$ 的情况下，我们得到 $g_m \approx \mu_0 C_{ox}(W/L)(V_{GS} - V_{TH})$。在 $(V_{GS} - V_{TH}) \gg 2/\theta$ 的另外一个极端情况下，g_m 则趋近于一个常数：$g_m \approx (1/2)\mu_0 C_{ox}(W/L)/\theta$。

通常情况下，必须同时考虑横向电场和纵向电场（分别由 V_{DS} 和 V_{GS} 引起）导致的迁移率退化。尽管如此，上述推导得到的简单结果能够满足大多数模拟电路设计分析的需要。

11.3　跨导的缩放

每一个模拟电路都会涉及器件跨导。假定一个晶体管工作在饱和区，但不能提供所需要的跨导。第 2 章给出 g_m 的表达式为

$$g_m = \mu_n C_{ox} \frac{W}{L} (V_{GS} - V_{TH}) \tag{11.7}$$

$$= \sqrt{2\mu_n C_{ox} \frac{W}{L} I_D} \tag{11.8}$$

$$= \frac{2I_D}{V_{GS} - V_{TH}} \tag{11.9}$$

这些表达式提示我们,通过调节三个参数,即 W/L、$V_{GS}-V_{TH}$ 或 I_D,可以对 g_m 进行缩放。我们首先假定器件为长沟道器件,则

$$I_D \approx (1/2)\mu_n C_{ox}(W/L)(V_{GS}-V_{TH})^2$$

可以得到

$$V_{GS}-V_{TH} \approx \sqrt{2I_D/(\mu_n C_{ox} W/L)}$$

在任一种情况下,我们可以固定一个参数为常数,通过改变其它两个参数来缩放跨导。

根据式(11.7),我们可以增加 W/L 而保持 $V_{GS}-V_{TH}$ 为常数。在这种情况下,g_m 和 I_D 都随 W/L 线性缩放,如图 11.7(a)所示(为什么?),功耗也随 W/L 线性缩放。相应地,我们也可以保持 W/L 为常数,增加 $V_{GS}-V_{TH}$[图 11.7(b)],这样会产生更高的漏电流。在前一种情况下,器件的电容将会增加;而在后一种情况下,$V_{DS,min}$ 将会增加。在本章中,$V_{DS,min}$、$V_{D,sat}$ 和 $V_{GS}-V_{TH}$ 这三种表示可以互换。

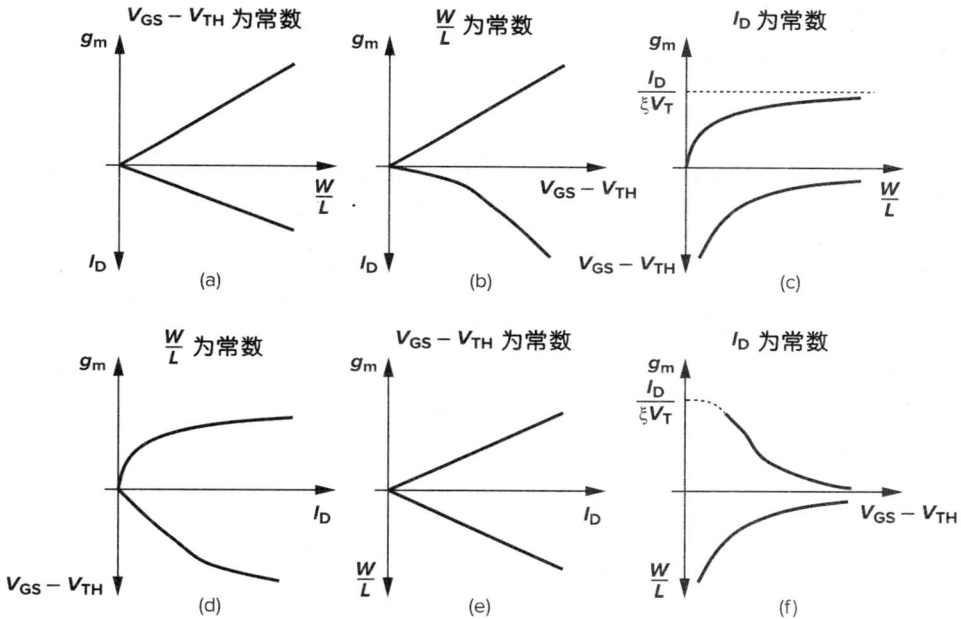

图 11.7　(a)g_m 和 I_D 对 W/L 的依赖关系;(b)g_m 和 I_D 对 $V_{GS}-V_{TH}$ 的依赖关系;(c)g_m 和 $V_{GS}-V_{TH}$ 对 W/L 的依赖关系;(d)g_m 和 $V_{GS}-V_{TH}$ 对 I_D 的依赖关系;(e)g_m 和 W/L 对 I_D 的依赖关系;(f)g_m 和 W/L 对 $V_{GS}-V_{TH}$ 的依赖关系

根据式(11.8),当 I_D 为常数时,我们可以增加 W/L,这种情况将导致 $V_{GS}-V_{TH}$ 被降低(为什么?)。然而,在这种情况下,由于亚阈值导电,g_m 不会无限地增加。如果我们保持 W/L 为常数并且增加 I_D(图 11.7(d)),那么 $V_{GS}-V_{TH}$ 会增加,因此必然导致 $V_{DS,min}$ 增加。

根据式(11.9),我们可以保持 $V_{GS}-V_{TH}$ 为常数,增加 I_D(图 11.7(e))。这种情况需要 W/L 增加。相应地,我们也可以保持 I_D 为常数,降低 $V_{GS}-V_{TH}$(图 11.7(f))。这种情况意味着 W/L 必须增加。对于 $V_{GS}-V_{TH} \approx 0$ 的情况,器件进入亚阈值区,并且 $g_m \approx I_D/(\xi V_T)$。在这两种情况下,器件电容都会增加。

我们现在针对纳米器件来考虑以上 6 种情况。我们注意到,在定性分析的情况下,图

11.7 中的曲线对纳米器件依然成立,但是 g_m 和过驱动电压的表达式会更加复杂。图 11.7(a)给出的特性尤其值得关注并且很有用,我们将在下面的例题中进行更加深入的研究。

例 11.2

如图 11.7(a)所示,无论晶体管特性如何,g_m 和 I_D 随 W/L 线性缩放的特性都成立。请解释原因。

解:作为一个例子,考虑图 11.8 中并联连接的两个完全相同的晶体管,每个晶体管的跨导为 g_m。如果 V_{GS} 变化 ΔV,则每个晶体管的漏电流变化 $g_m \Delta V$,因此整个复合器件的电流变化 $2g_m \Delta V$。也就是说,这个并联复合晶体管表现出的跨导为 $2g_m$。我们得出结论,将晶体管宽度扩大到 K 倍($K>1$)同时会使得漏电流扩大到 K 倍,这等效于将 K 个晶体管进行并联,从而使得 g_m 扩大到 K 倍。在此情况下,我们说这种缩放保持了晶体管的电流密度(I_D/W)。注意,在这种情况下,偏置的过驱动电压保持为常数,同样 g_m/I_D 这个比值也保持为常数。后一个特性在我们的研究中被证明很有用。

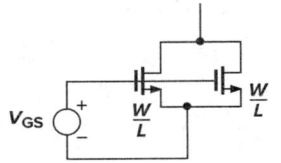

图 11.8

对于图 11.7 中的 6 种情况,哪一种在实际中更为常见呢?因为目前的模拟电路必须工作在低电源电压下(1 V 左右),我们通常将 $V_{GS} - V_{TH}$ 限制在几百毫伏内。因此,为了获得一定的跨导,我们首先增加晶体管的宽度(图 11.7(c)),达到使 g_m 明显增加的程度。当 g_m 接近一个常数时(在亚阈值区),宽度不再是决定性因素,这使得漏电流成为唯一能够增加跨导的参数(图 11.7(d))。然而,在此情况下,当我们增加 I_D 时,$V_{GS} - V_{TH}$ 可能会超过给定值,迫使我们考虑图 11.7(e)的情况(这种情况与图 11.7(a)是等效的)。这些尝试以及其产生的误差看起来十分无序,但是不要失望。本节余下的内容将专注于开发用于晶体管设计的系统方法。我们从一个重要的例子开始。

例 11.3

一个宽长比为 $(W/L)_{REF}$ 的晶体管的 $g_m - I_D$ 特性在图 11.9(a)中给出。

(Ⅰ)设晶体管一开始偏置在 $I_D = I_{D1}$,如果将晶体管的宽加倍而使 $V_{GS} - V_{TH}$ 保持不变,则跨导和漏电流如何变化?(Ⅱ)如果一开始我们设定了更大的过驱动电压,请重做问题(Ⅰ)。(Ⅲ)我们希望在漏电流为 I_{Dx} 的情况下,获得的跨导为 g_{mx},晶体管尺寸应如何缩放?

解:(Ⅰ)在 $V_{GS} - V_{TH}$ 不变的情况下,将栅宽加倍会使跨导和电流都加倍(例 11.2)。因为 g_m/I_D 为常数,为了在 $g_m - I_D$ 平面上得到该点,我们在原点和 (I_D, g_m) 之间连一条直线,并将其延伸到 $(2I_D, 2g_m)$(如图 11.9(b))。因此,如果过驱动电压固定,则通过缩放 W 得到的所有 (I_D, g_m) 的组合都会落在这条线上。

(Ⅱ)如果我们一开始设定较大的过驱动电压 $(V_{GS} - V_{TH})_2$,则对应的 (I_D, g_m) 点位于图 11.9(c)所示特性曲线上的 (I_{D2}, g_{m2}) 点上。我们再次画一条经过原点和 (I_{D2}, g_{m2}) 的直线并将其延长至 $(2I_{D2}, 2g_{m2})$。因此,$I_D - g_m$ 平面上每一条这种线代表了在给定过驱动电压下通过缩放 W 所能得到的所有可能的 (I_D, g_m) 点的组合。

(Ⅲ)我们在原点和 (I_{Dx}, g_{mx}) 之间画一条直线(如图 11.9(d))。这条线与 g_m 曲线相交得到了一个"参考"点,该点确定了合适的过驱动电压 $(V_{GS} - V_{TH})_0$ 和可接受的 (I_{D0}, g_{m0}) 组合。

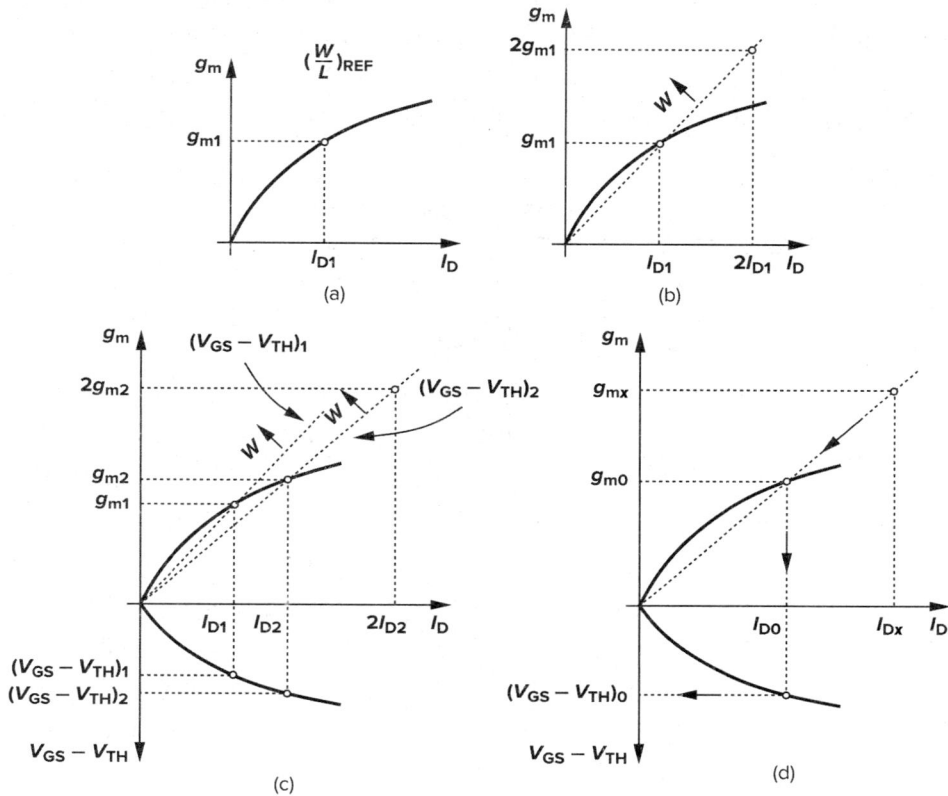

图 11.9

如果将晶体管宽度缩放 $g_{mx}/g_{m0}(=I_{Dx}/I_{D0})$ 倍，并且过驱动电压保持为 $(V_{GS}-V_{TH})_0$，我们就获得了需要的电流和跨导。

465

11.4　晶体管设计

到目前为止，读者可能会注意到，电路中一个给定晶体管的特性由一系列参数所确定。在本节中，我们假定所有晶体管工作在饱和区，并且重点关注两个偏置量 I_D 和 $V_{GS}-V_{TH}$（$=V_{DS,min}$）、一个小信号参数 g_m 和一个物理参数 W/L。典型的晶体管设计问题是，给定前三个参数中的两个，求解余下的两个参数（见表 11.1）。我们希望开发出一种系统性的方法，能够针对纳米器件计算出需要求解的两个参数。这里我们没有明确列出输出电阻 r_O，它在许多电路中非常有用，最终在 11.4.5 节的分析中将包含这部分内容。

读者可能会认识到，表 11.1 中给出的设计问题存在"过约束"（即解不存在）。从给定的两个参数必然会得出其它两个参数的确定值，尽管这些结果可能不满足我们的要求。例如，对于特定的电路，从给定的 I_D 和 $V_{DS,min}$ 直接得到的 g_m 值可能不足，我们必须按照表 11.1 的最后一行对设计进行修改。我们将在后面的分析中对这一行进行详细的说明,但是在这里我们先提前给出一些解释。在情况 I 中,g_m 不足,可能需要更大的 I_D(可能会超出功耗预算)和更大的 W/L(以满足给定的 $V_{DS,min}$ 值)。在情况 II 中,从给定的 I_D 和 g_m 可能会导致 $V_{DS,min}$ 大到无法接受,因此需要更大的 W/L。在情况 III 中,计算出的 I_D 可能会过大,因此需要更大的 W/L 和更小的过驱动电压[①]。

表 11.1   晶体管设计遇到的三种情况

	情况 I	情况 II	情况 III
给定的参数	I_D、$V_{DS,min}$	g_m、I_D	g_m、$V_{DS,min}$
需求解的参数	W/L、g_m	W/L、$V_{DS,min}$	W/L、I_D
修改设计	g_m 不足	$V_{DS,min}$ 太大	I_D 太大
	增加 I_D 和 W/L	增加 W/L	增加 W/L;降低 $V_{GS}-V_{TH}$

11.4.1   给定 I_D 和 $V_{DS,min}$ 情况下的设计

以下给出模拟设计中一种常见的情况。对于电路中一个特定的晶体管,我们已经选择好了偏置电流(假设是根据功耗预算确定的)和最小的 V_{DS}(假定是根据电压余度确定的,即由电源电压和要求的电压摆幅所施加的限制条件)[②]。现在,我们希望确定器件的尺寸和跨导,同时要认识到平方律方程是不准确的。当然,如果有器件模型,我们也可以对器件进行仿真并得到这些值,但是,我们要寻找一种更系统、更便捷的流程。我们的方法分四步进行(译者注:原文误为三步)。作为示例,我们考虑 $I_D=0.5$ mA,$V_{DS,min}=200$ mV。

第 1 步   选择一个"参考"晶体管,其宽度为 W_{REF},长度为允许的最小长度 L_{min}(例如,$L_{min}=40$ nm)。作为示例,我们选择 $W_{REF}=5$ μm。

第 2 步   用实际器件模型和电路仿真器,绘制出参考晶体管在不同 $V_{GS}-V_{TH}$ 条件下的 I_D-V_{DS} 特性曲线。在典型的模拟电路中,$V_{GS}-V_{TH}$ 的范围大约在 50 mV 到 600 mV。我们因此能够建立过驱动电压步长为 50 mV 情况下的特性曲线[③]。图 11.10 给出了 $W_{REF}/L_{min}=5$ μm/40 nm 的晶体管的仿真结果。(为了清晰起见,这里的 $V_{GS}-V_{TH}$ 从 50 mV 增加到 350 mV。)

第 3 步   还记得在例子中设置 $I_D=0.5$ mA,$V_{DS,min}=200$ mV,我们在 $V_{DS}=200$ mV 处画一条竖线(图 11.10)并且找到它与其它曲线的交点。我们该选哪一条曲线呢?如果器件遵循平方律,我们应该选择 $V_{GS}-V_{TH}=V_{DS,min}=200$ mV 的那一条曲线。然而,对于 $V_{DS}=200$ mV,短沟道器件即使在 $V_{GS}-V_{TH}=350$ mV 时依然在饱和区,情况因此变得更复杂。但是,在接下来的分析中我们还是暂时选择 $V_{GS}-V_{TH}=200$ mV。

第 4 步   对于参考晶体管,前面的几步已经得到了一个满足 V_{DS} 要求的工作点。然而,漏电流 $I_{D,REF}$ 可能并不接近本例中必需的数值 0.5 mA。那么我们该怎么处理呢? 现在我们必

[①]   在情况 I 和 III 中,只要器件不进入亚阈值区,则增加 W/L 能缓解 g_m-I_D 的折中关系。

[②]   假定电源电压已知。

[③]   我们的方法只涉及中等反型和强反型的情况,这也是绝大多数模拟电路中晶体管的工作状态。

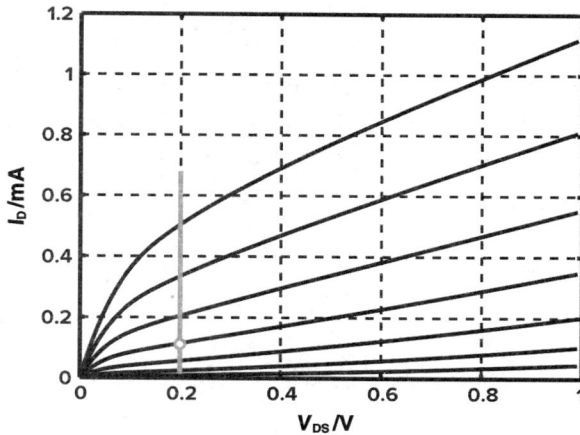

图 11.10　参考器件在 $V_{GS}-V_{TH}=50$ mV,100 mV,$\cdots$,350 mV(步长为 50 mV)情况下的漏电流

须对晶体管的宽度进行**缩放**,从而改变漏电流的值。由于图 11.10 中 $I_{D,REF} \approx 100$ μA,我们选择晶体管的宽度为$(500\ \mu$A$/100\ \mu$A$) \times W_{REF}=5W_{REF}=25\ \mu$m。

上述参考晶体管的跨导是多少呢? 我们从图 11.10 中可以看到,当 $V_{GS}-V_{TH}$ 从 200 mV 增加到 250 mV 时,I_D 变化了大约 100 μA。因此,$g_m \approx 100\ \mu$A$/50$ mV$=2$ mS。由于过驱动电压的改变量与初始值 200 mV 相比并不算太小,我们需要得出更准确的 g_m 值。为了达到这个目的,让我们再回到参考晶体管,并采用仿真的方法,在 $V_{DS}=200$ mV 的情况下画出它的跨导与 $V_{GS}-V_{TH}$ 的函数关系曲线。对于平方律器件,这个函数关系将是一条直线,即 $g_m = \mu_n C_{ox}(W_{REF}/L_{min})(V_{GS}-V_{TH})$,但是由于存在短沟道效应,$g_m$ 最终达到饱和值。如图 11.11 所示,结果预示在 $V_{GS}-V_{TH}=200$ mV 时,$g_m=1.5$ mS。现在,如果将宽度和漏电流都放大到 5 倍,则 g_m 也将会放大同样的倍数(见例 11.2),达到 7.5 mS。如表 11.1 所示,如果这个跨导值不够大,则必须进一步增大 W/L。

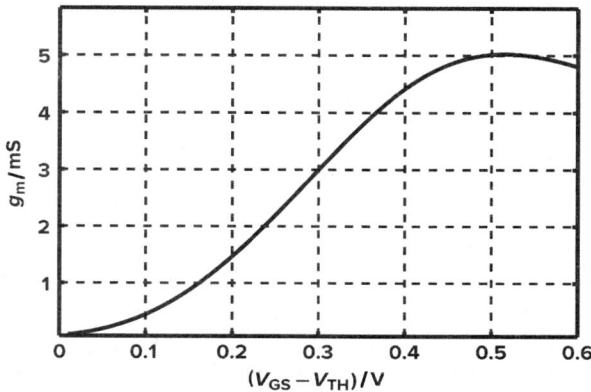

图 11.11　在 $W/L=5\ \mu$m$/40$ nm、$V_{DS}=200$ mV 情况下,g_m 对过驱动电压的依赖关系

根据从参考晶体管得到的 I_D 和 g_m 的曲线图,我们可以轻易地通过缩放来确定电路中其它晶体管的宽度和跨导。这里的关键点是只对 I_D 和 g_m 进行了一次仿真(对于给定的栅长),

467 结果却能满足大部分设计工作的需要。

在图 11.10 中，我们是否能够选择更大的过驱动电压？假定我们选择 $V_{GS} - V_{TH} =$ 250 mV，得到参考晶体管的 $I_D = 200\ \mu A$，并且从图 11.11 得到跨导约为 2.3 mS。如果将栅宽增大到 12.5 μm，以便传输 500 μA 的漏电流，则晶体管的跨导为 2.5×2.3 mS = 5.75 mS，该值小于前面得到的数值（7.5 mS）。出现这个现象是因为在饱和区中，$g_m = 2I_D/(V_{GS} - V_{TH})$。因此，为了得到大的跨导，我们通常选择 $V_{GS} - V_{TH} \approx V_{DS,min}$，尽管这会使晶体管变为更宽的晶体管。

例 11.4

图 11.12 中电路的设计必须满足 1 mW 的功耗预算，以及输出电压的峰峰值摆幅为 0.8 V 的要求。设 M_1 的 $L = 40$ nm，计算其所需的栅宽。该晶体管能提供 $1/(50\ \Omega)$ 的跨导吗？

解：根据功耗预算以及 $V_{DD} = 1$ V，可以得出偏置的漏电流为 1 mA。为了提供 0.8 V 的输出摆幅，M_1 必须在 V_{DS} 降到 200 mV 的情况下仍然工作在饱和区。我们回到图 11.10 中的 $I_D - V_{DS}$ 特性曲线，并且还记得在 $V_{DS} = V_{GS} - V_{TH} = 200$ mV 时，$I_{REF} \approx 100\ \mu A$。因此，我们必须将 W_{REF} 放大到 1 mA/0.1 mA 倍，从而得到 $W/L = 50\ \mu m/40$ nm。跨导也放大了同样的倍数，达到 15 mS = $1/(67\ \Omega)$。注意，这些结果与 R_D 的值无关。

我们得出结论，如果晶体管的设计仅是满足了本例中 I_D 和 V_{DS} 的指标，则它不一定能达到 $1/(50\ \Omega)$ 的跨导值。

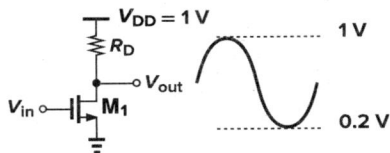

图 11.12

除 I_D、$V_{GS} - V_{TH}$ 和 g_m 外，晶体管的输出阻抗在许多模拟电路也很重要。正如第 17 章中解释的那样，对于短沟道晶体管，r_O 不能再表示为 $1/(\lambda I_D)$。r_O 的值可以从图 11.2 中 I_D 特性曲线的斜率来估算，但是为了更加方便和精确，我们用仿真来绘制参考晶体管的 r_O 与 I_D 的函数关系（见图 11.13）。

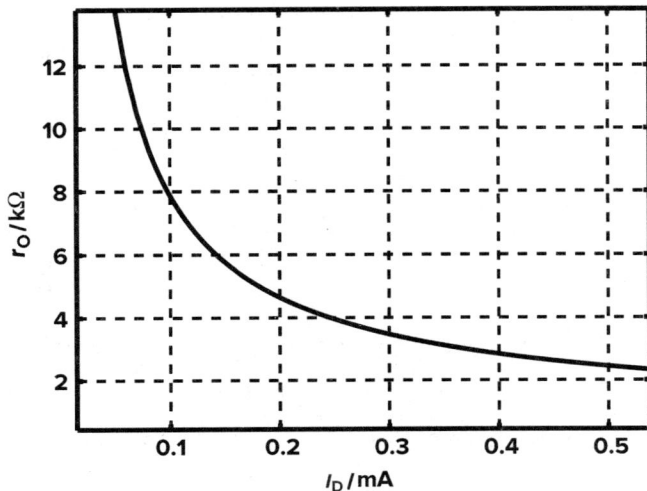

468

图 11.13 尺寸为 5 μm/40 nm 的 NMOS 器件的输出电阻与漏电流的函数关系

例 11.5

确定例 11.4 中 M₁ 的输出电阻。

解：例 11.4 中参考晶体管流过的电流为 $100\ \mu A$，表现出的电阻为 $8\ k\Omega$。由于其宽度和漏电流都扩大到 10 倍，输出电阻将会减小到它的 $1/10$，从而减小到 $800\ \Omega$。

11.4.2　给定 g_m 和 I_D 情况下的设计

在许多模拟电路中，给定的晶体管必须在功耗最小的情况下，提供足够大的跨导。因此，我们需要从给定的跨导 g_{m1} 和漏极偏置电流的上限值 I_{D1} 开始，去求解相应的 W/L 和 $V_{GS}-V_{TH}$。本节中，我们假设 $g_{m1}=10\ mS$，且 $I_{D1}=1\ mA$。当然，我们的首要任务是判断对于所有 $I_D\leqslant I_{D1}$ 是否能获得 g_{m1}。最大的 g_m 值发生在亚阈值区（如果 W/L 比较大），并且可以表示为 $I_D/(\xi V_T)$，其中 $\xi=1.5$（见第 2 章）。例如，如果 $I_D=1\ mA$，则 g_m 在室温下不可能超过 $26\ mS$。

在我们的例子中，由于 $g_{m1}<I_{D1}/(\xi V_T)$，我们可以继续开展设计。建议读者首先仔细研读例 11.3。

第 1 步　利用仿真画出参考晶体管（比如尺寸为 $W_{REF}/L_{MIN}=5\ \mu m/40\ nm$）中 g_m 与 I_D 的函数关系（见图 11.14）。

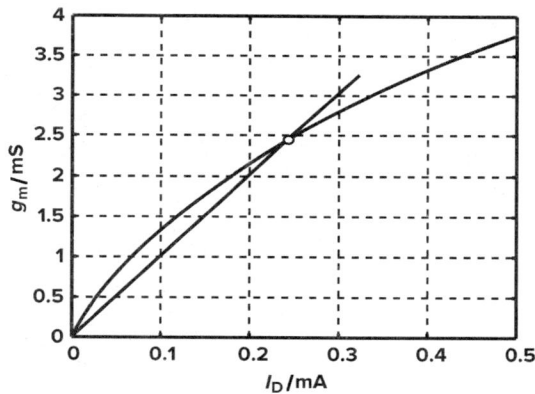

图 11.14　尺寸为 $5\ \mu m/40\ nm$ 的晶体管中跨导与 I_D 的函数关系

第 2 步　在 g_m-I_D 平面上，我们找到点 (I_{D1},g_{m1})，并且从原点到该点画一条直线，得到交点 $(I_{D,REF},g_{m,REF})=(240\ \mu A,2.4\ mS)$，以及与之相对应的过驱动电压。

第 3 步　我们对 W_{REF} 乘以比例因子 $g_{m1}/g_{m,REF}=4.2$，以使晶体管在保持同样过驱动电压的情况下（见例题 11.3），电流和跨导沿所作的直线移动到 (I_{D1},g_{m1})。至此完成了晶体管的设计。

以上的设计步骤引出了两个问题。首先，经过原点与 (I_{D1},g_{m1}) 的直线是否一定会与 g_m-I_D 曲线相交？如果我

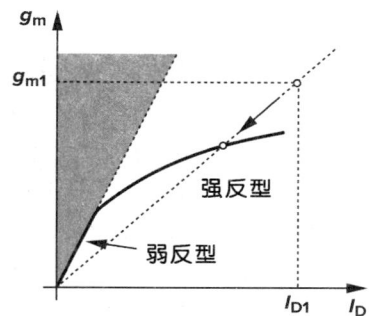

图 11.15　不能实现 g_m 的区域

469 们考虑一个工作在强反型的平方律晶体管,那么 $g_m = \sqrt{2\mu_n C_{ox}(W/L)I_D}$ 在原点处的斜率为无穷大,这保证了交点一定存在。然而,在亚阈值区时,$g_m \propto I_D$(如图 11.15),这意味着灰色区域内的 (I_D, g_m) 组合是实现不了的。

第二个问题,如果 $(V_{GS}-V_{TH})$ 过大,情况会怎样? 正如表 11.1 所给出的那样,我们必须进一步增大 W,但是该增大多少倍呢? 如图 11.16 所示,假如我们需要 $(V_{GS}-V_{TH})_2 < (V_{GS}-V_{TH})_{REF}$,那么我们先在 g_m-I_D 平面上找到与之相应的电流 (I_{D2}) 和跨导 (g_{m2})。接下来,我们画一条经过原点和点 (I_{D2}, g_{m2}) 的直线,并将其延伸到 $I_D = I_{D1}$,即,给 W_{REF} 乘以 I_{D1}/I_{D2},就可得到晶体管的栅宽。在漏电流为 I_{D1} 的情况下,所得到的栅宽能够保证过驱动电压为 $(V_{GS}-V_{TH})_2$,并提供不小于 g_{m1} 的跨导。不可避免地,新的跨导 g'_{m1} 会更大,因为栅宽所增加的倍数已经超过了 $g_{m1}/g_{m,REF} (= I_{D1}/I_{D,REF})$。

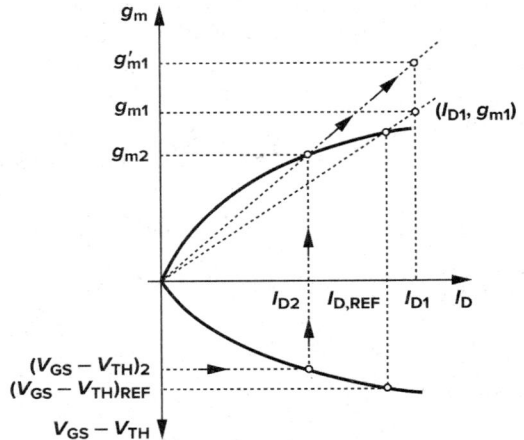

图 11.16　改进晶体管设计以获得更小的过驱动电压

11.4.3　给定 g_m 和 $V_{DS,min}$ 情况下的设计

在某些设计中,跨导值会受到一些电路指标需求(如电压增益、噪声等)的限定,V_{DS} 的最小值会受到电压余度的限定,而对 I_D 却没有明确的限制。当然,每一个电路都有一个功率预算值,因此它的偏置电流会有一个上限。

在这种情况下,对于给定的 $V_{DS,min}$ 求解跨导 g_{m1} 和设计过程描述如下。

第 1 步　对于参考晶体管,我们通过仿真画出 g_m 关于 $V_{GS}-V_{TH}$ 的函数曲线(图 11.17)。现在我们选择 $(V_{GS}-V_{TH})_1 = V_{DS,min}$ 并得到相应的跨导 $g_{m,REF}$。在这种情况下,在同一平面上画出 I_D 并找到与 $(V_{GS}-V_{TH})_1$ 对应的 $I_{D,REF}$ 是很有用的。

470 **第 2 步**　为了得到需要的跨导 g_{m1},我们将晶体管的宽度增加到原来的 $g_{m1}/g_{m,REF}$ 倍。注意到 I_D 也会增加到相同的倍数。

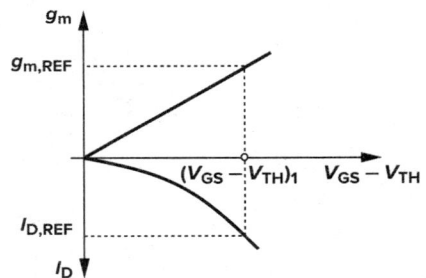

图 11.17　对于给定过驱动电压的 $g_{m,REF}$ 的计算

通过这两步完成了此设计,但是如果 I_D 过大,该如何处理呢? 我们可以回到 11.4.2 节的第二种情况,并在给定 g_m 和 I_D 的情况下重新设计,获得的晶体管具有更大的宽度和更小的过驱动电压(译者注:原文误为更小的跨导)。

从本节的设计步骤可以看出,我们在器件设计中把过驱动电压(或 $V_{D,sat}$)作为一个不可缺少的设计要素。这是因为,目前的低电源电压使得电压余度问题比以往更加严峻。

11.4.4　给定 g_m 情况下的设计

我们之前的方法假设漏电流和过驱动电压已经给定,需要求出其它器件参数。由于在当今的模拟电路设计中,功耗和电压余度非常关键,所以这一假设在大多数情况下都是成立的。然而,如果在某一设计问题中仅给定了跨导,需要计算其余的参数。我们应该如何选择晶体管的漏电流、过驱动电压和尺寸呢?

此时,必须要考虑两种情况。(1)选择一个确定的 W/L 值,增加 I_D 直到得到期望的跨导 g_{m1}。在这种情况下,要求的 I_D 可能很大,从而导致过大的功耗。更为重要的是,过驱动电压可能大到难以接受,结果给电压摆幅留下很小的余量。(2)选择一个合理的 I_D 数值(可能是根据功耗预算),通过增加 W/L 以期获得 g_{m1}。然而在这种情况下,我们可能达不到 g_{m1}:增加 W/L(因此减小 V_{GS})最终驱动器件进入亚阈值区,而亚阈值区的 g_m 不会超过 $I_D/(\xi V_T)$。这意味着选择的电流不够大,也就是说,我们应该经常地对由 $I_D/(\xi V_T)$ 给定的跨导上限是否与电流预算相符进行简单的检查。

上面的情况表明,在只知道 g_{m1} 的情况下,需要一种系统的方法来选择器件参数。为了这个目的,我们返回到参考器件的概念,通过仿真构建两个绘图。如图 11.18 所示,这两个图形表示了 g_m 和 $V_{GS}-V_{TH}$ 分别与 I_D 的函数关系[①]。我们通过选择一个合理的 $V_{GS}-V_{TH}$ 值作为起点,比如 200 mV,然后可以得到 $I_{D,REF}$ 和 $g_{m,REF}$。现在,我们就可以给参考晶体管的栅宽和漏电流乘以因子 $g_{m1}/g_{m,REF}$,得到所设计晶体管的栅宽和漏电流。

如果上述方法得到的 I_D 高到不可接受,该如何处理呢?我们可以选择更小的过驱动电压,比如 150 mV,然后再重复上述步骤。

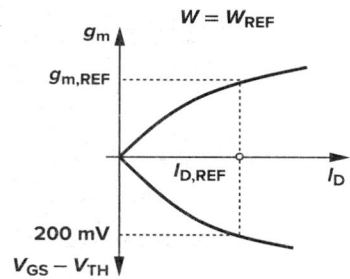

图 11.18　根据过驱动电压得到 $g_{m,REF}$

11.4.5　沟道长度的选择

如果选择的 $I_D,V_{GS}-V_{TH}$ 和 g_m 不能得到足够大的 r_O,我们就必须增加晶体管的沟道长度。当然,为了保持同样的漏电流、过驱动电压和 g_m,**栅宽**也一定要按比例增加。然而,栅长和栅宽的这种缩放不可以直接得到,因为当版图中**绘制**的长度从 L_{min} 增加到 $2L_{min}$ 时,有效长度从 $L_{min}-2L_D$ 增加到 $2L_{min}-2L_D$,也就是增大到的倍数小于 2。因此,我们必须对几个不同的沟道长度如 60 nm、80 nm 和 100 nm(版图值),用仿真来得到 I_D 与 V_{DS}、g_m 和 r_O 的变化关系。

11.5　运算放大器设计实例

在本节中,我们将要用 40 nm 工艺对第 9 章中学过的的运算放大器实例进行重新设计。

---

① 　这里的 V_{DS} 是一个常数并且近似等于 $V_{DD}/2$。在纳米工艺中,这些特性会因 V_{DS} 的不同有一定程度的改变。

我们预期达到如下的典型指标：

——差动输出摆幅＝$1V_{PP}$；

——功耗＝2 mW；

——电压增益＝500；

——电源电压＝1 V。

这里，$0.5V_{PP}$ 的单端输出摆幅很小，使得套筒式或折叠共源共栅运放结构成为合理的选择。因此，在决定是否必须采用两级运放之前，我们先来研究这些结构。

在这里给出一些关于晶体管尺寸设计方法的注意事项是很必要的。除非有电流、跨导、$V_{D,sat}$、输出电阻或别的需求的限制，我们一般从允许的最小栅宽和栅长开始设计。有趣的是，在本章给出的设计中，所有晶体管的栅宽均大于最小值。同时为了简化，在对晶体管的宽长进行等比例缩放时，我们是对版图中的宽度 W 和长度 L 缩放同样的比例，即使这样做不能精确地保持有效 W/L 为常数。

11.5.1 套筒式运放

套筒式共源共栅运放结构能满足上述指标吗？在本节中，我们将探究其可能性。它可能达不到，但我们会学到很多知识。考虑图 11.19 所示的电路，对于总电源电流 2 mA，我们为 I_{REF1} 分配 50 μA，为 I_{REF2} 分配 50 μA，为差动对的每一支路电流分配 0.95 mA。为了使单端峰峰值输出摆幅为 0.5 V，我们必须对各晶体管的漏源电压进行分配，也就是分配剩下的 0.5 V 给 M_9、$M_{1,2}$、$M_{3,4}$、$M_{5,6}$ 和 $M_{7,8}$。尽管 PMOS 器件具有更小的迁移率，我们仍然给每个 V_{DS} 分配 100 mV。根据已知的偏置电流和过驱动电压，我们可以通过晶体管的 I-V 特性确定晶体管的 W/L。

在深入研究之前，我们应该先停下来考虑设计的可行性，特别是关于要求的电压增益。我们进行三项观察：(1) 对于 $L=40$ nm，NMOS 器件的本征增益 $g_m r_O$ 约为 7 到 10，PMOS 器件约为 5 到 7；(2) 在合理的器件尺寸下，将 PFET 的 $g_m r_O$ 增加到超过 10 是非常困难的（除非我们能接受更长的栅长，以及因此而导致的更低的速度）；(3) 如果 g_m 近似为 $2I_D/(V_{GS}-V_{TH})=2\times0.95$ mA$/100$ mV＝19 mS，由 $g_m r_O\approx10$ 可估算出 $r_O\approx530$ Ω。

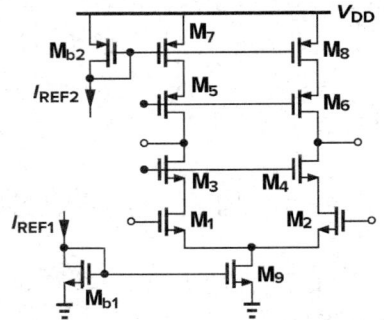

图 11.19 套筒式共源共栅运放

现在将上述各值应用到图 11.19 的套筒式结构中。如果 $g_{m1,2}\approx19$ mS，要使增益 $G_m R_{out}$ 达到 500，那么运放的输出阻抗 $(g_{m5,6} r_{O5,6}) r_{O7,8}$ 一定要超过 26 kΩ，这明显受到了严重的限制。在 $g_{m3,4} r_{O3,4}\approx10$ 和 $r_{O1,2}\approx530$ Ω（译者注：原文误为 $r_{O7,8}\approx530$ Ω）（根据上述第 3 项观察）的情况下，我们得到 $(g_{m3,4} r_{O3,4}) r_{O1,2}\approx5.3$ kΩ。即使 PMOS 器件的 $\lambda=0$，我们得到的电压增益也仅仅为 100！这 5 倍的减小使得用套筒式结构达到 500 的增益变得不切实际。

出于好奇，我们继续进行此项设计，看最后能达到怎样的性能。为了这个目的，我们分别针对 $L=40$ nm 和 80 nm，通过仿真构建 NMOS 和 PMOS 器件的 I-V 特性。结果显示，在最小栅长情况下 r_O 和 $g_m r_O$ 小到不可接受。仿真参数也一定要确保在 $|V_{DS}|\geqslant100$ mV 时，器件

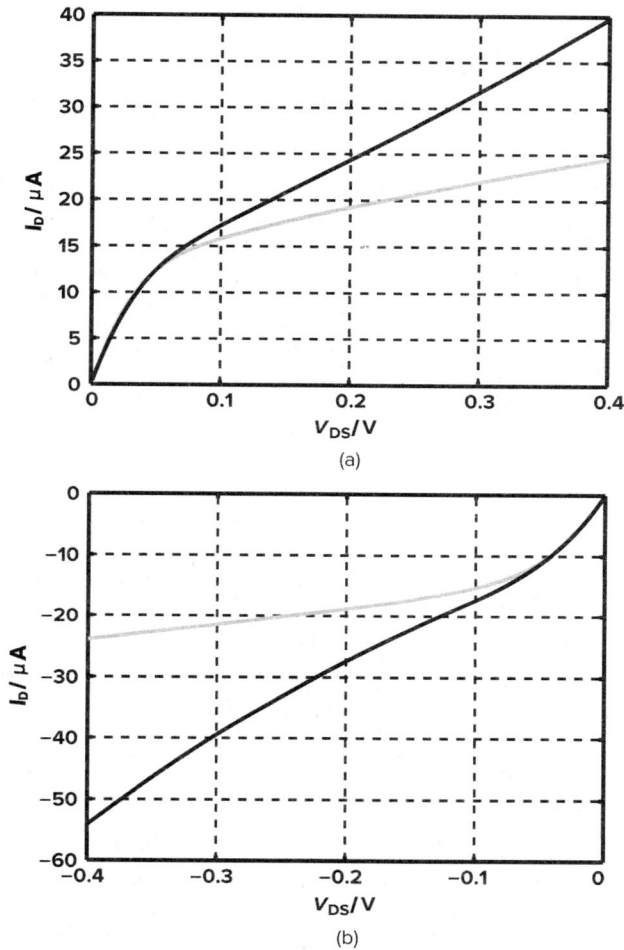

图 11.20　I_D-V_{DS}特性：(a)$V_{GS}=300$ mV，W/L 为 5 μm/40 nm（黑线）和 10 μm/80 nm（灰线）的 NMOS 器件；(b)$V_{GS}=-400$ mV，W/L 为 5 μm/40 nm（黑线）和 5 μm/80 nm（灰线）的 PMOS 器件

工作在饱和区。由于阈值电压和过驱动电压在纳米工艺下没有明确的定义，我们必须在仿真中调整 V_{GS} 来确保器件工作在饱和区。

图 11.20(a)给出了 $V_{GS}=300$ mV 时，$(W/L)_N=5$ μm/40 nm 和 10 μm/80 nm 的仿真结果。图 11.20(b)给出了 $V_{GS}=-400$ mV 时，$(W/L)_P=5$ μm/40 nm 和 5 μm/80 nm 的仿真结果[①]。我们可以对结果进行一些讨论。第一，从结果很难区分线性区和饱和区，尤其对于 PFET 来说。实际上，40 nm 的 PMOS 器件的特性类似于一个电阻，并且当$|V_{DS}|$接近于 400 mV，输出阻抗逐渐下降[②]。对于其它三条特性曲线，我们可以粗略地确定一个"拐点"，超过这个点之后斜率会显著下降。仿真中选择了合适的栅源电压使得这个点低于$|V_{DS}|=100$ mV。

474

① 　PMOS 器件的宽度没有按比例增加，目的是揭示当设计栅长 L 加倍时，I_D 的变化比预期的小。这是因当 L 从最小值增加时，V_{TH} 下降了（见第 17 章）。

② 　正如第 17 章解释的那样，输出阻抗下降起因于漏致势垒降低效应（DIBL）。

第二,在 $V_{DS}=100$ mV 时,10 μm/80 nm 的 NMOS 晶体管提供的输出阻抗为 22.8 kΩ,漏电流为 16 μA。如果在相同的端电压下,将电流放大到 950 μA,则器件的 r_O 为 385 Ω! 相似地,5 μm/80 nm 的 PMOS 晶体管在 $V_{DS}=-100$ mV,$I_D=15$ μA 时,r_O 为 18.45 kΩ,而若将电流放大到 950 μA,r_O 将为 290 Ω。这些非常低的 r_O 令人失望,但我们会继续探索。

在 $V_{GS,N}=300$ mV,$V_{GS,P}=-400$ mV 以及 $|V_{DS}|=100$ mV 的情况下,我们对 NMOS 和 PMOS 器件的宽度进行缩放,以使它们流过 950 μA 的漏电流。得到的最终设计如图 11.21 所示[①]。作为一般原则,我们倾向于在信号通路上使用最小长度的器件来使工作速度达到最大(或者对于给定的 g_m 使得电容最小化)。令人惊讶的是,在 40 nm 的工艺下需要如此大的栅宽才能达到 950 μA 的漏电流,这也是将 $|V_{DS}|$ 限制为 100 mV 导致的不可避免的结果。

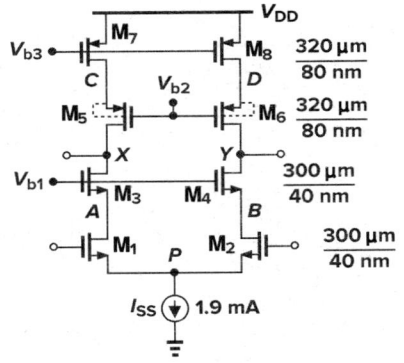

图 11.21　套筒式运算放大器的初次设计

我们尝试对各偏置电压选择如下:(a)输入共模电平 $V_{CM,in}$ 为尾电流源的 100 mV 加上 $V_{GS1,2}$(=300 mV);(b)V_{b1} 等于 $V_{D1,2}$(=200 mV)加上 $V_{GS3,4}$(=300 mV);(c)V_{b2} 等于 $V_{DD}-|V_{DS7,8}|-|V_{GS5,6}|$;(d)$V_{b3}$ 等于 $V_{DD}-|V_{GS7,8}|$。用这些值对电路进行仿真,读者可能会遇到非常低或非常高的输出共模电平。这是由于缺少共模反馈,从而使得 $|I_{D7,8}|$ 偏离 1.9 mA/2 所导致的。我们现在可通过微调 V_{b3} 来避免这个问题。

我们进行一次差动输入电压 V_{in} 的直流扫描仿真,以检查图 11.21 中不同结点的电压以确保各个晶体管的状态是"健康的"。如图 11.22 所示,M_1 和 M_2 的漏极电压变化范围的中间值大约为 220 mV。相似地,M_7 和 M_8 的漏极电压接近目标值。

下面,我们通过图 11.22 中的 V_X 和 V_Y 来分析输出特性。在 $V_{in}=0$ 附近,每个单端输出电压的斜率约为 15,得到的差动增益为 30,远小于我们的目标。此设计能够提供 0.5 V 的单端峰峰值摆幅吗?我们注意到当每边的输出上升到接近 0.7 V 时,特性曲线表现出很强的非线性。实际上,在这个输出电平附近,曲线斜率给出的差动增益大约为 6.4。

例 11.6 ────────────────────────────────

由图 11.22 中曲线斜率的可预测出从输入到结点 A 和 B 的差动增益为 3。请解释在共源共栅结点有如此高增益的原因。

解:回忆第 3 章,从共源共栅器件源极看进去的阻抗大致上等于从漏极看进去的阻抗除以 $g_m r_O$。由于 $g_m r_O$ 较小,使得从 A 和 B 看进去的阻抗比 $1/g_{m3,4}$ 大得多,从而导致了大的增益。

───

让我们将 $(W/L)_{3,4}$ 增加到 600 μm/80 nm 以提高增益。如图 11.23 所示,特性曲线展示出的增益大约为 54,但是输出摆幅仍然有限。

────────────────

①　M_5 和 M_6 的衬底连接到它们各自的源极以消除体效应。尽管这不是必须的,但这样的设计减小了 $|V_{GS5,6}|$,从而为整个设计提供了更大的电压余度。

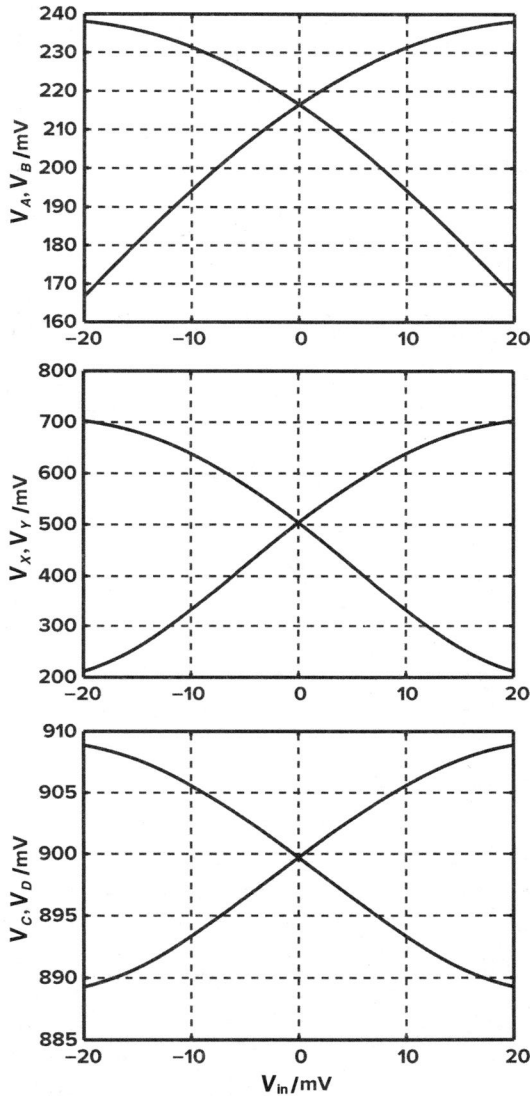

图 11.22　输入晶体管漏极电压(V_A、V_B)、输出结点电压(V_X、V_Y)和
PMOS 电流源漏极电压(V_C、V_D)的特性

偏置电路

图 11.21 中的运算放大器依赖于合适的 I_{SS}、V_{b1}、V_{b2} 和 V_{b3}。因此我们必须要设计一个电路来产生这些偏置。我们知道 I_{SS} 和 V_{b3} 需要由电流镜产生(为什么),V_{b2} 由低压共源共栅偏置电路产生。产生偏置电压 V_{b1} 需要一种不同的方法。

我们从 $I_{SS}=1.9$ mA 开始,选择沟道长度为 40 nm,根据图 11.20 对晶体管宽度进行缩放,在 $V_{DS}=100$ mV 情况下,得到宽度为 600 μm。利用预算的 25 μA 的基准电流,我们得到了如图 11.24(a)的结构,其中 W_{12} 从 W_{11} 缩小得到,缩小到 W_{11} 的 25 μA/1.9 mA。由于 M_{11} 工作在 $V_{DS}=100$ mV 的条件下,我们在 M_{12} 的漏极接入一个串联电阻 R_1,并且设计 R_1 的值使得 $V_{DS12}=V_{GS12}-V_{R1}=100$ mV。

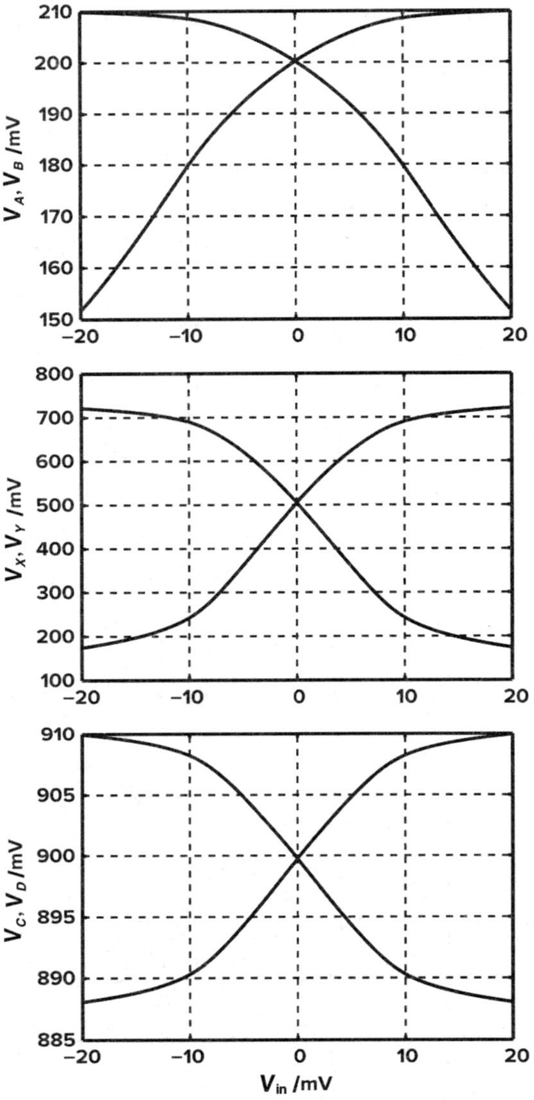

图 11.23   输入晶体管漏极电压（V_A、V_B）、输出结点电压（V_X、V_Y）和
PMOS 电流源漏极电压（V_C、V_D）的直流特性

    上述的偏置设计对 M_1 和 M_2 检测到的共模电平比较敏感。这是因为 $V_{DS11} = V_{CM,in} - V_{GS1,2}$，而 $V_{DS12} = V_{GS1,2} - V_{R1}$。换言之，我们必须保证 M_{12} 的漏极电压能够跟踪 $V_{CM,in}$。这一点可以由图 11.24(b)的结构实现，其中 R_1 替换为一个由 V_{in1} 和 V_{in2} 驱动的差动对。在对宽度进行合理缩放的前提下，我们可以得到 $V_{GS13,14} = V_{GS1,2}$，因此有 $V_{DS12} = V_{DS11}$。

    接下来，我们着手解决图 11.21 中生成 V_{b1} 的问题。这个电压必须等于 $V_{GS3,4} + V_{DS1,2} + V_P$，其中 $V_{DS1,2} = 100$ mV。由于 V_{b1} 比 V_P 高 $V_{GS3,4} + V_{DS1,2}$，我们猜想用一个二极管连接的器件与一个漏源电压串联，再加上 V_P 就能产生 V_{b1}。图 11.25 给出了实现的思路，即实现 V_{GS15} 与 V_{GS34} 的匹配，以及 V_{DS16} 与 V_{DS12} 的匹配。偏置电流 I_b 必须远小于 I_{SS}，从而对功耗预算产生

的影响可以忽略。我们选择 $I_b = 15\ \mu A$，从而可得 $(W/L)_{15,16} = 10\ \mu m/80\ nm$[①]。观察 V_{b1} 是如何跟踪 $V_{CM,in}$ 的，这一点很重要：如果 $V_{CM,in}$ 增加，V_P 随之增加，结果 V_{b1} 也增加，从而使 $V_{DS1,2}$ 保持为常数。也就是说，M_{15} 和 M_{16} 的功能就是作为电平移位器。如果 V_{b1} 是**恒定电压**的话，$V_{CM,in}$ 的增加将不可避免地降低 $V_{DS1,2}$，从而导致增益降低。

为了产生 V_{b3} 和 V_{b2}，我们设计了如图 11.26 所示的低压共源共栅偏置网络。这里，M_{17} 和 M_{18} 的尺寸分别从 $M_{7,8}$ 和 $M_{5,6}$ 按比例缩小得到，这可以保证 $V_{DS17} = V_{DS7,8}$。为了得到 $V_{b2} = V_{DD} - |V_{DS7,8}| - |V_{GS5,6}|$，我们引入了一个二极管连接型器件 M_{20}，使它与一个 V_{DS} 串联（该 V_{DS} 由 M_{19} 产生）。

我们必须强调，低电源电压下的电压余度非常小，这使得该电路的性能对偏置电路与核心电路之间的失配非常敏感。例如，V_{GS18} 与 $V_{GS5,6}$ 的失配可能会使得 $M_{7,8}$ 的 V_{DS} 很小，这会将这两个电流源的工作电压推向低于拐点的位置。同样要注意到，我们还使用了几个理想的电流源，它们可能要从某个带隙基准拷贝得来（见第 12 章）。

共模反馈

由于上述运放设计中存在的各种失配，图 11.21 中的 PMOS 电流源并不精确地等于 $I_{SS}/2$，这将迫使输出共模电平向 V_{DD} 或地移动，因此要求共模反馈。我们必须检测输出共模电平 V_{CM}，并将结果反馈到 NMOS 或 PMOS 电流源。

477
(478)

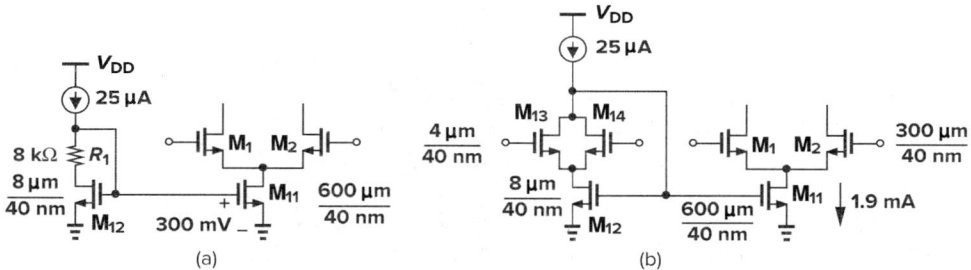

图 11.24　尾电流源的偏置电路：(a)简单形式；(b)更加精确的电路结构

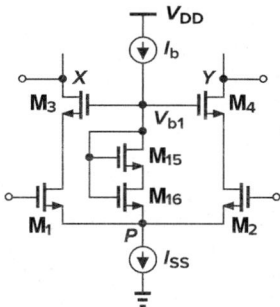

图 11.25　共源共栅晶体管的栅
　　　　　偏置电压产生电路

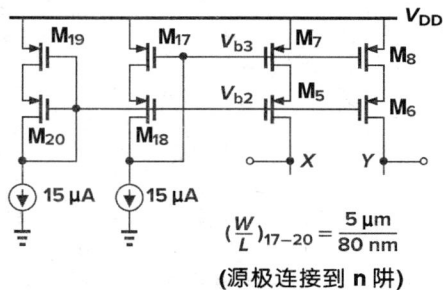

图 11.26　PMOS 共源共栅电流源的偏置电压
　　　　　产生电路

---

①　根据这里所选择的尺寸，由于 $V_{GS16} > 300\ mV$，所以有 $V_{DS16} < V_{DS1,2}$（为什么？）。因为这一点，在仿真中进行一些调整是很有必要的。

　　回忆第 9 章中的内容,共模电平的检测可以用电阻、线性区的晶体管或源跟随器来实现。运放输出阻抗很高,所以需要使用非常大的电阻[①]。由于电压余度有限,所以需要精确的共模控制,这一要求排除了采用线性区晶体管的方案。源跟随器成为了唯一的解决方案,然而它不能在大的输出摆幅范围内检测共模电平。如图 11.27(a)所示,如果差动信号的变化使得 V_X(或 V_Y)降低,I_1(或 I_2)将最终失效,导致源跟随器工作失常。但是,是否能够用对偶的 PMOS 源跟随器来对 NMOS 源跟随器进行补充呢? 考虑图 11.27(b)所示的结构,其中 PMOS 源跟随器 M_{23} 和 M_{24} 同样用于检测输出共模电平,并且分别驱动电阻 R_3 和 R_4。我们注意到 V_1 比 V_{CM} 低 $V_{GS21,22}$ 而 V_2 比 V_{CM} 高 $|V_{GS23,24}|$:

$$V_1 = V_{CM} - V_{GS21,22} \tag{11.10}$$

$$V_2 = V_{CM} + |V_{GS23,24}| \tag{11.11}$$

　　我们因此推测,V_1 和 V_2 的线性组合可以抵消关于 V_{GS} 的各项,从而得到一个正比于 V_{CM} 的结果。也就是说,如果

$$\alpha V_1 + \beta V_2 = (\alpha + \beta)V_{CM} - \alpha V_{GS21,22} + \beta |V_{GS23,24}| \tag{11.12}$$

那么我们必须选择 $\alpha V_{GS21,22} = \beta |V_{GS23,24}|$,从而得到 $\alpha V_1 + \beta V_2 = (\alpha + \beta)V_{CM}$。我们同时使 $\alpha + \beta = 1$,以使得到的结果等于运放的输出共模电平。

　　加权因子 α 和 β 可以通过图 11.27(b)中的电阻 $R_1 \sim R_4$ 容易地实现。事实上,如果将 V_1 和 V_2 **短路**,就可以直接得到 V_1 和 V_2 的加权和。在图 11.27(c)所示等效电路的帮助下,读者可以得到

$$V_{tot} = V_{CM} = \frac{R_N |V_{GS23,24}| - R_P V_{GS21,22}}{R_N + R_P} \tag{11.13}$$

其中 $R_N = R_1 = R_2$,$R_P = R_3 = R_4$。因此,我们可以选择 $R_N/R_P = V_{GS21,22}/|V_{GS23,24}|$。

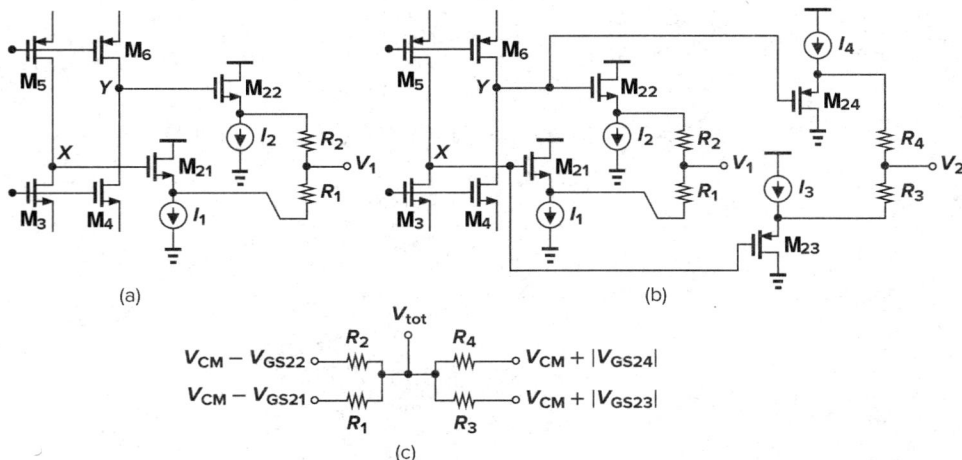

图 11.27　(a)用 NMOS 源跟随器重建共模电平;(b)用互补源跟随器器重建共模电平;(c)合并网络。

　　为了验证上述思想的可行性,我们首先在仿真中进行了一次直流扫描,并观察 V_{tot} 的特性。我们选择 10 μA 的偏置电流(略微超出了功耗预算),源跟随器的所有晶体管都设为 W/L

---

　　① 大电阻除了占用的面积大,还会降低共模环路的稳定性。这一点将在后面解释。

=10 μm/40 nm,并且选择 $R_N = R_P = 20$ kΩ。这些 10 μA 的偏置电流同样用晶体管($W/L =$ 10 μm/40 nm)来实现,以保证在 V_X 和 V_Y 接近 V_{DD} 和地时电路的工作符合真实的电路特性[①]。图 11.28 给出了输出电压、它们实际的共模电平($V_X + V_Y$)/2 以及重建的共模电平 V_{tot} 的仿真结果。我们观察到 V_{tot} 能精确地跟随 V_X 和 V_Y 的共模电平。

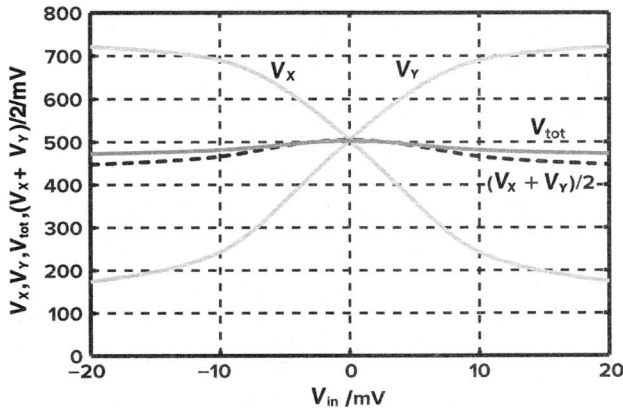

图 11.28 共源共栅运放的实际共模电平($V_X + V_Y$)/2、重建共模电平 V_{tot} 随输入差动电压的变化曲线

在接下来的验证中,我们将共模反馈接成闭环:将 V_{tot} 与一个基准电压进行比较,并将误差放大,再返回结果以控制 I_{SS}。为了达到这个目的,我们将误差放大器设计为一个 5 管 OTA,其中所有晶体管的宽长比都为 $W/L = 5$ μm/80 nm,尾电流为 20 μA,电压增益为 10。这个放大器的输出将控制主运放尾电流的一部分,即图 11.29 中的 I_1。例如,如果我们预计主运放中 PMOS 电流源与尾电流源的失配达到 20%,则选择 $I_1 \approx 0.2 I_{SS}$。图 11.29 给出了电路结构,其中 OTA 的输入和输出连接方式要保证在环路中建立起**负**反馈。

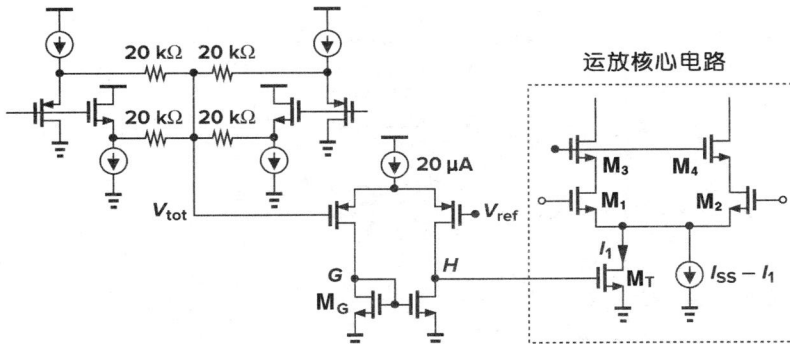

图 11.29 套筒式运放的共模反馈环路

例 11.7 ——

请解释为什么图 11.29 中的 OTA 采用 PMOS(而不是 NMOS)作为输入器件?

解:这个选择基于两个方面的考虑。第一,这些晶体管必须在检测共模电平的同时,保证

———

① 理想电流源将允许源极电平超过电源或地电平。

尾电流源有足够大的 V_{DS}。由于在本例中 $V_{tot} \approx V_{DD}/2$,所以这一点对选择 PMOS 还是 NMOS
481 作为输入器件没有特别的偏好。第二,OTA 输出的标称直流电压应与 M_T 的要求相符。由于
$V_H = V_G$(不存在失配的情况下),并且由于 V_G 等于一个二极管连接的 NMOS 的栅源电压,我
们希望在平衡状态下,M_T 拷贝 M_G 的偏置电流(以一定的放大因子)。

图 11.30 给出了 $V_{ref} = 0.5$ V 时的闭环直流扫描结果。

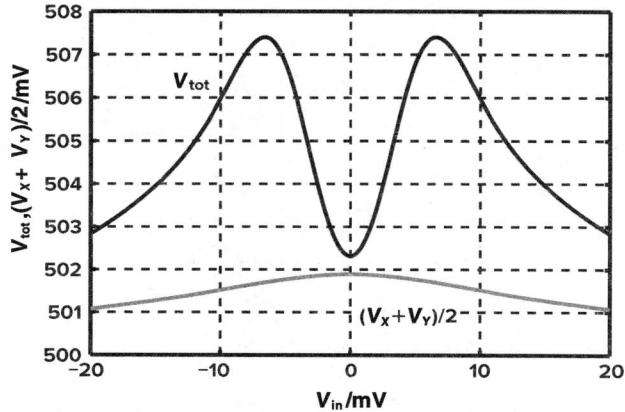

图 11.30 共源共栅运放的实际共模电平 $(V_X + V_Y)/2$ 和重建共
模电平 V_{tot} 与差动输入电压函数关系的闭环特性

由于反馈的作用,当 V_X 和 V_Y 达到很高或很低的电压时,共模电平的变化被大大减小。
接下来,我们给 PMOS 电流源(图 11.21 中的 M_7 和 M_8)与 $I_{SS}/2 = 950$ μA 之间构造 10% 的失
配,再重复进行直流扫描。图 11.31 给出了变化情况,表明共模反馈通过调节 I_1 抑制了失配。

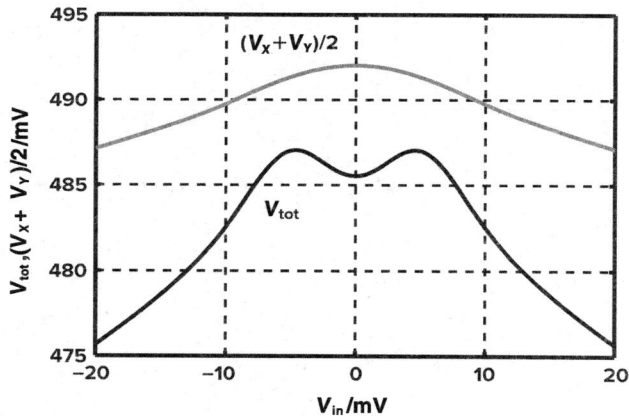

图 11.31 在尾电流源与 PMOS 电流源存在失配的情况下,共源共栅运放的实际共模电平
$(V_X + V_Y)/2$ 和重建共模电平 V_{tot} 与差动输入电压函数关系的闭环特性

共模反馈的稳定性

我们必须要研究共模环路的稳定性。这一研究通过如下步骤来完成:将整个运放放置到

它需要应用的反馈系统中,在输入端施加一个差动脉冲,再观察输出端的差模和共模响应。图 483
11.32(a)给出了一个额定闭环增益为 2 的反馈系统结构。图 11.32(b)给出了更细节的电路
图,以突出显示共模反馈环路①。

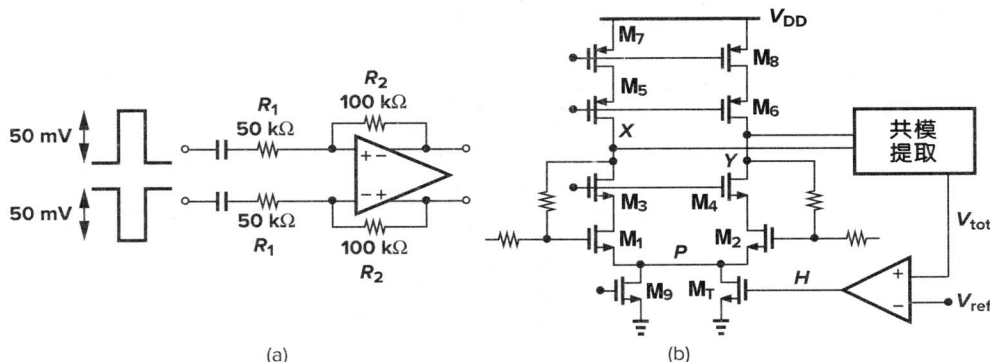

图 11.32　(a)用于瞬态分析的闭环放大器;(b)共模环路的细节结构

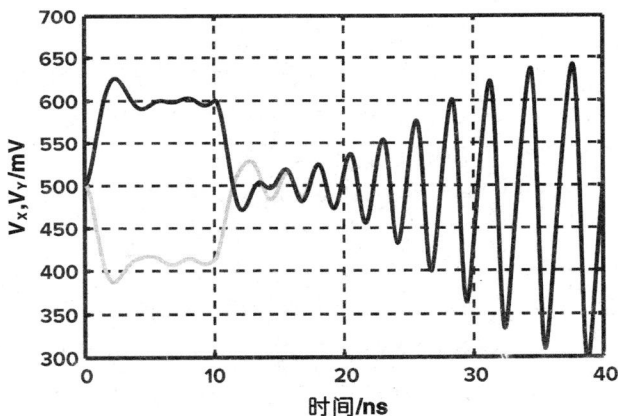

图 11.33　瞬态响应揭示出共模环路不稳定

　　输出对输入阶跃的响应波形在图 11.33 中给出,结果揭示共模并不稳定。从图 11.32(b)
可以明显看出,共模环路包含多个极点,下列各处均对应 1 个极点:误差放大器的输入端、结点
H、结点 P、NMOS 共源共栅器件的源极、主运放的输出端。因此,环路需要补偿。

例 11.8

　　我们希望研究共模环路的闭环响应,并得到相位裕度。当共模环路断开时,需要接入**差模
反馈**吗?换句话说,图 11.34(a)两种结构中的哪一个可以用来确定共模环路的环路增益?

　　解:共模反馈最终必须在有差模反馈的情况下表现出良好的性能。这是因为,实际环境总
是存在差模反馈,而共模必须在这样的实际环境中表现稳定。以图 11.34(b)中的简单运放为

---

　　①　由于套筒式共源共栅运放很难保证输入与输出的共模电平相等,因此在运放的两个输入端对地各接入了一个 1 μA 的恒值电流源
(图中未给出),用以将输入共模电平拉低 100 mV。

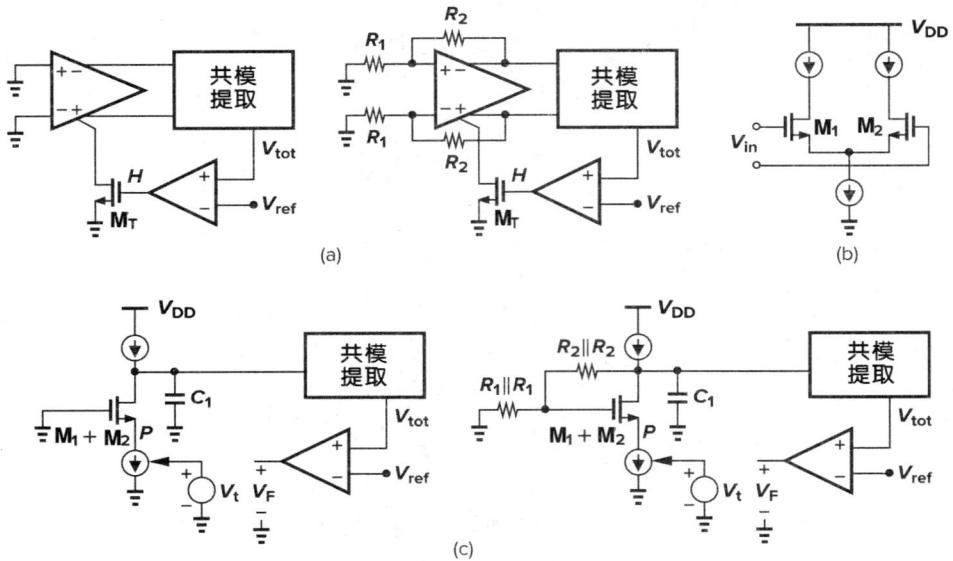

(a)

(b)

(c)

图 11.34

例，对于共模分析，两个差动支路可以合并为一路，在有和无差模反馈的情况下可分别得到图 11.34(c)所示的两种结构。以 $-V_F/V_t$ 表示共模环路增益，则对于这两种情况推导出的结果并不一定相同。例如，如果考虑漏端的电容 C_1，我们推测与该结点关联的极点在两种情况下会有不同的值。因此，研究共模稳定性时必须保持接入差模反馈。

让我们在图 11.32(b)中的结点 H 处断开共模环路，如图 11.35 所示。其中，误差放大器驱动了一个与 M_T 完全相同的虚拟(dummy)器件 M_d，该器件用来为放大器提供 M_T 的负载效应。$-V_F/V_t$ 的幅频特性和相频特性在图 11.36(a)中给出，结果显示，单位增益处的相位为 $-190°$。我们希望找到一个方便的结点进行补偿。不幸的是，图 11.29 中的误差放大器没有提供从 V_{tot} 到 H 的反相放大，因此不能采用密勒补偿的技术。

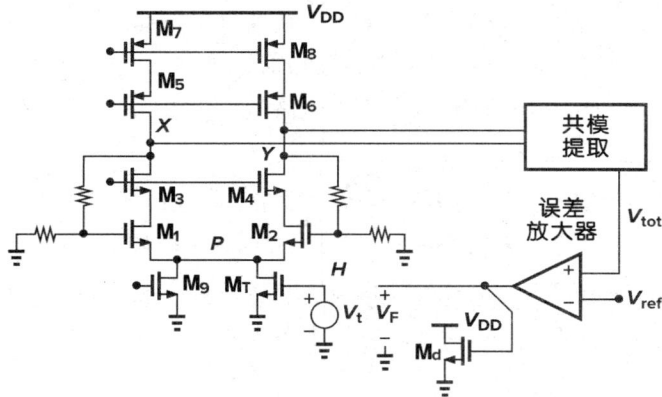

图 11.35 共模反馈环路的环路增益测量

　　我们是否能够在高阻抗结点 X 和 Y 加入对地电容来对共模环路进行补偿呢？这是可以的，但是这样也会影响差模响应。因此，我们采用不同的方案，在误差放大器的输出端对地接入一个 3 pF 的电容，获得了图 11.36(b) 所示的响应，相位裕度为 50°。图 11.37(a) 中给出的闭环阶跃响应表明，共模反馈环路得到了合适的补偿，共模电平几乎没有振铃现象。

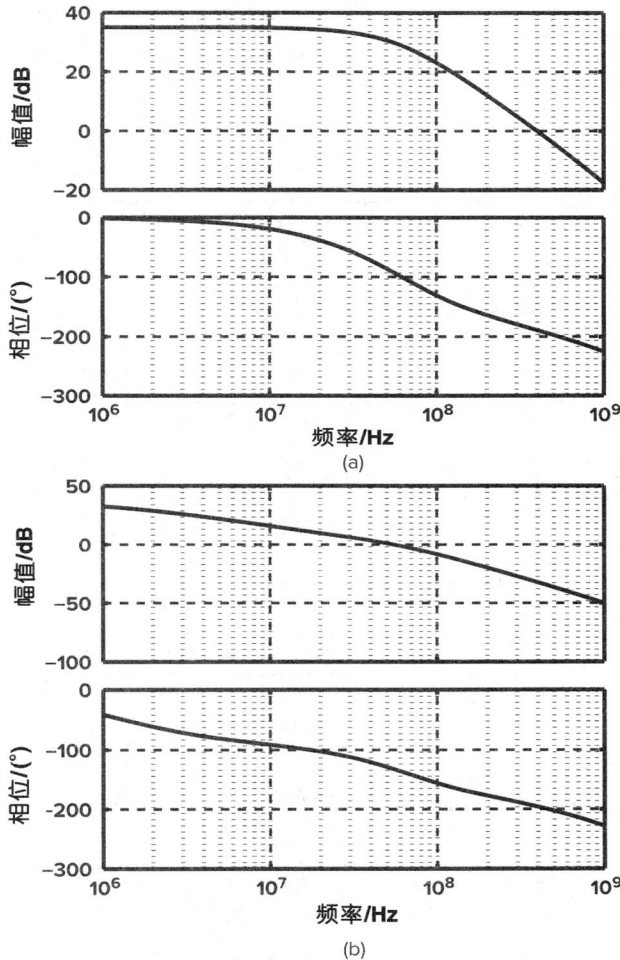

图 11.36　共模反馈的环路增益：(a) 补偿前；(b) 补偿后

差模补偿

　　为什么图 11.37(a) 中的 V_X 和 V_Y 出现了**差模振铃**呢？这是因为图 11.32(a) 反馈网络中的大电阻与运放输入电容形成的极点位于低频处，从而降低了差模反馈环路的相位裕度。为了对差模信号路径进行补偿，我们在运放的输入与输出之间接入了两个 7 fF 的电容（分别与两个反馈电阻并联），以实现密勒倍乘效应。如图 11.37(b) 所示，此举得到了非常好的输出响应。这种零点-极点抵消技术将在习题 11.14 中进行分析。

例 11.9 ——

　　如果运放需要驱动很大的负载电容 C_L，请解释需要对运放设计进行哪些必要的修改。

485

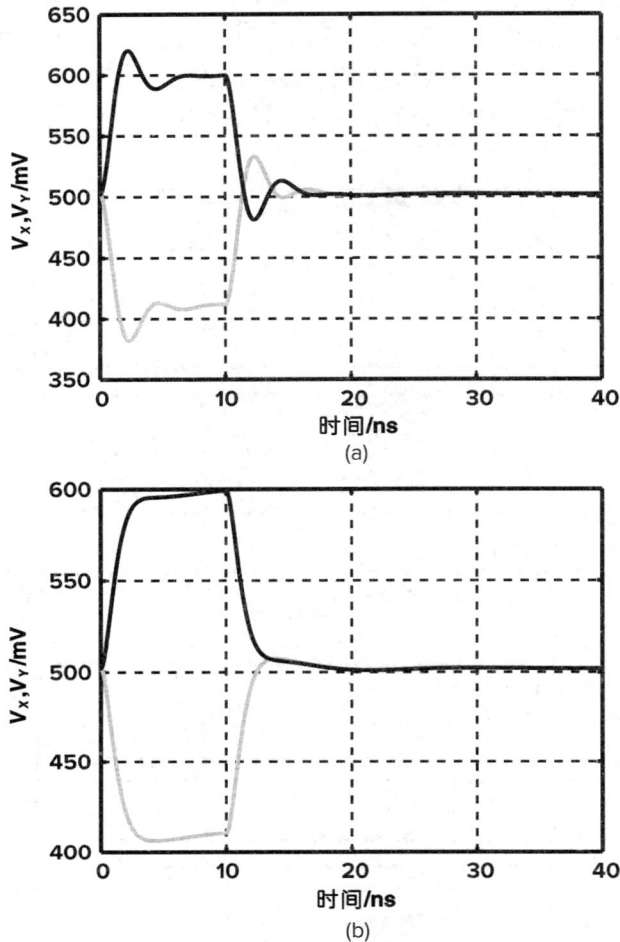

图 11.37　（a）对共模反馈环路进行补偿后的瞬态响应；（b）再加入差模补偿后的瞬态响应

解：负载电容降低了与 X 和 Y 结点相关联的极点的频率（译者注：原文误为幅值），增加了差模信号通路的相位裕度（见第 10 章），同时降低了共模环路的相位裕度。由于这个原因，接在误差放大器输出端的电容必须要增加，否则 X 和 Y 结点处的极点会成为共模环路的主极点。

设计小结

在本节中，我们尝试设计了一个套筒式运放，要求其增益达到 500，输出电压峰-峰值摆幅达到 1 V。在 1 V 电源电压下，两个指标都未能达到。但是，我们已经建立起了达到最终设计目标所需要完成的步骤。我们已经讨论了下列一般原则：

1. 根据需要的摆幅和功耗为每个晶体管分别分配 V_{DS} 和 I_D；
2. 分析晶体管的特性，并对尺寸进行缩放以满足对 V_{DS} 和电流的要求；
3. 快速估算可以达到的电压增益；
4. 用直流扫描来分析偏置条件和非线性；

5. 采用电流镜和低压共源共栅电路来设计偏置电路;

6. 共模反馈的设计和补偿;

7. 用闭环瞬态分析来研究共模和差模的稳定性。

我们将在接下来的章节中看到,这些原则为运放设计提供了一种系统级的方法。

对于我们的运放设计,下一个自然的候选对象是折叠共源共栅结构。然而,我们对套筒式共源共栅结构所进行的增益计算对于折叠共源共栅结构也大致适用,前面的结果预示要达到 500 的增益非常困难。因此,我们不采用折叠共源共栅结构来实现这些指标。

11.5.2　两级运放

相对较高的电压增益和 1 V 的电压峰-峰值摆幅表明,两级结构可能是一个可行的候选对象。我们注意到,增益为 500 意味着第一级必须使用共源共栅结构,这一点鼓励我们直接利用前一节中所研究的套筒式设计(见图 11.21)。然而,我们必须记住两点:第一,前一节的设计已经用完了功耗预算,没有给第二级留有任何剩余;第二,在第 1 级增益大约为 50 的情况下,第二级的增益可以在 10 左右。因此,第 1 级输出端的单端峰峰值摆幅可以小到 50 mV,这使得我们可以对运放进行重新设计,采用更大的 V_{DS},并会因此获得更鲁棒的特性。

我们必须首先为两级分配功耗预算,这一任务关系到速度和(或)噪声性能。我们在这里给两级分配相同的功耗。进一步的优化可以在一轮完整的设计之后进行。在给偏置网络预留 100 μA 的情况下,我们给第 1 级和第 2 级中每一支路的晶体管分配的电流为 1.9 mA/4 = 475 μA(译者注:后文计算中采用 450 μA)。

第 1 级设计

套筒式共源共栅结构必须提供 50 mV 的单端输出电压峰-峰值摆幅,因此允许 5 个 V_{DS} 的和为 950 mV。在留有一些余量的情况下,我们选择 $V_{DS,N} = 150$ mV,$V_{DS,P} = 200$ mV。并且,我们对参考晶体管(W/L 等于 5 μm/40 nm 和 10 μm/80 nm)进行仿真,以寻求合适的拐点电压(knee voltage)。图 11.38 给出了 $V_{GS,N} = 350$ mV、$V_{GS,P} = -450$ mV 情况下的特性曲线,其漏电流要比 11.5.1 节中的高出很多。有趣的是,由于存在速度饱和,拐点电压的增加量并没有超过 50 mV。信号通路上的 NMOS 晶体管不论是 $L = 40$ nm 还是 $L = 80$ nm,宽度都需要扩大到 450 μA/50 μA 倍。相似地,$L = 80$ nm 的 PMOS 器件的宽度必须扩大到 450 μA/90 μA 倍。同样,我们为尾电流器件选择 $W = (900$ μA/50 μA$) \times 10$ μm,$L = 80$ nm。因此,共源共栅级的器件尺寸要比上一节中的情况窄得多。第 1 级的设计在图 11.39(a)中给出,其仿真结果在图 11.39(b)中给出,结果显示增益大约为 50。这一级的偏置电路与 11.5.1 节中所描述的相似。

487

例 11.10

为了在仿真的辅助下确定图 11.39(a)中结点的小信号电阻,一个学生将输入信号设为 0,在 X 结点连接了一个对地的单位交流电流源,并测量所产生的电压。请解释这种实验方法为什么会高估电阻值。

解:X 结点形成的电压将产生一个电流,该电流通过 r_{O3} 流向 M_1 的漏极,再通过 r_{O1} 流向 M_2 的源极。换句话说,由于 M_2 对 M_1 形成了源极负反馈,X 结点的电阻会被高估。为了避

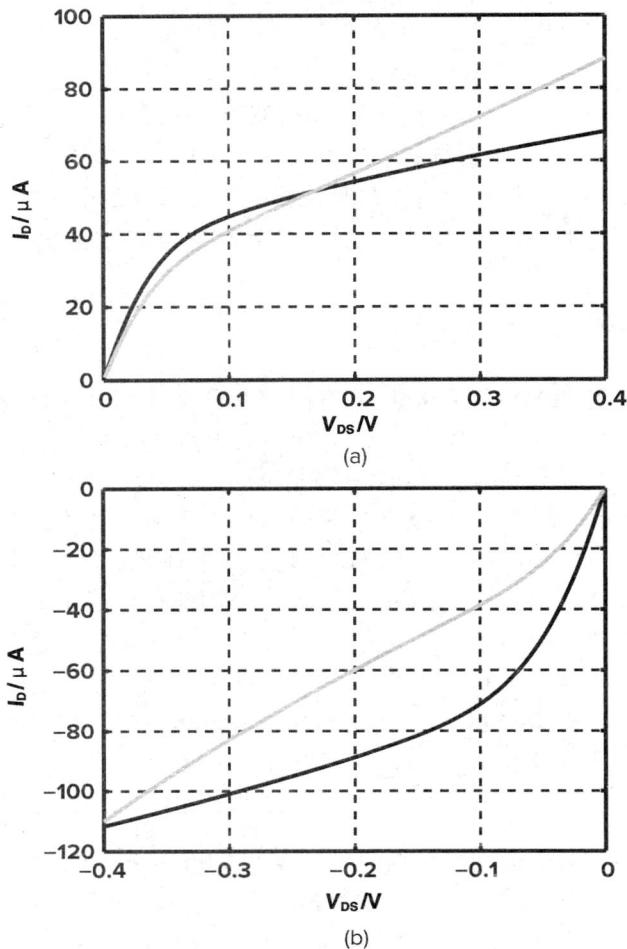

图 11.38 I_D-V_{DS}特性：（a）NMOS 器件，$V_{GS}=350$ mV，W/L 为 5 μm/40 nm（灰线）和 10 μm/80 nm（黑线）；（b）PMOS 器件，$V_{GS}=-450$ mV，W/L 为 5 μm/40 nm（灰线）和 10 μm/80 nm（黑线）

488 免这个错误，必须在 M_1 的源极接一个对地的大电容，以使该点在测试频率下对地短路。或者，我们也可以在 X 和 Y 之间放置交流电流源，测出结果后，再将结果除以 2。

第 2 级设计

第 2 级必须提供大约为 10 的电压增益，因此对于 NMOS 和 PMOS 都必须采用大于 40 nm 的栅长。我们应该采用 NFET 还是 PFET 作为第 2 级的输入呢？对增益的需求可能会选 NFET，因为它有更高的 $g_m r_O$。但是，我们必须更深入地考虑具体情况。我们记得，第 1 级的输出共模电平大约为 0.55 V。让我们来考虑一个 $W/L=10$ μm/80 nm 的晶体管。如果是 NFET，则其 $V_{GS}\approx0.55$ V，如果是 PFET，则其 $|V_{GS}|\approx0.45$ V。我们分别在这些条件下确定它们的 $g_m r_O$。通过仿真，我们得到在 $V_{DS}=0.5$ V、$I_D=900$ μA 的条件下，NFET 的 $(g_m r_O)_N=$ 12.8，$r_{ON}=1.86$ kΩ；在 $|V_{DS}|=0.5$ V、$|I_D|=110$ μA 的条件下，PFET 的 $(g_m r_O)_P=17.5$，r_{OP}

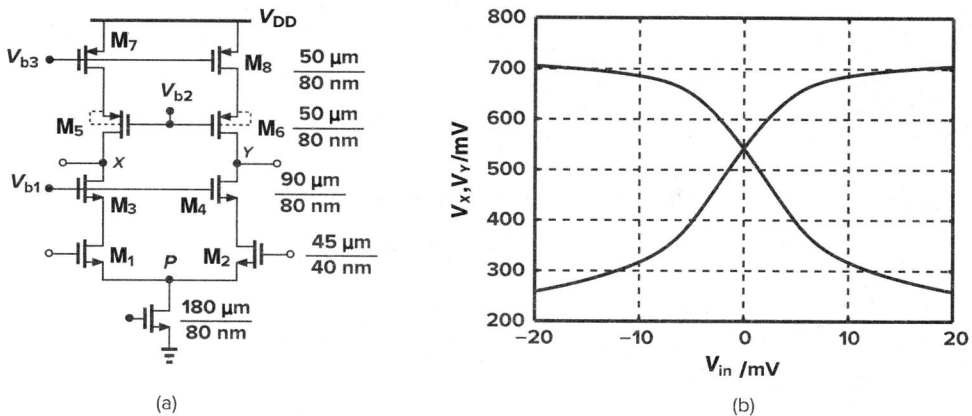

图 11.39　(a)第 1 级设计;(b)第 1 级的输入输出特性

＝9.75 kΩ。因此,我们选择 PFET,并将其宽度扩大到$(450\ \mu A/110\ \mu A)\times 10\ \mu m\approx 41\ \mu m$,以使其能够承载所需的偏置电流。在 $W/L=41\ \mu m/80\ nm$ 的情况下,该器件表现出的输出阻抗为 2.38 kΩ。该 PFET 的漏极连接到一个 NMOS 电流源。

NMOS 电流源的输出阻抗必须不能使第 2 级的增益 $|A_{v2}|$ 下降到低于 10。该条件为:$|A_{v2}|=g_{mP}(r_{OP}\parallel r_{ON})\geqslant 10$,在 $I_D=475\ \mu A$ 的情况下,我们有 $r_{ON}\geqslant 1.33r_{OP}=3.0$ kΩ。如果将上述讨论的 $r_O=1.86$ kΩ、$I_D=900\ \mu A$ 的宽长比为 10 $\mu m/80$ nm 的 NFET 的宽度缩小为原值的 1/2,则它产生的 $r_{ON}=3.72$ kΩ,这非常接近期望值。

图 11.40(a)给出了至此所设计的运放,图 11.40(b)给出了其输入输出特性。为了确定运放所能处理的最大输出摆幅,我们在图 11.40(c)中画出了差动特性的斜率。结果显示,如果增益不能低于 500,差动输出不会超过 450 mV。为了解决这个问题,我们将输出 NFET 的宽和长都加倍,以此来提高增益。得到的结果如图 11.41 所示。现在,在增益最小为 500 的情况下,单端的摆幅达到 530 mV。当然,增益的**波动**(非线性)没有减弱,这给一些应用带来了困难。

共模反馈

正如第 9 章中解释的,两级运放的每一级通常都要求共模反馈。对于第 1 级,我们可以利用图 11.29 中的 CMFB 结构。因此,我们将重点放在第 2 级的共模反馈。

第 2 级同样可以采用图 11.29 的方法,并控制 NMOS 电流源。然而,这里的输出阻抗较小,因此允许我们直接使用电阻来检测共模电平,从而简化了设计。考虑图 11.42(a)中的结构,通过 R_1 和 R_2(≈ 30 kΩ)在 G 点重建共模,并将结果加到 M_{11} 和 M_{12} 的栅上。在平衡状态,这两个电阻并不抽取电流,建立的输出共模电压等于 $V_{GS11,12}$,该电压随工艺、电压和温度(PVT)大约变化 50 mV。在本设计中,这个变化量是可以容忍的。注意到这个共模环路是稳定的。

如果 $V_{GS11,12}$ 并不接近于所要求的输出共模电平,该怎么办呢? 如图 11.42(b)所示,如果我们在结点 G 注入一股电流 I_B,则输出共模电平产生的偏移为 $I_BR_1/2$($=I_BR_2/2$)。例如,偏移 100 mV 需要的电流为$(100\ mV/30\ k\Omega)\times 2=6.7\ \mu A$。正电流使共模电平向下偏移,反之亦然。

489

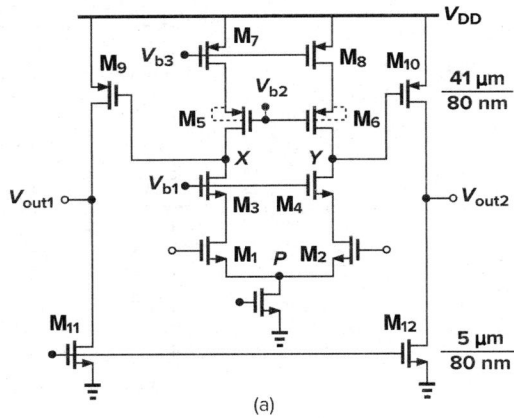

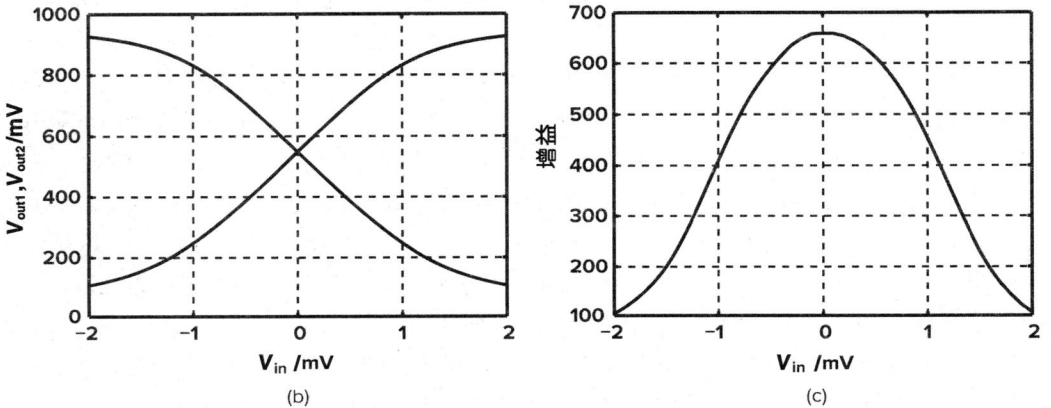

图 11.40 （a)两级运放设计;(b)输入输出特性;(c)增益的变化

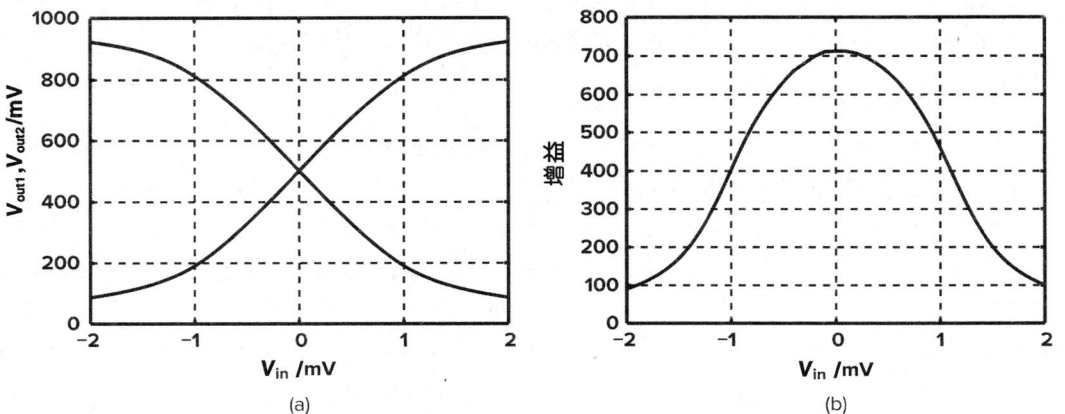

图 11.41 （a)输入输出特性;(b)修改后两级运放的增益变化,其中$(W/L)_{11,12}=10\ \mu m/0.16\ \mu m$

频率补偿

上述的两级运放包含多个极点,很可能需要补偿。回顾第 10 章,两级运放的第一非主极点通常在运放的输出结点,因此其频率与负载电容 C_L 有关。因此,进行稳定性分析首先需要

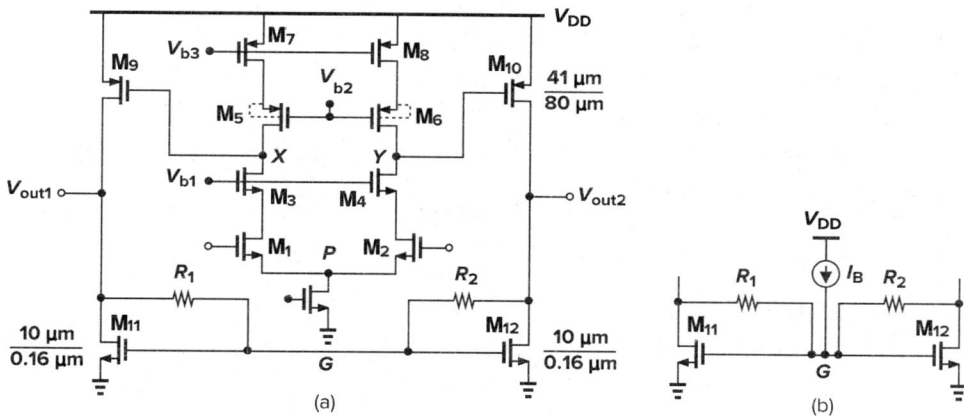

图 11.42　(a)第二级中简单结构的共模反馈;(b)用注入电流偏移共模电平

为 C_L 假设一个值,该值需要根据运放使用的环境来估计。让我们在本例中选择单端负载电容为 1 pF,由此得到输出极点的频率大约为 90 MHz。我们从开环运放开始分析,需要牢记的是,反馈网络可能会引入其自身的影响,因此在最后要求进一步地进行修改。

电路的开环(差模)幅频和相频响应在图 11.43 中给出,结果显示,电路的低频增益为 57 dB(≈ 700),单位增益频率为 3.2 GHz,相位裕度为 $-8°$。这一带宽相当可观,但是我们也注意到,相位达到 $-120°$ 时的频率为 240 MHz。换句话说,经过补偿实现了 $60°$ 的相位裕度后,单位增益带宽将降低为原来的 1/13!

491

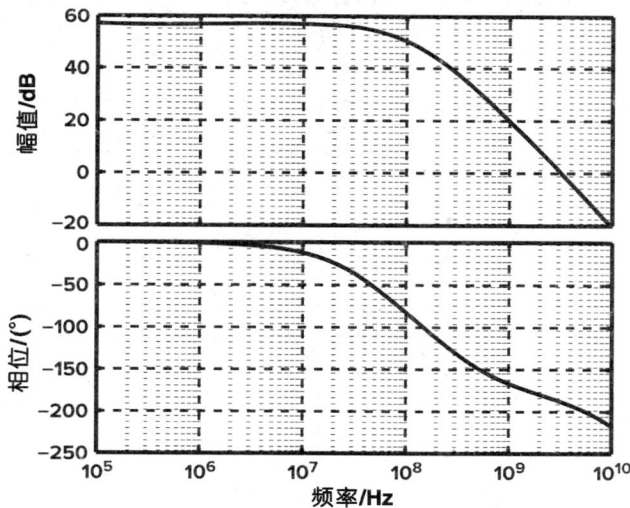

图 11.43　开环运放的频率响应

例 11.11

上述结果很让人奇怪:输出端的极点频率大约在 90 MHz,表明这一频率处的相位应该约为 $-135°$,但是该点的实际相位大约为 $-85°$。请解释这一现象的原因。

解:在上述设计中,我们不能认为在第 2 极点频率处相位达到 $-135°$,因为这些极点频率的间距不够大。事实上,图 11.42 中 X 结点处的极点频率大约为 95 MHz。X 结点处的极点和输出极点共同在 90 MHz 处产生的相移为$-\text{arctan}(90/95)-\text{arctan}(90/90)\approx-88°$。

我们将两个极点在 240 MHz 处产生的相移表示为$-\text{arctan}(240\ \text{MHz}/95\ \text{MHz})-\text{arctan}(240\ \text{MHz}/90\ \text{MHz})=-138°$。为什么这个值与仿真结果$-120°$不同呢?这是因为输出 PMOS 晶体管的栅漏电容产生了一定程度的极点分裂,将输出极点频率增加到高于 90 MHz,同时将 X 处的极点频率降低到低于 95 MHz。

为了对运放进行补偿,我们从图 11.43 的幅频响应中 240 MHz、0 dB 的点开始,朝着 y 轴画一条斜率为-20 dB/dec 的直线。这条线与幅频响应的交点,该交点的频率大约等于 240 MHz/700=344 kHz(为什么?),由此得到了我们所需要的主极点的频率值。

由哪一个结点来产生主极点,是结点 X 还是输出结点?我们倾向于选择前者,主要因为两点,即:(1)密勒倍乘使得补偿电容更小;(2)极点分裂。如果在输出结点产生主极点,则这两个好处一个也得不到。

从结点 X 看到的输出电阻为 8 kΩ,并且输出级提供的电压增益大约为 12,所以我们选择密勒补偿电容 C_C 等于 4.5 pF,以便在 X 结点建立一个频率为 344 kHz 的极点。图 11.44 给出了由此得到了开环频率响应,证实了主极点位于大约 340 kHz。然而,不幸的是,由于 C_C 引入的零点 $\omega_z=g_{m10}/C_C$ 低至约 250 MHz,所以当前的增益交点出现在 350 MHz,并且相位裕度只有 18°。正如在第 10 章中解释的,我们可以给 C_C 加入一个串联电阻 R_z,目的是把零点移动到第二极点 ω_{p2} 处。从图 11.44 可以大致估算出 ω_{p2} 的位置,因为相角$\angle H$ 达到$-135°$时的频率为 185 MHz。根据$(\omega_{p2}C_C)^{-1}=190\ \Omega$ 选择 R_z 的值后,我们再观察图 11.45(a)给出的响应曲线。由于零极点互相抵消,相位裕度提高到了 96°。

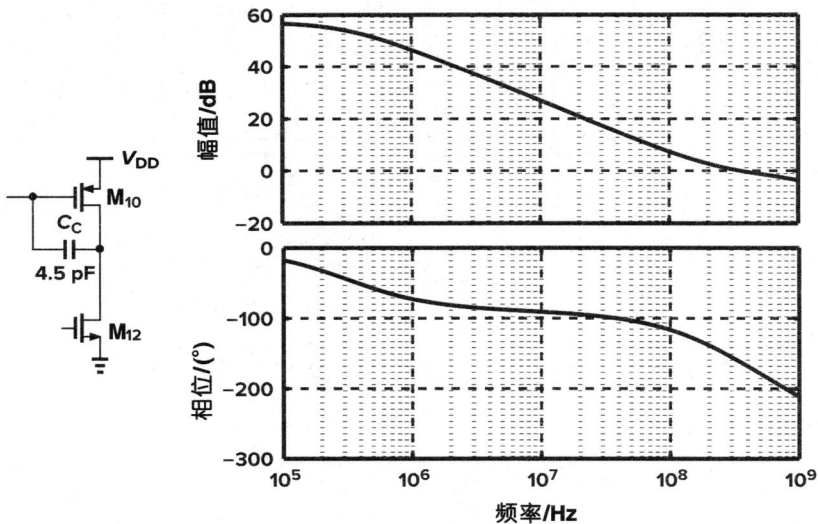

图 11.44 $C_C=4.5$ pF 的条件下,补偿后开环运放的频率响应

图 11.45(a)给出的相位裕度提示我们,可以用更小的补偿电容从而使单位增益带宽更大。经过一些迭代,我们选择 $C_C=0.8$ pF 和 $R_z=450\ \Omega$,得到图 11.45(b)所示的响应。现在

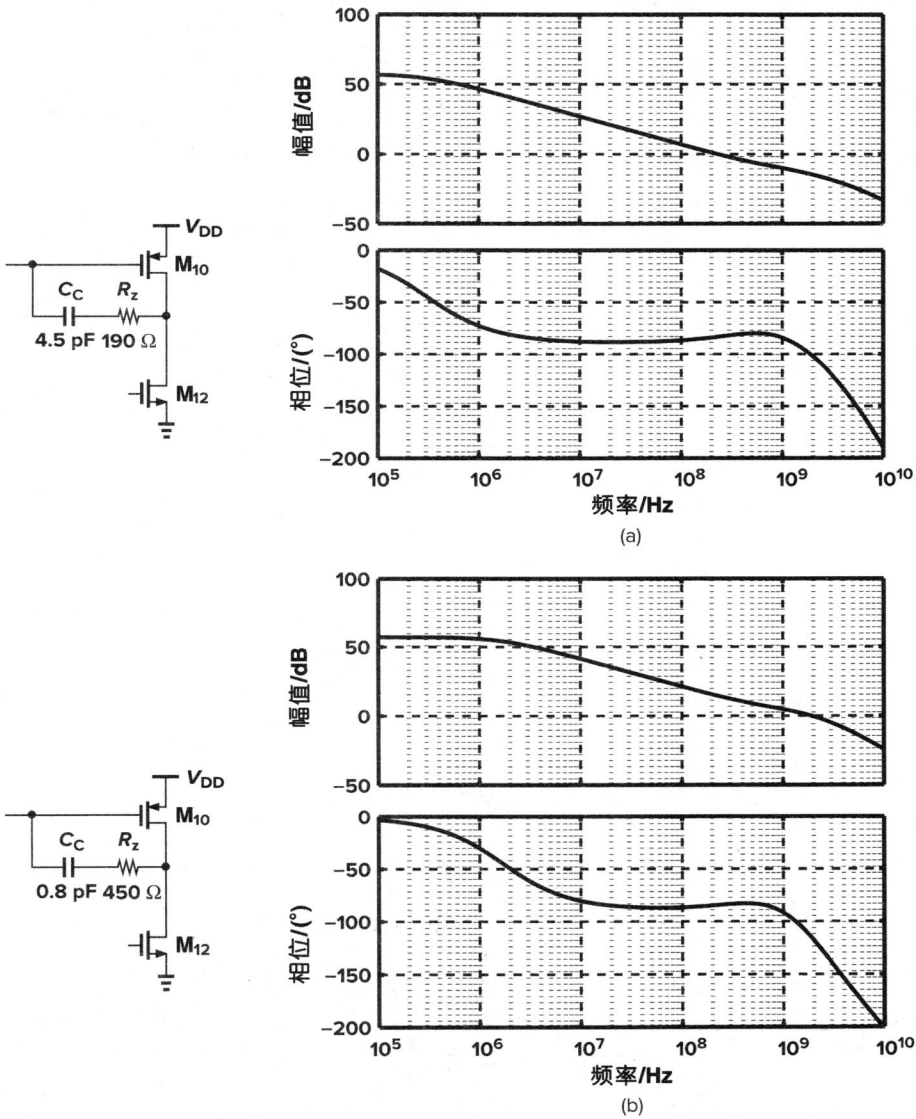

图 11.45　开环运放的频率响应：(a)$C_C=4.5$ pF、$R_z=190$ Ω；(b)$C_C=0.8$ pF、$R_z=450$ Ω

运放显示出的单位增益带宽为 1.9 GHz，相位裕度为 65°，提升效果非常显著。

闭环特性

我们现在将运放配置成一个额定增益为 2，负载电容为 1 pF 的闭环放大器，见图 11.46(a)。小信号的瞬态响应如图 11.46(b)所示，表现出了很明显的振铃现象。即使我们得到了 65°的相位裕度，为什么还会出现这样的现象呢？这是因为在反馈网络中用了非常大的电阻。我们在图 11.47(a)中绘制出单端等效电路，以便计算电路的环路增益。我们观察到，在运放的输入端形成了一个频率大约为$[2\pi(100 \text{ k}\Omega \parallel 50 \text{ k}\Omega)C_{in}]^{-1} \approx 95$ MHz 的开环极点。

为了提升闭环稳定性，我们可以在不明显降低开环增益的情况下减小图 11.47(a)中的 R_1

和 R_2,比如分别减小到 25 kΩ 和 50 kΩ。但是,这种方法只能使输入极点频率加倍。作为另一种选择,我们可以将与电容串联的电阻从 450 Ω 增加到 1500 Ω,得到的响应如图 11.47(b)所示。现在电路的稳定时间更短了。

我们以两点备注来结束本节。首先,我们针对单位增益反馈对运放进行了补偿,然而,图 11.46 中的结构在反馈系数为 50 kΩ/150 kΩ=1/3 的情况下工作。因此,可以减小补偿电容从而把相位裕度降低到 60°左右。其次,设计假定工艺角为"典型 NMOS""典型 PMOS"(TT),温度为 27 ℃,电源电压恒定为 1 V。实际上,我们必须考虑到其它的工艺角(比如 SS 或 FF)、要求的温度范围(比如 0 ℃~75 ℃),以及电源波动(比如波动±5%)。为了在这些条件下达到设计指标,在增益、摆幅和功耗方面考虑,电路设计必须比这里给出的更加保守。

493

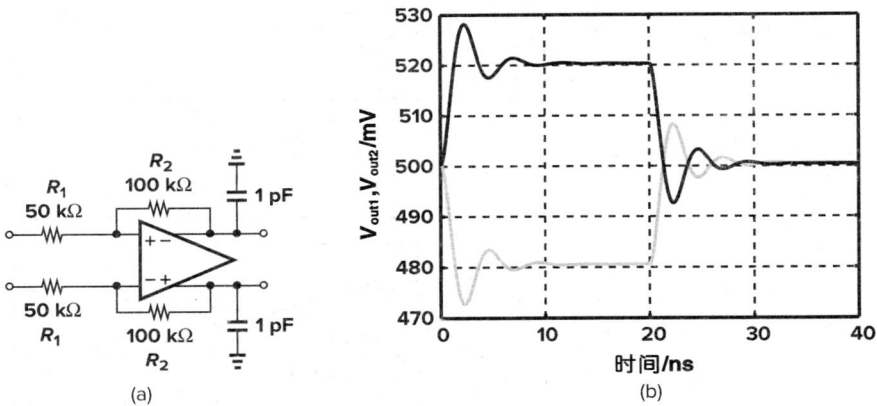

图 11.46 (a)闭环运放结构;(b)电路(a)的阶跃响应

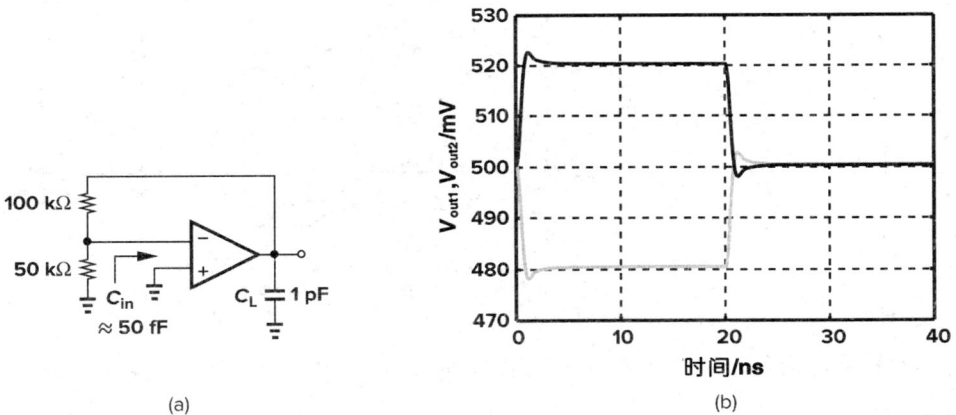

图 11.47 (a)闭环运放的等效电路;(b)R_Z=1 500 Ω 时的阶跃响应

494

11.6 高速放大器

一些应用中要求放大器能够快速建立并具有精确的增益。例如,"流水线"型模数转换器(ADC)结构对其内部放大器只能容忍非常小的增益误差。本节中,我们将要按照如下指标设计一个差动放大器：

  ——电压增益＝4

  ——增益误差≤1%

  ——差动输出电压峰-峰值摆幅＝1 V

  ——负载电容＝1 pF

  ——达到 0.5% 精度时阶跃响应的建立时间＝5 ns

  ——V_{DD}＝1 V

如图 11.48 所示,建立时间(稳定时间)t_s的定义为输出达到与其终值相比误差小于 0.5% 所需的时间。我们的目标是要使电路的功耗最小化。

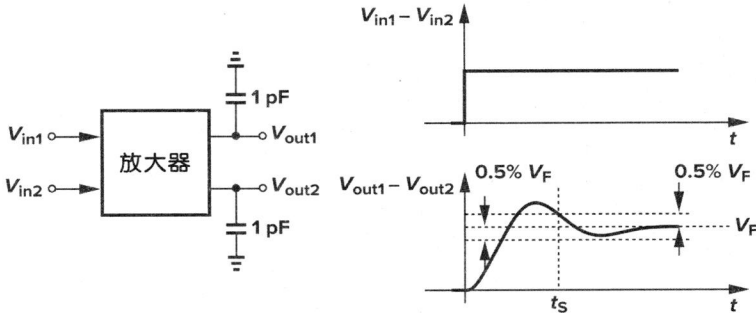

图 11.48 建立时间的定义

11.6.1 概述

精度问题

放大器结构如此众多,我们该从何处开始呢? 本节中,精度这一指标已经缩小了我们的选择范围。最大可容忍的增益误差为 1% 已经意味着必须使用**闭环**结构,以使增益能够被定义为两个无源器件的比值,相对来说与 PVT 无关。因此,我们必须设计一个开环增益足够高的放大器,以保证闭环增益误差小于 1%。以上分析再加上 $1V_{pp}$ 的摆幅要求,需要选择两级运放结构。

我们现在得出了图 11.49 所示的反馈结构,其闭环增益由下式决定

$$\frac{V_{out}}{V_{in}} = -\frac{R_2}{R_1}\frac{1}{1+\left(1+\frac{R_2}{R_1}\right)\frac{1}{A_0}} \tag{11.14}$$

$$\approx -\frac{R_2}{R_1}\left[1-\left(1+\frac{R_2}{R_1}\right)\frac{1}{A_0}\right] \tag{11.15}$$

我们选择 $R_2/R_1=4$,并要保证增益误差小于 1%:

$$\left(1+\frac{R_2}{R_1}\right)\frac{1}{A_0} \leqslant 0.01 \tag{11.16}$$

从而得到 $A_0 \geqslant 500$。这一计算忽略了反馈网络对运放的加载效应。

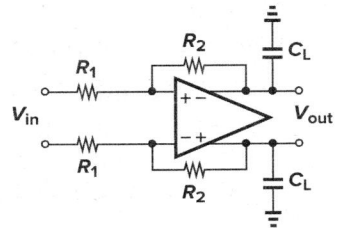

图 11.49 电阻反馈的闭环放大器

例 11. 12

根据开环运放的特性来确定上述结构的闭环输出阻抗和带宽。

解：为了计算环路增益,在图 11.50 中画出半边等效电路,并施加一个测试信号 V_t。我们观察到,反馈网络检测 V_{out},返回输入端的部分信号为 $V_F = [R_1/(R_1 + R_2)]V_{out}$ (译者注:原文将 V_F 误为 β)。因此,环路增益为 $\beta A_0 = A_0 R_1/(R_1 + R_2) \approx A_0/5 = 100$。这表明输出电阻将由于反馈降低到原值的 $1/100$。带宽将增大 100 倍。

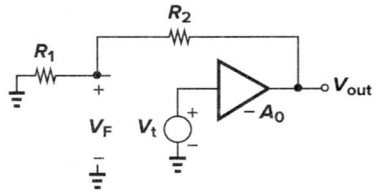

图 11.50

采用电阻反馈网络会产生一个困难:正如 11.5.2 节所解释的,如果为了不降低运放开环增益而将 R_1 和 R_2 设计得足够大,那么它们将与输入电容一起形成一个重要的低频的极点,降低相位裕度。因此,我们考虑使用**电容**反馈来代替电阻反馈,配置的电路如图 11.51(a)所示。现在闭环增益大约等于 C_1/C_2,或者更精确地表示为(见第 13 章)

$$\frac{V_{out}}{V_{in}} \approx -\frac{C_1}{C_2}\left(1 - \frac{C_1 + C_2 + C_{in}}{C_2}\frac{1}{A_0}\right) \tag{11.17}$$

式中,C_{in} 表示运放的输入电容(单端)。为了计算环路增益,画出图 11.51(b)所示的单端等效结构。我们观察到,C_1 和 C_2 **没有**贡献额外的极点,因为 $(C_1 + C_{in})C_2/(C_1 + C_{in} + C_2)$ 仅是与 C_L 并联的。(如第 13 章所解释的,这些电容还可以实现采样和离散时间信号处理)。

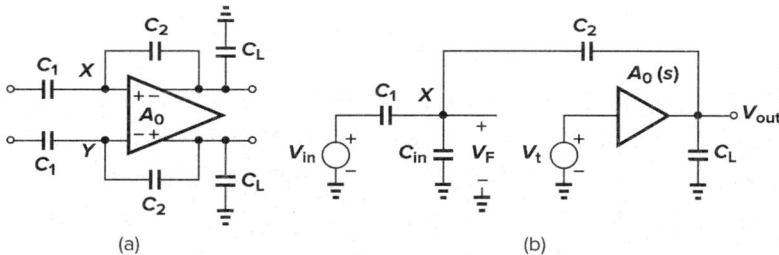

图 11.51 (a)电容反馈的闭环放大器;(b)计算环路增益的简化结构

例 11. 13

包含电容"耦合"的电路通常表现出高通响应。图 11.51(a)中的放大器也是如此吗?

解：不是这样。因为到 X 和 Y 的路径上没有电阻,这些结点上的时间常数为无穷大(如果忽略泄漏电流),使得频率响应可以扩展到接近 $f = 0$。读者可以考虑一个简单电容分压器的频率响应,将其作为例子来理解这一特性。

图 11.51(a)的电路没有为运放输入提供偏置,也就是说,X 和 Y 结点的直流电平没有确定,可以假定为任意值。(在输入端存在栅漏电的情况下,这些结点会充电到 V_{DD} 或放电到地)。一个简单的解决办法是加入两个反馈电阻,使输入与输出的直流电平相等,如图 11.52 所示。然而,X 和 Y 结点有限的时间常数将导致一个高通响应。如果 $A_0 = \infty$,则有

$$\frac{V_{\text{out}}}{V_{\text{in}}}(s) = -\frac{R_{\text{F}} \parallel \dfrac{1}{C_2 s}}{\dfrac{1}{C_1 s}} \tag{11.18}$$

$$= -\frac{R_{\text{F}} C_1 s}{R_{\text{F}} C_2 s + 1} \tag{11.19}$$

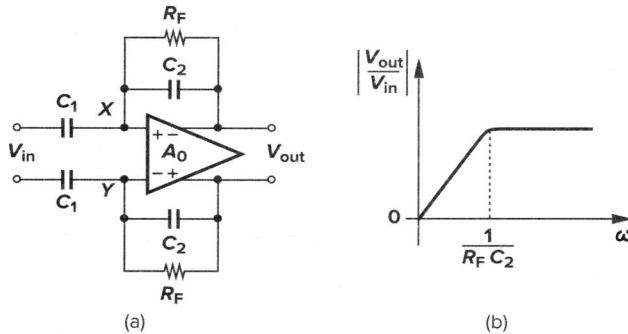

图 11.52　为确定输入直流电平加入反馈电阻以及由此得到的传输函数

因此,选择的转角频率 $1/(2\pi R_{\text{F}} C_2)$ 必须小于所关心的输入频率的最小值。这一条件不是所有应用场合都能满足。正如在第 13 章所解释的,R_{F} 可以用一个开关来替代,但是在继续往下分析前,我们在这里先假定 $R_{\text{F}} C_2$ 足够大。换句话说,我们假设在我们所关心的频率范围内,电路可以简化成图 11.51(a)所示的形式。

式(11.17)表明,电容反馈放大器的增益误差同样取决于 C_{in}。例如,如果 $C_{\text{in}} \approx (C_1 + C_2)/5$,则 A_0 必须比式(11.16)给出的值大 20%。我们可以选择 $C_1 + C_2 \gg C_{\text{in}}$,但是这将降低建立速度。

速度问题

放大器必须在 5 ns 的时间内建立到 0.5% 的精度。让我们假定电路是线性的一阶电路,并写出其阶跃响应

$$V_{\text{out}}(t) = V_0 \left(1 - \exp\frac{-t}{\tau}\right) u(t) \tag{11.20}$$

V_{out} 达到 $0.995 V_0$ 所需的时间为 $t_{\text{s}} = -\tau \ln 0.005 = 5.3\tau$,也就是说,$\tau$ 必须小于 0.94 ns。因此,闭环放大器必须要达到的 -3 dB 带宽至少为 $1/(2\pi \times 0.94 \text{ ns}) \approx 170 \text{ MHz}$。

如果将图 11.51(a)中的运放建模为一个受控电流源 $G_{\text{m}} V_{\text{in}}$ 和一个输出电阻 R_{out},则闭环时间常数为(见第 13 章)

$$\tau = \frac{C_L(C_1 + C_{\text{in}}) + C_L C_2 + C_2(C_1 + C_{\text{in}})}{G_{\text{m}} C_2} \tag{11.21}$$

式中假定 $G_{\text{m}} R_{\text{out}} \gg 1$。上式可以重新表示为

$$\tau = \left(\frac{C_1 + C_2 + C_{\text{in}}}{C_2}\right) \frac{C_L + \dfrac{C_2(C_{\text{in}} + C_1)}{C_2 + C_{\text{in}} + C_1}}{G_{\text{m}}} \tag{11.22}$$

上式表明运放看到的总电容为:C_2 与 $C_1 + C_{\text{in}}$ 串联的结果再与 C_L 并联。并且运放的 G_{m} 被反馈系数 $[C_2/(C_1 + C_2 + C_{\text{in}})]$ 减小了,如图 11.53 所示(见第 13 章)。

上述模型对于两级运放是不准确的,因为两级运放的内部极点(位于第 1 级的输出端)必然会影响放大器的响应。我们通过分析一个包含了频率补偿的两级运放来改进我们的近似模型。我们还记得,如果环路增益在第 2 极点 ω_{p2} 处降为 1,则单位增益反馈情况下的相位裕度大约为 $45°$。

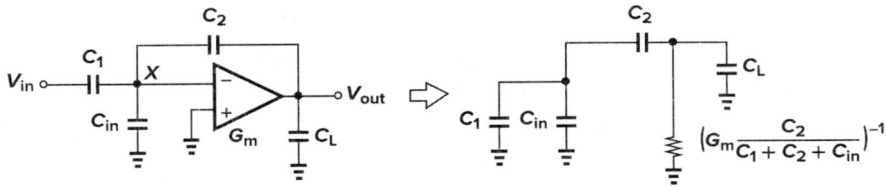

图 11.53   用等效网络重新表示闭环时间常数

在闭环增益为 4(不是 1)的条件下,我们如何进行补偿呢?(译者注:这里的闭环增益为 4,指的是图 11.49 所示的闭环放大器的增益为 4。实际上,该闭环放大器中包含了反馈系数为 β 的闭环运放。后者的增益为 $1/\beta = 5$;前者的增益为 $R_2/R_1 = 4$。)在此情况下,$|\beta H|$(而不是 $|H|$)必须在 ω_{p2} 处降为 0 dB(即运放并不是为单位增益反馈进行补偿)。如图 11.54(a)所示,我们从 $\omega = \omega_{p2}$ 处向着 y 轴画一条斜率为 -20 dB/dec 的直线,得到与 $|\beta H|$ 曲线的交点。我们按照下面的方法计算出补偿后的主极点 ω'_{p1}。在 ω'_{p1} 与 ω_{p2} 之间的频率范围内,我们可以把补偿后的 $\beta H(s)$ 近似为 $\beta A_0/(1+s/\omega'_{p1})$;将它在 ω_{p2} 处的幅值设为 1,即 $|\beta A_0/(1+j\omega_{p2}/\omega'_{p1})|$ $= 1$。由此得到

499

$$\omega'_{p1} \approx \sqrt{\frac{\omega_{p2}^2}{\beta^2 A_0^2 - 1}} \tag{11.23}$$

进一步简化为

$$\omega'_{p1} \approx \frac{\omega_{p2}}{\beta A_0 - 1} \tag{11.24}$$

正如所预期的,如果 β 增加,即反馈变得更强,则 ω'_{p1} 的值必须选择得更小。

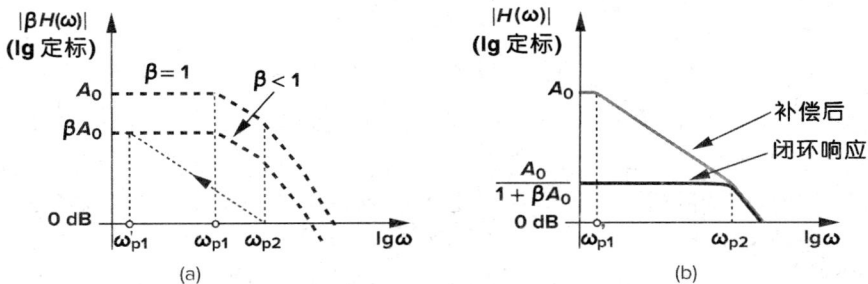

图 11.54   (a)针对环路增益 βA_0 的频率补偿;(b)得到的频率响应

例 11.14

我们针对 $\beta = 1/5$ 和 $PM = 45°$ 的要求对运放进行了补偿,请画出该运放的开环频率响应 H。

解:在对数坐标下,如果我们将 $|\beta H|$ 的曲线向上移动 $-20\lg\beta$ 就可以得到 $|H|$ 的曲线。如图 11.55 所示,$|H|$ 从 ω'_{p1} 处开始下降,到 ω_{p2} 时达到的值约为 $1/\beta$。

现在,让我们利用 ω'_{p1} 的这种选择来建立闭环频率响应。为了这个目的,我们先画出 $\beta=1$ 的情况下补偿后的环路增益 $|\beta H|$ 的幅值曲线,如图 11.54(b) 所示。闭环响应在低频处为 $A_0/(1+\beta A_0)$,并从 $\omega \approx \omega_{p2}$ 处开始下降。从另一个观点来看,由于开环增益与闭环增益在 ω'_{p1} 处的比值约为 βA_0,并且由于开环增益以 20 dB/dec(相对于 ω)的速率下降,所以两条曲线必然在 $\omega \approx \beta A_0 \omega'_{p1} \approx \omega_{p2}$ 处相交。因此,我们选择这个带宽 ω'_{p1} 等于 $2\pi(170 \text{ MHz})/125 = 2\pi(1.36 \text{ MHz})$)。(译者注:原文

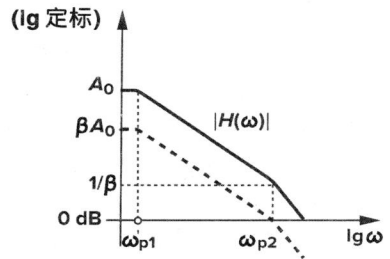

图 11.55

的计算中反馈系数为 1/4,即 $\beta A_0 = 125$。译者认为这里的计算应取 $\beta = 1/5$,得到运放的主极点频率为 1.7 MHz,而不是 1.36 MHz。后文中,译者对该值均未进行修改。)

概括来说,对闭环增益和建立速度的要求转化为对运放极点的要求:运放的主极点为 1.36 MHz,第 2 极点为 170 MHz。开环增益在低频时为 500,在第 2 极点频率处下降到 4。这些值都是在假定相位裕度为 45° 的条件下得到的,最后还必须再次调整。

11.6.2 运放设计

根据之前的计算,我们要求这样的一个两级运放:开环增益为 500,主极点频率在 1.36 MHz,第 2 极点频率在 170 MHz,并且差动输出电压峰-峰值摆幅为 1 V。因此,我们回到 11.5.2 节的设计原型,看它是否能满足我们的需求。该运放的大多数性能指标都与我们这里要求的相同。但是,因为现在的反馈系数为 1/5,补偿要求可以放松一些,因此,运放的主极点不必低至 344 kHz。式(11.24)表明,如果反馈系数从 1 减小到 β,则主极点频率可以提高到 $1/\beta$ 倍。因此,我们希望可以将获得图 11.45(a) 响应的补偿电容从 4.5 pF 减小到 0.9 pF,这样就可以将主极点频率从 340 kHz 提升至 1.7 MHz。为了使前馈零点抵消第 2 极点,R_z 必须提高同样的倍数,达到 950 Ω。

正如在 11.5.2 节观察到的,零极点相互抵消得到了更大的相位裕度,并允许我们将 C_C 从 4.5 pF 降低到 0.8 pF。然而,在当前的设计中,反馈网络的电容也会加载到输出级,结果会降低非主极点 ω_{p2}。由于这一影响并没有包含到我们的计算中,所以我们现在不减小 C_C 并继续研究闭环特性。

11.6.3 闭环小信号性能

图 11.56 给出了运放的总体结构及其闭环应用环境。为了达到额定增益为 4,我们选择 $C_1 = 1$ pF,$C_2 = 0.25$ pF。在 $C_{in} \approx 50$ fF 的情况下,如果 $A_0 > 520$,则根据式(11.17)可算出增益误差小于 1%。该增益稍微大于运放在其摆幅峰值处实现的增益(见图 11.41),但我们稍后会再来处理这一问题。为了进行瞬态分析,R_F 必须足够大,从而在我们所关心的时间尺度内不会导致运放增益的明显"下降"。特别是对于 5 ns 的建立时间,我们选择 $R_F C_2 > 10$ μs,从而将电容的放电限制到远低于 1%,即选择 $R_F = 40$ MΩ。(如此大的电阻值意味着开关电容方案更可行)。

500

我们对上述电路施加一个小的阶跃,并观察它的输出特性。在差动输入阶跃为 25 mV 的情况下,我们期望得到的输出约为 99 mV(为满足 1% 的增益误差)。输出波形在图 11.57(a)中给出,图 11.57(b)进一步给出了局部放大图以观察到建立过程的细节。我们观察到,终值等于 98.82 mV,这是由开环增益不够导致的。

如何来提高增益呢? 如果我们增加图 11.56 中第 1 级输入晶体管的栅长(同时按比例增大栅宽),那么 C_{in} 也会增加。根据式(11.17),这会抵消 A_0 的增加。作为替代方案,我们将 NMOS 共源共栅管的宽和长(设计值)都加倍,从而得到了图 11.58 所示的输出结果。现在,增益误差小于 1% 了。

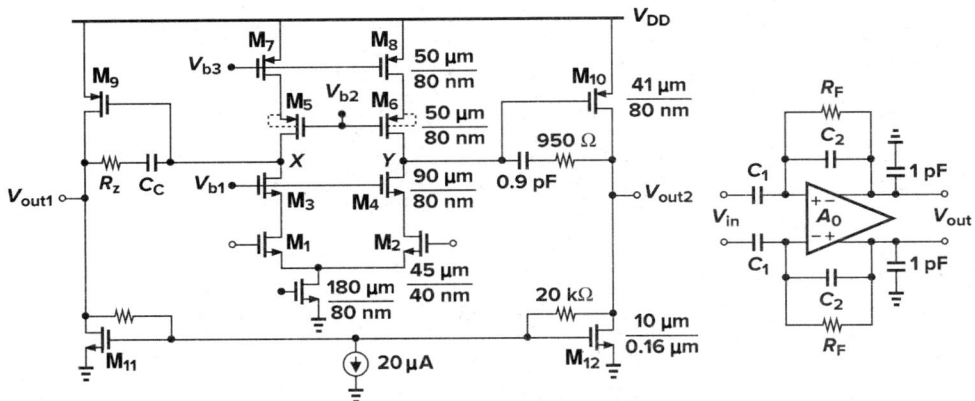

图 11.56　补偿后两级运放的总体结构及其闭环应用环境

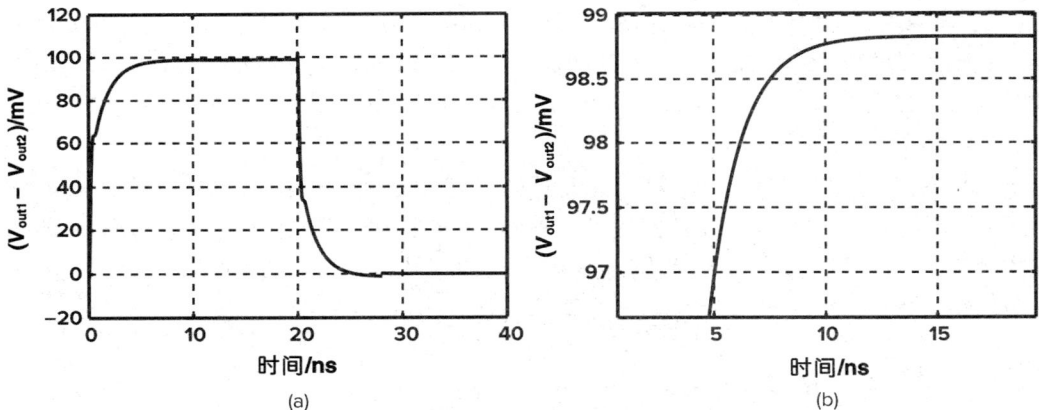

图 11.57　(a)闭环阶跃响应;(b)建立到 1% 精度的放大图

例 11.15

通过增大第 1 级中 PMOS 器件的栅长来提高增益,是否可行?

解:由于设计中 PMOS 共源共栅结构所提供的阻抗已经比对偶的 NMOS 结构高得多,所以 PMOS 共源共栅结构对第 1 级的增益影响很小。反之,NMOS 共源共栅器件将直接决定电压增益(为什么?)。

现在我们再来关注放大器的建立特性。如果在 $t=\infty$ 时,输出达到 99.1 mV,那么我们应该如何定义达到 1% 精度的建立时间呢? 我们必须求出输出达到 $V_{out}=99.1$ mV$\pm 0.01\times$ 99.1 mV$\approx$ 99.1 mV± 1 mV 所需的时间。根据图 11.58(b) 的波形,我们得到 $t_s\approx 5.8$ ns。

为了提高运放的速度,我们从图 11.58(a) 可以看出,该电路被"过度补偿"了,即输出呈现出了过阻尼现象。我们可以回到 C_C 和 R_Z 的选择上,并且更加细致地调节它们。我们调节这两个值,耐心地探索可能的设计空间,并观察输出特性的变化趋势。在 $C_C=0.3$ pF,$R_Z=700$ Ω 的情况下,我们观察到了图 11.59 所示的建立波形。建立时间下降到 800 ps,改善非常显著。注意,在此情况下 R_Z 的值**减小**了,因此将会把零点移动到**更高**的频率。

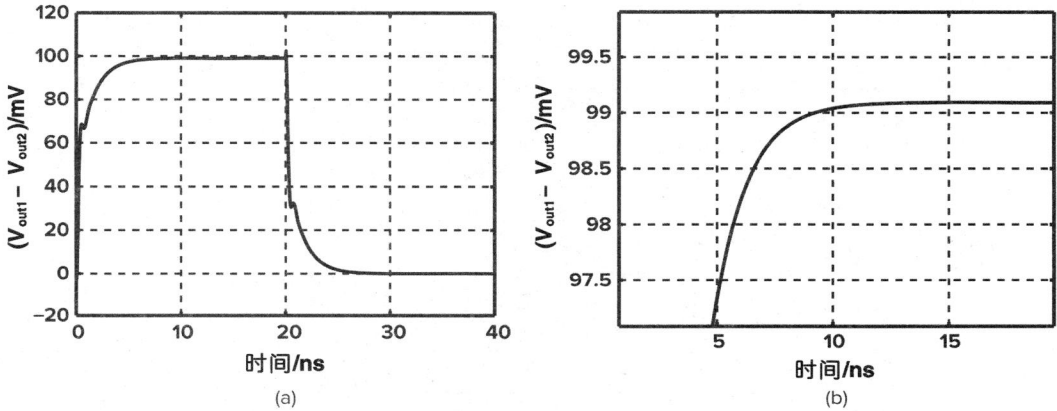

图 11.58　在 $(W/L)_{3,4}=180$ μm/0.16 μm 的条件下:(a)闭环阶跃响应;(b)建立到 1% 精度的局部放大图

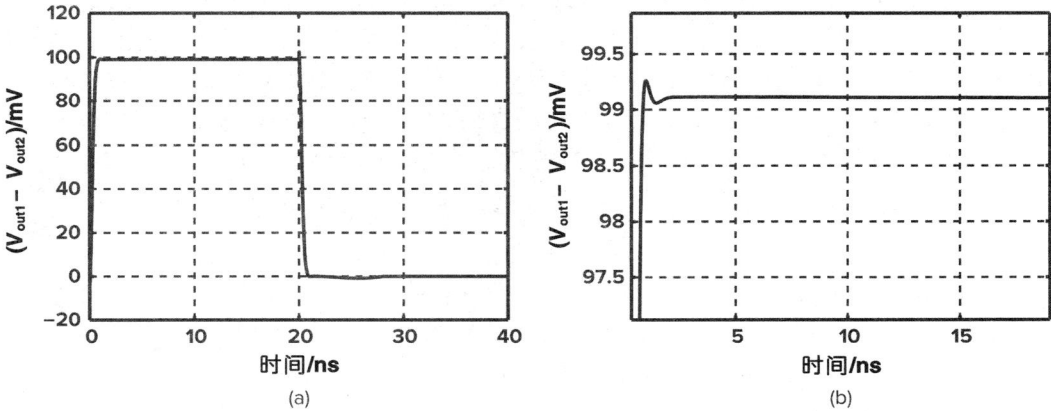

图 11.59　(a)闭环阶跃响应;(b)建立到 1% 精度的放大图

11.6.4　运放按比例缩小

如果建立时间比要求的值小很多,我们是否能牺牲一些速度来换取更低的功耗呢? 正如第 9 章中所解释的,一种直接的方法是进行"线性缩放"。我们从图 11.60(a) 的响应开始,将所有晶体管的宽度和偏置电流都缩小到原值的 $1/\alpha$,从而将功耗缩小到原值的 $1/\alpha$,同时保持

电压增益和电压余度不变。但是,C_C 和 R_Z 该如何变化呢? 我们进行四方面的分析。(1)如果负载电容保持不变,输出极点的频率(补偿前)将缩小到原值的 $1/\alpha$[如图 11.60(b)所示],这是因为第 2 级的输出电阻将增大到原值的 α 倍(为什么?);(2)为了保持相同的相位裕度,补偿后的主极点频率必须缩小到 $1/\alpha$,如图 11.60(c)所示;(3)由于第 1 级的输出阻抗已经乘了 α,C_C 应该保持其原值不变;(4)为了将 R_Z 引入的零点放置在 ω_{p2}/α 处,我们必须对 R_Z 乘以 α(为什么?)。

503

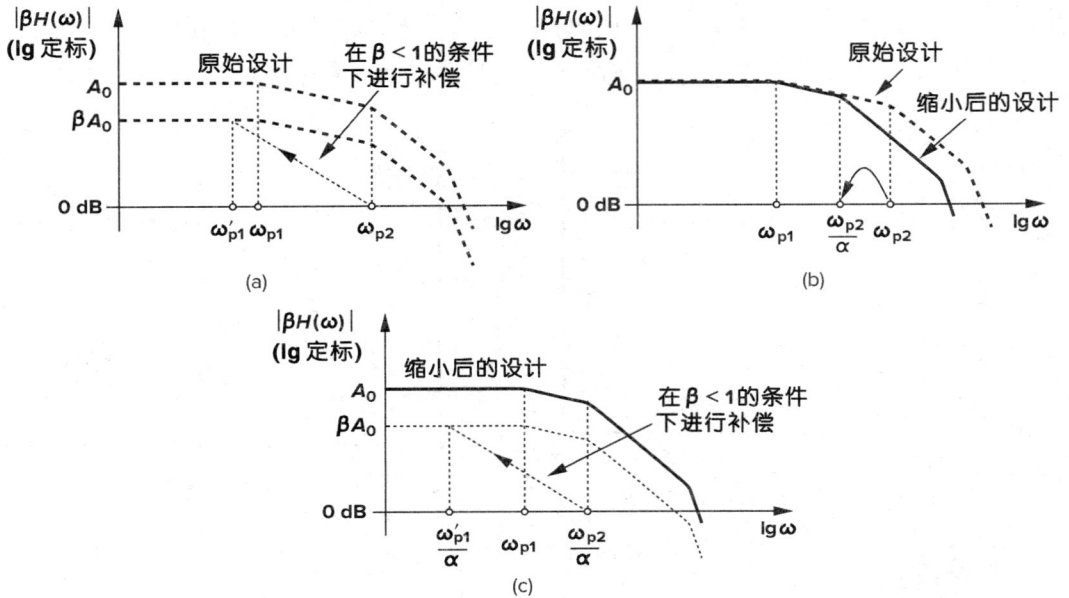

图 11.60   (a)原始运放的响应曲线和频率补偿;(b)缩小后运放的响应;(c)缩小后运放的补偿

让我们假设 $\alpha=2$ 并检查其结果。图 11.61(a)给出了输出波形,结果显示输出终值与之前相同,并且存在过阻尼,$t_s\approx2.5$ ns。接着我们尝试,再缩小到 $1/4$(即相对于原始设计缩小到 $1/8$),结果观察到了图 11.61(b)所示的严重的过阻尼瞬态响应。现在,我们再手动调节 C_C 和 R_Z 来优化速度。如果 $C_C=0.15$ pF,$R_Z=9$ kΩ,阶跃响应如图 11.61(c)所示,表现出的建立时间为 $t_s\approx4.5$ ns。

值得注意的是,线性缩放再加上对 C_C 和 R_Z 的一些调整可以使功耗(和晶体管的面积)减小为原来的 $1/8$。这种缩放方法所需的再设计工作付出是最小的,因为它不改变电路的增益和摆幅。当然,电路缩小导致了更长的建立时间和更大的噪声(和失调)。图 11.62 给出了缩小后的运放设计。[①]

504

11.6.5   大信号特性

放大器最终的测试是在大输出摆幅(差动输出电压峰-峰值摆幅为 1 V)下进行的。在这个条件下,由于一些晶体管承受的 V_{DS} 更小,运放的增益可能会降低,并且转换现象也可能会

---

①   在实际中,我们不会依赖于像 113 μA 和 5.1 μm 这样精确的值,而是将它们分别取整为 115 μA 和 5 μm。

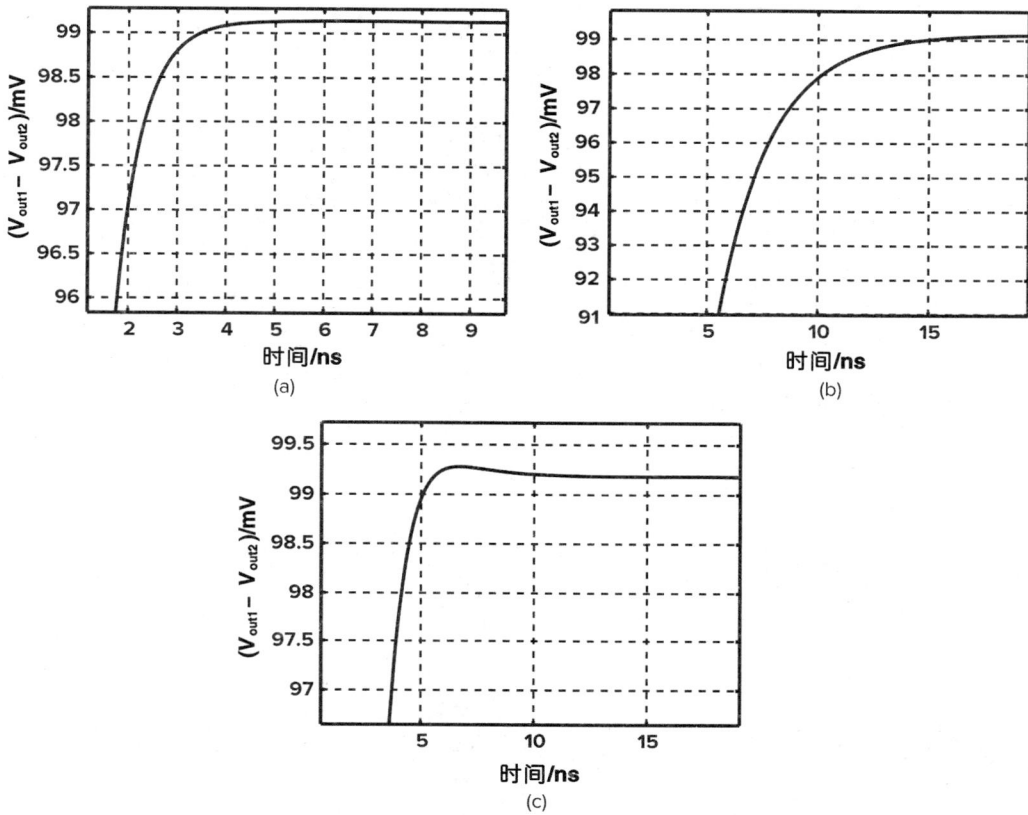

图 11.61　(a)缩小因子为 2 时运放的阶跃响应；(b)缩小因子为 8 时运放的阶跃响应；
(c)修改设计后的阶跃响应($C_C=0.15$ pF,$R_z=9$ kΩ)

出现,从而会影响速度。在前面的仿真中,差动输出从 0 开始,跳到某个值然后再回到 0。然而,在大信号测试中,V_{out} 必须从-0.5 V 摆动到$+0.5$ V,这可以通过在运放的输入端设置差动初始条件来实现,使得在 $t=0$ 时,$V_{out}=-0.5$ V。结果在图 11.63 中给出。

我们观察到两点,首先,从 $t\approx20$ ns 到 $t\approx40$ ns,V_{out} 的总变化量等于 987.4 mV,这比 1% 增益误差所允许的值小 2.6 mV。其次,建立到终值的 1% 所需的时间大约为 6 ns。

让我们首先来处理增益不足的问题。我们可以在这些条件下,用差动输出摆幅除以差动输入摆幅(在各电压稳定之后)来测量每一级的电压增益。我们测得第 1 级的电压增益为 39.5,第 2 级的电压增益为 10.2(在小信号工作模式下,这两个值分别为 46.3 和 11.2)。开环增益因此从 518 降低到了 403。为了提高增益,我们将第 1 级中 NMOS 共源共栅晶体管的 W 和 L 同时扩大到 2 倍($W/L=45$ μm/0.32 μm),同时将第 2 级中的电流源晶体管的 W 和 L 也扩大到 2 倍,得到的输出结果如图 11.64 所示。现在,增益误差小于 1% 了,但是建立时间变得更长了,这是因为与 NMOS 共源共栅晶体管源极相关联的极点显著地降低了相位裕度。

例 11.16 ───

请估算上述与共源共栅晶体管源极关联的极点的频率。

解:在 $C_{ox}\approx15$ fF/μm^2 的条件下,NMOS 共源共栅晶体管的栅源电容可计算为(2/3)(45

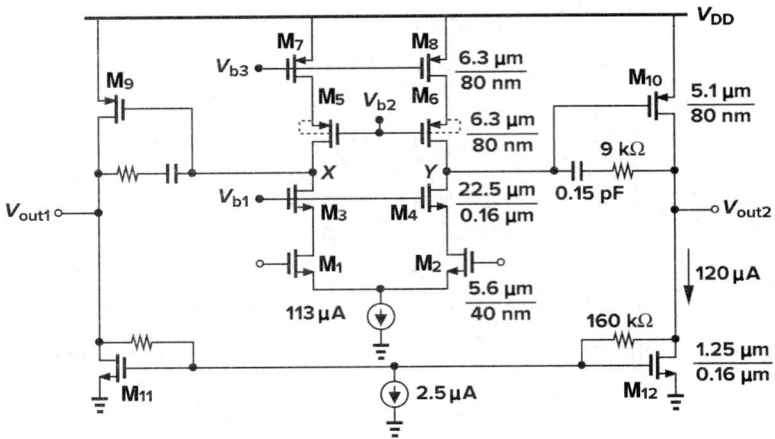

图 11.62   缩小后的运放设计

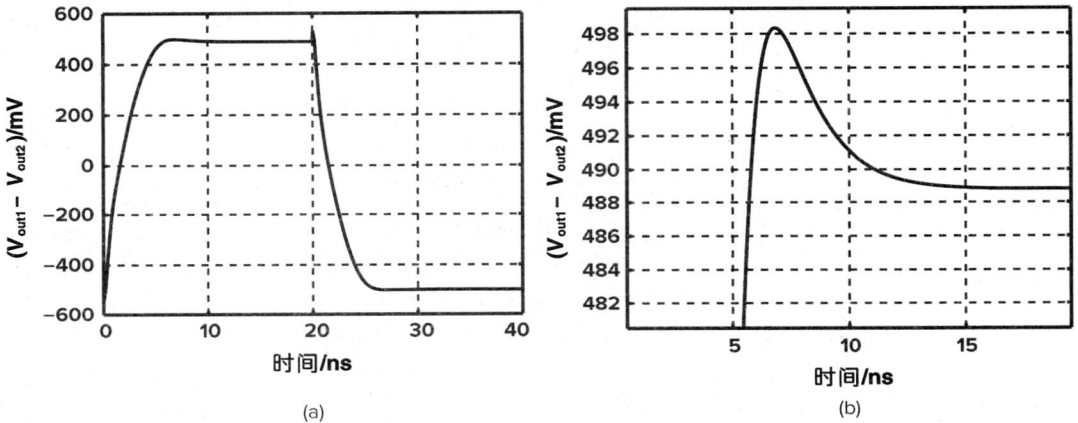

图 11.63   (a)闭环放大器的大信号响应;(b)显示建立到 1%精度的局部放大图

$\mu m \times 0.32 \ \mu m) \times 15 \ fF/\mu m^2 \approx 144 \ fF$。(这里的计算是比较粗略的,因为有效长度比 $0.32 \ \mu m$ 小,并且交叠电容也被忽略了。)在这个值的基础上,我们还必须加入源/漏结电容和输入晶体管的栅漏电容,得到的总电容大约为 200 fF。为了估算共源共栅器件的跨导,我们假定它们工作在弱反型状态,并可以写出 $g_m \approx I_D/(\xi V_T) \approx 56.5 \ \mu A/(1.5 \times 26 \ mV) = 1/(690 \ \Omega)$。因此,极点频率大约为 1.15 GHz,从而在开环单位增益频率的条件下贡献了很大的相移。

为了解决建立时间的问题,我们考虑采用共源共栅的补偿结构(见第 10 章)。事实上,我们可以将两种方法结合起来,在进行一些迭代后,得到了图 11.65(a)所示的设计。如图 11.65(b)所示,建立时间小于 5 ns。[1] 电路达到这个性能的同时,功耗为 370 μW。

506

---

[1]   在这种情况下,终值 1%的边界等于 490 mV±1V/100,因为总的摆幅是从 -0.5 V 到 $+0.5$ V。

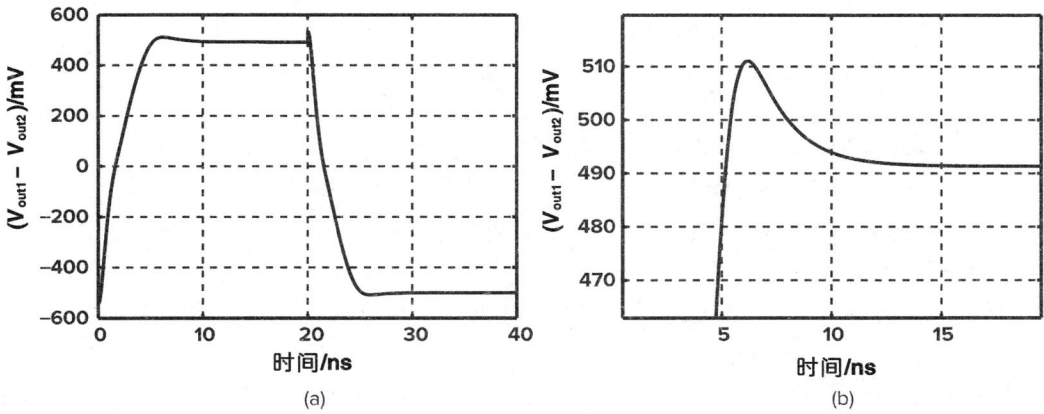

图 11.64　（a）闭环放大器的大信号响应；（b）显示建立到 1‰ 精度的局部放大图

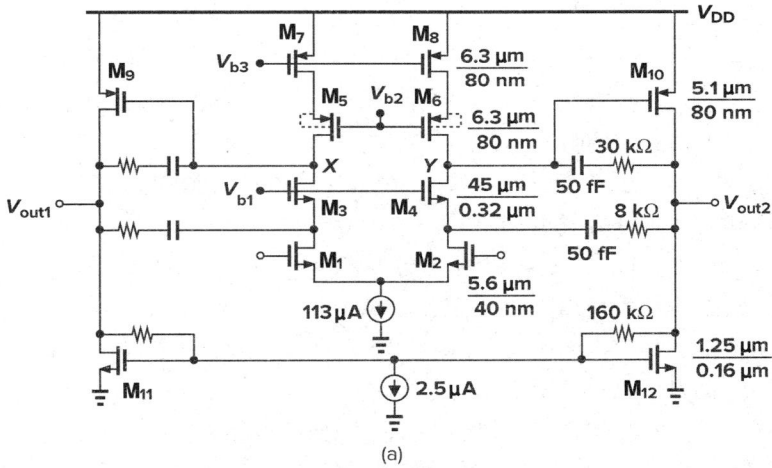

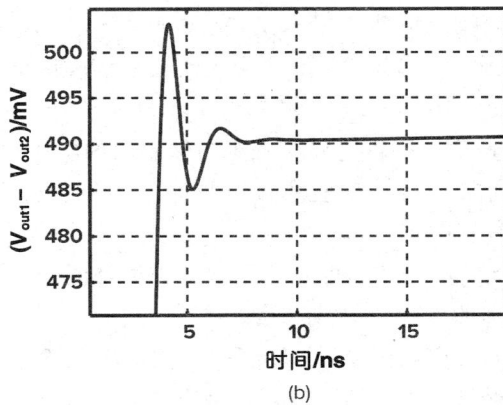

图 11.65　（a）运放的最终设计；（b）闭环大信号阶跃响应

11.7 本章小结

本章为读者描述了模拟设计者工作的思维方式。我们已经看到了：在几乎是任意的功耗预算条件下设计的有序进展过程，以及首先为了满足电压摆幅和增益的要求所做的努力（这是当今最棘手的问题）。当手边有了一个合理的设计后，我们要通过线性缩放积极地降低它的功耗，要留心那些不能缩放的参数（例如负载电容），同时还应记住，缩小后电路的速度、噪声和失调等性能会降低。我们的上述努力以示例的方式给出了优良的模拟设计的三个步骤：(1)仔细地分析电路的特性并理解那些不希望发生的现象的根本原因；(2)只调节那些与根本原因有关的电路参数——而不盲目地对任意一个器件进行调节；(3)不断地探索各种不同的电路技术和新的思路，有时候会走到"死胡同"，但大多时候会提升电路的性能。读者可以看到，我们是"手工"地优化电路，而不是采用仿真器中的工具自动地完成任务。高性能的模拟设计需要人的智慧。

507

习题

11.1 考虑图 11.2 所示的特性。在 $V_{GS}-V_{TH}=350$ mV 的条件下，请根据 $V_{DS}=0.2$ V 到1 V 范围内的斜率估计 λ 的值。[提示：将 V_{DS1} 和 V_{DS2} 处的电流的比值表示为 $(1+\lambda V_{DS1})/(1+\lambda V_{DS2})$]。分别在 $V_{GS}-V_{TH}$ 等于 200 mV、250 mV 和 300 mV 的条件下，重复上述计算。你观察到了什么样的趋势？

11.2 请解释，在图 11.6 中，当 $V_{GS}-V_{TH}$ 超过 0.5 V 后，g_m 为什么会下降。

11.3 设一个假想晶体管表现出的跨导为 $g_m=\beta(V_{GS}-V_{TH})^2$。
(a)推导 I_D 关于 $V_{GS}-V_{TH}$ 的函数关系式。
(b)推导 g_m 的其它两个表达式。

11.4 对于上题中引入的晶体管，请画出图 11.7 中曲线的示意图。

11.5 我们希望将一个 $L=40$ nm 的晶体管偏置到 $I_D=0.25$ mA。请参考图 11.13，确定下面哪种情况能产生更高的输出阻抗：$W=5$ μm 或 $W=10$ μm。

11.6 如果 ξ 从 1.5 下降到 1.0，请解释图 11.15 中无法实现的区域会发生什么变化。假定强反型时的特性不变。

11.7 图 11.21 中，如果将 M_6 的热噪声建模为一个与栅串联的电压源，请确定该电压源到达 Y 点时的增益。请使用带源极负反馈的共源极的准确表达式来计算增益。将结果与 M_8 所贡献的热噪声进行比较。

11.8 考虑图 11.24(b)中的结构。要使 M_{13} 和 M_{14} 保持在饱和区，输入共模电平可以到多高？在超过该点后，I_{D11}/I_{D12} 的值是增加，还是减小？

11.9 假设一个闭环放大器的阶跃响应中，呈现出了频率为 f_1 的振铃现象，如图 11.46(b)所示。这一现象是否可提供关于开环电路相频响应的某些信息？

11.10 一个两级运放在输出端存在一个非主极点 ω_{p2}，并且为达到 PM=45°对该运放进行了补偿，以使 $|\beta H|$ 在 ω_{p2} 处降为 1。设主极点频率远小于 ω_{p2}。
(a)如果输出结点看到的负载电容加倍，请估算 PM 下降多少。

(b)需要对补偿进行何种修改,才能保证 PM 重新等于 45°?

11.11　估算图 11.57 中的闭环时间常数,并判断其是否与开环主极点频率为 1.7 MHz 相符。

11.12　假设在图 11.60 中,我们把一个运放的设计参数放大到原值的 α 倍。如果负载电容不变,带宽可以提升多少?

11.13　将图 11.51(a)中的运放建模为一个压控电流源 $G_m V_{XY}$ 和一个等于 R_{out} 的输出电阻,请计算闭环传输函数的零点频率。(提示:输出电压在零点频率处等于 0。)

11.14　考虑图 11.47(a)所示的情况,假设我们给反馈电阻并联一个电容 C_F,请证明 C_F 会在环路增益中引入一个零点,并确定该零点的值以便抵消 C_{in} 产生的极点。

508

第12章

带隙基准

模拟电路广泛地包含电压基准和电流基准。这种基准是直流量,它与电源和工艺参数的关系很小,但与温度的关系是**确定**的。例如,一个差分对的偏置电流就必须根据基准产生,因为它会影响到电路的电压增益和噪声。我们也曾经看到过,运放需要精确的电压来确定其共模电平。在像 A/D 和 D/A 转换器这样的系统中,也需要基准来确定其输入或输出的满量程范围。

在本章中,我们主要讨论在 CMOS 技术中基准产生电路的设计,着重于公认的广泛应用的"带隙"技术。首先,我们研究与电源无关的偏置电路和启动问题。接着,阐述与温度无关的基准,研究诸如失调电压的影响等问题。最后,我们给出常数 G_m 偏置电路并研究一个目前最新发展水平的带隙基准实例。

12.1 概述

如上所述,产生基准的目的是建立一个与电源和工艺无关、具有确定温度特性的直流电压或电流。在大多数应用中,所要求的温度关系采取下面三种形式中的一种:

(1)与绝对温度成正比(PTAT);

(2)常数 G_m 特性,也就是,一些晶体管的跨导保持常数;

(3)与温度无关。

因此,我们可以将任务分为两个设计问题:与电源无关的偏置和温度变化关系的确定。

除了随电源、工艺、温度波动引起的性能变化外,基准产生电路的其它一些参数也是十分关键的。这些参数包括输出阻抗,输出噪声和功耗。我们会在本章后面的内容讨论这些问题。

12.2 与电源无关的偏置

在前面的章节中,我们所使用的偏置电流和电流镜都隐含地假设可以得到一个"理想的"基准电流。如图 12.1(a)所示,如果 I_{REF} 不随 V_{DD} 变化,并且忽略 M_2 和 M_3 的沟道长度调制效应,那么 I_{D2} 和 I_{D3} 就保持与电源电压无关。然而问题是:我们如何产生 I_{REF} 呢?

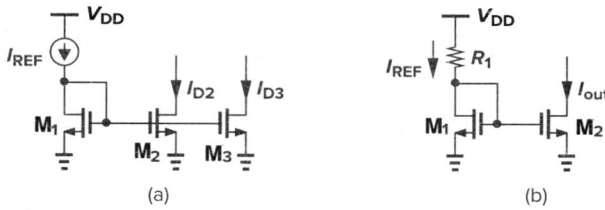

图 12.1 电流镜偏置使用

(a)理想电流源；(b)电阻

作为一种近似的电流源,我们将电阻接在 V_{DD} 和 M_1 的栅极之间,如图 12.1(b)所示。但是,这种电路的输出电流对 V_{DD} 很敏感：

$$\Delta I_{out} = \frac{\Delta V_{DD}}{R_1 + 1/g_{m1}} \frac{(W/L)_2}{(W/L)_1} \tag{12.1}$$

为了得出一个对 V_{DD} 不敏感的解决方法,我们假定电路必须由自己偏置,即 I_{REF} 必须通过某种方式由 I_{out} 得到。这种思想是如果 I_{out} 最终与 V_{DD} 无关,那么 I_{REF} 就可以是 I_{out} 的一个复制。图 12.2 是一个电路实现,M_3 和 M_4 复制了 I_{out},从而确定了 I_{REF}。从本质上讲,I_{REF} 被"自举"到 I_{out}。选择一定的 MOS 管尺寸,如果忽略沟道长度调制效应,我们有 $I_{out} = KI_{REF}$。请注意,因为每个二极管方式连接的器件都是由一个电流源驱动的,所以相对来说,I_{REF} 和 I_{out} 与 V_{DD} 无关。

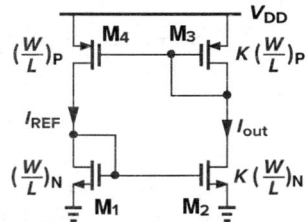

图 12.2 产生与电源无关的
电流的简单电路

由于图 12.2 中的 I_{REF} 和 I_{out} 几乎与 V_{DD} 无关,其大小就应由其它参数决定。那么我们如何计算这些电流呢? 有意思的是,如果 $M_1 \sim M_4$ 工作在饱和态,并且 $\lambda \approx 0$,那么电路就仅仅由等式 $I_{out} = KI_{REF}$ 决定,因此其电流值可以是**任意**的! 例如,如果我们最初强制 I_{REF} 的值定为 10 μA,得到的值为 $K \times 10$ μA 的 I_{out} 在环路中流动,在电路左边支路和右边支路就永远维持这两个电流值。

为了唯一确定电流值,我们对电路加入另一个约束,如图 12.3(a)所示的例子。图中,因为 PMOS 器件具有相同的尺寸,虽然要求 $I_{out} = I_{REF}$,但是电阻 R_S 会减小 M_2 的电流。我们可以写出 $V_{GS1} = V_{GS2} + I_{D2}R_S$,或

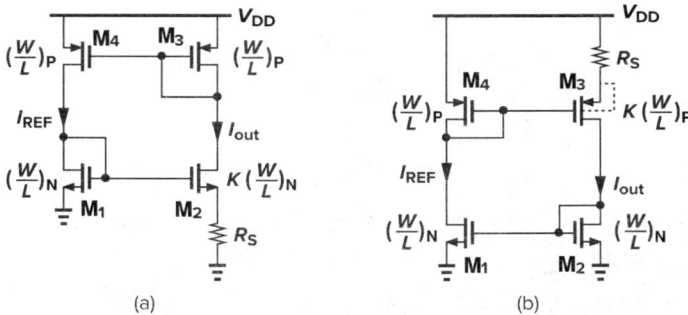

图 12.3 (a)为确定电流而增加 R_S；(b)消除体效应的替代电路

$$\sqrt{\frac{2I_{\text{out}}}{\mu_{\text{n}}C_{\text{ox}}(W/L)_{\text{N}}}} + V_{\text{TH1}} = \sqrt{\frac{2I_{\text{out}}}{\mu_{\text{n}}C_{\text{ox}}K(W/L)_{\text{N}}}} + V_{\text{TH2}} + I_{\text{out}}R_{\text{S}} \tag{12.2}$$

忽略体效应,我们有

$$\sqrt{\frac{2I_{\text{out}}}{\mu_{\text{n}}C_{\text{ox}}(W/L)_{\text{N}}}}\left(1 - \frac{1}{\sqrt{K}}\right) = I_{\text{out}}R_{\text{S}} \tag{12.3}$$

因此

$$I_{\text{out}} = \frac{2}{\mu_{\text{n}}C_{\text{ox}}(W/L)_{\text{N}}}\frac{1}{R_{\text{S}}^2}\left(1 - \frac{1}{\sqrt{K}}\right)^2 \tag{12.4}$$

正如所希望的,电流与电源电压无关(但仍旧是工艺和温度的函数)。

　　因为 M_1 和 M_2 的源极位于不同的电位,所以在前面计算中假设 $V_{\text{TH1}} = V_{\text{TH2}}$ 会产生一些误差。如图 12.3(b),一种简单的修补方案是在 M_3 的源极引入一个电阻,同时通过将每个 PMOS 晶体管极和衬底相连来消除体效应。另一种解决办法在习题 12.1 中讨论。

　　如果沟道长度调制可以忽略,图 12.3(a)和 12.3(b)的电路表现出很小的电源依赖性。正是由于这个原因,此电路中的所有晶体管均采用相对较长的沟道。这同时还可以降低它们的闪烁噪声。

例 12.1 ————————————————————————————————

　　在图 12.3(a)中,假设 $\lambda \neq 0$,估算由电源微小变化 ΔV_{DD} 所引起 I_{out} 的变化量。

　　解:将电路简化成如图 12.4 所示形式,其中 $R_1 = r_{\text{O1}} \parallel (1/g_{\text{m1}})$,$R_3 = r_{\text{O3}} \parallel (1/g_{\text{m3}})$,我们计算从 V_{DD} 到 I_{out} 的"增益"。M_4 的小信号栅源电压等于 $-I_{\text{out}}R_3$,通过 r_{O4} 的电流为 $(V_{\text{DD}} - V_X)/r_{\text{O4}}$,所以

$$\frac{V_{\text{DD}} - V_X}{r_{\text{O4}}} + I_{\text{out}}R_3 g_{\text{m4}} = \frac{V_X}{R_1} \tag{12.5}$$

如果我们把 M_2 和 R_S 的等效跨导表示为 $G_{\text{m2}} = I_{\text{out}}/V_X$,那么

$$\frac{I_{\text{out}}}{V_{\text{DD}}} = \frac{1}{r_{\text{O4}}}\left[\frac{1}{G_{\text{m2}}(r_{\text{O4}} \parallel R_1)} - g_{\text{m4}}R_3\right]^{-1} \tag{12.6}$$

从第 3 章可知

$$G_{\text{m2}} = \frac{g_{\text{m2}}r_{\text{O2}}}{R_{\text{S}} + r_{\text{O2}} + (g_{\text{m2}} + g_{\text{mb2}})R_{\text{S}}r_{\text{O2}}} \tag{12.7}$$

有趣的是,如果 $r_{\text{O4}} = \infty$,灵敏度就变为零了。

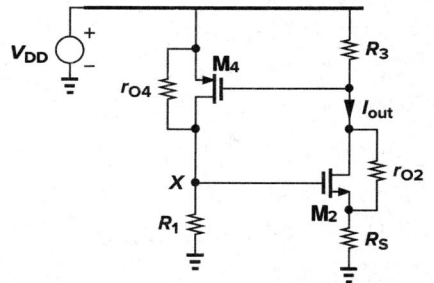

——

图 12.4

　　在一些应用中,由式(12.6)得到的灵敏度还是太大。而且,由于存在各种容性通路,电路的电源灵敏度一般在高频时会升高。由于这个原因,核心电路的电源电压经常是局部产生的、低灵敏度电压。我们将在 12.8 节再回到这个问题。

　　在与电源无关的偏置电路中有一个很重要的问题是"简并"偏置点的存在。例如在图 12.3(a)的电路中,如果当电源上电时,所有的晶体管均传输零电流,因为环路两边的分支

允许零电流,则它们可以无限期地保持关断。这种情况无法从式(12.4)中预计到,因为在对式(12.3)的处理中,我们将等式两边同除以 $\sqrt{I_{out}}$ 时默认 $I_{out} \neq 0$。换句话说,电路可以稳定在两种不同的工作状态中的一种。

　　上述问题被称为电路的启动问题,它可以通过增加一种电路加以解决,该电路在电源上电时能驱使电路摆脱简并偏置点。图 12.5 给出了一个简单的例子,二极管连接的器件 M_5 在上电时提供了从 V_{DD} 经 M_3,M_1 到地的电流通路。所以,M_3 和 M_1,从而 M_2 和 M_4 都不会保持关断。当然,这种方法只有在 $V_{TH1} + V_{TH5} + |V_{TH3}| < V_{DD}$ 和 $V_{GS1} + V_{TH5} + |V_{GS3}| > V_{DD}$ 的情况下才是实用的,后一个条件是为了保证在电路启动后 M_5 保持关断。另一个启动电路在习题 12.2 中分析。

　　启动问题一般需要仔细地分析和模拟。不仅在直流扫描仿真中要求电源电压为从 0 V 开始上升的斜坡电压(以确保寄生电容不会引起启动失败),而且也要在瞬态仿真中要求电源电压为从 0 V 开始上升的斜坡电压。另外,还必须在不同的电源电压下检查电路的特性。图 12.5(b)给出了在有启动电路的情况下,能观测到的电路特性的一个示例。在复杂的电路实现中,可能存在不止一个的简并点。

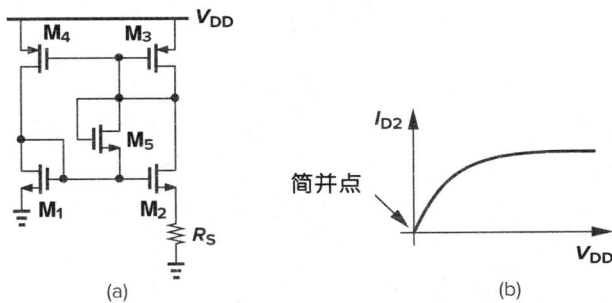

图 12.5　(a)在图 12.3(a)电路中增加启动器件;(b)简并点的示例

12.3　与温度无关的基准

　　与温度关系很小的电压或电流基准被证实在许多模拟电路中是必不可少的。值得注意的是,因为大多数工艺参数是随着温度变化的,所以如果一个基准是与温度无关的,那么通常它也是与工艺无关的。

　　我们如何产生一个对温度变化保持恒定的量呢?我们假设,如果将两个具有相反温度系数(TC)的量以适当的权重相加,那么结果就会显示出零温度系数。例如,对于随温度变化向相反方向变化的电压 V_1 和 V_2 来说,我们选取 α_1 和 α_2 使得 $\alpha_1 \partial V_1 / \partial T + \alpha_2 \partial V_2 / \partial T = 0$,这样就得到了具有零温度系数的电压基准,$V_{REF} = \alpha_1 V_1 + \alpha_2 V_2$。

　　现在我们必须确定具有正温度系数和负温度系数的两种电压。在半导体工艺的各种不同器件参数中,双极晶体管的特性参数被证实具有最好的重复性,并且具有能提供正温度系数和负温度系数的、严格定义的量。尽管 MOS 器件的许多参数已被考虑用于基准产生电路[1,2],但是双极电路还是形成了这类电路的核心。

12.3.1　负温度系数电压

双极晶体管的基极-发射极电压,或者更一般的说,pn 结二极管的正向电压,具有负温度系数。我们首先根据容易得到的量推出温度系数的表达式。

对于一个双极器件,我们可以写出 $I_C = I_S \exp(V_{BE}/V_T)$,其中 $V_T = kT/q$,饱和电流 I_S 正比于 $\mu k T n_i^2$,其中 μ 为少数载流子的迁移率,n_i 为硅的本征载流子浓度。这些参数与温度的关系可以表示为 $\mu \propto \mu_0 T^m$,其中 $m \approx -3/2$,并且 $n_i^2 \propto T^3 \exp[-E_g/(kT)]$,其中 $E_g \approx 1.12$ eV,为硅的带隙能量。所以

$$I_S = bT^{4+m} \exp \frac{-E_g}{kT} \tag{12.8}$$

其中 b 是一个比例系数。写出 $V_{BE} = V_T \ln(I_C/I_S)$,我们现在就可以计算基极-发射极电压的温度系数了。在 V_{BE} 对 T 取导数时,我们一定知道 I_C 也是温度的函数。为了简化分析,我们暂时假设 I_C 保持不变。这样

$$\frac{\partial V_{BE}}{\partial T} = \frac{\partial V_T}{\partial T} \ln \frac{I_C}{I_S} - \frac{V_T}{I_S} \frac{\partial I_S}{\partial T} \tag{12.9}$$

由式(12.8),我们有

$$\frac{\partial I_S}{\partial T} = b(4+m)T^{3+m} \exp \frac{-E_g}{kT} + bT^{4+m} \left(\exp \frac{-E_g}{kT} \right) \left(\frac{E_g}{kT^2} \right) \tag{12.10}$$

所以

$$\frac{V_T}{I_S} \frac{\partial I_S}{\partial T} = (4+m) \frac{V_T}{T} + \frac{E_g}{kT^2} V_T \tag{12.11}$$

由式(12.9)和式(12.11),我们可以得到

$$\frac{\partial V_{BE}}{\partial T} = \frac{V_T}{T} \ln \frac{I_C}{I_S} - (4+m) \frac{V_T}{T} - \frac{E_g}{kT^2} V_T \tag{12.12}$$

$$= \frac{V_{BE} - (4+m)V_T - E_g/q}{T} \tag{12.13}$$

等式(12.13)给出了在给定温度 T 下基极-发射极电压的温度系数,从中可以看出,它与 V_{BE} 本身的大小有关。当 $V_{BE} \approx 750$ mV,$T = 300$ K 时,$\partial V_{BE}/\partial T \approx -1.5$ mV/K。

在早期的双极工艺中,I_C/I_S 相对较小(因为晶体管很大),因此在室温下 $V_{BE} \approx 700$ mV,且 $\partial V_{BE}/\partial T \approx -1.9$ mV/K。现代的双极晶体管通常在更高的电流密度下工作,在室温下表现出的 $V_{BE} \approx 800$ mV,因此 $\partial V_{BE}/\partial T \approx -1.5$ mV/K。

从式(12.13)我们注意到,V_{BE} 的温度系数本身与温度有关,如果正温度系数的量表现出一个**固定的**温度系数,那么在恒定基准的产生电路中就会产生误差。

12.3.2　正温度系数电压

在 1964 年人们认识到,如果两个双极晶体管工作在不相等的电流密度下[①],那么它们的

---

① 电流密度定义为集电极电流 I_C 与饱和电流 I_S 的比值。

　　　　　　　　　　　　　　　　　　　　　　　　　463

基极-发射极电压的**差值**就与绝对温度成正比[3]。例如,如图 12.6 所示,如果两个同样的晶体管($I_{S1}=I_{S2}$)偏置的集电极电流分别为 nI_0 和 I_0 并忽略它们的基极电流,那么

$$\Delta V_{BE} = V_{BE1} - V_{BE2} \tag{12.14}$$

$$= V_T \ln \frac{nI_0}{I_{S1}} - V_T \ln \frac{I_0}{I_{S2}} \tag{12.15}$$

$$= V_T \ln n \tag{12.16}$$

这样,V_{BE} 的差值就表现出正温度系数:

$$\frac{\partial \Delta V_{BE}}{\partial T} = \frac{k}{q} \ln n \tag{12.17}$$

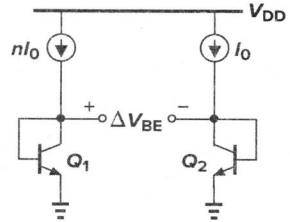

图 12.6　PTAT 电压产生电路

有趣的是,这个温度系数与温度或集电极电流的特性无关①。

例 12.2

为了在 $T=300$ K 时产生 1.5 mV/K 的温度系数,以抵消基极-发射极电压的温度系数,n 需要选择为何值?

解:我们选择 n 以使 $(k/q)\ln n = 1.5$ mV/K。由于 $k/q = V_T/T = 0.087$ mV/K,我们得到 $\ln n \approx 17.2$,所以,$n = 2.95 \times 10^7$! 因此,我们必须修改电路以避免两路电流存在如此大的差异。

例 12.3

计算图 12.7 电路中的 ΔV_{BE} 值,其中 Q_2 由 m 个单元器件并联构成,每个单元器件与 Q_1 相同。

解:忽略基极电流,我们可以写出

$$\Delta V_{BE} = V_T \ln \frac{nI_0}{I_S} - V_T \ln \frac{I_0}{mI_S} \tag{12.18}$$

$$= V_T \ln(mn) \tag{12.19}$$

因此,温度系数等于 $(k/q)\ln(nm)$。在该电路中,两个晶体管的电流密度相差 nm 倍。

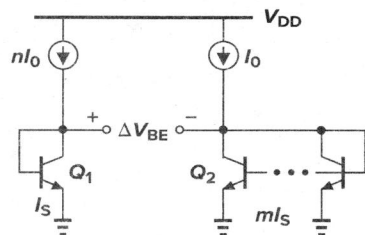

图 12.7

12.3.3　带隙基准

利用上面得到的正、负温度系数的电压,我们现在可以设计出一个令人满意的零温度系数的基准。我们有 $V_{REF} = \alpha_1 V_{BE} + \alpha_2 (V_T \ln n)$,这里 $V_T \ln n$ 是两个工作在不同电流密度下的双极晶体管的基极-发射极电压的差值。我们如何选择 α_1 和 α_2 呢? 因为在室温下 $\partial V_{BE}/\partial T \approx -1.5$ mV/K,然而,$\partial V_T/\partial T \approx +0.087$ mV/K,所以我们可以令 $\alpha_1 = 1$,选择 $\alpha_2 \ln n$ 使得 $(\alpha_2 \ln n)(0.087 \text{ mV/K}) = 1.5$ mV/K,也就是,$\alpha_2 \ln n \approx 17.2$,表明零温度系数的基准为

---

① 双极型晶体管特性中的非理想性会使这个温度系数与温度产生一很小的依赖性。

$$V_{REF} \approx V_{BE} + 17.2V_T \qquad (12.20)$$

$$\approx 1.25\ V \qquad (12.21)$$

现在让我们来设计一个完成 V_{BE} 和 $17.2V_T$ 相加的电路。首先,考虑如图 12.8 所示电路,这里假设基极电流可以忽略,晶体管 Q_2 是由 n 个并联的单元晶体管组成,而 Q_1 是一个单元晶体管。假设我们用某种方法强制 V_{O1} 和 V_{O2} 相等,那么 $V_{BE1} = RI + V_{BE2}$,即 $RI = V_{BE1} - V_{BE2} = V_T \ln n$。所以,$V_{O2} = V_{BE2} + V_T \ln n$,这意味着:如果 $\ln n \approx 17.2$,V_{O2} 就可以作为与温度无关的基准(当 V_{O1} 和 V_{O2} 保持相等时)。

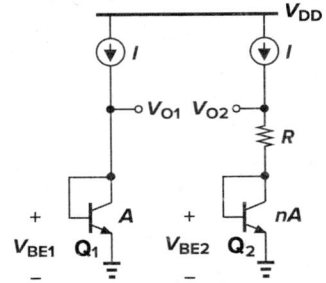

图 12.8　与温度无关的电压产生的原理

图 12.8 的电路需要作三处修改,才能成为实用的电路。首先,必须加入一种电路以保证 $V_{O1} = V_{O2}$。其次,由于 $\ln n = 17.2$,结果使得 n 值过大,需要通过按适当的比例增大 $RI = V_T \ln n$ 项。第三,V_{O2} 通过某种方式被强制与 V_{O1} 相等,它**不可能**与温度无关,这是因为 $V_{O2} \approx V_{BE1} \approx 800\ mV$。鉴于此,我们必须使 $V_{O2} = V_{BE2} + 17.2V_T \approx 1.25\ V$。如图 12.9 所示的是一个可以完成上述两个功能的实际电路[4]。这里,放大器 A_1 以 V_X 和 V_Y 为输入,驱动 R_1 和 R_2($R_1 = R_2$)

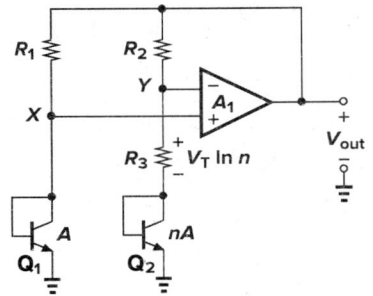

图 12.9　图 12.8 所示原理的实际电路

的上端,使得 X 点和 Y 点稳定在近似相等的电压。基准电压可以在放大器的输出端得到(而不是 Y 点)。根据对图 12.8 的分析,我们有 $V_{BE1} - V_{BE2} = V_T \ln n$,得到流过右边支路的电流为 $V_T \ln n / R_3$,因此输出电压为

$$V_{out} = V_{BE2} + \frac{V_T \ln n}{R_3}(R_3 + R_2) \qquad (12.22)$$

$$= V_{BE2} + (V_T \ln n)\left(1 + \frac{R_2}{R_3}\right) \qquad (12.23)$$

为了得到零温度系数,必须使 $(1 + R_2/R_3)\ln n \approx 17.2$。例如,我们可以选择 $n = 31, R_2/R_3 = 4$。注意,这个结果与电阻的温度系数无关。

图 12.9 所示的结构是如何解决上述的第三个问题的呢?理解这一点是非常有趣的:我们并没有企图使 $V_Y(\approx V_{BE1})$ 与温度无关;相反地,我们是将 R_3 上的 PTAT 压降放大到 $1 + R_2/R_3$ 倍,再将这个结果加到 V_{BE2} 上。

例 12.4

在图 12.9 中,R_1 和 R_2 相等,并且承担了相等的电压。每个电阻流过的电流为 $(V_T \ln n)/R_3$。因此,我们可以得到

$$V_{out} = V_{BE1} + (V_T \ln n)\frac{R_1}{R_3} \qquad (12.24)$$

如果我们已经选择 $(V_T \ln n)(1 + R_2/R_3) = 17.2V_T$,则上式第二项并不等于 $17.2V_T$。请解释这个矛盾。

解:式(12.23)的第一项与式(12.24)的第一项是不同的。我们将 $V_{BE1} = V_{BE2} + V_T \ln n$ 代

入式(12.13),可得

$$\frac{\partial V_{BE1}}{\partial T} = \frac{V_{BE2} + V_T \ln n - (4+m)V_T - E_g/q}{T} \quad (12.25)$$

$$= \frac{\partial V_{BE2}}{\partial T} + \frac{k}{q} \ln n \quad (12.26)$$

因此

$$\frac{\partial V_{out}}{\partial T} = \frac{\partial V_{BF1}}{\partial T} + \left(\frac{k}{q}\ln n\right)\frac{R_1}{R_3} \quad (12.27)$$

$$= \frac{\partial V_{BE2}}{\partial T} + \left(\frac{k}{q}\ln n\right)\left(1 + \frac{R_1}{R_3}\right) \quad (12.28)$$

上式与式(12.23)是一致的。

图 12.9 的电路必然产生许多设计问题,下面我们一一进行讨论。

集电极电流变化

图 12.9 的电路违背了我们早先的一个假设:由 $V_T \ln n/R_3$ 给出的晶体管 Q_1 和 Q_2 的集电极电流是正比于 T 的,而 $\partial V_{BE}/\partial V_T \approx -1.5$ mV/K 是由固定电流导出的。如果集电极电流与绝对温度成正比,那么 V_{BE} 的温度系数该如何变化呢? 作为一阶迭代解,让我们假设 $I_{C1} = I_{C2} \approx (V_T \ln n)/R_3$。回到等式(12.9)并加入$\partial I_C/\partial T$,得到

$$\frac{\partial V_{BE}}{\partial T} = \frac{\partial V_T}{\partial T}\ln \frac{I_C}{I_S} + V_T\left(\frac{1}{I_C}\frac{\partial I_C}{\partial T} - \frac{1}{I_S}\frac{\partial I_S}{\partial T}\right) \quad (12.29)$$

由于$\partial I_C/\partial T \approx V_T \ln n/(R_3 T) = I_C/T$,我们有

$$\frac{\partial V_{BE}}{\partial T} = \frac{\partial V_T}{\partial T}\ln \frac{I_C}{I_S} + \frac{V_T}{T} - \frac{V_T}{I_S}\frac{\partial I_S}{\partial T} \quad (12.30)$$

因此,式(12.13)被改为

$$\frac{\partial V_{BE}}{\partial T} = \frac{V_{BE} - (3+m)V_T - E_g/q}{T} \quad (12.31)$$

这表明,温度系数比-1.5 mV/K 的绝对值略小一些。实际上,精确仿真对预测温度系数是必要的。

与 CMOS 工艺的兼容性

无论对于正的或是负的温度系数的量,我们推导出的与温度无关的电压都是依赖于双极器件的指数特性。所以我们必须在标准 CMOS 工艺中找到具有这种特性的结构。

在 n 阱工艺中,pnp 晶体管可以按图 12.10 所示结构构成。n 阱中的 p+区(与 PFETs 的

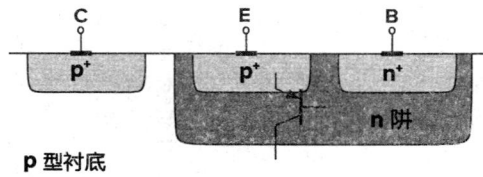

图 12.10　CMOS 工艺中 pnp 双极晶体管的实现

源漏区相同)作为发射区,n 阱本身作为基区。p 型衬底
作为集电区,并且必然接到最负的电源(通常为地)。所
以图 12.9 的电路可以重画成图 12.11 所示的形式。

运放的失调和输出阻抗

正如第 14 章中所解释的,由于不对称性,运放会受
到输入"失调"的影响,失调也就是,如果运放输入为零
而其输出电压并不为零。图 12.9 电路中运放的输入失
调电压会使输出电压产生误差。如图 12.12 所示,这种
影响被量化为 $V_{BE1} - V_{OS} \approx V_{BE2} + R_3 I_{C2}$(如果 A_1 很大)
和 $V_{out} = V_{BE2} + (R_3 + R_2) I_{C2}$。这样

$$V_{out} = V_{BE2} + (R_3 + R_2) \frac{V_{BE1} - V_{BE2} - V_{OS}}{R_3}$$
$$(12.32)$$

$$= V_{BE2} + \left(1 + \frac{R_2}{R_3}\right)(V_T \ln n - V_{OS}) \quad (12.33)$$

尽管存在失调电压,式中我们依然假设了 $I_{C1} \approx I_{C2}$。
这里的关键问题是失调电压被放大了 $1 + R_2/R_3$ 倍,
在 V_{out} 中引入了误差。更重要的是,正如在第 14 章
中讲到的,V_{OS} 本身随温度变化,因此增大了输出电压
的温度系数。

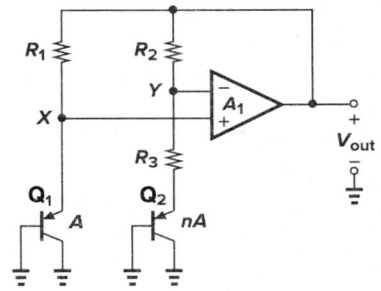

图 12.11   用 pnp 晶体管实现
图 12.9 中的电路

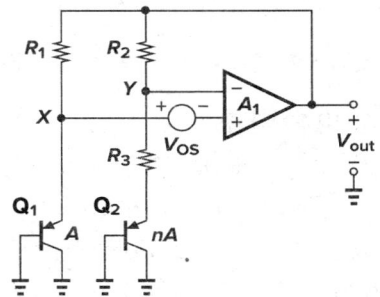

图 12.12   基准电压中运放失调电压的影响

例 12.5

在图 12.12 中,假定运放是理想的,请确定从 V_{OS} 到 V_{out} 的小信号增益。

解:在运放无失调的情况下,两只二极管连接的双极晶体管流过相同的偏置电流,表现出
的跨导为 g_m。将 Q_1 和 Q_2 用值为 $1/g_m$ 的电阻代替,并且注意到 $V_X - V_{OS} = V_Y$,我们可以写
出下面的小信号方程式

$$\frac{1/g_m}{1/g_m + R_1} V_{out} - V_{OS} = \frac{1/g_m + R_3}{1/g_m + R_3 + R_2} V_{out} \quad (12.34)$$

由于 $R_1 = R_2$,所以有

$$\frac{V_{out}}{V_{OS}} = -\left[1 + \frac{1}{g_m R_2} + \frac{(1/g_m + R_2)^2}{R_2 R_3}\right] \quad (12.35)$$

如果 $g_m R_2 \gg 1$,则 $V_{out}/V_{OS} \approx -(1 + R_2/R_3)$,这与我们之前得到的结果相符。(毕竟,如果
$1/g_m \approx 0$,则 V_{OS} 只是输入到一个增益为 $1 + R_2/R_3$ 的同相放大器)。

为什么式(12.35)不能与式(12.33)中的 $-V_{OS}(1 + R_2/R_3)$ 分量完全相符呢?回顾之前的
推导,尽管存在失调电压,式(12.33)是在假设 $I_{C1} \approx I_{C2}$ 的条件下推导得来的。由于 $V_X - V_{OS}$
$= V_Y$,我们得到 $I_{C1} R_1 - V_{OS} = I_{C2} R_2$,因此 $I_{C1} = I_{C2} + V_{OS}/R_2$。我们回到式(12.32),并且重新
得到

$$V_{BE1} - V_{BE2} - V_{OS} = V_T \ln \frac{I_{C1}}{I_{S1}} - V_T \ln \frac{I_{C2}}{I_{S2}} - V_{OS} \quad (12.36)$$

$$= V_T \ln n - V_T \ln \frac{I_{C1}}{I_{C2}} - V_{OS} \tag{12.37}$$

$$= V_T \ln n - V_T \ln \left(1 + \frac{V_{OS}}{R_2 I_{C2}}\right) - V_{OS} \tag{12.38}$$

$$\approx V_T \ln n - V_T \frac{V_{OS}}{R_2 I_{C2}} - V_{OS} \tag{12.39}$$

$$\approx V_T \ln n - \left(1 + \frac{1}{g_m R_2}\right) V_{OS} \tag{12.40}$$

因此,失调电压对输出的贡献达到$-[1+1/(g_m R_2)](1+R_2/R_3)V_{OS}$,这与式(12.35)近似相同。

有许多方法可以减小失调电压 V_{OS} 的影响。首先,运放采用大尺寸器件并仔细选择版图的布局使得失调最小(第 19 章)。其次,如图 12.7 所示,Q_1 和 Q_2 的集电极电流比率可以置为m,使得 $\Delta V_{BE} = V_T \ln(mn)$。第三,电路的每个分支可以采用两个 pn 结串联的形式使 ΔV_{BE} 增加一倍。图 12.13 给出了使用后两种方法的实现电路。这里,R_1 和 R_2 的比例系数为 m,使得 $I_1 = mI_2$。忽略基极电流并假定 A_1 很大,我们可以得到 $V_{BE1}+V_{BE2}-V_{OS}=V_{BE3}+V_{BE4}+R_3 I_2$ 和 $V_{out}=V_{BE3}+V_{BE4}+(R_3+R_2)I_2$,由此可得

$$V_{out} = V_{BE3} + V_{BE4} + (R_3 + R_2)\frac{2V_T \ln(mn) - V_{OS}}{R_3} \tag{12.41}$$

$$= 2V_{BE} + \left(1 + \frac{R_2}{R_3}\right)[2V_T \ln(mn) - V_{OS}] \tag{12.42}$$

这样,失调电压的影响通过增大方括号中第一项的值而减小了。然而,问题是 $V_{out} \approx 2 \times 1.25$ V $= 2.5$ V,在低电源电压下运放很难产生这样的值。

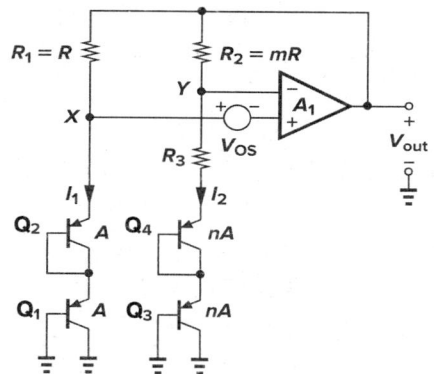

图 12.13　运放失调影响的减小

519

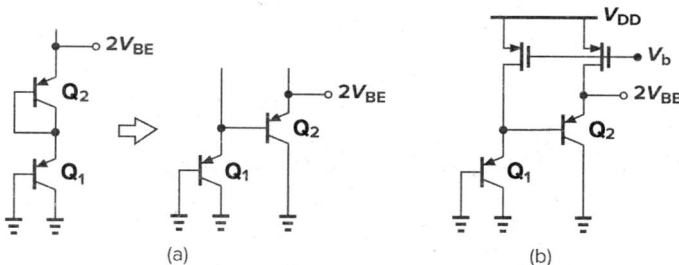

(a)　　　　　　　(b)

图 12.14　(a)串联二极管转变为集电极接地结构;(b)PMOS电流源偏置的(a)图电路

在上面分析的电路中,运放需要驱动两个电阻支路,因此必须提供低的输出阻抗。幸运的是,可以通过下面将要给出的简单的改进来避免这一问题。

图 12.13 所示的电路实现在标准 CMOS 工艺中是不可行的,因为 Q_2 和 Q_4 的集电极没有接地。为了利用图 12.10 所示的双极结构,我们将二极管串联连接改成如图 12.14(a)所示的形式,将其中一个二极管变为射极跟随器。但是我们还必须保证两个晶体管的偏置电流具有

相同的温度特性。因此,我们用 PMOS 电流源而不是电阻来给晶体管提供偏置[图 12.14(b)]。那么,总的电路结构呈现为图 12.15 所示形式,其中,运放调节 PMOS 管的栅极电压以确保 V_X 和 V_Y 相等。有意思的是,在这个电路中运放没有阻性负载,但 PMOS 器件的失配和沟道长度调制效应都会在输出引入误差[习题 12.3(d)]。

图 12.15 电路中我们所关心的一个问题是"当地"pnp 晶体管的电流增益相对较低。由于 Q₂ 和 Q₄ 的基极电流给 Q₁ 和 Q₃ 的发射极电流带来误差,也许有必要采用基极电流消除的方法(见习题 12.5)。

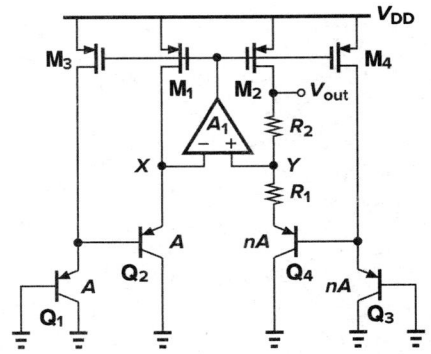

图 12.15 包含两个串联基极-射极电压的基准产生器

反馈极性

在图 12.9 的电路中,由运放产生的反馈信号回到了自己的两个输入端。其负反馈系数由下式给出:

$$\beta_N = \frac{1/g_{m2} + R_3}{1/g_{m2} + R_3 + R_2} \tag{12.43}$$

而正反馈系数为

$$\beta_P = \frac{1/g_{m1}}{1/g_{m1} + R_1} \tag{12.44}$$

为了确保总的是负反馈,β_P 必须小于 β_N,最好选取 $\beta_P \approx (1/2)\beta_N$,以便电路在有大电容负载时的瞬态响应还能保持良好的性能。

带隙基准

根据式(12.20)产生的电压被称为"带隙基准"。为了理解这个专业术语的由来,我们将输出电压写为

$$V_{REF} = V_{BE} + V_T \ln n \tag{12.45}$$

因此得

$$\frac{\partial V_{REF}}{\partial T} = \frac{\partial V_{BE}}{\partial T} + \frac{V_T}{T} \ln n \tag{12.46}$$

将此式置为零,并用式(12.13)代替 $\partial V_{BE}/\partial V_T$,我们有

$$\frac{V_{BE} - (4+m)V_T - E_g/q}{T} = -\frac{V_T}{T} \ln n \tag{12.47}$$

如果由此式得到 $V_T \ln n$ 并代入式(12.45)中,我们得到

$$V_{REF} = \frac{E_g}{q} + (4+m)V_T \tag{12.48}$$

这样,额定零温度系数的电压基准就由一些**基本**数字给出:硅的带隙电压 E_g/q,迁移率的温度指数 m,和热电势 V_T。因为当 $T\to 0$,$V_{REF}\to E_g/q$,所以这里使用"带隙"这个术语。

例 12.6

直接证明当 $T\to 0$ 时,$V_{BE}\to E_g/q$,因此可以得到 $V_{REF}=V_{BE}+V_T \ln n \to E_g/q$。

证：从式(12.8)我们可以得到

$$V_{BE} = V_T \ln \frac{I_C}{I_S} \tag{12.49}$$

$$= V_T \left[\ln I_C - \ln b - (4+m)\ln T + \frac{E_g}{kT} \right] \tag{12.50}$$

因此,如果 $T \to 0$ 且 I_C 为常数,就可以得到 $V_{BE} \to E_g/q$。

电源影响与启动问题

在图 12.9 的电路中,只要运放的开环增益足够高,输出电压就相对独立于电源电压。但是,如果 V_X 和 V_Y 均等于零,运放的输入差动对可能会关断,所以电路可能需要启动机制。我们可以增加与图 12.5 所示的相似的启动技术,以保证运放在上电时能正常工作。

由于运放的抑制特性,电路的电源抑制性能一般在高频时会降低,因此通常必须采用"电源调节"。在 12.7 节中将举例阐述。

曲率校正

如果绘制带隙电压对温度的函数曲线,则曲线呈现出有限的"曲率",也就是带隙电压的温度系数 TC 在某一温度下为零,在其它温度下为正值或负值,如图 12.16 所示。这个曲率是由于基极-发射极电压、集电极电流和失调电压随温度改变引起的。

在双极带隙电路中,产生了许多曲率校正技术来抑制 V_{REF} 的变化[5,6],但是这些技术很少用于对应的 CMOS 电路。这是因为由于 CMOS 工艺存在大的失调电压和工艺偏差,带隙基准的样品会表现出

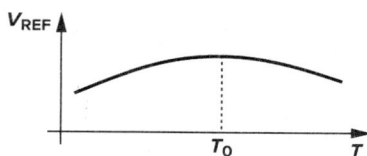

图 12.16　带隙电压的温度相关性的曲率

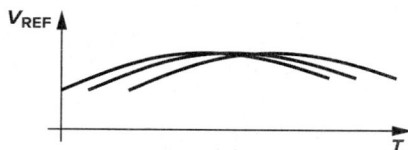

图 12.17　不同样本零温度系数
对应温度的偏差

明显不同的零温度系数对应的温度值,如图 12.17 所示,使得可靠地校正曲率变得很困难。　522

12.4　PTAT 电流的产生

在带隙电路的分析中,我们注意到双极晶体管的偏置电流实际上是与绝对温度成正比(PTAT:proportional to absolute temperature)的。PTAT 电流在许多应用中是很有效的,它可以通过如图 12.18 所示电路产生。它也可以用另外一种方法产生,我们可以将图 12.2 所示的与电源无关的偏置电路和双极晶体管结合,得到如图 12.19 的电路[①]。为了简单起见,假设 $M_1 \sim M_2$ 和 $M_3 \sim M_4$ 均为相同的对管,我们注

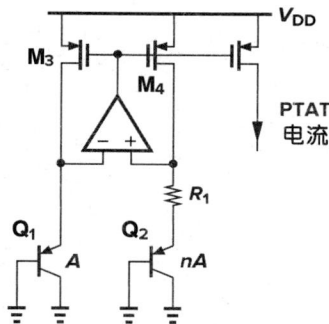

图 12.18　PTAT 电流的生成

① 图 12.18 和图 12.19 中的两个电路存在不同的电源抑制特性。仔细设计运放,前者可达到更高的电源抑制性能。

意到:要使 $I_{D1} = I_{D2}$,电路必须保证 $V_X = V_Y$。所以,$I_{D1} = I_{D2} = (V_T \ln n)/R_1$,结果,使 I_{D5} 产生了同样的特性。在实际应用中,由于晶体管之间的不匹配,以及更重要的是由于 R_1 的温度系数,I_{D5} 的变化会偏离理想的等式。

图 12.18 的电路也可以很容易地改为产生带隙基准电压的电路。如图 12.20 所示,其思想是将 PTAT 电压 $I_{D5}R_2$ 加到基极-发射极电压上。因此输出电压等于

523

$$V_{REF} = V_{BE3} + \frac{R_2}{R_1} V_T \ln n \tag{12.51}$$

这里假设所有的 PMOS 管都是相同的。注意,只要保证式(12.51)中两项之和是零温度系数,V_{BE3} 的值以及因此对 Q_3 的尺寸的选择,都可以有几分任意性。实际上,PMOS 器件的失配会给输出电压 V_{out} 带来误差。

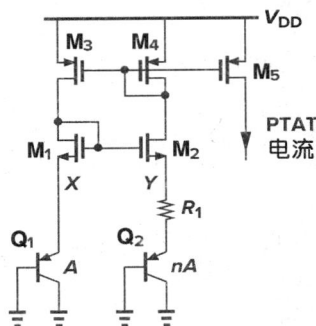

图 12.19　采用简单放大器生成 PTAT 电流　　　图 12.20　与温度无关的电压的生成

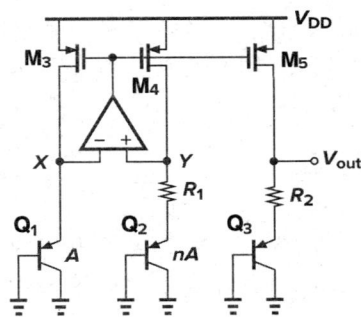

12.5　恒定 G_m 偏置

MOSFETs 的跨导在模拟电路中起着关键的作用,它决定了诸如噪声,小信号增益,速度等性能参数。正因为如此,经常希望偏置一些晶体管,使它们的跨导不依赖于温度、工艺和电源电压。

图 12.3 所示的与电源无关的偏置电路是一个确定跨导的简单电路。我们记得,其偏置电流为

$$I_{out} = \frac{2}{\mu_n C_{ox}(W/L)_N} \frac{1}{R_S^2} \left(1 - \frac{1}{\sqrt{K}}\right)^2 \tag{12.52}$$

因此,M_1 的跨导等于

$$g_{m1} = \sqrt{2\mu_n C_{ox}\left(\frac{W}{L}\right)_N I_{D1}} \tag{12.53}$$

$$= \frac{2}{R_S}\left(1 - \frac{1}{\sqrt{K}}\right) \tag{12.54}$$

这是一个与电源电压和 MOS 器件参数都无关的值。

实际上,式(12.54)中的 R_S 值是随温度和工艺的变化而改变的。如果电阻的温度系数已知,那么就可以利用带隙基准和 PTAT 基准产生技术来消除电阻对温度的相关性。然而,工艺的变化限制了确定 g_{m1} 的精度。

在能够获得精确时钟频率的系统中,图 12.3 中的电阻 R_S 可以用开关电容等效电阻(第 13 章)来代替以达到更高一些的精度。如图 12.21 所示,其思想是在 M_2 管的源极和地之间放置一个平均值为 $(C_S f_{CK})^{-1}$ 的电阻,其中 f_{CK} 是时钟频率。增加电容 C_B,用来将开关产生的高频分量旁路到对地。因为电容的绝对值一般能较精确地控制,并且电容的温度系数比电阻的小得多,所以这种技术在偏置电流和跨导方面提供了更好的可重复性。

524

图 12.21 的开关电容方法也同样可以用于其它电路。例如,如图 12.22 所示,可以构建一个相对高精度的电压-电流转换器电路。

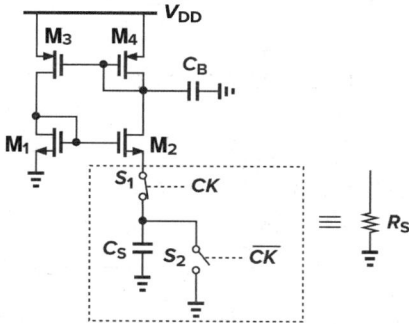

图 12.21 通过开关电容的"电阻"实现
恒定 G_m 偏置

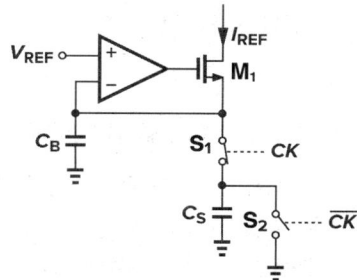

图 12.22 通过开关电容电阻实
现的电压-电流转换

12.6 速度与噪声问题

尽管基准产生器是低频电路,但它们可能影响使用此基准的电路的速度。此外,不同模块可能会通过基准的一些连线产生"串扰"。这些问题的出现是因为基准电压产生器的输出阻抗是有限的,特别是如果它包含运算放大器的话。作为一个例子,我们来分析图 12.23 的电路结构。假设结点 N 的电压受到以 M_5 为电流源的电路的严重干扰,对于 V_N 电压的快速变化,运算放大器无法保持 V_P 固定不变,使 M_5 和 M_6 的偏置电流会有很大的瞬态变化。而且,如果运算放大器的响应很慢,P 点过渡的持续时间可能会相当长。由于这个原因,在基准产生器中许多应用需要高速的运算放大器。

在要求基准电路功耗必须很小的系统中,采用高速运算放大器也许是不可行的。换另外一种方法,可以将电路的关键结点,例如图12.23中的 P 点,通过大电容器(C_B)旁路到地来抑制外界干扰的影响。但这种方法带来两个问题:第一,运放的稳定性不应由于加了电容而降低,所以要求运放是一级运放(见第 10 章);第二,由于电容 C_B 通常会减慢运放的瞬态响应,因此它的值必须比把干扰耦合到 P 点的电容大得多。如图 12.24 所示,如果 C_B 不够大,那么 V_P 会产生变化,并且需要很长时间才能恢复到它原来的值,这样有可能降低由基准产生器偏置的电路的稳定

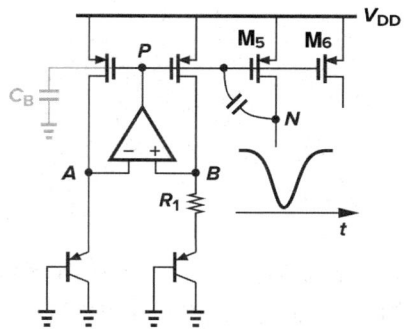

图 12.23 基准电压和电流上的
电路瞬变的影响

525

速度。另一方面,让 P 点保持灵活性使其能够从瞬态变化中迅速恢复过来可能更好,这一点取决于电路的应用环境。通常,如图 12.25 所示,电路的响应必须通过在输出端施加干扰并观测其稳定特性来分析。

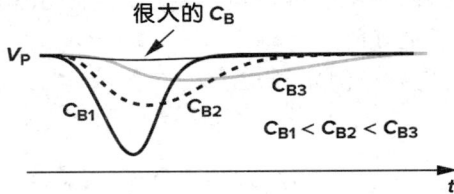

图 12.24　增大旁路电容对基准产生器响应的影响　　12.25　基准产生器瞬态响应的装置测试方法

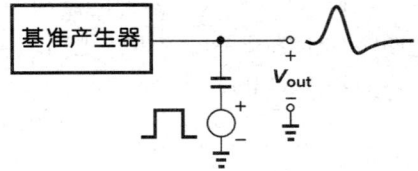

例 12.7

确定如图 12.23 所示带隙基准的小信号输出阻抗,并分析它的频率特性。

解:图 12.26 给出了等效电路,它将开环运放等效为单极点传输函数 $A(s)=A_0/(1+s/\omega_0)$ 和一个输出电阻 R_{out} 的模型,将每个双极晶体管等效为电阻 $1/g_{mN}$ 的模型。如果 M_1 和 M_2 管相同,跨导都为 g_{mP},那么它们的漏极电流等于 $g_{mP}V_X$,从而在运放的输入端产生的差模电压等于

图 12.26　基准产生器的输出阻抗计算电路

$$V_{AB} = -g_{mP}V_X \frac{1}{g_{mN}} + g_{mP}V_X \left(\frac{1}{g_{mN}} + R_1 \right) \tag{12.55}$$

$$= g_{mP}V_X R_1 \tag{12.56}$$

因此,通过电阻 R_{out} 的电流为

$$I_X = \frac{V_X + g_{mP}V_X R_1 A(s)}{R_{out}} \tag{12.57}$$

得出

$$\frac{V_X}{I_X} = \frac{R_{out}}{1 + g_{mP}R_1 A(s)} \tag{12.58}$$

$$= \frac{R_{out}}{1 + g_{mP}R_1 \dfrac{A_0}{1+s/\omega_0}} \tag{12.59}$$

$$= \frac{R_{out}}{1 + g_{mP}R_1 A_0} \frac{1 + \dfrac{s}{\omega_0}}{1 + \dfrac{s}{(1 + g_{mP}R_1 A_0)\omega_0}} \tag{12.60}$$

所以,输出阻抗在 ω_0 处存在一个零点,在 $(1+g_{mP}R_1 A_0)\omega_0$ 点有一极点,图 12.27 画出了幅频特性。可以看到 $|Z_{out}|$ 的值在 $\omega<\omega_0$ 时很小,但当频率接近极点时,它会上升到很大的值。事实上,将 ω 置为 $\omega=(1+g_{mP}R_1 A_0)\omega_0$,并假设 $g_{mP}R_1 A_0 \gg 1$,我们有

$$|Z_{out}| = \frac{R_{out}}{1 + g_{mP}R_1 A_0} \left| \frac{1 + j(1 + g_{mP}R_1 A_0)}{1+j} \right| \tag{12.61}$$

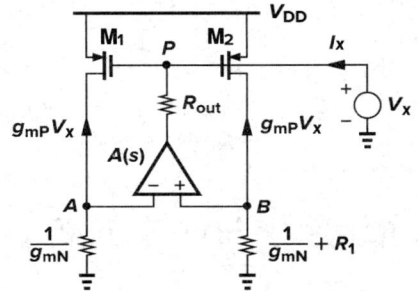

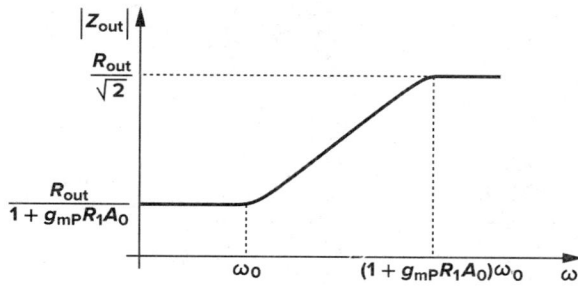

图 12.27 基准产生器的输出阻抗随频率的变化

$$= \frac{R_{out}}{\sqrt{2}} \qquad (12.62)$$

这仅仅比开环值低大约 30%。

527

基准产生器的输出噪声可能会显著地影响低噪声电路的性能。图 12.28 给出了一个例子：一个共源放大器的负载电流源由带隙基准电路偏置，并且电流倍增系数为 N。因此，M_1（或 M_2）的噪声在 M_3 中被放大了同样的倍数。注意，$M_1 \sim M_3$ 中也会传输由运放 A_1 引起的噪声。

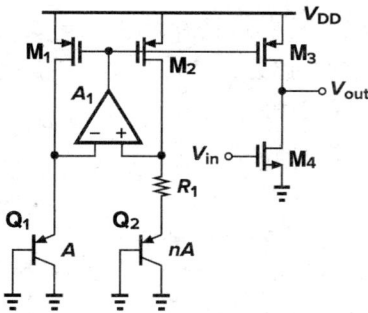

图 12.28 带隙基准电路噪声对共源级的影响

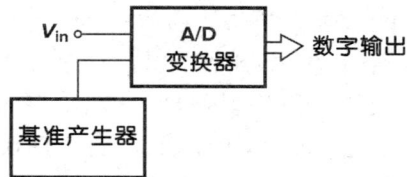

图 12.29 采用基准产生器的 A/D 转换器

作为另一个例子，如果高精度 A/D 转换器采用带隙电压作为基准来与模拟输入信号进行比较，如图 12.29 所示，那么基准的噪声就直接加到了输入端。

作为一个简单的例子，我们来计算图 12.30 所示电路的输出噪声电压，这里只考虑运放的输入参考噪声电压 $V_{n,op}$。由于 M_1 和 M_2 管的小信号漏电流等于 $V_{n,out}/(R_1 + g_{mN}^{-1})$，我们有 $V_P = -g_{mP}^{-1}V_{n,out}/(R_1 + g_{mN}^{-1})$，从而得到运放的输入差动电压为 $-g_{mP}^{-1}A_0^{-1}V_{n,out}/(R_1 + g_{mN}^{-1})$。从 A 点出发，得到方程

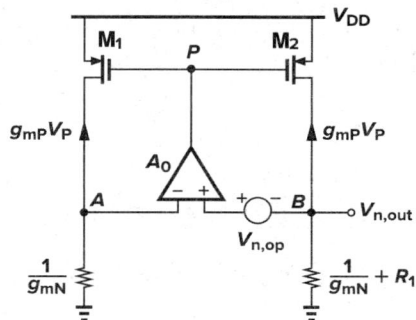

图 12.30 计算基准产生器噪声的电路

528

$$\frac{V_{\mathrm{n,out}}}{R_1+g_{\mathrm{mN}}^{-1}}\frac{1}{g_{\mathrm{mN}}}-\frac{V_{\mathrm{n,out}}}{g_{\mathrm{mP}}A_0(R_1+g_{\mathrm{mN}}^{-1})}=V_{\mathrm{n,op}}+V_{\mathrm{n,out}} \tag{12.63}$$

因此

$$V_{\mathrm{n,out}}\left[\frac{1}{R_1+g_{\mathrm{mN}}^{-1}}\left(\frac{1}{g_{\mathrm{mN}}}-\frac{1}{g_{\mathrm{mP}}A_0}\right)-1\right]=V_{\mathrm{n,op}} \tag{12.64}$$

因为通常情况下 $g_{\mathrm{mP}}A_0\gg g_{\mathrm{mN}}\gg R_1^{-1}$,所以

$$|V_{\mathrm{n,out}}|\approx V_{\mathrm{n,op}} \tag{12.65}$$

这表明,运放的噪声直接出现在输出端。注意,即使在输出端与地间增加一个大电容,也无法抑制低频 $1/f$ 噪声成分,这在低噪声应用中是个严重的困难。电路中其它器件带来的噪声将在习题 12.6 中分析。

12.7 低压带隙基准

由式(12.20)给出的带隙基准电压大约为 $1.25\,\mathrm{V}$,因而难以在低电源电压下实现。其根本限制在于,我们必须在一个 V_{BE} 的基础上加上 $17.2V_T$,以获得零温度系数。

我们是否能够将两路分别具有正温度系数和负温度系数的**电流**相加,再将结果转换为具有零温度系数的任意电压值呢(如图 12.31 所示)? 还记得在图 12.18 中,我们能很容易地产生一个值为 $V_T\ln n/R$ 的 PTAT 电流。我们同样可以想象产生另一路具有 V_{BE}/R 形式的电流,并将其作为负温度系数电流。但是,我们如何才能以最低的电路复杂度产生这样一路电流呢?

让我们回到图 12.18 所示的电路,假定 M_3 和 M_4 完全相同,并且注意到 $|I_{\mathrm{D4}}|=V_T\ln n/R_1$ 是一个 PTAT 电流。我们给 Q_2 并联一个电阻,如图 12.32(a)所示。我们看到,现在 R_1 将流过一路额外的电流,其值等于 $|V_{\mathrm{BE2}}|/R_2$,这是一般具有负温度系数的电流。然而,不幸的是,由于现在 $I_{\mathrm{C1}}\ne I_{\mathrm{C2}}$,PTAT 特性因此受到影响。幸运的是,我们可以通过一个简单的改进来解决这个问题:如图 12.32(b)所示,我们将 R_2 接在 Y 与地之间,并且给 Q_1 并联另一个电阻。该结构由 Banba 等人提出[8],它适合于低压实现,需要的最低 V_{DD} 为 $V_{\mathrm{BE1}}+|V_{\mathrm{DS3}}|$。

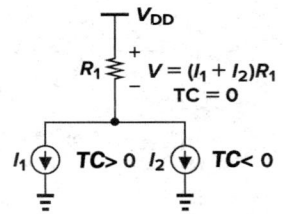

图 12.31 将两路具有相反温度系数的电流相加以便得到具有零温度系数的结果

为了分析该电路,我们观察到 $V_X\approx V_Y\approx|V_{\mathrm{BE1}}|$,并且 $I_{\mathrm{D3}}=I_{\mathrm{D4}}$,因此有

$$I_{\mathrm{C1}}+\frac{|V_{\mathrm{BE1}}|}{R_3}=I_{\mathrm{C2}}+\frac{|V_{\mathrm{BE1}}|}{R_2} \tag{12.66}$$

如果 $R_2=R_3$,从上式可得 $I_{\mathrm{C1}}=I_{\mathrm{C2}}$。我们依然有 $|V_{\mathrm{BE1}}|=|V_{\mathrm{BE2}}|+I_{\mathrm{C2}}R_1$,并因此可以得到 $I_{\mathrm{C2}}=V_T\ln n/R_1$。该电流与流过 R_2 的电流($|V_{\mathrm{BE1}}|/R_2$)一起形成了 $|I_{\mathrm{D4}}|$:

$$|I_{\mathrm{D4}}|=\frac{V_T\ln n}{R_1}+\frac{|V_{\mathrm{BE1}}|}{R_2} \tag{12.67}$$

$$=\frac{1}{R_2}\left(|V_{\mathrm{BE1}}|+\frac{R_2}{R_1}V_T\ln n\right) \tag{12.68}$$

将$(R_2/R_1)V_T\ln n$设计为约等于$17.2V_T$,就可以使I_{D4}具有零温度系数。该电流被复制并流过一个电阻(如图 12.32(c)所示),从而产生一个零温度系数电压。如果 M_5 与 M_4 完全相同,则该电压为[8]

$$V_{BG} = \frac{R_4}{R_2}\left(\mid V_{BE1}\mid + \frac{R_2}{R_1}V_T\ln n\right) \tag{12.69}$$

我们选择$(R_2/R_1)\ln n \approx 17.2$,使可使 V_{BG} 具有零温度系数,并且其值可以低于传统的 1.25 V 的限制。

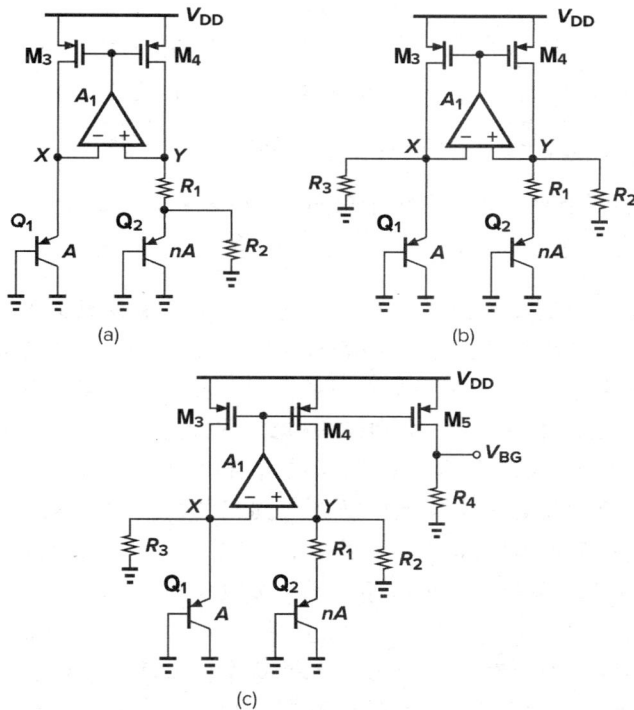

图 12.32 (a)为了使 M_4 的漏极电流与温度无关所做的尝试;(b)获得零温度系数电流的改进电路;
(c)产生具有零温度系数的任意小的电压

例 12.8 ——

如果图 12.32(c)中运放的输入参考失调电压为 V_{OS},请确定 V_{BG} 的值。   530

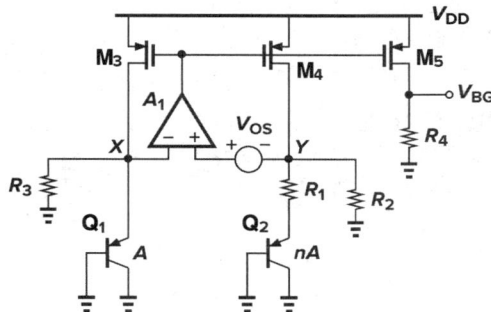

图 12.33

解:如图 12.33 所示,我们现在得到 $V_X \approx V_Y + V_{OS} \approx |V_{BE1}|$,并且可以得出

$$I_{C1} + \frac{|V_{BE1}|}{R_3} = I_{C2} + \frac{|V_{BE1}| - V_{OS}}{R_2} \tag{12.70}$$

上式表明,如果 $R_2 = R_3$,则有 $I_{C1} = I_{C2} - V_{OS}/R_2$。由于 $|V_{BE1}| = |V_{BE2}| + R_1 I_{C2} + V_{OS}$,我们得到 $I_{C2} = (V_T \ln n - V_{OS})/R_1$。这个电流与流过 R_2 的电流(即 $|V_{BE1}| - V_{OS}/R_2$)相加,得到 $|I_{D4}|$:

$$|I_{D4}| = \frac{V_T \ln n - V_{OS}}{R_1} + \frac{|V_{BE1}| - V_{OS}}{R_2} \tag{12.71}$$

由此得到

$$V_{BG} = \frac{R_4}{R_2}\left(|V_{BE1}| + \frac{R_2}{R_1}V_T \ln n\right) - \frac{R_4}{R_1 \parallel R_2}V_{OS} \tag{12.72}$$

上式表示,运放的失调电压被放大到 $R_4/(R_1 \parallel R_2)$ 倍。将上式稍加整理,我们可以得出

$$V_{BG} = \frac{R_4}{R_2}\left[|V_{BE1}| + \frac{R_2}{R_1}V_T \ln n - \left(1 + \frac{R_2}{R_1}\right)V_{OS}\right] \tag{12.73}$$

从上式可以得出结论:只有使 n 最大化才能够将 V_{OS} 的影响降到最低。

估算图 12.32(c)中电路能正常工作的最低电源电压是很有意义的。如果采用面积大的双极晶体管并选择小的偏置电流(比如 10 μA),基极—射极电压可以低至 0.7 V。相似地,宽的 PMOS 晶体管容许约为 50 mV 的 $|V_{DS}|$。因此,该电路能够正常工作的 V_{DD} 最低约为 0.75 V。在这种情况下,R_4 的阻值可能很大(例如 50 kΩ),因此会产生很大的噪声,从而在输出端需要一个旁路电容。而且,如果 PMOS 的漏极电流需要被复制以产生一个更大的输出电流(例如 0.5 mA),电流噪声将在输出电流中被放大到相同的倍数。这些噪声包含了由 PMOS 管引起的热噪声和闪烁噪声,以及运放的噪声。在习题 12.24 中,我们将分析该电路的噪声特性,但是我们已经从例 12.8 得出,运放的输入噪声被放大到 $R_4/(R_1 \parallel R_2)$ 倍。

图 12.32(c)中的运放可以用五管 OTA 来实现。图 12.34(a)给出了一个示例。该 OTA 可以按照以下的指导原则进行设计:(1)选择大的晶体管尺寸,使其闪烁噪声和失调最小化;(2) M_a 和 M_b 的栅源电压与 I_{SS} 所要求的最低电压之和一定不能超过 $|V_{BE1}|$;(3)晶体管的栅必须选择得足够长,以便得到合适的环路增益,例如环路增益为 5~10。

上述结构还必须包含启动机制。否则,电路从 $V_X = V_Y = 0$ 开始工作,M_a 和 M_b 保持关断,M_3 和 M_4 也将关断。在 $V_{DD} < 1$ V 的情况下,由于 P 结点与 X 结点的初始电压差为正值,

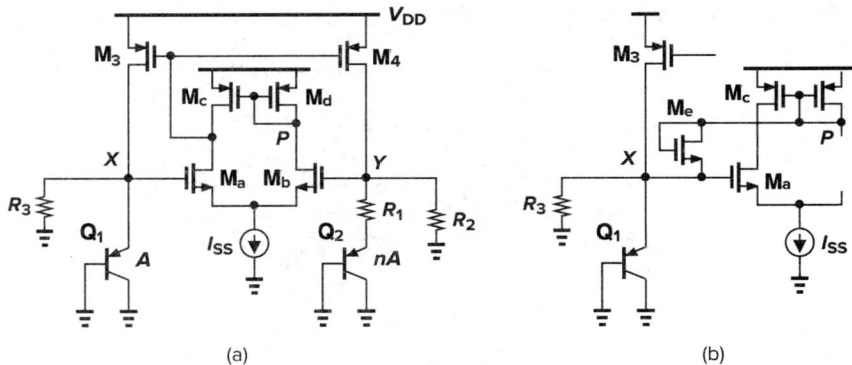

图 12.34 用五管 OTA 实现低压带隙基准电路;(b)启动器件的添加

最终会变为负值(为什么?),我们就可以在两个结点间增加一个二极管连接的 NMOS 管以保证电路启动,如图 12.34(b)。或者也可以将该 NMOS 器件接在 X 点和 V_{DD} 之间。

图 12.20 所示结构中,简单地通过输出端连接一个对地电阻,就可以得到另一种低压带隙基准电路[9]。如图 12.35 所示,该电路现在允许 I_{D5} 的一部分流过 R_3,$|I_{D5}|$ 可表示为

$$|I_{D5}| = \frac{V_{out}}{R_3} + \frac{V_{out} - |V_{BE3}|}{R_2} \tag{12.74}$$

如果三个 PMOS 管都相同,则 $|I_{D5}| = V_T \ln n / R_1$,从而可以得到

$$V_{out} = \frac{R_3}{R_2 + R_3}\left(|V_{BE3}| + \frac{R_2}{R_1}V_T \ln n\right) \tag{12.75}$$

因此,标准带隙电压被降低为原来的 $R_3/(R_2 + R_3)$。鼓励读者计算该电路中运放失调电压对输出电压的影响,并将结果与式(12.72)进行对比。

我们还可以在上述电路中加入其它的偏置电流支路以提供曲率校正。但是,由于电路中的各种失配往往会随机地改变零温度系数点的温度,所以这些方案通常依赖于修调技术。其它的一些低压带隙基准电路的叙述可参见文献[10]。

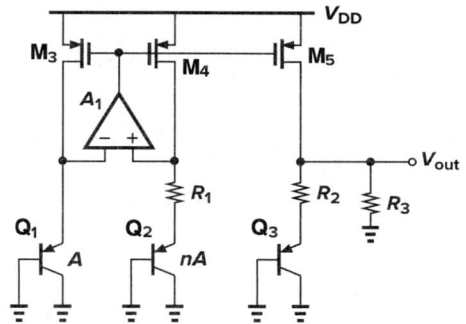

图 12.35 另一种低压带隙基准电路

12.8 实例分析

在这一节中,我们研究为高精度模拟系统而设计的带隙基准电路[7]。这种基准发生器含有图 12.19 的结构,但在每个分支电路中有两个串联的基极-发射极电压用以减小 MOSFET 失配的影响。图 12.36 画出的就是其核心电路的简化形式,图中 PMOS 电流镜电路保证了 $Q_1 \sim Q_4$ 的集电极电流相等。虽然需要高的电源电压,但这个设计举例说明了一些在实际中被证明是非常重要的问题。

图 12.36 中 MOS 器件的沟道长度调制仍会导致显著的电源依赖性。为了解决这个问题,可以在每个电路分支采用 NMOS 和 PMOS 共源共栅结构。图 12.37(a)给出了一个例子,它采用了第 5 章中描述的低电压共源共栅电流镜。为了避免需要 V_{b1} 和 V_{b2},这个设计实际上引入"自偏置"共源共栅结构,如图 12.37(b)所示,图中 R_2 和 R_3 维持适当的电压,使所有的 MOSFET 都保持在饱和态。这种共源共栅结构在习题 12.7 中分析。

文献[7]中报道的带隙电路被设计成用来产生**浮动**基准。这是通过将电路改成如图 12.38 所示形式实现的,图中 M_9 和 M_{10} 的漏极电流分别流过 R_4 和 R_5。注意到 M_{11} 使 M_9 的栅电压置为 $V_{BE4} + V_{GS11}$,如果 M_{11} 和 M_9 相同,那么加在 R_6 上的电压就等于 V_{BE4}。这样,$I_{D9} = V_{BE4}/R_6$,产

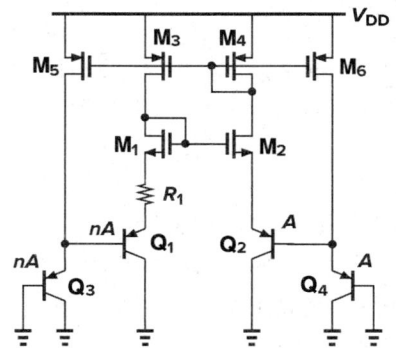

图 12.36 文献[7]中的带隙电路的简化核心电路

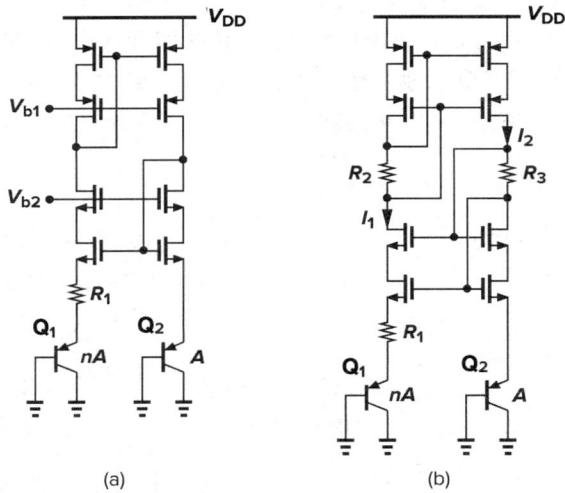

图 12.37 （a）增加共源共栅器件改善电源抑制；（b）采用自偏置共源共栅消除外加 V_{b1} 和 V_{b2}

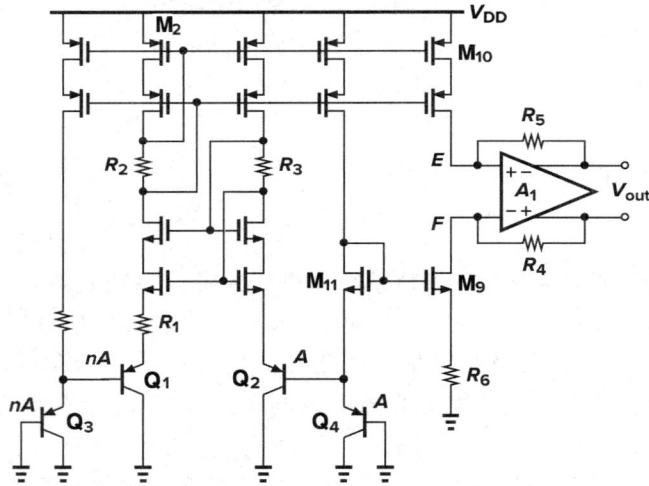

图 12.38 浮动基准电压的产生

生 $V_{R4} = V_{BE4}(R_4/R_6)$。并且如果 M_{10} 和 M_2 相同，那么 $|I_{D10}| = 2(V_T \ln n)/R_1$，因此，$V_{R5} = 2(V_T \ln n)(R_5/R_1)$。因为运放确保 $V_E \approx V_F$，我们有

$$V_{out} = \frac{R_4}{R_6}V_{BE4} + 2\frac{R_5}{R_1}V_T \ln n \tag{12.76}$$

因此适当选择电阻比率和 n 值就可以得到零温度系数。

为了进一步提高电源抑制，此设计对核心电路和运放的电源电压进行了调节。如图12.39所示，其思想是产生一个局部的电源电压 V_{DDL}，它由参考电压 V_{R1} 以及 R_{r1} 和 R_{r2} 的比率决定，534 因此与全局电源电压保持相对无关。但是参考电压 V_{R1} 本身是如何产生的呢？为了最大程度地减小 V_{R1} 对电源的依赖性，这个电压在核心电路中产生，如图 12.40 所示。事实上，通过适当选择 R_M 使 V_{R1} 成为一个带隙基准。

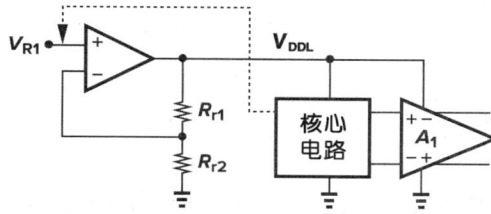

图 12.39　为提高电源抑制而调节运放和核心电路的电源电压

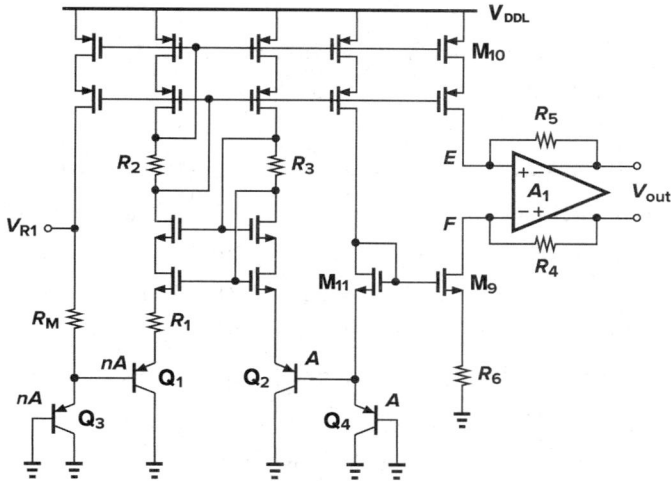

图 12.40　图 12.39 中采用的 V_{R1} 的产生电路

图 12.41 表示了总的实现电路,为了简单起见,忽略了一些细节。其中还使用了启动电路。工作在 5 V 电源下,基准产生器产生 2.00 V 的输出电压,功耗为 2.2 mW。低频时电源

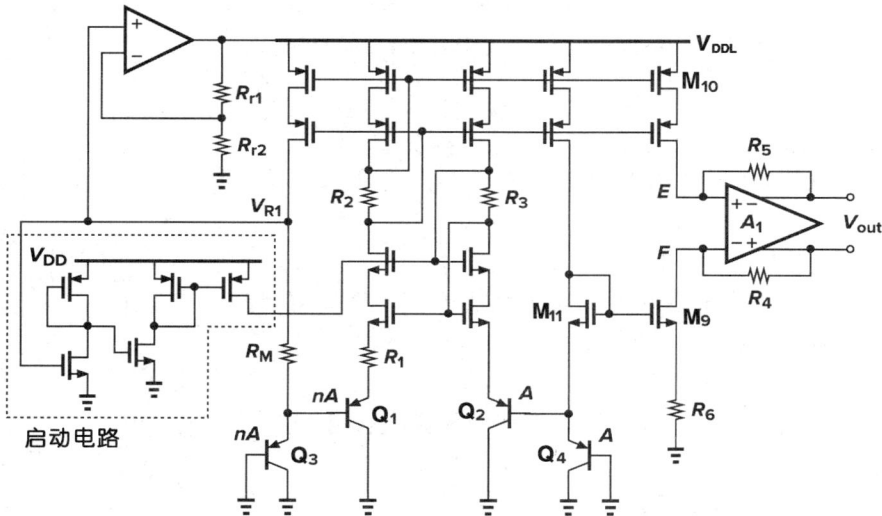

图 12.41　文献[7]中报告的带隙发生器的总体电路

535 抑制为94 dB,在 100 kHz 时降到 58 dB[7]。

参考文献

[1] R. A. Blauschild, et al. A New NMOS Temperature-Stable Voltage Reference. *IEEE J. of Solid-State Circuits*, vol. 13, pp. 767 – 774, Dec. 1978.

[2] Y. P. Tsividis and R. W. Ulmer. A CMOS Voltage Reference. *IEEE J. of Solid-State Circuits*, vol. 13, pp. 774 – 778, Dec. 1978.

[3] D. Hilbiber. A New Semiconductor Voltage Standard. *ISSCC Dig. of Tech. Papers*, pp. 32 – 33, Feb. 1964.

[4] K. E. Kujik. A Precision Reference Voltage Source. *IEEE J. of Solid-State Circuits*, vol. 8, pp. 222 – 226, June 1973

[5] G. C. M. Meijer, P. C. Schmall and K. van Zanlinge. A New Curvature-corrected Bandgap Reference. *IEEE J. of Solid-State Circuits*, vol. 17, pp. 1139 – 1143, Dec. 1982.

[6] M. Gunawan, et al. A Curvature-Corrected Low-Voltage Bandgap Reference. *IEEE J. of Solid-State Circuits*, vol. 28, pp. 667 – 670, June 1993.

[7] T. Books and A. L. Westwisk. A Low-Power Differential CMOS Bandgap Reference. *ISSCC Dig. of Tec. Papers*, pp. 248 – 249, Feb. 1994.

[8] H. Banba, et al. A CMOS Bandgap Reference Circuit with Sub-1-V Operation. *IEEE J. of Solid-State Circuits*, vol. 34, pp. 670 – 674, May 1999.

[9] H. Neuteboom et al., A DSP-based Hearing Instrument IC, *IEEE J. Solid-State Circuits*, vol. 32, pp. 1790-1806, November 1997.

[10] C. J. B. Fayomi et al., Sub-I-V CMOS Bandgap Reference Design Techniques. *Analog Integrated Circuits and Signal Processing*, vol. 62, pp. 141-157, February 2010.

[11] B. Gilbert. Monolithic Voltage and Current Reference: Themes and Variations. pp. 269-352 in *Analog Circuit Design*, J. H. Huijsing, r. J. van de Plassche, and W. M. C. Sansen, Editors, Boston: Kluwer Academic Publishers, 1996.

习题

除非特殊说明,在下面的习题中使用表 2.1 所列的器件参数,需要电源时,假设 $V_{DD} = 3$ V。

12.1 推导图 12.42 中 I_{out} 的表达式。

12.2 解释图 12.43 中的启动电路是如何工作的。推导电路工作后保证 $V_X < V_{TH}$ 的关系式。

12.3 分析图 12.15 的电路:

(a)如果 M_1 和 M_2 都受沟道长度调制效应的影响,输出电压的误差是多少?

(b)对于 M_3 和 M_4,重复(a)。

(c)如果 M_1 和 M_2 存在阈值偏差 ΔV,即 $V_{TH1} = V_{TH}$ 而

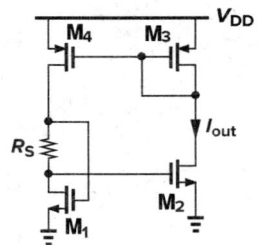

图 12.42

$V_{TH2} = V_{TH} + \Delta V$,输出电压的误差是多少?

(d)对于 M_3 和 M_4,重复(c)。

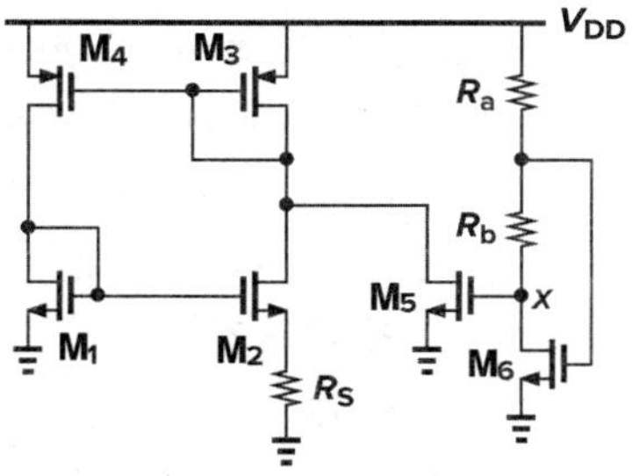

图 12.43

12.4 在图 12.15 中,如果运放的开环增益不够大,那么 $|V_X - V_Y|$ 会超过 V_e,这里 V_e 表示最大容忍的误差。计算满足 $|V_X - V_Y| < V_e$ 条件下 A_1 的最小值。

12.5 在图 12.15 电路中,假设 Q_2 和 Q_4 具有有限的电流增益 β。计算输出电压的误差。

12.6 计算图 12.30 电路中由于 M_1 和 M_2 的热噪声和闪烁噪声所引起的输出噪声电压。

12.7 考虑如图 12.44 所示的自偏置共源共栅电路。计算使 M_1 和 M_2 保持饱和态的 RI_{REF} 最小和最大值。

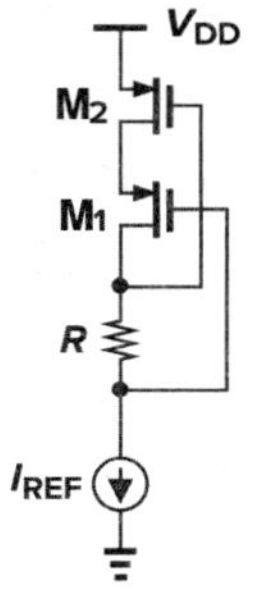

12.8 图 12.3(a)所示的电路有时即使在没有明显的启动机制时也可以工作。找出能够将 V_{DD} 的瞬变耦合到中间结点从而提供启动电流的容性的路径。

12.9 绘出 V_{BE} 的温度系数[式(12.13)]相对于温度的曲线示意图。可能需要一些迭代。

图 12.44

12.10 推导式(12.13)对温度的导数,并画出结果对 T 的曲线示意图。这个量表示了电压的曲率。

12.11 假设图 12.9 的放大器的输出电阻为 R_{out}。计算 V_{out} 的误差。

12.12 图 12.9 的电路中 $R_3 = 1$ kΩ 并且通过它的电流为 50 μA。确定零温度系数时 $R_1 = R_2$ 和 n 的值。

12.13 在图 12.15 的电路中,Q_1 和 Q_2 偏置在 100 μA 下而 Q_3 和 Q_4 偏置在 50 μA 下。如果 $R_1 = 1$ kΩ,计算使得电路工作在 $V_{DD} = 3$ V 下的 R_2 和 $(W/L)_{1-4}$ 的值。这里可以采用哪种运放结构呢?

12.14 由于硅材料的带隙表现出很小的温度系数,所以式(12.48)表明 $\partial V_{REF}/\partial T \propto (4+m)k/q$,是一个相对较大的值,但我们推导出的 V_{REF} 却具有零温度系数。解释这个问题错在哪里。

12.15 现有一差分对具有电阻性负载,其电压增益 $g_m R_D$ 在室温下具有零温度系数。如果仅仅考虑迁移率的温度相关性,推导所需尾电流的温度特性。设计一个能够近似达到此特性的电路。

12.16 在习题 12.15 中,假设尾电流为常数,但负载电阻具有有限的温度系数。什么样的电阻温度系数能够抵消在室温下迁移率的变化?

12.17 在图 12.32(b)所示的电路中,要使负反馈环路强于正反馈环路,该如何选择 $R_1 \sim R_3$?

12.18 图 12.34(a)中的五管 OTA 是否给电源电压带来额外的限制?

12.19 图 12.45 给出了一个"单 pn 结"带隙电路的例子[11]。这里,开关 S_1 和 S_2 由互补的时钟驱动。

(a)当 S_1 导通,S_2 关断时,V_{out} 电压是多少?

(b)当 S_1 关断,S_2 导通时,V_{out} 的变化是什么?

(c)当 S_1 关断时,为了产生零温度系数输出,如何选择 I_1,I_2,C_1 和 C_2?

12.20   假设在图 12.45 中，I_2/I_1 与其标称值比有一小偏差 ε，计算当 S_1 关断时 V_{out} 的值。

12.21   图 12.20 所示的电路中有 $(W/L)_{1\sim 4} = 50/0.5$，$I_{D1} = I_{D2} = 50\ \mu A$。$R_1 = 1\ \text{k}\Omega$ 且 $R_2 = 2\ \text{k}\Omega$。假设 $\lambda = \gamma = 0$，并且 Q_3 和 Q_1 相同。

     (a)确定 n 和 $(W/L)_5$，使 V_{out} 在室温下具有零温度系数。

     (b)忽略 $Q_1 \sim Q_3$ 的噪声贡献，计算输出热噪声。

12.22   考虑如图 12.21 所示电路。假设 $K = 4$，$f_{CK} = 50$ MHz，并且功率预计为 1 mW。确定 $M_1 \sim M_4$ 的宽长比以及 C_S 的值使得 $g_{m1} = 1/(500\ \Omega)$。

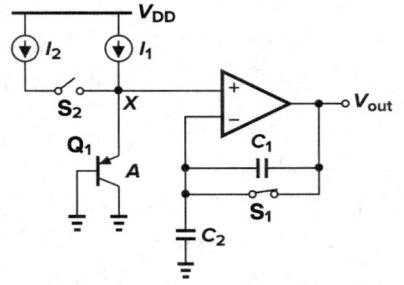

图 12.45

12.23   在图 12.32(c)中，假设 $(W/L)_3 = K(W/L)_4$，如何选择 R_2 和 R_3？

12.24   确定图 12.32(c)中电路的输出噪声电压。

538   12.25   在图 12.3(a)中，如果将 R_S 以串联方式连接到 M_1 的源极，请分析该电路。

第13章

开关电容电路导论

我们在前几章学习放大器时,只研究了输入为连续信号且经电路得到的输出也是连续信号的情况。这种电路称为连续时间电路,其放大器在音频、视频及高速模拟系统中都有着广泛的应用。但是,在很多情况下我们仅仅在每个周期的某个时间间隔内检测输入信号,而在其余时间忽略其值。然后,电路对每一个"采样"进行处理,在每个周期末产生有效的输出值。这种电路被称为离散时间系统或数据采样系统。

在这一章,我们将学习一种常见的、称为"开关电容(SC)电路"的离散时间系统,以便为研究更高级的电路,如滤波器、比较器、ADC、DAC 等提供基础。虽然我们主要讨论开关电容放大器电路,但是这些思想也能应用到其它离散时间系统中。本章从开关电容电路的一般概念着手,阐述采样开关及其速度,精度问题。接着,分析开关电容放大器,研究单位增益结构、同相放大结构和乘二电路结构。最后,我们研究一种开关电容积分器。

13.1 概述

为了理解采样电路的原理,让我们首先研究一个简单的连续时间放大器电路,如图 13.1(a)所示,其中,V_{out}/V_{in} 在理想情况下等于 $-R_2/R_1$。以前这个电路广泛地采用双极运算放大器,若采用 CMOS 技术,就会产生一个困难的问题。我们知道,要达到高的电压增益,CMOS 运放的开环输出电阻是很大的,通常接近几百千欧。因此电阻 R_2 会显著地降低运放的开环增益,结果会降低该电路的精度。事实上,根据图 13.1(b)所示的等效电路,可以得到 539

$$-A_v \left(\frac{V_{out} - V_{in}}{R_1 + R_2} R_1 + V_{in} \right) - R_{out} \frac{V_{out} - V_{in}}{R_1 + R_2} = V_{out} \tag{13.1}$$

因此

$$\frac{V_{out}}{V_{in}} = -\frac{R_2}{R_1} \frac{A_v - \dfrac{R_{out}}{R_2}}{1 + \dfrac{R_{out}}{R_1} + A_v + \dfrac{R_2}{R_1}} \tag{13.2}$$

式(13.2)表明,与 $R_{out} = 0$ 的情况相比,闭环增益在分子和分母上都是不精确的。并且,放大器

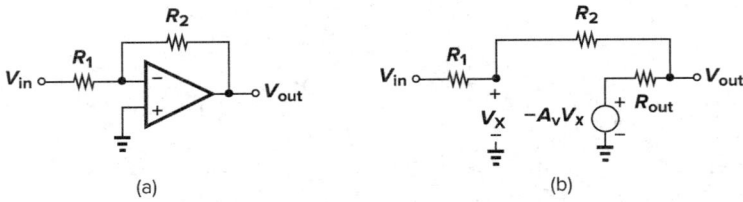

图 13.1　(a)连续时间反馈放大器;(b)图(a)的等效电路

的输入电阻近似等于 R_1,它成为前一级电路的负载,同时还会产生热噪声。

例 13.1 ────────────────────────────────────

利用第 8 章所阐述的负反馈技术,计算图 13.1(a)电路的闭环增益,并与式(13.2)比较。

解:采用例 8.16 中所阐述的方法,读者可以证明

$$\frac{V_{\text{out}}}{V_{\text{in}}} = \frac{-R_2^2 A_v}{R_2^2 + R_1 R_{\text{out}} + R_2 R_{\text{out}} + (1 + A_v) R_1 R_2} \tag{13.3}$$

$$= -\frac{R_2}{R_1} \frac{A_v}{\dfrac{R_2}{R_1} + \dfrac{R_{\text{out}}}{R_2} + \dfrac{R_{\text{out}}}{R_1} + 1 + A_v} \tag{13.4}$$

如果 $R_{\text{out}}/R_2 \ll A_v$,即保证通过 R_2 电流可以忽略,那么,上式与式(13.2)近似相等。

────────────────────────────────────

在图 13.1(a)的电路中,闭环增益通过 R_2 和 R_1 的比值确定。为了避免减小运放的开环增益,我们假设电阻能够被电容所替代,如图 13.2(a)所示,理想情况下,电路的增益等于 C_2 的阻抗除以 C_1 的阻抗,再乘以 -1,即为 $-C_1/C_2$。

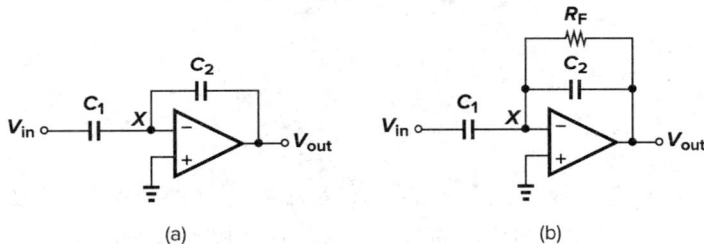

图 13.2　(a)采用电容的连续时间反馈放大器;(b)采用电阻确定偏置点

但是如何设置 X 点的偏置电压呢?[①] 如图 13.2(b)所示,我们可以增加一个大的反馈电阻,尽管在所关心的频带中对放大器的交流特性有很小的影响,却可以提供直流反馈。如果**仅仅**用于处理高频信号,这种电路是真正实用的。但是,假设电路要放大一个阶跃电压,如图 13.3 所示,则其响应包括了两部分:一个阶跃电压,它是由 C_1、C_2 以及运放组成的电路的初始

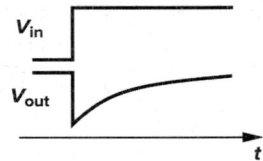

图 13.3　图 13.2(b)放大器的阶跃响应

────────────────────────────────────

① 偏置电压由该结点的初始条件确定,因此可以为任意值。

放大所产生的;以及随后的一个"尾巴",它是因为 C_2 的电荷通过 R_F 泄放所造成的。从另一方面看,因为电路所表现出的是高通传输功能,所以不适合放大**宽带**信号。事实上,传输函数为

$$\frac{V_{\text{out}}}{V_{\text{in}}}(s) \approx -\frac{R_F\dfrac{1}{C_2 s}}{R_F+\dfrac{1}{C_2 s}} \div \frac{1}{C_1 s} \tag{13.5}$$

$$= -\frac{R_F C_1 s}{R_F C_2 s+1} \tag{13.6}$$

上式说明,仅当 $\omega \gg (R_F C_2)^{-1}$ 时,$V_{\text{out}}/V_{\text{in}} \approx -C_1/C_2$。

上述问题可以通过增大 $R_F C_2$ 加以改善,但是在许多应用中,这两个元件所要求的值往往过大而无法实现。因此当使用电容反馈网络时,我们必须寻找其它建立偏置电压的方法。

可以用一个**开关**来替代图 13.2(b)中的 R_F,如图 13.4 所示。这个想法是通过闭合 S_2 以便使运放工作在单位增益反馈模式,并将 V_X 钳位到 V_B(V_B 是为运放选择的合适的输入共模电平)。开关断开后,结点 X 保持该电压,运放可以正常工作。当然,当 S_2 闭合的时候,电路是不会放大 V_{in} 的。

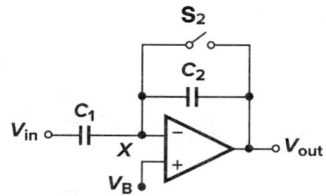

现在来考虑如图 13.5 所示的开关电容电路,其中三个开关的控制作用为:S_1 和 S_3 分别使 C_1 的左极板与 V_{in} 和地相连,S_2 提供单位增益反馈。我们先假设运放的开环增益非常大,并且分两阶段研究电路。首先,S_1 和 S_2 接通,S_3 断开,产生的等效电路如图 13.6(a)所示。对于高增益运放,$V_X = V_{\text{out}} \approx 0$,因此 C_1 两端的电压就近似等于 V_{in}。接着,在 $t = t_0$ 时刻,S_1 和 S_2 断开,S_3 接通,使 A 点接地。因为 V_A 从 V_{in0} 变到 0,所以输出电压就要从 0 变到 $V_{\text{in0}} C_1/C_2$。

图 13.4　用反馈开关来确定输入直流电平

输出电压的变化也可以通过研究电荷转移来计算。注意到在 t_0 时刻前存储在 C_1 上的电荷量等于 $V_{\text{in0}} C_1$。在 $t = t_0$ 后,通过 C_2 的负反馈驱动运放的输入差动电压,使 C_1 两端的电压变为零(见图 13.7)。因而在 $t = t_0$ 时存储在 C_1 上的电荷必然要转移到 C_2 上,产生的输出端电压等于 $V_{\text{in0}} C_1/C_2$。这样,电路把电压 V_{in0} 放大到 C_1/C_2 倍。

图 13.5 电路的许多特性使其区别于连续时间电路。首先,电路要花费一些时间来对输入信号采样,在这段时间内电路不提供放大功能,而且输出为零。第二,在采样结束后,即 $t > t_0$ 时,电路不管输入信号 V_{in},仅仅对采样电压放大。第三,电路结构明显从一种状态转换到了另一种状态[见图 13.6(a)和图 13.6(b)],因而产生了电路的稳定性问题。注意,S_2 必须周期性地闭合,以补偿使 X 点慢放电的泄漏电流。这些泄漏电流由 S_2 自身以及运放的栅极漏电引起。

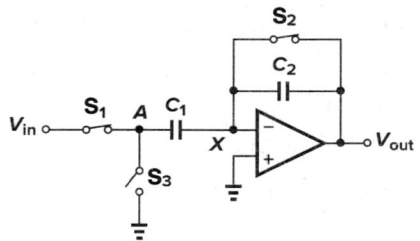

图 13.5　开关电容放大器

相对于图 13.1 的电路,图 13.5 的放大电路有哪些优点呢? 除了具有采样功能外,从图 13.6 所示的波形可见,在 V_{out} 稳定后通过电容 C_2 的电流接近零。也就是说,如果输出电压有充足的时间达到稳定,那么反馈电容就不会降低放大器的开环增益。相比之下,在图 13.1 中,R_2 始终作为放大器的负载。

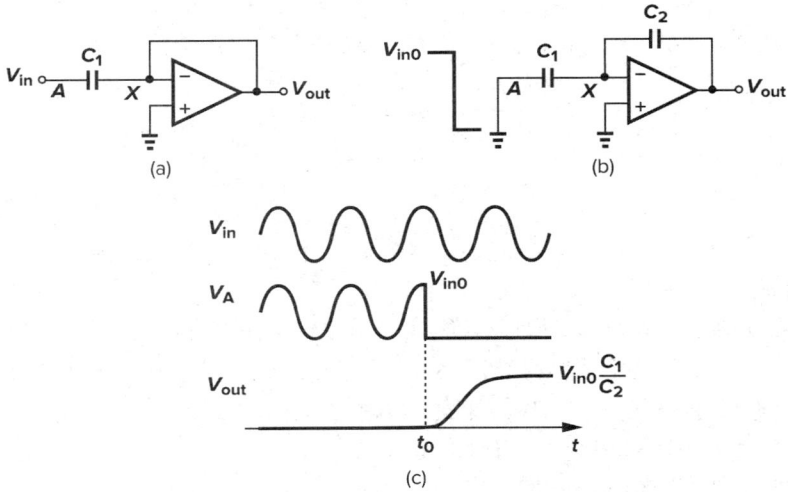

图 13.6   图 13.5 电路(a)采样阶段;(b)放大阶段

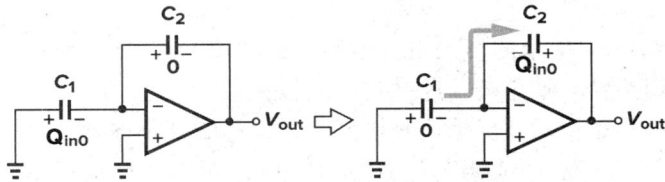

图 13.7   电荷从 C_1 转移到 C_2

相对于其它工艺,图 13.5 的开关电容放大器在 CMOS 工艺中更容易实现。这是因为离散时间操作需要开关进行采样,并且需要高的输入阻抗才能可靠地获得存储的电荷量。例如,假设图 13.5 的运算放大器的输入端含有双极晶体管,则在放大阶段[如图 13.6(b)所示]由反相输入端抽取的基极电流会对输出电压产生误差。所以具有简单的开关和高的输入阻抗使得 CMOS 工艺成为数据采样应用中的主要选择。

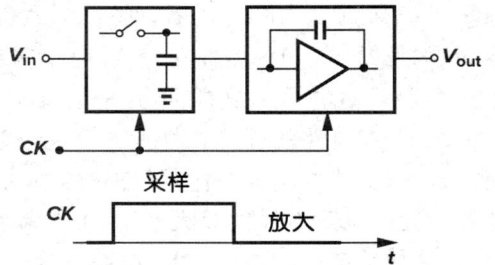

图 13.8   开关电容放大器的示意图

前面的讨论使我们对开关电容放大器有了初步的认识,如图 13.8 所示。在最简单的情况下,开关电容电路的工作过程主要经历两个阶段:采样阶段和放大阶段。所以,除了模拟输入信号 V_{in} 外,电路还需要一个时钟信号来确定每个阶段。

我们对开关电容放大器的研究就是根据这两个阶段进行的。首先,我们分析不同的采样技术。然后,研究开关电容放大器的拓扑结构。

13.2　采样开关

13.2.1　MOSFET 开关

图 13.9(a)是一个简单的采样电路，它包括一个开关和一个电容。可用 MOS 器件作为一个开关[见图 13.9(b)]，这是因为当通过的电流为零时，MOS 可以是导通的。

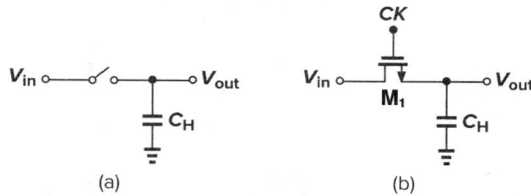

图 13.9　(a)简单采样电路；(b)采用 MOS 器件作开关

为了理解图 13.9(b)电路是如何对输入信号进行采样的，首先考虑如图 13.10 所示的简单情况，其中栅极信号 CK 在 $t = t_0$ 时刻变为高电平。在图 13.10(a)中，我们假设在 $t \geqslant t_0$ 时，$V_{in} = 0$，并且电容的初始电压等于 V_{DD}。这样，在 $t = t_0$ 时，M_1 的栅源电压等于 V_{DD}，并且它的漏极电压也等于 V_{DD}。因此 M_1 工作在饱和态，电容放电电流为 $I_{D1} = (\mu_n C_{ox}/2)(W/L)(V_{DD} - V_{TH})^2$。当 V_{out} 电压降低到 $V_{out} = V_{DD} - V_{TH}$ 时，M_1 进入线性区。器件仍然继续对 C_H 放电，直到 V_{out} 接近零。我们注意到，对于 $V_{out} \ll 2(V_{DD} - V_{TH})$，MOS 管可以看成一个阻值为 $R_{on} = [\mu_n C_{ox}(W/L)(V_{DD} - V_{TH})]^{-1}$ 的导通电阻。

543

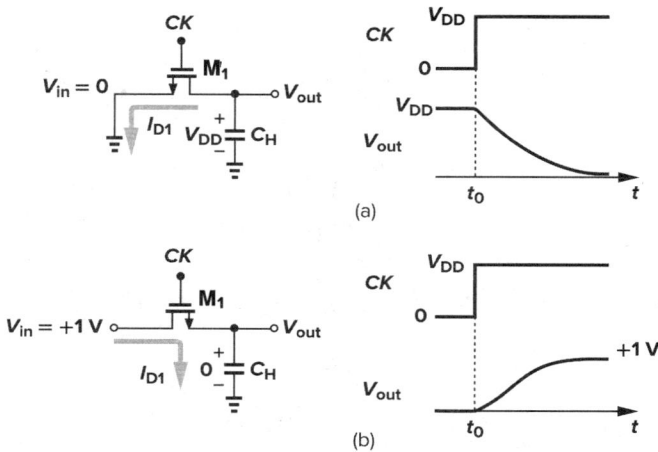

图 13.10　不同输入电平和初始条件下的采样电路响应

现在考虑图 13.10(b)的情况，其中 $V_{in} = +1$ V，$V_{out}(t = t_0) = 0$ V，$V_{DD} = 3$ V。此时，M_1 与 C_H 相接的一端作为源极，由于 $V_{GS} = +3$ V，MOS 管导通，但 $V_{DS} = +1$ V。这样，M_1 工作在线性区，对 C_H 充电使 V_{out} 接近 $+1$ V。对于 $V_{out} \approx +1$ V，M_1 等效为导通电阻，其阻值为 R_{on}

$= [\mu_n C_{ox} (W/L)(V_{DD} - V_{in} - V_{TH})]^{-1}$。

从上述的实验，我们可以得到以下两点。第一，MOS 开关在传输电流时可以双向传输，只需对它的源极和漏极互换角色。第二，如图 13.11 所示，当开关导通时，V_{out} 随 V_{in} 的变化而变化，当开关断开后，V_{out} 保持为常数。这样，当 CK 为高电平时，电路可以"跟踪"信号；而当 CK 为低电平时，电路通过 C_H 可以"冻结"V_{in} 的瞬时值。

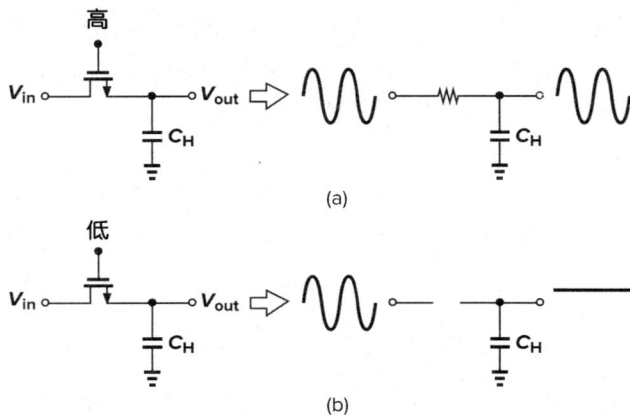

图 13.11 采样电路的跟踪和保持能力

例 13. 2

在图 13.10(a)的电路中，计算 V_{out} 与时间的函数关系。假设 $\lambda = 0$。

解: 在 V_{out} 降低为 $V_{DD} - V_{TH}$ 之前，M_1 处在饱和区，我们可以得到

544

$$V_{out}(t) = V_{DD} - \frac{I_{D1} t}{C_H} \tag{13.7}$$

$$= V_{DD} - \frac{1}{2} \mu_n C_{ox} \frac{W}{L} (V_{DD} - V_{TH})^2 \frac{t}{C_H} \tag{13.8}$$

定义 t_1 时刻为

$$t_1 = \frac{2 V_{TH} C_H}{\mu_n C_{ox} \dfrac{W}{L} (V_{DD} - V_{TH})^2} \tag{13.9}$$

在 t_1 时刻之后，M_1 进入线性区，产生的电流与时间有关，因此得到

$$C_H \frac{dV_{out}}{dt} = - I_{D1} \tag{13.10}$$

$$= - \frac{1}{2} \mu_n C_{ox} \frac{W}{L} [2(V_{DD} - V_{TH}) V_{out} - V_{out}^2], \quad t > t_1 \tag{13.11}$$

整理(13.11)式，得到

$$\frac{dV_{out}}{[2(V_{DD} - V_{TH}) - V_{out}] V_{out}} = - \frac{1}{2} \mu_n \frac{C_{ox}}{C_H} \frac{W}{L} dt \tag{13.12}$$

分离变量，得到

$$\left[\frac{1}{V_{out}} + \frac{1}{2(V_{DD} - V_{TH}) - V_{out}} \right] \frac{dV_{out}}{V_{DD} - V_{TH}} = - \mu_n \frac{C_{ox}}{C_H} \frac{W}{L} dt \tag{13.13}$$

因此

$$\ln V_{\text{out}} - \ln[2(V_{\text{DD}} - V_{\text{TH}}) - V_{\text{out}}] = -(V_{\text{DD}} - V_{\text{TH}})\mu_{\text{n}}\frac{C_{\text{ox}}}{C_{\text{H}}}\frac{W}{L}(t - t_1) \qquad (13.14)$$

即

$$\ln\frac{V_{\text{out}}}{2(V_{\text{DD}} - V_{\text{TH}}) - V_{\text{out}}} = -(V_{\text{DD}} - V_{\text{TH}})\mu_{\text{n}}\frac{C_{\text{ox}}}{C_{\text{H}}}\frac{W}{L}(t - t_1) \qquad (13.15)$$

将其表示成指数形式,得到 V_{out} 为

$$V_{\text{out}} = \frac{2(V_{\text{DD}} - V_{\text{TH}})\exp\left[-(V_{\text{DD}} - V_{\text{TH}})\mu_{\text{n}}\dfrac{C_{\text{ox}}}{C_{\text{H}}}\dfrac{W}{L}(t - t_1)\right]}{1 + \exp\left[-(V_{\text{DD}} - V_{\text{TH}})\mu_{\text{n}}\dfrac{C_{\text{ox}}}{C_{\text{H}}}\dfrac{W}{L}(t - t_1)\right]} \qquad (13.16)$$

545

在图 13.10(b) 的电路中,我们假设了 $V_{\text{in}} = +1$ V,如图 13.12 所示。现在假设 $V_{\text{in}} = V_{\text{DD}}$,那么 V_{out} 如何随时间而变化呢？由于这时 M_1 的栅极和漏极电位相同,MOS 管处于饱和区,因此我们得到

$$C_{\text{H}}\frac{dV_{\text{out}}}{dt} = I_{\text{D1}} \qquad (13.17)$$

$$= \frac{1}{2}\mu_{\text{n}}C_{\text{ox}}\frac{W}{L}(V_{\text{DD}} - V_{\text{out}} - V_{\text{TH}})^2 \qquad (13.18)$$

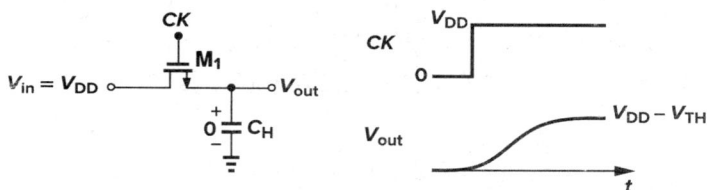

图 13.12 NMOS 采样开关的最大输出电平

式中忽略了沟道长度调制效应。于是

$$\frac{dV_{\text{out}}}{(V_{\text{DD}} - V_{\text{out}} - V_{\text{TH}})^2} = \frac{1}{2}\mu_{\text{n}}\frac{C_{\text{ox}}}{C_{\text{H}}}\frac{W}{L}dt \qquad (13.19)$$

因此

$$\left.\frac{1}{V_{\text{DD}} - V_{\text{out}} - V_{\text{TH}}}\right|_0^{V_{\text{out}}} = \frac{1}{2}\mu_{\text{n}}\frac{C_{\text{ox}}}{C_{\text{H}}}\frac{W}{L}t\bigg|_0^t \qquad (13.20)$$

忽略体效应,并且在 $t = 0$ 时,假设 $V_{\text{out}} = 0$,得到

$$V_{\text{out}} = V_{\text{DD}} - V_{\text{TH}} - \frac{1}{\dfrac{1}{2}\mu_{\text{n}}\dfrac{C_{\text{ox}}}{C_{\text{H}}}\dfrac{W}{L}t + \dfrac{1}{V_{\text{DD}} - V_{\text{TH}}}} \qquad (13.21)$$

从式 (13.21) 可以看出,当 $t \to \infty$,$V_{\text{out}} \to V_{\text{DD}} - V_{\text{TH}}$。这是因为当 V_{out} 接近 $V_{\text{DD}} - V_{\text{TH}}$ 时,M_1 的过驱动电压趋近零,使得对 C_{H} 的充电电流减小到可以忽略不计。当然,即使当 $V_{\text{out}} = V_{\text{DD}} - V_{\text{TH}}$ 时,MOS 管还会传输亚阈值电流,如果时间足够长,最终会使 V_{out} 的值达到 V_{DD}。尽管如此,正如在第 3 章中提到的,就电路的一般工作速度而言,假设 V_{out} 不会超过 $V_{\text{DD}} - V_{\text{TH}}$ 是合

理的。

上面的分析说明 MOS 开关有一个严重的缺点：如果输入信号的电平接近 V_{DD}，那么由 NMOS 开关得到的输出信号就不能跟踪输入信号。从另一个观点看，开关的导通电阻在输入和输出电压接近 $V_{DD}-V_{TH}$ 时会显著地增大。那么我们会问：开关能准确地传输到输出的最大输入电平的值是多少呢？在图 13.12 中，要使 $V_{out} \approx V_{in}$，MOS 管必须处于深线性区，所以 V_{in} 的最高电压等于 $V_{DD}-V_{TH}$。在后面将会解释，实际上 V_{in} 必须远远低于这个值。

例 13.3

在图 13.13 的电路中，计算 M_1 导通电阻的最大值和最小值。假设 $\mu_n C_{ox} = 50\ \mu A/V^2$，$W/L = 10/1$，$V_{TH} = 0.7\ V$，$V_{DD} = 3\ V$，且 $\gamma = 0$。

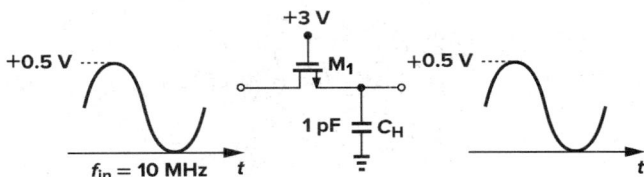

图 13.13　例题 13.3 的图

解：注意到在稳定的情况下，因为 M_1 的栅极电压比 V_{in} 和 V_{out} 都大大高出 V_{TH} 值，所以 M_1 保持在线性区。如果 $f_{in} = 10\ MHz$，我们预计：V_{out} 可以跟踪 V_{in}，且由 M_1 的导通电阻和 C_H 造成的相移可忽略。假设 $V_{out} \approx V_{in}$，不需要区分源极和漏极端，可以得到

$$R_{on1} = \frac{1}{\mu_n C_{ox} \frac{W}{L}(V_{DD} - V_{in} - V_{TH})} \qquad (13.22)$$

这样，$R_{on1,max} \approx 1.11\ k\Omega$，$R_{on1,min} \approx 870\ \Omega$。与之相反，如果输入的最大值上升到 1.5 V，那么 $R_{on1,max} = 2.5\ k\Omega$。

为了强调 MOS 器件在图 13.9(b) 的简单采样电路中不会使输入和输出电压之间出现直流偏移[1]，工作在深线性区的 MOS 器件有时被称作"零失调"开关。在图 13.10 的例子中，这是显而易见的，输出电压最终等于输入电压。零失调性质在模拟信号的精确采样中是十分关键的，而这种性质在双极技术中是不存在的。

至此我们已经研究的仅仅是 NMOS 开关。读者可以验证，前面的原理同样适用于 PMOS 开关。特别是，如图 13.14 所示，如果 PMOS 的栅极接地，而漏极的输入电压为 $|V_{THP}|$ 或更低时，它就不能作为零失调开关。换句话说，在输入和输出电压降到比地电平高 $|V_{THP}|$ 时，PMOS 器件的导通电阻会迅速上升。

---

① 我们假设采样电路不抽取输入直流电流。

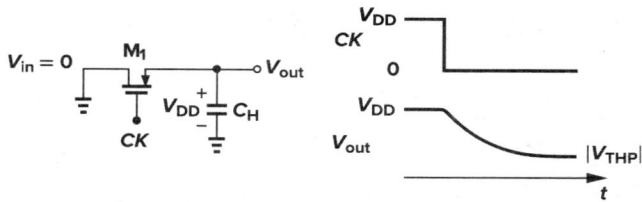

图 13.14　PMOS 开关采样电路

13.2.2　速度问题

什么因素决定图 13.9 的采样电路的速度呢？我们在这里必须首先定义速度的概念。如图 13.15 所示，简单而通用的速度度量标准是当开关导通后，输出电压从零上升到最大输入电平所需的时间。由于 V_{out} 上升到等于 V_{in0} 的值需要无限时间，因此我们认为输出电压在最终值 V_{in0} 附近的某一误差范围 ΔV 内，输出值达到稳定。比如说，在 t_S 秒后输出稳定到 0.1% 的精度，就是指在图 13.15 中，$\Delta V/V_{in0} = 0.1\%$。因此，速度的性能要求必定也伴随精度的性能指标。这样，在 $t = t_S$ 后，可以认为源极和漏极的电压近似相等。

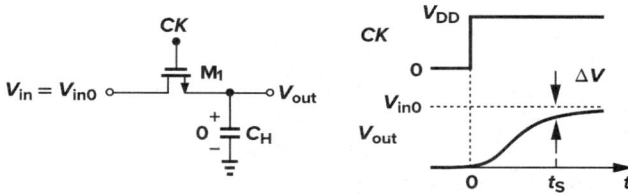

图 13.15　采样电路速度的定义

从图 13.15 电路可以推测，采样速度由两个因素确定：开关的导通电阻以及采样电容的大小。因此，为了获得较高的采样速度，需要采用大宽长比的器件以及小的采样电容值。但是，如图 13.13 所示，由于导通电阻还与输入电平有关，所以更大的正的输入会产生更大的时间常数（NMOS 开关的情况）。根据式（13.22），我们可以绘制出开关导通电阻与输入电压的关系图［见图 13.16(a)］，要注意，当 V_{in} 接近 $V_{DD} - V_{TH}$ 时，导通电阻会迅速地增大。举例来说，如果限定 R_{on} 的变化范围为 4 比 1，那么输入电压最大值可由下式得到：

$$\frac{1}{\mu_n C_{ox} \dfrac{W}{L}(V_{DD} - V_{in,max} - V_{TH})} = \frac{4}{\mu_n C_{ox} \dfrac{W}{L}(V_{DD} - V_{TH})} \tag{13.23}$$

即

$$V_{in,max} = \frac{3}{4}(V_{DD} - V_{TH}) \tag{13.24}$$

这个值下降到 $V_{DD}/2$ 附近，严重限制了摆幅。需要注意的是，器件的阈值电压也直接限制了电压摆幅[①]。

---

　① 相反地，共源共栅级的输出摆幅一般受过驱动电压限制，而不是阈值电压。

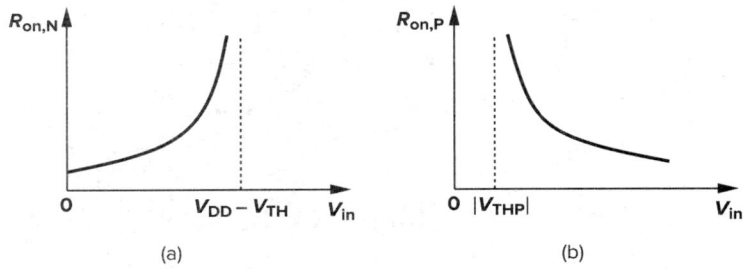

(a)

(b)

图 13.16　(a)NMOS 导通电阻与输入电压的函数关系图；(b)PMOS 导通电阻与输入电压的函数关系图

　　在采样电路中为了提供较大的电压摆幅，我们注意到 PMOS 开关在输入很大的正电压时，导通电阻会明显减小[如图 13.16(b)所示]。因此要达到全摆幅采用"互补"开关是合理的。如图 13.17(a)所示，这种组合需要互补时钟，产生的等效电阻 $R_{\mathrm{on,eq}}$ 为

$$R_{\mathrm{on,eq}} = R_{\mathrm{on,N}} \parallel R_{\mathrm{on,P}}$$

$$= \cfrac{1}{\mu_{\mathrm{n}} C_{\mathrm{ox}} \left(\cfrac{W}{L}\right)_{\mathrm{N}} (V_{\mathrm{DD}} - V_{\mathrm{in}} - V_{\mathrm{THN}})} \parallel \cfrac{1}{\mu_{\mathrm{p}} C_{\mathrm{ox}} \left(\cfrac{W}{L}\right)_{\mathrm{P}} (V_{\mathrm{in}} - |V_{\mathrm{THP}}|)}$$

由此可得

$$R_{\mathrm{on,eq}} = \cfrac{1}{\mu_{\mathrm{n}} C_{\mathrm{ox}} \left(\cfrac{W}{L}\right)_{\mathrm{N}} (V_{\mathrm{DD}} - V_{\mathrm{THN}}) - \left[\mu_{\mathrm{n}} C_{\mathrm{ox}} \left(\cfrac{W}{L}\right)_{\mathrm{N}} - \mu_{\mathrm{p}} C_{\mathrm{ox}} \left(\cfrac{W}{L}\right)_{\mathrm{P}}\right] V_{\mathrm{in}} - \mu_{\mathrm{p}} C_{\mathrm{ox}} \left(\cfrac{W}{L}\right)_{\mathrm{P}} |V_{\mathrm{THP}}|}$$

有意义的是，如果 $\mu_{\mathrm{n}} C_{\mathrm{ox}} (W/L)_{\mathrm{N}} = \mu_{\mathrm{p}} C_{\mathrm{ox}} (W/L)_{\mathrm{P}}$，那么 $R_{\mathrm{on,eq}}$ 与输入电平无关[1]。图 13.17(b)描述了一般情况下 $R_{\mathrm{on,eq}}$ 的特性，相对于单管开关，其导通电阻值的变化要小得多。我们将在第 14 章中定量分析开关非线性的影响。

　　对于高速输入信号，为了避免采样值的不确定性，图 13.17(a)电路中 NMOS 和 PMOS 开关同时断开是十分关键的。举例来说，如果 NMOS 器件比 PMOS 器件早断开 Δt 秒，那么输出电压会以大的、与输入有关的时间常数跟踪输入电压 Δt 秒，如图 13.18 所示。这种影响会增大采样值的失真。对于普通精度，可以采用图 13.19 所示的简单电路，它以信号通过传输门 G_2 的时间来等效反相器 I_1 的延迟时间，以提供互补时钟信号。

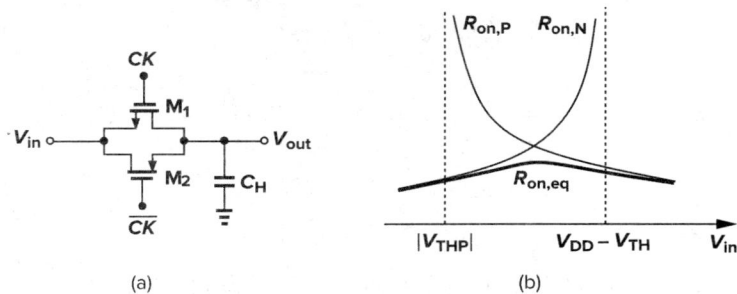

(a)

(b)

图 13.17　(a)互补开关；(b)互补开关的导通电阻

---

[1]　实际上，由于体效应，V_{THN} 和 V_{THP} 随着 V_{in} 变化，但是这里忽略了这种变化。

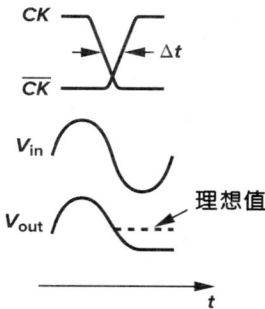

图 13.18　由于互补开关不同时断开所引起的失真

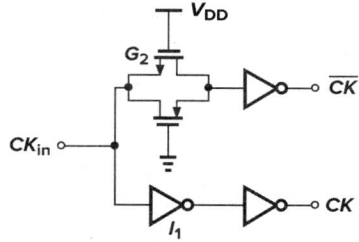

图 13.19　产生互补时钟的简单电路

13.2.3　精度问题

我们前面对 MOS 开关的研究表明,较大的 W/L 或较小的采样电容能得到较高的采样速度。在这一节中,我们会看到这些提高速度的方法会降低信号采样的精度。

在开关断开的瞬间,在 MOS 器件工作时有三种机制会产生误差。我们分别来研究每一种效应。

沟道电荷注入

我们考虑图 13.20 的采样电路。我们记得,一个 MOSFET 处于导通状态时,二氧化硅与硅的界面必然存在沟道。假设 $V_{in} \approx V_{out}$,利用在第 2 章中推导的公式,反型层中的总电荷可以表示为

$$Q_{ch} = WLC_{ox}(V_{DD} - V_{in} - V_{TH}) \qquad (13.25)$$

式中 L 为有效沟道长度。当开关断开后,Q_{ch} 会通过源端和漏端流出,这种现象就称为"沟道电荷注入"。

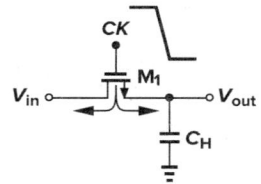

图 13.20　开关断开后的电荷注入

在图 13.20 中,注入到左边的电荷被输入信号源吸收,不会产生误差。但是,注入到右边的电荷被沉积在 C_H 上,这就给存储在采样电容上的电压值带来误差。例如,假设 Q_{ch} 的一半电荷注入到了 C_H 上,产生的误差就等于

$$\Delta V = \frac{WLC_{ox}(V_{DD} - V_{in} - V_{TH})}{2C_H} \qquad (13.26)$$

如图 13.21 所示,NMOS 开关的误差在输出端以一个负的"台阶"出现。我们注意到,此误差正比于 WLC_{ox},并且反比于 C_H。

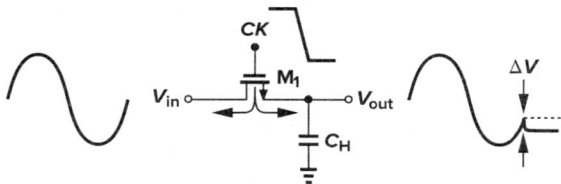

图 13.21　电荷注入效应

现在出现了一个重要的问题:在式(13.26)中,我们为什么要假设正好**一半**的沟道电荷注入到 C_H 上呢?实际上,通过源端和漏端流出的电荷的比值是一个比较复杂的函数,它由许多参数所决定,比如每端对地的阻抗,以及时钟的跳变时间等[1,2]。关于这些参数如何影响的研究还未得到任何可以预测电荷分配的经验。而且,在很多情况下,这些参数,如时钟跳变时间是很难控制的。并且大多数的电路模拟软件对电荷注入效应的模拟也是不精确的。以最坏情况估计,我们可以假设全部的沟道电荷注入到了采样电容上。

注入电荷是如何影响精度的呢?假设所有电荷都注入到采样电容上,可以得到输出采样电压为

$$V_{out} \approx V_{in} - \frac{WLC_{ox}(V_{DD} - V_{in} - V_{TH})}{C_H} \tag{13.27}$$

式中忽略了输入和输出之间的相移,于是得到

$$V_{out} = V_{in}\left(1 + \frac{WLC_{ox}}{C_H}\right) - \frac{WLC_{ox}}{C_H}(V_{DD} - V_{TH}) \tag{13.28}$$

上式表示,输出受到两方面的影响而偏离理想值:非单位增益,$1 + WLC_{ox}/C_H$[①];固定的偏移电压 $-WLC_{ox}(V_{DD} - V_{TH})/C_H$(如图13.22所示)。换句话说,由于假设沟道电荷是输入电压的**线性**函数,因此电路只表现出增益误差和直流失调。

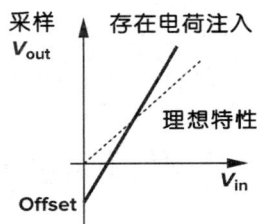

图 13.22 存在电荷注入的采样电路的输入/输出特性

在前面的讨论中,我们默认 V_{TH} 为常数。但是,对于 NMOS 开关(在 n 阱工艺中),体效应是必须考虑的[②]。由于 $V_{TH} = V_{TH0} + \gamma(\sqrt{2\phi_B + V_{SB}} - \sqrt{2\phi_B})$,并且 $V_{BS} \approx -V_{in}$,我们得到

$$V_{out} = V_{in} - \frac{WLC_{ox}}{C_H}(V_{DD} - V_{in} - V_{TH0} - \gamma\sqrt{2\phi_B + V_{in}} + \gamma\sqrt{2\phi_B}) \tag{13.29}$$

$$= V_{in}\left(1 + \frac{WLC_{ox}}{C_H}\right) + \gamma\frac{WLC_{ox}}{C_H}\sqrt{2\phi_B + V_{in}} - \frac{WLC_{ox}}{C_H}(V_{DD} - V_{TH0} + \gamma\sqrt{2\phi_B}) \tag{13.30}$$

由此得出:V_{TH} 与 V_{in} 的非线性关系在输入/输出特性中产生了非线性。

综上所述,在 MOS 采样电路中电荷注入产生了三种误差:增益误差,直流失调和非线性误差。在许多应用中,前两项误差可以允许或修正,但最后一项则不能。

考虑由电荷注入所引起的速度与精度的折中是十分有益的。用简单的时间常数 τ 表示速度,用由电荷注入引起的误差 ΔV 表示精度,并且定义性能指标 $F = (\tau\Delta V)^{-1}$。可以得到

$$\tau = R_{on}C_H \tag{13.31}$$

$$= \frac{1}{\mu_n C_{ox}(W/L)(V_{DD} - V_{in} - V_{TH})}C_H \tag{13.32}$$

并且

$$\Delta V = \frac{WLC_{ox}}{C_H}(V_{DD} - C_{in} - V_{TH}) \tag{13.33}$$

我们有

$$F = \frac{\mu_n}{L^2} \tag{13.34}$$

所以,对一级近似而言,速度精度的折中与开关的宽度和采样电容无关。

时钟馈通

除了沟道电荷注入,MOS 开关还会通过其栅漏或栅源交叠电容将时钟跳变耦合到采样电容上。如图 13.23 所描述的,这种效应给采样输出电压引入误差。假设交叠电容固定不变,误差可以表示为

$$\Delta V = V_{\mathrm{CK}} \frac{W C_{\mathrm{ov}}}{W C_{\mathrm{ov}} + C_{\mathrm{H}}} \tag{13.35}$$

式中 C_{ov} 为单位宽度的交叠电容。误差 ΔV 与输入电压无关,在输入/输出特性中表现为固定的失调。和电荷注入一样,时钟馈通效应也产生速度和精度之间的折中问题。

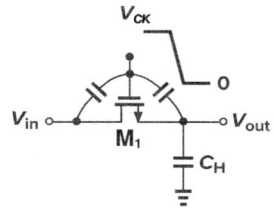

图 13.23　采样电路中的时钟馈通

552

KT/C 噪声

在例 7.3 中,对电容充电的电阻产生了总计为 $\sqrt{KT/C}$ 的均方根值噪声电压。如图 13.24 所示,采样电路也有相似的效果。开关的导通电阻在输出端引入了热噪声,并且当开关断开时,这个噪声随同输入电压的瞬时值保存在电容上。可以证明,这种情况下采样噪声的均方根值电压仍然近似等于 $\sqrt{KT/C}$[3,4]。

图 13.24　采样电路的热噪声

在许多高精度应用中 KT/C 噪声问题限制了开关电容电路的性能。为了达到低噪声,采样电容必须足够大,但这样会增加电路负载并降低速度。

13.2.4　电荷注入抵消

电荷注入对输入电平的依赖关系和由式(13.34)所表示的折中方案,要求寻找抵消电荷注入效应的方法以提高 F 值。这里就研究几种这样的技术。

为了得到第一种方法,我们假定由主晶体管注入的电荷能够通过另一个晶体管**消除**。如图 13.25 所示,电路中增加了由 $\overline{CK}$ 驱动的“虚拟”开关 M_2,当 M_1 断开后,M_2 导通,前者沉积在 C_{H} 上的沟道电荷被后者吸收以建立后者的沟道。请注意,M_2 的源极和漏极都接在输出结点上。

那么如何保证由 M_1 注入的电荷 Δq_1 正好等于被 M_2 吸收的电荷 Δq_2 呢?假设 M_1 沟道的一半电荷注入到了 C_{H} 上,那么

$$\Delta q_1 = \frac{W_1 L_1 C_{\mathrm{ox}}}{2}(V_{\mathrm{CK}} - V_{\mathrm{in}} - V_{\mathrm{TH1}}) \tag{13.36}$$

因为 $\Delta q_2 = W_2 L_2 C_{\mathrm{ox}}(V_{\mathrm{CK}} - V_{\mathrm{in}} - V_{\mathrm{TH2}})$,所以如果选择 $W_2 =$

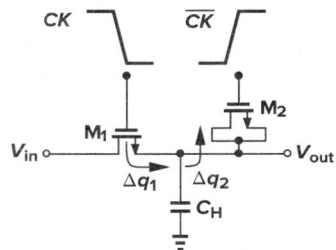

图 13.25　增加虚拟器件以减小电荷注入和时钟馈通

$0.5W_1$，$L_2 = L_1$，那么 $\Delta q_2 = \Delta q_1$。但不幸的是，源极和漏极等分电荷的假设一般来说是不成立的，从而减小了这种方法的吸引力。

有意思的是，在选择 $W_2 = 0.5W_1$，$L_2 = L_1$ 后，时钟馈通效应被抑制住了。如图 13.26 所示，V_{out} 的总电荷等于零，这是因为

$$-V_{CK} \frac{W_1 C_{ov}}{W_1 C_{ov} + C_H + 2W_2 C_{ov}} + V_{CK} \frac{2W_2 C_{ov}}{W_1 C_{ov} + C_H + 2W_2 C_{ov}} = 0 \tag{13.37}$$

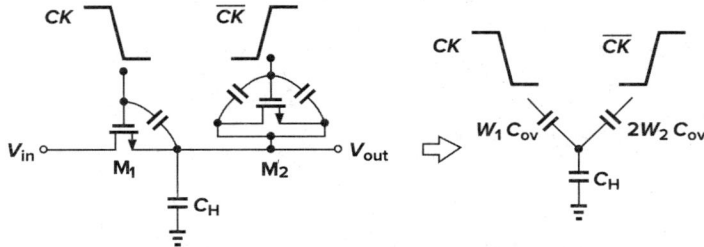

图 13.26　虚拟开关对时钟馈通效应的抑制作用

另一种降低电荷注入效应方法是将 PMOS 和 NMOS 器件结合起来，如图 13.27 所示，这就使得相反的电荷量被两个沟道相互注入。为了使 Δq_1 正好抵消 Δq_2，我们必须保证 $W_1 L_1 C_{ox}(V_{CK} - V_{in} - V_{THN}) = W_2 L_2 C_{ox}(V_{in} - |V_{THP}|)$。这样，抵消仅仅对一种输入电平起作用。但是对于时钟馈通效应，由于 NMOS 的栅漏交叠电容与 PMOS 的不相等，此电路并不能完全消除。

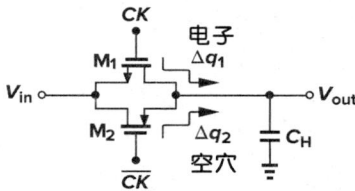

图 13.27　运用互补开关减小电荷注入

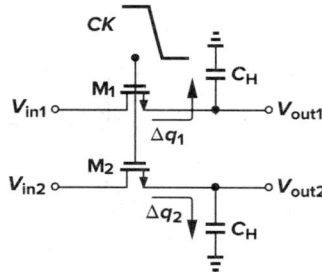

图 13.28　差动采样电路

差动电路的优点提示我们可以利用差动工作来减小电荷注入的问题。如图 13.28 所示，我们可以推测得出电荷注入可被看作是一种共模干扰。但是，因为 $\Delta q_1 = WLC_{ox}(V_{CK} - V_{in1} - V_{TH1})$，$\Delta q_2 = WLC_{ox}(V_{CK} - V_{in2} - V_{TH2})$，只有当 $V_{in1} = V_{in2}$ 时，才能得到 $\Delta q_1 = \Delta q_2$。换句话说，误差不能由差动信号全部消除。尽管如此，这种技术还是可以消除固定的失调，并且降低非线性成分。这一点可以通过下式理解：

$$\Delta q_1 - \Delta q_2 = WLC_{ox}[(V_{in2} - V_{in1}) + (V_{TH2} - V_{TH1})] \tag{13.38}$$

$$= WLC_{ox}[V_{in2} - V_{in1} + \gamma(\sqrt{2\phi_F + V_{in2}} - \sqrt{2\phi_F + V_{in1}})] \tag{13.39}$$

当 $V_{in1} = V_{in2}$ 时，$\Delta q_1 - \Delta q_2 = 0$，这种情况表现出没有失调。而且，体效应的非线性出现在式 (13.39) 的两个平方根项中，结果仅导致奇数阶失真(见第 14 章)。

在数据采样系统中，电荷注入问题不断地限制速度精度的折中性能。本章已经介绍了许

多消除技术,但每种技术又会导致其它折中问题。其中有一种称为"下极板采样"的技术,广泛地应用于开关电容电路中,我们将稍后在本章中加以阐述。

13.3　开关电容放大器

在 13.1 节中我们提到过,并利用图 13.5 的电路作为实例说明了,采用电容反馈网络的CMOS 反馈放大器比用电阻反馈网络的放大器更容易实现。在讨论了采样技术之后,现在就要学习一些开关电容放大器的内容。我们的目标是理解开关电容放大器的基本原理以及每种电路设计过程中遇到的速度与精度折中问题。

在学习开关电容放大器之前,简要了解 CMOS 工艺中电容的物理实现是很有帮助的。图 13.29(a)给出了一个简单的电容器结构,其上下极板都由薄层金属实现。在使用这种结构时,需要关心的一个重要问题是,每个极板与衬底之间的寄生电容。特别是下极板与它下面的衬底形成的寄生电容 C_p,其值通常为主电容的 $5\%\sim10\%$。因此,电容通常采用图 13.29(b)的形式来建模。第 18 和 19 章还会详细地介绍片上集成电容。

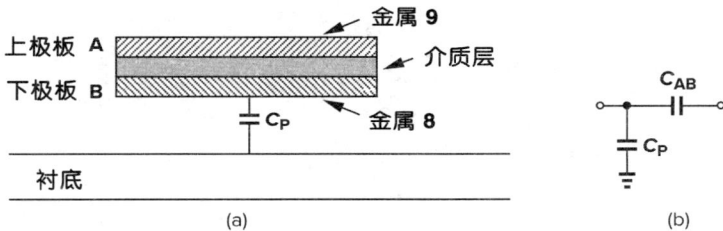

图 13.29　(a)片上电容结构;(b)包含对衬底寄生电容的(a)图的电路模型

13.3.1　单位增益采样器/缓冲器

虽然单位增益放大器的反馈网络中没有电阻或电容,如图 13.30(a)所示,但对离散时间的应用,仍需要采样电路。因此我们可以设想如图 13.30(b)所示的电路作为采样器或缓冲器。然而,这里由 S_1 注入到 C_H 上的与输入有关的电荷限制了采样精度。

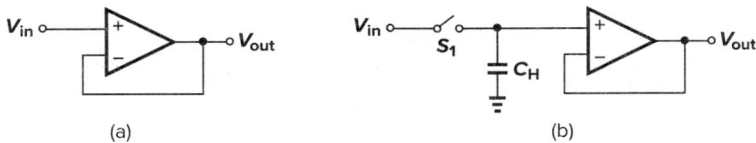

图 13.30　(a)单位增益缓冲器;(b)采用单位增益缓冲器的采样电路

现在考虑图 13.31(a)所示的电路结构,其中三个开关控制着电路的采样及放大模式。在采样模式中,S_1 和 S_2 导通,S_3 断开,产生的电路结构如图 13.31(b)所示。这样,$V_{out}=V_X\approx0$,电容 C_H 两端的电压跟踪 V_{in}。若在 $t=t_0$ 时,$V_{in}=V_0$,此时 S_1 和 S_2 断开,S_3 导通,电容跨接在运放的输入输出两端,电路进入放大模式[图 13.31(c)]。因为运放的高增益要求结点 X 仍为虚地且存储在电容上的电荷必须守恒,所以 V_{out} 的值上升到近似等于 V_0。这样这个电压就被"冻结"并可以被后续电路处理。

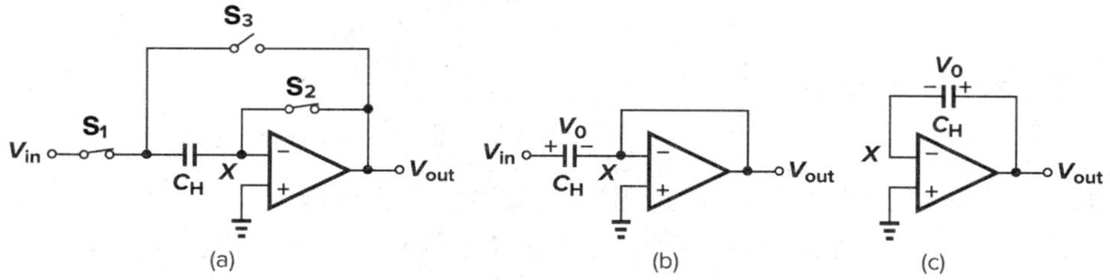

图 13.31　(a)单位增益采样器;(b)电路(a)的采样模式;(c)电路(a)的放大模式

　　采用适当的时序,图 13.31(a)电路可以极大地减轻沟道电荷注入的问题。正如图 13.32 以"慢动作"所描述的,从采样模式转换到放大模式,开关 S_2 比 S_1 稍微早断开一会儿。下面我们仔细分析 S_1 和 S_2 的注入电荷所产生的影响。当 S_2 断开时,它向 C_H 注入的电荷量等于 Δq_2,产生的误差为 $\Delta q_2/C_H$。但是,因为 X 点是虚地,这些电荷与输入电平无关。例如,如果 S_2 为 NMOS 器件,其栅电压等于 V_{CK},那么 $\Delta q_2 = WLC_{ox}(V_{CK}-V_{TH}-V_X)$。

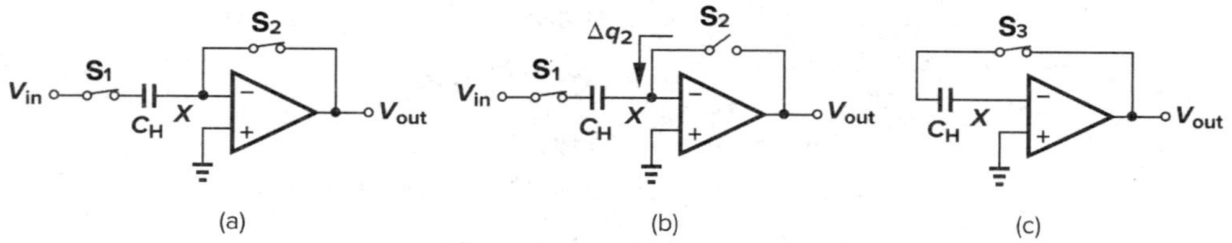

图 13.32　单位增益采样器慢动作工作过程

　　Δq_2 的值为常数,这意味着 S_2 的沟道电荷仅仅在输入/输出特性中引入了失调(而不是增益误差或非线性)。正如下面阐述的,这种失调通过差动工作能很容易地消除。但是,S_1 的电荷注入到 C_H 上又会怎样呢?将 V_{in} 置为零,并假设 S_1 注入到 P 点的电荷为 Δq_1,如图 13.33(a)所示。如果 X 点对地的电容(包括运放的输入电容)等于零,那么 V_P 和 V_X 将跳跃到无限大。为了简化分析,我们假定 X 点对地的总电容为 C_X[图 13.33(b)],很快我们就会了解它的值对结果无影响。在图 13.33(b)中,C_H 和 C_X 所带的电荷数都等于 Δq_1。如图 13.33(c)所示,现在将 C_H 接在运放的两端,以获得输出电压结果。

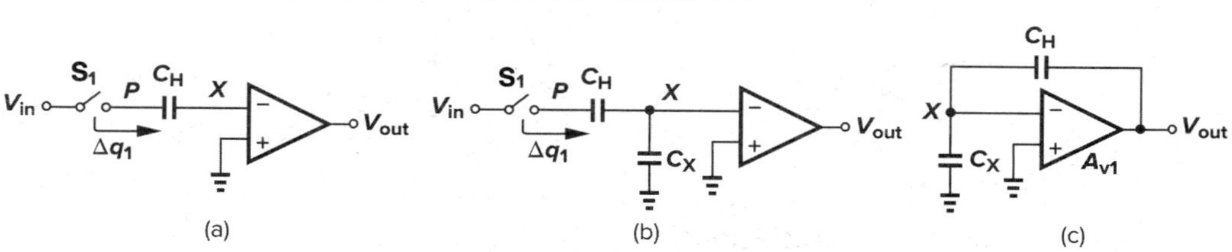

图 13.33　开关 S_1 电子注入效应
(a)零运放输入电容情况;(b)有限运放输入电容情况;(c)放大模式传输情况

　　为了计算输出电压,我们必须充分地注意到:结点 X 的总电荷在 S_2 断开后保持不变,因为结点 X 无任何电子流出或流入的路经。所以,如果在 S_1 断开前 C_H 右极板和 C_X 上极板的总电荷为零,因为没有**阻性**通路与 X 点相连,所以在 S_1 注入电荷后,它的总电荷仍然应为零。当 C_H 接在运放两端时,这一点仍然成立。

现在考虑如图 13.33(c)所示的电路,假设 X 点的总电荷为零。我们可以得到 $C_X V_X - (V_{out} - V_X)C_H = 0$,且 $V_X = -V_{out}/A_{v1}$。因此,$-(C_X + C_H)V_{out}/A_{v1} - V_{out}C_H = 0$,即 $V_{out} = 0$。我们注意到,这个结果与 Δq_1,电容值或运放的增益都无关,因此显示出,**如果 S_2 首先断开**,S_1 的电荷注入不会带来误差。

综上所述,在图 13.31(a)中,当 S_2 断开后,结点 X"悬空",无论电路的其它结点如何跳变,其总电荷保持常数。因此,在反馈结构形成后,输出电压不会受 S_1 电荷注入的影响。从另一种观点看,结点 X 在 S_2 断开的时刻是虚地,在 C_H 两端保持了输入的瞬时电平,并在 C_H 左极板上产生的电荷等于 $V_0 C_H$。通过反馈电路稳定后,结点 X 仍旧是虚地,迫使 C_H 依然携带电荷 $V_0 C_H$,因此输出电压近似等于 V_0。

S_1 的电荷注入效应也可以从另一角度研究。假设图 13.33(c)中输出电压有限并为正值。那么,由于 $V_X = V_{out}/(-A_{v1})$,V_X 必定有限且为负值,这就要求 C_X 的上极板带负电荷。为了使 X 点的总电荷为零,C_H 左极板上的电荷必须为正,右极板为负,从而得出 $V_{out} \leqslant 0$。因此唯一有效的解答是 $V_{out} = 0$。

图 13.31(a)的第三个开关 S_3 也值得注意。S_3 为了导通必须在它的氧化物界面建立反型层,那么其沟道所需的电荷是由 C_H 还是由运放来提供呢？从前面的分析来看,在反馈电路稳定后,C_H 上的电荷等于 $V_0 C_H$,与 S_3 无关。因此 S_3 的沟道电荷完全来自运放,不会产生误差。

至此,对图 13.31(a)电路的研究认为,只要采用合适的时序,开关 S_1 和 S_3 的电荷注入无关紧要,只有 S_2 的沟道电荷会产生固定偏移电压。图 13.34 所示是一个实现时钟沿的简单电路,它保证 S_1 在 S_2 断开后才断开。

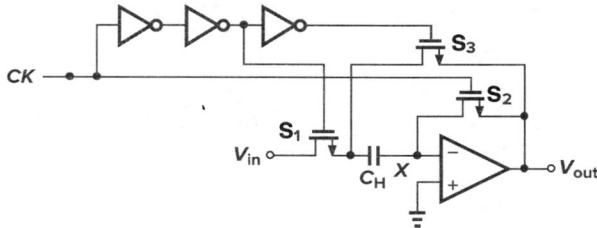

图 13.34　单位增益采样器的时钟沿产生电路

复位开关注入的电荷与输入无关的特性,使得可以通过差动运算完全消除电荷注入效应。如图 13.35 所示,这种方法采用差动运算放大器和两个采样电容,使得由 S_2 和 S_2' 注入的电荷在结点 X 和 Y 表现为**共模**干扰。这与图 13.28 所示的差动电路的性质相反,那个电路中,与输入有关的电荷注入仍旧会引起非线性误差。实际上,S_2 和 S_2' 会产生有限的电荷注入失配,解决办法是增加另外一个开关 S_{eq},它稍微在 S_2 和 S_2' 断开后断开(但在 S_1 和 S_1' 断开前),从而使得结点 X 和 Y 的电荷数相等。

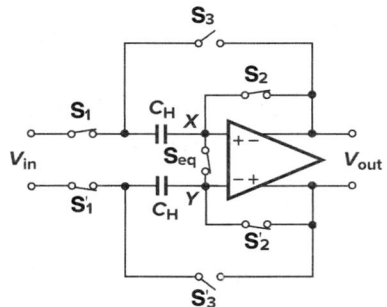

图 13.35　单位增益采样器的差动实现

精度问题

图 13.31(a)的电路在放大模式中表现为一个单位增益的缓冲器，产生的输出电压近似等于存储在电容上的电压。那么它的单位增益的精度如何？在一般情况下我们假设运放的输入电容 C_{in} 是有限值，并在采样模式转变到放大模式时计算电路的输出电压值，如图 13.36 所示。由于运放的增益是有限的，在放大模式下 $V_X \neq 0$，在 C_{in} 上的电荷等于 $C_{in}V_X$。

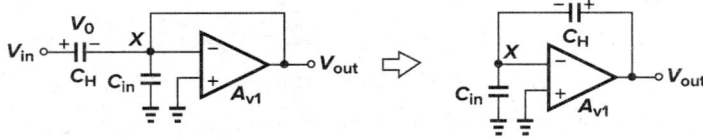

图 13.36　用于精确计算的等效电路

在结点 X 上的电荷守恒要求电荷 $C_{in}V_X$ 来自电容 C_H，使 C_H 上的电荷增加到 $C_H V_0 + C_{in}V_X$[1]。这就使得 C_H 两端的电压等于 $(C_H V_0 + C_{in}V_X)/C_H$。因此可以得到 $V_{out} - (C_H V_0 + C_{in}V_X)/C_H = V_X$，并且 $V_X = -V_{out}/A_{v1}$。因此

$$V_{out} = \frac{V_0}{1 + \dfrac{1}{A_{v1}}\left(\dfrac{C_{in}}{C_H} + 1\right)} \tag{13.40}$$

$$\approx V_0\left[1 - \frac{1}{A_{v1}}\left(\frac{C_{in}}{C_H} + 1\right)\right] \tag{13.41}$$

正如所预料的，如果 $C_{in}/C_H \ll 1$，那么 $V_{out} \approx V_0/(1 + A_{v1}^{-1})$。但是，一般而言，电路的增益误差约为 $-(C_{in}/C_H + 1)/A_{v1}$，可以看出，即使速度的要求不重要，输入电容也必须尽量小。在第 9 章中，为了增加 A_{v1}，运放需要选择大的宽长比输入器件，但付出的代价是增大了输入电容。因此理想的器件尺寸应该产生最小的增益误差而不是最大的 A_{v1}。

例 13.4 ──

在图 13.36 电路中，$C_{in} = 0.5$ pF，$C_H = 2$ pF。那么在保证增益误差为 0.1% 的情况下，运放的最小增益是多少？

解：因为 $C_{in}/C_H = 0.25$，因此 $A_{v1,min} = 1\,000 \times 1.25 = 1\,250$。

──

速度问题

让我们首先研究处于采样模式的电路，如图 13.37(a)所示。此阶段的时间常数是多少呢？可以看出，与 C_H 串联的总电阻包括 R_{on1} 和 X 点对地的电阻 R_X。采用简单的运放模型，如图 13.37(b)所示，图中 R_0 表示运放的开环输出阻抗，可以得到

$$(I_X - G_m V_X)R_0 + I_X R_{on2} = V_X \tag{13.42}$$

这样

$$R_X = \frac{R_0 + R_{on2}}{1 + G_m R_0} \tag{13.43}$$

───

[1]　因为正电荷从 C_H 的左极板传输到了 C_{in} 的上极板，导致了 C_H 两端电压更正，所以 C_H 上电荷**增加**。

通常情况下 $R_{on2} \ll R_0$，并且 $G_m R_0 \gg 1$，因此 $R_X \approx 1/G_m$。例如，在差动到单端转换的套筒式运放中，G_m 等于每个输入 MOS 管的跨导。

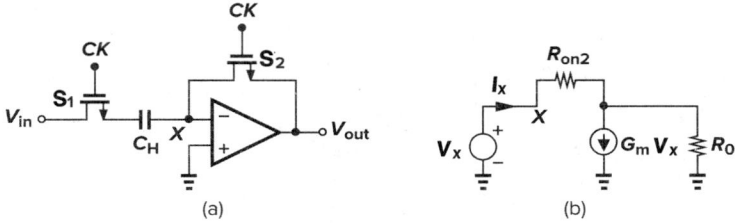

图 13.37　(a)采样模式下的单位增益采样;(b)(a)图的等效电路

所以，采样模式下的时间常数等于

$$\tau_{sam} = \left(R_{on1} + \frac{1}{G_m}\right)C_H \tag{13.44}$$

τ_{sam} 的值必须足够小，以便在图 13.15 所示的测试条件下能稳定到要求的精度。

现在让我们考虑放大模式下的电路。连同运放的输入电容和负载电容一起，如图 13.38 所示，该电路一定开始于 $V_{out} \approx 0$ 且最终产生 $V_{out} \approx V_0$。如果 C_{in} 相对较小，可以假设 C_L 和 C_H 两端的电压不会立即改变，从而得出，如果 $V_{out} \approx 0$，$V_{CH} \approx V_0$，那么在放大模式开始时，$V_X = -V_0$。换句话说，运放初始时接收到的输入差动电压会跳至一个很大的值，可能使运放产生转换。但是，让我们先假设运放可以用线性模型进行模拟并得到输出响应。

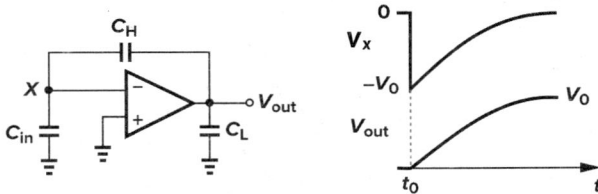

图 13.38　放大模式下单位增益采样器的时间响应

为了简化分析，我们可以将 C_H 上的电荷看作一个与之串联的电压源 V_S，V_S 在 $t = t_0$ 时刻由零变为 V_0 而 C_H 本身不带电荷，如图 13.39 所示。现在推导传输函数 $V_{out}(s)/V_S(s)$ 和阶跃响应。可以得到

$$V_{out}\left(\frac{1}{R_0} + C_L s\right) + G_m V_X = (V_S + V_X - V_{out})C_H s \tag{13.45}$$

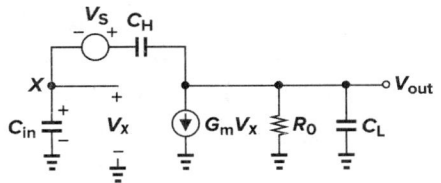

图 13.39　放大模式下单位增益电路的等效电路

并且，因为通过 C_{in} 的电流等于 $V_X C_{in} s$，有

$$V_X \frac{C_{in} s}{C_H s} + V_X + V_S = V_{out} \tag{13.46}$$

根据式(13.46)计算出 V_X，并把该值代入式(13.45)中，可以得到传输函数为

$$\frac{V_{out}}{V_S}(s) = R_0 \frac{(G_m + C_{in} s)C_H}{R_0(C_L C_{in} + C_{in} C_H + C_H C_L)s + G_m R_0 C_H + C_H + C_{in}} \tag{13.47}$$

注意到当 $s=0$ 时,式(13.47)的简化形式与(13.40)相似。因为通常 $G_\mathrm{m}R_0C_\mathrm{H}\gg C_\mathrm{H}$ 及 C_in,因此式(13.47)可以简化为

$$\frac{V_\mathrm{out}}{V_\mathrm{S}}(s) = \frac{(G_\mathrm{m}+C_\mathrm{in}s)C_\mathrm{H}}{(C_\mathrm{L}C_\mathrm{in}+C_\mathrm{in}C_\mathrm{H}+C_\mathrm{H}C_\mathrm{L})s+G_\mathrm{m}C_\mathrm{H}} \tag{13.48}$$

所以,输出特性由一个时间常数表示,该时间常数等于

$$\tau_\mathrm{amp} = \frac{C_\mathrm{L}C_\mathrm{in}+C_\mathrm{in}C_\mathrm{H}+C_\mathrm{H}C_\mathrm{L}}{G_\mathrm{m}C_\mathrm{H}} \tag{13.49}$$

$$= \frac{1}{G_\mathrm{m}}\left[C_\mathrm{in}+\left(1+\frac{C_\mathrm{in}}{C_\mathrm{H}}\right)C_\mathrm{L}\right] \tag{13.50}$$

560

它与运放的输出电阻无关。这是因为更大的 R_0 电阻导致更大的环路增益,最终产生固定的闭环速度。对这个结果的另一种有趣的解释将在后面叙述(如图 13.52 所示)。

例 13.5

分析 $C_\mathrm{L}=0$ 和 $C_\mathrm{in}=0$ 这两种特殊情况,并对结果进行直观的解释。

解:如果 $C_\mathrm{L}=0$,则有 $\tau=C_\mathrm{in}/G_\mathrm{m}$。之所以得到这个结果是因为,如果 $C_\mathrm{L}=0$,那么 C_in 看到的等效电阻就可简单表示为 $1/G_\mathrm{m}$[如图 13.40(a)所示]。

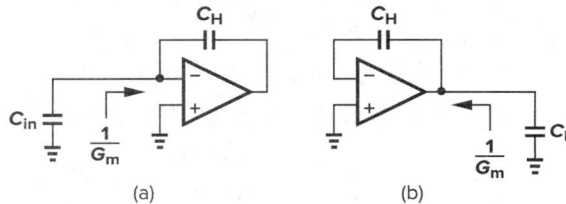

图 13.40

如果 $C_\mathrm{in}=0$,则有 $\tau=C_\mathrm{L}/G_\mathrm{m}$,这是因为 C_L 在这种情况下看到的驱动电阻等于 $1/G_\mathrm{m}$[如图 13.40(b)所示]。

现在我们以套筒式运放为例,研究电路的转换特性。电路一进入放大模式就会在反相输入端出现一个大的阶跃(见图 13.38)。如图 13.41 所示,运放输入差动对的尾电流从一边注入,并且它的镜像电流对输出端的电容充电。因为 M_2 在转换期间关断,所以 C_in 可以忽略,转换速率近似等于 $I_\mathrm{SS}/C_\mathrm{L}$。当 V_X 非常接近 M_1 的栅电压时,转换才会停止,此后便以式(13.50)给出的时间常数开始稳定过程。

从前面的研究可以看出,运放的输入电容会降低单位增益采样器或缓冲器的速度和精度。由于这个原因,在图 13.31 中,常常将 C_H 的下极板连接输入信号或运放的输出端,而将上极板接在结点 X

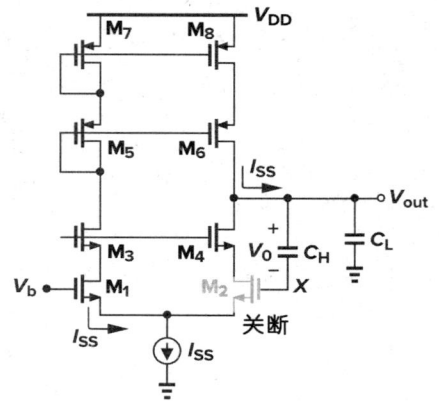

图 13.41 转换过程中的单位增益采样器

561

上，如图 13.42 所示，这样可最大限度地减小结点 X 对地的寄生电容。这种技术被称为"下极板采样"。而且由输入或运放输出端驱动下极板还可以避免在结点 X 注入衬底噪声(见 19 章)。

比较图 13.30(b)和 13.31(a)的采样电路的性能是十分有意义的。在图 13.30(b)中，因为采样时间常数只与开关的导通电阻有关，因此它的值很小。更重要的是在图 13.30(b)中，开关断开后，其

图 13.42　单位增益采样器与电容器的连接

放大作用几乎是瞬时完成的，而在图 13.31 中，这需要一个有限的稳定时间。然而，单位增益采样器最大的优点在于其电荷注入与输入无关。

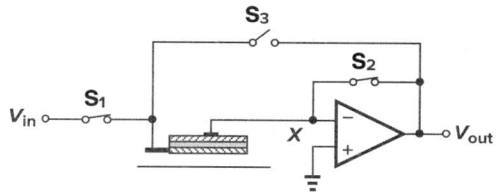

13.3.2　同相放大器

在这一节中，我们再来看看图 13.5 所示的电路，研究其速度特性和精度特性。这个电路重画在图 13.43(a)中，放大器工作过程如下。在采样模式，S_1 和 S_2 导通，S_3 断开，使得结点 X 为虚地，并使 C_1 两端的电压跟踪输入电压[图 13.43(b)]。在采样模式结束时，S_2 首先断开，向结点 X 注入固定电荷 Δq_2。接着，S_1 断开，S_3 导通，如图 13.43(c)所示。因为 V_P 从 V_{in0} 变到 0，所以输出电压从 0 变到大约 $V_{in0}(C_1/C_2)$，产生的电压增益等于 C_1/C_2。因为输出值最终与 V_{in0} 的极性相同，因此这种电路被称作同相放大器，而且它的增益能够大于单位增益。

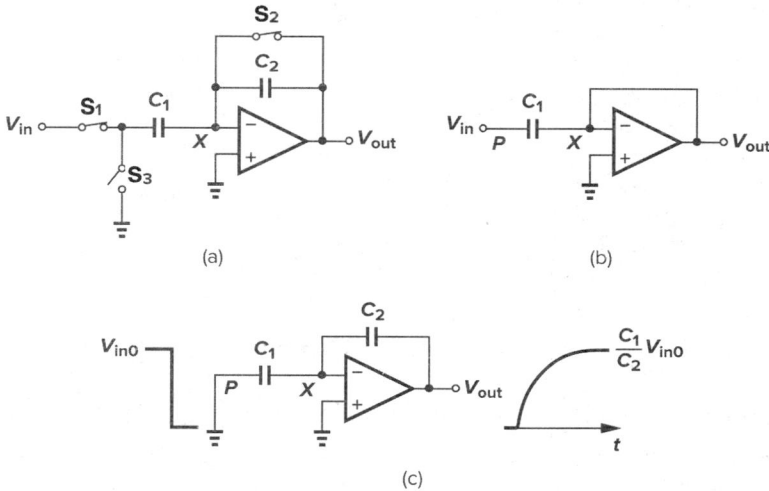

(a)　　(b)

(c)

图 13.43　(a)同相放大器；(b)采样模式；(c)电路跳变到放大模式

562

如同图 13.31(a)单位增益电路一样，采用适当的时序，即，使 S_2 在 S_1 之前断开，同相放大器也可以避免与输入有关的电荷注入效应，如图 13.44 所示。在 S_2 断开之后，结点 X 的总电荷保持不变，使得电路不会受 S_1 电荷注入或 S_3 电荷吸收作用的影响。让我们首先详细讨论 S_1 的影响。正如图 13.45 所示，由 S_1 注入的电荷 Δq_1 使结点 P 的电压变化量约为 $\Delta V_P = \Delta q_1/C_1$，因此输出电压的变化量为 $-\Delta q_1/C_2$。但是，在 S_3 导通后，V_P 降为零。这样，V_P **总的**变化等于 $0-V_{in0}=-V_{in0}$，使得输出电压总的变化量为 $-V_{in0}(-C_1/C_2)=V_{in0}C_1/C_2$。

这里关键是 V_P 从固定电压 V_0 变到 0,其间要经历由 S_1 引起的干扰。因为所关心的输出电压是在结点 P 接地后才测量的,所以 S_1 的电荷注入不会影响到最终的输出结果。从另外的角度看,正如图 13.46 所示,在 S_2 断开的瞬间,C_1 右极板的电荷近似等于 $-V_{in0} C_1$,并且在 S_2 断开后,结点 X 总的电荷保持不变。这样,当结点 P 接地且电路稳定后,C_1 两端的电压以及它的电荷均接近为零,因此 C_2 左极板上一定会驻留电荷 $-V_{in0} C_1$。换句话说,不管其间在结点 P 如何偏离,但最终输出电压近似等于 $V_{in0} C_1 / C_2$。

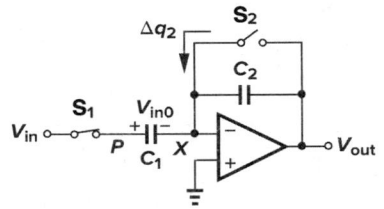

图 13.44   同相放大器跳变到放大模式

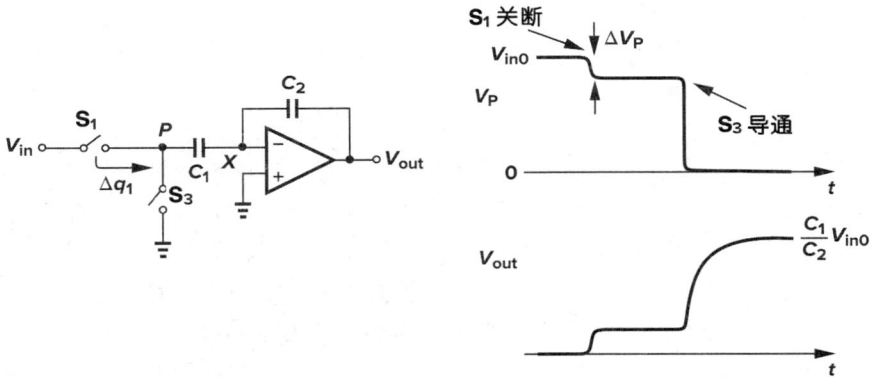

图 13.45 S_1 电荷注入效应

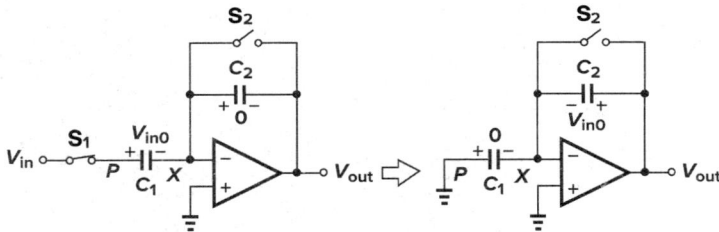

图 13.46   同相放大器的电荷再分配

从上述讨论中可以看出,另外两种现象对最终的输出也不会产生影响。第一,从 S_2 断开到 S_1 断开,输入电压可以显著地变化,如图 13.47 所示,但不会产生任何误差。换句话说,采样瞬间由 S_2 的断开决定。第二,当 S_3 导通,需要吸收沟道电荷,但因 V_P 的最终值为零,所以这个电荷不重要。这样,由于结点 X 的总电荷守恒并且最终 V_P 是固定值(零),所以上述两种情况都不会引入误差。为了强调 V_P 的初始值和最终值都是固定电压,我们认为结点 P 是"被驱动"的,或者说结点 P 从一个低阻抗结点转换到另一个低阻抗结点。这里低阻抗一词使得电荷不守恒的 P 点区别于电荷守恒的"浮点",例如 X。

总而言之,在图 13.43(a) 中采用适当的时序可保证结点 X 只受 S_2 注入电荷的影响,即 V_{out} 的最终值与 S_1 和 S_3 带来的误差无关。而由 S_2 引起的固定失调最终又可以通过差动运算予以消除,如图 13.48 所示。

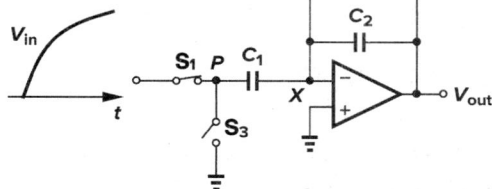

图 13.47　S_2 关断后输入变化的影响

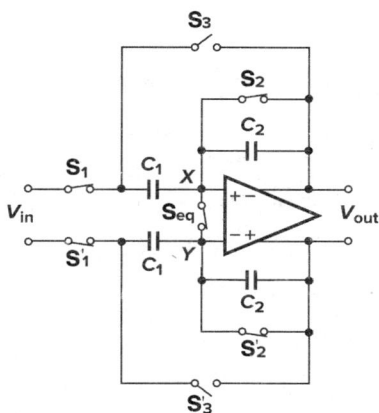

图 13.48　同相放大器的差动实现

例 13.6

在图 13.48 所示的差动电路中,假设不使用补偿开关 S_{eq},且 S_2 和 S_2' 存在 10 mV 的阈值电压的失配。如果 $C_1=1$ pF,$C_2=0.5$ pF,$V_{TH}=0.6$ V,并且对所有的开关,$WLC_{ox}=50$ fF。那么在假设 S_2 和 S_2' 的全部沟道电荷都分别注入到 X 和 Y 点的情况下,计算输出端的直流失调电压。

解:简化电路如图 13.49 所示,可以看出 $V_{out} \approx \Delta q/C_2$,其中 $\Delta q = WLC_{ox}\Delta V_{TH}$。注意到 C_1 没有出现在最终结果中,这是因为结点 X 是虚地,即 C_1 两端的电压变化是可以忽略的。因此,注入电荷主要驻留在 C_2 的左极板上,使得输出误差电压等于 $\Delta V_{out} = WLC_{ox}\Delta V_{TH}/C_2 = 1$ mV。

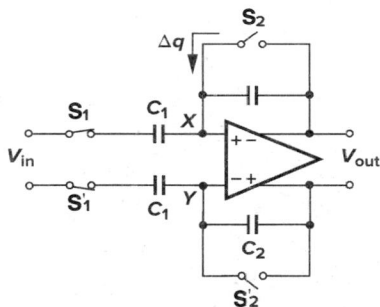

图 13.49

564

精度问题

如上所述,图 13.43(a)电路提供了额定电压增益为 C_1/C_2。现在我们在运放的开环增益等于有限值 A_{v1} 的情况下来计算其实际增益。如图 13.50 所示,运放的输入级有输入电容,电路放大输入电压的变化,因此得到

$$(V_{out}-V_X)C_2 s = V_X C_{in} s + (V_X-V_{in})C_1 s \qquad (13.51)$$

由于 $V_{out}=-A_{v1}V_X$,我们得到

$$\left|\frac{V_{out}}{V_{in}}\right| = \frac{C_1}{C_2 + \dfrac{C_2+C_1+C_{in}}{A_{v1}}} \qquad (13.52)$$

对于很大的 A_{v1},有

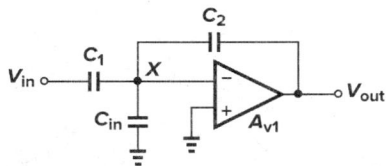

图 13.50　放大期间同相放大器的等效电路

$$\left|\frac{V_{\text{out}}}{V_{\text{in}}}\right| \approx \frac{C_1}{C_2}\left(1 - \frac{C_2 + C_1 + C_{\text{in}}}{C_2}\frac{1}{A_{\text{v1}}}\right) \tag{13.53}$$

这表示,放大器的增益误差为$(C_2 + C_1 + C_{\text{in}})/(C_2 A_{\text{v1}})$。值得注意的是,这个值随着额定增益

C_1/C_2 增大而增大。

比较式(13.41)和式(13.53),可以发现当 $C_H = C_2$ 时,对于额定的单位增益,同相放大器的增益误差大于单位增益采样器的增益误差。这是因为前者的反馈系数等于 $C_2/(C_1 + C_{\text{in}} + C_2)$,而后者的反馈系数等于 $C_H/(C_H + C_{\text{in}})$。例如,如果忽略 C_{in},那么单位增益采样器的增益误差是同相放大器的一半。

速度问题

从图 13.50 的较小反馈系数可以看出,放大器的时间响应比单位增益采样器的时间响应要慢,事实上的确如此。考虑图 13.51(a)的等效电路,因为它与图 13.39 的区别仅仅在于连接在结点 X 和理想电压源之间的电容 C_1,我们预计,放大器的时间常数同样可以由式(13.50)的形式表示,只要将式中的 C_{in} 换成 $C_{\text{in}} + C_1$ 即可。但是在更严格的分析中,需要将图 13.51(a)中的 V_{in},C_1 和 C_{in} 用戴维南等效值替换,形成图 13.51(b)的电路,其中 $\alpha = C_1/(C_1 + C_{\text{in}})$,$C_{\text{eq}} = C_1 + C_{\text{in}}$,并且注意到

$$V_X = (\alpha V_{\text{in}} - V_{\text{out}})\frac{C_{\text{eq}}}{C_{\text{eq}} + C_2} + V_{\text{out}} \tag{13.54}$$

所以

$$\left[(\alpha V_{\text{in}} - V_{\text{out}})\frac{C_{\text{eq}}}{C_{\text{eq}} + C_2} + V_{\text{out}}\right]G_{\text{m}} + V_{\text{out}}\left(\frac{1}{R_0} + C_{\text{L}}s\right) = (\alpha V_{\text{in}} - V_{\text{out}})\frac{C_{\text{eq}} C_2}{C_{\text{eq}} + C_2}s \tag{13.55}$$

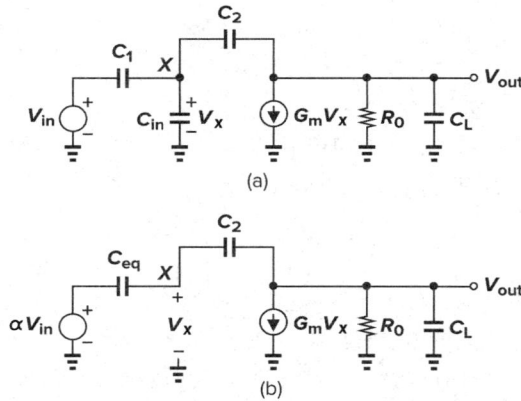

图 13.51　(a)放大模式下同相放大器的等效电路;(b)用戴维南等效值取代 V_{in},C_1 和 C_{in} 后(a)的等效电路

因此

$$\frac{V_{\text{out}}}{V_{\text{in}}}(s) = \frac{-C_{\text{eq}}\dfrac{C_1}{C_1 + C_{\text{in}}}(G_{\text{m}} - C_2 s)R_0}{C_2 G_{\text{m}} R_0 + C_{\text{eq}} + C_2 + R_0\left[C_{\text{L}}(C_{\text{eq}} + C_2) + C_{\text{eq}} C_2\right]s} \tag{13.56}$$

注意到当 $s = 0$ 时,式(13.56)简化成式(13.52)。对于较大的 $G_{\text{m}} R_0$,可以将式(13.56)简化为

$$\frac{V_{\mathrm{out}}}{V_{\mathrm{in}}}(s) \approx \frac{-C_{\mathrm{eq}}\dfrac{C_1}{C_1+C_{\mathrm{in}}}(G_{\mathrm{m}}-C_2 s)R_0}{R_0(C_L C_{\mathrm{eq}}+C_L C_2+C_{\mathrm{eq}}C_2)s+G_{\mathrm{m}}R_0 C_2} \tag{13.57}$$

得到的时间常数为

$$\tau_{\mathrm{amp}}=\frac{C_L C_{\mathrm{eq}}+C_L C_2+C_{\mathrm{eq}}C_2}{G_{\mathrm{m}}C_2} \tag{13.58}$$

如果将图 13.38 中的 C_{in} 换成 $C_{\mathrm{in}}+C_1$，其时间常数与上式相同。请注意，τ_{amp} 与额定增益 C_1/C_2 的直接关系。

这个表达式可以重写为

$$\tau=\frac{C_1+C_2+C_{\mathrm{in}}}{C_2}\cdot\frac{C_L+\dfrac{C_2(C_{\mathrm{in}}+C_1)}{C_2+C_{\mathrm{in}}+C_1}}{G_{\mathrm{m}}} \tag{13.59}$$

上式给出了一个很有意义的见解：时间常数由一个等效电容 $[C_L+C_2(C_{\mathrm{in}}+C_1)/(C_2+C_{\mathrm{in}}+C_1)]$ 和一个等效电阻 $[(C_1+C_2+C_{\mathrm{in}})/(G_{\mathrm{m}}C_2)]$ 确定，如图 13.52 所示。我们可以大致地推断，运放看到的电容负载为 C_2 与 $(C_{\mathrm{in}}+C_1)$ 串联后再与 C_L 并联，并且其 G_{m} 被反馈系数缩小到原值的 $[C_2/(C_1+C_2+C_{\mathrm{in}})]$。

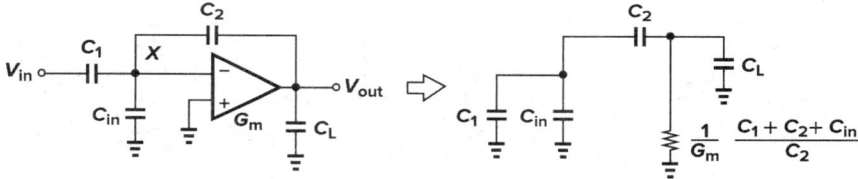

图 13.52　表示建立过程中时间常数的等效电路

在 $C_L=0$ 的特殊情况下，研究放大器的时间常数是有益的。这时等式（13.58）变为 $\tau_{\mathrm{amp}}=(C_1+C_{\mathrm{in}})/G_{\mathrm{m}}$，这个值与反馈电容**无关**。这是因为当大电容 C_2 在输出端引入大负载的同时，也提供了更大的反馈系数。

读者或许想知道，对于我们称之为"同相"放大器的电路，式（13.56）为什么会产生负增益？这是因为此式只意味着如果 C_1 的左极板电压阶跃**下降**，则输出电压上升。这与图 13.43 的原始电路的工作并无矛盾，那里 V_P 的**变化**等于 $-V_{\mathrm{in}}$。

13.3.3　精确乘 2 电路

图 13.43(a) 电路可以在相对较高的闭环增益下工作，但是由于低的反馈系数，它的速度和精度会降低。在这一节中，我们学习一种可以产生两倍额定增益且有更高的速度和更低的增益误差的电路结构[5]。如图 13.53(a) 所示，放大器包含两个相等的电容 $C_1=C_2=C$。在采样模式下，电路结构如图 13.53(b) 所示，在结点 X 建立虚地，并使 C_1 和 C_2 两端的电压跟踪输入电压。在向放大模式的转变中，S_3 首先断开，C_1 跨接在运放的两端，C_2 的左极板接地（图 13.53(c)）。在 S_3 断开的瞬间，C_1 和 C_2 上的总电荷等于 $2V_{\mathrm{in0}}C$（如果忽略 S_3 的电荷注入），由于在放大模式中 C_2 两端的电压接近零，所以 C_1 两端电压，即输出电压近似等于 $2V_{\mathrm{inC}}$。这个具体过程可以参看图 13.54 的慢动作图示。

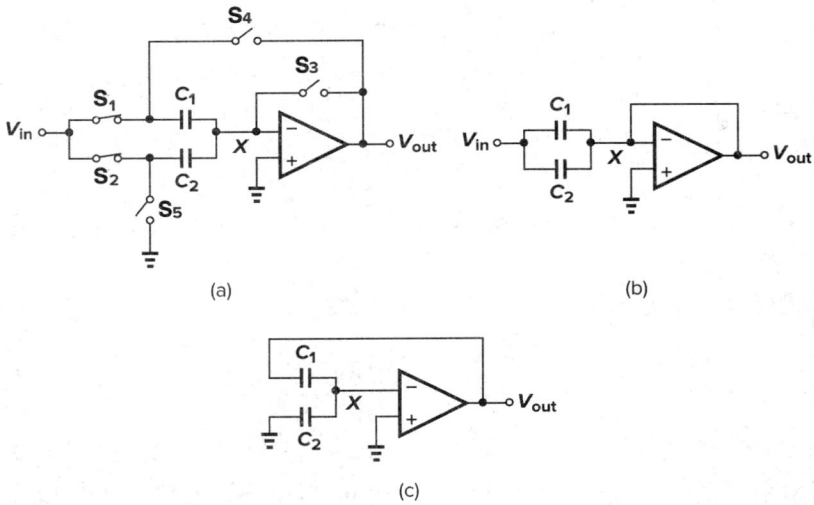

(a)   (b)

(c)

图 13.53　(a)乘2电路；(b)采样模式中的(a)电路；(c)放大模式中的(a)电路

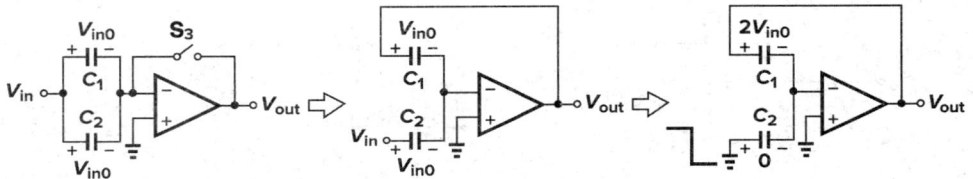

图 13.54　乘2电路向放大模式转变的慢动作过程

读者可以证明，由 S_1 和 S_2 注入的电荷以及由 S_4 和 S_5 吸收的电荷对电路并不重要，仅仅是 S_3 的电荷注入产生一定的失调。该失调可以通过差动运算予以消除。

乘2电路的速度和精度可分别由式(13.58)和式(13.53)表示，但此电路的优点是在给定的闭环增益下有较高的反馈系数。但是要注意，乘2电路的输入电容在采样模式工作时比较高。

13.4　开关电容积分器

积分器应用于许多模拟系统中，例如滤波器，过采样模数转换器等。图 13.55 表示一个连续时间积分器，如果运放的增益非常大，它的输出电压可以表示为

$$V_{out} = -\frac{1}{RC_F}\int V_{in}\,dt \qquad (13.60)$$

对于数据采样系统，必须设计与之相应的离散时间积分器。

在学习开关电容积分器之前，我们首先指出一个有意义的性质。考虑两个结点间连接的一个电阻，如图 13.56(a)所示，传输

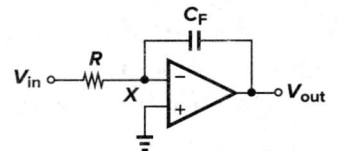

图 13.55　连续时间积分器

的电流等于 $(V_A - V_B)/R$。电阻的作用就是每秒将一定量的电荷从结点 A 移动到结点 B。电容是否也可以实现同样的功能呢？假设在图 13.56(b)的电路中，电容 C_S 在频率为 f_{CK} 的时钟作用下交替连接结点 A 和 B。那么从 A 流向 B 的**平均**电流就等于在一个时钟周期内电荷的转移量

$$\overline{I_{AB}} = \frac{C_S(V_A - V_B)}{f_{CK}^{-1}} \tag{13.61}$$

$$= C_S f_{CK}(V_A - V_B) \tag{13.62}$$

因此我们可以将此电路看作阻值等于 $(C_S f_{CK})^{-1}$ 的"电阻"。这个性质由吉姆斯·克拉克·麦克斯韦尔(James Clark Maxwell)确认，成为许多现代开关电容电路的基础。

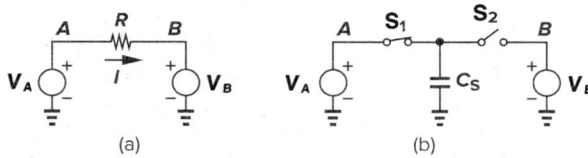

图 13.56　(a)连续时间的电阻；(b)离散时间的电阻

　　现在用离散时间等效电路来代替图 13.55 电路中的电阻，得到的积分器如图 13.57(a)所示。在每个时钟周期内，当 S_1 导通时，C_1 吸收的电荷量等于 $C_1 V_{in}$，当 S_2 导通时，C_1 上的电荷沉积到 C_2 上(结点 X 虚地)。举例来说，如果 V_{in} 是常数，在每个时钟周期内输出电压改变 V_{in} C_1/C_2(图 13.57(b))。把阶梯波形用斜线近似，则电路呈现积分器性质。

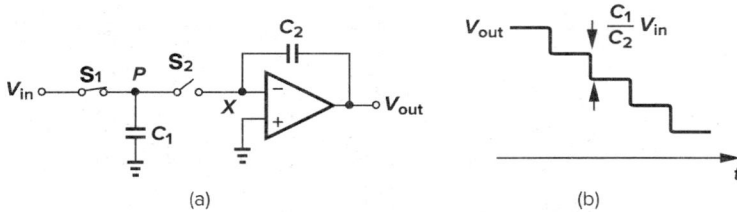

图 13.57　(a)离散时间积分器；(b)固定输入电压的电路响应

　　图 13.57(a)中 V_{out} 在每个时钟周期后的最终值可以表示为

$$V_{out}(kT_{CK}) = V_{out}[(k-1)T_{CK}] - V_{in}[(k-1)T_{CK}]\frac{C_1}{C_2} \tag{13.63}$$

其中，假设运放的增益很大。注意，当电荷从 C_1 传输到 C_2 时小信号的稳定时间常数由式(13.50)给出。

　　图 13.57(a)的积分器存在两个重要的缺点。首先，与输入有关的 S_1 的电荷注入使 C_1 上存储的电荷产生非线性，并由此产生输出电压的非线性。其次，当 C_1 与结点 X 连接时，由 S_1 和 S_2 的源(漏)构成的结点 P 的非线性电容导致了非线性的电荷-电压的转换。这一点可以通过图 13.58 的电路理解，其中存储在总的结电容 C_j 上的电荷**不**等于 $V_{in0} C_j$，而等于

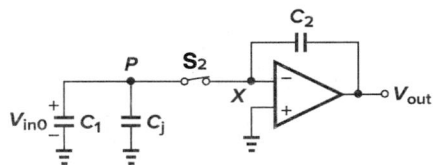

图 13.58　SC 积分器中结电容非线性的影响

$$q_{cj} = \int_0^{V_{in0}} C_j \, dV \tag{13.64}$$

由于 C_j 是电压的函数，q_{cj} 与 V_{in0} 存在非线性关系，因此在电荷传输到积分电容后，输出端会产生非线性分量。

为了解决上述两个问题，图 13.59(a) 给出了一种积分器的电路图。首先来看看电路在采样和积分模式下的工作情况。如图 13.59(b) 所示，在采样模式，S_1 和 S_3 导通，S_2 和 S_4 断开，使 C_1 两端的电压跟踪 V_{in}，这时运放和 C_2 保持先前值。在向积分模式的转换过程中，S_3 首先断开，向 C_1 注入固定的电荷，S_1 接着断开，随后 S_2 和 S_4 导通[图 13.59(c)]。存储在 C_1 上的电荷因此通过虚地点传到 C_2 上。

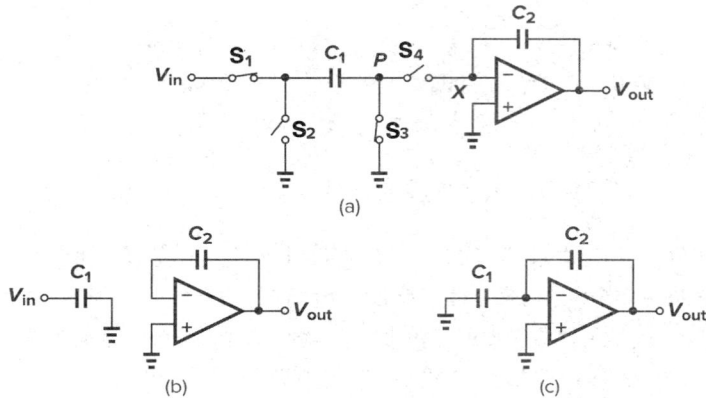

图 13.59　(a)对寄生参数不敏感的积分器;(b)电路(a)的采样模式;(c)电路(a)的积分模式

因为 S_3 首先断开，所以它只引入固定的失调电压并可以通过差动电路消除。此外，因为 C_1 的左极板是"被驱动"的(见 13.3.2 小节)，所以 S_1 和 S_2 的电荷注入或吸收不会引入误差。并且，因为结点 X 是虚地，所以由 S_4 注入和吸收的电荷是常数，与 V_{in} 无关。

那么 S_3 和 S_4 的非线性结电容的影响又怎样? 可以看到，此电容两端的电压从采样模式近似等于零，向积分模式的虚地变化。因为非线性电容两端的电压变化很小，所以结果的非线性可以忽略不计。

13.5　开关电容共模反馈

在第 9 章对共模反馈的研究表明，通过电阻检测输出共模电压会显著地降低电路的差动电压增益，我们还知道运用 MOSFET 作为源极跟随器和可变电阻的检测技术会限制线性范围。开关电容共模反馈网络提供了可以避免这两种困难的另一种方法(但是电路必须周期性地刷新)。

在开关电容共模反馈中，输出是由电容而不是电阻检测的。图 13.60 给出了一个简单的例子，其中，相同的电容 C_1 和 C_2 在结点 X 再现了每个输出电压变化的平均值。所以，如果 V_{out1} 和 V_{out2} 经历一个正的共模变化，那么 V_X 和 I_{D5} 增加，把 V_{out1} 和 V_{out2} 拉低。输出的共模电

压等于 V_{GS5} 加上 C_1 或 C_2 两端的电压。

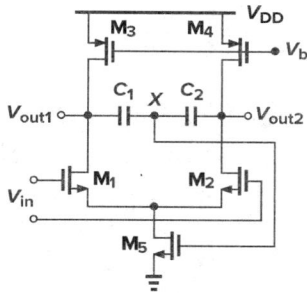

图 13.60　简单的开关电容共模反馈

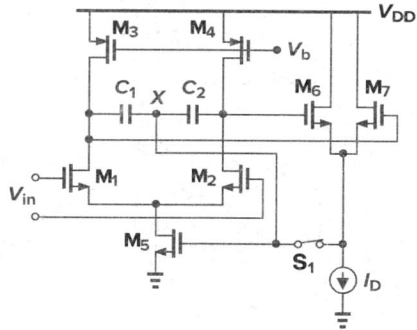

图 13.61　C_1 和 C_2 两端电压的确定

如何确定 C_1 和 C_2 两端的电压呢？这项工作一般在放大器采样(或复位)模式中得到，并可以由图 13.61 所示的方法实现。这里，在确定共模电平期间，放大器的差动输入为零并且开关 S_1 导通。因为 M_6 和 M_7 的栅极电压近似相等，所以它们作为线性检测电路进行工作。因此，电路稳定时输出共模电平等于 $V_{GS6,7}+V_{GS5}$。在这种模式的最后，S_1 断开，使得 C_1 两端和 C_2 两端的电压等于 $V_{GS6,7}$。在放大模式，M_6 和 M_7 会经历一个大的非线性，但因为 S_1 断开，所以它们不会影响主要电路的性能。

在必须比上述例子更精确地确定输出共模电平的应用中，可以采用图 13.62 所示的电路。在复位模式下，C_1 和 C_2 的一个极板连接 V_{CM}，另一个连接 M_6 的栅极，因此每个电容器保持的电压等于 $V_{CM}-V_{GS6}$。在放大模式，S_2 和 S_3 导通，其它开关断开，产生的输出共模电平等于 $V_{CM}-V_{GS6}+V_{GS5}$。相对于 I_{REF}，适当地确定 I_{D3} 和 I_{D4} 能够保证 $V_{GS5}=V_{GS6}$，因此输出共模电平等于 V_{CM}。

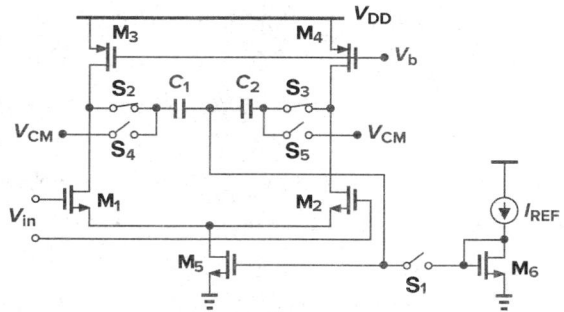

图 13.62　确定输出共模电平的另一种电路

对于大的输出摆幅，实际上共模反馈环路的速度会影响差动输出的稳定[6]。由于这个原因，图 13.61 和图 13.62 中差动对的部分尾电流可以由**恒定**电流源提供，使 M_5 对电路只起到很小的调节作用。

参考文献

[1] G. Wegmann, E. A. Vittoz, and F. Rahali. Charge Injection in Analog MOS Switches. *IEEE J. Solid-State Circuits*, vol. SC-22, pp. 1097 – 1097, Dec. 1987.

[2] B. J. Sheu and C. Hu. Switch-Induced Error Voltage on a Switched Capacitor. *IEEE J. Solid-State Circuits*, vol. SC-19, pp. 519 – 525, April 1984.

[3] R. Gregorian and G. C. Temes. *Analog MOS Integrated Circuits for Signal Processing*. New York: John Wiley and Sons, 1986.

［4］ J. H. Fischer. Noise Sources and Calculation Techniques for Switched Capacitor Filters. *IEEE J*, *Solid-State Circuits*, vol. 17, pp. 742 - 752, Aug. 1982.

［5］ B. S. Song, M. F. Tompsett, and K. R. Lakshmikumar. A 12-Bit 1-Msample/s Capacitor-Averaging Pipelined A/D Converter. *IEEE J. Solid-State Circuits*, vol. SC-23, pp. 1324 - 1333, Dec. 1998.

［6］ B. Razavi. *Principles of Data Conversion System Design*. New York: IEEE Press, 1995.

［7］ P. C. Yu and H. -S. Lee. A High-Swing 2-V CMOS Op Amp with Replica-Amp Gain Enhancement. *IEEE J. Solid-State Circuits*, vol. 28, pp. 1265 - 1272, Dec. 1993.

习题

除非特殊说明，在下面的习题中，使用表 2.1 所列的器件参数，必要时假设 $V_{DD} = 3$ V。并且，假设所有管子均处于饱和态。

13.1 电路 13.2(b) 的设计中 $C_1 = 2$ pF，$C_2 = 0.5$ pF

(a) 假设 $R_F = \infty$ 但运放的输出电阻为 R_{out}，推导传输函数 $V_{out}(s)/V_{in}(s)$。

(b) 如果运放是理想的，确定在输入频率为 1 MHz 时保证增益误差为 1% 的 R_F 的最小值。

13.2 假设在图 13.6(a) 中，运放的特性由跨导 G_m 和输出电阻 R_{out} 确定。

(a) 确定这种模式下的传输函数 V_{out}/V_{in}。

(b) 如果 V_{in} 是 100 MHz 且峰值电压为 1 V 的正弦曲线，$C_1 = 1$ pF，$G_m = 1/(100\ \Omega)$，$R_{out} = 20$ kΩ，画出结点 B 的波形。

13.3 在图 13.6(b) 中，结点 A 实际上通过一个开关接在地上（见图 13.5）。如果开关引入一个串联电阻 R_{on} 并且运放是理想的，计算电路在这种模式下的时间常数。当电路进入放大模式并且 V_{out} 稳定在其终值时，开关的总功耗是多少？

13.4 图 13.10(a) 的电路设计成 $(W/L)_1 = 20/0.5$，$C_H = 1$ pF。

(a) 运用等式 (13.9) 和式 (13.16)，计算 V_{out} 降低到 $+1$ mV 时所需的时间。

(b) 将 M_1 近似为阻值为 $[\mu_n C_{ox}(W/L)_1(V_{DD} - V_{TH})]^{-1}$ 的线性电阻，计算 V_{out} 降低到 $+1$ mV 时所需的时间，并与 (a) 结果加以比较。

13.5 图 13.12 所示电路不能够由单一的时间常数表现其特性，这是因为对 C_H 充电的电阻（如果 $\gamma = 0$，则等于 $1/g_{m1}$）会随着输出电压而变化。假设 $(W/L)_1 = 20/0.5$，$C_H = 1$ pF，

(a) 运用等式 (13.21)，计算 V_{out} 达到 2.1 V 时所需的时间。

(b) 画出 M_1 的跨导对时间的关系草图。

13.6 在图 13.9(b) 的电路中，$(W/L)_1 = 20/0.5$，$C_H = 1$ pF。假设 $\lambda = \gamma = 0$，$V_{in} = V_0\sin\omega_{in}t + V_m$，其中 $\omega_{in} = 2\pi \times (100\ \text{MHz})$。

(a) 如果 $V_0 = V_m = 10$ mV，计算 R_{on1} 及从输入到输出的相移。

(b) 如果 $V_0 = 10$ mV，但 $V_m = 1$ V，重复 (a)。相移的变化会带来失真。

13.7 给出一个产生图 13.17 电路中的 $R_{on,eq}$ 曲线的有效的 SPICE 仿真。

13.8 图 13.17 的采样网络被设计成 $(W/L)_1 = 20/0.5$，$(W/L)_2 = 60/0.5$，$C_H = 1$ pF。如果 $V_{in} = 0$，且 V_{out} 的初始值为 $+3$ V，估算 V_{out} 降到 $+1$ mV 所需的时间。

13.9 在图 13.20 的电路中，$(W/L)_1 = 20/0.5$，$C_H = 1$ pF。计算由于电荷注入在输出端导致

的最大误差。并将此误差与时钟馈通的结果相比较。

13.10　图 13.63 的电路,当 CK 为高电平时将输入采样在 C_1 上,并且当 CK 为低电平时 C_1 和 C_2 相连。假设 $(W/L)_1=(W/L)_2$,且 $C_1=C_2$。

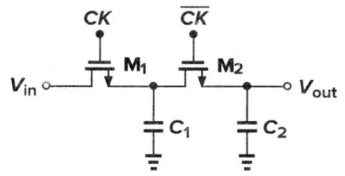

图 13.63

　　(a)如果 C_1 和 C_2 两端的初始电压为零,$V_{in}=2$ V,画出多个时钟周期内 V_{out} 相对于时间的曲线图。忽略电荷注入和时钟馈通效应。

　　(b)由于 M_1 和 M_2 的电荷注入和时钟馈通效应所引起的 V_{out} 最大误差是多少?假设 M_2 的沟道电荷在 C_1 和 C_2 间平均分配。

　　(c)确定 M_2 断开后输出端被采样的 KT/C 噪声。

13.11　对于 $V_{in}=V_0\sin\omega_0 t+V_0$,其中 $V_0=0.5$ V,$\omega_{in}=2\pi\times(10$ MHz$)$,画出图 13.30(b)和 13.31(a)电路的输出波形图。假设时钟频率为 50 MHz。

13.12　在图 13.47 中,S_1 在 S_2 断开 Δt 秒后断开,S_3 在 S_1 断开 Δt 秒后导通,考虑 $S_1\sim S_3$ 的电荷注入和时钟馈通,绘制输出波形。假设所有的开关都是 NMOS 器件。

13.13　如图 13.50 的电路中,$C_1=2$ pF,$C_{in}=0.2$ pF,$A_v=1\,000$。当电路提供的增益误差为 1%,其最大额定增益 C_1/C_2 是多少?

13.14　在习题 13.13 中,如果 $G_m=1/(100\ \Omega)$ 并且电路在放大模式必须达到的时间常数为 2 ns,那么最大额定增益是多少?假设 $C_{in}=0.2$ pF,计算 C_1 和 C_2。

13.15　在图 13.57 的积分器中,$C_1=C_2=1$ pF,时钟频率为 100 MHz。忽略电荷注入和时钟馈通,如果输入是 10 MHz 且峰值电压为 0.5 V 的正弦信号,画出输出电压草图。将 C_1,S_1,S_2 近似为电阻,估算输出幅值。

13.16　考虑如图 13.64 所示的开关电容放大器,其中共模反馈没有画出。假设 $(W/L)_{1\sim4}=50/0.5$,$I_{SS}=1$ mA,$C_1=C_2=2$ pF,$C_3=C_4=0.5$ pF,输出共模电平为 1.5 V。忽略各个晶体管的电容。

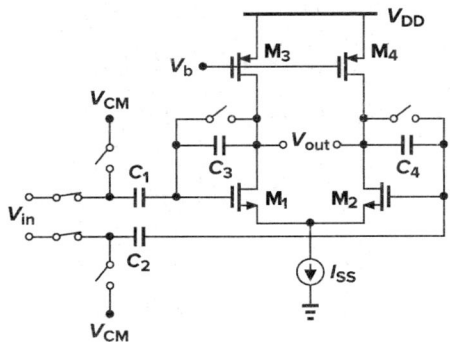

图 13.64

　　(a)求在放大模式允许的最大输出电压摆幅。

　　(b)确定放大器的增益误差。

　　(c)求放大模式下小信号时间常数是多少?

13.17　如果 M_1 和 M_2 的栅-源电容不能忽略,重做习题 13.16(c)。

13.18　一个包含精心设计的共模反馈网络的差动电路,其开环输入-输出特性如图 13.65(a)所示。然而,在一些电路中这种特性表现为如图 13.65(b)所示。解释这种结果是怎样产生的。

13.19　在图 13.61 所示的共模反馈网络中,假设对于所有的晶体管 $W/L=50/0.5$,并且 $I_{D5}=1$ mA,$I_{D6,7}=50\ \mu$A。确定输入共模电平的允许范围。

13.20　如果 $(W/L)_{6,7}=10/0.5$,重做习题 13.19。

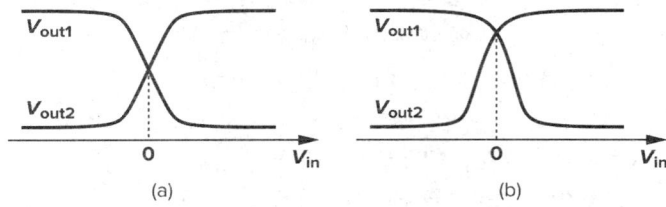

图 13.65

13.21 假设在图 13.61 的共模反馈网络中,S_1 将电荷 Δq 注入到了 M_5 的栅极。求由此误差产生的 M_5 的栅极电压变化以及输出共模电平的变化值。

13.22 在图 13.66 的电路中,每个运放由诺顿(Norton)等效表示,并以 G_m 和 R_{out} 为特性参数。两个运放的输出电流在结点 Y 相加[7](所示的电路处于放大模式)。请注意,主放大器和辅助放大器相同,误差放大器检测结点 X 的电压变化并向结点 Y 注入与该电压变化成正比的电流。误差放大器的输出阻抗远大于 R_{out}。假设 $G_m R_{out} \gg 1$。

(a) 计算电路的增益误差。

(b) 如果去掉辅助放大器和误差放大器,重做(a)并比较这两种结果。

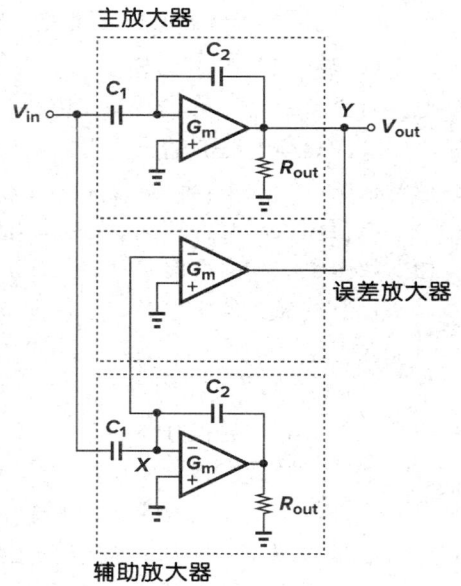

图 13.66

575

第14章

非线性与不匹配

在第 6 章和第 7 章,我们讨论了两种非理想情况,即,频响和噪声,这两者限制了模拟电路的性能。这一章我们研究另外两种非理想情况,在高精度模拟电路设计中它们被证明是非常关键的,而且和许多其它性能参数互相制约。它们就是非线性与不匹配。

首先,我们为量化非线性的影响定义一个度量标准。然后,我们研究差动电路与反馈系统中的非线性,并探讨一些线性化的技术。接着,讨论差动电路中的不匹配与直流失调问题。最后,我们考虑一些消除失调的方法并描述失调消除对随机噪声的影响。

14.1 非线性

14.1.1 概述

正如我们对单级与差动放大器进行大信号分析时已经观察到的那样,电路经常表现出一种非线性的输入特性/输出特性。如图 14.1 所示,随着输入摆幅的增加,特性曲线偏离了直线。图 14.2 给出了两个例子。在一个共源级或一个差动对中,随着输入电平的增加,输出端的非线性变得很严重。换句话说,对于小的输入摆幅,输出是输入的一个适当的复制,但是对于大的输入摆幅,输出呈现出"饱和"电平。

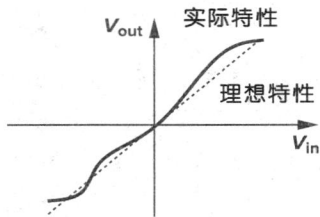

图 14.1　一个非线性系统的输入输出特性

电路的非线性特性也可以看成是斜率以及小信号增益随输入电平的**变化**。如图 14.3 所示,这一观察结果意味着,对于输入端一个给定的增量变化,在输出端产生依赖于输入端直流电平的不同的增量变化。

在很多模拟电路中,高精度要求电路具有较小的非线性,这使我们能在关心的范围内用泰勒展开来近似输入/输出特性:

$$y(t) = \alpha_1 x(t) + \alpha_2 x^2(t) + \alpha_3 x^3(t) + \cdots \qquad (14.1)$$

对于小的 x,$y(t) \approx \alpha_1 x$,表明 α_1 是 $x \approx 0$ 附近的小信号增益。

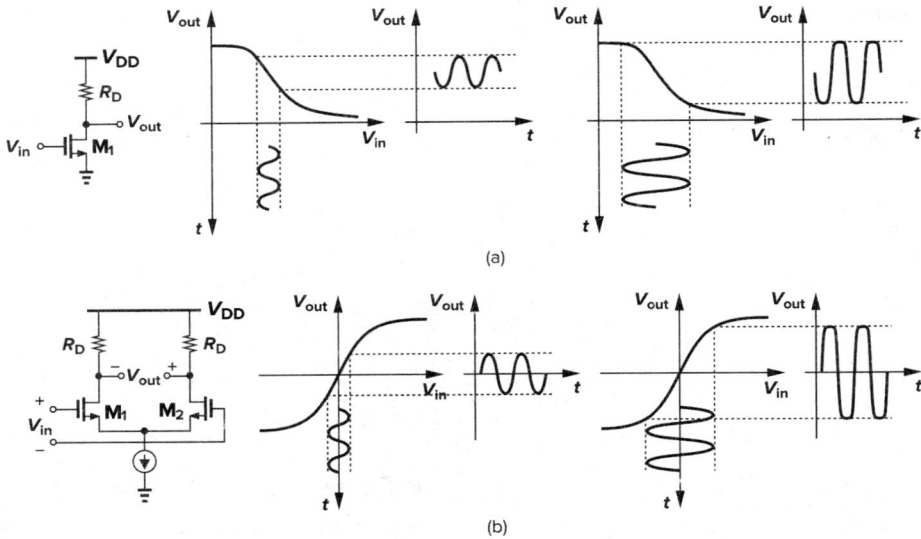

图 14.2   (a)共源级中的失真;(b)差动对中的失真

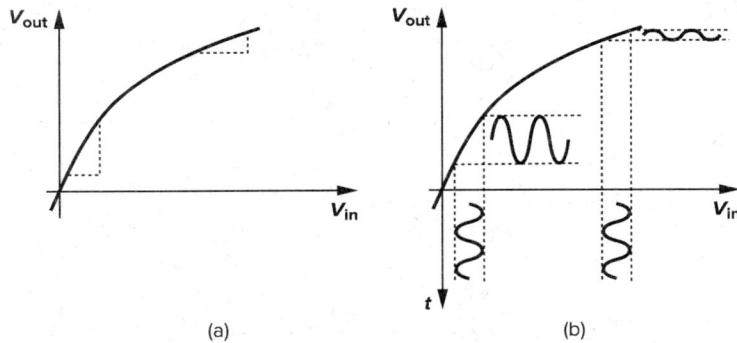

图 14.3   非线性放大器中小信号增益的变化

　　非线性怎样度量呢? 一个简单的方法就是确定式 (14.1)中的 α_1、α_2 等。另一个在实际中很有用的度量标准是确定特性曲线与理想曲线(即直线)的最大偏差。如图 14.4 所示,对于所关心的电压范围,$[0 \ V_{in,max}]$,画一条通过实际特性曲线二个端点的直线,得到最大偏差 ΔV,并且将结果用最大输出摆幅 $V_{out,max}$ 归一化。例如,对于 1 V 的输入范围,如果 $\Delta V/V_{out,max}=0.01$,我们说放大器表现出 1% 的非线性。

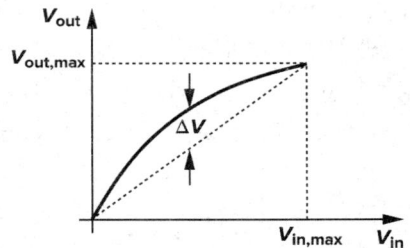

图 14.4   非线性的确定

577

例 14.1

　　差动放大器的输入输出特性近似为 $y(t)=\alpha_1 x(t)+\alpha_3 x^3(t)$。如果输入范围为 $x=-x_{max}$ 至 $x=+x_{max}$,计算非线性的最大值。

解：如图 14.5 所示，我们可以将通过两个端点的直线
表示为

$$y_1 = \frac{\alpha_1 x_{\max} + \alpha_3 x_{\max}^3}{x_{\max}} x \qquad (14.2)$$

$$= (\alpha_1 + \alpha_3 x_{\max}^2) x \qquad (14.3)$$

因此 y 与 y_1 的差值等于

$$\Delta y = y - y_1 \qquad (14.4)$$

$$= \alpha_1 x + \alpha_3 x^3 - (\alpha_1 + \alpha_3 x_{\max}^2) x \qquad (14.5)$$

令 Δy 对 x 的导数等于 0，我们得到 $x = x_{\max}/\sqrt{3}$，最大偏差
等于 $2\alpha_3 x_{\max}^3/(3\sqrt{3})$。用最大输出幅度进行归一化，可得
非线性为

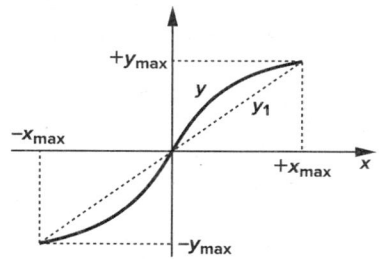

图 14.5

$$\frac{\Delta y}{y_{\max}} = \frac{2\alpha_3 x_{\max}^3}{3\sqrt{3} \times 2(\alpha_1 x_{\max} + \alpha_3 x_{\max}^3)} \qquad (14.6)$$

注意：因为最大峰-峰输出摆幅等于 $2(\alpha_1 x_{\max} + \alpha_3 x_{\max}^3)$，所以分母中包含系数 2。对于小的非线性，相对于 $\alpha_1 x_{\max}$ 我们可以忽略 $\alpha_3 x_{\max}^3$，可得

$$\frac{\Delta y}{y_{\max}} \approx \frac{\alpha_3}{3\sqrt{3}\alpha_1} x_{\max}^2 \qquad (14.7)$$

注意，在这个例子里，相对非线性是和最大输入摆幅的平方成正比的。

578

一个电路的非线性也可通过在电路的输入端施加一个正弦激励，测量其输出端的谐波成分来表示。特别是，如果在式（14.1）中，$x(t) = A\cos\omega t$，那么

$$y(t) = \alpha_1 A\cos\omega t + \alpha_2 A^2\cos^2\omega t + \alpha_3 A^3\cos^3\omega t + \cdots \qquad (14.8)$$

$$= \alpha_1 A\cos\omega t + \frac{\alpha_2 A^2}{2}[1 + \cos(2\omega t)] + \frac{\alpha_3 A^3}{4}[3\cos\omega t + \cos(3\omega t)] + \cdots \qquad (14.9)$$

我们观察到，高阶项产生了高次谐波。特别是偶次项和奇次项分别产生了偶次与奇次谐波。请注意，n 次谐波幅度的增加近似正比于输入振幅的 n 次方。这就是所谓的"谐波失真"，其影响一般是通过将所有谐波能量（除去基频）之和用基频能量归一化来量化。这样一个量度标准称为"总谐波失真"（THD）。对于一个三阶非线性来说，有

$$THD = \frac{(\alpha_2 A^2/2)^2 + (\alpha_3 A^3/4)^2}{(\alpha_1 A + 3\alpha_3 A^3/4)^2} \qquad (14.10)$$

在大多数信号处理应用中，包括音频与视频系统，谐波失真是不希望出现的。高质量的音频产品，比如光盘（CD）播放器，要求有大约 0.01%（−80 dB）的 THD，对于视频产品，要求大约有 0.1%（−60 dB）的 THD。

14.1.2　差动电路的非线性

差动电路表现出一种"奇对称"的输入-输出特性，即 $f(-x) = -f(x)$。为使式（14.1）的泰勒展开式成为奇函数，所有的偶次项 α_{2j} 必须为零：

$$y(t) = \alpha_1 x(t) + \alpha_3 x^3(t) + \alpha_5 x^5(t) + \cdots \tag{14.11}$$

上式表明,由差动信号驱动的差动电路不会产生偶次谐波。这是差动运算的另一个很重要的特性。

为了理解差动运算能降低非线性,让我们分析如图 14.6 所示的两个放大器,每一个电路的小信号电压增益都被设计为

$$|A_{\text{v}}| \approx g_{\text{m}} R_{\text{D}} \tag{14.12}$$

$$= \mu_{\text{n}} C_{\text{ox}} \frac{W}{L} (V_{\text{GS}} - V_{\text{TH}}) R_{\text{D}} \tag{14.13}$$

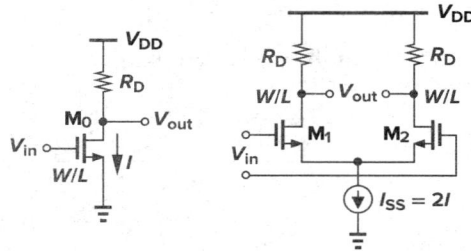

图 14.6   相同电压增益的单端放大器与差动放大器

假设给每个电路施加一个信号 $V_{\text{m}}\cos\omega t$。为了简单起见,仅分析漏端电流,对于共源级,我们可以写出

$$I_{\text{D0}} = \frac{1}{2}\mu_{\text{n}} C_{\text{ox}} \frac{W}{L} (V_{\text{GS}} - V_{\text{TH}} + V_{\text{m}}\cos\omega t)^2$$

$$= \frac{1}{2}\mu_{\text{n}} C_{\text{ox}} \frac{W}{L} (V_{\text{GS}} - V_{\text{TH}})^2 + \mu_{\text{n}} C_{\text{ox}} \frac{W}{L} (V_{\text{GS}} - V_{\text{TH}}) V_{\text{m}}\cos\omega t + \frac{1}{2}\mu_{\text{n}} C_{\text{ox}} \frac{W}{L} V_{\text{m}}^2 \cos^2\omega t$$

$$= I + \mu_{\text{n}} C_{\text{ox}} \frac{W}{L} (V_{\text{GS}} - V_{\text{TH}}) V_{\text{m}}\cos\omega t + \frac{1}{4}\mu_{\text{n}} C_{\text{ox}} \frac{W}{L} V_{\text{m}}^2 [1 + \cos(2\omega t)] \tag{14.14}$$

因此,二次谐波振幅 A_{HD2} 用基频振幅 A_{F} 归一化的结果为

$$\frac{A_{\text{HD2}}}{A_{\text{F}}} = \frac{V_{\text{m}}}{4(V_{\text{GS}} - V_{\text{TH}})} \tag{14.15}$$

另一方面,对于图 14.6 中的 M_1 与 M_2,由第四章的知识可得

$$I_{\text{D1}} - I_{\text{D2}} = \frac{1}{2}\mu_{\text{n}} C_{\text{ox}} \frac{W}{L} V_{\text{in}} \sqrt{\frac{4 I_{\text{SS}}}{\mu_{\text{n}} C_{\text{ox}} \frac{W}{L}} - V_{\text{in}}^2} \tag{14.16}$$

$$= \frac{1}{2}\mu_{\text{n}} C_{\text{ox}} \frac{W}{L} V_{\text{in}} \sqrt{4(V_{\text{GS}} - V_{\text{TH}})^2 - V_{\text{in}}^2} \tag{14.17}$$

如果 $|V_{\text{in}}| \ll V_{\text{GS}} - V_{\text{TH}}$,那么

$$I_{\text{D1}} - I_{\text{D2}} = \mu_{\text{n}} C_{\text{ox}} \frac{W}{L} V_{\text{in}} (V_{\text{GS}} - V_{\text{TH}}) \sqrt{1 - \frac{V_{\text{in}}^2}{4(V_{\text{GS}} - V_{\text{TH}})^2}} \tag{14.18}$$

$$\approx \mu_{\text{n}} C_{\text{ox}} \frac{W}{L} V_{\text{in}} (V_{\text{GS}} - V_{\text{TH}}) \left[1 - \frac{V_{\text{in}}^2}{8(V_{\text{GS}} - V_{\text{TH}})^2}\right] \tag{14.19}$$

$$= \mu_{\text{n}} C_{\text{ox}} \frac{W}{L} (V_{\text{GS}} - V_{\text{TH}}) \left[V_{\text{m}}\cos\omega t - \frac{V_{\text{m}}^3 \cos^3\omega t}{8(V_{\text{GS}} - V_{\text{TH}})^2}\right] \tag{14.20}$$

因为 $\cos^3\omega t = [3\cos\omega t + \cos(3\omega t)]/4$，我们可得到

$$I_{\mathrm{D1}} - I_{\mathrm{D2}} = g_{\mathrm{m}}\left[V_{\mathrm{m}} - \frac{3V_{\mathrm{m}}^3}{32(V_{\mathrm{GS}} - V_{\mathrm{TH}})^2}\right]\cos\omega t - g_{\mathrm{m}}\frac{V_{\mathrm{m}}^3\cos(3\omega t)}{32(V_{\mathrm{GS}} - V_{\mathrm{TH}})^2} \tag{14.21}$$

如果 $V_{\mathrm{m}} \gg 3V_{\mathrm{m}}^3/[8(V_{\mathrm{GS}} - V_{\mathrm{TH}})^2]$，那么

$$\frac{A_{\mathrm{HD3}}}{A_{\mathrm{F}}} \approx \frac{V_{\mathrm{m}}^2}{32(V_{\mathrm{GS}} - V_{\mathrm{TH}})^2} \tag{14.22}$$

式(14.15)与式(14.22)的比较结果说明，在提供相同的电压增益与输出摆幅的情况下，与单端输出的相应电路相比，差动电路呈现的失真要小得多。例如，如果 $V_{\mathrm{m}} = 0.2(V_{\mathrm{GS}} - V_{\mathrm{TH}})$，式(14.15)与式(14.22)产生的失真分别为 5% 和 0.125%。

虽然差动对的失真很低，但是其功耗却是共源级的两倍，这是因为 $I_{\mathrm{SS}} = 2I$。然而，关键在于，即使 M_0 的偏置电流增大为 $2I$，由式(14.15)推算的失真也只不过降低为原来的 $1/\sqrt{2}$（W/L 保持不变）。

14.1.3　负反馈对非线性的影响

在第 8 章里我们注意到，负反馈使闭环增益相对独立于运放的开环增益。既然非线性可以看作是小信号增益随输入电平的变化，那么，我们期望：负反馈也能够抑制这一变化，使闭环系统具有更高的线性。

分析一个反馈系统中的非线性十分复杂。这里，我们考虑一个简单的"轻度非线性"系统来获得更深入的了解。这样做的原因是，如果设计得合适，反馈放大器仅仅存在很小的失真成分，从而适用于这种类型的分析。

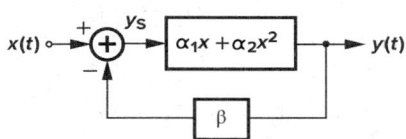

我们假设图 14.7 系统中的核心放大器的输

图 14.7　含有非线性前馈放大器的反馈系统

入-输出特性为 $y \approx \alpha_1 x + \alpha_2 x^2$。施加一个正弦激励 $x(t) = V_{\mathrm{m}}\cos\omega t$，假定输出包含一个基频分量与一个二次谐波分量，从而可以近似表示为 $y \approx a\cos\omega t + b\cos 2\omega t$[①]。我们的目标是确定 a 和 b。减法器的输出可以写成

$$y_{\mathrm{S}} = x(t) - \beta y(t) \tag{14.23}$$

$$= V_{\mathrm{m}}\cos\omega t - \beta(a\cos\omega t + b\cos 2\omega t) \tag{14.24}$$

$$= (V_{\mathrm{m}} - \beta a)\cos\omega t - \beta b\cos 2\omega t \tag{14.25}$$

这个信号已经包含了前馈放大器的非线性，因此产生的输出为

$$y(t) = \alpha_1[(V_{\mathrm{m}} - \beta a)\cos\omega t - \beta b\cos 2\omega t] + \alpha_2[(V_{\mathrm{m}} - \beta a)\cos\omega t - \beta b\cos 2\omega t]^2 \tag{14.26}$$

$$= [\alpha_1(V_{\mathrm{m}} - \beta a) - \alpha_2(V_{\mathrm{m}} - \beta a)\beta b]\cos\omega t + \left[-\alpha_1\beta b + \frac{\alpha_2(V_{\mathrm{m}} - \beta a)^2}{2}\right]\cos 2\omega t + \cdots \tag{14.27}$$

式(14.27)中 $\cos\omega t$ 与 $\cos 2\omega t$ 的系数必须分别等于 a 和 b：

$$a = (\alpha_1 - \alpha_2\beta b)(V_{\mathrm{m}} - \beta a) \tag{14.28}$$

---

①　注意，通过系统的更高次的谐波和相移已被忽略。

581

$$b = -\alpha_1 \beta b + \frac{\alpha_2 (V_m - \beta a)^2}{2} \tag{14.29}$$

轻度非线性的假定意味着,α_2 与 b 都是微小量,从而得到 $a \approx \alpha_1 (V_m - \beta a)$,因此

$$a = \frac{\alpha_1}{1 + \beta \alpha_1} V_m \tag{14.30}$$

这是我们期望得到的值,因为 $\beta \alpha_1$ 是环路增益。为了计算 b,我们写出

$$V_m - \beta a \approx \frac{a}{\alpha_1} \tag{14.31}$$

因此,式(14.29)变为

$$b = -\alpha_1 \beta b + \frac{1}{2} \alpha_2 \left(\frac{a}{\alpha_1} \right)^2 \tag{14.32}$$

即

$$b(1 + \alpha_1 \beta) = \frac{\alpha_2}{2} \left(\frac{a}{\alpha_1} \right)^2 \tag{14.33}$$

$$= \frac{\alpha_2}{2 \alpha_1^2} \frac{\alpha_1^2}{(1 + \beta \alpha_1)^2} V_m^2 \tag{14.34}$$

由此得出

$$b = \frac{\alpha_2 V_m^2}{2} \frac{1}{(1 + \beta \alpha_1)^3} \tag{14.35}$$

为了进行有意义的比较,我们将二次谐波的振幅用基频的振幅归一化:

$$\frac{b}{a} = \frac{\alpha_2 V_m}{2} \frac{1}{\alpha_1} \frac{1}{(1 + \beta \alpha_1)^2} \tag{14.36}$$

另一方面,若没有反馈,则该比值将等于 $(\alpha_2 V_m^2 / 2) / \alpha_1 V_m = \alpha_2 V_m / (2\alpha_1)$。因此,二次谐波的相对幅度减少为原来的 $1/(1 + \beta \alpha_1)^2$。因此,负反馈将相关的二次谐波减小到原来的 $1/(1 + \beta \alpha_1)^2$,将增益减小到原来的 $1/(1 + \beta \alpha_1)$。

正如第 8 章中所阐述的那样,一个采用有限增益的前馈放大器的反馈电路存在增益误差。若前馈增益为 A_0,反馈系数为 β,相对增益误差近似等于 $1/(\beta A_0)$。如果前馈放大器存在非线性,就有可能推导出整个反馈电路的最大非线性与增益误差之间的一个简单关系。如图 14.8 所示,我们画出两条直线,一条代表理想特性(斜率为 $1/\beta$),另一条通过实际特性曲线的两个端点。我们注意到,这样作图时,非线性 Δy_2 总是小于增益误差 Δy_1。当然,这种关系仅在 x 从 0 到 x_{max} 的变化过程中小信号增益单调下降的情况下才成立,这也是大多数模拟电路的典型特性。因此,确保 $\Delta y_2 < \varepsilon$ 的充分条件就是选择一个高开环增益的放大器来保证 $\Delta y_1 < \varepsilon$。

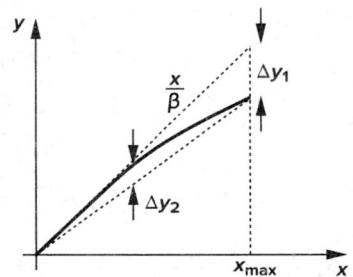

图 14.8　反馈系统中的增益误差
与非线性

在模拟电路设计中经常应用上述条件,因为估计开环增益要比估计非线性容易得多。当然,得到这一简化的代价就是放大器增益的选择过于悲观,当短沟道器件限制可达到的电压增益时,这个问题变得更加严重。

582

14.1.4 电容器的非线性

在开关电容电路中,电容器对电压的依赖关系可能会引入相当大的失真。对于线性电容器我们可以写出 $Q=CV$,对于依赖于电压的电容器我们必须写成 $dQ=CdV$。这样,电压为 V_1 的电容器上的总电荷等于

$$Q(V_1) = \int_0^{V_1} C dV \tag{14.37}$$

这意味着电荷取决于电压的"历史"而不是电压的瞬态值。换句话说,即使 C 是由电容器两端的电压 V_1 估算的,我们也不能写成 $Q(V_1)=CV_1$。为了研究电容器非线性的影响,我们将每个电容器的电容值表示为 $C=C_0(1+\alpha_1 V+\alpha_2 V^2+\cdots)$。

作为一个例子,让我们考虑图 13.43(a)的同相放大器,重新绘于图 14.9。在放大模式的初期,C_1 上的电压等于 V_{in0},C_2 上的电压等于零。假设 $C_1 \approx MC_0(1+\alpha_1 V)$,其中 M 是标称闭环增益($C_1=MC_2$),可得 C_1 上的电荷为

$$Q_1 = \int_0^{V_{in0}} C_1 dV \tag{14.38}$$

$$= \int_0^{V_{in0}} MC_0(1+\alpha_1 V) dV \tag{14.39}$$

$$= MC_0 V_{in0} + MC_0 \frac{\alpha_1}{2} V^2 \tag{14.40}$$

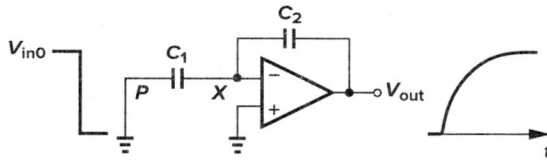

图 14.9 电容非线性的影响

同样,如果 $C_2 \approx C_0(1+\alpha_1 V)$,那么在放大模式终止时,这个电容上的电荷为

$$Q_2 = \int_0^{V_{out}} C_2 dV \tag{14.41}$$

$$= C_0 V_{out} + C_0 \frac{\alpha_1}{2} V_{out}^2 \tag{14.42}$$

令 Q_1 与 Q_2 相等,求解 V_{out},可得

$$V_{out} = \frac{1}{\alpha_1}(-1 + \sqrt{1 + M\alpha_1^2 V_{in0}^2 + 2M\alpha_1 V_{in0}}) \tag{14.43}$$

平方根下的后两项通常远小于 1,因为 $\varepsilon \ll 1$,$\sqrt{1+\varepsilon} \approx 1+\varepsilon/2-\varepsilon^2/8$,我们可以写出

$$V_{out} \approx MV_{in0} + (1-M)\frac{M\alpha_1}{2}V_{in0}^2 \tag{14.44}$$

上式中的第二项表示由于电容对电压的依赖关系所产生的非线性。

583

14.1.5 采样电路中的非线性

回顾第 13 章所述,采样电路中 MOS 开关的导通电阻值随着输入和输出的电压而改变。例如,图 14.10(a)中的 NMOS 开关的电阻,随着 V_{in} 和 V_{out} 电压的升高阻值增大。类似地,图 14.10(b)中的互补开关的等效电阻值随着 V_{in} 和 V_{out} 从 0 到 V_{DD} 的变化会产生相当大变化。与在第 13 章中推导的单调行为不同,由于沟道中垂直电场与迁移率的关系,这里的 R_{on} 可达到一个峰值。我们希望考查由于该效应在开关输出端观察到的谐波失真。

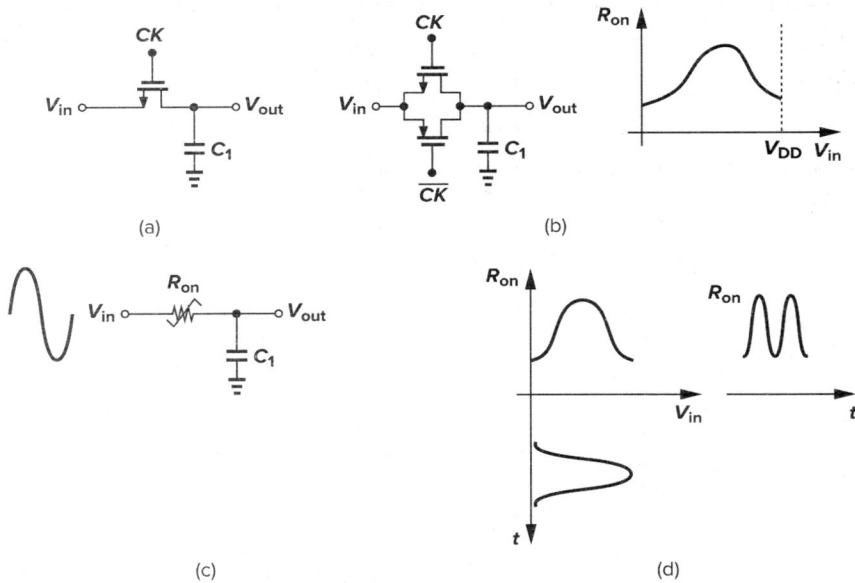

图 14.10   (a)采用 NMOS 开关的采样电路;(b)采用互补器件的采样电路;
(c)用非线性电阻表示开关导通阻值;(d)时域行为

如图 14.10(c)所示,在输入端加一个大的正弦信号,$V_{in} = V_0 \cos\omega_0 t + V_0$,其中 $V_0 = V_{DD}/2$,希望寻找输出端的谐波。我们如何分析该电路呢? R_{on} 与 V_{in} 或者 V_{out} 之间的非线性关系提出了很大的难题。让我们首先假设阻值是线性的且将输出写成

$$V_{out}(t) = \frac{V_0}{\sqrt{R_{on}^2 C_1^2 \omega_0^2 + 1}} \cos[\omega_0 t - \arctan(R_{on} C_1 \omega_0)] + V_0 \tag{14.45}$$

实际上,带宽必须足够大才可以忽略信号的衰减,即,$R_{on} C_1 \omega_0 \ll 1$,得

$$V_{out}(t) \approx V_0 \cos(\omega_0 t - R_{on} C_1 \omega_0) + V_0 \tag{14.46}$$

现在我们假设,这个表达式在 R_{on} 被正确表示的情况下也适用于非线性电路。注意到,随着 V_{in} 和 V_{out} 的上升和下降,R_{on} 会发生变化,因而从输入到输出的**相位偏移**也发生变化,因此会产生谐波失真。

简化分析的关键是,对于周期性的输入,R_{on} 也随之**周期性**变化,因此可以将其近似为一个傅里叶级数:

$$R_{on}(t) = R_0 + R_1 \cos\omega_0 t + R_2 \cos(2\omega_0 t) + \cdots \tag{14.47}$$

如果我们假设图 14.10(b) 中的 R_{on} 是大致对称的,那么我们可以得到如图 14.10(d) 所示的时域特性, R_{on} 变化的频率是输入信号频率的两倍。在这种特殊情况下, $R_1 \approx 0$,但是我们继续一般的情况,将 R_{on} 代入式(14.46),有

$$V_{out}(t) \approx V_0 \cos[\omega_0 t - R_0 C_1 \omega_0 - R_1 C_1 \omega_0 \cos\omega_0 t - R_2 C_1 \omega_0 \cos(2\omega_0 t) - \cdots] + V_0$$

$$(14.48)$$

如果自变量中各余弦项的振幅值均远小于 1 弧度,有

$$V_{out}(t) \approx V_0 \cos(\omega_0 t - R_0 C_1 \omega_0) + [R_1 C_1 \omega_0 \cos\omega_0 t + R_2 C_1 \omega_0 \cos(2\omega_0 t) + \cdots]V_0 \sin(\omega_0 t - R_0 C_1 \omega_0) + V_0$$

我们注意到,乘积项 $\cos\omega_0 t \sin(\omega_0 t - R_0 C_1 \omega_0)$ 、 $\cos(2\omega_0 t)\sin(\omega_0 t - R_0 C_1 \omega_0)$ 等,会产生谐波。例如,前两个乘积分别转换成了一个二次谐波和一个三次谐波,其峰值振幅分别是 $V_0 R_1 C_1 \omega_0 / 2$ 和 $V_0 R_2 C_1 \omega_0 / 2$ 。如果我们只保留这两个谐波量,那么

$$THD = \frac{R_1^2 + R_2^2}{4} C_1^2 \omega_0^2$$

$$(14.49)$$

在差动采样开关中,偶次谐波会被抑制。

14.1.6　线性化技术

虽然放大器采用"全局"反馈(例如第 13 章的开关电容结构)可以获得高的线性度,但反馈电路的稳定性及其稳定时间等问题限制了该种放大器在高速条件下的应用。由于这个原因,人们发明了很多别的技术,这些技术在对放大器线性化的同时,在速度方面损失较小。

线性化的基本原理就是减小电路的增益对输入电平的依赖。这通常转换为使增益相对独立于晶体管的偏置电流。

最简单的线性化方法是使用线性电阻的源级负反馈。如图 14.11 所示的共源级,前面章节的结果显示,负反馈减小了晶体管栅源之间施加的信号的摆幅,因此使得输入-输出特性具有更好的线性。从另一角度来看,忽略体效应,我们可以写出共源级总的跨导为

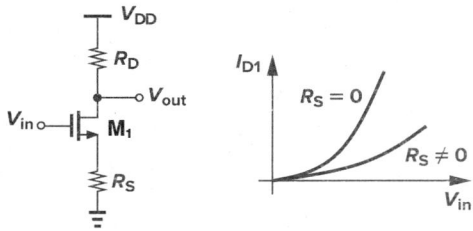

图 14.11　带电阻负反馈的共源级

$$G_m = \frac{g_m}{1 + g_m R_S} \qquad (14.50)$$

当 $g_m R_S$ 很大时, G_m 接近于 $1/R_S$,这是一个与输入无关的值。

请注意,线性化的结果取决于 $g_m R_S$,而不是单独的 R_S 。当 G_m 相对恒定时,电压增益 $G_m R_D$ 也相对独立于输入,从而放大器被线性化了。

例 14.2 ————————————————————————————

一个偏置电流为 I_1 的共源级,其输入电压摆幅使漏极电流由 $0.75I_1$ 变化到 $1.25I_1$ 。计算以下两种情况下小信号电压增益的变化(a)没有负反馈,(b)存在 $g_m R_S = 2$ 的负反馈,其中 g_m 是 $I_D = I_1$ 时的跨导。

解:假定器件服从平方律特性,我们可得 $g_m \propto \sqrt{I_D}$ 。对于没有负反馈的情况,有

$$\frac{g_{\mathrm{m,high}}}{g_{\mathrm{m,low}}} = \sqrt{\frac{1.25}{0.75}} \tag{14.51}$$

当 $g_{\mathrm{m}}R_{\mathrm{S}} = 2$ 时，有

$$\frac{G_{\mathrm{m,high}}}{G_{\mathrm{m,low}}} = \frac{\dfrac{\sqrt{1.25}\,g_{\mathrm{m}}}{1 + \sqrt{1.25}\,g_{\mathrm{m}}R_{\mathrm{S}}}}{\dfrac{\sqrt{0.75}\,g_{\mathrm{m}}}{1 + \sqrt{0.75}\,g_{\mathrm{m}}R_{\mathrm{S}}}} \tag{14.52}$$

$$= \sqrt{\frac{1.25}{0.75}}\,\frac{1 + 2\sqrt{0.75}}{1 + 2\sqrt{1.25}} \tag{14.53}$$

$$= 0.84\sqrt{\frac{1.25}{0.75}} \tag{14.54}$$

因此，在这个例子中，负反馈使得小信号增益的变化大约可减小 16%。

电阻负反馈体现了线性、噪声、功耗以及增益之间的折中关系。对于大的输入电压摆幅（例如，$0.5V_{\mathrm{pp}}$），在共源级中，如果使非线性保持低于 1%，想达到的电压增益即使为 2，或许也

586 是相当困难的。

一个差动对可以像图 14.12(a) 和 (b) 那样实现负反馈。在图 14.12(a) 中，I_{SS} 流过负反馈电阻，因此消耗了 $I_{\mathrm{SS}}R_{\mathrm{S}}/2$ 的电压余度，如果需要深的负反馈，所消耗的电压余度是个很严重的问题。另一方面，图 14.12(b) 就不存在这个问题，但却受到较高的噪声（以及失调电压）的影响，因为两个尾电流源引入了一些差动误差。读者可以证明，如果每个电流源的输出噪声电流等于 $\overline{I_n^2}$ 的话，那么图 14.12(b) 电路的输入参考噪声电压比图 14.12(a) 电路中的高 $2\,\overline{I_n^2}R_{\mathrm{S}}^2$。

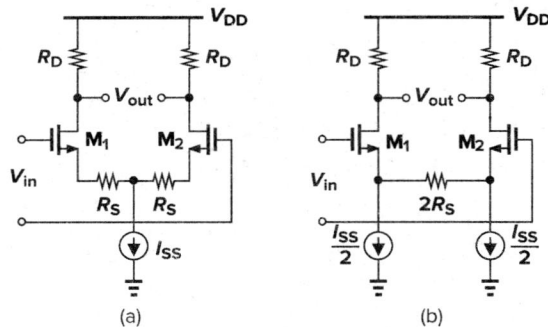

图 14.12　差动对中使用的源级负反馈

如图 14.13 所示，电阻可以用工作于深线性区的 MOSFET 来替代。然而，对于大的输入摆幅，M_3 或许不能保证处于深线性区，因此它的导通电阻将会有极大的变化。而且，V_{b} 必须跟踪输入共模电平，以便精确地确定 R_{on3}。

另外一种上述思想更实际的实现方法如图 14.14[1] 所示。这里，如果 $V_{\mathrm{in}} = 0$，M_3 与 M_4 都处在深线性区。当 M_1 的栅电压比 M_2 的栅电压更正时，由于 $V_{\mathrm{D3}} = V_{\mathrm{G3}} - V_{\mathrm{GS1}}$，晶体管 M_3 处

587 在线性区。然而 M_4 因为其漏极电压升高而栅电压与源电压下降，最终将进入饱和区。因此，即使一个负反馈器件进入饱和区，电路仍能保持相对线性。为得到最宽的线性范围，文献[1]

建议 $(W/L)_{1,2} \approx 7(W/L)_{3,4}$。

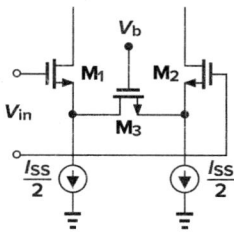

图 14.13　通过工作在深线性区的 MOSFET
　　　　　实现负反馈的差动对

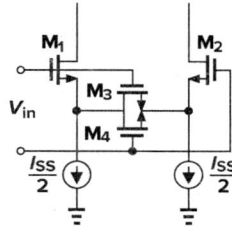

图 14.14　用两个工作在线性区的 MOSFET
　　　　　负反馈的差动对

例 14.3

采用图 4.19 中的介绍的总跨导移动机制，设计出另一种线性化技术。

解: 由例 4.6 我们知道，晶体管间的宽度失配会使总跨导特性在水平方向移动。如图 14.15(a) 所示，我们在两个差动对中建立一个负的移动和一个正的移动(移动的幅值相等)。可以看到，这两对差动对的 G_m 曲线朝相反方向偏移了相同的数量。如图 14.15(b) 所示，现在我们通过相应的各漏极短接方法将输出电流相加，G_m 曲线也相加(为什么?)，产生的结果是，在 $V_{in1} - V_{in2}$ **更宽**的范围内 G_m 的值相对恒定，表示这是一个更加线性的电路。两个晶体管的宽度之比为 2 只是为了举例说明这个技术，为了优化线性度，可以修改这个数值。

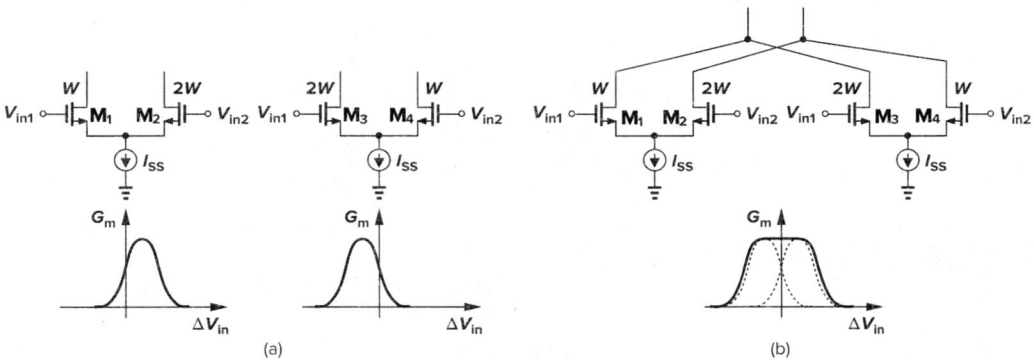

图 14.15

一种避免使用电阻的线性化方法是基于这样一个观察结果:一个工作在线性区的 MOSFET，如果其漏源电压保持恒定，就可提供一个线性的 I_D/V_{GS} 特性，即 $I_D = (1/2)\mu C_{ox}(W/L)[2(V_{GS}-V_{TH})V_{DS}-V_{DS}^2]$。如图 14.16 所示，该方法采用放大器 A_1、A_2 以及共源共栅器件 M_3、M_4 强制 V_X，V_Y 等于 V_b，而不受输入电平变化的影响。

这个电路存在几个缺点:第一，由于 V_{DS} 必须

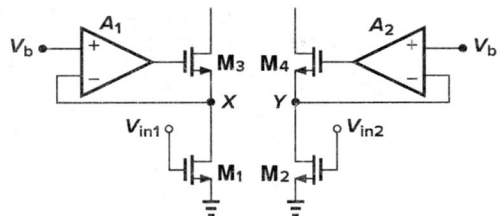

图 14.16　输入器件工作在线性区的差动对

足够低以确保每个输入晶体管都处在线性区,因此 M_1 与 M_2 的跨导相对较小,等于 $\mu_n C_{ox}(W/L)V_{DS}$;第二,输入共模电平必须被严格控制并跟踪 V_b,以便确定 I_{D1} 和 I_{D2};第三,M_3,M_4 与两个辅助放大器在输出端会产生很大的噪声。

另外一种线性化电压放大器的方法是采用"后校正"。如图 14.17 所示,其思想是将放大器看作:一个电压-电流(V/I)转换器后面再接一个电流-电压(I/V)转换器。如果 V/I 转换器可以被描述成 $I_{out} = f(V_{in})$,I/V 转换器可以被描述成 $V_{out} = f^{-1}(I_{in})$,则 V_{out} 是 V_{in} 的线性函数。也就是说,第二级校正了由第一级引入的非线性。作为一个例子,对于如图 14.18(a)所示的电路,由第 4 章内容,我们可得

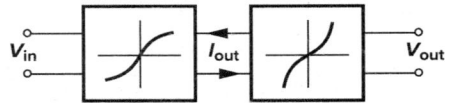

图 14.17 看作两个非线性级的级联的电压放大器

$$V_{in1} - V_{in2} = V_{GS1} - V_{GS2} \tag{14.55}$$

$$= \sqrt{\frac{2I_{D1}}{\mu_n C_{ox}\left(\dfrac{W}{L}\right)_{1,2}}} - \sqrt{\frac{2I_{D2}}{\mu_n C_{ox}\left(\dfrac{W}{L}\right)_{1,2}}} \tag{14.56}$$

同时,对于图 14.18(b)所示的电路,我们注意到

$$V_{out} = V_{GS3} - V_{GS4} \tag{14.57}$$

$$= \sqrt{\frac{2I_3}{\mu_n C_{ox}\left(\dfrac{W}{L}\right)_{3,4}}} - \sqrt{\frac{2I_4}{\mu_n C_{ox}\left(\dfrac{W}{L}\right)_{3,4}}} \tag{14.58}$$

这里,我们忽略了沟道长度调制效应与体效应。对于图 14.18(c)所示的电路可得

$$V_{out} = \sqrt{\frac{2I_{D1}}{\mu_n C_{ox}\left(\dfrac{W}{L}\right)_{3,4}}} - \sqrt{\frac{2I_{D2}}{\mu_n C_{ox}\left(\dfrac{W}{L}\right)_{3,4}}} \tag{14.59}$$

$$= \frac{1}{\sqrt{\left(\dfrac{W}{L}\right)_{3,4}}}(V_{in1} - V_{in2})\,\mathrm{sqrt}\left(\frac{W}{L}\right)_{1,2} \tag{14.60}$$

因此,如同第 4 章得出的那样,电压增益等于

$$A_v = \sqrt{\frac{\left(\dfrac{W}{L}\right)_{1,2}}{\left(\dfrac{W}{L}\right)_{3,4}}} \tag{14.61}$$

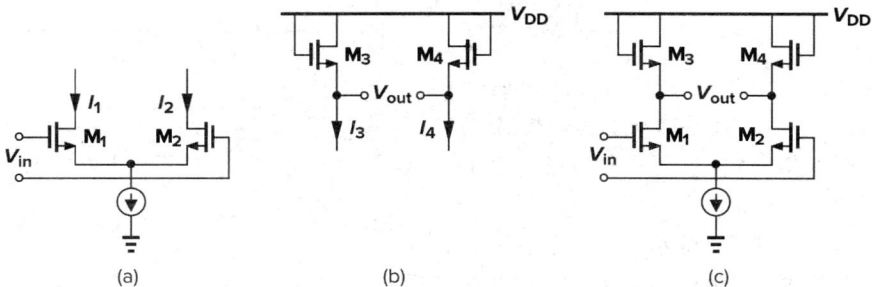

图 14.18 (a)具有非线性 I/V 特性的差动对;(b)具有非线性 V/I 特性的二极管连接器件;(c)具有线性输入/输出特性的电路

这是一个与晶体管的偏置电流无关的量。

在实际中,体效应以及短沟道器件中其它非理想效应都会在该电路中产生非线性。而且,随着差动输入电平的增加,驱动 M_1 或 M_2 进入亚阈值区域,等式(14.56)与(14.58)不再成立,增益急剧下降。

给差动对加局部负反馈使其进一步线性化是可行的。如图 14.19(a)所示,其思想是通过 M_3 和 M_4 检测差动对的输出电压,并将一定比例的电流返回到 M_1 和 M_2 的**源端**。读者可以很容易地证明反馈是负的。我们假设电路是对称的,而且 $I_1 = \cdots = I_4$。

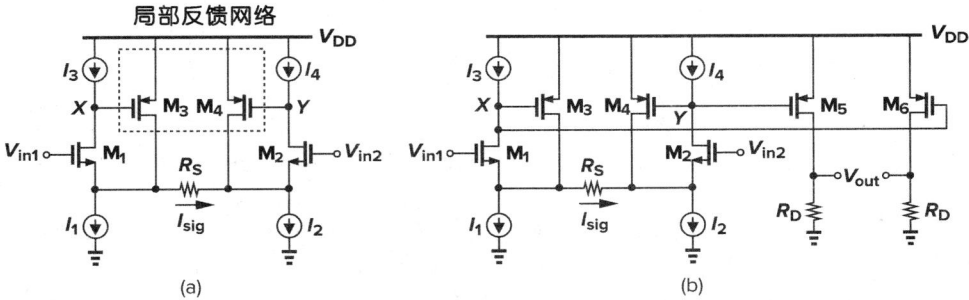

图 14.19　(a)带局部反馈的差动对;(b)将(a)用在电压放大中

如果忽略沟道长度调制效应和体效应,我们可以看到,不管输入信号是多少,都有 $I_{D1} = I_3$ 和 $I_{D2} = I_4$。因此,当 $V_{in} = V_{in1} - V_{in2}$ 改变时,两个输入晶体管维持一个恒定的 V_{GS}。而且,由于 $I_1 = I_3 = I_{D1}$ 和 $I_2 = I_4 = I_{D2}$,流过 R_S 的电流必定只由 M_3 和 M_4 提供。将该电流表示为 I_{sig},我们得到

$$V_{in} = V_{GS1} + I_{sig}R_S - V_{GS2} \tag{14.62}$$
$$= I_{sig}R_S \tag{14.63}$$

有意思的是,M_3 和 M_4 产生的电流线性地正比于 V_{in},因为从 M_1 和 M_2 的漏端到源端的反馈保证了它们具有恒定的 V_{GS}。但是注意,$V_X - V_Y$ 与 V_{in} 不是成线性正比例。

读者也许想知道这个电路的输出在什么地方!如图 14.19(b)所示,我们将 PMOS 电流复制到 M_5 和 M_6,让它们流过一对线性电阻 R_D。由于 I_{D3} 和 I_{D4} 是大小相等,方向相反的,由式(14.63)可得

$$V_{out} = \frac{2R_D}{R_S}V_{in} \tag{14.64}$$

这里我们假设所有的 PMOS 管是相同的。不包括 R_D 电阻,这个电路实现了线性的电压—电流转换器(跨导器)功能。

上述电路有两个问题:首先,信号通路上的大量器件会产生大量噪声。除了 $M_1 \sim M_4$,上面和下面的电流源也贡献差动噪声。其次,在短沟道器件中,由于 r_O 与 V_{DS} 有关(见第 17 章),输出级会引入一些非线性。

14.2　失配

在前面章节里,我们对差动放大器的分析通常假设电路是完全对称的,即两边呈现出相同

的特性和相同的偏置电流。然而，在实际中，由于制造工艺中每一道工序的不确定性，标称相同的器件都存在一定的不匹配（即失配）。例如，如图 14.20 中所示，两个 MOSFET 的栅尺寸存在随机的、极细微的变化，因此，它们在等价的长度和宽度方面均存在着失配，尽管它们具有相同的版图。另外，MOS 器件的阈值电压也呈现出失配，因为根据式(2.1)，V_{TH} 是沟道区和栅极中掺杂程度的函数，而这些掺杂程度在一个器件与另一个器件间会产生随机的不同。

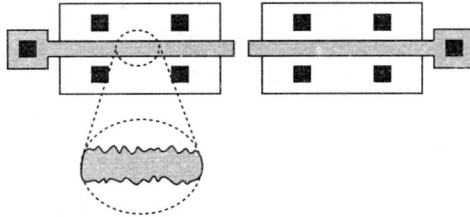

图 14.20 由于器件尺寸的细微变化产生的随机失配

　　研究失配包括两步：(1)识别导致器件间失配的机理并用公式表示；(2)分析器件失配对电路性能的影响。不幸的是，第一步非常复杂，而且对制造工艺和版图依赖性很大，经常要求对失配进行实际测量。例如，对电容器之间所能达到的失配典型值为 0.1%，但这个值不是从任何基础值中得到的。因此，我们只考虑一些基本的趋势与直观的结果。实现最小失配的版图技术将在第 19 章中阐述。

　　当我们将处在饱和区的 MOSFETs 的特性表述为 $I_D = (1/2)\mu C_{ox}(W/L)(V_{GS} - V_{TH})^2$ 的时候，我们发现，对于两个标称相同的晶体管，μ, C_{ox}, W, L 以及 V_{TH} 之间的失配导致了漏极电流的失配(V_{GS}固定)或栅源电压的失配(漏极电流固定)。直观上，我们认为随着 W 与 L 的增加，它们的相对失配，$\Delta W/W$ 与 $\Delta L/L$，会分别减小，也就是说越大的器件表现出越小的失配。一个更重要的观察结果是，随着晶体管**面积**(WL)的增加，所有的失配都减小。例如，增大 W

591 会使 $\Delta W/W$ 与 $\Delta L/L$ 都减小。这是因为随着 WL 的增加，随机变化经历更大的"求平均"过程，因此其幅值下降了。对于图 14.21 所示的情况，有 $\Delta L_2 < \Delta L_1$，这是因为，如果该器件被看成许多小的并联晶体管，如图 14.22 所示，而每一个宽度为 W_0，那么我们可以写出等效长度为 $L_{eq} \approx (L_1 + L_2 + \cdots + L_n)/n$。因此，总的变化为

$$\Delta L_{eq} \approx (\Delta L_1^2 + \Delta L_2^2 + \cdots + \Delta L_n^2)^{1/2}/n \tag{14.65}$$

$$= \frac{(n\Delta L_0^2)^{1/2}}{n} \tag{14.66}$$

$$= \frac{\Delta L_0}{\sqrt{n}} \tag{14.67}$$

这里的 ΔL_0 是宽为 W_0 的晶体管长度变化的统计值。等式(14.67)表明，对于给定的 W_0，

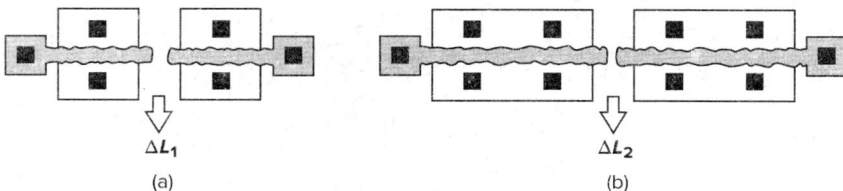

图 14.21 由于增大宽度而使得长度失配减小

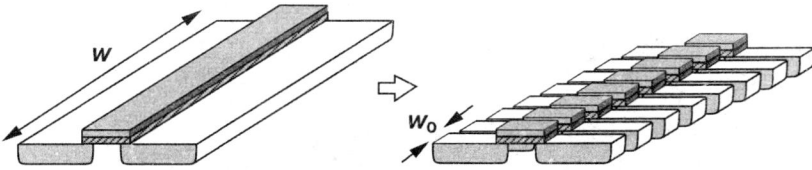

图 14.22　宽 MOSFET 被看成窄器件的并联

随着 n 的增加，L_{eq} 的变化减小。

上述结论也可以扩展到其它器件参数。例如，我们假定：如果器件面积增加，μC_{ox} 与 V_{TH} 有更小的失配。如图 14.23 所示，理由是，大尺寸的晶体管可以分解为宽长分别为 W_0 和 L_0 的小的单元晶体管的串并联，其中每个单元都呈现出 $(\mu C_{ox})_j$ 与 V_{THj}。对于给定的 W_0 与 L_0，随着单元晶体管数目的增加，μC_{ox} 与 V_{TH} 经历更大的平均过程，致使两个大尺寸晶体管之间的失配更小。

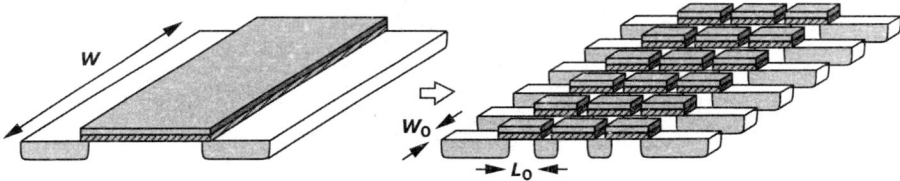

图 14.23　大尺寸 MOSFET 可看成小尺寸器件的组合

592

前面定性的观察结果已经在数学和实验上被证实了[2,3]。这里，我们不经证明给出

$$\Delta V_{TH} = \frac{A_{VTH}}{\sqrt{WL}} \tag{14.68}$$

$$\Delta \left(\mu C_{ox} \frac{W}{L} \right) = \frac{A_K}{\sqrt{WL}} \tag{14.69}$$

其中，A_{VTH} 与 A_K 是比例系数，可由测量得到。

例 14.4 ————————————————————————————

一差动对包含的晶体管沟道长度为 40 nm。如果 40 nm 工艺的 $A_{VTH}=4$ mV $\cdot$ μm，为了保证 $\Delta V_{TH} \leqslant 2$ mV，器件的最小宽度应该是多少？

解：我们可以写出

$$W = \frac{A_{VTH}^2}{L \Delta V_{TH}^2} \tag{14.70}$$

$$= 100 \ \mu m \tag{14.71}$$

可以看到，在纳米工艺中，为了保证低的失调，晶体管需要很大的宽长比。

——

因为沟道电容与 WLC_{ox} 成正比，我们注意到 ΔV_{TH} 与沟道电容间存在折中关系。

14.2.1　失配的影响

现在,我们研究器件的失配对电路性能的影响。失配引起三个重要现象:直流失调、一定的偶次失真和更低的共模抑制。最后一个现象已在第 4 章研究过了。

直流失调

考虑图 14.24(a)所示的差动对。当 $V_{in}=0$,且完全对称时,$V_{out}=0$,但在失配存在的情况下,$V_{out}\neq0$。我们说电路存在一个直流"失调",其大小等于:将 V_{in} 置为 0 时检测到的 V_{out} 值。实际上,确定输入参考失调电压更有意义,它被定义成使输出电压等于零时的输入电平[图 14.24(b)]。注意 $|V_{OS,in}|=|V_{OS,out}|/A_v$。如同随机噪声一样,随机失调的极性并不重要。

593

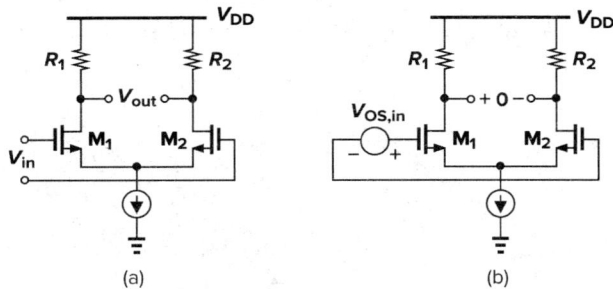

图 14.24　(a)在输出端测量失调的差动对;(b)将失调折合到输入端的电路(a)

失调是怎样限制着性能的呢? 假设图 14.24 所示的差动对要放大一个小的输入电压。那么,就像图 14.25 描述的那样,输出同时包括放大了的信号与失调。在直接耦合放大器级联的情况下,直流失调可能有非常大的增益以致驱动后一级进入非线性工作。

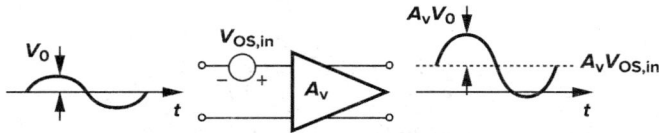

图 14.25　放大器中失调的影响

失调的一个更严重的影响是限制了信号的可测精度。例如,如果用一个放大器来检测输入信号是高于还是低于参考电压 V_{REF},如图 14.26 所示,那么输入参考失调就限制了能被可靠测量的 $V_{in}-V_{REF}$ 的最小值。

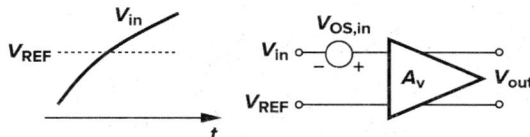

图 14.26　失调对放大器精度的限制

现在,让我们来计算差动对的失调电压,假设输入晶体管与负载电阻都存在失配。如图 14.24(b)所示,我们的目标是找出使 $V_{out}=0$ 时的 $V_{OS,in}$ 的值。器件的不匹配体现为 $V_{TH1}=$

V_{TH}；$V_{TH2} = V_{TH} + \Delta V_{TH}$；$(W/L)_1 = W/L$，$(W/L)_2 = W/L + \Delta(W/L)$；$R_1 = R_D$，$R_2 = R_D + \Delta R$。为简单起见，$\lambda = \gamma = 0$，而且忽略了 μC_{ox} 的失配。对于 $V_{out} = 0$，必须有 $I_{D1}R_1 = I_{D2}R_2$，从而推出，I_{D1} 不能等于 I_{D2}。因此，我们假设 $I_{D1} = I_D$，$I_{D2} = I_D + \Delta I_D$。

因为 $V_{OS,in} = V_{GS1} - V_{GS2}$，我们有

$$V_{OS,in} = \sqrt{\frac{2I_{D1}}{\mu_n C_{ox}\left(\dfrac{W}{L}\right)_1}} + V_{TH1} - \sqrt{\frac{2I_{D2}}{\mu_n C_{ox}\left(\dfrac{W}{L}\right)_2}} - V_{TH2} \tag{14.72}$$

$$= \sqrt{\frac{2}{\mu C_{ox}}}\left[\sqrt{\frac{I_D}{W/L}} - \sqrt{\frac{I_D + \Delta I_D}{\dfrac{W}{L} + \Delta\left(\dfrac{W}{L}\right)}}\right] - \Delta V_{TH} \tag{14.73}$$

$$= \sqrt{\frac{2}{\mu_n C}}\sqrt{\frac{I_D}{W/L}}\left[1 - \sqrt{\frac{1 + \dfrac{\Delta I_D}{I_D}}{1 + \Delta\left(\dfrac{W}{L}\right)\Big/\left(\dfrac{W}{L}\right)}}\right] - \Delta V_{TH} \tag{14.74}$$

假设 $\Delta I_D/I_D$ 与 $\Delta(W/L)/(W/L)$ 均远小于 1，并且注意到，对于 $\varepsilon \ll 1$ 有 $\sqrt{1+\varepsilon} \approx 1 + \varepsilon/2$ 和 $(\sqrt{1+\varepsilon})^{-1} \approx 1 - \varepsilon/2$，我们化简式(14.74)得

$$V_{OS,in} = \sqrt{\frac{2I_D}{\mu_n C_{ox}\left(\dfrac{W}{L}\right)}}\left\{1 - \left(1 + \frac{\Delta I_D}{2I_D}\right)\left[1 - \frac{\Delta(W/L)}{2(W/L)}\right]\right\} - \Delta V_{TH} \tag{14.75}$$

$$= \sqrt{\frac{2I_D}{\mu_n C_{ox}\left(\dfrac{W}{L}\right)}}\left[-\frac{\Delta I_D}{2I_D} + \frac{\Delta(W/L)}{2(W/L)}\right] - \Delta V_{TH} \tag{14.76}$$

其中两个微小量的乘积被忽略了。由于 $I_{D1}R_1 = I_{D2}R_2$，因此可得 $I_D R_D = (I_D + \Delta I_D)(R_D + \Delta R_D) \approx I_D R_D + R_D \Delta I_D + I_D \Delta R_D$。从而 $\Delta I_D/I_D \approx -\Delta R_D/R_D$，且

$$V_{OS,in} = \frac{1}{2}\sqrt{\frac{2I_D}{\mu_n C_{ox}\left(\dfrac{W}{L}\right)}}\left[\frac{\Delta R_D}{R_D} + \frac{\Delta(W/L)}{(W/L)}\right] - \Delta V_{TH} \tag{14.77}$$

我们还知道，式中平方根的值近似等于每个晶体管的平衡点过驱动电压（$V_{GS} - V_{TH}$），因此

$$V_{OS,in} = \frac{V_{GS} - V_{TH}}{2}\left[\frac{\Delta R_D}{R_D} + \frac{\Delta(W/L)}{(W/L)}\right] - \Delta V_{TH} \tag{14.78}$$

式(14.78)是一个很重要的结果，它显示了 $V_{OS,in}$ 对器件失配与偏置条件的依赖关系。要注意的是：(1)负载电阻失配与晶体管尺寸失配对失调的影响随着平衡点过驱动电压增大而**增大**；(2)阈值电压失配直接折合到输入。因此，可以通过减小尾电流或增大晶体管的宽度以达到最小的 $V_{GS} - V_{TH}$。实际上，由于失配是独立的统计变量，我们将式(14.78)写成[①]

$$V_{OS,in}^2 = \left(\frac{V_{GS} - V_{TH}}{2}\right)^2\left\{\left(\frac{\Delta R_D}{R_D}\right)^2 + \left[\frac{\Delta(W/L)}{(W/L)}\right]^2\right\} + \Delta V_{TH}^2 \tag{14.79}$$

式中的平方量代表标准偏差。

为了对失调效应有更深入的认识，我们在失调与噪声间进行一个类比。如果将差动对的两个输入短接，输出电压存在一个有限的噪声，即一个随时间变化的电压。因此，我们可以说

---

① 如前所述，ΔV_{TH} 确实和 W 有关，这一影响可以作为一个互相关联项加在式中。此处为了简化，我们忽略了该项。

差动对的失调电压类似于一个频率很低的噪声成分,它变化得如此缓慢以致于在我们的测量过程中表现为常量。这样来看,失调可以表现为噪声源,允许我们采用第 7 章中的方法来分析。到此为止,我们将两个标称相等的晶体管的失调电压用一个串接在其中一个晶体管栅极上的电压源来表示,这个电压源的值与式(14.79)相等。

595

例 14.5 ────────────────────────────────

计算图 14.27(a)所示电路的输入参考失调电压。假设所有的晶体管工作在饱和区。

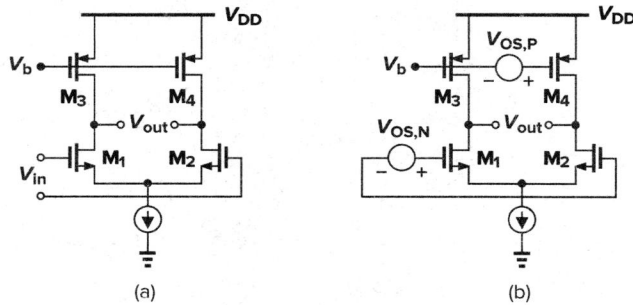

图 14.27

解:如图 14.27(b)所示,我们插入 NMOS 对与 PMOS 对的失调电压。为了得到 $I_{D1} = I_{D2}$ 以及 $I_{D3} = I_{D4}$,由式(14.78)可得

$$V_{OS,N} = \frac{(V_{GS} - V_{TH})_N}{2} \left[\frac{\Delta(W/L)}{(W/L)} \right]_N + \Delta V_{TH,N} \tag{14.80}$$

$$V_{OS,P} = \frac{|V_{GS} - V_{TH}|_P}{2} \left[\frac{\Delta(W/L)}{(W/L)} \right]_P + \Delta V_{TH,P} \tag{14.81}$$

根据第 7 章的噪声分析,在输出端 $V_{OS,P}$ 被放大了 $g_{mP}(r_{ON} \parallel r_{OP})$ 倍,当折算到主要输入端的时候要除以 $g_{mN}(r_{ON} \parallel r_{OP})$。结果为

$$V_{OS,in} = \left\{ \frac{|V_{GS} - V_{TH}|_P}{2} \left[\frac{\Delta(W/L)}{(W/L)} \right]_P + \Delta V_{TH,P} \right\} \frac{g_{mP}}{g_{mN}}$$

$$+ \frac{(V_{GS} - V_{TH})_N}{2} \left[\frac{\Delta(W/L)}{(W/L)} \right]_N + \Delta V_{TH,N} \tag{14.82}$$

实际中,我们给这些项加上"幂",就像式(14.79)所表示的那样。注意,如同噪声一样,PMOS对的失调作用与 g_{mP}/g_{mN} 成正比。

──

如果我们研究一下电流源的失调特性,就可以更好地理解前面的例子。考虑图 14.28 中标称相等的电流源 M_1 与 M_2。忽略沟道长度调制,我们通过计算全微分来确定 I_{D1} 与 I_{D2} 之间的总的失配。从微积分我们596 知道,如果 $y = f(x_1, x_2, \cdots)$,那么它的全微分可写为

$$\Delta y = \frac{\partial f}{\partial x_1} \Delta x_1 + \frac{\partial f}{\partial x_2} \Delta x_2 + \cdots \tag{14.83}$$

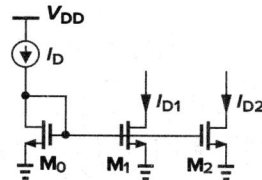

图 14.28　两个电流源之间的失配

等式(14.83)的确表示,每一个失配成分 Δx_j 对总的失配的贡献是用相应的灵敏度 $\partial f/\partial x_j$ 来加权的。因为 $I_D=(1/2)\mu_n C_{ox}(W/L)(V_{GS}-V_{TH})^2$,我们得到

$$\Delta I_D = \frac{\partial I_D}{\partial(W/L)}\Delta\left(\frac{W}{L}\right)+\frac{\partial I_D}{\partial(V_{GS}-V_{TH})}\Delta(V_{GS}-V_{TH}) \tag{14.84}$$

这里,忽略了 $\mu_n C_{ox}$ 的失配。从而得出

$$\Delta I_D = \frac{1}{2}\mu_n C_{ox}(V_{GS}-V_{TH})^2\Delta\left(\frac{W}{L}\right)-\mu_n C_{ox}\frac{W}{L}(V_{GS}-V_{TH})\Delta V_{TH} \tag{14.85}$$

与输入参考失调**电压**不同,电流失配通常用平均值来归一化以得到一个有意义的比较结果:

$$\frac{\Delta I_D}{I_D} = \frac{\Delta(W/L)}{W/L}-2\frac{\Delta V_{TH}}{V_{GS}-V_{TH}} \tag{14.86}$$

这个结果表示,为了使电流失配最小,必须使过驱动电压达到最大,这与式(14.78)得出的结论相反。这是因为,随着 $V_{GS}-V_{TH}$ 的增加,阈值电压的失配对器件电流的影响越来越小。

失调电压与电流失配对过驱动电压的依赖,类似于我们在第 7 章中对相应噪声量的观测结果。对于一个给定的电流,因为 $g_m=2I_D/(V_{GS}-V_{TH})$,所以差动对的输入噪声电压随着过驱动电压的增大而增大。同样,电流源的输出噪声电流与 g_m 成正比,从而与 $V_{GS}-V_{TH}$ 成反比。

偶次失真

第 14.1 节中我们对非线性的研究表明,利用奇对称的优点,差动电路可以避免偶次失真。然而在实际中,失配降低了对称性,从而引入一定的偶次非线性。

在失配存在的情况下分析偶次失真通常是相当复杂的,一般需要进行模拟。这里我们考虑一个简单的例子来获得一些了解。假设 $y_1\approx\alpha_1 x_1+\alpha_2 x_1^2+\alpha_3 x_1^3$ 和 $y_2\approx\beta_1 x_2+\beta_2 x_2^2+\beta_3 x_2^3$ 代表一个差动电路中的两条信号通路,如图 14.29 所示。差动输出可表示为

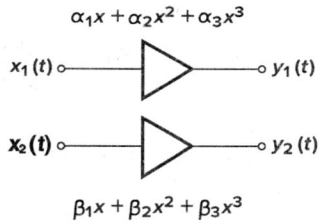

图 14.29　失配对二次失真的影响

$$y_1-y_2=(\alpha_1 x_1-\beta_1 x_2)+(\alpha_2 x_1^2-\beta_2 x_2^2)+(\alpha_3 x_1^3-\beta_3 x_2^3) \tag{14.87}$$

对于 $x_1=-x_2$,该式可以化简为

$$y_1-y_2=(\alpha_1+\beta_1)x_1+(\alpha_2-\beta_2)x_1^2+(\alpha_3+\beta_3)x_1^3 \tag{14.88}$$

如果 $x_1(t)=A\cos\omega t$,则二次谐波的振幅等于 $(\alpha_2-\beta_2)A^2/2$,即正比于输入输出特性中二阶系数之间的失配。

我们还应说明的是,因为在高频时,信号存在相当大的相移,偶次失真也可能由**相位**失配产生。这一点在习题 14.1 中考虑。

在高功耗电路中,芯片上的热梯度可能会产生不对称。例如,如果差动对的一个晶体管比另一个管子更靠近一个高功耗输出级,那么两个管子的阈值电压和迁移率之间就产生失配。

14.2.2　失调消除技术

正如以上所提到的,MOSFETs 阈值电压的失配与沟道电容是互相折中的。例如,1 mV

的阈值电压失配相当于 $0.6~\mu m$ 工艺中每个晶体管约 300 fF 的沟道电容。如果很多差动对并联(比如在 A/D 转换器中),则输入电容变得过高,严重地降低了速度并且(或者)要求前级有很高的功耗。另一个困难是,电路封装后的机械压力可能会增大失调电压。由于这些原因,很多高精度系统需要用电子学的方法消除失调。如同下面阐述的那样,失调消除的同时也可以在很大程度上减小运放的 $1/f$ 噪声。

作为理解失调消除原理的第一步,让我们考虑一下图 14.30(a)的电路,图中存在输入参考失调电压 V_{OS} 的差动放大器在输出端串联两个电容。现在假设输入短接,如图 14.30(b),使放大器输出为 $V_{out} = A_v V_{OS}$。而且,假设在这一期间,结点 X 与 Y 也短接。我们注意到,当所有的结点电压都稳定、并且 $A_v V_{OS}$ 被储存在 C_1 与 C_2 上时,等于零的差动输入会在 V_X 与 V_Y 之间产生等于零的输出差值。因此,S_1 和 S_2 断开后,由放大器、C_1 与 C_2 构成的电路呈现出零失调电压,而且仅放大输入差动电压的**变化量**。实际中,输入和输出都必须短接,并使其值分别等于一个适当的共模电压,如图 14.30(c)所示。

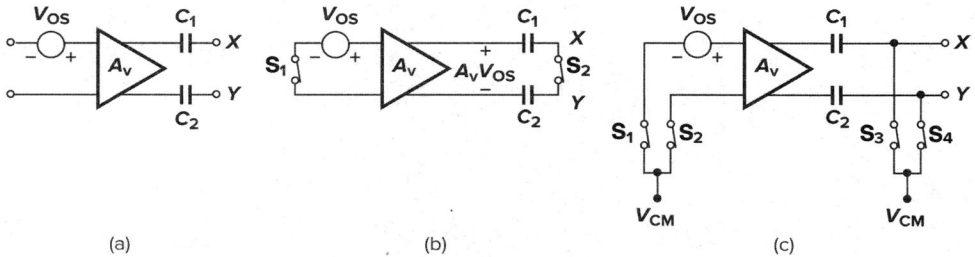

(a)   (b)   (c)

图 14.30   (a)输出端接有电容耦合的简单放大器;(b)输入与输出均短接的(a)电路;
(c)在失调消除时设置合适的共模电平

总之,这种类型的失调消除是通过设置差动输入为零来"测量"失调的,并且将结果存储在与输出端串联的电容上。因此,该电路需要一个专用的失调消除周期,在这个周期的时间内,实际的输入是无效的。图 14.31描述了最终的电路结构,其中 CK 表示失调消除的指令。这种技术被称为"输出失调存储",如果 $S_3 \sim S_4$ 没有电荷注入失配,这种方法就可以将总的失调减小为零。然而,要注意的是,如果 A_v 很大,$A_v V_{OS}$ 可能会使放大器输出"饱和"。由于这个原因,通常选择 A_v 的值约小于 10。

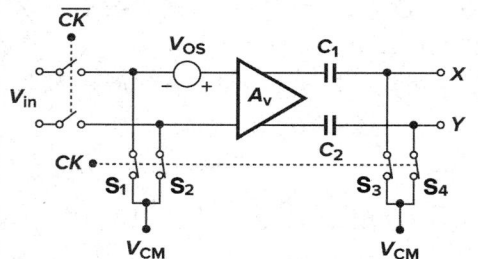

图 14.31   用时钟控制放大与失调消除模式

在需要高电压增益的应用中,可以采用图 14.32(a)的结构。被称作"输入失调存储"的这种方法在输入端串联了两个电容,并且在失调消除时使放大器处于单位增益负反馈环路中。因此,根据图 14.32(b),$V_{out} = V_{XY}$,并且 $(V_{out} - V_{OS})(-A_v) = V_{out}$。即

$$V_{out} = \frac{A_v}{1 + A_v} V_{OS} \tag{14.89}$$

$$\approx V_{OS} \tag{14.90}$$

实质上,该电路在结点 X 与 Y 复制了放大器的失调,将结果存储在 C_1 与 C_2 上。注意,对于零

差动输入,差动输出等于 V_{OS}。因此,如果 S_3、S_4 匹配得很好(并且放大器的输入电容远小于 C_1 与 C_2),整个电路的输入参考失调电压(S_3 与 S_4 闭合后)等于 V_{OS}/A_v。然而,在实际中,当 S_3 与 S_4 断开时,如果 A_v 非常大,它们的电荷注入失配可能会使放大器饱和。

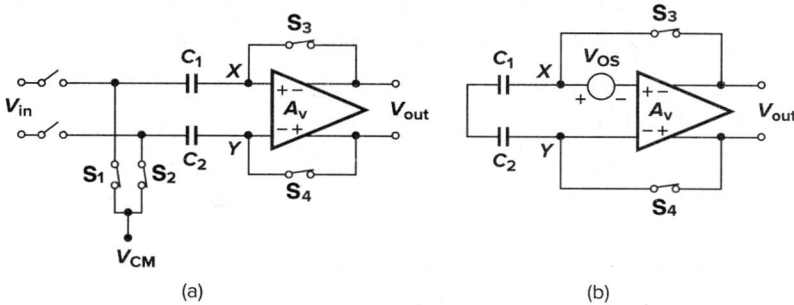

图 14.32　(a)输入失调存储;(b)失调消除模式时的(a)电路

输入与输出存储技术的通常缺点是在信号通路上引入了电容,这在运算放大器与反馈系统中是一个很严重的问题。电容下极板的寄生参数可能会减小电路中极点的值,从而降低相位裕度。即使在开环放大器中,这种寄生效应也会限制稳定速度,加剧了速度-功耗间的折中关系。

599

为了解决上述问题,失调消除方法可以通过使用一个“辅助”放大器来隔离信号通路与失调存储电容。考虑一下图 14.33 所示的结构,图中 A_{aux} 对存储在 C_1 与 C_2 上的差动电压 V_1 进行放大,并且从 A_1 的输出中减去该结果。我们注意到,如果 $V_{OS1}A_1 = V_1 A_{aux}$,那么对于 $V_{in} = 0$,$V_{out} = 0$,电路就避免了失调。此处关键的是,C_1 与 C_2 没有出现在信号通路中。

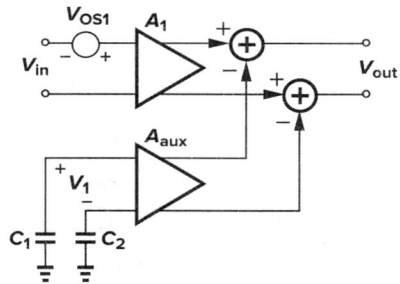

图 14.33　增加辅助放大级消除放大器失调

图 14.33 中的 V_1 是如何产生的呢? 这是通过图 14.34 所示的方法得到的。这里,增加了第二级 A_2,在失调消除期间其输出由 A_{aux} 检测读出。为了理解其工作原理,假设初始只有 S_1 和 S_2 导通,从而 $V_{out} = V_{OS1}A_1 A_2$。现在,假设 S_3 与 S_4 导通,使得 A_2 和 A_{aux} 处于一个负反馈环路。读者可以证明,V_{out} 近似下降到原值除以环路增益:$V_{OS1}A_1 A_2 / (A_2 A_{aux}) = V_{OS1}A_1 / A_{aux}$。

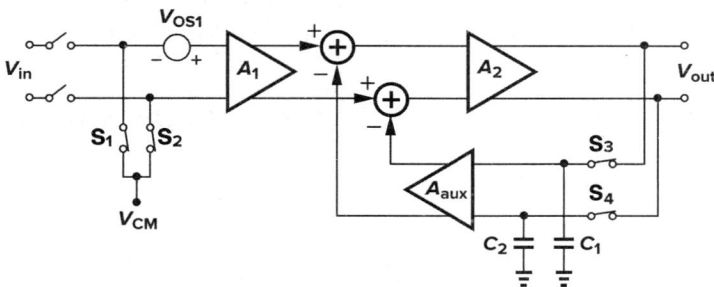

图 14.34　失调消除期间在反馈环路中加入的辅助放大器

存储在 C_1 和 C_2 上的电压实际上就是图 14.33 中所需要的 V_1,因为 $(V_{OS1}A_1/A_{aux})A_{aux} = V_{OS1}A_1$。

图 14.34 的结构有两个缺点:第一,信号通路上存在两个电压增益级,这在高速运放中可能是不希望的;第二,放大器 A_1 与 A_2 的输出电压相加是相当困难的。由于这些原因,这一技术通常如图 14.35(a)那样来实现,图中每一个 G_m 级都是一个简单的差动对,R 级表示一个跨阻放大器。正如图 14.35(b)所示的那样,当 G_{m2} 在低阻结点 X 与 Y 加上一个失调校正电流的时候,G_{m1} 与 R 实际上可以构成一个单级运算放大器。

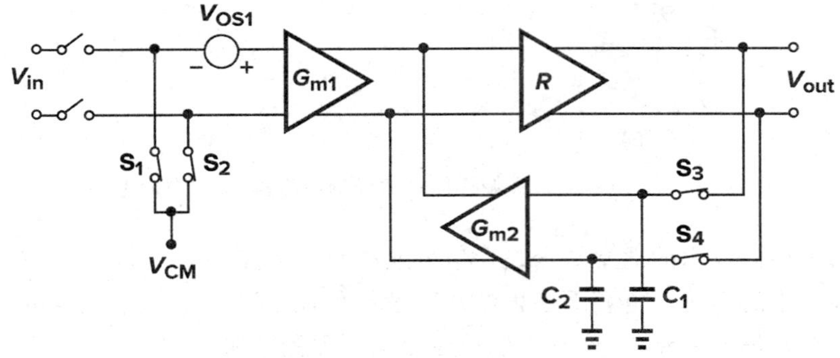

(a)

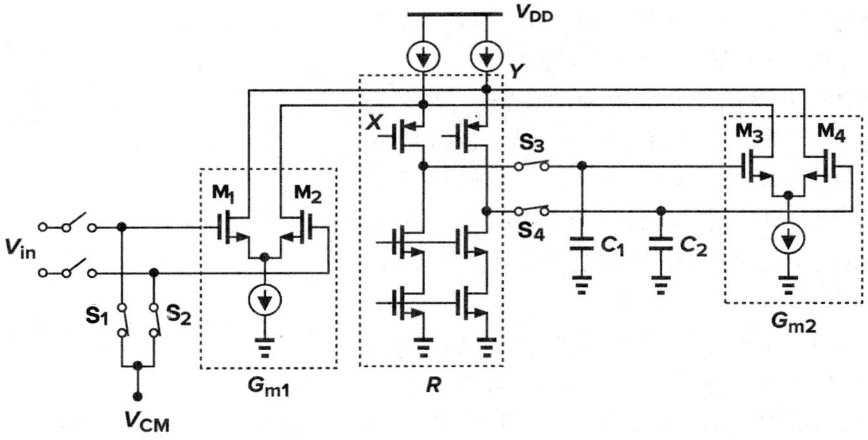

(b)

图 14.35　(a)使用了 G_m 级与 R 级的图 14.34 的电路;
(b)用折叠式共源共栅运放实现的(a)的电路

现在让我们仔细研究图 14.35(a)的失调消除方法,将 G_{m2} 的失调电压也考虑在内。如图 14.36所示,我们可以写出

$$[G_{m1}V_{OS1} - G_{m2}(V_{out} - V_{OS2})]R = V_{out} \tag{14.91}$$

因此,有

$$V_{out} = \frac{G_{m1}RV_{OS1} + G_{m2}RV_{OS2}}{1 + G_{m2}R} \tag{14.92}$$

当 S_3 与 S_4 断开后,这个电压存储在 C_1 与 C_2 上。因此,主输入端的参考失调电压可以写为

$$V_{\mathrm{OS,tot}} = \frac{V_{\mathrm{out}}}{G_{\mathrm{m1}}R} \tag{14.93}$$

$$= \frac{V_{\mathrm{OS1}}}{1+G_{\mathrm{m2}}R} + \frac{G_{\mathrm{m2}}}{G_{\mathrm{m1}}}\frac{V_{\mathrm{OS2}}}{1+G_{\mathrm{m2}}R} \tag{14.94}$$

$$\approx \frac{V_{\mathrm{OS1}}}{G_{\mathrm{m2}}R} + \frac{V_{\mathrm{OS2}}}{G_{\mathrm{m1}}R} \tag{14.95}$$

其中，我们假设 $G_{\mathrm{m2}}R \gg 1$。如果 $G_{\mathrm{m2}}R$ 和 $G_{\mathrm{m1}}R$ 均比较大，像图 14.35(b)中的运放那样，则 $V_{\mathrm{OS,tot}}$ 非常小。

图 14.35 的失调消除需要小心注意。当 S_3 与 S_4 断开的瞬间，在 C_1 与 C_2 上分别注入的电荷可能不完全相等，由于反馈环路开路，从而产生一个不能被校正的误差电压。读者可以证明，对于一个由差动注入引入的误差电压 ΔV，产生的输入参考失调电压为 $(G_{\mathrm{m2}}/G_{\mathrm{m1}})\Delta V$。由于这个原因，通常选择 G_{m2} 的数量级约为 $0.1G_{\mathrm{m1}}$。

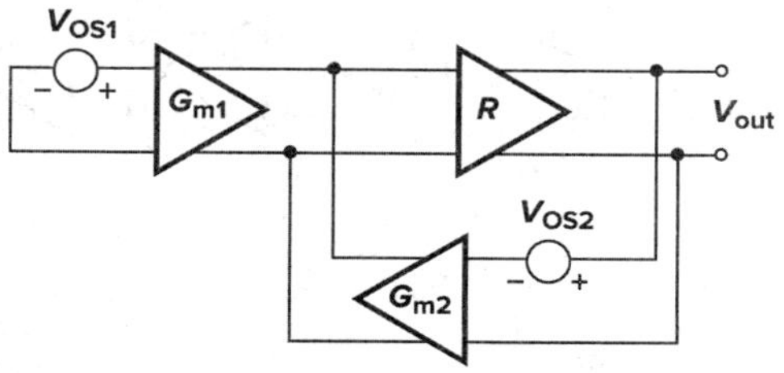

图 14.36　包括了 G_{m2} 的失调的图 14.35(a)的电路

我们还应该提到，第 13 章中描述的单位增益电路与精确乘 2 电路也可以消除运放的失调。证明留给读者[①]。

值得注意的是，这里研究的失调消除技术需要周期性刷新，因为开关的结泄漏与亚阈值泄漏最终会破坏电容上存储的校正电压。在一般的设计中，失调刷新的频率必须至少为几千赫兹。

14.2.3　用失调消除来降低噪声

从前面的章节我们知道，差动放大器的失调可以看成一个频率很低的噪声分量。因此，我们希望，周期性地消除失调也能减小电路的(低频)噪声。

考虑一个用于采样系统前端的简单差动放大器，如图 14.37(a)所示。这里，A_1 的噪声会直接损坏 V_{in}。如果信号频谱从零延续到仅几兆赫兹，A_1 的 $1/f$ 噪声被证明特别成问题，因为 $1/f$ 噪声的转角频率通常大约在 $500\ \mathrm{kHz}$ 到 $1\ \mathrm{MHz}$ 之间。

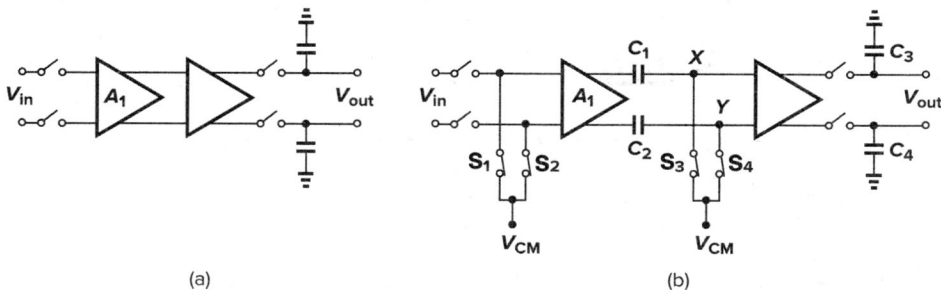

(a)　　　　　　　　(b)

图 14.37　(a)采样器的前端；(b)第一级带失调消除的(a)电路

---

①　如果如图 13.35 所示，在电路中加入一个补偿开关，则运放的失调也许不能消除。

现在假设运放在**每次**采样操作前都经过失调消除,如图 14.37(b)所示。也就是说,如图 14.38 所示,切断输入,A_1 的失调存储在 C_1 和 C_2 上;接着,允许信号输入并被 A_1 和 A_2 放大后存储在 C_3 与 C_4 上;最终采样开关断开。A_1 的噪声是如何影响最终输出的呢?将从失调消除结束到采样结束的这一段时间表示为 $\Delta t = t_2 - t_1$,我们知道,$t = t_1$ 时,$V_{XY} = 0$。因此,从 t_1 到 t_2,只有 A_1 的**高频**噪声成分,其数量级大于 $1/\Delta t$ 的噪声成分,才能显著地改变 V_{XY}。换句话说,失调消除抑制了频率低于 $1/\Delta t$ 的噪声。

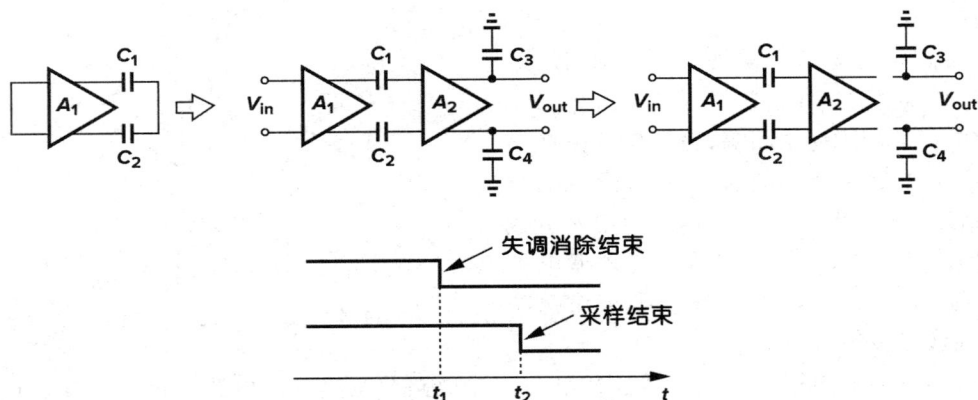

图 14.38   采样器的工作次序

为了更好地理解这个概念,让我们考虑一个有具体数据的例子。假设 $\Delta t = 10 \text{ ns}$,我们来研究两个噪声成分,一个频率为 1 MHz,另一个为 10 MHz,每个都近似用一个正弦电压来表示,如图 14.39 所示。对于一个振幅为 A 频率为 f 的正弦信号,最大转换速率等于 $2\pi fA$,因此在 Δt 秒中最大变化量为 $2\pi fA\Delta t$。将该值用振幅进行归一化,对于 1 MHz 和 10 MHz 成分,我们得到的变化量分别为 $\Delta V_1/A = 6.3\%$,$\Delta V_2/A = 63\%$。因此,我们可得出结论,如果失调消除后的采样时间仅仅有 10 ns,那么频率低于几兆赫兹的噪声是没有足够的时间来发生变化的。

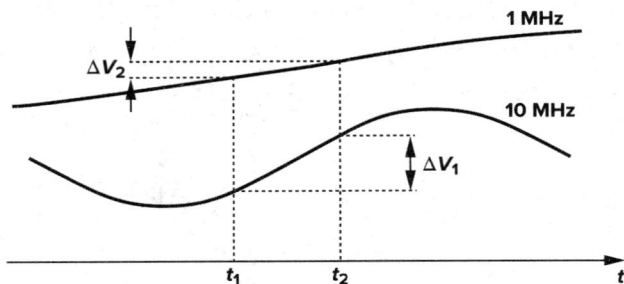

图 14.39   在 10 ns 时间间隔内 1 MHz 与 10 MHz 噪声成分的变化

上述被称作"相关双倍采样"(CDS:correlation double sampling)的失调消除特性最初被用于电荷耦合器件(CCDs),因为它所包含的两个连续采样过程(第一个是失调存储)在时间上衔接得如此紧密以,以致于不允许(低频)噪声成分有显著的变化。CDS 是一个很有效的技术,它在抑制 MOS 电路的 $1/f$ 噪声方面有着广泛的用途。尽管这样,它仍然会引起宽带噪声的混叠[5]。

14.2.4　CMRR 的另一种定义

回顾第 4 章我们知道,共模抑制是用差动输出的变化除以输入共模电平的变化来描述的,而且 CMRR 被定义为差动增益除以共模抑制。同时我们注意到,在全差动电路中,不对称性和尾电流源有限的输出阻抗限制了共模抑制。

现在考虑一个检测共模变化 $\Delta V_{\mathrm{in,CM}}$ 的差动电路。如果当差动输入电压为零时,差动输出电压变化了 ΔV_{out},我们就说电路的输出**失调**电压变化了 ΔV_{out}。换句话说,共模抑制可以看成是输出失调的变化除以输入 CM 电平的变化。用第 4 章的符号,我们写出

$$A_{\mathrm{CM-DM}} = \frac{\Delta V_{\mathrm{OS,out}}}{\Delta V_{\mathrm{CM,in}}} \tag{14.96}$$

因为 CMRR$=A_{\mathrm{DM}}/A_{\mathrm{CM-DM}}$,我们有

$$\mathrm{CMRR} = \frac{A_{\mathrm{DM}}}{\dfrac{\Delta V_{\mathrm{OS,out}}}{\Delta V_{\mathrm{CM,in}}}} \tag{14.97}$$

$$= \frac{\Delta V_{\mathrm{CM,in}}}{\dfrac{\Delta V_{\mathrm{OS,out}}}{A_{\mathrm{DM}}}} \tag{14.98}$$

注意到,$\Delta V_{\mathrm{OS,out}}/A_{\mathrm{DM}}$ 实际上是输入参考失调电压,我们可得

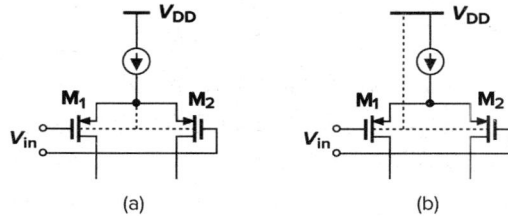

图 14.40　PMOS 差动对
(a)没有衬偏效应;(b)具有衬偏效应

$$\mathrm{CMRR} = \frac{\Delta V_{\mathrm{CM,in}}}{\Delta V_{\mathrm{OS,in}}} \tag{14.99}$$

上述结果在分析电路特性时被证明是很有用的。例如,假设一个运放的输入端是 PMOS 差动对。图 14.40 所示的哪种结构会产生较高的共模抑制比? 在图 14.40(a)中,没有衬底的影响,M_1 与 M_2 的阈值电压与输入共模电平无关。另一种情况,在图 14.40(b)中,M_1 与 M_2 存在衬偏效应,因此,如果它们的衬偏效应系数不匹配,则 V_{TH1} 与 V_{TH2} 之间的差异,即输入失调电压,会随着输入共模电平而**变化**,从而降低了共模抑制。

参考文献

[1] F. Krummenacher and N. Joehl. A 4- MHz CMOS Continuous-Time Filter with On-Chip Automatic Tuning. *IEEE J. Solid-State Circuits*,vol. 23,pp. 750 – 758,June 1988.

[2] K. R. Lakshmikumar,R. A. Hadaway,and M. A. Copeland. Characterization and Modeling of Mismatches in MOS Transistors for Precision Analogl Design. *IEEE J. Solid-State Circuits*,vol. 21,pp. 1057 – 1066,Dec. 1986.

[3] M. J. M. Pelgrom,A. C. J. Duinmaiger,and A. P. G. Welbers. Matching Properties of MOS Transistors. *IEEE J. Solid-State Circuits*,vol. SC-24,pp. 1433 – 1439,Oct. 1989.

[4] M. J. M. Pelgrom,H. P. Tuinhout,and M. Vertregt. Transistor Matching in Analog CMOS Applications. *IEDM Dig. of Tech. Papers*,pp. 34. 1. 1 – 34. 1. 4,Dec. 1998.

[5] C. C. Enz and G. C. Temes. Circuit Techniques for Reducing the Effects of Op-Amp Im-

perfections: Autozeroing, Correlated Double Sampling, and Chopper Stabilization. *Proc.*
IEEE, vol. 84, pp. 1584 – 1614, Nov. 1996.

604

习题

除非另外说明,下面的习题都使用表 2.1 中的器件数据,假设 $V_{DD}=3$ V。另外,假设所有的晶体管都工作在饱和区。

14.1 一个放大器的输入输出特性近似为 $y(t)=\alpha_1 x(t)+\alpha_2 x^2(t)$,$x$ 的范围为 $x=[0,x_{max}]$。
   (a) 最大非线性是多少?
   (b) 当 $x(t)=(x_{max}\cos\omega t+x_{max})/2$ 时,THD 是多少?

14.2 在图 14.6 的电路中,$W/L=20/0.5$ 并且 $I=0.5$ mA。如果输入信号的峰值幅度是 100 mV,计算每个电路的谐波失真。如果我们将 W/L 或者 I 加倍,结果将怎么变化?

14.3 对于图 14.6 的电路,画出 THD 和输入参考热噪声作为(a)W/L,(b)I 的函数曲线。确定噪声、线性与功耗之间的折中关系。

14.4 在图 14.6 中,**两个**效应导致了非线性与电压增益之间的折中。描述这两个效应。

14.5 图 14.6(a) 的电路被设计为 $W/L=50/0.5$,$I=1$ mA,$R_D=2$ kΩ。电路被放置在类似于图 14.7 的 $\beta=0.2$ 的反馈环路中,且检测到一个峰值幅度为 10 mV 的输入正弦波。计算输出端的 THD。

14.6 假设图 14.16 中,A_1 和 A_2 的输入参考噪声电压是 V_n。忽略其它噪声源,计算整个电路的输入参考噪声电压。

14.7 等式 14.36 表明,如果开环增益 α_1 增加,而其它参数保持恒定,那么谐波失真会急剧下降。为了得到一个更高的开环增益,使 $W/L=200/0.5$,重做题 14.5 并解释结果。

14.8 等式(14.36)显示:如果 $\beta\alpha_1\gg1$,那么 $b/a\propto\beta^{-2}$。设 $\beta=0.4$,重做习题 14.5。

14.9 假设图 14.7 中的非线性前馈放大器的特性可以表述为 $y(t)=\alpha_1 x(t)+\alpha_3 x^3(t)$。估计整个系统输出端的三次谐波的大小。

14.10 如第 2 章所述,工作于亚阈值区域的 MOS 器件呈现出一个指数特性:$I_D=I_0\exp[V_{GS}/(\zeta V_T)]$。假设图 14.6 中的两个电路都工作于亚阈值区域,推导输入信号远小于 ζV_T 时的谐波幅度的表达式。对于差动对,首先证明 $I_{D1}-I_{D2}\propto\tanh[V_{in}/(2\zeta V_T)]$,然后写出双曲正切函数的泰勒展开式。

14.11 MOSFETs 的迁移率实际上是栅源电压的函数,并可以写成 $\mu=\mu_0/[1+\theta(V_{GS}-V_{TH})]$,其中的 θ 是一个经验因子(第 17 章)。假设 $\theta(V_{GS}-V_{TH})\ll1$,且对于 $\varepsilon\ll1$ 使用关系式 $(1+\varepsilon)^{-1}\approx1-\varepsilon$,计算图 14.6(a) 中电路的三次谐波。

14.12 差动对中输入器件的有效沟道长度为 0.5 μm。
   (a) 假设 $\Delta V_{TH}=0.1 t_{ox}/\sqrt{WL}$,并且忽略其它的失配,确定使 $V_{OS}\leq5$ mV 的晶体管的最小宽度。
   (b) 如果尾电流是 1 mA,使得 THD 为 1% 的最大输入摆幅是多少?

14.13 如果允许的输入失调电压是 2 mV,重做习题 14.12,并且比较结果。

14.14 确定图 14.28 中 M_1 与 M_2 的尺寸,使 $I_{D1}\approx I_{D2}=0.5$ mA,$\Delta I_D/I_D=2\%$,并且 $V_{GS}-V_{TH}=0.5$ V。假设 $\Delta V_{TH}=0.1 t_{ox}/\sqrt{WL}$,并且忽略其它的失配。

14.15 如果电阻失配很小的话,源级负反馈可以增大电流源之间的匹配。证明在图 14.41 的

电路中有

$$\frac{\Delta I_D}{I_D} = \frac{1}{1+g_m R_S}\left[\frac{\Delta(\mu_n C_{ox})}{\mu_n C_{ox}} + \frac{\Delta(W/L)}{(W/L)} - \frac{2\Delta V_{TH}}{V_{GS}-V_{TH}} - g_m \Delta R_S\right]$$

(14.100)

其中,ΔR_S 表示电阻 R_{S1} 与 R_{S2} 之间的失配。注意,为了能使 $\Delta I_D/I_D$ 显著地减小,R_S 必须远大于 $1/g_m$。

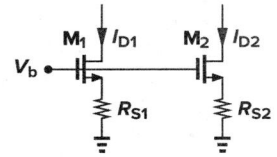

图 14.41

605

14.16 在图 14.29 的电路中,假设 $\alpha_j = \beta_j$,但 $x_1(t) = A\cos\omega t$,$x_2(t) = A\cos(\omega t + \theta)$,其中 θ 代表一个小的相位失配。计算输出端二次谐波的幅度。

14.17 在图 14.42 的电路中,M_3 与 M_4 存在一个阈值失配 ΔV_{TH},电路的其它方面是对称的。假设 $\lambda \neq 0$,但 $\gamma = 0$,计算输入参考失调电压。当 $R_D \rightarrow \infty$ 时会发生什么情况?

14.18 在图 14.32 的电路中,放大器有一个大小等于 C_{in} 的输入电容(在 X 与 Y 之间)。计算失调补偿后的输入失调电压。

14.19 图 14.32 的电路设计为输入失调电压等于 1 mV。如果放大器输入差动对中的管子的栅宽加倍的话,总的输入失调电压是多少?(忽略放大器的输入电容)

14.20 解释图 14.27 中的电路为什么在输入失调和输出电压摆幅之间存在折中关系(对于一个给定的尾电流)。

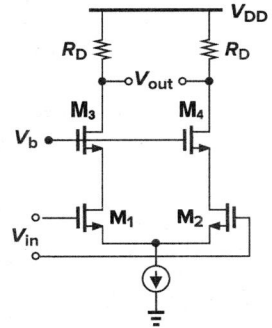

图 14.42

606

第15章

振荡器

振荡器是许多电子系统不可或缺的一部分,应用范围从微处理器中的时钟产生到蜂窝电话中的载波合成,要求的结构和性能参数差别很大。利用 CMOS 工艺设计稳定、高性能的振荡器不断提出令人关注的挑战。如在第 16 章所描述的,振荡器通常嵌在相位锁定系统中。

本章涉及 CMOS 振荡器,更具体地说是电压控制振荡器(VCO)的分析和设计。首先一般性地了解反馈系统中的振荡,连同改变振荡频率的方法一起来介绍环形振荡器和 LC 振荡器,然后描述一种在第 16 章锁相环分析中将用到的 VCO 的数学模型。

15.1　概述

一个简单振荡器产生周期性的、通常是电压形式的输出,同时电路在持续不断地输出时并不存在输入。电路如何才能振荡呢? 回顾第 10 章的内容,负反馈系统可能产生振荡,也就是,振荡器是一种设计不良的反馈放大器[①]。考虑图 15.1 所示的单位增益负反馈电路,其中

$$\frac{V_{\text{out}}}{V_{\text{in}}}(s) = \frac{H(s)}{1 + H(s)} \tag{15.1}$$

正如第 10 章中所描述的,如果放大器本身的输出在高频时相移太大而使整个反馈成了正的,那么振荡就会发生。更准确地说,如果对于 $s = j\omega_0$,$H(j\omega_0) = -1$,那么在 ω_0 处,闭环增益趋近无穷大。在此条件下,电路将其自身在 ω_0 处的噪声分量无限放大。实际上,如图 15.2 概念性地表示,一个频率为 ω_0 的噪声经过单位增益和 180° 相移,变成与输入信号相位相反振幅相同的信号接回到减法器。经过相减,输入和反馈信号产生更大的差,那么电路持续"再生",使频率为 ω_0 的信号不断变大。

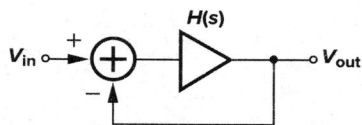

图 15.1　反馈系统

为了能起振,闭环增益必须是单位一或者更大。这可以通过在信号闭环往复许多周期后将图 15.2 中减法器的输出振幅表示成一个几何级数看出(如果 $\angle H(j\omega_0) = 180°$)

---

① 据说:"在高频的世界,放大器振荡而振荡器不振荡。"

607

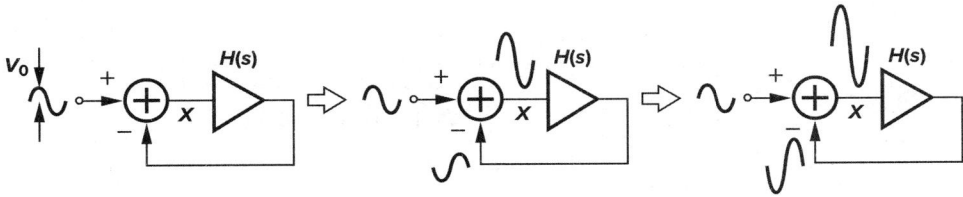

图 15.2　振荡系统随时间的演变

$$V_X = V_0 + |H(j\omega_0)|V_0 + |H(j\omega_0)|^2 V_0 + |H(j\omega_0)|^3 V_0 + \cdots \qquad (15.2)$$

如果 $|H(j\omega_0)| > 1$,上式的和将发散。但如果 $|H(j\omega_0)| < 1$,那么

$$V_X = \frac{V_0}{1 - |H(j\omega_0)|} < \infty \qquad (15.3)$$

总之,如果一个负反馈电路的环路增益满足两个条件:

$$|H(j\omega_0)| \geqslant 1 \qquad (15.4)$$

$$\angle H(j\omega_0) = 180° \qquad (15.5)$$

那么电路就会在频率 ω_0 处振荡,称为"巴克豪森准则"。这两个条件是必须的但还不充分[1]①。在存在温度和工艺变化的情况下为了确保振荡,典型地我们将选择环路增益至少 2 倍或 3 倍于所要求的值。

我们可以将第二个巴克豪森准则表述为 $\angle H(j\omega) = 180°$ 或者总相移 $360°$,但不应该混淆的是:如果系统设计的是低频负反馈,那么在信号经过环路之后就已经产生了 $180°$ 相移(如图 15.1 中的减法器所示),而 $\angle H(j\omega) = 180°$ 表示另一个与频率相关的相移,如图 15.2 所示,保证反馈信号使原信号得到增强。因此根据第二个准则,图 15.3 所示的三种情况是等价的。我们说图 15.3(a)系统表示一个 $180°$ 频率相关的相移(由箭头表示)和一个 $180°$ 直流相移。图 15.3(b)和 15.3(c)之间的不同在于前者中的开环放大器包含足够多的含适当极点的级电路,使得在频率 ω_0 处有 $360°$ 的相移,而后者在 ω_0 处不产生相移。这些结构的例子将在本章后面的内容中作介绍。

608

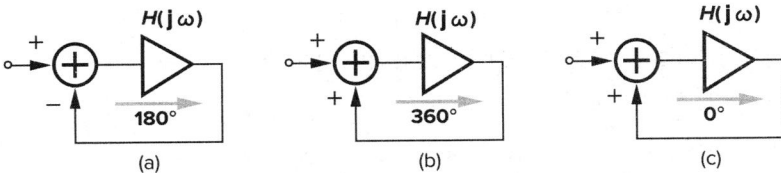

图 15.3　振荡的反馈系统的各种样式

以现在的工艺设计的 CMOS 振荡器一般是环形振荡器或者是 LC 振荡器。下面的章节我们分别来研究这两种振荡器。

15.2　环形振荡器

环形振荡器由环路中的若干增益级电路组成。为了获得实际电路的结果,我们从设法让

---

① 我们只知道,如果增益交点频率小于相位交点频率,那么系统是稳定的。

单级反馈电路振荡着手。

例 15.1 ─────────────────────────────────────

解释如果将单一共源级电路置于单位增益环路中,为什么它无法振荡?

解:由图 15.4,可以看出开环电路只含有一个极点,因而有一个最大 90°的频率相关的相移(在频率无穷大处)。因为共源电路的信号从栅极到漏极有一个反相,所以就有一个 180°的直流相移,因此它的最大的相移是 270°,那么环路就无法维持振荡的发展。

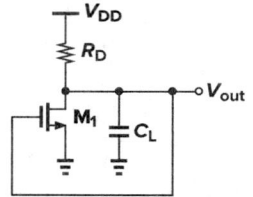

图 15.4

───

上述例子提示我们:如果电路包含多级,因此包含多级,因此包含多个极点,振荡就会发生。实际上,这种结构在第 10 章中被认为是**不受欢迎的**,因为它会导致运放的相位裕度不足。因此我们猜想如果将图 15.4 的电路改成如图 15.5 所示,那么在信号通路中就有两个有效的极点,使频率相关的相移达到 180°。可不幸的是,这个电路由于信号在通过每一共源级电路时都产生反相,因而在接近零频率时表现出正反馈,其结果将导致电路只是"锁定"而不是振荡。换句话说,如果 V_E 升高,V_F 下降,从而关断 M_1 使 V_E 进一步升高,这样一直到 V_E 达到 V_{DD} 而 V_F 降到接近零,这个状态将一直永远保持下去。

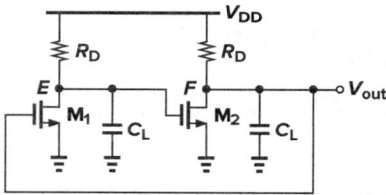

图 15.5　双极点反馈系统

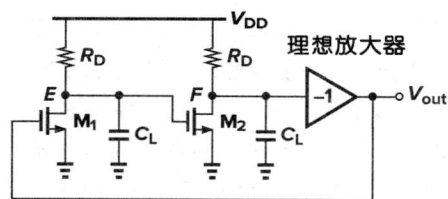

图 15.6　附加信号反相的双极点反馈系统

为了更深入地了解振荡的条件,我们假设在图 15.5 的环路中插入一个理想的反相级电路(在所有频率下都没有相移),如图 15.6 所示,在接近零频率处为**负**反馈,消除了电路锁定的问题。那么这个电路会振荡吗? 我们注意到环路只包含两个极点:一个在 E 点另一个在 F 点。因而频率相关的相移可以达到 180°,但是这是在频率无穷大时达到的。因为环路增益在非常高频率下变成零,所以可以看出,这个电路在同一个频率下无法同时满足巴克豪森准则的两个条件(图 15.7),所以无法振荡。

前面的讨论指出了环路中需要更大的相移,提示我们如果在图 15.6 电路中增加第三个反相级电路,也就是多加一个极点提供足够

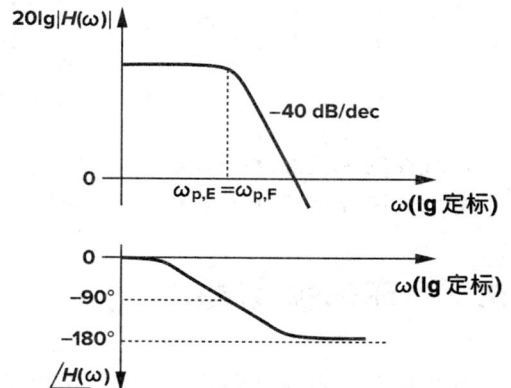

图 15.7　双极点系统的环路增益特性

的相移,就有振荡的可能。图 15.8 是我们实际的电路。如果三个反相级电路是一样的,环路总的相移 ϕ 在 $\omega=\omega_{p,E}(=\omega_{p,F}=\omega_{p,G})$ 时达到 $-135°$ 而在 $\omega=\infty$ 时为 $-270°$,因而 ϕ 是在 $\omega<\infty$ 时等于 $-180°$,此时环路的增益依然是大于或等于 1。如果环路增益足够大这个电路的确是振荡的,它就是环形振荡器的一个例子。

计算出图 15.8 中振荡所必需的每一级电路的最小电压增益是有益的。忽略栅漏交迭电容的效应,用 $-A_0/(1+s/\omega_0)$ 表示每一级的传输函数,可以得到环路增益

$$H(s)=-\frac{A_0^3}{\left(1+\dfrac{s}{\omega_0}\right)^3}　　　(15.6)$$

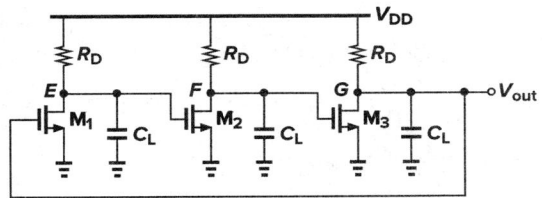

图 15.8　三级环形振荡器

只有在频率相关的相移等于 180° 时电路才振荡,也就是每级 60°。发生振荡的频率可以由下式给出

$$\arctan\frac{\omega_{osc}}{\omega_0}=60°　　　　　　　　(15.7)$$

则

$$\omega_{osc}=\sqrt{3}\omega_0　　　　　　　　　　(15.8)$$

每级的最小电压增益必须使环路增益在频率 ω_{osc} 处等于 1:

$$\frac{A_0^3}{\left[\sqrt{1+\left(\dfrac{\omega_{osc}}{\omega_0}\right)^2}\,\right]^3}=1　　　　(15.9)$$

由式(15.8)和式(15.9)得到

$$A_0=2　　　　　　　(15.10)$$

总之,三级环形振荡器要求每级电路的低频增益为 2,其振荡频率为 $\sqrt{3}\omega_0$,ω_0 是每级电路的 3 dB 带宽。

我们现在研究图 15.8 振荡器三个结点的波形。由于每级与频率有关的相移为 60° 以及低频信号的 180° 反相,每个结点的波形相对其相邻结点相位差为 240°(或 120°)(见图 15.9)。能产生多相信号是环形振荡器的一个很有用的特性。

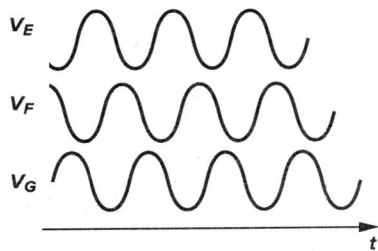

图 15.9　三级环形振荡器的波形

振幅限制

关于振幅,自然会产生这样的问题:图 15.8 的三级环路中,如果 $A_0\neq 2$ 会怎样?从巴克豪森准则可知,如果 $A_0<2$,电路就无法振荡,但是如果 $A_0>2$ 又会怎样呢?为了回答这个问题,我们首先用一线性反馈系统来模拟振荡器,如图 15.10 所示。注意,因为式(15.6)中 $H(s)$ 已经包括了由信号通路中的三次反相导致的负号,因而反馈是正的(即 V_{out} 是**加**到 V_{in})。所以闭环传输函数为

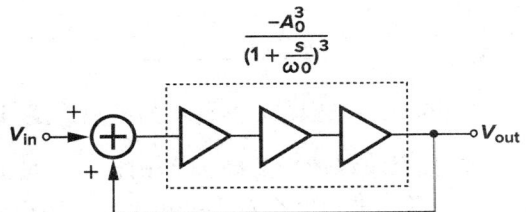

图 15.10　三级环形振荡器的线性模型

$$\frac{V_{\text{out}}(s)}{V_{\text{in}}(s)} = \frac{\dfrac{-A_0^3}{(1+s/\omega_0)^3}}{1 + \dfrac{A_0^3}{(1+s/\omega_0)^3}} \tag{15.11}$$

$$= \frac{-A_0^3}{(1+s/\omega_0)^3 + A_0^3} \tag{15.12}$$

式(15.12)的分母可以展开为

$$\left(1+\frac{s}{\omega_0}\right)^3 + A_0^3 = \left(1+\frac{s}{\omega_0}+A_0\right)\left[\left(1+\frac{s}{\omega_0}\right)^2 - \left(1+\frac{s}{\omega_0}\right)A_0 + A_0^2\right] \tag{15.13}$$

所以,闭环系统呈现出三个极点:

$$s_1 = (-A_0 - 1)\omega_0 \tag{15.14}$$

$$s_{2,3} = \left[\frac{A_0(1\pm j\sqrt{3})}{2} - 1\right]\omega_0 \tag{15.15}$$

因为 A_0 本身是正的,所以第一个极点导致了一个指数衰减项: $\exp[(-A_0-1)\omega_0 t]$,其在稳态时可以被忽略。图 15.11 给出了不同 A_0 值时极点的位置,可以看出 $A_0 > 2$ 时,两个复数极点都有正的实数部分,从而使正弦信号变大。忽略 s_1 的影响,我们可以把输出波形表示成

$$V_{\text{out}}(t) = a\exp\left(\frac{A_0-2}{2}\omega_0 t\right)\cos\left(\frac{A_0\sqrt{3}}{2}\omega_0 t\right) \tag{15.16}$$

所以,如果 $A_0 > 2$,指数包络将趋于无穷大。

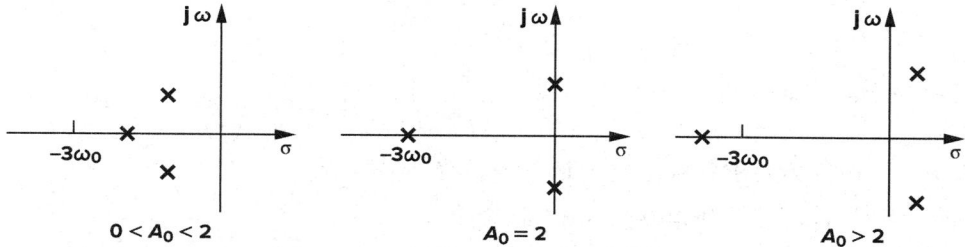

图 15.11　三级环形振荡器不同增益值时的极点

　　实际上,随着振荡幅度的增大,信号通路上的各级电路会经历非线性并最终达到"饱和",限制了最大振幅。我们可以说,极点开始在右半平面而最终转移到虚轴,使信号停止变大。如果小信号环路增益大于 1,电路就必须在饱和状态停留足够长的时间,使得"平均"环路增益依然等于 1[①]。

例 15.2

　　图 15.12 是图 15.8 振荡器的差动形式,请问每级电路的最大电压摆幅是多少?

　　解:如果每级的增益高于 2,则振幅会增大,直到每个差动对完全切换,也就是,电流 I_{SS} 在每半个周期交替地完全流入一边电路。因而,每个结点的摆幅等于 $I_{\text{SS}}R_1$。从图 15.12 所示波形可以看出,每个子级电路高增益的区域只占周期的一部分(即,当 $|V_X - V_Y|$ 很小的时候)。

---

　　①　直觉上,这些阐述并不严格。传输函数、极点和环路增益的概念是难以用在非线性电路上的。

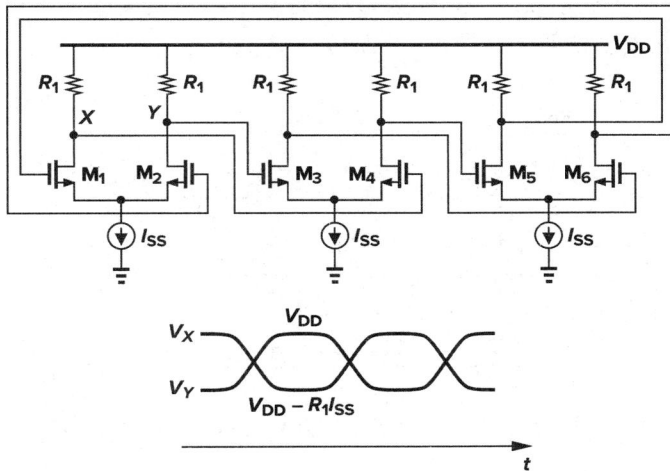

图 15.12

613

　　图 15.13 所示的是一种不需要电阻的环形振荡器的简单实现形式。假设电路开始工作时每个结点的初始电压为反相器的逻辑阈值 V_{trip}[①]。如果各级反相器相同并且器件没有噪声,那么电路将永远保持这个状态[②],但噪声成分会扰动每个结点的电压,结果产生不断放大的波形,最终信号达到电源电压摆幅。

　　让我们假设图 15.13 的电路开始时 $V_X = V_{\text{DD}}$,如图15.14所示。在这个条件下,$V_Y = 0$ 且 $V_Z = V_{\text{DD}}$。这样,当电路开始工作时,V_X 开始降到零(因为第一个反相器输入为高),强迫 V_Y 在经过一个反相器延时 T_D 后上升到 V_{DD},而 V_Z 在经过另一个反相器延时后降到零。那么电路在连续结点电压之间以 T_D 延时振荡,产生的振荡周期为 $6T_D$。

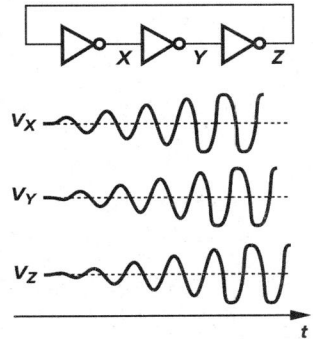

图 15.13　使用 CMOS 反相器的
环形振荡器

　　上述的小信号和大信号分析引出了一个有趣的问题,小信号振荡的频率由 $A_0\sqrt{3}\omega_0/2$ 给出[见式(15.16)],而大信号的频率值为 $1/(6T_D)$,这两个值相等吗?没必要相等。归根结底,ω_0 是由小信号输出电阻和每个反相器在逻辑阈值处的电容值决定的,而 T_D 由大信号、非线性电流驱动和每级电路的电容值决定。换句话说,当电路在所有反相器处于逻辑阈值释放时,开始的振荡频率是 $\sqrt{3}A_0\omega_0/2$,随着振幅的增加,电路变成非线性的,频率移到了 $1/(6T_D)$(一个更低的值)。

614

　　超过三级电路的环形振荡器也是可行的。环路反相的次数必须是奇数,这样电路才不会锁定。比如图 15.15(a),由五个反相器组成的环形振荡器,提供的频率为 $1/(10T_D)$。另一方

---

① 反相器的逻辑阈值就是使输出电压与输入电压相等的输入电压。
② 这的确是 SPICE 推算电路行为的方法。因此在 SPICE 中要使电路振荡,其中的一个结点必须初始化为一个不同的电压。

面,差动结构的振荡器级电路数可以是偶数,只要将其中的一级接成不反相的,如图 15.15(b)所示。这种灵活性是差动电路优于单端电路的另一个优点。

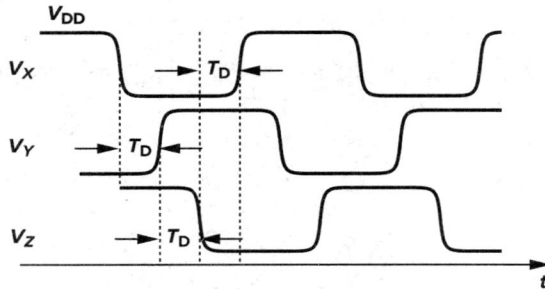

图 15.14 当一个结点初始电压为 V_{DD} 时环形振荡器的波形

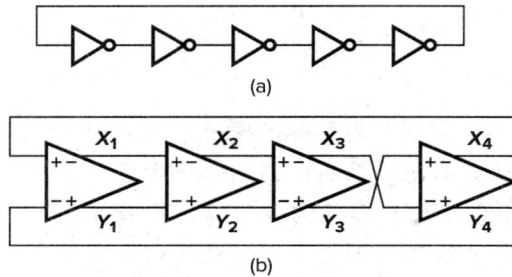

图 15.15 (a)五级单端环形振荡器;(b)四级差动环形振荡器

例 15.3 ————————————————————————————————————

图 15.15(b)四级振荡器中的每级电路所需的最小电压增益是多少? 每级电路的信号相移是多少?

解:使用与图 15.8 相似的符号,我们有

$$H(s) = -\frac{A_0^4}{(1+\frac{s}{\omega_0})^4} \tag{15.17}$$

为了能让电路振荡,每级提供的频率相移必须是 $180°/4 = 45°$。此时的频率由 $\arctan(\omega_{osc}/\omega_0) = 45°$ 给出,因此 $\omega_{osc} = \omega_0$。从而可以得出最小电压增益为

$$\frac{A_0}{\sqrt{1+\left(\frac{\omega_{osc}}{\omega_0}\right)^2}} = 1 \tag{15.18}$$

也就是说,$A_0 = \sqrt{2}$。如所期望的那样,这个值小于三级环形振荡器所要求的值。

每级的相移为 $45°$,这个振荡器可以提供四种相位及其互补相位的波形,如图 15.16 所示。

——

环形振荡器的级数是由各种要求决定的,包括速度、功耗、抗噪声能力等。在大多数应用中,三到五级可以提供最优的性能(对差动形式而言)。

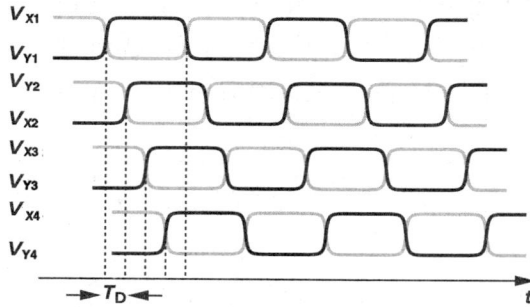

图 15.16

例 15.4 ——————————————————————————————————————

　　由带电阻负载的差动对(例如图 15.12 中的那样)形成的环形振荡器,如果所有晶体管都不许进入三极管区,确定其最大电压摆幅和最小电源电压。假设每级电路都经历完全切换。

　　解:图 15.17(a)是两级级联的差动对。如果每级都是完全切换的,那么每级电路的晶体管漏电压,即,V_X 或 V_Y,会在 V_{DD} 和 $V_{DD}-I_{SS}R_P$ 之间变化。因此,当 M_1 完全导通时,它的栅电压和漏电压分别等于 V_{DD} 和 $V_{DD}-I_{SS}R_P$。为了使晶体管保持在饱和区,我们要有 $I_{SS}R_P \leqslant V_{TH}$,也就是,每个晶体管漏电压的峰峰振幅必须小于 V_{TH}。

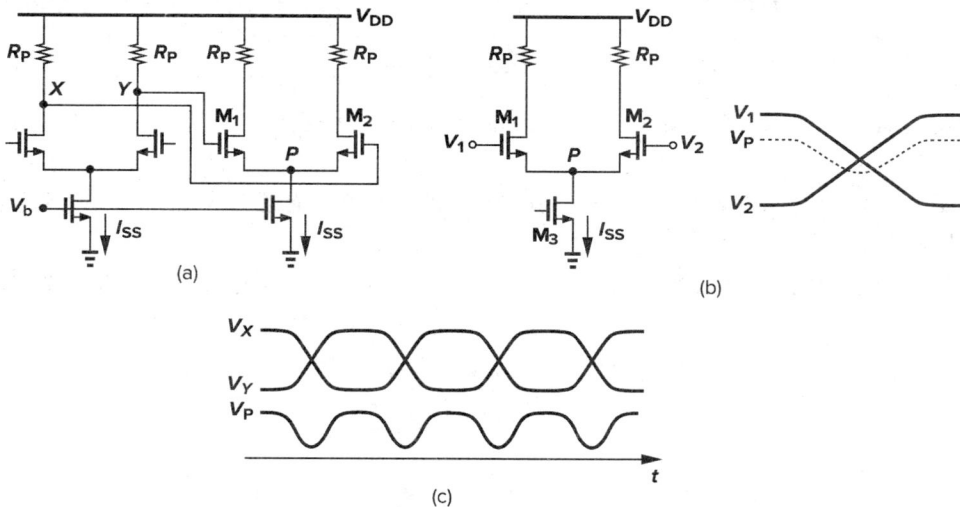

图 15.17

　　最小电源电压是怎么确定的呢? 如果降低 V_{DD},每个差动对的共源结点电压,即图 15.17(a)中的 V_P,下降,最终驱使尾晶体管进入三极管区。因而我们必须计算出最坏情况下的 V_P,注意因为当输入差值变大时 M_1 和 M_2 流过的电流不相等,所以 V_P 的确随时间变化。

　　现在考虑图 15.17(b)的单个差动电路,假设输入在 V_{DD} 和 $V_{DD}-I_{SS}R_P$ 之间变化,V_P 怎么变化呢? 当 M_1 的栅电压 V_1 等于 V_{DD} 且 M_1 承载了 I_{SS} 的所有电流时,有

$$V_P = V_{DD} - \sqrt{\frac{2I_{SS}}{\mu_n C_{ox}(W/L)_{1,2}}} - V_{TH} \tag{15.19}$$

616

随着 V_1 下降而 V_2 升高,V_P 也下降,因为只要 M_2 关断,M_1 就是一个源跟随器。当 V_1 和 V_2 的差达到 $\sqrt{2}(V_{\mathrm{GS,eq}}-V_{\mathrm{TH}})$ 时 M_2 导通,其中 $V_{\mathrm{GS,eq}}$ 表示每个晶体管的平衡时的电压。为了计算 V_1 和 V_2 的差达到这一点之后的 V_P,我们注意到 $I_{\mathrm{D1}}+I_{\mathrm{D2}}=I_{\mathrm{SS}}$,$V_{\mathrm{GS1}}=V_1-V_P$ 且 $V_{\mathrm{GS2}}=V_2-V_P$,因而

$$\frac{1}{2}\mu_{\mathrm{n}}C_{\mathrm{ox}}\left(\frac{W}{L}\right)_{1,2}(V_1-V_P-V_{\mathrm{TH}})^2+\frac{1}{2}\mu_{\mathrm{n}}C_{\mathrm{ox}}\left(\frac{W}{L}\right)_{1,2}(V_2-V_P-V_{\mathrm{TH}})^2=I_{\mathrm{SS}} \quad (15.20)$$

展开二次项并整理方程式后,有

$$2V_P^2-2(V_1+V_2-2V_{\mathrm{TH}})V_P+(V_1-V_{\mathrm{TH}})^2+(V_2-V_{\mathrm{TH}})^2-\frac{2I_{\mathrm{SS}}}{\mu_{\mathrm{n}}C_{\mathrm{ox}}(W/L)_{1,2}}=0$$
$$(15.21)$$

结果

$$V_P=\frac{1}{2}\left[V_1+V_2-2V_{\mathrm{TH}}\pm\sqrt{-(V_1-V_2)^2+\frac{4I_{\mathrm{SS}}}{\mu_{\mathrm{n}}C_{\mathrm{ox}}(W/L)_{1,2}}}\right] \quad (15.22)$$

如果 V_1 和 V_2 以差动变化,可以将其表示成 $V_1=V_{\mathrm{CM}}+\Delta V$ 和 $V_2=V_{\mathrm{CM}}-\Delta V$,此处 $V_{\mathrm{CM}}=V_{\mathrm{DD}}-I_{\mathrm{SS}}R_P/2$,所以有

$$V_P=V_{\mathrm{CM}}-V_{\mathrm{TH}}\pm\frac{1}{2}\sqrt{-(2\Delta V)^2+\frac{4I_{\mathrm{SS}}}{\mu_{\mathrm{n}}C_{\mathrm{ox}}(W/L)_{1,2}}} \quad (15.23)$$

此式表明为什么结点 P 在小信号工作时可以被当作一个虚地:如果 $|\Delta V|$ 远小于最大过驱动电压,那么 V_P 是个相对的常数。因为根号里的项在 $\Delta V=0$(平衡条件)时达到最大值,所以

$$V_{P,\mathrm{min}}=V_{\mathrm{CM}}-V_{\mathrm{TH}}-\sqrt{\frac{I_{\mathrm{SS}}}{\mu_{\mathrm{n}}C_{\mathrm{ox}}(W/L)_{1,2}}} \quad (15.24)$$

正如所期望的,式(15.24)中的最后一项代表每个晶体管在平衡时(当 $I_{\mathrm{D1}}=I_{\mathrm{D2}}=I_{\mathrm{SS}}/2$)的过驱动电压。

图 15.17(c)是此振荡器的典型波形,注意 V_P 的变化频率是振荡频率的 2 倍,这个特性有时被利用在"倍频器"中。

为了确定最小电源电压,我们写出 $V_{P,\mathrm{min}}\geqslant V_{\mathrm{ISS}}$,其中 V_{ISS} 表示电流源 I_{SS} 两端要求的最小电压,那么

$$V_{\mathrm{DD}}-\frac{R_PI_{\mathrm{SS}}}{2}-V_{\mathrm{TH}}-\sqrt{\frac{I_{\mathrm{SS}}}{\mu_{\mathrm{n}}C_{\mathrm{ox}}(W/L)_{1,2}}}\geqslant V_{\mathrm{ISS}} \quad (15.25)$$

则

$$V_{\mathrm{DD}}\geqslant V_{\mathrm{ISS}}+V_{\mathrm{TH}}+\sqrt{\frac{I_{\mathrm{SS}}}{\mu_{\mathrm{n}}C_{\mathrm{ox}}(W/L)_{1,2}}}+\frac{R_PI_{\mathrm{SS}}}{2} \quad (15.26)$$

右边的项分别是:电流源消耗的电压余度,一个阈值电压,平衡过驱动电压和每个结点电压摆幅的一半。

CMOS 工艺中缺乏制作高质量电阻的方式,因此必须修改图 15.17(a)的电路形式。PMOS 晶体管工作在深三极管区时可以被当作负载,如图 15.18(a)所示,但必须设置栅电压来准确地确定导通电阻。另一种方法,可以使用二极管连接的负载(图 15.18(b)),但得消耗一个阈值电压的余度。图 15.18(c)展示了一个更有效的负载,在每个 PMOS 管的漏栅之间插

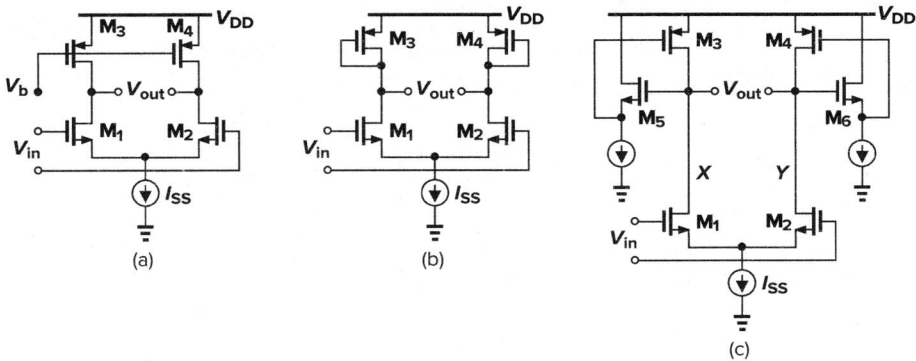

图 15.18　使用 PMOS 负载的差动级电路

入一个 NMOS 源跟随器。以结点 X 和 Y 作为输出,检测输出电压,M_3 和 M_4 上消耗的电压降只有 $|V_{DS3,4}|$。如果 $V_{GS5}\approx V_{TH3}$,那么 M_3 工作在三极管区域的边缘且负载的小信号电阻大约等于 $1/g_{m3}$(这里假设 $\lambda=\gamma=0$)(习题 15.4)。

图 15.18(c)的负载还呈现出另一个有趣的特性。因为 M_3 的栅源电容由源跟随器驱动,所以与负载相关的时间常数小于二极管接法的晶体管的时间常数。而且源跟随器一定的输出阻抗可能对负载产生电感特性(习题 15.5)。

15.3　*LC* 振荡器

单片电感在 CMOS 工艺中已经变得很普遍了,使得基于无源谐振元件的振荡器设计成为可能。在研究这种振荡器之前,有必要回顾一下 *RLC* 电路的基本特性。

15.3.1　基本概念

如图 15.19(a)所示,一个电感 L_1 和一个电容 C_1 并联会在频率 $\omega_{res}=1/\sqrt{L_1 C_1}$ 处谐振。在此频率下,电感的阻抗 $jL_1\omega_{res}$ 和电容的阻抗 $1/(jC_1\omega_{res})$ 幅值相等而相位相反,因而产生了无穷大的阻抗。我们说电路有一个无穷大的品质因子 Q。实际上电感(以及电容)含电阻成分,比如电感使用的金属导线电阻可以像图 15.19(b)所示的那样来建模。我们将电感的 Q 定义成 $L_1\omega/R_S$,对于这个电路,读者可以看出电路的等效阻抗为

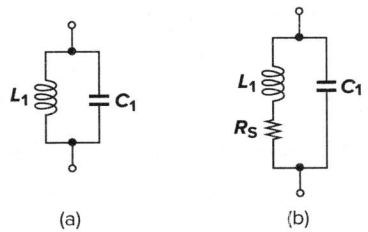

图 15.19　LC 振荡回路
(a)理想情况;(b)实际情况

$$Z_{eq}(s)=\frac{R_S+L_1 s}{1+L_1 C_1 s^2+R_S C_1 s} \tag{15.27}$$

因而

$$|Z_{eq}(s=j\omega)|^2=\frac{R_S^2+L_1^2\omega^2}{(1-L_1 C_1\omega^2)^2+R_S^2 C_1^2\omega^2} \tag{15.28}$$

618

也就是在任何 $s=j\omega$ 频率下阻抗都不会变成无穷大,我们说电路具有有限的 Q 值。式(15.28)中的 Z_{eq} 的幅值在 $\omega=1/\sqrt{L_1 C_1}$ 附近达到峰值,但是实际的谐振频率与 R_S 有一定关系。

可以将图 15.19(b)中的电路转换成一个更容易分析和设计的等效电路。为此,我们先考虑图 15.20(a)中的串联电路。对于一个窄的频率范围,将电路转换成图 15.20 (b)的并联电路是可能的。两个电路的阻抗相等,则

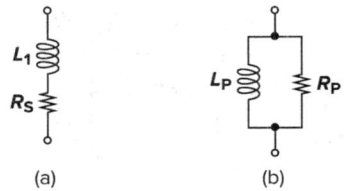

图 15.20　串联电路转换成并联电路

$$L_1 s + R_S = \frac{R_P L_P s}{R_P + L_P s} \tag{15.29}$$

只考虑稳态响应,我们假设 $s=j\omega$,将式(15.29)重写为

$$(L_1 R_P + L_P R_S)j\omega + R_S R_P - L_1 L_P \omega^2 = R_P L_P j\omega \tag{15.30}$$

在窄的频率范围内对所有的 ω 值这个关系都必须成立,从而有

$$L_1 R_P + L_P R_S = R_P L_P \tag{15.31}$$

$$R_S R_P - L_1 L_P \omega^2 = 0 \tag{15.32}$$

由后一式计算出 R_P 并代入前一式,我们有

$$L_P = L_1 (1 + \frac{R_S^2}{L_1^2 \omega^2}) \tag{15.33}$$

我们记得 $L_1 \omega / R_S = Q$,对单片电感其典型值大于 3,那么

$$L_P \approx L_1 \tag{15.34}$$

及

$$R_P \approx \frac{L_1^2 \omega^2}{R_S} \tag{15.35}$$

$$\approx Q^2 R_S \tag{15.36}$$

换句话说,并联电路的电抗与串联电路相同,但电阻是其 Q^2 倍。同样,如果串联电路的 Q 被定义成 $1/(C\omega)/R_S$,这个概念对一阶 RC 网络也是正确的。

上述变换提供了图 15.21 中的转换,其中 $C_P = C_1$。当 ω 值远离谐振频率很多时,转换过程的等效性就被破坏了。从并联电路可以领会到的是,在 $\omega_1 = 1/\sqrt{L_P C_P}$ 时,振荡回路简化成了一个简单的电阻,也就是,振荡回路的电压和电流的相位差降到零。画出振荡回路阻抗幅值与频率的关系(图 15.22 (a)),我们注意到对于 $\omega < \omega_1$ 电路行为是感性的,对于 $\omega > \omega_1$ 电路行为是容性的。于是我们可以推断对于 $\omega < \omega_1$ 阻抗的相位是正的,对于 $\omega > \omega_1$ 阻抗的相位是负的,如图 15.22(b)所示。这些观察结果在研究 LC 振荡器中是有用的。(为什么我们希望相位在很低频率时移到接近 $+90°$ 而在很高频率时相位接近 $-90°$?)

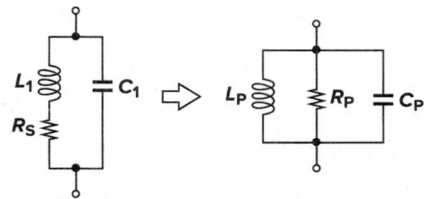

图 15.21　振荡回路转换成三个并联元件

现在让我们考虑图 15.23(a)的"调谐"级电路,其中 LC 振荡回路作为负载。谐振时,$jL_P \omega = 1/(jC_P \omega)$ 且电压增益等于 $-g_{m1} R_P$。(注意,在频率接近零时电路的增益非常小。)如果将输出接到输入(图 15.23(b))此电路会振荡吗? 在谐振时,环路的总相移等于 $180°$(而不是

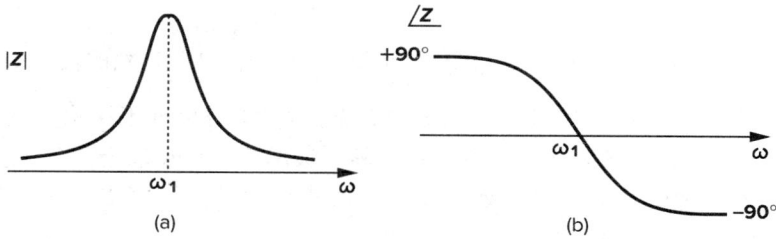

图 15.22 LC 振荡回路阻抗与频率的函数关系
(a)幅值;(b)相位

360°),从图 15.22(b)也可以看出此振荡回路的频率相移永远达不到 180°,因此这个电路是不会振荡的。

在将电路修改成能振荡的形式之前,让我们观察一下图 15.23(a)作为增益级的另一个有趣的特性,这一特性是该电路与电阻负载的共源结构电路的重要区别。假设如图 15.24 所示,电路由漏电流 I_1 偏置,如果 L_P 的串联电阻很小,V_{out} 的直流电平就会接近 V_{DD}。如果有一频率等于谐振频率的小的正弦电压施加在输入端,V_{out} 会如何变化? 我们预计的 V_{out} 是一个平均值接近 V_{DD} 的反相的正弦曲线,因为电感无法承受大的直流压降。换句话说,如果 V_{out} 的平均值偏离 V_{DD} 太多,那么电感的串联电阻上就必须流过一个大于 I_1 的平均电流。这样,峰值输出电平实际上就超过了电源电压,这是 LC 负载的一个重要而又经常用到的特征。比如,通过适当的设计,输出的峰峰振幅可以大于 V_{DD}。

我们现在来研究两种 LC 振荡器。

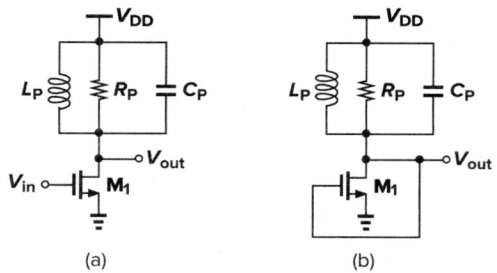

图 15.23 (a)调谐增益级电路;(b)(a)的反馈形式

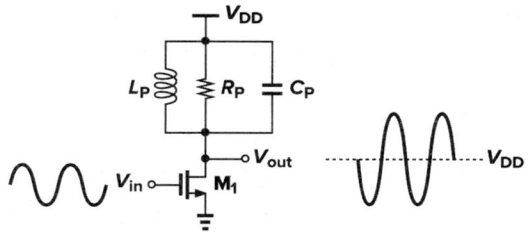

图 15.24 调谐级电路的输出信号电平

15.3.2 交叉耦合振荡器

假设我们将图 15.23(a)那样的两个电路级联起来,如图 15.25 所示。虽然这个电路类似于图 15.5 的拓扑结构,但因为它的低频增益非常小所以电路不会锁定。而且因为谐振时每一级产生的依赖于频率的相移为零,所以环路总的谐振相移为零,也就是,如果 $g_{m1}R_P g_{m2}R_P \geqslant 1$,那么环路就会振荡。注意,$V_X$ 和 V_Y 是差动波形(为什么?)。

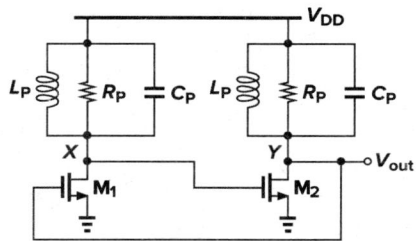

图 15.25 两谐振级构成的反馈环路

例 15.5 ——

画出图 15.25 电路的开环电压增益和相移与频率关系的草图,忽略晶体管的电容。

解:传输函数幅值的形状与图 15.22(a)中的类似,但上升沿和下降沿更陡,这是因为其输出为两级输出的**乘积**。低频时的总相位由每个共源级的信号反相加上由每个振荡回路产生的 90°相移构成。高频时的行为与之类似。其增益与相位的草图见图 15.26。从图中读者可以证明此电路不可能在其它频率下振荡。

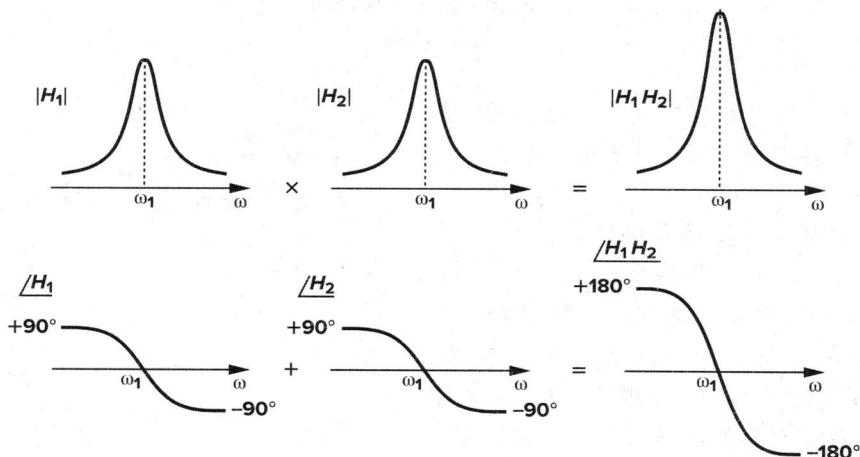

图 15.26   图 15.25 中电路的环路增益特性

图 15.25 的电路是许多 LC 振荡器的核心,而有时被画成图 15.27(a)或(b)的形式。但

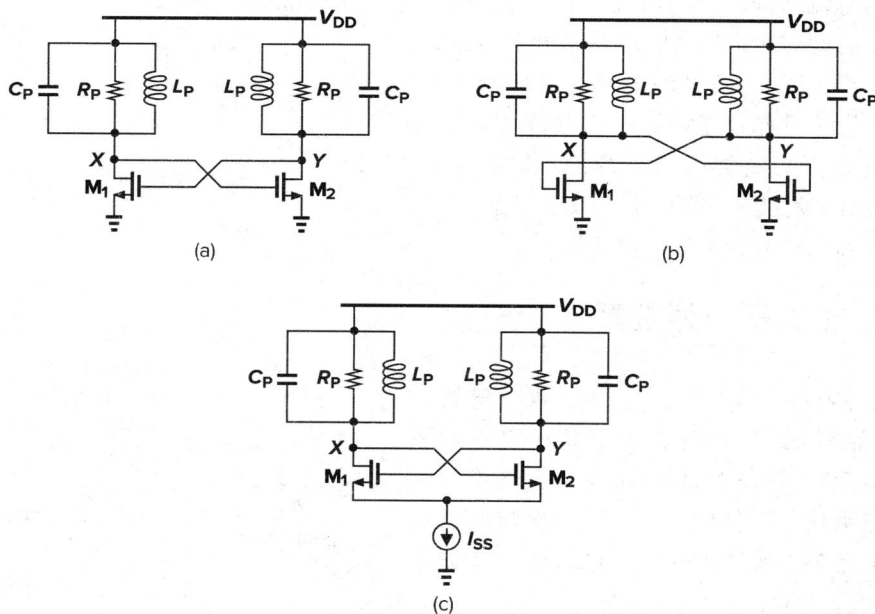

(a)   (b)

(c)

图 15.27   (a)图 15.25 所示电路的另一形式;(b)电路的另一种画法;
(c)增加尾电流源降低电源电压敏感性

是，M_1 和 M_2 的漏电流强烈依赖于电源电压，因此输出电压摆幅强烈依赖于电源电压。因为 X 和 Y 处的波形是差动形式的，图 15.27(b)提示我们，可以将 M_1 和 M_2 转变成如图15.27(c)所示的差动对，其总偏置电流由 I_{SS} 决定。

例 15.6 ——

画出图 15.27(c)电路在振荡开始时的 V_X 和 V_Y，I_{D1} 和 I_{D2} 的波形。

解：如果开始时 V_X 和 V_Y 之间差动值为零，那么 $V_X = V_Y \approx V_{DD}$。两个晶体管平均分配尾电流。如果 $(g_{m1,2}R_P)^2 \geqslant 1$，其中 R_P 为谐振时振荡回路等效并联电阻，那么频率等于谐振频率的噪声会被 M_1 和 M_2 连续放大，使振荡渐渐变大。M_1 和 M_2 的漏电流随着 $V_X - V_Y$ 的瞬间值的变化而变化（就像在差动对中一样）。

如图 15.28 所示，振荡幅度一直增加直到环路增益在峰值时降低。实际上，如果 $g_{m1,2}R_P$

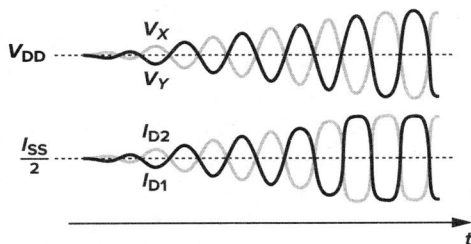

图 15.28

足够大，$V_X - V_Y$ 的差会达到足够的水平使整个尾电流流入一边的晶体管，而使另一边晶体管截止。这样，在稳态时，I_{D1} 和 I_{D2} 的电流在零和 I_{SS} 之间变化。

——

图 15.27(c)的振荡器是全差动形式的结构，但即使具有完美的对称性，电路对电源电压的敏感性依然不为零。这是因为 M_1 和 M_2 的漏极结电容随电源电压变化。我们在例 15.9 中将回过来讨论这个问题。

15.3.3　科尔皮兹振荡器

一个 LC 振荡器在信号通路中可以只用一个晶体管实现。再次考虑图 15.23(a)的增益级电路，我们知道因为谐振时的总相移等于 $180°$，而不是 $360°$，所以漏电压不能施加到栅极。而且，我们还记得在共栅电路中由源极到漏极的相移为零。于是我们可以猜测，如果如图 15.29(a)所示漏极接回到源极，而不是栅极，电路就可能振荡。耦合时必须插入一个电容器以避免影响 M_1 的偏置点。

不幸的是，由于环路增益不足，图 15.29(a)的电路仍无法振荡。为证明这一点，我们引用图 15.1 的思想，将振荡器当作闭环增益无限的反馈系统。如图 15.29(b)所示，施加一输入电流并忽略晶体管寄生参数，因为 M_1 和 C_2 直接将输入电流导入振荡回路，所以得出的闭环增益为

$$\frac{V_{\text{out}}}{I_{\text{in}}} = L_P s \parallel \frac{1}{C_P s} \parallel R_P \tag{15.37}$$

电路无法振荡是由于在任何频率下闭环增益都不可能达到无穷大。

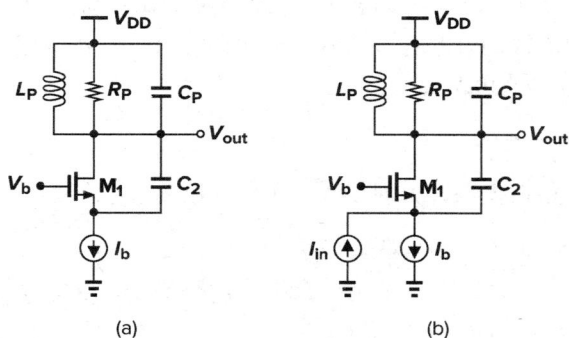

图 15.29　(a)带有漏极到源极反馈的调谐电路；(b)增加输入电流以计算闭环增益

例 15.7 ───

读者可能想知道为什么施加到反馈系统的输入是用加到晶体管源极的电流源实现的，而不是加到晶体管栅极的电压源。分析后一种激励的情况。

解：由图 15.30，我们注意到如果偏置电流源是理想的，V_{in} 一定的变化使 I_b 的变化依然是零。因而，如果忽略 M_1 的源衬结电容，振荡回路的电流变化就为零，导致 $V_{out}/V_{in} = 0$。有趣的是，V_X 确实随 V_{in} 变化，但 M_1 产生的一个小信号电流抵消了流过 C_2 的电流。读者可以证明 $V_X/V_{in} = g_m/(g_m + C_2 s)$。

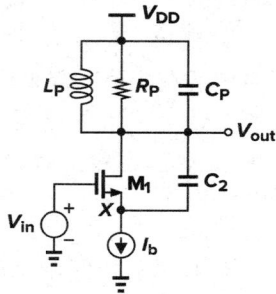

图 15.30

───

上例显示了两个要点。第一，可以在不同输入点施加激励激发电路振荡（也就是说，环路中的任何器件的噪声都可以启动振荡[①]）。第二，图 15.30 中，因为连接 M_1 的源和地之间的阻抗为无穷大，所以 V_{out}/V_{in} 为零。那么我们可以在此结点与地之间加一个电容，来寻求振荡的条件，如图 15.31(a)所示。注意与 L_P 并联的电容被去掉了，理由会在后面解释。

将 M_1 近似成一个电压控制电流源，我们给出了图 15.31(b)的等效电路。因为流经并联 L_P 和 R_P 的电流为 $V_{out}/(L_P s) + V_{out}/R_P$，所以流经 C_1 的电流等于 $I_{in} - V_{out}/(L_P s) - V_{out}/R_P$，从而

$$V_1 = -\left(I_{in} - \frac{V_{out}}{L_P s} - \frac{V_{out}}{R_P}\right)\frac{1}{C_1 s} \tag{15.38}$$

流经 C_2 的电流可以写成 $(V_{out} + V_1)C_2 s$，输出结点的总电流之和为

$$-g_m\left(I_{in} - \frac{V_{out}}{L_P s} - \frac{V_{out}}{R_P}\right)\frac{1}{C_1 s} + \left[V_{out} - \left(I_{in} - \frac{V_{out}}{L_P s} - \frac{V_{out}}{R_P}\right)\frac{1}{C_1 s}\right]C_2 s + \frac{V_{out}}{L_P s} + \frac{V_{out}}{R_P} = 0 \tag{15.39}$$

所以

──────────────────────────────────

① 这是因为线性系统（可观测的）的固有频率不依赖于激励的位置。当然，激励类型（电压或电流）的选择必须使得当激励为零时电路会回到其原始结构。例如，用电流驱动图 15.30 中 M_1 的栅就改变了电路的固有频率。

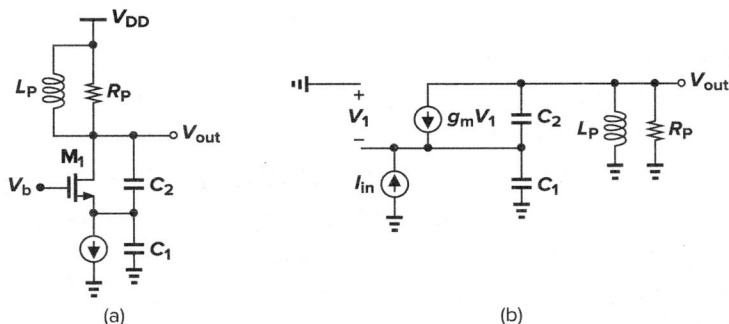

图 15.31　(a)科尔皮兹振荡器;(b)带输入激励的(a)的等效电路

$$\frac{V_{\text{out}}}{I_{\text{in}}} = \frac{R_P L_P s (g_m + C_2 s)}{R_P C_1 C_2 L_P s^3 + (C_1 + C_2) L_P s^2 + [g_m L_P + R_P (C_1 + C_2)] s + g_m R_P} \tag{15.40}$$

625

注意,正如所希望的,如果 $C_1 = 0$,式(15.40)简化成($L_P s \parallel R_P$)。如果闭环传输函数在一个假设的 s 值 $s_R = j\omega_R$ 时趋于无穷大,则电路振荡。因此,在这个频率下,分母的实部和虚部都必须为 0:

$$-R_P C_1 C_2 L_P \omega_R^3 + [g_m L_P + R_P (C_1 + C_2)] \omega_R = 0 \tag{15.41}$$

$$-(C_1 + C_2) L_P \omega_R^2 + g_m R_P = 0 \tag{15.42}$$

因为在典型值下,$g_m L_P \ll R_P (C_1 + C_2)$,式(15.41)得出

$$\omega_R^2 = \frac{1}{L_P \dfrac{C_1 C_2}{C_1 + C_2}} \tag{15.43}$$

并且由式(15.42)得

$$g_m R_P = \frac{(C_1 + C_2)^2}{C_1 C_2} \tag{15.44}$$

$$= \frac{C_1}{C_2} \left(1 + \frac{C_2}{C_1} \right)^2 \tag{15.45}$$

认识到 $g_m R_P$ 是 M_1 管源到输出的电压增益(如果 $g_{mb} = 0$),我们就可以确定所需最小增益时的 C_1/C_2 值。读者可以证明当 $C_1/C_2 = 1$ 时,增益最小,要求

$$g_m R_P \geqslant 4 \tag{15.46}$$

相对于图 15.27(c)的交叉耦合电路,式(15.46)表明了科尔皮兹振荡器的一个重要缺点。后者在谐振时要求电压增益至少为 4 而前者只要为 1。如果电感的 Q 值低,因而 R_P 很小,这个问题就十分严重,而在 CMOS 工艺中 Q 值低、R_P 很小是普遍的情况。因此,交叉耦合电路使用得更广泛。

前面的分析忽略了与电感并联的电容,正如习题 15.10 所指出的,如果在等效电路中包括这个电容 C_P,那么式(15.43)就要改变成

$$\omega_R^2 = \frac{1}{L_P \left(C_P + \dfrac{C_1 C_2}{C_1 + C_2} \right)} \tag{15.47}$$

而式(15.46)保持不变。因此,增加 C_P 只是简单地将其并联到 C_1 和 C_2 的串联组合中。

15.3.4　单端口振荡器

迄今为止,我们对振荡器的研究都是基于反馈系统的。另一个使用"负电阻"概念的方法能让我们更深刻地领会振荡现象。为了明白这个概念,我们先考虑一电流冲激激励的简单振荡回路,如图 15.32(a)所示,其响应为一衰减的振荡。因为每个振荡周期里,在电容和电感之间互换的一部分能量在电阻中以热的形式损失了。现在假设有一电阻等于$-R_P$,与R_P并联,重复电流冲激激励[图 15.32(b)]。因为$R_P \parallel (-R_P) = \infty$,所以振荡回路会永远不停地振荡下去。因此,如果单端口电路有一负电阻与振荡回路并联[图 15.32(c)],电路就会振荡。这种电路被称为单端口振荡器。

626

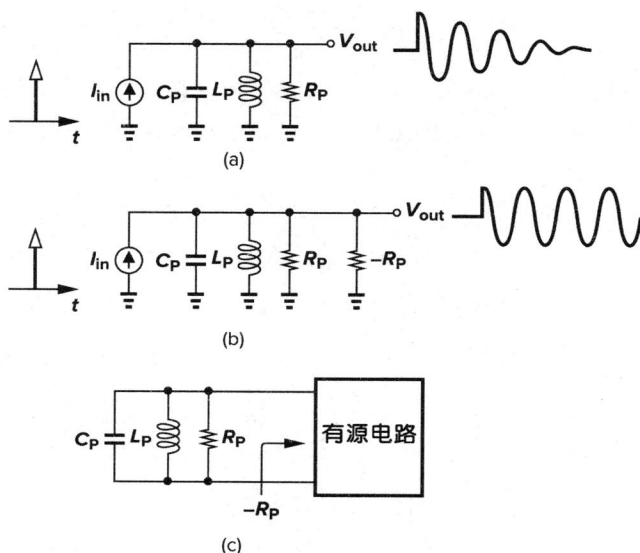

图 15.32　(a)振荡回路的衰减冲激响应;(b)增加负电阻消除R_P能量损失;
(c)使用有源电路提供负电阻

一个电路怎样才能提供负电阻呢? 我们记得反馈可以使电路的输入和输出阻抗乘以或者除以一个系数,该系数等于 1 加上环路增益,因此如果环路增益**负值**足够大,(也就是,反馈足够正),负电阻就产生了。作为一个简单的例子,我们给源跟随器加正反馈。源跟随器没有使信号反相,反馈网络也必须不使信号反相。如图 15.33(a)所示,我们用一共栅级电路加上给M_2管提供偏置的电流源I_b构成反馈电路[1]。由图 15.33(b)中的等效电路(忽略沟道长度调制效应和体效应),可以得

627

$$I_X = g_{m2}V_2 = -g_{m1}V_1 \tag{15.48}$$

以及

$$V_X = V_1 - V_2 \tag{15.49}$$

---

① 这个电路也可以看成是带源跟随器提供反馈的共栅级电路。

$$= -\frac{I_X}{g_{m1}} - \frac{I_X}{g_{m2}} \tag{15.50}$$

从而

$$\frac{V_X}{I_X} = -\left(\frac{1}{g_{m1}} + \frac{1}{g_{m2}}\right) \tag{15.51}$$

并且,如果 $g_{m1} = g_{m2} = g_m$,那么

$$\frac{V_X}{I_X} = \frac{-2}{g_m} \tag{15.52}$$

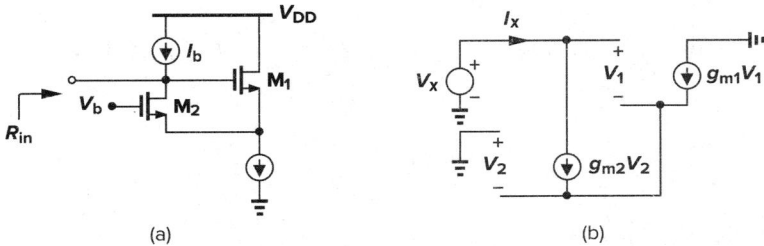

(a)　　　　　　　　　　(b)

图 15.33　(a)带正反馈的源跟随器产生负输入阻抗;(b)用于计算输入阻抗的(a)的等效电路

　　要是我们注意到电阻是**增量**,负电阻的概念就变得更直观了。也就是说,负电阻表示:如果施加的电压**增大**,那么流进电路的电流**减小**。例如在图 15.33(a)中,如果输入电压增加,M_1 管的源电压也增加,使 M_2 的漏电流减小,让 I_b 的部分电流流入输入激励源。

　　有了负电阻,我们现在可以构造出如图 15.34 所示的振荡器。这里,R_P 表示振荡回路的等效并联电阻,要建立振荡,必须满足 $R_P - 2/g_m \geqslant 0$。注意电感给 M_2 提供了偏置电流,省略了所需的电流源。如果 M_1 和 M_2 提供给振荡回路的小信号电阻的绝对值比 R_P 稍小,那么电路会输出大的摆幅,以致每个晶体管在每个周期中的一部分时间几乎截止,而产生的"平均"阻抗为 $-R_P$。

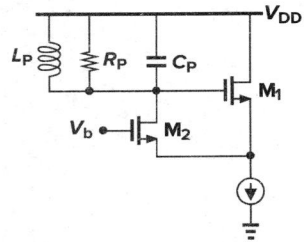

图 15.34　用带正反馈的源跟随器的负输入电阻电路构成的振荡器

　　图 15.34 的电路与图 15.29(a)的相似,但用源跟随器代替了反馈电容。有趣的是,可以将电路画成图 15.35(a)所示形式,与图 15.27(c)相似。事实上,如果 M_1 的漏电流流入振荡回路并且产生的电压加在 M_2 的栅上,就得到了图 15.35(b)的电路。忽略偏置电路并将两个振荡回路合并成一个如图 15.36 所示的电路,我们注意到交叉耦合对必须在结点 X 和 Y 之间提供负电阻 $-R_P$ 以使电路振荡。读者可以证明此阻抗值等于 $-2/g_m$,因此 $R_P \geqslant 1/g_m$ 是必须的。所以,既可以将这个电路看成是一个反馈系统,也可以将它看成是一个负电阻与一个有损耗的振荡回路并联。这种结构也被称为"负跨导振荡器"。

　　图 15.37(a)所示的是另一种产生负电阻的方法,图中没有一个结点是接地的,同时忽略沟道长度调制效应、体效应和晶体管寄生电容。因为 M_1 的漏电流等于 $(-I_X/C_1s)g_m$,所以我们有

$$V_X = \left(I_X - \frac{-I_X}{C_1 s}g_m\right)\frac{1}{C_2 s} + \frac{I_X}{C_1 s} \tag{15.53}$$

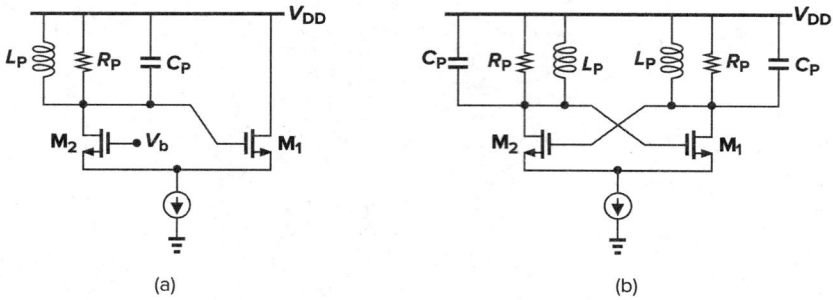

图 15.35　(a)重画的图 15.34 电路结构;(b)图(a)的差动形式

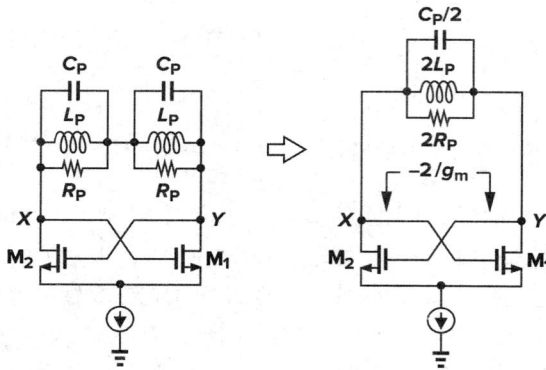

图 15.36　图 15.35(b)的等效电路

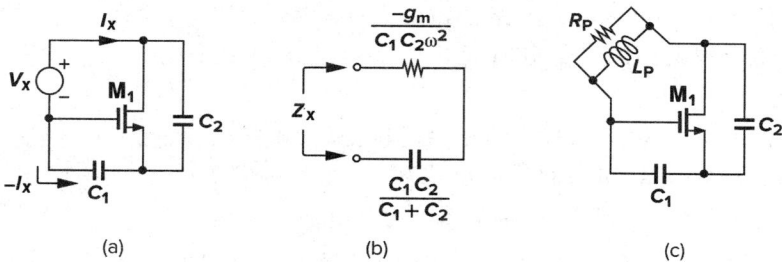

图 15.37　(a)提供负电阻的电路;(b)(a)的等效电路;(c)使用(a)的振荡器

因此

$$\frac{V_X}{I_X} = \frac{g_m}{C_1 C_2 s^2} + \frac{1}{C_2 s} + \frac{1}{C_1 s} \tag{15.54}$$

对于 $s=j\omega$,此阻抗由一个等于 $-g_m/(C_1 C_2 \omega^2)$ 的负电阻串联 C_1 和 C_2 组成[图 15.37(b)]。那么,如图 15.37(c)所示,如果将电感置于 M_1 的栅和漏之间,电路可以振荡。电路中三个结点中任一个都可以是交流地,因此就有图 15.38 所示三种不同的电路形式。图 15.38(a)事实上是基于源跟随器,其输入阻抗在第 6 章提到过,包含负的实部。图 15.38(b)是科尔皮兹振荡器。

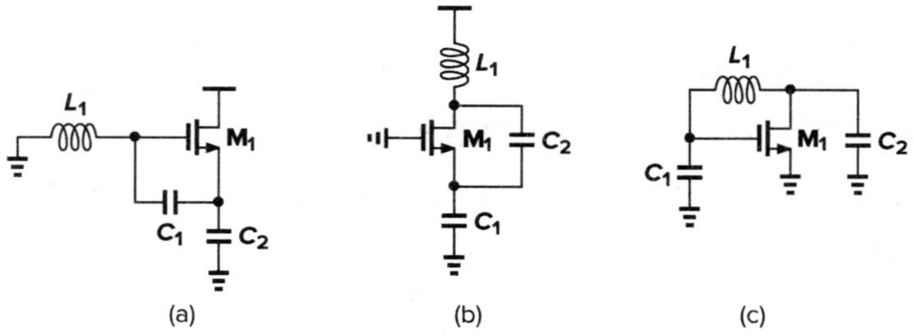

图 15.38　由图 15.37(c)电路演化出的振荡器形式

例 15.8

画出带适当偏置的图 15.38 的电路。

解:电路如图 15.39 所示。

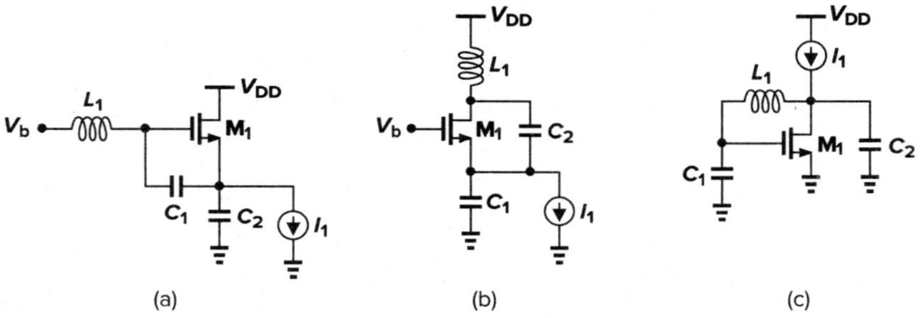

图 15.39

15.4　压控振荡器

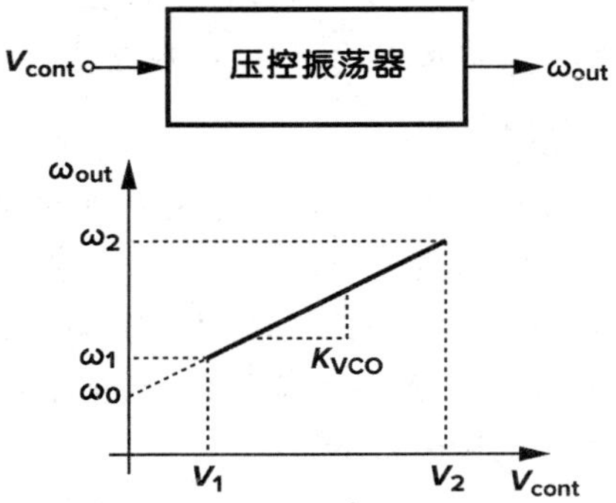

大多数应用要求振荡器频率是"可调的",也就是,其输出频率是一个控制输入的函数,这个控制输入通常是电压。一个理想的压控振荡器(VCO)其输出频率是其输入电压的线性函数,如图 15.40 所示,即有

$$\omega_{\text{out}} = \omega_0 + K_{\text{VCO}} V_{\text{cont}} \qquad (15.55)$$

这里,ω_0 表示对应于 $V_{\text{cont}} = 0$ 时的截距,而 K_{VCO} 表示电路的"增益"或"灵敏度"(单位为 rad/(s · V))[①]。频率可以达到的范围,$\omega_2 - \omega_1$,被称为"调节范围"。

图 15.40　压控振荡器 VCO 的定义

[①]　一个更熟悉的单位是 Hz/V,但必须注意锁相环上下文中 K_{VCO} 的量纲。

例 15.9 ———

在图 15.27(c)的负跨导振荡器中,假设 $C_P = 0$,只考虑 M_1 和 M_2 漏极结电容 C_{DB},请解释为什么 V_{DD} 可以被视为控制电压。计算 VCO 的增益。

解:因为 C_{DB} 随漏-衬底电压的变化而变化,如果 V_{DD} 变化,振荡回路的谐振频率也随之变化。注意,C_{DB} 两端的平均电压近似等于 V_{DD},我们可以写出

$$C_{DB} = \frac{C_{DB0}}{(1 + \frac{V_{DD}}{\phi_B})^m} \tag{15.56}$$

且

$$K_{VCO} = \frac{\partial \omega_{out}}{\partial V_{DD}} \tag{15.57}$$

$$= \frac{\partial \omega_{out}}{\partial C_{DB}} \cdot \frac{\partial C_{DB}}{\partial V_{DD}} \tag{15.58}$$

就 $\omega_{out} = 1/\sqrt{L_P C_{DB}}$,我们有

$$K_{VCO} = \frac{-1}{2\sqrt{L_P C_{DB}} C_{DB}} \cdot \frac{-mC_{DB}}{\phi_B(1 + \frac{V_{DD}}{\phi_B})} \tag{15.59}$$

$$= \frac{m}{2\phi_B(1 + \frac{V_{DD}}{\phi_B})} \cdot \omega_{out} \tag{15.60}$$

注意,因为 K_{VCO} 随 V_{DD} 和 ω_{out} 的变化而变化,所以 ω_{out} 和 V_{cont} 的关系是非线性的。

——

631 　在将前面章节研究的振荡器改成可调节的之前,我们总结一下 VCO 的重要性能参数。

中心频率

中心频率(也就是图 15.40 中调节范围的中心值)是由 VCO 使用的环境决定的。例如,在一个微处理器的时钟产生电路中,可能要求 VCO 工作在时钟频率下或者甚至 2 倍的时钟频率下。如今的 CMOS 压控振荡器可以达到高达几百 GHz 的中心频率。

调节范围

要求的调节范围是由两个参数支配的:(1)随工艺和温度而变化的 VCO 的中心频率的变化量;(2)应用要求的频率范围。在极端的工艺和温度变化下,一些 CMOS 振荡器的中心频率可能变化到 2 倍,因而要求有足够宽的调节范围($\geq 2\times$)以保证 VCO 的输出频率可以达到要求的值。而且,有些应用中,根据工作模式要求,包括有一至两个数量级变化的时钟频率,要求相应宽的调节范围。

在 VCO 设计中要关心的一个重点是,控制线上的噪声所导致的输出相位和频率的扰动。对于给定的噪声幅度,因为 $\omega_{out} = \omega_0 + K_{VCO} V_{cont}$,所以输出频率中的噪声正比于 K_{VCO}。因而要使 V_{cont} 中的噪声效应减到**最小**,VCO 的增益必须最小,这与所需的调节范围是直接矛盾的。事实上,如图 15.40 所示,如果允许的 V_{cont} 范围从 V_1 到 V_2(例如,从 0 到 V_{DD})并且调节范围必须至少跨越 ω_1 到 ω_2,那么 K_{VCO} 必须满足下面的要求:

$$K_{\text{VCO}} \geqslant \frac{\omega_2 - \omega_1}{V_2 - V_1} \qquad (15.61)$$

注意,对于给定的调节范围,K_{VCO}随电源电压的下降而上升,使振荡器对控制线上的噪声更敏感。

调节线性度

式(15.60)作为一个例子,说明 VCO 的调节特性表现出的非线性,也就是,其增益 K_{VCO} 不是常数。如第 16 章中所述,这种非线性使锁相环的稳定性退化,因此,我们希望在整个调节范围内使 K_{VCO} 的变化最小。

实际的振荡器特性通常在范围的中部是高增益区,而在两端是低增益区,如图 15.41 所示。与线性特性(灰线)相比,实际的最大增益比式(15.61)预计的**大**,这意味着,对于给定的调节范围,非线性不可避免地在一些区域导致更高的灵敏度。

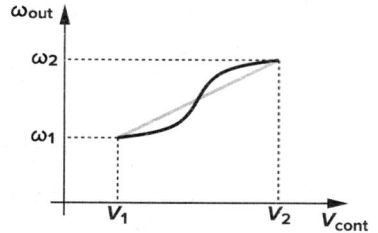

图 15.41　非线性的 VCO 特性

输出振幅

能达到大的输出振荡振幅是再好不过的,这样使输出波形对噪声不敏感。振幅的增加可以通过牺牲功耗、电源电压甚至是调节范围(如 15.4.2 小节所述)得到,反之亦然。同时,输出振幅可能在整个调节范围内变化,这是不希望的结果。

功耗

与其它模拟电路一样,振荡器受速度、功耗和噪声之间折中的限制。振荡器典型的功率消耗在 $1 \sim 10$ mW。

电源与共模抑制

振荡器对噪声很敏感,特别是单端形式振荡器。从例 15.9 可见,即使是差动振荡器也对电源敏感。设计对噪声高度不敏感的振荡器是个困难的挑战。

输出信号纯度

即使有恒定的控制电压,VCO 的输出波形也不具完美的周期性。振荡器中器件的电子噪声和电源噪声使输出相位与频率含有噪声。这些影响被量化成"信号抖动"(jitter)和"相位噪声",具体由每个应用的要求决定。

15.4.1　环形振荡器的调节

从 15.2 节我们知道,N 级振荡器的频率 $f_{\text{osc}} = (2NT_D)^{-1}$,其中 T_D 表示每级电路的大信号延时。因此为了改变频率,T_D 必须是可调的。

作为一个简单的例子,考虑图 15.42 的差动对作为环形振荡器的一级。这里,M_3 和 M_4 工作在三极管区,每个晶体管都可被看作是一个由 V_{cont} 控制的可变电阻。当 V_{cont} 变得更正时,M_3 和 M_4 的导通电阻增加,因而增加了输出的时间常数 τ_1,从而降低了 f_{osc}。如果 M_3 和 M_4 保持在深三极管区,则

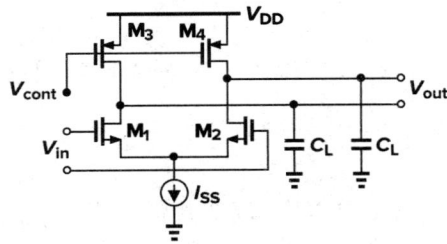

图 15.42　输出时间常数可变的差动对电路

$$\tau_1 = R_{\mathrm{on}3,4} C_{\mathrm{L}} \tag{15.62}$$

$$= \frac{C_{\mathrm{L}}}{\mu_{\mathrm{p}} C_{\mathrm{ox}} \left(\dfrac{W}{L}\right)_{3,4} (V_{\mathrm{DD}} - V_{\mathrm{cont}} - |V_{\mathrm{THP}}|)} \tag{15.63}$$

在上面的等式中，C_{L} 表示从每个输出结点看到的对地的总电容(包括下一级的输入电容)。电路延时大约与 τ_1 成正比，从而有

$$f_{\mathrm{osc}} \propto \frac{1}{T_{\mathrm{D}}} \tag{15.64}$$

$$\propto \frac{\mu_{\mathrm{p}} C_{\mathrm{ox}} \left(\dfrac{W}{L}\right)_{3,4} (V_{\mathrm{DD}} - V_{\mathrm{cont}} - |V_{\mathrm{THP}}|)}{C_{\mathrm{L}}} \tag{15.65}$$

有趣的是，f_{osc} 与 V_{cont} 成线性关系。

例 15.10 ───

对于图 15.42 中给定的器件尺寸和偏置电流，请确定最大允许的 V_{cont} 值。如果 M_3 和 M_4 进入饱和会怎么样？

解：让我们假设(有些任意地)如果 $|V_{\mathrm{DS}3,4}| \leqslant 0.2 \times 2 |V_{\mathrm{GS}3,4} - V_{\mathrm{THP}}|$，$M_3$ 和 M_4 保持深三极管区。如果环形振荡器的每级都经历完全的切换，那么 M_3 和 M_4 的最大漏电流就等于 I_{SS}。为满足上述条件，必须有 $I_{\mathrm{SS}} R_{\mathrm{on}3,4} \leqslant 0.4(V_{\mathrm{DD}} - V_{\mathrm{cont}} - |V_{\mathrm{THP}}|)$，因此

$$\frac{I_{\mathrm{SS}}}{\mu_{\mathrm{p}} C_{\mathrm{ox}} \left(\dfrac{W}{L}\right)_{3,4} (V_{\mathrm{DD}} - V_{\mathrm{cont}} - |V_{\mathrm{THP}}|)} \leqslant 0.4(V_{\mathrm{DD}} - V_{\mathrm{cont}} - |V_{\mathrm{THP}}|) \tag{15.66}$$

由此得出

$$V_{\mathrm{cont}} \leqslant V_{\mathrm{DD}} - |V_{\mathrm{THP}}| - \sqrt{\frac{I_{\mathrm{SS}}}{0.4 \mu_{\mathrm{p}} C_{\mathrm{ox}} \left(\dfrac{W}{L}\right)_{3,4}}} \tag{15.67}$$

如果 V_{cont} 大幅度地超过这个电平，M_3 和 M_4 最终进入饱和，那么每级电路就需要共模反馈来产生在明确确定的共模电平附近的输出摆幅。

───

图 15.42 的差动对有一个严重的缺点：电路的输出摆幅在整个调节范围变化相当大。在完全切换时，每级的差动输出摆幅为 $2 I_{\mathrm{SS}} R_{\mathrm{on}3,4}$。因此，比如说调节范围 2 比 1 的变化，就转变

成了 2 倍的摆幅变化。

为了使振幅变化最小，也可以通过 V_{cont} 调节尾电流：当 V_{cont} 增加时，使 I_{SS} 减小。尽管如此，电路还是需要一种方法来保持 $I_{SS}R_{on3,4}$ 相对恒定。为此，让我们考虑图 15.43(a) 中的电路，这里 M_5 工作在深三极管区并且放大器 A_1 在 M_5 的栅极施加负反馈。如果环路增益足够大，A_1 的差动输入电压就一定很小，得出 $V_P \approx V_{REF}$ 和 $|V_{DS5}| \approx V_{DD} - V_{REF}$。因而，即使 I_1 变化，反馈也会保证相对固定的漏源电压。事实上，比如 I_1 减小，A_1 使 M_5 的栅电压升高使得 $R_{on5}I_1 \approx V_{DD} - V_{REF}$。

图 15.43(a) 的电路可以作为环形振荡器各级电路的共同偏置，从而确定振荡幅度。如图 15.43(b) 所示，其思路是控制 M_3 和 M_4 的导通电阻跟踪 M_5 的导通电阻，并通过同时调节 I_1 和 I_{SS} 改变振荡频率[2]。如果 M_3 和 M_4 与 M_5 相同并且 I_{SS} 与 I_1 相同，那么当 M_1 和 M_2 控制尾电流从一边切换到另一边时，V_X 和 V_Y 就从 V_{DD} 到 $V_{DD} - V_{REF}$ 变化。因而，假如工艺和温度变化，比如使 I_1 和 I_{SS} 降低，于是 A_1 使 $M_3 \sim M_5$ 的导通电阻增大，强制 V_P，故而强制 V_X 和 V_Y 等于 V_{REF}（当 M_1 或者 M_2 完全导通时）。

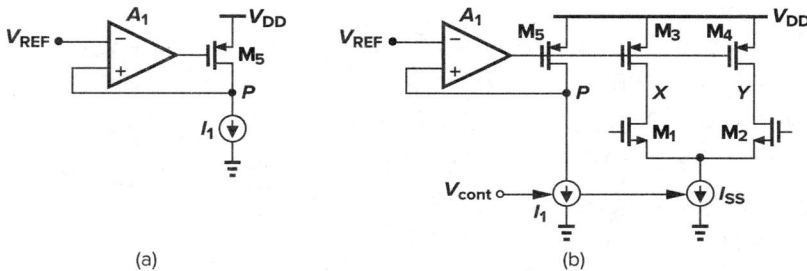

图 15.43　(a)确定 V_P 的简单反馈电路；(b)环形振荡器中共用的偏置电路决定电压摆幅

634

要注意图 15.43(b) 中的运放 A_1 的带宽。如果 V_{cont} 改变后需经过很长时间才改变 ω_{out}，那么使用此 VCO 的锁相环的稳定速度就大大降低了（见第 16 章）。

例 15.11

对于包含图 15.43(b) 子级电路的 VCO，其频率如何随 I_{SS} 变化。

解：注意到，$R_{on3,4}I_{SS} \approx V_{DD} - V_{REF}$，我们有 $R_{on3,4} \approx (V_{DD} - V_{REF})/I_{SS}$，从而

$$f_{osc} \propto \frac{1}{R_{on3,4}C_L} \tag{15.68}$$

$$\propto \frac{I_{SS}}{(V_{DD} - V_{REF})C_L} \tag{15.69}$$

因此，频率特性是相对线性的。

正反馈引起的延时变化

为了得到另一种调节技术，让我们回忆下述结论：像图 15.36 那样的交叉耦合晶体管对表现出负电阻 $-2/g_m$，负阻值可以由偏置电流控制。负阻 $-R_N$ 与正电阻 $+R_P$ 并联的等效值为 $+R_N R_P/(R_N - R_P)$，如果 $|-R_N| > |+R_P|$ 这个值就更为正数了。可以将这个思想用于如

图 15.44(a)所示的环形振荡器的每级电路。这里,差动对的负载由电阻 R_1 和 $R_2(R_1=R_2=R_P)$ 以及交叉耦合晶体管对 M_3-M_4 组成。当 I_1 增加时,小信号差动电阻 $-2/g_{m3,4}$ 绝对值变小,从图 15.44(b)的半边电路可得,等效电阻 $R_P||(-1/g_{m}3,4)=R_P/(1-g_{m3,4}R_P)$ 增大,从而使振荡频率降低。

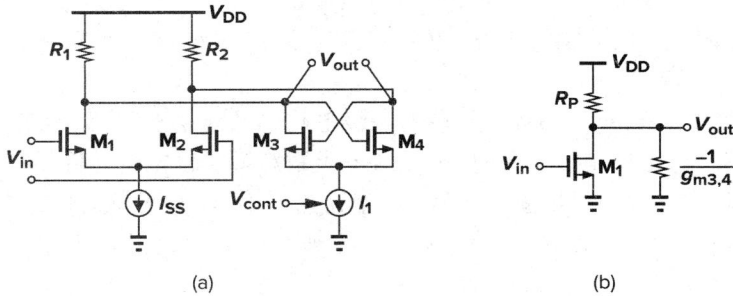

图 15.44   (a)带可变负电阻负载的差动电路,(b)(a)的一半的等效电路

图 15.44(a)电路中的一个重要问题是:当 I_1 变化时,M_3 和 M_4 控制切换流入 R_1 和 R_2 的电流也随之变化。因此在整个调节范围内输出电压摆幅不是常数。为将此效应减到最小,可以将 I_{SS} 朝**反**方向变化,使得在 R_1 和 R_2 之间交替流动的总电流保持恒定。换句话说,必须使 I_1 和 I_{SS} 变化方向**相反**而它们的和固定不变,这正是差动对的特性。如图 15.45 所示,其思路是用差动对 M_5-M_6 控制 I_T 流入 M_1-M_2 或 M_3-M_4 使得 $I_{SS}+I_1=I_T$。因为 I_T 必须流过 R_1 和 R_2,如果在振荡的每个周期中 $M_1 \sim M_4$ 经历完全的切换,那么 I_T 在半周期内流过 R_1(通过 M_1 和 M_3)而在另半周期流过 R_2 (通过 M_2 和 M_4),输出的差动摆幅为 $2R_P I_T$。

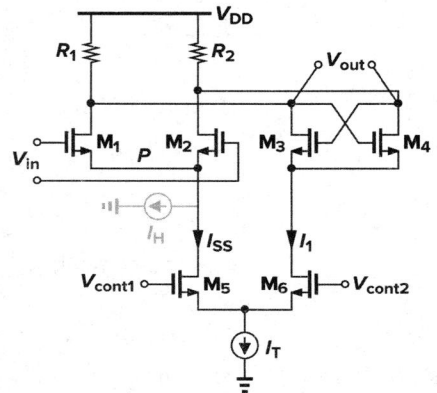

图 15.45   使用差动对控制 M_1-M_2 和 M_3-M_4 之间切换的电流

在图 15.45 的电路中,如果 V_{cont1} 和 V_{cont2} 的变化值相等但方向相反,它们可以被看作差动控制线。这种控制电路结构比 V_{cont} 是单端的电路具有更高的抗噪声能力。现在,注意随着 V_{cont1} 减小,V_{cont2} 增加,交叉耦合对表现出更大的跨导,因此提高了输出结点的时间常数。但是如果 I_T 的所有电流都由 M_6 导入 M_3 和 M_4 又会怎样?因为 M_1 和 M_2 没有电流流过,这级电路的增益降为零,结果停止振荡。为避免此影响,可以在结点 P 和地之间接一小的恒流源 I_H,从而保证 M_1 和 M_2 始终维持导通。在典型值下,这种环形振荡器提供 2 比 1 的调节范围和不错的线性度。

例 15.12

当 I_T 所有电流都流入交叉耦合对时,为保证低频增益为 2,计算图 15.45 中 I_H 的最小值。

解:电路的小信号电压增益等于 $g_{m1,2}R_P/(1-g_{m3,4}R_P)$。假定器件满足平方定律,我们得到

$$\sqrt{\mu_{\mathrm n}C_{\mathrm{ox}}\left(\frac{W}{L}\right)_{1,2}I_{\mathrm H}}\ \frac{R_P}{1-\sqrt{\mu_{\mathrm n}C_{\mathrm{ox}}\left(\frac{W}{L}\right)_{3,4}I_{\mathrm T}R_P}}\geqslant 2 \tag{15.70}$$

也就是

$$I_{\mathrm H}\geqslant\frac{4\left[1-\sqrt{\mu_{\mathrm n}C_{\mathrm{ox}}\left(\frac{W}{L}\right)_{3,4}I_{\mathrm T}R_P}\right]^2}{\mu_{\mathrm n}C_{\mathrm{ox}}\left(\frac{W}{L}\right)_{1,2}R_P{}^2} \tag{15.71}$$

图 15.45 的电路中使用 M_5-M_6 差动对的一个严重缺点是其消耗了额外的电压余度。如图 15.46 所示，要使 M_5 保持饱和，V_P 必须比 V_N 高足够多。当 $V_{\mathrm{cont1}}=V_{\mathrm{cont2}}$ 时，所允许的 M_5 的最小漏源电压等于其平衡过驱动电压，意味着，与例 15.4 的计算结果比较，此处电源电压必须比计算结果高一个平衡过驱动电压值。同样要注意，如果 V_{cont1} 或 V_{cont2} 的变化超过其平衡值至少 V_{TH}，那么 M_5 或 M_6 就进入三极管区。

636

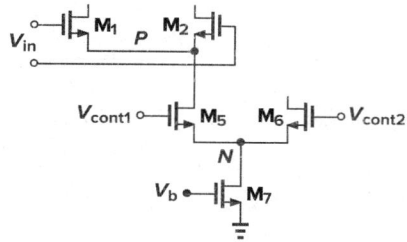

图 15.46　电流切换电路的电压余度计算

以上分析的结论体现了在电压余度和 VCO 的**灵敏度**之间的折中。为了在给定的调节范围内使灵敏度最低，M_5-M_6 的跨导必须**最小化**。（也就是说，要使所有的尾电流在 M_5 与 M_6 之间切换，差动对必须要有**大**的 $V_{\mathrm{cont1}}-V_{\mathrm{cont2}}$。）可是，对给定的尾电流，$g_{\mathrm m}=2I_D/(V_{\mathrm{GS}}-V_{\mathrm{TH}})$，意味着 M_5-M_6 大的平衡过驱动电压和相应更高的最小电源电压。

我们还应该提到的是 M_5-M_6 晶体管对不必保持在完全饱和。如果漏电压足够低驱使这些晶体管进入三极管区，那么差动对的等效跨导下降，因而需要更大的 $V_{\mathrm{cont1}}-V_{\mathrm{cont2}}$ 来切换尾电流。实际上这就转变成了**更低的** VCO 灵敏度。在实践中，还是需要仔细地仿真以保证 VCO 的特性在感兴趣的范围内保持相对的线性[①]。

在低电源电压下，我们希望避免图 15.45 中的 M_5-M_6 消耗电压余度。这个问题可以通过"电流折叠"的方法解决。假设，如图 15.47(a) 所示，差动对驱动两个电流镜，产生 I_{out1} 和 I_{out2}。因为 $I_1+I_2=I_{\mathrm{SS}}$，$I_{\mathrm{out1}}=KI_1$，且 $I_{\mathrm{out2}}=KI_2$，于是有 $I_{\mathrm{out1}}+I_{\mathrm{out2}}=KI_{\mathrm{SS}}$。所以，当 $V_{\mathrm{in1}}-V_{\mathrm{in2}}$ 由非常负的值变到非常正的值时，I_{out1} 由 KI_{SS} 变到零而 I_{out2} 由零变到 KI_{SS}，而它们的和保持恒定，这与差动对的特性类似。

637

现在我们将图 15.47(a) 的电路用于图 15.44(a) 的增益级电路，如图 15.47(b) 所示，此电路可工作于低电源电压下。但是，控制通路上的器件会贡献很大的噪声，会改变振荡频率。

插值法改变延时

另一种调节环形振荡器延时的方法基于"插值法"[3,4]。如图 15.48(a) 所示，每级电路由一个快路径和一个慢路径组成，两路输出相加，它们的增益由 V_{cont} 分别朝反方向调节。控制电

①　如果 M_5 和 M_6 两个都处于三极管区并且 $V_{\mathrm{cont1}}\neq V_{\mathrm{cont2}}$，那么电源电压的变化影响两个晶体管之间交替流过的电流，就会在振荡频率中引入噪声。

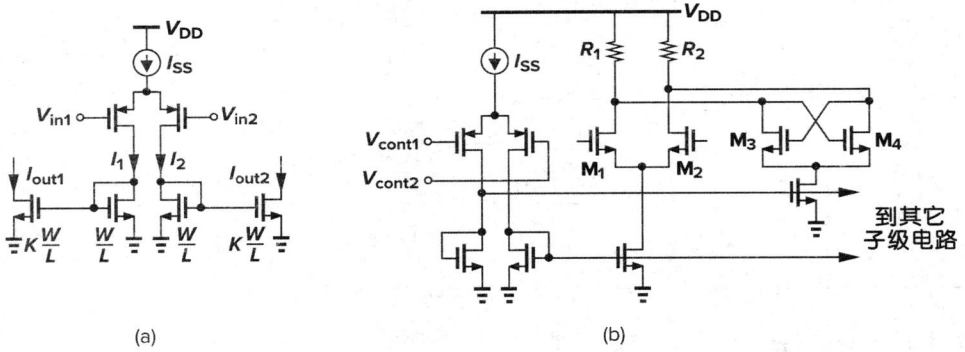

图 15.47　(a)电流折叠结构;(b)电流折叠应用于电流切换控制

压的一种极端情况是:只有快路径导通,慢路径关断,产生最大振荡频率,如图 15.48(b)所示,
相反地,在另一种极端情况下,只有慢路径导通,快路径关断,产生最小振荡频率,如图 15.48
(c)所示。 如果 V_{cont} 落在两个极端之间,每个路径都部分导通而总延时是两者延时的加权和。

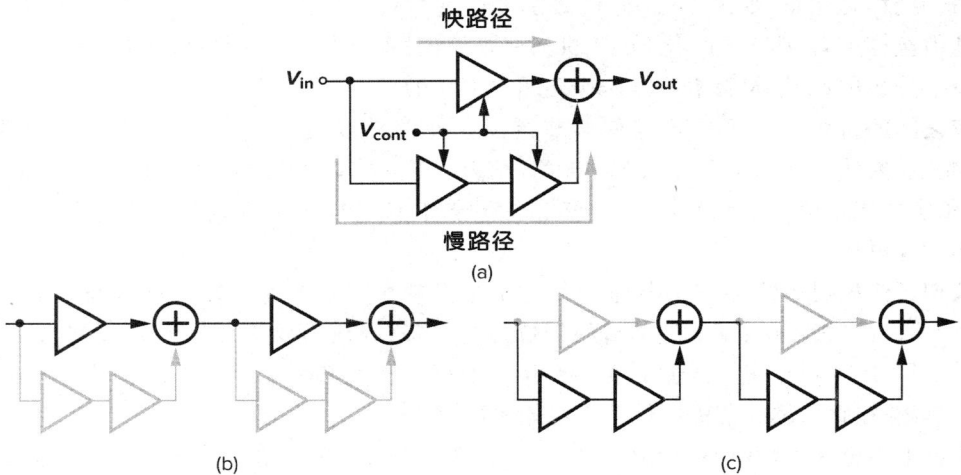

图 15.48　(a)插值延时级电路;(b)最小延时;(c)最大延时

　　为了更好地理解插值法的概念,我们将图 15.48(a)的结构用晶体管级电路来实现。 每级
电路可以简单地用差动对实现,其增益由尾电流控制。 但是两个输出如何相加呢? 因为差动
对的两个晶体管产生**电流**输出,两个差动对的输出可以在电流域相加。 如图 15.49(a)所示,
简单将两个差动对的输出短接就完成了电流加法,例如,对于小信号,$I_{out} = g_{m1,2} V_{in1} + g_{m3,4} V_{in2}$。 整个插值级电路因此呈现出如图 15.49(b)所示的结构,其中 V_{cont}^{+} 和 V_{cont}^{-} 表示分别朝反
方向变化的电压(这样当一路导通时,另一路断开)。 M_1-M_2 和 M_3-M_4 的输出电流在 X 和 Y
处相加并流过 R_1 和 R_2 产生输出 V_{out}。

　　在图 15.49(b)电路中,每级增益的改变由尾电流的变化来实现插值的目的。 但是希望保
持恒定的电压摆幅。 我们还认识到,不需要改变差动对 M_5-M_6 的增益,因为只有 M_3-M_4 的增
益降到零,慢路径才完全关断。 那么我们推测,如果 M_1-M_2 和 M_3-M_4 的尾电流变化方向相反

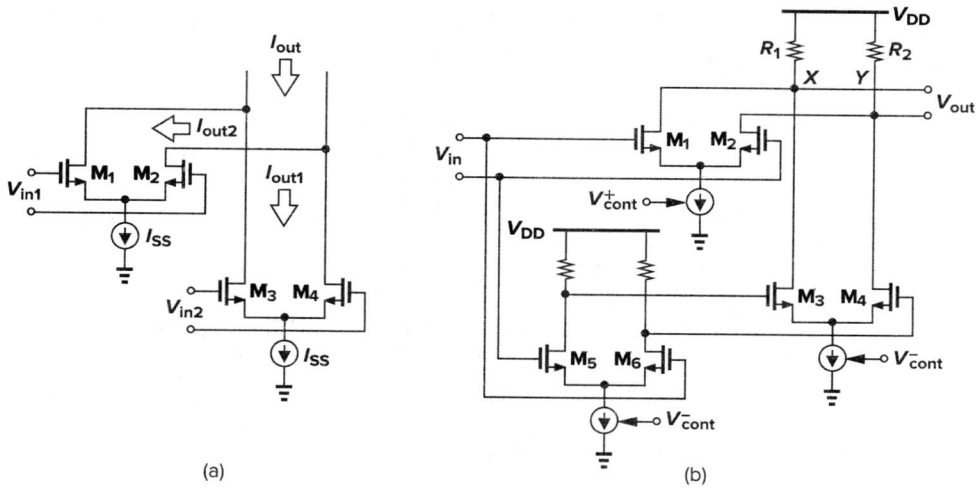

图 15.49 (a)两个差动对的电流相加;(b)插值延时级电路

而使它们的和保持恒定,这样我们同时达到了在两路径之间插值和保持输出摆幅恒定的目的。如图 15.50 所示,构成的电路使用差动对 M$_7$-M$_8$ 控制 I_{SS} 在 M$_1$-M$_2$ 和 M$_3$-M$_4$ 之间流动。如果 V_{cont} 很负,M$_8$ 截止并且只有快路径放大输入,相反地,如果 V_{cont} 非常正,M$_7$ 截止而只有慢路径导通。因为慢路径在该情况下比快路径多用了一级电路,所以 VCO 达到约 2 比 1 的调节范围。为了能在低电源电压下工作,用于控制的差动对可以用图 15.47(a)的电流折叠结构电路代替。

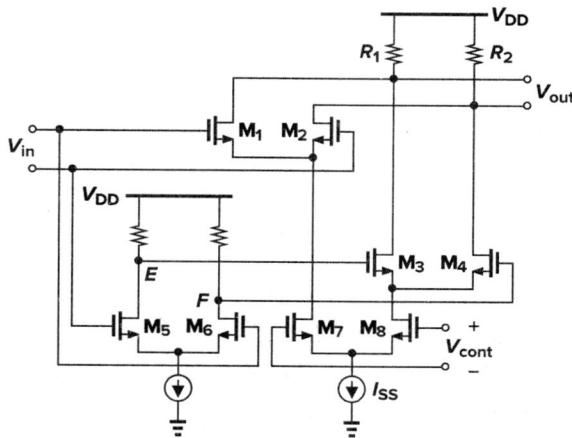

图 15.50 带电流切换的插值延时级电路

例 15.13

结合图 15.45 和图 15.50 的调节技术来实现更宽的调节范围。

解:我们从图 15.50 的插值级电路开始,然后在输出结点加一交叉耦合对,如图 15.51(a)所示。可是,为了得到恒定的电压摆幅,流过负载电阻的总电流必须保持恒定。这可以通过用

图15.47(a)的电流折叠电路代替控制差动对实现。整个电路如图 15.51(b)所示，图中控制电流完全流过 M_1-M_2 将加快电路速度而电流完全从 M_3-M_4 和 M_{10}-M_{11} 流过使电路速度降低。尾电流源的尺寸的选取应使 $I_{SS1} = I_{SS2} + I_{SS3}$。

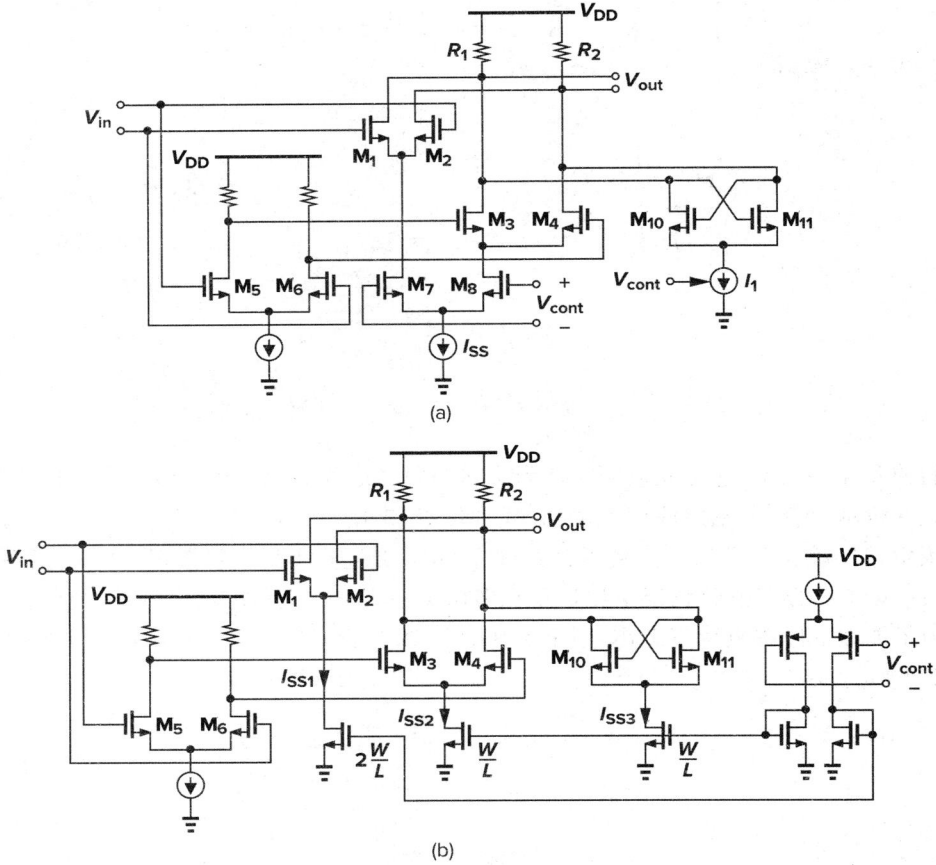

(a)

(b)

图 15.51

宽范围调节

除了图 15.43(b)电路以外，迄今为止出现的环形振荡器调节技术得到的调节范围一般不超过 3:1。在频率必须有数量级变化的应用中，可以使用如图 15.52 的电路结构。由输入驱动，额外的 PMOS 晶体管 M_5 和 M_6 将每个输出结点拉至 V_{DD}，即使 I_{SS} 有大的变化也产生相对恒定的输出摆幅。采用此级电路的环形振荡器的振荡频率变化可以超过 4 个数量级，而振幅变化小于 2 倍。

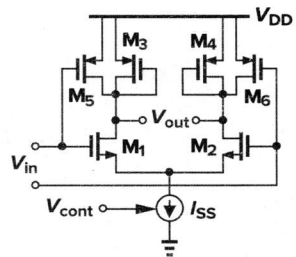

图 15.52　宽调节范围的差动对级电路

15.4.2　*LC* 振荡器的调节

　　LC 结构的振荡器的振荡频率等于 $f_{osc} = 1/(2\pi \sqrt{LC})$，这表明调节频率只能通过改变电感器和电容器的值来实现，而偏置电流和晶体管跨导等其它参数对 *LC* 振荡器频率 f_{osc} 的影响可以忽略不计。因为改变单片电感器的值很困难，我们只能改变谐振电容来调节振荡器。电容值与电压有关的电容器被称为"变容管"(varactor)[①]。

　　一个反偏 pn 结可被当作一个变容管，其电容值与电压的关系可表达为

$$C_{var} = \frac{C_0}{(1 + \dfrac{V_R}{\phi_B})^m} \qquad (15.72)$$

其中 C_0 是零电压偏置下的电容值，V_R 是反偏电压，ϕ_B 是结的内建电势，而 m 的值一般在 0.3 和 0.4 之间[②]。式(15.72)揭示了 *LC* 振荡器的一个重要缺点：在低电源电压下 V_R 的范围非常有限，所以 C_{var} 的变化范围小，因而 f_{osc} 变化范围也就小。我们还注意到，为了使调节范围最大，应该使振荡回路中固定电容的值最小。

例 15.14 ————————————————————————————————————

　　假设式(15.72)中，$\phi_B = 0.7$ V，$m = 0.35$，并且 V_R 可以从零变化到 2 V。调节范围可以达到多少？

　　解：对 $V_R = 0$，有 $C_j = C_0$ 和 $f_{osc,min} = 1/(2\pi \sqrt{LC_0})$，对于 $V_R = 2$ V，有 $C_j \approx 0.62 C_0$ 和 $f_{osc,max} = 1/(2\pi \sqrt{L \times 0.62 C_0}) \approx 1.27 f_{osc,min}$，所以调节范围近似等于 27%。正如稍后所解释的，晶体管和电感器的寄生电容进一步限定了此调节范围，因为这些寄生电容不随控制电压改变而改变。

——

　　现在让我们在交叉耦合 *LC* 振荡器图 15.53 中加上变容二极管。为了避免 D_1 和 D_2 正偏太大，V_{cont} 高于 V_X 或 V_Y 的值不能超过几百毫伏。所以，如果在每个结点的峰值振幅为 A，那么有 $0 < V_{cont} < V_{DD} - A + 300$ mV，这里假设 300 mV 正偏电压所产生的电流可以忽略不计。有趣的是，该电路的缺点是须在输出摆幅和调节范围之间进行折中，这种影响出现在大多数

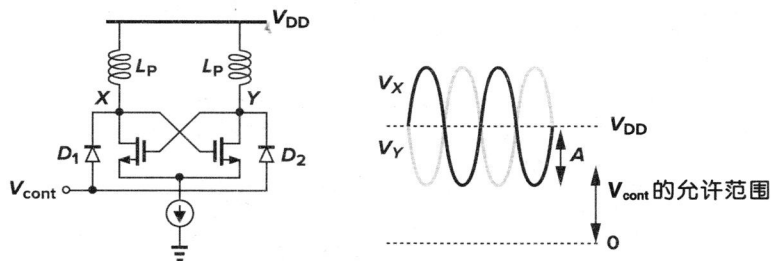

图 15.53　使用变容二极管的 *LC* 振荡器

————————————————————

① 也可用术语"变容二极管"(varicap)。
② 注意对突变结 $m = 0.5$，但 CMOS 工艺中的 pn 结不是突变结。

641　*LC* 振荡器中。

　　注意到，因为 X 和 Y 结点处的摆幅一般比较大（例如，每个结点 $1V_{pp}$），所以 D_1 和 D_2 的电容值随时间**变化**。尽管如此，电容的"平均值"依然是 V_{cont} 的函数，提供相应的调节范围。

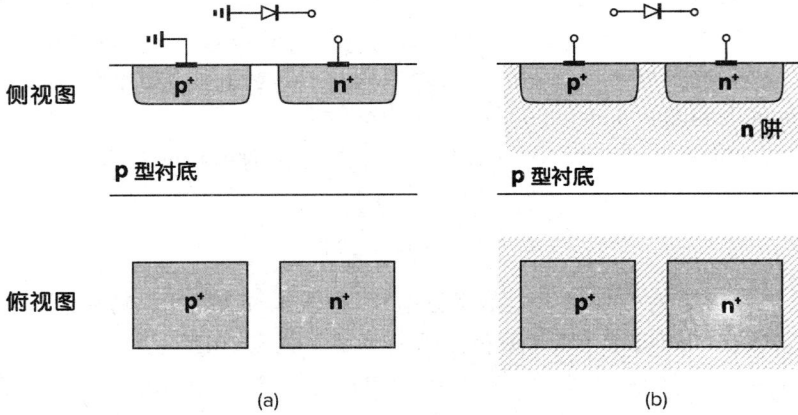

图 15.54　在 CMOS 工艺中实现的二极管

　　在 CMOS 工艺中怎么实现变容二极管呢？图 15.54 所示的是两种类型的 pn 结。在图 15.54（a）中，二极管正极总是接地而在图 15.54（b）中二极管的两极都是悬浮的。对于图15.53的电路，只有两极悬浮的二极管适用。为了增加结电容，p^+ 和 n^+ 的面积都需要增大（所以 n 阱的面积也要增大）。

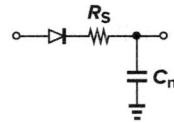

图 15.55　图 15.54（b）所示变容二极管的电路模型

　　根据更进一步的研究发现图 15.54（b）的结构有一些缺点。首先，n 阱材料电阻率高，在反偏二极管中产生串联电阻，降低了电容器的品质因子。第二，n 阱与衬底呈现相当大的电容，对振荡回路贡献一固定的电容值，限制了调节的范围。因此二极管可以用图 15.55 所示的
642　电路来表示，这里 C_n 代表 n 阱与衬底之间的（与电压有关的）电容[①]。

　　为了减少图 15.54（b）所示电路的串联电阻，可以用 n^+ 区环绕 p^+ 区，这样流经结电容的电流有四个方向而得到较低的电阻，如图 15.56（a）所示。因为单个最小尺寸的 p^+ 区电容值较小，所以可以将许多这样的单位电容并联放置（图 15.56（b））。可是 n 阱必须容纳所有这些电容，产生的对衬底的电容较大。

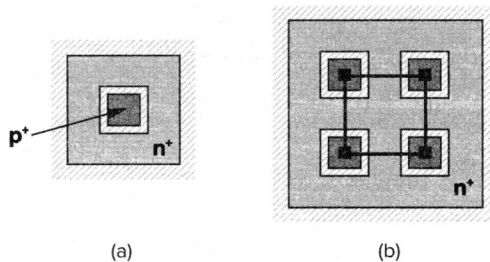

图 15.56　（a）通过环绕 p^+ 区的 n^+ 环减少串联电阻；（b）多个二极管并联

① 在电路仿真中，C_n 被带有适当结电容的二极管代替。

对图 15.53 电路中多余的电容,也就是不随 V_{cont} 变化的部分,进行研究是有益的。我们可以看出有三种这样的电容:(1)构成 D_1 和 D_2 的 n 阱和衬底之间的电容;(2)晶体管对每个结点贡献的电容,也就是,C_{GD}、$2C_{GD}$(系数 2 源自密勒效应[①])和 C_{DB};(3)电感器本身的寄生电容。单片电感器通常用金属螺旋结构实现,如图 15.57 所示,有相当大的尺寸($S \approx 100 \sim 200$ μm)。其对衬底的电容因而很大。

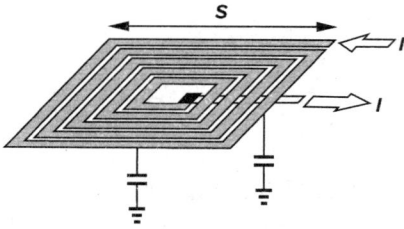

图 15.57   螺旋结构电感器

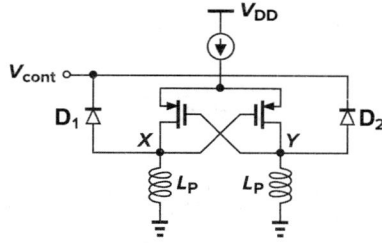

图 15.58   使用 PMOS 器件消除振荡回路中的 n 阱
电容的负跨导 G_m 振荡器

在图 15.53 中,希望将二极管的正极连到结点 X 和 Y,从而能从谐振器中消除寄生 n 阱电容。图 15.58 所示的就是这样修改后的电路。这里,PMOS 器件的交叉耦合对提供的输出摆幅在地电位附近。使用 PMOS 器件的重要优点是使闪烁噪声更低,因为该噪声可以被上变频,从而出现在振荡频率附近。

在现代 LC VCO 设计中,我们使用 MOS 变容管。回顾第 2 章中,MOSFET 的栅-沟道电容值会随栅源电压变化而改变,如图 15.59(a)所示。然而,在 VCO 设计中这种**非单调**关系被

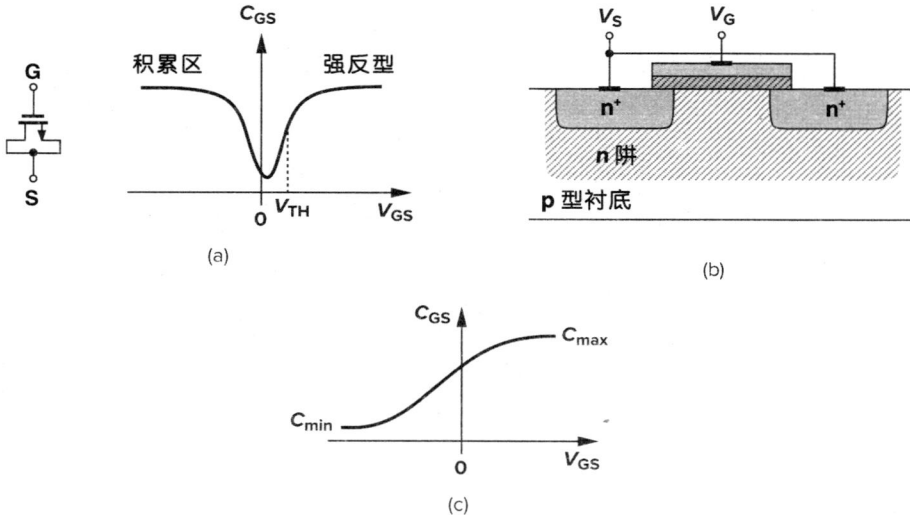

(a)

(b)

(c)

图 15.59   (a)MOS 栅电容与电压的关系;(b)n 阱中的 NFET 形成 MOS 变容管;
(c)结构(b)的电容电压特性

---

① 如果栅和漏的电压变化值相等而方向相反,不管小信号增益是多少,密勒倍增因子都等于 2。

证明是有害的(为什么?)。为了解决这个问题,可以在 n 阱中放置 NMOS 晶体管,形成"积累模式"的变容管,如图 15.59(b)所示。NMOS 管的源、漏和 n 阱欧姆连接在一起作为一端,栅作为另一端。这个结构的电容值随 V_{GS} 单调变化,如图 15.59(c)所示。

643

MOS 变容管对比 pn 结的一个重要优点是,前者不是工作在正向偏置的条件下,因而可允许正的和负的电压。LC VCO 的设计会产生许多有意义的概念和问题。有关的详细信息,读者可以参考文献[5]和其它大量文献。

15.5 VCO 的数学模型

由式(15.55)给出的压控振荡器的定义规定了控制电压和输出频率之间的关系。这个关系是"无记忆的",因为 V_{cont} 的改变立刻导致 ω_{out} 的改变,但是怎样将 VCO 的输出信号表达成时间的函数呢? 为了回答这个问题,我们必须复习相位和频率的概念。

考虑波形 $V_0(t)=V_m \sin(\omega_0 t)$。正弦的自变量被称为信号的"总相位"。在这个例子中,相位随时间线性变化,其斜率为 ω_0。注意,如图 15.60 所示,每次 $\omega_0 t$ 达到 π 的整数倍,$V_0(t)$

644 就达到零。

现在考虑两个波形 $V_1(t)=V_m\sin[\phi_1(t)]$ 和 $V_2(t)=V_m\sin[\phi_2(t)]$,其中 $\phi_1(t)=\omega_1 t$,$\phi_2(t)=\omega_2 t$,并且 $\omega_1<\omega_2$。如图 15.61 所示,$\phi_2(t)$ 达到 π 整数倍的速度比 $\phi_1(t)$ 的快,致使 $V_2(t)$ 的变化快。我们称 $V_2(t)$ 相位积累更快。

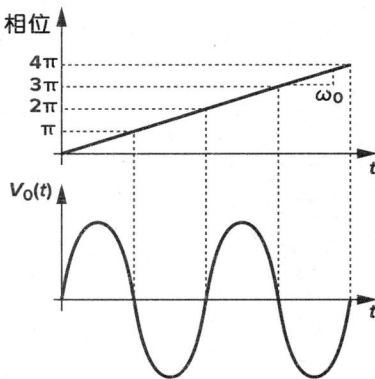

图 15.60 信号的相位示例

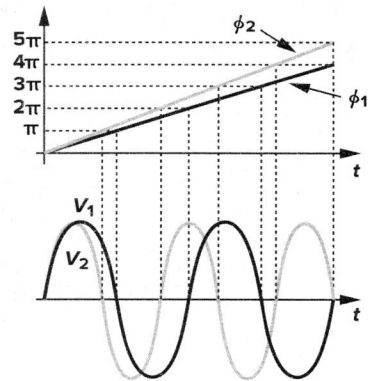

图 15.61 两个信号的相位变

从上述的研究可以看出,波形的相位变化越快,波形的频率越高,这表示频率[①]可以被定义成相位对时间的微分:

$$\omega = \frac{d\phi}{dt} \tag{15.73}$$

例 15.15

图 15.62(a)显示的是一个振幅固定的正弦波形的相位随时间变化的情况。请在时间域

① 为了与 f(用 Hz 表达)区分,量 $\omega=2\pi f$ 称为"角频率"(且用 rad/s 表达)。在本书中,我们将二者都称为频率,但为了避免除 2π 因子,我们更多地使用 ω。

画出此波形。

　　解：将 $\phi(t)$ 对时间取导数，我们得到如图 15.62(b)的图形。频率因此周期性地在 ω_1 和 ω_2 之间来回切换，产生的波形如图 15.62(c)所示。（这是一个简单的二进制频率调制的例子，称为"频移键控"并在无线寻呼和许多其它通信系统中得到应用。）

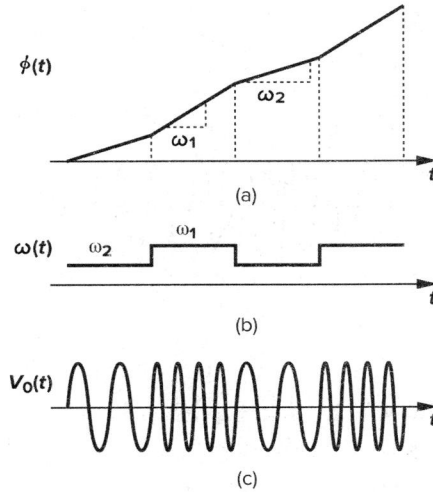

图 15.62

　　式(15.73)指出，如果已知波形的频率是时间的函数，那么相位可以由下式计算：

$$\phi = \int \omega \mathrm{d}t + \phi_0 \tag{15.74}$$

特别是，因为对于 VCO，$\omega_{\text{out}} = \omega_0 + K_{\text{VCO}} V_{\text{cont}}$，我们有

$$V_{\text{out}}(t) = V_m \cos\left(\int \omega_{\text{out}} \mathrm{d}t + \phi_0\right) \tag{15.75}$$

$$= V_m \cos\left(\omega_0 t + K_{\text{VCO}} \int V_{\text{cont}} \mathrm{d}t + \phi_0\right) \tag{15.76}$$

式(15.76)被证明是 VCO 和 PLL 分析的基础[①]。初始相位 ϕ_0 通常不重要，并且此后都将假设其为零。

例 15.16 ———————————————————————————————

　　VCO 的控制线受一个在 V_1 和 V_2 之间以周期 T_m 来回切换的矩形信号激励。画出频率、相位和输出电压的时间函数波形。

　　解：因为 $\omega_{\text{out}} = \omega_0 + K_{\text{VCO}} V_{\text{cont}}$，输出频率在 $\omega_1 = \omega_0 + K_{\text{VCO}} V_1$ 和 $\omega_2 = \omega_0 + K_{\text{VCO}} V_2$ 之间来回跳变，如图 15.63 所示。相位是此结果对时间的积分，在输入周期的一半时间随时间以斜率 ω_1 线性增长，在另一半周期以斜率 ω_2 线性增长。VCO 的输出波形与图 15.62 所示的相似，所

———————————————

　　① 注意如果系统是非线性的，K_{VCO} 不能从积分符号中提取出来。

以 VCO 可以被当作频率调制器。

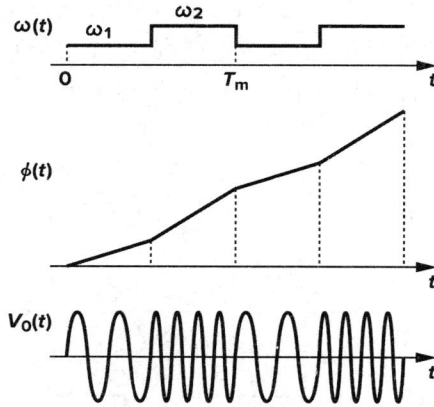

图 15.63

如第 16 章所述,如果 VCO 被放在锁相环中,那么式(15.76)中的总相位只有第二项是重要的。这一项,$K_{\text{VCO}}\int V_{\text{cont}}\,\mathrm{d}t$,被称为"剩余相位",$\phi_{\text{ex}}$。事实上,在锁相环的分析中,我们把 VCO 看作输入和输出分别为控制电压和剩余相位的系统:

$$\phi_{\text{ex}} = K_{\text{VCO}}\int V_{\text{cont}}\,\mathrm{d}t \tag{15.77}$$

即,VCO 的工作就像一个**理想**的积分器,给出的传输函数为

$$\frac{\Phi_{\text{ex}}}{V_{\text{cont}}}(s) = \frac{K_{\text{VCO}}}{s} \tag{15.78}$$

例 15.17 ————————————————————————————————

VCO 输入的控制电压为一小的正弦信号 $V_{\text{cont}} = V_{\text{m}}\cos\omega_{\text{m}}t$。确定其输出波形和频谱。

解:可以将输出表达成

$$V_{\text{out}}(t) = V_0\cos\left(\omega_0 t + K_{\text{VCO}}\int V_{\text{cont}}\,\mathrm{d}t\right) \tag{15.79}$$

$$= V_0\cos\left[\omega_0 t + K_{\text{VCO}}\,\frac{V_{\text{m}}}{\omega_{\text{m}}}\sin(\omega_{\text{m}}t)\right] \tag{15.80}$$

$$= V_0\cos(\omega_0 t)\cos\left[K_{\text{VCO}}\,\frac{V_{\text{m}}}{\omega_{\text{m}}}\sin(\omega_{\text{m}}t)\right] \tag{15.81}$$

$$- V_0\sin(\omega_0 t)\sin\left[K_{\text{VCO}}\,\frac{V_{\text{m}}}{\omega_{\text{m}}}\sin(\omega_{\text{m}}t)\right]$$

如果 V_{m} 足够小使得 $K_{\text{VCO}}V_{\text{m}}/\omega_{\text{m}} \ll 1\ \text{rad}$,那么

$$V_{\text{out}}(t) \approx V_0\cos(\omega_0 t) - V_0\left[\sin(\omega_0 t)\right]\left[K_{\text{VCO}}\,\frac{V_{\text{m}}}{\omega_{\text{m}}}\sin(\omega_{\text{m}}t)\right] \tag{15.82}$$

$$= V_0\cos(\omega_0 t) - \frac{K_{\text{VCO}}V_{\text{m}}V_0}{2\omega_{\text{m}}}\left[\cos(\omega_0 - \omega_{\text{m}})t - \cos(\omega_0 + \omega_{\text{m}})t\right] \tag{15.83}$$

所以输出由 3 个正弦波组成,频率分别为 ω_0、$\omega_0 - \omega_{\text{m}}$ 和 $\omega_0 + \omega_{\text{m}}$。频谱如图 15.64 所示,在 ω_0

$\pm \omega_{\mathrm{m}}$ 处的成分被称为"边带"。

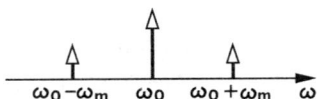

图 15.64

上面的例子表示:控制电压随时间的变化会在输出产生不希望的频率成分。的确,当 VCO 工作在稳态时,控制电压一定会经历非常小的变化①。这个问题在第 16 章研究。

在信号的相位表达式中,常见的错误是由熟悉的 $V_{\mathrm{m}}\cos(\omega_0 t)$ 式产生的。这里,相位等于频率和时间的乘积,造成了在所有条件下此等式都成立的印象。我们可以进一步推出,因为 VCO 的输出频率等于 $\omega_0 + K_{\mathrm{VCO}}V_{\mathrm{cont}}$,所以输出波形可以写成 $V_{\mathrm{m}}\cos[(\omega_0 + K_{\mathrm{VCO}}V_{\mathrm{cont}})t]$。为了理解这为什么是错的,让我们用相位的导数计算频率:

$$\omega = \frac{\mathrm{d}}{\mathrm{d}t}\big[(\omega_0 + K_{\mathrm{VCO}}V_{\mathrm{cont}})t\big] \qquad (15.84)$$

$$= K_{\mathrm{VCO}}\frac{\mathrm{d}V_{\mathrm{cont}}}{\mathrm{d}t}t + \omega_0 + K_{\mathrm{VCO}}V_{\mathrm{cont}} \qquad (15.85)$$

此表达式中的第一项是多余出来的,只有在 $\mathrm{d}V_{\mathrm{cont}}/\mathrm{d}t = 0$ 时才成为零。所以,在一般情况下,相位不能被写成时间和频率的乘积。

在这一节中我们对 VCO 的研究假设的是正弦输出波形。在实际中,依据振荡器的类型和速度不同,输出可能包含大量的谐波,甚至输出接近方波。在这种情况下如何修改式 (15.76) 呢? 我们期望 $V_{\mathrm{out}}(t)$ 可以被表示成傅里叶级数:

$$V_{\mathrm{out}}(t) = V_1\cos(\omega_0 t + \phi_1) + V_2\cos(2\omega_0 t + \phi_2) + \cdots \qquad (15.86)$$

我们还注意到如果方波的(基本)频率改变了 Δf,其二次谐波就改变 $2\Delta f$,如此等等。所以,如果 V_{cont} 改变 ΔV,那么一次谐波频率的改变为 $K_{\mathrm{VCO}}\Delta V$,二次谐波的频率改变为 $2K_{\mathrm{VCO}}\Delta V$,等等。也就是

$$V_{\mathrm{out}}(t) = V_1\cos\Big(\omega_0 t + K_{\mathrm{VCO}}\int V_{\mathrm{cont}}\mathrm{d}t + \theta_1\Big) + V_2\cos\Big(2\omega_0 t + 2K_{\mathrm{VCO}}\int V_{\mathrm{cont}}\mathrm{d}t + \theta_2\Big) + \cdots$$

$$(15.87)$$

其中 $\theta_1, \theta_2, \cdots$ 是傅里叶级数展开中表示各谐波必须的固定相位。

式(15.87)表示,振荡器输出的这些谐波可以很容易被考虑到,因此,即使我们可能画的是方波而不是正弦波,但我们还是经常将计算限制在一次谐波。

参考文献

[1] N. M. Nguyen and R. G. Meyer. Start-up and Frequency Stability in High-Frequency Oscillators. *IEEE Journal of Solid-State Circuits*, vol. 27, pp. 810 – 820, May 1992.

[2] I. A. Young, J. K. Greason, and K. L. Wong. A PLL Clock Generator with 5 to 110 MHz

---

① 当 VCO 的控制信号进行频率调制时除外。

of LockRange for Microprocessors. *IEEE Journal of Solid-State Circuits*, vol. SC-27, pp. 1599 – 1607. Nov. 1992.

[3] B. Lai and R. C. Walker. A Monolithic 622 Mb/sec Clock Extraction and Data Retiming Circuit. *ISSCC Dig. Tech. Papers*, pp. 144 – 145, Feb. 1991.

[4] S. K. Enam and A. A. Abidi. NMOS ICs for Clock and Data Regeneration in Gigabit-per-Second Optical-Fiber Receivers. *IEEE Journal of Solid-State Circuits*, vol. SC-27, pp. 1763 – 1774. Dec. 1992.

[5] B. Razavi. *RF Microelectronics*, 2nd ed. Upper Saddle River, NJ: Prentice-Hall, 2012.

习题

除非另外说明,在下面的习题中,都使用表 2.1 的器件数据,并在必要时假设 $V_{DD} = 3$ V。另外,假设所有晶体管都工作在饱和区。

15.1　对于图 15.6 的电路,请确定开环传输函数并计算相位裕度。假设 $g_{m1} = g_{m2} = g_m$ 并忽略其它电容。

15.2　在图 15.8 的电路中,假设 $g_{m1} = g_{m2} = g_{m3} = (200 \ \Omega)^{-1}$。
　　(a)保证振荡所需的 R_D 的最小值是多少?
　　(b)当振荡频率为 1 GHz 并且总的低频环路增益为 16 时,请确定 C_L 的值是多少?

15.3　对于图 15.12 的电路,确定保证振荡的 I_{SS} 的最小值。(提示:如果电路处在振荡的边缘,输出摆幅非常小。)

15.4　证明图 15.18(c)中的复合负载的小信号阻抗大约等于 $1/g_{m3}$。

15.5　在图 15.18(c)中只包括 M_3 的栅源电容,解释复合阻抗(在 M_3 的漏端所见到的)在什么条件下变成感性的?

15.6　如果图 15.25 中的每个电感器本身串联电阻为 R_S,为了保证低频环路增益小于单位 1,R_S 必须小到多少?(为避免锁定这个条件是必要的。)

15.7　解释为什么图 15.28 中的 V_X 和 V_Y 的波形比 I_{D1} 和 I_{D2} 的波形更接近正弦波(也就是,V_X 和 V_Y 包含的谐波更小)。

15.8　确定图 15.27(c)中保证振荡的 I_{SS} 的最小值。估算保证 M_1 和 M_2 不进入三极管区的 I_{SS} 的最大值。

15.9　给 M_1 的漏施加电流激励,重复例 15.7。

15.10　证明如果图 15.31(a)中电容 C_P 与 L_P 并联,可得出式(15.47)的结果。

15.11　分析图 15.31(a)的科尔皮兹振荡器,它的振荡条件是通过在源极施加电流激励得出的。重复分析在 M_1 的栅极施加电压激励的情况。

15.12　重复分析图 15.38(a)和(c)中的科尔皮兹振荡器,确定振荡条件和振荡频率。

15.13　图 15.45 的单级电路的 $I_T = 1$ mA 并且 $(W/L)_{1,2} = 50/0.5$。假设 $I_H \leqslant I_1$。
　　(a)确定三级环形振荡器保证振荡的 $R_1 = R_2 = R$ 的最小值。
　　(b)当 M_3 和 M_4 各承载 $I_T/2$ 电流时,确定使 $g_{m3,4}R = 0.5$ 的 $(W/L)_{3,4}$ 的值。
　　(c)计算保证振荡的 I_H 的最小值。
　　(d)如果 V_{cont1} 和 V_{cont2} 的共模电平为 1.5 V,计算当 $V_{cont1} = V_{cont2}$ 时,电流源 I_T 保持在 0.5 V 的 $(W/L)_{5,6}$ 值。

15.14　如果例 15.14 电路中的每个电感器都含一固定电容 C_1，重复分析此例题。

15.15　图 15.53 的 VCO 设计工作在 1 GHz。

　　　(a)如果 $L_p = 5$ nH 并且在结点 X(和 Y)见到的到地的总的(固定)寄生电容为 500 fF，确定 D_1 和 D_2 可以加到电路中的最大电容。

　　　(b)如果尾电流等于 1 mA 并且每个电感器在 1 GHz 的 Q 值等于 4，请估算输出电压摆幅。

649
(650)

第16章

锁相环

锁相（phase locking）的概念是在 20 世纪 30 年代提出的，而且很快在电子学和通信领域中获得广泛应用。尽管基本锁相环（PLL）自其出现之日起几乎保持原样，但是使用不同工艺制作及满足不同应用要求的锁相环的实现一直给设计者提出挑战。微处理器中，作为时钟生成器工作的锁相环与蜂窝无线电话中使用的频率合成器十分相似，但实际电路的设计却大不相同。

本章将从关注以 VLSI 技术实现锁相环的角度来讲述锁相环的分析和设计。要彻底地研究锁相环需要一部专著，但这里我们的目标是让读者掌握锁相环的基础以便于将来能从事更高级的工作。我们首先介绍简单的锁相环电路结构，研究相位锁定现象，在时域和频域分析锁相环的特性。然后我们介绍锁定捕获的问题并阐述电荷泵锁相环（CPPLL）及其非理想性。最后，我们讨论锁相环中的抖动，研究延迟锁相环（DLL）并介绍一些锁相环的具体应用。

16.1 简单的锁相环

锁相环是把输出相位和输入相位相比较的反馈系统。输出相位和输入之间相位的比较由"相位比较器"或"鉴相器"（PD）完成。因此严格地定义鉴相器对研究锁相环是有益的。

16.1.1 鉴相器

鉴相器是这样一种电路，其平均输出 $\overline{V}_{out}$ 与其两个输入之间的相位差 $\Delta\phi$ 成线性比例，如图 16.1 所示。在理想情况下，$\overline{V}_{out}$ 和 $\Delta\phi$ 之间的关系是直线的，且 $\Delta\phi = 0$ 时直线过原点。这条

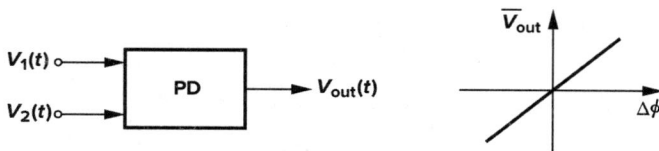

图 16.1 鉴相器的定义

直线的斜率 K_{PD} 就是鉴相器的"增益",其单位为伏/弧度(V/rad)。

鉴相器的一个熟悉的例子就是异或门(XOR)。如图 16.2 所示,当两输入的相位差变化时,输出端的脉冲宽度也相应变化,从而可得到一个与 $\Delta\phi$ 成正比的直流电平。异或门电路对上升沿和下降沿都产生误差脉冲,而其他的鉴相器可能只对正沿或者负沿产生响应。

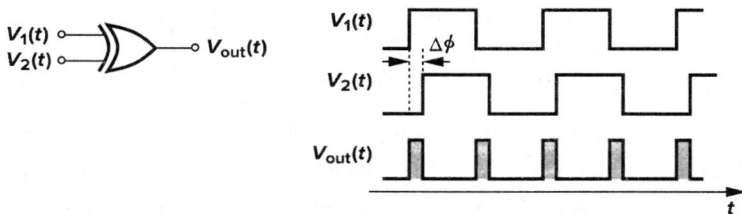

图 16.2　用异或门实现的鉴相器

例 16.1

在图 16.2 中,如果异或门的输出摆幅为 V_0 伏,那么该电路作为鉴相器时的增益为多少?并画出鉴相器的输入-输出特性曲线。

解:若相位差从零增加到 $\Delta\phi$ 弧度,那么每个脉冲的面积增加到 $V_0\Delta\phi$。因为一个周期里有两个脉冲,所以平均值上升到 $2[V_0\Delta\phi/(2\pi)]$,从而增益为 V_0/π。注意,增益与输入频率无关。

为建立输入-输出特性,我们检查在不同输入相位差时电路的输出。如图 16.3 所示,当 $\Delta\phi=\pi/2$ 时平均输出电压 $\overline{V}_{out}$ 的值为 $(V_0/\pi)\times\pi/2=V_0/2$,当 $\Delta\phi=\pi$ 时 $\overline{V}_{out}=V_0$。若 $\Delta\phi>\pi$, $\overline{V}_{out}$ 开始下降,当 $\Delta\phi=3\pi/2$ 时降为 $V_0/2$,$\Delta\phi=2\pi$ 时降为零。因此输入-输出特性是周期性的,表现为增益可为正也可为负。

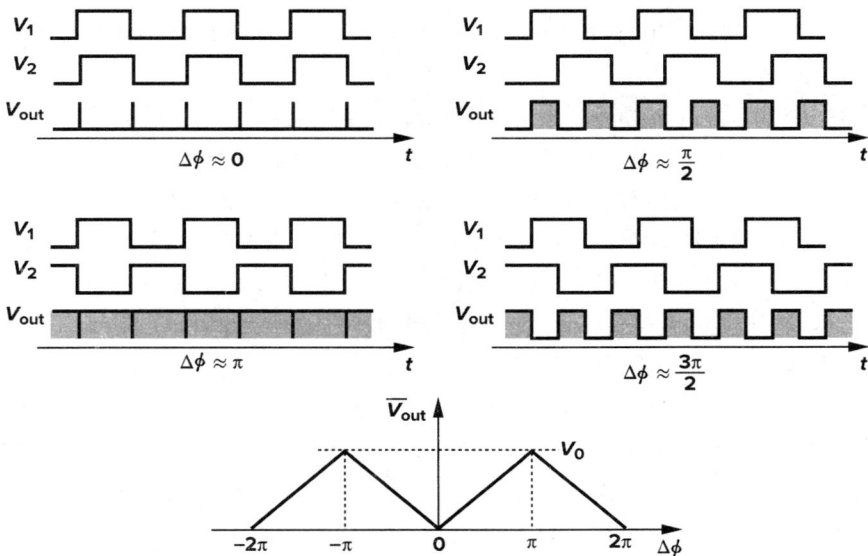

图 16.3

16.1.2 基本的 PLL 结构

为得出锁相的概念,让我们考虑一个使 VCO 的输出相位与参考时钟的相位对齐的问题。(鼓励读者复习前面章节中的 VCO 数学模型。)如图 16.4(a)所示,V_{VCO} 的上升沿与 V_{CK} 的上升沿"偏差"Δt 秒,而我们希望消除这个误差。假设 VCO 有一个单端的控制输入 V_{cont},我们注意到,要使 VCO 的输出相位变化,必须改变 VCO 的频率,使其产生积分 $\phi = \int (\omega_0 + K_{VCO} V_{cont}) dt$。例如,假设如图 16.4(b)所示,VCO 的频率在 $t = t_1$ 跳变到更大的值。电路则更快地积累相位,逐渐减小相位误差。当 $t = t_2$ 时,相位误差降到零,这时候若 V_{cont} 回到了最初值,那么 V_{VCO} 和 V_{CK} 就保持对齐了。有趣的是,也可以在一定时间内通过降低 VCO 振荡频率的方法来使 V_{VCO} 和 V_{CK} 相位对齐(习题 16.2)。因此,相位对齐只能通过(暂时的)频率改变得到。

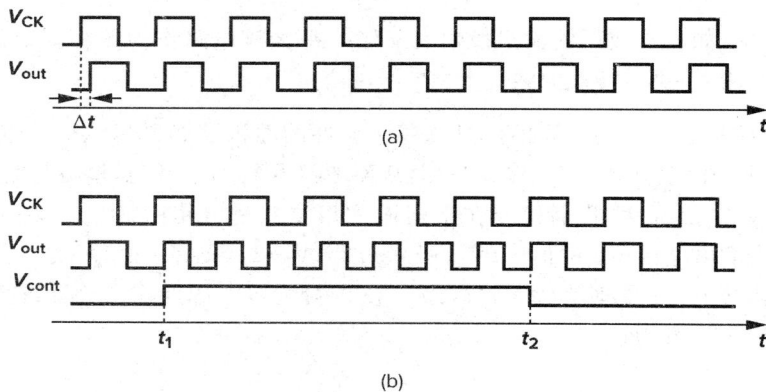

图 16.4 (a)有相位偏差的两个时钟波形;(b)改变 VCO 频率来消除相位偏差

从上面的分析可知,在下列条件下,VCO 的输出相位能够与参考相位对齐:(1)VCO 的振荡频率可以随时变化;(2)有一个比较两个相位的电路,也就是鉴相器,用来确定何时 VCO 和参考信号对齐了。对齐 VCO 输出相位和参考相位的操作被称为"相位锁定"。

从以上的分析,我们可以推测,锁相环只是由鉴相器和压控振荡器组成的反馈系统,如图 16.5(a)所示。鉴相器比较 V_{out} 和 V_{in} 的相位,产生一个误差去改变 VCO 的振荡频率,直到相位对齐,也就是,环路锁定。但是,这个电路必须修改,其原因是:(1)以图 16.2 所示的波形为例,鉴相器的输出 V_{PD} 由直流分量(所希望的)和高频分量(不希望有的)组成;(2)在第 15 章已指出,振荡器的控制电压在稳态必须保持恒定,也就是说鉴相器的输出必须经过滤波。因此,我们可在鉴相器和 VCO 之间插入一个低通滤波器(LPF),如图 16.5(b)所示,用来抑制鉴相器输出的高频成分,仅把直流分量送到振荡器。这样就构成了基本的锁相环电路。暂时我们假设该低通滤波器在低频下具有单位增益(例如,一阶 RC 电路)。

重要的是要记住,图 16.5(b)所示的反馈环路是比较输入与输出的相位。不像前面几章研究的反馈电路,锁相环一般不需了解其反馈的电压或者电流。如果环路增益足够大,那么在稳态时,输入相位 ϕ_{in} 与输出相位 ϕ_{out} 之间的差就会降到很小的值,使相位对齐。

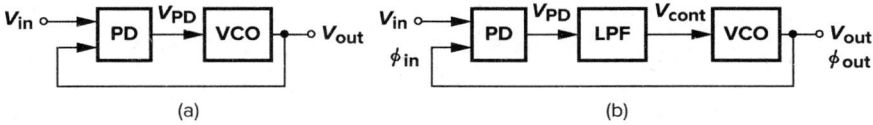

图 16.5　（a）比较输入输出相位的反馈环路；（b）简单的锁相环

为了后续锁相环的分析，我们必须仔细定义相位锁定条件。如果图 16.5(b) 的环路锁定了，我们假定 $\phi_{out} - \phi_{in}$ 恒定而且最好是很小的。因此我们定义，如果 $\phi_{out} - \phi_{in}$ 值不随时间改变，那么环路就锁定了。其中，该定义一个重要的推论是

$$\frac{\mathrm{d}\phi_{out}}{\mathrm{d}t} - \frac{\mathrm{d}\phi_{in}}{\mathrm{d}t} = 0 \tag{16.1}$$

因此有

$$\omega_{out} = \omega_{in} \tag{16.2}$$

这就是锁相环的独特属性，在后边还要进一步讨论它。

总之，当锁相环锁定时，其输出相对于输入存在一个小的相位误差，但频率是精确相同的。那么读者可能想知道：究竟为什么要使用锁相环，执行上述的功能，用一根短的导线似乎更好！我们将在 16.5 节中回答这个问题。

例 16. 2 ───

用 CMOS 技术实现一个简单锁相环。

解：如图 16.6 所示，鉴相器采用异或门结构。VCO 是一个负跨导 LC 振荡器，其频率由变容二极管调节。

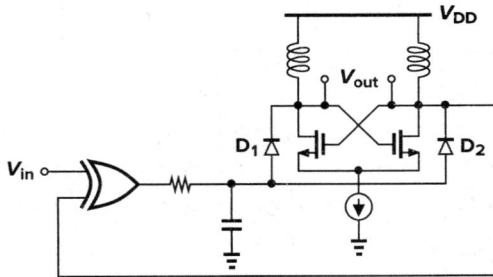

图 16.6

654

锁定状态下的锁相环波形

为了熟悉锁相环的行为，我们从最简单的情况开始：电路处于锁定而我们希望分析环路中每个点的波形。如图 16.7(a) 所示，V_{in} 和 V_{out} 之间有一小的相位差但频率相等。因此鉴相器产生一定宽度的脉冲输出[①]，该宽度等于 V_{in} 和 V_{out} 之间的相位偏差，而低通滤波器从 V_{PD} 中提

───────────────────────

① 在本例中，鉴相器仅在上升沿输出脉冲。

取出直流分量,再将其送到 VCO。我们假设 LPF 在低频下具有单位增益。V_{LPF} 中的小脉动被称为"波纹"(ripple)。

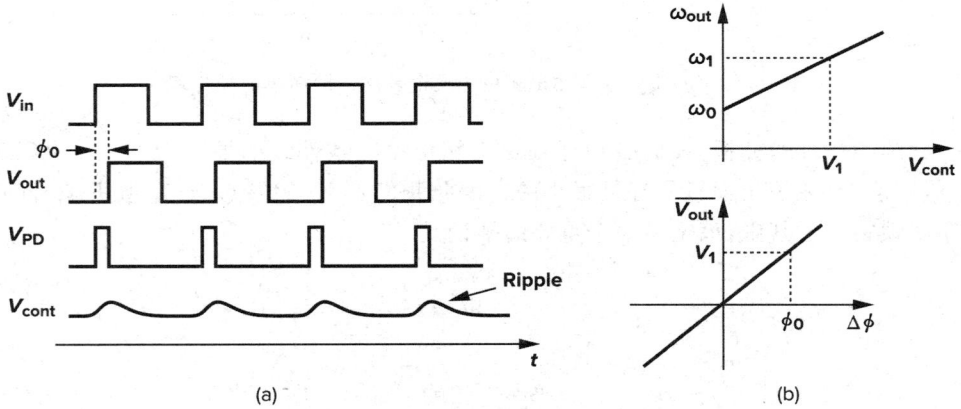

图 16.7　(a)锁定状态下锁相环的波形;(b)相位差的计算

在图 16.7(a)所示的波形中,两个量是未知的:ϕ_0 和 V_{cont} 的直流电平。为了确定这两个值,我们构造出 VCO 和 PD 的特性[图 16.7(b)]。如果输入和输出的频率都等于 ω_1,则相应的振荡器的控制电压只能是唯一值且等于 V_1。该直流电压必须由鉴相器产生,所需要的相位误差是由 PD 的特性决定的。因为 $\omega_{\text{out}} = \omega_0 + K_{\text{VCO}} V_{\text{cont}}$ 和 $\overline{V_{\text{PD}}} = K_{\text{PD}} \Delta \phi$,所以我们可以更明确地得出

$$V_1 = \frac{\omega_1 - \omega_0}{K_{\text{VCO}}} \tag{16.3}$$

和

$$\phi_0 = \frac{V_1}{K_{\text{PD}}} \tag{16.4}$$

$$= \frac{\omega_1 - \omega_0}{K_{\text{PD}} K_{\text{VCO}}} \tag{16.5}$$

式(16.5)显示了两个要点:(1)如果锁相环的输入频率变化,那么相位误差也同时变化;(2)为使相位误差减到最小,$K_{\text{PD}} K_{\text{VCO}}$ 的值必须最大。

例 16.3 ━━━━━━━━━━━━━━━━━━━━━━━━━━━━━━━

一个锁相环中的 VCO 和鉴相器的特性曲线如图 16.8 所示。解释在锁定状态下输入频率变化时发生什么情况。

解:鉴相器的特性在原点附近是相对线性的,但是如果相位差等于 $\pm \pi/2$,鉴相器的小信号增益为零,此时平均输出电压为 $\pm V_0$。现在假设输入频率从 ω_0 开始增加,则 VCO 的控制电压要更高。如果输入频率足够高($=\omega_X$),则要求 $V_{\text{cont}} = V_0$,那么鉴相器必须工作在其特性曲线的峰值。但此时鉴相器的增益降到了零,反馈环路失效。因此,如果输入频率 $\omega_{\text{in}} = \omega_X$,电路无法锁定。

655

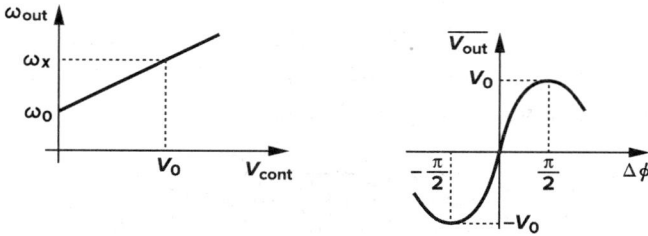

图 16.8

基本理解了上述所研究的锁相环后,我们再回到式(16.2)。在锁定状态下,锁相环的输入输出频率精确相等是一个关键特性。从下面两点可以看出这个特性的重要性。第一,在许多应用中,即使非常小的(决定性的)频率误差也是不可接受的。例如,一数据流由一时钟系统来同步处理,即使数据传输速率和时钟频率差别很小,也会导致数据"漂移",出现错误,如图 16.9 所示。第二,如果锁相环比较的是输入输出的频率而不是相位,精确相等就**不**可能存在。如图 16.10(a) 所示,如果锁相环回路中采用鉴频器(FD),那么可能会因为各种失配和其它非理想性的原因,使 ω_{in} 和 ω_{out} 之间存在一定的差别。这一点可以通过类似图 16.10(b) 所示的单位增益反馈电路来理解。即使运放的开环增益无穷大,但运放输入参考的失调电压也会导致 V_{in} 和 V_{out} 之间一定的误差。

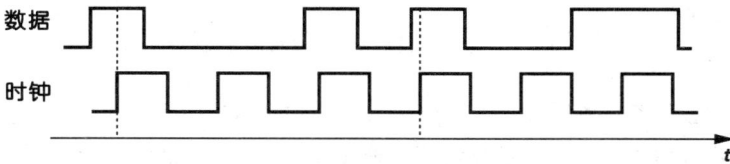

图 16.9　在小的频率误差存在的情况下数据相对时钟的漂移

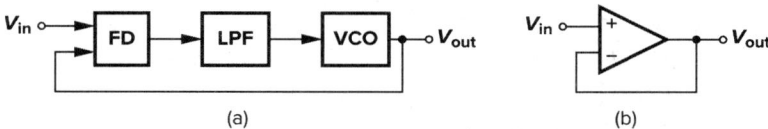

图 16.10　(a)频率锁定环;(b)单位增益反馈放大器

锁定状态下小的瞬态过程

现在让我们分析在锁定状态下,锁相环对输入端相位或频率微小瞬态变化的响应。

考虑锁相环处于锁定状态,假设输入输出波形可表示为

$$V_{in}(t) = V_A \cos\omega_1 t \tag{16.6}$$

$$V_{out}(t) = V_B \cos(\omega_1 t + \phi_0) \tag{16.7}$$

这里忽略了高次谐波,ϕ_0 是静态的相位误差。如图 16.11 所示,假设输入在 $t=t_1$ 时有一相位阶跃 ϕ_1,也就是,$\phi_{in} = \omega_1 t + \phi_1 u(t-t_1)$[①]。相位阶跃显示出 V_{in} 的上升沿早于(或晚于)周期性规

656

---

① 　在本例中,ϕ_{in} 和 ϕ_{out} 分别指入输出的总相位。

定的时间。或者我们可以说,相位阶跃导致 t_1 之前产生了一个更短（或更长）的周期。由于 LPF 的输出无法瞬时改变,所以 VCO 开始还是振荡在 ω_1 频率。随着输入输出间相位差的增加,鉴相器产生的脉冲宽度增大,迫使 V_{LPF} 逐渐升高。结果,VCO 的频率开始改变,试图将相位误差减到最小。注意,在瞬态过程中环路没有锁定,因为相位误差一直随时间变化。

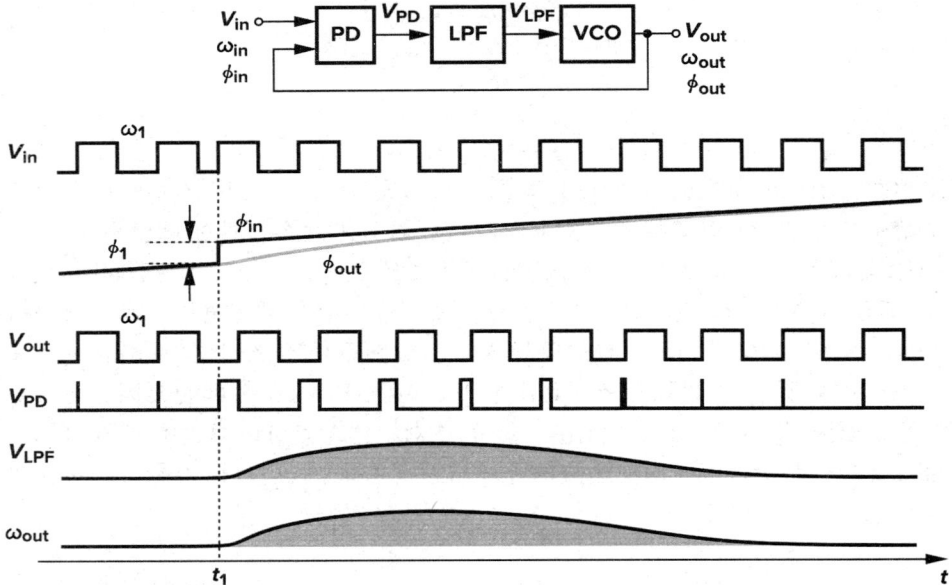

图 16.11　锁相环对相位阶跃的响应

那么在 VCO 的频率开始改变后将会怎么样呢? 如果锁相环又回到锁定状态,ω_{out} 必须最终回到 ω_1,要求 V_{LPF} 和 $\phi_{out} - \phi_{in}$ 也都回到其原来的值。由于 ϕ_{in} 已经变化了 ϕ_1,所以 VCO 频率的变化必须使 ω_{out} 下的面积能够为 ϕ_{out} 提供增加的相位 ϕ_1,即

$$\int_{t_1}^{\infty} \omega_{out} dt = \phi_1 \tag{16.8}$$

因此,当锁相环再次稳定下来时,输出 V_{out} 变为

$$V_{out}(t) = V_B \cos[\omega_1 t + \phi_0 + \phi_1 u(t - t_1)] \tag{16.9}$$

从而,如图 16.11 所示,ϕ_{out} 就慢慢"赶上"了 ϕ_{in}。

我们从以下两个方面进行观察是十分重要的:(1)在锁相环又回到锁定状态之后,所有参数（总的输入输出相位除外）都回到其初始值。也就是说,$\phi_{in} - \phi_{out}$、V_{LPF} 以及 VCO 的振荡频率都保持不变,这是我们所期望的结果,因为这三个参数存在一一对应的关系而输入频率保持不变。(2)在分析锁相环时,振荡器的控制电压可作为一个合适的测试点。在图 16.11 中,虽然很难测量相位和频率随时间的变化,但是在仿真和测量中容易监测 $V_{cont}(= V_{LPF})$。

读者可能想知道,输入相位阶跃是否总是引起图 16.11 所示的响应呢? 例如,在 V_{LPF} 稳定到其最终值以前是否可能产生振荡呢? 这种现象的确可能,在 16.1.3 小节中将定量分析这个问题。

现在让我们分析输入频率在 $t = t_1$ 时有一小的阶跃 $\Delta\omega$ 的情况下锁相环的响应,如图 16.12所示。与相位阶跃的情况一样,VCO 的初始振荡频率也为 ω_1。这样鉴相器产生逐渐

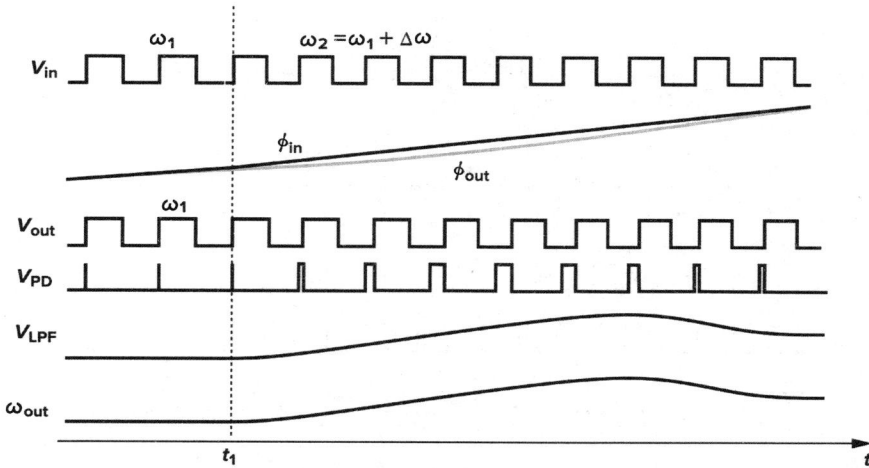

图 16.12　锁相环对小的频率阶跃的响应

增宽的脉冲,而 V_{LPF} 随时间增大。当 ω_{out} 达到 $\omega_1 + \Delta\omega$ 时,鉴相器输出的脉冲宽度减小,最终稳定到一个值,使得其直流分量的值等于 $(\omega_1 + \Delta\omega - \omega_0)/K_{VCO}$。与相位阶跃的情况相反,锁相环对频率阶跃的响应使控制电压和相位误差均有一个永久的改变。如果输入频率缓慢地变化,则 ω_{out} 只是"跟踪"ω_{in}。

　　锁相环准确的稳定行为取决于环路的各种参数,这将在 16.1.3 小节中讨论。但是,为了得出一个重要的观察结果,我们考虑图 16.13 所示的相位阶跃的响应,这里 V_{cont} 在稳定到最终值以前有一段减幅振荡。考虑环路在 $t = t_2$ 时的状态。在这一点,尽管输出频率等于其最终值(因为 V_{cont} 等于其最终值),但环路还在继续变化,因为相位误差还偏离所要求的值。同样,在 $t = t_3$ 处,虽然相位误差等于其最终值,但此时输出频率没有到最终值。换句话说,要使环路稳定,相位和频率都必须稳定到适当的值。

658

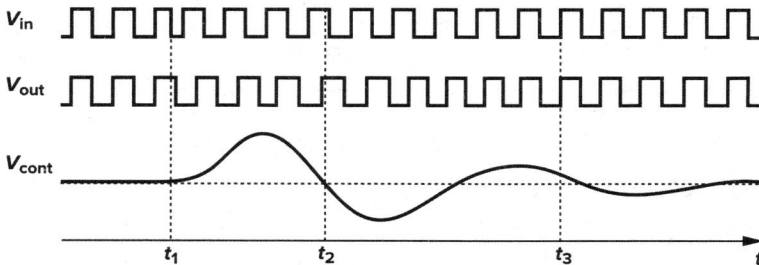

图 16.13　相位阶跃响应的例子

例 16.4

考虑如图 16.14 所示锁相环,一外部电压 V_{ex} 加在低通滤波器的输出端[①]。

(a)如果环路锁定且 $V_{ex} = V_1$,求相位误差和 V_{LPF}。

---

① 这种结构在无线通信中用于一些类型的频率调制。

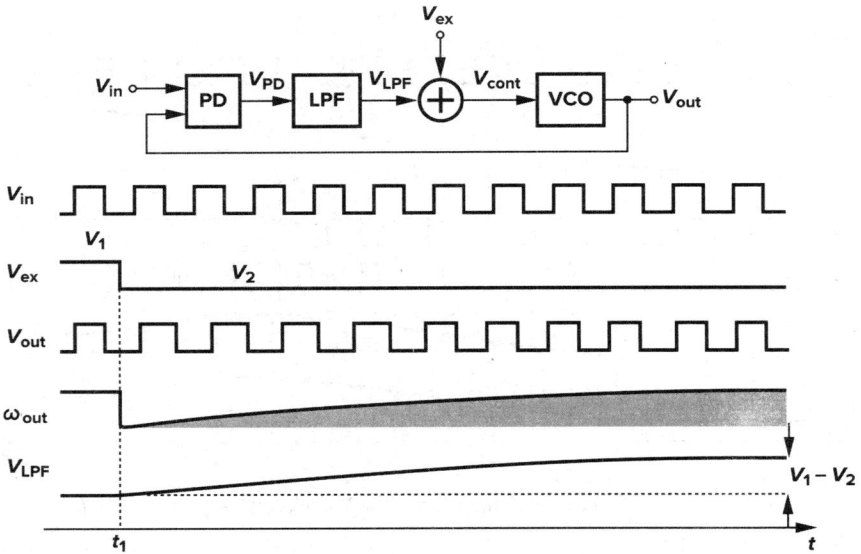

图 16.14

(b)假设 V_{ex} 在 $t=t_1$ 时从 V_1 阶跃到 V_2,那么环路如何响应?

解:(a)如果环路锁定,有 $\omega_{out}=\omega_{in}$ 和 $V_{cont}=(\omega_{in}-\omega_0)/K_{VCO}$。因此,$V_{LPF}=(\omega_{in}-\omega_0)/K_{VCO}-V_1$ 且 $\Delta\phi=V_{LPF}/K_{PD}=(\omega_{in}-\omega_0)/(K_{PD}K_{VCO})-V_1/K_{PD}$。

(b)当 V_{ex} 从 V_1 阶跃到 V_2 时,V_{cont} 立即从 $(\omega_{in}-\omega_0)/K_{VCO}$ 变到 $(\omega_{in}-\omega_0)/K_{VCO}+(V_2-V_1)$,使 VCO 的振荡频率变为 $\omega_{in}-K_{VCO}(V_1-V_2)$。由于电压 V_{LPF} 不能立即变化,所以鉴相器开始输出渐宽的脉冲,使 V_{LPF} 电压升高,输出频率 ω_{out} 增加。当环路回到锁定状态时,有 ω_{out} 等于 ω_{in} 且 $V_{LPF}=(\omega_{in}-\omega_0)/K_{VCO}-V_2$。相位误差也变为 $(\omega_{in}-\omega_0)/(K_{PD}K_{VCO})-V_2/K_{PD}$。注意,在变化过程中 ω_{out} 下的面积等于输出相位的改变,因此相位误差的改变为

$$\int_{t_1}^\infty \omega_{out}\,dt = \frac{V_1-V_2}{K_{PD}} \tag{16.10}$$

由到目前为止我们所研究的内容,我们可以得出,锁相环是"动态"系统,即锁相环的响应与输入和输出的过去的值都有关系。这一点正是我们所预料的,原因是在环路的传输函数中,低通滤波器和 VCO 都会引入极点(可能还有零点)。而且,我们注意到,只要输入输出完美地保持周期性(即,$\phi_{in}=\omega_{in}t$ 且 $\phi_{out}=\omega_{in}t+\phi_0$),那么环路就工作在稳定状态,不会发生瞬态变化。所以,只有输入或输出的**剩余**相位(excess phase)发生变化时,锁相环才会有响应。例如在图 16.11 中,$\phi_{in}=\omega_1t+\phi_1u(t-t_1)$,在图 16.12 中,$\phi_{in}=\omega_1t+\Delta\omega\cdot tu(t-t_1)$。

16.1.3 简单锁相环的动态特性

在前面的几节中我们对锁相环进行了定性分析,现在更严格地研究锁相环的瞬态行为。假设最初环路处于锁定状态,我们把锁相环当作一个反馈系统对待,但我们知道,这里分析的

输出量必须是 VCO 的(剩余)相位,这是因为"误差放大器"只比较相位。我们的目标是求出开环系统和闭环系统的传输函数 $\Phi_{out}(s)/\Phi_{in}(s)$,然后研究时域的响应。请注意:经过鉴相器后,量纲从相位变成了电压;经过 VCO 后,量纲从电压变成了相位。

那么 $\Phi_{out}(s)/\Phi_{in}(s)$ 意味着什么呢? 这里与更熟悉的传输函数进行类比是很有用的。如果一个电路,其传输函数为 $V_{out}(s)/V_{in}(s)=1/(1+s/\omega_0)$,则被认为是一个低通滤波器,因为如果 V_{in} 变化很快,V_{out} 无法完全跟上 V_{in} 的变化。同样地,$\Phi_{out}(s)/\Phi_{in}(s)$ 也表示当输入相位变化快或者慢时输出相位如何跟踪输入相位。

为了使剩余相位随时间的变化更加直观,考虑图 16.15 所示的波形。图 16.15(a)中,周期缓慢地变化,图 16.15(b)中的周期变化很快。因此,$y_2(t)$ 的相位变化得比 $y_1(t)$ 快。

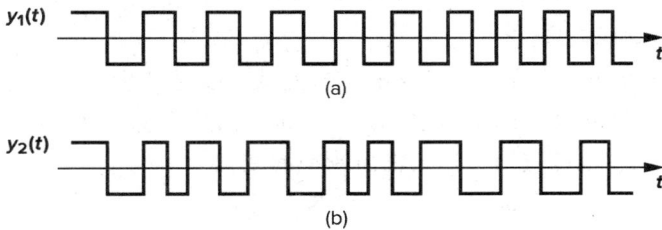

图 16.15　剩余相位快与慢的变化

让我们构造一个锁相环的线性模型,为简单起见,可假设低通滤波器只有一阶。鉴相器的输出除了高频分量,还有一直流分量等于 $K_{PD}(\phi_{out}-\phi_{in})$。因为高频分量被 LPF 抑制掉了,所以我们将鉴相器模型简化成一个减法器,其输出被"放大"了 K_{PD} 倍。如图 16.16 所示,LPF 的传输函数为 $1/(1+s/\omega_{LPF})$,其中 ω_{LPF} 是指 -3 dB 带宽,VCO 的传输函数为 K_{VCO}/s(第 15 章),整个锁相环模型由相位减法器、LPF 和 VCO 组成。这里,ϕ_{in} 和 ϕ_{out} 分别指输入和输出波形的剩余相位。例如,如果总的输入相位有一阶跃变化 $\phi_1 u(t)$,那么 $\phi_{in}(s)=\phi_1/s$。

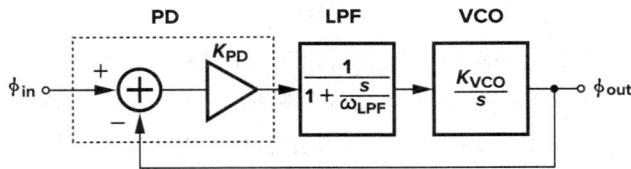

图 16.16　Ⅰ型锁相环线性模型

开环传输函数可以表示如下:

$$H(s)\Big|_{open} = \frac{\phi_{out}}{\phi_{in}}(s)\Big|_{open} \tag{16.11}$$

$$= K_{PD}\frac{1}{1+\dfrac{s}{\omega_{LPF}}}\frac{K_{VCO}}{s} \tag{16.12}$$

上式在 $s=-\omega_{LPF}$ 处和 $s=0$ 处有两个极点。注意,由于反馈系数为 1,所以环路增益等于 $H(s)\big|_{open}$。而且,因为环路增益在原点处有一个极点,故称该系统为"Ⅰ型"。

在计算闭环传输函数以前,让我们先做一重要的分析。如果 s 很小,即输入剩余相位变化非常缓慢,环路增益是什么呢? 因为在原点处有一个极点,所以当 s 趋近于零时,环路增益趋于无穷大,这一点与第 8 章和第 10 章中讲过的反馈电路相反。因此,锁相环(在闭环、锁定状态下)在 s 趋近于零时,可保证 ϕ_{out} 的变化恰好等于 ϕ_{in} 的变化。这个结论预示了锁相环两个有趣的特性。首先,如果输入剩余相位变化非常缓慢,那么输出剩余相位"跟踪"其变化。(最终,ϕ_{out} "锁定"在 ϕ_{in}。)其次,如果 ϕ_{in} 中的瞬变已经消失了(另一种对应于 $s \to 0$ 的情况),那么 ϕ_{out} 的变化量精确地与 ϕ_{in} 的相同。在图 16.11 所示的例子中这的确是正确的。

由式(16.12),我们可以写出闭环传输函数为

$$H(s)\Big|_{\text{closed}} = \frac{K_{\text{PD}}K_{\text{VCO}}}{\dfrac{s^2}{\omega_{\text{LPF}}} + s + K_{\text{PD}}K_{\text{VCO}}} \tag{16.13}$$

为简单起见,我们以后仅以 $H(s)$ 或 $\Phi_{\text{out}}/\Phi_{\text{in}}$ 来表示 $H(s)\Big|_{\text{closed}}$。正如所料的,如果 $s \to 0$,因为环路增益无穷大,所以 $H(s) \to 1$。

为了更进一步分析 $H(s)$,我们可以导出一个关系式以便对系统有更直观的理解。回想到波形的瞬时频率等于相位对时间的导数:$\omega = d\phi/dt$。因为频率与相位是线性关系,所以式(16.13)所示的传输函数也可应用于输入输出频率的变化

$$\frac{\omega_{\text{out}}}{\omega_{\text{in}}}(s) = \frac{K_{\text{PD}}K_{\text{VCO}}}{\dfrac{s^2}{\omega_{\text{LPF}}} + s + K_{\text{PD}}K_{\text{VCO}}} \tag{16.14}$$

比如说,这个结果预示了如果 ω_{in} 变化非常缓慢($s \to 0$),那么 ω_{out} 将随 ω_{in} 变化,这又是所希望的结果,因为环路是假设处于锁定状态。从式(16.14)还可以看出,如果 ω_{in} 突然改变,而系统又有充足的时间稳定下来($s \to 0$),那么 ω_{out} 的变化量也等于 ω_{in} 的变化量(如图 16.12 的例子所示)。

上述观察从两个方向帮助了分析。首先,对闭环系统的一些瞬态响应按频率量变化来分析比按相位量变化分析更直观。其次,因为 ω_{out} 的变化必定伴随 V_{cont} 的变化,所以我们有

$$H(s) = K_{\text{VCO}}\frac{V_{\text{cont}}}{\omega_{\text{in}}}(s) \tag{16.15}$$

也就是说,监测 V_{cont} 对 ω_{in} 变化的响应的确就可以得到闭环系统的响应。

式(16.13)的二阶传输函数表明:Ⅰ型系统的阶跃响应可能会出现过阻尼、临界阻尼或欠阻尼现象。为了得到每种情况出现的条件,可把式(16.13)的分母写成控制理论中常用的形式,即 $s^2 + 2\zeta\omega_{\text{n}}s + \omega_{\text{n}}^2$,其中,$\zeta$ 是"阻尼系数",ω_{n} 是"固有频率"。也就是

$$H(s) = \frac{\omega_{\text{n}}^2}{s^2 + 2\zeta\omega_{\text{n}}s + \omega_{\text{n}}^2} \tag{16.16}$$

其中

$$\omega_{\text{n}} = \sqrt{\omega_{\text{LPF}}K_{\text{PD}}K_{\text{VCO}}} \tag{16.17}$$

$$\zeta = \frac{1}{2}\sqrt{\frac{\omega_{\text{LPF}}}{K_{\text{PD}}K_{\text{VCO}}}} \tag{16.18}$$

闭环系统的两个极点由下面给出:

$$s_{1,2} = -\zeta\omega_{\text{n}} \pm \sqrt{(\zeta^2-1)\omega_{\text{n}}^2} \tag{16.19}$$

$$= (-\zeta \pm \sqrt{\zeta^2-1})\omega_{\text{n}} \tag{16.20}$$

因此,如果 $\zeta > 1$,两个极点都为实数,系统是过阻尼的,那么瞬态响应包括了两个指数,它们的

时间常数分别为 $1/s_1$ 和 $1/s_2$。另一方面,如果 $\zeta<1$,则两个极点都为复数,且对输入频率阶跃 $\omega_{\text{in}}=\Delta\omega u(t)$ 的响应为

$$\omega_{\text{out}}(t)=\left\{1-\text{e}^{-\zeta\omega_{\text{n}}t}\left[\cos(\omega_{\text{n}}\sqrt{1-\zeta^2}t)+\frac{\zeta}{\sqrt{1-\zeta^2}}\sin(\omega_{\text{n}}\sqrt{1-\zeta^2}t)\right]\right\}\Delta\omega u(t) \qquad (16.21)$$

$$=\left[1-\frac{1}{\sqrt{1-\zeta^2}}\text{e}^{-\zeta\omega_{\text{n}}t}\sin(\omega_{\text{n}}\sqrt{1-\zeta^2}t+\theta)\right]\Delta\omega u(t) \qquad (16.22)$$

其中 ω_{out} 是指输出频率的变化量,且 $\theta=\arcsin\sqrt{1-\zeta^2}$。因此,如图 16.17 所示,阶跃响应中包含一个正弦成分,其频率为 $\omega_{\text{n}}\sqrt{1-\zeta^2}$,其衰减的时间常数为 $(\zeta\omega_{\text{n}})^{-1}$。注意到,如果在输入端加一相位阶跃并观测输出相位,则系统表现出相同的响应。

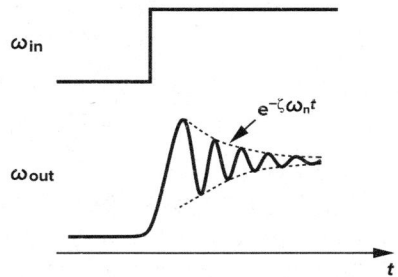

图 16.17　锁相环电路对频率阶跃的
　　　　　欠阻尼响应

锁相环的稳定速度对大多数应用而言很重要。式(16.22)表示指数衰减项决定了输出达到其最终值的速度,这意味着 $\zeta\omega_{\text{n}}$ 必须最大。对于这里研究的 I 型锁相环,由式(16.17)和式(16.18)得出

$$\zeta\omega_{\text{n}}=\frac{1}{2}\omega_{\text{LPF}} \qquad (16.23)$$

此结果显示了在稳定速度和 VCO 控制线上的电压波动之间的关键的折中:ω_{LPF} 越小,鉴相器输出的高频成分被抑制得越厉害,但稳定时间常数越长。

例 16.5

在蜂窝式电话中采用 900 MHz 的锁相环电路来提供载波频率。如果 $\omega_{\text{LPF}}=2\pi\times(20\text{ kHz})$,输出频率从 901 MHz 变为 901.2 MHz,那么当锁相环的输出频率稳定到其最终值的 100 Hz 以内时需要多长时间?

解:由于频率变化了 200 kHz,所以可得

$$\left[1-\text{e}^{-\zeta\omega_{\text{n}}t_{\text{s}}}\sin(\omega_{\text{n}}\sqrt{1-\zeta^2}t_{\text{s}}+\theta)\right]\times 200\text{ kHz}=200\text{ kHz}-100\text{ Hz} \qquad (16.24)$$

因此,有

$$\text{e}^{-\zeta\omega_{\text{n}}t_{\text{s}}}\sin(\omega_{\text{n}}\sqrt{1-\zeta^2}t_{\text{s}}+\theta)=\frac{100\text{ Hz}}{200\text{ kHz}} \qquad (16.25)$$

在最坏情况下,正弦部分等于 1,并且

$$\text{e}^{-\zeta\omega_{\text{n}}t_{\text{s}}}=0.0005 \qquad (16.26)$$

也就是

$$t_s=\frac{7.6}{\zeta\omega_{\text{n}}} \qquad (16.27)$$

$$=\frac{16.2}{\omega_{\text{LPF}}} \qquad (16.28)$$

$$=0.12\text{ ms} \qquad (16.29)$$

除了乘积 $\zeta\omega_{\text{n}}$ 外,ζ 本身的值也非常重要。图 16.18 显示了 ω_{n} 为常数时不同的 ζ 值的几

种情况,从图中可知,对 $\zeta < 0.5$,阶跃响应表现出剧烈的减幅振荡。考虑到锁相环参数随工艺
和温度的变化,ζ 通常选择大于 $\sqrt{2}/2$,或者甚至为 1,以避免过多的振荡[①]。

ζ 值的选择也需要与其它一些参数折中考
虑。首先,式(16.18)意味着,当通过减小 ω_{LPF}
使控制电压的波纹最小时,稳定性也随之下降
了。其次,式(16.5)和式(16.18)表示,相位误
差和 ζ 都与 $K_{PD}K_{VCO}$ 成反比例,因此要降低相
位误差就不可避免的要使系统变得更不稳定。
总之,I 型锁相环要在稳定速度、控制电压的
波纹(也就是输出信号的质量)、相位误差与稳
定性之间进行折中考虑。

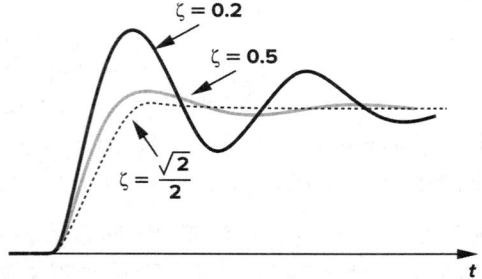

图 16.18   不同 ζ 值的二阶系统欠阻尼响应

锁相环的稳定性行为也可以用图形来分
析,这样会更容易理解。从第 10 章可知,用表
示环路增益的幅度及相位的波特图很容易就
能得出相位裕度。让我们利用式(16.12)来画
出这样的波特图。如图 16.19所示,环路增益
开始在 $\omega = 0$ 处是无穷大,当 $\omega < \omega_{LPF}$ 时以 20
dB/dec 的速率下降,而在 $\omega > \omega_{LPF}$ 后下降速度
是 40 dB/dec。而相位变化从 $-90°$开始,逐渐
降到 $-180°$。

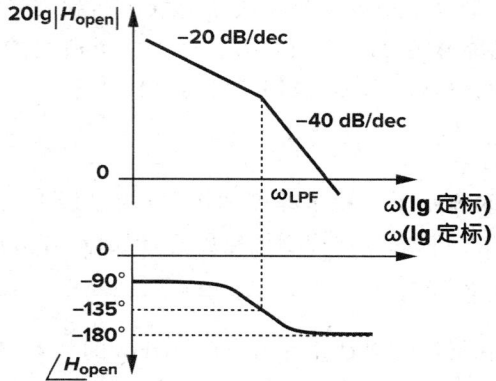

图 16.19   I 型锁相环的波特图

如果为减小 $\phi_{out} - \phi_{in}$ 而选择更大的 K_{PD}
K_{VCO}值,那会出现什么情况呢？因为图 16.19
中的整个增益曲线将向上移,增益交点将向右
移,因此相位裕度就减小了。这和 ζ 与 K_{PD}
K_{VCO} 的关系相一致。

至此,由上述的分析可知,$K_{PD}K_{VCO}$ 对锁相环的许多重要参数都有影响。$K_{PD}K_{VCO}$ 有时也
被称为环路增益(尽管它不是无量纲的),这是因为式 $\Delta\phi = (\omega_{out} - \omega_{in})/K_{PD}K_{VCO}$ 与反馈系统中
的误差方程相似。

I 型锁相环的稳定特性也可以采取如下方法来分析,即
分析其在复平面上的极点的轨迹如何随参数 $K_{PD}K_{VCO}$ 变化而
改变,如图 16.20 所示。当 $K_{PD}K_{VCO} = 0$ 时,环路处于开环状
态,于是有 $\zeta = \infty$,两个极点分别为 $s_1 = -\omega_{LPF}$ 和 $s_2 = 0$。随着
$K_{PD}K_{VCO}$增大(也就是反馈变得更强了),ζ 值减小,两个极点
为,$s_{1,2} = (-\zeta \pm \sqrt{\zeta^2 - 1})\omega_n$,在实轴上相互靠得更近了。对于
$\zeta = 1$(即 $K_{PD}K_{VCO} = \omega_{LPF}/4$),有 $s_1 = s_2 = -\zeta\omega_n = -\omega_{LPF}/2$。
$K_{PD}K_{VCO}$再进一步增大,两个极点就变成了复数,其实部等于

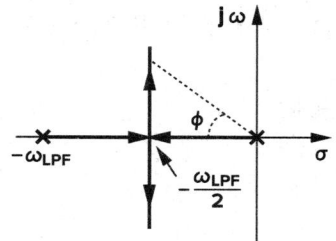

图 16.20   I 型锁相环的根轨迹

[①]   在传输函数中,低的 ζ 值也可能会引起尖峰。因此,为避免出现尖峰,有些应用要求 ζ 值在 5～10 之间。

$-\zeta\omega_n = -\omega_{LPF}/2$，移动方向与 $j\omega$ 轴平行。

从图 16.20 可知，当 s_1 和 s_2 离开实轴时，系统的稳定性变差。实际上，读者也可以证明 $\cos\varphi = \zeta$（见习题 16.8），也就得出，当 φ 趋近于 $90°$ 时，ζ 趋于零。

另一个揭示锁相环稳定特性的传输函数是，图 16.16 中的相位减法器输出的误差的传输函数。定义 $H_e(s) = (\phi_{in} - \phi_{out})/\phi_{in}$，注意到 $\phi_{out}/\phi_{in} = H(s)$，再根据式(16.13)，就可以得出该传输函数为

$$H_e(s) = 1 - H(s) \tag{16.30}$$

$$= \frac{s^2 + 2\zeta\omega_n s}{s^2 + 2\zeta\omega_n s + \omega_n^2} \tag{16.31}$$

正如所料，如果 $s \to 0$ 则 $H_e(s) \to 0$，因为如果输入变化非常缓慢或瞬态变化已经稳定了，输出是跟踪输入的。

例 16.6 ──

假设 I 型锁相环在 $t=0$ 时有一频率阶跃 $\Delta\omega$。计算相位误差的变化量。

解：频率阶跃经过拉普拉斯变换后等于 $\Delta\omega/s$。因为 $H_e(s)$ 表示相位误差与输入相位的关系，我们将输入相位写成 $\Phi_{in}(s) = (\Delta\omega/s)/s = \Delta\omega/s^2$，所以，相位误差的拉普拉斯变换为

$$\Phi_e(s) = H_e(s) \frac{\Delta\omega}{s^2} \tag{16.32}$$

$$= \frac{s^2 + 2\zeta\omega_n s}{s^2 + 2\zeta\omega_n s + \omega_n^2} \frac{\Delta\omega}{s^2} \tag{16.33}$$

根据终值定理，有

$$\phi_e(t = \infty) = \lim_{s \to 0} s\Phi_e(s) \tag{16.34}$$

$$= \frac{2\zeta}{\omega_n} \Delta\omega \tag{16.35}$$

$$= \frac{\Delta\omega}{K_{PD}K_{VCO}} \tag{16.36}$$

与式(16.5)一致。

16.2 电荷泵锁相环

虽然 I 型锁相环被广泛地用分立元件实现，但其缺点却常阻止它在高性能集成电路中的使用。除了需要在 ζ、ω_{LPF} 与相位误差之间进行折中外，I 型锁相环还有另一个严重的缺点，即有限的获取范围。

16.2.1 锁定捕获的问题

当锁相环电路开始工作时，假定其振荡器的工作频率远离输入频率，也就是锁相环处于未

锁定状态。那么,在什么条件下锁相环才能"获得"锁定呢?环路从未锁定状态到锁定状态的转变是一个完全的非线性现象,因为鉴相器检测的是不同的频率。虽然 I 型锁相环锁定捕获的问题在文献[1,2]中已经广泛地研究过了,但是我们还是不加证明地指出,环路"捕获范围"[①]与 ω_{LPF} 是同一数量级,也就是说,只有在 ω_{in} 和 ω_{out} 之间的差比 ω_{LPF} 略小时,环路才锁定[②]。

锁定捕获的问题进一步使 I 型锁相环中的折中关系变紧张了。如果为了抑制电压的波纹而减小 ω_{LPF} 值,那么捕获范围就会减小。注意,即使输入频率的值控制得非常准确,通常也需要较大的捕获范围,这是因为 VCO 的中心频率随工艺和温度变化相当大。在大多数现代的应用中,到现在为止所讨论的简单锁相环的捕获范围被证明是不够的。

为了解决捕获的问题,现代的锁相环除了相位检测外还包含频率检测,这称为"辅助捕获",如图 16.21 所示。其思想是,通过鉴频器比较 ω_{in} 和 ω_{out},产生一个与 $\omega_{in}-\omega_{out}$ 成正比的直流电压分量 V_{LPF2},并且将此电压通过负反馈环路加到 VCO 上。开始时,鉴频器驱使 ω_{out} 值接近 ω_{in} 值,而此时鉴相器保持"静止"。当 $|\omega_{out}-\omega_{in}|$ 足够小时,相位锁定环才开始工作,获得锁定。这种方法可以把捕获范围提高到 VCO 的频率调节范围[③]。

16.2.2　鉴相/鉴频器

对周期性的信号,我们有可能设计出一个电路,该电路既能检测相位差又可检测频率差,这样就可以把图 16.21 的两个反馈回路合并。这样的电路称为鉴相/鉴频器(PFD),图 16.22 画出了其原理。电路使用时序逻辑建立三个状态,并且响应两个输入的上升沿(或下降沿)。如果在初始状态下,$Q_A=Q_B=0$,那么在 A 的上升变化会使 $Q_A=1,Q_B=0$。电路保持这个状态一直保持到 B 变为高电平,此时 Q_A 变为 0。换句话说,如果 A 的上升沿后跟着 B 的上升沿,那么 Q_A 就先变成高电平然后回到低电平。对于 B 输入的情况与之相似。

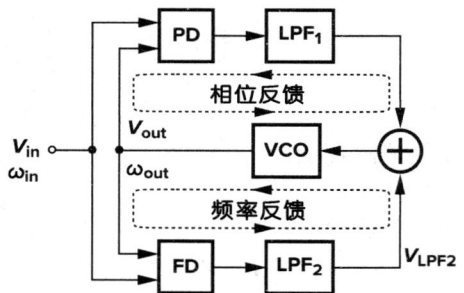

图 16.21　为提高捕获范围而增加频率检测

在图 16.22(a)中,两个输入频率相等,但是 A 相位领先于 B。输出 Q_A 不断产生宽度与 $\phi_A-\phi_B$ 成正比的脉冲,而 Q_B 输出保持为零。在图 16.22(b)中,A 的频率比 B 的频率高,所以 Q_A 有脉冲输出而 Q_B 没有输出。根据对称性,如果 A 相位滞后于 B 或 A 的频率比 B 的小,那么 Q_B 有脉冲输出而 Q_A 没有。因此,Q_A 和 Q_B 的直流成分提供了 $\phi_A-\phi_B$ 或 $\omega_A-\omega_B$ 的相关信息。所以,Q_A 和 Q_B 的输出脉冲分别被称为"向上"(UP)和"向下"(DOWN)脉冲。

---

① 捕获范围、跟踪范围、锁定范围、捕捉范围和牵引范围常用来描述存在输入频率或 VCO 频率变化时的锁相环性能。对我们来说,捕获范围、捕捉范围和牵引范围是相同的。跟踪范围指的是锁定的锁相能够跟踪到的输入频率的范围。由于加上频率检测,捕获范围就等于跟踪范围(对于周期性信号)。

② 这是个非常粗略的估算。实际上,获取范围可比 ω_{LPF} 窄或者宽几倍。我们还假设 VCO 调节范围足够大,不会对捕获范围产生限制。

③ 如果输入频率不是周期的,这个结论可能不正确。

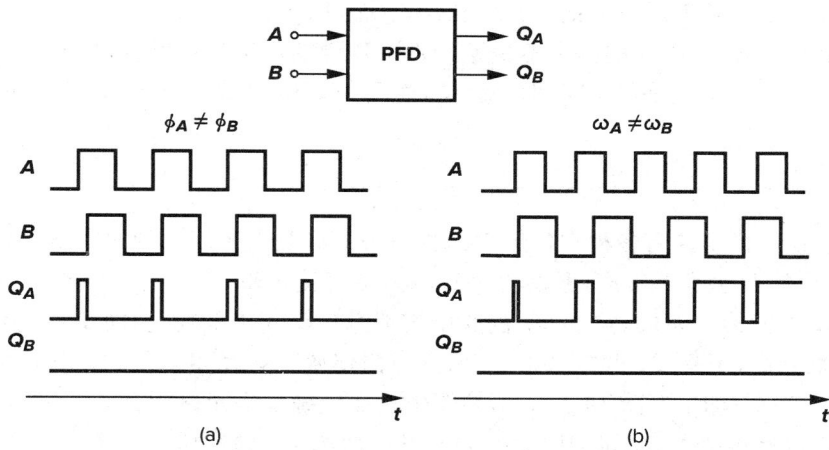

图 16.22 PFD 的工作原理

例 16.7

说明主从式 D 触发器是否可用作鉴相器或鉴频器。假定该触发器能提供差动输出。

解： 如图 16.23(a)所示，我们首先施加两个频率相等且具有一定相位差的输入，假定输出在输入时钟的上升沿处变化。如果 A 超前于 B，那么 V_{out} 将长时间内保持为逻辑"1"，因为 D 触发器始终在 A 的高电平处采样。相反地，如果 A 落后于 B，那么 V_{out} 将保持为低。电路的输入-输出特性在图 16.23(b)中画出，可以看到在 $\Delta\phi=0,\pm\pi,\cdots$ 处电路有很高的增益，而在 $\Delta\phi$ 为其它值时增益为零。D 触发器有时被称为"砰砰"(bang-bang)鉴相器，以强调当 $\Delta\phi$ 从稍

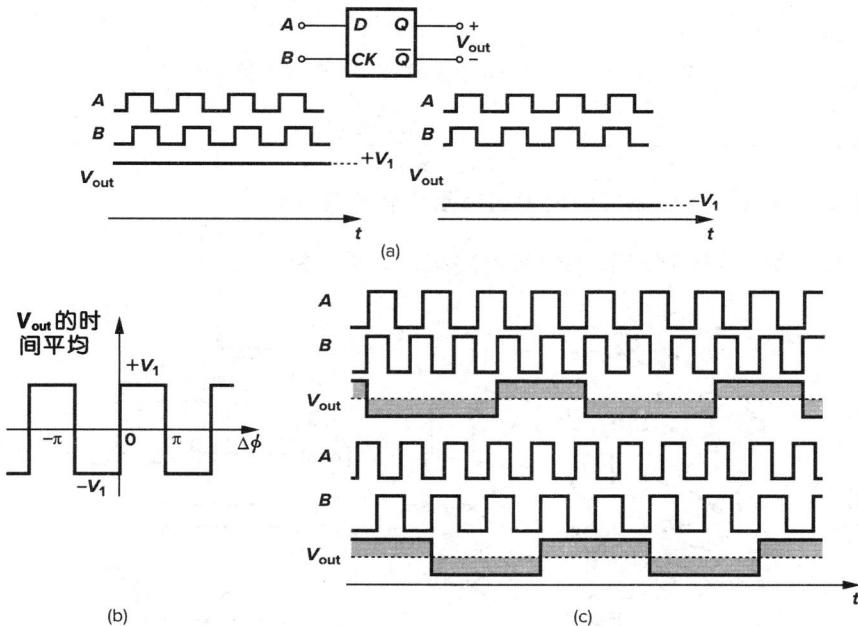

图 16.23 (a)D 触发器用作鉴相器；(b)输入-输出特性；
(c)输入频率不相等时 D 触发器的响应过程

小于零变成稍大于零的值时,V_{out} 的平均值从 $-V_1$ 跳到 $+V_1$。

现在让我们假设 A 和 B 的频率不相等。如果 D 触发器作为鉴频器,那么 V_{out} 的平均值必须表现 $\omega_A > \omega_B$ 和 $\omega_A < \omega_B$ 的不同极性。但是,如图 16.23(c)所示,这两种情况下 V_{out} 的平均值都为零。

图 16.22 所示的电路有各种实现形式。图 16.24(a)是一个简单的实现电路,它由两个边沿触发、带复位的 D 触发器组成,触发器的 D 输入端都接逻辑"1"。我们关心的输入,即 A 和 B,作为触发器的时钟。如果 Q_A 和 Q_B 的起始值都为 0 且 A 由低变高,则 Q_A 输出高电平。接着若 B 也从低到高,于是 Q_B 也输出高电平,则与门使两个触发器复位。换句话说,Q_A 和 Q_B 同时在短时间变高,但两者平均值之间的差值依然能正确地表示输入的相位差或频率差。每个触发器都可以使用图 16.24(b)所示的结构,其中两个 RS 锁存器交叉耦合。锁存器 1 和锁存器 2 分别响应 CK 和 Reset 的上升沿。

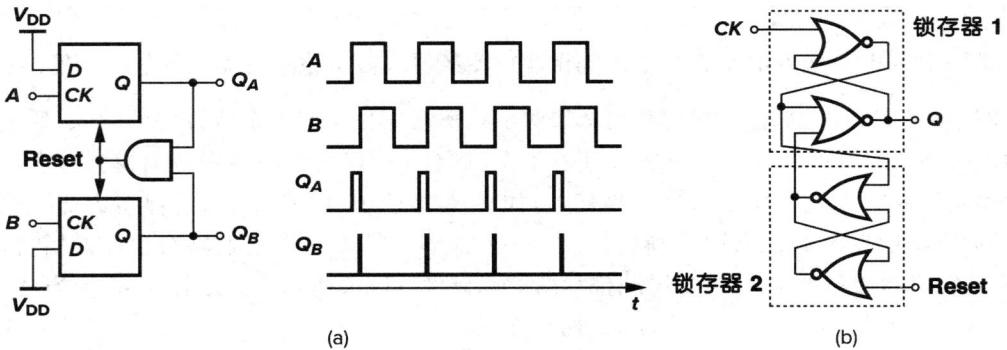

图 16.24   (a)PFD 电路的实现;(b)D 触发器的实现

例 16.8

确定图 16.24(a)中 Q_B 波形中出现的窄复位脉冲的宽度。

解:图 16.25(a)是整个 PFD 的门级电路图。如果电路起始状态是 $A=1,Q_A=1$ 和 $Q_B=$

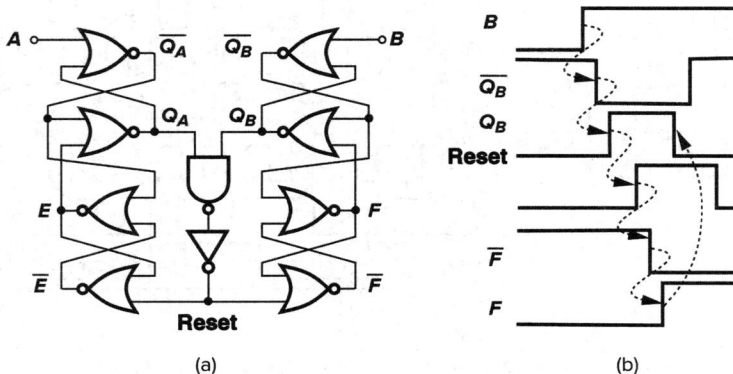

图 16.25

0，B 的上升沿使 $\overline{Q}_B$ 变低，则经过一级门延迟后，Q_B 变高。如图 16.25(b)所示，Q_B 的变化依次传递给了 Reset，$\overline{E}$ 和 $\overline{F}$，E 和 F，最后到 Q_A 和 Q_B。因此，Q_B 的脉冲宽度大约等于 5 级门延时[①]。

画出上述 PFD 的输入-输出特性对分析电路是有益的。当 $\omega_A = \omega_B$ 且忽略窄复位脉冲的影响时，定义输出为 Q_A 平均值与 Q_B 平均值之差，我们注意到，当 $|\Delta\phi|$ 从零开始变化时，输出也对称地变化，如图 16.26 所示。对 $\Delta\phi = \pm 360°$，V_{out} 达到其最大值或最小值并随之改变符号。曲线的斜率可以视为增益。

在锁相环中是怎样应用图 16.24(a)所示的 PFD 呢？既然关心的是 Q_A 和 Q_B 两者平均值的差，所以可以将这两个输出经过低通滤波后，再作为差动输入，如图 16.27 所示。使用这样的拓扑结构的锁相环总是可以锁定，但是由于有限的"环路增益" $K_{PFD}K_{VCO}$，其缺点是具有一定的相位误差。

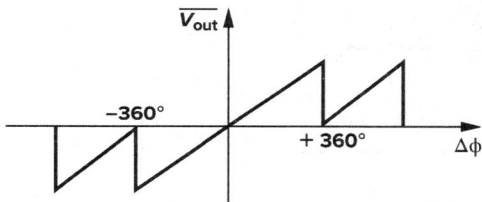

图 16.26　三态 PFD 的输入-输出特性　　　　图 16.27　PFD 电路的输出接到低通滤波器

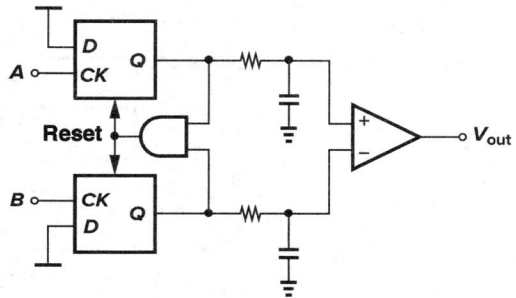

16.2.3　电荷泵

为了避免在 I 型锁相环中存在一定的相位误差，我们希望将环路增益提高到无穷大，或许通过一个积分器可以实现。第一步，我们在 PFD 和环路滤波器之间插入一个"电荷泵"(CP)。电荷泵由两个带开关的电流源组成，电流源对环路滤波器泵入还是泵出电荷由两个逻辑输入信号来决定。图 16.28 所示是一个被 PFD 驱动的电荷泵，它驱动了一个电容。这个电路有三个状态。如果 $Q_A = Q_B = 0$，那么开关 S_1 和 S_2 都断开，V_{out} 保持不变。如果 Q_A 为高而 Q_B 为低，则 I_1 对 C_P 充电。相反，若 Q_A 为低 Q_B 为高，则 C_P 通过 I_2 放电。因此，举例来说，如果 A 超前 B，则 Q_A 连续产生脉冲，V_{out} 不断升高。I_1 和 I_2 分别被称为上拉电流和下拉电流，它们的额定值是相等的。

例 16.9 ————————————————————————

在图 16.28 中，Q_B 波形上的窄脉冲的影响是什么？

解：因为 Q_A 和 Q_B 在一段有限的时间内同时为高（从例 16.8 可知，大约为 5 级门延迟），

669

670

[①]　这是个粗略的近似，因为与非门、反相器、或非门的延时和扇出都不一样。

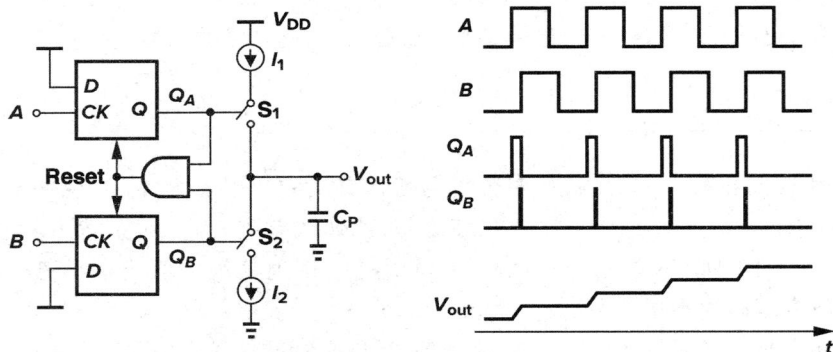

图 16.28 带电荷泵的 PFD 电路

所以电荷泵向 C_P 传送的电流会受影响。实际上,如果 $I_1 = I_2$,在窄复位脉冲期间,流过 S_1 的电流完全流过 S_2,没有电流对 C_P 充电。因此,如图 16.29 所示,在 Q_B 变高后,V_{out} 保持不变。

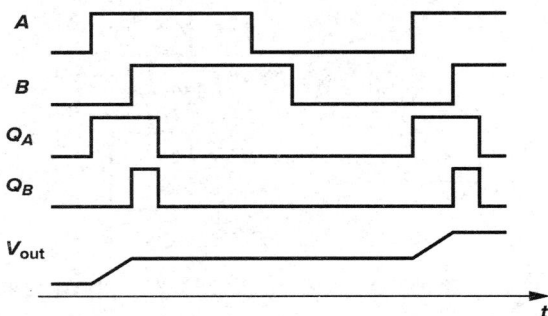

图 16.29

图 16.28 中 PFD/CP/LPF 级联的电路有一个有意思的特性。比如说,如果 A 比 B 超前一定的量,则 Q_A 长时间持续的脉冲会使得电荷泵向 C_P 注入电流 I_1,从而 V_{out} 不断地上升。换句话说,对一定的输入误差,输出最后会达到 $+\infty$ 或 $-\infty$,也就是该电路的"增益"为无穷大。这些级联电路中,PFD 把输入相位误差转换成 Q_A 或 Q_B 上的脉冲宽度,电荷泵把该脉冲宽度转换成电荷,电容器会积累这些电荷。

16.2.4 基本的电荷泵锁相环

现在让我们用图 16.28 电路构造一个锁相环。如图 16.30 所示电路的实现被称为电荷泵锁相环(CPPLL)。它能检测输入和输出的跳变,检测相位差或频率差,并相应地启动电荷泵。当环路开始工作时,ω_{out} 可能离 ω_{in} 很远,PFD 和电荷泵改变控制电压,使 ω_{out} 逼近 ω_{in}。当输入和输出频率足够接近时,PFD 就被当作鉴相器,进行相位锁定。当相位差降到零并且电荷泵保持相对的空闲时,环路就锁定了。

如上所述,PFD/CP/LPF 结合在一起的增益是无穷大的,即只要 ϕ_{in} 和 ϕ_{out} 之间的差不为

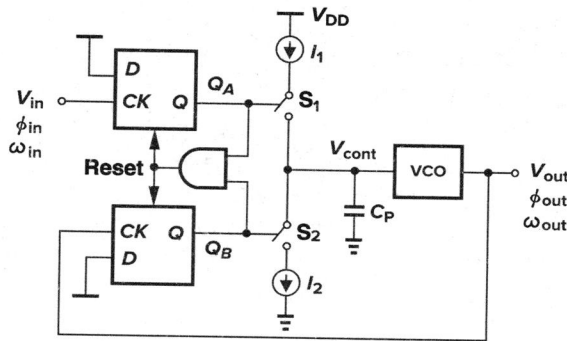

图 16.30 简单的电荷泵锁相电路

零(确定性的),就会导致不断有电荷在 C_P 上积累。在电荷泵锁相环中这个特性导致的最终结果是什么样的呢？当图 16.30 的环路锁定时,V_{cont} 值是一定的。所以输入相位误差必须精确地等于零[1]。这一点与 I 型锁相环的特性大不相同,后者有一定的相位误差,且其大小是输出频率的函数。

为了更深入地了解图 16.30 所示锁相环的工作情况,我们忽略 Q_A 和 Q_B 上的窄复位脉冲,并假定当 $\phi_{out} - \phi_{in}$ 值降为零后,PFD 仅仅产生 $Q_A = Q_B = 0$。从而电荷泵保持空闲而 C_P 使控制电压维持不变。那么,是否这就意味着不需要 PFD 和 C_P 了?! 如果 V_{cont} 长时间保持不变,VCO 振荡频率和相位开始飘移。特别是 VCO 中的噪声源会引起振荡频率随机变化,从而会导致大的相位误差积累。那么 PFD 检测到相位差时,在 Q_A 和 Q_B 上就会产生修正脉冲,这些脉冲通过电荷泵和滤波器调整 VCO 的振荡频率。这就是我们前面指出的、锁相环只响应波形的**剩余**相位的原因。我们还注意到,因为图 16.30 中的相位比较是在每个周期进行,所以 VCO 的相位和频率不会有很大的漂移。

CPPLL 的动态特性

为定量分析电荷泵锁相环的特性,我们必须给 PFD、电荷泵和低通滤波器组成的整体建立一个线性模型,从而得到其传输函数。这样我们就会提出两个问题:(1)图 16.28 中的 PFD/CP/LPF 组合是否是一个线性系统? (2)如果是,怎样计算其传输函数?

为回答第一个问题,我们测试系统的线性度。例如,如图 16.31(a)所示,我们将相位差变为原来的两倍,然后再观察 V_{out} 是否也准确地为原来的两倍。有趣地是,V_{out} 的平坦部分变成两倍,但斜坡部分不是。毕竟,对 C_P 充放电的电流是恒定的,导致斜坡的斜率是个常数,这一点与运放的转换相似。所以,严格地讲,系统不是线性的。为了解决这个难题,我们用一个斜坡来近似输出波形[图 16.31(b)],使 V_{out} 和 $\Delta\phi$ 之间成为线性关系。在某种意义上,我们是以连续时间模型来近似离散时间系统。

要回答第二个问题,我们回顾:传输函数是冲激响应的拉普拉斯变换,这要求我们输入一相位差冲激信号并在时域计算 V_{out} 的值。因为输入相位差冲激信号很不直观,所以我们使用一相位差阶跃信号作为输入,得到 V_{out},并对结果取时间的微分。

我们假定输入信号周期为 T_{in},电荷泵对 C_P 的充放电电流为 $\pm I_P$。如图 16.32 所示,开始

---

① 在 16.3.1 小节中将解释,由于失配也会引起一定的相位误差。

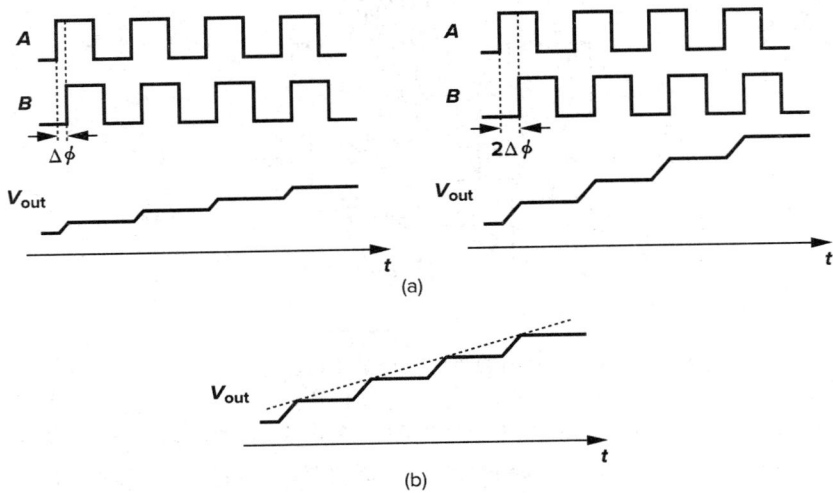

图 16.31　(a)PFD/CP/LPF 系统的线性度测试;(b)输出响应的斜坡近似

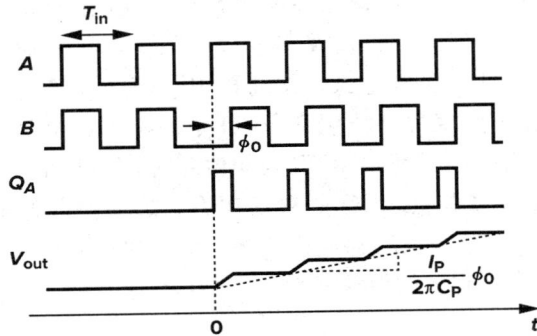

图 16.32　PFD/CP/LPF 组合系统的阶跃响应

的相位差为零,在 $t=0$ 时,B 的相位阶跃了 ϕ_0,也就是 $\Delta\phi=\phi_0 u(t)$。结果,Q_A 或 Q_B 连续产生宽度为 $\phi_0 T_{in}/(2\pi)$ 秒的脉冲,每个周期使输出电压增加 $(I_P/C_P)\phi_0 T_{in}/(2\pi)$[①]。用斜坡近似,则 V_{out} 表现出的斜率为 $(I_P/C_P)\phi_0/(2\pi)$,并可表示为

$$V_{out}(t) = \frac{I_P}{2\pi C_P} t\phi_0 u(t) \tag{16.37}$$

因此冲激响应为

$$h(t) = \frac{I_P}{2\pi C_P} u(t) \tag{16.38}$$

产生的传输函数为

$$\frac{V_{out}}{\Delta\phi}(s) = \frac{I_P}{2\pi C_P}\frac{1}{s} \tag{16.39}$$

因此,PFD/CP/LPF 系统在原点有一极点,这也是与用在 I 型锁相环中的 PD/LPF 电路不同

---

①　我们忽略了出现在其它输出中窄复位脉冲的影响。

的地方。与 K_{VCO}/s 的表达式相似,我们称 $I_P/(2\pi C_P)$ 为 PFD 的"增益"并用 K_{PFD} 来表示它。

例 16.10 ————————————————————————————————————

假设图 16.28 的电路中我们关心的输出量是电荷泵注入到电容的电流。确定由 $\Delta\phi$ 到此电流 I_{out} 的传输函数。

解:因为 $V_{out}(s)=I_{out}/(C_P s)$,我们有

$$\frac{I_{out}}{\Delta\phi}(s) = \frac{I_P}{2\pi} \tag{16.40}$$

现在我们来给电荷泵锁相环构造线性模型。如图 16.33 所示,模型给出的开环传输函数为

$$\frac{\Phi_{out}}{\Phi_{in}}(s)\Big|_{open} = \frac{I_P}{2\pi C_P}\frac{K_{VCO}}{s^2} \tag{16.41}$$

因为环路增益在原点处有两个极点,所以这种结构被称为"Ⅱ型"锁相环。那么,为简洁起见,用 $H(s)$ 表示其闭环传输函数,它等于

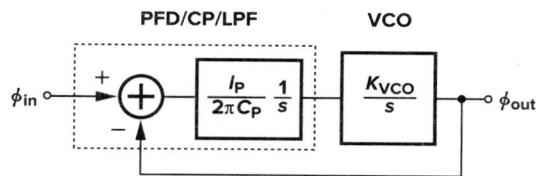

图 16.33　简单电荷泵锁相环线性模型

$$H(s) = \frac{\dfrac{I_P K_{VCO}}{2\pi C_P}}{s^2 + \dfrac{I_P K_{VCO}}{2\pi C_P}} \tag{16.42}$$

读者要对这个结果特别警觉,因为这个闭环系统中包含了两个虚数极点 $s_{1,2}=\pm j\sqrt{I_P K_{VCO}/(2\pi C_P)}$,所以是不稳定的。不稳定性产生的原因是由于环路增益只在原点处有两个极点(也就是,两个理想的积分器)。如图 16.34(a)所示,每个积分器产生恒定 90°的相移,使系统在增益交点频率下发生振荡。

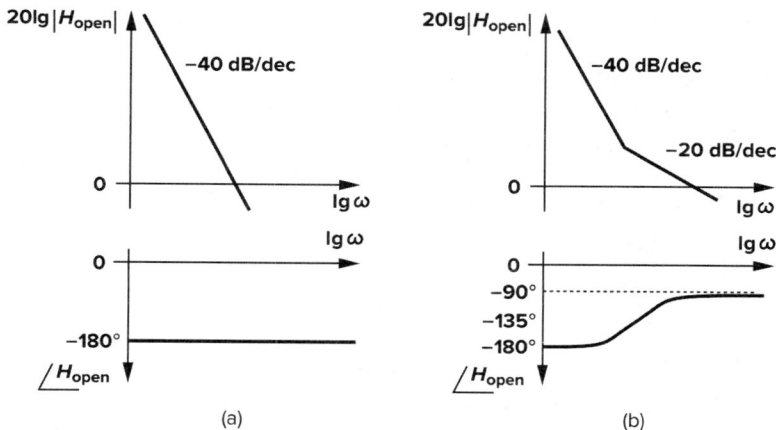

图 16.34　(a)简单电荷泵锁相环的环路增益特性;(b)增加一个零点之后的环路增益特性

为了使系统稳定,我们必须修改系统的相位特性,使得在增益交点处的相位偏移小于 180°。采取的方法如图 16.34(b)所示,在环路增益中引入一个零点,也就是在环路滤波电容中串联一个电阻(图 16.35)。利用例 16.10 中的结果,读者可以证明(习题 16.11),PFD/CP/LPF 现在的传输函数为

$$\frac{V_{\text{out}}}{\Delta \phi}(s) = \frac{I_\text{P}}{2\pi}\Big(R_P + \frac{1}{C_\text{P}s}\Big) \quad (16.43)$$

由此得出锁相环的开环传输函数等于

$$\frac{\Phi_{\text{out}}}{\Phi_{\text{in}}}(s)\Big|_{\text{open}} = \frac{I_\text{P}}{2\pi}\Big(R_P + \frac{1}{C_\text{P}s}\Big)\frac{K_{\text{VCO}}}{s}$$

$$(16.44)$$

因此

$$H(s) = \frac{\dfrac{I_\text{P}K_{\text{VCO}}}{2\pi C_\text{P}}(R_P C_\text{P}s + 1)}{s^2 + \dfrac{I_\text{P}}{2\pi}K_{\text{VCO}}R_P s + \dfrac{I_\text{P}}{2\pi C_\text{P}}K_{\text{VCO}}} \quad (16.45)$$

闭环系统在 $s_z = -1/(R_P C_\text{P})$ 处包含一零点。利用与 I 型锁相环相同的符号,我们有

$$\omega_\text{n} = \sqrt{\frac{I_\text{P}K_{\text{VCO}}}{2\pi C_\text{P}}} \quad (16.46)$$

$$\zeta = \frac{R_P}{2}\sqrt{\frac{I_\text{P}C_\text{P}K_{\text{VCO}}}{2\pi}} \quad (16.47)$$

正如所料的,如果 $R_P = 0$,则 $\zeta = 0$。若极点为复数,则衰减时间常数为 $1/(\zeta\omega_\text{n}) = 4\pi/(R_P I_\text{P} K_{\text{VCO}})$。

稳定性问题

II 型锁相环的稳定特性与 I 型的很不一样。我们将从环路增益(环路传输)[式(16.44)]的波特图入手开始分析。如图 16.36 所示,这些曲线显示:如果 $I_\text{P}K_{\text{VCO}}$ 减小,则增益交点频率将朝原点移动,从而减小了相位裕度。由式(16.47)推算的这个变化趋势与式(16.18)所表示的和图 16.19 所显示的截然相反。

我们还可以在复平面上画出闭环系统的根轨迹图。对于 $I_\text{P}K_{\text{VCO}} = 0$(也就是 $I_\text{P} = 0$),环路处于开环状态,因此两个极点处于原点位置。对于 $I_\text{P}K_{\text{VCO}} > 0$ 时,我们有 $s_{1,2} = -\zeta\omega_\text{n} \pm \omega_\text{n}\sqrt{\zeta^2-1}$,且因为 $\zeta \propto \sqrt{I_\text{P}K_{\text{VCO}}}$,所以如果 $I_\text{P}K_{\text{VCO}}$ 很小,则两个极点都为复

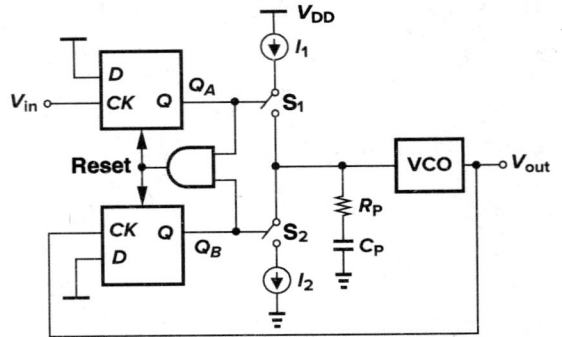

图 16.35 增加一个零点的电荷泵锁相环电路图

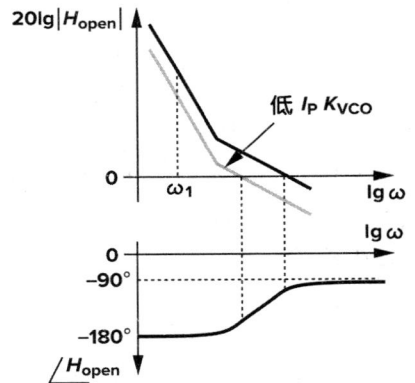

图 16.36 电荷泵锁相环随着 $I_\text{P}K_{\text{VCO}}$ 减小稳定下降

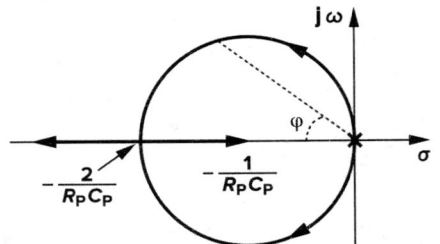

图 16.37 II 型锁相环的根轨迹

674

675

数。读者可以证明(习题16.14),随着 $I_P K_{VCO}$ 增加,s_1 和 s_2 沿着圆心在 $\sigma = -1/(R_P C_P)$,半径为 $1/(R_P C_P)$ 的圆运动,如图 16.37 所示。这两个极点在 $\zeta = 1$ 时到达实轴,假设其值为 $-2/(R_P C_P)$。对于 $\zeta > 1$,两极点就一直保持在实轴上,当 $I_P K_{VCO} \to +\infty$,一个极点趋近于 $-1/(R_P C_P)$,而另一个趋近于 $-\infty$。因为对于复数的 s_1 和 s_2,有 $\zeta = \cos\varphi$,所以我们可以看出,随着 $I_P K_{VCO}$ 大于零,系统变得更稳定。

例 16.11

一个学生思考图 16.36 中的波特图时观察到:在 ω_1 处,环路增益超过 1 且相移为 $-180°$。该学生因而推断,锁相环在该频率处一定会**振荡**!解释该推断错在哪里。

解:除了 $\omega_1 = 0$ 处之外,该相移 $|\angle\beta H|$ 实际上略小于 $180°$。正如在第 10 章用奈奎斯特方法所解释的,一个包含两个积分器和一个零点的系统是不会振荡的。

676

图 16.35 所示的有补偿的 II 型锁相环有一严重的缺点。因为电荷泵驱动的是 R_P 和 C_P 的串联组合,所以每次向环路滤波器注入电流时,控制电压都会经历一个大的跳动。即使是在锁定条件下,I_1 和 I_2 之间的不匹配以及 S_1 和 S_2 的电荷注入和时钟馈通,都会在 V_{cont} 上引起电压跳动。所导致的波纹严重干扰了 VCO,从而恶化了输出相位。为缓解这个问题,通常引入第二个电容,它与 R_P 和 C_P 并联,如图 16.38 所示,以抑制

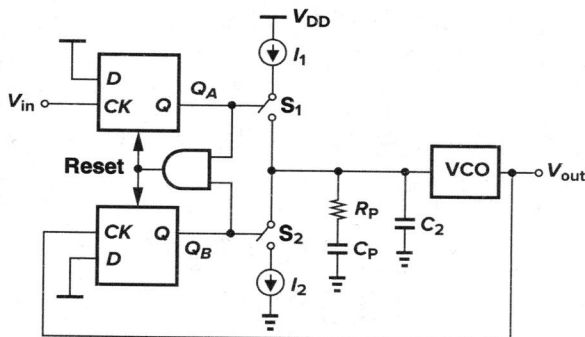

图 16.38 增加电容 C_2 来减小控制线上的波纹

控制电压的跳动。现在环路滤波器就是二阶的了,使得锁相环变成三阶的而产生稳定性困难[4]。尽管如此,只要 C_2 大约是 C_P 的 1/5 到 1/10,闭环的时间和频率响应就相对保持不变。

式(16.47)意味着,随着 R_P 增加,锁相环更加稳定。事实上,当 R_P 变得很大时,稳定性又下降了。在前面的推导中并没有预示这种影响,这是因为我们把离散时间系统用一个连续时间环路系统来近似。更精确地分析在文献[2]中给出,但是,通常还需要仿真来决定 CPPLL 的稳定范围。

16.3 锁相环中的非理想效应

16.3.1 PFD/CP 的非理想性

PFD/CP 电路的几个缺点导致即使在锁定条件下也会引起控制电压很大的波纹。正如前面提到的,这波纹对 VCO 振荡频率起调制作用,使得输出波形不再是周期性的。本节我们将讨论这些非理想性问题。

图 16.24(a)中的 PFD 电路,即使是在
输入相位差为零的情况下,也会在 Q_A 和 Q_B
两端产生窄的、重合的脉冲。如图 16.39 所
示,如果 A 和 B 同时上升,Q_A 和 Q_B 也同时
变高,从而激发复位。也就是说,即使锁相
环是锁定的,Q_A 和 Q_B 也会在一定的时间
$T_P \approx 5T_D$ 内同时打开电荷泵,其中,T_D 表示
门延迟(例 16.8)。

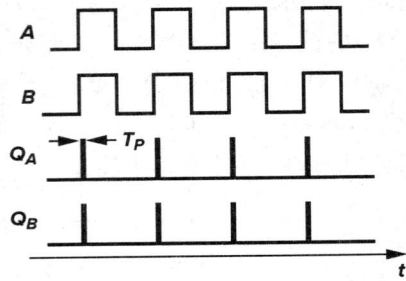

图 16.39 在零相位差情况下 PFD 输出的重合脉冲

在 Q_A 和 Q_B 上的复位脉冲会引起什么
结果呢? 为了理解为什么这些复位脉冲是
所希望的,我们可以考虑一个假设的 PFD,对于零输入相位差它不产生脉冲,如图 16.40(a)所
示。那么这样的 PFD 是怎么响应小的相位差的呢? 如图 16.40(b)所示,电路在 Q_A 或 Q_B 上
产生非常窄的脉冲。但由于在这些结点存在电容,因此会有一定的上升时间和下降时间,使得
这个脉冲可能没有足够的时间到达高电平,从而无法打开电荷泵开关。换句话说,如果输入相
677 位差 $\Delta\phi$ 小于某个定值 ϕ_0,PFD/CP/LPF 总体的输出电压就不再是 $\Delta\phi$ 的函数。因为,如图
16.41 所示,对于 $|\Delta\phi| < \phi_0$,电荷泵并没有注入电流,所以由式(16.41)意味着,环路增益降为
零,输出相位没有锁定。通常我们说 PFD/CP 电路的缺点是在 $\Delta\phi = 0$ 附近有一个大小等于
$\pm\phi_0$ 的死区。

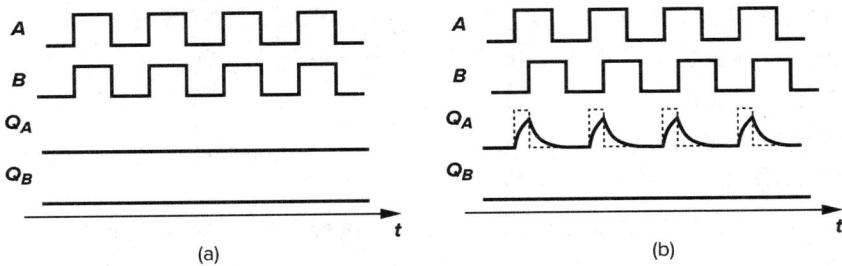

图 16.40 假设的 PD 的输出波形
(a)当输入相位差为零时;(b)当有小的输入相位差时

死区是我们非常不希望的,因为它使 VCO 相对输入
必须将随机相位差积累到 ϕ_0 时环路才得到正确的反馈。
因此,如图 16.42 所示,VCO 输出的这些过零点就会有
相当大的随机变化,这种影响被称为"抖动"(jitter)。

有趣的是,Q_A 和 Q_B 上同时产生的脉冲可以消除死
区。这是因为,对于 $\Delta\phi = 0$,如果 Q_A 和 Q_B 的脉冲足够
宽,则这些脉冲总会开启电荷泵。所以,如图 16.43 所
示,当相位差增加一个极小的量时,电荷泵产生的净电流
也成比例增加。换句话说,如果 T_P 时间足够长,Q_A 和

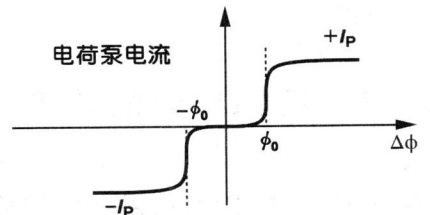

图 16.41 电荷泵电流的死区

678 Q_B 都可以达到有效的逻辑高电平,使电荷泵开关导通,这样,死区就不存在了。

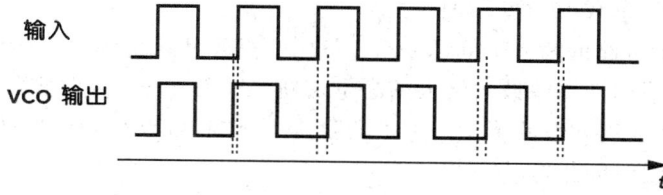

图 16.42 死区造成的抖动现象

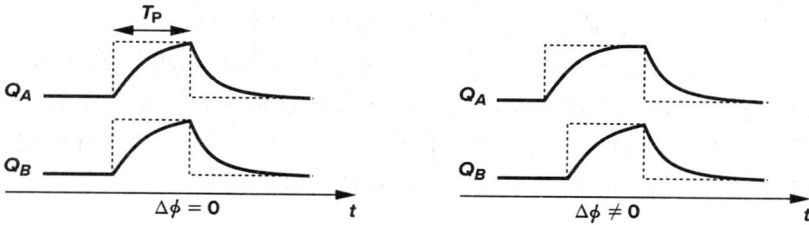

图 16.43 实际 PD 对小的输入相位差的响应

虽然 Q_A 和 Q_B 的复位脉冲消除了死区,但又产生了其它问题。让我们先用 MOS 晶体管构成电荷泵电路,如图 16.44(a)所示。这里,M_1 和 M_2 作为电流源,M_3 和 M_4 作为开关。Q_A

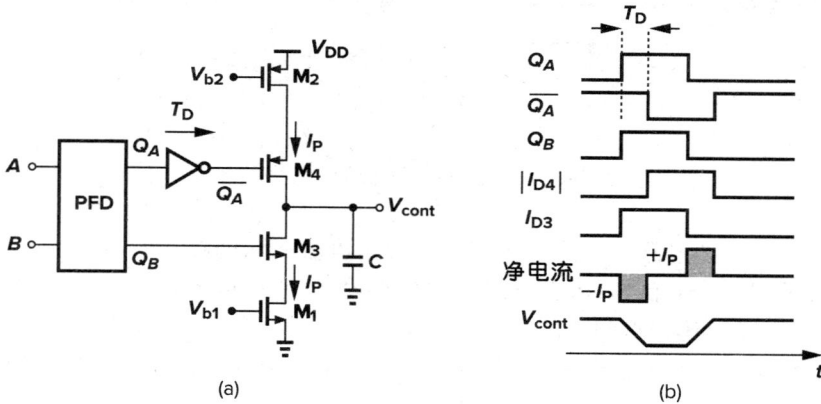

(a)   (b)

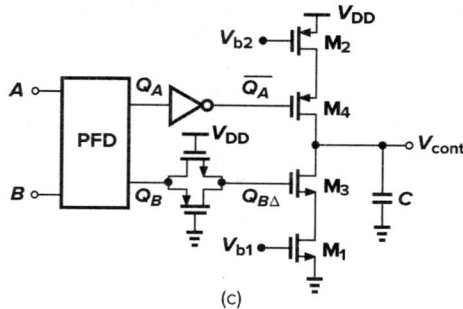

(c)

图 16.44 (a)电荷泵电路的实现;(b)$\overline{Q_A}$ 和 Q_B 之间的偏移效应;
(c)用传输门来抑制 $\overline{Q_A}$ 和 Q_B 之间的偏移

要经过一级反相,这样当 Q_A 变高时,M_4 导通。

图 16.44(a)所示电路的第一个问题来自 $\overline{Q_A}$ 和 Q_B 打开其各自的开关存在延时不同。如图 16.44(b)所示,电荷泵向环路滤波器注入的净电流跳到 $+I_P$ 和 $-I_P$,即使环路是锁定的,这也对振荡器控制电压造成周期性的干扰。为了消除这个影响,可以在 Q_B 和 M_3 的栅之间插入一个互补传输门,使延迟时间相等[图 16.44(c)]。

图 16.44(c)的电荷泵电路的第二个问题涉及 M_1 和 M_2 源漏电流的失配。如图 16.45(a)所示,即使上拉和下拉脉冲完全对齐,电荷泵产生的净电流也不是零,它使得 V_{cont} 在每个相位比较的瞬间都增加一个固定值。锁相环对此误差如何响应呢? 环路为了保持锁定,控制电压的平均值必须保持不变。那么锁相环就会在输入与输出之间产生相位误差,使电荷泵在每个周期注入的净电流为零,如图 16.45(b)所示。建立电流失配和相位差之间的关系见习题16.12。有几点要特别注意:(1)控制电压仍会存在周期性波纹;(2)由于短沟道 MOSFET 的低输出阻抗,电流失配会随输出电压变化(即随 VCO 的频率变化);(3)时钟馈通以及 M_3 和 M_4 之间的电荷注入失配进一步增加了相位误差和控制电压的波纹。

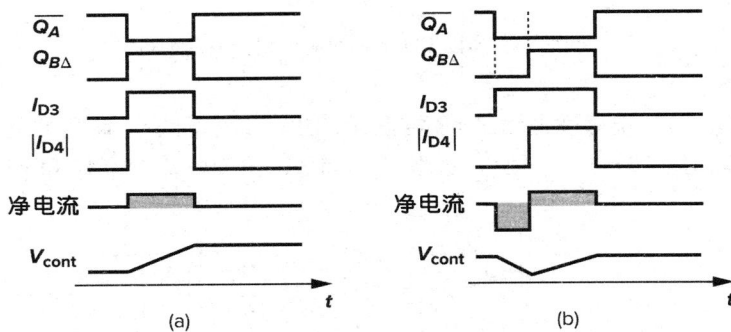

图 16.45   上拉和下拉电流失配的影响

图 16.44(c)所示的电路中的第三个问题来源于电流源漏端存在的一定的电容。假设,如图 16.46(a)所示,开关 S_1 和 S_2 都断开,那么 M_1 使结点 X 放电到零电位,M_2 使结点 Y 充电到 V_{DD}。在下一个相位比较瞬间,开关 S_1 和 S_2 都导通,从而 V_X 的电压上升,V_Y 电压下降,如果忽略在开关 S_1 和 S_2 上的电压降,则有 $V_X \approx V_Y \approx V_{cont}$,[图 16.46(b)]。如果相位误差为零,

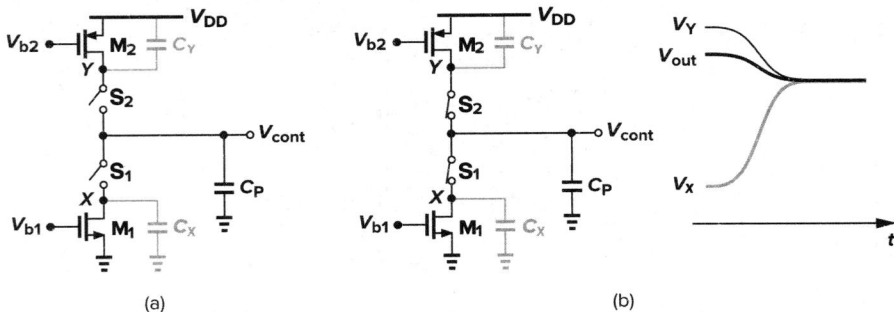

图 16.46 C_P 和 X 点、Y 点电容之间的电荷共享

而且 $I_{D1} = |I_{D2}|$，那么在开关导通时 V_{cont} 能保持不变吗？即使 $C_X = C_Y$，V_X 和 V_Y 的变化量也不相等。例如，若 V_{cont} 比较高，则 V_X 变化量大而 V_Y 变化量较小。这两者变化的差额必须由 C_P 来提供，从而导致了 V_{cont} 的跳动。

上述电荷共享现象可以通过"自举"（bootstrapping）的办法来消除。如图 16.47 所示[3]，其思路就是在相位比较完后，将 V_X 和 V_Y 的电位"固定"到 V_{cont}。当 S_1 和 S_2 断开时，S_3 和 S_4 导通，用单位增益放大器将结点 X 和 Y 的电位保持在 V_{cont} 的电压。注意，由于 $I_1 \approx I_2$，这个运放不需要提供太大的电流。在下一个相位比较瞬间，S_1 和 S_2 导通，S_3 和 S_4 断开，这时候 V_X 和 V_Y 的电位都等于 V_{cont}。所以，在 C_P 和 X 点、Y 点的电容之间不会发生电荷共享。

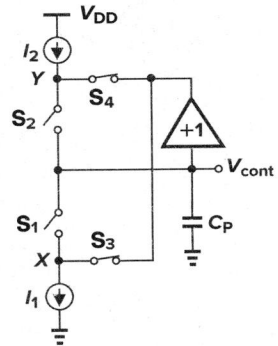

图 16.47　结点 X 和 Y 的自举消除电荷共享

679

680

16.3.2　锁相环中的抖动现象

在大多数应用中，锁相环对抖动的响应都是及其重要的。我们首先描述抖动的概念及抖动的变化率。

如图 16.48 所示，严格的周期性波形，$x_1(t)$，其过零点在时间轴上间隔相等。现在考虑近似周期性的信号 $x_2(t)$，其周期有微小的变化，使得过零点偏离了其理想位置。我们说后者的波形有抖动[1]。分别画出这两个波形的总相位 ϕ_{tot} 和剩余相位 ϕ_{ex}，我们可以看出，抖动表现为剩余相位随时间的变化。实际上，当忽略基频以上的各谐波成分后，我们可以写出：$x_1(t) = A\cos(\omega t)$ 和 $x_2(t) = A\cos[\omega t + \phi_n(t)]$，其中 $\phi_n(t)$ 模拟了信号周期的变化[2]。

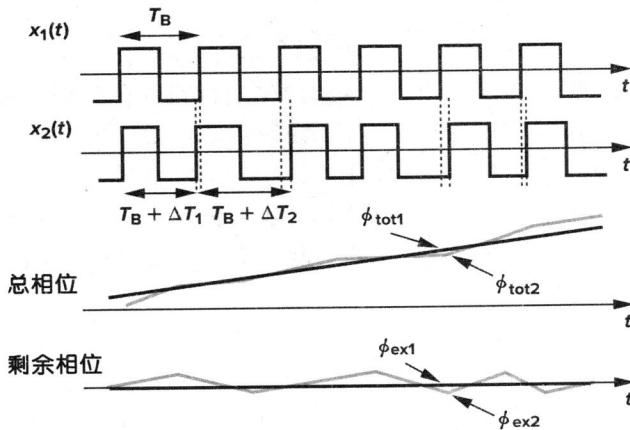

图 16.48　理想的波形与带有抖动的波形

抖动的变化率也很重要。考虑如图 16.49 所示的两个有抖动的波形。第一个信号，

---

① 抖动也可以用不同的数学定义来量化，例如，像文献[5]中所描述的。
② 变量 $\phi_n(t)$（或者更通常是其频谱）被称为"相位噪声"。在本书中，我们假定唯一使用 $\phi_n(t)$ 来表示抖动。

$y_1(t)$,表现出"慢抖动"特性,因为从一个周期到下一个周期,它的瞬间频率变化很慢。第二个信号,$y_2(t)$,表现出"快抖动"特性。变化率的快慢也可以从这两个波形的剩余相位曲线明显看出。

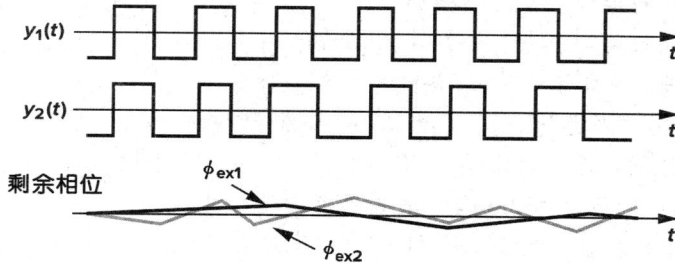

图 16.49　快抖动与慢抖动的示意图

在锁相环中,我们感兴趣的有两种抖动现象:输入所表现的抖动和 VCO 产生的抖动。我们下面来研究每一种情况,假设输入和输出波形可表达为 $x_{in}(t)=A\cos[\omega t+\phi_{in}(t)]$ 和 $x_{out}(t)=A\cos[\omega t+\phi_{out}(t)]$。

由 I 型和 II 型锁相环推导出的传输函数具有低通特性,这表明,如果 $\phi_{in}(t)$ 变化很快,那么 $\phi_{out}(t)$ 不能完全跟上变化。换句话说,输入的慢抖动传到输出没有衰减,而快抖动却衰减了。所以我们说,锁相环对 $\phi_{in}(t)$ 具有低通滤波作用。

现在假设输入波形是严格周期性的,但 VCO 受到了抖动的影响。将抖动看成是随机相位变化,我们构造了如图 16.50 所示的模型,其中输入的剩余相位为零(即,$x_{in}(t)=A\cos(\omega t)$),并且在 VCO 的输出加了一个随机分量 ϕ_{vco} 来表示其抖动。读者可以得出,对 II 型锁相环,从 ϕ_{vco} 到 ϕ_{out} 的传输函数等于

$$\frac{\phi_{out}}{\phi_{vco}}(s) = \frac{s^2}{s^2 + 2\zeta\omega_n s + \omega_n^2} \tag{16.48}$$

有趣的是,上式具有高通的特性,显示由 VCO 所产生的慢抖动分量被抑制了,而快抖动分量没有被抑制。借助于图 16.50 可以理解这一点:如果 $\phi_{vco}(t)$ 变化非常缓慢(例如,振荡周期随温度的变化),那么它与 $\phi_{in}=0$ 的信号(即周期性完美的信号)比较会产生一个缓慢变化的相位误差,它传播经过 LPF 并调节 VCO 的振荡频率,从而抵消了 ϕ_{vco} 的变化。另一方面,如果 ϕ_{vco} 变化非常快(例如,高频噪声对振荡周期的调制),那么由鉴相器输出的相位差被环路中的极点严重衰减,对相位变化无法作出修正。

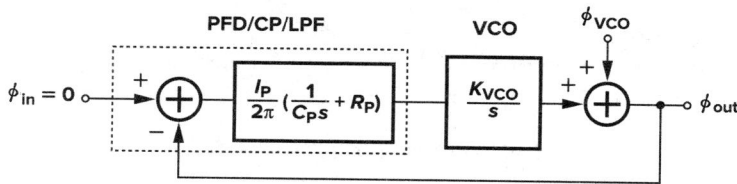

图 16.50　VCO 抖动效应

图 16.51 从概念上总结了锁相环对输入抖动和 VCO 抖动的响应。有一种抖动是重要的或者两种抖动可能都重要,这与应用和环境有关,需要对环路带宽进行优化选择。

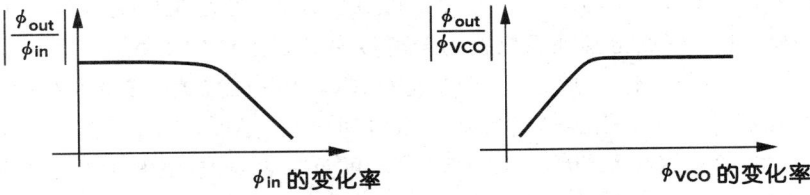

图 16.51　从输入抖动和 VCO 抖动到输出的传输函数

16.4　延迟锁相环

在许多场合得到应用的锁相环的另一种形式是延迟锁相环(DLL)。为了理解这个概念，我们先来看一个例子。假定一个电路中需要四个时钟相位，相邻时钟沿之间必须准确地间隔 $\Delta T = 1$ ns，如图 16.52(a)所示。那么怎样产生这些相位呢？我们可以用一个两级差动环路振荡器[①]来产生四个相位，但是，在工艺和温度变化的情况下我们怎样才能保证 $\Delta T = 1$ ns 呢？这就要求振荡器必须锁定在 250 MHz 的参考时钟下，使得输出时钟的周期正好等于 4 ns[图16.52(b)]。

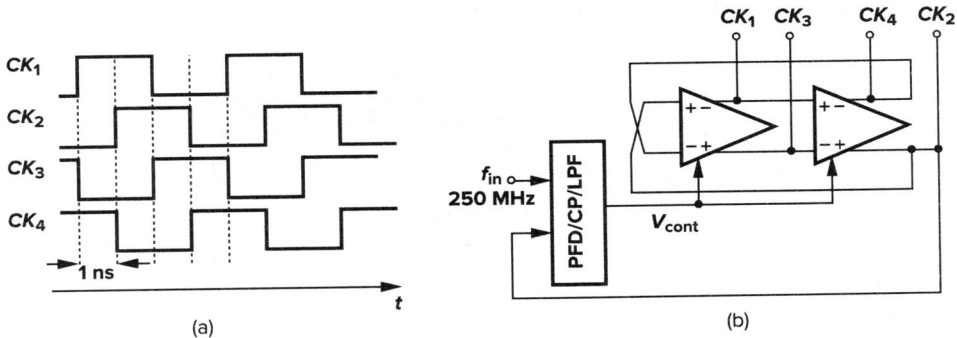

图 16.52　(a)相邻时钟沿延迟 1 ns 的四个时钟相位；(b)采用相位锁定环路振荡器来生成四个时钟相位

产生如图 16.52(a)所示时钟相位的另一种方法是，使输入时钟经过四级串联延迟电路。如图 16.53(a)所示，但是这种方法不能产生精确的时钟沿间隔，因为每一级的延迟时间会随工艺和温度而变化。现在再来看 16.53(b)所示的电路，其中 CK_{in} 和 CK_4 之间的相位差用一个鉴相器来检测，产生成比例的平均电压 V_{cont}，通过这个电压的负反馈来调节每一级的延时。对于大的环路增益，CK_{in} 和 CK_4 之间的相位差很小，即这四级电路将时钟几乎准确地延时了一个周期，从而建立了准确的时钟沿间隔[②]。这种电路结构被称为延迟锁相环，是为了强调它采用了一个电压控制延迟线(VCDL：voltage-controlled delay line)电路而不是 VCO。实际上，为获得无穷大的环路增益，需要在 PD 和 LPF 之间插入电荷泵。每级延时电路可以根据第 15 章中所描述的环形振荡器中的一种来设计。

683

---

①　正如第 15 章所解释的，简单的两级 CMOS 环形振荡器不能起振。这个例子仅仅是为了说明我们的意图。

②　通过这四级的总延迟时间可能等于两个或者更多的周期数。我们在后面会回到这个问题。

　　读者可能想知道,DLL 与 PLL 相比有什么优点。首先,延迟线与振荡器相比受噪声影响小,这是因为,波形中过零点与其理想位置的偏离传递到延迟线的末级就消失了,而在振荡器电路中这些偏离又会再循环,因而使更多的过零点偏离理想位置。其次,在图 16.53(b)的 VCDL 电路中,控制电压的变化能迅速改变延迟时间,也就是说,传输函数 $\Phi_{out}(s)/V_{cont}(s)$ 简单地等于 VCDL 的增益 K_{VCDL}。因此,图 16.53(b)的反馈系统与 LPF 的阶数相同,但其稳定性和稳定速度等问题比 PLL 的要减轻许多。

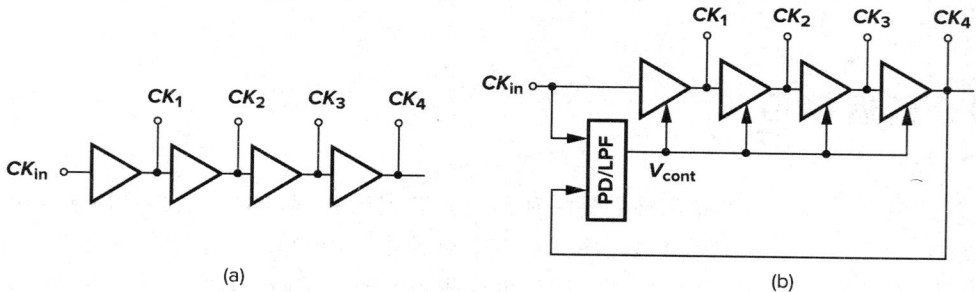

图 16.53　(a)用延迟电路产生的各个时钟沿;(b)简单的延迟锁相环

例 16.12 ——

　　定性解释图 16.54 中 DLL 的传输函数属于什么类型。

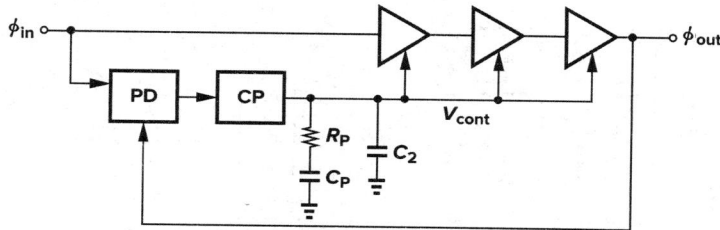

图 16.54

　　解:假设输入的相位波动很缓慢,则通过 PD/CP/LPF 组合后相位误差所看到的是一个很高的增益,因而延迟线被调节以便使该误差最小化。也就是,ϕ_{out} 跟踪 ϕ_{in},并且增益大约是 1。现在,假设输入的相位变化非常快,反馈环路几乎没有增益,因而对延迟线的控制电压提供的修正量很小,也就是 V_{cont} 保持相对恒定。结果,输入相位的变化直接传递到输出,产生的增益也约为 1。我们可以得出结论,DLL 表现出全通响应,但是对于中等速度的相位波动,响应可能出现一个下降或者上升的峰值。

　　DLL 主要的缺点是不能产生可变的输出频率。当我们在 16.5.1 节中研究 PLL 的频率合成能力时,这个问题就变得更清楚了。DLL 可能还有锁定延迟时间不确定性的缺点。也就是说,如果图 16.53(b)所示四级电路的总延时可以从低于 T_{in} 的值变化到高于 $2T_{in}$ 的值,那么延迟锁相环可能会把 CK_{in} 到 CK_4 的延时锁定在 T_{in} 或 $2T_{in}$。如果 DLL 电路必须提供十分准确的时钟沿间隔,则这种不确定性被证明是有害的,因为相邻时钟沿的时间间隔可能被定在了

$2T_{in}/4$,而不是 $T_{in}/4$。在这种情况下,需要附加电路来避免这种不确定性。另外,每级延迟电路间的失配与其负载电容之间的失配也会导致时钟沿间隔的误差,所以需要大尺寸器件和精心的版图设计。

16.5 应用

自发明起近 90 年后,锁相不断地在电子学、通信和仪器中找到新的应用。这些例子包括存储器、微处理器、硬盘驱动电路、射频和无线收发器以及光纤接收器。

读者可以回忆 16.1.2 小节提到的:锁相环看起来并不比一根短导线显得更有用,因为两者都能保证在输入与输出之间小的相位差。本节我们将介绍许多应用的例子来说明锁相的多种用途。下面阐述的原理已经成了许多书籍和论文的主题,例如文献[6,7]。

16.5.1 频率的倍增与合成

频率倍增

可以将锁相环电路修改为输出频率是输入频率的 M 倍。为了得出具体实现,我们用电压倍增来类比。如图 16.55(a)所示,如果把输出电压除以 M(也就是,如果 $R_2/(R_1+R_2)=1/M$),并把结果与输入电压比较,则这个反馈系统就将输入电压放大了 M 倍。因此,如图 16.55(b)所示,如果锁相环的输出**频率**除以 M 后再送回鉴相器,我们就有 $f_{out}=Mf_{in}$。从另一种观点来看,因为 $f_D=f_{out}/M$,并且在锁定条件下 f_D 必须等于 f_{in},所以锁相环就将 f_{in} 乘了 M 倍。除 M 的电路可以用计数器来实现,即每 M 个输入脉冲产生一个输出脉冲。

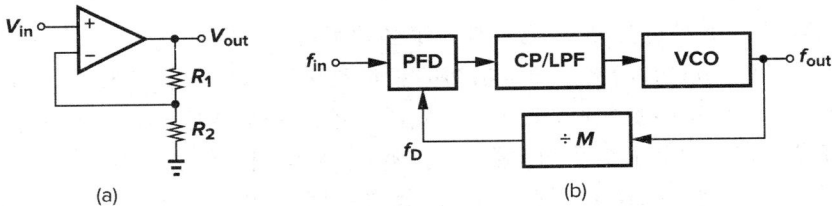

图 16.55 (a)电压放大;(b)倍频电路

与图 16.55(a)所示的分压电路一样,图 16.55(b)所示环路中的反馈除法器也改变了系统的特性。利用式(16.44),我们把式(16.45)改写为

$$H(s)=\frac{\frac{I_P}{2\pi}\left(R_P+\frac{1}{C_Ps}\right)\frac{K_{VCO}}{s}}{1+\frac{1}{M}\frac{I_P}{2\pi}\left(R_P+\frac{1}{C_Ps}\right)\frac{K_{VCO}}{s}} \tag{16.49}$$

$$=\frac{\frac{I_PK_{VCO}}{2\pi C_P}(R_PC_Ps+1)}{s^2+\frac{I_P}{2\pi}\frac{K_{VCO}}{M}R_Ps+\frac{I_P}{2\pi C_P}\frac{K_{VCO}}{M}} \tag{16.50}$$

注意,当 $s\to0$ 时 $H(s)\to M$,也就是,输入端相位或频率的变化会引起相应的输出量变化 M

倍。比较式(16.45)和式(16.50)的分母,我们可以看出,环路 M 分频表现为 K_{VCO} 除以 M。换句话说,就闭环系统的极点而论,我们可以假设振荡器和除法器组成一个等效增益为 K_{VCO}/M 的 VCO。这个结果当然是我们

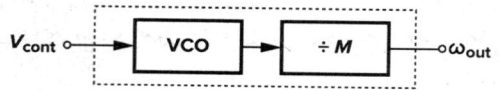

图 16.56 VCO/除法器的级联组合等效成单个 VCO

所希望的,因为,对图 16.56 所示的 VCO/除法器的级联电路,我们有

$$\omega_{\mathrm{out}} = \frac{\omega_0 + K_{\mathrm{VCO}}V_{\mathrm{cont}}}{M} \tag{16.51}$$

$$= \frac{\omega_0}{M} + \frac{K_{\mathrm{VCO}}}{M}V_{\mathrm{cont}} \tag{16.52}$$

因此,VCO/除法器和一个截距频率为 ω_0/M,增益为 K_{VCO}/M 的 VCO 是没有区别的。

以上的讨论表明,式(16.46)和式(16.47)可分别改写为

$$\omega_{\mathrm{n}} = \sqrt{\frac{I_{\mathrm{P}}}{2\pi C_{\mathrm{P}}}\frac{K_{\mathrm{VCO}}}{M}} \tag{16.53}$$

$$\zeta = \frac{R_P}{2}\sqrt{\frac{I_{\mathrm{P}}C_{\mathrm{P}}}{2\pi}\frac{K_{\mathrm{VCO}}}{M}} \tag{16.54}$$

而且,衰减时间常数也可改为 $(\zeta\omega_n)^{-1} = 4\pi M/(R_P I_P K_{\mathrm{VCO}})$。由此可以得出,在 Ⅱ 型环路中插入一个除法器降低了稳定性和稳定速度,因此需要成比例的加大电荷泵电流。

图 16.55(b)所示的频率倍增环路表现出两个令人关注的特点。首先,与图 16.55(a)的电压放大器不同,锁相环提供了一个**精确值**等于 M 的放大系数,这是由相位锁定产生的独特的性质。其次,输出频率可以通过改变除数因子 M 而改变,这在合成频率中是一个非常有用的特性。注意,DLL 无法进行这样的频率合成。

频率合成

一些系统需要一个周期性波形,而且其频率必须满足以下两个要求:(1)必须非常准确(比如,误差小于 10×10^{-6});(2)能够按非常精细的步长变化(比如,频率按 30 kHz 的步长从 900 MHz 变到 925 MHz)。这些要求通常在无线收发器中遇到,可以通过 PLL 的频率倍增来满足。

图 16.57 表示了一个锁相频率合成器(综合器)的结构图。频道控制输入是一个数字,用于改变 M 的值。由于 $f_{\mathrm{out}} = Mf_{\mathrm{REF}}$,所以 f_{out} 的相对精度与 f_{REF} 的相等。为此,f_{REF} 通常源自一个稳定的、低噪声的石英振荡器。注意,如果 M 值每次改变 1,f_{out} 变化的步长就等于 f_{REF}。

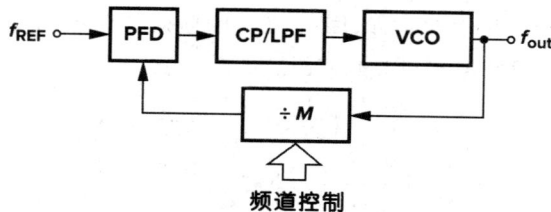

图 16.57 频率合成器

达到千兆赫兹输出频率的 CMOS 频率合成器已有报道。但诸如噪声、边带、稳定速度、频率范围以及功耗等问题一直是合成器设计者面临的挑战。

16.5.2　偏移的减小

在数字系统中最早使用锁相是为了减小偏移(skew)。如图 16.58 所示,假设有一对同步的数据和时钟线进入一大的数字芯片。因为时钟通常要驱动大量的晶体管和长连线,所以首先它要经过一个大的缓冲器。因此片上所分布的时钟相对于数据就存在相当大的偏移 ΔT,这是一个不希望的结果,因为它减小了芯片工作的时间余量(timing budget)。

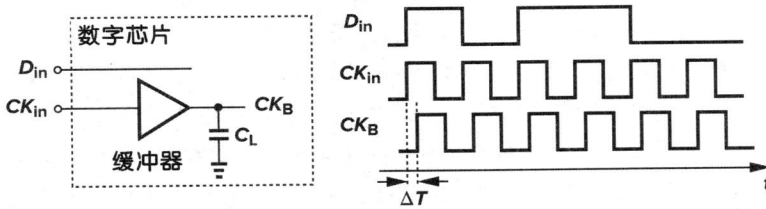

图 16.58　数据和缓冲后的时钟之间的偏移

现在来看图 16.59 所示的电路,其中 CK_{in} 加到片上锁相环,缓冲器也置于环路的**内部**。因为 PLL 可保证 CK_{in} 和 CK_B 之间相位差的标称值为零,则消除了时钟的偏移。从另一点看,缓冲器引入的固定相移除以反馈系统的无穷环路增益。注意,VCO 的输出 V_{VCO} 可以不与 CK_{in} 对齐,但这一点并不重要,因为 V_{VCO} 并没有被用到。

687

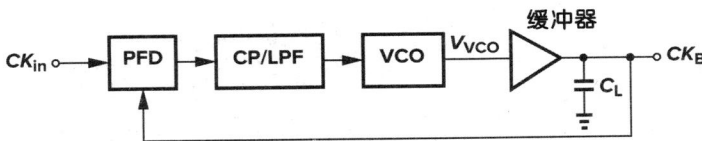

图 16.59　采用锁相环消除偏移

例 16.13

构造一个与图 16.59 所示环路功能类似的对应电压域的结构。

解:缓冲器在 VCO 产生的信号中引起固定的相移。因此,与图 16.59 所示环路功能类似的对应电压域的结构如图 16.60 所示。我们有

$$(V_{in} - V_{out})A + V_M = V_{out} \qquad (16.55)$$

因而

$$V_{out} = \frac{AV_{in} + V_M}{1 + A} \qquad (16.56)$$

当 $A \to \infty$ 时,$V_{out} \to V_{in}$。

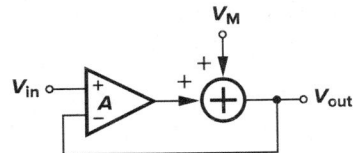

图 16.60

我们应该注意:偏移也可以通过延迟锁相环来消除。实际上,如果不需要倍频,采用延迟锁相环更合适,因为它不易受到噪声影响。

16.5.3 抖动的减小

从 16.3.2 小节我们知道,锁相环能抑制输入端引入的快抖动分量。例如,如果锁相环的带宽为 10 MHz,输入一个频率为 1 GHz 带抖动的信号,那么高于 10 MHz 的输入抖动分量就会被衰减了。在某种意义上,该锁相环像一个中心频率为 1 GHz,总的带宽为 20 MHz 的窄带滤波器。这是锁相环的另一个重要而有用的特性。

许多应用必须处理带抖动的波形。随机的二进制信号存在抖动,这是因为:(1)芯片内部和封装中存在串扰(第 19 章);(2)封装寄生效应(第 19 章);(3)器件附加的电子噪声,等等。所以,这样的波形通常要通过一个低噪声时钟来"重新定时"以减小抖动。如图 16.61(a)所示,其思路就是采用一时钟驱动的 D 触发器来对每个比特的中点进行再采样。但是,在许多应用中,时钟可能无法单独得到。例如,光纤仅仅传输随机的数据流,并不向接收端另外提供时钟波形。因此将图 16.61(a)改为图 16.61(b)所示电路,其中"时钟恢复电路"(CRC,clock recovery circuit)将从输入数据来产生时钟。由于采用环路带宽较窄的相位锁定电路,CRC 可以将在恢复出的时钟上的输入抖动的影响减到最小。

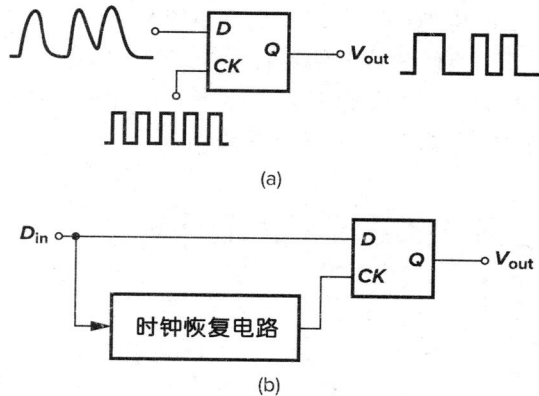

图 16.61 (a)采用低噪声时钟驱动的 D 触发器对数据再定时;
(b)采用一个锁相环时钟恢复电路生成时钟

参考文献

[1] R. E. Best. *Phase-Locked Loops*. Second Ed. ,New Your:McGraw-Hill,1993.

[2] F. M. Gardner. *Phaselock Techniques*. Second Ed. ,New York:Wiley & Sons,1979.

[3] M. G. Johnson and E. L. Hudson. A Variable Delay Line PLL for CPU-Coprocessor Synchronization. *IEEE Journal of Solid-State Circuits*,Vol. 23,pp. 1218 – 1223,Oct. 1988.

[4] F. M. Gardner. Charge-Pump Phase-Locked Loops. *IEEE Trans. Comm.*, vol. COM-28, pp. 1894 – 1858,Nov. 1980.

[5] F. Herzel and B. Razavi. A Study of Oscillator Jitter Due to Supply and Substrate Noise. *IEEE Transactions on Circuits and Systems*,Part II,vol. 46,pp. 56 – 62,Jan. 1999

[6] W. F. Egan. *Frequency Synthesis by Phase Lock*. New York:Wiley & Sons,1981.

[7] J. A. Crawford. *Frequency Synthesizer Design Handbook*. Boston:Artech House,1994.

习题

在下面的习题中,除非另外说明,都采用表 2-1 中所给的器件参数,并在必要时假设 V_{DD} =3 V。另外,假设所有晶体管都工作在饱和区。

16.1　吉尔伯特单元(见第 4 章)当输入摆幅比较大时作为或非门,输入摆幅小时作为模拟乘法器。证明模拟乘法器可用来检测两个正弦信号之间的相位差。这种鉴相器的输入-输出特性是线性的吗?

16.2　如果 VCO 的输入频率在 $t=t_1$ 时降低,重新画出图 16.4(b)所示的波形。如果在 $t=t_1$ 以前 V_{CK} 和 V_{VCO} 之间的相位差等于 ϕ_0 且 f_{vco} 从 f_H 下降到 f_L,求出足够使相位对齐的最小 t_2-t_1 时间。

16.3　解释为什么图 16.5(b)所示的低通滤波器不能用高通滤波器代替。

16.4　采用异或门作鉴相器的锁相环电路,如果 $K_{PD}K_{VCO}$ 的值很大,那么该锁相环将锁定在 $\phi_{in}-\phi_{out}\approx90°$。解释其原因。

16.5　以图 16.3 所示的特性为例,解释在一个锁相环(没有鉴频器)中为什么反馈的极性不重要的。(提示:即要证明,不管初始相位差落在正斜率区域还是负斜率区域,环路都能锁定。)

16.6　假设图 16.14 中为一阶 LPF,求传输函数 Φ_{out}/Φ_{ex},其中,Φ_{out} 是 V_{out} 的剩余相位。

16.7　一个 Ⅰ 型锁相环中所用的 VCO 其输入-输出特性表现为非线性,即,K_{vco} 在整个调节范围内变化。如果阻尼因子必须保持在 1 到 1.5 之间,那么 K_{vco} 可容许的变化范围多大?

16.8　证明在图 16.20 的根轨迹图中,$\cos\phi=\zeta$。

16.9　一个 Ⅰ 型锁相环采用的部件参数如下:VCO 的 $K_{VCO}=100$ MHz/V,PD 的 $K_{PD}=$ 1 V/rad,LPF 的 $\omega_{LPF}=2\pi(1$ MHz)。求该锁相环的阶跃响应。

16.10　在图 16.35 所示的电荷泵锁相环中,解释为什么 VCO 的控制电压不能与电容 C_P 的上极板相连。

16.11　证明图 16.35 所示 PFD/CP/LPF 电路的传输函数由式(16.43)给出。

16.12　如图 16.45 所示,上拉电流与下拉电流之间的不匹配转变为 CPPLL 的输入端相位失调。借助于图 16.45 中的波形,计算由电流失配引起的相位失调。　　　　　　　　689

16.13　对 VCO 而言,我们有 $\omega_{out}=\omega_0+K_{VCO}V_{cont}$。控制线上出现了一个小的正弦波纹,即 $V_{cont}=V_m\cos\omega_m t$。如果 VCO 的输出再接了一个除 M 电路,确定该除法器输出的频谱特性。分别考虑两种情况:$\omega_0/M>\omega_m$ 和 $\omega_0/M<\omega_m$。

16.14　证明 Ⅱ 型锁相环的根轨迹如图 16.37 所示。

16.15　对图 16.14 所示电路,如果把 PLL 改为图 16.35 所示的结构,求传输函数 Φ_{out}/Φ_{ex} 的表达式。

16.16　当电荷泵 PLL 中的 PFD 工作时,VCO 的输出频率可能远偏离于输入频率。解释 PFD 作鉴频器用时,为什么 PLL 锁相环的传输函数阶数要小一阶。　　　　690

第17章

短沟道效应与器件模型

第 2 章中导出的 MOSFETs 的 I-V 平方律特性,对于最小沟道长度大于几个微米的器件(相当于 20 世纪 80 年代初的工艺水平),提供了中等的模拟精度。随着器件尺寸的不断缩小,沟道长度已经低于 12 nm,一系列高阶效应需要更复杂的模型,以便在模拟中达到足够的精度。

CMOS 工艺中器件模型问题一直困扰着模拟电路设计者,因为在仿真结果和测试结果之间显示出大的差异。许多综合性书籍[1,2,3]和大量的论文详细地研究了这个问题。然而,本章的目标是对各种短沟道效应提供基本的理解,回顾一些为反映这些现象所建立的 SPICE 模型。设计者在解释 SPICE 仿真中遇到的异常问题时,这些方面的知识也是有用的。

本章首先阐述 MOS 晶体管的理想按比例缩小理论。其次,研究一系列短沟道效应,如阈值电压的变化、速度饱和以及输出阻抗与漏源电压的关系。然后,评述各种 MOS 器件模型,包括 Levels 1~3 模型和 BSIM 系列模型。最后,讨论器件的电荷和电容模型、温度特性和工艺角。

17.1　按比例缩小理论

现代半导体工业中 CMOS 工艺占支配地位的两个最主要原因是 CMOS 逻辑的零静态功耗和 MOSFETs 能够按比例缩小。在 1974 年发表的一篇论文[4]中,丹纳德(Dennard)等人认识到了按比例缩小 MOS 晶体管的巨大潜力,并预测了器件缩小后数字 MOS 电路的速度和功耗。

理想的按比例缩小理论遵循三条规则:(1)器件所有的横向和纵向尺寸都缩小 α 倍($\alpha >$ 1);(2)阈值电压和电源电压缩小 α 倍;(3)所有的掺杂浓度增加 α 倍,见图 17.1。因为尺寸和电压一起缩小,所以晶体管内部所有电场保持不变,因而称为"恒定电场下的按比例缩小"。注意,W、L、t_{ox}、V_{DD}、V_{TH} 和源漏结的结深、周长都按比例缩小 α 倍。

我们研究器件按比例缩小后,饱和漏电流的平方律关系,写为

$$I_{D,\text{scaled}} = \frac{1}{2}\mu_n(\alpha C_{ox})\left(\frac{W/\alpha}{L/\alpha}\right)\left(\frac{V_{GS}}{\alpha} - \frac{V_{TH}}{\alpha}\right)^2 \tag{17.1}$$

691

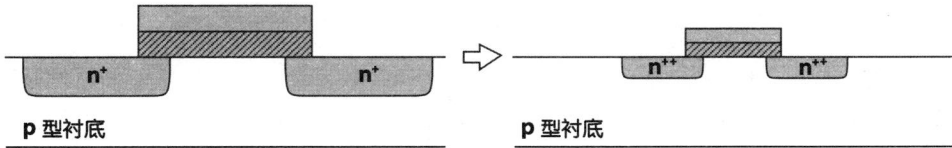

图 17.1 MOS 晶体管理想按比例缩小

$$= \frac{1}{2}\mu_n C_{ox}\frac{W}{L}(V_{GS}-V_{TH})^2\frac{1}{\alpha} \tag{17.2}$$

我们注意到:饱和电流**下降**到原来的 $1/\alpha$。注意,对线性区也可以得到相同的结果。然而,按比例缩小的优势在于可以减小电容和功耗。总的沟道电容为

$$C_{ch,scaled} = \frac{W}{\alpha}\frac{L}{\alpha}(\alpha C_{ox}) \tag{17.3}$$

$$= \frac{1}{\alpha}WLC_{ox} \tag{17.4}$$

为了计算源/漏结电容,我们首先分析理想按比例缩小对耗尽层总宽度的影响。我们知道,耗尽层宽度由下式给出:

$$W_d = \sqrt{\frac{2\varepsilon_{si}}{q}\left(\frac{1}{N_A}+\frac{1}{N_D}\right)(\phi_B+V_R)} \tag{17.5}$$

式中 N_A 和 N_D 表示结两边的掺杂浓度,$\phi_B = V_T\ln(N_A N_D/n_i{}^2)$,$V_R$ 是反向偏置电压。内建势 ϕ_B 是 $N_A N_B$ 的弱函数,实际上,当 $N_A N_B$ 增大 α^2 倍时,ϕ_B 的数值**增加**。现在假定 $V_R \gg \phi_B$,可得

$$W_{d,scaled} \approx \sqrt{\frac{2\varepsilon_{si}}{q}\left(\frac{1}{\alpha N_A}+\frac{1}{\alpha N_D}\right)\frac{V_R}{\alpha}} \tag{17.6}$$

$$\approx \frac{1}{\alpha}\sqrt{\frac{2\varepsilon_{si}}{q}\left(\frac{1}{N_A}+\frac{1}{N_D}\right)V_R} \tag{17.7}$$

因此,与其它器件尺寸一样,耗尽层的宽度也按比例缩小 α 倍,从而使单位面积的耗尽区电容增大 α 倍。

如图 17.2 所示,源/漏 pn 结底板电容(单位面积)C_j 增大 α 倍,另一方面,因为 pn 结结深减小 α 倍,单位宽度的侧壁电容 C_{jsw} 保持不变,由此可得

$$C_{S/D,scaled} \approx \frac{W}{\alpha}\frac{E}{\alpha}(\alpha C_j) + 2\left(\frac{W}{\alpha}+\frac{E}{\alpha}\right)(C_{jsw}) \tag{17.8}$$

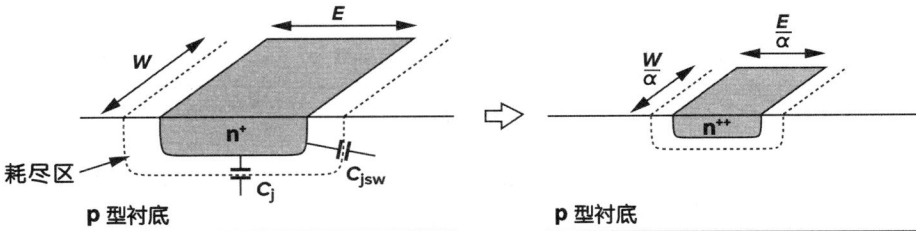

图 17.2 S/D 结电容按比例缩小

$$\approx \left[WEC_{\mathrm{j}} + 2(W+E)C_{\mathrm{jsw}} \right] \frac{1}{\alpha} \tag{17.9}$$

因此,所有电容都缩小同样的倍数。

在数字应用中,门延时和功耗的按比例缩小很重要。CMOS 反相器近似延时为 $T_{\mathrm{d}} = (C/I)V_{\mathrm{DD}}$,见图 17.3,我们有

$$T_{\mathrm{d,scaled}} = \frac{C/\alpha}{I/\alpha} \frac{V_{\mathrm{DD}}}{\alpha} \tag{17.10}$$

$$= \left(\frac{C}{I} V_{\mathrm{DD}} \right) \frac{1}{\alpha} \tag{17.11}$$

由此得到,数字电路的速度可能会提高 α 倍。对于功耗,我们有 $P = fCV_{\mathrm{DD}}^2$,式中 f 为工作频率。如果电路的工作频率和门数维持不变,$P_{\mathrm{scaled}} = f(C/\alpha)(V_{\mathrm{DD}}/\alpha)^2 = fCV_{\mathrm{DD}}^2/\alpha^3$。注意,版图密度,或者说,单位面积晶体管数也按比例提高 α^2 倍。

功耗和延时的减小,电路密度的增大,使得按比例缩小对于数字系统而言极富吸引力。基于上面的分析,戈登·摩尔(Gordon Moore)在 1975 年预测[5]:每隔 3 年 MOS 晶体管尺寸减小 1/2,每隔一到两年单个芯片上晶体管数目翻一番。过去的 40 年历史确实证实了这种发展趋势。

图 17.3 CMOS 反相器

现在考虑理想的按比例缩小对模拟电路的影响。按比例缩小后,器件跨导变为

$$g_{\mathrm{m,scaled}} = \mu(\alpha C_{\mathrm{ox}}) \frac{W/\alpha}{L/\alpha} \frac{V_{\mathrm{GS}} - V_{\mathrm{TH}}}{\alpha} \tag{17.12}$$

$$= \mu C_{\mathrm{ox}} \frac{W}{L} (V_{\mathrm{GS}} - V_{\mathrm{TH}}) \tag{17.13}$$

我们注意到,当所有尺寸、电压(电流)按比例缩小时,跨导维持不变。为了计算工作在饱和区时器件的输出阻抗,我们先分析图 17.4 和等式(17.7),可知环绕漏区的耗尽层宽度减小 α 倍,因而 $\Delta L/L$ 保持不变。因为 $\lambda = (\Delta L/L)/V_{\mathrm{DS}}$(见第 2 章),故 λ 增加 α 倍,而且

$$r_{\mathrm{O,scaled}} = \frac{1}{\alpha\lambda \dfrac{I_{\mathrm{D}}}{\alpha}} \tag{17.14}$$

$$= \frac{1}{\lambda I_{\mathrm{D}}} \tag{17.15}$$

因此,本征增益 $g_{\mathrm{m}}r_{\mathrm{O}}$ 维持不变。不幸的是,实际上,$g_{\mathrm{m}}r_{\mathrm{O}}$ 有显著下降。

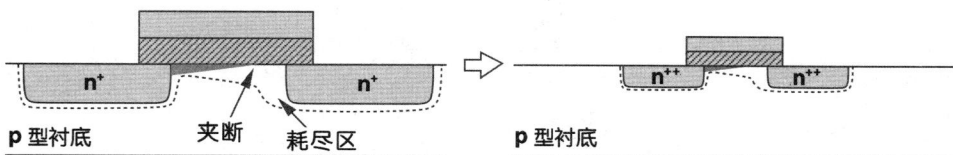

图 17.4 按比例缩小对沟道夹断的影响

按比例缩小对模拟电路最大的影响是电源电压的减小。在理想按比例缩小时,最大允许电压摆幅下降 α 倍,从而减小了电路的动态范围①。例如,动态范围的下限值受热噪声限制,

---

① 动态范围粗略定义为最大电压摆幅除以所关心的频带内总的噪声电压。

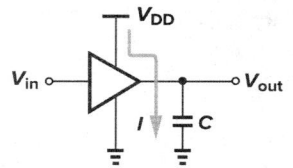

如果 V_{DD} 减小 α 倍,因为 g_m 不变,因此热噪声保持常数,那么动态范围减小 α 倍。当然,因为模拟电路中,$(V_{DD}/\alpha)(I_{DD}/\alpha)=(V_{DD}I_{DD}/\alpha^2)$,所以功耗下降 α^2。

为了恢复动态范围,晶体管跨导必须增大 α^2 倍,因为热噪声电压和电流均随 $\sqrt{g_m}$ 按比例变化。由于电压按比例缩小要求 $V_{GS}-V_{TH}$ 减小 α 倍,我们从 $g_m=2I_D/(V_{GS}-V_{TH})$ 可知 I_D 必须增大 α 倍,这使得功耗$(V_{DD}/\alpha)(\alpha I_D)=V_{DD}I_D$。同样,从 $g_m=\mu C_{ox}(W/L)(V_{GS}-V_{TH})$ 可知,如果 C_{ox} 按比例增加 α 倍,而 L 和 $V_{GS}-V_{TH}$ 按比例减小 α 倍,那么 W 必须**增大** α 倍(然而按照理想按比例缩小理论 W 应减小 α 倍)。也就是说,为了保证(热噪声限制)动态范围不变,线性模拟电路按比例缩小要求保持功耗**不变**和**更大**的器件电容,例如,$(\alpha W)(L/\alpha)(\alpha C_{ox})=\alpha WLC_{ox}$。有趣的是,如果动态范围的下限值由 kT/C 噪声决定,那么在开关电容电路中为了维持转换速率不变,偏置电流必须增大 α^2 倍,导致功耗增大(习题 17.3)。

事实上,按比例缩小的技术很大程度上偏离了理想恒定电场规则。电源电压和 MOS 阈值电压下降速率比器件尺寸有所减缓。例如,当最小沟道长度从 $1~\mu m$ 下降到 $0.25~\mu m$ 时,V_{DD} 仅从 5 V 降为 2.5 V,V_{TH} 由 0.8 V 降为 0.4 V。而且,由于晶体管受许多短沟道效应的困扰,难以获取理想按比例缩小带来的所有好处。

电路设计师不愿意使用更低的电源电压以及在缩小 MOS 阈值电压时所受到的基本限制,这使人们引入了另一个按比例缩小的方案:恒定电压下的按比例缩小。在这种情况下,器件尺寸减小 α 倍,掺杂浓度增大 α 倍,而电压保持不变,因而电场增大 α 倍。这样的强电场使器件更容易击穿,又加剧了短沟道效应。事实上,按比例缩小技术已经采用了恒定电场和恒定电压相结合的一种方式,这要求创新的器件设计,以达到在可靠性和性能方面的要求。

17.2　短沟道效应

为了理解复杂的器件模型,我们先简要介绍短沟道器件表现出的一些现象。正如我们将会看到的,在模拟(以及数字)电路设计时也必须对这些效应有基本的了解。

小尺寸效应是由五种因素而引起的,这五种因素又是由于偏离了理想按比例缩小理论而产生的。它们分别是:(1)由于电源电压没有按相同比例缩小而引起电场增大;(2)式(17.5)中的自建势项既不能按比例变化又不能忽略不计;(3)S/D 结深度不容易减小;(4)由于衬底掺杂浓度增加而引起迁移率减小;(5)亚阈值斜率(将在下面阐述)不能按比例变化。

17.2.1　阈值电压的变化

在典型电路的应用中,阈值电压的选择由器件的性能来决定。为了不降低数字 CMOS 门的速度,阈值电压的上限值约为 $V_{DD}/4$。而其下限值取决于如下几个因素:亚阈值特性、随温度和工艺的变化、与沟道长度的依赖关系[6]。

首先考虑亚阈值特性。对于长沟道器件而言,亚阈值漏电流由下式给出:

$$I_D=\mu C_d\frac{W}{L}V_T^2\left(\exp\frac{V_{GS}-V_{TH}}{\zeta V_T}\right)\left(1-\exp\frac{-V_{DS}}{V_T}\right) \tag{17.16}$$

式中 $C_d=\sqrt{\varepsilon_{si}qN_{sub}/(4\phi_B)}$,表示栅区下的耗尽区电容,$V_T=kT/q$,$\zeta=1+C_d/C_{ox}$[6]。式

(17.16)揭示了两个有趣的特性。第一,当 V_{DS} 超过几个 V_T 时,I_D 与漏源电压无关,该式简化为等式(2.33)。第二,在这种条件下,I_D 在对数坐标轴上斜率为

$$\frac{\partial(\lg I_D)}{\partial V_{GS}} = (\lg e)\ \frac{1}{\zeta V_T} \tag{17.17}$$

该值的倒数通常写作"亚阀值斜率",用 S 表示:

$$S = 2.3 V_T \left(1 + \frac{C_d}{C_{ox}}\right)\quad \text{V/dec} \tag{17.18}$$

例如,若 $C_d = 0.67 C_{ox}$,那么 $S = 100$ mV/dec,表示 V_{GS} 每变化 100 mV,漏电流就会下降一个数量级。为了在 V_{GS} 小于 V_{TH} 时使晶体管关断,S 必须尽可能地小,即 C_d/C_{ox} 必须最小。

相对不变的 S 值严重限制了阈值电压的按比例缩小。比如,当亚阈值斜率为 80 mV/dec 时,若要求"关断电流"比"导通电流"低五个数量级,那么 V_{TH} 下限值为 400 mV。

如果考虑到温度和工艺对 V_{TH} 变化的影响,按比例缩小 V_{TH} 将更加困难。阈值电压的温度系数约为 -1 mV/K,导致 V_{TH} 在商用温度范围(0~50 ℃)内变化为 50 mV[①]。工艺引起的变化也近似为 50 mV,这样产生的变化范围大约为 100 mV。因此,很难将 V_{TH} 降到几百毫伏以下。

在按比例缩小的晶体管中可以看到一个有趣的现象是阈值电压对沟道长度的依赖。如图 17.5 所示,同一晶圆上不同沟道长度的 MOS 管,V_{TH} 随 L 的减小而变小。这是因为漏结和源结的耗尽区显著地伸进了沟道区,因而在沟道中减小了由栅极电荷镜像的固定电荷,见图 17.6。换句话说,在衬底中的部分固定电荷现在由源、漏区内的电荷镜像产生,而不是由栅极的电荷所镜像。结果,产生反型层所需的栅压变小。因为在制造中沟道长度不能精确控制,这会引起 V_{TH} 额外的变化。在模拟电路中这种现象就意味着:如果通过增大沟道长度来提高输出阻抗,那么阈值电压也会增加差不多 100~200 mV。

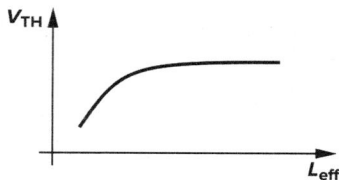

图 17.5　阈值电压随沟道长度的变化

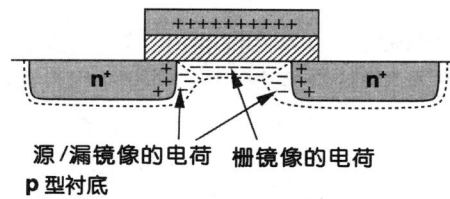

图 17.6　S/D 耗尽区和沟道耗尽区的电荷分享

与阈值电压有关的另一个短沟道现象是"漏致势垒降低"(DIBL)。在第 2 章中已指出,在弱反型状态下,随着栅压增加,表面势将变得更正,见图 17.7(a),以吸引来自源区的载流子。在短沟道器件中,**漏区**电压在耗尽区产生二维电场,也使得表面势更正。实质上,在漏区引入了一个电容 C_d',其引起表面势增加的机理类似于 C_d。结果,阻碍电荷流动的势垒降低了,因而阈值电压也减小了。如果图 2.28 中画出了深线性区和饱和区的 I/V 曲线,DIBL 的影响就显示出来了,见图 17.7(b)。

DIBL 对电路设计的主要影响是降低了输出阻抗。这一点将在 17.2.5 节中予以说明。

---

① 有趣的是,随着温度的增加,S 也增加,情况进一步恶化。

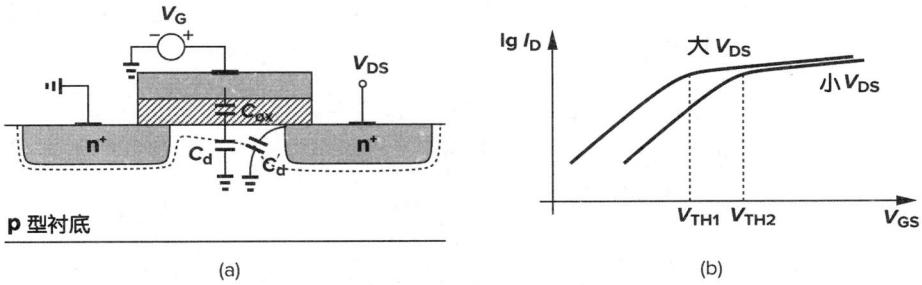

图 17.7 (a)短沟道器件中的 DIBL;(b)DIBL 对电流特性的影响

反短沟道效应

696 在纳米 CMOS 工艺中,随着沟道长度从其最小值增大,阈值电压会**减小**。为了分析该效应,我们考虑如图 17.8 所示的现代 MOS 器件的剖面图,图中源结和漏结的周围均围绕着"Halo"注入的重掺杂区。该注入区会减小漏端耗尽区向沟道区域的渗透,因而改善了器件的特性。

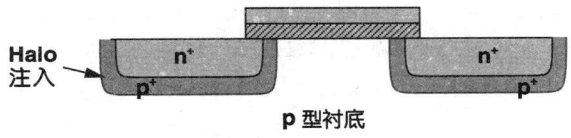

图 17.8 带 Halo 注入的 MOS 管结构

现在回顾第 2 章,阈值电压是衬底掺杂浓度 N_{sub} 的函数,得到

$$V_{\text{TH}} = \phi_{\text{MS}} + 2\phi_{\text{F}} + \frac{Q_{\text{dep}}}{C_{\text{ox}}} \tag{17.19}$$

其中,$\phi_{\text{F}} = (kT/q)\ln(N_{\text{sub}}/n_i)$ 和 $Q_{\text{dep}} = \sqrt{4q\varepsilon_{\text{si}}|\phi_{\text{F}}|N_{\text{sub}}}$ 两者都随着 N_{sub} 的增加而增加。由于图 17.8 中沿沟道方向的非均匀衬底掺杂,从源端到漏端的"局部"阈值电压也随着变化。对于一个给定的器件结构,我们可以沿着沟道取平均,得到一个总的阈值电压。我们可以看到,随着沟道长度的增加,平均衬底掺杂浓度减小,因此阈值电压随之减小。

17.2.2 垂直电场引起的迁移率退化

在大的栅源电压下,栅和沟道间产生的高电场将载流子局限在 SiO_2 界面下狭窄的区域,从而导致更多的载流子散射,使迁移率下降。由于实际按比例缩小严重偏离了恒定电场情况,小尺寸器件的迁移率下降得很厉害。对这种影响建模的一个经验公式是

$$\mu_{\text{eff}} = \frac{\mu_0}{1 + \theta(V_{\text{GS}} - V_{\text{TH}})} \tag{17.20}$$

式中,μ_0 表示"低电场"下的迁移率,θ 是拟合参数,约为 $(10^{-7}/t_{\text{ox}})\text{V}^{-1}$[7]。例如,$t_{\text{ox}} = 100\text{Å}$,则 $\theta \approx 0.1 \sim 0.4\ \text{V}^{-1}$。当过驱动电压值超出 100 mV 时,迁移率就会明显下降。注意,θ 随着 t_{ox}

697 下降而增加,这是因为 t_{ox} 下降时,氧化层内电场变得更强。

除了降低 MOSFET 的电流和跨导外,迁移率退化也使 MOS 管 I/V 特性偏离简单的平方

律特性。当栅源电压为正弦波,对于一个具有平方特性的器件而言,其漏电流仅有偶次谐波,然而,式(17.20)预计,漏电流也会产生奇次谐波。事实上,I_D 写成

$$I_D = \frac{1}{2}\frac{\mu_0 C_{ox}}{1 + \theta(V_{GS} - V_{TH})}\frac{W}{L}(V_{GS} - V_{TH})^2 \tag{17.21}$$

假定 $\theta(V_{GS} - V_{TH}) \ll 1$,可以得到

$$I_D \approx \frac{1}{2}\mu_0 C_{ox}\frac{W}{L}[1 - \theta(V_{GS} - V_{TH})](V_{GS} - V_{TH})^2 \tag{17.22}$$

$$\approx \frac{1}{2}\mu_0 C_{ox}\frac{W}{L}[(V_{GS} - V_{TH})^2 - \theta(V_{GS} - V_{TH})^3] \tag{17.23}$$

这虽然是一个粗略近似,但它表示,漏电流中存在高次谐波。

垂直电场引起的迁移率退化也会影响到器件跨导。这将在习题 17.9 中研究。

17.2.3 速度饱和

载流子迁移率也依赖于沟道区的**横向**电场。当电场达到 1 V/μm 时,迁移率开始下降。我们注意到,由于载流子速度 $v = \mu E$,当电场足够强时,v 会达到一个饱和值,约为 10^7 cm/s。因此,当载流子从源区进入沟道,流向漏区时被加速,在沟道区的某一点,载流子可能会达到饱和速度[①]。在极端的情况下,载流子甚至会在整个沟道区域达到速度饱和。我们可以把式 (2.2) 写为

$$I_D = v_{sat}Q_d \tag{17.24}$$

$$= v_{sat}WC_{ox}(V_{GS} - V_{TH}) \tag{17.25}$$

有趣的是,这时电流与过驱动电压是**线性**比例关系,而且与沟道长度无关。实际上,如图 17.9 所示,$L < 1$ μm 器件的 $I_D - V_{GS}$ 特性表现出了速度饱和,因为 $V_{GS} - V_{TH}$ 的等量增加产生 I_D 的近似等量增加。我们也注意到 $g_m = v_{sat}WC_{ox}$,因此,在速度饱和时,跨导是沟道长度和漏电流的弱函数。

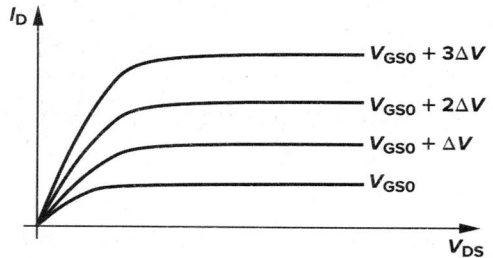

图 17.9 速度饱和对漏电流特性的影响

在典型的偏置条件下,MOSFET 表现出一些速度饱和,I/V 特性介于线性和平方律之间。一个很重要的结论是:随着 V_{GS} 增加,漏电流在沟道夹断之前已充分饱和。如图 17.10(a) 所示,当 V_{DS} 超过 $V_{D0} < V_{GS} - V_{TH}$ 时,载流子速度饱和,结果使得这时的饱和电流远小于沟道夹断时,即 $V_{DS} > V_{GS} - V_{TH}$ 时的饱和电流。而且,如图 17.10(b) 所示,速度饱和时,V_{GS} 的增加引起的 I_D 增量变小,因而跨导也要低于平方律特性所预期的数值。

(在饱和区)反映速度饱和的一个紧凑通用的解析式为

$$I_D = WC_{ox}v_{sat}\frac{(V_{GS} - V_{TH})^2}{V_{GS} - V_{TH} + 2\dfrac{v_{sat}L}{\mu_{eff}}} \tag{17.26}$$

---

① 即使在长沟道器件中,若源漏电压大到足够夹断沟道,则载流子速度饱和。在夹断点,可动电荷浓度几乎为零,电场非常强,从而使载流子速度饱和。

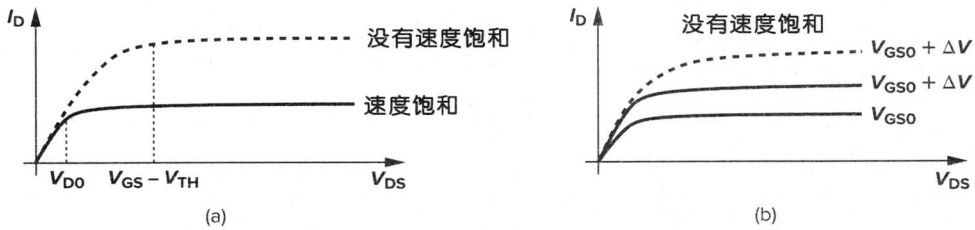

图 17.10　速度饱和现象

(a)漏电流提前饱和;(b)跨导的降低

式中,μ_{eff}由式(17.20)得到[7,8]。同样,可以得到提前饱和的开始点的漏源电压,[图 17.10(a)中的 V_{D0} 点]为

$$V_{\text{DS,sat}} = \frac{E_{\text{sat}}L(V_{\text{GS}} - V_{\text{TH}})}{2E_{\text{sat}}L + V_{\text{GS}} - V_{\text{TH}}} \tag{17.27}$$

式(17.26)可以给出两个有趣的结果。第一,如果 L 或 v_{sat} 足够大,方程退化为平方律关系。第二,如果**过驱动**电压足够小,式(17.26)中分母可简化为 $2v_{\text{sat}}L/\mu_{\text{eff}}$,且 $\mu_{\text{eff}} \approx \mu_0$,那么,即使 L 相对较小,该器件仍然遵循平方律特性。例如,当 $v_{\text{sat}} \approx 10^7$ cm/s,$L = 0.25$ μm,$\mu_0 \approx 350$ cm^2/(V·s),则 $2v_{\text{sat}}L/\mu_0 \approx 1.43$ V。由此看到,对于几百毫伏的过驱动电压而言,晶体管工作状况大致接近平方律特性。因此,在许多模拟电路应用场合中,第 2 章的简化处理仍是适用的。

式(17.26)可以进一步简化得到另一个结果。把式(17.20)的 μ_{eff} 代入式(17.26),我们得到

$$I_{\text{D}} = WC_{\text{ox}}v_{\text{sat}} \frac{(V_{\text{GS}} - V_{\text{TH}})^2}{V_{\text{GS}} - V_{\text{TH}} + \dfrac{2v_{\text{sat}}L}{\mu_0}[1 + \theta(V_{\text{GS}} - V_{\text{TH}})]} \tag{17.28}$$

$$= WC_{\text{ox}}v_{\text{sat}} \frac{(V_{\text{GS}} - V_{\text{TH}})^2}{\dfrac{2v_{\text{sat}}L}{\mu_0} + \left(1 + \dfrac{2v_{\text{sat}}L\theta}{\mu_0}\right)(V_{\text{GS}} - V_{\text{TH}})} \tag{17.29}$$

$$= \frac{1}{2}\mu_0 C_{\text{ox}} \frac{W}{L} \frac{(V_{\text{GS}} - V_{\text{TH}})^2}{1 + \left(\dfrac{\mu_0}{2v_{\text{sat}}L} + \theta\right)(V_{\text{GS}} - V_{\text{TH}})} \tag{17.30}$$

上式与式(17.21)类似,可以看出,上式中的 $\mu_0/(2v_{\text{sat}}L)$ 和 θ 分别代表横向和垂直的电场引起的迁移率的退化。因此,由(17.21)式得出的结论在这里同样也适用,例如,漏电流关系式中包含高阶非线性项。另外,由式(17.30)也可推出跨导表达式(习题 17.10)。

17.2.4　热载流子效应

当漏源电压足够大时,短沟道 MOSFETs 会有很强的横向电场。虽然在强电场时,载流子平均速度达到饱和,但载流子瞬时速度会不断增大,因而其动能也不断增大,尤其是在加速向漏极运动时。这些载流子被称为"热"电子[2]。

在漏区附近,热载流子以极高的速度"撞击"硅原子,从而发生碰撞电离。结果,产生新的

电子-空穴对,电子流向漏区,而空穴流向衬底。于是,产生了一定的漏-衬电流。而且,如果载流子获得足够高的能量,它们也有可能注入栅氧中,甚至流出栅极,产生栅电流。通常通过测量衬底电流和栅电流来研究热载流子效应。

工艺按比例缩小会继续发展,是为了使热载流子效应降至最小。这种限制和其它击穿现象使得人们不得不按比例减小电源电压。

在纳米工艺中,热载流子效应已被减弱了。这是因为,如果电源电压在 1 V 附近,产生电子一空穴对需要的能量,$E_g = 1.12$ eV,就不可能得到。也就是说,对于任何一个短沟道,即使沟道中不存在任何晶格,电子从 0 V 的源端渡越到 1 V 的漏端也无法获得 1.12 eV 的能量。(从统计学上讲,一小部分电子的能量在一定的温度下可能达到 E_g,但是其影响可以忽略不计。)

17.2.5 漏-源电压引起的输出阻抗的变化

在引入单一常量 λ 来模拟沟道长度调制时,我们假定:在饱和区,晶体管的输出阻抗 r_O 是常数。然而,实际上,r_O 随 V_{DS} 变化。随着 V_{DS} 增大,夹断点向源区移动,漏端耗尽区展宽的速率减小,从而产生一个更大的输出阻抗。如图 17.11 所示,这种效应有点类似于反偏 pn 结电容的变化:在小的反偏压下,耗尽区宽度是 pn 结偏压的强函数,而在大的反向偏压下,耗尽区宽度是 pn 结偏压的弱函数。

在饱和状态下,输出阻抗近似为

$$r_O = \frac{2L}{1 - \frac{\Delta L}{L}} \frac{1}{I_D} \sqrt{\frac{qN_B}{2\varepsilon_{si}}(V_{DS} - V_{DS,sat})} \tag{17.31}$$

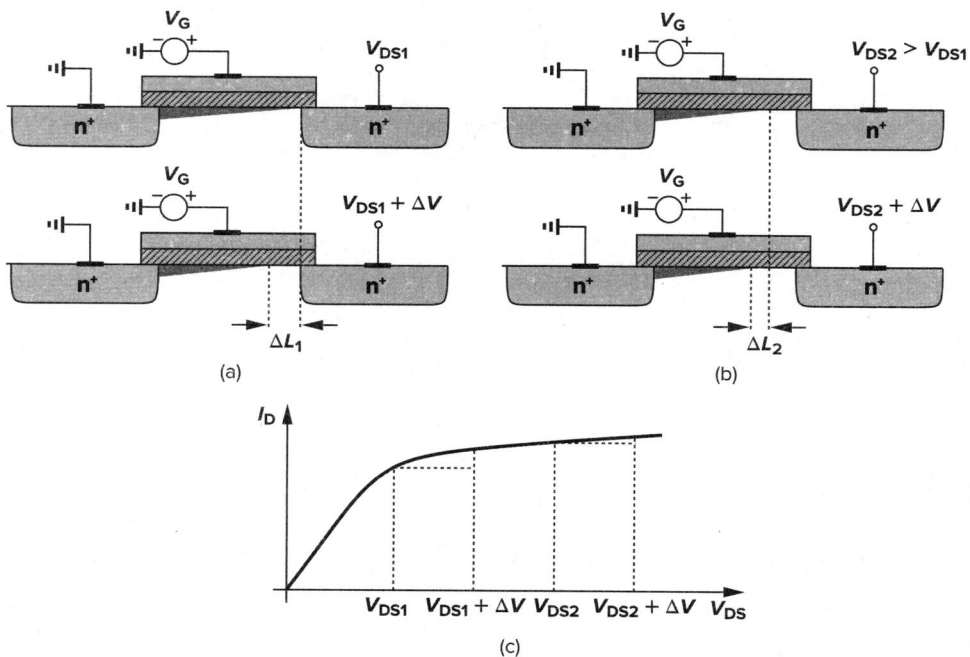

图 17.11 (a)V_{DS}较小时沟道长度的减小;(b)V_{DS}较大时沟道长度的减小;(c)对 I-V 特性的影响

式中 $V_{\mathrm{DS,sat}}$ 为夹断开始时的漏源电压[9]。由式(17.26)和式(17.27)推出的另一个近似关系式在参考文献[8]中作了阐述。

　　在短沟道器件中,随着 V_{DS} 的进一步增大,漏致势垒降低变得更加显著,导致阈值电压减小,漏电流增大。DIBL 引起的 r_0 的减小与式(17.31)表示的结果基本抵消,使输出阻抗基本维持不变。在足够高的漏电压下,漏区附近碰撞电离产生一个大的电流(由漏区流入衬底),实际上降低了输出阻抗。r_0 总的变化曲线如图 17.12。

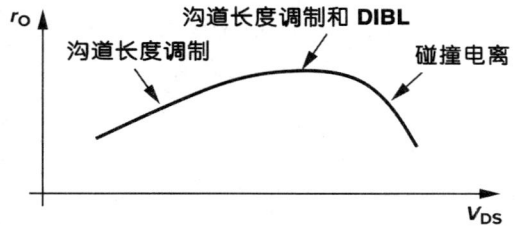

图 17.12　输出电阻随 V_{DS} 总的变化曲线

r_0 的变化在许多电路中引入了非线性特性。例如,在运放中,随着输出电压的变化,输出阻抗也随之变化,因而电路的电压增益也发生变化。而且,碰撞电离限制了共源共栅结构所能达到的最大增益,这是因为它引入了一个由漏到**衬底**、而不是由漏到源的小信号电阻。

17.3　MOS 器件模型

　　自 20 世纪 60 年代中期建立第一个 MOS 模型[10]以来,随着器件尺寸的不断变小,人们为了提高模型的准确性进行了大量的研究工作。从 20 世纪 60 年代中期到 70 年代末,为了使沟道长度小到 1 μm 的 MOS 晶体管的模拟和实测特性之间有一个合理的精度,人们相继建立了包含了高阶效应的 Level 1~Level 3 模型。在此之后,在 80 年代中期,AT&T 贝尔实验室提出了简洁的短沟道 IGFET 模型(CSIM),加州大学伯克利分校报道了短沟道 IGFET 模型(BSIM)。实践证明,这些模型对于模拟设计是不够好的,在 80 年代和 90 年代,人们相继推出了 BSIM2,HSPICE level 28 模型,BSIM3,BSIM4 和一系列其它模型。

　　MOS 器件建模不断面临挑战,特别是在高频工作条件下。我们的目的是介绍一些模型的基本知识,范围仅限于模拟所必须了解的内容。我们还应提到,一个模型的应用是由以下因素决定的:不同尺寸的器件在不同的工作范围内其所能提供的精度;模型参数提取的容易程度和仿真的效率。感兴趣的读者想深入了解这方面的内容请参阅文献[1]。

17.3.1　Level 1 模型

　　Level 1 模型又名 Shichman-Hodges 模型[10]。该模型采用如表 2.1 所列的参数,它基于下面的方程:

$$I_{\mathrm{D}} = \frac{1}{2} K_{\mathrm{P}} \frac{W}{L - 2L_{\mathrm{D}}} [2(V_{\mathrm{GS}} - V_{\mathrm{TH}})V_{\mathrm{DS}} - V_{\mathrm{DS}}^2](1 + \lambda V_{\mathrm{DS}}) \qquad \text{线性区} \qquad (17.32)$$

$$I_{\mathrm{D}} = \frac{1}{2} K_{\mathrm{P}} \frac{W}{L - 2L_{\mathrm{D}}} (V_{\mathrm{GS}} - V_{\mathrm{TH}})^2 (1 + \lambda V_{\mathrm{DS}}) \qquad \text{饱和区} \qquad (17.33)$$

式中 $K_{\mathrm{P}} = \mu C_{\mathrm{ox}}$,$V_{\mathrm{TH}} = V_{\mathrm{TH0}} + \gamma(\sqrt{2\phi_{\mathrm{B}} - V_{\mathrm{BS}}} - \sqrt{2\phi_{\mathrm{B}}})$。注意,该模型不包括亚阈值导通和任何短沟道效应。

根据第 2 章描述的简单模型可得到器件电容的表达式,不过需要做一点修正。由于在第 2 章介绍的模型中,C_{GS} 由饱和区的 $(2/3)WLC_{ox}$ 突变为线性区的 $(1/2)WLC_{ox}+WC_{ov}$(而 C_{GD} 由 WC_{ov} 变为 $(1/2)WLC_{ox}+WC_{ov}$),这使得绝大多数算法在这里很难收敛。基于这个原因,线性区 C_{GS} 和 C_{GD} 的关系式改为

$$C_{GS} = \frac{2}{3}WLC_{ox}\left\{1 - \frac{(V_{GS}-V_{DS}-V_{TH})^2}{[2(V_{GS}-V_{TH})-V_{DS}]^2}\right\} + WC_{ov} \qquad (17.34)$$

$$C_{GD} = \frac{2}{3}WLC_{ox}\left\{1 - \frac{(V_{GS}-V_{TH})^2}{[2(V_{GS}-V_{TH})-V_{DS}]^2}\right\} + WC_{ov} \qquad (17.35)$$

$$C_{GB} = 0 \qquad (17.36)$$

我们注意到,如果当器件工作在临界饱和区,则有:$V_{GS}-V_{DS}=V_{TH}$,$C_{GS}=(2/3)WLC_{ox}+WC_{ov}$,$C_{GD}=WC_{ov}$。因此,在一个工作区到另一个工作区过渡时电容的数值是连续变化的。

Level 1 模型对于沟道长度小到大约 4 μm 的器件,能给出合理的 I/V 精度,但其预测的晶体管饱和区输出阻抗的精度仍很差。

17.3.2 Level 2 模型

当沟道长度约小于 4 μm 时,Level 1 模型就表现出其缺陷。Level 2 模型就是为表示许多高阶效应而研发的。

在第 2 章推导 I-V 平方律特性时,我们假设沿着沟道阈值电压不变。由于沟道下耗尽区的电荷随各点的电压不同而不同,如图 17.13 所示,所以这个假设,即使对于长沟道器件也是不正确的。因为反型层和耗尽层的电荷量与栅极电荷量相等,随着漏区附近的反型层消失,则耗尽区必须包围更多的电荷。在 2.2.2 小节中,考虑阈值电压可变再进行积分,可得[1]

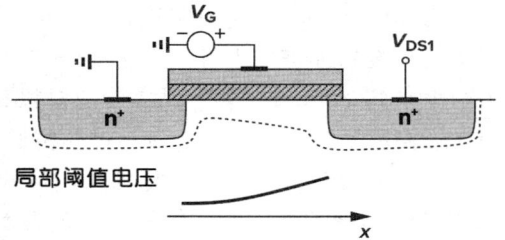

图 17.13   阈值沿沟道区的变化

$$I_D = \mu C_{ox}\frac{W}{L}\left\{(V_{GS}-V_{TH0})V_{DS} - \frac{V_{DS}^2}{2} - \frac{2}{3}\gamma[(V_{DS}-V_{BS}+2\phi_F)^{3/2}-(-V_{BS}+2\phi_F)^{3/2}]\right\}$$
$$(17.37)$$

有意思的是,即使 $V_{BS}=0$,I_D 仍与 γ 有关。而且,对于小的 V_{DS},等式简化为 Level 1 模型的解析式,但对于大的 V_{DS},漏极电流小于平方律特性计算出的数值。也可计算出饱和区边缘的电压[1]为

$$V_{DS,sat} = V_{GS}-V_{TH0}-\phi_F + \gamma^2\left[1 - \sqrt{1 + \frac{2}{\gamma^2}(V_{GS}-V_{TH0}+\phi_F)}\right] \qquad (17.38)$$

在饱和区,漏电流为

$$I_{DS} = I_{D,sat}\frac{1}{1-\lambda V_{DS}} \qquad (17.39)$$

将 $V_{DS}=V_{DS,sat}$ 代入式(17.37)中,可得到上式中的 $I_{D,sat}$。

沟道长度调制建模,或更一般的说法,为器件有限的输出阻抗建模,总是一个困难的问题。仅引入参数 λ 来反映这种现象是很不精确的。在 Level 2 模型中,λ 如果没有给定,则可通过

计算夹断点和漏区边缘之间耗尽层的宽度来得到。应用 pn 结耗尽层的简单关系式,可得

$$\Delta L = \sqrt{\frac{2\varepsilon_{si}}{qN_{sub}}[\phi_B + (V_{DS} - V_{DS,sat})]} \tag{17.40}$$

式中 $V_{DS,sat}$ 为夹断电压[①]。

上述方法最大的困难在于漏极电流和它的导数在线性区的边界是不连续的[1]!为了解决这个问题,ΔL 实际上是由另一个"修正"了的关系式给出的:

$$\Delta L = \sqrt{\frac{2\varepsilon_{si}}{qN_{sub}}(V_1 + \sqrt{1 + V_1^2})} \tag{17.41}$$

式中 $V_1 = (V_{DS} - V_{DS,sat})/4$。这样沟道长度调制系数 λ 可表示为 $\lambda = \Delta L/(LV_{DS})$。公式 (17.41) 的特征是晶体管输出阻抗随 V_{DS} 增加而变化,而使用 λ 为常数的 Level 1 模型没有体现这个特征。

Level 2 模型也考虑了沟道区垂直电场引起的迁移率退化。迁移率的计算公式为

$$\mu_s = \mu_0 \left(\frac{\varepsilon_{si}}{C_{ox}} \cdot \frac{U_C}{V_{GS} - V_{TH} - U_t V_{DS}}\right)^{U_e} \tag{17.42}$$

式中,U_C 表示栅-沟道间临界电场,U_t 为拟合参数,其值在 0 到 0.5 之间,指数 U_e 约为 0.15。

在 Level 2 模型中,定义了 V_{on} 电压来考虑亚阈值特性,$V_{on} = V_{TH} + \zeta V_T$,其中 $\zeta = 1 + (qN_{FS}/C_{ox}) + C_d/C_{ox}$,$N_{FS}$ 为经验常数。这样,漏极电流可表示为

$$I_{DS} = I_{on} \exp\frac{V_{GS} - V_{on}}{\zeta V_T} \tag{17.43}$$

式中,I_{on} 为 $V_{GS} = V_{on}$ 时用强反型公式(式(17.37))计算得到的漏极电流。该式的严重缺陷在于,在由亚阈值区到强反型过渡时,I_D 斜率不连续,见图 17.14,使仿真时出现各种各样的困难和错误。

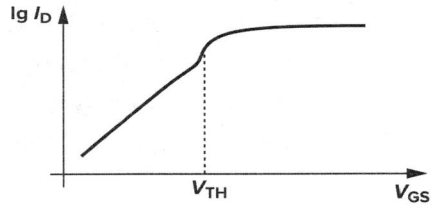

图 17.14　Level 2 模型漏电流的弯折现象

除了以上效应之外,Level 2 模型还考虑了另外两个短沟道效应:V_{TH} 随 L 的变化,速度饱和。这些效应在模型中的实现可参见文献[1]。

文献[1]中的测量数据表明:对于工作在饱和区宽而短的器件($L \approx 0.7~\mu m$),Level 2 模型能够提供合适的 I-V 精度,但是缺点在于:输出阻抗的表示以及在线性区与饱和区的过渡点方面会出现相当大的误差。对于窄或者长的器件,该模型不准确。

17.3.3　Level 3 模型

Level 3 模型的实现有点类似于 Level 2 模型。Level 3 模型对 Level 2 模型的一些解析式进行简化并引入了许多经验常数,以提高模型对于沟道长度小到 1 μm 的器件的精度。

该模型中阈值电压的计算公式为

$$V_{TH} = V_{TH0} + F_S\gamma\sqrt{2\phi_F - V_{BS}} + F_n(2\phi_F - V_{BS}) + \xi\frac{8.15 \times 10^{-22}}{C_{ox}L_{eff}^3}V_{DS} \tag{17.44}$$

---

① 该 pn 结在这里被看作是单边结,即漏区有更高的掺杂浓度。

式中,F_s 和 F_n 分别表征短沟道和窄沟道效应[①],ζ 模拟漏致势垒降低效应。

迁移率模型包括了垂直和横向的电场影响,表示式为

$$\mu_1 = \frac{\mu_\mathrm{eff}}{1 + \dfrac{\mu_\mathrm{eff} V_\mathrm{DS}}{v_\mathrm{max} L_1}} \tag{17.45}$$

式中

$$\mu_\mathrm{eff} = \frac{\mu_0}{1 + \theta(V_\mathrm{GS} - V_\mathrm{TH})} \tag{17.46}$$

v_max 是沟道区中载流子的最大速率。由式(17.45)和式(17.46)可知,μ_eff 模拟了垂直电场的影响,而 μ_1 反映了横向电场的影响。

漏极电流表示为

$$I_\mathrm{D} = \mu_1 C_\mathrm{ox} \frac{W_\mathrm{eff}}{L_\mathrm{eff}} \left[V_\mathrm{GS} - V_\mathrm{TH0} - \left(1 + \frac{F_\mathrm{s} \gamma}{4 \sqrt{2\phi_\mathrm{F} - V_\mathrm{BS}}} + F_\mathrm{n} \right) \frac{V'_\mathrm{DS}}{2} \right] V'_\mathrm{DS} \tag{17.47}$$

式中,如果器件工作在饱和区,则 $V'_\mathrm{DS} = V_\mathrm{DS,sat}$。$V_\mathrm{DS,sat}$ 量表示沟道夹断和速度饱和(图 17.10),其表达式相对较复杂[1]。

亚阈值电流表达式类似于 Level 2 模型,在临近强反型处,依然有导数不连续的缺点。

Level 3 模型采用了更加复杂的方法来计算沟道长度调制以及电荷和电容参数。详细论述可参见文献[1]。经与实测数据比较,文献[1]认为:Level 3 模型,与 Level 2 模型一样,对于宽而短器件,精度中等,但对沟道较长的器件有很大的误差。

Level 3 模型的一个严重缺点是,在线性区边界 I_D 对 V_DS 导数不连续,这导致输出阻抗的计算结果误差较大。如图 17.15 所示,对于短沟道器件,用 Level 3 模型模拟 r_O 随 V_DS 的变化,其模拟结果是相当差的。

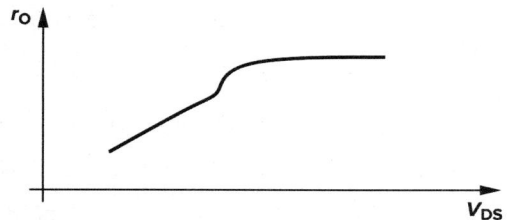

图 17.15　Level 3 模型中输出阻抗的弯折现象

17.3.4　BSIM 系列模型

Level 1~3 模型背后的理念是:通过一些方程式描述器件特性,而这些方程是直接从器件物理导出的。然而,当器件尺寸进入亚微米后,物理意义明确、模型准确、运算效率高的解析式的建立变得越来越困难。BSIM 采用一种不同的方法:加入大量的经验参数来简化这些方程,其不足之处是与器件工作原理失去了联系。

BSIM 一个有趣的特点就是增加一个简单关系式来表示器件参数与几何尺寸的依赖关系。通用的关系式为

$$P = P_0 + \frac{\alpha_P}{L_\mathrm{eff}} + \frac{\beta_P}{W_\mathrm{eff}} \tag{17.48}$$

式中,P_0 是长而宽器件的参数值(如果 L_eff,$W_\mathrm{eff} \to \infty$,则 $P = P_0$),α_P、β_P 是拟合因子。例如,迁

①　对于窄沟道器件,**宽度减小时,阈值电压增加**[6]。

移率计算式为

$$\mu = \mu_0 + \frac{\alpha_\mu}{L_{\text{eff}}} + \frac{\beta_\mu}{W_{\text{eff}}} \tag{17.49}$$

然而,在小尺寸条件下,式(17.48)的精度会变低[1]。

　　BSIM 中所用的器件方程和参数拟合超出了本书的讨论范围。BSIM 大约使用 50 个参数,相对于 Level 3 模型作了如下的改进[1]:(1)在考虑垂直电场对迁移率的影响时,考虑了衬底电压的影响;(2)对非均匀掺杂的衬底修正了阈值电压;(3)建立在弱反型区和强反型区的电流公式并使它们的值和一阶导数连续;(4)为简化漏电流方程,建立了一些新的关系式来计算速度饱和、横向电场对迁移率影响以及饱和电压。

　　0.7 μm 工艺中的实测结果[1]表明,用 BSIM 模型模拟各种尺寸器件的 I/V 特性,不会出现大的误差,但是对于窄而短的晶体管,其精度有点差。

　　对沟道长度低于 0.8 μm 器件,除了上述缺陷之外,BSIM 会出现一些难以捉摸的错误。例如,在大的漏-源电压下,BSIM 预计的 MOS 饱和区输出电阻是**负的**。此外,在深线性区,漏极电流仍然有些轻微的不连续[1]。

　　BSIM 系列模型中的下一个模型是 BSIM2。它需要约 70 个参数。BSIM2 对迁移率、漏极电流和亚阈值导通采用了新的表达式。由于综合地考虑了沟道长度调制和漏致势垒降低,它还提供了更精确的输出阻抗。然而,实测结果指出,BSIM2 总体精度仅仅略高于 BSIM。对短而窄的晶体管,BSIM2 在线性区出现一些大的误差,在饱和区甚至出现显著的"弯折(Kinks)"现象[1]。

　　BSIM 和 BSIM2 的发展方向,即通过与物理现象关系很小的经验公式来表示器件特性,最终在模拟短沟道器件中产生了困难。参数提取、模拟工艺变化,以及大量使用多项式的要求,使得建模和应用很困难。结果,BSIM 的下一代模型 BSIM3,在保留 BSIM 和 BSIM2 中许多有用特性的同时,又回到了器件工作的物理原理上。人们很快推出了 BSIM3 的几种版本,第三版的 BSIM3 模型大约需要 180 个参数。对沟道长度为 0.25 μm 的器件,BSIM3 对于工作在亚阈值和强反型区的器件可以提供合适的精度,但是预计的输出阻抗仍存在大的误差。BSIM4 克服了其中的许多缺点,可作为 40 nm 和 28 nm 工艺需要的模型。

17.3.5　其它模型

　　除了 Level 1～3 模型和四代 BSIM 模型之外,人们还提出了许多其它的 MOS 模型。在这些模型中,最著名的是 HSPICE Level 28,MOS9 和 Enz-Krummenacher-Vittoz(EKV)模型,因为它们提供了表示 MOSFETs 特性的新方法[1]。例如,HSPICE Level 28 模型改进了模型参数精度与器件几何尺寸的关系,它所使用的方法是,把各种参数表示成

$$P = P_0 + \alpha\left(\frac{1}{L} - \frac{1}{L_{\text{ref}}}\right) + \beta\left(\frac{1}{W} - \frac{1}{W_{\text{ref}}}\right) + \gamma\left(\frac{1}{L} - \frac{1}{L_{\text{ref}}}\right)\left(\frac{1}{W} - \frac{1}{W_{\text{ref}}}\right) \tag{17.50}$$

式中,L_{ref},W_{ref}表示一个"参考"器件(即已测量出特性的晶体管)的尺寸。这样,参数与几何尺寸的关系由相对于参考器件尺寸的**增量**、而不是器件尺寸的绝对数值来表示,因而可以得到更高的精度。而且,与长和宽的增量的乘积成比例的项也便于曲线拟合。

　　EKV 模型[11]从实质上不同于传统的对 MOSFET 工作过程的分析方法,它不是以源,而

是以**衬底**作为所有电压的参考点。因此,这种方法避免了区分漏源极,更重要的是,它引入了在亚阈值区和饱和区均有效的一个漏源电流方程。

关于这些模型的深入研究可参见文献[1]。

17.3.6　电荷与电容的建模

第 2 章阐述的、适用于 Level 1 的简单栅电容模型,被称为 Meyer 电容模型[1]。即使对长沟道器件,它也有许多不足。在瞬态 SPICE 分析中,该模型电荷不守恒(!),因而使仿真产生误差。例如,如图 17.16 所示,在由一个理想电容器和一个 MOSFET 组成的分压器上施加一周期方波,由于每个周期在结点 X 处会丢失一些电荷,在输出端,该方波会"下坠"。这种效果产生的原因是电荷计算的误差,电荷通过电容上电压对时间进行积分求得,仿真时,每次计算均有小的误差,该电荷计算方法使小的误差积累[①]。为使这种误差最小化,可以修改仿真算法,使其首先计算反型层和耗尽区的电荷,而后在器件的各电容之间对该电荷进行分配。

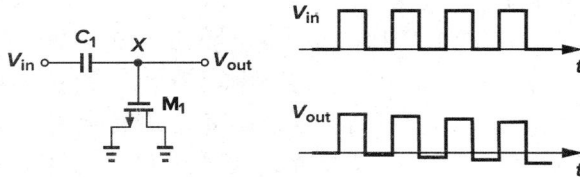

图 17.16　仿真中电荷消失

Meyer 电荷模型的另一个问题与沟道电荷在漏源端之间的分配有关。Meyer 模型假定:在线性区 $C_{GS} = C_{GD} = (1/2)WLC_{ox} + WC_{ov}$;在饱和区 $C_{GS} = (2/3)WLC_{ox} + WC_{ov}$ 以及 $C_{GD} = WC_{ov}$,这些假定对于短沟道器件是很不精确的。为了便于曲线拟合,要更灵活地分配电荷。例如,在 BSIM 和 BSIM3 中有三种不同的电荷分配方案(40%/60%,50%/50%,0%/100%)。

为了提高精度,特别是要满足模拟电路的要求,现今人们已经为 MOS 器件创建了更完善的电荷和电容模型。然而,如同许多其它模型的改进一样,最终得到的公式相当繁琐,因而不直观。详细叙述可参考文献[1]。

17.3.7　温度特性

MOS 晶体管的许多参数都随温度而变化,很难使仿真的结果与实测结果,在一个宽的温度变化范围内都保持相当符合。在 Level 1~3 模型和 BSIM、BSIM2 中,下面的参数都受温度影响:V_{TH},S/D 结的内建势,硅本征载流子浓度(n_i),带隙能量(E_g)和迁移率。这些参数与温度的关系,大多数都是经验公式,例如:

$$E_g = 1.16 - \frac{7.02 \times 10^{-4} T^2}{T + 1\,108} \tag{17.51}$$

和

[①]　这里的另一个误差源是,假定器件电容是互易的,例如 $C_{GS} = C_{SG}$[1]。

$$\mu = \mu_0 \left(\frac{300}{T} \right)^{3/2} \tag{17.52}$$

式中，$\mu_0 = \mu(T = 300\text{°K})$。

　　BSIM3 包含了更多的参数来表示某些现象与温度的关系，例如：速度饱和、亚阈值电压对 V_{TH} 的影响。目前还不清楚 BSIM3 如何准确地表达 MOS 器件和电路的温度变化。

17.4　工艺角

　　与双极晶体管不同，在不同的晶圆之间以及在不同的批次之间，MOSFET 参数变化很大。尽管数十年来技术在不断地进步，CMOS 电路参数大的可变性仍然是数字电路和模拟电路设计者必须面对的一个事实。

　　为了在一定程度上减轻电路设计任务的困难，工艺工程师们要保证器件的性能在某个范围内，大体上，他们以报废超出这个性能范围的晶圆的措施来严格控制预期的参数变化（见图 17.17）。当然，二者之间总是存在矛盾：电路设计师希望缩小这个范围以使设计更好，工艺工程师则倾向于尽可能扩大这个范围以提高成品率。例如，在现代 CMOS 技术中，由于工艺和温度的变化，门延时的波动范围在 2 倍到 1 倍是很常见的。

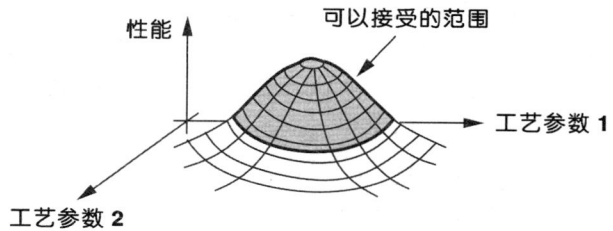

图 17.17　性能范围与工艺参数的关系

　　传统上，提供给设计师的性能范围只适用于数字电路并以"工艺角"（Process Corners）的形式给出。如图 17.18 所示，其思想是：把 NMOS 和 PMOS 晶体管的速度波动范围限制在由四个角所确定的矩形内。这四个角分别是：快 NFET 和快 PFET，慢 NFET 和慢 PFET，快 NFET 和慢 PFET，慢 NFET 和快 PFET。例如，具有较薄的栅氧、较低阈值电压的晶体管，就落在快角附近。从晶圆中提取与每一个角相对应的器件模型时，片上 NMOS 和 PMOS 的测试结构显示出不同的门延迟，而这些工艺角的实际选取是为了得到可接受的成品率。因此，只有满足这些性能指标的晶圆才认为是合格的。在各种工艺角和极限温度条件下对电路进行仿真对确定成品率至关重要。

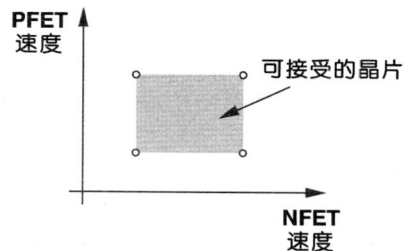

图 17.18　基于 NMOS 和 PMOS 器件速度的工艺角

参考文献

[1] D. P. Foty. *MOSFET Modeling with SPICE*. Upper Saddle River. NJ：Prentice-Hall，1997.

[2] Y. Tsividis. *Operation and Modeling of the MOS Transistor*. 2nd ed.，Boston：McGraw-

Hill,1999.

[3] P. Antognetti and G. Massobrio, eds. , *Semiconductor Device Modeling with SPICE*. New York:McGraw-Hill,1988.

[4] R. H. Dennard et al. Design of Ion-Implanted MOSFETs with Very Small Physical Dimensions. *IEEE J. of Solid-State Circuits*,vol. 9,pp. 256 – 268,Oct. 1974.

[5] G. E. Moore. Progress in Digital Integrated Circuits. *IEDM Tech. Dig.*,pp. 11 – 14,Dec. 1975.

[6] Y. Taur and T. H. Ning. *Fundamentals of Modern VLSI Devices*. New York:Cambridge University Press,1988.

[7] C. G. Sodini,P. K. Ko,and J. L. Moll. The Effect of High Fields on MOS Device and Circuit Performance. *IEEE Tran. on Electron Devices*,vol. 31,pp. 1386 – 1393,Oct. 1984.

[8] P. K. Ko. Approaches to Scaling. ,in N. G. Einspruch and G. Gildenblat,eds. ,*Advanced MOS Device Physics*,San Diego:Academic Press. 1998.

[9] S. Wong and A. T. Salama. Impact of Scaling on MOS Analog Performance. *IEEE J. of Solid-State Circutis*,vol. 18,pp. 106 – 114,Feb. 1983.

[10] H. Shichman and D. A. Hodges. Modeling and Simulation of Insulated Field Effect Transistor Switching Circuits. *IEEE J. of Solid-State Circuits*,vol. 3. ,pp. 285 – 289,September. 1968.

[11] C. C. Enz,F. Krummenacher,and E. Vittoz. An Analytical MOS Transistor Model Valid in All Regions of Operation and Dedicated to Low Voltage and Low Current Applicatins. *Analog Integrated Circuits and Signal Processing*,vol. 8,pp. 83 – 114,1995.

[12] Y. Tsividis and K. Suyama. MOSFET Modeling for Analog Circuit CAD:Problems and Prospects. *IEEE J. of Solid-State Circuits*,vol. 29,pp. 210 – 216,March 1994.

[13] B. Razavi. CMOS Technology Characterization for Analog and RF Design. *IEEE J. of Solid-State Circuits*. vol. 34,pp. 268 – 276,March 1999.

习题

在下面的习题中,除非另外说明,均使用表 2.1 中的器件数据,并在必要时假定 $V_{DD} = 3$ V。另外,假设所有晶体管工作在饱和区。

17.1　在高电场下 SiO_2 会被击穿。解释若按比例缩小器件时保持栅氧厚度不变,会出现什么情况?

17.2　源和漏区最大掺杂浓度受硅的“固溶度”所限。若理想地按比例缩小器件时保持 S/D 掺杂浓度不变,问 S/D 结电容和串联电阻会怎样变化。DIBL 效应会变强还是变弱?

17.3　假定开关电容放大器电源电压减小 1/2,则最大允许电压摆幅也减小 1/2。为了保持动态范围不变,噪声电压必须减小相同倍数。

(a)如果噪声仅是 kT/C 类噪声,电路中电容应怎样按比例变化?

(b)如果时间常数为 G_m/C,G_m 表示一级运算放大器跨导,为了保持小信号时间常数不变,G_m 应如何按比例变化?

(c)运算放大器的输入差动对的尺寸和尾电流应如何按比例变化?

(d)如保持输出电压压摆率不变,重做(b)和(c)。

17.4　理想恒定电场按比例缩小时,式(17.16)每一个参数应如何按比例变化。亚阈值斜率如何变化?

17.5　输入阻抗为 50 Ω 的共栅极电路,理想地按比例缩小时,如果 $\lambda=\gamma=0$,求输入阻抗?

17.6　如果 $\lambda\neq0,\gamma\neq0$ 且负载为一个按比例缩小的 MOS 电流源,重做习题 17.5。

17.7　在功耗敏感的应用中,一个功耗优化参数被定义为器件跨导与其偏置电流之比。对于工作在强反型或亚阈值区的长沟道器件计算该值是多少。在漏电流为多少时这两个数值相等?

17.8　为什么沿着沟道的任何一点可移动电荷密度不可能降为精确的零? 在超出夹断点外会出现什么情况?

17.9　由式(17.21)计算 MOSFET 跨导。当源漏过驱动电压过大或过小时会出现什么情况?

17.10　利用式(17.30)计算 MOSFET 跨导。证明

$$g_{\mathrm{m}} = \frac{I_{\mathrm{D}}}{V_{\mathrm{GS}} - V_{\mathrm{TH}}}\left[1 + \frac{1}{1 + \left(\frac{\mu_0}{2 v_{\mathrm{sat}} L} + \theta\right)(V_{\mathrm{GS}} - V_{\mathrm{TH}})}\right] \tag{17.53}$$

17.11　为了表示输出阻抗对 V_{DS} 的依赖性,假定沟道长度调制系数 λ 被修正为 $\lambda/(1+\kappa V_{\mathrm{DS}})$,式中 κ 为常数,计算 r_0。解释具有此特性的电流源是怎样在其两端电压中引入失真的?

17.12　假定图 17.19 中电路载流子速度完全达到饱和,$\lambda=\gamma=0$,以 W 和 v_{sat} 为参数推导出每个电路的电压增益。

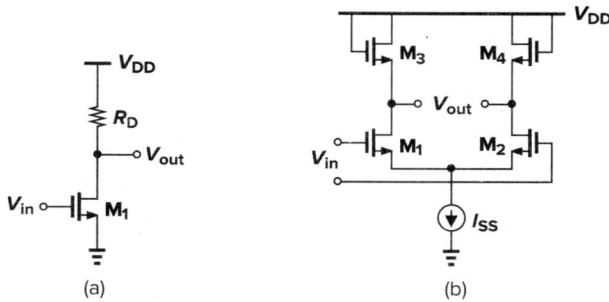

图 17.19

17.13　利用式(17.37)计算 g_{mb} 并和第 2 章中推导出的结果比较。

17.14　由式(17.51)推导在室温条件下的 $\partial E_{\mathrm{g}}/\partial T$,并解释它如何影响带隙参考电压。

17.15　假定工艺的快工艺角是由于更高的 μC_{ox} 引起的。如图 17.20 中电路,如果晶体管电流恒定(被偏置在饱和区),解释在四个工艺角中,电压增益和输入热噪声会出现什么情况?

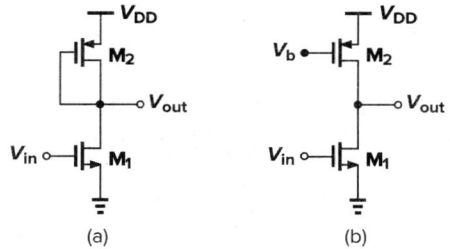

图 17.20

17.16　如果每个晶体管被偏置在固定的 V_{GS} 处,重做习题 17.15。

第18章

CMOS 工艺技术

第 17 章介绍了 MOS 器件的高阶效应,本章我们研究 CMOS 技术的制造工艺。因为对电路性能的许多限制均与制造问题有关,所以在 IC 电路和版图的设计中,对器件工艺的深入了解是至关重要的。而且,今天的半导体技术要求工艺工程师和电路设计师之间经常地交流以熟悉相互的需求,因而必须对工艺的每一个规则有充分的了解。

本章我们讨论 CMOS 器件的工艺技术,目的是简单地了解生产工序以及它们与电路设计和版图之间的关系。首先扼要地介绍基本的制造工序,例如晶圆工艺、光刻、氧化、离子注入、淀积和刻蚀。然后,详细讨论 MOS 晶体管的工艺流程。最后,阐述无源器件及互连的工艺。

18.1 概述

在详细讨论制造工艺之前,我们有必要先了解 NMOS 和 PMOS 晶体管的基本结构并预测所需要的生产工序。如图 18.1 所示,在一个 p 型衬底(晶圆)的基底上形成了 n 阱、源/漏区、栅介质、多晶硅、n 阱连接和衬底连接以及金属互连。观察此 MOS 器件的侧视图和俯视图,我们或许会提出下列问题:(1)各种不同的区域是如何被精确定位的? 例如,如何制作最小尺寸为 $0.25~\mu m$ 的多晶硅栅线条,同时又使其与另一条多晶硅连线的间距也保持 $0.25~\mu m$? (2)n 阱和源/漏区是怎样制作的? (3)如何制作栅氧和多晶硅? (4)栅氧和多晶硅是怎样与源/漏区对准的? (5)如何制作接触孔? (6)金属互连层是怎样淀积的?

现代 CMOS 工艺包括 200 多道工序,但是,为了达到了解的目的,我们可以将其看成下列操作的组合:(1)生产适当类型衬底的晶圆制造工艺;(2)精确定位每个区域的光刻工艺;(3)向晶圆中**添加**材料的氧化、淀积和离子注入工艺;(4)从晶圆上**去除**材料的刻蚀工艺。这些工序中多数都要求"热处理",也就是说,晶圆必须在炉中经历热循环。

在半导体加工和表征中,我们经常提到某一层的"薄层电阻"。一个矩形条的总电阻为 $R = \rho L/(Wt)$,式中 ρ 为材料的电阻率,L、W、t 分别表示矩形条的长、宽和厚度。在集成电路中,工艺层的电阻率和厚度由其制作材料和工艺步骤决定,在版图设计中是无法改变的。因此,定义量 $R_\square = \rho/t$ 为薄层电阻,它将两个工艺常量联系了起来。因为对于 $W = L$,也就是对于正方形结构,$R = R_\square$,因此我们将 $R_\square$ 的单位表示为欧姆每平方。例如,若薄层电阻为 $10~\Omega/\square$,则

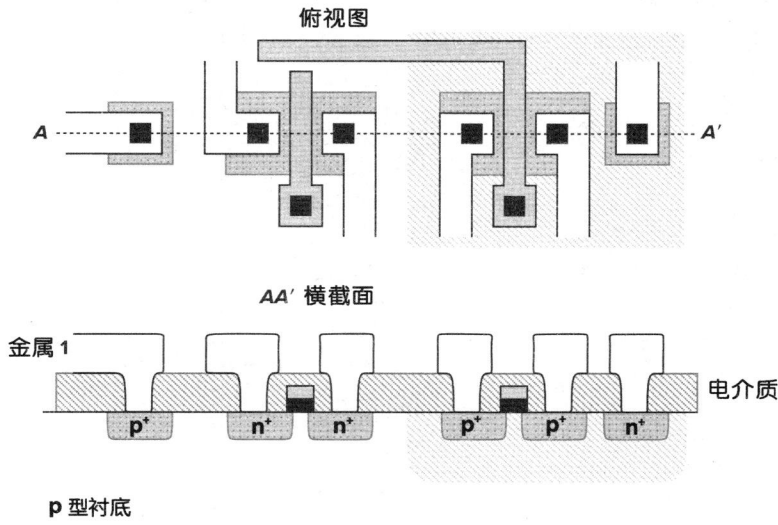

图 18.1　MOS 器件的侧视图和俯视图

对于 $W=2~\mu m, L=20~\mu m$ 的几何图形,其电阻为 $R=10~\Omega/\square \times (20/2)=100~\Omega$。实际上,我们可以说"这个线条是 10 个方块长",意思就是,$L/W=10, R=10R_\square$。

18.2　晶圆工艺

CMOS 工艺开始所使用的晶圆必须是高质量制造的。也就是说,晶圆必须生长成只含有极少"缺陷"(如晶体位错或有害杂质)的单晶硅体。此外,晶圆必须包含适当的杂质类型和掺杂浓度以满足电阻率的要求。

这种单晶硅的生长可采用"切克劳斯基法"(Czochralski method)实现:将一块单晶硅的籽晶浸入熔融硅中,然后在旋转籽晶的同时逐渐地将其从熔融硅中拉出。这样,一个可以切成薄晶圆的大单晶"棒"就形成了。随着新一代工艺的诞生,晶圆的直径在随之增大,今天已超过了 30 cm(12 in)。注意,要在熔融硅中掺入杂质来获得所需要的电阻率。然后,晶圆被抛光和化学腐蚀,以去除在切片过程中造成的表面损伤。在大多数 CMOS 工艺中,晶圆的电阻率为 $0.05 \sim 0.1~\Omega \cdot cm$,厚度约为 $500 \sim 1\,000~\mu m$(这一厚度在所有的工序完成后会减小到几百微米)。

18.3　光刻

光刻是把电路版图信息转移到晶圆上的第一步。正如图 18.1 俯视图所示的以及在第 19 章中更详细介绍的那样,版图由代表不同类型"层"的多边形组成,例如,n 阱、源/漏区、多晶硅、接触孔等。出于制造的目的,我们把版图分解成这些层。例如,图 18.1 的版图可以分成五个不同的层,如图 18.2 所示,其中每一层都要在晶圆上以很高的精度加工出来。这里要注意的是,"有源"(或"扩散")层包括源/漏区和用于连接衬底及阱区的 p^+, n^+ 接触区。

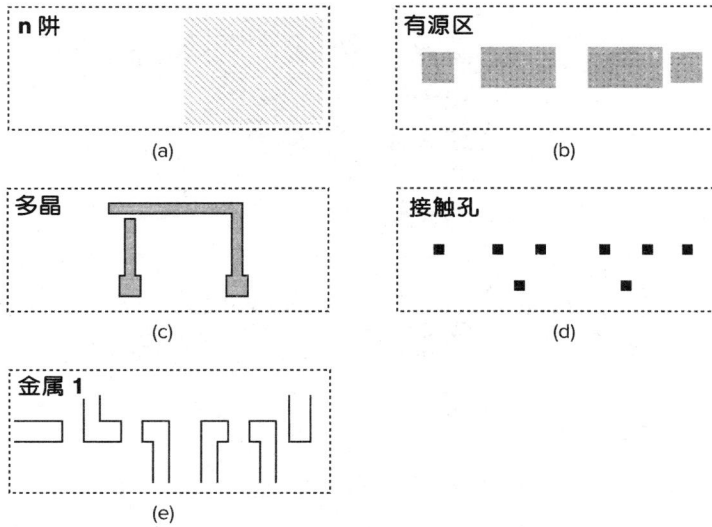

图 18.2　组成图 18.1 结构的层

为了解某一层是如何从版图转移到硅片上的,我们以图 18.2(a)中的 n 阱图形为例来说明。通过被精确控制的电子束将该图形"写"在透明玻璃"掩模版"上[见图 18.3(a)]。此外,如图 18.3(b)所示,在晶圆上涂一薄层光照后刻蚀特性会发生变化的"光刻胶"①。接下来,将掩模版置于晶圆上方,利用紫外线将图形投影到晶圆上[见图 18.3(c)]。曝光区域的光刻胶"变硬",不透明区域的光刻胶保持"松软"。然后,将晶圆放到腐蚀剂中去除"松软"的光刻胶,从而暴露出其下方的硅表面,见图 18.3(d)。这样,就可以在暴露出的区域制作 n 阱了。这一系列的操作过程被称为一次光刻流程。

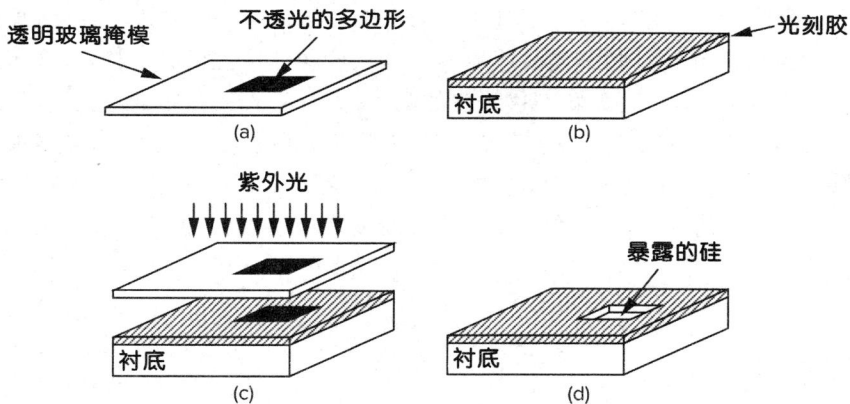

图 18.3　(a)光刻使用的玻璃掩模版;(b)涂有光刻胶的晶圆;(c)紫外线对光刻胶选择性曝光;(d)刻蚀后暴露出的硅衬底

① 实际中,涂光刻胶之前先要生长一层很薄的氧化层来保护晶圆表面。

总之,与每一层的光刻相关的流程都需要一块掩模版和三道工序:(1)在晶圆上涂光刻胶;(2)对准掩模版并进行曝光;(3)刻蚀曝光后的光刻胶。因此,图 18.2 所给的例子至少需要五块掩模版,因而需要五次光刻流程。

应该提到的是,在光刻中有两类光刻胶。"负"性光刻胶在曝光的区域是坚硬的,而"正"性光刻胶在未曝光的区域是坚硬的。由本章后面的介绍可知,这两种类型的光刻胶在制作中都是很有用的。

在一个生产中所用到的掩模版的数目严重地影响制造的整体造价并最终影响芯片的单价。这是由于两个原因:一是每一块掩模版价值数千美元;二是由于必要的精确度使光刻是一个缓慢而昂贵的作业。实际上,CMOS 技术最初的吸引力就是其相对较少的掩模版数目——大约 7 块。尽管在现代 CMOS 工艺中,掩模版的数目大约是 30 块,然而,每块 IC 的价格依然不高,因为晶圆上每单位面积中晶体管的数目和晶圆的尺寸始终都在增加。

18.4　氧化

硅的一个独有的特性是,可以在其表面生成非常均匀的氧化层而几乎不在晶格中产生应力,从而允许栅氧化层的制造薄到几十埃(只有几个**原子**层)。除了作为栅介质,二氧化硅还可以在很多制造工序中作为保护层。在器件之间的区域,也可以生成一层称为"场氧"(FOX)的厚 SiO_2 层,为后面的工序制作互连线提供基础,见图 18.4。

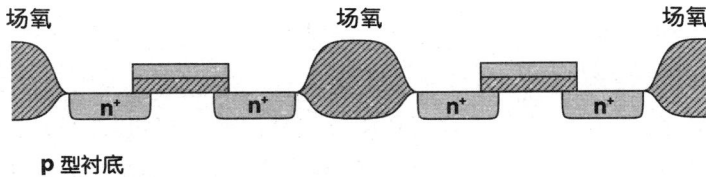

图 18.4　场氧

二氧化硅是将裸露的硅片放在 1 000 ℃左右的氧化气氛(如氧气)中"生长"而成的。其生长速度取决于氧化气氛的类型和气压、生长的温度以及硅片的掺杂浓度。

栅氧化层的生长是非常关键的一道工序。因为氧化层的厚度 t_{ox} 决定了晶体管的电流驱动能力和可靠性,所以其精度必须控制在几个百分点以内。例如,在晶圆上相距 20 cm 的两个晶体管,它们的氧化层厚度差必须小于几个埃(Å,10^{-10} 米),这就要求整个晶圆上的氧化层厚度要有极高的均匀性,并因此要求氧化层缓慢生长。此外,氧化层下面的硅表面的"清洁程度"也会影响电荷载流子的迁移率,从而影响晶体管的电流驱动能力、跨导和噪声。

18.5　离子注入

在制造过程的许多工序中,都必须对晶圆进行选择性掺杂。例如,在图 18.3 所示的光刻工序完成以后,通过在刻蚀出的区域进行杂质注入而形成 n 阱。同样,晶体管的源漏区的形成也都需要对晶圆进行选择性掺杂。

最常用的掺杂方法是"离子注入"。它是通过将杂质原子加速变为高能离子束，再用其轰击晶圆表面而使杂质注入无掩模区域而实现的，见图 18.5(a)。掺杂浓度（剂量）由注入密度和注入时间决定，而掺杂区域的深度则取决于离子束的能量。如图 18.5 所示，在离子束的能量很高的情况下，掺杂浓度的峰值实际上出现在表面以下，因而形成杂质的"反常"分布。这种分布对于 n 阱来说是理想的，因为它使 n 阱底部的电阻率较低，可降低对于闩锁效应（见 18.8 节）的灵敏度，又使 n 阱表面的掺杂浓度较低，从而减小 PMOS 器件的 S/D 结电容。

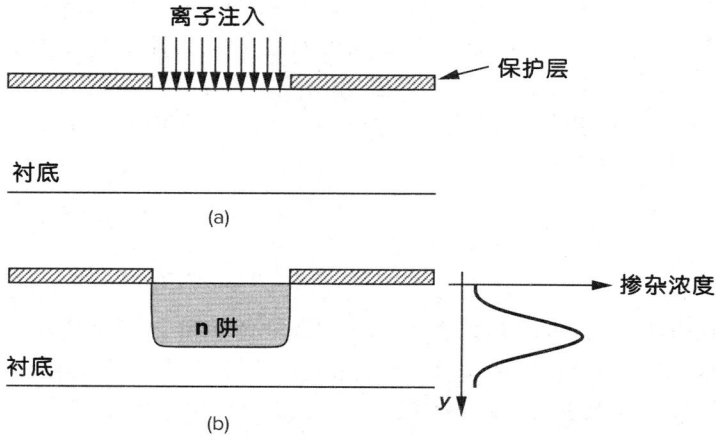

图 18.5　(a)离子注入；(b)逆向分布

离子注入的另一个重要应用是在晶体管之间形成"沟道阻断"区。考虑图 18.6(a)中 M_1 和 M_2 管的场氧区和源/漏结，假设一根互连线从场氧上通过。令人关注的是，两个 n^+ 区和 FOX 形成了一个 MOS 晶体管，它具有厚的栅氧化层并因此具有的大的阈值电压。然而，当连线上有足够高的正电势时，该晶体管就会略微导通，在 M_1，M_2 之间形成漏电通路。为了解决

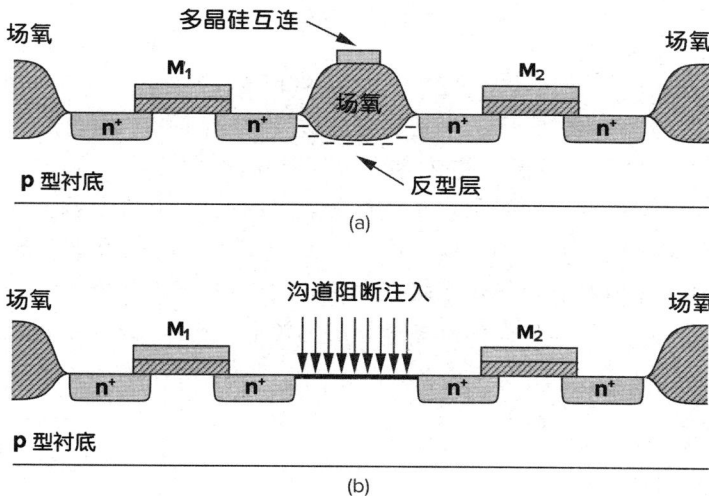

图 18.6　(a)场氧反型引起的有害导电层；(b)沟道阻断注入

这个问题,通常在场氧淀积之前先进行沟道阻断注入(也称为场注入)[见图 18.6(b)],从而大幅度地提高场氧晶体管的阈值电压。

离子注入会严重地破坏硅的晶格。因此,注入后通常将硅片在大约 1 000 ℃下加热 15～30 min,以使晶格键再次形成。这道工艺被称为"退火",它同时会引起杂质扩散,使杂质分布在各个方向展宽。例如,退火会导致源/漏区横向扩散,形成与栅覆盖区域的交叠。因此,一般在所有的注入都完成以后,对晶圆仅退火一次。

在离子注入中一个值得注意的现象是"沟道效应"。如图 18.7(a)所示,如果注入离子束是对准晶轴方向,离子就会在晶圆中渗透很深。因此,通常要将注入(或晶圆)倾斜 7°～9°(见图 18.7(b)),以避免这种对准,确保形成预期的杂质分布。如第 19 章所述,这种倾斜注入会影响晶体管的匹配,因而有必要在版图设计中加以预防。

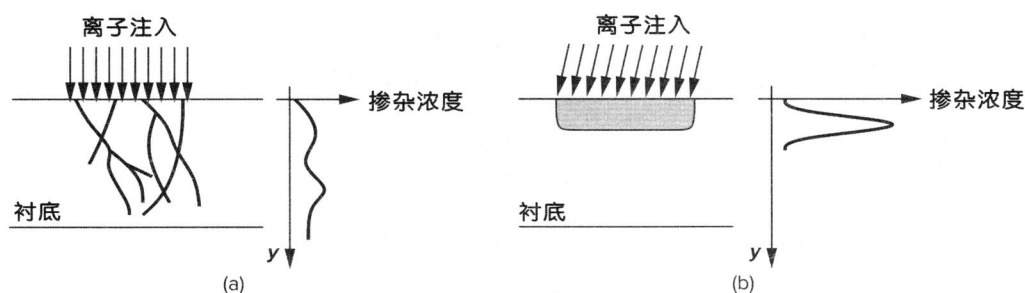

图 18.7　(a)沟道效应;(b)倾斜注入以避免沟道效应

18.6　淀积与刻蚀

如图 18.1 的结构所显示的,器件的制造需要各种材料的淀积。这些材料包括多晶硅、隔离互连线层的绝缘材料以及作为互连的金属层。

在厚绝缘层上生长多晶硅的一个常用方法是"化学气相淀积"(CVD)。这种方法是将晶圆放到一个充满某种气体的炉子中,通过气体的化学反应生成所需的材料。在现代工艺中,通常采用低压 CVD 以获得更高的均匀性。

材料刻蚀也是一个非常关键的步骤。例如,尺寸非常小(如 $0.3~\mu m \times 0.3~\mu m$)而深度相对比较大(如 $2~\mu m$)的接触窗口必须要高精度刻蚀。根据刻蚀工序中要求的速度、精度和选择性以及被刻蚀材料的种类,可以选择下列方法之一进行刻蚀:(1)"湿法"刻蚀,即将晶圆置于化学溶液中腐蚀(精确度低);(2)"等离子体"刻蚀,即用等离子体轰击晶圆(精确度高);(3)反应离子刻蚀(RIE),用反应气体中产生的离子轰击晶圆。

18.7　器件制造

前面几节介绍了加工工艺,现在我们研究典型 CMOS 技术中的制造工序和器件结构。这里我们分成三类进行:有源器件、无源器件和互连。

18.7.1   有源器件

基本晶体管制造

制造从约 1 mm 厚的 p 型硅晶圆开始。在清洁和抛光工序后，在晶圆表面生长一层作为保护层的二氧化硅薄层，见图 18.8(a)。接着，制作 n 阱，光刻工序包括光刻胶涂敷、用 n 阱掩模版进行紫外线曝光和选择性刻蚀，然后进行 n 阱离子注入，见图 18.8(b)。之后，去除无用的光刻胶和氧化层，见图 18.8(c)。

前面我们提到，在晶体管之间的区域必须进行场注入和场氧生长。在这道工序中，先生成

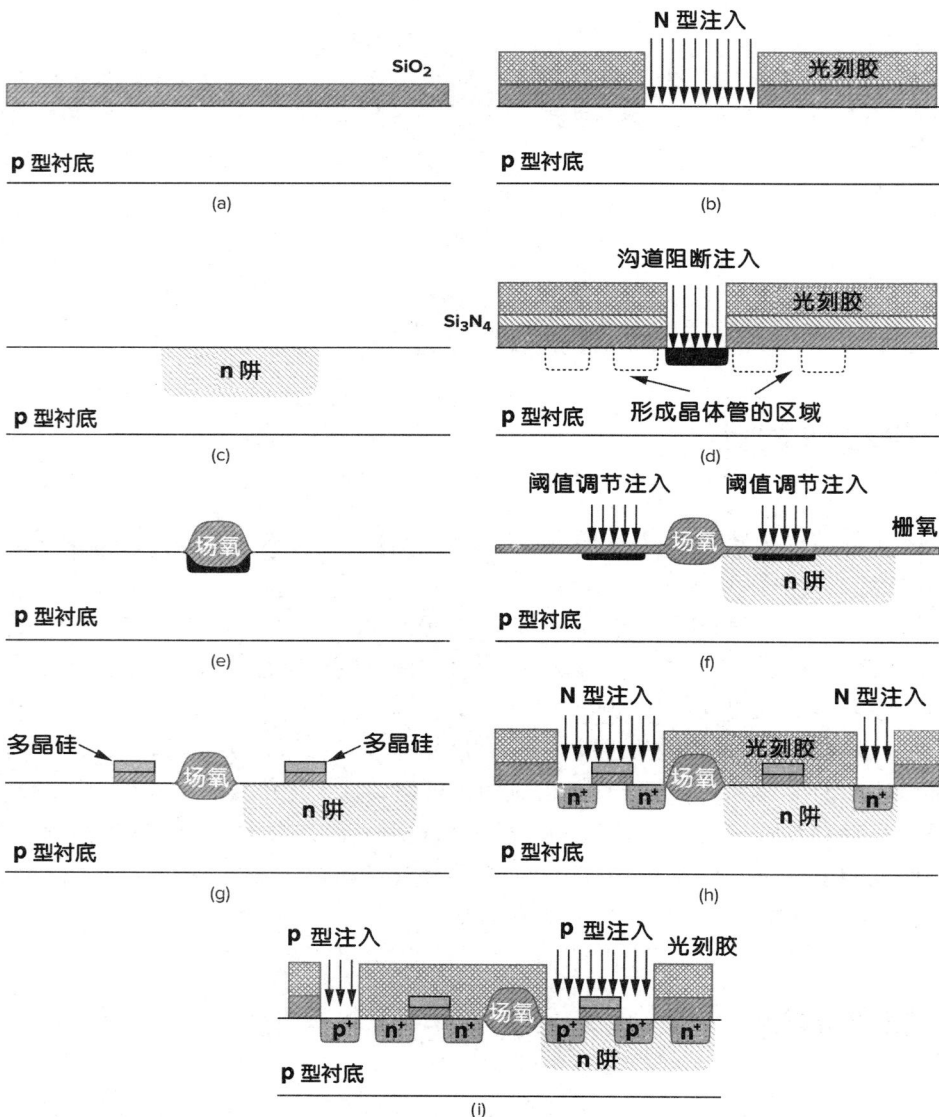

图 18.8   MOS 器件的制造工序

一个由硅氧化物层、氮化硅（Si₃N₄）层和**正性**光刻胶层组成的叠层。接着，用"有源区"掩模版光刻，以便只暴露出晶体之间的区域，见图 18.8(d)[①]。然后，进行沟道阻断层注入，去除光刻胶，并在刻蚀出的区域生长一层厚氧化层，即生成了场氧。去除作为保护层的氮化物层和氧化物层，见图 18.8(e)，从而露出所有用于制作晶体管的区域。为清楚起见，后续的图中将省略沟道阻断注入。

下一步涉及栅氧化层的生长，这是一道关键工艺，同时，器件制造要求淀积或生长不同的材料，要求采用低速、低压 CVD，见图 18.8(f)。正如在第 2 章中所述的，"自然"形成的晶体管阈值电压通常与期望值相差较大，因而有必要进行阈值电压调整的注入。（NMOS 和 PMOS 晶体管自然生成的阈值电压通常比期望值要小，例如：$V_{THN} \approx 0$，$V_{THP} \approx -1 \text{ V}$）。这种注入是在栅氧化层生长后进行的，从而会在表面附近形成一个杂质薄层，使 NMOS 和 PMOS 器件的阈值电压的值变得更正。

栅氧形成后，进行多晶硅层淀积和"多晶硅掩模版"光刻，其完成后的结构如图 18.8(g)所示。我们应该注意，多晶硅只是一种非晶（"无定形"）硅，这是由于多晶硅层生长在二氧化硅层之上从而无法形成单晶体。由于多晶硅是用作导体的，因此其无定形性无关紧要。为了减小这层多晶硅的电阻率，通常要进行额外的注入，产生每方块几十欧姆的薄层电阻。

在接下来的工序中，要通过离子注入形成晶体管的源/漏结和衬底接触区以及 n 阱接触区。这一步需要一块"源/漏掩模版"和两次光刻工序。如图 18.8(h)所示，第一次用负性光刻胶光刻出 n⁺ 注入区（NMOS 晶体管的源/漏结和 n 阱接触区）；第二次，[见图 18.8(i)]用同一块掩模版和正性光刻胶光刻出 p⁺ 注入区域（PMOS 晶体管的源/漏结和衬底接触区）。注意，以上的离子注入也都会对多晶硅层进行掺杂，这样就减小了其薄层电阻。这道工序完成了基本晶体管的制作。

读者可能想知道，为什么在栅氧化层和多晶硅栅生成之后才制作源/漏结。假设先作源/漏结，如图 18.9(a)所示。那么多晶硅栅的掩模版与源/漏区对准就变得非常关键。即使对准偏差占最小沟道长度的比例很小，也会在源（或漏）区与栅之间形成缺口，导致在晶体管中无法形成连续的沟道。相反，图 18.8 所示的工序产生了"自对准"结构，因为源/漏区可以精确地在

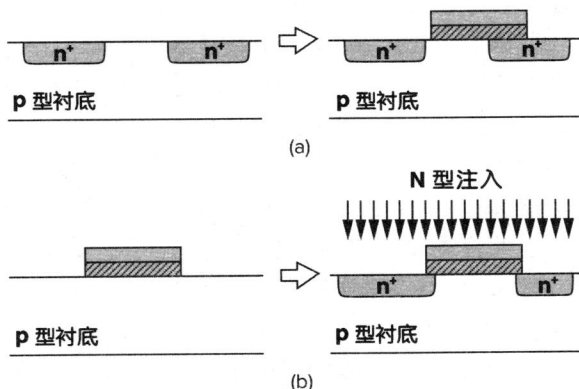

图 18.9 (a)淀积多晶硅前形成 n⁺ 区；(b)自对准结构

---

① 为清楚起见，图中没有显示出 n 阱。

栅区的两侧被注入,而光刻的对准偏差仅使一个结比另一个结略窄一点(见图 18.9(b))。有趣的是,最初几代的 CMOS 工艺都是以图 18.9(a)中的方法为基础的,不过人们很快就发现,自对准结构本身更容易按比例缩小。

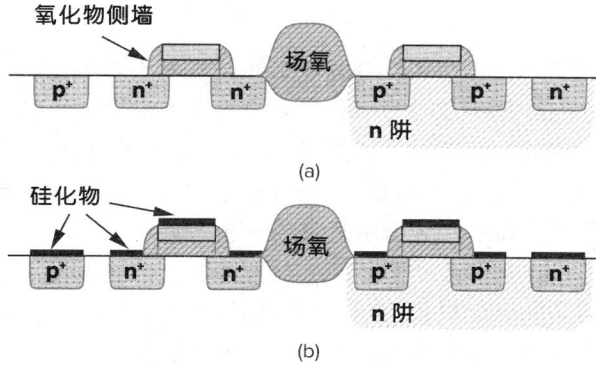

图 18.10   (a)氧化物侧墙;(b)硅化物

后端工艺

当晶体管的基本结构加工出来以后,下一步晶圆必须经过"后端"工艺,主要是通过接触孔和连线实现芯片上各种各样的电气连接。后端工艺中的第一道工序是制备"金属硅化物"。因为掺杂多晶硅和源/漏区方块电阻的典型值为每方块几十欧姆,所以最好能将它们的电阻值减小约一个数量级。金属硅化物是通过在多晶硅层和有源区(S/D 区和衬底接触区以及 n 阱接触区)覆盖一薄层高电导材料(如硅化钛或硅化钨)来生成的。如图 18.10 所示,实际上,这一步先在多晶硅栅的边缘生成一个"氧化物侧墙",这样硅化物淀积就也变成了一个自对准工艺[①]。如果没有侧墙,栅上的硅化物层就可能会与源/漏上的硅化物层短路。

720

后端工艺中的下一步是在多晶硅和有源区上做接触孔。其步骤是:先在晶圆表面覆盖一层相对比较厚(0.3~0.5 μm)的氧化层,并用"接触孔掩模版"进行光刻工序。然后用等离子体刻蚀来形成接触孔,见图 18.11(a)。出于可靠性问题的考虑,多晶硅栅的接触孔不放置在栅区域上。

而后,在整个晶圆上淀积第一层金属互连层(称为金属 1)(用铝或铜)。用"金属 1 掩模版"进行光刻并进行金属层的选择性刻蚀,见图 18.11(b)。

更上层的金属互连可用相同的工序完成,见图 18.11(c)。对每一增加的金属层来说,都需要两块掩模版:一块用于形成接触孔,另一块用于金属本身。这样,一个包含五层金属互连层的 CMOS 工艺在后端工艺中就需要 10 块掩模版。金属层之间的接触孔有时被称为"通孔",以区分与有源区和多晶硅层连接的第一层接触孔。

应该说明的是,如果有很大的面积需要接触,通常会使用很多小的接触窗口——而不是用一个大窗口。由于可靠性的要求,每个接触孔或通孔的尺寸都是固定的,版图设计人员不能增大或减小其尺寸。金属与有源区大面积连接会发生一个值得注意的现象,叫"接触穿刺"(contact spiking)。如图 18.12(a)所示,这时,金属可能会"吃"掉和透过掺杂区,并最终穿过 pn 结

---

① 自对准硅化物有时被称为"Salicide"。

到达衬底,将二极管短路。相反,小尺寸的接触孔可以避免接触穿刺,见图 18.12(b)。

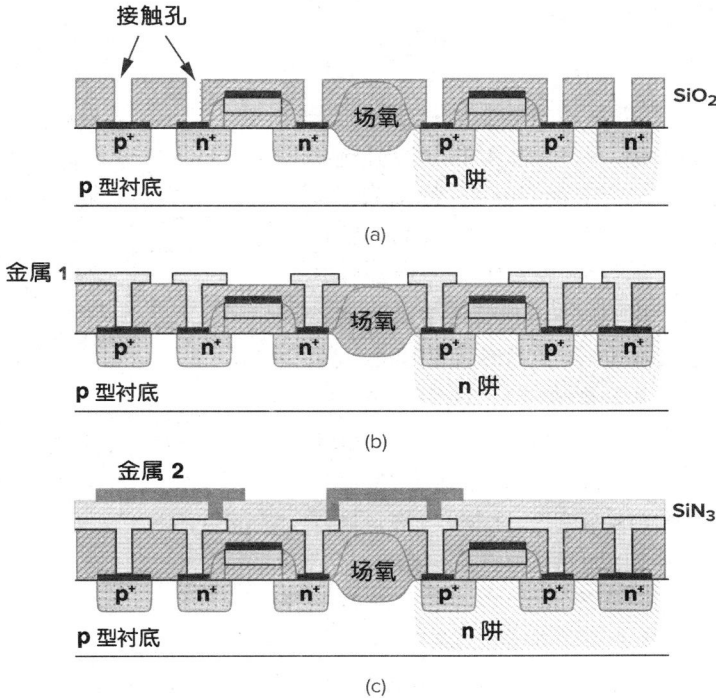

(a)

(b)

(c)

图 18.11　接触孔和金属制造

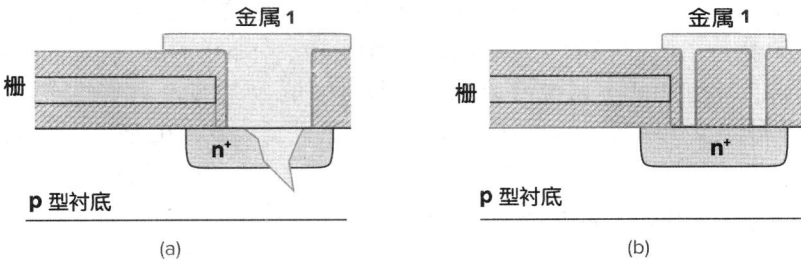

图 18.12　(a)大接触孔导致穿刺;(b)避免穿刺的小接触孔

后端工艺中的最后一步是在晶圆表面覆盖一层"玻璃"或"钝化"层,以避免在后续的机械加工和切片时损伤表面。用"钝化掩模版"进行光刻工序后,仅在压焊点上方的钝化层刻出窗口,用于芯片与外部环境的连接(如封装)。

18.7.2　无源器件

电阻、电容等无源器件在模拟设计中有着广泛的应用,因而希望在标准 CMOS 工艺中增加这些器件。然而,实际上由于 CMOS 工艺主要定位于数字应用,因此仅提供 NMOS 和 PMOS 晶体管。新一代的 CMOS 工艺可能需要一到两年的时间并经历多次反复才能成为"模拟工艺",即提供高性能的无源器件。如果数字 CMOS 工艺用于模拟电路,那么必须寻求一些可以用作无源器件的结构。采用这些结构的主要问题是不同晶圆间元件值的**波动**，因为数字工艺流程并不将这些结构用于电路。

电阻

可以对 CMOS 工艺进行改进，以提供适合于模拟电路设计所要求的电阻。一个常用的方法是选择性地"阻挡"淀积在多晶硅之上的硅化物层，从而形成一个与掺杂多晶硅有相同电阻率的区域，见图 18.13。这就意味着，制造过程中需要额外增加一块掩模版和相应的光刻工序。在生产中，由于多晶硅掺杂浓度由多次离子注入决定，因此这里所得到的电阻率未必是目标值，但是，它通常在每方块 50Ω 到几百欧姆的范围内。由于同样的原因，不同晶圆之间和不同批次的晶圆之间的电阻率也会变化多达 ±20％。

图 18.13 中的电阻两端采用硅化物，与将金属层与掺杂多晶硅直接连接相比，可大大降低接触电阻。这种方法不仅提高了电阻值的精度，也改善了相同结构之间的匹配。而且，对一个给定的阻值，多晶硅电

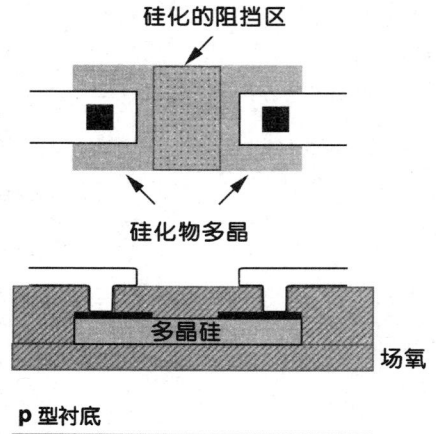

图 18.13　使用硅化阻挡层形成的多晶电阻

阻对衬底的电容一般比其他类型电阻对衬底的电容要小得多，这种电阻的下底板电容约为 90 $aF/\mu m^2$，边缘电容约是 100 $aF/\mu m$。这种电阻具有非常好的线性特性，特别是当电阻形状较长时。这种电阻最主要的困难是稳定性差、制版成本高和工艺复杂。

在一个纯数字工艺中，覆盖有硅化物的多晶硅、覆盖有硅化物的 p^+ 或 n^+ 有源区、n 阱以及金属层都可以作为电阻。一个 n 阱电阻可以如图 18.14 那样形成，但是其电阻率可能会随工艺变化百分之几十。由于 n 阱电阻的薄层电阻典型值为 1 kΩ/□，在绝对阻值要求不严的情况下，它被证明是很有用的。例如，图 18.15 所示的共源级放大电路，M_0 和 I_0 提供偏置，电容 C_1 用来隔断前一级的直流电平。为了将信号通路与由 M_0 引入的低阻抗（和噪声）相隔离，在 X 和 Y 之间加入电阻 R_1。这里 R_1 的阻值要求不严，只要足够大就行。

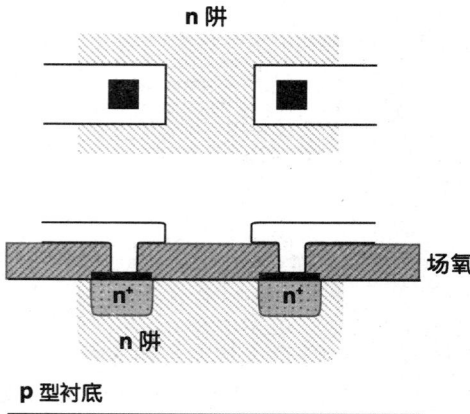

图 18.14　n 阱电阻

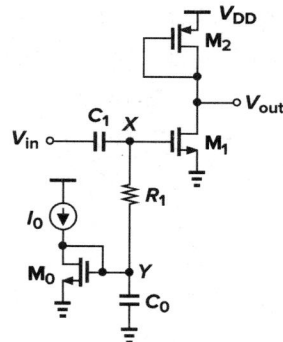

图 18.15　耦合电路中 n 阱电阻的应用

应当指出,由于 n 阱和 p 型衬底之间形成的耗尽区的原因,n 阱电阻会产生很大的寄生电容并显著地与电压有关。图 18.16 所示为一种典型情况,这里 n 阱电阻的一端电压固定为 V_{DD}。由于对衬底的电容是沿电阻的分布电容(不均匀),因此采用集总模型来等效是不够准确的,但是作为一种粗略的估算,可以在电阻的两边各等效一个其值为总电容值一半的电容。我们还应注意到,当 V_{out} 变化时,耗尽区的宽度随之变化,因而电阻的阻值也随着变化。

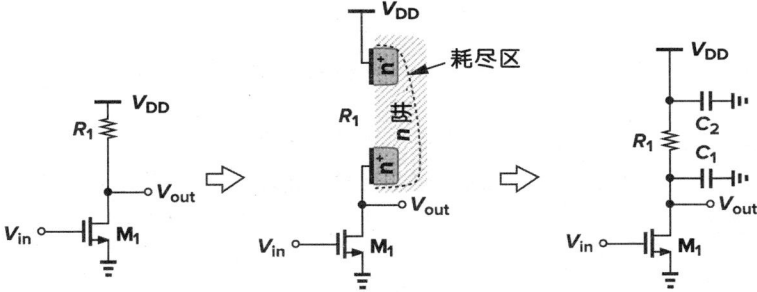

图 18.16　采用 n 阱电阻的共源级放大电路

CMOS 工艺中得到的金属层的方块电阻大约为 100 mΩ/□(底层)到 30 mΩ/□(顶层)。因此,对于模拟设计中常用的电阻值,很少使用金属层来实现。

电容器

在大多数现代的模拟 CMOS 电路中,电容器被证明是必不可少的。在模拟设计中至关重要的几个电容器参数为:对衬底的寄生电容、每单位面积电容(密度)和非线性。

由 MOSFET 实现的电容器结构也许是 CMOS 工艺中最简单的一种。如图 18.17(a)所示,这种器件有一个从低电压时的小电容值(没有沟道存在,等效电容为氧化层电容和耗尽区电容的串联值)到电压超过 V_{TH} 后的大电容值(C_{ox})的变化。由于在工艺中栅氧化层通常是最薄的层,因此偏置在强反型状态下的 MOS 电容器的单位面积电容非常大,如果需要大的电容值,则这种电容器可以节省相当大的面积。也由于同样的原因,下极板寄生电容(即由漏结和源结引起的寄生电容)相对于栅电容的百分比较小,其典型值为 10%～20%。

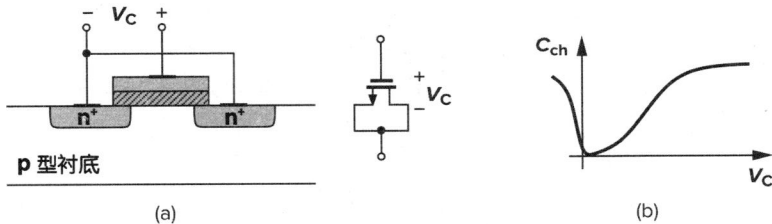

图 18.17　(a)MOSFET 作为电容器;(b)非线性的 C-V 特性

遗憾的是,MOS 电容器即使在强反型状态下也与电压有关,这使其在精确的电荷传输中缺少吸引力。

例 18.1

考虑 13.3.3 节中提到的乘 2 放大器,其实现如图 18.18(a)所示,它使用了一个 MOS 电

容器 C_1 和一个线性电容器 C_2。解释在放大模式下输出电压是如何失真的。

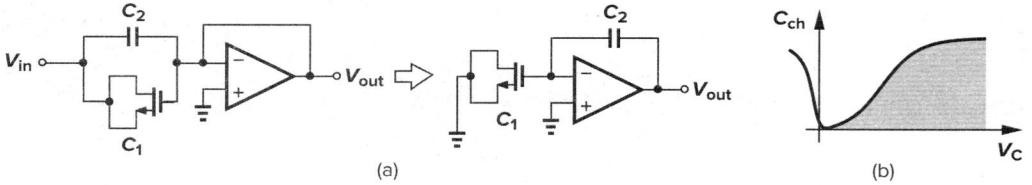

图 18.18　采用 MOS 电容器的精确乘 2 放大电路

解:为了简单起见,假定 V_{in} 为负,且其绝对值大于 NMOS 的 V_{TH},因此 NMOS 电容器在采样过程中工作在强反型状态。当电路进入放大模式时,C_1 两端的电压近似为零,存储在 C_1 上的全部电荷转移到 C_2 上。这些电荷量有多大?如果 C_1 是线性电容,则我们有 $Q = C_1 V$,但是在这里我们必须表示为 $dQ = C_1 dV$。因此,如图 18.18(b) 所示,当电容器上的电压由 V_{in} 变化到零时,总的转移电荷等于 C/V 特性曲线下的面积,该值远小于线性状态时的值。输出电压由下式给出:

$$V_{out} \approx V_{in} + \frac{1}{C_2} \int_0^{V_{in}} C_1 \, dV \qquad (18.1)$$

725

与 MOS 电容器有关的另一个问题就是它们的串联电阻,这种影响来源于栅极材料和沟道电阻,后者是主要的。假设适当的版图可以使栅电阻最小化,我们把沟道电阻看成图 18.19 所示的那样,其等效串联电阻估算为 $(R_{tot}/2) \parallel (R_{tot}/2) = R_{tot}/4$,其中 $R_{tot} = [\mu C_{ox}(W/L)(V_{GS} - V_{TH})]^{-1}$。因此 MOS 电容器的本征时间常数等于

$$\tau = \frac{R_{tot}}{4} C_{ch} \qquad (18.2)$$

$$= \frac{1}{4\mu C_{ox}(W/L)(V_{GS} - V_{TH})} W L C_{ox} \qquad (18.3)$$

$$= \frac{L^2}{4\mu(V_{GS} - V_{TH})} \qquad (18.4)$$

实际上,电阻和电容沿沟道的分布特性使时间常数等于上式计算值的 $1/3$[2]。MOS 电容器的另一个参数是品质因数 $Q = [1/(\omega C)]/R_s$。根据经验,我们取 $R_s < 0.1/(\omega C)$。

式(18.4)表明,对于一个给定的过驱动电压,为了使 MOS 电容器的串联电阻最小,L 必须最小化。因此,MOS 电容器通常设计成一些又宽又短的器件并联,而不设计成**正方形块**,如图 18.20 所示。这种做法的代价是对衬底的结电容比较大,而且面积有所增加。

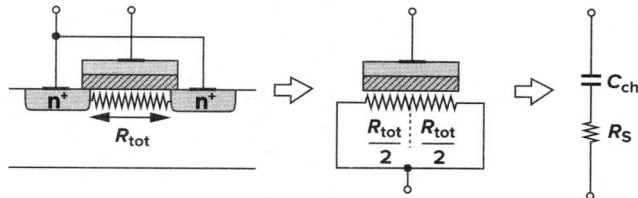

图 18.19　MOS 电容器中的沟道电阻

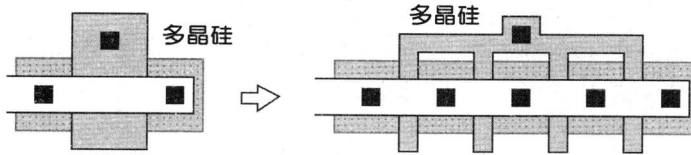

图 18.20　用宽而短 MOS 管以减小沟道电阻

在需要线性电容器的应用中,可以用 CMOS 工艺中的导电层形成"夹层"结构。如图 18.21 所示的例子,利用每相邻两层金属之间的电容来增加单位面积的电容值。由于导电层之间的绝缘层相对较厚,这种结构与前述的类型相比仍需要非常大的面积。更重要的是,下极板寄生电容(例如图 18.21 中最底层和衬底之间的电容)相当大,约是总的夹层电容的 5% ～ 10%。这种结构将在第 19 章中详细分析。

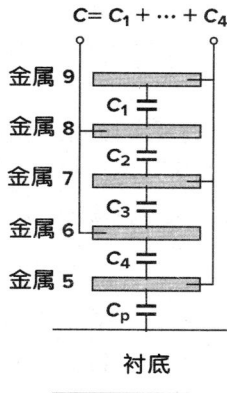

图 18.21　由天然导电层构成的线性电容

例 18.2

一个输入电容为 C_{in} 的放大器被交流耦合到输出电阻为 R_{out} 的前一级。考虑图 18.22 所示的两种结构,并允许信号最大衰减 20% 的情况下,当 $C_P = 0.5 C_C$ 或 $C_P = 0.2 C_C$ 时,计算耦合电容的最小值和相应的时间常数。

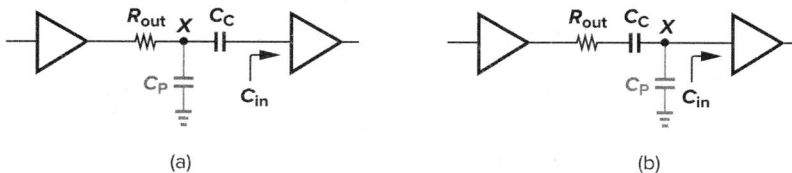

图 18.22

解:在图 18.22(a)中,衰减由 $A_v = C_C/(C_C + C_{in})$ 给出,对于 20% 的信号衰减可得 $C_C \geqslant 4C_{in}$。因此,结点 X 到地的总电容值等于 $C_P + C_C C_{in}/(C_C + C_{in}) = C_P + 0.8 C_{in}$。由此可得,当 $C_P = 0.5 C_C$ 时,时间常数为 $2.8 R_{out} C_{in}$;当 $C_P = 0.2 C_C$ 时,时间常数为 $1.6 R_{out} C_{in}$。

在图 18.22(b)中,由 C_P 本身引起的信号衰减为:$A_v = C_C/(C_C + C_{in} + C_P)$,这表明如果 C_P

$\geqslant 0.25C_c$,则 C_c 无论取何值都不能得到 20% 的信号衰减。

以上结果可得出两个重要的结论。第一,图 18.22(a)的布局更可取;第二,附加的耦合电容器(例如,用以隔离偏置电平)会严重降低电路的工作速度。

18.7.3 互连

现代复杂集成电路的性能在很大程度上取决于可用的互连的质量,因而在新一代工艺中需要更多的金属层[①]。虽然在高性能电路中建立适当的互连模型仍然是一个非常活跃的研究课题,然而,本节的目的是使读者对互连问题有一个基本的了解。

互连的两个特性,即串联电阻和并联电容,会影响电路的性能,因而经常要求在版图和电路设计之间反复迭代。电源线和地线中的串联电阻成为一个主要的问题,它会产生直流和瞬态的压降。而且对于一根长的信号传输线,连线的分布电阻和分布电容也会引起显著的信号延时。

在可忽略趋肤效应的低频情况下,金属连线的电阻可以很容易地估算出。对于顶端(最厚)连线,其方块电阻的典型值为 30 mΩ/□,对于较下层连线,其值为 100 mΩ/□。对于大电流的连线(如电源线和地线),连线一定的电阻会影响线宽的选择,如下面的例子所示。

例 18.3

D/A 转换器中包含 N 个由宽长比 W/L 相等的 NMOS 管实现的电流源,见图 18.23(a)。假设每相邻两个电流源之间有一个小的互连电阻 r,估算 I_N 和 I_1 之间的失配。

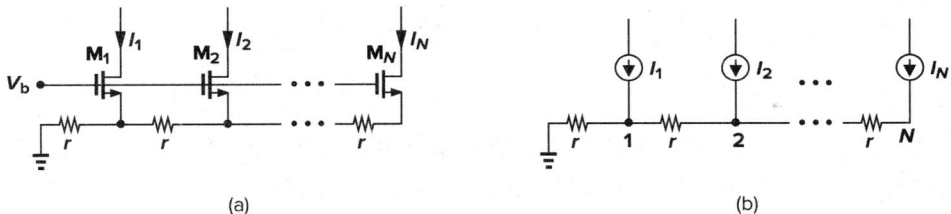

(a)   (b)

图 18.23   D/A 转换器中接地线电阻的影响

解:如果 r 足够小,电路可等效为图 18.23(b),其中 $I_1 \approx I_2 \approx \cdots \approx I_N = I$。结点 N 处的电压由电流叠加所得

$$V_N = Ir + I(2r) + \cdots + I(Nr) \tag{18.5}$$

$$= \frac{N(N+1)}{2}Ir \tag{18.6}$$

如果 V_N 相对较小,则上面假定 $I_1 \approx I_2 \approx \cdots \approx I_N = I$ 是合理的,并且 $M_1 \sim M_N$ 有近似相等的跨导。故

$$I_N = I - g_m V_N \tag{18.7}$$

---

①   至本书编写时,5 层金属布线的工艺已在量产(译者注:现在金属已有 9 层了)。

$$= I - g_\mathrm{m} r \frac{N(N+1)}{2} I \tag{18.8}$$

$$= I \left[1 - g_\mathrm{m} r \frac{N(N+1)}{2} \right] \tag{18.9}$$

由于 $V_1 \approx NIr$，我们有 $I_1 = I - g_\mathrm{m} NIr$，这样 I_1 和 I_N 之间的相对失配值为

$$\left| \frac{I_1 - I_N}{I} \right| = g_\mathrm{m} r \frac{N(N-1)}{2} \tag{18.10}$$

728　这里的关键问题是失配与 N^2 成正比。因此，接地总线必须足够地宽，以使 r 最小。

　　决定互连线宽度的另一个因素是"电迁移"。在高电流密度下，连线中的铝原子容易"迁移"，其留下的空位（在器件工作几年后）最终会造成连线断开。因此，为了保证器件长期可靠地工作，必须限制连线中的最大电流密度。根据经验，每微米宽可接受的电流密度为 2 mA，但是实际值还会根据金属的厚度而变化。此外，对于瞬态电流，其峰值可能会高得多。

　　连线电容的问题更为复杂。我们先考虑在衬底上方有一根金属线的情况，见图 18.24，其电容用"平板"电容和"边缘"电容来表示。对于窄连线而言，二者的大小是可比拟的。

　　用于计算导电衬底上方单位长度的总连线电容的一个简单经验关系式为

$$C = \varepsilon \left[\frac{W}{h} + 0.77 + 1.06 \left(\frac{W}{h} \right)^{0.25} + 1.06 \left(\frac{t}{h} \right)^{0.5} \right] \tag{18.11}$$

式中 W, h, t 所表示的尺寸如图 18.24 所示[3]。对于典型的尺寸，该等式预测电容误差只有几个百分点。

　　尽管工艺中上层金属的单位长度和宽度的电容值较小，但是其允许的最小宽度通常比下层金属大。因此，给定长度的最小电容值对于顶层金属而言会只是略微地偏小。表 18.1 列出了在 0.25 μm 工艺中四层金属最小宽度、平板电容、边缘电容（相对衬底）的典型值。

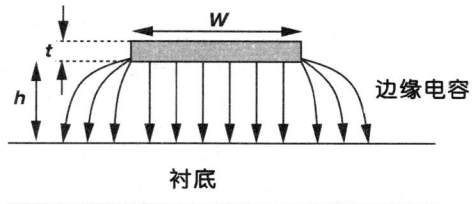

图 18.24　互连线的平板电容和边缘电容

表 18.1　0.25 μm 工艺互连线的最小宽度和电容值

	多晶	金属 1	金属 2	金属 3	金属 4
最小宽度（μm）	0.25	0.35	0.45	0.50	0.60
下底板电容（aF/μm²）	90	30	15	9.0	7.0
边缘电容（两边）（aF/μm）	110	80	50	40	30

729　在连线之间同样会存在平板电容和边缘电容。如图 18.25 所示，对于较复杂的版图，这种效应很难量化，通常需要利用计算机程序来完成。实际上，层与层之间的电容是通过"解电磁场方程"来计算，通过实验测量，并在工艺设计手册中被制成数据表格的。

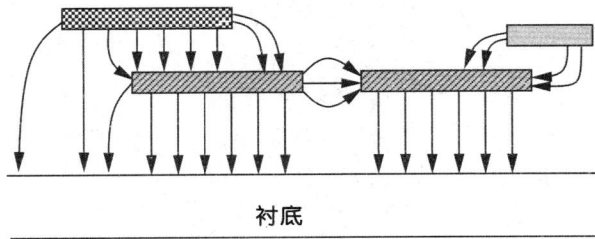

图 18.25　复杂的互连结构

18.8　闩锁效应

由于制造上的困难,最初几代的 MOS 工艺仅提供 NMOS 器件。实际上,许多早期的微处理器和模拟电路都是用 NMOS 工艺制造的,但是它们的功耗相当大。尽管 CMOS 器件需要大量的掩模版和制造工序,CMOS 逻辑的零静态功耗仍促使了 CMOS 技术时代的到来。然而,在 CMOS 电路中会产生一个严重的问题(在 NMOS 工艺中并不存在),这就是闩锁效应。

考虑如图 18.26(a)所示的 NMOS 和 PMOS 器件。第 12 章已讲到,寄生 pnp 双极型晶体管 Q_1 与 PFET,n 阱和衬底有关。同样地,寄生 npn 晶体管 Q_2 与 NFET 一起被确定。我们可以看到以下两点:(1)每个双极型晶体管的基区必然与另一个晶体管的集电区相连接;并且(2)由于 n 阱和衬底均有一定的电阻,因而 Q_1 和 Q_2 的基区分别与 V_{DD} 和地之间存在一个非零电阻。因此寄生电路如图 18.26(b)所示,在 Q_1 和 Q_2 处形成一个正反馈环路。实际上,如果有电流注入结点 X 使 V_X 上升,则 I_{C2} 增大,V_Y 下降,$|I_{C1}|$ 增大,导致 V_X 进一步上升。如果环路增益大于或等于 1,这种现象将持续下去,直至两个晶体管都完全导通,从 V_{DD} 抽取很大的电流。此时称该电路被闩锁。

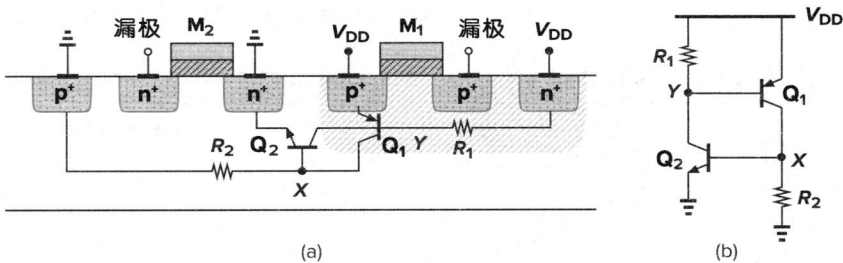

图 18.26　(a)CMOS 工艺中寄生双极晶体管;(b)等效电路

触发闩锁效应的起始电流可以由集成电路中的各种原因产生。例如,在图 18.26(a)中,Q_1,Q_2 的基区分别容性地耦合到 M_1,M_2 的漏区。因此漏端的一个大电压摆动会向 n 阱或衬底注入相当大的位移电流,从而引发闩锁效应。

闩锁效应通常发生在使用大尺寸数字输出缓冲器(反向器)的情况下。这种电路容易通过晶体管较大的漏结电容向衬底注入大电流,或通过正偏源-衬二极管而向衬底注入大电流。后一种情况是由于在与地相连的键合线上产生了一个相当大的瞬态电压而引起的(见第 19 章)。

为了防止闩锁效应,工艺工程师和电路设计师都要采取预防措施,以确保图 18.26(b)中等效电路的环路增益远小于 1。适当选择杂质浓度和分布以及版图设计规则可以保证寄生电阻和双极晶体管的电流增益值都很小。此外,电路的版图包括衬底接触孔和 n 阱接触孔,这些孔的间隔都应该相当小,以便使其接触电阻最小。通常每种工艺的设计手册都会详细提供一些可用于防止闩锁效应的版图规则。

参考文献

[1] C. Kaya, et al. Polycide/Metal Capacitors for High Precision A/D Converters. *IEDM Dig. Of Tech. Papers*, pp. 782 – 785, Dec. 1988.

[2] P. Larsson. Parasitic Resistance in an MOS Transistor Used as On-Chip Decoupling Capacitor. *IEEE J. Solid-State Circuits*, vol. 32, pp. 574 – 576, April. 1997.

[3] E. Barke. Line-to-Ground Capacitance Calculations for VlSI: A Comparison. *IEEE Trans. on Commputer-Aided Design*, vol. 7, pp. 195 – 298, Feb. 1988.

习题

在下面的习题中,除非另作说明,均使用表 2.1 中的器件数据,并在必要时假定 $V_{DD} = 3\text{ V}$。另外,假定所有晶体管均工作在饱和区。

18.1　一种 MOS 工艺仅提供 n 型晶体管和两层金属布线。画出这种工艺的制作工序示意图并确定其所需要的掩模版的最小数目。

18.2　在调整阈值电压的注入中,若晶片不倾斜,会引起严重的沟道效应。分析这时的阈值电压比预定值高还是低。

18.3　图 18.27 中的电路在制造时采用比预期值更长的栅氧化周期。如果阈值电压仍等于期望值,绘出 V_{out}/V_{in} 特性曲线并和期望情况下的结果相比较。

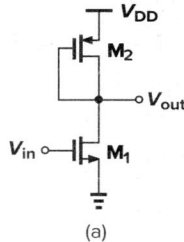

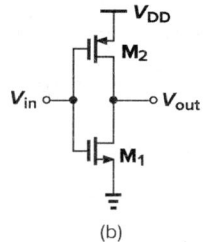

图 18.27

18.4　图 18.27 中电路制造时不进行调整阈值电压注入。绘出 V_{out}/V_{in} 特性曲线并和期望情况下的结果相比较。

18.5　由于版图的错误,图 18.28 所示电路的一个结出现接触孔穿刺。如果(a)电压增益比期望值高;(b)输出电压接近 V_{DD},分析功能失常的原因。

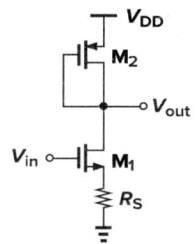

图 18.28

18.6　在一个大电路中采用的 NMOS 共源共栅电流源表现出的输出阻抗比期望值要低得多。确定可能是由哪一个制造上的错误引起这一现象的:(a)S/D 注入时的沟道效应;(b)忽略了沟道阻断注入;(c)栅氧生长不充分。

18.7　NMOS 共源共栅电流源的输出电流为零。如果这是由一次(小的)光刻偏差引起的,确定它发生在制造中的哪(一)步?

18.8　以有源电流镜为负载的差动对具有较低的小信号电压增益。如果偏置电流等于设计值,确定这一现象可能是由哪一个制造上的错误引起的:(a)n 阱注入浓度偏高;(b)调整阈值电压的注入浓度偏高;(c)栅氧化周期过长。

18.9　图 18.29 中开关电容放大器表现出较大的增益偏差。如果运放的偏置电流等于设计值,确定可能是哪一个制造上出现了偏差:(a)调整阈值电压的注入浓度偏高;(b)C_1 底板(结点 P 处)重掺杂;(c)S/D 注入时的沟道效应。

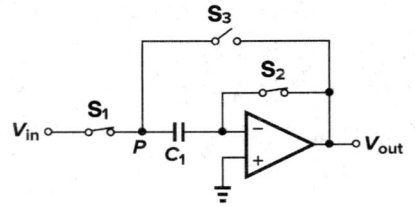

图 18.29

18.10　在图 18.30 中,数字电路从 V_{DD} 抽取了大的瞬态电流。如果没有 M_1,则电感 L_b 会承受一个大的瞬态电压 $L_b dI_{DD}/dt$。增加宽长比 $W/L = 100/0.5$ 的晶体管 M_1 来抑制这种效应。

(a)计算 M_1 的等效串联电阻;

(b)将数字电路部分等效为瞬态电流源,计算在结点 X 处产生临界阻尼响应时所对应的 L_b 的最大值。

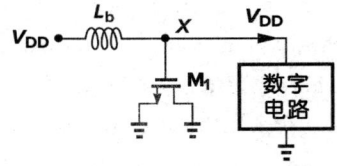

图 18.30

18.11　在图 18.23 中的电路中,$V_b = 1.2$ V,$N = 32$,$(W/L)_{1-N} = 20/0.5$。计算在最大电流失配为 1% 时 r 的最大值。

18.12　假定在式(18.11)中,$t = 1 \ \mu m$,$h = 3 \ \mu m$,W 为何值时平板电容和边缘电容相等? 如果 $h = 5 \ \mu m$ 其值又为多少?

第19章

版图与封装

在过去 40 年里，CMOS 模拟电路已经从低速度、低复杂度、小信号、高工作电压的电路发展成了高速度、高复杂度以及包含大量的数字电路的低电压"混合信号"系统。虽然器件尺寸的缩小提高了晶体管的原始速度，但集成电路不同模块之间有害的相互干扰以及版图与封装中的非理想性，正日益限制了这种系统的工作速度和精度。目前的模拟电路设计受版图与封装的影响非常严重。

在本章中，我们将讨论关于版图与封装的一些基本原则，并着重考虑芯片上数字电路和模拟电路共存时出现的一些效应。为方便起见，我们将"模拟电路"和"混合信号电路"都称为模拟电路。我们首先概述版图设计规则，分析有关模拟电路版图的一些问题，其中包括叉指晶体管、对称性、参考源分布、无源器件版图和互连线。然后，我们将讨论衬底耦合问题。最后，我们阐述封装问题，分析集成电路的外部连接的自感、互感和电容所产生的影响。

19.1 版图概述

集成电路的版图确定了制造集成电路时所用的掩模上的几何图形。从第 18 章可知，这些几何图形包括如下几层：n 阱、有源区、多晶硅、n^+ 和 p^+ 注入、层间的接触孔以及金属层。

图 19.1 是一个 PMOS 管例子，它描绘了所有需要的掩模图形。应该注意如下几个方面：（1）由于制造过程中不可避免地存在对准偏差，所以为保证晶体管被包含在 n 阱内，应使 n 阱

环绕器件时留有足够的余量。（2）每个有源区（源/漏区以及与 n 阱相接触的 n^+ 区）都被相应的注入区图形包围，且有源区边界与注入区边界之间有足够的间距。（3）由第 18 章中所介绍的 IC 制造工序可知，栅区需要一块独立的掩模。（4）接触孔掩模窗口提供了有源区和多晶硅到第一层金属的连接。

在目前大多数现代版图工具中，注入区甚至 n 阱都可以根据晶体管的其他几层版图自动生成，这样就减少了版图设计人员在计算机屏幕上所看到的

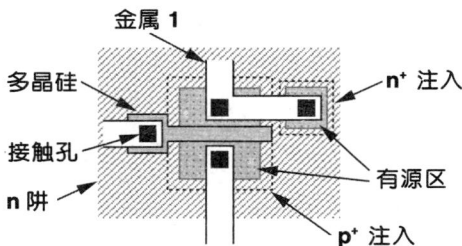

图 19.1 PMOS 晶体管版图

版图层数，从而简化了工作。

19.1.1　设计规则

虽然每个晶体管的宽度和长度是由电路设计决定的，但版图中其他大多数尺寸都要受"设计规则"的限制。设计规则就是不管制造工艺的每一步出现什么样的偏差都能保证正确制造晶体管和各种连接的一套规则。大部分设计规则都可以纳入以下描述的四种规则之一。

最小宽度

掩模上定义的几何图形的宽度（和长度）必须大于一个最小值，该值由光刻和工艺的水平决定。例如，若矩形多晶硅连线的宽度太窄，那么由于制造偏差的影响，可能会导致多晶硅断开，或者至少在局部出现一个大电阻，如图 19.2 所示。通常，连线层越厚，则该层最小允许的宽度也越大，这表明，随着工艺尺寸的减小，层厚度也必须按比例缩小。图 19.3 是 40 nm 工艺下最小宽度的例子。但要注意，版图设计人员是无法控制层厚度的。

图 19.2　窄多晶硅线太大的宽度变化

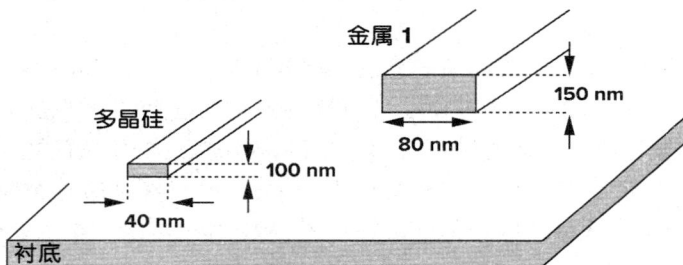

图 19.3　多晶硅连线和金属连线的宽度与厚度

最小间距

在同一层掩模上，各图形之间的间隔必须大于最小间距，在某些情况下，不同层的掩模图形的间隔也必须大于最小间距。例如，如图 19.4(a) 所示。如果两条多晶硅连线之间间隔太小，就可能造成短路。另一个例子，如图 19.4(b) 所示，一条多晶硅连线靠近晶体管的源或漏区，此时必须要有一最小间距来保证包围晶体管的注入区与该多晶硅连线不会发生交叠。

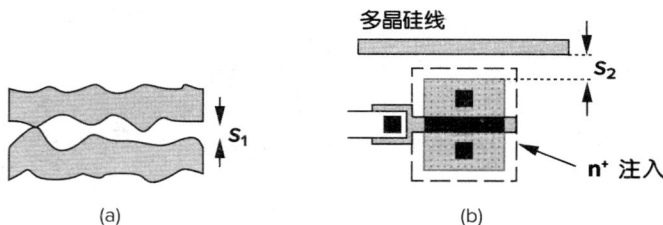

图 19.4　(a)间隔太小的两条多晶硅连线之间的短路；(b)有源区与多晶硅的最小间距

最小包围

在图 19.1 的版图中我们提到，n 阱和 p^+ 注入区在环绕晶体管时均应有足够的余量，以确保即使在出现制造偏差时器件部分始终在 n 阱和 p^+ 注入区里面。这些就是最小包围的例子。图 19.5 又给出了一个多晶硅连线与第一层金属连线通过接触孔相连接的例子。为了保证接触孔位于多晶硅与第一层金属的正方形区域内，应使多晶硅与第一层金属均在接触孔周围留有足够的余量。

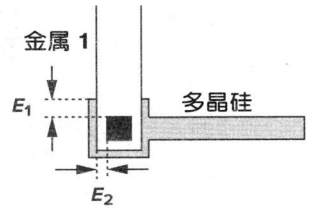

图 19.5　多晶硅和金属包围接触孔的规则

最小延伸

有些图形在其它图形的边缘外还应至少延长一个最小长度。例如，如图 19.6 所示，为确保晶体管在有源区边缘能正常工作，多晶硅栅极必须在有源区以外具有最小延伸。

除了上面所说的四种最小尺寸外，还要遵循一些**最大允许尺寸**。例如，为避免"起皮"（lift-off）问题，长金属线的最小宽度通常应大于短金属线的最小宽度。其它有关"天线效应"的规则，将在下一小节中讨论。

图 19.7 总结了以 PMOS 电流源为负载的 NMOS 差动对的一部分版图设计规则。现在的 CMOS 工艺通常包括了几百个版图设计规则。

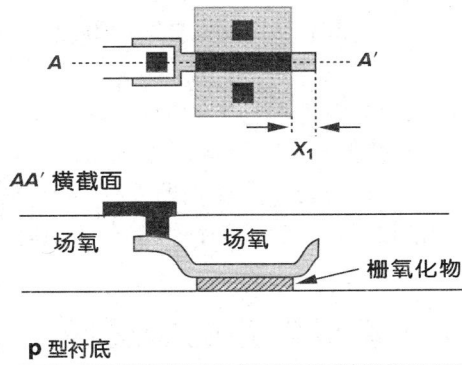

图 19.6　多晶硅超出栅区的延伸

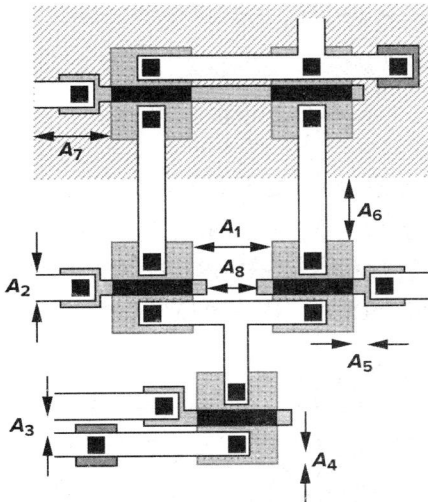

图 19.7　以 PMOS 电流源为负载的差动对版图

A_1：有源区—有源区间距
A_2：金属宽度
A_3：金属—金属间距
A_4：有源区对接触孔的包围
A_5：多晶硅—有源区间距
A_6：有源区—阱间距
A_7：阱对有源区包围
A_8：多晶硅—多晶硅间距

19.1.2　天线效应

假设一个小尺寸 MOS 管的栅极与具有很大面积的第一层金属连线接在一起，如图 19.8(a)

所示,在刻蚀第一层金属时,这片金属就像一根"天线",收集离子,使其电位升高。因此,在制造工艺中这个 MOS 管的栅电压可增大到使栅氧化层被击穿,而这个击穿是不能恢复的。

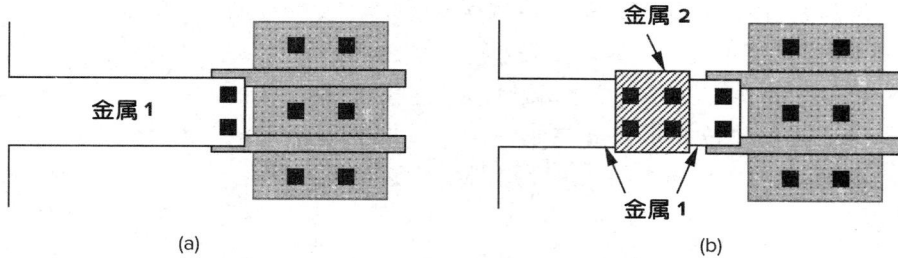

图 19.8　(a)易受天线效应影响的版图;(b)为避免天线效应断开第一层金属

任何与栅极连接的大片的导电材料,包括多晶硅本身,都可能产生天线效应。因此,亚微米 CMOS 工艺通常限制这种几何图形的总面积,从而将栅氧化层被破坏的可能性减到了最小。如果必须要使用大面积的几何图形,就必须像图 19.8(b)所示的那样,断开第一层金属。这样,当刻蚀第一层金属时,大部分面积就没有与栅极连接。

19.2　模拟电路的版图技术

在主流 CMOS 工艺中必须采用各种设计规则的目的,是在允许适当激进的电路设计的同时最大程度地提高数字集成电路的成品率。另一方面,对于模拟系统,则要采用许多版图方面的预防措施,以便将诸如串扰、失配、噪声等影响减到最小。

19.2.1　叉指晶体管

在第 2 章提到,为了减小 S/D 结面积和栅电阻,沟道宽度大的晶体管常采用"折叠"的形式。对于沟道宽度非常大的管子,如果采用如图 19.9(a)所示的简单结构还没有达到宽度要求,就需用"叉指"结构[如图 19.9(b)所示]。根据经验,每一个指状晶体管的宽度的选取要保证该晶体管的栅电阻小于其跨导的倒数。在低噪声电路中,栅电阻必须是 $1/g_m$ 的 1/5 到 1/10。

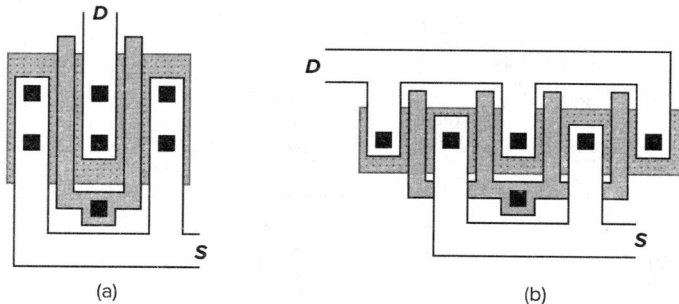

图 19.9　(a)简单的 MOS 晶体管折叠结构;(b)使用叉指结构

例 19.1 ——

　　如果一个 MOS 晶体管,宽长比为 5 μm/40 nm,在 1 mA 电流的偏置下,跨导为 1/(100 Ω),如果栅极多晶硅的方块薄层等于 30 Ω/□,若要保证栅的热噪声电压是输入参考的沟道热噪声电压的 1/5,那么,这种结构包含的叉指晶体管的宽度最大是多少才符合要求?

　　解:如果该晶体管由 N 个叉指晶体管并联而成,那么每一个叉指晶体管的分布电阻为 30 Ω×(5/0.04)/N。利用第 7 章给出的参考到栅端的沟道热噪声,可以得到整个晶体管的噪声:

$$\text{沟道噪声} = \sqrt{4kT\gamma(100)} \ \text{V}/\sqrt{\text{Hz}} \tag{19.1}$$

$$\text{栅噪声} = \sqrt{4kT\,\frac{500}{0.04N^2}\,\frac{1}{3}} \ \text{V}/\sqrt{\text{Hz}} \tag{19.2}$$

其中,式(19.2)右边的因子 1/3 是考虑栅电阻的分布特性而得到的(第 7 章)。式(19.1)等于式(19.2)的 5 倍,并设 $\gamma=1$,可得

$$N = 17.7 \tag{19.3}$$

因此,最少需要 18 个叉指晶体管。

——

　　把一个晶体管分成多个并联叉指晶体管,虽然可以减小栅电阻,但是源/漏区的周边电容变大了。以图 19.10[①] 所示的结构为例,当由 3 个叉指晶体管并联时,源或漏总周长等于 2(2E+2W/3)=4E+4W/3,而由 5 个叉指晶体管并联时,总周长为 3(2E+2W/5)=6E+6W/5。

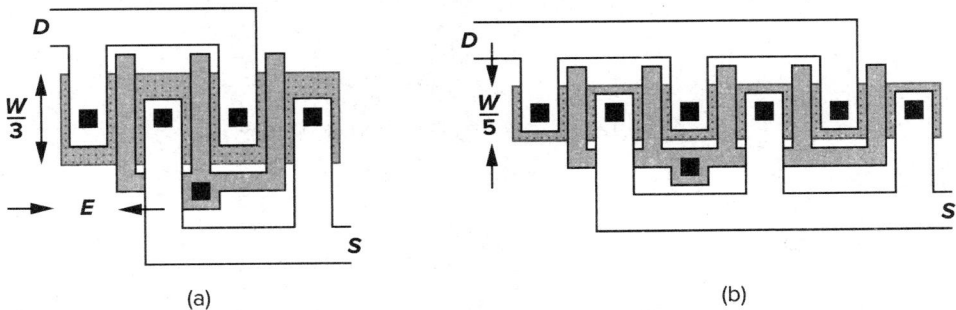

(a)　　　　　　　　　　　　　　　　　　(b)

图 19.10　晶体管版图
(a)采用 3 个叉指的晶体管;(b)采用 5 个叉指的晶体管

　　一般情况下,构成的叉指晶体管数目的 N 为奇数,源/漏区的周边电容可由下式给出:

$$C_P = \frac{N+1}{2}(2E+\frac{2W}{N})C_{\text{jsw}} \tag{19.4}$$

$$= [(N+1)E + \frac{N+1}{N}W]C_{\text{jsw}} \tag{19.5}$$

　　所以,为了减小源/漏区的周边电容的贡献,要使叉指晶体管数目乘以 E(即 NE 值)必须比 W 值小得多。但实际上,它与减小栅极电阻噪声发生矛盾,这就需要在二者中进行折中,或

————————————————————————————

　　① 多个叉指晶体管的使用有时被称为"叉指型结构"。

采用在栅极两端都接上引线的方法来减小栅极电阻。

如果构成晶体管的叉指晶体管的数目很大，就可以采用图 19.11 所示的结构，这样晶体管的图形就不会很长，也就避免了整个电路的版图中出现不成比例的尺寸。

对共源共栅电路，若输入管 M_1 与共源共栅管 M_2 的栅宽相同，那么其版图可以简化。如图 19.12(a)，M_1 的漏与 M_2 的源共用一个连接区。更重要得是，如图 19.12(b) 所示，这个连接区不与其它结点相连，不必提供接触孔，因而可以做得很小。因此，M_1 的漏电容可大大减小，从而提高了高频性能。当这两个晶体管栅极比较宽时，每个晶体管可采用两个或更多的叉指晶体管并联而成[见图 19.12(c)]。

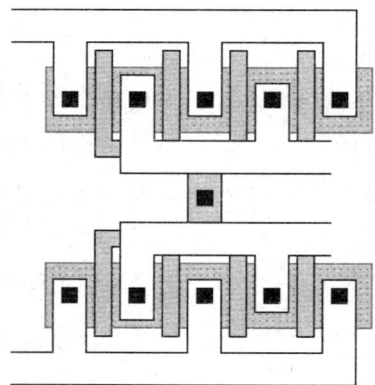

738

图 19.11　由许多叉指晶体管构成的宽晶体管版图

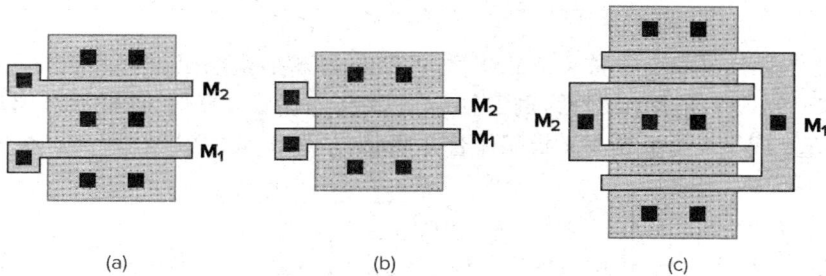

图 19.12　栅宽相同的共源共栅电路版图

19.2.2　对称性

回顾第 14 章可知，全差动电路中的不对称性会产生输入参考失调电压，因而限制了可检测的最小信号电平。尽管一些失配不可避免，但如果不充分注意版图中的对称性，就可能产生大的失调电压，甚至比第 14 章中由统计方法预计的值大得多。对称性设计还可以抑制共模噪声和偶次非线性效应。值得注意的是，我们所关心的器件及其周围环境都必须进行对称性设计。这一点将在后面讨论。

让我们从图 19.13(a) 所示的差动对开始着手。如果这两个 MOS 管按图 19.13(b) 那样沿不同方向放置，由于在光刻及晶圆加工的许多步骤中沿不同轴向的特性大不一样，就会产生很大的失配。

因而，图 19.13(c) 和 (d) 的方案似乎更合理一些。这两者之间的选择是由一种称作"栅阴影"的细微效应决定的。如图 19.14 所示，由于要避免沟道效应（见第 18 章），在源/漏的离子注入时通常把注入方向（或晶圆方向）倾斜 7°左右，这样栅极多晶硅就会阻挡一部分离子，形成阴影。结果，在源区或漏区有一窄条区，它接收的注入较少，从而在注入区退火之后，使源区和漏区边缘的扩散产生了细微的不对称。

739

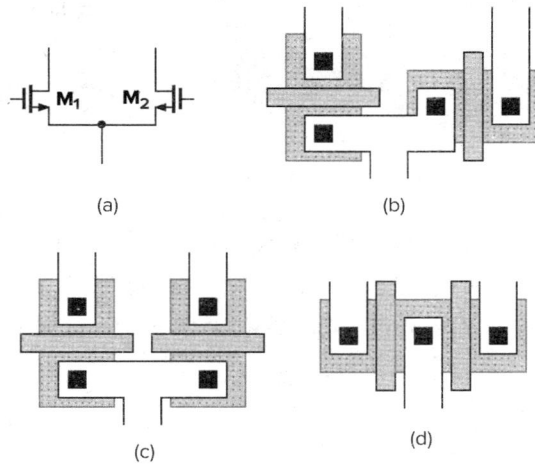

图 19.13　(a)差动对;(b)M_1 和 M_2 管的栅极取向不同的版图;
(c)栅在一条线直线上的版图;(d)栅平行排列的版图

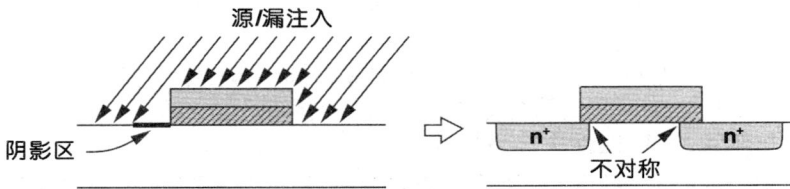

图 19.14　由注入倾斜造成栅阴影区

现在,考虑存在栅阴影的图 19.13(c)和(d)的结构,如图 19.15 所示。在图 19.15(a)中,如果阴影区出现在源区(或者是漏区),那么这两个器件不会因阴影导致不对称。在图 19.15(b)中,即使标出了这两管子在阴影区的源(或漏)极,这两 MOS 管也不一样,这是因为,M_1 的源区的右边是 M_2 管,而 M_2 的源区右边是场氧。同样,M_1 和 M_2 左边结构也不一样。换句话说,M_1 和 M_2 的周围环境不一致。因此,图 19.15(a)所示结构更好些。

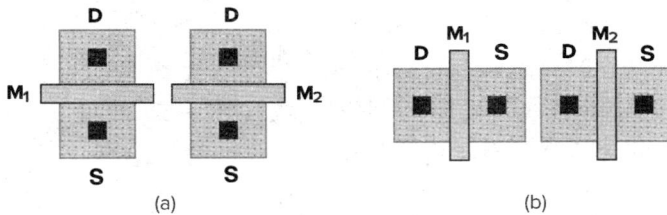

图 19.15　栅阴影效应
(a)两个 MOS 管的栅在同一直线上;(b)两个栅相互平行

图 19.15(b)结构所固有的不对称性可以通过在晶体管两边加两个"虚拟"MOS 管的办法加以改进,因为这可使 M_1 和 M_2 管周围的环境几乎相同,见图 19.16。但是,在更复杂的电路中,如折叠式共源-共栅运算放大器,这种措施用起来并不容易,后面我们将看到一种更简单的已被证明是有用的并且现在已是一种必要的技术——"虚拟"管技术。

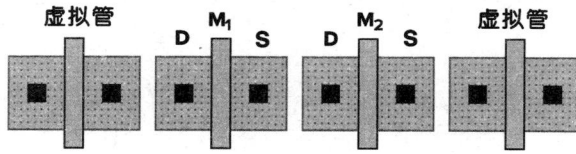

图 19.16   增加虚拟管以提高对称性

我们应当强调在对称轴的两边保持相同环境的重要性。例如,在 19.17 版图中,只有一个 **740**
MOS 管旁边有一条无关的金属线通过,这会降低对称性,增大 M_1 和 M_2 之间的失配。在这种
情况下,可以在另一边也放置一条相同的金属线[如图 19.17(b)所示](这条金属线可以接
地),或者最好是去掉引起不对称的那条线。

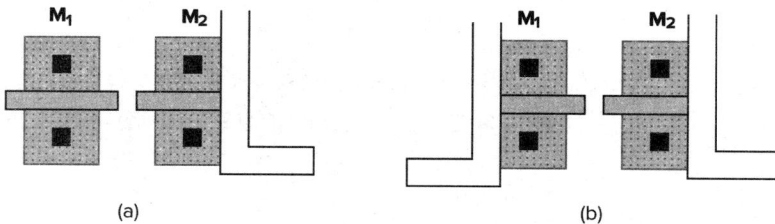

(a)   (b)

图 19.17   (a)M_2 管旁边的金属线引起的不对称;(b)在 M_1 管相对称位置安排同样一条线来消除不对称性

对于大的晶体管,对称性就变得更困难了。
例如,在图 19.18 的的差动对中,为使输入失调
电压较小,这两个晶体管的宽度都比较大,但沿
x 轴方向的梯度会引起明显的失配。为了减小
失配,可采用"共中心"的布局方法,这样沿 x 轴
和 y 轴方向的一阶梯度效应就会相互抵消。如
图 19.19 所示,这种布局方法把 M_1 和 M_2 都分
成两个宽度为原来一半的晶体管,沿对角放置
且并联连接。[①]   然而,在版图上布线很困难,经
常会导致如图 19.17(a)所示的系统不对称,或
者线对地电容及线间电容的不同而引起整体不
对称。对于大一点的电路,如运算放大器,则因
走线可能过于复杂而无法实现。因而我们要寻
求更简单的解决方法。

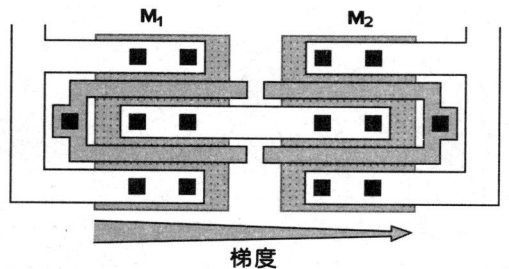

图 19.18   离子浓度梯度变化对差动对的影响   **741**

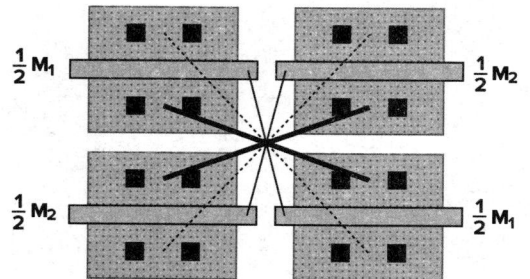

图 19.19   共中心版图

      线性梯度效应,也可像图 19.20 所示的那
样,通过"一维"交叉耦合的办法得到抑制。这
里,所有四个宽度为一半的晶体管一字排开,
M_1 和 M_2 可由相邻的两个晶体管与相距最远
的两个晶体管分别相连构成[如图 19.20(a)所示],也可由两组相间隔的晶体管分别相连构成

[①]   图中所示的连接仅在概念上是正确的。

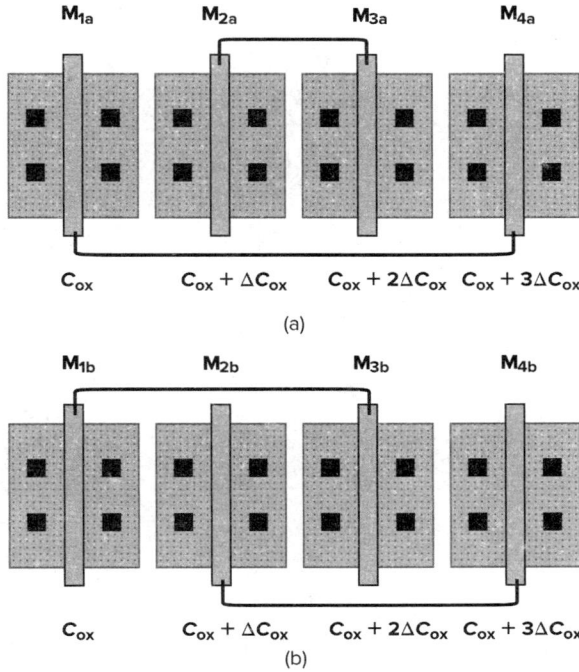

图 19.20   一维交叉耦合

[如图 19.20(b)所示]。(为了清楚起见,未画出晶体管的源与漏端的连接。)为分析该结构中的梯度效应,让我们假设,每两个相邻的半宽晶体管之间的栅氧电容变化为 ΔC_{ox}[①]。将 M_{1a} 和 M_{4a} 并联,得到

$$I_{D1a} + I_{D4a} = \frac{1}{2}\mu_n(C_{ox} + C_{ox} + 3\Delta C_{ox})\frac{W}{L}(V_{GS} - V_{TH})^2 \tag{19.6}$$

将 M_{2a} 和 M_{3a} 并联,可得

$$I_{D2a} + I_{D3a} = \frac{1}{2}\mu_n(C_{ox} + \Delta C_{ox} + C_{ox} + 2\Delta C_{ox})\frac{W}{L}(V_{GS} - V_{TH})^2 \tag{19.7}$$

因此,这种类型的交叉耦合抵消了梯度效应的影响。而对图 19.20(b)所示组合,可得到

$$I_{D1b} + I_{D3b} = \frac{1}{2}\mu_n(C_{ox} + C_{ox} + 2\Delta C_{ox})\frac{W}{L}(V_{GS} - V_{TH})^2 \tag{19.8}$$

且

$$I_{D2b} + I_{D4b} = \frac{1}{2}\mu_n(C_{ox} + \Delta C_{ox} + C_{ox} + 3\Delta C_{ox})\frac{W}{L}(V_{GS} - V_{TH})^2 \tag{19.9}$$

式(19.8)和式(19.9)显示,图 19.20(b)所示的方法消除误差的能力较差。

读者可以证明,对于受梯度影响的其他器件参数,也可得到相似的结果,结论是:采用图 19.20(a)所示的结构比图 19.20(b)所示结构的误差要小。但因为 $M_{2a} + M_{3a}$ 与 $M_{1a} + M_{4a}$ 周围的环境不同,所以必须在 M_{1a} 的左边和 M_{4a} 的右边加虚拟晶体管。

---

① 实际上,C_{ox} 变化也会影响阈值电压,这里忽略了这种影响。

19.2.3　浅槽隔离问题

　　现代MOS器件周围被浅槽包围,以避免相邻晶体管之间形成沟道,如图19.21(a)所示。这被称为"浅槽隔离"(STI),是由工艺自动产生的,该结构被氧化物填充,其热膨胀系数与硅不同。因此,在制造过程中,STI和被包围的硅之间膨胀和收缩是不同的。STI导致的"应力"会改变MOS晶体管的电气特性,因而在其 *I-V* 特性中会引入很大的误差。

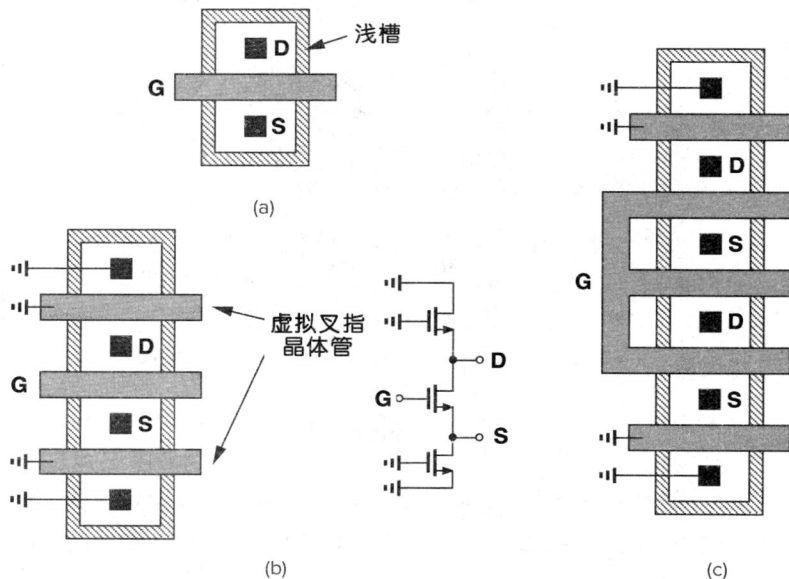

图19.21　(a)包围器件的浅槽隔离;(b)使用虚拟叉指晶体管减小STI导致的应力;(c)多叉指晶体管例子

　　为了缓解这个问题,我们必须使朝向栅极区域的应力传播最小化。为了达到这个目的,我们在主器件两边插入两个叉指晶体管管,如图19.21(b)所示。这些"虚拟"叉指和它们的源(或漏)结通常接地,以保证不影响主晶体管工作。但是要注意,虚拟晶体管的栅极增大了主晶体管源、漏端到地的电容。

　　对于使用多个叉指的主晶体管,虚拟晶体管的栅只要简单地加在阵列的两端,如图19.21(c)所示。

19.2.4　阱邻近效应

　　就像第18章中所述的,n阱是对硅暴露出的区域进行N型离子注入形成的。未暴露的区域被一层厚的氧化物和光刻胶覆盖,如图19.22(a)所示。不幸的是,离子注入不是与晶圆成90°角进行的,因而会被氧化物和光刻胶形成的墙反射,在n阱中产生**不均匀**的掺杂。也就是说,在n阱的边缘区域和n阱的中间区域掺杂浓度不同。结果,在靠近n阱边缘的PMOS器件的I/V特性与n阱中间区域的器件不同。我们称该效应为"阱邻近"误差。例如,如图19.22(b)所示的电流镜布局,M_1 与 M_2(或者 M_3)产生了失配,因为 M_1 由于离子注入反射掺

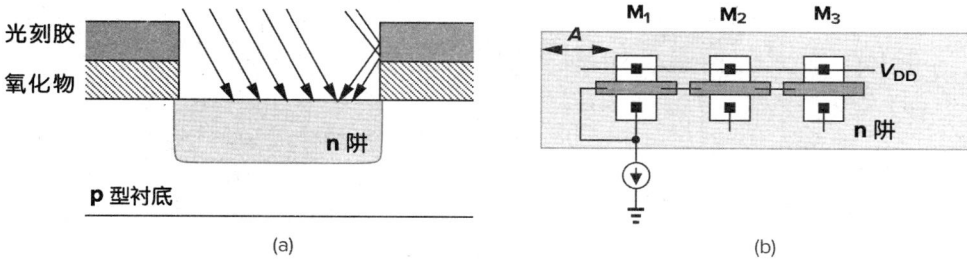

图 19.22　(a)n 阱离子注入反射造成掺杂不均匀;(b)显示 n 阱边缘影响的电流镜布局

杂浓度更高。

　　为了减小阱邻近效应的影响,n 阱必须延伸,远超出 PMOS 器件。例如,如图 19.22(b)中的 A,其大小要超过几个微米。

19.2.5　参考源的分布

　　在模拟电路系统中,许多内部模块的偏置电流与偏置电压都是来源于一个或多个带隙基准产生器。这些基准电路(即参考电路)在一个大的芯片上的分布带来了许多严重的问题。考虑图 19.23 所示的例子,电流 I_{REF} 由一个带隙参考源提供,$M_1 \sim M_n$ 作为许多模块的偏置电流源远离晶体管 M_{REF},且相互间也离得较远。如果电流 $I_{D1} \sim I_{Dn}$ 和 I_{REF} 之间的匹配很重要,就必须考虑沿地线的电压降。实际上,对于连在同一根地线上的大量电路,电流源和 I_{REF} 之间的系统失配可能大得难以接受。

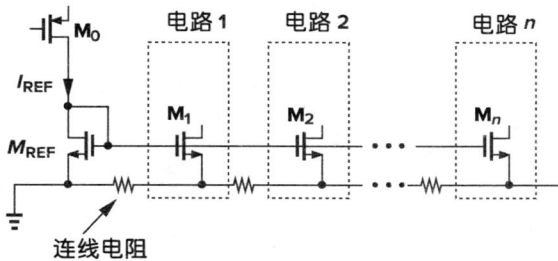

图 19.23　用于电流镜偏置的参考电压分布

744　　　为解决上述的困难,参考源可以按电流而不是电压进行分配。如图 19.24 所示,其思路是将参考电流走线连到临近的模块,并且**就地**生成镜像电流。将连线电阻与电流源串连,如果电路模块密集地出现在芯片上不同区域,这种方法可减小系统的误差。但是,I_{REF1} 与 I_{REF2} 之间以及 M_{REF1} 与 M_{REF2} 之间的失配还会带来误差。在大的系统中,为了减少布线难度,最好多采用几个局部的带隙参考电路。

　　在图 19.23 和图 19.24 所示电路中,另一个问题是晶体管的方向问题。在 19.2.2 小节中提过,以图 19.23 为例,如果 M_{REF} 和 $M_1 \sim M_n$ 沿不同方向放置,那么就会导致显著的不匹配。由于模块电路 $1,2,\cdots,n$ 可以分别放置,因此在整个芯片布局前后,要特别注意所有模块的电流源的取向。

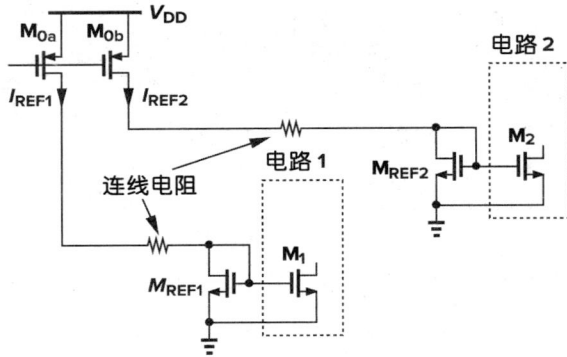

图 19.24　电流分布减小了连线电阻影响

　　图 19.23 和图 19.24 中的电流的按比例缩放也需要仔细选择器件的尺寸和版图。假设图 19.23 的电路要求 $I_{D1}=0.5I_{REF}$ 和 $I_{D2}=2I_{REF}$。已知 $(W/L)_{REF}$,怎样确定 $(W/L)_1$ 和 $(W/L)_2$ 呢? 回顾第 2 章中的内容,由于源/漏区的边缘扩散,有效沟道长度比版图上所画长度小 $2L_D$,L_D 是个很难控制的量。因此,为避免严重失配,所有晶体管的沟道长度都必须相等,此时通过适当选择各晶体管的宽度来实现电流的按比例缩放。于是,我们可以假定:$W_1=0.5W_{REF}$ 和 $W_2=2W_{REF}$。图 19.25 显示了要保证适当的匹配,M_{REF},M_1 和 M_2 是如何布图的。应当注意,所有晶体管的等效宽度都是一个单位值 W_u 的整数倍。除了 M_1 的源极的一半悬空(或与漏相接)外,晶体管 M_1 和 M_{REF} 完全一样。为了改善匹配,这一组器件可以在四周用虚拟晶体管包围。

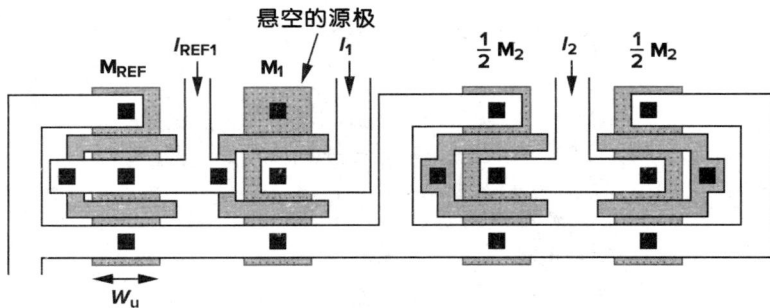

图 19.25　为电流源的匹配而作适当的器件尺寸缩放

19.2.6　无源器件

电阻

　　使用硅化物阻挡层的多晶电阻具有线性度高,对衬底电容小和失配相对小的特点。实际上这种电阻的线性度取决于其长度[1],并且在高精度应用中需要精确地测量和建模。图 19.26 所示例子中,电阻的非线性是很关键的。由于 $V_{out}=-I_{in}R_F$,所

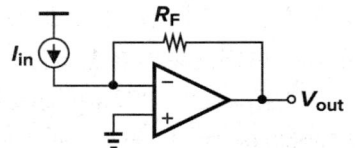

图 19.26　反馈放大器将电流转换为电压

以电流到电压的转换精度取决于 R_F 的线性度。然而,实际上运放限制了线性度。

与其它器件一样,多晶电阻的匹配度是其尺寸的函数。例如,一个长宽为几微米的电阻,典型的失配程度为 0.2% 数量级。针对 MOS 器件的版图设计的大多数对称规则也适用于电阻。例如,长宽比例严格定义的电阻必须由相同的单位电阻通过串联或并联构成(具有相同的取向)。

例 19.2 ────────────────────────

考虑图 19.27 所示的带隙电路。确定 n,R_1 和 R_2 的值,使 V_{out} 的温度系数为零并让版图可以设计使输出具有高精度。

解:因为 $V_{out} = V_{BE3} + V_T(R_2/R_1)\ln n$,我们必须找出适当的 n,R_1,R_2 值,使得 $(R_2/R_1)\ln n \approx 17.2$(见第 12 章)。如果 $n = 31$,那么 $R_2/R_1 \approx 5$,设计出的版图如 19.28(a)所示。注意 R_1 要放在中间,以部分抵消梯度的影响。

现在假设我们选 $n = 25$,可得 $R_2/R_1 = 5.34$。这个精确数值显然不能靠简单地调节 R_2 和 R_1 的尺寸来实现。更合适的选择是,把 R_2/R_1 的值写成 16/3,设计出的电阻版图如图 19.28(b)所示。

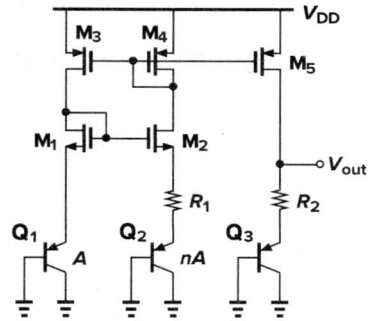

图 19.27

(a)

(b)

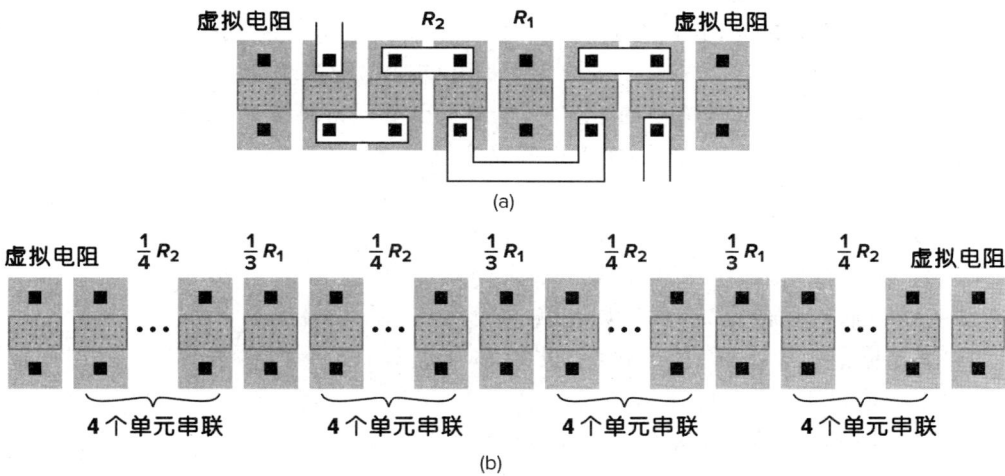

图 19.28 电阻 R_1 和 R_2 的版图
(a)$R_2/R_1 = 5$;(b)$R_2/R_1 = 5.34 \approx 16/3$

前面阐述的多晶硅电阻的阻值包含两个部分:非硅化物区域的阻值和两个接触孔的阻值。如图 19.29(a)所示,小的接触孔窗口(在 40 nm 工艺中大约是 80 nm×80 nm)在金属 1 和硅化物区产生大的接触电阻。这部分阻值难以控制,最好必须使其阻值远小于第一部分。例如,图 19.29(a)中的电阻的长度和宽度可以都加倍,使接触孔电阻减半而非硅化物区域的电阻值保持不变,如图 19.29(b)所示。

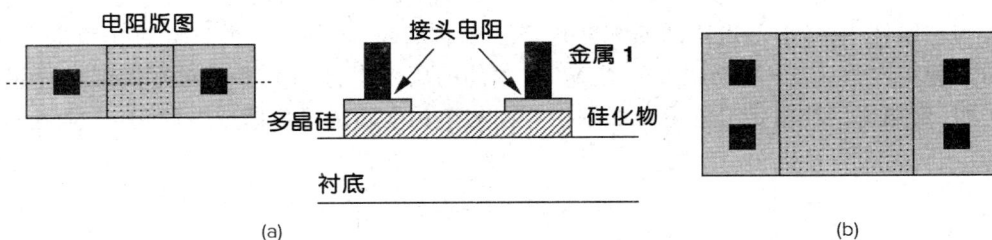

图 19.29　(a)多晶硅电阻顶视图和剖面图；(b)宽度和长度加倍减小接触孔电阻的影响

对于大数值的电阻，通常将其分成较短的电阻单位，平行放置并串联在一起，如图 19.30(a)所示。从匹配和可重复性的角度讲，这种结构比"蛇形"结构[图 19.30(b)]更优越，后者在拐角处的电阻较大。

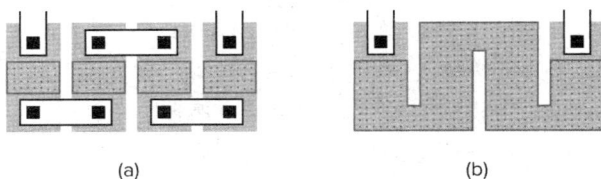

图 19.30　(a)大电阻的版图；(b)蛇形结构

多晶电阻的薄层电阻值 $R_\square$ 会随温度和工艺而变化，在设计中需要考虑这种变化。温度系数取决于掺杂类型和浓度，并且必须在每一个工艺中对其进行测量。它在 p^+ 掺杂和 n^+ 掺杂时的典型值分别为 $+0.1\%/℃$ 和 $-0.1\%/℃$。由工艺引起的变化通常小于 $\pm 20\%$。

在没有硅化物阻挡层这块掩模的工艺中，电阻可由下列材料构成：n 阱、源/漏 p^+ 或 n^+ 材料、硅化物多晶硅和金属，且它们的 $R_\square$ 值也按这个顺序减小。n 阱电阻的薄层电阻值大约为 1 kΩ，但其受工艺影响变化比较大，例如 $\pm 40\%$。而且，这 $R_\square$ 值取决于电阻的**宽度**，其曲线如图 19.31 所示。这是因为，深度为几微米时，n 阱区在边缘的扩散与宽度有关。另外，$R_\square$ 随 n 阱到衬底电压的变化而剧烈改变，导致电阻出现非线性，且难以确定阻值大小。例如，在如图 19.32 所示电路中，由于电阻 R_S 下边的耗尽区远比 R_D 下边的耗尽区窄，因此，这两个电阻的 $R_\square$ 值存在很大的失配。而且当 V_{out} 变化时，R_D 的薄层电阻也随之改变，这会导致非线性。n 阱电阻的温度系数 TC 为 $+0.2\% \sim +0.5\%/℃$。

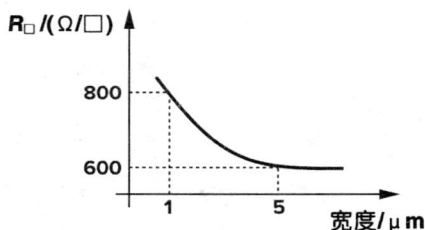

图 19.31　n 阱薄层电阻与电阻宽度的关系

例 19.3 ——

如图 19.33 所示，一个 A/D 转换器包含了一个电阻梯形网络，它由 128 个 n 阱电阻组成，用来提供一系列等差的参考电压。如果这个电阻梯形网络两端分别接 $V_1 = +1$ V 和 $V_2 = +2$ V，试计算 R_{128}/R_1 的值。

解：n 阱中耗尽区的宽度由下式决定：$x_d = \sqrt{2\varepsilon_{si}(\phi_B + V_R)/(qN_{well})}$，这里 N_{well} 是指 n 阱掺

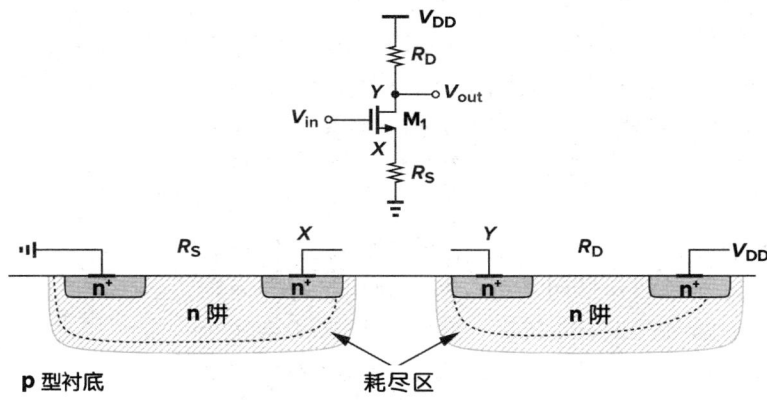

图 19.32 使用 n 阱电阻的共源放大器

杂浓度,V_R 是反向偏压。假设零偏置电压下的 n 阱深等于 t_0,可以得到

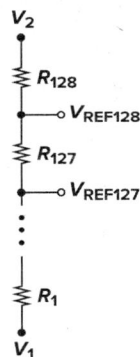

图 19.33 A/D 转换器中所用的电阻梯形网络

$$\frac{R_{128}}{R_1} = \frac{t_0 - \sqrt{\dfrac{2\varepsilon_{si}}{qN_{well}}(\phi_B + V_1)} + \sqrt{\dfrac{2\varepsilon_{si}}{qN_{well}}\phi_B}}{t_0 - \sqrt{\dfrac{2\varepsilon_{si}}{qN_{well}}(\phi_B + V_2)} + \sqrt{\dfrac{2\varepsilon_{si}}{qN_{well}}\phi_B}} \qquad (19.10)$$

$$= \frac{t_0 + \sqrt{\dfrac{2\varepsilon_{si}}{qN_{well}}\phi_B}\left(1 - \sqrt{1 + \dfrac{V_1}{\phi_B}}\right)}{t_0 + \sqrt{\dfrac{2\varepsilon_{si}}{qN_{well}}\phi_B}\left(1 - \sqrt{1 + \dfrac{V_2}{\phi_B}}\right)} \qquad (19.11)$$

如果 R_1 的值和 R_{128} 的值相差不大,式(19.11)的分子分母同除以 t_0,则结果近似为

$$\frac{R_{128}}{R_1} \approx \left[1 + \frac{1}{t_0}\sqrt{\frac{2\varepsilon_{si}}{qN_{well}}\phi_B}\left(1 - \sqrt{1 + \frac{V_1}{\phi_B}}\right)\right]\left[1 - \frac{1}{t_0}\sqrt{\frac{2\varepsilon_{si}}{qN_{well}}\phi_B}\left(1 - \sqrt{1 + \frac{V_2}{\phi_B}}\right)\right]$$

$$(19.12)$$

$$\approx 1 + \frac{1}{t_0}\sqrt{\frac{2\varepsilon_{si}}{qN_{well}}\phi_B}\left(\sqrt{1 + \frac{V_2}{\phi_B}} - \sqrt{1 + \frac{V_1}{\phi_B}}\right) \qquad (19.13)$$

例如,如果 $t_0 = 2\ \mu m$,$N_{well} = 10^{16}\ cm^{-1}$,并且 $\phi_B = 0.7\ V$,那么 R_{128} 和 R_1 之间的失配大约为 60%。

---

p$^+$ 和 n$^+$ 的源/漏区也能作为电阻。由于它们的薄层电阻为 $20 \sim 30\ \Omega/\square$,硅化物源/漏区仅适合做小电阻。而且,它与衬底之间的 pn 结会产生相当大的电容,这电容值还与结电压有关[①]。

[①] n 阱电阻的非线性要大的多,因为 n 阱的注入浓度较低,这导致它对 n 阱与衬底之间的电压更敏感。

硅化物多晶硅的薄层电阻是 $20 \sim 30 \ \Omega/\square$，可以用作小电阻。虽然多晶硅电阻对衬底的电容没有 n^+ 或 p^+ 电阻的大,但它的 $R_\square$ 与工艺有关,其变化范围高达 $20\% \sim 30\%$。因此,多晶硅电阻仅用在对电阻绝对值要求不高的场合,例如图 19.33 所示的电阻梯形网络。多晶硅电阻的温度系数在 $+0.2\%/℃ \sim +0.4\%/℃$ 之间。

工艺中的金属层可提供很小的电阻。例如,在高速 A/D 转换器中,如图 19.33 所示的梯形网络可以简单地用具有等间距抽头的长金属条构成,如图 19.34 所示。但要注意,如果金属条宽度太小,就会影响匹配。对铝条而言,电阻的温度系数大约是 $0.3\%/℃$。

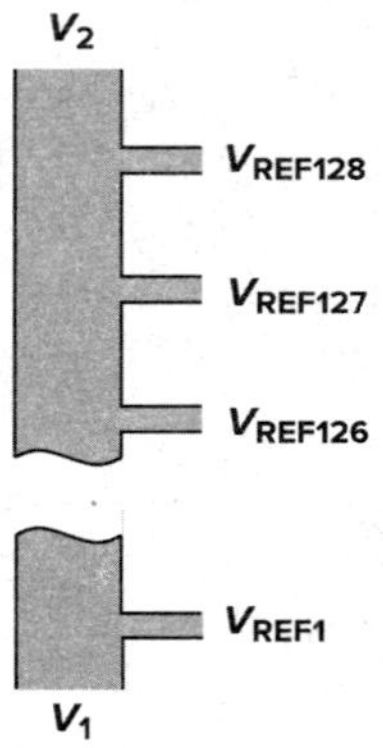

图 19.34　用金属制成的电阻
梯形网络

电容

如第 18 章中所述,线性电容器应该设计成由可用的导电层构成的三明治结构。比如在一个有九层金属的工艺中,电容器可以像图 19.35 那样构成。选择何种结构由下面两个因素决定:(1)电容所占的面积;(2)底层极板寄生电容 C_p 和极板间电容 C 的比值 C_p/C。在典型工艺 750

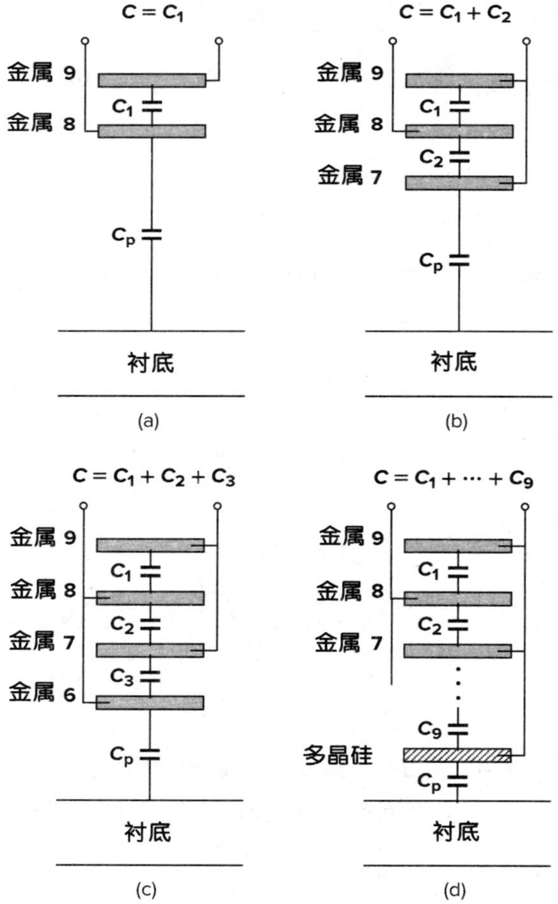

图 19.35　采用不同导电层的电容器结构

中,相邻金属层之间的电容[如图 19.35(d)中所示的 C_1 或 C_2]在 35～40 aF/μm² 数量级,而金属 1 与多晶之间的电容大约是 60 aF/μm²。因此,图 19.35(d)所示结构的电容密度比 19.35(a)大 9 倍以上。另一方面,从图 19.35(a)到 19.35(d),C_p 值依次增大。通常,图 19.35(a)所示结构的 C_p/C 达到了最小值,图 19.35(b)或(c)的结构,C_p/C 大约在 5%～10% 之间,而图 19.35(d)所示的三明治结构的 C_p/C 在 20% 左右。

在数字工艺中,层间电容的绝对值不好控制,图 19.35 中的电容值随工艺变化的范围高达 20%。相反,栅氧电容的误差一般可控制在 5% 以内。有趣的是,图 19.35(d)的结构的电容值比其他结构受工艺变化的影响要小,这是因为不同层之间的电容的随机变化趋于"中和"、相互抵消。

751　至此,我们仍忽略了边缘电容。如图 19.36 所示,每块极板边缘发出的电场线必须终止于第二块极板边缘或衬底,因而产生了必须考虑的边缘电容。边缘电容可以用式(18.11)进行计算,也可以从工艺设计手册提供的表格中查到。

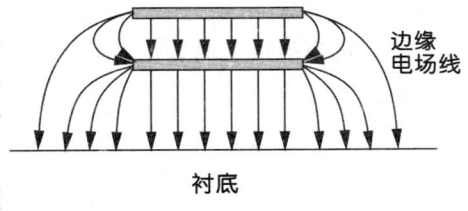

图 19.36　电容的边缘分量

如第 18 章中所述,如果一个 MOS 晶体管源漏短接,只要栅源电压足够使沟道形成反型层,这个 MOS 管就可以当作一个电容器。但是此电容对电压的依赖限制了这种结构的使用。

对精度要求高的电路,电容器的版图必须遵循以上针对晶体管和电阻而提出的版图设计原则。例如,若需要一排匹配很好的电容阵列,那么在这排电容阵列周围必须放置虚拟器件。

例 19.4 ——————————————————————————————————

如图 19.37(a)所示电路,要求标称增益 $C_1/C_2=8$。C_1 和 C_2 版图应怎样设计才能保证增益的精度?

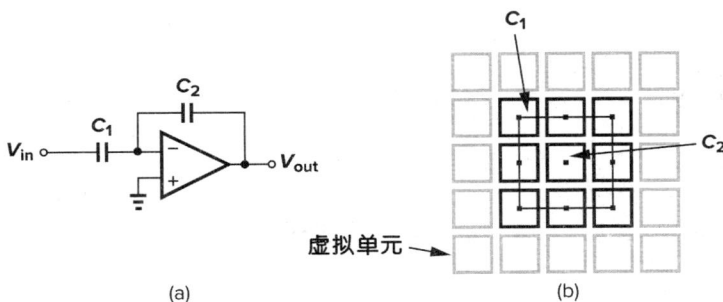

图 19.37

解:我们用 8 个单位电容构成 C_1,且每一个和 C_2 相等,将所有的单位电容按正方形排列[见图 19.37(b)]。注意:(1)C_2 被构成 C_1 的单位电容环绕,这样在水平和垂直的方向就消除了一阶梯度效应;(2)环绕总的电容阵列,放置一圈虚拟单位电容,使 C_1 的各单位电容周围的环境和 C_2 的一样。

对大电容阵列,可以采用像图 19.20 和图 19.27 所示的交叉耦合方法。但与晶体管和电阻不同的是,它对连线电容很敏感,所以要特别注意单位电容之间的连线。即使在图 19.37(b)所示的简单阵列中,希望不引入附加电容而实现所有上极板的连接和下极板的连接,也是很困难的。以图 19.38 的版图作为例子,连线不可避免地导致 C_1/C_2 比值产生一些误差。

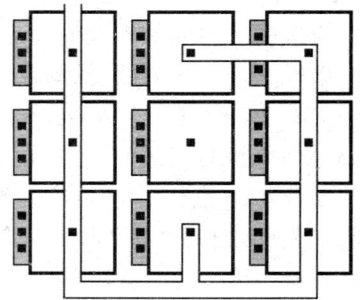

图 19.38　带有连线的电容器版图

二极管

在标准的 CMOS 工艺中,可以制成两种类型的 pn 结:一种是做在 p 衬底中,另一种做在 n 阱里面,如图 19.39 所示。前者必须保持反向偏压,因此,它只能作为随电压变化的电容器("变容器"),例如,用在压控振荡器中。

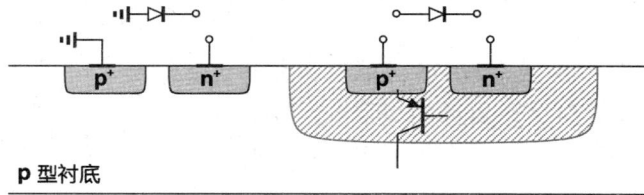

图 19.39　CMOS 工艺中的二极管

做在 n 阱中的二极管在正偏时也会面临许多困难。回顾第 12 章可知,n 阱中的 p^+ 区,n 阱和 p 衬底组成了一个双极型 pnp 晶体管,其集电极一般接地。因此,如果 n 阱中的 pn 结正偏,就有很大的电流从 p^+ 流向衬底。换句话说,此时这种结构不能仅仅被看作是一个两端悬浮的二极管。尽管如此,如果反偏,它可以作为变容器使用。

正因为以上困难,模拟 CMOS 电路很少使用正向偏置的二极管(带隙基准电路除外)。

19.2.7　互连线

现在的 CMOS 工艺可提供 12 层金属连线,但由于成本原因只用 8 或者 9 层。当设计高精度和/或高速电路的版图时,必须考虑许多与连线有关的效应。

电容

如果连线较长的话,那么连线的平板电容和边缘电容会使工作速度降低。例如,在一个混合信号系统中(比如,使用了许多开关电容的电路),时钟信号必须通过许多长的连线接到各模块,从而导致了相当大的连线电容。更重要的是,线间电容导致了显著的信号耦合。

图 19.40 给出了一个信号间互相串扰的例子。图中,一个共源电路和一个与非门电路距离很近,与非门的两个输入 V_A 和 V_B 跨过了模拟信号 V_{in}。而且,时钟线 CK 与 V_{in} 平行放置,与非门的输出与共源电路的输出有部分交叠。这个版图中的每个耦合电容都可能损坏 V_{in} 或 V_{out}。要注意,即使耦合电容比较小,信号的损坏也可能是相当明显的,这是因为信号 V_A、V_B、

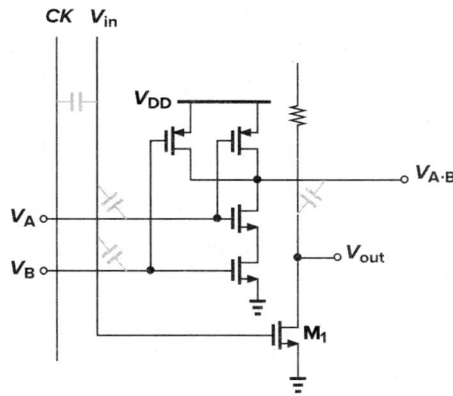

图 19.40 典型版图上的不同连线间的电容耦合

$V_{A \cdot B}$ 和 CK 的电压摆幅非常大。例如,若 CK 和 V_{in} 之间的电容为50 aF,从 V_{in} 到地所看到的总电容为 10 fF,那么 CK 上1 V的变化将引起 V_{in} 变化 5 mV。

利用两种技术可以减小信号串扰。第一种技术利用差动信号将大多数串扰转换成共模干扰。例如,若把图 19.40 所示电路改成图 19.41 所示的结构,如果 $C_1 = C_1'$ 且 $C_2 = C_2'$,那么 V_A 和 V_B 对 V_{in}^+ 和 V_{in}^- 的耦合不会产生差动误差。甚至当电容之间有 10% 的失配时,差动干扰的大小也比图 19.40 所示的要小一个数量级。应该注意在版图中增加了一根虚拟的连线,其目的是在 CK 和 V_{in}^- 之间生成一个与 CK 和 V_{in}^+ 之间电容相等的交叠电容。第 4 章中提到过,最好也采用差动时钟信号来进一步抑制连线间的耦合。

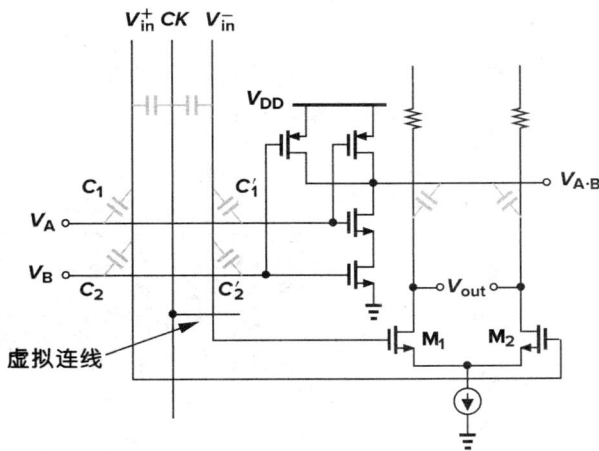

图 19.41 通过差动信号的使用来减小电容耦合

第二种技术是在版图中"屏蔽"敏感信号。如图 19.42(a)所示,一种方法是在敏感信号线两边都放一条地线,这样就使"噪声"干扰线发出的大部分电场线终止于地线而不是该信号线。注意,这样做比单纯地把信号线与干扰线拉开更大的距离更有效[如图 19.42(b)所示]。但是,这种屏蔽所付出的代价是布线更加复杂,同时信号线与地之间的电容变大。

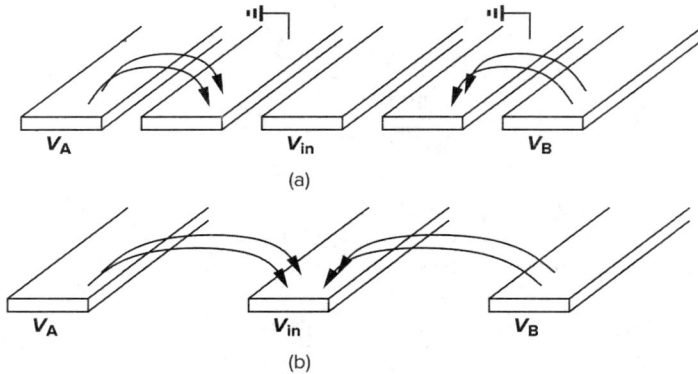

图 19.42 (a)通过附加的地线来屏蔽敏感的信号线;(b)线间距变大来减小信号耦合

另一种屏蔽技术如图 19.43 所示。这里,敏感信号线全部被上下两层金属地线所包围,因此完全隔离了外部电场线[①]。但是,这根信号线的对地电容更大,而且用到了 3 层金属,从而使其他信号的布线变得复杂了。

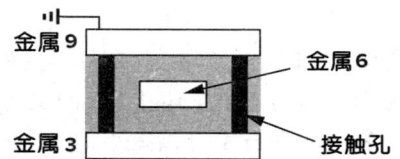

图 19.43 通过上下两层地线来屏蔽敏感信号线(即第二层金属)

电阻

连线电阻也要引起注意。在低噪声应用中,薄层电阻为 40~80 mΩ/□ 的长连线可能会产生相当大的热噪声。而且,接触孔与通孔也存在大的电阻。例如,一个 80 nm×80 nm 的金属与硅化物多晶硅之间的接触孔的电阻为 30~40 Ω,而第一层金属与第二层金属之间的通孔电阻为 5~10 Ω。

例 19.5 ——

在图 19.44 所示的版图中,长 100 μm 的第四层金属线通过一系列通孔和接触孔与一个晶体管的栅极连接。试计算由连线、通孔和接触孔产生的热噪声。

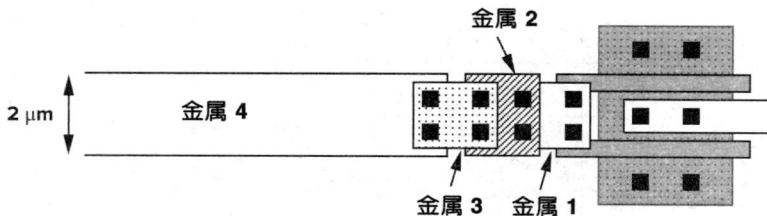

图 19.44

解:假定第四层金属的 $R_\square = 40$ mΩ/□,通孔电阻为 5 Ω,多晶硅接触孔电阻为 30 Ω,于是可得:$R_{tot} = 2 + 2.5 + 2.5 + 2.5 + 15 = 24.5$ Ω。那么在室温下热噪声电压等于 0.64 nV/$\sqrt{Hz}$。 755
如果该信号接到一个低噪声放大器,这样的连线版图将显著增大输入参考噪声。

——

① 此时假定地线本身没有噪声。我们将在 19.4 节中讨论地线的噪声干扰问题。

长导线的分布电阻和分布电容会引起信号的显著延迟与"弥散"(dispersion)。如图 19.45 所示,延迟大约等于

$$T_D = \frac{1}{2} R_u C_u L^2 \tag{19.14}$$

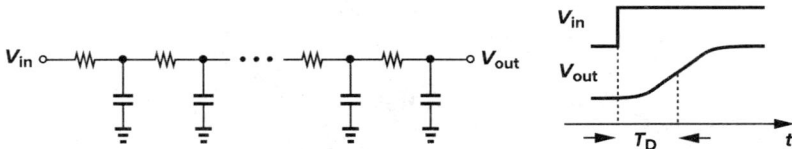

图 19.45 长连线中信号的延迟与弥散

其中 R_u 和 C_u 分别指每单位长度的电阻和电容,L 是整个导线的长度。例如,考虑如图 19.46 所示电路,一组采样器在时钟信号 CK 的控制下对模拟输入信号 V_{in} 进行采样。如果 CK 和 V_{in} 从左到右所经历的延迟时间不相等,那么 $C_1, \cdots, C_n$ 所采样的电压值是不相等的,这就导致了采样波形的失真。即使时钟和信号线及它们的负载电容一样,CK 和 V_{in} 依然存在延时不相等的缺点,这是因为前者是方波而后者不是。

术语"弥散"是指信号沿导线传输时其跳变时间明显增加。如果以时钟边沿确定一个采样点,"弥散"就会带来特别麻烦的问题。在图 19.46 的例子中,作用在开关 S_n 处的时钟波形的上升和下降时间变长,使采样易受噪声和失真的影响[4]。可在 CK 和每个开关之间加一个反相器使时钟信号变得更陡一些,但代价是 CK 和 V_{in} 之间的延迟差的不确定性更大了。

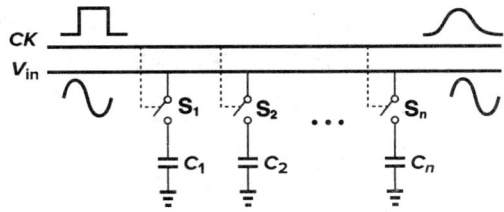

图 19.46 一组检测同一输入的采样电路

如在第 18 章所提到的,芯片上电源总线和地线的设计需要注意许多问题。在大的 IC 中,沿电源总线的直流或瞬态电压降可能会很大,因而影响由同一电源总线供电的敏感电路的正常工作。而且,为保证电路的长期可靠性,电迁移要求电源总线要有最小的宽度。如今的 CMOS 工艺具有多层连接,可采取并联两层或更多层金属的方法来减小串联电阻及缓和电迁移的限制。由于顶层金属的厚度一般是低层的两倍,所以至少要并联三层金属才能将这些效应减小一半。因此,如果只有一层或两层多余的金属层可用时,信号线和偏置线要跨过电源总线就变得困难了。

如果从一条长总线抽取的偏置电流大小都相对精确地定义了,那么这条地线从一端到另一端可设计成锥形,使得沿线产生相对固定的压降。如图 19.47 所示,若已知金属电阻及其温度系数,就可以采取这种办法。

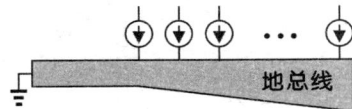

图 19.47 为减小电压降采用的锥形地线

19.2.8　焊盘与静电放电保护

集成电路和外部环境之间的接口涉及许多重要问题。为了使键合引线（bond wire）与管芯相连，就需在芯片的四周放置大的"焊盘"（pad），并使其与电路中的相应结点相连接，（如图 19.48 所示）。

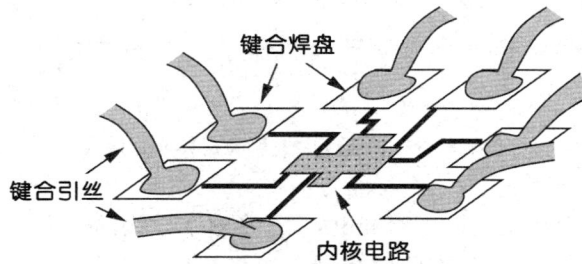

图 19.48　芯片上增加的键合焊盘

焊盘尺寸与结构是由两方面规定的：可靠性以及为键合引线键合过程中的偏差留出的余量。当键合引线的直径范围是 25 μm～50 μm 时，最小焊盘尺寸在 70 μm×70 μm 到 100 μm×100 μm 之间。相邻两个焊盘之间的距离通常至少为 25 μm。从电路设计的角度来讲，焊盘的尺寸越小越好，因为这样可以减小焊盘对衬底的电容，并且节省管芯的面积。

简单的焊盘可能仅仅由最上层金属形成的正方形构成。但是这种结构在键合时容易被扯动而剥离。因此，每个焊盘一般都是由最上面的两层金属构成，并且它们之间由位于四周的许多通孔相连接，如图 19.49 所示。注意，这种焊盘结构对衬底的电容比仅使用最上层金属焊盘的电容大。

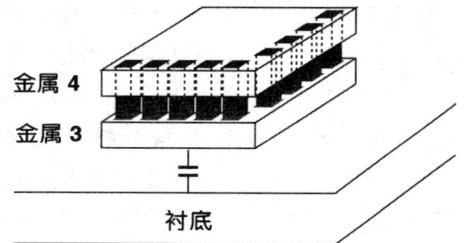

图 19.49　典型的键合焊盘结构

757

例 19.6

计算只用第四层金属构成的焊盘对地电容及使用第四层金属和第三层金属的焊盘对地的电容。假设焊盘尺寸为 75 μm×75 μm，所用的电容参数如图 19.50 所示。

解：对只用第四层金属的焊盘，有

$$C_{tot} = 75^2 \times 6 + 75 \times 4 \times 5 \tag{19.15}$$
$$= 38.25 \text{ fF} \tag{19.16}$$

对使用了第四层金属和第三层金属的焊盘，有

$$C_{tot} = 75^2 \times 9 + 75 \times 4 \times (17 + 15) \tag{19.17}$$
$$= 62.22 \text{ fF} \tag{19.18}$$

注意，这里第三层金属和第四层金属的边缘电容是直接相加的。这只是个粗略近似。

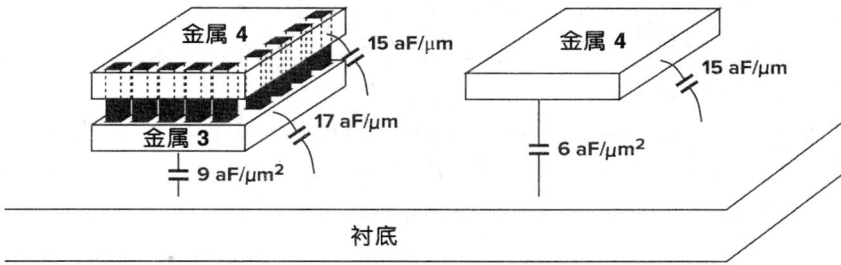

图 19.50

传输高频信号的焊盘可以被设计成八边形以减小其寄生电容。如图 19.51 所示，这样的结构可以通过去除正方形的四个角获得，同时不给键合任务增加难度。如果 $a=b$，焊盘的面积和周长都减小了约 20%。

IC 与外部世界的接口还必然伴随静电放电（ESD：electro-static discharge）问题。当一外部高电势的带电体接触到电路的外引脚时，静电放电现象就会发生。因为每个输入或输出引脚的电容很小，所以 ESD 产生的电压很大，可能毁坏芯片上的器件。

导致 ESD 现象的一种常见情况是人用手去拿集成电路。
758　对于这个效应，人体可等效为一个几百皮法的电容串连一个几千欧的电阻。根据环境不同，人体等效电容的电压可以从几百伏到几千伏。这样，如果人体触到芯片的引脚，芯片就很容易毁坏。有趣的是，即使人体没有真正接触到芯片，ESD 也会发生，这是因为在高电场下，只要人的手指离芯片引脚非常近，手指就会通过空气与芯片引脚间产生"电弧"。

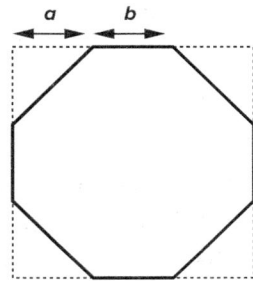

图 19.51　为了减小寄生电容采用八边形焊盘

值得注意的是，即使没有人体干预，ESD 也会发生。在典型的芯片装配线上，如果各种设备接地不好，就会积累电荷，达到高的电压。而且，在干燥空气中，电荷可能会建立相对于地的相当大的电压梯度。

MOS 器件遭受到 ESD 的永久性的破坏有两种。第一种，当栅电场强度一般来说超过 10^7 V/cm 时（例如，20Å 厚的氧化层对应的电压为 2 V），栅氧化层就会被击穿，通常这会导致栅与沟道之间的电阻很低。第二种，如果源/漏结二极管流过大电流，不管是正偏还是反偏，二极管都会烧毁，使源/漏与衬底短路。对于现今的短沟道器件，这两种现象都有可能发生。

为了减轻 ESD 的问题，CMOS 电路常使用 ESD 保护器件。如图 19.52 所示，这种器件将外部电荷放电箝位到地或 V_{DD}，从而限制了加到电路上的电压。电阻 R_1 通常不能少，它可以避免当从外部流进大电流时烧毁 D_1 或 D_2。

采用 ESD 保护电路会导致三个严重的问题。第一，ESD 保护电路在结点对地和对 V_{DD} 间引入相当大的电容，降低了工作速度和电路输入输出端口阻抗的匹配度。因为像图

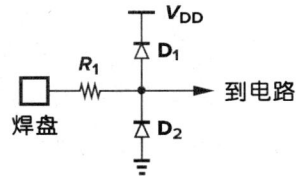

图 19.52　简单的 ESD 保护电路

19.52 中 D_1 和 D_2 那样的保护器件，必须足够大才能使得芯片能承受高的 ESD 电压，因此它

们的电容可达到几个皮法。另外,R_1 的热噪声也会变得很显著。

　　第二,ESD 器件的寄生电容会把 V_{DD} 上的噪声耦合到电路的输入,从而恶化了这个信号。我们在 19.4 节再讨论这个问题。

　　第三,如果设计不合适,在电路正常工作期间(甚至在电路接通时),如果发生静电放电现象,ESD 结构可能会导致 CMOS 电路的闩锁效应。因此,工艺工程师会针对每一代工艺制造许多不同的 ESD 结构并给出其特性,最终提供几种可靠的、能用于电路的结构[①]。

19.3　衬底耦合

　　大多数现代 CMOS 工艺都使用重掺杂的 p^+ 衬底来减小发生闩锁效应的敏感度。但是,衬底的低电阻率($0.1\ \Omega \cdot$ cm 数量级)会在电路中不同器件之间建立有害的通路,从而会恶化敏感信号。所谓的"衬底耦合"或"衬底噪声"效应已经成为当今混合信号 IC 的一个严重问题[2]。

　　为理解这个现象,假设检测时钟信号的一个 CMOS 反相器与放大模拟信号的共源放大器相邻放置,见图 19.53(a)。注意衬底是通过一条键合引线与地相连接的,而这根键合引线相当于一个(有害的)电感 L_b。借助于图 19.53(b)截面图,我们可以看到,当 M_2 的漏端电压变化比较大时,该电压可以通过漏区的结电容耦合到衬底上,由于 L_b 有一定的阻抗,这就会干扰衬底电压。

　　那么衬底噪声是怎样影响 M_1 的呢? 其主要的耦合机理就是通过体效应,使 M_1 的阈值电压随衬底电压的变化而变化。因为 M_1 的漏电流取决于 $V_{in} - V_{TH1}$,$V_{in} - V_{TH1}$ 的变化是由于 V_{in} 变化还是 V_{TH1} 变化,这是无法区分的。换句话说,如图 19.53(c)所示,CK 的每一次跃变都影响了模拟输出。

　　随着"噪声"源数目的增加,衬底耦合问题就变得更显著了。在一混合信号系统中,成千个逻辑门会向衬底注入噪声,特别在时钟跳变时,在衬底电势中会引起几百毫伏的扰动。扰动的大小与引入噪声的器件的尺寸成正比,如果使用大尺寸晶体管作为缓冲器来驱动重的外部负载,干扰就会成为一个严重的问题。

　　似乎把芯片上敏感的模拟模块与数字模块之间的距离拉开,就可以减小衬底耦合。但实际上,这种改善措施可能无效或行不通。如果掺杂浓度很大,那么衬底就是个电阻很低的平板,所以不管干扰源在什么位置,芯片上整个衬底受到的干扰电压都相对一样[3]。而且,在许多混合信号系统中,模拟与数字模块是大量地混杂在一起的,很难将其对应的电路一一分开。图 19.54 给出了一个 A/D 转换器电路的一小部分,由比较器,触发器,与非门及只读存储器(ROM)组成。比较器和数字电路中的各种逻辑信号摆幅产生了衬底噪声,但增加任意两模块间的距离需要长的连线,这样就降低了速度。

　　为减小衬底噪声的影响,可采用如下方法。第一,在整个电路中都采用差动电路,以降低模拟电路部分对共模噪声的敏感度。第二,数字信号与时钟应该以互补形式分布,从而可减小净耦合噪声。第三,关键操作,比如信号采样或电容间的电荷转移,应该在时钟跳变以后进行,

---

　　①　通常,电路设计人员不应该采用工艺中未经测试和验证合格的 ESD 保护电路。未给出特性的 ESD 保护电路有可能导致闩锁效应。

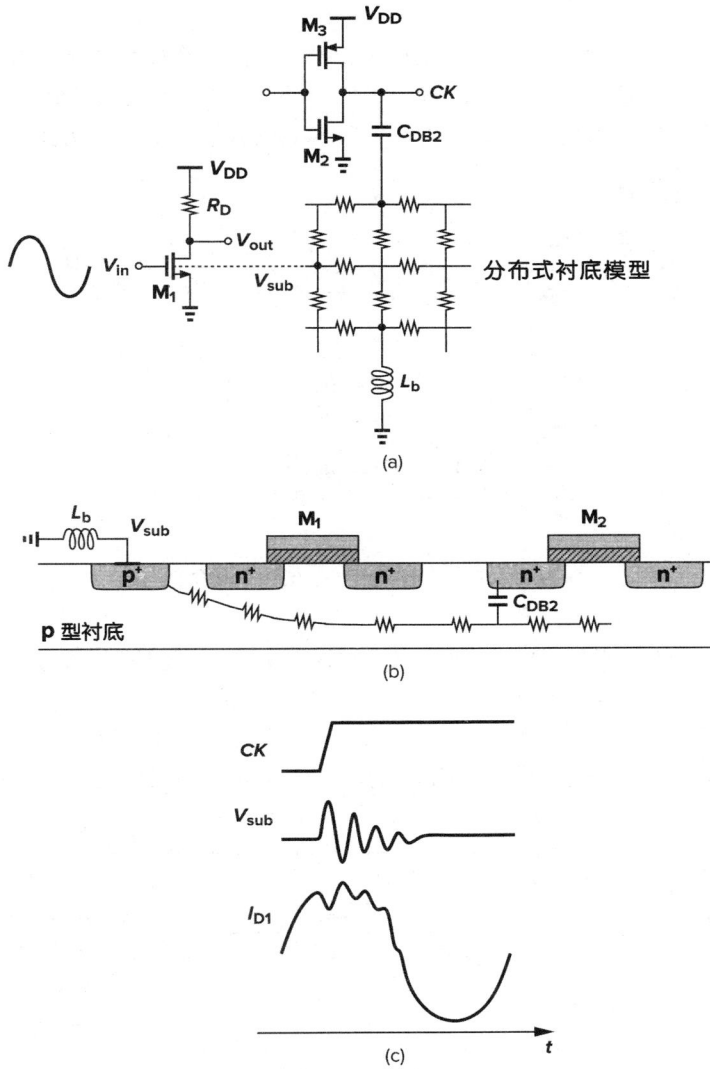

图 19.53　(a)包含衬底耦合效应的混合信号电路；(b)器件的截面图；(c)各个信号波形

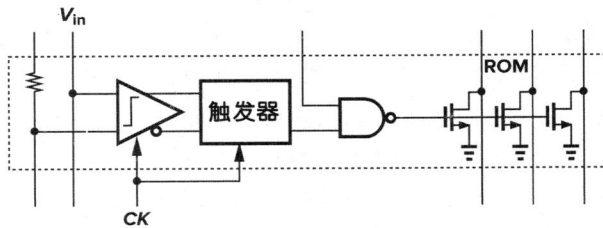

图 19.54　A/D 转换器模块的一部分

此时衬底电位已经稳定了。第四,使与衬底相连的键合引线的电感最小(19.4 节)。同样,在运放电路中最好采用 PMOS 差动输入,这是因为 PMOS 差动对所在的阱可以接到它们的共源端，减小了衬底噪声的影响。

对于在轻掺杂衬底上制造的电路，可用"保护环"将敏感模块与其它电路产生的衬底噪声进行隔离。保护环可以就是一条简单的包围敏感电路、由衬底组成的带状封闭环，它为衬底产生的电荷提供较低的到地阻抗。由于 n 阱注入较深，因此它可以通过阻止噪声电流在表面附近流动来作为保护环使用，如图 19.55 所示。

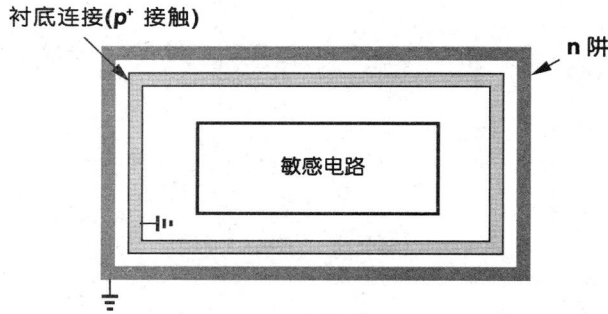

图 19.55   采用保护环来保护敏感电路

在大规模混合信号集成电路中，不可避免地存在相对于外部地的衬底电压"反射"（bounce），这是由流过器件的大的瞬间电流和与衬底相连的键合引线的一定的阻抗导致的。但是，我们认识到，如果芯片的地与衬底的反射一致，那么所有晶体管就不会感受到噪声。如图 19.56 所示，这种想法意味着，衬底与地在芯片内部应该接在一起并通过同一条线接到外部。

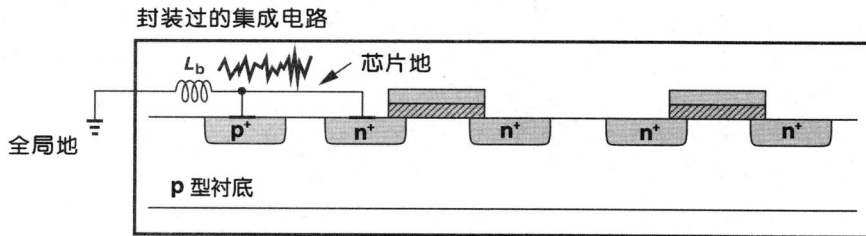

图 19.56   衬底电压反射

尽管如此，衬底与芯片地的连接面临两个问题。第一个涉及"地反射"（ground bounce）。如图 19.57 所示及如 19.4 节所述，大多混合信号电路至少有一个"模拟地"和"数字地"以避免数字模块产生的大的瞬态噪声干扰模拟模块的正常工作。那么衬底该与那个地相连接呢？如果衬底与模拟地连接，则大的衬底噪声电流肯定会流经 L_A，在 GND_A 上产生噪声，如图 19.58(a) 所示；如果衬底与数字地连接，那么衬底电压会受 GND_D 上的大的噪声的严重干扰[如图 19.58(b)所示]。当然，GND_A 和 GND_D 可以同时接到衬底上，使 GND_A 和 GND_D 之间有一低电阻的通路，但这也就达不到了模拟地与数字地分开的目的了。

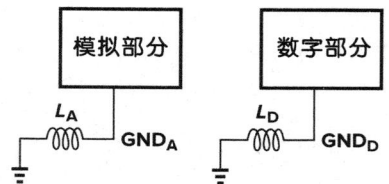

图 19.57   模拟地与数字地

在图 19.58(a)和(b)中选择那种连接方式,取决于从衬底和地流经数字模块的瞬态电流大小以及 L_A 和 L_D 的大小。大多数情况下都采用如图 19.58(a)所示结构,这是因为它可以保证模拟地的电压与衬底电压同步变化。如图 19.59(a)所示,如果模拟地与衬底电压变化不一致,那么 M_1 的漏电流 I_{D1} 就会受到衬底噪声的干扰。另一方面,在图 19.59(b)所示的电路中,I_{D1} 受到的噪声干扰就比较小。一般情况下,常需要对整个环境(包括封装)进行细致逼真的仿真,才能确定那一种方法产生的噪声更小一些。

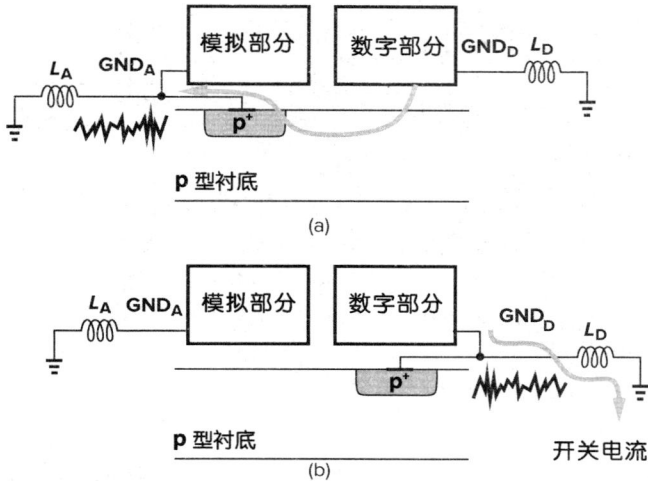

图 19.58　(a)衬底与模拟地的连接;(b)衬底与数字地的连接

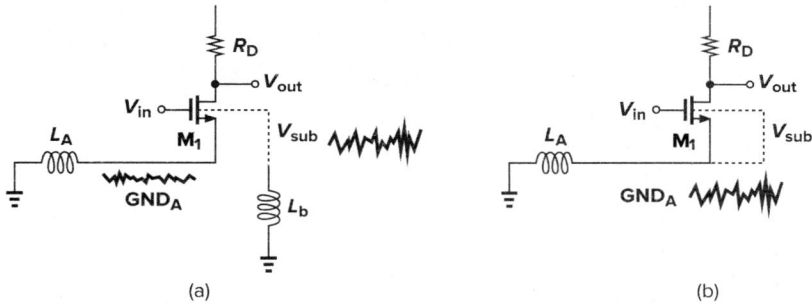

图 19.59　(a)衬底没有与模拟地连接引起大的源衬噪声电压;
(b)衬底与模拟地连接而抑制了源衬噪声电压的影响

使衬底与芯片地电压反射一致的第二个问题是很难确定输入信号的参考电位。如图 19.60(a)所示,当单端输入信号的电位参考点从片外地改到片内地时,该信号就会被严重恶化。也就是说,即使衬底和地反射一致,$V'_{in} \neq V_{in}$。对于如图 19.60(b)所示的差动结构,信号受到的影响就小得多,但是在高精度应用中,电路和连线的不对称性会把共模噪声的一部分转变成差模噪声。

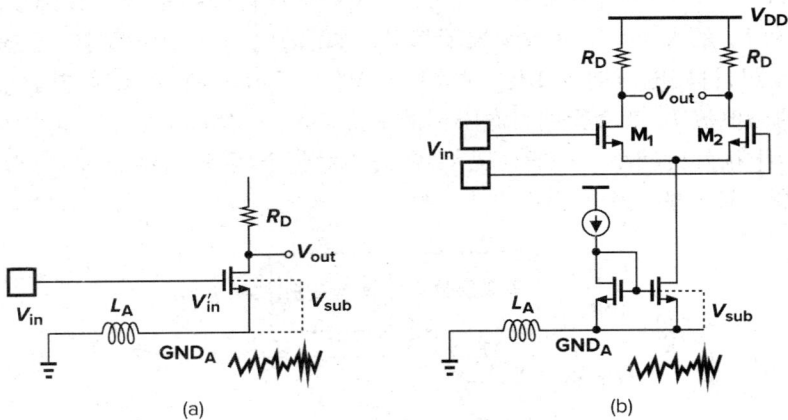

图 19.60　（a）由地和衬底电压反射导致输入信号恶化；
（b）在采用差动信号的情况下信号恶化减小

19.4　封装

集成电路在制造与切割以后，就要进行封装。但伴随着芯片的封装与连接出现的寄生参数，导致了在评价电路的高速和（或）高精度的实际性能方面面临许多困难。

让我们首先考虑双列直插式封装（DIP），如图 19.61（a）所示。图中，管芯被装在中央腔体，且通过键合引线与腔体四周的焊盘键合在一起。这些焊盘实际上就是与封装管脚相连的外引线（trace）的另一端。这种结构具有如下寄生参数：键合引线自感，外引线自感，外引线对地电容，外引线之间的互感以及外引线之间的电容。因此，从图 19.61（b）可知，芯片电路与外界的连接远不是理想的。

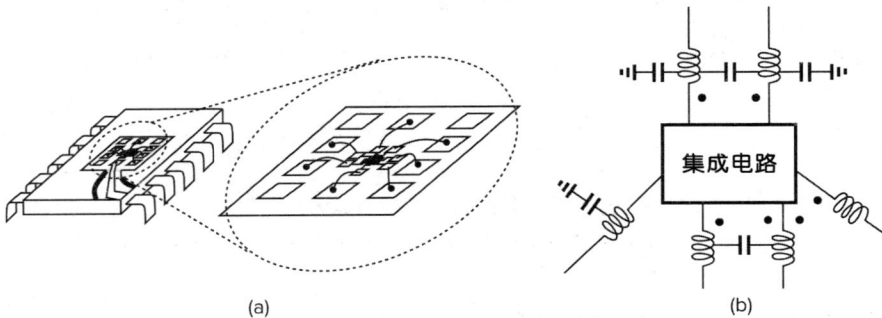

图 19.61　（a）双列直插式封装；（b）封装的电学模型

由于电路创新与器件尺寸的缩小，集成电路的速度与精度已稳步提高，但是封装的性能，特别是在那些低成本应用场合，并没有大的改进。这是因为封装尺寸本身以及封装的环境难以缩小。例如，键合引线的直径，封装管脚的宽度与间距以及印制板（PCB）上的连线的宽度和间距都是由机械应力、装配的难易和成本、高频时的串联电阻（趋肤效应）等等决定的。在过去

764

20 年里,这些尺寸缩小不到 5 倍,而许多混合信号电路的速度已经提高了两个数量级。因此,封装一直限制着当今高性能 IC 所能达到的性能。

上边所说的问题迫使设计集成电路时要考虑封装的寄生效应,有时,从一开始设计就要考虑。因此,在仿真时要包括一个合理的电路封装模型,同时电路设计和版图设计必须采取许多预防措施来减小封装寄生参数的影响。

由于许多封装厂商没有提供其产品的电路模型,所以通常由 IC 设计人员自己经过计算和测量样品来开发模型。图 19.62 给出了有关自感和互感的三种一般情况。由参考文献[6]可

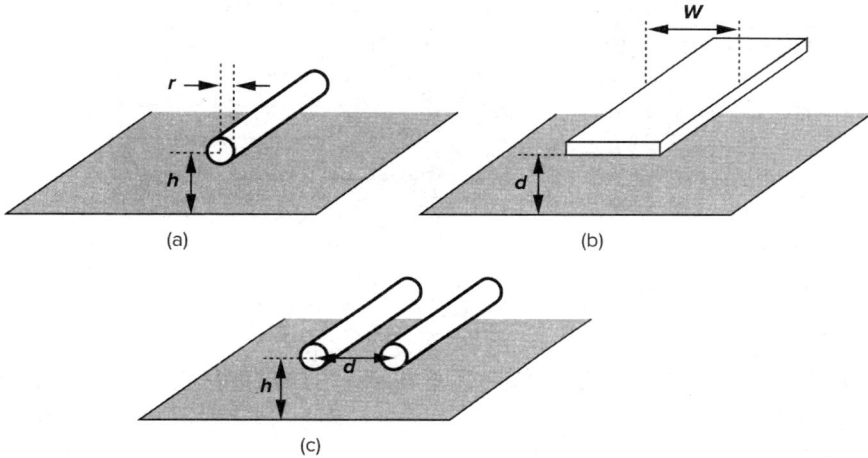

图 19.62　封装中普遍的几何图形

知,对于图 19.62(a)所示的零电位平面上的圆形金属线,其电感为

$$L \approx 0.2 \ln \frac{2h}{r} \text{nH/mm} \tag{19.19}$$

对于典型的键合引线,其值大约为 1 nH/mm。对于图 19.62(b)所示的零电位平面上的条形金属线,其电感为

$$L \approx \frac{1.6}{K_f} \frac{d}{W} \text{nH/mm} \tag{19.20}$$

这里,K_f 是指边缘因子,根据参考文献[6]所提供的数据,K_f 可以近似等于 $0.72(d/W)+1$。同样,对零电位平面上的两条圆形金属线,两线间的互感为[6]

$$L_m = 0.1 \ln\left[1 + \left(\frac{2h}{d}\right)^2\right] \text{nH/mm} \tag{19.21}$$

两线间的寄生电容可以采用简单的板间电容公式和式(18.11)来求得。实际上,键合线并不是简单直的、平行的连线,需要电磁场仿真来进行适当地建模。

下面我们讨论每种类型的封装寄生参数的影响。我们将芯片的引线分成五组:电源与地线,模拟和时钟输入线,输出线,参考信号线及衬底连接线。

自感

每根键合引线及相应的外引线都表现出一定的自感,其电感值在 2 nH ~ 20 nH 之间,取决于线的长度和封装类型。为了理解电源线和地线的自感是怎样影响电路工作的,假设在一

混合信号电路中有一个作为时钟缓冲器的反相器驱动一个中等大小（如 0.5 pF）的片上电容，如图 19.63 所示。再假定缓冲后的时钟跳变时间必须小于 0.5 ns，那么，需要的电流为 $C\Delta V/\Delta t = 3$ mA。因为此电流在 0.5 ns 时间里通过 V_{DD1} 和 GND_1，我们可以估算出：在 L_D 或 L_G 上的电压降为 $L\Delta I/\Delta t = 6\times10^6 L$。[①] 例如，如果 $L_D = L_G = 5$ nH，则在每个电感上的瞬态压降为 30 mV。这种效应常称为电源和地的电压"反射"或"噪声"。注意，如果这个反相器用一个差动对代替，那么，电源电压反射可以显著减小（为什么？），这就是采用差动工作方式的另一个优点。

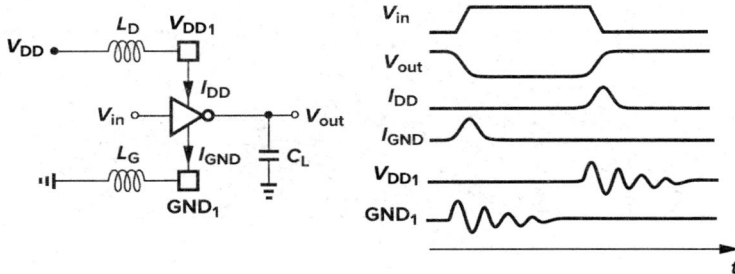

图 19.63   驱动电容负载的 CMOS 反相器

30 mV 的电源噪声似乎可以接受，特别是在由同一电源供电的模拟电路采用全差动结构时。但是，在典型的混合信号 IC 中，成百上千个逻辑门在每个时钟跳变时进行切换，从而在与其相连的电源线与地线上会产生很大的噪声。因此，大多数这样的混合系统给模拟模块和数字模块分别提供电源线和地线，因此，就有了"模拟电源"和"数字电源"的术语。

把电源线分成模拟部分和数字部分并不总是简单直观的。例如，假设一采样电路由反相器输出的时钟控制，如图 19.64 所示。那么，这个反相器的电源是接模拟电源还是数字电源呢？如果接数字电源，则 V_{DD} 上大的噪声将通过 M_1 的栅漏交叠电容 C_{GD} 进行耦合，并在 M_1 截止时干扰 V_{out}。另一方面，如果许多这样的反相器都接到模拟电源上，则流过它们的瞬态电流很大，就会干扰模拟电源。这种情况可能需要第三种电源线，使它的噪声小于数字电源线的噪声。

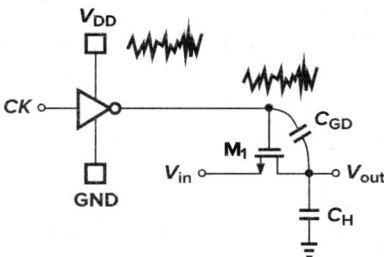

图 19.64   由时钟缓冲器的电源电压反射
            引起的采样电路的噪声

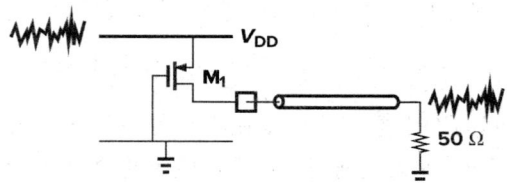

图 19.65   电源噪声的测量

---

①   该计算公式比较粗略，因为缓冲器产生的电流在跳变期间是变化的。

出于表征和故障排除的目的,有时需要监测电源噪声的大小。图 19.65 提供了一种简单方法,它利用一个 PMOS 管检测芯片内电源和地之间的噪声,向外部的一条 50 Ω 传输线和测量设备注入电流[2]。因为 M_1 的跨导可以由 V_{DD} 微小的静态变化所决定,所以电源噪声的幅度和形状就可以很容易地测量出来。

有些时候,若一条接到芯片上的键合引线上的瞬态电压超过允许值(例如,如果图 19.63 或图 19.64 中许多反相器同时变化),则可以使用多个焊盘、多条键合引线和多个封装管脚,从而降低了等效电感,如图 19.66 所示。

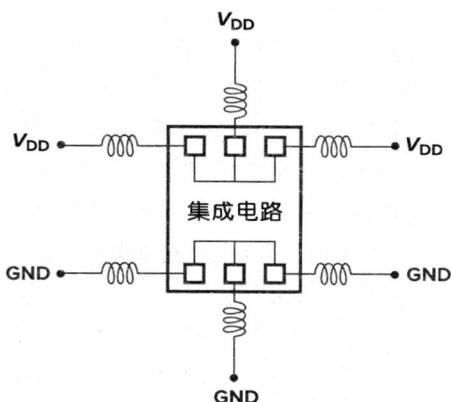

图 19.66　采用多条引线来减小总的寄生电感

例 19.7

在一个频率为 600 MHz,电压为 2 V 的 CMOS 微处理器中,包含 1 500 万个晶体管,电源电流在 5 ns 内约变化 25 A[5]。如果该处理器分别为电源和地提供了 200 条键合引线,估算电源电压反射是多少。

解:假设每一根键合引线及相应外引线和管脚的总电感为 5 nH,可得到

$$\Delta V = L \frac{\Delta I}{\Delta t} \tag{19.22}$$

$$= \frac{5 \times 10^{-9}}{200} \cdot \frac{25}{5 \times 10^{-9}} \tag{19.23}$$

$$= 125 \text{mV} \tag{19.24}$$

在最坏情况下,电源电压反射与地线电压反射同相位,刚好可以相加,产生的总噪声大概在 250 mV 左右,比标称电源电压的 10% 还大。为了进一步抑制这种噪声,在芯片顶部放一个 1 μF 的外部 MOS 电容器,并且另外的 160 个片内电源和地的键合引线对从芯片接到这个电容器上[5]。

在某些应用中,从电源流出的大的瞬态电流使得难以分别在电源线和地线上维持比较小的反射电压。在这种情况下,可以使用一个大的片上电容来保持电源 V_{DD} 与地之间的电压稳定。如图 19.67 所示,其思路是,如果电容 C_1 足够大,则 V_{DD1} 与 GND_1 的电压反射是一致的。如前所述,如果输入都是差动信号,在 GND_1 上的残余噪声影响就可以忽略不计了。

尽管如此,这个解决措施又会带来几个问题。首先,电容值必须仔细选择,否则电容可能与封装电感一起在芯片工作频率(如时钟频率或其谐波,次谐波)下发生谐

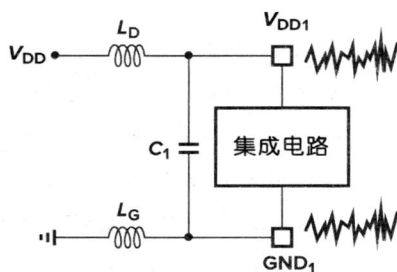

图 19.67　采用片上电容来减小电源与地之间的噪声电压

振,从而放大电源与地的噪声。因此,常给该电容串联几个电阻(或者调整 MOS 电容的尺寸,使得其沟道电阻能抑制谐振)[5]。即使不存在谐振,当去耦电容值太小时,也会在电源上引起缓慢的阻尼振荡。其次,由于该电容器通常是由非常大的 MOS 晶体管构成(实际上,如 18.7.2 小节中所述,它由许多个 MOS 管并联而成的),这样做可能会影响电路的成品率。这是因为,为了使该电容发挥作用,它的总面积一般要能与电路中所有晶体管的栅面积之和相当,也就是,它好像使芯片上的晶体管数目加倍了。

与衬底相连的连线也表现出自感。如 19.3 节所述,由于器件向衬底注入很大的瞬态电流,就需要低阻抗连接使衬底电压反射最小。如图 19.68 所示,一些现代的封装中包含一层接地金属,而管芯通过导电树脂固定在这层金属上。这层金属与几个在电路板上接地的封装管脚相连。由于这种结构使衬底的连接不必使用键合引线和长而窄的外引线,从而在没有增加组装成本的情况下充分减小了衬底的噪声。在成本更高的封装中,接地层是底部暴露的,这样它就可以直接与印刷电路板的地线相连,因此避免了封装管脚上的寄生电感。此外,芯片的接地焊盘也可以"向下键合"至管芯下面接地层以减小其电感(然而增加了成本)。

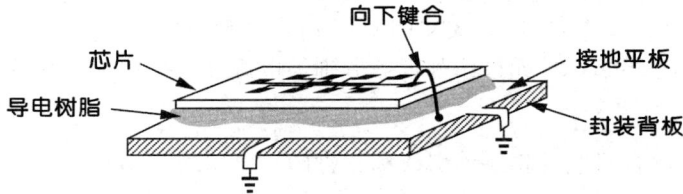

图 19.68   在封装中采用一层接地金属与衬底相连接

对输入信号也要考虑自感的影响。电感与焊盘电容和电路的输入电容一起形成了一个低通滤波器,使信号的高频成分衰减,而且(或者)在瞬态波形中会产生严重的阻尼振荡。例如,在 13.3.3 节中描述的精确乘 2 电路中,当两个电容切换到输入时,封装电感可能会限制信号稳定的速度。

一些集成电路需要外界提供恒定电压。这个电压可作为精确的参考电压,例如,在 A/D 或 D/A 转换器中,或者用来确定芯片上的一些偏置点。如果电路向这些参考电压注入显著的开关噪声,封装电感将降低电路的稳定特性。

例 19.8

差动对经常用作"电流开关"。如图 19.69 所示,通过大摆幅的电压来控制 M_1 和 M_2 的栅极,可以决定尾电流流向哪一边。试说明在电流转换过程中结点 X 处发生了什么变化。如果大量差动对的尾电流都是由结点 X 确定的,那么该点电压是否应该由外部提供?

解:回顾第 4 章可知,要使差动对工作在开关状态,差动摆幅 $|V_2 - V_1|$ 必须超过 $\sqrt{2}(V_{GS} - V_{TH})_{eq}$,其中 $(V_{GS} - V_{TH})_{eq}$ 是指平衡态(即 $I_{D1} = I_{D2}$ 时) M_1 和 M_2 的过驱动电压。我们用 V_{P1} 表示差动对工作在开关状态

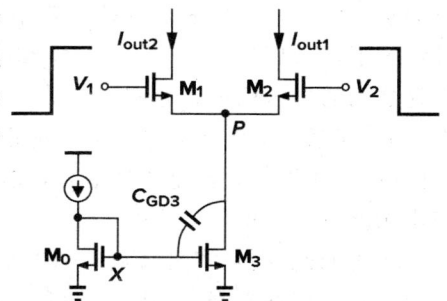

图 19.69   差动对工作在电流开关状态

时结点 P 的电压,用 V_{P2} 表示差动对工作在平衡状态时结点的 P 电压。因此,有

$$V_{P1} = V_2 - \sqrt{2}(V_{GS} - V_{TH})_{eq} \tag{19.25}$$

在平衡状态时,有

$$V_{P2} = \frac{V_1 + V_2}{2} - (V_{GS} - V_{TH})_{eq} \tag{19.26}$$

假设 $V_2 - V_1 = \sqrt{2}(V_{GS} - V_{TH})_{eq}$,因此 $V_1 = V_2 - \sqrt{2}(V_{GS} - V_{TH})_{eq}$,于是可得

$$V_{P2} = V_2 - \left(1 + \frac{\sqrt{2}}{2}\right)(V_{GS} - V_{TH})_{eq} \tag{19.27}$$

所以,V_{P2} 比 V_{P1} 低了 $(1 - \sqrt{2}/2)(V_{GS} - V_{TH})_{eq}$,这表示,在转换过程中 V_P 下降了这个数值。电压 V_P 的变化通过 M_3 的栅漏交叠电容耦合到结点 X,影响了 I_{D3},从而影响 I_{out1} 或 I_{out2}。

如果结点 X 接了许多电流开关,则 X 处受到的干扰相当严重,所以需要在结点 X 和地之间接一个去耦电容,如图 19.70 所示。然而,该电容与 M_0 的小信号电阻一起将使得结点 X 的稳定时间延长,这可能降低总体速度。为了避免这个影响,C_X 的值必须是所有对 X 结点有噪声注入的栅漏交叠电容之和的 100~1 000 倍。如果这么大的电容是外接的,那么它实际上是与封装电感串联的,如图 19.71 所示。通常,要进行仔细地仿真才能恰当地选择电容。在许多情况下,让结点 X 处于敏捷状态会产生最快的稳定。

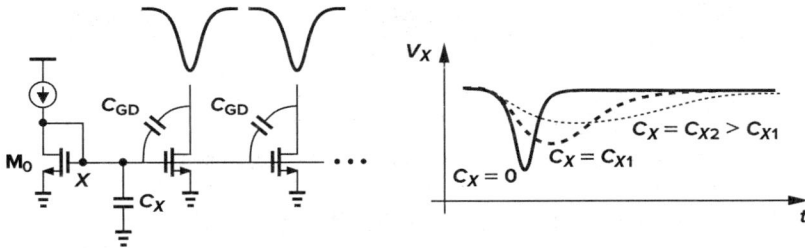

图 19.70　在芯片上增加一个旁路电容来抑制结点 X 的噪声

封装连接的自感也会影响数字输出缓冲器的性能。在高速系统中,要求这些缓冲器快速地为负载输出几十毫安的电流。如果在一个混合信号电路中许多这样的缓冲器在工作,电源线上的电压降可能变得非常大,从而引起数字输出端的上升时间和下降时间增大,恶化电路的时序。

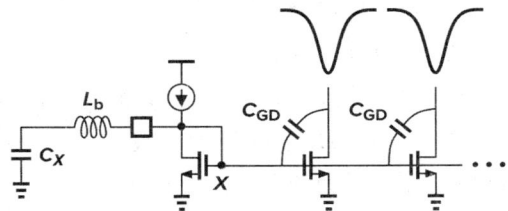

图 19.71　外部增加旁路电容

互感

虽然把电源分成模拟和数字两部分可以减小模拟电源上的噪声,但是仍有些噪声通过键合引线和外引线上的互感耦合到敏感信号中。如图 19.72 所示,模拟电源和模拟输入都易受数字电源、时钟线以及输出缓冲器的噪声或者跳变的影响。如果焊盘位置随意排列,即使采用差动输入也不能完全消除噪声的影响,这是因为噪声大的线可能没有对称地围绕敏感线。因此,要使芯片达到好的性能,焊盘框架和位置的设计是非常重要的。

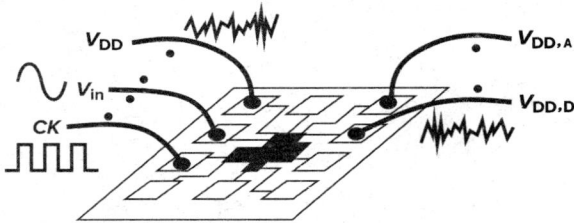

图 19.72　引线之间的互感导致的耦合

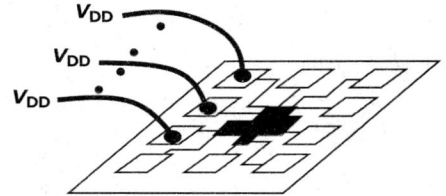

图 19.73　多条电源引线之间互相耦合

为了减小一根键合引线上总的自感可以采用多根键合引线并联的接法,而并联的键合引线间会显现出互感,如图 19.73 所示。对于两根这样的键合引线,其等效电感是$(L_S+M)/2$,而不是 $L_S/2$,其中 M 是这两根键合引线之间的互感。

有两种方法可以减小电感之间的互相耦合。第一种方法是使引线连接时互相垂直,即将它们接在芯片的互相垂直的两边,如图 19.74(a)所示。第二种方法是在关键的键合引线之间插入相对稳定的地线或电源线,如图 19.74(b)所示。如图 19.74(c)所示,如果多条并联线被地线包围,互感效应也会减小到可以忽略的值。

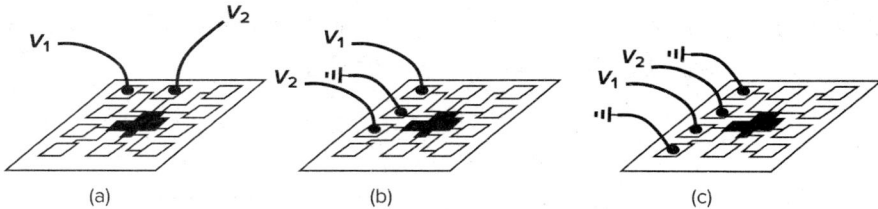

图 19.74　减小互相耦合的方法
(a)采用垂直线;(b)加入地线;(c)特殊场合的地线

值得注意的是,如果两条引线的电流方向相反,其互感会减小它们的自感。如图 19.75 所示,如果电路的电源线和地线平行,那么它们的总电感就等于 $2L_S-M$ 而不是 $2L_S$。注意到这一点对设计焊盘框架和封装连接是有用的。

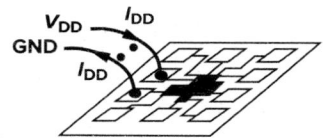

图 19.75　两条流过大小相等方向相反的电流的引线之间互感减小

自电容和互电容

每个封装外引线对地所看到的电容都可能会限制电路的输入带宽或者增加前一级的负载。更重要的是,该电容与键合引线、外引线上的总电感会产生一定的谐振频率,可能被电路中的各种瞬态电流激发。由于键合引线和外引线的串联电阻较小,因此其品质因数(Q)很大,这会引起强烈的谐振,从而显著地放大噪声。外引线之间的电容会导致线间额外的耦合,这也必须在仿真中加以考虑。

参考文献

[1] N. C. C. Lu et al. Modeling and Optimization of Monolithic Polycrystalline Silicon Resistors. *IEEE Trans. Electron Devices*,vol. ED-28,pp. 818 - 830,July. 1981.

［2］D. Su et al. Experimental Results and Modeling Techniques for Substrate Noise in Mixed—signal Integrated Circuits. *IEEE J. of Solid-State Circuits*, vol. 28, pp. 420 – 430, April. 1993.

［3］T. Blalack and B. A. Wooley. The Effects of Switching Noise on an Oversampling A/D Converter. *ISSCC Dig. Of Tech. Papers*, pp. 200 – 201, February. 1995.

［4］B. Razavi. *Principles of Data Conversion System Design*. New York: IEEE Press, 1995.

［5］D. W. Dobberpuhl. Circuits and Technology for Digital's StrongARM and ALPHA Microprocessors. *Proc. of 17th Conference on Advanced Research in VLSI*, pp. 2 – 11, Sept. 1997.

［6］N. K. Verghese, T. J. Schmerbeck, and D. J. Allstor. *Simulation Techniques and Solutions for Mixed-Signal Coupling in Integrated Circuits*. Boston: Kluwer Academic Publishers, 1995.

习题

下面的习题中，除非另加说明，所有的器件都使用表 2.1 所给数据，并在必要时假定 V_{DD} = 3 V。另外，假定所有的晶体管都工作在饱和区。

19.1　在图 19.3 中，多晶硅的薄层电阻为 30 Ω/□（产生硅化物之前），第一层金属的薄层电阻为 80 mΩ/□。那么这两种材料的电阻率之比为多少？

19.2　一个宽长比为 W/L = 100 μm/0.5 μm 的 MOS 管在理想情况下按比例增大一倍。那么薄层电阻率和栅的总电阻是怎么变化的？

19.3　一个共源共栅结构的输入管和共栅管的宽长比都为 W/L = 100 μm/0.5 μm。如果多晶硅的薄层电阻为 5 Ω/□，可允许的最大栅电阻为 10 Ω，要求使漏区结电容最小，试画出该共源共栅结构的版图。

19.4　在图 19.7 所示差动放大器中，当违背 A_1 ～ A_8 中任一设计规则时，将会出现什么问题？

19.5　一差动放大器的差动输入管版图按图 19.19 所示设计，而每个半宽的晶体管（即 $M_1/2$）又由四个叉指晶体管组成。那么这里最少需要几层连线？

19.6　大规模集成电路中可能存在相当大的温度梯度。试比较在这种情况下图 19.23 和图 19.24 所示的电路性能。

19.7　假设使用了硅化物阻挡层的多晶薄层电阻为 60 Ω/□，其对衬底的平板电容值为 100 aF/μm²。同样，假设 n 阱相应的值分别为 2 kΩ/□ 和 1 000 aF/μm²。如果出于匹配性考虑，要求多晶硅最小宽度为 3 μm，n 阱的最小长度为 6 μm，那么要做一个 500 Ω 的电阻，应该选择哪种材料？忽略边缘电容。

19.8　利用表 18.1 所给数据，计算图 19.35 中每个结构的 C 和 C_p 值，并判断哪种结构 C_p/C 最小。忽略边缘电容。

19.9　一条长 1 000 μm 宽 1 μm 的第四层金属导线被一个阻抗 500 Ω 的源极驱动，使用表 18.1 的数据并假设薄层电阻为 40 mΩ/□，求导线的延时并将结果与源极阻抗和总的线电容相乘得到的集总时间常数进行比较。

19.10　将习题 19.9 中的导线宽度增加到 2 μm，重新计算习题 19.9。

19.11　电路中需要一条 1 000 μm 长的连线，使用表 18.1 的数据并假设第一至第三层金属的薄层电阻为 80 mΩ/□ 而第四层金属的薄层电阻为 40 mΩ/□,则使用哪一层金属可以得到最小的延时?

19.12 有些新工艺使用铜作为互连线,这是因为它的电阻率大约是铝的一半。在使用铜连线的情况下重新计算习题 19.11。

19.13 在图 19.53(a)电路中,$(W/L)_1 = 100/0.5$ 且 $I_{D1} = 1$ mA。如果衬底噪声 V_{sub} 峰-峰幅值为 50 mV,则对 M_1 管的栅极会有什么影响?

19.14 假设两条键合引线离地 5 mm,且相互间中心间距为 1 mm。
(a)如果每条引线的长度为 4 mm,它们的总互感是多少?
(b)如果在一条引线上流过峰值为 1 mA 频率为 100 MHz 的正弦电流,则另一条引线上感应的电压是多少?

19.15 在习题 19.14 中,如果要将感应电压减少到为原值的 1/4,两条引线的中心间距将变为多少?

19.16 为了减少总的键合引线电感,一种封装使用了 4 个电源焊盘和 4 个地线焊盘。假设每条键合引线的自感是 4 nH 且相邻两条键合引线的互感为 2 nH。忽略非相邻引线间的互感,计算下面两种情况下的电源线和地线的等效电感:
(a)如果所有的电源线都顺序排列,然后是地线顺序排列;
(b)每条电源线之后放置的是地线。

19.17 高速电路的输入带宽可能受键合引线电感和焊盘电容的限制。考虑两种情况:
(a)键合引线直径为 50 μm 并且焊盘尺寸为 100 μm×100 μm;
(b)键合引线直径为 25 μm 且焊盘尺寸为 50 μm×50 μm。如果其它尺寸不变,哪一种情况更好?

索引

（译者注：本索引的页码为原书的页码，与标注在本书正文页边栏上的边码对应）

A

G

I

M

N

教师反馈表

在您确认将本书作为指定教材后，请填好以下表格并经系主任签字盖章后返回我们（或联系我们索要电子版），我们将免费向您提供相应的教学辅助资源。如果您需要订购或参阅本书的英文原版，我们也将竭诚为您服务。您也可以扫描下面的二维码，直接在网上提交您的需求。

★ 基本信息

姓		名		性别	
学校		院系			
职称		职务			
办公电话		家庭电话			
手机		电子邮箱			
通信地址及邮编					

★ 课程信息

主讲课程		原版书书号		中文书号	
学生人数		学生年级		课程性质	
开课日期		学期数		教材决策者	
教材名称、作者、出版社					

★ 教师需求及建议

提供配套教学课件（请注明作者／书名／版次）	
推荐教材（请注明感兴趣领域或相关信息）	-
其他需求	
意见和建议（图书和服务）	-
是否需要最新图书信息	是、否	系主任签字/盖章	
是否有翻译意愿	是、否		

地址：北京市东城区北三环东路 36 号环球贸易中心 A 座 702 室

邮编：100013

电话：（010）57997600

传真：（010）59575582

教师服务信箱：instructorchina@mheducation.com